民國建築工程期刊匯編

MINGUO JIANZHU GONGCHENG QIKAN HUIBIAN

60

《民國建築工程期刊匯編》編寫組 編

廣西師範大學出版社
GUANGXI NORMAL UNIVERSITY PRESS
· 桂林 ·

第六十册目録

中國工程周报……30009
中國工程周报　一九四七年第二十三期……30011
中國工程周报　一九四七年第二十四期……30019
中國工程周报　一九四八年第二十五期……30027
中國工程周报　一九四八年第二十六期……30035
中國工程周报　一九四八年第二十七期……30043
中國工程周报　一九四八年第二十八期……30051
中國工程周报　一九四八年第二十九期……30059
中國工程周报　一九四八年第三十期……30067
中國工程周报　一九四八年第三十一期……30075
中國工程周报　一九四八年第三十二期……30083
中國工程周报　一九四八年第三十三期……30091
中國工程周报　一九四八年第三十四期……30099
中國工程周报　一九四八年第三十五期……30107
中國工程周报　一九四八年第三十六期……30115
中國工程周报　一九四八年第三十七期……30123
中國工程周报　一九四八年第三十八期……30131
中國工程周报　一九四八年第三十九期……30139
中國工程周报　一九四八年第四十期……30147
中國工程周报　一九四八年第四十一期……30155
中國工程周报　一九四八年第四十二期……30163
中國工程周报　一九四八年第四十三期……30171

中國工程周报　一九四八年第四十四期……30179
中國工程周报　一九四八年第四十五期……30187
中國工程周报　一九四八年第四十六期……30195
中國工程周报　一九四八年第四十七期……30203
中國工程周报　一九四八年第四十八期……30211
中國工程周报　一九四八年第四十九期……30219
中國工程周报　一九四八年第五十期……30227
中國工程周报　一九四八年第五十一期……30235
中國工程周报　一九四八年第五十二期……30243
中國工程周报　一九四八年第五十三期……30251
中國工程周报　一九四八年第五十四期……30259
中國工程周报　一九四八年第五十五期……30267
中國工程周报　一九四八年第五十六期……30275
中國工程周报　一九四八年第五十七期……30283
中國工程周报　一九四八年第五十八期……30291
中國建築……30299
中國建築　一九三三年第一卷第一期……30301
中國建築　一九三三年第一卷第二期……30383
中國建築　一九三三年第一卷第三期……30453

中國工程周報

30009

定價　每份三千元正
全年訂費壹拾伍萬元正
航空或掛號另存郵資二萬元
廣告價目　甲種每方吋柒萬伍千元
乙種每方吋陸萬元正

中華民國卅六年十二月二十一日出版

中國工程週報

內政部京警國字第五十一號
中國工程出版公司編印
發行人　杜拱辰

中華郵政認為第二類新聞紙
江蘇郵政管理局登記證第一三三二號
地址：南京（2）四條巷一六三號
電話　二三九八九號
零售處　全國各大書店

一週大事

是週也：美援決定，物價作祟；
動用國外資產之聲復起，
新的經濟方案在孕育中；
外長不歡而散，
關外戰事緊張。

在沒有寫一週大事以前，筆者先得接上本報停刊期中，這一節「斷了的拷貝」。這一段時間中，中國工程界完成了輝煌的三大使命。修築十四年的陝西洛惠渠，在十二月十二日正式放水，這工程是鉅大的，工程人員像殉道者一樣的苦修，使大荔、朝邑、澄城三縣九十萬畝的農田，永遠不受旱災的威脅；其次是衡桂段的通車，溝通了華中與西南的重要運輸線；還有一項，就是浦濟段的通車，這一段佔了津浦全線約三分之二，在戡亂戰略上自有其重大的意義。在物資缺乏，運輸困難，人力維艱的當前，能于短期內搶修完工，完全是工程人員奮鬥拚命的成績。

×　×　×　×

美國的援華款項六千萬美元之說，早已甚囂塵上，在美衆院討論援外法案時，竟未被列入，直到參衆兩院聯合會議時，才在五億四千萬援外款項中，撥出一千八百萬美金，救濟中國。對于美政府的重視歐洲忽視中國這種不公平態度，曾引起一部份議員的不滿。

盛傳馬歇爾已擬定一長期援華計劃，據說包括的數額，有三億美元以上，如果這傳說成為事實，對面臨著若干困難的政府，將是一大救助的力量。

×　×　×　×

自從一千元關金發行後，當局雖然儘量抽緊銀根，但物價還是躍動得很烈。四聯總處特在週四舉行一次理事會，檢討貸放政策。蔣主席曾出席指示：對于緊縮政策，決繼續維持，若果必須放款者，須儘量利用商業銀行及市場游資。

南京方面的日常用品，漲勢亦猛。米價更扶搖直上，衝破九十萬大關。當局在上週末已決定硬行抑平至七十五萬。米商則表示：「產區成本高」，看樣子，硬行平價的效果，是很微弱的。

×　×　×　×

由于國內經濟情形的嚴重，目前行政院曾指派幾位大員草擬新的經濟方案，方案的內容如何，並無絲毫透露。這孕育著的「孩子」，會降予人民的甚麼呢？誰都在關心著。

美援既不如預期，動用國人在外資產之聲又起，參政會週五再作此決議，促政府切實施行。與此舉有關聯的徵收建國特捐，已在國務會議中遭受反對，相同性質的動用國人在外資產問題，又將有何結果？不難明瞭。而且一定會如某國府委員所說的：「執行困難」。

×　×　×　×

為了德國賠償問題，蘇聯與英美陣線鬧翻，倫敦的外長會議不歡而散。

一方面英美法在討論西歐問題，對蘇聯顯然有強硬表示；一方面又傳杜魯門總統將邀史達林赴美商談之說。其實這對美蘇基本利害衝突問題，如果能夠推誠相與，外長會議也能談得攏；如果不能，杜史會談，也將一樣無結果。

×　×　×　×

關外共匪的第七次攻勢展開，共匪兵力號稱四十萬，照目前的戰事態勢看來，匪想打下瀋陽，但是，國軍不會讓匪放肆的，據說：當局已看清這一點，要縮小防區集中全力，粉碎匪這種企圖。

下週間東北戰事愈形激烈，是必然的。

本報重要啓事

本報自今春創刊以來，辱承工程界先進及讀者諸君之愛護，業務得以日益展開，內容亦有顯著之進步。茲為更求充實力量起見，特參加中國工程師學會發起籌組之中國工程出版公司，並自二十三期起改稱為中國工程週報，調整版面以便保存，惟以籌備費事，致停頓二月，深為歉然，自本期起當按期出版，內容力求通俗化，使能透過工程界，深入社會各階層，宣揚工程文化，報導國內外建設，為工程界之喉舌，工程文化之橋樑，敬希我工程界同志及讀者諸君支持合作，達成上述使命，則不特本報之幸，對中國建國大業，當更有裨益也。

中國工程出版公司組織經過

凌鴻勛

工程界必須有其為本身服務之出版事業，已為吾人共謀之事實。中國工程師學會董事會及歷次大會中，均曾提出討論，終因經費人力所限，未能付諸實施。

時局動盪，建設亟切，我工程界所負責任，至艱且鉅，至於對工程學術之提倡，國外智識之吸取，與乎對國內工程建設之介紹，皆屬要務。出版事業之創辦，已因時勢所趨而更不容緩矣。

中國工程師學會第十四屆年會後，顧總幹事毓琛及鴻勛曾數度對前議就商於學會會長及留京各董事，決議籌組中國工程出版公司，除工程界人士認股外，並由學會投資，以資倡導。並由杜拱辰同志經手籌備，杜君獨立支持中華工程週報有日，對工程建設鼓吹甚力，雖困苦備嘗，怡如也。杜君更毅然放棄其獨力支持工程週報之計劃，願共同致力團體事業而與吾人攜手。鴻勛今日得欣然相告我工程界同志與社會人士，吾人有吾人本身之出版機構矣。嗣後對國外工程學識之灌輸，國內建設事業之介紹，工程界同志論著之出版等等，均將盡力刊陳。惟事業甫創，如嬰孩之賴攜提，幼苗之賴護育，尚望我工程界同志與讀者諸君，扶持指教，使能完成時代所賦之重大使命也。

中國工程週報獻言

顧毓琇

中華工程週報發行有日，近以中國工程師學會會員多人，發起籌組中國工程出版公司，相與洽商合作，改稱為中國工程週報，茲逢改名出版之始，發行人杜拱辰先生，囑代表中國工程師學會，綴一言以為弁，爰不揣譾陋，敬獻數言。

中國工程師學會，原有刊物兩種，一為「工程」月刊，一為「會務特刊」。「工程」月刊，旨在刊登工程學術及建設狀況之文字，現仍按期刊行；「會務特刊」，則為發布有關會務通訊，以加強各地分會之聯繫，自復員以來，迄未復刊。年來本會會務，積極推動，咸感工程報導刊物，有恢復之必要，顧同人懷此有日，而無以自効，會員杜拱辰先生，既顧以其獨資創辦之中華工程週報與中國工程出版公司合併，共同出版中國工程週報，從此中國工程師學會之消息，可以經常刊登，學會與會員之聯繫，當更為密切，毓琛慶幸之餘，一面對於杜君之美意熱忱，寄於崇高之敬意，一面希望本刊發揚光大，繼續永久，以為中國工程文化開一新紀元。

中國工程出版公司籌備近況

中國工程出版公司，係工程界人士所發起組織。發起人計有：陳立夫、凌鴻勛、沈怡、譚伯羽、顧毓瑔、茅以昇、葉秀峯、顧毓琇、錢昌祚、薛次莘、吳承洛、趙祖康、夏光宇、錢其琛、盧毓駿、哈雄文、宋希尚、張競成、曾世英、陶桂林、周宗蓮、王正本、杜拱辰等，曾于十一月四日召開發起人會議。當卽推選凌鴻勛、顧毓瑔、吳承洛、薛次莘、陶桂林、曾世英、杜拱辰等七人為籌備委員。先後召開籌備會三次，資本額暫定拾億元正，並由中國工程師學會認股百分之二十，學會股款，則由會員捐認之。現各方認股，至爲踴躍，大致于本年底前卽可認足，經營事業，除中國工程週報外，將盡力協助工程著述之出版，各方人士，對公司前途、均抱有極大之希望。

青島港工程現況

挖泥船之接管修理　青島港在敵人撤退時，遺有維新、旭號、金剛、千早等挖泥船四艘，皆年久失修，損毀不堪。上年行政院工程計劃團來青視察時，經美國專家估計，每艘約可值美金二百萬元之鉅，廢置海中，殊為可惜。曾建議修理使用，交通部青島港工程局成立以後，復經實地勘察，當於本年三月間呈部撥款修理，旋先後奉部轉行政院令，准由交通部向敵偽產業處理局價購，除已向國庫繳款轉賬外，飭該局接收，交由海軍青島造船所估價修理。茲悉：維新、旭號二艘於六月底進塢修理，業已大部竣工；旭號並已奉部令指撥歸青島港務局使用，金剛、千早二艘，亦於十月九日進塢開始修理，該局均分別派員監修，務期剋日修竣。

大港各碼頭護木工程開工　修建青島港各碼頭護木工程，前由交通部青島港工程局購由大批木料，自滬運青，並就青市營造廠商招標裝置，開標結果以永大標價二十二億五千餘萬元為最低，爰由該廠得標承包，茲以上項工程，業已準備竣事，經於九月十九日正式開工，該局並已指派工程人員負責監修，俾加速施工進展，而期早日完工。

第五碼頭鋼板樁材料由美運到　修建青島港第五碼頭工程，除所需亂石五萬立公方已招商標購外；至所需鋼板樁材料第一批六百噸，業由紐約起運來青，並已於十月底抵青。該項材料係經呈奉行政院特准進口。近正在籌劃開始打樁工作。（青島港通訊）

陝西發現漢代古渠遺跡

當此關中連年旱災之際，遍地黃土，童山禿禿，滴水如珠，偶而想起了當秦漢盛世，關中富庶冠全國，簡直難以使人想像！值此機械時代，水利學說昌明，整治陝省農田水利建設尚少有進展，何況古人？雖則古書對關中水利渠道，不無讚揚之記載，終難追信。當洛惠渠開鑿鐵鐮山五號隧洞工程時，却在外地發現不少柏木支架，其色黝黑，據專家考證，確為漢代龍首渠遺跡。現在得到了一個確鑿的證明，我們的祖先是如何與農田水利工程奮鬥，才奠定了以農立國的基礎；同時對西北水利建設，更增加了我們的信心。

中國工程師學會第十四屆年會中國水利工程學會演講及宣讀論文追記

十月二日

關振興講「黃河堵口復堤工程」：首述黃河之特性，黃水含沙數特大，淤澱所至，墊高河床，且高出兩岸平地，約束水流，惟堤防是賴，萬一潰決，洪濤一瀉千里，其災害較其他河流之洪泛，尤爲嚴重。次述黃河改道之歷史，最後報告此次花園口堵復工程實施經過，困苦奮鬥之情形，敍述甚爲詳盡。

三日下午二時

須會長愷演講「全國水道綱」：就全國水道之（一）地位，（二）自然環境，（三）多目標開發計劃，指出吾水利工程師今後努力之目標。論文有

謝家澤君之「水計年度」首先介紹美國水計年度之劃分方法，以十月一日爲歲首，九月卅日爲歲尾，次倡議黃河水計年度，擬以六月一日爲歲首，六月至十月爲蓄水期，十一月至次年五月爲耗水期，五月卅一日爲歲尾。最後幷解釋水計方程。

程學敏君宣讀「洪水演算之新圖解法」：應用簡易之作圖方法，演算洪水入水庫後之吐納過程，其特點爲無需繁煩之計算手續，而能得到相當之精確度。

涂允成君宣讀「兩年來之江漢復堤工程」：列舉江漢工程局兩年來復堤工程之成果，幷及實地施工之經驗，諸如翻填漏洞蟻穴及柳梢沉排護岸之施工步驟等。

姚琢之君宣讀「美國水工試驗之新動向」：首敍述水利工程，計劃模型試驗，舉密西西比河下游模型試驗爲例，次介紹海峽及潮流水工模型試驗之特殊設備，水利建築物模型試驗，舉例大苦力壩，說明閘及水道彎曲試驗等。

吳中倫君宣讀「改定標準沙漿之擬議」：過去歐美採用之范氏公式有缺點，應予改定，在固定水灰比及標準稠度之下，始可作爲比較之根據。

李陝餘君代表中央大學，及淮河水利工程總局合設混凝土研究室宣讀「近年來混凝土進步之事實」：就選材料水灰比加氣劑及養護等項，分別說明甚爲詳盡。談爾益君代表

邢契莘君宣讀「塘沽新港工程之過去與現在」：首先說明修正日人之塘沽新港工程計劃之經過，並敍述接收以後第一期施工情形。

四日下午二時

張含英會長演講「治水方略之新動向」：建議今後發展水利事業，應考慮下列數點：（一）一個流域一個問題，即採用流域內多目標開發計劃；（二）注意大衆利益以達民生之目的，投資與收入應有合理之分配；（三）必須與各部門專家通力合作，以水利爲中心，謀整個工業之發展繼說明我國目前應即從事基本資料之搜集，積極研究，擬具體計劃，速作多目標水利工程之實施。論文有

張瑞瑤君之「於三門峽建築攔洪水庫淤積問題之初步研討」：根據粒經限度，與飽和限度，以及各期淤澱情形之學理研究，估計攔洪水庫有效壽命爲三十八年。達新平衡狀態，需時約六十年，關於此項問題，須愷與張含英兩先生，俱主提早進一步試驗研究。

張含英君之「黃河治理綱要」：防患興利同時並重之原則下，謀黃河多目標之開發，擬分十個五年計劃期，五十年完成黃河治本。並以發展農業爲中心，次及工業與國防，目前應積極調查黃河沿岸經濟狀況與資源蘊藏情形。

范家驊君之「平衡渠道斷面形式之研究」：根據實例提出四條公式，供設計時之參考，四時與市政工程學會討論南京市工務局提出之專題：

「南京市區秦淮河整治問題」：討論甚爲熱烈，結論爲：（一）就民生與工程之立場，秦淮河應予保留，不應填塞；（二）南京市下水道應保持秦淮河之清潔；（三）今後注意基本資料之搜集，以謀城內外秦淮河之溝通，五時散會。

朱士俊

噴射式飛機以及其他空中武器之展望

謝安祜

本文作者，新自美返國，現執教中央大學航空系，戰時曾任美國諾多碩大學航空工程教授，並參加美國海軍部工作，對噴射飛機及空中武器研究有素，茲應本報之請，特以淺近之原理通俗之文筆，對噴射飛機及空中武器作一介紹。——編者誌。

一、科學化的戰爭

現代戰爭主要是一種科學的競爭，誰先發明一種可以大量毀滅敵人或可致敵死命的武器，誰便可以得到勝利的希望，以這次大戰而言德國雖然首先發明了相當利害的武器V—1與V—2，但是因爲他們的毀滅力量還不夠大，所以沒有克服英國。在大戰的末期，假如美國沒有原子炸彈的威脅，恐怕日本還不會投降的那樣快，當然單靠科學一項，戰爭並不是一定可以得到勝利的，還要看國家的資源與生產能力，德國的科學是比英美進步，然而資源與生產能力的總和比不上英美，在大戰的初期，德國是相當的利害，到後等到英美兩國能夠大量生產飛機和炸彈的時候，聯軍便採用了空中威脅的戰略，一方面是轟炸德國大城市，去毀滅牠的生產能力，一方面是轟炸牠的交通要道，來切斷前後方的補給綫，在強力的空軍威脅之下，德國很快的被聯軍克服了，由此可知現代戰爭勝負的得失，是要以科學、資源、與生產能力三者綜合起來的力量而估計的。

二、噴射式飛機的原理及其優點

說到航空武器方面，在這次大戰中最大的進步，便是在大戰末期，噴射式飛機的出現，這種飛機是利用機尾噴射出來氣體的反應力來推動飛機前進，它的作用，正與螺旋槳相同，用氣體放射的反應力來推動一種物體前進，在我們中國，遠在一三〇〇年，便已經有這個東西，那就是所謂高昇，至于爲什麼理由，用氣體放射的反應力可以推動物體前進呢？那時候我們國人便沒有去研究，一直等到一六八〇年的時候，英國有一位著名天文學家牛頓（Newton）才把這個理由說明，他說：「作用與反作用是相等着的，它們的力量是相等的」，這便是所謂牛頓第三運動定律，由此可知噴射式飛機所應用的原理是很簡單的，至於爲什麼要採用噴射式的推進呢？要說明這個問題，我們首先要檢討一下老式發動機的發展情形．這種發動機自從一八七六年德國的瓦托（Otto）第一次製造成功以後，經過了差不多七十年繼續不斷的改進，到現在這種發動機已經到了很難改進的地步，現在一方面我們需要急切的改進飛機性能，而另一方面推動飛機前進的原動力，不能急切的有所改進，在這種情況之下，當然的結果，便是另想一種新的推進方法，這就要利用噴射式的推進，用這種新的推進方法，基本上有很多地方是勝于老式的發動機，最顯著的是：飛機速度可以增高，機體震動可以減少，製造方面簡單，而且重量也比較輕，選用燃料的標準也並不嚴格，但是這種飛機是要利用空氣中的氧氣來與燃料配合燃燒，所以飛的高度是有限制的，大約可以到七萬英尺，再高空氣是太稀薄了，可是現在另有一種器具它是沒有高空限制的，因爲它是隨身帶着液體式的氧物，這便是所謂火箭（Rocket）德國的V—2就屬於這個一類，將來我們要達到月球旅行的目的，也得要利用

這種器具的。

三、過去發展情形

講到噴射式飛機的發展，牠的歷史是很簡短的，在一九三〇年英國皇家空軍少有一位飛行教官名 Frank Whittle 那時候他便想到，要改進飛機的性能，就必須要利用噴氣的反應力來推動飛機前進，當時他就向英國政府請求註冊，說明他的意見，因爲這是航空方面的一大改革，一時不易得到各方的贊許，直至一九三三年，歐洲大陸緊張的時候，他才展開研究工作，經過了四年的期間，于是噴射式的發動機初次試驗成功。在一九三九年，英國空軍部才正式與Gloster飛機公司訂立合同，製造噴射式飛機，至一九四一年五月初次試飛成功，但是需要改進之點尚多，仍繼續研究，同年七月英國將全部消息供給美國陸軍空軍部，于是美國便開始製造噴射式飛機，發動機由General Electric公司製造，機身則由Bell飛機公司担任，經過一年時間，初次試飛便告成功，此後美國海軍部方面，也展開研究工作，至一九四四年一月英美兩國才共同正式發表關於噴射式飛機的消息，同年夏季英國的Gloster Meteor噴射式戰鬥機，速度大約每小時可達六百英里，便正式用來打擊德國V—1空中飛彈，同時德國的噴射式戰鬥機也在上空出現，由此可見德國在噴射式飛機方面之發展，也有同樣的成就，到這個時候，我們可以說世界上噴射式飛機是達到了成功的階段了，至於其他各國在此方面的發展：法國方面，在一九三三年有一位Leduc曾經設計了一架沒有空壓器的飛機，也是利用噴射氣來推進，可是試飛沒有成功。意大利方面，在一九四〇年的夏天，曾經有一架Caproni-Campini 噴射式飛機，在空中試飛，飛了僅十分鐘，引起了全世界的注意，可是以後，他們也並沒有什麼特殊的進展。至于蘇聯方面，他們很少在這方面透露出消息來，據說他們在噴射式飛機方面的發展也有相當的成功。

四、現在發展概況

在這次大戰中，噴射式飛機固然是成功了，但是爲了戰事結束得太早，噴射式飛機並沒有很大的嶄露頭角，在大戰結束之後，世界强國都爲了利害的衝突，又醞釀着另一種國際惡化的局面，很明顯的在準備着第三次的戰鬥，各列强現在都在積極的研究着國防新武器，美國方面，在起初試造噴射式飛機的廠家，僅不過是General Electric 和 Bell 飛機公司兩家，現在已經有幾十個大廠家都在製造着噴射式飛機的機身和發動機，而且在各方面都有進步，美國噴射式飛機造得比較成功的，大概可以說是Lockheed飛機公司的戰鬥機P—80最新式的名P—80R速度每小時可超過六百英里，這種飛機經過了數度的改進，現在已在大批的製造，供給美國空軍之用，同時美國空軍方面，現在正積極的籌劃着飛行速度每小時五百英里的噴射式轟炸機羣，這個計劃在一九四四年的冬天便已經開始，是由幾個大的飛機公司來担任製造，大概在不久的將來，我們便可以看到實現。還有幾個廠家，現在試造着高速度的飛機，如試驗音速機及試驗戰鬥機XP—1至14，XP—90至92這種飛機的速度都是想達到或超過音速的，有的已經試飛過，但是尚沒有十分成功，（所謂音速，在地面上大約是每小時七六〇英里，愈高因爲溫度愈低，音也愈小，在三萬英尺的高空，音速每小時大約只六八〇英里，）這種音速飛機的發展在目前還是有相當的困難，尤其是在飛機操縱方面，這個問題，現在政府的航空機關以及工廠方面都在積極的研究，大概在不久便可以得到圓滿的解決，至於超高音速的飛機，現在他們雖然也是積極的研究着，可是這種飛機的成功，還得需要相當的時日。

五、其他方面之發展

其次講到關於應用原子能來推進飛機的問題，我們知道飛機的行程，都是爲了燃料的重量而受限制，假如有一種物質，以小的重量而可以發生强大的能力，如果用這種物質來作燃料推動飛機，當然一方面可以增大飛機的推進力，一方面可以增加飛機的行程，因此現在美國英國都在研究着如何利用原子能來推進飛機的問題，在美國方面，這個問題是由（Fairchild）飛機公司連合幾個研究機關以及專家多人來從事研究，前途據說很有希望，其他問題如用無線電來指揮飛機前進，這事也已經成功，去年美國海軍在太平洋的Bikini大演習，就有兩架沒有飛行員的幼機B—17用另一架母機也是B—17來指揮，飛了二、一七四英里，表現很是成功，飛機上面裝有電視設備，幼機與上所見到地面上的一切情形，在母機上同樣也可以看得到，所以指揮更是確實清楚，但是母機與幼機飛的距離相當近，相隔僅數英里，飛的速度也很小，每小時僅二百英里。（未完）

開發西北資源

民營工業家，中國工業原料公司總經理李文彩博士，曾于今秋數度赴綏遠包頭視察，頗受省府傅主席之歡迎，現該公司決定投資成立包頭碱廠，利用碱湖天然碱製造純碱及燒碱兩種，品質可與永利出品同。機器設備正在按裝中，不日即可出產，省府以中國原料公司于抗戰期間在四川廣元從事石墨加工製品，頗有成效，省府有意商請合作開採石墨石綿等礦計劃，現正在商洽進行中。

英國的新城鎮及住宅建造計劃

居不易譯著

經過了這一次戰爭摧殘以後，今天世界各國在居住方面無不正遇到嚴重問題。不論房荒問題究竟是敵人破壞所致，還是戰時人口移動的結果，事實上世間無數人民現在的確沒有永久的住所。

居住問題在復興計劃中既然佔着這樣重要的地位，當然非由政府設法來謀求解決不成，英國政府除了供給臨時性活動房屋以及修整舊房屋的短期政策以外，更有一項長期政策，並且引起了許多國家的注意。英國長期造屋和城鎮建設計劃的對象是市鎮沿鄉郊的房屋，計劃中要在十年以內建造四百萬幢屋子，這種速度要比兩次大戰之間的造屋速度大一倍，計劃中還要建設人口五萬的新鎮二十個，來容納整頓過於擁擠的城市中過剩的人口和工業。人口密度不但縮小，市區也不再讓伸展到郊外，這些新鎮當地就有職業可尋，並且有完整的社會和文化生活。新鎮的四週以及新鎮和新鎮之間的田地都要得着保護。這個新政策，已經被各黨派接受了。

英國的造屋成績在兩次大戰之間（一九一九——一九三九）是相當顯著，在這二十年中所造的屋子不下四百五十萬幢，最後三年中的造屋速度是每年三十五萬幢，到了一九三九年全國人口中有三分之一住的新屋子，四百五十萬幢屋子中大約有三分之一租金很低，是根據公共計劃而分配的，大體都得着國家的津貼。到了第二次大戰爆發以前的幾年中，這一類的房屋很多已變成私人產業，因此引起了一般人的批評，說當時的新屋子，不該給收入優厚的住戶買進，同時許多舊城市中過分擁擠和惡劣的生活環境，也沒有盡力疏散和整頓。

在兩次大戰之間更有一種輿論，當時新建的屋子地點大體不適當，整個市區發展的總勢有礙經濟的效率，社會的享受，和軍事的安全。那時全國人口有向大城市中尤其是倫敦遷移的趨勢，同時農村和小工業區也漸漸衰落。各大城市的市中心區商業逐漸發達而代替住家，有些工廠離開市中心區，也有些在市中心區不斷的擴充。工業界這種動向無形中促成了城市邊緣工業區的發展，以及土地的夾雜使用，以致妨礙到住宅區，市中心的人民雖也有遷出去的，可是市郊的勃興，卻多半是因為大城市裏人口激增的緣故。

這種向市郊遷居的行動，並沒有大到使英國的市中心區顯出空虛和冷落，可是當時卻漸漸的在產生這種現象，若要恢復市中心的住宅區，從經濟立場來說，卻不可能，因為離開市中心區的是有錢人，而留在市中心區的是一般境況較差的人，市郊的勃興，同時又引起了無法解決的交通問題，普通在市區工作的人總有月季票，乘着擁擠的車子來來去去，每天消磨在路上的時間甚至多到三小時，這樣，車資就變成一筆很大的負担，於是大城市裏的薪金便不得不調整到能包括這一項開支，這又為工業界加上一個遠離市區的刺激，雖然各街道都用着交通管制燈並闢設單程交通的街道，可是交通的擁擠常常呈現停頓的現象。

城市居民那時漸漸的在失去了地方鄉土觀念，這種現象是相當危險，因為許多人本來就不知道社會的重要性，市郊的新屋子相當零亂，比市中心的屋子雖要舒服得多，可是很缺少社交性的建築，同時市中心區卻退化而成為公寓區了。

上面種種是第二次大戰以前很久的批評，這些批評漸漸的使政策發生改變，可是因為發展機構是適應現狀的一個整體，所以不容易知道從何入手改革，交通事業既然必須適應環境的要求而謀發達，卻又難免促成城市方面不合理想的發展，造屋計劃的負責當局一面想發展市郊環境，使市中心區的居民能得着較好的生活環境，而不願每天旅程要延長多少，一面卻又想在市區建設一排排里街房屋來容納居民，而不顧降低住家的標準，英國人民約有百分之九十是不喜歡住里街房屋的人，可是在倫敦，每天出入市區和里街房屋這兩項選擇，目前已經顯得同樣不受歡迎了。

後來又產生了反對向郊區擴展的運動，即由於這種伸展要佔去許多可貴的農田，抹煞許多鄉村的優點，這運動使當前的局面更顯得複雜，而使那高密度里街房屋的主張在本來保持着平衡的兩項選擇中佔了較優勢的地位，可是城市裏的無數居民，卻依舊不顧每天長途跋涉的麻煩，而情願住在一座花園洋房中。主張設立花園市或新市鎮的一派，一向以爲對於市區發展的輪廓，應當採取嚴格的管制。

他們主張城市的大小和擴展，應當有一個肯定的限制，人口密度也當同時有一限制，這樣市中心區重建的時候纔能注重單門獨戶的花園洋房。戰時的空襲燬了英國二十五萬所屋子，損壞一百多萬所，人民因此想到了有大規模復興建設的可能性，這種種便是新建設政策的基礎，若要追溯牠的源流，卻還是戰前的主張。

國家和地方政府的竭力推動造屋計劃，很有利於這個新政策的發展。目前最感到缺少的是出租的房屋，建築費既兩倍於一九三九年，這種屋子便只能由國庫負担，而且還要很大的津貼，一九四六年的造屋法案上，已經規定了必要的補助金，今後十年中要造的四百萬所屋子，大多數將由社會局來供給。

同造屋計劃並列的是一個設立新市鎮的政策，目的在鼓勵一般因調整城市人口密度，而過剩的人口遷到這些大小適中的新市鎮裏來住，至於指導工業界遷到失業現象很普遍的地方，或其他適當地點等事宜，將由貿易部負責，英國已經不再被動式的接受發展市區的舊方式了。新政策的方針是要在大小適中的市鎮裏建築良好的家庭住所，四週有郊野環繞着，人民不但能安居樂業，且更要有機會享受健全的社會生活。

茲為適應各地需要起見，特闢「建築」一欄，調查全國各大城市（南京、上海、漢口、重慶、廣州、桂林、青島、天津、瀋陽、長春、蘭州等）之主要建築材料價格。並另設計簡單普通之住宅一所以作估計之依據，計算每平英方丈造價之大約數字，以供各公私機關建築房屋之參考。上項調查估計工作，為慎重與正確計，係委請各該地營造工業同業公會理事長或信譽卓著之營造廠商辦理之。依次輪流刊載本報，以饗讀者。

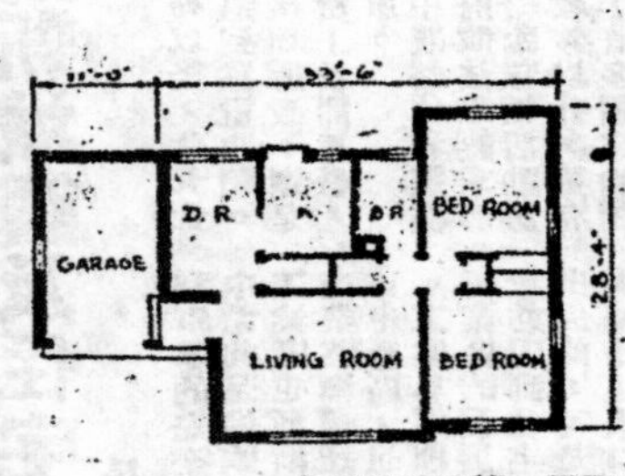

工程說明

本工程係磚牆，洋瓦，灰板平頂，杉木企口地板，杉木門窗房屋，施工標準普通， 地點位于本市中心地區，油漆用本國漆外牆係用清水，一總內牆及平頂均用柴泥打底石灰紙筋粉光刷白二度， 板條牆筋及平頂筋用2"×3"杉木料，地板擱柵用2"×6"杉枋中距1'—0"桁條用小頭4½"圓杉條2' — 6"中距。

南京市主要建築材料及工資價格表

名稱	單位	單價	說明	名稱	單位	單價	說明
青磚	塊	2,000	陰坯	2½"洋釘	桶	2,800,000	
洋瓦	塊	13,000		26號白鐵	張	1,300,000	
石灰	市担	90,000		鋼筋	噸	44,000,000	
洋灰	袋	250,000		上熟米	市担	900,000	
杉木枋	板尺	7,200	一呎方一厚吋	工資			
杉木企口地板	方呎	7,000	50公斤	小工	每工	50,000	包括伙食在內
4½"圓杉木桁條	根	100,000		泥工	每工	91,000	包括伙食在內
杉木板條子	捆	50,000		木工	每工	91,000	包括伙食在內
廣片玻璃	方呎	21,000		漆工	每工	120,000	包括伙食在內

上列價格木料不包括運力在內磚瓦石灰則係送至工地價格

本工程估價單（南京）

名稱	數量	單位	單價	複價	說明
灰漿三和土	4	英立方	950,000	3,800,000	包括挖土在內
10"磚牆	22	英平方	4,500,000	99,000,000	
板條牆	7	英平方	2,000,000	14,000,000	
灰板平頂	10	英平方	1,500,000	15,000,000	
杉木企口地板	6	英平方	3,500,000	21,000,000	包括踢脚板在內
洋灰地坪	2.5	英平方	2,500,000	6,250,000	6"碎磚三合土澆2"厚1:2:4混凝土
屋面	14.5	英平方	5,000,000	72,500,000	包括屋架在內
杉木門	315	平方呎	80,000	25,200,000	五冒頭門厚1¾"門板厚½"
杉木玻璃窗	170	平方呎	80,000	13,600,000	廣片16盎司
百葉窗	150	平方呎	80,000	12,000,000	
掛鏡線	22	英丈	300,000	6,600,000	
白鐵水落及水落管	25.5	英丈	800,000	20,400,000	
水泥明溝	18	英丈	500,000	9,000,000	
水泥踏步	3	步	600,000	1,800,000	
總價				$ 320,150,000.00	

本房屋計面積10平英方丈總造國幣三億二千〇一十五萬元

平均每平英方丈房屋建築費國幣三千二百萬元整（水電衛生設備在外）

調查及估價者南京穀記營造公司　　（日期三十六年十二月十九日）

工業與資源

武漢玻璃廠

武漢玻璃廠係清末所設，日產玻璃四噸。廿七年武漢撤退，全部被敵破壞。本年度由聯總配給玻璃機一套，全部機器計重二千餘噸，值美金約三十萬元（僅合原價三分之一），每年生產力以工作三百日計，可出平面玻璃（即門窗用）七十萬平方公尺，平均日產十六噸，以每五十公斤裝一箱計算，合每日出產平面玻璃三百二十箱，值此國內玻璃缺乏之際，如能早日出產，則對建築業大有助益。

中央錏肥公司

資委會中央錏肥公司于黃浦县村收購廠址七百餘畝，購地手續已全部辦妥，日內即將籌建新廠。

酒精廠

資委會所屬內江，納谿，北泉及遂義四酒精廠，於去年底與國防部訂約移讓，遷地應用，現內江，納谿二廠已接收，遂義廠正在交接中，北溫泉廠則規模較小，不合應用，仍交由資委會處理。

台購肥料八萬噸

三十七至三十八年度台省植蔗共需肥八萬餘噸，除前向美國及蘇聯購妥四萬三千噸，現正絡續運台分配外，在加拿大方面採購之肥料四萬四千噸，亦已起運，故明年度台糖增產，前途頗爲樂觀。

戚墅堰電廠

該廠前向聯總配得之二千瓩透平發電機一具，擬裝置於無錫，現正在覓址籌建中。

宜賓電廠

該廠自三千瓩發電機裝竣後，發電量已達六千瓩，近又向美國定購五千瓩鍋爐及發電機一套，約於三十七年度可運回，如是則宜賓電廠電容量將達一萬一千瓩。

順昌公司自製白水泥

白水泥在精緻之建築上用途頗多，我國所需，向賴國外輸入，其價格亦較普通洋灰高昂多倍。順昌水泥公司現已製造成功，不日將大量製造，其性能相當優良，與外貨可媲美。

台糖增產

台糖公司經二年來之積極整理，原有三十六所糖廠，已可全部開工，種蔗面積亦自三萬甲增至八萬九千甲，蔗農因公司實行分糖制，利益優厚，故種蔗極爲踴躍，施肥數量亦自八十公斤漸增至四百公斤左右，本季產量亦達三十萬噸。目前日本、南洋、中東一帶，需糖均切，預計下年外銷十萬噸，可易取外匯二千五百萬美元以上。

紙業增產

明年度造紙工業增加產量減少輸入計劃書，業經上星期三全國經濟委員會修正通過，摘要如下：

（一）機製紙張（道林紙報紙等）本年度消費量：

輸入紙張	一〇〇，〇〇〇噸
敵遺紙張、	一〇，〇〇〇噸
國內產紙	六六，〇九七噸
總　計	一七六，〇九七噸

（二）明年度增產計劃：

（1）明年度產量爲紙一一二，三二〇噸，紙板七三，五〇〇噸，捲烟紙一八〇噸。（內中報紙計爲三五，四八五噸）。

（2）爲欲達上項需要，輸入木漿以製造滲紙工廠供給百分之四十二，紙板及捲烟紙廠百分之十計，共輸入四八，四八三噸。

（3）增產紙漿：資委會台南廠增至日產六十噸。中元廠日產五十噸。其輸入木漿機五部在台另建新廠。宜賓中國造紙廠增至日產五十噸協助各區民營廠增產。

（4）關于器材者如銅絲布，毛毯網巾等，依照實際需要數量輸入應無缺乏。

（三）輸入紙量：

明年度進口玻璃紙，製圖紙，畫圖紙，紙板約二百萬美元，捲烟紙進口量自六十萬盤減至三十九萬盤；報紙從五萬噸減至一萬五千噸，其他道林紙，有光紙等一律禁止進口。連紙漿在內共值一四，一四六，六〇〇美元，較本年度減少約四百萬美元。

國外水電

△日本經濟復興會議，剗正嚴重考慮以四十億日元於上高知縣興建八十萬瓩之水力發電廠，需時五年方可以完成。

△秘魯北部聖太河上流之巴沱，正興築可媲美T.V.A.之水力發電廠，現正建造長達五·七英哩之隧道，利用一，四〇〇英呎水頭，發電一二五，〇〇〇瓩。

△蘇聯聶伯河水電廠新定製水輪機六座，第一座已在裝建中，容量爲七五，〇〇〇瓩，年內可裝完成三座。

交通簡訊

下關碼頭

本月初交通部命部長電召青島工程局長宋希尚氏來京，于二日晨會同長江水利工程總局長孫輔世及市工務局張丹如局長，前往視察下關碼頭現況，着手計劃，該項修建計劃已于本月中旬提交通部，聞所需費用約爲二千億元左右，並將于明年度春季開工云。（宋希尚氏曾任南京市工務局局長及揚子江水利委員會總工程師兼工務處處長，故對下關碼頭至爲熟悉。）

津浦鐵路

津浦鐵路浦蚌段已于本月十一日正式通車，該路于勝利後即遭共軍破壞。三十五年十月，隨軍事之勝利，由韓莊北修至臨城，本年三月搶修兗州段，六月又搶修兗州濟南段。期間困難重重，以修理被破壞之橋樑而論，徐臨段內有十四座，臨兗段六十座，兗濟段八十二座。所有橋樑[illegible]之便橋，如明年洪水前不能修[illegible]永久橋樑，則該路仍將遭受阻塞之命運。

湘桂黔鐵路

本路全長一千九百七十二公里。現已通車路綫為衡陽至宜山，南丹至都勻，柳州至來賓支段總長九百六十九公里，正在趕修中者有宜山南丹段一〇四公里，新工路綫有都勻貴陽，來賓湛江市（即廣州灣）段五五二公里，暫緩修路綫有黎塘諒山段三四七公里。本路係戰時所建，于三十三年秋湘桂軍事失利時破壞，尤以衡桂段破壞最為徹底。勝利後以限于財力，三十五年度先行修復破壞較輕之桂柳，柳來，柳懷三段，共長三七三公里，于本年二月中全部通車。衡柳段長三五七公里，在袁夢鴻局長主持下經十閱月之努力，終于本年十一月下旬修復通車，並較預期完工期限提早一月。交部為重視其復軌意議起見，特由淩次長鴻勛參加通車盛典，儀式至為隆重。

京將建大機場

本京擬擴建一規模巨大之機場，是項計劃業經呈奉核准，地點已勘定光華門外九公里之土山鎮，定於明年春初開工，預計三個月竣工。全部建築經費預算暫定為二千億，開闢建築完成後，其跑道將長達九千尺，足容最大之民航機升降，可能較上海之龍華機場面積更廣而為全國最大之民用航空機場，合於國際規模之乙種機場規模。

交通現況

交通部譚伯羽次長，于十九日代表俞部長出席參政會駐委會，報告最近交通設施情形如下：

鐵路

北甯路月初曾一度全線通車，旋又被破壞，近正分別搶修中，關內段尚未恢復，關外瀋陽錦州間，除大凌河橋外，可行車。此外，錦古線營盤至黃新屯長圖線興隆至山九站，均尚未通，中長路僅[illegible]開原間可行車。正太線被毀不通，隴海綫短期不易修復。同蒲本年五月間破壞後不通。平綏全線暢通。平漢南段最近大遭破壞，僅漢口信陽間可通車。平漢北段平保間本月二十五日可望修通。新鄉焦作支線，迭遭破壞，迄今未能修復。

隴海路西段之洛陽潼關間，先於八月下旬遭嚴重破壞，東段之開封徐州間，繼又於十一月中旬被毀，現西段尚未能正式開始搶修，東段則開封商邱間，修復後日前又被破壞，現開封附近戰事正烈，搶修工作大受影響，粵漢路雖勉強修通，以工程未合標準，時有出軌情事，致礙行車安全，現亟謀整理。浙贛路杭州鷹潭間已修復。湘桂黔綫，衡陽來賓間六百餘公里已於七月二十八日正式通車，懷遠以東待修者約一百公里。津浦南段浦口濟南間已於本月十一日正式通車，因材料缺乏，向北搶修尚有待，擬先修通至張店。台灣省鐵路共長三千九百三十五公里，現均通車。海南島鐵路共長二八九公里，上年為大風損壞，現尚未全部修復通車。

公路

戰前我國共有公路十萬九千公里，公商運輸汽車六萬輛，日本投降時，可通車者祇有四萬九千六百公里，公商運輸車輛三萬四千輛，計在共匪佔領區內有公路二萬四千餘公里之多，被共匪破壞路線有五千餘公里。

水運

水運方面，勝利時，國營與民營輪船，共祇存八萬噸，目前經接收及陸續向外購買，截至十一月底止，全國共有船隻三，三一七艘，九五一，八二六噸，雖超過戰前輪船噸數，但客船江輪均感不足。七月招商局第一艘輪，由上海試航日本長崎成功，此外開闢之國際航線計有馬尼剌，加爾各答，將來陸續開航至南洋，正籌劃中。

航空

關於航空現況，現在中國，中央（即前歐亞）兩公司，均經營，共有飛機八十三架，以零件奇缺，實際担任飛行者，祇六十三架，中國航空公司今年以六架專任國際及遠程航線。國際航空協定已批准者，有中英，中荷，中暹，中美協定及中法，中菲臨時協定，中美第一線於十月六日正式開航。

郵電

電信方面，本年度截至現在止，全國電信線路共被破壞及偷線者四、一七五次，損失鋼鐵線料總數達二二七噸，至新設施中最重要者如（一）國際電台，南京通至歐美，南美，遠東直達線共有二十線路，南京與倫敦，南京與舊金山，有直達無線電話兩路。（二）無線電話，南京上海已恢復與美國通話。

水利

洛惠渠放水

歷時十五載之洛惠渠於本月十二日完工舉行放水典禮。洛惠渠為故水利專家李儀祉先生所訂關中八惠水利工程計劃之一，引洛水灌溉大荔朝邑蒲城三縣田地五十萬畝。自二十二年勘測設計，二十三年五月成立涇洛工程局，按照計劃，積極進行，至二十六年六月各項主要工程均先後告竣。惟穿越鐵鎌山之五號隧洞於完成五分之四時，因遭遇湧泉流砂困難叢生，且適值抗戰開始，工具材料均不湊手，雖費盡中外專家心力，試用各種方法，仍不易奏效，最後將南段洞綫局部西移，改用工作井工作洞方法推進，經過種種艱辛，卒以人力克服困難，於三十五年十一月二十六日將全洞穿通，才奠定了今日放水的基礎。全洞共長三千三百七十七公尺，為國內水利工程最長之隧洞。

工程總價，如按陝省歷年物價析合二十六年法幣共為三百餘萬元，平均受益田畝，每畝為六元餘。

定價　每份三千元正
全年訂費壹拾伍萬元正
航空或挂號另存郵資二萬元
廣告價目　甲種每方吋柒萬伍千元
乙種每方吋陸萬元正

中華民國卅六年十二月二十九日出版

中國工程週報

內政部京警國字第五十一號
中國工程出版公司編印
發行人　杜拱辰

中華郵政認爲第二類新聞紙
江蘇郵政管理局登記證第一三三號
地址：南京(2)四條巷一六三號
電話：二三九八九號
零售處　全國各大書店

一週大事記

是週也：憲法實行，鹽稅增價。
法通貨反膨脹，德貿易獲特權。
大別山區共匪又回竄，瀋陽局勢當局保無虞。
美糧配售，京米轉瞬可平；
核示如何？且聽下回分解！

這週也，是中華民國值得紀念的一週。

週五（廿五）政府明令公佈開始行憲，並且公佈國民大會的會期，在明年三月二十九日召開。

同日，國府公佈另一命令：「茲制定戡亂時期危害國家緊急治罪條例公佈之。」

憲法與非常法令的同時公佈，當然，說明政府在目前有共苦衷在。孫科副主席說的是：「憲法雖已生效，但並非每一條如此」。政界名宿王寵惠也說：「行憲之舉，將爲國民政府對于共匪民主政府口號之眞正挑戰。」

國民政府雖然在行憲以後，仍然需要保持強有力的權力，譬如週五所決定的，「戡亂期間，郵電加價，國務會議有處理之全權」，實在是不得不如此。

×　　×　　×

週五的國務會議是非常重要，除決定了戡亂期間郵電加價的權力外，並且決定食鹽增稅廿五萬元一担，關稅附加百分之五十。

戡亂軍費，需要當不在少，前次，政府就曾增加過一筆，增稅案的決定，對此是大有便利。戡亂的軍事能迅速完成，使中國統一和平，那本是全民所渴求，只要受苦有指望，是不容甚麼。

×　　×　　×

法國民議會週四通過的反通貨膨脹法案，在受到通貨膨脹的痛苦的中國人民，是很現實的一課。

法案中規定發行一千三百億法郎公債，由國民承購，同時規定個人及公司于一九四六年每年收入在四十五萬法郎以上者，須付特別所得稅，公債與特別稅所得，三分之二，用于復興，三分之一，用于「配備」。

這與我國是徵收「建國特捐」辦法相同，只可惜沒有下落，然而法國共黨又是反對這法案的，他們指出「政府這種政策，是應美國務部需要，利用法軍作戰」。

×　　×　　×

倫敦外長會議破裂以後，英美法三國繼續很融洽的商談，週三，巴黎宣佈：西方盟國締結三國煤斤協定，法國在一九四八年所獲的魯爾煤斤增加了。皮杜爾的外交路線，又獲得一成功，他原是介乎英美集體與蘇聯之間，獨立自主的爲法國爭利益。這也是由于法國在歐陸上的戰略地位還有其重要性，而大集團不得不有所借重。外交上不採「磕頭政策」，別人總不至如何歧視的。不過，這一次，法國趁美蘇翻臉不久，便如此熱絡地撈得一筆，皮杜爾的外交路線，以後可能有比較的明確指向了。

同時，美英佔領當局以特權賦予英美區的德國官員，使能處理德國之進出口貿易，這又將是蘇聯刺眼的一件事。

×　　×　　×

這一週的戰事，關內關外都相當重要。

關內戰事在兩個戰場激烈進行，一個是大別山區與桐柏山區，就是平漢線南段的兩側地帶。共匪的企圖，很顯明是想把大別山，桐柏山，甚且把大巴山也連成一氣，劉伯誠經堵截後，又有大部回竄大別山區，又有竄犯立煌的企圖，另一部向鄂北的襄樊，皂市一帶竄擾，共陰謀是想割斷鄂陝的脈管，另一組戰場是晉境運城的戰爭，共匪動員到七萬多人，來爭奪這晉南重鎮。它的目的，也許想在晉南討點便宜後，再抽出兵力，用在隴海線，來解救大別山區的劣勢。

至於關外戰事重心，仍在瀋陽，目前最重要的一綫，是新民，彰武一綫共匪，集合的兵力可觀，聯合社北平二十四日電中提到：「據政府方面估計，結集于新民，彰武及法庫附近之共匪總數在二十萬人以上。」

國軍勁旅已陸續增援出關，東北戰局必在短期內有分曉，國防部新聞局發言人，對東北戰局有堅強的信念：「共匪進攻瀋陽，絕無可能」，「宣傳要進攻瀋陽，乃係虛張聲勢。」

×　　×　　×　　×

南京米的問題，這一週有個轉機，米價評不了，法令也已成廢物，現在唯一辦法，是利用美國救濟物資中的米麵來配售，週內並成立一個配售委員會，有了計劃，正呈請政院核示中。

配售開始，米價必然會跌。只不知道核示那一天可以核下。

迎接卅七年新年獻詞

工程報道與建設推進

吳承洛

一、

中國工程師學會除出版學術性質的工程雙月刊外，向有會務月刊或會務特刊的刊行。自二十一年一月一日起，爲應時勢的需要，曾將會務月刊，改爲工程週刊，發行至二十六年五月廿七日止，至第六卷第八期，共一二六號。戰時復刊，仍改爲會務特刊，前後共新六七十號，以會內刊物含有機密性，不似工程週報，有短篇言論，各方報道，彙載會務，爲能引起一般及社會的注意。

二、

戰後兩年又餘，各界人士均似終日皇皇，無時或息，日常事務，無論爲公爲私，爲國爲民，均不易把握得住，學會情形，正是相同。就學術言，以視戰前努力，與戰時成就，殊不可以共論，即工程雙月刊戰前發行共五十五期，戰時編輯共四十五期，亦合有一百期，連以前的會報，又一百餘期，是本會學術定期刊物，連同報道定期刊物，也有四百期的歷史，可以自慰。

三、

但大戰結束，勝利降臨，工程事業，理應大爲開展，專載學術刊物，必不足以應需要。坊間有關經濟及一般工業的定期刊物，雖已有不少種類，同時有私人組織的工程報道刊物，先後問世，亦有數種，但均不易繼續存在。中國工程師學會於復員初期，即擬恢復工程週刊，遷延未果。

此種報道性的刊物，正宜與學術性的刊物，兼籌并舉。現當全國上下，正在倡導提攜新進，本會爲充實力量，統一意志，乃將本會原有週刊與中華工程週報合併，改組爲中國工程週報，委由學會及工程界組織之中國工程出版公司出版，期以半闢體式的姿態，與世相見。

四、

本會出版的三十年來之中國工程紀念刊，可謂爲有系統的工程報道鉅著，現正在再版出書，而希望每週出版的工程週報，亦於三十七年歲首，開放其鮮豔之葩，就史料言，則今後五年十年十五年二十年，每隔若干年，彙集成書，即不啻各該時期的工程總報道，鑒往知來，則此半張報紙，均可依時發生其偉大的力量，時代在前進——在前進——在有意義的前進——在有力量的前進！

五、

革命尚未成功，建設有待推進：同志仍須努力，工程師應當興起，負赴使命，負赴使命。昔我國父於軍事時期，尚以建設相召號。除心理建設，社會建設，與物資建設，以爲建設建國的藍圖外，并以建設爲省政重心。今各省建設一廳，昭昭在人耳目，然多變爲行政機關，而鮮有能從事建設，鮮有能從事實際建設。今後改弦更張，各省建設機構，應當擴大組織，羅致全省所需要的全國工程人士，依照建設計劃，運用公私款項，勿斤斤於國營民營之爭，只在建設推進，建設推進！

六、

利之所在，人共趨之，此十八世紀的經濟學而非二十世紀的經濟學。人生以服務爲目的，大道之行也，天下爲公，是有三民主義的民生經濟學。今世無論是號稱資本主義的國家或號稱社會主義的國家均趨向於此。吾人亟應放棄私利之心，而以公利相召號。時賢感於戰後道德衰落，作爲隱憂。竊嘗在戰時早經揭明以不道德化的現象，爲工業化過程中所不可避免，如加速工業化的進度，則不道德化的現象，當更爲普及而加深。但此過程，無妨工業化的最後成功。一俟工業化達到相當程度時，則自然可以轉變其趨勢。不道德化的程度，逐漸降低，衣食足而後知榮辱，古有明訓，於今亦然。努力建設則工業化逐漸達到，逐漸達到。建設成功，道德發以，民生主義，民主憲政，庶幾可期。

七、

世人頗有危言，以爲我國現狀，是一面建設，一面破壞，既在不可避免的破壞過程中，則反不如節省人力財力物力，從緩建設，此似是而非的理想，殊屬差誤，亟應闢之。譬如人生有病，往往病後身體更康強，蓋在病中，正是一面受微生物的侵害，時刻在破壞當中，但另一面必當加以營養，增加體力，亦時時在建設當中。人生有病要靠醫生去治，國家有亂，要靠軍人去戡。然病的真正治好，與其謂靠醫生去治的成分多，無寧謂靠營養力量增加體力的成分多。如於病中不設法建設體力，則靈藥亦無補於事。是以一面以軍人力量減少破壞的可能性，以期掃除建設的障礙，尤當同時以工程師力量，從事培養，從事建設。現在問題是工程建設，與亂的破壞，來作競賽。如建設的速度與其加速度，大於破壞的速度，與其加速度，則建設成功。區區破壞何足道，只在建設猛晉，建設猛晉，再接再厲，再接再厲，一面破壞，一面建設，正如小孩玩具，拆來又拆，拆來又拚，從破壞中求建設是最有趣的事情。

八、

我國戰前備戰，與戰時抗戰，付養成建設新聞，力求機密的習慣，這是好的習慣。因爲二三十年來，國人習於懸空標榜，議論多，成功少，鮮肯埋頭苦幹，實事求是。但事實真相，必當披露，毋故自秘。吾人感覺建設不足，正可乘時加緊，互相觀摩，實有公開報道建設實況的必要。破壞實況，一併報道。於是如何受破壞，如何再建設，如何再受破壞，如何再行建設，如何又行建設，故本報登載，不僅歡迎建設的報道，尤歡迎破壞的報道，知已知彼，自然成功。凡我工程師共各以建設自期，共各以建設互勉。世界大戰以後，各國均在從事重建，不再破壞，惟我國則仍一面破壞，一面建設，人生有幸有不幸，我們何幸而生長中土，遭逢良緣，正宜把握時機，建設猛晉，建設猛晉，再接再厲，再接再厲。爲之偈曰：

破壞愈利害，重建得愈好，
不怕被破壞，只怕不建設。
三十七年一月起，
工程一一從頭數；
工程師兮工程師，
建設本應自我始！

專論

首屆電信紀念日獻詞

錢其琛

六十六年前之今日，（即遜清光緒七年十一月初八日，公曆一八八一年十二月二十八日），我國第一條電報線路——上海與天津間——建設完成，開放公用，此實爲我國有電信之第一日，政府爲紀念以往，策勵來茲，規定自本年起，每年十二月二十八日爲電信紀念日。茲値首屆紀念之機會，將我國電信事業過去之簡史，最近之進展，以及將來之瞻望，撮要陳述如次：

（一）過去簡史

回溯吾國六十六年之電信簡史，約可分爲四個時期，（1）創辦時期，（2）擴展時期，（3）抗建時期，（4）復興時期。

1.創辦時期：自遜清光緒七年迄民國十五年屬之。前清時代，電信事業初爲官督商辦，至光緒三十四年改爲國營，統歸郵傳部辦理；電報方面自津滬電報綫完成後，逐漸向東南沿海各省展綫設局，市內電話先由外商在滬漢設置，後由盛宣懷氏奏准由報局彙辦，陸續在南京、廣州、天津、北平、上海、奉天等處興辦。長途電話僅有平津，津奉，津綏等綫，後將日人管理之濟青綫收回自辦，其時無綫電報方在萌芽，僅作短距離通報或與船舶通報。

2.擴展時期：自國民政府成立迄抗戰開始屬之。期內除極積整修添設電報綫路外，並在各緊要電局裝設新式快機，同時在電信主權方面，亦頗多挽回，如取消外商水綫公司，水綫在華登陸專利權公司等；電話方面，除擴充機綫設備外，並在津京滬漢青島等地先後改裝自動電話，長途電話方面先接通京滬杭，其他內地各重要話局，亦陸續開放長話。廿三年並興辦九省長途電話，奠定我國長途通信網之基礎。無綫電方面進展亦多，十六七年先後成立上海、廣州、漢口、重慶、天津等五十餘處電台，同時建設委員會亦在京滬平漢等十八處設立電台，於十八年歸併交通部辦理。在西北各地，並設立邊遠電台十餘處，以利邊疆通信，此外並在上海設立國際電台與國外通信，自此我國國際電信交通，不必須外人所設之水綫。二十五年上海、漢口、廣州、南京、南昌、汕頭等處無綫電話台完成，中日中美間無綫電話亦先後於二十五年六月間開放通話。

3.抗建時期：抗戰以後，國都西遷，全國重心隨之西移，因有西南西北電信網之設計，以適應長期抗戰，電報方面綫路，原有九萬五千公里，抗戰中淪陷及被毀等四萬五千公里，經竭力建設在大後方新設之綫，堪與損燬者相埒。長途電話方面以重慶、貴陽、桂林、昆明、成都、長安、蘭州爲中心修建幹綫，完成陪都與各長官司令部及各該司令部與前綫之聯絡，以應軍事需要，並就已成之幹綫，擴展延至各重要縣份，斯時敵機到處轟炸，報話綫路隨時有中斷之虞，乃極積廣設電台，以爲補救，計先後建設重慶、貴陽、昆明、長安、蘭州、桂林、康定、南鄭等大型電台十餘處及中型電台一百數十處，原有上海國際電台淪陷後，即遷至成都繼續工作，繼又設立昆明國際支台，分別與世界各重要都市通報。

4.復興時期：勝利復員後，各收復區內，電信綫路機件設備破壞甚多，剩餘者以年久失修，配件缺乏，大部不能日常工作，而當時復員事繁電信交通需要激增，接收時設備殘與狀，均不敷遠甚，在此環境之下，祇有埋首苦幹，努力建設。第一步先搶修各重要幹綫，修整通信機件，成立全國通信網之主要骨幹；第二步修復次要幹綫，經營年餘，在財力物力人力三種限制條件之下，差幸略有成就。三十六年上半年全國主要電信設備與抗戰開始時比較：長途電話綫路，較戰前增加達一倍以上（現爲一一三，〇二四對公里）。電報綫僅較戰前稍增現爲一一五，六七八條公里，其原因爲新式電報電路，可從長途綫中產生，不必專造電報綫路。至於新式載波電報電話電路，及無綫電微波電路，戰前幾等於零，至本年六月已有四百餘路，其餘亦均有顯著之進展。

（二）最近之進展

在此二年期內，電信業務雖以配合軍政需要爲主，但同時對於公衆之需求，亦唯力是視，儘量兼籌，茲將近來業務方面之新設施，及服務方面之改進，簡述如左：

1.實行電報電話限時制，特快電報限一小時半到達，特快電話限十分鐘接通，實行以來公衆稱便。

2.加強抽查電報，厲行電報準確獎勵辦法，藉以減少電報錯誤，實行以來，電報平均錯誤已由百分之四十三減至百分之十一。

3.於各大城市普設公用電話一千餘處，以濟市內電話之不足，並於交通衝要處所設立電所，辦理報話營業，復於京滬等處大都市創辦行動電局環行市區收發電信。

4.舉辦各種新業務其中重要者如：開放交際電報，夜信電報，旅行電報，眞蹟交際電報等。

5.注重公衆服務特於總局添設公共服務組，主辦推進各種服務公衆事宜。

6.改善員工服務態度，注意整潔禮貌。

此外對於國際電信，亦經積極加強，即從事於增設機件，擴充國際電路，現在與國外直達通報，電路已有二十一路。中美電路且已改用最新式電傳打字機，工作效率甚高，南京亦已成立國際支台，直接與英美通報，中美無綫電話業已開放，博得國際人士之歡迎，中美傳眞電報，正在試驗，短期內亦可開放。

（三）將來之瞻望

交通部對於戰後電信建設，已定有五年計劃，其大要爲國內通訊以有綫電爲主，無綫電輔之，國際通訊則以無綫電爲主。照此計劃共需建設報話綫約三十五萬對公里，市內電話四十六萬七千具，連同其他機件，約需外洋材料廿四萬公噸，工作人員九萬餘人，惟以復員後共匪作亂，一切電信設施均須配合軍事需要，加以機料大都仰給外洋，外匯十分困難，以及人力不敷等等因素，此項計劃尚難遽付實施。

是以瞻望將來電信事業之擴展，一切仍須視財力物力及政治情形而定。明年初期，電信方面主要工作，仍爲配合軍政通訊需要，如機料來源無問題，財力能勝，明年度擬增設華南及沿海方面重要幹綫，以利區域內之貿易，並添設西北幹綫，以利國防。此外國內通訊網未能完全修復時，擬於各地大量增設無綫電話機，以補有綫電話之不足。國際通信亦將再度加強，擬添置大型機件增闢國際直達電路。尤爲重要者，各地市內電話大都陳舊，且均不敷供應，亟須分別加裝話機，添設外綫，以應需要。明年如外匯有着，擬即訂購京滬漢渝等處市話機件。

値茲首屆電信紀念節日，念吾全國電信同人共同戮力堅苦耐勞，力盡職守，良深欽慰。然事業之進步無窮，還望各加惕勵，以革新之精神，克服困難，完成電信大業。同時謹以至誠請求公衆，對於電信賜予協助，盡量批評，指導，作爲改進之南針，爰藉今日機會，敬掬衷忱，略獻蕪詞，願與全國同人共加奮勉並就敎於社會人士。

建設鋼鐵工廠的幾個條件

英鋼鐵專家史谷特向中國提供幾點意見

去年年底，我以英國商業訪華團團員的資格到中國訪問，在很快的十個星期裏，我在中國飛行了七千哩以上，到處都受到極大的歡迎，並且給予種種的便利。

英國人對於中國政府要想及早建立一個健康的鋼鐵工業作爲中國工業發展的原素的這個希望，很感興趣，因爲英國曾在西方對抗侵略，中國人民則在東方對抗強敵，都受到很大的犧牲，我們希望盡我們力量來協助重建。

要恢復一個像東北鞍山那樣龐大的鋼鐵工廠，或者造一個決定於當前經濟因素的規模的新廠，就需要很大的資本，但是世界到處都遭受到戰爭的破壞，徵集資源和資金是今日的一個大問題。因此全世界能夠在這方面充分的經營以前，還需要相當的時間。

現在且讓我們來談談建造一個新廠所需考慮到的各點。在這一門工業上，選擇廠址是最主要的考慮之點，門數很多的原料，也起着決定作用，首先要進行觀察的一件事，就是原料的來源，諸如鐵苗，可以做焦煤的煤斤的質地，石灰石，極堅固的原料等等。

還有，儲藏原料的倉庫最好彼此都很接近，這方面可能會發生各種重要的運輸問題。

鋼鐵製造是一種連貫性的手續，因此一旦決定使用所選好的資源時，應注意到相連接的交通上的便利。

在多數的國家裏，水上交通是運輸大宗原料的最簡便的方法，中國就是如此。以連續性而論時間是並不怎樣重要的，供應的數量和一個現代最完備的鋼鐵工廠，也許每年需要將近八十六萬噸的原料，這就要裝卸和儲藏所需要的運輸上的特別便利。

鋼鐵的製造並不是一種很簡單的過程。不僅在做法上隨着各國的情形而異，且在這些國家的各個地方亦因地制宜。

在英國要建立工廠並不是猶豫不決的，和專家們去商量來協助解決那些問題，工程師們都是終身獻身於新工廠的研究和建設，而他們具有世界性的廣泛的經驗。

中國的鐵苗和煤斤的蘊藏是相當可觀的，如果很多的低級鐵苗之中含有砂質的，精良的粒子，在冶鍊之中需要特別的處理，以增加製成品的價值。如果那種適宜於做焦炭的煤斤儲藏處和鐵苗的儲藏處離得很遠的話。

以上值得考慮的幾點，和並不發達的中國運輸系統合在一起來講，那麼要找一個個鋼鐵工廠的廠址是特別困難的一件事。

設備最完善的鋼鐵廠，如果沒有訓練成熟的技術人員來做，也就等於無用，而在中國，需要進行特別的計劃，它不適需要不可或缺的管理員，化學師，冶鍊專家等，而這些人員可從中國的大學與訓練出來的，而且中國還若要將缺技術，檢驗員等，這些工作都需要具有相當的技術和經驗。

所有這些考慮，當然中國要設立一個未來的鋼鐵工廠，是很清楚的，因此提出這些問題也就是提供參考。最後我在這裏向中國說明，就是英國希望中國在未來的建設事業上獲得很大的成就。（中光）

噴射式飛機以及其他空中武器之展望（續）

謝安祜

六、指示投射器

關於防空方面，現在也有極大的進步，除噴射式的戰鬥機而外，還有雷達探空器（Radar detection devices）用火箭推進的碎片投射器（Flake missiles）這種投射器假如附有目標搜索器（Target seeking heads）或者接近爆發器（Proximity fuses）牠的威力是非常大的，因爲防空武器如此之利害，就是現在高速的噴射式飛機也要受到相當的威脅，因此美國在發展噴射式飛機而外，另還在積極的研究一種速度很高的武器，這便是所謂的指示投射器（Guided missiles）這種武器行動，由地面至空中，由空中至地面是可以自動控制的，自動控制的辦法現在有兩種，一種是迴轉控制（Jyroscopic Control），一如飛機上的自動駕駛（Gyro-Pilot），另一種是無綫電控制（Radio control），這種控制容易受敵人[illegible]

[illegible]德國的V—2[illegible]（Warhead）[illegible]（Step-rockets）[illegible]五千英里。

但是這種火箭的成功還是有相當的困難，第二是控制方面，如何可以控制準確，是比較難解決的問題，第三是材料方面，因爲投射器在空中速度很高，每小時達幾千英里，彈頭與空氣摩擦如是之速，勢必發生極大之熱力，所以如何研究出一種新的混合金屬，可以抵抗高度的熱力，也是一個需要解決的問題，這些問題恐怕不出二十年，便都可以得到相當的解決，到了那時候的戰爭，指揮的人只要一撥動機關，便可以發出很利害的武器，投射到敵方，投射器所用的彈頭攻擊物或爲原子炸彈，或爲原子放射，或爲細菌播散，如果敵人方面也有着防守的指示投射器，那麼高空便是搏鬥的戰場，這些事情，假如戰爭在二十年以後發生，亦許就會有實現可能。

七、結論

現在世界上科學與工業的進步，已達到了噴射式飛機和原子炸彈的時代，反觀我國，科學與工業[illegible]（完）

東北工礦（瀋陽通訊）

共軍六次攻勢發動之初，同時攻取四平、錦西、營口等有切斷國軍補給全東北之企圖，月來以目的難達，乃退而破壞工礦，計切斷小豐滿輸電線路，致長春瀋陽長期停電，該兩區內之工廠，（估現收復區工廠數十分之九）陷於半停頓狀態。錦西市營設施就之煉油廠部份受砲火破壞，開工更無望矣。阜新煤礦損失慘重，北票煤礦一度吃緊，曾停工，本溪湖煤礦因緊臨前線軍役繁重，影響產量殊甚，鞍山鋼鐵廠已停工（以往即以成本太高銷路缺乏入不敷出），瀋撫順煙台在遼陽北之小煤礦尚能勉強維持原狀。西安煤礦自上次四平會戰時失陷後迄未收復。遼河水系原屬太子河區流河女兒河繞陽河等工程為之防洪工程，以地方不靖恐陷於停頓狀況，影響所及其下游新民盤山遼中遼陽台安一帶之水災仍屬嚴重。中長路南經修復又已破壞無遺此次北寧路之破壞亦是大關身式，已以興城至綏中一段為最劇，興城有一十八孔鋼板橋迭橋墩均遭摧毀，故修復極需時日。現鐵路、電桿木、枕木、鐵軌、均成問題。

日偽以往在東北之建設為殖民地之開拓方式，工礦業相互間聯繫不密，且無整個之獨立體系，（其獨立性能尚遠不若台灣）故產品率屬初製之粗坯，或局部之機件必須運回日本加工或裝配後始能成物，又自太平洋戰爭發生後，各種工礦及工程設施，益斷因偽就陋，北滿益甚，如松花江防洪堤均為木架，因北滿木產極富。小豐滿鐵路沿湖等處之發電機均陳舊不堪，故年來即使無蘇聯之掠，能全部順利接收，則所有工礦業因其國內生產製造體系不能配合，而東北本身亦無法周轉，以自給自足自立，不出一年亦勢必陷於癱瘓。至於一般工礦與工程設施亦僅能拖延二三年而已，日久必致零件亦無處可配則自然瓦解矣。

又東北於清末民初四五十年間，農村富庶已極，自日寇入主，極盡榨壓之能事，號稱意開發工礦，繁榮都市，而民力竭矣，更兼蘇聯掠走千萬頭牲口，共軍兩年來大量搜括糧食運蘇換取軍火以來，遂使農村瀕臨破產邊緣之農村，瀕臨絕境矣。東北物產煤鐵在南部，木材在西部北部，其輕工業原料在中部北部，且人工來自農村，消費須視民間財富之消長。收東北苟不全部收復，治安不穩定，民生不回甦，農村不振興，則難言建設。

依筆者之看法，認為將來建設東北，應首先擬定一個整體嚴密之建設計劃，（以往日偽之調查資料及計劃，僅可作參考，萬不可完全循彼之所利而自誤）。次在復興農村，則防洪利水，（按合江省境沼澤地區約估全省五分之一，悉成廢地，日偽以治安不靖，財力不足，無法改進。日後若排水防洪有方，當均可化為肥沃之良田也。又松花江遼河各流域率遭水患，故防洪實為急務）也。整體農場，（東北地區幅廣，極宜機器耕作）牧區林區之興辦均屬所要。礦以煤鐵為主，工業以鋼鐵，機械製造，大豆工業，木材，造紙工業為重，庶幾欣榮有望乎。

（承炯十一月十日於瀋陽）

武漢通訊

△交通部第三區電訊管理局新建房屋工程業於本月內開標，標價約十四億元，由陸泰營造廠承辦。

△漢市府各路翻修新加柏油工程於十五日開標，除柏油由市府供給，餘工程費約叁億元，由何茂記得標承包。

△聯勤總部××廠平基建路土石方工程由彭榮泰營造廠承包，造價約十億零叁千萬元。

△江漢工程局第二期堵復工程業經全部告竣，由水利部鄂省府鄂省審計處湖北善後分署等機關派員分兩組出發驗收。又該局卅七年度歲修工程正分組測量，下月內可望進行招標。

△兩沙運河工程由江漢工程局主辦，須由鄂分署援助小麥七〇五噸，即由荊門縣府征集民工開工。

△湖北省立高中校舍工程由正基營造廠四家承辦，進行數月，近已告竣待驗收。

△橋口交通部汽車修理廠廠房工程前由復興營造廠承辦，業已竣工進行驗收。

△漢口市府為澈底解決本市房荒，已擬定興建住宅區之計劃，待市參議會核定修正後，即可着手籌備，付之實現。

△十一兵工廠房屋工程，造價十二億，由永年營造廠承包，正訂立合約中。

△鄂省立醫院房屋工程，前由漢營造廠得包，月初該院經理黃漢林卜治，該項工程，現由省醫院收回，據該院負責人稱，未完工程即將另行招商承辦。

△華新水泥公司在美訂購之新機器，頃已抵達上海，約週內可運抵大冶，預計明春即能大量出貨。

△漢口中新紗廠戰前有紗錠五萬兩抗戰發生，曾內遷三萬錠。餘兩萬紗錠日人遷去。現該廠已向英國購則紗錠發錠，月內可抵漢口。又該廠，向英國購買四千瓩發電機亦將裝配竣工，發電後于漢口各廠生產有補助。

△空軍司令部勤務大隊新建房屋工程，于本月初發標，由永年營造廠得包承辦云。（紹毅）

成都通訊

十年建川計劃

法國遠東經濟代表團受川主席鄧錫侯之請託，草成建川十年計劃，刻送達省府。法方並同意派專家及貸款，已協助。其計劃要點為：（甲）動力：一、利用川江水力、興建一發電十五萬瓩之水電廠。二、利用隆昌之天然瓦斯，興建一發電十萬瓩之瓦斯電廠。三、利用大渡河至馬邊河之落差，興建一水電廠。（乙）交通：一、設立發路除，保護現有之公路，並完成川滇鐵路。二、完成成渝鐵路，興建成資鐵路。（丙）農業：一、改善現有之灌溉工程。二、設立灌縣肥料廠。（丁）工業生產：一、在樂山設立一年產十萬噸之洋灰廠。二、在資中、內江、簡陽、資陽等縣分別設立現代化糖廠。三、在灌縣設立造紙廠。四、改進自貢鹽場。五、在重慶設立一年產焦煤二百萬噸之焦煤廠。

工業與資源

全國花紗布管理辦法

全國花紗布管理辦法，已於二十三日舉行之政院例會中通過。紗布外銷如下：

（一）棉花管理：全國花紗布管理委員會指定紡紗廠，由該會統籌收購，不得自由購買。

（二）棉紗管理：凡管委會所掌握之國棉及外棉，全部配售紗廠代紡棉紗。其配銷採用下列方式：一、凡現為本會代織棉布之廠，由本會供給棉紗。二、除製造廠外，暨由各業公會或團體負責查報紗廠名字設備及需要實際數量。

（三）棉布管理：一、凡具有動力機三四部以上之工廠，可向管委會申請定紗，代織布匹。二、配紗代織之布匹及其製成品，作為供應國內及運銷外洋之需要。三、代織各廠應將現存棉紗，布匹或其他棉織品繳交驗收後，再由該會換給棉紗，藉以生產。四、配紗代織布匹及棉織品，採取以紗交換為原則。

輸出品原料輸入辦法

經行政院通過之輸出品製造原料輸入辦法，院方已正式命令實行，依據該項辦法規定，凡進口原料之價值未超過其製造品之出口價值百分之四十，或其製成品輸出業具歷史有提倡價值並經輸出入管理委員會特准者，准其輸入，並規定其出口外匯應於原料輸入後九個月內結售，出口商聞訊後咸感興奮，凡我國手工業及輕工業品如草帽、棉織品、刺繡品、搪瓷器皿、熱水瓶等各業，均將應用此項辦法而輸入原料增加輸出。

解救華北枯竭　冀參會作建議

冀省臨時參議會頃電行政院，作如下之建議：（一）停電影響生產至鉅，須謀解決之道。（二）擴冰船紛紛他調，津港封凍，水運陷於死地，現有者務請停調，已調者請迅予調回。（三）鐵路不斷破壞，機車與車皮均感缺乏，請迅予設法補充，以利運輸。（四）輸出入限額附表二第四季外匯配額，天津並未增，而華南增加，殊欠公允。（五）生產貸款分配過少。（六）南疆北運限制燃請取消。（七）敵偽產業處理局已經處理之工廠，應請政府查明迅令開工。

滇工協要求工貸

雲南省工業協會以政府採取經濟緊急措施，停止一切貸款，而對工礦事業亦包括在內，實予生產事業一大打擊，該會頃致電政院、立法院及經濟、財政兩部，請求對生產事業到期款項，一律核予付息轉期；並迅予劃定最小限額國幣一千億，為生產事業專項貸款。

蘇工協要求工貸

蘇省工業協會二屆二次理監事會議二十一日在蘇舉行，議決要點：（一）分電經濟部及全國經濟委會，請求分撥燃煤；（二）由每單位推定一人，組織蘇省限額輸入原料分配審議委會；（三）電請財經兩部及四聯總處收回緊縮工貸成命；（四）員工年賞，待滬市各廠決定辦法後再定；（五）下屆會議在錫舉行，日期另定。

東北工礦危急

東北工礦將全毀滅。本溪、鞍山、阜新、北票全被包圍，煙台煤礦因距離瀋陽較近，乃自行修路撤退。據孫越崎氏在北平稱：拆遷東北工礦機件已成過去，人都撤不出來，還有什麼能力搬機器？這是一個沒有前方，沒有戰線的戰鬥，我雖以準備防範，陳誠也雖有心欲保衛工礦據點，但共匪不要前方的打法，容敵突擊，使若干單位全陷重圍，十三萬員工多半陷於孤立無援狀態。瀋陽人心尚安定，但撫順無力供電，煤炭缺乏。撫順現有員工四萬人，月需流通券六十餘億尚不足，人多糧少，工人不能裁，生產不能增，前途至難樂觀。（工商社）

青島中紡缺煤停工

青島中紡公司于上月底起，以存煤不足，遂改為以每日兩個紡織廠開工制度，以期燃煤運到再行全部復工，但延至本月上旬，仍未見燃煤運來，復自本月十日起每日以一個紡織廠輪流開工辦法，以使工人不失業，機器不生銹。時至今日，存煤已全部用罄，不得已自廿二日起所有八個紡織廠及機械、化工、染織、印染、針織等五個廠共計十三個廠全部宣告停工，致二萬餘工人失業，廠方在此停工期間，工人一律發給半薪。

青島鋁銅廠將移贛

贛省工業協會，曾奉經濟部通知，配給日本原設青島之鋁銅品廠，決定改設於南昌，並號召贛省有關各廠商聯合集團投資承辦。刻擬訂計畫書，內容為：（一）該廠定名為江西金屬軋製廠股份有限公司。（二）該廠各項機器之設備，計有軋片機八座，捲片機四座，各式大小車床二十部，各式修理工具機十六部。（三）該廠建築工程預定全部一年完成，其機器之安置，則另需八個月裝竣。（四）該廠之籌建經費，依照南昌市十月底之物價計算，為五百五十二億六千萬元。（五）組織機構係根據公司法之股份有限公司。（六）該廠之產製計劃，預計可年產鋁皮、鋁管、鋁條等六百公噸。鋁品亦為年產六百公噸。

四川水泥公司銷路好轉

該公司成立於二十六年，機器是最現代化的丹麥出品，如銷路好，電力充足，每天的產量為九百桶至一千桶。每月可產到三萬桶，現在每月產一萬五千桶。二十八年因工廠遷川，四川水泥公司水泥銷售二十二萬六千五百五十桶，為銷路最好的一年，勝利後第一年銷路頗慘，僅銷四萬一千二百八十六桶，今年因成渝鐵路及黔桂鐵路訂購，情形稍微好轉，截至本年十月份止，已銷七萬零四百四十一桶。

長壽電廠

長壽電廠，（即前龍溪河電廠）成立已屆六年，其電力較沿江各地均為充足，惟該廠原僅發電三千餘馬力，近以用戶激增，漸感供不應求，近聞該廠向美國訂購新式水輪發電機兩套，每套一千馬力，並已全部運抵長壽，正漏夜趕裝中，約於兩個月後可裝竣發電，屆時電力供應綽有餘裕。

滬電力近況

△上海電力公司近日發電量已漸趨正常，預計至一月十日起，日間可發電一五八、〇〇〇延，晚上一六六、〇〇〇延。現在上海全部缺電約二萬延，各電力公司的總發電量已超過戰前。

△南市電力公司向聯總購運的二千延發電機二座已從美國起運，明年元月底可到埠。

△閘北電力公司送到捷克去修理的機器，現已運到捷克境內，開始修理。

△法商電力公司三千六百延的發電機，已開始改裝。

△上海電力公司向瑞士購買之二萬五千延的發電機，於明年年底亦可運到。

我將獲美米百二十七萬包

美國農業部宣稱：美國業已劃出食米四百零二萬二千一百包（每包重一百磅），作為明年上半年度輸出之糧。分配予中國者一百廿七萬包，古巴一百八十七萬三千九百包，朝鮮與琉球十七萬六千四百包，加拿大十五萬包，英屬西印度八萬八千二百包，沙特阿拉伯十一萬零二百包。（中央社）

我白米收成較去年增加

美國農業部宣佈：中國一九四七年白米的收成預料為二、五一四、〇〇〇、〇〇〇蒲式耳，與去年之二、二七〇、〇〇〇、〇〇〇蒲式耳相較，增加甚多，與一九三六年至一九年之收成，相差僅百分之四。（美國新聞處）

交通

京滬鐵路縮短行車時間

兩路局爲減少旅客擁擠，力謀行車迅捷起見，定元旦起，縮短京滬線行車時間，實行後，可較目前增快三四十分鐘，並增開客車四班，以利客運。

江南鐵路

江南鐵路公司所經營之江南鐵路，爲國內唯一之民營鐵路，勝利以後，當局因搶修隴海及津浦兩路，曾將江南路鐵軌拆去，現爲溝通蘇浙皖三省交通，決於明年春先將南京至宣城段修復。該公司曾于本月二十一日在滬舉行股東大會，商討該路復路問題，現已向四聯總處借得八十萬美元，已足夠鋪達蕪湖之鐵軌，（全長九十一公里），並擬就三期復路計劃，第一期即今之鋪軌達蕪湖。第二期通達徽州（三百餘公里）。第三期延長至貴溪與浙贛路接軌，全線共長六百餘公里，目下第一期通車至蕪湖計劃估計於明年三月全部實現，四月左右正式通車。

津榆間恢復通車

北甯路津榆段週前因幺山石山等站遭共匪破壞，行車阻斷，十七日晚修復接軌後，十八日津榆間已恢復通車，關外段恢復尚無確期。

平漢鐵路南段

該路自本月十三日迄十九日止，一週中，被共匪破壞甚烈，路軌方面，北自小李店至孔廟村破壞一一八公里，確山至李新店破壞三十公里，王家店至豐圍破壞十五公里。又宣城確山間破壞九十公里，共計破壞二五三公里，沿路橋樑車輛及電訊設備均遭破壞，鄭漢之間，大小橋樑五百座，車輛三百餘輛，均遭毀壞。現今漢信段仍繼續通車，信陽至明港有交通車來往。據專家估計，修復破壞路道，當需時三月，耗資一千五百億元。

平漢鐵路北段

平漢鐵路北段平保間於十月十二日遭第六次破壞，現經極積搶修，已於本月二十二日在徐水，漕河間接軌，定二十五日恢復通車。

浙贛鉄路

浙贛鐵路饒向段已于本月七日鋪軌至貴溪，十四日至鷹潭，仍向西進中。

又新修之萍鄉高坑支綫，路基橋樑於十二日全部完成，一俟鋼軌運到，即可釘道。

浙贛路火車已于本月十二日起展至弋陽。

隴海鉄路

隴海路汴鄭段現分途搶修，月底可通車。惟鐵軌枕木均不敷用，當局令代鐵路兩側五里內樹木供給，又平漢，隴海兩路擬利用川中紡公司存鄭棉籽代替機煤，即恢復鄭州洛陽間及鄭州新鄉間交通。

成灌成彭輕便鉄道 川省決定修築

川當局決興築成都至灌縣及成都至彭縣輕便鐵道，成灌鐵道已勘測竣事，明年二月可興工，成彭路已于本月開始測量，現正在計測中。

西北西南鐵路大幹線 交通部刻正在計劃中

由西北貫穿川黔桂直達西南之大幹線，由蘭州經天水、成都、貴陽、柳州以達廣州灣之西營，其間除都勻至來賓係屬湘桂黔路已成鐵路外，其餘待完成部份，計分爲天蘭、天成、成瀘、隆筑、都筑、來洪等六段，共長二、六九八公里。現已分段開工者，計有：一、天蘭三七六公里，本年內可完成總工程百分之廿二・六〇。二、成瀘五三〇公里，本年內可完成總工程百分之三五・七。三、都筑一五一公里，本年內可完成總工程百分之九・三〇。四、大成七五五公里。五、隆筑五一二公里。六、來洪三九〇公里。以上三段，均在測量籌備中。

闘贛公路

該路朋口至龍岩計長一〇四公里，前因水災破壞，已于本月初搶修通車。

信陽潢川公路

自信陽羅山間之共匪竄退後，本月七日已可通至羅山，羅山至潢川段，經搶修便道，亦已通車。

湯山服務站

公路總局擬設湯山服務站，基地經多次價購無效，乃呈請行政院征收，現基地賠償費及房屋遷移費正由局方會同審計部發放中。

洛陽潼關公路

該路已由河南省公路局組織工程隊飛陝隨車搶修，並由第八區公路局負責督導協助。

青島烟台公路

青島即墨段長四十五公里，前遭匪破壞現已搶修通車。

開封鄭州公路

該路沿綫已無匪蹤，自本月十九日已恢復行駛班車。

漢口建機場

漢口新機場已加緊興工建築，新機場位於劉家廟，前日本租界以東，現正修建跑道，全部工程限於明年六月前完成。新機場爲B級標準，完成後當爲國內民航中心，以後民用機當不在武昌降落。

塘沽葫蘆島封凍

塘沽港已封凍，航運自十八日起即行停止，具有破冰能力中板極厚之Z3型輪，亦無法衝過。葫蘆島港口亦已封凍，破冰船亦難以奏效。

電話機一萬架 明春可以到滬

上海電話公司已定得新機一萬架，明春可以到滬。將分配在虹口、[illegible]法租界東區和楊樹浦區裝用，至於其他區域的電話，因路綫和自動接綫機負担已達飽和點，仍無法添裝。

京下關二號碼頭崩陷

數日前，下關碼頭發現裂痕，于本月二十三日竟告崩陷，計自三北公司以北至二號碼頭間塌陷約二三百尺，情勢嚴重，且有繼續崩塌之可能。因之正在籌劃修建之下關碼頭，情況更趨複雜與困難。（按該碼頭區已于月初經由交通部青島港工程局米希得局長視察，擬具修理計劃，並聞將由交通部設立工程處主持其事云。）

上海人口統計

滬民政局十一月份全市人口統計，共四百四十四萬七千零十五人；內男二百四十七萬一千一百六十九人，女一百九十七萬五千八百四十六人；比十月份增加七萬一千九百五十四人。

南京人口統計

十一月份京市人口統計，經首都警察廳戶政科發表如下：全市四〇八保，七、七一三甲，二一〇、七八一戶，一、一一三、七二五人。內計男性六四二、一三〇人，女性四七一、五九五人。與十月份比較，人口增加男性二八、五〇六人，女性六、六九九人。

獎勵建造新船當局訂定辦法

交通財政兩部爲獎勵建造新船，迅速恢復航運，經會商辦法，呈奉行政院核准，由財部令飭海關總稅務司署如下：（一）凡輸入專用造船器材准免關稅；（二）在國外訂造之船隻因不能航行海洋而拆散裝運進口者，准免關稅；（三）爲獎勵造船器材進口應訂定之施行辦法，由交財兩部會同擬訂。

比機在昆失事

比國四引擎機史太林號在昆降落，曾獲我國核准。於廿一日下午一時五分抵達，廿二日晨九時十五分起飛。起飛離地後有三發動機突然發生障礙，致昇高不足二百公尺，無法控制，於九時廿分墜於跑道西南方距機場遙約三公里之中闢村。該機工作人員五人，乘客三十一人，失事後輕傷者五人，重傷者三人，內副駕駛員務德送甘美醫院後不治斃命。

雷達發警報

（中央社華盛頓台來電）美陸軍通訊部隊官員稱：目前雷達能探測一千英里外之飛行投射器。陸軍通訊部隊之雷達與氣象組，刻正指導若干科學家研究雷達替發警報與其他方法，俾保護美國防止襲擊。

德科學家助美造武器

（華盛頓廿二日廣播）美陸軍部宣稱，陸軍部現有被俘之德國科學家四百七十五人爲美國進行研究工作。研究之範圍極爲廣泛，包括受控制之放射武器在內。此等科學家爲美國陸軍在戰時所俘之科學家中之最優秀者，對於美國之研究工作極有貢獻，使美國節省數年之研究時間。即以火箭之研究一項而論，已使美國節省費用七億五千萬美元。

超音速飛機試驗成功

（路透社紐約廿二日電）航空週報載稱：美國XS1火箭引擎飛機，自英洛克灣美陸軍之秘密實驗站起飛，速率已超過音波之速率，在每小時六百哩以上。在上月中，此等試飛已舉行數次。

英煤產激增

英國今年度煤產，全年計爲二億噸。

巴拿馬拒租基地　美將另開新運河

（聯合社二十五日華盛頓電）由於巴拿馬議會拒絕繼續以其保衛運河地帶之軍事基地租與美國，後者之二千駐軍遂不得不立即開始撤退。上述十五基地中包有超級空中堡壘基地一，建於距巴拿馬城七十英里處之里約黑柱。美國會議員現已開始討論在除巴拿馬外之其他地區另開新運河，墨西哥尼加拉瓜與哥倫比亞均在討論地點之例，墨西哥土腰地帶開掘一溝通太平與大西二洋之新運河，距離最近。

英築國有公園　保存天然美景

英國有公園委員會頃公佈計劃，建議劃出土地五千七百方哩，以築國有公園十二所，俾英國鄉間景色得以永保鮮麗。不受污損。此項建議預期於三年中全部完成，即每年築公園四所。政府已提出特別法案，以實現委員會之建議，各公園總面積約佔英國本土十分之一，其位置之選擇以與大城市近便爲原則，庶英國人民無論老幼或收入多寡，均得在戶外消度假日，入園遊覽者無論徒步乘車，一律免費。園址所在地之天然景物與名勝古蹟，均將嚴衛加以保存，如有新造建築物，必使其符合就地之建築式樣，並與四週之景色相調和，在公園附近，除主要道路外，機動車均將禁止通行，並禁設飛機場，限制飛行高度與方向，以保持和諧寂靜。各種廣告亦在禁止之例。各公園建造經費估計需九百二十五萬鎊，每年維持費用約七十五萬鎊。（英新聞處）

國外通訊

30026

定價　每份三千元正
全年訂費壹拾伍萬元正
航空或掛號另存郵資二萬元
廣告價目　甲種每方吋柒萬伍千元
乙種每方吋陸萬元正

中華民國卅七年一月五日出版

中國工程週報

內政部京警國字第五十一號
中國工程出版公司編印
發行人　杜拱辰

中華郵政認為第二類新聞紙
江蘇郵政管理局登記證第一三二號
地　址：南京（2）四條巷一六三號
電話：二三一八八九號
寄售處　全國各大書店

一週大事記

是週也，財政部長叫苦，預算超支太大；
兩大員將赴美，備美援諮詢；
一新國獲獨立，緬甸慶新生；
東北緩和，一馬北上；
鄂豫滋擾未已，保定可保無虞。

這一週，是中華民國三十七年的第一週。

財政部長俞鴻鈞在週六參政會駐委會上的報告，非常重要，他坦白道出財政部的困難，三十六年國家總預算全年支出總數，達原預算額的四倍半，他並且說出所以未能嚴格執行的原因：一、以物價波動，一切開支，均隨之激漲；二、以戡亂期間，軍事需要，如充實軍力，搶修鐵路公路，補助綏靖地區，振卹災黎等等，動需巨款，加上文武公教人員的待遇迭次調整，支出便更見頻繁了。

× × × ×

週六，中央日報發表一則消息，政府將派俞大維，貝祖貽兩氏赴美，經常與美政府接觸，研討援華問題。據俞氏告記者稱：「此行任務完全是備美援的諮詢事務」。就俞貝兩個人來看：一個是現任交通部長，一個是國內有名的金融首長，無異，就透露美援用途，不外乎在恢復交通，安定金融，交通不恢復，一切建設都說不出，那是很自然的事，只是交通的恢復，又是有賴戡亂軍事的順利進行的，目前傳出美派魏德邁來華的消息，果爾，那就該是美政府將趨積極軍事援華的表示。

× × × ×

這一週內世界上誕生一個新興國家，那就是與我國接壤數千里的緬甸，它在英國統治下過了六十三年，四日早晨六時，正式宣佈獨立了。

中緬關係，一向友好，這一次，政府派葉公超前往道賀。當然隨之而來的應該是中緬未定界的劃分問題，這條未定界一直是沒有弄清楚。現在，緬甸獨立，這新國家的國界，一定會劃得很合理而且清楚，這懸案不能拖也不致於拖下去了。

× × × ×

東北戰事，已趨緩和，七次攻勢，看樣子又成過去。了

這一次，共匪以四十萬大軍圍攻瀋陽，情勢危殆，好在國軍採取「縮小防區，確保瀋陽的策略，使向不打硬仗的共匪，望之生畏而去。顯然，從報上看，雙方都沒有打過一次硬仗，也沒有甚麼大損失，也就是雙方主力並沒有受到影響，那麼，目前緩和的局勢，只能說是暫停，誰也料不到東北的大戰再起，會不會在最近發生的？

× × × ×

西北行轅副主任馬鴻逵，來京之行，與目前北方的軍事形勢，自有其重要意義。週內，馬氏飛往北平與剿匪總司令傅作義商議，據說討論的是華北、西北的防務聯繫問題，傳說西北五省已有聯防之議，看情形是可能並且也是需要的。

× × × ×

保定的情勢，日來相當緊張。共匪的主力潛伏在保定外圍，準備攻城戰，目前是傅總司令小試身手的時機，相信傅氏以宿將的資格，當確守保定，有其把握。

× × × ×

鄂北豫南的共匪，仍不斷在襄陽、皂市、京山、天門、郾城，縮山一帶滋擾。政府為了阻止共匪入川的企圖，已決定在沙市宜昌成立一綏靖區。另據大同社的消息：湘鄂贛邊區也發現了李濟琛的「人民解放軍」，而且「共匪李先念部小股也竄抵鄂南，海軍已派艦封鎖江面，其企圖將粉碎無疑。」可是從這一點上，可以充份看出李濟琛與共匪早有勾結，為安定華南，應速下決心，撲滅此星星之火。

日賠償物資將起運　按照先期撥付計劃，首批撥付我國之日本賠償物資，可望於一月中旬運抵上海。據悉：第一艘赴日裝運賠償物資之我國船隻，定一月五日自青島啓碇，可望於一月十日駛抵日本前海軍基地橫須賀，第二艘此項船隻亦將於一月中旬以後抵日。據接洽日本賠償事宜之我國代表估計，[illegible]二千五百噸之艦船，將可各裝運機械四百件返國。

建設之年

中華民國三十七年新年獻詞

顧毓琇

民國三十七年，業已來到，本來，在任何一個新年，免不掉有一番感觸。在今年，適逢憲政實行，民主中國甫告誕生之際，撫今思昔，感慨尤多。

任何一個國家的興衰隆替，與國家建設發達程度，絕對是成正比的。在某一角度看，又是互爲因果的。國家何以富強？完全是各種建設發達的後果，如何才能促使建設事業發達呢？當然，必須有一個良好的政治環境與優越的經濟條件相配合。政治環境與經濟條件的先決問題是要有一個安定的社會；終極目的，也是如此。

我國經過八年抗戰，兩年戡亂，社會動盪不甯，人民經濟生活，困苦已極。一切建設，非特不易着手，反而時遭共匪破坏；更因幣值不定，投機生意變成致富上好門徑；正規工業，反受種種阻力而扼殺生存非易，至於交通，水利及輕重工業之建設，更多認爲有增通貨發行而不予倡導。在這種局面下，生產少于消費，失業多于就業，「生之者寡，食之者衆」，無怪乎國家人民經濟情況，江河日下，人民掙扎於死亡線者佔絕大多數，這些因素，都足以抵消討伐共匪戡亂的力量。所以戡亂戰事之能否完滿達成，外表上看來是軍事問題，實質上是經濟問題，建設問題，社會安定問題。

社會如何能安定呢？首要之道，是努力建設，開發資源，增加生產，減少失業，使人民易于謀生而達安居樂業之境地。我們知道在經濟上戡亂軍事增加政府不少困難，但是有很多困難是可能解決的。解救之道首在加強建設，開發資源，以天然之存儲，來增加人類之財富。提起建設，或許有人連想到外國、機器，認爲非外力不可。實則我國可以人力代替機械之建設工作，多不勝計，單以增加農產，建設農田水利而言，即可以簡單之設備而容納百大之人力，共工作決非三五百萬工人三年伍年所能完成者。若能放手做去，一年之成就或將數倍於三億美貸，公路鐵路之修建，大部亦可賴人力。至於戡亂的後方安全地區，尤應盡力使之安定，開始大規模之建設，作爲戡亂之資本。對現有工廠與企業，應寄以信念及提攜，工業成品的市場，國家應負起責任，工廠則向國家負起貨與量的責任，如有困難，儘力協助，互信互諒，一切都能放手做去，不致使熱心工業人士者無所措手足，特別是很多不必要的手續和苛求，以及與事有損無補的制度，最好是儘量改善和簡化。充份促成發達建設的基本條件。

總之，在目下狀態中，政府應當拔大的努力來安定華中華南區域，積極提倡建設，把建設與戡亂視爲今年的二件中心工作，雖則將更增加法幣之發行，可是這點化費，將成爲他日全面復興之基礎，同時也將促成戡亂的完成。

新年在邇，中國有了一番新氣象，中國人也有了一線新希望。雖然在戡亂狀態下，社會安定維艱，但是，我們希望政府儘量發掘安定社會的因素。此無他，扶植工業，鼓勵建設，最是要圖，瞻望將來，苦難中又不覺有一線曙光了。

塘沽港近況

塘沽位于海河口北岸，昔日通天津船舶，以大沽壩淤淺，三千噸以上船隻，即不能通過，致轉運裝卸，損失時間金錢至巨，且更影響運量，即普通一千五百噸以下之船隻，亦須候潮而入。

新港建自民二十八年，由日軍部秘密建造經營六年之久，始完成今日所作三年計劃之百分之四十。勝利接收後繼續開工，于三十五年冬船閘完成。本年共計通過商輪一六八艘，其他工作船艦艇等九〇四艘。

三十六年完成工作計有：

（1）挖土：二九〇萬公方

（2）防波堤：拋石一〇五，〇〇〇噸
新做洋灰圈二五〇個
（每個重一三·五噸）
按洋灰方塊九〇個（每個重二十二噸）

（3）船塢：新建七，〇〇〇噸一座，長一百公尺，頂寬二十三公尺，深八·二公尺。

（4）房屋：建堆棧三座，每座三千平方公尺，機工廠二座。

（5）發電廠：已裝就二千瓩，下月中旬即可發電。

（6）裝煤機：已修復一座，每小時可裝二——三百噸。

（7）交通：添建鉄路六公里

（8）共他打撈沉船三十八隻。

目前效能

（一）可停三千噸——五千噸船五——七艘。

（二）初步完成水陸聯運。

（三）不使冬季港內封凍。

（四）裝煤機開始應用。

經濟建設之重點

茅榮林

環顧今日國際形勢，實在無充裕時間讓我們的經濟建設，再猶豫躊躇，彷徨岐途，目前挽救經濟危機達成戡亂建國的雙重使命，非積極展開經濟建設不爲功。經濟建設論者各悅高見，各具至理，有謂需從政治民主着手，有謂需從和平統一着手，有謂需從農業着手，有謂需從工業着手，有謂需從工農並行着手，但是歸根結底，人類社會的一切活動，無非是在求「生存」，生存離開不了衣、食、住、行和自衛等最基本的要求，故 國父特別指示吾人謂：「建設之首要在「民生」，而「民生」得能實踐，又非足食足衣足兵三者兼籌並顧不可，因此蔣主席在「中國之命運」中又提出民生主義的經濟建設是「國防與民生合一」的經濟建設，欲達此目的，實非賴工農建設平行制不可，翁文灝先生和陳立夫先生均主張中國今後建設方針應以「以農立國，以工建國。」爲鵠的，國民黨六全代表大會通過的工業建設綱領，就充實「中國戰後第一期經濟建設的原則，特別注重計劃經濟，開宗明義就在綱領第一二三條中說：（一）主張由政府統籌完成國防與民生之合一。（二）所定計劃有重點着重根本工業（Basic Industry）與關鍵工業（Key Industry）。（三）在時間上分年實施。規定進度，考核成果。（四）在空間上分區設計。根據全國資源分佈經濟條件及交通概況等，規劃各種工業區。（五）講配合，與交通建設配合，與勞動配合等。（六）在資本所有關係上調劑國營民營與中外合營等。又胡庶華先生在「中國工業化之前途」（見大剛報三十六年一月四日版）上說：「經濟建設，千頭萬緒，工業、農業、水利、礦冶、交通等，均屬刻不容緩，究以何者爲先，首宜權其輕重，今日之農業商業已非十八世紀之時代可以比擬，吾國今日落伍之農具，已有資格陳列於歐美博物館中，農具之改良，農業機械之運用，及農產物之製造，均仰賴工業之發展，農業之繁盛，必以工業之發達爲基礎，至於商業方面，如製造運輸等，莫不以工業是賴，水利交通之發達，尤以工業之發展爲前題，故今日操世界之權威，捨工業無他。試看蘇聯三次五年計劃，皆以發展重工業爲首要，工業之重要性可見。近代國家，必須工業化，始有鞏固之國防，然後才可以保障國家之安全，維護世界之和平。」

由此可知工業建設是農業機械化的先鋒，而工農平行制是完成民生主義「國防與民生合一」的經濟建設之唯一途徑，也就是化工業革命與社會革命於一爐的唯一方法，使新中國走上三民主義社會的軀體不二法門。不過工業建設的基本要素，又在「動力」之供應，「動力」的種類通常大別爲三類，即煤、石油、及水力。此三者中尤以水力居首要地位，蓋因水力既具天時地利之優點，又復有人和之功能，可以取之不盡，用之不竭，無需恐荒爭奪之必要，用以發電，可以代替獸力及人力，大大地增加工作效率，減低生產成本，又可有利於水利建設上防洪，灌漑，航運及給水等之設施，苟能作一個河流一個計劃的多元措證（Multiple Purpose Project），則一舉數得，功利至鉅。故晚近各工業先進國家，莫不致全力於水力發電之事業，如美國T.V.A.之成就，即爲最好之實例，蓋T.V.A.之成果，不特昭告吾人負起美國國防與民生之雙重使命，亦且貢獻了民生政治之眞諦（見拙作Y.V.A.與中國民生一文中所述T.V.A.之民主風度及服務精神載中央日報，三十六年四月十七日版）。所以我國今後國運之隆替，建國之完成，實繫於「工建」，而「工建」之能否成功，能否迎頭趕上，又非視動力供應中水電建設之成績與進展之遲速而定。換言之，即經濟建設以工業化爲重點，工業化以動力供應爲重點，而動力供應以水電建設爲重點。

水電建設，既爲我國今後經濟建設之核心，實現實業計劃之基礎，建立民生主義「國防與民生合一」的經濟建設之關鍵，完成社會主義新中國和進而達到世界大同之捷徑自應早爲建設，以符及時之需，那末吾人必須用嶄新之姿態，出登建設之舞台，記得資源委員會前委長員錢昌照先生說：「中國經濟建設應有的作風是要「大」「快」「早」。關於「大」的一點，我們過去建設太零星，以後應該大規模的把中國建設起來。有大計劃，才能迎合大時代，應該用人的時候就得用，應該用錢的時候就得用。關於「快」的一點，我們過去建設太慢，環境固然不好，而一般人怕負責，不求有功，但求無過，也是一點極重要的原因。以後負經濟建設責任的人，一定要有担當，勇往直前，不知難而退，關於「早」的一點，我們過去建設往往推諉得太晚，左顧右慮，不敢開始，因此錯過時間。以後建設一定要有嘗試精神，一件事情有六七成把握，就得推動，十全十美的環境，是永久不會有的。「大」「快」「早」三字能真正做到，相信五年十年後的我國經濟一定可以開創一個光明燦爛的新局面。」這眞是一針見血的當代良醫。因爲非如此我們不能爭取時間，不能迎頭趕上，不能迎頭趕上，就無法迎合時代的需求，來完成工業電氣化，農業機械化和生活科學化的新中國，和負起保障東亞安全世界和平的使命。揚子江，三峽工程，俗稱Y.V.A.，水電建設，實在太理想了，也實在太符合上述各點的條件，似乎千萬不該停頓，作者於懷念之餘特在此再作一次不識時務的呼籲，希望政府與人民能不忘記了這個功效能抵蘇聯四個五年計劃（僅指電力而言）的世界最偉大的工程，從速恢復一切必要的勘測規計設計等準備工作，免得將來一旦有時機興建時，感到急來抱佛脚的痛苦。那末不獨中國幸甚世界亦將蒙受其益耳。

三十六年十二月六日於南京

英倫通訊 之一

（一）烟塵絕跡的未來城市

在英國所有新的城市設計及市房計劃中，也和戰時受損各城市的重建計劃一樣，塵煙的防止問題正受到最優先的考慮。即使把煙塵對於健康和舒適的影響不論，日增無已的燃料需要也將要求以最經濟的方法使用煤斤。

二百年來，英國各大城市和工業中心都飽受塵煙玷污之苦。十九世紀中，重工業迅速擴展，人煙稠密的大城市日益增加，使這個問題在英國比較在其他工業發展稍後的國家更形尖銳。

然時至今日，英國却正在逐步進展趨向無煙環境的理想。英國政府和各地方當局科學家工業家以及燃料與房屋問題的專門研究家都通力合作，計劃着塵煙的去除使每個城市更爲健全更爲美麗。

領導這項無煙城運動的是全國塵煙減除學會，該學會許多年來一直爲着這個緊急問題教育公衆與論並督促政府行動，其目的在使英國全境得到最大量不受塵污的天然光線和空氣，尤其是要去除由燃料燃燒後所產生的塵煙，屬於該會的有代表英國各地區大小城市三百處的地方當局。

該學會近年來着組織全國性的宣傳運動籌備有關防止塵煙各方面事務的會議，演講和展覽會，已著有貢獻，並且又製成圖表教材以供學校應用。

該學會不但提出了在英國結束塵煙問題的實際補救辦法，並且對於造成這件妨礙物的主要原因，予以最廣泛的傳播，使衆週知，籠罩在大城市上空的塵煙已經證明有一半是因爲烟煤浪費的燃燒從住戶的煙囱裏飛出來的，只須廣事應用無煙燃料便足以有效防止了。

英國國內的燃料政策現在包括燃料開口爐火的逐漸改用無煙燃料在內，鑒於英國現在的燃料情形，要等固體無煙燃料的生產能夠充分擴充以應國內需求，必須還要過些時候，但是據權威方面宣佈，此項生產的逐步增加是全國煤礦局最先要務之一。

塵煙減除學會最重要建議之一是創造「無煙區域」，就是說，在城市中規定的區域內任何發生塵煙的燃料都由法律禁止燃用，把這種區域首先推行於城市中心，那裏的產業大部分是店舖，寫字間和公共建築，可以不費大力肅清塵煙，此在戰時被災各城市的重建區域亦然，由市中心向外逐漸擴展，據該學會說，十年之內可使全市和其他的宅區塵煙絕跡。

這個卓越計劃的實現早已有了很好的開端了，一九四六年曼徹斯特市已取得必要的權力去規定無煙區域，並禁止市區內所有工業用爐冒出煙來，現在如欲在該市新設或更用燃料的工廠或器械必須由市立公司許可批准才可裝置，同樣倫敦市現在也有權制定法規保證在重建區中只准設置無煙的發熱設備。

由學會工作的結果，英國其他許多城市也已擬定計劃，依循這些實際主張去防止煙塵，這些計劃准許開闢無煙區域，在新的營業地區設立公共電力廠並在燃用無煙燃料的新屋中裝置改良的爐格。

分區發熱計劃也由全國許多地方當局在積極考慮中，依照這種計劃，整個市房和住宅區所用熱水都從一個中央工廠用抽水機分發出去，利用集中發熱以供全屋，其結果將大省家用燃料並且大量減少了每天從十萬戶各別煙囱中所飛出來的濃煙，有人估計，大倫敦七百萬人口所需熱力就用現有的電力廠供給熱水和電力已經足夠了。

（二）城市交通制度

在英國大多數城市中，公共汽車無軌電車等公共運輸事業，是市政府所有也由市政府辦理；居民因此保證有廉價而效率很高的交通享受，運輸事業所得利潤很足以減少人民對地方稅的負担。

還有一個優點便是大多數員工都是本地人，所以公共運輸事業就成爲就業的一大來源。

市政府舉辦的運輸事業往往只限於市區範圍以內，但這並不是說民營而性質相仿的車輛便不准在市區開行。非[illegible]營車輛照樣可以開行，這樣合併起來的運輸設備，好好的加以調節，是再完善也沒有，可是爲着避免過份競爭，民營公共車輛往往受到若干限制，這一點是靠下面的一項法律幫助實行的，舉凡公共車輛在市區行駛或經過市區的，必須經得市政府的批准，路線也要經市府同意方可。其中有一個方法便是把某數條路分配給民營公司，否則就把某數條路上的車輛數目加以限制，再不然就限制市區以內車輛的總數。

此外民營公共車輛可以開到市鎮各終點，可是不能在市區以內搭一般付車資的乘客。這種限制並不包括在市鎮終點落客載乘，所以籠統說來，市辦公共車輛大體是載的市區裏來往的人，而民營公共車輛的乘客多半是到別的城市和四周鄉區去的，因此很明顯地，爲着經濟和技術的緣故，市辦和民營的公司應當密切合作，這樣，交通車輛纔會產生最大的利益。

名義上負責交通運輸的是整個市議會，實際上是由人數是一[illegible]的都長和市參議員組成的運輸委員會負責的，以全部時間主持運輸組的却是一個按月給薪的，他並不是市議會的議員，所以不像運輸委員會的會員一般受任期的限制。總裁和他的主要職員每月在規定時間同運輸委員會開會一次或兩次，討論最重要的事件如政策、工作環境、批准新設備和新建築的開支、同民營公司成立協定等等。關於開支一項，運輸委員會有時必須提交整個市議會去決定。問題如果偏於技術方面，委員會當然就依賴運輸組的高級職員的指導。

運輸組織技術人員同市政府其他部門的一樣，並非一輩子留在某一個市政府裏工作，而普通調動的理由便是升職。例如甲市運輸組的總工程師很可能變成乙市運輸組的總裁。或者職位不變而由一個小城調到一個大城。

運輸組由工程和營業兩個主要部門構成的。總工程師負責車輛的檢查和給發，以保持機械上很高的標準，此外也要使車輛的外觀保持清潔美觀。其他如工場、車間、一切機械設備和工程組織也都由總工程師直接負責。最後，關於新車輛的添置，新建築的設計和建造，雖然必經運輸委員會或甚至市議會批准，主要負責這一類工作的還是總工程師。

交通理事除負責營業組的全體職員，包括檢查員、司機、售票員、各車站的出納員和普通事務員以外，還按排勤務表、行車時刻表、繪製路線和車資圖表等等。這一組裏面的行政工作既很精細，自然需要熟練的工作人員。

其他部門如購買、廣告、宣傳等等都依運輸組的大小而定，如果運輸組範圍較小，這些就都由總工程師或交通理事直接負責了。

首都都市計劃資料展覽

南京市政府為提高市民對都市計劃之興趣與認識起見，特於一月一日至四日在首都白下路參議會新廈舉行展覽會，收集資料，相當豐富，並以圖表說明一部統計數字，深入淺出，淺近通俗，人人均易了解，故市民參觀者，至為踴躍。其中並有模型多座，內中南京市五千分之一模型一座，係民國二十年十二月魏道明市長時所作，後於民國二十六年七月馬市長任內修正，至去年八月份又經現任市長沈怡氏重作，使觀衆對京市之地形與相對位置易得一正確之觀念。另外有一座下關碼頭模型，通有流水，江水主流衝向下關江岸，以致江邊陡削，使人一看便能充份領會下關二號三號碼頭所以倒塌的必然性。故該項模型，至有價值，日後極應多作提倡，俾使各方人士對工程事業之困難性易於了解，還世將幫助日後建設之推進，這一點，一般人士均認為此次展覽重大成就之一。茲將展覽各部份分類作一簡單之介紹：

（甲）資料部份

（卅六年度統計數字）

民政

（1）人口

全市人口一、一〇三、五三八人

五歲以下者佔	9·42%
五歲至十二歲者佔	12·87%
十二——十八者佔	11·18%
十八——四五歲者佔	44·81%
四五——六五歲者佔	17·39%
六五以上者佔	4·33%
城區人口佔	73·80%
郊區人口佔	26·20%

（2）職業

公務員佔	8·56%
工礦佔	11·23%
商業佔	18·83%
農業佔	8·46%
自由職業佔	7·20%
人事服務佔	22·80%
交通運輸佔	4·88%
無業佔	17·25%
其他佔	4·86%

（3）人口密度

城區最高72,200人　平方公里

城區平均16,046人　平方公里

全市平均　1,953人／平方公里

（4）配偶狀況（根據三十六年十月份八十萬人口之統計）

有配偶者佔	63%
未婚者佔	31·5%
喪偶者佔	5%
離婚者佔	0·5%

工務

（1）請領執照建造房屋面積（平方公尺）統計（三十六年）

月份	樓房	平房
一月份	3,947	3,325
二月份	7,150	6,369
三月份	7,867	5,876
四月份	11,870	10,220
五月份	11,930	10,280
六月份	6,978	4,453
七月份	8,363	7,650
八月份	10,671	11,363
九月份	3,109	13,84[illegible]
十月份	10,059	11,345
十一月份	11,160	12,000

如假定十二月份與十一月份數量同則全年請照面積計為二一八、九八三平方公尺

以每平方公尺造價法幣二百五十萬元計算總造價約為五千五百億元

（2）下水道：

洋灰圓形管71,835公尺佔38%

磚砌箱涵84,721公尺佔45%

明溝33,584公尺佔17%

全長一五六、五五六公尺

（3）道路全長二四八、六公里

（4）下關碼頭歷年倒塌記錄

和記碼頭	道光十一年倒塌一次
和記碼頭	道光十三年倒塌一次
四—七號碼頭	光緒卅年倒塌一次
八—九號碼頭	宣統三年倒塌一次
八—九號碼頭	民國八年倒塌一次
二—三號碼頭	民國三大年倒塌一次
三號碼頭	民國卅三年三月倒塌一次
二號碼頭	民國卅六年十二月倒塌一次

公用事業

（1）車輛

汽車	二八九八輛
機器腳踏車	一四〇輛
公共汽車	一五四輛
馬車	五四四輛
三輪車	三二二九輛
人力車	八三八二輛

（上表不包括軍用車輛）

（2）運輸量（每月平均數字）

	客運（人）	貨運（噸）
鐵路	450,000	95,000
公路	70,000	5,500
水運	65,000	100,000
航空	1,500	10

（3）自來水

每日供應量最大為六〇，〇〇〇噸

給水面積計佔城區面積百分之七十五

自來水用戶共六五九九戶（十一月份）

用水人口約佔全市人口百分之五十。

全年各月供水量如下

月份　前一月出水量　本月份抄表數量　所佔百分比

月份	數量	百分比
一	1,658,639	54•07%
二	1,613,474	55•25%
三	1,438,352	59•66%
四	1,556,442	61•82%
五	1,525,279	65•53%
六	1,633,361	69•81%
七	1,712,376	73•?8%
八	1,872,516	76•56%
九	1,941,174	71•26%
十	1,866,955	64•76%
十一	1,889,194	61•78%

（單位每立方公尺）

（4）電力

電光用戶比較

月份	住家(戶)	廠商(戶)	機關(戶)
1—3	18,250	5820	604
4—6	18,467	5921	650
7—9	18,825	6158	705
10—12	19,444	6290	728

電力用戶用電量比較

化學廠佔 52•47%
自來水佔 20•76%
麵粉廠佔 6•78%
碾製冰佔 3•85%
碾米佔 3•14%
交通佔 3•09%
廣播佔 2•28%
民工佔 1•32%
機械佔 1•08%
其他佔 5•21%

全年各月發電量售電及抄表度數

月份	發電量	售電量	抄表度	用煤(噸)
1	110	98	64	11,500
2	96	86	64	10,050
3	85	74	40	8,650
4	83	74	52	8,950
5	90	80	52	9,520
6	89	79	56	9,370
7	92	82	56	10,480
8	95	86	58	11,600
9	95	88	60	9,550
10	97	96	66	9,700
11	90	78	46	9,400

註：單位　拾萬度

財政

（1）全年歲入共計一四二六億（卅六年度）

中央補助收入佔68•02%
財產孳息收入佔 3•28%
營業盈餘及事業收入佔 0•28%
罰款及賠償收入佔 0•045%
規費收入佔 0•75%
稅課收入佔22•33%
工程收益佔 1•35%
財產出價收入佔 0•28%
公債及賒借收入佔 0•92%
其他收入佔 2•745%

（2）全年歲出

工務局佔29•0%
教育局佔29•34%
衛生局佔10•07%
民政局佔 6•7%
地政局佔 2•4%
社會局佔 3•5%
財政局佔 4•8%
市政府佔 6•3%
補助支出佔 4•5%
參議會佔 0•85%
防空司令部佔 1•1%
營業基金支出佔 0•68%

（3）財政局各種稅收

營業稅收入佔32•19%
房捐佔 4•89%
屠宰稅佔11•02%
營業牌照佔 0•33%
使用牌照佔 6•57%
筵席捐佔 6•55%
娛樂捐佔19•5%
廣告捐佔 0•34%
旅館捐佔 1•71%
清潔費佔 1•35%
遺產稅佔 0•04%
地價稅佔 9•04%
土地增值稅佔 5•98%
契稅佔 0•48%

平均每人每年納稅二萬五千元正。

教育

（1）中學

市立中學全公費生政府每年每生全部補貼（據十二月份計算）三百八十萬元　市立中學非公費生政府每年每人全部補貼（根據十二月份計算）一百六十三萬元

（上項數字不包括建築費在內）

卅五——卅六年度市立中學師範及職業學校（共十二校）人數比較表

		中學	師範	職校	共計
35年上期	男生	4583	57	457	
	女生	2867	478	146	8,698
35年下期	男生	5484	110	437	
	女生	3035	526	137	9,726
36年上期	男生	5970	159	399	
	女生	3353	569	327	10,777

卅六年度私立中學共計三十三校　男生九一六〇名女生五〇七九名共計一四二三九名

（2）小學

市立小學校共一四九校
共有一四六七班
共有教室一二九五室
教職員三四〇四名
學生七三七五一名

私立小學校共卅八校
共有一八三班
共有教室二八〇者
共有教職員五〇五名
共有學生一〇九八二名

地政

南京市城區面積計6344•54平方公里

比較：（1）官署及公共機關土地與城區面積
官署及公共機關佔9%合6,648市畝

內中中央機關與地方機關及公共機關之比例爲70·2%：8%：21·8%。

民有土地佔百分之81%。

（2）城區土地使用現狀

項目	百分比
政府及公共事業佔	9·15%
文化及福利事業佔	6·8%
道路佔	4·0%
工業及交通佔	6·43%
商業區佔	1·28%
住宅區佔	29·2%
公園佔	0·77%
空地佔	24·77%
軍用及限制建築區佔	17·60%

（3）市有土地使用情形

項目	百分比
城區市有地佔	2·7%
非市有地佔	97·3%

市地處理情形

項目	百分比
出租佔	5·3%
學校佔	23·7%
公園佔	64·5%
機關佔	1·9%
空地佔	15·3%
[illegible]佔	3·0%
農地佔	28·2%
其他佔	5·1%

社會

（一）新聞紙

日刊	20種
晚刊	4種
三日刊	1種

（二）雜誌

月刊	16種
半月刊	5種
旬刊	4種
周刊	15種

（三）通訊社　23家

（四）娛樂場所

名稱	家數	座位數計
電影	9	11,245
平劇	2	5,188
話劇	6	661
民間劇	8	1,923
音樂廳	7	1,038
其他	4	690
總計	36	20,625

我國七大都市比較

地名	面積（平方里）	人口	每人每年負担（元）
北平	707	1,602,200	5,313
天津	185	1,679,210	8,330
瀋陽	220	1,175,625、	
重慶	294	1,000,101	4,484
南京	550	1,103,538	8,500
廣州	253	1,276,421	11,300
上海	873	3,853,511	33,262

註：人口數字係根據卅六年七月七日內政部人口局統計
人民負担係根據卅六年上半年各市稅捐

（未完待續）

時文精萃

十二月份各科學工程雜誌佳作介紹

工程界

「怎樣研究工程科學和研究些什麼？」　本文係錢學森氏于卅六年八月在上海交大航空系的演講紀錄。錢氏爲交大校友，曾任教美國麻省理工大學多年，爲該校航空名教授。本文大意是：已往工程上的進展要靠經驗或實驗而來，用理論分析的地方較少，所以進展較慢。現在則完全是以分析及理論爲工具，所以進步飛躍。有人認爲工程師有經驗就行，理論科學沒有用處，這是一個錯誤的觀念。理論科學與實用科學二者應合一，應該把基本科學運用到實用科學上去才有辦法，他對工程科學研究的方向，工程家應有的基本學識，均有詳盡之說明，末了更提起很多全世界正在研究而尚未有定論的問題：如流體力學，彈性學，材料强度學等，希望工程界及科學界多作研究。我國的工程師及科學工作者實有一讀之必要。

「中印公路中印油管」　係鍾以莊氏所作，中印油管爲全世界最長的油管，長達一五〇〇英哩，有油管二根，每月運油量達三萬噸。中印公路全長一千〇四十四英哩，沿途盡爲叢山峻嶺，茂林深草，加上洪水爲患，霪雨連綿，工作之艱苦，非身歷其境，實難以置信，本文對施工之經過，所遇之困難，及皮可准將苦幹之精神，均有詳盡之描述，上項工程爲第二次世界大戰最偉大工程之一，我國參加之工程師鍾繼成氏，以成績優異，曾獲得中國工程師學會獎章，不幸鍾氏積勞成疾，于三十四年冬逝世，至爲痛惜！

科學世界

「獻給青年科學家」　作者爲中大地質教授丁驌氏，本文舉出許多科學家奮鬥的實例。科學家緊緊追隨自然，進致自然法則的真理，進而控制自然。科學家，祇知道追求真理，而不求報酬及名譽，雖貧困疾病，甚或犧牲生命，爲了滿足其求智慾，亦在所不計。正因爲有這些大科學家的努力，歐美各國才有今日之成就。値此利慾燻心，人心日非的我國現社會，不僅青年科學家，就是一般的青年也有一讀之必要。

工程報導

這是一種相當專門的刊物，係上海市工務局局長趙祖康氏主辦，趙氏不僅爲我國公路工程之權威，對市政工程，造詣尤深。本刊之內容，偏于道路工程及市政工程等問題，爲我國道路及市政工程唯一的定期刊物。本刊發行，現已爲第三十一期，本期要目計有陳字燕氏之上海市都市計劃補助幹道斷面設計之研究，顧啓源氏之談都市設計與「雅典憲章」等，內容至爲豐富。

台灣營造界

這是台灣省營造業同業公會聯合會出版的一本建築月刊。其名稱雖爲營造，可是內容並非專對營造而言的，因爲在國內設計與施工，前者爲建築師，後者爲營造廠，二者不得兼，台灣已往的習慣是二者業不分的，所以廣義的說。這是一本建築界的雜誌。內容相當充實，爲了增加了解起見，凡營造界同志均應一讀。每冊台幣一百元，訂閱處台北市延平南路台街，台灣省營造工業同業公會聯合會。

電氣月報

原名爲電氣簡報，現已發行至第二卷第五期，這是一本道地電業界的代表作，係在杭州編輯與發行，發行人爲姚如春君，內容相當充實，有關電力部門資料尤多，凡我電機同人，不可不讀。

科學畫報

「塘沽的永利鹼廠」　游景源氏作，永利鹼廠爲故化工專家范旭東氏所創辦，爲遠東唯一的蘇爾維法鹼廠，戰前日產一百八十噸，侯德榜氏也在該廠以實地所得經驗而成爲世界製鹼權威，本文對製鹼之程序，化學作用之進行，均以方程式及圖表作詳細之說明，並述永利廠之規模及今後之發展計劃等，均有簡略之記載。

工礦建設

「礦產與戰爭及和平之關係」　王金堂氏譯，原作者爲美國Wisconsin大學C.K.Leith教授。大意爲礦產爲不可替代的資產，無一國家具有一切礦物，美國礦產比較豐富，但戰時尚有七十餘種礦物需要進口，故而言之，無一國家能獨立自給的，因之國際間互相依賴，自第一次世界大戰以後，列強多相互競爭以圖控制，結果國際間之摩擦日增大，資源之分配平均問題實爲吾人當前急應解決之重要問題。

工業與資源

北煤即可南運

平津區鐵路局及塘沽新港商談水陸聯運問題已獲得圓滿結果，決自本月十五日起利用新港第一、第二及北碼台三碼頭，加強北煤南運。第一、第二碼頭新修妥之裝煤機，每小時可裝煤三百噸，另兩碼頭則利用人工裝卸，新港及鐵路自十五日開始聯運後，華南即可獲得大批北煤源源供應。（計劃南運之煤，包括開灤、大同、門頭溝、下花園等礦，將先有門煤一萬噸運出。）

鄂發現新煤田 儲量逾一億噸

中央地質調查所頃在湖北崇陽、咸甯、蒲圻三縣境內發現儲量一萬萬噸以上之煤田一處，該地煤田，係屬石炭紀煤層，作凸鏡狀體，厚自數寸至十五公尺，呈半烟煤分佈，如能開發，經濟價值甚大。

中興煤礦公司

中興煤礦公司，自接收陶莊分礦後，即着手接收賈莊礦廠計劃，據悉：計劃均已完竣，月內將前往賈莊接收，惟該礦廠遭共匪破壞，井中儲水過多，無法開採，俟接收後，擬先用土法開採，一面再着手修理原礦。

長城煤礦計劃增產

秦皇島以北資源委員會長城煤礦，以治安不靖，資金週轉不靈，目前每日產量猶未能達到五百噸。據該礦負責人稱：該礦如能得貸款，則連同附近柳江煤，一併開採，日產量可達千噸。（中央社）

青新邊區 發現新油礦

經濟部青新邊區及柴達木工礦資源調查隊，於上月初深入柴達木盆地，在崐崙山邇北一帶地區冒寒大進行調查，工作頗為順利。除前已於柴達木盆地西北緣之三鐵木里克，發現蘊藏豐富極有開採價值油田區外，近又於其扎哈之紅色地層內，尋獲油礦廿餘處，含油極豐，分佈甚廣，試燃之後，可自燃火三四分鐘，其最厚者達三公尺餘，同時并尋獲瀝青多處，均極有價值，該隊已在該地測有礦區地質略圖，將於本年五月繼續組隊前往詳細測勘。

贛省發現黑玉礦

豐城河西東山口頃發現黑玉礦，經省地質所化驗結果，灰份極少，并富粘性，既可作燃料，復可雕刻作為裝飾品。

湘潭工業區 即開始供電

資源委員會在湘潭下攝司籌備之大型發電廠一所，茲為應付目前各廠之急切需要，已在該處先行裝置一〇〇〇瓩及五〇〇瓩發電機各一座，並於三十六年十二月二十七日完成，即可正式供電。嗣後順序推進，該區工業用電當可無慮。

日本訂購 瓊島鐵礦

（中央社東京卅日專電）日本貿易廳已簽訂購買海南島鐵礦石二十五萬噸之合同，購買中之第一批粗鐵可望於本年二月運抵日本，全部運抵日本可望於本年年內完成。日本與外國簽訂合同購買鐵礦石，在戰後此尚係首次。

天津煉鋼廠開工

資委會天津煉鋼廠之三十噸西門子平爐修復後，自十二月二十九日開始出鋼，迄二日晨為止，已出鋼五爐，共計鋼錠百餘噸，一切情況均稱良好。現正計劃另外增建煉鋼平爐一座，加強產鋼，以應國內需要。（中央社）

天津造紙公司準備增產

資委會天津紙漿造紙公司，為配合全國造紙增產計劃，現正積極從事各種準備工作，如政府配給之紙漿原料及各項造紙器材，能早日運到，即可開始大規模生產報紙以及牛皮紙與紙板。該公司在津兩廠，卅六年度因限於原料關係，產量不鉅，計九月份造紙三百噸，十月份三百五十七噸，十一月份三百九十噸，十二月份二百九十九噸，多係供給華北需用，如卅七年度增產計劃實現，並擬以一部產品運銷華南及東北。（中央社）

台糖大量輸日

據上海有關方面訊，台糖二萬五千噸，短期內將運日，每噸價二百美元，分二期交貨，一俟盟總核准，首批五千噸即可啓運。

金屬熱水瓶膽 即將問世

據經濟部方面訊，曾任上海泰山鐵工廠廠長之楊瑞麟氏，頃已發明金屬製造之熱水瓶膽，保溫一如玻璃製者，但無破碎之虞，現正在呈請專利中，不日即可大量製造云。

交通

浙贛鐵路

浙贛鐵路上饒向塘段及向塘南昌段釘道工作經積極趕修，除梁家渡大橋外，均已於十二月廿九日接軌。

京贛湘公路

京贛湘公路聯運原定七日到達，現據第二運輸處訊，上項聯運第一班車行駛南屯段兩日即已到達，行程經過良好，並將全程縮短為六日云。

寧夏航線開闢

中航公司現已開闢北平、歸綏、寧夏、蘭州航空線，每週往返飛行一次。

上海北歐電報直達

自一月一日起，上海國際電台開放與瑞典京城斯德哥爾摩及挪威京奧司陸直達通報。

卅六年度鐵路器材進口數量

鐵軌 善後救濟總署進口三萬四千六百四十九噸，美貸款案內進口三萬一千〇七十八噸，現款購買一千三百〇一噸。總計六萬七千〇廿八噸，僅可鋪鐵路九百公里。

枕木 善救物資及美加貸款共計進口二百萬根，可供鐵路一千三百公里之用。

十二月份生活指數

工人：六八、二〇〇

職員：五八、六〇〇

滬市生活指數編製委員會公布十二月份的生活指數如下：工人生活指數六萬八千二百倍，比上月增加一萬五千一百倍；職員生活指數五萬八千六百倍，比上月增加一萬二千一百倍。

鈾的追求 美科學家來華探險

（中央社紐約廿八日專電）芝加哥方面訊：美科學家，歷史學者，探險家及提倡航空人員將赴遠東，舉行五萬里之空中探險，以探勘華西之神密及黃河之發源地，此舉係由原子筆大王雷諾爾斯及波斯頓科學博物院聯合發起者。計劃為飛越世界尚未經探勘之偉大地區，該地區與西藏接壤，傳迄今僅有廿五年前參加哈佛大學之探險隊，曾進入該地區。此次探險計劃，係欲發現全球最高而未載入地圖中之山脈之地質來源，決定該地區內主要山峯高度，並將神密之青海（庫庫諾爾）攝入鏡頭。參加此探險隊者有麻省理工學院之航空教授麥凱、俄亥俄州立大學地質系教授戈思威（Richard P. Goldthwait）、波斯頓大學光學研究技術員羅思、雷諾爾斯公司副京李維將隨行記載探險經過。據戈思威教授稱：彼等將使用一種秘密器械，可以查出山脈中是否有鈾礦或其他放射性物質的礦藏。

美造紙業增產

（聯合社紐約廿九日電）美國紙漿及造紙業努力生產，以期供求相應，至去年終時已達到目標。全年紙張生產超過二千一百萬噸，打破以前記錄，一九四六年僅稍逾一千九百萬噸。

英鐵路國營

（倫敦一日合衆電）英國全境鐵路，自元旦午夜後一分鐘由民營改為國營，由是西方國家最大之鐵路國有試驗，於焉開始。英國鐵路旅客擁擠異常，其每年運載量超過美國各大鐵路之總和，今已正式變為國有，而按照政府擬訂時刻表行車矣。

定價　每份三千元正
全年訂價暨掛號伍萬元正
航空或掛號另存郵資二萬元
廣告價目　甲種每方吋柒萬伍千元
乙種每方吋陸萬元正

中華民國卅七年一月廿二日出版

中國工程週報

內政部京警國字第五十一號
中國工程出版公司編印
發行人　杜拱辰

中華郵政認爲第二類新聞紙
江蘇郵政管理局登記證第一三三二號
地址：南京(2)四條巷一六三號　電話二二八九號
零售處　全國各大書店

一週大事記

是週也：經濟改革，方案大定，美國會大會宏開，杜魯門呼籲援華；舊年將到，工商難過年；九龍問題，外交顯無力。

全國經委會週四開會，通過經濟改革方案實施新法，裏面包括收購外銷物資、修正遺產稅法、農業生產增加、省縣銀行之組織職權等等問題。方案既定，推行的成效，就得看客觀的條件如何了。

關於關稅提高百分之五十案，美國方面似曾外地並不感到驚異和恐慌。據中央社紐約專電的解釋：美國大商人做中國生意的不多，再則是中國需要美貨至亟，極抗關稅增加，仍然不受阻礙。

× × × ×

美第八十屆國會開會，杜魯門總統週三發表他一年一度的國情咨文，主要的呼籲國會批准援歐貸款，並請批准撥款六十八億美元，供援歐計劃十五個月之需。特別提到援華問題，據美總統說：援助中國的計劃，不久將可提交國會。

配合美國援華計劃，我國派往美國的供美諮詢技術組，整裝待發，只是俞大維氏將因事緩行，而由貝祖貽先行前往。

× × × ×

新年過，舊年到。

北平，上海工商界到處在欲哭無淚的訴說，希望政府能貸款，解除這年底的危機；冀、平、津三省市的參議員並派代表來京呼籲。不過，據四聯總處的表示：奉令緊縮貸款，在放款新原則未經核准前，恐難實現。但是工商界的痛苦，又都是切實的，「因時廢企」，當然也不是好辦法。

× × × ×

在盟國對日委員會中，美蘇發生新的爭執。

蘇方要求委會供給關于解除日本武裝的情報，美方則要蘇方說明關東軍裝備轉移共方的情報，雙方弄得非常不愉快。

美國解除日本武裝，到何種情形？且看美陸軍部長羅爾週二的談話，他說「要建立一個強大的日本，以準備任何威脅」；就可想像一斑。

× × × ×

九龍問題，越鬧越壞。港方竟于本週初派警拆屋，使一千餘居民無家。

外部對此，顯得異常軟弱。雖然提了一次抗議，不是抗議執行命令，而是抗議的技術問題，房子拆了，抗議提了，結果如何？恐怕也就此完了。

× × × ×

這週內的戰事，重心在平保與平漢兩段。

共匪由望都攻滿城，由西而威脅保定；援保劉旅一面由北而南，一面由東，以拊滿城匪軍之後背，激烈的戰事正展開。

平漢南段之東側共匪劉伯承主力，由新蔡而西北竄過平漢路，國軍跟蹤追擊的結果，中原大戰有發生的可能。

東北在週四，又傳來瀋陽吃緊的消息，這一次共匪的捲土重來，不用說又經過一番準備，是需要守城國軍更大的堅定。

湘省建設

湘省王主席于本月初赴穗，其主要任務是與宋子文主任商討湘粵聯防保護邊區及粵漢路安全問題，關於經濟建設及物資交換也有所商洽。湘省有豐富的資源，充沛的人力，但缺乏資金去開發與建設，特與宋氏商洽解決資金問題，宋願盡力協助。現在已得到一具體決定，就是由粵湘兩省府及粵漢路局、民生公司、招商局等五單位合資籌建岳陽東北的城陵磯港埠，決在那裏建築碼頭倉庫港灣，並從城陵磯築一條鐵路與粵漢路相銜接，以貫通湘鄂黔川各省與海洋之交通，這樣城陵磯將成爲重要的內陸港口。此外湘省府正計劃籌建湘黔鐵路，與建資江水電廠，初步以發電八萬瓩爲目標，以發展資江沿岸及濱湖區域的農礦工業。又計劃將株洲建設爲工業區，現已有兵工廠及鍊鋼廠等數單位，濱湖各縣建設爲農業區，南嶽建設爲文化區，希望在九年以內完成。另在沅江、益陽、寧鄉一帶建築一大規模之灌溉工程，每年以能增產稻穀五百萬担爲目標。此外還準備設立造紙廠、麻織廠、鍊油廠各一所，至於開採礦藏，亦在計劃中。（廣州通訊）

心理建設與經濟生機

吳承洛

一

盛世危言，亂世正言，盛世行遜，亂世戡亂。人心惟危，道心惟微，方今天下，人心不定，好爲危言，經濟危機，經濟危機。抗戰以來，以至戡亂，抗戰未勝，革命未成，及至勝利，禍亂隨之，戡亂未成，革命未成。經濟危機，經濟危機，人心思亂，人心思危，信心喪失，其危孰甚，共黨孰甚。

二

中國無危機，中國經濟無危機，非眞無危機，我國政治，既走入康莊大道的正當方面則任何危機，可作生機看。經濟危機，抑經濟生機，仁者見仁，智者見智。白天的光線，透過不同角度的稜體，反射出來，就可發生不同顏色的光線，以不同波長的速度，發生不同生殺性質的各種作用。人之初，性本善，抑性本惡，也是不同角度的看法，得到不同的結論。

三

最骯髒的東西，常常也是最有效用的東西。最討厭的東西，常常也可以發生最難得的效用，最無用的東西，常常也可以變爲最有效用的東西。糞便不衛生，傳染疾病，危機四伏，但是我國數千年來以農立國，就靠他做重要的肥料，隱含生機，是人人知道的。垃圾堆不衛生，也可能傳染疾病，亦是危機四伏，間以土灰遮蓋，以避穢氣，積之年久，常常結出潔白如霜的火硝，做火藥中三種原料最重要的一種，我國發明火藥最早，就是由于火硝的發見。用煤做燃料，冬令取暖，或製造煤氣，那由烟囱中漏出來的黑色油膏，弄到衣服上洗不去，眞是可惡已極的東西。在英國的化學家派經未曾發明柴色染料以前，誰知道其中生機勃勃，所有美麗而鮮豔的顏色，與最有效用的特效靈藥，都是從黑煤油膏中製造出來，廢物利用，就可有用。

四、

方今天下，建設爲先，心理建設，實居首要。心理建設，正心第一，有事一心，有理一心，一心似水，一心不亂，此心常寂，此心常光，多方一心，諸世一心，衆生一心，諸天一心，上帝一心，下凡一心，有此一心，自有生機。心理建設，建設生理，病理建設，建設危機。經濟危機，抑經濟生機，捱住危機，發揚生機，把握時機，抑制投機，培養生機，渡過危機。危機生機，操之在心，心有生機，危機自滅。

五

自從物價不斷的高漲，全國人民，莫不在剃刀邊緣上過生活，危險可謂已極。但因此而發成人人的企業心理與企業才能，物價市場，股票市場，黃金價值，外幣價值，時時在人民的腦筋中轉來轉去。以前有餘錢，存在銀行裏，任銀行去運用，給什麼利息，就什麼利息。現在有錢，不存入銀行，要自行設法運用，至少要去購置賺錢，且非得厚利不可。孳孳爲利，是經濟學的骨髓，認識時機的重要，是經濟成功的要素。在剃刀邊緣上過生活的人，談不到囤積居奇，不過利用購置物資，來保衛自己，就一般而言，現在的經濟危機，導源於經濟自衛的行動，不得謂非危機中有生機存在。

六

中國沒有資本家，自來只有大貧小貧，戰時反常，工業先進國家的資本積蓄，造成大富，也多是戰爭的賜予。我國發國難財的，與發勝利財的，都是由於空間的移動，與時間的湊合，年復一年，所謂富者可愈富，貧者乃愈貧。雖然造貧是嚴重的經濟危機，然而造富不能說不是一種經濟生機。財富分配，財富集中，在形態上的改變，未始不好，只要集中的財富不作囤積居奇，能用以發展企業，開發工礦，便利運輸，投資實業，如此增加生產能力，增加就業機會，則財富分配不均的危機，又可因生產與就業，而發育出生機來。

七

經濟行政，工商實業，註冊登記，公司工廠，法人權益，礦業電業，權利賦予，商標發明，專用專利，專製，獎勵，國貨展覽，工商輔導，經濟調查，地質調查，工業標準，工業試驗，商品檢驗，礦冶研究，同業公會，商業工會，凡此種種，除管制外，事屬平常，處理得當，影響宏遠。正如人生，生生不已，代代相承，事業團體，生生亦然，二十三十，年滿載，展，此中生機，實在無限，戰時戰後，全國人民企業才能，善爲保育，資本積蓄，善爲誘導，此中生機，前程浩蕩，危機一轉，卽爲生機，心理建設，經濟生機。

八

國民政府，建都南京以來，由軍政而訓政，由抗戰而戡亂，以至於憲政開始，中間由工商部而實業部，合爲十年，乃至經濟部，又復十年於茲，前後垂二十年，前十年爲經濟法制準備完成時期，後十年爲經濟事業準備完成時期。第一個十年開始工作，爲工商法規的設計起草，第二個十年的開始工作，爲廠礦設備的內遷移動。迄今，經濟法制，與經濟事業，配合推進，以國父實業計劃爲依據，以國家工業化爲重心，今後任務，旨在健全經濟行政的組織，加強經濟行政的力量，以精神重於物質的心理，以不變應萬變的毅力，益以淳良厚樸的行政風氣，卓立高超的人員人格，從經濟危機中尋出的經濟生機來，其在乎是，惟有自心理建設，繫乎一心，培養生機，解除經濟危機，建設生機始。茲逢經濟部成立十週年，謹獻生機建設的意義，幸我全國工程師，共同奮鬥，協助政府，遵國父心理建設遺訓，立定志向，力謀打破經濟難關，於經濟危機中尋出生機來，加意培養，加意建設，有工程師在，自有生機，自有建設！

論都市計劃資料展覽之重要性

盧毓駿

首都為全國政治文化中心，其全部建設計劃應有正確之方針，偉大之規模與悠久之圖謀；不特應居全國現代都市計劃之倡導地位，並期能在世界各國首都中「後來居上」，同時希望足以表現全民族之創造力。遠在六百年前，吾國即有獨具風格之古都北平，迄今尚有若干點合新時代之計劃原則，早為國際都市計劃名家戈必詩意氏所推崇。未來南京之建設尤須眾力之策劃，俾足以表現新中國之新創造力。爾來南京市政府舉行首都計劃資料展覽之盛會致此祝詞。

舉凡偉大建設之成功，大抵須經過三個階段：（一）良好計劃，（二）事先宣傳，（三）順利實施。然良好計劃，基於詳盡之基本調查，順利實施基於政府，民衆及學術團體之支持與合作，首都計劃委員會首都計劃資料之展覽，其意義之重大，由是可知矣。

就首都計劃資料而云，似可分為四方面：（一）自然區域之基本調查。（現代計劃重視區域計劃）。（二）計劃市本身之基本調查。（三）外國城市計劃新資料，第二次大戰後，歐洲各國被毀城市之資況及其重建計劃，又原子彈加於廣島，長崎之破壞力詳情，以及其他都市計劃新理論資料之蒐輯。（四）民國十八年之首都計劃報告與圖表之重檢討。

茲先略述基本調查之範疇，以明其重要之所在。區域調查與都市調查內容有詳略與廣狹之不同，其主要項目不外有關天、地、人三對象之調查，而特別注重其「空間」與「時間」或「數字」與「景」。其有關於天者如一市（或一區域）之氣象調查──風、雨、霧、雪、溫度、濕度之歷年報告與統計圖表。其有關於地者如地形、地勢、地物、地質、河流狀況與方向、泉源之分佈、地下水之深淺、土地利用之現狀、古蹟及名勝與各處地價之情形等調查。其有關於人者，如人口統計、人口密度、社會組織、職業類別、地方歷史、衛生建設狀況、交通設施狀況、工廠性質、種類及其分佈、教育機關及文化事業之分佈、工作場地與居住處所之距離等，均為重要調查之項目。

都市計劃為關於都市之「交通」「建築」「衛生」「經濟」及「國防」等物質設施之綜合計劃，屬於「工學」與「藝術」之綜合科學。都市計劃家之企圖，在以「物質建設」促進「社會建設」及「經濟建設」。然計劃務憑實際，具備上述之基本調查資料，加以慎密之分析，製成圖表，然後計劃有所依據，方不至流於空虛與草率。此項工作，當需各方面專家之充分合作，並常占都市計劃之大部份人力與時間，尤以吾國情形為然，可知首都計劃資料之彌足珍視。

竊意首都計劃資料之展覽，除特可收宣傳之功效，且亦具有教育之意義，因大多數國人視居宅之經營，與都市之經營，多認為前者較為切身問題，而忽視後者，孰知兩者同屬重要。因都市計劃之良否，不僅有關全民之福利，亦與國緣攸關也。歐美各大都市，均經科學計劃，但以四十年來汽車交通之迅速發達，以及三十年來立體戰爭之產生，至使都市交通及都市型式均發生嚴重問題，故每有都市計劃新書或新說問世，即不事此道者，亦關心瞻閱。博覽會中亦時有新型之城市計劃模型展覽，使觀衆憬然於其中。嘗至此，使予聯想及全國各大都市計劃，苟均能有類似此次首都展覽會之舉行，以引起全國民衆對於現代都市計劃之興趣，則對促進吾國都市計劃之進行與實施，當獲益匪淺也。

首都都市計劃資料展覽（續）

（乙）都市計劃部份

（一）南京建都之歷史

南京原為我國歷史上之名都，民元前一六八三年（公元二二九）三國吳大帝首先定都於此，其後東晉和南朝的宋齊梁陳相因為都，六朝之名由此而來。五代南唐李氏亦曾據此為王，當時各代京城區域頗小，疆界亦代有不同。迨民元前五四四年，（公元一三六八），明太祖驅胡建國，詔定南京為首都，築城郭，建宮室，規模宏遠，氣象一新，現在的南京城，即係始築於太祖洪武二年，至六年而竣工者，周圍長約三四．二三公里，為世界最長的城垣，工程堅固，歷五百餘年而依然屹存，可以想見當時建設首都的規模。自明成祖遷都北京，仍以南京為留都，縱有建設，清代太平天國又一度定此為天京，但雖歷為南明首都，而所有建設數經滄桑，多成陳述。

南京據長江下游，扼東南要衝，鍾山與幕府、獅子、烏龍、雨花諸山聳立附郭，環城而抱，清涼居城西，雞鳴居城北，富貴居城東，與附郭諸山互為犄角。大江襟帶，流深港闊，秦淮縈繞，水道縱橫，莫愁玄武諸湖點綴南北，其自然形勢確具大都的規模。

（二）首都建設計劃最初的輪廓

民國十六年，國民政府定都於此，以首都之於一國，不特為政治上發號施令之中樞，且往往象徵一國之團結與進步，一國文化與建設，國際觀瞻所繫，不可不有適應於首都的宏偉氣象與未來發展之遠大而完善之建設，於是南京現代化的都市建設乃告開始。

最初主持首都建設計劃者，為民國十七年十二月成立之國都設計技術專員辦事處，至十八年初，首都建設委員會組織成立，乃將辦事處改隸該會管轄。是年年底，「首都計劃」一書，出而問世。

此一計劃以估計未來南京人口約達二百萬人而設計，需土地面積約八百五十五方公里，以中山門外紫金山南麓為中央政治區，以傅厚崗五台山兩處為市行政區，以明故宮為商業區而建火車總站於其北，至工業區則遠在三汊河之南。

計劃中的道路主要分幹道，次要道路，環城大道，林蔭大道四種。幹道貫通商業區、火車站、中央政治區、市行政區、教育區、住宅區、工業區以及其他重要地點。次要道路為每一區域內互相貫通的道路，其作用不但便利交通，且為劃分房屋發落的界線。環城大道利用現存的城垣築為可以行駛兩行汽車的道路，一方使市民往來不致必經城市中心，避免擁擠，一方亦使往來者隨時有賞玩四周風景的機會，城垣外面一帶擬沿之築為環城馬路，以供貨車的行駛，城垣內邊附近則築為林蔭大道與之相輔。另一林蔭大道擬沿秦淮河而建築，以增加河岸風景，林蔭大道兩旁在可能範圍以內求與幹道平行。至於原有道路之不放寬者，將來概改為內街，作為人力車及步行的道路。

由上述各種道路組成之首都道路系統，大抵自鼓樓以下城內中南兩部，以就原有路線加以改良為主，城東及東北兩部，地多空曠，則均從新規劃，其中商業住宅二區道路，劃為棋盤格式，而中央政治區的道路，因建築物的佈置與商業住宅兩區不同，又另定系統，西北部小山起伏，宜於闢作住宅區，其中街道多沿山谷而成，西郊工業區因性質關係亦另定系統。此外，鼓樓一帶往來衝繁，兩旁的地勢較高，可通出入之處甚狹，形似瓶頸，故須多建與中山北路平行的道路，使往來者可以分疊出入，免致擁擠。郊外公路應加改良，並視情形增闢。

下水道循新定道路系統而裝設，其設於主要幹路之下者，應爲各下水道的總匯，計劃中的下水道以雨水管與污水管分別設置各成系統爲原則。就地勢分南北兩部，再劃分爲四十洩水區，各順其勢，導入附近的大湖或河道。

首都給水計劃，以供應百萬人口，每日出水一千五百萬加侖爲標準，水源取自揚子江，蓄水方法，擬利用紫金山北崖闢一天然蓄水池，水塔則宜建於清涼山頂。電力方面，原有電廠設在下關，不甚相宜，不如設於夾江東岸，不過下關廠址已具規模，儘可照常利用，作爲分廠。

市內公共交通的設備，電車所費太鉅，應以公共汽車最爲適宜。

首都的對外交通，無論水陸空方面均應成爲全國的中心，故鐵路車站，港口碼頭與飛機場的設計極關重要。現通首都的鐵路僅有京滬、津浦兩線，而津浦一綫又只達浦口江岸，應設火車輪渡以資聯絡。京滬綫並應延長，以與南下的京粵綫相連。長江爲世界最大航道之一，南京將成爲世界之一大港遂有可能，其港口地點，宜以下關爲主，浦口爲輔，估計碼頭綫約需五萬英尺，其中下關自京滬車站至三汊河的南端約可設置碼頭三萬七千英尺，不足之數，移在浦口設置，計可泊船共五萬噸，初步計劃可就和記公司之南至惠民河之北入口處建築碼頭四座，上蓋倉庫，以供應用。民用航空事業日臻發達，在計劃中的飛機場擬分設紅花圩、皇木場、沙州圩及小營四處，而以水西門外西南隅的曠地闢爲飛機總站。

此外對於首都的住宅、學校等等，亦均經一一計劃，而爲增進都市的壯麗與市民的健康，於公園綠地之闢置尤爲注意。首都已有之公園，如 國父陵園，玄武湖公園，以至鼓樓公園等，爲數尚少，不足以應市民之需要，計劃中擬增闢之公園，城內如朝天宮、清涼山、五台山等處，城外如莫愁湖雨花台等處，大都爲古蹟勝景所在。下關將爲一繁盛之商港，應於揚子江岸闢一公園以供遊憩，浦口之西北部，大頂山與大頂山之東，亦可闢一郊外公園。在城內各公園間並闢林蔭大道互爲聯絡，使各公園雖分佈於各處，實無異合爲一個大公園。

以上爲民國十八年「首都計劃」一書所列計劃之輪廓，以如此規模宏大之計劃，所牽涉的方面自多，須加周詳精審之考量，故中央對此未作最後整個的決定，但自十八年以後首都的各項建設，大都曾參酌此一計劃而實施，即至今日，此一計劃仍饒有參考之價值。

（三）戰前十年首都建設的進展

南京自十六年奠都，至二十六年抗戰軍興，國府西遷，恰爲十年，此十年中首都建設之進展擇要略述其梗概如下：

（一）道路　至二十六年已先後完成幹路四十八條，城內以新街口爲中心，在北爲中山北路，中央路，珠江路，廣州路，國府路等；東爲中山東路，太平路，朱雀路，中興路等；南爲中正路，白下路，中華路，建康路，昇州路等；西爲漢中路，莫愁路，上海路等，城外則有熱河路，綏遠路，蒙古路，雨花路等，共計在此期間完成之道路，約有混凝土路面二公里，柏油路面五十公里，碎石路面二百公里，彈石路面一百五十公里。

（二）下水道　南京原爲舊式都市，下水道不修，由來已久。二十二年以荷蘭庚款移辦京市水利，方設下水道工程處規劃其事，直至抗戰爆發，城南、城北及下關各區之測量工作早告完竣，整個措施尚在設計階段中，實施工程不多，計共埋設下水道管二六、七二二．六六公尺。

（三）給水　南京自來水之籌備，始於十八年秋，翌年三月成立自來水工程處，二十二年四月一部分正式出水，至二十六年初，埋管長度已達一百六十餘公里，幾遍全市各主要街道。水廠設在漢西門外北河口。二十五年度每月最高出水量爲五〇六、〇二五公噸。

（四）電氣　南京電氣事業由首都電廠經營，原有汽輪發電機四座，其中一萬瓩及五千瓩者各二座，設有配電所十三處，分佈於城區及陵園、龍潭水泥廠、棲霞山水泥廠、東門街、江東門、句容、水晶台、三汊河、浦口等處。用戶四萬四千戶，用電量每月約爲三百三十萬度。

（五）交通　南京市公共汽車，二十四年六月，由江南汽車公司獨家經營，暫分六路行駛，另增陵園及西郊兩路，每日行駛車輛爲一百二十輛至一百四十輛，每日乘客人數約十二萬人。

在公共汽車之外，南京尚有市鐵路，自下關江口起至城南中華門外，爲市內建築最早之交通線，創辦於清光緒三十三年，縱貫南北，在市區交通上佔有重要地位。當時市鐵路有機車三輛，客貨車十一輛，每日行車三十次，其全年運量，據二十四年七月至二十五年六月統計，載客七六二，二八二人，運貨一二四，七四五噸。

（六）園林　紫金山之 國父陵園爲首都最大園林，面積約四萬五千八百七十二畝有奇，一區之中，兼有紀念建築，農林實驗與公園佈置，組有陵園管理委員會專司其事。其由市政府規劃管理者有玄武湖公園，第一公園，莫愁湖公園，白鷺洲公園，鼓樓公園，燕子磯公園等；二十四年更闢致治區公園，量的方面大爲擴充。

（七）住宅　由於奠都後人口日增，市政府在此期間，首先勘定鼓樓以北中山北路以東之山西路內地區，收買民地，開闢新住宅區，公告放領，供給市民建屋，共第一區及第四區均經建設完成，此外先後建設和平門，中山門外，武定門內，光華門內及宮後山平民住宅數百戶，廉價出租，繼又勘定平民住宅區七處，其在戰前已建築完成者，計和平門外六十戶，止馬營二百十二戶，通濟門外七里街二百戶。

（四）首都建設初步計劃

綜觀戰前十年間的首都建設，由陳舊之都市日新又新，煥然改觀，全市繁榮蒸蒸日上之勢，歷任市政當局之不斷努力，勵精邁進的精神，誠有足多者。

「首都建設計劃」，如十八年印行之「首都計劃」一書所擬，雖未確定，已具端倪，但時至今日，經過八年抗戰的經驗與教訓，以及現代都市計劃學理上之進步，過去所擬計劃有待修正之處甚多。南京市政府於三十六年五月組織南京市都市計劃委員會，內分土地、交通、衛生、公用、工務、區劃、財務七組，分別研究，經幾個月之努力，初步調查工作大致完成，即將進入計劃階段。

30038

未來首都計劃之原則，就首都之政治重心的地位，一面注重當前需要，一面顧到未來發展，同時對於區域計劃兼籌並顧，互相配合，確定南京對全國以至全世界之水陸空交通據點的配備，並以開闢政治區爲初步工作，以奠定首都建設之基礎，其次改進衛生工程，交通設備及其他公用事業，以適應事實之需要，此外，首都教育文化應同謀推進，使成爲東南文化中心以至全國文化中心，其發展之主要綱目，並應包括於都市計劃之內，經濟建設亦然，故南京市政府於都市計劃委員會之外，又設文化建設與經濟建設兩委員會以爲輔。

歐美各大都市之都市計劃，往往有費長時間之研究設計而始告成者，南京都市計劃因需要之迫切，自未能對細枝末節過求詳盡，免致貽誤時機，但亦不應率爾操觚，操切從事，故整個計劃之確立尙屬有待。但建設工作絕不能因之中輟，在此過渡期間，南京市政府決依照首都都市計劃之輪廓，就其最主要之建設，作初步之實施，擬自三十七年度開始，期於三年內完成之。

此一計劃包括下列三事：

（一）建築下水道　首都下水道工程戰前已擬興工，因敵騎侵入而中止，下水道爲都市建設地下之骨幹，如不速謀完成，則道路交通以及公共衛生等均將無法改善，惟首都市區遼闊，經費有限，勢難同時舉辦。施工程序擬分三期，以主要幹道及時常積水之地區列爲第一期，人煙稠密交通頻繁之區次之，最後再推及於次要街道。至於新闢道路溝管之埋設，當與築路同時進行，以資配合。

建築首都下水道，必須兼治秦淮河，因秦淮河縱橫交貫，向爲城南區排水總匯，將來下水道幹管之出口，擬即與秦淮相聯。倘秦淮本流排洩不暢，下水進往後勢必滯澁，故整治秦淮，實爲首要之圖，整治之方，尙未確定，但對疏浚主流，填塞支流以及東西水關之擴充，三汊河一帶尾閭之控制等問題，正在詳細研究規劃，以便分年施工，此外，爲控制汛期江水倒灌及枯水期河水入江現象之發生，或須在適當地點增建水閘，以利下水之排除。

（二）擴充自來水　自來水廠因機件陳舊，設備不敷，雖經分期整理，總難期其發揮最大之效能，三十六年出水量最高日爲六萬七千公噸，已達負荷飽和點，因無備機及輸水總管太小，較高地區如下關鼓樓等地，在用水量達最高峯時，常常感到水壓不足。以全市一百萬人口計，每日需出水量十二萬公噸，故必須擴充設備以應需要。擬分兩部份同時並進：

第一部分，實施緊急工程，改善擴充現有設備，增加出水量至每日八萬公噸。期於三十七年年底前完成。

第二部分，籌建新水廠，每日出水十萬公噸，並增設幹管八千公噸，以加強配水系統，期於三十九年年底完成。

上項計劃完成後，兩廠總出水量可達十八萬公噸，全市各處水壓可普遍提高至十五公尺以上。

（三）開闢政治區　政治區之開闢，爲首都建設之奠基工作，首都之有異於其他都市者，主要卽在於此。開闢政治區非卽於區內大興土木之謂，其主旨在於確定政治區之位置，然後征收區內土地，使爲公有，再次則籌訂區內道路系統，並就主要道路先予闢築，初不求其路面之若何完美，下水道及水電等公用設備，亦應配合築路，同時興建，政治區地點一經確定，嗣後凡有新建之公共建築，倘其性質須建於政治區之內者，卽不再在區外興造，形成如今之分散現象，誠如此，則十年二十年後之首都，當不難呈一番莊嚴煥發之氣象，不愧爲全國之模範，惟欲於十年二十年後有此氣象，今日必須着手準備，奠其基，此項工作現由內政部主持規劃，政治區之地點將依照戰前計劃，仍以明故宮爲中心，大致東南兩面以城牆爲界，西沿秦淮河，北自竺橋經國防部至突出之城角爲限，正呈請行政院審議中，原擬之區內道路系統或有局部變更之處，迨核定後，當一面征收區內土地，一面視緩急輕重，分期開始區內道路溝管之興建。至於全市之道路交通，仍將繼續擴展與改善。

（五）首都建設的展望

首都建設以戰前十年及戰後二年之努力，雖曾經敵僞八年破壞，而規模已具，如二十年前，成賢街原爲南京最寬之街道，而二十年後的今日，猶不如中山，太平等路，即是一例，但如衡以世界各國首都之規模，則仍不逮遠甚。

首都既爲國際觀瞻所繫，全國向心所關，爲一國之團結與進步，一國之文化與建設之象徵，故一般都市或可因陋就簡，首都則不然；一般都市或可慢些建設，首都則不宜；一般都市或可自力發展，首都則不能。但建設首都自亦須乘有利之時機，若今戡亂方殷，大規模建設尙非其時，惟若干基本建設，如前所舉之建築下水道，擴充自來水，開闢政治區等工作，則已刻不容緩。

世界各國首都，類皆有百餘年以至數百年歷史，在數百年中無間斷的投以無量數之金錢物資，濟以無量之心思才力，銖積寸累，乃有如今日倫敦、巴黎、莫斯科，華盛頓之建設，南京雖爲我國歷代名都，但其爲中華民國之首都，開始現代化之建設，則爲時尙短，期其建設燦然大備，要當需數十年乃至百年之時間，非可一蹴而幾，以南京地理條件之優越，在山水名勝之區，益以現代化之建築，現代化之交通工具，現代化之衛生文化設備，將來建設大成，必爲國際名都，可無疑義。而今日之一點一滴的建設，即爲未來發展之開始，雖尙未能完全滿足當前之需要，然亦有其價值。

中央已核准自三十七年起將首都建設經費列入國庫開支，以此決心積極進行，足以向全世界表示我國對於建設前途的信念，而益增舉國人民振奮的精神，南京在過去有其光輝的歷史，在未來必更有其燦爛的前程。（完）

茲爲適應各地需要起見，特闢「建築」一欄，調查全國各大城市（南京、上海、漢口、重慶、廣州、桂林、青島、天津、瀋陽、長春、蘭州等）之主要建築材料價格。並另設計簡單普通之住宅一所以作估計之依據，計算每平英方丈造價之大約數字，以供各公私機關建築房屋之參考。上項調查估計工作，爲慎重與正確計，係委請各該地營造工業同業公會理事長或信譽卓著之營造廠商辦理之。依次輪流刊載本報，以饗讀者。

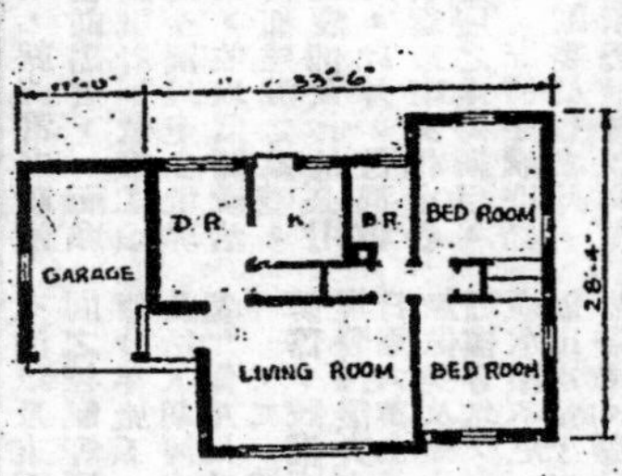

工程說明

本工程係磚牆，筒板瓦，灰板平頂，杉木企口地板，杉木門窗房屋，施工標準普通，地點位于本市中心地區，油漆用本國漆。外牆係清水，一應內牆及平頂均用柴泥打底石灰紙筋粉光刷白二度，板條牆筋及平頂筋用2"×3"杉木料，地板擱柵用4"×5"杉枋中距1'—0"桁條用小頭4½"圓杉條2'—6"中距。

昆明市主要建築材料及工資價格表

名稱	單位	單價	說明	名稱	單位	單價	說明
青磚	塊	1,500		2½"洋釘	桶	3,500,000	
筒板瓦	塊	800		26號白鐵	張	1,200,000	
石灰	市担	40,000	塊灰	竹節鋼筋	噸	50,000,000	大小平均
洋灰	桶	940,000	170公斤	上熟米	市担	530,000	
杉木枋	板尺	30,000	一呎方一吋厚	工		資	
杉木企口地板	方呎	18,000		小工	每工	16,000	包括伙食在內
4½"圓杉木桁條	根	60,000	13'—0"長	泥工	每工	70,000	包括伙食在內
杉木板條子	捆	130,000	6'—0"長	木工	每工	70,000	包括伙食在內
廠片玻璃	方呎	70,000	16盎司	漆工	每工	90,000	包括伙食在內

上列價格木料不包括運力在內磚瓦石灰則係送至工地價格

（昆明）本工程估價單

調查日期37年1月　日

名稱	數量	單位	單價	複價	說明
灰漿三和土	4	英立方	1,100,000	4,400,000	包括挖土在內
10"磚牆	22	英平方	3,200,000	70,400,000	
板條牆	7	英平方	2,200,000	15,400,000	
灰板平頂	10	英平方	1,500,000	15,000,000	
杉木企口地板	6	英平方	4,600,000	27,600,000	包括踢脚板在內
洋灰地坪	2.5	英平方	3,300,000	8,250,000	6"碎磚三合土澆2"厚1:2:4混凝土
屋面	14.5	英平方	2,800,000	40,600,000	包括屋架在內
杉木門	315	平方呎	90,000	28,350,000	五冒頭門厚1¾"門板厚½"
杉木玻璃窗	170	平方呎	150,000	25,500,000	廠片16盎司
百葉窗	150	平方呎	90,000	13,500,000	
掛鏡線	22	英丈	80,000	1,760,000	
白鐵水落及水落管	25.5	英丈	800,000	20,400,000	
水泥明溝	18	英丈	400,000	7,200,000	
水泥踏步	3	步	600,000	1,800,000	
總價				$ 280,000,000.—	

本房屋計面積10平英方丈總造國幣二億八千元正

平均每平英方丈房屋建築費國幣二千八百萬元整（水電衛生設備在外）

調查及估價者昆明華青工程公司　　（日期三十七年一月一日）

工業與資源

北方工商業請速恢復工貸

舊曆年關將到，工業界稱這個年關頭為「險關」，每到年關都有困難，但情況都沒有今年壞。年關最大的一筆支出是年終獎金和工資，據估計，天津市大小工廠年終獎金和工資支出總額一千五百億，國家銀行不貸款，商業行莊也籌不出這個數目來。較大工廠如永利、東亞、華新，已到各地調頭寸，但因處境困難，而一籌莫展。啓新則電請財政當局收購一萬五千噸洋灰，幫它渡過年關。又平津區工業協會理事長李燭塵特電呈蔣主席，請迅速恢復工礦貸款和押匯，以搶救行將垂死的事業。

青島中紡全部復工

中紡青島分公司所屬各廠，前以燃料告罄，供燃不及，全部停工。茲因上海區燃管會，於十二月配撥之燃煤，業已運抵青島，另由公司自購湘煤及中興煤共一千七百餘噸，公司現已決定復工計劃，除第一紡織廠於十二月廿七日夜班起單獨先行復工外，其餘各廠亦於二日起一律同時復工。原計劃係按目前燃煤存量情形，擬逐漸開工十大。至該公司燃煤供應問題，仍在分途向各方洽商解決中。

粵新辦肥田粉廠

粵省實業公司向美國進出口銀行商借五百萬美元，在穗設置大規模肥田粉製造廠，這項商談已就緒，現正辦理手續中，這個廠本年內可成立。粵省實業公司又決增設兩個製糖廠，其中一個廠的設備係由台灣運來；另一個廠由四川內江中國糖業公司投資一部份，和這個公司合辦。

東北煤產

資源委員會所轄東北各煤礦，三十六年生產量為三百九十萬噸，與原計劃的五百萬噸相差一百十萬噸。其間四月份生產量最高，為四十五萬噸；十二月最低，為二十萬噸。

資委會計劃大同礦增產

關於增加大同煤礦生產，資源委員會極為注意。本年度將盡力恢復機器動力生產，該會已訂有詳細計劃。

開發湘煤在計劃中

現粵湘兩省正在協商合作，開發湘境狗牙洞、楊梅山、資興、湘江四大煤礦，以解決粵省煤荒，預定日可產煤三五〇〇噸，所有設備及興築各煤礦區至粵漢鐵路支線費用，由兩省聯請政院撥付。

趕運淮南華東存煤

經濟部鑒于淮南華東兩礦臨城棗莊等津浦路沿線一帶，現在還積存煤斤共十八萬噸，為了接濟京滬的需要起見，已電請交部轉令津浦路局趕運。關於津浦路增運煤斤情形，已經與交通部商定，即日編定運煤專車七列，預計本月內搶運十五萬噸，如是則京滬煤荒當可解決。

物物交換

以機器易絲茶豆

中法以貨易貨之談判，已有端倪。法國遠東經濟考察團團長英休于（七）日曾拜訪我經濟部部長陳啓天，交換兩國間易貨之意見。法方準備以煤、米、機器交換我國之絲茶及大豆。此事我方正於原則上加以考慮中。至於何時具體實現，尚不可知。

京工人生活費指數 上月六三三零一倍

上年十二月份南京工人生活費指數，已經社會局正式公佈，總指數為六三三〇一・八〇、較十一月份增加百分之二五・八。茲將分類指數列表如下：

△十二月份分類指數▽

類別	指數
食物類	六三・三三・六九
衣着類	一二九・八一・五一・三二
房租類	二〇・二〇八・七〇
燃料類	一〇九・八〇三・九二
雜項類	五九・〇一・四一・八〇
總指數	六三・三〇一・八〇

交通

杭溫鐵路查勘完成

杭州到溫州（即永嘉）間鐵路的興築，浙省當局和浙贛鐵路已經在去年秋間組織查勘隊，查勘路線和調查經濟，這條鐵路有「內線」、「外線」之分：內線循浙贛鐵路的龍游起，經過遂昌、麗水、青田而到永嘉；外線由杭州到寧波一段，是利用原有滬杭甬路的杭甬段路基外（抗戰前已築成通車，後來戰時破壞，現在路基仍在）；寧波到永嘉計長是三百八十五公里。現在當局在原則上已決定採用外線。

浙贛路杭州南昌將通車

浙贛鐵路南昌到上饒段的鋪道工作，於去年十二月二十九日接通，預計一月十五日南昌、杭州間即可直達通車，一月下旬或二月初可開始正式營業。

津浦路安全行車將加速

津浦鐵路浦濟段通車以來，情況甚佳。本月五日已開始行駛浦濟直達車。日來客貨運輸，均至繁忙，沿途情形良好，行車安全。路局決定自下月一日起，將全線行車速率，予以提高。

川黔路接成渝路 筑隆段下月測竣

川黔鐵路，為我國西南鐵路幹線之一，現在正進行勘測工作，預計今春二月完成路綫，由隆昌經瀘縣、赤水、遵義、息烽至貴陽。川黔路之不經綦江至渝，係因黔省婁山工程浩大，與粵漢路株韶段工程相較，尤為艱巨，故川黔路乃決定由貴陽至隆昌；與成渝路相啣接，且川滇路亦擬由緒往經貴陽至隆昌，與成渝路相接，將來筑隆鐵路，具有一路兩用之價值，於國防，經濟均有極大之貢獻。

西安洛陽間公路將通車

隴海路中斷後，西來客貨運，多經過重慶轉道來蘭，輾轉接運，很感困難。公路當局乃積極籌劃西安到洛陽段公路通車事宜。經兩月來的努力，已把該段公路修竣試車，情形良好，現正積極籌劃車輛運輸方面各項問題，不久即可正式通車。

青新公路北段竣工

（中央社蘭州六日電）青新公路北段工程，經十二區公路工程管理局負責興修，已於上年十二月底全部竣工。該段工程起於南疆公路之紅柳溝，達於柴達木盆地西端芒崖中，須經過鐵木里克扎哈等哈薩克族遊牧地帶，原定十二月初完成，但以工程期間，困難甚多，尤以冬令嚴寒氣候之影響，故雖在兵民工二千餘人日以繼夜之一致努力下，仍延期半月，始底於成。至是，此向爲人跡罕到之柴達木盆地，已完成全長一千二百卅二公里之坦途。刻六區局已報請交通部派員驗收，至路正式通車典禮，將俟本年春暖季候舉行。

滬穗漢機場增夜航設備

（中央社訊）交通部民用航空局前向美國訂購之巴圖式強力跑道燈三套，擬分裝於上海、廣州、漢口三機場。該項設備業於上年十一月運抵滬、粵。上海龍華機場之一套，當於十二月五日興工裝置，並已自十二月十七日起開用。此後飛機即在濃霧與黑夜中，亦可在該場降落，不僅將增加飛行安全，使今冬之航行班期，亦將較往昔更爲準確。

大華航空公司要求立即復航

在宋子文任行政院長的任內，奉命停辦的大華航空公司，一年來，他們更改了公司的組織，由張群、江、李石曾擔任正副董事長，把這個公司改作中國建設社下的事業機構。同時，又在美國訂購了五架新穎巨型客機，最近期內可以來華。近正又由張、李兩位董事長呈文行政院，要求立即復航。

京全年車禍六五四件多因駕駛疏忽

首都去年全年交通事故案件業經警總統計完成，全年共有車禍六百五十四件，以三月份最多，共七十五件，七月份六十四件，肇禍原因由於駕駛疏忽者爲二百五十四起，超越速度者一百六十六起，其他原因每種均不滿五十次，全年死於車下者共七十七人，四百九十四人受傷，人力車撞毀六十六輛，汽車七十三輛，馬車十五輛。根據以上統計，車禍發生以夏季最多，肇事原因多爲駕駛疏忽。

商招局已獲准在日本設分局

（中央社東京七日專電）招商局已獲得盟軍總部對於該局在橫濱、神戶與長崎三處設立分局一事之初步許可，該項許可證，預料在上海招商總局遞交正式申請時，即可批准。依照招商局之計劃，分局將設於橫濱與神戶兩地，長崎則設支局，該局開設分局後，即將分派船隻兩艘定期來往於上海神戶間。

港埠消息

塘沽港臨時經費政院將撥三千億

塘沽新港工程局頃已擬定本年度之工作計劃。目標在使新港可停泊三五千噸級船七艘，七千五百噸級船二艘，停泊一萬噸級船一艘，並完成水陸聯運。必要時可與葫蘆島通航，輔助北甯路，加強國內外運輸，並可協助秦皇島增加南北運輸及運煤工作。其修建經費，美方已允在援華貸款中撥出一部份爲完成新港之工程費用（數目最多可達一千九百萬美元），我政府亦決定臨時撥款三千億元，作今年度工程購料費用。至卅七年度全年預算，因行總關係不能於目前提出。塘沽新港全部工程預定在卅八年底完成。

廣州港計劃

（中央社訊）廣州港工程局局長陶述曾六日自穗抵京，向交通部報告今年度工程計劃及經費預算，據稱：廣州港工程分廣州及黃埔兩部份，前者係內河淺水港，後者爲海港，工程局去年十一月始成立，現已完成廣州部份之測量工作，修建計劃中第一部爲廣州部份之修築工程，完成後，碼頭江岸長約三公里，可停泊三千噸以下之江輪十餘艘，目前千噸以上之江輪即無法駛入，此項初步工程，需費約五千億。

整修下關碼頭　南京港工處成立

交通部已採納修建下關碼頭之計劃，成立南京港工程處主持修建工作，並先撥款二百億作施工費。

又下關三北公司碼頭（即一號碼頭），七日下午四時突告塌陷，繫船鐵鍊被繫斷，塌陷處縱長約四丈，寬約二丈，該處該日因無輪船停泊，故塌陷時並無死傷。

遠東委員會規定日本鋼鐵年可產五百五十萬噸

（中央社華盛頓七日合衆電）據悉：遠東委員會已決定與日本簽訂和約後，可許其每年生產鋼鐵五百五十萬噸。此約爲一九三三年至一九三五年時日本鋼鐵之每年產量，透露上項消息者並稱，委員會之經濟小組委員會已一致同意。將來日本之鋼鐵每年產量，鋼塊三百五十萬噸，鐵塊二百萬噸，按一九三三年至一九三五年之間，日本年產鋼三百二十六萬五千噸，鐵二百三十八萬四千噸，總計五百六十四萬九千噸。

日本重建工業

（新亞社東京五日電）日本政府決定以一九四八年爲起點，實施五年經濟計劃，而其最大之變化，厥爲將來之以纖維工業中心，轉換爲機械中心，惟爲達成此項目的，必須將煤炭生產較一九三七年之產量增加百分之三〇，即年產三千四百萬噸，並須大量輸入煤炭士敏土、鐵礦石等。

又九州煤礦於去年十二月創戰爭結束以來之最高生產紀錄，計一百八十七萬噸，爲預定產量之一〇三%，平均每一勞動者之生產量爲六萬噸，較十一月份增加一八%。

可以用原子碎裂器製造黃金

（中央社紐約三日專電）古代方士之點金夢，現代科學已可以巨型新碎裂器實現之而有餘，原子核化學家西波頃在洛杉磯之美國物理學會大會宣稱：加利福尼亞大學之新原子碎裂器，非但可以將分裂鉛之方法而一舉得金，并可製造三分之二以上之化學原素，鐵亦包括在內。此種機器，以自四億瓦特之電力所推動之急速原子質點，轟擊鉛之大原子，鈾原子分裂爲各種型態之小團體後，其中每個個體均成爲另一化學原素之原子，如加以稱衡分析，即可發現有前所未見之稀種原素，其中包括金、鉛、鐵等等。西波稱：前此以較小之碎裂器發動之原子碎裂活動，曾通常可分裂少數較重原素，而程度亦較此相差遠甚。除此新原子碎裂器成功之報告外，最近迅速發展之原子核物理等另有一新發展。康乃爾大學之科學家廣播稱：由於最近之原子發展，前此用以從事醫學研究之價值一百萬元之放射性炭，目前已僅值五十元矣。

中華民國卅七年十一月十九日出版

中國工程週報

內政部京警國字第五十一號

中國工程出版公司編印

發行人　杜拱辰

定價　每份三千元正　全年訂費壹拾伍萬元正　航空或掛號另存郵費二萬元

廣告價目　甲種每方吋柒萬伍千元　乙種每方吋陸萬元正

中華郵政認爲第二類新聞紙　江蘇郵政管理局登記證第一三二號

地址：南京（2）四條巷一六三號　電話　二六九八九

寄售處　全國各大書店

一週大事記

是週也：九龍情勢愈惡化，中原戰事趨緊張。

急景凋年，北國有人來；

調整待遇，物價又高漲；

貝祖詒訪美成行，改革幣制有望。

軍訓會南京開幕，學生集訓決定。

這一個禮拜，全國人民在注視九龍問題。

九龍的民房，自被港警強制拆除後，本週初，港警更在九龍舊城，以催淚彈和槍，對付同胞，結果，受傷者不少。

我朝野對此都深表憤慨，參政會，監察院，紛紛指責外交部的怯懦外交，京滬學生並罷課表示抗議。週四，南京政治大學的學生百餘人沿街喊「打倒英帝國主義」的口號，情緒激昂。

至于外交部的態度，僅謂係「奉命行事」，政院新聞局局長董顯光說：「政府對九龍事件態度防止擴大」。

以往倫敦方面的意見，這是「香港地方事件」，週四之夜，英大使施蒂文與我王外長直接對此商談，可知此問題必能獲得圓滿結果。

× × × ×

急景凋年，工商界喊「不得了」。

特別是北方代表時子周、李燭塵、劉瑤章、林蔚農、許惠東等的南來，更顯出本年冬天北方的嚴重性。林蔚農在「北方代表請願目標」一文中，沈痛的說：「不論中央對於北方是不是漠視，是不是歧視，但大多數北方民眾，是有內附的決心，且有向心的熱力的」。

他們的要求是（一）開放生產貸款（二）開放申滙，（三）擴以出口外匯購取外糧，（四）平抑物價，（五）救濟紡織工業，（六）取消南糧北運的限制，（七）增加糧棉生產，（八）維持長城礦產。

代表團週內來京，向當局請願。在滬時曾向張嘉璈氏請願，已獲得部分效果。

× × × ×

文武職員待遇調整案，已由國務會正式通過。自今年元月起，照生活指數發薪。這是公務員一則喜訊。可是，接着而來的最[illegible]用品與公用事業的[illegible]的米已跳到一百二三十萬，輪船、飛機都已增加，京滬的輪船票，特等票幾達一千萬。

× × × ×

貝祖詒已起程赴美。外間傳說貝氏此行與我國改革幣制有關。

關於改革幣制的計劃，已日漸成熟。據報載：美國對此頗願幫忙，但須我國提出詳細計劃，貝氏可能是帶着這計劃去的。

× × × ×

本週初，政府方面人士的意見，也逐漸在擁護硬幣的主張了。

× × × ×

爲加強軍訓，陸軍訓練會議，本週在南京開幕，由蔣主席主持，出席軍訓達一四七人之多。

會中決議案兩項：（一）全國分八區訓練機構：在瀋陽、鄭州、徐州、西安、南京、台灣、漢口、北平分別訓練。（二）今年暑假起開始學生集中軍訓。

× × × ×

本週內的軍事情勢，漸見緩和。保定西滿城的國軍已南下拊共軍外圍共匪的後背，保垣情勢轉穩。豫皖邊境的戰事，却轉趨緊張，商縣、淮陽、扶溝、太康區城，戰事激烈，平漢線南段的確山，一度遭共匪猛犯，旋經國軍擊退。中原大戰的形勢漸顯，是否雙方肯費出主力相持，倒還是一個謎。

技師法

國民政府三十六年十月二十七日公佈

第一條　中華民國國民，依專門職業及技術人員考試法，經技師試驗或檢覈及格者，得充技師。

第二條　本法所稱技師，為左列三種：

一、農業技師，二、工業技師，三、礦業技師。

第三條　農業技師分左列各科：

（一）農藝科，（二）園藝科，（三）森林科，（四）蠶桑科，（五）植物病蟲害科，（六）畜牧科，（七）獸醫科，（八）農業化學科，（九）水產科。

第四條　工業技師分左列各科：

（一）土木科，（二）水利科，（三）建築科，（四）橋梁科，（五）市政工程科，（六）衛生工程科，（七）測量科，（八）原動機科，（九）機械製造科，（十）自動車科，（十一）輪機科，（十二）造船科，（十三）航空工廠科，（十四）冷藏科，（十五）電力科，（十六）電訊科，（十七）電機科，（十八）號誌科，（十九）化學工程科，（二十）分析化學科，（廿一）造紙科，（廿二）製革科，（廿三）製糖科，（廿四）窯業科，（廿五）製藥科，（廿六）紡織科。

第五條　礦業技師分左列各科：

一、採礦科，二、冶金科，三、應用

第六條　有左列各款情事之一者，不得充技師。其已充技師者，撤消其資格。

（一）背叛中華民國證據確實者。

（二）受本法所定撤消資格處分者。

第七條　考試及格之技師，應向主管機關登記，發給技師證書。技師之登記，農業技師由農林部組織農業技師登記委員會辦理之；工業技師及礦業技師由經濟部組織工業技師登記委員會及礦業技師登記委員會辦理之。前項登記委員會，應由各該部聘請有關各部會代表充任委員。技師登記委員會之組織規程及技師證書登記費，由行政院定之。

第八條　領有技師證書者，得設立事務所執行業務，但應依其他有關法令向所在地主管官署請領開業執照。

第九條　技師得受委託，辦理本科技師之設計實施及與技師有關之各種事務。前項委託者，包括國營或民營各事業在內。

第十條　公務機關委託技師辦理技師事務時，應給費用。前項委託技師，非有正當理由不得拒絕。

第十一條　技師不得有左列行為：

（一）玩忽業務，致委託者或他人蒙受損害。（二）執行業務時，違反與業務有關之法令。（三）受鑒定之委託為虛僞之陳述或報告。（四）洩漏因業務所知之他人祕密。

第十二條　技師違反前條規定者，得由所在地主管目的事業官署或技師公會或被害人，據實呈請中央主管目的事業官署，依其情節輕重，由原登記機關撤消其技[illegible]

第十三條　依前條撤消資格者，追繳其技師證書；受停業處分者，在停業期內不得執行業務或受委託。

第十四條　未領技師證書而擅受委託，辦理各項技術事務者，應由所在地主管官署勒令停業，並得處以五千元以下罰鍰。

第十五條　各科技師有另定管理規章之必要者，由中央主管目的事業官署定之。

第十六條　主管目的事業官署得檢查技師之業務或令其報告。

第十七條　執行業務之技師，應加入其執行業務所在地之技師公會。

第十八條　技師公會應依本法第二條分業組織，各冠以業名。必要時得依第三條至第五條分科或聯合同業各科組織之。

第十九條　技師公會於省或院轄市設立之，其重要產業區域經有關各區域之主管官署會商核准，得單獨組織之。

第二十條　各技師公會得於首都各設全國聯合會。

第二十一條　省市或區技師公會以在該區域內執行業務之技師七人以上之發起組織之，其不滿七人者，得加入鄰近區域之公會。

第二十二條　技師公會全國聯合會以省市或區技師公會三個以上發起組織之。

第二十三條　省市技師公會之主管官署，為省市主管社會行政機關及主管目的事業機關；重要產業區域設立技師公會時，為所在地主管社會行政機關及主管目的事業機關；全國聯合會之主管官署，為社會部及中央主管目的事業官署。

第二十四條　技師公會設理事監事，由會員大會選舉之，其名額如左：

（一）省市或區技師公會設理事三人至十五人，監事一人至五人。（二）技師公會全國聯合會設理事九人至二十一人，監事三人至七人。前項理事監事任期二年

第二十五條　技師公會章程應規定左列事項：

（一）名稱管轄區域及公會所在地；（二）公會之任務；（三）會員之入會退會；（四）理事監事之名額選舉方法及其職務權限；（五）會員大會及理監事會議規則；（六）應遵守之公約；（七）技師承辦事件之酬金標準及其最高額之限制；（八）經費及會計；（九）其他處理會務之必要事項。

第二十六條　技師公會應將左列各款項呈報所在地之主管社會行政官署及主管目的事業官署：

（一）技師公會章程；（二）會員名冊及會員之入會退會；（三）理事監事選舉情形及當選人姓名；（四）會員大會理事監事會議開會之時日處所及會議情形；（五）決議事項，前項呈報由所在地主管社會行政官署及主管目的事業官署分別轉報社會部及中央主管目的事業官署備案。

第二十七條　技師公會每年開會員大會一次，必要時得召開臨時大會。

第二十八條　技師公會所在地之主管社會行政官署及主管目的事業官署於技師公會召開會員大會時，應派員出席；其他會議得派員出席並得核閱其會議紀錄。

第二十九條　技師公會違反法令或技師公會章程時，得由主管官署分別施以左列之處分：

（一）警告，（二）撤消其決議，（三）撤免理事監事，（四）解散。

第三十條　技師公會全國聯合會準用本法第二十五條至第二十九條之規定。

第三十一條　本法施行前依法領有技師證書者，視同依本法取得資格。

第三十二條　依外國人應農，工，礦業技師考試條例，經考試及格之外國技師，應遵守關於技師之各法令。

第三十三條　本法施行細則由行政院定之。

第三十四條　本法自公布日施行。

經濟改革方案

工業部份實施辦法

經濟改革方案工業部份實施辦法草案，業經本月十五日之全經會例會通過，茲誌修正後要點如次：原方案（一）適應農村需要。實施辦法：一、優先供應農田水利建設工程所需之建築材料，灌溉機器及管道設備等。二、化學肥料增產，三年內供應全國需要之半數，六年內自給自足。現年需四十五萬噸）擴充現有工廠，另設新工廠。三、在全國各地設農具製造廠，鼓勵民營。四、發動民營工廠製造小型火車船隻及其他車輛，發展農村運輸。

原方案（二）發展工業之重點。實施辦法：（甲）一、固體燃料鼓勵人民自開煤礦，加強東北華北台灣三區生產，開發華中華南西南煤產，希望全國煤產於三十七年內達二千五百萬噸，三十八年達三千萬噸，三十九年達三千五百萬噸。二、液體燃料，增加玉門油礦產量，使一年內足供西北需要，錦西台灣煉油廠增產，使一年內足供華北東北東南華中華南需要，甘礦應增鑿新井，添置煉油設備；西南各省缺乏汽油供應，應充分利用酒精。三、各地發電設備應積極增加，有工業需要者更應首先充實，希望上海至卅九年可達發電量二八五、四〇〇瓩，南京六三、〇〇〇瓩，漢口三八，二五〇瓩，廣州一〇八、五〇〇瓩，重慶二一、〇〇〇瓩，青島六〇，〇〇〇瓩，冀北一六九、四〇〇瓩，東北於民四十年可達三五二、五〇〇瓩。水力發電首先改善小豐滿，已進行之水力發電工程，應依此完成。（乙）一、分區獎勵礦產，積極開採，重要礦產希望卅七年之進度為錫七千噸，汞八十噸，鎢一萬噸，銻八千噸，金十萬市兩，銅一千噸，鋁一千五百噸，鋅八百噸，錳五萬噸，鉛六千噸，鐵石五萬噸，明礬十萬噸，鐵二百萬噸，螢石五萬噸，弗石二千噸。二、注重可以外銷之礦產及可作幣制基金之貴金屬，鼓勵民營，調整政府收購辦法。三、銅鉛鋅錫鐵等礦已有基礎者應促進生產，並推進台灣之煉鋁製鋁事業。四、督促增產與鋼鐵事業有關之錳鎢鉬鎳等礦產品，及工業基本原料之硫鐵礦等。五、放射性之礦產，全部由政府經營，嚴格管制其銷運。（丙）一、鋼鐵生產，務使三年內足供全國需要之半數，其所需資金之週轉，原料之供應及成品之運輸，應特予便利。二、督促水泥增產，並注意外銷。（丁）各重要工業開設機械製造工廠，大量製造。（戊）國內不能生產之必要工業原料及器材，應自國外輸入存儲。

原方案（三）發展民生工業，實施辦法：一、棉紗織業，利用現有紗錠織機，完成四百五十萬錠產量，產棉區增設新廠，五年內增加三百萬錠，十年內增至一千二百五十萬錠，毛紡織業現有十一萬錠，五年內應增加十萬錠，第二個五年內增加二十萬錠，蔴紡織業，應於產蔴區設機器紡織廠，蔴布應於第一個五年內增至四萬錠，第二個五年內增至十二萬錠蔴袋紡織機現有六千四百餘錠，第一個五年內應增加一萬錠，第二個五年內增加二萬錠。絹紡織業，現有二萬六千餘錠應於十年內增十萬錠。技術方面，由主管機關指導改進，訂定產品標準，鼓勵新式紡織機器之製造，原料供應及成品銷售，由主管機關統籌合理分配。二、製粉，製油工業應擴充改良，製糖工業應增產，繼續洽栽乾製酶素等業應設工廠，與食品有關之化學工業，亦應設廠自製。三、鹽產工業應改進製煉方法，擴充副產品之生產。四、造紙工業，應予獎勵及協助，提倡機械木漿廠，造紙用銅絲布及毛毯等製造，應由政府倡導。五、印刷工業應機械化，原料力求自製供應。六、建築工業所需木材，應由政府鼓勵民間設公司，大量製造。七、短途交通之建設，地方政府應儘量辦理，或扶持民營。

原方案（四）國營民營範圍。實施辦法：國營民營之範圍，應參照工業建設會議及物資建設五年計劃，就收復區工業破壞情況，與可得之物資重新釐定，務使配合適當，達到最高效能。

原方案（五）工業建設區域。實施辦法：建設區域之劃分，仍須參照各地農工礦交通及自然環境風俗習慣及社會情形，並參考已往各機關研究結果由有關部會詳細研討，再行決定，

原方案（六）扶植小型工業。實施辦法：小工業及手工業，應分別地方情形，切實扶助改良，原料供應與成品銷售，均應集中統籌，特種工藝品應獎勵創立外銷組織。技術方面，由政府訂立標準改善品質，並予貸款之便利。

原方案（七）增進國際輸出。實施辦法：輸出品應在工業立場着重加工品，並儘以成品輸出代替半成品及原料。

原方案（八）產品製造標準化，實施辦法：加強推行依照標準法之各項標準，醫藥廠商遵照實施，至於應行訂定之各項標準，應由中央標準局從速制定推行。

原方案（九）倡導工礦投資。實施辦法：1.由政府組設工礦交通投資公司，指定專款或公有資產，作為官股投資，加募商股，發行股票，流通市場。此項公司得分設子公司，該子公司一俟業務根基鞏固後，即漸次增加商股，減少該母公司股份，以吸收游資。2.扶持已著成績之工礦交通事業，及正當投資公司，並准其投資於政府所辦公司或工廠，以華僑資金及外匯資產作為投資者，得視實際情形予以優越股權之優待，或特殊經銷權，利潤等，以資鼓勵。

30045

原方案（十）引導游資入軌。實施辦法：1.政府應責成主管機關，制定工礦事業公司發行股票及發行債券之詳細辦法，其還本付息，由政府督導，為防止因物價波動，影響債值，政府可准所發行之公司債，按當地物價指數計算還本付息。2.設證券交易所，應准工礦交通事業之股票及公司債上市。

原方案（十一）監督工礦貸款。實施辦法：各廠所需貸款，除普通工貸外，應兼以採購定貨方式行之。抵押品範圍依現行規定酌予放寬。貸款審核及運用之監督，可由主管機關參加。並於一月內由四聯總處擬定工業貸款之確定範圍及考核辦法。

原方案（十二）工礦資產重估價值。實施辦法：修正工礦運輸事業重估固定資產價值，調整資本辦法及補充估算方法，爲下列公式：

現值＝調整原值－（調整原值－調整殘值）×使用年數／總年數

此中調整原值＝購入原價×該項物資現時之價格指數／該項物資購入時之價格指數

調整殘值＝購入時之殘業值×現時價格指數／當時價格指數

總年數＝可能有效運用之年數過此年限該項設備之價值即為殘業值

原方案（十三）獎勵外人投資合作。實施辦法：1.由主管機關切實擬定外人投資範圍及施行細則，并厘訂匯款辦法，保障其合理經營權益。2.關於國際投資合作，外人發明專利權，在我國專利法規定內，應優予保障，并適合我國需要之新穎工業技術方法，尤應特予獎勵，並聘用外籍工業技術專家參加工作。

原方案（十四）工資力求合理。實施辦法：工資付給辦法應由主管機關會同有工廠生產能力，產品銷售情形，分別擬定之。

以增產穩定物價 有關工業部份實施辦法

原方案（二）供給廠商原料。實施辦法：主管機關應商同有關貸款行局，指定的款，統購原料或器材，貸與廠商，訂購成品，再以成品出售，收回之款，購入原料及器材，繼續周轉，以達到促進生產的目的。

原方案（五）洽借國外機器原料。實施辦法：由各主管機關按照實際需要，擬具計劃，統籌洽辦，向國外借貸機器及原料，以利生產。

原方案（六）出售敵產及賠償物資。實施辦法：敵偽設備及賠償物資，應由主管機關將國營事業所不必需要及無力兼顧部份，售予或租予合格之民營廠商，並在指定期內，將此項設備及物資處理完畢。（完）

公路交通安全促進會

本月十五日上午九時，在交通部大禮堂召開公路交通安全促進委員會成立大會，交部部長因有其他要公，由凌次長主席，首由主席致詞，大致謂：交通安全，極為重要，促進委員會成立，能由各有關機關共同討論，集思廣益，訂定辦法，由各機關分別執行，不致格格不入，不過在國內情形有時雖有好辦法，而不易切實執行，仍屬無效。次由公路總局趙局長報告籌備經過，並云：美國於汽車安全問題，有所謂三E政策，Engineering，Education，Enforcemant，中國需另加救護Emergency。嗣由內政部張部長致詞謂：四E中以教育最為重要，國人一般意旨不外「實力」「情面」二項，以致執法不嚴，亟應予以破除。陳果夫先生致詞着重教育宣傳，並深入鄉村，及學校。國防部陳司長云：該部以往對於駕駛兵着重上前線，勇敢；對於駕駛技術及管理方面，當加緊訓練；對於車輛檢修，亦當特別注意之，

考驗，應注意色盲及心理試驗，並注意防範傳染病之傳播。公路總局白利南顧問致詞謂：目前中國車輛不多，安全問題能先期準備，將來車輛增加，當可減少事變。中午在籌備招待所午餐，下午二時在公路總局開委員會，討論各項提案，共十餘件，進行至為順利，出席機關計有下列十九個單位：

公路總局　國防部　聯勤總部　教育部　行政院新聞局　中國紅十字總會　江南汽車公司　江蘇省公路局　江蘇省警保處　江蘇省保安司令部　浙江省警保局　浙江省公路局　首都警察廳　內政部　首都衛戍司令部　上海市公用局　上海市警察局　憲兵司令部　淞滬警備司令部

工業技師

速投光榮的一票

本月二十一日至二十三日為立法委員投票日，候選人計有曾養甫，盧毓駿，顧毓琇，關頌聲，陸良炳，陳幹青等六人，凡已領得技師證書之工業技師，均有選舉權。須憑技師證書領取選舉票投票，如因本人無法親自參加投票，亦應將委託書，連同技師證書，方可託人代投（單選委託書者一概無效）。上列候選人中，曾無疑問，曾先生為我國工程師學會之支持，力量至為雄大。陳顧均氏早向各方友好聲明不願參加。關頌聲為建築師的巨頭，盧毓駿為國內有名學者，深得高校同學之支持，市政及衛生工程師亦多擁護。陸陳二人則實力大部建立在航行人員身上，盧陸二人之爭，誰佔優勢，取得候補，尚難逆料，最後結果如何？建立在每一位工業技師「光榮的一票」上，望我技師同志，踴躍投票，且勿放棄權利。（成逸）

公用事業價格計算公式

（全國經濟委員會本年一月十四日公佈之公用事業價格聯繫調整公式）

一　電價計算公式

（甲）公式

$$每度電價 = xa + \left(\frac{10}{100}y + \frac{80}{100}z + \frac{10}{100}w\right)b$$

解：

a ＝每度燃料消耗基數　公斤／度
b ＝每度業務費用基數　元／度
x ＝現行燃料價格　元／公斤
y ＝上海生活費指數
z ＝當地生活費指數
w ＝當地五金材料價格指數
A ＝每度燃料費用　元／度
B ＝每度業務費用　元／度

每度電價＝A＋B

A ＝xa

$$B = \left(\frac{10}{100}y + \frac{80}{100}z + \frac{10}{100}w\right)b$$

$$即每度電價 = xa + \left(\frac{10}{100}y + \frac{80}{100}z + \frac{10}{100}w\right)b$$

（乙）說明：

（1）公式內每度係指售電每度
（2）業務費用為電廠各種合法之總費用除去燃料費用
（3）a b 兩基數由經濟部核定或修正之
（4）燃料價格 x 生活費指數 y z 及五金材料價格指數 w 依各主管機關公佈之數字為準
（5）如煤油合用則公式內 $A = x_1 a_1 + x_2 a_2$
x_1＝現行煤價　元／公斤
x_2＝現行油價　元／公斤
a_1＝每度煤耗基數　公斤／度
a_2＝每度油耗基數　公斤／度
（6）依公式算出之電價為電燈電力電熱每度之售電成本如燈力熱兼售者得將燈價酌為提高但不得超過20%家庭用電熱照電燈價計算工業用者照電力價計算
（7）電廠為適合當地情形得將燈價分級計算但各級平均價不得超過上列第（6）項所算出燈價之20%而為節約或推廣用電起見得酌予變通
（8）包燈每月每瓦電價＝每度表燈電價 $\times \frac{30t}{1000}$
t 為每日包燈供電小時數
（9）向他人購電轉售者其電價依照現行購入價及售出價之比例酌定之
（10）水力發電每度電價即將本公式燃料費用A除去之
（11）電廠依本公式計算電價分呈地方主管機關或主辦機關及經濟部先由當地地方主管機關或主辦機關核定施行並於核定後三日內報請經濟部核准
（12）業務費項內之百分數得因地方情形酌予變更但須呈報經濟部核備
（13）稅捐及特許稅（例如上海之報酬金）等費用得列入業務費內計算

二　自來水價計算公式

（甲）公式

每立方公尺水費＝f（ax＋by＋cz＋dw＋ev）

解：

a ＝每立方公尺所需燃煤公斤基數

$$= \frac{原定每月耗煤公斤數}{每月售水量}$$

x ＝新定每公斤煤價
　A ＝每立方公尺所需之煤費＝a x
b ＝每立方公尺所需之外匯基數

$$= \frac{原定每月原料費 + \left(\frac{n}{100}\right)原定每月修理維持費}{每月售水量 \times 原定外匯率}$$

（$\frac{n}{100}$＝修理維持費應列於外匯之部份）

y ＝新定外匯率
　B 每立方公尺所需之外匯數＝b y
c ＝每立方公尺所需薪工物料費基數

$$= \frac{原定每月總薪工 + \left(1 - \frac{n}{100}\right)原定每月修理維持費}{每月售水量 \times 原定生活費指數}$$

z ＝新定生活費指數
　C ＝每立方公尺所需之薪工物料費＝c z

$$d ＝每立方公尺所需電度基數 = \frac{原定每月耗電度數}{每月售水量}$$

w ＝新定每度電價
　D ＝每立方公尺所需之電費＝d w
e ＝每立方公尺所需油公斤基數

$$= \frac{原定每月耗油公斤數}{每月售水量}$$

v ＝新定每公斤油價
　E ＝每立方公尺所需之油費＝ev
F ＝每立方公尺所攤稅捐
G ＝每立方公尺所攤呆賬
H ＝每立方公尺所攤合法利潤
　M ＝每立方公尺所攤捐稅呆賬利潤等
　　＝F＋G＋H
∵ F，G，H 均隨煤費外匯數薪工物料費電費及油費等五種比例增減
　即（F＋G＋H）∝（A＋B＋C＋D＋E）
∴ F＋G＋H＝f′（A＋B＋C＋D＋E）
f ＝總係數
　總係數係以每立方公尺需水所之煤費外匯數薪工物料費電費及油費五項生產費總額為一（即 $\frac{100}{100}$）加其他各項稅捐呆賬及利潤等與生產費總額百分比之和
∴ 每立方公尺水費＝A＋B＋C＋D＋E＋F＋G＋H
　＝A＋B＋C＋D＋E＋M
　＝A＋B＋C＋D＋E＋f′（A＋B＋C＋D＋E）
　＝f（A＋B＋C＋D＋E）
　＝f（ax＋by＋cz＋w＋ev）

（乙）說明

（1）本公式內"原定"字樣係指最近一年之平均數字"新定"字樣係指調整時之數字
（2）公式內之 a b c d e 基數及總係數 f 六項應由各地方主管機關切實核定報請內政部核准
（3）公式內之外匯率以平衡基金委員會公佈之市價為準煤價生活費指數電價及油價依當地各主管機關公佈之數字為準
（4）修理維持費係指修理機件及耗用潤滑油等應列於外匯部份者為 $\frac{n}{100}$ 應列於生活費指數部份者為 $\left(1 - \frac{n}{100}\right)$
（5）如需付舊欠折舊及借款利息者可在按公式算出之價格外酌加其應攤還之數以若干月（或年）分攤還清惟須先由各地方主管機關核定並報請內政部核准
（6）公式中所用之生活費指數在月底始可發表應預估當月之生活費指數以定其價格其估定標準暫定增減率為10%如情形變更得呈請主管機關修正之
〔例如：根據六月份生活費指數（25000）估計七月份生活費指數之計算為25000

$+25000\times\frac{10}{100}=27500$ 卽預估之七月份生活費指數〕

（7）按公式計算所得之價格各主管機關得酌實際情形增減之但以10%爲限

（8）自來水廠或公司依本公式計算水價電送地方主管機關核定於電到三日內轉報內政部備案

三　公共汽車票價計算公式

（甲）公式

$$平均每客票價=\frac{f(by+cz+e_1v_1+e_2v_2)}{m}\times110\%$$

解：

b ＝每車公里所需外匯基數

$$=\frac{\left(\frac{n}{100}\right)原定每月修理維持費}{每月車行公里數\times原定外匯率}$$

$\left(\frac{n}{100}=修理維持費應列在外匯之部份\right)$

y ＝新定外匯率

B ＝每車公里所需外匯數＝by

c ＝每車公里所需薪工物料費基數

$$=\frac{原定每月總薪工+\left(1-\frac{n}{100}\right)原定每月修理維持經}{每月車行公里數\times原定生活費指數}$$

z ＝新定生活費指數

C ＝每車公里所需薪工物料費＝cz

e_1＝每車公里所需汽油加侖基數

$$=\frac{原定每月耗用汽油加侖數}{每月車行公里數}$$

v_1＝新定每加侖汽油價

E_1＝每車公里所需汽油費＝e_1v_1

e_2＝每車公里所需柴油公斤基數

$$=\frac{原定每月耗用柴油公斤數}{每月車行公里數}$$

v_2＝新定每公斤柴油價

E_2＝每車公里所需柴油費＝v_2e_2

F ＝每車公里所攤稅捐

G ＝每車公里所攤呆賬

H ＝每車公里所攤合法利潤

M ＝每車公里所攤稅捐呆賬利潤等＝F+G+H

F,G,H,均隨外匯數薪工物料費及汽油柴油費四種比例增減，

卽 $(F+G+H)\propto(B+C+E_1+E_2)$

$F+G+H=f'(B+C+E_1+E_2)$

$$m=平均每車公里乘客人數=\frac{原定每月乘客人數}{每月車行公里數}$$

f＝總係數

總係數係以每車公里所需外匯數薪工物料費汽油費柴油費四項生產費總額爲一 $\left(卽\frac{100}{100}\right)$ 加其他各項稅捐呆賬及利潤等與生產費總額百分比之和110%係根據說明第八條之規定

平均每客票價

$$=\frac{B+C+E_1+E_2+F+G+H}{m}\times110\%$$

$$=\frac{B+C+E_1+E_2+M}{m}\times110\%$$

$$=\frac{B+C+E_1+E_2+f'(B+C+E_1+E_2)}{m}\times110\%$$

$$=\frac{f(B+C+E_1+E_2)}{m}\times110\%$$

$$=\frac{f(by+cz+e_1v_1+e_2v_2)}{m}\times110\%$$

（乙）說明

（1）本公式內"原定"字樣係指最近一年之平均數字"新定"字樣係指調整時之數字

（2）公式中之 b c e_1e_2 基數及總係數 f 五項應由各地方主管機關切實核定報請交通部核准

（3）公式中之外匯率以平衡基金委員會公佈之市價爲準生活費指數汽油價柴油價依當地各主管機關公佈之數字爲準

（4）修理維持費係指修理機件及耗用潤滑油等應列於外匯部份者爲 $\frac{n}{100}$ 應列於生活費指數部份者爲 $\left(1-\frac{n}{100}\right)$

（5）如需付舊欠折舊及借款利息者可在按公式算出之價格外酌加其應攤還之數以若干月（或年）分攤還清惟須先由各地方主管機關核定並報請交通部核准

（6）生活費指數須月底始可發表應預估當月之生活費指數以定票價其估定標準暫定增減率爲10%如情形變更得呈請主管機關修正之

〔例如：根據六月份生活費指數（25000）估計七月份之生活費指數之計算爲 $25000+25000\times\frac{10}{100}=27500$ 卽預估之七月份生活費指數〕

（7）公共汽車公司依本公式計算票價電送地方主管機關核定於電到三日內轉報交通部備案

（8）票價如需調整應自月之十一日開始其價格得由主管機關酌加若干以補本月上旬之差額但不得超過10%

工業與資源

東北紡建準備撤退

紡建公司，東北各紡織廠因當地局勢混亂，動力不足，已全部陷於停頓，總公司現正在準備撤退中，按紡建在東北營口、瀋陽、錦州、遼陽四紡織廠，共有紗錠十八多萬枚，布機約三千台，存儲原料成品計棉花六七萬担，棉紗三千件，布十多萬疋云。

台省工業

台省建設廳長楊家瑜發表談話說：「台省工業雖有相當規模，但無相當基礎，並凡缺乏煉鋼、軋鋼設備，資源會委員長翁文灝現在同意，將負孫煉鋼廠在本年內從四川搬到台灣，作價轉讓，搬遷費要合台幣十六億元。向國外定購的鋼用炸藥二百多噸，本年可運到。現在正研究自製炸藥，試驗滿意，還未生產。麻袋都從印度買來，預備在明年植麻一萬畝以上，以省外匯。又台灣工礦事業所輸入器材設備物料外匯，和茶葉、樟腦、台糖、水泥各項能推動爭取的出口外匯，以便中央與台省互相配合，外傳中央銀行，將在台灣設立分行之說，沈氏否認，絕對不確，因財部已授權台省府發行紙幣，故中央銀行不必再需過問。

桂省實業界生產合作

桂省實業界鉅子伍廷颺，擬組工業生產合作社。于本月六日邀集熱心經建人士，在省府開會研討組織計劃。擬在今年度實行：(一)完成水電廠兩所，棉油廠一所，火柴片枝廠一所，碾米廠一所，鋸木廠一所，改良陶器廠一所，水電發電力由六十四到一百四馬力，澱粉廠每月產粉七五〇担，碾米廠全年碾米六〇〇〇担，製糖廠全年榨蔗一八〇〇〇噸。(二)有物力或土地可折合股金參加為社員。(三)有勞力可折合股金參加為社員。(三)技術人員工作可折合股金參加為社員。(四)社址設柳城縣關沙塘。（桂林通訊）

工貸原則可望開放

自政府停止工貸後，全國工業協會，以工廠處境感困難，除已呈請政府迅予開放外，並由該會理事長吳蘊初赴南京，向有關當局陳訴工廠困難情形。故政府對立即開放工貸一節，原則已予同意。惟以過去工貸方式未臻妥善，不能切實扶植生產事業，故事先須由工業界本身對工貸妥擬辦法，務使工貸完全用之於生產事業。現工業協會已綜合各方意見，擬定辦法五項，建議全國經濟委員會、四聯總處採納施行。其五項辦法如左：

(一)貸款對象：以民生必需之生產事業，其經營有迫需者為限。(二)貸款用途：以購買必需原料及發放工資之用，不能移作他項用途。(三)申請貸款手續：各廠申請貸款其是否切實需要，須先經過所屬同業公會作初步之審查，再行請主管機關核定。(因各廠實際情形同業公會知之甚詳)(四)貸款用途之稽核：由放款銀行隨時檢查貸款之用途，以防囤積居奇。(五)貸款抵押：以工業產品或生產設備及廠房提供抵押。

國防民生製造業範圍確定

滬市參議會前曾函市政府，轉請中央解釋國防民生之製造業範圍，並飭財政局將製造業營業稅減半征收，財政部頃已有解釋到滬。

甲、有關國防製造業者，以下列各項為限：焦煤廠、石油廠、柴油廠、酒精廠、煉油廠、動力機器廠、水泥廠、科學儀器廠。

乙、有關民生製造業者，以下列各項為限：麵粉廠、棉麻紡織廠、製革廠、製藥廠、醫療器材廠、造船廠、作業工具機械廠、造紙廠、肥田廠、食油廠、機動車輛。

物物交換

以猪易煤

福建和台灣實行物資交換，第一批交換物資，閩以毛猪五百五十六隻換台灣煤炭一千噸，幾天內即可辦妥；第二批交換物資，閩以木、紙、土布換台方的洋灰、煤、硝礦，正在洽談中。

以紗易煤

關於中紡公司以紗布向印度交換煤斤事，現正在談判中，不久即可以實現。

中信局訂購外煤十萬噸

滬煤斤來源，因受交通影響，供不應求，燃管會為增加來源計，已得到有關當局許可，委託中信局向加拿大、菲律賓、海參崴等地購外煤十萬噸，以補不足。

確保煤礦安全

北寧路津榆段及津浦路一段及開灤、淮南、華東各大煤礦礦場時受匪軍滋擾，致煤礦生產運輸常遭影響。經濟部為確實保護各礦及運輸路線安全，特電請國防部轉飭所屬各部隊，嚴加衛護。

開採海南鐵礦

資源委員會海南鐵礦籌備處主任郭楠，日內將前赴榆林主持動用一萬工人之鐵礦，開發該處之田獨及昌江縣屬之石碌兩礦，工程人員已有一部抵達，惟工人猶未足額，有待補充始能大舉開採。

石景山鐵廠

石景山鋼鐵廠已在八日從廿噸煉鐵爐出鐵，三百五十噸爐因開灤煤不能順利到來，開爐有待。

川隆昌聖燈山鑿井採油

資源委員會中國石油公司四川油礦探勘處決定在隆昌聖燈山開鑿新井，採取石油，現已派員在美購妥鑽探機，預計本年三月可運回，八月開工。按四川油礦探勘處曾於廿二年在聖燈山成立礦區，開始鑽井，至三十二年底，鑽至八百公尺處發生障礙，未竟全功，雖未發現石油，但發現大量滷水和天然瓦斯。現據專家考察，聖燈山區域蘊藏石油之可能性甚大，故決繼續工作。

交通

浙贛鐵路　浙贛鐵路鷹潭鄧家埠東鄉二站，先後於上年十二月十九日本年一月一、二日兩日開始營業。

隴海鐵路　隴海鐵路汴鄭段，業已修復，本月二日通車，徐州方面已修至碭山。

川黔鐵路　川黔鐵路築隆段自隆昌經瀘縣赤水遵義息烽至貴陽，成渝鐵路勘隊刻正進行勘測，預計二月底測竣工作完成。

浙贛梁家渡大橋即可完工　浙贛鐵路梁家渡大橋尚未竣工，預計在本月廿五日可以竣事。該橋計十四孔，長五百公尺，爲全路最長之大橋，現正以長橋爲基礎，用長卅五公尺的鋼梁造成。

浙省公路　浙省公路戰時破壞者很多，勝利後經積極搶修，刻杭州到淳安的公路已修好通車；乍浦到嘉興、長安到崇德、奉化溪口到新昌的幾條公路亦已先後通車。現在正進行修理的有鄞縣到曹娥、嵊縣到黃巖、溫嶺、長興到廣德、宣平到武義、吳興到南潯幾線。新築的公路有餘（杭）安（吉）孝（豐）泗（安）路，今春可以完成。還有紹興到諸暨一路已經通車。至於舊路改善完畢的，有江山到金華的一線。正作改善中的有江山到浦城，和常山到開化兩線。

嘉興至南潯即可通車　湖潯段公路，由湖嘉長途汽車公司興修，路面大致修築完竣，而橋樑工程尚有卅餘處，一時未克完工，預計在農曆年底內，可能通車。

隴海公路　隴海公路開封蘭州間經國軍掃蕩後已無匪蹤，現行車暢通。

常東公路　常德至東岳公路之常德澧縣間，計八一公里，前因水毀破壞，現已搶修通車。

桂穗公路　桂穗公路桂林至龍勝計一〇四公里，現已搶修通車，龍勝至青龍界正在搶修中。

青新公路　青新公路北段自南疆之紅柳溝經柴達木盆地西端之芒崖道，經鐵木里克扎哈薩克游牧地帶全長一千二百三十餘公里由第六區公路局興修現已於上年底全部竣工。

日賠償橋樑廠即將運華　先期拆遷日本賠償橋樑廠物資中第一批機具，即將運華，業經交部決定航運廣州，已飭粵漢路局準備接收，並在廣州先行設置橋廠，妥選廠址，即速籌備。

海河航道暢通　海河航道十日業已暢通，招商局之「成功」，「海有」兩輪，及民生公司之「貢海」輪，均於十三日先後由塘沽駛抵津。（中央社）

平滬班機恢復　停航四十天的平滬班機，九日復航，班期仍爲每星期一、二、五三日。

港穗開航　香港航空公司港穗線，十日開航，每日來往兩次。

無線電器材由英運國

（英國新聞處倫敦十日電）：中國向英國馬可尼無線電報公司所訂購之大批無線電器材，刻已製造完成，且不久即可由英運至中國。訂貨合同於去年二月簽訂，包括電報及電話發送機十六架，商用收報機一百五十架，總值約爲三十萬鎊。此等器材中國擬用國際電報路線方面，成爲中國發展其電訊交通計劃之一部分。

英發明無聲馬達

（英國新聞處倫敦八日電）倫敦新衛馬達公司最近舉行一展覽會。該公司特別設計製造無聲馬達電氣馬達已有五十年之久。此次展覽可使參觀人士洞悉開動馬達時使之無聲之可能，該公司裝置同等馬達兩具並列一處，其一開足速率，其他一具則未予開動，參觀者無從知悉孰者開動，孰者停止。

英國科學簡訊

（英國新聞處倫敦八日電）英國西門子公司已製成一種煤氣弧光燈，乃由戰時所發明之空中攝影用閃光發展而來，電影場與電視傳播台，原用碳弧光燈者，均可改用此項煤氣弧光燈而其效益宏云。

△英政府出版處頃刊行小冊名「冰滑道路之化學處理法」，內詳述每種路面應用何種化學品。此種化學品經散佈於積雪或冰凍路面即能與冰面合成一種溶液，其冰點在攝氏零度之下，遂不復冰滑。

△最近在英格蘭南部鄧治岬曾試以直昇飛機作海上救生工作。此機飛至該處燈塔離地面約九呎處停留空中，乃放下纜索，援人入機，旋在和緩之風中由機上令人緣纜下救生艇，亦獲成功蓋機身離海面亦僅九呎，參與此項實驗者咸覺英國直昇飛機今後在海上救生工作中將佔一重要地位。

△當一九二七年英美間初通無線電話之時，語聲佩失之過低，並時有極多雜音，英國無線電工程師於是研究遠離地面之不穩反射層。全球無線電交通所以可能與夫聲音之所以趨低者，皆由此氣層之故。研精確測驗之研究結果，共一爲尋常收音天線系統之設計，藉此可自扭「曲鏡」面，跟蹤不同之反射角度，在最利有角度時，信號力量可維持至最大穩定度，因通話益爲可靠，附隔幾乎盡去。

無線電話管理出租汽車

紐約克市下現有出租汽車一批，計廿一輛，新無線電話由一總站管理，可達十里之遙，北英人士對此大感興趣。司機座側器所佔地位，較尋常汽車用無線電收音機猶小，收話與發話器均設行李廂內，所需電力來自車上所攜之十二伏特蓄電池。行駛中之車輛可由總站以無線電話通知往市中任何地點接客，司機則隨時可將所至地點報告總站。此項通話雖在國內用無線電收音機中未能聽到，因其頻率極高也。此外，鐵路上亦在試用無線電話，使各車站職員，得以與行動之火車聯絡，頗著功用。泰因河上廿五機動船隊亦同法管理，航業界之印象以爲有省時節費之效。

定價　每份三千元正
全年訂費壹拾伍萬元正
航空或掛號另存郵資二萬元
廣告價目　甲種每方吋柒萬伍千元
乙種每方吋陸萬元正

中華民國卅七年一月二十六日出版

中國工程週報

內政部京警國字第五十一號
中國工程週報社出版
發行人　杜拱辰

中華郵政認爲第二類新聞紙
江蘇郵政管理局登記證第（三二）號
地址：南京（2）四條巷一六三號
電話：二三六八九號
零售處：全國各大書店

一週大事記

是週也，立委競選熱，投票冷。
華府貸款密商，總預算差額不少；
一馬不行，「共和」掣肘；
北方不容偏枯，工貸微有結果。

上週三四五三日，是立法委員競選的日子，以南京的情形而論，據一般報導，還不及上次競選國代的熱烈，上次國代選舉結果，曾有人統計過，棄權的佔全部選民的百分之七十幾，如果不幸而真是立委選舉比國代還少的話，那就太慘」。

監察委員對浩大的競選費用，極爲注意，據說還要進行調查其來源，調查會有何結果呢？——絕對不會有何結果的，只是這一筆太大的糜費，確能給窮困的我國一大對照。

× × ×

看太平洋那邊，華盛頓的美國務院中，我貝祖詒代表團正與美國官方進行援華的技術商討，中國對美政府，是期望甚殷的，以新近修改的三十七年上年度的總預算可以知道：歲出九十六萬億，而歲入的只佔歲出的百分之二十九，相差六十餘萬億，大部是有賴美國援手。據說：這預算已經送到美政府，作援華的參考。

× × ×

馬歇爾的援歐計劃，很顯然，在共和黨的會議中，遭到種種責難，大部分都主張核減，我們知道共和黨是孤立之派，代表大資產階級的利益，對掏腰包而來援外，一直認爲不合算。而且他們反對重課富室所得稅，這些對他們均屬不利。馬脚本來是想用這筆錢，去救濟歐洲的饑饉，來阻檔共產主義的橫流，他雖無十分把握，卻再三表示他的決心；如過核減，他便要「掛冠」。

這事情的發展，倒是値得重視的。

× × ×

急景凋年，今年尤甚。工廠要過關，商店也要過關，年底無日，沒有頭寸應付，如何辦？本來貸款開放的希望，已經一再的因格于命令，不能辦理，形成絕望的情勢，這一次華北請願團的來京，對此項要求亦屬重要任務之一，北方的饑饉，是全中國動盪不安的病源所在。北代表們在呼籲：「北方不能偏枯」。事實上也如此。據說：請願的結果，當局已準備在舊曆年關以前，有條件的緊急貸款一次，期限爲三個月，並且決先組織一審查機構，四聯總處已就此向各行局徵詢意見。

× × ×

上週四舉行的國務會議中，政院呈報財政金融改革方案十項：（一）節約一切開支（包括法幣、外幣）：（二）改善國稅地方稅；（三）增進公務員及軍官士兵工作效率並實行裁員；（四）日用必需品控制加強並擴大；（五）盡力建立一種使法幣制度趨於穩定之基礎，俾外援收最大功效；（六）改善銀行與信用制度，加強國行之管制責任，繼續推行遏止通貨膨脹政策；（七）鼓勵貨物進口，排除出口障礙；（八）改善進口貨之管制；（九）發展農業生產，改善農村經濟并實施土地改革，中美農業技術合作團之建議，提前實施者卽予採行；（十）盡可能恢復交通。

東北新設剿匪總司令部，由衛立煌將軍充任，衛氏已由上週初離京北上履新。

傳說共匪準備春季到來之前，在東北發動第八次攻勢，動員的兵力比上幾次要多，由呂正操指揮作戰，果爾，東北國共的主力在第八次大接觸中，必然要大大的較量一下，呂正操是共匪方面的一個「王牌」，可是衛立煌將軍也是長征慣戰的老將呢！

行轅綏署會議，奉主席令在京召開，極可能就在本週之內。

近五百萬　職團選民

（中央社訊）據全國性職婦選所統計，上年十一月間我國舉行之第一屆國民大會代表選舉，參加投票之職業團體選民，共爲四百七十一萬九千四百四十人，內計漁業四一、一一七〇，鐵路工會二〇五、〇七五，海員工會一三八、六五〇，鹽業工會二四七、二五〇，礦業工會二一五、五九四，公路工會四三、八六三，電信工會一二、五九五，工礦團體一八二、〇三三，教育會九九〇、〇七一，教員團體一五、三〇三，新聞記者公會二八、三一六，律師公會五、九四一，農業技師一、〇〇四，土木技師五、一一三，機械技師三〇六，電機技師二五七，化學技師二〇四，紡織技師五五，礦業技師五八，會計師公會一、〇五五，中醫師公會九一、二二四，醫師公會二二、四二二，助產士及護士公會一、九七二，藥劑師（生）公會一、九一九，商業團體二、〇九七、九九〇。

認識賠償意義 確定重建需要

（為迎接日本賠償物資到達而作）

吳承洛

一、

抗戰勝利，日本賠償工業設備，已由理想而見諸事實。國營招商局海康輪，由日本橫須賀，裝運賠償機器設備，先期拆遷一部分，於三十七年一月二十二日到達上海張華濱碼頭，其中多係精密工具機，數雖不多，事屬創舉。賠償處理，政府研究有素，人民希望甚切。吾人應當遵奉既定計劃，貢獻能力，為破壞的重建，與新工業的建設致力。

二、

日本賠償遠東各國的工業設備拆自各種工廠牽涉種類大致如下：

陸海空工廠　造船廠
飛機工廠　硫酸廠
民間兵器製造廠　製碱廠
機器工廠　輕金屬工廠
鋼珠軸承工廠　人造橡膠與石油
火力發電廠　研究所
鋼鐵冶煉廠

以上拆償廠所聞有九百四十四個，其中屬於兵工與機器工業範圍居多，冶煉與化學工業次之。是日本工業可有減少一千廠所之可能。其中以計件的機器大約三十萬部。惟實際上拆償若干，尚待事實證明。這一千廠所設備，行將分佈於中國及南洋各國，使日本工業密度，為之減低若干度數。

三、

但是日本工業，完全保留未予拆償者，就種類而言尚是最大多數，舉其要者，尚有下列：一、水力發電廠　二、化學肥料廠　三、硝酸廠　四、工業炸藥廠　五、棉紡織工廠　六、毛紡織工廠　七、蔴紡織工廠　八、絲紡織工廠　九、人造絲工廠　十、紙漿造紙廠　十一、水泥廠　十二、煉焦廠　十三、煉銅廠　十四、煉油廠　十五、汽車廠　十六、機車廠　十七、電機廠　十八、火柴廠　十九、玻璃廠　二十、陶瓷廠　二十一、印刷廠　二十二、染料廠　二十三、木材乾餾廠　二十四、礦場　二十五、漁場

就上表加以研究則日本工業拆償，祇能視為外表上不必要武裝——剩餘武裝——的解除。

四、

國人對於日本賠償的利用，有時看得太重，也有時看得太輕。看得太重的人，以為日本工業賠償物資設備，即可作為中國今後新工業建設的重要基礎。看得太輕的人，以為日本工業賠償，係拆自敵物我們取得區區，無異取之於舊貨商店，是否堪供重建，尚是問題。

五

我們工程師，應當平心靜氣，實事求是。我們的看法又分為物質與精神兩方面。

在物質方面，我們應以日本賠償物資，作為我們建設上需要器材的一部分來源，與救濟物資，軍餘物資，敵偽物資，以及借助物資，并破壞物資——即被破壞的建設設備——合併考量，多一件好一件，多一種好一種，妥慎利用，迅速利用。

在精神方面，我們應以取得日本工業設備，作為賠償，實我國奮鬥成功的表現。誠如中央日報所載，賠償委員會副主任委員秦景陽先生在迎接物資抵滬時致詞，以我們歷史上這是第一次得到勝利賠償物資，此種以敵人工業及兵工器材設備，作為賠償之措施，是最為合理的賠償政策，又如賠償委員會委員龔學遂先生致詞，以目睹日本賠償物資抵滬，心中亦可說得到一種安慰。

六

抗戰必勝，建國必成的信念，是基於精神勝於物質的信心。抗戰勝利，得到賠償，尤其是工業賠償，正指示工業建國一定成功的信念。

國人斤斤於日本工業水準的研究，各國對日賠償問題，亦以日本保留工業水準，究應如何使其可以和平生存於世界。關於鋼鐵冶煉工業，商船造船工業，水力發電工業，化學工業，合成化學工業，機器工業，車輛製造工業，纖維工業，水泥造紙工業，冶煉工業，兵工工業，飛機製造業等等，曾有遠東委員會草案，荷蘭提案、英國提案，菲律賓提案，以及我國各方面建議，與賠償委員會綜合研究所得，由外交部代表提案。今觀各方意見，均以日本生存為重，代為計劃今後工業水準，大概以一九三〇至一九三四年的水準為依據，并推算至一九五〇年人口增加至八千萬的需要，是不啻將日本工業水準，維持於第二次世界大戰前夕，與一班希望日本工業武裝的真正解除，應使其工業水準退至第一次歐戰前夕，即一九一四年，相差太遠。

七

吾人以為日本工業水準的研究，不應就日本生存與其自給自足前提下着眼，而

應該將中國與南洋的工業密度。日本工業無論是維持至第二次世界大戰前夕，或第一次世界大戰前夕的程度，她的工業密度，均比中國，馬來，荷印，菲律賓為高。但除印度外，東亞各國，莫不受戰事破壞甚大，而日本則為戰時工業完整的國家。今後如何繼續拆遷日本密度過高的工業設備，以便其均衡建立於中國及南洋，實為遠東委員會經濟重建問題的重心。吾人不應以區區賠償物資的得到，與其多寡為滿足。現在吾人的課題，應為：

中國的工業水準為何？

中國的工業密度為何？

中國的工業需要為何？

誰知道中國工業的水準？

誰知道中國工業的密度？

誰知道中國工業的需要？

認識日本賠償的意義；

平衡日本工業的水準，

疏導日本工業的密度。

確立中國的工業水準，

重建中國的工業破壞，

增加中國的工業密度。

是誰的責任？

是工程師的責任。

是我們工程師的責任。

關於各種工業與賠償的問題，當陸續由專家提出資料與意見。

迎接日本賠償工業設備到達中土，我們要認識這裏意義是：

中國人民的精神勝利，勝於中國國家的物質勝利！

運用種種來源的工建物資，確立需要以重建破壞，這裏重心是：

比較中日的工業密度，重於規定日本的工業水準。

經濟改革方案

交通部份實施辦法

（全國經濟委員會通過公佈）（續）

原方案（一）鐵路除中央規定公佈之計劃線外，得在中央所定制度下許可並鼓勵地方及民間經營。

實施辦法　甲、計劃線之擬定及公佈與國營公營民營制度之規定：鐵路計劃線分幹線與支線，幹線應由國營，戰後鐵路五年建設計劃所規定之一萬四千餘公里計劃線，均屬主要幹線，視國家財力，由主管部逐步實施。一面擬具修正補充計劃，包括其他幹線及支線，斟酌情形鼓勵地方及民間經營，依此原則，由主管部檢討現行有關法令，如公營鐵道條例，民營鐵道條例以及技術標準等，分別修訂呈准公布。

乙、加强鐵路工程與運輸：（一）新建及恢復工程之加强：正在進行之新建及恢復各路，應按既定計劃依期完成，除通車之必需設備外，餘可從緩以節財力。（二）加强運輸：繼續修理及充實運輸設備與車輛，以增運量；並加强聯運，以提高運輸效率。注意保養，以策行車安全，而裕路政。

原方案（二）公路除國道由中央規定公佈並建造外，其餘則一律在中央所規定之標準下，許可並鼓勵地方及民間經營。

實施辦法　甲、公路之修築與運輸：全國五萬七千餘公里之鐵道網，業經行政院正式公布，並規定由中央分期接管，省市縣道應分別先由地方政府擬定路線，呈請中央核定，由地方興建，並由中央予以協助。所有公路運輸除與國防有關及特殊需要者外，得由中央規定辦法，鼓勵地方或人民經營之。

乙、公路之改善整理及工程標準：（一）加强工程進展：國道省道均應加强整理及修復，標準過低之路線應予提高。（二）充實養護：普遍推行民衆養路，邊區地方試辦機械養路，以增養路效力。（三）厘訂法規：公路法尚未公布，現行各種公路法規多待補充修正，技術標準亦極須劃一，應即分別厘訂公佈施行。

原方案（三）飛機場由政府經營，航空運輸事業於航路建設場站設備及飛行管制各事籌備完善後，應鼓勵民間經營。

實施辦法　加强設備準備開放民營：在航空事業基礎未穩固前，首先應充實器材，改良設備，保障航空安全。關於航路建設，場站設備，人才訓練急需加强，茲將應辦事項列舉如左：

甲、充實航路建設：速建南北（北平天津濟南青島海州上海福建廈門廣州）及東西（上海南京漢口宜昌成都昆明）兩主要航空路線，沿線設置各種必要之助航設備，如無線電導航電台、無線電信標、障礙燈、氣象分站以策安全。

乙、加强飛行管制：劃全國為天津、上海、廣州、漢口、重慶、昆明、西安、瀋陽八個管制站，繪製各種航空地圖，厘訂各種有關管制之法規以加管制。

丙、充實場站設備：在國際航空站及國內各交通中心站，除整修跑道及航空站外，並逐步添置夜航設備。

丁、加强修理航空器材之設備：為發揮利用現有飛機及器材與維持航行安全起見，應加强兩航空公司之修理設備，俾於各重要航站均能隨時檢修。

戊、訓練人才：空中及地面各種航空技術人才極感缺乏，為擴充國營及準備開放民營起見，應由民用航空局航空技術人員訓練所及各大學增設或擴充航空技術班次加强專才訓練。

原方案（四）航道幹線由中央疏濬，支線由省疏濬，最小之支線由縣疏濬，港口重要者由中央經營，次要者由省市經營，凡由省市經營之重要港口均由中央以財力及人力補助之，航業盡量鼓勵民間經營。

實施辦法　甲、港口之經營（保留）

乙、航道之疏濬：與海港直接通航之主要航道，由中央主管機關疏濬，次要航道，經中央核定，交由省市縣政府疏濬，交通部為適應需要，應將全國內河航道劃分為若干區域，如揚子江中段湘邵航線，珠江三角洲地帶等，配合海港建設計劃，經呈准核定後，由主管機關進行疏濬事宜。

丙、增加民營航業船舶噸位：開放航運鼓勵民營，向為航政之主要政策，抗戰勝利後，各民航公司為敵偽摧毀者多經政府設法扶植。

原方案（五）電報由中央經營，航空運輸等在海空中特殊需要之無線電台在中央管理下，應准其自行設置。

實施辦法 甲、航空航海無線電台之自行設立：航空航海無線電台之繼續督設，應由交通部依照「航空無線電台設置規則」與「船舶無線電台條例」，督促飛機及船舶自行設置電台，航空航海以外各機關設置專用電台，數目甚多，波長紊亂，流弊甚巨，應逐漸取締，俾符規定，對於電波方面應由交通部加强管制。

乙、中央經營電台之加强實施：中央經營電信加强實施，應照交通部三十六年所擬定之電信五年建設計劃，前兩年着重恢復戰前原狀，後三年逐漸增加設備，使具有最低限度通信網，並應特別注意器材設備之取得，俾能達得加强國營電信之目的。

原方案 （六）長途電話幹線及省際路線由中央敷設，各省境內支線由省敷設，但不得與幹線或省際線平行（其幹支線之劃分由中央規定），縣支線由縣敷設。

實施辦法 依照本方案由交通部規定以沿海鐵路國道省道及通行輪航各河流之線路作為幹線，以外作為支線，並由交通部迅即繪製幹線分佈圖，予以公佈。至省支線及市縣鄉線之敷設辦法另定之。

原方案 （七）市內電話除院轄市，由中央辦理或公營外，其餘各縣則鼓勵人民經營，並規定辦法，准其與長途電話聯絡。

實施辦法 甲、市內電話之經營：關於民營市內電話交通部應依照「民營市內電話設置及取締規則」之原則扶植民營之正常發展，照實際情形將此項規則酌予修正辦理。

乙、規定與長途電話之聯絡辦法：民營電話與長途電話之接線，在上述規則內亦有規定，並曾訂有國營長話與民營市話接線合同格式，隨時由電信局與民營公司簽定，仍由主管部按已公佈之規則辦理。

原方案 （八）各種交通事業之建設及交通工具之製造，政府應盡力督促並獎助之。

實施辦法 甲、各種交通事業建設之督促與獎助：關於督促與獎助各種交通事業之建設除各國營事業應加强實施外，公營與民營事業之督促與獎助，悉依以上各實施辦法逐步辦理。

乙、製造交通工具之督促與獎助：各種交通工具應盡力鼓勵人民製造，並供給各項製造及檢驗標準，給予技術上之協助，其合格之產品各國營交通事業機關團體應儘量採購，政府一面改善工業環境，保障工業利潤，同時使資金得有來源，貸款具有便利，在實施初期，應放寬原料輸入限額，供應外匯，他如穩定物價工資等，亦須積極推行，以謀民營事業之發展。

武漢通訊

△冬天已渡過了一半，可是武漢的工業界却在寒風中瑟縮，正感到冬天是方興未艾。在鄂中戰事緊張的局面下，社會動盪不安的氣氛裏，最受影響的要算營造業了，數百家營造廠目前承攬有工程的僅屬十分之一。

△本來在目前任何人祇要有錢，唯一的動向是在向投機的浪潮裏打主意，誰會發傻去建造搬不動帶不走的房屋。在原料飛漲到優於成品的畸形下，誰會去勞心勞力辦實業！

△再談公家，在戡亂第一的口號下，一切以剿匪為重，軍事佔先。建設費在國家總預算內列支的數目與軍費比較起來，確實是前者顯得寒酸，相形見絀了。

△據記者所知道的漢口市政府空有着一本建設計劃，主管的人無可奈何的表示；所有的計劃祇是紙上談兵，經費是那麼少，要辦的事是那麼多，祇好檢最急要而又無法緩辦的工程先動工，做一點算一點，趕一步，算一步。要想把計劃全部完成，在目前無異是癡人說夢。因此陰溝內依然流着發臭的水，馬路上留着大瘡痕！

△江漢工程局本年所有的工程費雖有「堤工專款」約有二〇〇億加事業費一五億元，合起來數字不算小。在該管轄境全長一千三百餘公里，段段有險工，節節需加倍的情形言，則又覺得那點工程費是微乎其微，而且那僅是沒有兌現的支票，當前的物價是直線上漲，法幣日益貶值，當待這筆款子在國庫內兌到現時，又能做得什麼。因此鄂東鄂中人民在遭受匪禍之後難保不遭到水災的蹂躪，實是值得擔心與憂慮的事。

△平漢南段遭共匪斬了數十刀，毀橋樑，挖路基，所受的創傷非常重！據該局發表：情形甚為嚴重。所得側面消息，即使戰事馬上停止，决不是該局現有人力財力可以把它醫治好，在短期內恢復原狀的。

△漢宜公路這次是幸運的，於共匪由皂市一帶撤退之後，當能立即通車。然而鄂中戰火仍在燃燒，槍砲聲打得震天價響，誰能保證該路能長久無恙，而與平漢鐵路遭受同一的命運呢？

△鄂省航業局新任局長於上任之初向新聞界發表談話：「該局負債重，賠累大，零件缺乏，唯一的希望是做到不停航」。我們不願意再作下去，因為這是一篇令人感覺到不愉快的報告。

△福新麵粉廠等數家，都以原料被征購迫得停工。近日雖已復工。可是一方面鬧着民食嚴重，一方面却被迫生產停頓，即是有着其他的特殊的原因，這消息讓我們聽到總會感到「啼笑皆非」的。

△值得報告的興建工程真是鳳毛麟角，永利大廈正向第四層進展，電信大廈在三番兩次的加貼下勉强的完了工！

△冬天來？自然的春天不會過遠。可是屬于我們人民的，屬于我們工程師的，屬于我們工業界的春天的降臨，却不知何年何月？（穎毅一月十二日）

管制營造廠
新辦法在擬訂中

內政部營建司以營造廠管理規章，係抗戰初期所訂，至今時過境遷，已感不甚適合，關於營造廠之登記規則及資格之限制，該司已擬有妥善之辦法，並定於本月二十六日召開會議，邀請京滬市工務局主管及各有關方面人士與專家公開研討，以作最後之決定。

施工期內工資增加
增給包價辦法修定
經濟措施方案頒行後亦適用

關於承包工程未完工期間，因工資調整比例增給包金額處理辦法，僅適用於各機關在緊急措施方案頒行前與各包商所訂立之建築合約，惟事實上在緊急措施方案頒行後，物價仍復上漲，京滬兩市且已按生活費指數調整工資，因之包價中工資部份，如不能援用上項處理辦法，則支出大增，包商自感虧累，而工程延誤，機關亦蒙損失。

為減少此項糾紛起見，行政院已飭內政部會同南京市政府切實加强對營造商之管理，且擬有「生活指數解凍後包價中工資部份調整辦法」兩項，以補前項辦法之不足，而作為行政上之救濟。其辦法：（一）在經濟緊急措施方案頒行後，各機關與包商所訂建築合約，如中途工資已經調整，包價中工資部份，暫准援用前項「承包工程未完工期間因工資調整比例增給承包金額處理辦法」，酌予調整包價。（二）各機關嗣後與包商所訂立建築合約時，應於合約中分別訂明建築材料、工資、管理費及合法利潤所佔包價比例數額與工資調整後包價中工資部份之調整辦法，概以合約為準，嚴格執行。其預付包商之款項，應監督其用途，凡不合標準之營造廠，不得與之訂立建築合約。

此項補充法規已由國府備案及訓令政院所屬各機關。（轉載一月廿四日南京中央日報）

工業與資源

民營事業向外借款 政府保證審核辦法

民營事業申請政府保證向國外借款審核辦法，經國府公佈施行，其辦法中規定如下：

第一條　民營事業申請政府保證向國外借款，應備具下列各件，向主管事業機關申請。一、事業申請組織章程及註册日期；二、最近三年資產負債表及損益計算書；三、借款草約；四、借款用途及還款辦法；五、產品外銷及外匯收入估計；六、國家銀行承還保證書。

第二條　主管事業機關對於上項申請保證借款認為必要時，應將原呈各件再送財政部審核，並呈經行政院核准後，由財政部轉請外交部通知外國政府准予保證，或由財政部逕向外國銀行保證之。

第三條　借款合約簽訂後，民營事業應分別抄呈財政部主管事業機關及中央銀行備查。

第四條　民營事業申請政府保證向國外借款之審核，應與國家工業政策配合，其優先程序如左：甲、借款用以購進生產出口物資器材，可以產品換取外匯者；乙、借款用以購進母機製造生產工具，間接可以節省外匯支出者；丙、借款用以購進國內必要之生產器材者。

第五條　借款償還期限，應於借款金額比例規定，最短不得少於五年。

第六條　政府保證借款之民營事業應將其產品售得外匯悉數存儲保證銀行，備付借款到期本息。

第七條　在借款未清償前，民營事業應將其半年度決算書表分呈財政部及主管事業機關查核；財政部及主管機關並得派員考核其營業狀況，保證銀行對於擔保借款之稽核辦法，由雙方自行商定。

投資事業管理委會 職掌計分十一項

經濟部將該部企業司撤銷，改設為「投資事業管理委員會」並於本月十七日正式成立，該會由經部次長劉泗英為主任委員，司長賈明揚為副主任委員；技監譚熙鴻，參事盧樹乾，司長顧深常，李鳴龢，鄧翰良，黃維翰，會計長王緯，簡任待遇科長楊衛齊等為委員，並指定楊衛齊兼任秘書，至該會職權為：（一）投資事業籌備事項，（二）投資事業計劃審核建議事項，（三）投資事業指導監督事項，（四）投資事業部有股款之籌措審核及處置事項，（五）投資事業報告會議記錄之審查事項，（六）投資事業收支帳目會計報告之審查事項，、（七）投資事業部派理事監察人或主持人員人選建議及其考核事項，（八）投資事業資產登記及處理辦法之審查事項，（九）投資事業之重要變更，及其工作考核事項，（十）協售民營事業過渡時期之保管整理經營事項，（十一）其他有關投資事業應行處理事項。

敵偽糧食工廠 中信局處理情形

據中信局發表接管各地敵偽糧食加工工廠情形，計（一）蘇浙皖區麵粉廠十六家，碾米廠二十家，食油廠二家。（二）湘鄂贛區麵粉廠四家，碾米廠四家。（三）粵桂閩區麵粉廠一家，碾米廠五家。（四）冀晉豫區麵粉廠十八家，釀造廠五家。（五）平津區麵粉廠七家，碾米廠五家，釀造廠一家，共計八十八單位。在三十六年度經查明產權發還原主，暫價撥政府機關或經公開標售者，有三十五單位；現正辦理資產清冊及核估價格者，有二十一單位，仍由糧食部繼續復工營運，供應軍糈民食者有十五單位，此外其他各地由該局派員接收者，尚有十一單位。

蘭州電廠

蘭州電廠去年在滬買的發電新機，因交通和經費問題，部份仍未運到，現該廠經費已獲批准，新機不日即可起運。

湘小溪水電工程

該工廠鑽探基礎以及搜集水文資料，已有三年之久。全部工廠需要一千四百萬美金，可發電八萬某瓩瓦特，能使湘省大部份城市鄉村電氣化，經費問題已決定分三途進行：(一)請中央補助；(二)吸收僑胞投資；(三)宋子文已答應負責籌措一部份。

台省易物

以煤易取紗布　以工業原料易雜糧

台省當局已與中國紡織建設公司正式訂立合約，規定以台煤二萬公噸與該公司換棉布約四萬二千疋，及棉紗八百件。台煤分為四個月運至青島交貨，棉布及棉紗則按台煤到貨之比例數運至台灣交貨，煤價按每噸國幣二百五十萬元計算。

又悉：台灣省物資調節委員會上海辦事處，最近曾由台運到大批工業原料，計有矽鐵，錳鐵，硫酸及罐頭水菓等物，準備易取各種雜糧及豆菜餅等運返台省。

滬中紡電力供市用

滬中紡公司四個廠有發電機四部，計發電量為四千五百瓩，滬公用局為解決本市電荒，曾和廠方商妥，在晚上五點鐘下班以後仍繼續發電，供給市民應用，刻已得廠方允許，日前公用局和上海電力公司派員同赴中紡電廠，研究如何將中紡電接給電力公司。經第一次併車，電力接到用戶線上去，結果圓滿，併車的工作，本月底可全部完成，下月初可正式供電。至時年關的用電可以解決，同時南市夜英一部分用戶停電的現象可一併解除。

甘肅油礦

該礦去年全年生產計原油四千萬桶，提煉汽油四百萬加侖，去年十一月起因礦場積雪，一部份機器凍結，致生產陷於半停頓狀態，產量銳減，今後生產倘各種鑿井煉油器材工具供給數量及所購器材六千餘噸，能順利運抵，則定能增加，以供需求。該礦區現有職工約四千人，提煉廠現每月可煉油二千桶，煉得汽油最高估35%，煤油16%，現礦上汽油售價每加侖五萬八千元，酒泉售價八萬元，尚不敷成本，每月須賠累百餘億元。

贛武功山脈藏鎢甚豐

贛安福西武功山脈，抗戰期內發現鎢礦，曾由該縣士紳用土法開採，頃經特種礦區派員勘測結果，發現有礦脈七十餘條，蘊藏估豐，礦質亦佳。（中央社）

天河煤礦

吉安天河產煤，於民國元年由當地人民集資開採，終以經營欠佳，週轉不靈，而致生產銳減，刻贛省府有鑒目前京滬燃料缺乏，及天河煤產之暢銷，已正式接收，另組天河煤礦指導委員會。今後將採水陸運輸，陸運將增開夜班，俾自每日運六十噸增至二百噸。水運將首先改善河道，刻正詳勘天河至吉安之水道，同時並計劃探闢新線。（中央社）

福建造紙公司開工

據工商輔導處息：福建造紙公司，勝利後經一年半之修理，現已開工。該廠每月能生產道林、牛皮、海月、連史等紙四百噸，一俟本年二月內新機器裝妥後，每月生產量即可增達一千二百噸。

日本賠償物資首批抵滬

第一批日本賠償物資，在本月二十二日上午八時已由海康輪運抵上海，停在交通部張華浜碼頭。督運委員會和各接收機關，上午十時特在碼頭上舉行接收典禮。

日本賠償我國的物資，一共有九四四七件，該日運到的第一批，有四五三件，計一千八百五十噸，分配數量已由賠償委員會核定：經濟部二二六件，國防部一三九件，資源委員會五〇件，交通部三六件，教育部二件。這些物資，全部是重工業，其中以車床、鑽床、刨床最多。刻各接收機關已分別接收，預計兩日內裝卸完畢，一星期內運出張華浜碼頭。

粵省工業建設

資委會翁委員長文灝一行等人，於廿日下午由滬抵穗，與宋主席會商關於廣東工業建設和礦藏開發等問題，據有關方面說，宋翁兩氏商談的具體計劃為：(一)由資委會的台糖公司與廣東實業公司合辦一個製糖廠，由台糖公司供給全部製糖設備，粵實業公司供給廠地，廠房及資金。(二)由資委會及粵省府兩方合辦一鋼鐵廠，先將現存海南島的鐵沙出售，所得外匯即作該廠資金。(三)開發粵狗牙洞煤礦，即由粵省府與粵漢路局於最短期內將路長三十五公里的粵漢路狗牙洞支線築成，解決運輸問題，以便大量開採，將來或由資委會調一部份東北熟練員工到該礦工作。(四)完成瀠江水電廠，該廠測勘工作本已做了一部，後因治安不靖而停止，現決由省府先將該處周圍匪患肅清，再行恢復測勘工作，俟美國貸款成功，即可着手建廠。

交通

交部籌辦京贛浙贛貨物聯運

交部鐵路聯運處為推動京贛浙贛兩路貨物聯運計，特於本月八日，召集該兩路及錢塘江橋管理所各高級職員來京商訂滬浙贛兩路貨物聯運暫行辦法一種，業經擬妥，刻正接洽籌辦中，二月間即可開始實行。此次該兩路所訂車租延車費之計算方法，不分軍公路商概為劃一簡化，較京滬平隴四路所訂之辦法，尤為進步。

湘桂黔路 宜金段通車

（中央社桂林電）據湘桂黔路局長袁夢鴻稱：該路宜山至金城江段，已於二十日通車，屆時存金城江之貨車客車二百餘輛及機車十餘輛，即可全部應用。過去通車後各段車身不敷調配之困難，當可消彌。

招商局與美總統輪船公司訂約聯運

國營招商局已與美國總統輪船公司訂立合同開辦海外貨物聯運，以漢口為起點，經上海轉口直駛美西部海岸西雅圖舊金山洛杉磯等地。

水運價格調整

水運運價經再度調整，客運價增加百分之三十八，貨運價增加百分之五十，自本月十五日實行。

兩航空公司加飛平滬間

民用航空局令飭中國中央兩航空公司各加派C46飛機二架，於平滬間每日往返飛行二次，以加強平滬綫空運。

穗港通話

廣州香港間長途電話，已於本月十日起恢復通話，開放營業。

港埠消息

城陵磯開港 漸具雛化

城陵磯在岳陽城北，向為湘省所產米、茶、桐油等轉輸之中心。假如築港，就可以溝通長江流域各支流的貨運到粵漢路來，從城陵磯上岸，循粵漢鐵路到黃浦到出海，據專家計算，這比由城陵磯經漢港上海出海，要縮短距離百分之四十七，減少時間百分之二十九，節省運費百分之五十三。城陵磯港就等於是黃浦港的輔助港，牠將使國內外運輸非常便利，并促進粵漢路及本省的繁榮，第一步工程是修築鐵路支線六哩，駁岸八百公尺，突出棧橋兩座及起重機房、倉庫等，照現時物價指數計算，這第一步工程約需法幣一千億，一年之內可以完成。宋主任子文對湘省王主席提出的計劃，非常感覺興趣願協助完成。當經在廣州成立城陵磯港務公司，由湘粵兩省府、粵漢鐵路、公路總局第二區局，招商局、四行等幾個單位參加，擔任籌備委員。工程由湖南方面的周宗蓮氏主持，大概工程處最近就可成立，希望於一兩個月內就開工。預計此港全部工程完成後，在水枯時期可停泊一千噸的船，水漲期可停泊三千噸至五千噸的船，是一個很好的內陸港。

塘沽新港工程將續展開
防波堤展修至入海十公里半
加築碼頭鐵路堆棧及木工廠

（中央社天津十八日電）塘沽新港三年計劃之第一程計劃刻順利達成，本年度（即第二年）計劃工程準備展開中。其預定中之重要工程如下：（一）防波堤投石三十萬噸，繼續展修至入海十公里半。（二）挖泥六百五十萬立方公尺，預定航道波度五公尺，第一碼頭深六公尺，第二碼頭深八公尺。（三）完成駁船碼頭加築修船碼頭，並續修第一第二碼頭及北碼台碼頭。（四）翻修鐵路八公里，公路三萬七千平方公尺。（五）第一碼頭加築三千平方公尺堆棧五所，增設木工廠、翻砂廠、船塢工場各一處，二千瓩發電廠一處，修妥每小時三百噸裝煤機一架，增置數百噸游動起重機一架，二十五噸者兩架。（六）添置自航式挖泥船一隻，破冰船一隻。自冬以來，該港內因受氣候影響，防波堤投石工程及挖泥工程，已暫告停止，春暖前，其主要工作為積極實現聯運，輸出開灤煤，以接濟南需要，並定一、二、三月內儲石十萬噸，以備防波堤之繼續施工。

甘省建設

交通方面：

甘肅省公路交通建設三年計劃，第一年修復天水至武都，岷縣至夏河，涇川至環縣等十三綫公路；第二年修築靜甯至秦安，平涼至甯夏等六綫；第三年修築平涼至寶雞，山丹至青海，華家嶺至靖遠等六綫。甘省府現正催請迅撥工款，以便開工。

工礦方面：

工礦方面除充實機器、煤礦、製革、水泥、化工材料等工廠外，並打算成立洗毛、造紙、製藥、陶器、衣着、食品、鋼鐵、甜菜製糖、建築材料等工廠。

農林方面：

（一）增加糧食生產；（二）改進園藝事業；（三）加強造林。關於糧食增產，預備開發河西荒地卅萬畝，預計可增產六十萬擔，約需經費八百億元，已呈請中央迅速撥發，據悉可能撥發五百億元。

世界藏金統計
美存金超過各國總量

（聯合社華盛頓二十日電）杜魯門總統今日向國會提出報告稱：蘇聯所保藏之黃金，其數量之大，僅次於美國，而大於任何一國。自去年六月三十日爲止，美國共有金塊值二百二十七億八千九百萬美元，世界共餘各國存金共值一百四十億美元，蘇聯存金共值二十五億美元，外加存於美國之美金五千萬元。其次爲英國存金值二十億六千萬美元，更其次爲瑞士存金值十三億五千萬美元，馬歇爾計劃援助之西歐十六國共有黃金美鈔計一百三十六億五千九百萬元。

英法間海底隧道計畫
兩國又在巴黎談判
工程師主張採二十八哩的直綫　在地下五十呎不怕原子彈襲擊

（聯合社巴黎十七日電）英法兩國十七日在此間開始談判英吉利海峽地下隧道營造計劃。該項大隧道將供火車和汽車行駛，並可抵禦原子彈的襲擊。兩國談判興建海底隧道已歷百年，這次係由英國議會工黨議員蕭克洛斯和保守黨議員布洛克及聯合隧道委員會法國委員主持其事。根據該會技術組長巴斯特芳的設計，隧道起自法國格里奈岬，以迄英國福克斯敦，全長二十八哩，需費約五千萬金鎊。平均在地下五十呎，較海面低一百六十到二百二十呎，一旦發生戰事，上空或水面原子彈爆炸，幾乎不受影響。過去所擬的隧道計劃，只供火車行駛，從加萊而折地達杜佛，相距三十哩；工程師現贊成採取直綫，鐵路舖雙軌，公路也分兩條，沿路並且有內裝空氣的導管、水汀、電燈和通風設備。

美原子工廠上空
禁止飛機通過

（路透社華盛頓電）杜魯門總統下令禁止飛機在田納西州奧克里治的克林登工程廠、華盛頓州李許蘭的漢福工程廠、和新墨西哥州聖太飛的洛斯阿拉莫斯廠等三處原子試驗場上空飛行。

蘇聯的工人

蘇聯三十年革命之後，工人到底得着多少福利呢？紐約時報記者李斯勒，作了個比較：

物資	美國工人工作分鐘	蘇聯工人工作分鐘
一磅黑麵包	七	三一
一磅白麵包	七、五	七十
一磅牛肉	三四、五	三一五
一磅黃油	四八、五	六四二
一瓶啤酒	六、二五	一七一
一件棉衣	一四二	一九一一
一件毛織衣	一、六八四	三四、八一五

對今後國防計劃
美航空委會提警告
五年後他國將有原子武器　美須建大飛機隊和火箭弹

（路透社華盛頓電）杜魯門總統的航空政策委員會，十三日發表報告說，到一九五三年一月一日，美國將面臨原子日，那時若干外國幾乎可以確定已持有大量原子武器，並可能已能大量生產長射程火箭彈。該委員會主張建立龐大轟炸機隊，並配以長射程火箭彈，以警告企圖襲擊美國者，就是如果攻擊美國，那末侵略國的工廠城市和戰爭機構將遭毀滅。該報告主張急進的改革，美國承平時期的傳統戰略，並提出：（一）在一九五二年完成美空軍第一綫飛機七千架，輔以國境防衛飛機三二二架，和後備機隊八千一百架。（二）不可以爲他國在一九五二年底尚未能大量生產原子器。（三）不可以爲他國在一九五二年底，尚不能大量生產航程五千哩可以攻擊整個城市的火箭彈。（四）防止細菌戰術的計劃，必須加緊擬定。報告書並說，原子、細菌、超音速和其他方面的研究，以及發展適當的空軍，必相輔而行，後者必爲今後國防的基本工具。報告書並將未來分爲兩個階段，一爲目前階段，即假定美國仍繼續獨享原子彈秘密；一爲他國已大量具有原子武器，以對美國施行攻擊。在第一階段內，在東西間的糾紛未獲解決前，美國仍須從事戰爭的準備。在第二階段內，美國須有強大防禦設備以減少敵人的攻擊效能至最低限度，並具有強大反攻實力，得以立即報復，並佔領前哨據點，減少美國本土所受的危險。

英女科學家發現
樹木能在不毛之土中成長

目前世界對樹木所作實驗可能使吾人對植物生長之觀念起一番革新，實驗以土壤中菌類之活動爲基礎，此種菌類不少均與寶相關聯。

英國女科學家甯納博士，今發現樹木生於某種不毛之土中而以腐化之有機物作肥料，不僅能生長且能繁茂。以後之實驗更表示樹木於苗圃中成長者，亦者移植至未經處理之土壤中而繼續生長。

英國林業當局刻正從事調查此種土壤與樹木間之菌關係是否能見諸一切樹木中。若然，則甯納博士之發現誠可爲林業史開一新紀元。（英大使新聞處）

美原子從業員達五萬人

美聯邦原子能委員會總經理威爾遜告加州大學稱：今日美國從事於原子能工作者有五萬人，其中五千人直接受委員會之僱用，其他則受三百家私人公司之僱用。

國外通訊

定價　每份三千元正　全年訂費壹拾伍萬元正　航空或掛號另存郵資二萬元

廣告價目　甲種每方吋柒萬伍千元　乙種每方吋陸萬元正

中華民國卅七年二月二日出版

中國工程週報

內政部京警國字第五十一號

中國工程週報社出版

發行人　杜拱辰

中華郵政認爲第二類新聞紙
江蘇郵政管理局登記證第一三二號
地址：南京(2)四條巷一六三號
電話　二一九八九號
零售處　全國各大書店

一週大事記

是週也：聖雄甘地遇害，印回仇恨益深；美對日培植，中蘇不順眼。公教人員待遇調整等于零，同濟學潮上海市長被毆辱。

貝祖詒在美，對援華貸款事，已商得結果，數額在三億元以上。傳美將派人來華監督款項用途，主要是用來改革幣制。

美軍顧問團新任團長巴大維上週來華，美軍在華顧問工作，將要增強。顯示未來中美在軍事上的合作，也將更趨密切。

×　×　×

上週，公教人員調整待遇辦法公佈，引起一番爭辯。

公教人員的待遇雖然調整了，但是實物配給宣告取消，算去算來，等於不調整。所以立法委員對政院措施表示不滿，原來立法院的原案，是調整待遇，並不停止配售實物。參政會對此，也非常注意。據政院官員非正式的透露消息；政府尚未決定取消實物配售。然而「正式」的透露，則是取消配售的。

×　×　×

美國對日本的培植，已引起普遍的注視。

參政會希望政府正視日本復興問題：因爲「在和約未定以前，美國不應單獨積極扶植敵國，消極維持日本民生，發展輕工業尚可，積極使之恢復戰前水準，例爲鋼鐵增產，無異是武裝日本」。

蘇聯方面則更認爲「美國有意扶植日本，使成爲東方抵制共產主義之緩衝地帶」，將對美國對日佔領政策，展開攻擊。

在本週，此種攻擊或將見諸事實。

×　×　×

新德里槍聲三響，聖雄甘地在上週五被暴徒槍殺。

正如印度駐華使館人員的談話：「殺甘地的兇手，不僅爲全印度之敵，且爲全世界愛好和平人類之仇敵」。各國對甘地的死，都表示無比的哀痛與憤恨。

甘地是爲阻止印回的相互殘殺而遭到暗害，兇手是印度人，據推測可能是「極端的印度教徒」，行兇後，他也被捕了。

印度總理尼赫魯宣布：印度進入國喪時期。

×　×　×

上週四，上海同濟大學發生的惡性的學潮風波，因爲校方開除了一批學生，學生表示不滿，要集合到南京請願，上海市長吳國楨調解時，竟被打傷。

教部很注意這事的發展，將嚴厲處置學潮，除了重懲學生外，不惜解散學校，教育部次長杭立武特赴滬處理，但是同濟學生，仍未全部復課。

據三十日治安當局在學生羣中檢查結果，不特有非同濟學生在內，且有一部份根本非學生，則今日學校風潮，有奸人從中計劃策動，已昭然若揭。

鄂省復興工礦業

湖北工業原以鋼鐵、機械、紡織、麵粉、油脂等工業最爲重要，惟經八年抗戰，損失慘重。現鄂省府及工業界人士，對各該項工業之恢復及重建，已積極着手進行。

工業方面：

機器工業擬擴充至一千二百部。麵粉工業則擬增加磨粉機一百三十部。

紡織工業在該省歷史最爲悠久，發展亦極具基礎，尤待全力促進，以應需要，預計今年全省紡錠數字，可增至十五萬枚以上。

礦業方面：

在礦業方面，該省大冶、嘉魚、武昌、蒲圻、陽新、宜都、秭歸等地，均有煤礦，全年煤炭產量，可共達三十一萬噸，尤以大冶之源華，利華等爲最著，年產可共達十五萬噸，約佔全省之半數。惟武漢爲交通及工業中心，燃料需要爲數至鉅，省須賴湘煤運濟，該[illegible]不能完全自給。經濟部爲促進華中煤業計，特由中央地質調查所派員調查鄂省各地煤田，據報煤礦儲量，尚稱豐富，初步估計，可共達四萬八千四百五十二萬噸，如能積極開發，則該省燃料可敷供應，現已商由省府當局擬訂計劃，分期推進。

社論

工程師與政治

中國工程師學會第十四屆年會曾經有一個提案建議一個正名運動，把「技師」，「技士」，「技正」等名稱一律改稱為工程師，其主要理由是「技師」二字已被社會誤用，糾正非易，理髮有理髮技師，洗衣有洗衣技師等等，不論後者有無技師資格，已為社會習用，如把政府認為登記或考試及格的工程師稱之為技師，實有損工程師之地位，當時曾得全會之支持通過，並向政府各有關部門請求改名，時至今日，匪特尚無下文，卻憑空飛來一場工業技師立委選舉糾紛。正名運動，似應積極推動，不容再緩。

本來技術是譯自 Technic 技術人員則譯自 Technician 工程譯自 Engineering 工程師譯自 Engineer 在歐美各國，名稱亦時相混用，實則技術是偏于藝術，重心在熟練與技巧，有賴經驗之堆積。工程雖為技術的一部門，卻偏于科學。科學愈進步，二者之差別愈大，前者代表「力」與「行」，後者代表「腦」與「智」，「技師」二字的內涵意義，實不足以代表「工程師」，工程師是技師，可是技師不一定是工程師，其理由有如馬是四只腳，四只腳的不一定是馬一樣，所以在名稱本身上論，亦應有一區別，如是則名正言順。

★　★　★

河海航行人員（即近日各報所稱之高級船員）包括輪機，駕駛等專門人員，依法係向交通部航政司登記取得技師執照，自卅五年十二月以後，此種考試與發證係受考試院考選委員會委託交通部辦理，交通部承認其有技師身份。的確，以專門技術而論，稱名為河海航行技師，確屬合宜，至最近為止，登記人員已超過八千名，我國的航業，還得大事擴充，以這樣眾多的專門職業者，需要一個參政的立法委員，當然毫無疑議。可是這次國大代表及立法委員，河海航行人員均未分得名額。當國大代表選舉之時，職選所因其有一部輪機人員係機械工程師，竟以之併入機械技師選舉，造一場糾紛，到現在還沒有鬧清楚。不料到立委選舉前夕，職選所又以之併入工業技師立委選舉，使全國僅僅一名的工業技師立委，還得與河海航行人員平分秋色，這件事雖則中國工程師學會與中國工礦技師公會籌備會，曾以河海航行人員非工業技師而加以抗議，河海航行人員亦曾呈請增加名額一名，而結果仍是合併舉行，全國有五萬名受過高等教育的工程師，單以登記為工業技師者計數也有五六千人，其數約略與律師（五千餘名）相等，而為會計師之五倍（一〇五五），工業技師中之開業建築師及土木工程師亦在二千名以上，以這樣多的自由職業者，而僅有一名立委代表，實在有欠公允。倘若與律師，會計師，醫師一比，更覺不平。

★　★　★

二十世紀是工程師的世紀。你看：噴射飛機，月球旅行火箭，原子炸彈，原子動力機，那一件不是工程師的傑作！工程師雖有旋轉乾坤的本領，可是他的政治地位，卻可憐得使人難以相信。他們老是做着附庸與跑龍套的角色，以主宰人類進化發展的主角，反受政客之支配，作為鬥爭殺人的工具，莫怪乎整個世界走向毀滅與破壞之途，所以有人說：「工程師不當政，是人類的悲劇」政治家是在人與人，或國與國之間打主意的，祇有工程師科學家是從事人與天之爭，控制自然，造福人羣，所以祇有工程師主政，一改積習，天下才能太平。這種論調，在美國正日益抬頭。

中國之需要工業化，是天經地義的事。中國之能否生存於世界，亦將視最近的將來能否步入工業化而定，工業化的責任，當然寄託在中國工程師的肩膀上。中國的工程師與世界任何工業先進國家相較，並無遜色，所不幸者，缺乏優良之環境與發展之機會耳。致英雄無用武之地，優秀人材，在國外有卓越之成就者，回國即默默無聞，良堪嘆息！

中國的工程師，可以担負工業化的重任，當無問題，但人材之培植與養成，有賴環境之配合，政治地位與社會地位，均不可缺。這個工作，有待政府之倡導。同時工程師也應一改過去過事緘默的態度，爭取應有的權利與地位，為了自身的權益，應該這樣，為了中國的前途更應這樣做，切莫忘了：二十世紀是工程師的世紀，我們絕對不能放棄責任！

工業技師立委競選側聞

工業技師立委之選舉，各地紛紛舉行完畢，職選所正在計算數字中，曾氏之以絕對多數票當選已無問題，正確數字日內即可公佈，記者特將此次競選情形，略作敘述。

立委候選人之經政黨提名者最早為曾養甫，薩福均二氏。自由發著競選者有陳良炳，盧毓駿，劉家駒，陳幹青等四人，其盧劉陳三人因有國民黨黨籍，公佈後受國務會議選舉補充條例之限制而除名，這樣一來，候選人便祇剩下了曾薩關陸四人，其中陸氏競選之實力寄託在河海航行人員身上，工業技師方面很少能得票，故當選希望甚難，薩福均氏為國民黨提出之第二候選人，也受黨的約束，所以實在說來，競選的對象便成了曾陸二人，曾代表國民黨，陸為無黨無派，誰能壓倒對方，誰便是中華民國的唯一工業技師立法委員。

到了選舉的前夕，一月十六日中常會忽然決定提名盧毓駿為候選人。十七日中央社發的消息上說「中常會通過國民黨提名曾養甫，盧毓駿為工業技師立法委員候選人」。關於薩陸兩氏則並未提到，推測其原因，或許是薩氏不願競選的緣故，因為他雖未正式提出放棄，可是他曾分函友好說，希望把投他的一票改投曾先生。盧氏到了十八日才知道，他是黨的第二候選人，算算時間，第三天便是投票的日子，時間不容他有所活動，何況他還是不愛到處活動的工程學者，所以他除了支持曾氏並與曾氏互投一票外，什麼傳單，標語，拉票等一件事都沒有做，他也向曾先生一樣，是足不出門，靜待事態之演變，反正在黨的立場上說，他是與曾氏同進退的。

到了二十一號，熱鬧的南京市街上，也倆面看到發放「請投曾養甫一票」的廣告，上海新聞報及大公報上也載有「中國工程師學會擁護曾養甫氏」的啓事。據說南京本來也有，因為曾氏婉謝而罷。工業技師立委競選唯一予南京人的刺激是關的發氏的競選汽車及擴音器。在為面熱鬧的競選聲中，這算是工業技師的唯一點綴。

在平靜的選舉聲中，也生了一個不大不小的風波，原來是高級河海航行人員有交通部曾發給技師證書，據交部說是由考選委員會委託代為核發的，職選所在國大代表選舉時，本來已承認過有技師身份。所以這次也照例要投票。後經工礦技師公會向考選委員會要求解釋後，方由工業技師，河海航行人員與職選所三方洽商是請國務會議准予增加河海航行人員立委一名，才告一段落，這件事一面在交涉，一面仍暫予航員參加工業技師立委投票，這樣才解決了海員停航的局面。

上海開票的結果，陳幹青得票五千二百餘，曾養甫氏得票四千八百餘，南京工業技師曾票一千一百餘，重慶得票一千九百八十二，其他如杭州、天津、北平、漢口、等埠會員均爲票數最多者，大概以九千票當選是毫無問題的。至于次多數，大數是五千票的陳幹青，倘使增加一名不可能的話，那末五萬名工程師便祇能與八千名高級航員共有一個立委了。工程師參不了政，對中國工業化的前途，還是一幕喜劇，還是悲劇，自有事實可爲證明。

國營事業管理法

草案通過

行政院前爲公營事業機關（四行兩局與郵電各局更爲重要）業務管理，現尙無統一法令，亟應從速制定公布，當交由財政、經濟兩部，會同交通、農林、社會各部，資源委員會，及前衛生署，擬定國營事業管理法草案，經全國經濟委員會審查三次，提出該會第二十次會議決議，照審查意見修正通過，呈院核定，茲經行政院第三十次會議通過，呈國民政府核轉立法院審議，俟立法院通過後，再呈國府公布施行，茲誌「國營事業管理法草案」原文如下：

第一章　總則

第一條　國營事業之管理，依本法之規定。

第二條　本法所稱國營事業，係指政府獨資及依事業組織特別法之規定，由政府與人民合資經營者而言，其依公司法之規定，由政府與人民合資經營者，依照公司法之規定辦理。

其與外人合資經營訂有契約者，依其規定。

第三條　國營事業應依照企業方式經營，力求有盈無虧，至低應以自給自足爲準，但專供示範或經政府特別指定之事業，不在此限。

第四條　政府對於國營事業之投資，由國庫撥付，如依法發行股票，其股票由國庫保管。

第五條　國營事業除法律有特別規定者外，應與同類民營事業有同等之權利與義務。

第六條　國營事業之主管機關，依行政院各部會署組織法之規定。

第七條　主管機關之職權如左：

（一）所管國營事業機構之創設、合併、改組、或撤銷。（二）所管國營事業業務計劃及方針之決定。（三）所管國營事業重要人員之任免。（四）所管國營事業管理制度之設計。（五）所管國營事業業務之檢查及考核。（六）所管國營事業資金之籌劃。

前項第三款重要人員之任免，如事業組織有特別法之規定者，依其規定。

第八條　國營事業有左列情形之一者，得斟酌實際需要，設置總管理機構以管理之。

一、性質相同之事業。

二、業務密切關聯之事業。

第二章　財務

第九條　國營事業應根據主管機關核准之創業，擴充或營業計劃，編制創業，擴充或營業預算。

國營事業創業或擴充所需之資本，應編具預算，包括固定資本支出及必需之流動資金，經政府核定後，由國庫一次或分期撥發。

第十條　國營事業每年終營業決算，其盈餘應繳解國庫，如有虧損，得報由主管機關請政府撥補。

第十一條　國營事業經主管機關核定，得向銀行洽借短期週轉金，并得爲不動產抵押之借貸。

第十二條　國營事業，經政府核准，得發行公司債。

第十三條　國營事業之會計制度，由主管機關依照企業方式擬訂，與主計機關商定之。

第十四條　國營事業各項收支，由審計機關辦理事後審計，其業務較大之事業，得由審計機關派員就地辦理之。

第三章　業務

第十五條　國營事業每年業務計劃，應於年度開始前，由總管理機構或事業機構擬呈主管機關核定。

第十六條　國營事業產品之銷售，由事業機構辦理，遇有統籌之必要時，其統籌辦法，由主管機關另定之。

第十七條　國營公用事業之費率，應由管理機構或事業機構擬具，依法呈請核定公佈。

第十八條　國營事業訂立超過一定數量或長期購售契約，應先經主管機關之核准。

前項數量及期限之標準，由主管機關定之。

第十九條　國營事業所需原料及器材，應儘先採用國產。

第二十條　國營事業所需器材之宜於集中採購者，由主管機關或總管理機構統籌辦理。

第廿一條　國營事業之採購或營造，其投標訂約等程序，由各級事業機構依其主管機關之規定辦理，其審計手續，依照本法第十四條規定辦理。

第廿二條　國營事業之安全設施，員工訓練，及技術管理等項，應採用最有效率之方法與制度。

第廿三條　國營事業與外國技術合作，應經主管機關之核准。

第廿四條　國營事業工作之考核，應由主管機關按其性質，分別訂定其標準。

第廿五條　凡政府認爲必需舉辦之事業，而在經營初期無利可圖者，得由主管機關呈准政府，在一定期後，不以盈虧爲考核之標準。

第四章　人事

第廿六條　國營事業之組織及員額，

應由事業機構擬訂規程，呈由主管機關核定之，其需要修改或增減時同。

第廿七條　國營事業人員之管理法規，由主管機關按照企業方式擬定，與銓敍機關商定之。

第廿八條　非公司組織之重要國營事業，行政院認為必要時，得令設置理監事，由主管機關聘派之。

第廿九條　國營事業為保障從業人員之生活與安全，應舉辦各種福利事業。

第三十條　國營事業人員，除適用公務員服務法第十三條之規定外，不得經營或投資於其所從事之同類企業。

第卅一條　國營事業各級主管人員，對於配偶及三等親以內之血親姻親，在本機構或主管部門均應迴避任用，但特殊及技術人員，不在此限。

第卅二條　國營事業人員待遇之標準另定之。

第卅三條　國營事業之員工，得依法組織公會，有關業務事項，應受事業機構之督導。

第卅四條　國營事業之員工，不得怠工或罷工。

第五章　附則

第卅五條　本法自公布日施行。

英國花絮

（英大使館新聞處）

△紀錄人語之最早方法當推愛迪生之錄音圓棍，此在速記留聲器中至今猶加沿用。嗣後發明留聲唱片與有聲電影片上錄音，每次均為一長足進步。最近發展則已可在漆紙上錄音，倫敦電氣音樂工業公司茲已製成此種機器，大小如手提打字機，附有放音器，錄音後重放其聲清晰洪亮，公衆會場中「記錄紙」即成演說者矣，錄音手續異常簡捷，畢事後將紙取下可任寄何地。

△英國正在用不銹鋼造火車，這種火車完全不用木料。蘇格蘭的佩士雷已經設立了一個工廠，特地建造不銹鋼火車，這種火車又牢又耐久，同時却又比一向所用的火車來得輕。還種式樣的抗碎阻力經過試驗以後，證明比以往所知道的各種火車都好。車廂裏的座位可以旋轉，這樣旅客們便可以隨意揀選「面對車頭坐」或是背對車頭坐。」

△幾星期以前一架無人駕駛的飛機由美國經大西洋飛到英國，這件事，證明了我們在飛行方面已經臨到新紀元。這飛機從起飛經過海洋而降落；始終沒有人照料，一切控制都是在飛機離開地面以前就安排好的，能使飛機自動起飛，循着指定的距離。其他控制還能夠望見英國上空辨別方向的光線，幫助飛機「找到」機場以便降落。

這次飛行證明了無人駕駛的飛行是可能的。現在的問題是這種飛行在商業上究竟能否實行。專家們是非常小心，他們實在不得不如此，因為要使無人駕駛的飛行達到十全十美的境地，完全是這般專家們的責任，這樣纔可以避免除試驗飛行以外置人命於不必要的冒險境地。在上次的飛行中，飛機裏有經驗豐富的駕駛員，準備一出亂子就立刻用人力幫助控制。此外，這次飛行是準備在氣候適當的一天舉行的，可是商業自動飛行却非百分之一百的完善不可。

從第一次飛行到第一次橫渡大西洋的無人駕駛飛行，中間只經過廿五年。同時我們已經使戰鬥機發展到和初期的轟炸機一般大，渡洋機如「勃拉巴遜」機之類，載客也能如最初航行於英國與新世界間之海輪一般多。此外還有噴射推進，火箭發射，定期班機和火車時刻表一般平安無事，還有那飛船在困難中「不可思議」地降落在可怕的洋面上竟沒有毀失生命！專家們有如此成就還是那麼謙遜，無怪常人要責備他們過份謙虛了。他們一面固然很推敬專家們的細心，同時却也期待着商業無人駕駛飛行能在不久的將來實現。

△談到航空術，叫人想起英國皇家空軍的實驗研究所，名叫皇家飛機所的，快要慶祝七十週年紀念了。這個「工廠」的歷史因牠的人物和航空工業聞名，裏面充滿着大事，所以把牠做個簡短的報告，該是很有趣味的材料。

英國皇家飛機所是一八七八年開設在武力赤兵工廠裏的，當時英國的陸軍部撥款一百五十鎊作為第一個航空預算，目的是在造一個氣球。這個氣球的容積是一萬立方呎，造價其實不過七十一鎊，還不到預算的一半。

這不過是個開始罷了。目前正在考慮要在裴德福附近設立一個研究鎮，全部職工要有五千名。整個計劃要化二千萬鎊，預備在一九五二年開工。這個新研究鎮將命名為國立航空所，英國政府所發動的一切航空術研究工作都要集中在這裏。可是，在這大規模的研究機構成立以前，法恩波羅的「工廠」將要繼續研究工作，在工作的速度漸漸增加之中，這「工廠」也會更顯得重要。

建築

茲爲適應各地需要起見，特增「建築」一欄，調查全國各大城市（南京、上海、漢口、重慶、廣州、桂林、青島、天津、瀋陽、長春、蘭州等）之主要建築材料價格。並另設計簡單普通之住宅一所以作估計之依據，計算每平英方丈造價之大約數字，以供各公私機關建築房屋之參考。上項調查估計工作，爲慎重與正確計，係委請各該地營造工業同業公會理事長或信譽卓著之營造廠商辦理之。依次輪流刊載本報，以饗讀者。

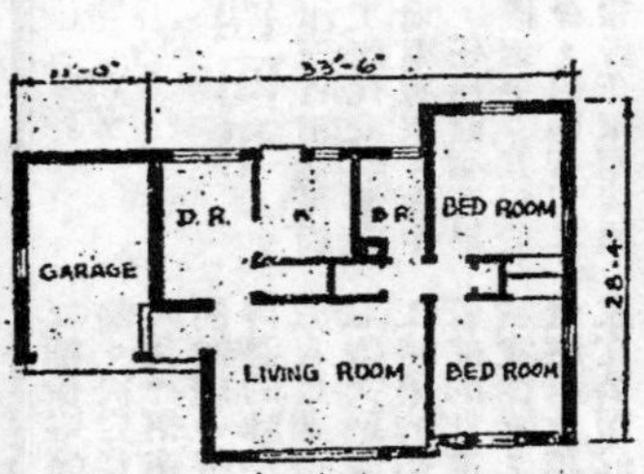

工程說明　本工程係磚牆，筒板瓦，灰板平頂，杉木企口地板，杉木門窗房屋，施工標準普通，地點位于本市中心地區，油漆用本國漆。外牆係清水，一應內牆及平頂均用柴泥打底石灰紙筋粉光刷白二度，板條牆筋及平頂筋用2"×3"杉木料，地板擱柵用4"×5"杉枋中距1'—0"桁條用小頭$4\frac{1}{2}$"圓杉條2'—6"中距。

南京市主要建築材料及工資價格表

名稱	單位	單價	說明	名稱	單位	單價	說明
青磚	塊	3,800		$2\frac{1}{2}$"洋釘	桶	3,000,000	
洋瓦	塊	22,000	陰坯	26號白鐵	張	1,300,000	
石灰	市担	150,000	塊灰	竹節鋼筋	噸	47,000,000	大小平均
洋灰	袋	326,000	50公斤	上熟米	市担	1,300,000	
杉木枋	板尺	10,000		工資			
杉木企口地板	方呎	8,500		小工	每工	50,000	包括伙食在內
$4\frac{1}{2}$"圓杉木桁條	根	200,000	13'—0"長	泥工	每工	100,000	包括伙食在內
杉木板條子	捆	70,000	6'—0"長	木工	每工	100,000	包括伙食在內
廠片玻璃	方呎	22,000	16盎司	漆工	每工	150,000	包括伙食在內

上列價格木料不包括運力在內磚瓦石灰則係送至工地價格

（南京）本工程估價單

調查日期37年2月1日

名稱	數量	單位	單價	複價	說明
灰漿三和土	4	英立方	1,500,000	6,000,000	包括挖土在內
10"磚牆	22	英平方	5,200,000	114,400,000	用陰坯紅磚
板條牆	7	英平方	2,500,000	17,500,000	
灰板平頂	10	英平方	2,000,000	20,000,000	
杉木企口地板	6	英平方	3,600,000	21,600,000	包括踢脚板在內
洋灰地坪	2.5	英平方	1,900,000	4,750,000	6"碎磚三合土上澆2"厚1:2:4混凝土
屋面	14.5	英平方	6,100,000	88,450,000	包括屋架在內及屋面板
杉木門	315	平方呎	80,000	25,200,000	五冒頭門厚$1\frac{3}{4}$"門板厚$\frac{1}{2}$"
杉木玻璃窗	170	平方呎	80,000	13,600,000	廠片16盎司
百葉窗	150	平方呎	38,000	5,700,000	
掛鏡線	22	英丈	45,000	990,000	
白鐵水落及水落管	25.5	英丈	850,000	21,675,000	
水泥明溝	18	英丈	450,000	8,100,000	
水泥踏步	3	步	250,000	750,000	
總價				$ 348,715,000.—	

本房屋計面積10平英方丈總造價國幣三億四千八百七十一萬五千元正

平均每平英方丈房屋建築費國幣三千四百八十七萬〇五百元整（水電衛生設備在外）

調查及估價者南京六合工程公司　　（日期三十七年二月一日）

30063

工業與資源

達成任務

北方請願團回平

北方請願代表冀平津三省市議長劉瑤章、許惠東、時子周及工商代表李國璽、姚鐵川五氏，於十四日飛滬轉京，向中央籲請改善北方經濟現況，任務圓滿完畢，於上月廿九日午由滬乘機返平。五氏於抵達後，即驅車赴市參議會，招待新聞界及河北平津士紳參議員，報告在京滬請願結果。五氏均以中央重視華北及京滬輿論之同情，表示感奮。劉許兩氏在招待會中作一簡略之報告謂：舉凡河北省政、鹽業、生產及手工業貸款、紡織工業、進出口外滙、永定河治本工程、塘沽新港、軍糧等問題，當局均允予解決。糧食方面，將來需面允一二兩月所需數量四千五百億元至五千億元，由國行墊發。農貸二月份可決定款額，可能為五千億元。中紡公司出售百分之七十，亦決定暫不出售。政府並已加強北寧線防務，請求開灤存煤七十萬噸早日南運。又劉氏報告，廿八日政務會議中接受冀代表北方之意：（一）軍事上要求統一指揮，爭取主動，提高士氣。（二）政治上地方中央間組織力求嚴密，組織自衛隊，訓練幹部。（三）經濟上謀增產。土地問題，按照綏靖區辦法，切實執行，平均負擔軍事費用。（四）軍政經濟之共同性者，分工合作，嚴行賞罰，使地方政府對法令之執行有彈性。

又中央銀行業務局長沈熙瑞及輸出推廣處長陳騰人，於卅日上午由滬飛抵平，正午訪謁北平行轅李宗仁主任，對政府收購工業原料及製成品以救濟華北工業渡過難關事，作初步商談。（中央社北平電）

全經會通過要案一批

全國經濟委員會於上月廿九日舉行例會，陳立夫主席。討論事項（一）行政院經推徐堪等審查後，審查意見本日提出討論。決定從三十七年一月份起，該兩機關人員（招商局船員已加入海員工會，照向例辦理）待遇的調整時期，應和公務人員待遇的時期相同，其調整的百分數應為公教人員調整增加百分數百分之七十為度，並依次遞減百分之十直到合於國營事業員工待遇的標準為止；每次調整並須經各該主管部的核准。各該事業機關均應撙節費用，核實開支，所有盈餘應解交國庫，不得隨意應用及稍有隱存。（二）外商申請來華設立公司或製造廠應具備之條件案，推王雲五、陳啓天、左舜生、俞鴻鈞等先審查，並請外交部派人參加。（三）中華水產公司估價，擬根據農林部所送估價清冊，根據廿六年估價為二百八十一萬元，現照三十六年十二月份物價指數升值，約合一千二百餘億，半數出賣，半數留為官股。（四）中央汽車配件製造廠估價，照廿六年物價估定為廿五萬元，照三十六年十二月份物價指數升值，約合一百三四十億。（五）中國紡織機製造公司官股部分有官股四成，依照原定契約，至公司成立迄兩年後，官股讓售商股。本年二月已到轉讓時期，決定依照合約讓售。商股估價由國營事業出售監理委員會辦理。（六）陳立夫提經濟改革方案商業部第四項，關於全國合作社物品供應處辦理國際合作貿易事項實施辦法，討論後修正通過。

行局收購成品辦法

工廠無法週轉成品行局收購

中央銀行發表：四聯總處對今後貸款問題正在研究中，業歷元宵節前國家行局決不恢復貸放，在政府停止貸款期間，關於上海廠商因成品滯銷或維持生產，其資金無法週轉時，政府已決定酌予收購其成品，業經四聯總處訂定「上海國家行局代政府收購廠商成品臨時辦法」，委託國家行局辦理，該行正與三行兩局會商收購技術問題，即日起即可接受廠商申請，依

收購成品辦法

一、在政府停止貸款期間，廠商因成品滯銷或維持生產，無法週轉，調查屬實者，由政府酌購成品，並委託國家行局辦理之前項廠商，以經主管官署登記加入該業同業公會之民生日用必需品工業，暨基本工礦事業為限，民生必需品以財部規定之十四類為限，暨基本工礦工業以鋼鐵水泥機器三類為限。（成品受政府管制者除外）

二、國家行局對每一廠商收購之成品，其數量以不超過各該廠過去六個月之平均按月增產量為限。

三、收購價格依核定申請之日，前六日平均市價為原則。

四、收購合約訂立後，收購行局先行驗收成品，驗收完竣，即行辦理移轉手續，並由收購局，開具中央銀行支票，逐案支付價款，行局辦理移轉手續，應由當地四聯分處派員參加。

行局辦理收購事宜，應收手續費百分之一，按月向中央銀行結算之。

五、收購行局於驗收成品完竣後，應將有關會單連同每日收購成品清單，交付中央銀行核收。

成品出售時，以標售為原則，由中央銀行隨時代為委託辦理經售機關，應得手續費千分五，於售得價款中扣收之。

六、廠商出售成品，直接向行局申請，先由行局初步審核。應收數量及價格，再提送當地四聯分處決議辦理。

七、本辦法經四聯總處核准施行。

開發華南實業

資委會粵省府聯合經營

翁文灝宋子文發表聯合聲明

資源委員會委員長翁文灝與粵省主席宋子文，對粵省經濟建設於上月二十七日發出共同聲明如下：

一、電力：廣州電廠，年餘以前，由

萬四千瓩增至二萬八千瓩，供電時間亦由每日六小時增爲全日二十四小時，雖該廠效能未能盡滿人意，惟已盡力而爲。茲爲應工業生產及其他需要，必須增加設備，已定由資委會撥給變壓器九千開維愛（KVA），另向美國購到二千五百瓩燒油鍋爐四具，即由美啓運，並已向瑞士佈朗波維利公司，訂妥一萬五千瓩透平發電機來粵。該廠西村發電所，原有之一萬五千瓩發電機一具，曾在戰時被炸毀壞，亦正在運美修理。此外，對於滃江水力，早在積極進行勘測及鑽探工程，俾可早日興辦。此項計劃實現後，第一步可增發電量四萬瓩，第二步可再增四萬瓩，粵省煤源不充，水力發電至爲重要。

二、煤礦：資委會原在坪石狗牙洞與省政府合辦南嶺煤礦公司，現因礦區至坪石鐵路支綫沐修，外運困難，故增產不易，該礦煤質含熱量特高，灰分甚少，極合工業用途，現已商得交通部同意，定本年內修通上項支綫，屆時出煤數量，當可由每日五十噸增至五百噸以上，明年度可盼增至日產一千噸，對於廣州用煤自大有裨益。

三、糖業：粵省氣候植蔗最宜，但舊有糖廠，戰時大半毀損，茲商定由資委會與粵省合辦一糖廠，由資委會就現有之每日壓蔗一千噸煉糖機器，撥給全套，運粵裝置，此項合作辦法，業已商妥。

四、鋼鐵：海南鐵礦品質特優，日人所採鉄砂，業由資委會洽妥外銷，所得外匯，經商定全部保留，作爲恢復海南鐵礦生產與籌建海南鋼鐵廠之用。第一步擬先將該礦復工產砂，第二步在海南適當地點，籌建日產五百噸之煉鉄爐與適量之煉鋼設備，煉製各項鋼鉄產品，均由資委會與省政府合作經營，至鋼鉄廠機器，外匯亦已有着。按以上各事，一方固增加生產，一方面增多就業，有裨粵省整個經濟興社會之繁榮，深信根據上述之密切合作及各方人士之維護，共同邁進，粵省工礦建設[illegible]，必可樹立基礎矣。（中央社廣州電）

浙發現烟煤 正準備開採

浙省壽昌縣，近發現大量烟煤礦，礦量約近千餘萬噸，刻正爲紺利利源公司準備開採中。

青新邊區發現油田

經濟部青新邊區及柴達木工礦資源調查隊，上月二十五日晚全部返蘭，該隊於上年五月自蘭出發工作，凡八閱月，除在祁連山北麓河流域發現金礦，青新交界區之阿爾金山發現油田外，最珍貴者，厥爲扎哈油田之發現。該地位於阿爾金山西面柴斯半原之格考庫勒湖東岸，面積東西九公里，南北五公里，油砂厚自二十公尺，可能屬第三紀油田，爲求獲得更詳盡資料，調查隊可能於春暖後再往復勘。（中央社蘭州電）

海南島鐵礦 準備開採

海南島鐵礦，雖未經詳細勘測，但已知其蘊藏量至少在五千萬噸以上，本年度資委會所屬海南島鐵礦籌備處，已準備開採，全年計劃產量約爲三十萬公噸。

又資委會決定先行整理田獨一礦，每月產量暫定一千噸。該礦現有工人一千名，技術人員七十名，職警六百名。

湖南第三紡織廠將在長衡復工

湖南第三紡織廠原爲官商合辦，三十三年於衡陽東陽渡成立，後疏散至柳州，復員後機械已損失一半。近爲復工起見，經該廠董事會增資四百億元，並在上海新購紗錠一萬錠，定三月在長沙設廠復工生產。又該廠前疏散在柳州的紗錠，紡機，現已運回衡陽，整理後準備五千紗錠，仍在東陽渡成立分廠。

鄂省人士籌設文襄紡織公司

鄂省人士爲紀念張文襄公，刻已發起籌備文襄紡織公司，並經由經部陳部長啓天及何成濬，萬耀煌等會商結果，推定何成濬爲籌委主委，徐源泉等十人爲副主委，資金定爲二千億，由中紡公司負責四分之一至二分之一，餘由鄂省和商股投資。廠址暫假漢口廣安紗廠原址。

紡建去年生產數

棉紗三十八萬八千餘件

棉布七百七十一萬餘疋

紡建公司上海各廠去年全年生產棉紗三八、八六七件，棉布七、七一六、八二六疋。其中十二月份產紗三六、九〇八件，除一九、一二七件自供織布外，共餘一七、七八一件則供配銷之用。十二月份棉布生產七四二、三七〇疋，紡建上海各廠現開紗錠（以一月十九日爲例）日夜班平均八十萬枝左右，布機一萬二千九百台左右，現有紗錠設備八九八、二四〇枚，布機一八、一九七台。因最近電力供應良好，生產正常。

太沽鹽田積極搶修

中鹽公司天津分公司大沽鹽田，前遭共匪破壞，損失甚重，該公司於共匪退竄後，即積極搶修，據負責人稱：依目前搶修情况，春曬尚有希望，惟鹽產量之多寡，則尚不能預計，須視治安，天時與人力之配合而決定。（中央社天津電）

日本賠償工具機價配民營辦法

日本賠償我國首批工具機共九千九百四十七部，其中以二千三百六十二部由交經濟部價配民營事業使用，經濟部已令由上海工商輔導處接收保管，並依照院令由經濟部，財政部及全國性人民工商團體合派代表洽組評價委員會，切實評定，以利價配中。

工具機之價配範圍，是依照政府經建方針，適應當前需要，以發展紡織工業爲主，其次爲造紙工業、電器工業和煤礦。凡製造或修理紡織造紙及電器等項機具之工業，及增產煤斤之煤礦，亦可請求價配。其餘各項工業，目前暫從緩配，須俟第二次抽得工具機後再行價配。這批工具機以能迅速運用爲最主要之條件，凡交通不便之邊遠地方，或尙屬綏靖區域不易運往，雖於短期內利用者，或未受戰爭損失而無急切需要之地區，均將暫從緩配。至申請價配之手續，須照院頒申請書及建廠計畫書格式塡具同式三份，呈送經濟部，申請價配。經部彙核轉送行政院賠償委員會審定後，即可訂立契約，繳納價款，提取所需之工具機，裝置建設。該項申請日期爲自公告之日起，至本年三月十五日止。其工具機詳單及辦法等全份，可繳費一十萬元，逕向經濟部或上海、漢口、重慶、廣州、天津各工商輔導處索取。

裁運二批日物品 海浙輪啓椗返國

赴日裝載第二批日本賠償物資（機器與工具）之我國貨輪海浙號（二千六百噸），已於上月二十七日晨駛離橫須賀，船上所載之賠償品共有自東京及橫須賀各兵工廠拆下之機器及工具五百九十九箱。（中央社東京電）

交通

津浦鐵路北段通車

津浦鐵路北段，業於上月廿五日修通至靜海縣南十公里之陳官屯，當由天津開出客車均已抵達該站。

平漢鐵路最南北段已恢復通車

平漢路漢口至明港間，於一月廿八日已恢復通車，並明港至新安店間，短期內亦可恢復通車，又該路北段已通至北河店抵達定興。

川康滇三省向當局建議築路

前西康省政當局曾向中樞建議，修築川、康、滇三省鐵路。現在交通部已經同意，正在考慮經費和測量步驟問題。三省有關當局將在最近會商具體辦法，如經費不足時，將由銀行貸款辦法。

公路總局開辦長沙至武昌段班車

公路總局第二運輸處爲適應旅客需要計，特開辦長沙至武昌旅客班車，每星期四由長沙武昌對開，規定二日到達。

第六區公路局恢復客班車

第六區公路局運輸處自新車到達後，除負担一部份糧運外，現已恢復由迪化至酒泉每週一次之定期班車，並增開迪化喀什定期班車，每月逢十日十五日由迪喀二地同時對開。

聯總工兵搶修信陽等公路

信陽至正陽公路，及信陽至確山公路，已由聯總工兵十六團搶修通車。六合立煌公路，流波至立煌間四九公里，南陽三河間公路，七三公里，潢川至藥家集公路，潢川商城間六十六公里亦均已由工兵搶修通車。

中航公司裝置瀋陽電台

中央航空公司於上月廿日特派機航組陳主任率領電信技術人員，由滬飛平轉往瀋陽裝置該公司瀋陽電台，以利航行。

交部令民航機與空軍站互取聯繫

爲求飛行安全計，交通部頃令各航空公司如民航飛機經過鄰近戰區工作時，應選與附近空軍站取得聯繫。

塘沽新港通運

塘沽新港第一號碼頭原來深度六公尺，然經久淤積，致深度減爲四公尺，現經挖深達六公尺，可同時停泊三千噸級船舶六艘。又第二號碼頭前之二號裝煤機刻已修復，每小時可裝煤二——三百噸，試驗成積極爲良好。原有五百公尺鐵路岔道一條，因運務頻繁，不敷使用，現又增設一條，並擴充堆煤廠，可存煤二萬噸，其他裝卸設備，均已就緒，以後開灤及大同門頭溝之煤，均可由此運出。

神祕新氣體

（中央社二十九日電）二月號聯合國世界雜誌上載有法拉戈氏所撰文字一篇，內稱：二次世界大戰中最可怖之武器，並非原子彈，而爲神祕之德國氣體。據稱：該氣體係於戰爭後期所發展，其電碼名稱爲「泰本」與「薩林」。此種氣體之性質極爲殘忍可怖，被害者與臨死之前，將發生溢血頭痛嘔吐痙攣等極大痛苦。泰本與薩林爲無色無味無臭之氣體，據稱：泰本氣來臨時，有如新鮮空氣，不能由人類官感察覺，迨發現時，已爲過晚，不及挽救，在數陣混濁空氣中，如夾存泰本氣一縷，即足以致人於死，防毒面具並無功效。

人力控制雨雪

研究工作三年可成

（中央社紐約二十九日專電）據美國通用電氣公司研究實驗所副主任藍姆爾稱：在未來三年內，科學家當可獲得關於人造雨雪之足敷知識，而可使大雪暴雨自人煙稠密地帶移至較荒蕪之地區下降。按：該研究實驗所刻正作此項問題之研究工作。藍氏繼稱：此種轉移風雪下降工作是否能獲成功，則端視一種新科學部門之發展而定。此種新科學部門，係在研究充滿乾冰小球體或碘化銀微粒之雲霧，是否能發生預期效果，如屬可能，例如自中國東海向京滬一帶進襲之暴風雪，在其於天然情況下於二地降落前，即可在其進襲途中，以乾冰小球體或碘化銀微粒光灑之，而使大雪在大洋中下降。按：美國科學家在使用飛機散佈乾冰，以製造人造雨方面，業獲得相當成功。

美將採購我國之錦

（中央社華盛頓合衆電）負責儲藏戰略性原料，以備戰時急需之美國軍火局，頃宣佈一項採購計劃，此計劃規定自一九四七年合計年度開始，於五年間採購戰略性原料，總值達二七億五千萬美元，向遠東方面採購之第一組原料中，包有中國之錦。

定價：每份三千元正
全年訂費壹拾伍萬元正
航空或掛號另存郵資二萬元
廣告價目
甲種每方吋柒萬伍千元
乙種每方吋陸萬元正

中華民國卅七年二月十六日出版

中國工程週報

內政部京警國字第五十一號
中國工程週報社出版
發行人　杜拱辰

中華郵政認為第二類新聞紙
江蘇郵政管理局登記證第（三二二）號
地址：南京（2）四條巷一六三號
電話　二一九八九號
零售處　全國各大書店

一週大事記

是週也：援華款項提出，經改方案通過；輸入限額逐漸減少，救濟特捐工作展開。日內閣難產，西德問題多；豫魯皖邊區，戰火轉猛烈；援華計劃，漸趨具體。

五億七千萬美元的援華計劃，已由美全國顧問委員會完成，專待預算委員及杜魯門總統批准。

馬歇爾曾正式宣佈這消息，而且說其性質專用于經濟方面，但附帶說明「中國得在其職權內權宜行事」，依照去年美國務院規定：「購買軍用品」，也在「職權」以內。所以這項貸款若果成功，實際上可以影響戡亂軍事甚鉅。然而，馬歇爾對「此一計劃是否包括軍事援助問題」，則避不作答。

× × × ×

經濟改革方案實施辦法，已于上週四全國經濟委員會中修正通過，這辦法即將與張羣院長的十項財政改革方案，同時送國務會議備案。這方案中包括兩部分，一部份是整理財政，一部份是穩定幣值。

同時全經會附討論輸出入管理委員會所擬第五、六兩季進口限額分配。據全經會顧副秘書長毓琇宣佈：輸入限額已逐季減少，第一季為九千九百萬美元，二季七千二百萬美元，三季六千七百萬美元，四季五千三百萬美元，五六兩季平均為三千七百三十六萬美元，外匯節省，已日漸收效。

× × × ×

募集救濟特捐的督導委員會已成立，由王雲五任主任委員，委員都是社會知名之士，上週四該委員會通過：救濟特捐總額為十萬億元。並決定在京、滬、漢、青、津五地設募集委員，在此項例會中，中央督導委員會已用無記名方式，提出各地富豪名單，供設計委員會參考。

× × × ×

日本片山內閣因增稅案坍台。繼任何人？尚無決定。自山、民主兩黨意見不一，吉田茂對此位置極為熱中，頗想一試。但是蘆田均與片山哲，國民協同黨都主張開四黨總裁會議決定，而吉田對此，甚不同意。

社會民主黨的左、右派系在這種情勢下漸漸融合，片山哲婦再起之機又熾，如果片山能得該黨內部統一的支持，由彼出面來另組新閣，倒並非不可能。而且麥克阿瑟對片山也並無惡感。

× × × ×

美英法已決定本月十九日在倫敦召開三國會議，討論西德合併問題。內中涉及德國在馬歇爾計劃中的地位，安全問題，賠償問題。

這樣一來，無異說是英美法要撇開蘇聯與德簽訂和約了，這給蘇聯是一大刺戟。蘇聯已正式斥責英美違反「波茨坦協定」。

× × × ×

歐陸另一角，土保邊境，情勢緊張，附架土耳其飛機已在保邊境被戍兵擊落。

× × × ×

目前戰事重心，在豫魯皖邊區。陳毅部隊竄擾民權、蘭封、考城一帶，其主力已越隴海路出竄到魯西曹縣附近；另外，劉伯承部又由息縣竄入皖境，集結太和西北。魯西、皖北，不日將有更大的殲滅戰展開。

輸入限額逐漸減少

關於第五第六兩季，自國外輸入我國貨物之限額分配，經全國經濟委員會決定後，該會副秘書長顧毓琇，曾語記者稱：輸入限額係逐季減少，第一季為九千九百萬美元，二季為七千二百萬美元，三季為六千七百萬美元，四季為五千三百萬美元，此次為第五第六兩季，合併擬定之數字，每季平均為三千七百三十六萬美元，兩季共七千四百七十二萬美元，分配表中棉花、肥料、煤炭、米、麥、麵粉等項依前幾季例，暫不例入，將來根據實際需要，再行擬定在新分配表中，最大數字要為柴油，因工業上之需要，數字與第四季相同，五六兩季合計為一千八百萬美元，汽油一項比第四季減少，主要在希望各大都市汽油銷費設法節約，至於民用航空用汽油並未減少，五六兩季合計為五百萬美元，煤油較前稍多，烟葉較第四季減少，第四季為五百萬美元，現五六兩季共為八百萬美元，紙及木漿五六兩季合共為八百六十萬美元，金屬品藥品亦較前減少。同時全經會審查委員會曾建議：一、非限額之輸入品中，規定圖書儀器教育用品輸入，維持每季五十萬美元之數額。二、進口圖內工業品中應多輸入原料，藉以增加國內生產，並儘先分配於工廠。（中央社）

中國工程師學會

第六十九次董事會紀錄

中國工程師學會第六十九次董事會執行部聯席會議，于元月二十二日下午六時在南京介壽堂化雨軒召開，到有茅以昇、沈怡、顧毓琇、顧毓瑔、吳承洛、趙祖康、李熙謀、薩福均、朱其清、惲震、錢其琛、薛次莘、胡庶華、楊簡初等十四人。由茅會長主席，討論事項計有：

（一）本會南京逸仙橋會所租與勵志社修建，業將完竣，如何訂約案（合約業經勵志社修改後送會）？

議決：

（1）合約照董事會修改通過。

（2）會所名稱改爲科學工程大廈。

（3）推請茅會長及顧總幹事爲訂約代表人。

（二）本會會所如何佈置案？

議決：請會所佈置委員會負責辦理。

（三）證章與會員證均已製就，每證收費若干請予討論案？

議決：

（1）金質證章發給正會員，每證收費八萬元。銀質證章發給仲會員及初級會員，每證收費五萬元（以後照市價調整）。

（2）會員證每證收費一萬元。

（四）會員會費徵收標準如何規定案？

議決：照會章原訂會費數暫以一萬倍計算，各級會員應繳會費如下：

（1）正會員十萬元。

（2）仲會員六萬元。

（3）初級會員四萬元。

（五）擬請增加總會工作人員案？

議決：僱用臨時工作人員。

（六）本會會員如何辦理技師登記案？

議決：

（1）推請盧毓駿、吳承洛、錢其琛、顧毓琇、許本純五先生組織技師登記委員會，協助技師登記事宜。

（2）函知各地分會轉知會員速辦技師登記手續，以便取得技師資格。

（七）中國工礦技師公會業已籌備有時擬即正式成立案？

議決：技師法經已公佈需及早依法成立。

（八）審查新會員案？

議決：

（1）新會員經各地分會初步審查通過後可參加各種活動。

（2）凡經新會員審查委員會通過之新會員即可發給會員證。

加強營造業管理辦法

政院爲謀整頓營造業起見，曾飭內政部營建司擬具嚴格管制辦法，切實執行，營建司哈司長雄文乃于上月二十六日召集京滬市工務局長及各方專家，舉行會議，決定先行加強管制三個月，以觀成效，再作第二步之決定，該項辦法，業經政院核准，其內容如下：

一、爲加強管理營造業減少建築糾紛，特訂定本辦法。

二、各地方主管營造業機關，自奉到本辦法之日起，應將營造業登記暫行停止三個月，在停止登記時間，并不得發給臨時執照。

三、停止登記期間應將已登記之營造廠商，依照管理營造業規則之規定重行審查，對下列各款，尤應切實辦理：

甲、各級廠商資本額，應依原規則所訂額數比照當地最近物價總指數百分之五十爲標準，由當地主管機關調整公佈令廠商限期呈驗，其資金不足者，得以不動產及工具或建築材料累計。

所有以前各地自行調整資本額一律廢止。

乙、各級廠商應具工程經驗，應依原規則所訂額數重行呈驗，并嚴格取締僞造證件，如呈驗包工合同并須附繳完工證明，其三十二年以後之工程價值應按當時物價總指數相差額折算。

丙、已登記營造業，均應另覓保證人，除同額以上資本之舖保外，應加具同等同業三家之聯保。

四、已登記之營造業，如發現有左列情形之一時，應撤銷其登記證。

甲、登記已滿一年，而尚無營業，或因故喪失營業能力而繼續無營業一年者。

乙、經理人或廠主已非原登記之本人，或將登記證借與他人冒用者。

丙、經理人或廠主或主任技師兼任公務員者。

丁、一人兼充二廠之技師者。

戊、不依本辦法第三條應審或經審查不合規定者。

五、已登記之營造業承辦工程有左列情形之一時，業主得據實舉發請求地方主管營造業機關予以處分。

甲、偷工減料不服建築師或業主之指揮者。

乙、對於投標手續有不法行爲者，及未得業主之同意轉包他人或利用未登記之廠商假用名義頂替者。

丙、不履行合約義務或故意延誤工程者。

丁、因技術不精或業務玩忽致他人蒙受損害者。

六、地方主管營造業機關得視情節之輕重執行左列之處分：

甲、半年以上之停止營業。

乙、停止半年或禁止一部份營業。

丙、撤銷登記。

其已經涉訟者，在未判決前應暫停止其承辦其他工程。

七、本辦法施行區域及日期，由內政部定之。

塘沽新港

△平津區鐵路局業於本月十日在塘沽新港開設新港站，委派站長及員工六十餘人駐港辦理聯運業務，新港水陸聯運，現已實行，第一批先運門頭溝煤一萬噸，自十五日起開始每日可運到二千噸。

△塘沽新港船閘，去年全年曾有輪船一六八艘過閘赴津，後因加緊挖泥，停止開放，及後封凍停止工作，將船閘重行開放，本年元旦日有二千噸之天翔號輪船過閘上駛天津，原船復於十九日過閘出港。

△塘沽新港煤運設備，業告完成，煤商已將運儲在津之門頭溝煤二千噸，裝北川輪船於一月二十二日上午九時半出口。此爲北煤南運自新港出口之第一次，現門頭溝之煤又由火車運到一千五百餘噸，正待裝船南運。

△塘沽新港工程局各項工程需用電力，現在約三千KVA，係由冀北電力公司供給，惟因津唐電路，時遭破壞，以致供電不足，影響工作甚鉅，該局將籌建發電廠兩所，每所安裝一千KW透平式發電機兩部，第一所於去年五月開始，現已安裝完畢，本月二十四日正式發電供給局內各項工程使用，第二所工程刻正積極推進，預期本年內可完工。

準備月宮之行

（學宜譯）

自從第二次世界大戰結束以來，世界各國的科學家對於原子噴射推進的火箭或太空船的發展和可能性非常感到興趣。本來在戰爭快要結束的時候，德國人就在開始利用這種投射器，想要毀滅倫敦，他們當時所用的並不是原子推動的。

現在的一般中年人，生前很可能看到第一隻太空船從地球出發到達月宮，有些人也許要以為這是一句異想天開的話。可是英國幾位重要的太空飛行專家（英國星際學會的會員），最近在倫敦開會時就有這樣的預言。

話說得太遠了，我們不妨仍舊退回來先談英國的火箭推動部。這一部設在巴京汗郡當斯特卡脫鄉附近，從前是皇家空軍機場的一片幽靜綠野中央。這裏房屋正在興建之中，工作也在進行着，火箭推動部現在已經具形了。

火箭推動部是英國和聯邦共和國研究發展各種火箭推動法的中心。試驗工作是在靜止的試驗台上進行的，真正的飛行却是在英國偏僻的地方以及澳洲的荒地上試驗的。

自從火箭推動部一九四六年四月成立至今，只有最近纔首次讓人們參觀，關於英國在火箭上的發展，當然有一部分祕密仍舊被保守着，可是英美有關當局之間存在着和善的關係，却禁不得一件祕密。在某幾方面美國處於領導地位，在其他方面美國却又不如英國。

當斯特卡脫火箭推動部是單供研究推動火箭的力量的，至於氣體力學，電力和其他工作，却是在別的研究所裏進行的。

要使這些投射器達到完美的程度，服務人類，而不摧殘人類，的確還要經過相當時期，不少工作，耐性，試驗和失望。

我們現在能預料到的火箭的一項用途，根據—本書上所記載的，便是運送郵件；譬如說從英國飛過太西洋而到美國；可是最有趣味的觀點，實在還是科學家們所預言許多人眼要能看到的月宮之行。

按照英國科學家的看法，我們在五年之內就能看到火箭昇空幾百哩，在十年之內我們更可以看到自動火箭直達月宮，在十年到三十年之內，由原子能推動並且有人乘坐的太空船，竟可以在月宮上降落！

這種種聽上去很可笑，可是我們當知道現在已經有二十三萬九千哩月宮之行全程，由無線電設備控制的火箭存在。德國想用來毀滅倫敦的V_2火箭，就表明了要投射器升入太空的確是辦得到的。英美兩國目前正在進行軍事研究，一般先進者（裏面也有德國專家在內），正在新墨西哥白沙火箭場埋頭苦幹。

英國火箭推動部現在正展開有關領導投射器的種種祕密活動。這些投射器將要在澳洲西部的沙漠中發射出去，這地方正在裝置特種設備，開辦費就要三百萬鎊。

今年夏天，美國海軍希望發射他們的「海神」火箭。這火箭的最高速度是每小時五千六百哩，要比較射程僅一百十五哩，速度每小時三千六百哩的V_2進步得多了。

星際交通專家們說，我們想像中的自動月宮火箭離開實現大致不遠，牠的重量大約在五十到一百噸之間，形狀也許同V_2相仿，各部裝着火箭昇躍機，一旦燃料用盡便會跌落（燃料用液體氧和火油或酒精）。在飛行期間由雷達追蹤而由無線電控制。第二次世界大戰中，德國人用的火箭射程有一百哩，當時他們還在設計一個更大的飛越大西洋的模型。

白京汗兩位熱心於遊星間交通的哈來．羅斯和嘉甫．施密斯已經設計好世界上第一個一人火箭，預備試驗人類對太空中環境的反應。羅斯是一個無線電工廠的執事，施密斯却是政府雇用的科學家。

這火箭從一個一百二十呎高的塔上發射出去，將以每小時六千哩的速度在五分鐘之內達到牠一百九十哩的海拔高度。然後火箭上的乘客，便把機艙從火箭骨架上解下，兩者都靠降落傘回到地球上。

月宮之行一定能夠解釋許多科學上的疑問，牛津大學的天文學教授錫德尼．查普曼最近表示白蘭蓋特教授每個旋轉體能產生牠本身磁場的新定律，很可以用這樣的方法考證，便是使一個帶着器械的投射器，射過月球或射到月球的周圍，以便測量月球的磁場。

要使得乘着人的太空船很順利的出發，那還得克服許多技術上的障礙呢。所謂障礙，有一點便是要躲避地心吸力。美國加里福尼亞工藝學院的天體物理學教授齊基博士，已經試過把類似V_2上面來福手溜彈的小物體從地球上發射出去，他希望最後能使這些小小的人造隕鐵，產生每小時三萬哩的速度。太空船所遭到的其他問題，更有如何保護太空船上的駕駛隊員不受原子輻射能和原子能所生氣體高熱的影響；這種熱度大約有攝氏四千度，高過鎢鎔度（三千三百度），和炭（三千五百度）的熔度，而世人目前所知道的熱度再沒有比鎢和炭更高的了。

雖然如此，科學家們却已經能夠在想像中看到太空船的第一次飛行：這太空船從靜止的狀態出發，昇到二十哩的高空就能有每小時三千哩的速度，這裏空氣稀薄得彷彿真空，再上昇到離地一千哩的時候，速度可以增加到每小時二萬五千哩，一天之內便可到達月球。

在旅程將要結束的時候，就要把原子發動機關上，因為這太空船會輕飄飄的掉進月球的引力場中。到離開月球幾千哩的時候，太空船便倒轉方向飛行，這時原子發動機應當重行開放，以便供給制動的力量，使太空船逐漸降落。太空船駕駛員穿着保持氣壓的「太空衣」不會因速度受到惡劣的影響，因為這種飛行不必劇烈轉向或者改變既定的路程的緣故。

星際交通專家們，也在探索是否能排着彷彿圍繞着地球的遊星，一般的空中轉播電台設置全世界的電視，他們以為兩三個這樣的電台，就可以服務全球了，這樣，地面上的許多發電機和海底電線也可因此省卻。

空中電台從地面發射出去，到離地二萬五千哩的時候，每秒鐘的速度就有差不多七哩。這時候牠們隨着地球旋轉，不再需要任何動力，而看上去彷彿在空中有固定的位置似的。

這一切當然是屬於未來的，可是根據報告，知道當斯特卡脫火箭推進所進展得很順利，這就是說不久就要有很好的設備，在新式推進方面有繼續不斷的發展，這種推進的主要祕訣，尚待發現之中，我們眼裏，究竟能不能看到，固然完全是一種臆測，可是專家們却以為這些祕訣，一定可能揭穿。

原子武器

美積極增產

〔路透社華盛頓電〕美國原子能委員會頃向議會提出半年報告，承認該會目標在大量製造原子炸彈，將使其所屬工廠不斷生產原子彈的各項零件。報告書並透露該會正從事研究發展原子武器的新設計，已經有進展。此外，美國原子能委員會並擬探勘美國國內的原子物資新資源，並加以開發。

關於原子武器方面，該會列舉的四大目標如下：一、擴充生產設備，使原子武器的構成部份得以不斷生產。二、繼續發展原子武器的新設計。三、原子武器的構成部份，繼續加以改良，並趨於標準化。四、存儲及處理原子武器的程序加以標準化。報告書並透露關於擴充原子武器的製造設備，及改良原子武器本身的通盤計劃業已完成。報告中雖未表示大量生產的名隊，係適用於原子彈的製造，抑僅原子彈零件的製造，但指出原子彈的生產原係分成各部份進行，故生產設備的擴充以使零件不斷生產，當然就是原子彈本身的加緊製造。

英國和中國的農業

（光譯之）

中國和英國的農業有一點不同：英國的農業即使到達最高的效能，也不能生產充分的糧食使人民自給自足。中國方面農業的潛伏，從來沒有經西方所用的科學方法發展過，反之中國的農田幾百年以來還受盡：害蟲、水災、和旱災種種禍患。中國的政府現在已經看清楚了這一點，正在進行一些有魄力和遠見的計劃，想把農業扶上正軌，以謀對國家未來的繁榮有適當的貢獻。

聯合國救濟總署和一般來自世界各國的技術傾向，曾經幫助中國控制那些時而為患的江河來用作灌溉；中國也派了國內的專家到英美兩國去研究有關農業各部門的科學方法，總之，中國已經覺悟到農業和有效率的交通制度配合在一起，實在是復興國家的一個主要因素。有識之士，都在提倡以農立國，以工建國。本文的目的並不是故意要頌讚英國的努力，而是因為英國的情形對於中國一般在同一方向努力的人士，也許能作為一種鼓勵。

英國在農業方面的期望，是依一項新的農業法案轉移的。這項法案，不但上下議院正在熱烈討論着，就是國內各處旅館裏，農民俱樂部裏，甚至每個市場上也都在談論，法案上所定的目標很高，要完成空前的耕種效率，要把國家的資本和人力加以最充分的利用。

農業方案所定的目標究竟如何高？我們只要回顧英國整個鄉村，在不到十年之內，如何澈底改觀就很容易了解，在一九三九年到一九四五年之間，農夫，農婦，和志願工作人員。開墾大約七百萬畝的草原。當時，正急切需要大宗小麥，洋芋，甜菜以及新鮮蔬菜供人類消耗，靠着人為的力量，五穀和洋芋的收成居然增加百分之八十，蔬菜增加百分之五十六，可是牛奶場上的牛也需要飼料，所以又不得不增加畜糧，以便把小麥省下來做麵包，當時畜糧的目標竟減到八百萬噸，舊的耕地需要休息的，這時也都暫時充着牧場，幾百年以來的草原，這時也不得不用來種植五穀。

到戰爭結束以前，人民的液體牛奶消量——不包括牛奶製成的食品——比平時要多三分之一。

牛的飼料較差，所以需要較長的時間纔養得肥，可是牛的數量却始終保持着不變，飛禽的數量也沒有喪失太多，英國的農業在殘忍的戰爭中究竟怎樣會如此發達呢？

戰時成功的第一個因素是各地農民協力同心的態度。他們不但服從政府的領導，並且樂於接受國內耕種方面的權威們組成的農業委員會的管制。國家還動員國內最大的科學天才家到每個農田上去表演最新的方法。

第二個因素便是耕種的機械化。一九三九年還只有五萬五千部牽引機，到了一九四四年却增加到二十萬部，而其他機械化農具也增加得很多，英國的新農業機械中有三分之一是由加拿大，美國，和澳洲供給的，其餘便是英國國產。如果沒有這些農業機械，戰時决不會有如此成績，因為戰時的人力太空虛。後來農業和其他工業一樣，也曾經把成千成萬的技術工作人員貢獻給軍隊的。田間學着用新機器的却是一般新志願農民，他們沒有經驗又沒有技能，大體是市鎮裏來的婦女們。全體耕田人中婦女倒佔一半以上，各地的學校兒童都在田營中消磨假期，工廠裏的成人也有十萬名曾經在田營中度假。

第三個因素同耕種機械化一般重要，那便是土地排水運動。土地因為浸在水裏以及泛濫兩種原因，損失了不少用處。到一九四五年年底已經實行了的和核准了的農田排水計劃在十八萬件以上。勞工的效率也提高了。雖然英國或者已經到達生產五穀的限制，可是提高效率的運動却仍舊在進行着。現在的目標是要用下面種種方法提高現有耕地上的產量：一、改善耕種方法二、肥料方面加以更熟悉的運用三、消除浪費。

五穀只是農業中的一部分，英國根本是個產牲畜的國家，戰爭開始，五穀雖比什麼都重要，可是不到兩年就產生了提高牲畜產量的運動，要改良品質和發畜，對於疾病也要有更好的控制方法。各地有特別委員會按期檢點各獸豢，綿羊和大批家畜之頭，也正在用科學方法管制着，以便保證血統上有繼續不斷的改良。

在本質上，農業法案使政府和農業之間能有一種合夥的關係；用保證農產品的價格和推銷市場的手段，來維持和促進一個穩定而有效的工業，一面按國家的期望生產國內食物消費中的某一部分，一面要領導農民和田間工作人員正當的生活環境，而以最低限度的價格從事生產，同時對於所投的資本，也應該有個適當的酬報。

一般認為耕種必須以長期計劃作為基礎，農民們必須預先知道他們的農作物可以銷售的時候應當怎樣銷售，這當然就牽涉到政府和農民代表之間一年一度的價目表，穀類的價格要在收割的前一年就訂定。家畜、牛奶、雞蛋的價格也要一年以前就規定。這個在穩定市場一方面的保證，便是農業法案授予農民的主要權利，一旦法案成為法律，那末除了國會產生另一件法案以外，這項權利是不可能被剝奪的。農民在各種平日問題上還可以隨時得着指導。政府對於一般小農夫更給以貸款，供他們作資金。

政府的政策是要不顧任何代價，提高經濟效能，而不限於技術效能。提高效能以後，農田的產量必定可以增加得很多，可是在經濟的立場上，這種增加必須代表着對國家的人力和資本兩種資源最完美的運用。

呼風喚雨 人工控制氣候

陳東華

諸葛亮借東風火燒赤壁，這個故事，雖則難以令人置信，可是足以證明數千年來，我們的祖先就如何夢想抑利用人工控制氣候的企圖。今日人工控制氣候的成功，就是這番努力的酬報，並且證明了人定勝天。

現在，我們居然到用人工的方法，將颶風制止，風雪打散，夏天變成涼爽，冬天變成溫暖。

這是美國科學界最新發明。

普林斯敦大氣預測研究學會，發明的氣候預測機現在已經全部成功，這副氣候預測機，有數里長之電線和複雜微妙的構造。它可以間接的將數千里外的天氣，詳細而精確的預測出來。在它的儀器上，你可以發現赤道附近的海上，發現颶風，或者佛羅里達州醞釀着颶風。三千里內的氣候變化，雖逃過它的精密的預測。

這副氣候預測機，是一副靈活準確的計算機，它在一分鐘內，可以算出一百萬個方程式。氣候預測最緊重的工作是數學的計算，這副機器終于解決這個難題了。據說，一副氣候預測機在兩星期計算的數學，足夠五十個專家工作五十年才應付得了。

由分佈各地的氣候站，作爲它的觸覺，它不僅預測到天氣的變化，並且指示出人工控制氣候的時間，地點和方法來。這也是靠它的精密計算，來作指導方針的。

用人工控制一場風暴的發生，係於其醞釀的時間和地點，派出一架飛機飛至該地——颶風的醞釀多數在海洋上——低飛海面上，噴下一層煤油；然後昇入高空，投下一支小火箭把火油燒燃。於是烈餤飛揚海上，數分鐘內，便發出一場傾盆大雨。擊散風暴的工作於爲成功。

你也許要問，風暴究竟怎樣被擊散呢？原來那些烈餤飛揚的煤油，將上空空氣暖熱，向上昇高，在上空又迅速的冷化，水份凝結，遂下降爲雨，一場颶風便這樣，在它未成熟前，化爲烏有了。

用乾冰造成人造雨，成爲人工控制氣候一大成功。去年春天，溜德爾氣候站長愛里遜會駕機攜乾冰昇空，幾分鐘後果然沛然下雨。這個理由是簡單的，原來高空的雲層，有些在三十二度或以下，便會結冰下降；及至低空遇到溫暖的天氣，便化爲甘霖了。

用人工方法，來控制將要下雪的天氣，科學家現在可以用飛機在高空噴射一種烟狀的液體，而將一場大雪及時停止。

用人工方法造成的人造雪，亦如人造雨一樣，即用飛機攜乾冰至高空，熱天氣候溫暖便成雨，冷天氣候便爲雪。

雪，每年造成美國人六千萬元的損失。一九四六年夏天，安多里與忽降雹，四分鐘內，便造成五百多萬之損失。科學家現在相信，他們可以將雹化爲雨。

氣候亦可以用人工方法加以控制。夏天可以用人造雨來調和氣候。去年夏天，美國在伊里諾斯，德薩斯州曾實地試驗，果著成效。冬天則用熱力噴筒來調和空氣，使整個城市化爲春天。後者現在還未成功。

人工控制氣候研究成功，自然是人類的福音，但也包含着一個禍患。科學家和軍事家已經指出，人工氣候將來會成爲科學戰爭，一如原子彈，細菌戰一樣。可是它影響之大，造成災害之甚，還勝于原子彈，當夏日炎炎，農作物欣欣向榮的時候，忽然一場大雪，氣溫驟降到冰點以下，則麥、稻、蔬菜將枯萎死亡，其殲滅之澈底，甚于水、旱、虫災等有史以來之記載，糧盡人亡，將不戰而奪人之國。所以有人說：「原子彈不足畏，有了原子彈，不一定能控制世界，誰能控制氣候，誰才是世界的主人」。

人造雨

馬尼拉實驗成功

（合衆社馬尼拉七日電）六日此間舉行人造雨實驗，頗爲成功。飛機昇高到七千至一萬三千尺最高空後，向雲層中散佈重五萬公斤的冰塊三袋，幾分鐘後近郊苦旱的區域，就得到一時許的雨水。

義科學家

發現新原子能來源

（聯合社意大利杜林電）據悉：廿八歲青年科學家薩泰，已發現較鈾與鈈兩種元素成本更廉且力量更强之原子能來源，軍事當局正加以研究。據薩氏聲稱：此項輻射性微粒，來自普通物質，但係何種普通物質，則未說明。

美國黃金

產量激增

（聯合社華盛頓電）礦務局已宣佈：一九四七年度美國黃金出產總額爲二、〇九〇、〇一三純盎斯，較一九四六年增加百分之三十三，較一九四五年增加百分之一一九。全年金價經定於每盎斯三十五元不動。

飛行烟囱

美强力發動機

速度超過音速

美海軍部宣佈，海軍方面已造成一種烟囱形的噴射發動機，速度還超音速。這種新式的「飛行烟囱」的力量，比一萬四千匹馬力的最大四發動機還要大得多，比空軍中通常五千匹馬力的發動機力量要大二十五倍。這種發動機準備裝置在飛彈上面。

資源委員會

去年生產增加

（本報訊）資源委員會所屬各事業三十六年度之生產工作雖在東北，華北遭受極大阻力，但就全盤言之，仍較三十五年度進步甚多。據統計結果：該會四十八種主要產品中，有三十六種產量較前增加，有七種爲以前所無之新產品，僅有五種較前減少。在三十六種增產之產品中，包括以下各種重要物資：電、煤、汽油、煤油、柴油、水泥、紙、機車、車皮、工具機、作業機、電動機、變壓機、電話機、鋼錠、鎢、錫等。七種新產品爲燃料油、金、硫化鐵、鋼鐵鑄品，電石、漂粉及氯液、機器皮帶。五種減產之產品爲天然氣、精錫、動力機、動力酒精，砂糖。但其減產，均有特殊原因，例如砂糖一項，去年以原料甘蔗缺乏，增產之蔗，須至本年度始能長成應用。又如酒精一項，以該會戰時所設後方各酒廠多已出讓或結束，現僅餘資川酒精廠一廠。全年該會各種重要產品之產量，在全國產量中所佔之百分比，一般均高，計佔百分之一百者，有石油一種。百分之七十以上者，有鋼錠、鎢、錫、機車、馬達等五種。百分之四十以上者，有電力、變壓器、燈泡等三種。百分之三十以上者，有酸、煤二種。百分之二十以上者，有鎢砂、動力機、酒精、糖、水泥、紙等六種。茲將該會各事業主要產品三十五、六兩年度生產量，比較於下：

電　電力，三十六年爲二、〇〇二、七三八千度，三十五年爲九八七、七六二千度。

煤　三十五年度爲二、一九七千公噸，三十六年度爲五、二八七千公噸。焦：三十五年度爲五〇千公噸，三十六年度爲一〇九千公噸。

石油　汽油：三十五年度爲五、〇五八千加侖，三十六年度爲八、七四四千加侖。煤油：三十五年度爲二、三〇四千加侖，三十六年度爲四、〇一五千加侖。柴油：三十五年度爲三八一千加侖，三十六年度爲九三四千加侖。燃料油：三十六年度爲一一、六八六千加侖。天然氣：三十五年度爲六一、〇九八千立方公尺，三十六年度爲五四、六〇三千立方公尺。

金屬　鎢：三十五年度爲二、二六〇公噸，三十六年度爲六、四〇四公噸。錫：三十五年度爲四二六公噸，三十六年度爲一、九〇九公噸，精錫：三十五年度爲一、九六〇公噸，三十六年度爲一、四七七公噸。金：三十六年度爲七、〇三〇市兩。銅及銅品：三十六度爲一、六一七公噸。硫化鐵：三十六年度爲六四、六九四公噸。

鋼鐵　鐵砂：三十五年度爲一五、一一四公噸，三十六年度爲一八、六九四公噸。生鐵：三十五年度爲一、三二六公噸，三十六年度爲五、七三六公噸。鋼錠：三十五年度爲七、五三六公噸，三十六年度爲一八、五一七公噸。鋼鐵鑄品：三十六年度爲三二、三八四公噸。

機械　動力機：三十五年度爲二、九五五馬力，三十六年度爲二、三四六馬力。工具機：三十五年度爲三七部，三十六年爲一一五部。作業機：三十五年度爲二五三部，三十六年度爲六、一〇五部。自行車：三十五年度爲三、九二二輛，三十六年度爲八、八七五輛。機車：三十五年度爲四輛，三十六年度爲二三輛。鐵路車皮：三十五年度爲七五輛，三十六年度爲二五八輛。修造船舶：三十五年度爲九二、五八八公噸，三十六年度爲一四四、七〇三公噸。

電工　電動機：三十五年度爲二、九三三馬力，三十六年度爲六、一六一馬力。變壓器：三十五年度爲五、〇二一千伏安，三十六年度爲二一、五九九千伏安。電話機：三十五年度爲一七一具，三十六年度爲九〇九具。電訊機：三十五年度爲二三四具，三十六年度爲二五七具。銅鐵線：三十五年度爲八二六公噸，三十六年度爲二、一六五公噸。絕緣線：三十五年度爲五七、四七八圈，三十六年度爲八三、一八一圈。電燈泡：三十五年度爲一、四八〇千隻，三十六年度爲一、九三九千隻。乾電池：三十五年度爲一一〇、一七〇打，三十六年度爲一六三、四九〇打。蓄電池：三十五年度爲一、〇二六隻，三十六年度爲三、三五七隻。絕緣電瓷：三十五年度爲一、八一三千隻，三十六年度爲二、〇八二千隻。

化工　鹽酸：三十五年度爲七六九公噸，三十六年度爲一、〇四五公噸。硫酸：三十五年度爲二一九公噸，三十六年度爲三、七六四公噸。鹼：三十五年度爲三、四四一公噸，三十六年度爲三、七六五公噸。肥料：三十五年度爲三、二〇一公噸，三十六年度爲二〇、四一七公噸。電石：三十六年度爲五、二四七公噸。玻璃：三十五年度爲一七五、〇〇四標準箱，三十六年度爲二五〇、七〇八標準箱。動力酒精：三十五年度爲三、三九二千加侖，三十六年度爲一、六四〇千加侖。機器皮帶：三十六年度爲一九、三九四千仰來。

糖　砂糖：三十五年度爲八六、〇七三公噸，三十六年度爲四一、〇五九八公噸。

水泥　三十五年度爲八三、六二三公噸，三十六年度爲二四三、四七七公噸。

紙　三十五年度爲四、九九二公噸，三十六年度爲一五、一九〇公噸。

工業與資源

推進華南華中工礦建設

（中央社訊）資源委員會委員長翁文灝，四日下午接見中央社記者，談及本年度該會工作稱：資委會之工作，為在配合整個國策之下，盡力開發國家資源。我國工礦事業自勝利以來，當以東北事業規模最大，華北台灣次之，惜兩年多來，東北工礦建設，初被蘇軍運走，繼為共匪破壞。華北方面亦陸續為共匪滋擾，致兩地工作開展至感困難。二地為全國工業基礎精華所在，為匪阻撓破壞之情形，至足為全國人痛心。目前東北事業，吾人深為明瞭其重要性，當在國軍保護之下力求保持其基礎。華北方面，其事業當較台灣為優，不容忽視，如唐山、天津、北平一線，發電及煉鋼設備齊全，規模可觀，仍將積極開爐發產。江南各地工礦建設，將竭力進行，主要有四：

（一）華中：贛西、湘江、湖湘、湘永四煤礦，擴充設備，積極增產，以供給武漢廣東等地。

（二）以海南島鐵礦礦砂外銷所獲外匯，全部作為建設鋼鐵廠之用，今年內籌備設立。

（三）台灣高雄煉油廠去年修復，石油大量精煉，已無問題，現正設法多運原油。過去我國油輪四艘，均已損壞，去年修復一艘，今已二度自阿拉伯運原油返高雄途中，每次一萬噸，第二艘即可修復，屆時可增產一倍。

（四）其他增產目標，糖三十萬噸，水泥三十六萬噸，紙二萬五千噸。

（五）台灣工礦，逐漸擴充設備，謀充份發展。

擴展粵紡織工業　租賃機器增設一廠

（廣州航訊）粵省府宋主席鑒於省營紡織事業，原有棉紡、絨紡、絲紡、麻紡各廠，自經抗戰，大部分均已被敵炸燬損壞，經整理以來，棉紡廠原有二萬錠，現已修復一萬六千錠，尚有二千錠，亦即可修復。至絨絲麻紡各廠，毀損殆盡，為供應全省民衣需要，已飭由廣東實業公司與穗新實業公司，商洽訂立租賃契約，租賃穗新公司紡紗機二萬三千錠及五百KVA原動機器全套，租期兩年，開設紡織廠第二廠，此項契約現已簽訂，在簽約後三個半月內，先裝妥紡紗機一萬錠開工，在六個月內，將全數兩萬三千錠，及原動機器，完全裝竣，全部開工，此項辦法，係鑒於本省紡織事業，有極需擴建之必要，而無力購辦紡織機錠及原動機器，利用原有餘地餘屋，故以租賃方法，得以建立第二廠，今後三個月內，即可增加錠數百份之五十，六個月內，可增加錠數百分之一百三十，對於棉紗增產，效率倍增，裨益粵省經濟前途，當非淺鮮也。

資委會七大煤礦現況

（中央社訊）資源委員會發表東北七大煤礦近況如下：營城、北票、西安、烟台四礦，已於去年先後淪陷，員工除酌留必要之一部份外，餘正進行遣散或留資停薪，俟將來復工時，再行召集。阜新正被圍，生產停頓，員工困守礦區，僅賴空運現鈔維持，惟糧食問題極端嚴重。撫順、本溪二礦仍繼續生產，以上兩礦亦因環境困難，應付不易。截至上月二十日止，撫順廠平均日產量為三、八三二公噸，最高日產量四、九二一公噸，最低日產量為二、〇九四公噸。本溪廠平均日產量一、七四九公噸，最高日產量二、八五八公噸，最低日產量四六四公噸。撫順礦因缺錢缺糧，數萬員工有斷炊之虞。礦務局長謝樹英，勉力支撐，身心交瘁，曾數度請辭，經該會委員長翁文灝氏懇切挽留，現仍在礦力維危局。

中美合辦台鋁廠

（本報訊）關于美國鋁諸公司投資台鋁廠事，現已至成熟階段，即投資草約，已于上月底在京簽訂，約于二個月後即可簽正式合同。台鋁公司原有之資產設備房屋等一併在內，估價約為八百萬美金，美方投資應少于百分之五十，故實際投資數字約為七百萬至八百萬美元之間。

高雄鋁廠目前每年產量為鋁錠四千噸，美方合作後，可增至二萬五千噸，並將添廠製造成品之設備，俾可利用自產之鋁錠，製成各種鋁製品，直接銷售市場，資委會並已設立機構，決定開採閩省之鋁礦，惟煉鋁需要大量之電力，台灣電力公司目前之發電能力僅敷目前鋁錠產量（即四千噸）之用，倘謀增產鋁錠，必須先從事建造充量之發電所。

石景山鋼鐵廠產量增加

（中央社北平電）華北鋼鐵公司石景山鋼鐵廠，廿噸煉鐵爐，開爐以來，迄今已逾三週，每日產量由十餘噸逐漸增加至三十噸，經化驗結果，所產生鐵均含矽百分之三。又該廠煉焦爐以開灤煤運困難，刻正試用門頭溝之無烟煤為代替品。

上海電力

上海電力公司	一七三，五〇〇瓩
閘北水電公司	一〇，五〇〇瓩
南市電氣公司	二，五〇〇瓩
浦東電氣公司	一，〇〇〇瓩
法商電燈公司	一八，九二〇瓩
以上共計	二〇六，四二〇瓩

（本年一月份調查）

奉化水電廠

奉化溪口雪竇寺，隱潭一帶擬建之水力發電廠，業經水利部測量完畢，擬在雪竇寺前修築堤壩，造成蓄水庫，估計可發電七千匹馬力，可供甯波一帶地區應用而有餘，是項計劃，一經核准，即可興工。

錢江水力發電

錢江巨大水力之利用，已由水力發電工程總處作詳盡之勘測，所勘水力地址，已達六處，計七里瀧之蘆茨埠，徽港之羅桐埠，邵村及街口，溪港之黃壇口，各可發電一萬至八萬瓩不等，共計可發電量達二十萬瓩之鉅。刻正準備鑽探地質中，一俟經費有着，即可按步進行建造工作。

滃江水力發電

據全國水力發電總處訊：滃江水電計劃，戰前曾委託西門子洋行設計，但選壩地質欠妥，迄卅五年資委會邀請加拿大蒙特利耳公司工程師赴滃江視察選定下游二處築壩發電，各約為四萬瓩，共為八萬瓩。自粵省宋主席到任以來，對該計劃積極推動，年內或有開工可能。

南京生活指數

市政府三日公佈本年一月份生活指數如下：

總指數：八七，一七五．三九倍（增三七．七一）。

食物類：八九，九〇〇．〇八倍（增四一．九九）。

衣着類：一五四，〇七二．〇四倍（增一八．六九）。

房租類：二二，〇六七．一二倍（增九．二〇）。

燃料類：一五九，八八八．五七倍（增四五．六一）。

雜物類：八九，一四二．六四倍（增五一．〇）。

上海生活指數

一月份生活指數，經審委員會昨開會決議如下：

工人：九五二〇〇倍

職員：八〇七〇〇倍

工人分類指數：食物九八六〇〇倍，住屋六七五〇〇倍，衣着一九六六〇〇倍，雜項一〇八六〇〇倍。職員分類指數：食物一〇九四〇〇倍，住屋二一一〇〇倍，衣着一六八〇〇〇倍，雜項九五六〇〇倍。

台農林處增產枕木

（中央社台北四日電）據悉：台省農林處本月份枕木產量擬增爲三十萬根，其中八萬根將交付交通部定貨，台糖公司及台省鐵路當局，各配給七萬餘根。按該處前曾接受交通部定貨一百十三萬根，省內鐵路需要達八十萬根，台糖公司需要百萬根，去年交貨不及十之一二，今年一月間，亦僅生產十五萬根，供求相差甚鉅，該處之增產，包括將可供枕木用之木材優先製造枕木。

交通

蘇新築五條鐵路 緊沿東北及外蒙邊境

（中央社倫敦合衆電）據蘇維埃聯邦政府教育部所發表之小册稱：蘇聯刻正在興築新鐵道五線，通往中國東北及蘇聯附庸國外蒙古共和國之邊境，其中三線通往共黨控制下之中國東北境內。依據蘇聯戰後五年計劃，此長達二千八百英里之三線路軌，現在正鋪設中，有長達一百英里之一線，將貝加爾湖東之庫倫與蒙古邊境之腦西肯聯成一線，第二線將起於東北諸省北部之保查，迄達蒙古邊境之蘇拉維夫斯克。蘇聯在蒙古邊境之鐵路建築計劃，係與外蒙交通運輸發展計劃有互相之聯繫，在建築中之通往中國邊境三條鐵路中，有一條係與北滿鐵路相銜接，並穿過東北共黨盤踞區，另二條則與西北利亞相銜接。據蘇聯所發之小册稱：一條鐵路將起自卡爾諾衛運西穿過中國邊境。第二條鐵道將使羅比漢城與黑龍江左岸之列寧斯克連成一線。第三條鐵路，計長八十英里，幾與太平洋岸成平形狀態，起自海參崴北面之巴郎諾夫斯基，迄達中蘇韓三角邊境地帶附近之太平洋岸某主要港。

交部擬建新路計劃

交部對於建設新路計劃，極爲重視，本年度擬派隊測勘之路線計有三：（1）閩鄂線：自廈門起，經龍岩、長汀、瑞金、南昌至武昌。（2）閩贛比較線：自南平經建甌至上饒。（3）滇桂線：自沾益經平彝、興義、册亨而接黔桂線。又交部頃派陸振軒爲湘桂黔鉄路工程局副局長。

浙贛路杭州南昌通車

（中央社杭州電）浙贛鐵路今起由杭通至南昌，中途在鷹潭換車，現鷹杭每日班車二次，鷹潭至南昌臨時交通車，隔日一次，全線直達通車，須至三月一日實行。又浙贛鉄路梁家渡大橋業於一月三十一日完竣。

隴海路徐商段通車

隴海鉄路徐州商邱段，業於本月一日修竣通車。

上海徐州鉄道聯運

鉄路聯運處爲推進負責聯運便利貨商計，已與京滬津浦兩路商訂上海徐州間整裝零担負責聯運辦法，此爲復員後負責聯運之發軔，不久即可實行。

加速文化報紙運遞鉄路有新辦法

平津區鉄路局，前爲協助文化宣傳事業，擬具新聞報紙及雜誌快運辦法，經交部准予試辦。實行以來，頗得各界好評，該項辦法簡便迅速，交部頃將原辦法及專用托運單，及預繳運費證等，抄發各路參酌採用，目後對新聞及文化事業，當大有助益也。

枕木橋梁等料分配各路施用

上海張華濱碼頭堆積枕木橋梁等料過多，該項物資數量甚巨，各該料均已分配各路，對各路當大有幫助。

東北成立運輸總局

交部因東北區東北情形特殊，根據事實需要，將東北區特派員辦公處，於上年十一月即經撤銷，另擬具東北運輸總局組織條例，呈院請准組設，該條例經行政院第四十次會議正式通過，總局設計劃室及秘書、運務、業務、附業、工務、機務、電務、材料、總務等九處，並因業務需要，得就東北區內設置鉄路管理局及公路水道運輸等機關。

筑渝公路等綫新訂客車班期

公路第十運輸處，新訂筑渝等線客車班期如次：（一）筑渝線：每星期二三四六日由筑開渝，每星期一三四五日由渝開筑。（二）筑長線：每星期四日由渝開長，每星期一六日由長開筑。（三）筑柳線：每星期二六日由筑柳對開。（四）筑晃線：每星期二六日由筑開晃，每星期三五日由晃開筑。

交部材料儲運總處成立

行總在三十六年底結束前，商請交部接收該署儲運機構，辦理行總器材接轉未完業務。因過去雙方合作有素，當經同意，將聯合交部材料儲轉機構組設材料儲運總處。一面接受其他公商機關之委託，代辦進出口物資之儲運業務，該總處於本年一月一日成立，經積極籌備進行，現已派籌備處處長陳廣沅任處長，張元綸紐澤全爲副處長。至行總上海儲運局之運輸設備，及交部上海材料儲轉處與張華濱碼頭管理所，業於二月二日在滬同時正式移交，由凌次長竹銘主持雙方交接儀式。

京杭京蕪公路改善

公路總局爲推廣機械築路，經飭第一機械築路總隊，計劃修改湯山至宜興路局，及改善南京至蕪湖公路。

汽車代油爐研究初步完成

公路總局研究代油爐行車，已初步成功，業將研究計劃交平津汽車修配總廠試製。

武昌機場可夜航

武昌徐家棚機場，業經民航局裝置臨時夜航設備，中航公司自本月一日起開始使用，今後每晚十時前飛機抵武昌，可安全降落。

本報啓事

舊曆新年，印刷廠停工一週，致原定二月九日出版之第卅期本報，延至二月十六日出版，此啓。

定價　每份伍千元正　全年訂費貳拾伍萬元正　航空或掛號另存郵資六萬元

廣告價目　甲種每方吋柒萬伍千元　乙種每方吋陸萬元正

中華民國卅七年二月廿三日出版

中國工程週報

內政部京警國字第五十一號

中國工程週報社出版

發行人　杜拱辰

中華郵政認為第二類新聞紙
江蘇郵政管理局登記證第一三三二號
地址：南京（2）四條巷一六三號
電話　二二八八九號
零售處　全國各大書店

一週大事記

是週也：美國援華，漸重軍事；
日本倒閣，蘆田上台；
永利機器歸來，西南邊境不靖；
中法商談無發展，噩耗驚聞失鐵都。

美國援華法案，已由杜魯門總統正式向國會提出，希望撥款五億七千萬援華。此款項將作物資供應之用。周以德則極力主張軍事援華，他的理由是內亂不戡平，一切經濟建設都無從着手，並且要求調陳納德返美，供美官方諮詢。

傳說美國務院為緩和國會中若干不滿援華政策人士之激昂情緒，已透露出一則消息，說是美國剩餘軍火已按賬價售予中國政府。軍事援華，勢將逐漸加強無疑。據美官方之公佈五億七千萬美元之分配如下：

一、作為資助重要輸入者迄一九四九年六月卅日為止，總數為五億一千萬美元，計為：價值一億三千萬美元之小麥二十二萬五千噸及食米四十五萬一千噸；價值一億五千萬美元之棉花七十五萬包；價值一億一千萬美元之石油產品；價值三千萬美元之肥料，價值二千八百萬美元之煙草八千四百五十萬磅；價值二千四百萬美元之非鐵產品一萬七千五百八十八噸；及鋼鐵產品十一萬五千三百七十三噸；價值五百萬美元之藥物，價值三千萬美元之補充零件。

二、六千萬美元資助上海電力公司、粵漢鐵路、贛西與湖南湘潭煤礦之各種建設計劃，可能包括台灣製糖工廠、台灣華南肥料廠、水泥廠及碼頭設備之復興。

××××

日本首相片山哲失敗後，為改組事宜，社會民主黨、自由、民主、國民協同黨商談甚久，結果民主黨總裁蘆田均當選。

片山哲以社會民主黨右翼姿態出現而組閣，凡八閱月，這八個月中，他事事聽命于大財閥為背景的自由、民主兩黨的指揮，結果，毫無建樹，遭受兩黨內外的攻擊，只好坍台，現在是代表財閥的民主黨直接親政，日本政府所走的路，將更見顯明，當然，麥克阿瑟將軍會更表滿意。

××××

十七日報載：行政院例會內決議「修改要求日本賠償數額削減」一事，行政院新聞局已更正此訊。

另外關于我國化工界一則重大事件：就是范旭東先生首創的永利硝酸廠，其機器已在戰時被日本劫走，此次我駐日代表團已向盟軍總部洽妥，允將被劫機件連同日方添配機件，一併歸還。

××××

上週內，西南角落不靖，中央社有幾條值得注意的電訊：

一、行政院會計長陳克文由桂返京談話：指示越共竄擾桂越邊境西一帶，擁有四千餘人，且與中共有聯繫，將在粵桂邊境擴大騷動。

二、雲南彌勒縣境，發現股匪，自稱「民主聯軍」，幹所謂「劫富濟貧」的勾當。

三、外交部情報司上週透露：法國去冬侵越滇邊，我曾提抗議，但迄未獲覆。

××××

中法之間，傳正進行貿易商談，法國有意以我方開放內河為先決條件，以致在醞釀階段，迄無發展。

這次中法商談，顯然是法國追踪美英之後，也想在中國討點便宜。內患忽然，外侮日亟，是必然的事。我們自然一致希望政府強硬的外交。

××××

上週戰事重心，在東北鞍山的爭奪。

鞍山有「鉄都」之稱，是有名的煉鉄區域，共匪化了九晝夜的猛撲，終于將鞍山攻陷。鞍山之失，對中國工業界，特別是東北的影響，無法估計，但我們相信國軍能迅速予以克復，只是一往一來的衝殺，工業設備的慘重損失，絕對是無以彌補的了。

本報啓事

新春以來，各項物價，均有極大的波動，本報所用紙張，素仰黑市供應，現已上漲達三百萬元一令，印刷工資亦上漲頗多，致售價不得不自每份三千元增至五千元，原訂戶不受增價影響。郵資費用，平寄部份仍免收，航空郵資每份每期已漲為三千一百二十元，故預存郵資亦提高為六萬元，如匯兌不便，可以一千元至三千元郵票代替。至于原訂戶預存航空郵資大都已用罄，雖為數甚微，而本報則積少成多，每期航費為數至鉅，成為極大之負担，除個別通知外，尚希愛護本報之讀者諸君從速補寄，以免空遞中斷。

關於日本賠償火力發電設備

陳中熙

盟軍總部上年發表以日本火力發電設備，供作賠償之電廠，共有二十廠，總共有可發容量一、三七三、二〇〇瓩。

近日報載：計算今後日本工業水準，應以遠東委員會之提議，以一九三〇年時之工業水準爲標準，而計算出日本今後實需之工業。日本在一九三〇年時，全國發電設備總發電容量爲四、二九九、三一四瓩。事實上，該年年底所實需之容量（包括各種兵工及軍事用電在內），不過爲三、六七六、三一四瓩。自一九三〇年至一九四五年九月止，其間日本擴大侵略而擴充軍火工業連帶發展發電設備，全國發電容量由三百餘萬瓩增至一〇、一〇〇、〇〇〇瓩。此一千餘萬瓩設備中，百分之六十一（約六、一五〇、〇〇〇瓩）爲水力發電，另外百分之三十九（約三、九五〇、〇〇〇瓩）爲火力發電。

以一九三〇年來日本人口增加之統計爲標準，在一九五〇年時人口將自六四、四五〇、〇〇〇增至約八〇、〇〇〇、〇〇〇，如以人口增加及一九三〇年年底時日本全國實需用電爲比例，則在一九五〇年時日本不過需要四、五七〇、〇〇〇瓩之發電設備，卽可足供各種民生工業及家庭所需電光電熱及電力之需要。又假定在水枯季節時，水力發電容量爲裝置容量之半，則日本平時可有最低水力發電容量三、〇七五、〇〇〇瓩。由上述可以易見日本承平期間，所需火力發電以補充水力發電之不足，實僅需一、四九五、〇〇〇瓩，因此日本實應以戰時建置之剩餘火力發電設備容量三、四五五、〇〇〇瓩充作賠償之用。

上述根據人口增加計算出之，應供作賠償用之火力發電設備容量，與盟軍總部發表之數字相差一百萬瓩之鉅，故我國政府已向美國政府提出備忘錄，請將賠償數字增加，結果如何，至今尚無消息。

誠如吳承洛先生於本報第二十八期上指出，國人對於日本賠償的利用有時看得太重，也有時看得太輕，兩種看法當然都不正確。在工程技術上來看，裝置舊機有好壞之處，就好處看：（1）現時向國外定購新機件至少三年始能交貨。（2）裝置新設備需時較移裝舊機多。（3）購買新機需籌劃大筆外匯，在現在情形下不易辦到。在壞的方面講：（1）整個電廠拆卸，運輸重裝後，免不掉部份損壞或遺失，因而需要補充，因此並不能立時利用。（2）經過一番拆卸運輸等手續後，大約有百分之十五至二十五之間爲不可免之損失，必需加以補充。（3）電壓及週波與吾國所用之標準不符合。（4）舊機器效率較新機低。

由日本侵略所得到的教訓，和在今後國防上着想，我國重工業應同時注意於內地，連帶的主要電廠亦應多多建設於四川、貴州、雲南、廣西等地。但是因爲目前交通的不便，大件機件重量超過十五公噸，卽無法內運，同時因爲沿海各大城市，如上海、南京、青島、天津、北平、廣州等均有嚴重的電荒情形，因此第一批日本賠償發電設備，皆擬定裝置於上述各地。在第二批中，有較小容量者，則分置於昆明、成都、太原等。

總結說，在工程師的立場上講，裝用賠償的舊機件，並非理想的一種工作；但在吾國目前各地電荒的情形下，裝用不但可減少經濟上的負擔，並可早日裝充供電，以解決目前的難關。

京市自來水改進建議

羅鵬展

遷都以來，人口日增，京市夏季水荒形成市民之切身嚴重問題，較目前交通與供電之困難尤爲首要，結癥何在，曰水廠容量不足，缺乏財力擴充，人民不知惜水，竊水過多，收費無着，重重相迫，有以致之，轉瞬又屆夏季，改進之方，必須從治本治標着手，是固不言而喻，惟治本需要財力人力與時間，非一時所能解決，茲先從治標討論，以求對目前之水荒問題，有所改進。

據京市水廠最近報告，平均每日供水量一四、四百萬加侖（10000Gpm），最高每日供水量二〇、二百萬加侖（14,000GPm），漏失約百分之二十，抄表水量約百分之七十，其他竊水損失約百分之十，抄表數量中僅百分之七十收得水費。

現在需要用水以人數一百萬計，按水廠最高每日可供二〇、二百萬加侖，除去漏損量百分之二十合四百萬加侖，平均每人可合十六加侖，此數在目前我國情況下亦足應付（考上海浦東水廠原設計所取每人每日平均用水量計〇・七五加侖，每飲用〇・三三加侖，沐浴五加侖，淘洗二・九二加侖，浣濯三加侖，其他三加侖，合估十五美加侖）。故現在水荒之發生，大部由於用戶之不知節水，竊水者與不付水費者更爲濫用，水量之淵源，此與市政管理有關，亦爲目前最複雜困難之問題。僅就治標言，提倡鑿井以增加水源，並非良策，用戶之已接水者，自不願出資鑿井，未接水者亦寧願購水取用，水廠添鑿水非，目前工料昂貴，如有資金，不如從長計議以配合將來發展爲目的。

可能治標方法或可從下列諸點着手：

（一）商請軍政憲警機構協助檢查，加强管理，從嚴處罰，此項建議，並非商調惟恐自前情況不易推進，收效甚微，然實爲公用事業之必要管理，否則卽使水廠供水增加，而竊水不付水費亦隨之增多，濫用更甚，徒勞無益也。

（二）京市自來水供應既患寡又患不均，前已言及夏季距今不及數月，困難卽在目前，用戶如能節水，磋足應付，不妨試行。累進收費法，由廠方調查實際用水量，按水表大小規定度數，超過者加價收費，濫用自可減少（據京市水廠現在估計，本市用水人口僅約三十萬人，每人每日用水約五十加侖。）。此法實行，並不增加一般用戶之担負。

（三）在水廠整個擴展計劃中，局部增設小型水廠，據與該廠工程當局談，擬在玄武湖及下關建築兩小型水廠，可增水量約一百萬加侖，至爲良策，且利用水廠現儲唧機，下關利用電廠廢水（Cooling Water），與玄武湖水渾濁度甚低，或可省去濾池，如是建設費減至最低百億左右，如能及時籌出，夏季或可供水也。

（四）宣傳工作，固爲啓發民衆，對於公用事業之認識，且爲一切計劃推行之先聲，以取得民衆之同情與諒解。

觀乎前議之增建兩小型水廠，可增水量一百萬加侖，分在百萬人口上，不過每人多用一加侖，雖可救急，而仍不能作澈底之解決。京市現有人口約百萬，姑以五首都百年計劃所用每年每千人增加六一人計，二十年後京市約一百一十二萬人，根據全國水廠統計，大城市平均每人每日用水量爲二九・二加侖，水廠進假每日每百萬加侖容量約合美金四十萬元，茲以每人每日三十加侖計，一百一十萬人，約需每日三千三百萬加侖，工商業及公共用水採百分之二十合六、六百加侖，漏失量以百分之二十計合六、六百萬加侖，總約四六二、百萬加侖，京市現有水廠容量二〇、二百萬加侖，尙須籌增約二千五百萬加侖之供水量，約合美金一千萬元，此一筆鉅款如何籌措及詳細計劃，亟宜詳爲研究，刻下京市水廠人才濟濟，所患者不過財力，尙祈各界同仁有以指示之。

湘桂黔鐵路

都筑段工程進行概況

（三十六年度）

都筑段工程處於三十五年五月間成立，原定兩年完成，嗣以限於經費，祇能就款計工。興工以來，曾經商由黔省府發動民工辦理路基土方工程兩期，計完成土方一百四十餘萬方，其餘則擇最艱鉅之橋樑隧道等工程，先行舉辦。冀能利用有數工款，爭取寶貴時間，而爲日後趕工作充分之準備。截至本年底止，約完成全部工作百分之二十一，茲將一年來路基隧道橋涵工程進行概況分述如次：

（一）製訂規範章則及標準　本處成立之初，即着手編訂測量須知，及建築標準，繼續編定土石方隧道橋涵護坡護牆房屋等工程規範書，及發包工程各種章則。并製訂有關路基橋涵堤垣隧道車站房屋等工程標準圖，綜計一年餘以來，製訂規範將十種，標準圖一四二幅，俾敷施工部份之需。在工程進行期間，并視事實需要，將各種章則予以修訂，以利進行。

（二）審核路綫定測圖表　各段路綫定測後，經將平剖面圖及各項工程數量表及預算表等，詳加復核，研究改善，以作施工之準備，同時辦理包商登記審核以利招標。

（三）重要工程設計　本段路綫盤旋於叢山峻嶺間，大橋工程至爲艱鉅，且以地形各異，必須個別設計，其中跨越山谷者居多，高度往往達二三十公尺，其設計情形如次：

A 大橋之形式　本路地形複雜，大橋橋址類多位於陡坡急灣上，以採用拱橋較爲適宜。又以目前鋼料來源，較水泥鋼筋爲困難。是以除地基較差之處，極少數橋樑採用鋼板樑，或鋼筋混凝土丁字樑外，均採鋼筋混凝土拱橋墩台，則用料石砌造以求節省。

B 鋼製拱架之籌劃　本段二十公尺以上跨度之拱橋，計六十餘孔，高度多在二三十公尺以上，其拱架部份，如採用木製，不僅不易架設，且所需大量木料，一時亦無法採辦。爲減少施工困難起見，採用鋼製拱架，此項拱架，按三鉸式設計，每孔拱橋共需六架，每架可由若干相同之桿件組合，臨時用螺栓聯接拼成。每兩架合成一組，重量不大，可在工地裝齊，然後吊放橋墩預置之托座上，無須另加支撑，安全簡便。而且經濟橋工完成之後，此項拱架仍可改作屋架，或留爲將來之用。

（四）工程進行情形

A 施工原則　本處工程浩大，以限於工款，各項工程不能同時並舉，開工之初，即擬定進行原則如左：

（1）一部份土方先行徵募民工舉辦。

（2）長隧道高橋土石方大涵溝等先行開工以爭取時間。

（3）都勻至文德場一段工程提前趕修以配合運煤需要。

（4）爲配合趕工需要起見各段運料便道先行辦理以利運料。

B 民工土方工程　本處商請貴州省政府合作，徵募民工辦理土方工程先後已辦兩期，第一期土方七十餘萬公方，於去年十月八日開工，至十二月十五日完成。第二期土方七十萬公方，自本年二月二十二日起，至四月十五日止，完成兩期，完工時間，均較預計提前，工作效率亦高。

C 隧道工程　定測結果，本處隧道共爲35座，後以有明塹兩處，開挖深度均在二十五公尺以上，石層完整，如改鑿隧道，則無須襯砌。經將建築費用，與日後養護加以比較，均以改建隧道爲經濟。故將上述兩處明塹，分別改爲長四十公尺及八十公尺隧道各一座，合計隧道共37座，全長5876公尺。上項隧道，已發包者計谷藻關、閩江寺、硐尾、響水一二號馬坡一、二、三號等八座，共長2283公尺，佔全部38.9%。現馬坡三號及響水一號兩隧道已全部完成，閩江寺馬坡一、二號響水二號及硐尾隧道導坑均已先後鑿通，擴大工作亦已完成大半，谷藻關隧道長960公尺，附直導井兩座，一深16.5公尺，一深36.9公尺，爲本處隧道工程中之最艱鉅者，分由兩端同時並進，現兩端土石方已完成69.000公方，導坑已鑿670公尺，兩直導井業經全部鑿通，着手擴大與襯砌工作。

D 大橋工程　本處定測結果，大橋共26座，全長2774公尺，而沿綫禦土牆工程，經過多次改善結果，計尚有九萬立方公尺，施工相當困難。爲減少此項鉅量石工及水泥材料，并謀工程本身堅固起見，經分別研究配合地形，酌將原擬之禦土牆改建單孔二十公尺，鋼筋混凝土拱橋或多孔短跨度之石砌拱橋，以資代替。計有公里—475+540公里—533+030公里—552+280及公里—554+690等四處，總計減少禦土牆工程約兩萬立方公尺，而大橋數量，則增至卄八座，長2879公尺。上項橋工，已開工者，計大栗樹、沙坪、播水、馬坡、橋頭舖等五座，共長614.51公尺，佔全部21.3%。現基礎部份，均已完成。進行砌造墩座，貴定大座，爲本處橋工之最大者，按原計劃應及早興工，業於去年九月開標，惟爲便利施工正進行局部改線工作，以及工款缺少關係，迄未能訂約耳。

E 路基土石方工程　土石方大拉滯工程，已發包者計沙子坰及關音閣拉滯兩段，與清泰坡至文德場約八公里之路基，土石方共計土方十八萬公方，石方三十五萬公方，目前完成80%。

F 運料便道　本處計劃中之運料便道，計80.84公里，已發包48.88公里，均已全部完工。共餘小橋涵洞站房堤垣，員司宿舍，及改河改道等項工程，均係擇要施工，並已陸續完竣。

工業會法

——國民政府十月廿七日廢止工業同業公會法制定工業會法公布——

第一章　通則

第一條　工業會以謀畫工業之改良，發展增進同業之公共利益為宗旨。

第二條　工業會為法人。

第三條　工業會之組織分類如下：（一）某某縣市某某工業同業公會，（二）某某省工業會，（三）某某區某某工業同業公會，（四）全國某某工業同業公會聯合會，（四）全國工業總會。

第四條　縣市工業同業公會之組織，其主管官署為縣市政府，省市工業會之組織，其主管官署為省市社會處或社會局，各業區工業同業公會，全國某種工業同業公會聯合會，及全國工業總會之組織，其主管官署均為社會部，其目的事業依法受各該目的事業主管官署之指導監督。

第五條　工業會之任務如下：（一）關於生產之研究改良與發展事項，（二）關於會員合法權益之保障事項，（三）關於技術原料器材之合作事項，（四）關於會員之事業保險及計劃調整事項，（五）關於會員之設備製品及原料之檢查取締事項，（六）關於工業產品之調查統計事項，（七）關於同業糾紛之調處公斷事項，（八）關於會員公益事業之舉辦事項，（九）關於勞資合作之促進，及糾紛之協助調處事項，（十）關於政府經濟政策之協助推行事項，（十一）關於參加各項社會運動事項。

第二章　工業同業公會之設立

第六條　凡在中華民國區域內經營重要工業合於工廠法所定標準之工廠在兩家以上時，應按各業分佈情形依本法劃區組織工業同業公會。前項重要工業之種類由經濟部定之。

第七條　區工業同業公會之區域及事務所所在地由經濟部決定之。不在前項決定區域內之工廠，經濟部得核定其加入某某區工業同業公會。

第八條　各縣市境內經營未經經濟部定為重要工業之工業，合於工廠法所定標準之工廠在五家以上時，應以縣市行政區域為區域，分業組織工業同業公會，院轄市亦同。

第九條　兩類以上之工業得經經濟部之核定，合組工業同業公會。

第十條　同一區域內之同業組織工業同業公會以一會為限。

第十一條　工業同業公會之組織，應經主管官署許可，組織完成時，應將章程連同職員略歷會員名冊呈報主管官署立案，並由主管官署轉送目的事業主管官署查核。

第十二條　工業同業公會之章程應載明下列事項：（一）名稱，（二）宗旨，（三）區域，（四）會址，（五）任務，（六）組織，（七）會員入會出會及除名，（八）會員之權利與義務，（九）理事監事名額權限任期及其選任解任，（十）會議，（十一）經費及會計，（十二）章程之修改。

第十三條　工業同業公會於其組織區域內，得因必要，設辦事處。

第十四條　未依法經營之工業，不得組織工業會或參加工業同業公會。

第三章　工業同業公會之會員

第十五條　同一區域內合於工廠法所定標準之工廠，不論公營或民營，除國營專供軍用之工廠外，均應為工業同業公會會員，其兼營兩類以上工業者，應分別為各該工業同業公會會員。經依法登記之外國人所設工廠亦應加入各該業同業公會為會員，前兩項會員應派代表出席工業同業公會，稱為會員代表。

第十六條　工廠非因歇業或遷出該業同業公會組織區域或受永久停業處分者，不得退會。

第十七條　每一工廠之代表得派一人至七人，以負擔會費之多寡分級定之。

第十八條　會員代表以工廠之主體人經理人，或代表廠主行使管理權之職員，年在二十歲以上者為限。

第十九條　有下列情事之一者，不得為會員代表：（一）犯罪經判決確定或在通緝中者，（二）褫奪公權尚未復權者，（三）受破產之宣告者，（四）禁治產者，（五）吸食鴉片或其他代用品者。會員代表發生前項各款情事之一而喪失資格時，原派之會員應另派代表補充之。

第二十條　會員代表均有表決權選舉權及被選舉權，每一代表為一權。

第二十一條　會員代表因事不能出席會員大會時，得以書面委託代理人，但代理人以代表一人為限。

第四章　工業同業公會之職員

第二十二條　工業同業公會設理事監事均由會員大會就會員代表中選任之，其人數在縣市理事不得逾十五人，在區不得逾二十五人，監事名額不得逾理事名額三分之一。理事逾三人時，得互選常務理事一人至九人，常務理事逾三人時，並得由理事就常務理事中選舉一人為理事長。監事逾三人時，得互選常務監事一人至三人。候補理事候補監事之名額，不得逾其理事監事名額二分之一。

第廿三條　理事滿三人時，應成立理事會，監事滿三人時，應成立監事會。

第廿四條　理事監事之任期，均為兩年，連選得連任。

第廿五條　理事監事均為無給職。

第廿六條　理事監事有左列各款情事之一者，應即解任，其缺額由候補理事監事遞補之：（一）會員代表資格喪失者，（二）因不得已事故經會員大會議決准其辭職者，（三）依本法第四十四條第四十五條解職者。

第五章　工業同業公會之會議

第廿七條　會員大會分定期會議及臨時會議兩種，均由理事會召集之。

第廿八條　前條之定期會議，每半年至少開會一次。臨時會議於理事會認為必要時，或經會員代表十分之一以上之請求，或監事會函請召集時召集之，如一個月內不為召集時，得由監事會或會員代表呈請主管官署之許可召集之，前項理事會或監事會之職權，遇未成立理事會或監事會者，由理事或監事行之。

第廿九條　召集會員大會應於十五日前通知之，但因緊要事項召集臨時會議時，不在此限。

第三十條　會員大會之決議，以會員代表過半數之出席，代表過半數之同意行之。

第卅一條　左列各款事項之決議，以會員代表三分之二以上之出席，出席代表三分之二以上之同意行之：（一）章程之變更，（二）組織之調整，（三）會員及會員代表之處分，（四）理事監之解職，（五）清算人之選任及關於清算之決議。

第卅二條　理事會每三月至少開會一次，監事會每六個月至少開會一次。

（未完）

放射性物質可製造黃金

（舊金山廣播）加利福尼亞大學研究放射性物質的科學家們宣佈，現在已可製造黃金，但造成的黃金在幾小時後就將消失。製造的方面是用一千八百萬伏特到三千八百萬伏特的電壓把中性電子撞擊鉍和鉛，黃金就可製成。但人造金會放射電子和X光在幾小時後就變成不貴重的元素。他們相信這方法在醫藥研究上很有用處。

去年美黃金運華總數量

價值千餘萬元

（中央社華盛頓十九日專電）據美商務部本日消息：美國去年曾輸出至中國細製金條將近四十萬金衡兩，價值約一千三百九十九萬九千六百三十五美元。但未發表由中國輸至美國之黃金之數字。該消息並稱：去年由中國運至美國之白銀，共值七百零七萬六千五百八十七美金，其中有三百六十五萬五千四百一十六美元之白銀，爲國外銀幣，其餘則爲細製銀條。

提高西德動力

美英批准計劃

（聯合社德國法蘭克福十八日電）英美佔領軍政府今日批准巨大建設計劃，增加西德工業原動力，德國工業因電力不足，時時被迫停工或僅局部開工。新計劃擬增加電力至五、五五〇、〇〇〇基羅瓦特，現有電力爲三、一二〇、〇〇〇基羅瓦特。

日工業生產擬大量增加

（聯合社東京電）日本政府擬於本年度普遍增加工業生產百分之四十，主要出口貨之紡織物擬增加百分之六十二，計劃中規定出產紗布四億八千萬磅，人造絲四千萬磅，佔領當局認爲此數過於樂觀，但估計可能出產總數四億磅。

美去年出口統計

運遠東及歐洲貨物皆增加

（華盛頓十九日廣播）據統計局報告：美國在一九四七年運往亞洲的貨物共值十九億一千九百九十萬美元，較前一年增加百分之四十三。又運往太平洋區的共值三億二千零四十萬美元，較前一年增加百分之一百七十五。去年運往歐洲的貨物超過一百四十億美元。運往英國的在五十億以上，運往北美各國的約近四十億美元，運往南美的超過廿億。美國輸入的總額共值五十七億三千九百萬美元。

隕星靠近地球

美上空有爆炸

（十九日紐約廣播）堪薩斯州上空昨晚發生可怖之爆炸，致使該州以及內布拉斯加，俄克拉何馬等兩州若干住民區之門窗均被震毀，爆炸之原因爲隕星進入地球之大氣圈發熱爆炸，如此一隕石落於住民區域，則必將造成甚大損害，然爆炸之後，並未發現破片，顯已完全毀滅。

火星確有生物

科學家獲初步證明

（合衆德克薩斯州麥克唐納天文台十八日電）德克薩斯天文學家宣稱：據最近對火星的研究，已得初步證明，火星上確有原始性的生命存在。十八日清晨火星離地球僅六千三百萬哩，爲兩年中兩行星相距最短的距離。天文學家利用八十二英吋直徑望遠鏡拍攝紅外線光譜照相，發現火星中可能有蘚苔類植物生長，並發現火星的兩極亦有水所結成的冰區。

二百吋直徑望遠鏡

完成試用

（聯合社加利福尼亞州柏洛馬山電）世界最大的二百吋望遠鏡，歷時十一年半始琢磨竣工，初步試驗頗爲滿意，但尚需再經數月的試驗，於六月間正式啓用。威爾遜山以前的一百吋望遠鏡，可觀察五億光年距離的星，此新望遠鏡之觀察範圍可以增加一倍。

英發表新計劃

大量增產木材

（英新聞處訊）英國森林委員會發表一項計劃，爲英國森林及樹園將爲國家利益而生產，因此凡擁有森林及樹園者，經過訂立合同手續可將所植樹木讓予政府。彼等可向國家領取津貼約等於植樹費用之百分之二十五，直至其樹園足以自給自足爲止。此項計劃保證英國二百萬畝之民營森林地區得以維持，俾對英國木材供應方面有最大之貢獻。計劃之目的爲彌補戰時取用殆盡之英國本國木材，且英國本國木材增產後，仰賴海外供應之數量亦可減少。森林委員會爲英國最大植樹地主，已擁有國有森林七十五萬畝，並擬在今後三年內添植三十五萬五千畝。英國今後可獲得森林五百萬畝，將增產木材所需量百分之五。另有森林一百萬畝仍撥作公用。

國外通訊

英國積極建築新屋

每月造成一千八百幢

落成新屋已達三十三萬六千八百幢

（英國新聞處訊）官方所發表之數字表示，英國一九四八年十二月份建築之永久性房屋，達一萬七千八百幢之高數，較十一月份超出二千幢。另有三千五百幢臨時性房屋亦已完成，自一九四五年開始建屋運動以來，英國前後已造成新屋三十三萬六千八百幢。

英國工業博覽會目錄

將以幾種語言編製

（英國新聞處倫敦電）英國工業博覽會倫敦與伯明罕組之目錄，將以九種語言編製，並將分門別類詳加索引。倫敦航目錄之樣本將於開幕（五月三日）前六星期左右分發，對象計有：一、凡通知將參觀展覽之買主；二、國外若干廠商；三、英國全體商務外交官與分佈全世界之聯合王國貿易專員等，在時間與空間所許可之範圍內，將竭力使樣本於國外參觀人首途來英以前寄到。

英採用新制度訓練空軍學生

（英國新聞處倫敦電）英國皇家空軍，已採用改良新法訓練毫無經驗之空軍學生，其主要目的，可使學生追隨教官一人而習得全部課程。根據新訓練制度，空軍學生初步飛行訓練為時二十週，研習與飛行有關之全部課程。因此學生無須調至各種研習處所耗費時間，並予學生實際體驗其新生活之機會。空軍部協助承平時期皇家空軍可於任何氣候條件之下飛行之發展，職是之故，新訓練綱目以利用工具輔助飛行。未經訓練之學生學習飛行者，須以五年為期，並担任後備軍四年。

中國二次向英公司訂購大批電器材料

（英國新聞處訊）中國向英訂購之大批無線電器材，首批刻已在運華途中。其價值約為三十萬鎊。中國向英訂購該項無線電收發器材，乃用於擴充重建中國電報交通設施方面。此次供應之器材包括電報電話傳發機十二具，供國際電話用途，高速度收報設備三十套，及商用收報機一百五十具。所有訂貨可望於今年內交濟，此為中國向英國馬可尼無線電報公司訂購迅速成交之第二次。第一次訂貨為專供中國改進國內無線電交通設施者。

雷達控制港口將在英出現

（中國建設社訊）人島道格拉斯港於本月下旬由總督為維多利亞碼頭雷達站揭幕後，將成為世界第一個完全用雷達控制之港口，此乃英國在航海方面進展不已之又一明證。利物浦有使用雷達之渡輪，許多郵船亦有此種裝置，但道格拉斯已擬出一種系統，可協助使用港口之每一船隻，在港務長管理室中將設一幕，凡三四哩內之出入船隻均映入此幕，瞭如指掌。定期客輪將用無線電話設備指揮，此項設備在人島派克特公司輪船上使用已歷數星期。凡未設無線電話機之船隻則可藉響達二哩之電力大聲傳呼器予以指導。

英將設第二條德卡站

（中國建設社訊）英國運輸部已於本星期批准擴充德卡航行系統（Decca Navigator Chain）之新計劃，規定在英國各島最需要高準確度之地區設造第二道德卡聯絡站，商船之訂購德卡裝置者，截至此時為止已逾四百艘，若干外國亦已採用德卡，足證其自稱為世間一種最簡單與最準確航行系統洵非虛語。

英國至上海一線現已有直達機票

據英國海外航空公司宣佈，英國與上海之間現已發售直達客票。旅客自英國啓程，先搭海外航空公司水上機至香港，在港留宿一宵然後於翌晨換乘香港航空公司陸上機飛往上海。全程九千零二十哩，共適須時七日，票價單程一百九十三鎊，來回三百四十七鎊八先令，運費每公斤二十先令。

國內消息

京建築工人增加工資

首都之泥木工工資，自本月二十日起調整為：甲級每工十三萬一千九百元，乙級每工十一萬四千元，內級每工九百萬七千元，伙食在外，上項工資，維持至三月底為止。

遠東最大挖泥船廣東號返黃埔港濬河

（香港航訊）遠東最大之挖泥船廣東號，於四日上午在九龍黃埔船塢海面，試驗重修後之挖泥力量。此船係珠江水利局撥款所修理，經在黃埔船塢多日工程後，業已告竣，於四日晨離塢拖出海面。該局局長楊華日，特自省趕來港前往驗收，同行者有省水災會委員黃範一、伍智梅等，登船後當即由船塢方面工程師，帶同巡視全船，由水利局工程師一一點驗，認為滿意。

該艘挖泥船，機器所佔空間達三分之二，其構造與普通者不同，乃利用吸管作用，以挖濬河泥。船頭有一極長之旋轉尖管，透入河中，另有一大鐵管直通至船尾，亦透入河中，旋轉管之作用，係將河中之沙石攪鬆，激動其離開河底，浮起之泥，即隨河水經鐵管透至船尾，再用輸泥管透至岸上，完成挖泥工作，四日試驗時，並非挖泥，且未駁接輸泥管，故僅見船頭之旋轉管轉動後，船尾即噴出甚高之水花，此證明機件之性能，甚為靈活。

該船原為日本挖泥船，建于一九三七年，距今為十年時間，日本侵華佔據海南島時，即駛往榆林港疏河，直至勝利後，始由我方接收，初拖返黃埔，但乏款修理，後適水災發生，香港東華醫院募得善款百餘萬，遂撥出五十萬交省水災會修理，後遂拖來本港黃埔船塢，于最近始工竣，現定農曆正月初四日，拖返黃埔，并即開始啓挖用泥。

該船排水量為一千噸，挖泥時旋轉管透至海底，可再深入三十尺，每小時可挖泥七百立方公尺。將來黃埔開埠，得此機協助，當可順利完成。

陪都通訊

△渝市工務局與陪都都市計劃委員會所主持之新建市區馬路工程，現已開始，民權路（都郵街）從紀功碑（即原精神堡壘）到華華公司一段內馬路將予放寬，兩旁店舖門面，後移三公尺，近日正在拆屋中，自十三日起華華公司，首先拆遷，塵灰飛揚，交通中斷，公共汽車亦臨時改道行駛。預計四十日後即可將馬路加寬工作完竣。完成以後，即將繼續拆建華華公司至較場口一段內之馬路。從茲自小什子起，民族路民權路均將為廿二公尺之洋灰馬路。

△北區幹路臨江路一帶馬路放寬工程，應拆房屋百餘間，短期內亦可開始拆除。

△自從上海市政府始創房屋獎券以來，陪都都市計劃委員會鑒于本市房荒問題亟待解決，因亦擬定發行市民住宅獎券辦法，不久或可實現。計劃中預備發行獎券一萬到一萬五千張，每張價十萬元，三月開獎一次，全部獎券款十億至十五億，足夠建造十幢住宅。如本辦法試行順利後，將再增加獎券數量。

△川省府以本年度各縣市築路工作亟待展開，刻正擬具特種義務勞動實施方案，征召三百萬民工，於年內完成全省縣道及鄉村公路工程。刻已有川北廣元等數十地已先期征召民工五十萬人，參加築路工作，成立勞動總隊，由各縣縣長兼任總隊長。

△川省建設廳擬于五年內，電化四川，分三期創設各縣水電及火電廠。第一期自本年始，完成川東，川西兩電力公司，並籌劃川東西沿江沿公路各重要縣分之水火力電廠，官商合辦或官督商辦。第二期創辦川南，川北兩電力公司及籌劃川南川北各沿江沿公路重要縣分之電廠。第三期籌劃邊區各縣局創設水火電廠。（濟邦）

中央氣象局　創設氣象人員班

交通部中央氣象局爲培植氣象人員特設訓練班招收測候人員一百名，預報人員四十名，前者須具有高中畢業或同等程度，後者須大學氣象，地理，物理，農林或水利系畢業生方可應試。報名日期至本月二十三日截止，並于廿五日舉行新生考試。

武漢通訊

▲交通部武昌車輛修造廠，新由英國運到鋼架廠房一幢，其底脚工程與裝建工程概委由中國橋樑公司代辦，去歲十二月間預算工程費約六〇億元，該公司收代辦費百分之十。

▲漢口市政府於去歲募集之蔣主席祝壽獻賀，近擬出作修建小學校舍一所，於二月三日開標，由源記營造廠承包，造價二十三億元。

▲空軍第四軍區司令部於日前發包：計航空器材庫工程標価一四九億元，由陳泰營造廠承包。指揮台辦公室工程三十七億元，由正大營造廠承包。

▲六合工程公司承包之永利銀行大廈工程工作場內木工部份，於二月五日深夜失愼，計被焚去二、三層樓房做好之門窗，上項用料，均屬洋松，照時價及工資計算，聞損失在十億元左右。

▲江漢工程局三十七年度護岸工程，計江陵縣之郝家灣，松滋縣屬之丁碼頭，監利縣城南方等三處，業經決定於本月二十日左右發標，上項各護岸工程內包括，抛石、拋柳枕、檣土牆、坦坡等工程。

▲文襄紡織公司爲武漢名人何成濬徐源泉等發起，於月前成立籌備處，正加緊籌劃，年內可望開工。

綏毅二月十三日

民航局創設飛行班

交通部民用航空局爲發展民用航空事業，造就飛行人員起見，特創立飛行技術敎練班，該班設於本市虹橋民航局航空站內，凡年滿十八歲以上高中畢業體格强健者，均可報名參加飛行技術訓練班受訓。

加拿大蚊式機　卽可裝妥飛行

中加協定中規定有一百五十架蚊式機運來中國，目前已有一部份運到，其他將陸續運來。這批飛機，據加拿大技術專家說，將使中國空軍增加百分之二十五的力量。蚊式飛機每小時飛行四百英里，可裝四挺大砲、四架機關槍、二噸重的炸彈、八隻火箭砲。

永洪永澤　行走中國伊朗路綫

中國油輪公司永洪油輪，上月初次開往伊朗，現已將原油一萬二千噸裝妥，正在返滬途中預計兩星期以後可以運到上海。

永洪輪之姊妹號永澤油輪，亦已修竣，赴港試航，可以正式開往波斯灣裝油。以後兩條油輪當可經常來往伊朗中國間，運送原油至台灣煉製。

永澤油輪係德國製造，勝利後從日本人手裏接收過來，經江南造船廠修理後，上月三十日正式出塲。該輪載重一〇六八〇噸，可載原油一萬噸。船上設備良好，包括輪油、通氣、救火、救生、通訊、駕駛、冷藏等各種設備，應有盡有。

工業與資源

桂境鈾礦　派員勘測

資源委員會爲切實測勘桂境鈾礦起見，特遣派測勘隊兩隊前往廣西富川、鍾山、賀縣等一帶山地測勘，該隊日內卽將乘機飛桂。按桂省發現有鈾礦後，資委會曾會同中央地質調查所合組測勘隊於三十五年上半年前往測勘，經採集一種特殊礦石，並曾寄往美國分析研究，結果並爲該種礦石中含釷（Thorium）百分之一•五八，含鈾爲千分之六。釷與鈾均爲製造原子彈必需之原料。

西南各省推進　水力發電計劃

水利部鑒於我國西南各省，煤量不足，但水力甚富，同時値茲建國時期，工業日愈重要，爲開發水力，以供工業需要計，據悉：該部刻已擬定第一期五年計劃，該項計劃中計包括黃河流域：卽北平，天水等十地發電十七萬二千瓩。長江流域：卽萬縣，貴陽，衡鎮等廿餘處七十六萬九千瓩。浙閩流域十一萬瓩。珠江流域：二十一萬六千瓩。迪化八千瓩，拉薩一千瓩，計共此第一期五年中將可開發水電一百二十七萬六千瓩，刻已逐步加緊推進，實現之期已爲時不遠。

漢冶萍公司已着手清理

（中央社）歷史悠久的漢冶萍煤鐵公司，在戰前因屢次攤借巨額日債，將全部廠礦資產和大冶鐵礦地下儲量都抵押給日本，利權喪失，瀕於破產，抗戰期間，又被敵人利用，勝利後政府為重建華中鋼鐵工業起見，行政院特令由經濟部和資源委員會組織漢冶萍公司資產清理委員會，從事清理該公司的資產和日債。聞該公司的上海總公司，已於本月十六日由該清理委員會派員來滬接管，現正着手辦理點收云。

開灤煤斤加速南運

（中央社天津二十日電）開灤煤斤南運數量，業已逐漸增加，近時由唐山運往秦皇島之灤煤，日達四五千噸，截至二月十九日已有五萬餘噸運抵秦皇島。據開灤負責人談稱：希望於停工期間，最低限度能有二十萬噸煤斤運出，否則礦內將無法恢復生產。礦當局規定本月二十五日復工，惟因成本增高，復工後之產量，恐亦需降低，每日約在萬餘噸左右。又最近錦瀋交通斷絕，錦州鐵路局已自備車皮，購用灤煤，每日歸運達千噸。

海南鉄砂易取外匯

海南鐵礦之發現與開採，遠在遜清末季，迨抗戰軍興，日人佔領該島後，發現榆林區之田獨鐵礦及白沙縣之石碌鐵礦。該兩礦蘊藏量豐富，估計在一億一千萬噸以上，礦質亦極優良，平均含鐵在百分之六十三以上；是以日人不惜重資，從事開採，各項設備完善，規模極為宏大。資委會於三十五年三月成立海南鐵礦籌備處，接管該兩礦，整理器材，修理設備。目前暫時尚無生產，所存鐵砂五十萬噸，除極少數售予台灣外，現正籌議輸出易取外匯，購買機械充實該廠設備。

瓊島鐵苗運抵日本

（中央社東京專電）第一批由海南島賠運之鐵苗八千噸，週前已由我國一萬一千噸之海地號輪船運抵日本八幡，按此次運日之八千噸鐵苗，係我國資源委員會經由英國公司售予日本之廿五萬噸鐵苗中之一部份。貨船抵八幡時，此一日本最大鋼鐵中心地，曾舉行正式慶祝儀式，此次鐵苗運抵後，將可使八幡之鋼業出產擴大形增加，同時並可增用大批日本失業工人，因渠等前因原料缺乏，部份機器陷於停頓而多無事可作也。

在閩籌設大紙漿廠

（中央社福州二十日電）四川中元造紙廠與美商江南建設公司，近擬合作閩省設立大規模紙漿廠，資本定為二千萬美金，以供應大江以南各紙廠需用。刻兩方已派工程師七人來榕，與閩建設廳商洽若干技術問題，并搜集有關資料，日內將赴閩北一行，實地勘察原料之生產與運輸情形。

台灣水泥外銷

台灣水泥公司出產的水泥一千五百噸，十七日由太平輪從高雄運銷菲律賓，售價每噸美金二十元。台灣水泥外銷，戰後尚屬首次，今後仍將大量運銷南洋市場。

台灣糖廠全部開工製糖

（中央社台北電）台省過去糖產極豐，惟值光復之初，各廠破壞甚烈，糖業從衰，際此光復後第三度製糖時期，諒為各方所注目，茲悉：台糖公司所屬三十六個糖廠，除恆春一廠暫緩修復外，其餘三十五糖廠，均已先後開工。

二萬五千噸台糖輸日

台糖二萬五千噸運日，業經中信局與麥帥總部簽訂合同，每噸美金二百元，分三期運往，總達美金五百萬元。運輸方面爭執亦已告解決，按我方本擬自備船隻運送，惟因麥帥總部堅持由日方派輪接運，故已打銷原議，改由日方負責，每噸運費美金六元七角五分，首批五千噸月底可運往。

交通

平漢南段交通信陽駐馬店通車

（本報漢口訊）平漢南段信陽到駐馬店間已通車。駐馬店向北的搶修工程，因為經費材料兩缺，尚未動工。

湘桂黔鉄路金都段月底可通車

湘桂黔鐵路復軌工程，金城江都勻段，計長一百五十九公里，本月底，即可接通。南丹金城江間一百公里之復軌工程，大致可於六月底完成通車。

隴海鉄路寶天段二十五日通車

隴海鐵路寶雞天水段，自去春沿途路基隧道洞口明塹大坍方以來，即停止通車，後經積極趕修，現已整理就緒，定於本月二十五日開始通車。

公路總局三十六年運量每月一千萬噸公里

公路總局訊：該局各運務機構，三十六年度平均車輛約為六千輛，平均每月運量一千萬噸公里。依此數字估計，每年需油六百萬介侖，機油二十萬介侖，黃油七萬公斤，輪胎六萬套，配件一百二十萬美元。

錢塘江可通航

（本報杭州訊）浙海塘工程局長稱：錢江水流已定，已歸中泓南岸，漲沙已較地面為高，多年來之理想今日終告實現，儘等待輪船即可正式通航。渠告該局現正利用中美救濟款準備二年內完成治本工程，今年年底前兩岸缺口均可整修，明年底起將會同有關機關對新漲之三十五萬畝沙地施以開墾。

歸綏寧夏蘭州通航

中國航空公司自上月三十日起正式通航歸綏寧夏至蘭州，後每星期五由平出發經歸綏寧夏至蘭州，星期六循原線飛返。又該公司香港廣州海口線，預定每星期六一班，自上月三十一日起延伸至榆林港當日往返。

30082

定價　每份伍千元正　全年訂費式拾伍萬元正　航空或掛號另存郵費六萬元
廣告價目　甲種每方吋柒萬伍千元　乙種每方吋肆萬元正

中華民國卅七年三月一日出版

中國工程週報

內政部京警國字第五十一號
中國工程週報社出版
發行人　杜拱辰

中華郵政認爲第二類新聞紙
江蘇郵政管理局登記證第一三三號
地址：南京(2)四條巷一六三號　電話　二三九八九號
零售處　全國各大書店

一週大事記

是週也：四項農產品，計劃改進中；募集救濟特捐，對象決予修正。美方注視國人存款，東北耆宿僕僕來京；和談越傳越奇，疑雲一掃而空。捷克不流血政變，三強有聯合聲明。

全國經濟委員會議，上週四例會中，曾熱烈討論四項出口農產品改進計劃。這計劃是農林部所擬具而由行政院交議的，這四項包括蠶絲，桐油，茶葉，羊毛。

依照這計劃，希望桐油能在第一年內生產六萬噸，第二年八萬，第三年十萬；蠶絲希望三年內產生絲六萬五千担，外銷綢緞八百萬碼；羊毛希望達到每年粗羊毛二億二千萬磅，細羊毛四億八千萬磅；茶葉希望在三年內外銷一百二十萬担，這計劃現正付諸審查之中。若果能夠求其實現，當可增加輸出不少。

××××

關于募集救濟特捐問題，捐募對象決定修正爲(甲)在抗戰及勘亂期間收入特豐者；(乙)鉅商巨富；(丙)資力雄厚營業發達之社團個人。

另一方面美國官方漸漸注視國人在美存款問題，他們以爲若果這筆款項能動用，則可減輕美國的負担不少。但是這筆款究存放何處，中美雙方都是一個啞謎。外間對此傳說不一，有的說三億，有的說五億，美財政部的估計，則只有八千萬元左右。

××××

東北的局勢轉變聲中，東北耆宿張作相，馬占山，萬福麟等，應國防部之邀來京，他們不斷與政府方面接觸，希望能重視東北，同時表示東北事絕非不可爲，他們的建議包括兩點：

一、起用東北將領，付予實權，不惜經費，建立十個以上新軍，爭取主動；

二、增援確保榆錦走廊，並以主力挺進敵後，展開廣泛遊擊。

蔣主席特于上週四返京，定星期日召見這三位耆老，對東北問題，當能有所決定。

××××

無中生有的和談，越來越離奇，兩則電訊都是合衆社發出的。

一則是說司徒雷登大使主張國共和談，一則是說蘇聯調停國共戰爭，並說蔣主席已派員接觸。

關于前項，司徒大使已正式否認曾作是項主張。關于後者，中蘇雙方也都鄭重闢謠，足見這時的「和談」完全是無稽，而且照目前情勢看，決沒有恢復和談的可能，某政府首長說得好：「除非共黨放下武力政策，是無和談可言的。」

××××

國際間，發生一重大事件。捷克發生不流血政變，攫奪政權，捷共領袖戈特華德組織了一個新的內閣。

這一下把東西歐的對立局面更形加深。原來捷克政變以前的地位，恰是爲西歐聯盟與東歐諸國的緩衝，雖然誰就想爭取，但都覺費力，上週捷閣突然的變質，使西歐諸國大爲震驚，美英法三國立即發表聯合聲明，譴責捷克新閣的獨裁，聽說芬蘭也就繼捷克之後發生政變可能，甚至義大利，法國都有此恐懼，無疑的，這是一枚威力不小的炸彈，使動盪的歐陸局面更形不安了。

京湯公路

京湯公路爲京滬京杭國道之首段，毗連首都，旁通國父陵園，運輸頻繁（每日行車在一千輛以上）。原有碎石路面，不勝負重，破碎剝落，塵土飛揚，事實所需，中外觀瞻所繫，改築高級路面，實爲當務之急。

卅六年四月，改善工作開始，由交通部公路總局第一機械築路工程總隊負責，全部工作均係使用機械自力完成。足以京湯，不僅爲我國唯一之柏油公路，同時亦爲唯一機械造成之公路。開我國公路之新紀元。

京湯公路之施工分二段辦理，（中山門至麒麟門段，麒麟門至湯山）以限于經費，先自麒麟門湯山段開始，改線降坡，加寬路面，使用機械——如推土機，剷運機，平地機，壓路機，及瀝青噴佈機等，凡一百餘件。全部工作，自四月開始，至十月底，全段濺接通車。

惟以路基之新築部份，尚欠穩定，故一部份路面，僅予以表面防塵處治。其瀝青路面（灌瀝青或半灌瀝青），尚有待本年度進行。至于中山門麒麟門段，路線曲折，坡度特大，現亦已測竣新線，籌劃四車道路基，舖築洋灰混凝土路面，一俟經費有着，即可興工。茲將施工各項統計數字列表如下：

工程概要

長度

便道	6,590公尺
陵園靈谷寺段	3,000公尺
麒麟門至湯山段	13,590公尺

基層

塊石	5,800立公方
碎石	13,000立公方
石屑	1,500立公方
汽油	76,165加侖
黃油	3,351加侖

路基工程

土方	97,000立公方
軟石	15,000立公方
堅石	10,000立公方
涵管	61座

面層

粗石料	4,400立公方
細石料	1,400立公方
瓜子片	2,500立公方
地瀝青	400噸
溶劑	37噸

耗用油料總數量

柴油	26,120加侖
黑油	1,090加侖
機油	2,658加侖

路面工程

基層：

新築	48,000平方公尺
翻修加舖	40,000平方公尺
修理校正	14,000平方公尺
表面防塵處理	74,000平方公尺
灌瀝青路面	27,000平方公尺

（已竣工）

74,000平方公尺

（本年度暫不施工）

配合人工總數量

配合人工	116,500工

衛崗至湯山24公里碎石路面與瀝青路面經濟價值比較表

（1）京湯公路行車記錄：　36年7月26日1,360輛　27日1,496輛　28日1,260輛　觀察地點：中山門外遺族學校門首。

（2）平均每日往返以800輛計，400輛爲卡車，400輛爲小車。

每車每次來回以2×24公里計，則每天共爲400×2×24＝19,200車公里

（3）碎石路面：　卡車每加侖汽油行駛7公里，小車16公里，行車速率30公里。

瀝青路面：　卡車每加侖汽油行駛10公里，小車20公里，行車速率50公里。

平均碎石路面每加侖汽油行駛11½公里，瀝青路面15公里。

（4）輪胎壽命：　碎石路面15,000公里，瀝青路面50,000公里。

（5）車輛壽命：　碎石路面50,000公里，瀝青路面150,000公里。

（6）各項單價按36年10月份市價：　輪胎：每隻600萬元。　車輛：每輛1億元。　汽油：每加侖28,500元。

費別	碎石路面每月行車消耗(元)	改舖瀝青路面後每月行車消耗(元)	改舖瀝青路面後每月節省行車消耗(元)	改舖瀝青路面後全部工費之利息(元)	瀝青路面完成後每年淨餘(元)
汽油	1,428,000,000	1,095,000,000	333,000,000	全部工費之國庫利息按月3.6%計算，100億×3.6%×12月個得數如下：	每年節省行車消耗總數，減去全部工費之利息，即爲每年所節省之外匯。
其他（按汽油¼估計）	357,000,000	274,000,000	83,000,000		
輪胎	1,611,000,000	484,000,000	1,127,000,000		
車輛折舊	1,512,000,000	384,000,000	768,000,000		
合計	4,548,000,000	2,237,000,000	2,311,000,000	4,320,000,000	23,412,000,000

工業會法（續完）

—國民政府卅六年十月廿七日廢止工業同業公會法制定工業會法公布—

第六章 工業同業公會之經費及會計

第卅三條 工業同業公會經費分下列兩種：（一）會費分入會費及常年會費，入會費於會員入會時一次繳納之，常年會費，分別依其性質以生產工具出品數量，或工人數額，分爲七等，累進繳納，其標準由會員大會議定之。（二）事業費由會員大會決議籌措。

第卅四條 一工廠兼營兩類以上工業同時加入二個工業同業公會以上者，其會費之負担應分別依前條第一項第一款之標準核計繳納之，其不劃分者得依加入一會時所應負担之最高額，自行劃定繳納之。

第卅五條 工廠應將其生產工具。出品數量。或工人數額，報告所屬之工業同業公會，工廠設有分支廠不在同一區域內，應各將其所在區域內之生產工具，出品數量，或工人數額分報於所屬之工業同業公會。

第卅六條 事業費之分担，每一會員至少一股，至多不得超過五十股，但因必要時得經會員大會之決議增加之。事業費總額及每股金額應由會員大會決議，呈報主管官署核轉目的事業主管官署備案。

第卅七條 前條之事業費會員退會時，不得請求退還。

第卅八條 工業同業公會之預算決算，每年須編造報告書，提出會員大會通過，分報社會行政官署及目的事業主管官署備案，並刊佈之。

第卅九條 工業同業公會興辦之事業應另立預算決算提出會員大會通過，分報社會行政官署及目的事業主管官署備案。

第七章 工業同業公會之清算

第四十條 工業同業公會解散時，得依決議選任清算人，如選任後有缺員時，更行補選清算人，不能選任時，由工業同業公會事務所所在地之法院指定之。

第四十一條 工業同業公會所有財產不足清償債務時，其不足額應按會員負担會費額比例分担之。

第四十二條 工業同業公會興辦之事業停止後，關於所屬事業之財產應依法清算，其清算人由會員大會選任之。

第八章 工業同業公會之監督

第四十三條 工廠不依法加入工業同業公會或不繳納會費，或違反工業同業公會章程及決議案者，得經理事會之決議，予以警告，警告無效時，得按其情節輕重，分別依本法第卅一條之規定程序爲左列之處分之：（一）繳納章程所定之違約金，（二）一定期間之停業，（三）永久停業。前項第二款第三款之處分，非經主管官署商得目的事業主管官署同意予以核准，不得爲之。

第四十四條 工業同業公會理事監事執行職務違背法令營私舞弊，或有其他重大之不正當行爲者，依本法第三十條程序，解除其職務，並通知其原派之會員撤換之。

第四十五條 工業同業公會有違背法令逾越權限，妨害公益情事，或會務廢弛者，主管官署得施以左列之處分：（一）警告，（二）撤消其決議，（三）撤免其理事監事，（四）停止其任務之一部或全部，（五）解散。前項第一款至第四款之處分目的事業主管官署，亦得爲之。

第四十六條 工業同業公會理事監事及清算人有左列情事之一者，得科五千元以下之罰鍰：（一）不爲本法所定呈請核准或登記之程序者，（二）爲虛僞之呈報或隱匿其事實者，（三）不依法召集會員大會者，（四）不依年刊佈預算決算者，（五）以工業同業公會名義爲本法所定任務以外之營利事業者。前項罰鍰由法院裁定之。

第四十七條 區工業同業公會應受事務所所在地社會行政主管官署指導監督。

第九章 聯合組織

第四十八條 各業區工業同業公會成立二區以上時，應合組同業全國各該業工業同業公會聯合會。

第四十九條 省及院轄市轄境內各業工業同業公會，應合組省市工業會。無縣市工業同業公會之組織而合於工廠法所定標準之工廠，應直接加入省市工業會。各業區工業同業公會之會員工廠，如有必要，得加入省市工業會。

第五十條 各業區工業同業公會全國聯合會及省市工業會各達十單位以上時，應合組全國工業總會。無全國聯合會之區工業同業公會，應直接加入工業總會。

第五十一條 本法各種聯合組織主管官署，得會商目的事業主管官署，指定其發起單位。

第五十二條 各種聯合組織之團體會員會費，各由其會員以會費收入十分之一至十分之二繳納之，工廠會員會費之負担，依其營業額分等繳納，由委員大會議定之。

第五十三條 各種聯合組織出席之代表、各就其會員代表中選派之。全國工業總會之職員。以會員代表中具其專門學識及經歷者爲原則。

第五十四條 省市工業會理事不得逾二十五人，各業區工業同業聯合會理事不得逾卅五人，全國工業總會理事不得逾四十五人，監事人數不得逾其理事人數三分之一。

第五十五條　各種聯合組織定期委員大會，每年至少須開會一次，並應於會期前兩個月通知。但臨時會議得於一個月前通知。

第五十六條　各種聯合組織，除本章各規定外，準用本法第一章至第八章之規定。

第十章　附則

第五十七條　礦業會適用本法之規定。

第五十八條　本法施行前已成立之工業同業公會，應予本法施行後一年內依法改組之。

第五十九條　本法施行細則由社會部定之。

第六十條　本法自公布日施行。

（完）

倫敦的拓展與未來

方園譯著

倫敦是跟着英國一同繁榮起來的。三百年前，牠的面積在一千年之內沒有過什麼增加，但自從美洲新大陸被發現，有接着東半球開放，貿易增加以來，英國也就開始了牠的偉大繁盛時期。到了今天，倫敦由南到北，由東到西的距離都已擴展到二十英里左右了。在古梅的時候，倫敦只是個很小的城。泰晤士河上有一個渡頭是古羅馬路由此通過的，英國的皇帝就在這地方建築了現在著名的威士敏斯特大教寺。那所宮殿並不是單獨的一所建築物，而是有許多大殿、宮院與議總，便個小領的地方。英國歷代的帝王便在這兒總理萬幾，同時附近的威士敏斯特大教寺便變做了人民的精神崇拜中心。這一區漸漸的拓展開去，成了一個小城市，和有城牆的倫敦城迥然兩樣，這兩地之間僅僅靠着沿泰晤士河岸的馬路連接起來。有些馬路在今日都極其有名了——就如報館大街，斯特蘭待大街，特法嘉爾方場以及白宮大街等。

這一區的總名字仍然叫做威士敏斯特，雖然它已為大倫敦所吸收，然而兩區的特點還是很顯然的。倫敦城是商業貿易中心，而威士敏斯特却是帝王之家，財富的集中點，政府與法律的所在地。由於時代悠久，從前帝王居住以及執行法律的地方會有一個時期全部消失了，只剩下一所在十一世紀造成的威士敏斯特大廳。所以英國人又在這古大廳旁築起一所新大廈，也就是現時的國會，至於全世聞名的威士敏斯特大教寺，更是被一般人所公認為英國民族的崇拜聖地。那些高聳的灰色塔堡，過去是，現在還是英國舉行大典的地方，由帝王加冕的繁縟隆重典禮到獻祭與無名陣亡將士的簡單莊嚴典禮，無不在此舉行。

多少年來，威士敏斯特大教寺供倫敦人民崇拜的唯一功用，從沒有一天間斷過。在這一次大戰中，有一晚大教寺為敵人的炸彈炸中，然而第二日早上，禮拜依然照常舉行。

在大教寺與威士敏斯特國會的後面，就是林立的政府機關，首相府與財相府所在地唐寧街，白金漢宮，以及國立美術館，此外還有俱樂部，戲院，大商店，博物館，圖書陳列館，音樂院，各種協會，旅館，飯店，大公園，方場與高尚的大街等，也都在這一帶。

在這一區之外，向各方面伸展出去的好多英里的地面，便是所謂的大倫敦，裏面有八百萬普通英國人民的住宅，工廠，碼頭，市場與運動場。這廣大的區域內有各式各樣的工業活動，時時刻刻是肩摩踵接，川流不息。負責管理這大批人民的有好幾個機構，一個是各自治區的議會，管理地方事務如圖書館，市場，街燈，衛生設備，婦孺福利等，另外還有一個中央管治機構叫做倫敦市議會。這兩機關的人員都是由人民選舉出來的，各自治區與倫敦市議會所管理的地區極為廣大，他們的權力也在互相補助的。

一八八八年以前，大倫敦原是由無數的小市區組織成功的，各有它自己的市議會，統統集中在城的中部。後來因為造成太多的誤解與紊亂，所以才在一八八八年設立了一個中央機構來管理一切。倫敦市議會可以說是民主制度中很大的一個試驗。它在這一個廣大地區上具有高度的權威。倫敦人士由搖籃際起到進入墳墓為止的一生，全部受到它的保障。在泰晤士河南岸面對國會的地方是巍峨的市政廳，裏面有五千餘名的教育家，工程師，美術家，測量家與醫生等，共同執行市政公務。市政府的經費，每年達四千五百萬鎊之多，其中以耗於教育的經費為最高，在一千四百萬鎊以上。在英國大規模推廣教育計劃中，倫敦撥給它數百座小學，中學，與專門學校的經費還要大為增加。其次，倫敦市耗於公共衛生事業的錢也不在少數——約一千萬鎊左右，這一筆經費除了維持可以收容三萬六千四百病人的七十四座醫院之外，還要進行其他有助市民健康的任務。譬如說，管理四百英里長的溝渠，而使街上的冰淇淋得以純潔無害的工作也是衛生部的，除此之外，市議會也是全倫敦最大的房東。它管理地產，造新住宅代替貧民窟，每年收入的房租，在五百萬鎊以上。

市政府最鉅大的任務可以說是在這次戰爭中組織市民防務的一件事了。市議會將兒童，老年人，以及醫院的病人全部疏散。然後成立了救護隊，又將市民組織起來，抵禦敵人的空襲。倫敦市議會無疑的是世界上管理最完密的一個地方行政機關。不過戰爭給了它一個很大的機會。負責改進街道與房屋的市建設委員會，已決定將倫敦被炸毀的區域，重新建設一個更好倫敦的計劃。

在這個新計劃中，市議會打算建築三條環形公路，與各方面幅射出去的公路相接，闢出三處主要的人口稠密區，其餘的地帶就使達到平均每一千人佔地四英畝的標準。

但是由於倫敦仍在不斷的拓展，大批的房屋漸漸浸入郊外區，因此有一部份地區現在已不在市議會的管轄範圍之內了。

英國政府有鑒於此，所以計劃照倫敦現在的形勢，在郊外造起環城公園與草地，環形地區內的建築亦宜應絕對受政府控制。超過這個界線之外，就是外郡圈，裏面將要創立各個具有本身工業與特點的小自治區。現在選擇的地區已經有了八個。這八個中，大多數的都包含着一個現存的小鎮，大家都叫它們為「附庸」小鎮——即子母型都市之子市——。一般人預料，在今後的十年內，倫敦的稠密人口將要大大疏散一下，使倫敦繼續為整齊，清潔，有秩序，廣大，而美麗的一個城市。

茲爲適應各地需要起見，特增「建築」一欄，調查全國各大城市（南京、上海、漢口、重慶、廣州、桂林、青島、天津、瀋陽、長春、蘭州等）之主要建築材料價格。並另設計簡單普通之住宅一所以作估計之依據，計算每平英方丈造價之大約數字，以供各公私機關建築房屋之參考。上項調查估計工作，爲慎重與正確計，係委請各該地營造工業同業公會理事長或信譽卓著之營造廠商辦理之。依次輪流刊載本報，以饗讀者。

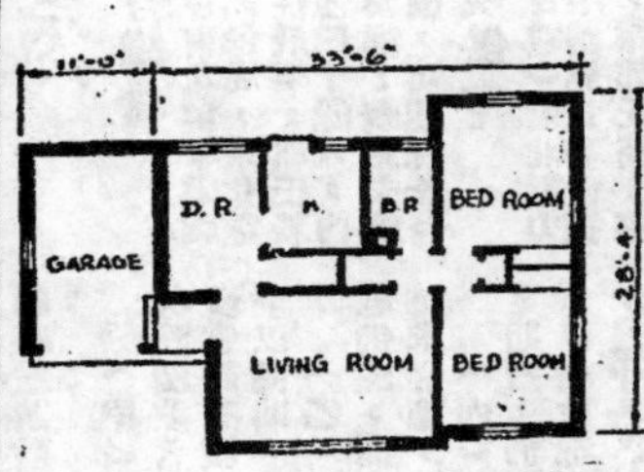

南京市主要建築材料及工資價格表

名稱	單位	單價	說明	名稱	單位	單價	說明
青磚	塊	4,580	陰坯	2½"洋釘	桶	3,500,000	
洋瓦	塊	25,000		26號白鐵	張	1,600,000	
石灰	市担	200,000	塊灰	竹節鋼筋	噸	60,000,000	大小平均
洋灰	袋	400,000	50公斤	上熟米	市担	2,200,000	
杉木枋	板尺	9,700		工資			
杉木企口地板	英方	9,700,000		小工	每工	100,000	包括伙食在內
4½"圓杉木桁條	根	200,000	13'—0"長	泥工	每工	170,000	包括伙食在內
杉木板條子	捆	100,000	3'—0"長	木工	每工	170,000	包括伙食在內
廣片玻璃	方呎	30,000	16盎司	漆工	每工	250,000	包括伙食在內

上列價格木料不包括運力在內磚瓦石灰則係送至工地價格

工程說明　本工程係磚牆，筒板瓦，灰板平頂，杉木企口地板，杉木門窗房屋，施工標準普通， 地點位于本市中心地區，油漆用本國漆。外牆係清水，一應內牆及平頂均用柴泥打底石灰紙筋粉光刷白二度， 板條牆筋及平頂筋用2"×3"杉木料，地板擱柵用4"×5"杉枋中距1'—0"桁條用小頭4½"圓杉條2' — 6"中距。

（南京）本工程估價單　調查日期37年2月20日

名稱	數量	單位	單價	複價	說明
灰漿三和土	4	英立方	2,600,000	10,400,000	包括挖土在內
10"磚牆	22	英平方	10,000,000	220,000,000	用陰坯紅磚
板條牆	7	英平方	3,750,000	26,250,000	
灰板平頂	10	英平方	2,300,000	23,000,000	
杉木企口地板	6	英平方	7,750,000	46,500,000	包括踢脚板在內
洋灰地坪	2.5	英平方	5,350,000	13,375,000	6"碎磚三合土上澆2"厚1:2:4混凝土
屋面	14.5	英平方	8,550,000	123,975,000	包括屋架在內及屋面板
杉木門	315	平方呎	150,000	47,250,000	五冒頭門厚1¾"門板厚½"
杉木玻璃窗	170	平方呎	150,000	25,500,000	廣片16盎司
百葉窗	150	平方呎	150,000	22,500,000	
掛鏡線	22	英丈	230,000	5,060,000	
白鐵水落及水落管	25.5	英丈	1,4550,000	36,975,000	
水泥明溝	18	英丈	680,000	12,240,000	
水泥踏步	3	步	2,000,000	6,000,000	
總價				$ 619,025,000.——	

本房屋計面積10平英方丈總造國幣六億一千九百〇二萬五千元正

平均每平英方丈房屋建築費國幣六千二百萬元整（水電衛生設備在外）

調查及估價者馥記營造股份有限公司　　（日期三十七年二月二十日）

工業與資源

東北動力勉可維持

（本報平北訊）資委會東北辦事處處長謝樹英，鞍山鐵廠總理邵逸周，東化電力總理郭克悌，廿七日連袂飛平，邵氏談鞍山陷後，員工逃瀋者迄僅四十餘人，內僅高級人員一人，據此裝謙稱：鋼廠未逃員工，態度尚佳，全廠設備，可能保全。

撫順電廠繼續供電

（中央社北平二十八日電）東北電力局長郭克悌廿七日由瀋來平謁見資委會孫副委員長越崎，報告工作，據郭氏稱：撫順電廠現發電四萬瓩，供給撫順煤礦及瀋陽市用電，勉可維持，一般公用事業之動力尚不成大問題，小豐滿廠現發電十萬瓩，實際只用一萬瓩，其餘九萬瓩均注入松花江，錦西及錦州兩電廠，現因燃料困難暫告停頓。

資委會瀋陽煤電機車三廠維持開工

資源委員會東北各事業單位員工及眷屬之撤退，已告一段落。行政指示，煤、電、機車三廠在任何困難情形下，必須維持開工。該會重要人員留瀋者，僅東北辦事處長謝樹英、撫順礦務局長魏華鵰、電力局長郭克悌。鞍山鋼鐵公司總經理邵逸周亦在瀋，辦理善後。謝氏等將於絕望時再撤退。本溪煤礦公司總經理張松齡，已于上月廿三日由瀋抵平。又本溪被圍後，瀋陽電源煤源僅賴撫順一處供給。東北國軍佔領區原有七礦，撫順礦為碩果僅存者。現該礦煤量日產三千餘噸，發電約三萬五千瓩，一萬瓩供應瀋陽，其餘產煤日用。

首都電廠監委將建議公營

上月廿三日監察院全體監委座談會，討論關於上次會議中提議之京市為首善之區，而充作全市電源之首都電廠，則動輒停電，影響社會治安匪淺，為求根除此項弊病，應將該廠改由南京市政府經營一案，決議推定姚委員鎬等草擬改善首都電廠之建議書，現姚委員等已經擬定，并提出于該日會議通過，即將送請政院辦理。據悉：建議書內略以：（甲）竊電、欠費等事，首都電廠本身設法改善，必要時應向法院檢舉。而行政當局對該廠取締竊電欠費案件時，亦應予以協助。（乙）首都電廠對住戶用電，輒謂無電供應，而商家要求霓紅燈之裝置時，則每求必應，此種現象，應予改善。（丙）首都電廠首應自求改善，如一定期內，仍不事調整，應由行政當局接辦，以維首都百萬市民之福利。（中央社訊）

京郊湯山電燈復明

湯山電燈自去年九月間因變壓器損壞後，即失去光明，湯山各界，乃於十月間在湯山區公所召開恢復湯山鎮供電座談會，同時並分向首都電廠及各有關機關洽商，又成立湯山電燈協管委員會，歷五閱月之努力，終於本年二月間恢復，市民重睹光明，欣歡不已。

經濟部核准湘金鑛民營

（本報長沙通訊）湘省建設廳前呈經濟部請准開放湘省所屬各金鑛區，以利民營，經部頃已照准。

湘省錫礦進行鑽探

湖南錫礦山為世界最大錫礦出產地，雖已開採數十年，並經中外地質家礦師不斷探勘，然尚未詳悉其中蘊藏。資源委員會礦產測勘隊於去年間曾先後派遣兩隊人員前往考察，最近又運去兩架最新式鑽機，第一鑽眼在歐家沖東之塌塘山，第二鑽眼在陶塘，擬盡力鑽求新發現。據悉：該兩處進行俱極順利。錫礦山過去均用土法開採，現已鑽架豎立，一九四七年之金剛石鑽機，以每分鐘千餘轉之速率，往地下探鑿，咸信即有新發現。另悉：錫礦山西北，名雞叫岩，可能產錫甚豐，刻正探測中。（中國建設社訊）

錳砂千多噸自宜昌運渝

抗戰期間資源委員會在湖南購買之大批錳砂，經宜運川。後因宜昌淪陷，致部分錳砂不及搶運，拋置於宜昌對岸江邊。勝利後該批錳砂仍存在江邊。後經宜昌縣府收集清點，計共一千八百多噸。當交地方保甲保管；並通知重慶還建委員會派員來宜提取。現已由聯勤總司令部兵工署、資源委員會鋼鐵廠、還建委員會會派工程師來宜點收。首批錳砂七十多噸已用木船于上月十五日裝往重慶，其餘錳砂，將陸續運用鄂西鹽務分處回川放空鹽船，載運入川。（中國建設社重慶訊）

發展廣東實業

資金技術困難大致解決

粵省宋主席對於發展該省實業非常積極，省營實業公司改組以後，所轄各工廠都已整理完畢，以前所遭遇的資金、原料枯竭與技術上各種困難，現在大致皆已解決。

（一）資金方面，三月來向銀行透支六百億元，另向香港中國銀行透支港幣四百萬元。

（二）原料方面，紡織廠已購存棉花一萬多包，足夠一年之用，產量日增。蔴織廠原料正請准購入洋蔴一千二百噸，將來增產蔴包，可由月產五萬個增至十五萬個。現正計劃辦第二紗廠，七月間可望把向穗新廠租用機器，合作創設備裝妥，八月可開始生產，屆時增加紗錠二萬三千錠。其他如士敏土廠、糖廠、飲料廠等技術上均有進步，產量亦可大增。

（三）動力方面，已先後購五百瓩發電機三具，一百瓩發電機一具。另外士敏土廠原有二千瓩發電機一座，爐鍋零件亦在修理中，各廠動力均告解決。

（四）各廠業務方面，除士敏土廠因成本過高，銷路有限，二月份尚須虧折外，其他各廠均有盈餘，至於與資源委員會合作增設之兩個糖廠，正由資委會台灣拆遷設備運粵中。

資委會計劃開採皖省煤礦

資源委員會於去夏經發現之安徽鳳台煤礦，平均層厚一公尺，礦量概算二、五九〇、〇〇〇噸，露頭明顯，開採甚易，而地處淮河之濱，運輸尤爲便利。經由聯總顧問司徒佛氏送往台灣肥料公司在電爐中作大規模試驗，結果甚佳。現正擬由台肥公司合作鑛採，以求大量出產。

開灤存煤加速輸出

（中央社天津二十六日電）開灤煤礦，春節停工，二月二十六日起已恢復生產，停工期間，按照計劃將礦場存煤運出達二十餘萬噸，故積煤擁塞情形稍爲好轉，南運煤斤亦已加強。二月二十六日以前已有十餘萬噸運抵秦皇島。

石油增產在進行

台灣甘肅等處開鑽新井

煉油廠設備亦加以擴充

資源委員會中國石油公司年來國產石油產量大爲增加，其詳細情形如下：

（一）甘肅油田：目前正試鑽新井，使能在三十八年至三十九年間達日產原油兩千桶之目標。

（二）四川油田：江油之油田，結構甚佳。隆昌縣聖燈山之天然氣井，產量甚豐，在目前分配中，每日能供給一百萬立方呎，如能多開新井，自不難大量增產。

（三）台灣油田：台灣原油產量極少，而產天然氣甚豐。台灣油藏係在沿海西部之平原，該公司正探勘並在開鑽新井中。

（四）高雄煉油廠：每月煉油總量可達二萬桶，器具在增購中，以期增加產量。

按我國對油品需要日有增加，據統計：在民國廿四年至廿六年之間，平均每年油品之進口量爲六百六十萬桶，，且東北及台灣二區尚不在內。中國石油公司已草擬計劃，要點計爲：

（1）凡油田之面層結構已充分顯示有產油之可能者，應立即進行鑽井工作，廣事開採，以增加原油之供應。

（2）如從研究面層結構不能充分決定之地，當用物理探勘方法，以察下層結構。

（3）將各種煉油機加以檢視及配合，使能完整，俾能完成煉油程序。

（4）推廣營業，將油品作有效分配，使適合需要，期盡力增加產量，以減少外油之輸入。（中國建設社訊）

交通

新鐵路五線測竣

成渝等路工程在進行

交通部對於新路之建築計劃，正在積極進行中。據悉：全國新路經測量完竣者，計有贛閩線（鷹潭至福州）、贛粵線（樟樹至曲江）、川湊線（重慶至綦江）及廣梅線（廣州至梅縣）等線。至於早經測定，並已開工興築者，計有：（一）成渝路：已完成全工程百分之四十一，進行中之工程有路基、土石方、橋樑及隧道工程。（二）天蘭路：全長三七六公里，已完成全部工程百分之二十七，進行工程有路基、土石方及隧道。（三）湘桂黔路：都筑段一五二公里，已完成全部工程百分之十四，進行中之工程有隧道八處，大橋五座及路基、土石方、架七點等。至來賓路段，測量完畢，橋涵工程已局部開工。（中國建設社訊）

杭州南昌間正式通車

浙贛路自上月廿六日起開行杭州南昌間直達特快車，除掛臥車餐車，暫定每星期一四由杭駛南，每星期三六由南駛杭。

平榆恢復通車

（中央社天津電）北甯路津榆段，自國軍加強護路後，交通情形已日趨良好，已自上月廿五日起，恢復平榆間之直達客車。

湘桂黔鐵路

湘桂黔路丹懷段龍江大橋已全部完成，懷遠東江間舖軌亦已完成，東江大橋趕裝鋼樑，全線工程在積極進行中。

天成鐵路勘測完竣

天成鐵路路線測量竣事，本年擬先修築北道埠至大水之一段，該段啣接隴海路計長廿公里，中經渭河，需架設大橋一座，刻正計劃中。

筑建中正橋一年可完成

（中央社貴陽電）橫跨南明河，連接湘桂黔鐵路貴陽車站及市區之大橋，業已開工興建。該橋原有舊南明橋一座，建於明代，迄今已三百餘歲，年久腐蝕，難勝載重車輛，故省當局決定改建新橋。該新橋長八十六公尺，寬十四公尺，用青石水泥砌成，易名中正橋，以紀念元首功勳。此一工程由湯森交山黔建總會同都筑段工程處辦理，預定經費一百億，一年完成。

加強西南西北公路機構

都勻經貴陽重慶，寶雞至天水蘭州之公路，爲貫通南北聯絡鐵路之重要幹線，沿線公路機構，應加強整頓，交通部頃令於年內徹底整修完善。

潼關洛陽公路通車

潼關至洛陽公路工程，即將竣工，公路第七運輸處刻正籌備通車。

貨車搭客辦法廢止

抗戰期間制定之軍公商運貨汽車附搭旅客辦法，與現時公路各運輸處及商車營業上，頗有抵觸，該項新法應即廢止。

公路總局推行汽車載運郵件

公路總局爲推行汽車載運郵件計，特於汽車運輸業營業執照上加蓋不得拒收郵件戳記，各公商汽車運輸單位，應儘量收受，以增强郵運。

塘沽新港開始運煤

塘沽新港南運門頭溝及開灤煤，由招商局派錦光輪運滬，該港近以自發電力裝煤機裝煤，自晨迄晚，可裝煤一千五百噸，共速率最高每時三百廿七噸，平均每時二百另五噸，該船於上月十三日晨離港，此爲新港與鐵路局合作北煤南運之第一船，嗣又有延閩，華強等輪繼續裝運，延閩輪並已於上月廿日午駛抵滬。

水運加價

水運運價已由交通部核准自三月一日起不論客貨各綫一律增加百分之三十三。

客運飛機應裝保險帶

交通部爲保障飛航安全計，現規定嗣後凡飛機內無保險帶之座位，不得供客乘坐。

中英通話

中英通話已於上月三日開始試話，刻正進行並確酌通話手續，俟試話成績良好後，即定期開放。

國際電信公約修正規則

大西洋國際電信會議修正之國際電信公約及無線電規則，定於一九四九年一月一日起實施，將以中、英、法、蘇、西五種文字印行，交部現已派員着手譯成中文，本年四月底可脫稿。

小型輪十二艘美售予我國

（中央社二十四日華盛頓專電）據美國務院致國會之報告稱：美海事總稅務司已核准以小型貨輪十二艘售予中國，總價約一千萬美元。貨輪中有C1-M-AV1型者八艘，排水量各五千噸，時速十海浬，長三百卅八呎，載船員三十五人；另C1-S-AY型者四艘，可用作客輪，其載重量及速度，與上述八艘略同。美海事與我國政府間之正式購售合同，短期內可望簽字。美海事總局負責人告中央社記者稱：各船可望於三月間移交，去年四月間美海事總局借予我國，用充購買美國戰時所建剩餘船隻之信用貸款一千六百五十萬美元，除已提用一千四百四十萬美元外，尚餘二百十九萬美元，可資應用。

中國市政協會上海分會近訊

中國市政協會上海分會於三十七年一月二十九日，在上海會所召開第二屆第三次理監事聯席會議，出席者有趙曾珏，趙祖康，奚紀忠，殷體揚，顧培恂，凱學遂等二十餘人，由理事長奚玉書主席，殷理事體揚報告一年來工作情形，旋即討論，決定（一）增加基金（二）編輯市政叢書，推顧理事培恂主持徵稿（三）編纂「中國市政年鑑」，先籌組年鑑編輯委員會，聘請殷體揚，顧培恂，趙祖康，趙曾珏四位爲籌備委員。後由總會常務理事凱學遂，青島分會理事長致詞，又於二月二十日爲黃故副理事長伯樵逝世召開第四次理監事聯席會，決定籌募紀念黃故副理事長紀念基金，特組織一紀念黃伯樵先生市政學術基金委員會」以司其事，此項基金募集後，即發行市政叢書，以昭永遠紀念，並定市政評論十卷三期出版專號，刊佈紀念文字，分邀黃氏生前故好執筆。

地雷探察器的新用途

英國戰時用來探察德國地雷區的金屬品探察器，現在有了很多新的用途。目前在倫敦舉行大展覽會中所作的新用途表演，正吸引着很多的注意。那些探察器可以將深藏於木材中達九英寸的任何金屬品出察來，又可以揭示埋於地下九吋深之金屬管子的地位。這種探察器還可以說明它埋藏的深度，與紙品等，有對於試驗食物，衣服的極大價值。

英鐵路新燈光設備

倫敦來訊：英國鐵路側的燈號設備現正實行一種新的燈塔，而且減少危險。其方法是迅而容易，狀如此的燈塔所射出的光，使有力的眼立管燈塔，而減少位置及燈光平均不刺新電，而且一減列車之間的暗影。這個新制，處是找鐵路各工程師所在戰時發明由這種照明彈光燈而因感覺成功的。

英發明輕便飛機用無線電器材

英國馬可尼無線電器材製造公司，現在製造出三種極輕便的飛機無線電器材。第一種是指示方向的，只有九磅重；第二種是自動無線電測器，重三十五磅；第三種的是同等器材，重量減少一半，比第二種輕二十五磅，是用來測定飛機場的。

倫敦舉行「機器加速增產」展覽會

（英國新聞處倫敦二十六日電）英國第十一次「機器加速增產」展覽會定於七月二日至二十一日在倫敦奧林匹克舉行。是項展覽會將說明英國如何以機器節省人力，與一切生產品包括航空機器製造之機器，及起重機，以及代替人力之運機」。該展覽會之標語爲「一切機器加速增產，促進繁榮」。

本報航空訂户注意

查本報航空訂戶原存郵資二萬元，自經航資數度漲價後，大部份訂戶郵資已罄，現每份郵資漲爲三千一百二十元，故預存郵資亦改爲六萬元。如匯兌不便，可以一千元至三千元郵票代替，除個別通知外，尙請愛護本報讀者諸君，從速補寄，否則本報不勝負担，祇能改爲平寄，尙乞鑒諒是幸。

中華民國卅七年三月八日出版

定價　每份伍千元正　全年訂費貳拾伍萬元正　航空或掛號另存郵資六萬元

廣告價目　甲種每方吋登拾萬元　乙種每方吋捌萬元正

中國工程週報

內政部京警園字第五十一號

中國工程週報社出版

發行人　杜拱辰

中華郵政認爲第二類新聞紙
江蘇郵政管理局登記證第一三二號
地址：南京（2）四條巷一六三號　電話　二二九八九號
零售處　全國各大書店

一週大事記

是週也：政府正式公佈，國大決不延期；國大代表，陸續公告。美國重視，軍事援華；共黨勢力伸張，南韓學生運動；歐洲有會，商討對付之策；重大決策，要待三月十五。

政府正式公佈：三月二十九日舉行的國民大會，絕不延期，國民大會代表的名單，已陸續公告。本週二便可全部發表。

關于簽者當選代表與中央提名代表之爭的問題，還沒有解決。國民黨已決定用黨的力量使黨內當選者自動或強迫退讓與友黨，使大會能在協調愉快的情緒中召開。

總統屬蔣主席，全國人民與各黨派，均一致擁戴；副總統人選，則成問題。國民黨內競選者，有于右任、李宗仁、程潛三氏，而以于氏希望為大。民青兩黨也有意于此，但是希望恐微乎其微，照理，總統與副總統，應屬于同一黨的，如美國就是。

×美國眾院外交委員會，為了廣集軍事援華的意見，已向各方分別探詢。陳納德與麥克阿瑟將軍，是被邀的重要人物。陳納德已接受邀請，回國報告；麥帥也就此發表他對援華問題的初次意見，他說：「目前中國一切問題之根本，厥為軍事問題，在其內部復原可望獲得進展以前，此一問題必須予以解決。」他並且認為，「一部改革對于中國之內戰問題而言，僅係次要問題而已。」麥帥這番話，引起很大反響，毀譽各有不同。民主黨參議員秦勒卻認為他「違反政府決策」，應當「引咎辭職」。

×魏德邁將軍也在眾院外委會中，力主軍事援華。他說：金錢援華，已不能抑制中國共產主義。他並不同意馬歇爾的五億七千萬美元的經濟援華計劃，因為他以為在沒有軍事支持之前，一切經濟援助，無補于事實，不如不提出還好。

在千呼萬喚之下，美國軍事援華是否會順利出現呢？那還有待國際間是否有重要變化。

×共產主義在世界各國伸展它的勢力。

亞洲：南韓的學生運動，對美國支持下的南韓普選是一種打擊。報載：南韓的學生遊行行列中，有人喊出美軍撤出朝鮮的口號；這顯示南韓的不穩。

朝鮮若果貫行「南韓普選」，則分裂之勢，截然劃分。南韓從全合併北韓，是不可能；而北韓的勢力將伸延南韓，倒是可怕而可能的事。

朝鮮是未來亞洲的火藥庫。

×歐洲方面：捷克政變，法國、芬蘭受影響最大。

法國當局已公開表示：法共將步捷共後塵，對現政府採取行動；芬蘭方面也有此徵象。史達林曾邀芬總統派員簽訂互助條約，但是芬蘭國內右派人士對此，卻反對抗力。

針對共黨勢力的威脅，西歐諸國上週有兩起重要會議。一起是倫敦舉行的英美法三國對西德問題的討論，已決定佔領區共管問題，密切合作，並將西德資源，列入馬歇爾計劃；另一起，是布魯塞爾舉行的英法荷比盧五國的西歐聯盟會議，外傳五國訂有軍事盟約，但英代表否認其事。

比較更重要的，則要看月中巴黎的十六國會議了。

國營事業讓民營　行局組銀團募股

讓售國營事業發行股票由銀團經募辦法，業由經濟部根據全經會通過國營事業讓售民營辦法之原則而予以擬訂，茲誌其要點於下：

（一）由政府指定國家行局，聯合組織「國營事業讓售民營募股銀團」，並指定一行為召集行，其任務為根據政府規定讓售事業之單位，規劃每一單位新公司之組織，辦理新公司股票之發行，股款之收集及轉撥事宜。

（二）銀團設於上海，另在有國營事業出售各地，設立辦事處。

（三）政府應就各事業之特質，規模，所在地點及其他有關條件，劃分單位，各別指定底價讓售，以每一單位能獨立組設一新公司為原則。

（四）銀團對於各單位事業應負責盤查資估，參照政府讓售價格規定新公司之資本數額，公開辦理募股工作。

（五）銀團於單位事業股款募足後，應即定期收清股款，繳交國庫，並召集新公司股東後，成立新公司，產生新公司負責人，向政府接辦事業；但為加速國營事業之讓售起見，得於募股超過半數後，先行限期收清已募股款，成立新公司，向政府接辦事業，其未募足款額，暫作為政府投資。上項未經募足股額，仍得由政府委託銀團繼續銷售，其售價格得由政府隨時提高，繳納國庫。

30091

特載

重水（Heavy water）

重水者，水之重者也。

平之

「重水者，重水也。夫水有輕重之分，輕者名輕水，重者名重水」。這是一位八股先生爲本文所作的破題。的確，重水是一種比重較大的水，其含義有如其名稱一般，這個名字可謂十分恰當。

重水是天下稀罕物質的一種，它的身價在戰前是美金二千元一磅司。雖則這樣的貴重，可是在試驗所和原子工廠內所用的重水是以噸計數的。「鈾」一定得放在重水裏面，才慢慢的變爲另外一種人工製造的不穩定原素「鈽」（Plutonium）——這是原子彈內真正爆炸的物質。

重水是一九三三年尤萊博士（Dr.Harold C.Urey）所發現。就我人所知，水是包含着二種原素——氫與氧。他進一步研究氫與氧的時候，發現氫有兩種，化學性能完全一樣，可是一種要比他種重二倍。這一個發現使他獲得一九三四年的諾貝爾獎金。他稱之曰「重氫」（Deuterium）。普通氫內大致含有六千分之一重氫。其量是這樣的少，莫怪乎數十年來，大家都沒有注意它。

重氫與氧氣結合，便成重水。重水與普通水在形態上很難區別，色與味都是一樣，可以吃，也可以用。其物理性能，相異之處約有下列數點：

（a）約比普通水重十分之一。

（b）冰點略高爲華氏三八・八度（38.8°F），沸點略高爲華氏二一四・六度（214.6°F）。

重水與普通水尚有一點相異之處——即植物與動物不能在重水內生存。它將使植物種籽不能抽苗，蝌蚪亦在重水內死亡。有的科學家說人類身體機能之衰老是由于水中含有少量重水的關係，也有些科學家說與人無害。尤萊博士曾喝過少許，證明並無傷害。不論雨水，河水，地下水，海水都含有萬分之一・七（0.017%）的重水。是以地球上所有的重水之多，不知是若干百千萬噸，可是要把它從普通水裏提出來，卻是一個難題。科學家想盡種種辦法來鍊取，可是到一九四〇年，以美國而論，還祇有幾磅而已，其艱難可知。

重水之製造，最初是通電流于水，使水分解爲氫與氧。重氫不易與水分開，所以一直等到祇剩餘十萬分之一水量時，便可得到純重水。電解一噸水，也不過得到三分之一盎司重水而已！所以製造重水，需要極大的電力。倘若沒有鉅大的水力發電電力可資利用，提鍊重水的化費，眞是難以計數！

二次世界大戰前，最大的重水廠在挪威，等到希特勒佔領挪威，德國原子化學家化了整整三年工夫，才產生了五噸。後來那個廠被盟方破壞，希魔的原子夢乃告毀滅。

說來奇怪，這個挪威重水廠對同盟國原子彈的製造，倒有極大的功績。當一九四〇年德軍攻法時，居禮教授（Prof Joliot-Curie）一看來勢不佳，便把他從挪威得到的四十加侖寶貴的重水，托他的同事海爾朋教授（Prof Halban）秘密送到英倫。邱吉爾對這四十介侖重水，並不比他的雪茄烟感到興趣。因之擱在那兒默默不得志者凡三年。直到一九四三年，海爾朋和其他幾位英國原子能專家到美國交換原子能學識時，才帶到美國去，交由麥赫登（Manhattan）實驗廠處理，這幾百磅重水，加速了美國原子彈的產生。

重水的提鍊是這樣的緩慢，電力的消耗，更是驚人，當然，這一切還得由科學家來下一番工夫。一九四三年，尤萊博士發明一個新方法，他知道在某一種情形之下，氫與水的混合足以增加重水的成份三至四倍。這對一噸重水而言，成本減輕不少。

新的重水廠建造起來了，有一所建在加拿大，這個廠包括一連串的蒸溜塔，一個比一個低。塔頂噴入清水，塔底導入氫與水蒸氣。當水流到塔底時，即電解爲氫與氧，氫與水蒸氣混合，經過一層某種化學品後，即通入另一塔，如是者再，重水的濃度便逐漸增高，到了最後一個塔，便是純重水。

這些奇異的金屬塔，究底做點什麼工作？工廠的出品叫什麼？日以繼夜在那兒工作的工人，直到戰後才弄清楚。其機密與重視可知矣。

戰後各國，都致力于原子彈的研究，當然一切得自重水開始。美國，英國，蘇俄，瑞典，挪威，都在積極建造重水廠。

挪威，瑞典所以能在這方面下工夫是因爲具備了偉大水力發電的根基；至于法國便感先天不足之苦。原子戰爭的基礎，建立在重水工業上，毫無疑問的，誰有偉大廉價的電源，誰有大量生產重水的工廠，他將贏得原子戰爭的勝利。

中法易物

法機器易我猪鬃

據巴黎電：中法間現正進行一種以物易物之辦法。此種物物交易之建議，係由法國商務代表團團長穆和於二週前向我方提出。按照穆和建議，中法間將以二千萬美元之等値貨品交換。法方用以交換物資將爲機器、化學品、煤、橡皮，而我方交換物資則爲猪鬃、桐油、鐵產等物。

從電報到雷達

——電信工程的演進

彭肇文

我們不打算對電信工程予以歷史性的描述，——那一年發明甚麼，那一個人又對電信工程有了多大貢獻，這是電信史學家的事，我們無需從純工程或學術的眼光來回顧，這也許是更有興趣的事。

從電報到雷達，中間跨越了多少「跳脚石」，——電報，電話，傳眞，電視，和雷達。電壓從幾個伏特，進到幾十萬伏特，電流從直流，進到幾萬光週的交流，電路從不用眞空管，而熱電管，而光電管，最後進到現在的磁力管(Magnetron)和空腔諧振管(Cavity Resonantor or Klystron。）通信的途程，從幾十碼延展到月球。誰知道將來還有些甚麼變化呢？我們面對着這樣一個變幻莫測的世界，除毫不規避地去遭遇去了解外，也用不着格外驚訝。

下面是幾種所謂「跳脚石」的「常識性」的簡述：

一，電報（Telegraph）

這是大家最熟悉的一種通信方法，如果我們要實驗，也方便得很，只要花幾個電報費就行了。

電報工作者，先把要傳遞的字，譯成他們的特殊文字——點或劃（·or——）的各種不同的排列。爲甚麼要多此一舉呢？因爲單憑幾個受直流控制的簡單繼電器，是無法寫出字來的。（雖然現在的電傳打字機比莫氏電板機有了許多進步，已可直接打出英文字母，但仍不能吐出整個的英文字母和中文字。）不過要繼電器吐出點和劃，祇要我們稍稍動動腦筋，可以想像，這是可能的。那麼好了，我們要送「點」，就把直流電鍵一開即斷，要送「劃」，把開電鍵的時間拉長一點，不就行了嗎？

不要担心，文字的反覆傳譯，一點也不會就誤了我們的時間。熟練的報務員，他根本就把「A」唸成了「·——」，見了「·——」，就把它讀成「A」了。翻譯對他們似乎沒有想像那樣嚴格的意義。文字的讀法不同，那眞會影響時間呢。不信，請看電信局的特快電報吧！要不是報差的脚踏車或摩托車需要時間的話，那簡直只要一閃眼的功夫。而脚踏車的改進，非電信工程師的責任，至爲明顯。

二，電話（Telephone）

用音學的方法，可以知道：一般人的語言，如僅收聽三〇〇到三〇〇〇週中間的頻率，可得充分的可辨度(Articulation）。自然收聽更大的頻率帶（Frequency Band），我們尤所歡迎。但是這對機器的構造上，顯得不經濟。而且，闊度增大，雜音竄入的機會加多，這也是人所週知的事實。根據這個原則，我們的「先賢」，設計出來了現在的電話。

我們的音波，振動了送話器的薄片，發出一個與音波波形完全相似的交流電。這已經和電報的直流，有點不同了。交流電送到對方的受話器，再加上一點直流成份（D.C.Component），振動一塊與送話器內樣子差不多的受話器薄片，於是產生與原來波形相似的新音波，這就是我們聽得的聲音。

這裏講的，不過是指我們通常拿起說話的那個手機而言。至於機座內部，大都裝有關於有電話打來的預告信號設備。如自動電話的響鈴等。

自然，現在最普通的是「自動電話」。此外，事實上，還有「磁石式電話」和「共電式電話」，被廣泛應用着。後二者雖然制式老，然而有其特殊適合的場所。常常釀成上海金鈔潮的對講電話，便是例子。總之，不管「自動式」「磁石式」或「共電式」，電話機本身原理，都是一樣的。差異僅只在電話交流的輸送工具和電源的供給上。

三，傳眞（Facsimile）

有了電報替我們傳文字，有了電話替我們傳語言，如果我們要傳照片怎麼辦呢？在某些場合，對方雖然收到了表達我們意思的文字，但是仍不滿意，因爲他懷疑人家可能僞造呀！

不要急，傳眞爲我們解決了上述一切困難。

傳眞的妙用，全憑它的那兩個光電管（Photoelectric Cell)完成的。一個用作掃描（Scanning)，一個用作平衡(Balancing）。光電管與普通流行的熱電管不大同。顧名思義，熱電管是靠燈絲（Eilament）被電流灼熱後，使陰極放射電子到屏極上，而產生電流，光電管呢？它卻利用外面的光綫，投射到陰極上，象熱電管從「熱」獲得動能一樣，光電管的陰極，也從「光」中取得了動能，供電子飛越至陽極的需要。投射光線的強弱，使得光電管的輸出電流變化，正如熱電管陰極溫度的高低，也影響屏極電流的大小一樣。利用光電管還一點奇妙的現象，聰明的讀者只要閉目一思，一部傳眞機的輪廓，不是立刻就浮出來了嗎？

把一個類似普通電燈的所謂「激發燈」發出的光線，經過稜鏡的集中，射到需要傳送的圖案上。事實告訴我們，這個射到圖案上的光線，一定隨圖案顏色的深淺，或多或少地被反射轉去。注意！就在這點反射光線的強弱上，產生了奇跡。——光電管接收了這條強弱時變的光線，按照上段的原理，它自然會發出大小依光線而變的電流。這個可貴的符號電流，經過一個研光盤（Lightchopper），每秒將光線研斷二二〇〇次，這就是調幅，然後與另一平衡光電管的電流相合（若不用平衡管，黑的傳出去是白，白傳出去是黑。），再用所謂「有線電」或「無線電」送到對方去。

對方接到這個電流後，經過一枝短針（Stylus）使它通過一張特製的收訊紙上（Teledeltos）。收訊紙塗着金屬，碳，和氧化物之類的化學藥品，有被小火花燒成黑點的效應。短針和收訊紙間，當收訊時，經常連續發生照電流變化的許多大小火花。大火花自然在收訊紙上比小火花燒得黑一點。前面已經講過，電流強弱不是隨圖案顏色深淺而變的嗎？這一來，傳送的圖案，顏色深處，收訊紙顯得更黑，顏色淺處，顯得更淡。整個一張圖案，於是便很清楚地映現在遠處的收訊紙上了。

四，電視（Television）

請你想一想，我們多麼痛快。「電視」給了我們比「千里眼，順風耳」一類封神榜上人物更強的本領。這不是誇大：梅博士的霸王別姬，可以在我們的國家表演；奧林匹克的網球，當心別弄壞了你的眼睛；還有國大代表的競選，成功湖聯合國大會上維辛斯基的咆哮，和……。可是也有使你歎然的地方，那便是它現在可能傳送的最大距離，尙僅限於一二百英里以內，誠屬一大遺憾。但是，這困難的克服，不過是時間問題，你總會相信。

寫到這裏，也許有人很想知道這個「玩意兒」的內容，你說對嗎？

普通一般人，爲討論的便利計，常常歡喜把電視分成四部份來講：攝影箱（Camera）放大及同步裝置（Amplifying and Synchronizing Equipment）發送機（Transmitter）和接收機（Receiver）。

外來物體的光綫，射到攝影箱的鑲片上（Mosaic），鑲片前面塗了一層銀粒或氧化銀粒，後面浸有石墨膠體。鑲片本身是石碳質。銀粒和石墨都是導電體，而石碳爲絕緣物，所以它具有電容器的效應。銀粒被光線照射，隨光線的強弱，放出或多或少的電子。這些電子，用一個金屬環吸收。攝影箱的另一角,有一隻電子槍,射出電子流(Electron Beam)把各個粒中失去的電子,補償起來。因此電子流出了「脈動」現象(Pulsating Effect)。攝影出來的脈動電流,經過放大及整步手續後,用同心電纜或超短波無線電播送到發送機,經再度放大,調幅或調頻,便讓它由天線發射出去。

電視用的載波頻率,經協議結果,普通廣播用為四四至八四兆週,實驗用為四八〇兆週以上。每家電視廣播闊度,限定在六兆週以內。這與電話三〇〇到三〇〇〇的闊度,已有霄壤之別。(兆週:百萬週也。)

廣播出來的電視訊號,由天線的引導,進入了接收機。接收機包有三種設備:一、無線高週電路。頗似普通的優良高週無線電接收機,把進來的高週去掉,祇留淨地剩下發音及成影的部分。二、發音裝置。聲音發送機(Saund Transmitter)播出的調頻訊號,經過無線高週電路後,發音裝置使他恢復原來的聲音,這和普通無線電收音機的原理差不了許多。三、圖像裝置。這是電視接收機的特徵部份,也是它所以奇妙的原因。

我們利用電子打擊磷質板能夠產生發光的原理, 造出了一隻所謂陰極射線管(Cathode Ray Tube),這個管子內的射擊電子流,如果能夠使它與磷質板碰觸的力量和部位,依一定規則變化,那最好不過了。因為我們假想:若果它的變化情形,和攝影箱電子流的變化一致,那我們不是可以獲得一張與攝影箱內底片,具有完全相同的活動圖案的螢光板了嗎?聰明的發明家,就抓住了這一點,把收得的可視訊號(Visual Signal),拿來控制陰極射線管內電子流的衝力和位置。於是電視接收機,也就趨近功成圓滿之境。

五,雷達(Rar'a)

雷達用的波長更短了,普通都祇幾厘米到幾十厘米而已。這種波和電視中的載波一樣,是走直線的。金屬物體可以把它「擋駕」,甚至大地,海洋等,都可以使其折回。此外,它在高空電離層(Ionosphere),還表演一點普通長短波做不到的事。那就是穿透了這層電波的「藩籬」跑到遙遠的「虛無」。或者,乾脆說這個「藩籬」,把它吞食掉,都決不折返轉來。

科學家們,利用了微波這點特性,作了許多和星球通信的嘗試。至於月球對雷達的反射,我們已經獲得了很多滿意的結果。讀者諸君等着吧!等着不久的將來,我們到星球旅行去。

由雷達這個英文字RADAR(Radio Direction and Range)已可以看出它有些甚麼用途。它有點像「雙重電視」(非專名詞,為解釋便利計,強以名之。)因為電視是把甲地的情景,傳到乙地。而雷達是用甲地發出的電波,把乙地的情景帶回甲地來。電視「有去無回」,雷達好像是「有去有回」的樣子。

利用各種物質對微波的反射性能不同的原理,接收機指示器上的圖案,熟練的技術員,很容易辨出:偵察到的是飛機?是船艦?是山岳建築物等等障礙物?至於定位和測距(尤其後者,是今日雷達的主要用途。),前者是利用天線的轉動,後者是用微波的反射來確定。茲分述於後:

雷達用的天線,普通都是非常短的,不過幾吋長而已。很容易把它放在一個拋物面電波反射體的焦點附近。因此,發出的微波,在某個方面,可獲得最大強度。這也是普通長短波定向天線具有的性質,原無足怪。電波最大強度的方向,如果就是被偵察物的方向,那接收機指示器上,可獲得最大強度的圖案。這是由於投射波強,反射波自然也強的原因。利用天線的轉動找出圖案最清楚的方向,那個方向,也就是被偵察物的方向。除利用天線的最大放射,完成定向任務外,另外還有所謂「相等強度法」。使兩副天線最大放射稍稍左右偏移,接收機能夠同時收到兩個相等強度的圖案。這時指標的方向,就是被偵察物的所在。

從雷達發出的脈衝波(Pulse Wave),到該脈衝波被反射而回的這段時間,雖然短到要用微秒(Microsecond)作單位,才能度量,然而我們憑藉了儀器的幫助,居然把它讀了出來,不僅此也。我們還用這個數字去乘光速,因此獲得了距離遠近的概念,這是指產生脈衝波的雷達而言,如果我們用的是只能產生連續波的雷達,怎麼辦呢?(連續波雷達,雖然現在漸被淘汰,可是當脈衝波雷達未被廣泛使用之前,它卻佔據了大半雷達應用的領域。)聰明的科學家,不會有束手無策的事情。現在他們把雷達發出的連續波的頻率,使它隨時間作直線變更,反射波頻率高到甚麼程度,就意味着標的物遠到甚麼程度,同時這種雷達,利用發射波與反射波的杜柏效應(Doppler Effect),可以獲得被偵察物移動的速度數值,並且還非常精確。這卻又是它獨特的優點了。

事實上,現在新奇的玩意兒,還不祇這幾種,此地所以沒有敘述的原因,有的尚未臻完備之境,有的不過是上述幾種主要東西的聯合應用而已。如羅蘭(Loran)德利蘭(Teleran)等便是例子。總之,電信工程在廿世紀是進步最速的科學之一,一九四八年的今天,似乎只好寫到雷達為止。明天,後天,一九四九,一九五〇……這篇文章的後面,還該接些甚麼東西上去,實在是一張太有趣,太可珍視的「牌」,它遲早一定總要攤出來的。

(二、二八、於電信局)

美國工程界

化學工程師待遇最優厚

在美國的工程界裏，化學工程師的待遇最高，這是一位名叫Andrew Fraser的在化學與工程新聞（Chemical and Engineering News）上發表的一篇報告裏面所說的。

根據一九四六年的調查，每一種經驗階段的化學工程師，其每月月薪都比較同樣經歷的開礦、冶鍊、機械、工業、電機、土木工程師爲高。

一個剛剛離開大學，進入私人企業的化學工程師，平均月薪爲 $256，而土木工程師祇有$243。

有八年經驗的化學工程師，月薪爲$325，而機械工程師祇有$375。

在十五至十九年經驗階段，大致年齡都在三十八與四十二之間，化學工程師平均月薪爲每月 $563，而其他職業工程師的月薪平均約自$415起至 $531。

在二十五年至二十九年經驗階段中，年齡約自四十八歲至五十二歲，化學工程師平均月薪$765，而非化學的其他工程師們的月薪約自$476至$623。

在三十五年至三十九年經驗的化學工程師月薪約爲 $825，而其他工程師則自月薪 $513至$693。

人類天然壽命應爲一百五十歲

美國醫學學會主席巴茨博士（Dr. Edward L.Bortz），在他研究各種動物天然壽命後說，人類應該活到一百五十歲。

狗需二年方才能發育成熟（Full Grown）平均壽命爲十二歲。

貓要一年半方能成熟，壽命爲十歲。

馬需要四年方能發育成熟，壽命爲二十五歲。

根據以上的推算，動物的天然壽命約爲其發育成熟年齡約六倍。人類大致到廿五歲方才發育完全，所以天然壽命應該爲一百五十歲。但是時至今日，人類的平均壽命尚未超過六十八歲。人類富於感情，智慧高，慾望大，這或許是不能享天年的最大原因。至於如何可以延年益壽，有待繼續研究。

國外通訊

英改防空壕爲農舍

（英國新聞處倫敦電）據農業大臣在下院宣佈，爲解決英國農舍短絀起見，茲已擬有計劃將大批戰時防空壕改造爲標準建築並迅速予以分配，建築式樣不一，可供各種農業上之需要，無論用作穀倉，榨乳室，工具間或外屋，在大小與設計方面均有選擇餘地，此項迅速以聯道供應農舍之重要問題，曾費極大力量試圖解決，主持殖民地發展企業之海外食糧公司，且以爲此種建築尚可推廣應用，於非洲亦有極大價值云。

日本賠償物資　美又要求削減

（中央社華盛頓二日合衆電）據權威方面訊：美國決定放棄其搬運日本賠償物資之計劃（純屬戰爭工業則仍在賠償物資之列），且將致力促請遠東委員會其他十會員國接受此一立場。據悉：美國此一新計劃將使日本賠償物資較美官員先前所估計者少百分之卅三。陸軍部二日發表斯瑞克海外顧問公司之報告，以其揣測遠東委員會對此項新建議之反響。按斯瑞克海外顧問公司建議堅決反對以任何日本可有效利用之生產性設備，供作賠償（主要之戰爭工業除外）。該權威方面亦表示如戰爭國繼續搬運日本除戰爭工業外之生產性設備，則不唯日本，即全球之經濟俱將遭嚴重之損失。

斯瑞克之報告與美國官方意見頗多脗合之處，按照建議將價值十四億七千五百八十八萬七千日圓（按照一九三四年之日圓購買力計）之日本主要戰爭工業及價值一億七千二百二十六萬九千日圓之次要戰爭工業供作賠償物資，且謂此舉不致影響日本之生產能力，按美國務院及陸海軍部聯繫委員會原估計日本賠償物資總值爲二十四億六千五百九十二萬日圓，刻已減少一億一千七百萬日圓。

遵照國外事務諮詢協會以前宣佈的日本工業水準計劃，各項應遷去的工業設備清單如下：

（一）銑鐵　日本保留二百萬公噸，以一百六十萬噸作賠償。

（二）鋼板　日本保留三百五十萬公噸，以二百九十萬噸作賠償。

（三）鋼條　日本保留二百六十五萬公噸，以一百五十五萬噸作賠償。

（四）硫酸　日本保留三百五十一萬零六百七十五公噸，以一百二十四萬零五百七十五噸作賠償。

（五）燒鹹　日本保留四十九萬三千噸，完全不作賠償用。

（六）人造橡皮　日本完全不保留。

（七）製造軸承工業　日本保留價值五千九百三十一萬八千萬日元之數。

該報告書建議：日本應設法廢置所有水電力及保留一百二十四萬零五百總噸數的商船，此中只有五萬九千五百噸供賠償之用。該協會稱：美國海軍官員方面，將要求保留日本每年生產九百八十萬零七千五百五十桶火油內全部煉油工業及七百二十九萬三千桶的貯藏廠。

福特抵柏林　發展德國工廠

（中央社柏林三日專電）美國福特汽車公司董事長老福特之孫本日抵柏林，與美軍政府當局商談重新發展德國之福特工廠，自戰爭結束以來，科隆之福特工廠在英軍政府監督之下，已出產卡車一萬輛，渠此行主要目的，立卽設法結束美軍政府之管制。

飛箭可射到月球　醫藥將有新發現

今年科學十大成就預測

（中央社訊）中華自然科學社綜合報導：科學的新境界，實有無限之前途，但下列十項乃吾人所能預期在本年很可能完成的：

一、世界最大望遠鏡直徑爲二百吋，將開始觀測關於行星及銀河的光帶及宇宙中許多未知的遙遠的部分；是否同我們所在的宇宙相似，可以獲一答案。

二、在北美及北非洲覓求人類的古跡，或可使西半球人類歷史溯源自三萬到四萬年前。

三、新的噴射推進飛機將大有進步，但可能保守軍事秘密，V—2式火箭所及範圍將增加一倍，可能高二百哩。

四、從飛機上改變雲中的情形，以之調節氣候及人造雨，及新的方法可能有若干實際應用的收穫。

五、人們在三月左右的夜間，將能見到相當光亮的伯爾特慧星。

六、飛機將裝置CAA一式降落器，使機場面積減小，機場距離可能接近城市，同時各式飛機均可在同一跑道降落。

七、由於原子能及放射性物質的研究，可能使吾人對生物及醫藥上的基本認識有新的發現。

八、對若干物質在低溫下電阻降低的研究必將繼續有新的發現，可能有若干之實用價值。

九、萬萬電子伏打的原子破裂機，可能開始製造，由之可以增加宇宙線放射兩倍或可進一步發現放射原子能的新工具。

十、將有飛箭放射到月球上的企圖，飛箭到月球表面之撞擊，可放出訊號。

國內消息

國立職業學校全國共十六所

（本報訊）教育部頃發表全國現有國立設置之國立職業學校共十六所，（國立大學或獨立學院附設者，國立設於各省之職業學校除外。）其所在地及學校名稱如次：

南京區：計有高級印刷科職校（設印刷、製版兩科），高級窯業學校（設陶瓷、玻璃、耐火、材料三科），高級護士職校，中央高級助產學校等四所。

上海區：計有高級商業職校（設普通、商業、會計、銀行四科），上海高級機械職校兩所。

北平區：計有北平高級工業職校（設機械、電機、礦冶三科）。北平助產職校兩所。

重慶區：計有中央工業職校（設機械、電機、土木、應用化學四科）。

昆明區：計有西南中山高級工業職校（設機械、紡織、土木三科）。

江西省：計有高級造紙科職校。

武漢區：計有海事職業學校（設駕駛、輪機、造船三科）。

浙江省：計有吳興湖州蠶絲職校（設蠶絲、製絲、絲織三科）。乍浦高級水產職校（設漁撈、養殖、製造三科）。

江蘇省：計有南通高級農業職校（設農藝、園藝、畜牧、農產、製造五科）。

廣東省：計有瓊山高級農業職校（設農藝、園藝、畜牧、森林、農產、製造六科）。

魯籌設工學院

（中央社魯南電）魯省府教育廳決議，決成立一工學院，包括土木，機械，採礦，紡織四系，已于上月二十九日舉行首

皖設立工業專校

教部息：安徽省政府去年計劃設立省立工業專科學校，由淮南路礦公司籌備，內設土木，機械，電機三科，五年制，招收初中畢業生，現已經籌備就緒，教部曾派員視察，認爲合格，已准備案。

京滬杭上月生活指數

京滬杭三地生活費指數編製委員會，于本月一日發表上月份之生活指數如下：

南京 工人生活總指數一二四、二六四倍，較上月增加四成二。

分類指數如下：

食物類：一三〇、一七九倍。

衣着類：一八四、三七八倍。

房租類：三〇、〇六七倍。

燃料類：三四三、三二一倍。

雜料類：一三九、四二三倍。

上海 工人：一五一、〇〇〇倍，較上月增加五成八。

職員：一一八、〇〇〇倍，較上月增加四成六。

工人的分類指數：

食物：一六四、〇〇〇倍。

住屋：九三、〇〇〇倍。

衣着：二三三、〇〇〇倍。

雜項：一七四、〇〇〇倍。

職員的分類指數：

食物：三七〇、〇〇〇倍。

住屋：三二、〇〇〇倍。

衣着：二〇五、〇〇〇倍。

雜項：一三五、〇〇〇倍。

杭州 工人生活總指數爲一三〇、一五一倍，較上月增四成二。

全國總工會各地工會發起組織中

（本報訊）全國各地各業工會皆已陸續成立，惟尚無全國總工會之組織，各省市總工會暨全國性產業分會聯合會爲適應此種需要及團結全國工人起見，特發起組織全國總工會，已于五日正式成立，並訂於二十一日於南京華僑招待所舉行成立大會，會期五日，現正在籌備中。

（中央社訊）鹽業工會全國聯合會，定於七日在京成立。並於三日舉行首次籌備會議，推選竺驟林、王位東、陳世傑、等十五人，負責大會籌備事宜。

建設大西南

湘粵再建設聲中，國人對西南戰時工業區有無恢復可能深爲關切。茲據資委會副主委孫越崎氏于北平稱：此係彼一向主張，且川、黔、康、滇之資源八年來已極洞悉，不須再度勘查。桂省資源無多，但可爲海口，彼所謂西南係指大西南角，與彼所謂東北，係大東北，總包括河北，山東及長城線之東北角相似。此兩者資源既豐，而交通便利，且經政府多年建設，故首應開發。但自國際上着眼，西南角亦不弱於東北，惟如何開發交通，則爲首要的問題。從國際上着眼，政府實應有此種魄力，從事基本建設，以加強國力。

工業與資源

資委會華北工礦現存廠礦決繼續到最後

（本報北平訊）資委會所屬華北各工廠，據該會孫副委員長發表，當局決將盡力扶植，加強進行。重工業方面；如石景山的大化鐵爐必須將其開爐，原料雖不能源源而來，但能開到什麼時候就到什麼時候。津唐各軋鋼廠並將配合工作，以此原料進行軋鋼。大冶鋼鐵廠亦可望於六月中

「資渝廠」自己設置的一套軋鋼機拆運至大冶應用。平津兩電廠各增設五千瓩發電機一套，四月中可到達。唐山至天津高壓線必須修復供電。冀北電力正努力辦理，不久即可實現。煤炭問題，南方雖不能比北方，但亦非沒有，只要有設備，即可開採。

東北工礦損失數達百億美元

東北境內工礦事業，抗戰勝利後，遭受浩劫，全部損失，至爲驚人；資源委員會孫副委員長越崎語記者談稱：以美元計算，至少達一百億美元。

又鞍山鋼鐵公司陷落後，技術員工的安危，各方很表關切。據悉：近數日來大部均經釋放，先後到達瀋陽者已逾二百餘人，仍留於現地者僅協理二人及少數工程人員，即亦有被釋的可能。該公司失陷後並未如理想中破壞之嚴重，一旦克復後，大部仍可使用。刻該公司總經理邵逸周已回瀋陽辦理善後。

又本溪被圍，日來戰事稍緩，該處煤鐵公司仍維持產煤。

華北電力

冀北電力公司二週年

冀北電力公司二週年紀念，津區有盛大集會，鮑國寶總經理說：國家困難，時局嚴重，今年可能比去年更嚴重，只有埋頭苦幹，沒有辦法創造奇蹟，今年的工作是把平津兩部五千瓩的新機器裝起來，張家口添五百五十瓩機器，下花園添一千二百八十瓩機器，秦皇島加三千瓩新機，保定因交通不便，無法改進。

龍烟鐵礦擴大改稱宣化鐵礦

（軍聞社張家口四日電）察省龍烟鐵礦，已奉令改稱宣化鐵礦，隸資源委員會華北鋼鐵有限公司，該礦爲配合政府鋼鐵增產方針，正擴大組織，增加工人，以[illegible]

淄博煤礦　擴大組織中

資委會淄博煤礦公司，自啓中收復後，即成立籌備處，以事大量生產，並由資委會轉奉行政院核定撥交接辦左列各礦廠，擬組織合辦公司，繼續經營，該公司為保障原有民股合法權益及各機構產權，債權，債務起見，刻正從事清查中。

清查產權、債權、債務各機構計有：

接辦機構名稱

山東礦業株式會社
魯大礦業股份有限公司
悅昇礦業公司
東大礦業公司
利大礦業公司
旭華礦業公司
官莊礦業公司
山東煤礦產銷股份有限公司
華北石炭販賣股份有限公司青島支店
華北石炭販賣股份有限公司濟南支店
坊子炭礦
善芳礦業公司
山東電化株式會社
北支那開發株式會社青島支社
北支那開發株式會社濟南支社
開發醫療組合青島駐在所

清查股權各機構計有：

接辦機構名稱

魯大礦業股份有限公司
悅昇礦業公司
東大礦業公司
利大礦業公司
旭華礦業公司
官莊礦業公司
山東煤礦產銷股份有限公司

煤價高增

經濟部燃料管理委員會，頃決定配煤價格予以調整，開灤煤約上漲百分之五十，其他則增加百分之三十至四十五。

購買外煤尚有困難

頃以北煤南運不易，滬市原有存煤三十萬噸即將用罄，為解救煤荒起見，行政院有向國外購煤十萬噸之議，社會人士鑒于去年八月，經濟部召集之煤業增產會議，礦方要求政府允予進口二千萬美元之設備，以資增產一事，迄未得一解決，今竟耗兩千餘萬美元向國外購煤，頗多責難，尤以煤業人士為甚。記者特以此問題，即詢經濟部礦業司司長，據稱：政府本于去年預定向國外購煤十萬噸，及後僅購進二萬餘噸，因之尚餘有七萬餘噸煤款。今日計劃購買之十萬噸，除去上數外，僅為二萬餘噸。該項煤究係政府出資向外商購買（連運費在內至滬每噸約合三十美元。）抑係由美方援華物資內撥出，尚未定。（按援華物資包括少量煤）斤在內。

恢復工貸　四聯決定原則

關於恢復工貸，四聯總處小組審查會最近審查決定的原則如下：

（一）以民生日用必需品、生產出口物資、食鹽、交通公用事業為貸放對象。

（二）貸款採取「訂貨」、「收購」、「委託製造」、「實物」等方式，現金貸款儘量減少。

（三）貸款利率採差別制，日用必需品利率最低。

（四）資金來源：甲、日用必需品和交通事業由中央銀行轉抵押，資金來源由中央銀行負責。乙、國家行局庫吸收存款，用本身力量貸放，以免增發通貨。

（五）貸放總額就實際需要來決定，貸放的對象側重中小工業。

（六）嚴格檢查貸款對象，並且監督貸款用途。審核方式分三種：甲、由貸放的行局本身審核。乙、中央銀行在轉抵押重貼現的時候審核。丙、四聯總處審核。

配售民營工具機　存滬等候處理

日本賠償我國首批物資中，經濟部所接收擬價配民營事業部份之機器，計分別由海康及海浙輪運抵滬者共有車床、鑽床、磨床、鏇床等五百四十部，經部於十二日下午特招待滬上工商界人士，搭輪前往浦東參觀，惟大部份機器因倉庫及吊車起重能力關係，凡二噸以上之機器，均露天堆置於碼頭附近空地，上蓋油布下墊枕木。負責方面談稱：機器裝箱情形良好，木箱裏面有柏油紙板，機器表面塗有牛油，故暫時露天堆放，決無銹蝕之虞。聞該批機器均係日本各著名工廠拆遷而來，機件精良，性能亦佳，一般咸盼當局能迅速加以適當處理利用，勿使此批生產工具擱置太久，以遭風雨侵蝕，而變為爛銅廢鐵。

交通

交通部搶修平漢南北段

平漢鐵路南段搶修工程，南端業於二月十五日修至駐馬店。北端於二月二十三日修至新鄉，並已遵照下列各項搶修程序；第一步應將駐馬店至郾城段修通；第二步修新鄉，許昌段；第三步搶通郾城許昌段。交部已飭該路，遵照分段進行，並呈院請款中。

湘桂黔鐵路谷蒙道燮通

湘桂黔路都筑段，長九六〇公尺之谷蒙隧道萬坑，已於二月二十日鑿通。

浙贛粵漢兩路車輛增加

浙贛、粵漢兩路，亟需車輛應用，交部除飭湘桂黔路自懷遠以南撥客車二十輛，交由株州機廠修理，充組兩列，分交該兩路使用，陸六個月內完成，並飭剋日治辦。

瀋陽新民間鉄路暢通

瀋陽至新民間鐵路，前被共軍破壞，經搶修後，現已恢復通車。

鐵路客貨票運增加

最近物價激漲，鐵路收支，入不敷出，現各路運價已呈奉政院核准，自三月五日起，調整各貨票運均加百分之一百廿，惟十七種食糧及食油、鹽、糖特價，仍維持原訂減價辦法，分別按六折及八五折計算。京滬路客票，只加百分之一百，湘桂黔路六清段貨運，應酌情少加。又凡負担能力薄弱之貨物，各路亦可酌情另定低廉特價報部。至東北各路運價，由東北運輸總局及中長理事會請示行轅核定。

客票增一倍

京滬、滬杭、津浦、平津鐵路

京滬、滬杭及津浦三鐵路，前以物價高漲，請求調整客貨運價，交通部根據各項成本，准予自五日起，調整客貨運價，計客票增如百分之一百，貨運增加百分之一百二十。

又平津區鐵路局客運票價已自五日起調整，平津間特快車三等客票自五萬元增為十一萬，普通貨運亦加倍，惟糧、鹽、油、糖、煤仍按原價。

京滬路將舉辦三等對號車

京滬鐵路為服務三等旅客起見，已決定即將舉辦三等對號車，目下路局正在刷新三等車廂。

青新公路全線工竣

長達一千三百廿二公里的青（海）新（疆）公路，全線工程在上年底已經完成，交通部定于本年四月驗收；同時舉行試車，日程預定六日。先從迪化開赴婼羌，然後取道南疆公路，到青新公路的終點，並在紅柳溝站舉行通車典禮，作全綫試車，到起點站青海倒淌河後，仍繞駛西甯市，作試車用之新型客車四輛，交通部第六區公路局現已領到，刻已由渝駛蘭，不久即可開赴迪化。

水運又增加

水運價原定自三月一日起增加百分之三十三，茲以最近各項物價激漲，油煤燃料成本過高，所增百分之卅三，航商無法維持，交部已徇全國輪船聯合會之請，核准自三月一日起，各綫運價一律改為增加百分之五十。

中航中緬航班七日正式恢復

中國航空公司前為籌備中緬航班，曾於上月廿二日派機飛仰（光）試航，結果圓滿，茲該公司首班機已定本月七日由滬飛出，以後每逢星期日派空中霸王號一架由滬飛港，星期一由港飛昆明轉仰光，星期三由仰光飛加爾各答再返仰光，星期二由仰光經昆港回滬，可與當日該公司中美航機接運飛往美國。

中航公司開衡陽站

（中央社長沙三日電）中航公司增闢衡陽站，日前自滬試航，結果良好。此後衡陽將成為東西南航線之一中間站，東可飛漢京滬，南可飛桂穗港，西可飛筑昆渝。

東北空運加強能力

交部對於東北空運極為重視，特令飭中央、中國兩航空公司及空運隊，對於平瀋航線，應儘量維持原有班機，俾錦州機場佈置完竣，並應參加錦州運糧工作。

中英無線電話四日開放

中英無綫電話，于四日下午五時半在上海橫浜橋電信局舉行通話典禮，由上海電信局局長郁秉堅及國際電台工程師盧宗澄主持。典禮完畢後即舉行通話，聲音清晰，成績優良。

中菲通話在設置中

中英電話正式開放後，中菲（馬尼拉）電話亦正在設置中，預計在本年五月前，當可成功開放。

汽油消耗驚人

全年約需六千七百萬美金

據資源委員會息：現今全國每月汽油消耗量，包括飛機用油在內，估計約為一千五百萬加侖，而國產油量，每月尚只一百十二萬加侖，不足之數須自國外輸入。上年汽油進口數量，每月平均約為一千二百十八萬加侖，加以目前油價每加侖值美金一角二分四釐計算，全年共約耗費外匯九十一萬餘美元，柴油（包括燃料油）每月進口量平均約為七萬八千公噸，以每噸值美金卅七元計算，全年共約消耗外匯三千四百六十三萬餘美元。潤滑油每月進口量平均約為三萬一千一百四十桶，以每加侖值美金六角六分計，全年共約耗外匯一千零六十九萬美元，以上四項全年總共約耗外匯六千六百九十八萬美元，而所需全部運費，尚未計算在內。

中華民國卅七年三月十五日出版

中國工程週報

內政部京警圖字第五十一號
中國工程週報社出版
發行人 杜拱辰

定價 每份伍千元正
全年訂費貳拾伍萬元正
航空或掛號另存郵資六萬元
廣告價目 甲種每方吋壹拾萬元
乙種每方吋捌萬元正

中華郵政認為第二類新聞紙
江蘇郵政管理局登記證第(三三)號
地址：南京(2)四條巷一六三號
電話 二三九八九號
零售處 全國各大書店

一週大事記

是週也：院長金石之言，着重揚子建設；
美軍事援華，傳將具體化；
歐洲壁壘，更見分明；
事齊事楚，各有所好。
物價瘋狂再上漲，待遇調整又如何？

行政院長張羣氏在十四日的扶輪社年會中，提出一個重大的號召：「戡亂建設的重點，應在揚子江流域。」

張氏這樣解釋着：「目前東北既然全在軍事狀態之中，建設工作，一時無法恢復，華北的建設，也因受軍事影響，不能積極推行，西南建設又因交通上受到自然環境的限制，不容易開展，論環境的可能和事實的必要，揚子流域的建設工作，實在迫不容緩。」張氏並且提出三大重點，就是：水利、航運和動力的建設。

張院長這番號召，無疑地可作為中國工程的指針，若果一切能按計劃進行，戡亂工作是可以有很大幫助的，只是問題在：（一）政府如何以強大軍力保持這「可能環境」的安定？（二）是否準備以絕對為需要而使用的巨大款項，放手去做？

××××

自麥克阿瑟、陳納德力主軍事援華後，華府方面對此，已極為注視。衆院外交委員會人士透露出的消息：軍事援華將邁進一步，除出售軍火予中國政府外，並將命令美軍駐華顧問團直接參與作戰。

果爾，即成為美軍正式幫助政府戡亂了，美政府是否會如此做？照以往馬歇爾國務卿的表示：「美國應當避免他人（指蘇聯）的藉口。」不過，此一時彼一時，國際風雲是變化叵測的，萬一真是這樣，那就表示美蘇的衝突已經到了不可挽救的地步，且看目前緊急的歐洲局勢也未嘗無此可能。

美陸軍部所派的薾勒准將，由美來華，據云：其任務如對美軍顧問團作「例行的視察」，除「例行」以外，還其間會不會有其他的消息呢？

××××

歐陸的外交活躍局面，可說是空前的：東歐，西歐兩大集團，正在拚命爭取它們的夥伴，東邊的捷克政變以後，芬蘭對蘇在談判簽約，外傳挪威，土耳其也將準備與蘇攜手，雖然挪威外長對此也正式否認，但是蘇聯勢力之擴張，與乎捷克政局的改變所給予歐陸諸國的刺戟，是非同小可的。

另一邊，貝文外相所主持的英、法、荷、比、盧五國西歐聯盟已在布魯塞爾簽訂盟約，據說：大家允許和平相處至少五十年。最重要的一點，還是盟約所規定的「門戶開放政策」，希望西歐諸國參加，來者不拒，十五日的巴黎會議中，這盟約一定會在會議中爭取它的贊同者。蘇聯對此是感到不安的，「消息報」曾予評論，說這是「馬歇爾計劃之一部，旨在干涉歐洲人民國際政治生活。」

××××

物價瘋狂在漲，特別是米和五洋市場，上海米已漲過四百萬大關，雖然糧食配售開始，但是每月僅一市斗，不足的還得按市價補充，而市價自從「自由議價」以後，又是那樣沒遮攔的上漲，公教人員與升斗小民感受的威脅，真是苦不堪言。

公教人員普遍在叫苦，照生活指數三月調整的辦法，已很快的為物價現實的教訓所摧毀。龜兔是不能賽跑的，據說國務會議已決定每月調整的辦法，第二天，行政院新聞局又否認其事。

不過，否認還否認，事實還事實，「每月調整」，已勢在必行；以後的問題，是「每月調整」是不是就會趕得上物價？

四聯決定恢復放款

三十七年度生產事業貸款方針，暨農業土地金融貸款計劃，業經本月十一日上午九時，于行政院舉行之四聯總處第三六〇次理事會通過，全文已于會後發表。本年貸款利息，除貨價絕對受政府控制，或與國策有關之生產事業，以低利貸放外，其他利息分別性質，參照市場利率計算，公用交通事業貸款以抵押透支短期週轉為限，基本工礦事業可短期透支，民生日用必需品之生產運銷可押匯，出口貿易可做打包放款，定貨貸款。定貨與收購成品，可參照已辦成案辦理。本年農貸總額以十五萬億為限。

本報航空訂戶注意

查本報航空訂戶，原存郵資二萬元，自經航資數度漲價後，大部份訂戶郵資已罄，現每份郵資漲為五千一百二十元，故預存郵資亦改為六萬元。如匯兌不便，可以五千元郵票代替，除個別通知外，尚請愛護本報讀者諸君，從速補寄，否則本報以不勝負担，祇能改為平寄，尚乞察諒是幸。

關於南京下關火車站

錢冬生

京滬鐵路南京下關車站新廈工程，係於三十六年五月十六日開工，歷時七月而全功告成，已經於三十七年元旦正式開始運用。二月以來，站務管理尙未能配合新廈之啓用而全部展開，若干售票窗洞未曾開放，東南側鐵柵門出口未曾打開，中部之問詢處尙無人在內辦公。於是，若干旅客，輙因大廈之成而有零落不便之感。爰經細加研究，竊以爲就學理而論，該項新廈工程在工務設計上，似亦有值得討論之處，固不僅目前站務之急需改進而已也。

車站新廈在實用上之缺點：

（1）冬季嫌冷　新廈大門宏敞，朝西而偏南，前部與後部待車室之間，有過道三條，而後部待車室與月台連接之處，僅係以短墻及欄門爲界。南京風向原以東西向爲主。而車站大門，只有鐵柵，其勢不足擋風。冬季每有寒風穿堂而過，旅客常感不支。又在大雪之時，雪花每隨風入室，濕地十餘公尺，更使旅客無處立足。

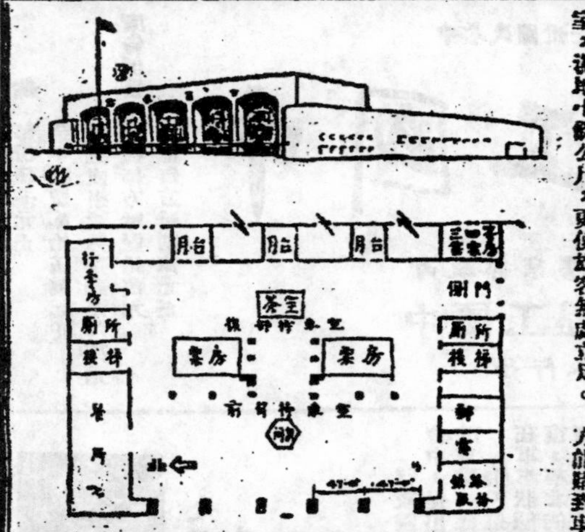

（2）夏季嫌熱　新廈大門以上，玻璃窗高達廿公尺，夏季西曬，驕陽入室，將使排隊買票者不易忍受。又後部待車室係利用舊屋，屋頂甚薄，且幷無天花板之隔，在夏季日光照射之下，室內溫度，想必不低。

（3）旅客應走之路線嫌長　新廈之平面，前後短而左右甚寬。行李房係位於左後角，不易爲甫入站之旅客所一眼瞥見，對於陌生旅客，不免增加其探詢之煩。且即在老於旅行之旅客，現亦因行李必須於購票後方能經由屋內，由搬夫搬至行李房，方能掛行李票，而後進月台，則此一旅客所應走之路線，似仍嫌不短；此蓋爲平式站屋之缺點，蓋亦無可如何者。又現今三四等票房係位於新廈東側之後部，在現今東南側鐵柵門不開放之情形下，凡乘三四等車（其實即間車之二等亦在內）者，每須於進站問明後，再出站兜繞至後側，方能購到車票，樞轉費時，誠不在少。又郵電等業務保留於右側，餐廳及行李寄存處保留於左側，茶室保留於後部之待車室中央，計劃中之國際飯店之餐廳係在樓層之最後角，其分佈情形既係如此分散，則旅客自係不能一目瞭然，而在既瞭然以後，於使用時仍不免來往奔波，遂使其在站內走動之方向，殊屬不一；每當排隊買票，或進出月台人數衆多，乃至郵局業務繁忙之際，則若干旅客之走動，勢必因相互阻擾，而更遭延誤。

（4）站外交通嫌不便　公共汽車站與出租之小汽車，現均幷不靠近於新廈之大門。又京市火車，亦係另站售票而另自營業。僅對於普通空手之旅客，不過是多走幾步路而已。但對於攜帶行李者，扶老攜幼者，初此來京而人地生疏者，則頗足增其狼狽之狀。

車站新廈在美觀上之缺點：

（1）內牆有窗　前部待車室迎面之內牆，原係舊站屋之外牆。現今之售票窗洞，即係開於其樓下；而樓上則係仍充辦公室之用。該辦公室等爲通風採光計，乃即向待車室內開有窗洞若干，遂使內牆不能保持完整，同時，窗內辦公室中之人影及側門等，亦可由待車室內隱約看到，殊屬有損觀瞻。

（2）柱瘦且方　前部待車室之售票窗前，有方柱若干根，稜角畢露，形皆瘦長，其與內牆之間，僅在上部甚高之處，有薄牆相連。此項佈置，似亦不很順眼。

（3）屋內顏色不調　新廈頂部，係用甘蔗紙板，色爲深褐，而其色彩濃度，亦有出入。以如此蒼老之色而施之於頂部，似不相宜。內壁之大部份，係淡綠色，漫塗於幷無雕飾之平面牆上，似嫌浮淺嫩綠。四壁下部爲淡黃色，易致污損。地面係洋灰舖砌，採用大方塊之圖案，紅灰等色相間，唯其色澤又嫌灰暗。

（4）站外廣場不美　新廈對面之市房，雜亂低矮，無足映襯。廣場內大廣告牌特多，牌上畫面，原不足供欣賞，而牌後地皮，復因牌之存在而減色甚多。（市政工程家從來不喜廣告牌之隨處樹立，原不僅車站爲然！）廣場內無草皮，無裝璜。廣場內行車道佈置，亦未經仔細安排。由廣場對面，回頭看車站，則其屋頂線嫌平，色澤嫌暗，霓虹燈「南京車站」四字嫌小氣。

目前應如何改進之研究：

（1）透風及通光問題　新廈前有五扇大門幷列，其第一第三第五各扇，係直對屋內之過道，使寒風甚易注入，因而益增冬季寒冷之感，似宜即加堵塞。但開第二及第四兩扇，照目前過往人數而論，總亦足用。至塔巷後之第一第三第五各門，下部似可砌築短牆，上部則用玻窗，對內并可加設櫃台，俾可出售報紙、地圖、雜誌、風景照片，乃至南京土產等類，藉供旅客之選購。如此，則透風問題當可解決一部份。若仍嫌不澈底，則應將月台進口處之短垣以上，一概用毛玻璃配窗填塞，使每一月台之進口處，但留大門一道，以資進出，即可隔斷屋內寒風之來蹤去跡。又新廈東南側之出口，據謂爲便利樓上國際飯店之出入，將在室內建牆俾隔離其門戶，此項內牆，似亦宜以「玻璃磚」或玻窗之類爲之，庶使室內光線不致過受其影響也。

（2）旅客在站內行走之路線問題　此事應與售票窗洞之支配，及座位之安放等事一併研究。左右兩過道之中央，本不適宜坐人，似宜將其座位取銷，代以一道欄杆，俾將各該過道劃分爲二，而使「行人靠右」有所依據（左右兩過道相距甚遠，若用指揮汽車方式而指定爲一出一入，則諸多不便，應無所取）。中央之過道較寬，似乎可以無須劃分爲二。又爲使每一隊座位有所約束計，則每隊座位之四圍，似均宜用欄杆環繞，而多留進出口，俾便運用（靠牆最好不設座位，俾使旅客可以沿牆來往。）又洋灰地面之上，原可嵌以銅字，指示旅客以往來之方向（如月台及行李房等類），唯其設施係屬永久性者，必須慎加研究以後方可施行，又現今後部待車室中央之茶座，所能容之客人不多，且係周以窗櫳，似有損人窺望之感。茲如爲便利旅客着想，似可將其大部份改作行李存放處，藉使旅客可以就近洽用，再將此室之一小部份改作茶點櫃（Lunch Counter），使喫茶進點之旅客均係靠櫃而坐，則庶幾乎有招徠顧客之意味也。

（3）牆的修飾問題　內牆各窗，最好設法遮住。這可以用長玻窗，可以用織毯，也可以用假牆。最美的辦法，也許是假牆，因爲假牆上最宜於浮雕一點圖案。至若屋頂之深褐色係屬不易變更者，則四壁似可採用肉紅色與淡褐色，同時並酌量嵌入若干幅巨型畫面，繪之以具有歷史性之油畫，又室內各方柱，似乎可以做成淡紅色「人造石」大塊築砌之形狀，而其與內牆相連之牆腦，似可下垂許多，改成尖拱形，俾使該處具有門洞之意味。

（3）站外交通問題　目前站屋之東南側雖有鐵柵門可供出口之用，但在其後方尚有貨站，而該處路面寬度不足，如用作公共汽車站之所在地，則未免嫌其短狹。又按車輛靠右行走之規則，則如公共汽車之終點係設於車站前門，（即站屋之西南）則其起點實亦不便另設於站屋之東南。是以竊意以爲東南出口，僅適宜於搭乘京市火車及租用小汽車之旅客，似即可如此規定而用箭頭標出。至公共汽車站則似應設於前門附近，并應儘量能減少旅客步行之距離。唯亦不能使前門過形擁擠，其最小限度，亦應使若干進站客人之乘人力車及小汽車來者享有隨時進站之便利。

本題以外之雜感及意見：

（1）車站業務之內容問題　考之美國各大車站，有位於市區中心者，如紐約市之本薛文尼亞鐵路車站，其業務頗類似并不繁複；有位於市區邊緣者，如辛辛納地之聯合車站，則其中乃有餐廳，咖啡室，理髮室，乳兒室，病人休息室，雜項商店，乃至戲院等類。今南京下關車站，似係介於前兩者間，然其樓上乃計劃設有旅館，而樓下則并無專售南京土產之商店。需否借助他山，似應加以考慮。

（2）擴大和平門車站問題　竊謂南京人口之重心，在於新街口以南，現今南京旅客之往來於京滬道上者，大抵亦以新街口附近爲其集散點。果若擴大和平門車站，加強該處公共汽車之接運，則旅客即可由和平門車站上下，較諸繞道下關，約可節省鐵路里程五公里，道路里程一公里，估計所省時間，應在十五分鐘以上，又下關車站係屬端式（Stub Terminal）。列車調度較爲費事，旅客上下，所走距離較長，而和平門車站係屬穿式（Through Terminal），果加擴大，其效率固較易提高。現今下關車站既已擴大，然則和平門站，是否即將繼之。

（3）工款問題　從事建設，自然需要工款。且建設之規模愈宏，所需之工款亦必愈多。惟以國家多難，茲已步入戡亂階段，則今後短期內恐過需用工款特多之處，似亦不可不多加考慮。竊見美國在戰時，凡一項工程需用鋼鐵之數量超過某一限度者，則亦不論其爲公營私營，政府均有權勒令停止，或不准其動工。吾儕今日應否師法其意，而在工款總數上予以限制，自亦値得研究，敬盼關係當局，注意及之。（轉載303期工學通訊）

京市參議會

沈市長報告施政情形

市參議會第一屆第五次大會，于九日下午三時繼舉行第一次會議，由沈怡市長報告卅六年度施政情形，茲誌工務公用之部份如下：

（一）工務　方面，中山路拓寬工程，已完成；新街口至林森路一段，今年當繼續逐段進行。其他修築各幹路，街巷道路，橋樑等，完成者亦不少；至於下關碼頭，因鑒於治標工程無以策安全，現治本計劃已由交通部，水利部會同市府擬訂，並正籌組工程處，積極進行。

（二）公用　方面，關於自來水者，經一年整頓，出水量，每日爲六萬公噸，已達現有機量之最高峯，新設幹管平均每月增加一百四十戶以上，唯水量尚感不足，現正積極計劃擴充。關於電氣者，因電力增加，超過發電能力，全機件有時損壞，不得已曾數度實行分區停電；又因竊電之風頗盛，實爲造成停電之重要原因，現正謀制止之對策，並希望社會共同予以制裁。最近首都停電嚴向兵工署洽借發電機一部，均已運京，一俟裝竣，可增加電量六千瓩。關於交通者，首都公司成立，加入新車一百輛在市區行駛，現工務局正準備調整路線，暫定十三線，分由江南、首都兩公司負責；另闢三線，由特約車行駛，此項辦法，不久即可實施。至市鐵路改組一事，尚在與有關方面交換意見中。

張含英提出治黃三原則

（中央社天津電）中國工程師學會天津分會，中國水利工程師學會天津分會及天津工業及礦工技師公會，七日上午五時假津市訓練團禮堂舉行春季聯誼會，出席各會會員一百五十餘人，會中除由各單位負責人報告會務外，并邀請北洋大學校長張含英，講演「治理黃河問題」，張氏分析黃河資源，認爲如能將黃河資源予以開發，可使整個華北經濟情況轉變。黃河每一滴水，每一寸土，均可利用。最後，張氏并提出治理黃河三個原則：（一）一個河道，一個問題。（二）治理黃河，應由各部門專家合作辦理，僅靠水利工程師絕不能完成使命。（三）治理黃河，應以整個黃河流域人民之福利爲前提。

黃埔新港興建中

（本報廣州訊）黃埔新港工程，正進行中，本年度工程費共八百億元，擴建碼頭四百公尺，並將原有之四百公尺加以整修，明年內可望完工，預計，可同時停泊一萬噸海輪六艘，每年吞吐量將達一千萬噸，對於華北繁榮，將有極大供獻。日本前在該港遺留之障礙物頗多，已有打撈中，本月內可望全部起出。聞美貸款中，將有六千萬美元，專作修建該港及改善粵漢路之用，故港務當局計劃極爲龐大，希望能修建長達七公里之新港，宋子文主席並擬設倉庫企業公司，廣州內港亦在修建中。又粵漢路將延修到黃埔新港，以便今後聯運。黃埔新港計劃如能完成，香港將有失去現有商業地位之可能。

茲爲適應各地需要起見，特增「建築」一欄，調查全國各大城市（南京、上海、漢口、重慶、廣州、桂林、青島、天津、瀋陽、長春、蘭州等）之主要建築材料價格。並另設計簡單普通之住宅一所以作估計之依據，計算每平英方丈造價之大約數字，以供各公私機關建築房屋之參考。上項調查估計工作，爲慎重與正確計，係委請各該地營造工業同業公會理事長或信譽卓著之營造廠商辦理之。依次輪流刊載本報，以饗讀者。

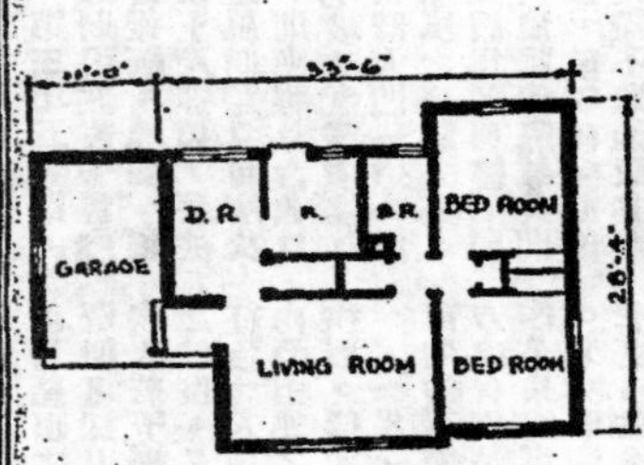

（鎮江）主要建築材料及工資價格表

名稱	單位	單價	說明	名稱	單位	單價	說明
滾磚	塊	4,500		2½"洋釘	桶	6,000,000	
洋瓦	塊	40,000		26號白鐵	張	2,800,000	
石灰	市担	300,000	塊灰	竹節鋼筋	噸	120,000,000	
洋灰	桶	750,000	42.5公斤	上糙米	市担	3,300,000	
杉木枋	板尺	30,000	松800萬貨加鋸工	工資			
杉木企口地板	英方	3,000,000		小工	每工	100,000	包括伙食在內
4½"圓杉木桁條	根	400,000	13'-0"長	泥工	每工	130,000	包括伙食在內
杉木板條子	捆	160,000	-3'-0"長	木工	每工	130,000	包括伙食在內
廣片玻璃	方呎	35,000	16盎司	漆工	每工	180,000	包括伙食在內

上列價格木料不包括運力在內磚瓦石灰則係送至工地價格

工程說明　本工程係磚牆，洋瓦，灰板平頂，杉木企口地板，杉木門窗房屋，施工標準普通，地點位於本市中心地區，油漆用本國漆。外牆係清水，一應內牆及平頂均用紙筋石灰紙筋粉光刷白二度，板條牆筋及平頂筋用2"×3"杉木料，地板擱柵用4"×5"杉枋中距1'-0"桁條用小頭4½"圓杉條2'—6"中距。

（鎮江）本工程估價單　調查日期37年3月10日

名稱	數量	單位	單價	複價	說明
灰漿三和土	4	英立方	2,200,000	8,800,000	包括挖土在內
10"磚牆	22	英平方	12,500,000	275,000,000	
板條牆	7	英平方	4,300,000	30,100,000	
灰板平頂	10	英平方	3,000,000	30,000,000	
杉木企口地板	6	英平方	9,000,000	54,000,000	包括踢脚板在內
洋灰地坪	2.5	英平方	5,900,000	14,750,000	6"碎磚三合土上澆2"厚1:2:4混凝土
屋面	14.5	英平方	15,000,000	217,500,000	包括屋架在內
杉木門	315	平方呎	180,000	56,700,000	五冒頭門厚1¾"門板厚½"
杉木玻璃窗	170	平方呎	200,000	34,000,000	廣片16盎司
百葉窗	150	平方呎	200,000	30,000,000	
掛鏡線	22	英丈	250,000	5,500,000	
白鐵水落及水落管	25.5	英丈	1,100,000	28,050,000	
水泥明溝	18	英丈	600,000	10,800,000	
水泥踏步	3	步	1,200,000	3,600,000	
總價				$798,800,000.——	

本房屋計面積10平英方丈總造價國幣七億九千八百八十萬元正

平均每平英方丈房屋建築費國幣八千萬元整（水電衛生設備在外）

調查及估價者鎮江基昌建築公司　（日期三十七年三月十日）

30102

國外週訊

德國煤產達戰後最高峯

（英國新聞處倫敦電）德國烟煤生產已達戰後終止以來之最高水準。總計魯爾與阿亨各煤礦之出產於上週一適在三十萬七千噸之譜。自本年年初以來，產量日見增加，此大部分應歸功於激勵礦工之特別新辦法，即每礦之產量達某目標時，該處工人可獲得小包之糧食，織物與紙烟作爲其逾格努力之酬勞。

牛津大學裝置原子分裂新機器

（英國新聞處倫敦電）牛津大學爲研究用途已裝置原子分裂新機器一架，該機與普通式樣迥然不同，定名爲「貝太屈郎」，由英國桑蓮罷斯頓公司與該大學。產生電子之方法，其能力遠較大學所有實驗室之機器爲強。據稱此項高率能力在疾病治療方面將具有極大價值，額外能力由加速電子流動於圓形空管內而得之，該空管係爲真空，其直徑僅一英寸，小於普通形式。縮小形式實爲技術上一大成就，因電子在此小管內循環一百萬次不致觸及邊緣也。其行程等於旅行一萬哩。

英國大量鋼塊輸至我國

據最近出版之英國鋼鐵聯合會會刊統計公報載稱，今年一月份我國爲購置英國鋼鐵之東方第二顧客。該月份內輸往我國之鋼爲四千八百噸，其中輸往香港者一千三百噸，輸往我國本土者三千五百噸，印度與巴基斯坦列爲第一，計購置六千六百噸。關於今年度英國鋼鐵生產情形頗可樂觀，去年生產鋼塊爲一千二百七十五萬噸，今年度可望生產一千四百萬噸，依照一月份生產額且可年產二千四百五十萬噸。

英製成盲人用複印及製圖機

盲人用點字複印機一種，由英國盲人學會訂製，茲已造成，此機有空格桿一及鍵六，各控制鑿刀一把，係用電動，可使對摺鉾板之兩半片均鑿出點模，將紙緊壓於對摺鉾板之兩半片間，即兩面印出點字，且兩半片「互相交錯」，故一面所印點字不致與他面相混。每分鐘可印七十張，盲人學會之技術研究委員會又發明一種點製圖機，以針尖循所欲抄給之圖移動，在鉾板上即以相同路線鑿出凸點，其形狀大小不一，乃藉磁鐵線圈與電流推動一鑄模而刻成者。

奧斯丁汽車公司現金獎勵增產

據伯明罕奧斯丁汽車公司董事長勞特氏，在該公司舉行第一次「獎勵金」抽籤時對僱員宣稱：「本星期產額已達一千七百輛，下星期目標定爲一千八百輛」。按此項獎勵新辦法，規定於每星期五以抽籤方式決定得獎者五名，贈予現金，獎金數額依上星期出廠車輛數目比例升降，超過一千七百輛，頭獎得七十五鎊，如增至二千五百輛，頭獎可得三百七十五鎊。勞特氏又披露，下星期將有奧斯丁車四百二十輛運往北美，可賺回美金六十萬元，爲歷來一次裝船所運出之最大數量。

世間第一艘憑雷達開航之船隻

（英新聞處倫敦電）根據「新聞紀事報」航業記者之報導，刻正橫渡北海前往安特衛普之一千零七十六噸英國運貨船「托倍士」號，乃世界第一艘憑雷達作有規則航行之船隻。記者所述該運貨船之故事乃自俄斯坦德開始，當時不僅海峽爲濃霧所籠罩，即俄斯坦德港亦瀰漫密佈，但船長遂決定「盲目」通過，船離港時即俄斯坦德碼頭亦不可辨識，港外情形則更惡劣。待「托倍士」運貨船碇泊於倍爾發斯特時，四週仍茫無所見，僅雷達幕上呈有微點而已。

雷達製成電影即將在英國映放

（英國新聞處倫敦電）雷達爲戰時重要發明之一，與商航極有裨益之雷達，近已爲英當局製成電影，不久即將在英國各大港口上映。一片係在海軍部科學家試驗最新型雷達時攝製。另一片係商用雷達製造時之全部過程。第三片則爲一英船自曼徹斯特至克來德全途旅程中應用雷達之經過，全部攝入鏡頭。

英海軍部製成航海新地圖

（英國新聞處倫敦電）海軍部宣佈，數百年來引導世界航海家之英製銅版航海圖，刻已一變其往日暗淡作風，而採用鮮明顏色。新航圖將用紫色表示淺海，而大陸地面則以上加黑點之淺灰色代表。按此圖係英海軍部於七年前設立水路測量供應所，以來對世界海軍與商船之又一貢獻。

減少工業品運蘇美參院通過決議

（合衆社華盛頓電）美參院八日決議大量減少運蘇聯及其衛星國的美國工業品。一般認爲此種行動是對蘇聯的直接打擊。此項決議在援歐計劃辯論中並未遭遇反對。

藏儲水果發明新法

（英國新聞處倫敦電）英國在今後三年內，將設置可保藏水果一百萬蒲式耳之煤氣儲藏所五十處。今年度所有儲藏所，足可儲藏水果三百萬蒲式耳。英國科學工業研究部宣佈此項設施爲科學家經三十年悉心研究之結果。煤氣儲藏水果與家庭使用之煤氣毫無關係。此項新法可保持水果經久不壞達三十六星期，因此頗合英國家庭儲藏水果之需要。

英修公路耗資七千二百萬鎊

截至一九四六年爲止的七年當中，英國在修理與改進公路方面共耗費七千二百萬鎊。戰前英國每年耗於修路的費用約爲二千萬鎊左右，這七年來的平均修路經費僅有一千萬鎊。戰爭結束之後，英國正積極努力，準備修完一切待修的公路。七年來，重新舖過的公路共達一千五百英里。

英國積極整頓煤礦

（英國新聞處倫敦電）英國國營煤礦局董事長海德萊勛爵宣稱，深切盼煤斤出口量可超過官方估計之一千五百萬至一千六百萬噸而達到二千萬噸。深相信由於產量增加及用煤節省，可能達到該項數字。渠稱：「此爲英國收歸國營之最大企業，吾人正以煤斤輸往歐洲及斯堪的納維亞諸國，並將輸往阿根廷及丹麥云。」

微真空管助聽器

英國墨拉無線電公司最近發明了一種利用微真空管的助聽器，名曰「梅特勒斯科」，形如尖劈，小巧玲瓏，頂部最闊處只二吋半，底部一吋半，全長三吋又四分之三。裏邊的擴聲裝置是兩枚新型極微電壓放大五極管和一枚輸出五極管。這些五極管在基本設計上跟某些美國式的相似，但有一樣極重要的長處，就是低動力的消耗大減。這種真空管每個直徑僅十粍。把三個首尾相接的排起來也祇一根紙烟那麼長，其微小可知。把此項助聽器連在礦石式耳機上使用，其電流的消耗不到十分之一瓦；連在磁鐵耳機上，不到八分之一瓦。英國所有患耳聾的人，今後都將常備此器了。

英國科學家和工程師 忙着佈置世運會會場

英國的科學研究員、測量師、電氣、無線電和電報各種專門技術的工程師，現在正忙着爲今夏在倫敦舉行的奧林匹克世運會而工作，英國打算把世運會的會場用最新式的設備來裝置。

英國科學家做着種種試驗，如電氣計時，精確測量器，電話線路，管制賽跑的無線電，電氣評判機，信號器及照明於全會場的燃氣光照等等，正在做到盡善盡美的地步。

U二三三 原子能的新來源 可由釷提鍊而得

（法國新聞社紐約電）西波格博士在此間美國化學協會大會中聲稱：頃已發現原子能的新來源。這是鈾的同位原素U二三三，可自釷中提鍊而得。鈾的蘊量甚少，針則遠爲豐富。故如能以此法提鍊，則全世界原子能的蘊量等於增加了許多倍。

蘇正全力發展工業 鍊鋼業有成就

（聯合社莫斯科電）刻有種種跡象表示蘇聯正竭全力發展工業。眞理報頃宣佈：一二月份蘇聯煉鋼業之驚人成就數字，生鐵產量較去年同期高百分之四十，鋼產量高百分之四十四，鋼片高百分之五十，鐵礦高百分之五十七，煤焦高百分之卅二。

國內消息

鼓勵人民與建房屋 政院通過實施辦法

國家銀行將辦建築貸款

（本報訊）行政院以各地房荒問題，迄今尚無適當之解決辦法，特令飭內政部草擬「鼓勵人民與建房屋實施方案」，期以行政力量，鼓勵人民自行興建，而達到促進人民安居之目的。內政部於接奉該令後，卽着手草擬，業已擬具完成，送呈政院，經該院秘書處邀集內政、國防、財政、地政四部及四聯總處開會審查後，提經九日行政院第四十六次會議修正通過，送請立法院審議。其內容如次：

甲、中央方面：

一、制頒獎助民營住宅建築條例，督促各地方政府切實進行，以期首先解決住宅問題。

二、印製若干種適於居住而又能節約材料，合乎衛生消防條件之建築圖案，供給準備建築房屋人民，藉以減少一般繪圖設計之困難。

三、進行固定軍營建設，以免軍事機關及軍隊之不得已而住民屋，減少人民對建屋之畏懼。

四、關於敵僞逆產之房屋，可視其建築情形，撥充各機關學校之用，以減少學校機關多用民房，而免人民對建房出租之顧慮。

五、指定國家銀行辦理建築貸款，以增建築市場基金。

六、通令全國金融機關，優待房地產及建築材料之典押，以便利資金週轉。

七、規定鼓勵人民興建房屋之成績，爲市縣長考績之一。

乙、地方政府方面：

一、各市縣政府應遵照獎助條例，配合都市計劃或城鎮營建計劃，儘先劃定住宅區，或開放一部適於建築之空地，允許一般人民領作建屋之用，地租從廉，手續從簡，務使力能建築房屋而苦無地可建者，得以自建房屋。

二、對於房屋毀於砲火而無力就其殘地建屋者，由市縣政府與辦理建築貸款銀行切取聯絡，予以必要貸款，俾得修復故居。

三、私人擁有宜於建築之土地而不建築者，應勸令其在一定期內建築，逾期不建；予以適當處置。

四、規定合理租率，嚴格執行，澈底消除二房東制度，以保障人民出租房屋合法權益。

五、切實管理營造廠商並補助其發展，以穩定房屋之造價。

六、對於建築材料來源，應儘量設法開拓，務使建築材料問題能於人民需要時獲得解決。

七、對於人民請領建築執照手續，應儘量予以簡便。

八、各城市鄉村道路及下水道建設，應配合建築需要，務使新興建築之交通衛生能獲初步解決。

丙、一般社會方面：

一、提倡居住合作事業。

二、提倡組織居室改善協會，協助政府推行住宅政策。

改善進出口貿易 經部擬定新原則

建議新外匯政策

經濟部鑒于現行進出口貿易及結匯辦辦，流弊至多，特擬訂進出口貿易新原則送請政院通過施行。該項原則，將現行結匯辦法部分修正，並建議另訂新結匯辦法。茲探悉原則要點如次：

甲、外匯

（一）實行新結匯辦法：過去出口物資必須全向中央銀行結匯，新計劃則擬定凡在國際市場有利物品如猪鬃、桐油、茶葉等，最多可向國行結匯三分之一。據估計去年度出口總值美金一億元，如實施新計劃，則可增加至美金二至三億元。卽照新計劃僅以其中三分之一向國行結匯，國行亦可收入美金九千萬元，另加入國營事業機關辦理出口收入之美金九千萬元，今年度政府卽可掌握出口外匯美金一億八千萬元。

（二）外匯匯率調整原則：須顧及出口物資上漲率及法幣在國外購買力之平價。如依上述原則調整，則外匯黑市可望消減，僑匯亦可望增加美金一億二千萬元。連同第一項出口物資收入外匯，則政府今年度可就此掌握美金三億元，充作建設費用。

（三）出口商所得出口外匯，除以三分之一向國行結匯外，其餘必須撥歸用於進口。至其方式不予確定，或自行進口，或貿與進口商，可自行決定，惟不得超過半年。政府對於此事，應負責監督，對出口所得外匯，尤應詳爲登記，嚴加審核。

（四）進口外匯政府槪不供給，進口商所需外匯，由出口商、僑匯、外人投資及國人在外資產及存款諸項內撥致。

乙、貿易管理

（一）出口貿易採取自由貿易制度，政府不加干涉。

（二）進口貿易採取管制政策：一、奢侈品禁止入口，二、爲保護國內工業，某種物品可臨時決定，限制其進口。三、機器原料、建築器材，許其自由進口。

（三）取消許可證辦法，簡化進出口貿易手續。

法幣壹元 白米一顆

據某不願宣示姓名之化學工程師宣稱：根據彼多次用天平精確稱算米粒之結果：

白粳（卽無錫大米）每六十顆重一克（Gr.）一市斤（五百克）含米三萬顆。

一市担合一百五十斤共含米四百五十萬顆。倘使每石米的價格漲至爲四百五十萬元的話，則每顆米之價格恰爲法幣一元。

簡化事前審計程序
國府核准公佈辦法

鑒此動員戡亂期間，關於事前審計事項，手續過繁，不合實際需要，且甚而成爲建設事業之障礙，三十六年十月二日舉行之中國工程師學會第十四屆年會，列爲專題討論之「檢討現行制度加于建設事業之障礙」一題，即係針對事前審計而來。當時曾建議各主管機關要求取消事前審計制度，前國府舉行第十八次國務會議時，曾經決議，暫授權行政院，於發生困難時，權宜處理，並令行政院，監察院等有關機關會商辦法。最近，政院乃邀集審計部、主計處、中央銀行、財政部等有關機關兩度會商，僉以事前審計制度雖難適應目前動員戡亂期間之緊急事務，但如根本調整，首須修正審計法，公庫法等有關法規，費時甚久，似可先將事前審計程序力求簡化，以資適應。政院乃擬具簡化事前審計程序暫行辦法草案一種，該項草案，頃經國府于本月八日核准公布如下：

第一條　駐公庫審計人員，停止核簽公庫支票。

第二條　綏靖區內軍政機關之軍政費，依「綏靖區及東北九省臨時緊急軍政措施辦法」第二條第三項之規定辦理者，應於報請行政院備案後，通知審計機關備查。

第三條　軍事機關之營繕工程及購置財物，得參加「抗戰時期稽察軍事機關營繕工作及購置變賣各種財物暫行辦法」之規定，依下列辦法辦理：

（一）關於軍事緊急者，其招標或中途增減價款，得呈經主管機關核准，先行辦理，但應將合約及有關文件送審計機關查核。工程完竣時，並應通知審計機關監視驗收，購置貨到時，得由主辦機關負責驗收，並將驗收結果通知審計機關，審計機關得派員調查或抽查之。

（二）關於軍事機密者，得呈經主管機關核准辦理，但須將辦理經過驗收之結果，隨時通知審計機關，審計機關得派員調查或抽查之。

第四條　各公有營業，公有事業等機關之營繕工程購置財物，依左列辦法辦理：

（一）營繕工程之招標或中途增減價款，得呈經主管機關核准，先行辦理，其合約及有關文件應送審計機關查核，工竣時並應通知有關機關監視驗收。

（二）購置財物之招標驗收，得呈經主管機關核定辦理，但須將辦理情形連同有關文件送審計機關查核，審計機關得派員調查或抽查之。

第五條　中央各機關稽察限額，適用「稽察各機關營繕工程及購置變賣財物辦法」之規定，並由審計部按物價指數隨時增減之。

第六條　關於軍務費之審核辦法，由審計部與軍事主管機關參酌「新預算財務制度實施方案」另行商訂之。

第七條　本辦法在憲政政府成立有關審計法律未變更前適用之。

工業與資源

資委會工作重心　增加生產推廣輸出

資委會翁委員長週前於滬對中央社記者發表目前該會在各地經營之事業情形及推進工作，其重要各點如下：

（一）增高物資生產：例如烟煤，長江各省俱有煤田，煤質優良，情係人工開採，以致貨棄於地，大量煤源仰給於北方之長途遠運。資委會現正在湖南江西二省，選定煤礦數處，運裝發電抽水各項有關設備，增加產煤數量，以供急需，所有效果，現正逐月加多。又如鋼鐵，從前東北鞍山鋼鐵廠原爲最大產地，近告淪陷，資委會年來在北平煤鐵，天津製鋼具有基礎，現正認真出產以供需用。華中華南鐵礦質量均佳。因缺乏煤焦尚未製煉，資委會當即爲建設並與煤焦辦法同時並進，以期建立新的基礎。

（二）增高輸出貿易額：資委會辦理鎢、銻、錫等礦產出口，償債易貨已歷多年。近來更有台灣食糖正在努力向日本及南洋等處大量推銷。又水泥首次向菲律賓輸出，已開始實行。國內產額迅速加多，故水泥出口之數量亦即當更爲加大，以期對國際收支之平衡上，增多貢獻之貢獻。

（三）提高工礦事業之工作效率：吾國戰後物價工資增漲甚多，以致生產成本亦增高特鉅，爲健全工業經濟起見，必須切實提高工作效率，期使生產之能力及數量得以提高，物料及人力的負擔因以降低。資委會現正督責各單位，照此方向認真努力。（中央社）

資委會本年工作 着重台灣華中華南

資源委員會本年度工作計劃已經訂定，現正在逐步實施。該會將利用向國外訂購之器材設備、聯總的工礦器材、及已開始運台日本賠償機器，充實台灣、華中、華南等地區就原有各礦廠，使能增加生產，同時並從事新廠礦之建立。華北事業如北平、天津、唐山一帶電力鋼鐵事業，仍將積極增強。東北方面，除事實上無法繼續者外，仍將在可能範圍之內勉力維持若干主要事業。各單位將力求企業化，經濟上希望能逐漸自給，同時提高產品品質，減低生產成本，所需原料器材盡量利用各單位自製產品，以期充分發揮分工合作效能。

華北華中華南 擴充發電設備

資源委員會爲發展全國之電力，已決定有效辦法積極推行。關於電力方面，對華中華南華北各電廠擴充發電設備，加強電力供應。整個電力計劃完成後，可增加水火力發電量十餘萬瓩，其中較大之計劃如下：

一、京郊馬鞍山將建立皖南電廠，裝置五千瓩發電機兩套，並架設馬鞍山至南京之輸電線路，以促進馬鞍山新工業區之建立。

天津方面，亦正籌備增加電力辦法。魯省境內擬整修博山一九、四〇〇瓩發電所，並修復淄博區供電設備，俾與淄博煤礦增產計劃相配合。

冀北方面計有建立石景山五千瓩發電所，完成下花園一萬瓩發電所，並修復石景山二萬五千瓩火機，與平津唐高壓輸電線路，以加強華北電力網。

鄂南擬於武昌進行二千五百瓩發電設備，並建立大冶發電所，裝置五千瓩發電機三套，更於武冶間架設六萬六千伏輸電線路，以構成鄂南電力網。

川省宜賓岷江兩電廠，擬各進行五千瓩發電所。

台灣方面工礦事業，進行頗爲順利，需電增多，將於烏來架設一萬二千五百瓩發電機兩套，以應需要。

湘境擬分別於長沙湘潭加裝二千五百瓩機一套，五千瓩機二套，並架設長湘輸電線路，以資聯絡。

東北方面將盡力維持發電。本年度各地電廠預定發電約廿億度。

永利化工公司錏廠 產量日增中

永利化學工業公司錏廠自復員後，即積極從事整頓與增加生產工作，現經兩年餘之努力，在生產方面已自每日廿一噸之產量增加至原計劃四十噸產量之標準。但目前平均之產量，每日爲三十九噸餘。値茲產量日增中，惟電源及煤源時感供不應求，致生產效能尚未能達戰前之目標。（按永利錏廠戰前之產量每日爲一百五十噸。）刻廠方爲發展國內工業，並在聯總竭力協助之下，在電力方面，決計劃自行供電，預計一年後，每日可由廠內供電一萬瓩。二年後每日之生產量自一百五十噸增至四百五十噸。

又悉：永利化學工業公司前向美國進出口銀行貸款一千六百萬美元，已在湖南株州設立玻璃、煤焦、水泥與硫酸錏四廠，現各廠籌備工作，已在湖南積極規劃，並已開始建築一部廠址。

交通

西南大鐵橋卽將開工

（中央社廣州電）貫通粵漢路廣州三水支綫之西南大鐵橋，卽將開工，該橋橫跨珠江，上敷設火車道及汽車道，人行道，規模甚大，工程由上海中國橋梁公司承建，該公司總經理茅以昇十一日由滬飛抵穗，與路局作具體商洽。茅氏爲建橋事，十二日晨赴港。

重修川滇鐵路 交部向美比購鋼軌

路面橋樑工程一年可完成

交通界悉：中央重視西南鐵道交通，川滇鐵道近又有重修之新決定。交通部已向美比兩國訂購鋼軌，該路由滇省至四川隆昌，全長六百公里，全綫路基已於戰前築完，路面橋樑及鋪軌工程，預計一年內可完成。

吳淞眞茹間 將興築鐵路

京滬滬杭區鐵路局爲配合大上海都市建設計劃，協助市政當局完成疏散市中心人口至四郊起見，決於短期內着手建築吳淞至眞茹之支線，該支線經該局勘測結果，將由吳淞繞大場，鎭浮至眞茹，全程長達十五公里，詳細計劃，業已經交部批准，預料可於四月上旬動工，該線如修築成功，則滬市郊區交通當將便利不少。

贛公路局增開 南昌長沙班車

（中央社南昌電）公路總局爲配合浙贛鐵路南杭間定期班車，以便利浙贛湘往返旅客，特規定自十日起，南昌至長沙，聯運班車，每逢週三週六，由南至長，週一週四由長至南，均定爲一天到達，餘日則仍以萬載爲中途站，二天到達。

開闢中日空運 中航派員赴日籌備

（中央社東京電）中國航空公司中美籍代表各一人，頃自上海抵此，籌備於此間開設辦事處。渠等九日上午拜訪我代表團長商震，並將訪盟國佔領軍統帥部各主管當局。渠等尚未獲得設立辦事處之許可證，然一般認爲此僅爲時間問題而已。

定價　每份伍千元正　全年訂費貳拾伍萬元正　航空或掛號另仔郵資六萬元
廣告價目　甲種每方吋壹拾萬元　乙種每方吋捌萬元正

中華民國卅七年三月二十二日出版

中國工程週報

內政部京警國字第五十一號
中國工程週報社出版
發行人　杜拱辰

中華郵政認爲第二類新聞紙
江蘇郵政管理局登記證第一三二號
地址：南京(2)四條巷一六三號
電話　二三九八九號
零售處　全國各大書店

是週也：國大代表報到，退讓另有辦法；
軍事經濟援華，美作初步決定。
五國公約簽訂，「十字」陣綫形成；
恩與威雙管齊下，義大選世所注目；
杜魯門作獅子吼，美人神經顯緊張。

在過去一週內，南京是春雨連綿，愁雲滿佈，據氣象局的說法：按照往年的例子，三四月天氣，是因爲西伯利亞寒流逐漸減低，而太平洋熱帶氣流逐漸增強的緣故，所以會如此。天氣如此，而整個世界與中國的局勢，亦復如此，是那一天才會有晴天到來呢？那是大多人在渴想的美麗的夢。

×××× 關于美國軍事援華，現日益具體化，本月十九日美衆院外交委員會以十五票對六票通過六十二億零五百萬美元的美國援外議案。援華總數仍爲五億七千萬元，內中一億五千萬爲軍事援助，其餘四億二千萬美元爲經濟援助，將由建議中之復興計劃管理處加以處理。

×××× 國大代表，已開始報到，至于衆所關心的簽署提名當選代表退讓友黨問題，現經多次商議，已有解決辦法，得票最多者仍當選，但自願退讓者不在此限。

×××× 西歐五國聯盟公約，正式在布魯塞爾簽字了，五國互助公約的內容，至爲顯明，他們決議：「任何一國遭受攻擊時，則關係國有援助之義務」，並且設立諮詢委員會，交換政治，經濟的情報與意見，可見五國的聯盟，是相當廣泛而具體的，巴黎「剛報」並且傳出「英參謀總長蒙哥馬利將受任西歐聯軍總司令」的說法，英國方面雖然否認其事，但陸軍部却認爲有「考慮的可能」。果爾，五國的軍事協定，更是異常顯明的、無疑，這是給擴張中的蘇聯，一大壓力。

不止此耳，貝文，皮杜爾尚在想把這盟約擴張到西歐十六國，他們更進一步想把西德拉入，甚至佛朗哥的西班牙。這理想中的西歐義陣堂堂的，新「十字軍陣容」，與東歐勢力兩陣對壘，熱鬧的戲劇，將愈演愈精彩了。

×××× 歐洲局勢繼捷克政變的第二次動人注目的事件，是義大利四月十八日的選舉，美蘇的勢力拚命在爭奪義大利。

美國爲此表示了鮮明的態度一方面宣稱，如支持擁護共黨，將失去美歐洲復興援助之利益。另方面交還了沒收義船二十九艘，另外又建議歸還特里亞斯特自由區，甚至在歸還自由區外又聲明可以考慮交還前義屬非洲殖民地。在動搖煩悶中的義大利人民，聽到了這些夢想不到的消息，雪片飛來，當然興奮非凡，對於轉移下月競選的趨勢，預料可能發生重大影響的。美國政策，在極力阻止義大利向左轉，事實上，義大利人民陣線的實力，異常猖獗。以美斯加納港市的選舉而言，人民陣線就獲得重要勝利；這給共產黨一大助力，有人甚至說是義共產黨在大選中獲得勝利的前奏，我們以爲這是言之過早，不過，真要共產黨在義大利選舉中獲勝，歐洲局勢將有一個大大的轉變，至少是一個不小的震盪。

×××× 杜魯門總統在美衆參兩院聯合會上，發表了重要演說，他正式表示要加強軍備，防止蘇聯擴張。並且主張：(一)實行徵兵；(二)普遍實施軍訓；(三)迅速通過援歐法案，他強調說明，仍希望與蘇聯合作，「和平之門尚未關閉」。馬歇爾國務卿也要求國會恢復徵兵制度力主軍事支持外交。這是美國在朝者的警覺，在野的人民也神經緊張，認爲戰爭似有立即降臨的可能。一個笑話：美國富翁，已在築地下室，防備未來的原子戰爭了。

去年物價上漲十五倍

全國經濟委員會副秘書長顧毓瑔，於十九日(星期五)聚餐席上報告去年物價上漲情形，略謂：去年一年之間，物價已上漲十五倍，共有四次波動，茲分述於次：(一)三十六年二月，物價平均上漲百分之六十八，金鈔上漲最烈，五金化學次之，自經濟緊急措施方案頒佈後至四月下旬物價較爲穩定。(二)四月下旬至七月初，物價平均上漲百分之百，紗布有價證券上漲最烈，嗣後兩月，物價稍趨平穩。(三)九月中旬，魏德邁聲明發出後，物價平均上漲百分之七十四，迄十一月中旬，稍爲穩定。(四)十一月下旬至年底，物價平均上漲百分之三十。一年之內，物價上漲十五倍，黃金漲三十倍，美鈔漲二十三倍，米價十七倍，紗漲十五倍，煤漲七倍。目前防止物價暴漲方法，惟有採用米、棉紗等十一種物品上漲公式，推算物價，使之緩和上漲，而不致暴漲。(本報訊)

關於建築技師

方圓

（一）

衣食住行，人生四大需要，住是十足道地的房屋問題，衣食與行也離不了房屋。照三八制計算，八小時睡眠在室內，八小時工作亦多在室內，遊戲休息往往也離不了室內，這麼一算，人類的生活，大部份時間都在室內，而房屋的建造，是建築工程師的事，所以建築師與社會的關係，重要可知矣。一應計劃，設計人為當然原計劃執行人，本是天經地義的事。自從包工制倡行以來，摻入了金錢的因素，計劃人與執行計劃人，便分業了，前者管設計，是建築師的執掌；後者負施工，為營造廠的事。知是則責任分明，設計人負督察之責，使忠實執行其計劃，遂成完滿之任務。從經濟的立場講，建築師使房主所化的錢，實到他所預期要的房子。保障了房主的權益。

（二）

自古以來，一切建築，「美」為首要，而美的解釋與合於實用方是眞美，所以建築師的工作是偏于藝術。我們知道，不特國外，就在國內，也有幾個藝術專科學校附設有建築系的。除房屋而外，橋樑往往也經過建築師的手來增加其「美」。這是衆所週知的事。科學發達，建築材料進步，結構更趨複雜，單憑色澤的配合，縱橫尺寸的比例，風格的取決，建築師已經包辦不了十層八層高樓大廈。因之房屋設計成為建築師與結構工程師共同的事。房屋的佈置，式樣的選擇，那是建築師的事，至于房屋結構，這一根柱好粗，那一根樑好大，乃為結構工程師的事。往往結構上的困難，修改了建築師的計劃，反之，有時為了建築師堅持一根柱的地位，影響結構工程師，增加無限計算的麻煩，甚或浪費若干材料。大致說來，自從鋼骨水泥建築發達以來，房屋的設計，大部份變為工程師的事，一座摩天大樓，使幾位工程師算上幾年並不希罕。

時代的演進，環境的變遷，建築師的造就，也不同了，時至今日，如其說他是藝術的，不如說是工程的，今日世界第一流大學的建築系，工程學科都日益加重，他們一樣的要讀應用力學，材料力學，結構學等課程，所以現在的趨勢，是造就建築工程師。預料不久的將來，建築工程師的名稱或將取建築師而代之。隨科學之進步，房屋的附屬設備，亦日益專門化，一座大廈的水電設備，已非專家莫辦，至于電梯、通風、照明、冷熱空氣之調節等，均各有專家司其事，建築工程師集其成而已。

（三）

人生了病，便找醫生醫治，有人侵犯了自己的權利，便請律師依法保障；倘若賬目不清，也得請會計師代為清算。很自然，醫生、律師、會計師，便成為服務人羣的自由職業者。其酬勞以服務之多寡為計酬標準。

大概是習慣的關係，一般人對醫生律師已有深刻之印象。致于會計師及建築師便生疏了。其實一個人可能終身無求于會計師，或終身不涉訟，或十年二十年不生疾病，可是沒有一天能同房屋離開。在我國，因為建築師事業歷史的短促，人民稱建築師設計之房屋為洋房汽車與洋房，二者往往連在一起，人民視為高貴之享受，無怪乎人民與建築師脫節了。

有人說，除了高樓大廈，非普通工人所能建造者外，其他平房，二三層樓之住宅等房屋，可不需建築師代為計劃，認為建築師的公費，係屬多餘浪費，實則大謬不然！建築物為藝術與技術之成品，每一房屋，均有其需要之特殊性；與地形地勢之配合，與環境之調和，房間之佈置，光線與空氣，冷熱之避免，火警之防範，防潮與隔音，結構之安全，起價之經濟等，在在需要優良之計劃。如果在城市內，環境衞生，公共安全，建築規章與都市計劃之實施，更有賴建築師之執行，為了自身的利益，國家的需要，建築師均不可少。

（四）

建築師的重要性既然這樣大，毫無問題，應該成為社會上最活躍的階層。可是他們依舊一本工程師的沉默，寡言，不愛活動。愛活動的，無非是限于業務範圍之內，然于整個同業社會信譽之建立，社會地位之建樹等，從少有人過問。我國建築師事業雖有數十年之歷史，並且在其工作領域內亦有相當成就，可是在社會上仍然默默無聞。全中國有數百名登記合格建築師，有五千名登記合格的土木技師，內中至少有一千多名執行建築技師業務。以這樣多的自由職業者在行憲時竟沒有分配到一席國大代表與立法委員名額，這不能不說是疏忽社會地位的後果，尤其使人稀奇的是建築師竟無一人出而爭取提出一聲抗議！

建築師到現在還沒有組織一個全國性公會，這或許是技師法公佈不久，籌組不及的緣故，可是建築師學會則有相當歷史，照例講歷史悠久，應該很有成績的表現，事實上却亦不盡然。會員人數，寥若晨星，社會人士亦多不明瞭何謂建築師？會務之進行，學術之研究，實有加強之必要。最低限度，應鼓勵建築同人從速入會，集合全國人材力量共謀學術前途之發展。

建築師之社會地位，固有待國家社會之尊重，但本身之爭取，尤為重要，不特爭取，更應以事實之表現來證明。犧牲小我，完成大我，自助而後人必助之。我國以科學落後，工業基礎脆弱，工業技師事業除建築土木技師外，尚在發軔時代，機械，電機化工技師之開業執行業務者，寥寥可數，故建築技師之社會地位，實足以影響其他各項工業技師之地位，為了本身，為了整個工業技師職業前途，建築師所負使命實為重大，尚盼我全國建築技師，共謀發展，達成應盡建設之使命，團結合作。

談談工業與工業建設

茅榮林

「什麽叫工業」——工業的定義，簡單地說：就是一種工程科學和工程技術交結蘊育的事業。牠將農、礦、漁、林、及畜牧等五種經濟的生產結果，改變牠的形式和性質，增加牠的效用和價值，來供應人類多方面的需要，並且為人類創造新的需要。例如用木漿造紙又可造人造絲，煉焦可得石油又可得顏料或藥品等等。現代工業，又是三M的結晶，所謂三M就是「人」(Man)「錢」(Money)和「管理」(Management)三要素，因此牠又成為了一個縱橫交織的計劃，環環聯串的技術，精密配合的生產，平衡管制的機體，和民主合作的社會。

「工業經濟的特徵」——工業經濟的特徵，是具據點式的經濟恣態，不像農、礦、漁、林、及畜牧等都是面的分佈，故與面積的大小無顯著的影響，而與利用地面和水面的大小廣狹有密切之關係，所以區區英倫三島及東瀛三島均可成為重工業的國家。工業可以用其據點和交通線來支配農、礦、漁、林、及畜牧等經濟生產，故晚近區域計劃經濟以經濟地理為範疇，以動力資源為依歸，更以各河流的水力發電為中心，來建立包羅萬象的農、礦、漁、林、畜牧以及各有關部門的複合式的工業社會(Compound Industrial Society)。中國過去的工業，據點是上海，因此這個五十方公里的工業據點，就能夠在經濟上支配了一千一百餘萬方公里的全中國。

上海是中國的經濟首都，在平時一部份或大部份經濟直接或間接地操縱在外人手裏，換句話說也就是使中國的經濟一部份或大部份受外人支配，實在是中國國民經濟上的一個非常嚴重的問題。在戰時曾被敵寇佔領或摧毀，使我們經濟上受到極重大的傷害。所以戰後工業建設，應該在全國各工業區的適宜地位，作有計劃的分配和需要，來作將來新中國「國防與民生合一」的經濟據點和經濟網。

「工業是統一國家的工具」——工業既然是能支配農、礦、漁、林、和畜牧等經濟生產，也就能支配全國國民的經濟和生活。所以一國的中央政府，如果能掌握全國的工業，就能對全國各地的農、礦、漁、林、及畜牧實施有效的支配，因此對於全國國民的經濟和生活，也能發揮操縱和調節的效能，藉以加強政治統制的力量。例如英國戰前本部能與散佈海外的自治領和殖民地團結統一，而不分離割據，除了政治、文化、和國防等相當完善外，主要的原因就是英倫三島工業的高度發達，能在交通上和經濟上支配遍海外的領土，尤其是自治領使彼此能互相依賴互相合作。戰後因財力物力，消耗殆盡，輕重工業，一落千丈，於是自治領殖民地紛紛獨立，就是明證。所以戰後中國的工業建設，應該就經濟地理的條件，在各工業區配置適宜的工業部門，專門担任每一部門或數部門的生產，只要在全國經濟建設自足自給的前題下，能充分發揮分工合作互相調濟的功效即可，並不需要各自成為一個獨立的自足自給的單位。(國防工業在對外作戰的需要上，當在例外。)如此既可減少地方割據的邪念，又可增強管制的力量，加速經濟建設的成效，早日達到永遠統一、團結、合作、互助、民主、自由、的新中國。

「重工業是一切工業的基礎」——包羅萬象的複合式工業，可以大別為兩類：一是重工業，一是輕工業。重工業德文稱為Schwer Industrie，英文稱為Key Industry Or Basic Industry 法文稱為 Industrie Lourdeo 重工業普通包括下列各部門：

(一)採礦工業(包括各種主要金屬和非金屬礦)。

(二)冶煉工業(包括銅、鋼、鐵、鋁、鉛、鋅、錫、錳、鎢等)。

(三)機械工業(包括機器、運輸工具、電工器材等)。

(四)基本化學工業(包括硫酸、硝酸、鹽酸、氮素、磷肥、染料、炸藥、膠體等)。

(五)動力工業(包括火電、水電、及原子能等)。

輕工業則包括民生方面的衣、食、住、行、教育、娛樂、衛生、日用必需品以及一部份非基本化學的工業。

工業建設是經濟建設的根基，而重工業建設是一切輕重工業的基礎，又是國防工業的命脈，衛國安民的保障。回憶過去日人之所以敢向中國發作七七事變，燃起第二次世界大戰的烽火，而我們之所以要抗戰八年，且在戰爭初期失利的迅速，中期抗戰的艱苦，末期獲得盟邦的大量援助才能勝利，以及現在戡亂建國的艱苦成效，時時向工業之王的美國呼籲，不都是因為我們沒有重工業的結果嗎？所以戰後的中國工業建設，經此嚴重教訓，決不可避難就易，因噎廢食，應該在本身的需要上，在 國父遺訓「迎頭趕上」的意志中，從速以革命的精神與毅力，大刀闊斧地徵收高額財產稅，釐定幣值，吸收僑匯，引導游資，利用外援，把全國所有的財力，除政府必要且不得已之開支外，儘數充作輕重工業之用，尤需置重心於重工業中的動力工業，那末才能迅速達成民生主義經建的任務，並且消除一部份淺見的美國人士所抱的「工業日本農業中國」的錯誤而又萬分危險的觀念，增加我們工業化的便利，這也可說另一部美國有識人士和我們所抱「天助自助人助」的忠誠熱望 願國人知所惕勉。

(三十七年三月於南京)

國外週訊

英製噴射推進玩具

英國漢浦郡成爾摩門索玩具公司，現已開始製造噴射推進式模型飛機、跑車及船隻，速率達每小時三十哩，其動力生自極小噴射火藥筒，一頭用圓形厚紙封閉，一頭係薄金屬片，中穿一孔，即爲噴口，兒童欲發動此種玩具，僅需將火藥筒塞入馬達，經由噴口點燃導火綫，火藥筒乃發靜燃燒，無火燄或火花，所生推力，可使玩具汽車以每小時三十哩以上速率前進，在模型飛機則即騰空至相當高度，噴氣盡後，尚能滑翔多時，此項火藥筒並不爆炸，供兒童玩弄，絕對安全。

英國工業博覽會將陳列塑膠吸音薄板所製電話亭

（英國新聞處倫敦電）英國本年五月間舉行工業博覽會時，觀衆將目擊一所真正不透音之電話亭（Absolutely Sound-proof plastic）以一種塑膠薄板名「霍洛普拉斯特」Holoplast 者構成。

「霍洛普拉斯特」乃英國近年來之發展，在許多方面已表現甚大之成功，尤以造船方面爲然，因其能禦火，且便於建立故也。五月間於伯爵廷展覽「霍洛普拉斯特」之處更將陳列畫片，指示該塑膠薄板曾如何被用來製造著名船隻如「瑪麗王后」號與「英雷且尼亞」號等之嵌板。除用於客船中外，此薄板亦曾爲不少船隻作船員住艙嵌板之用。

「霍洛普拉斯特」不僅有絕妙之吸音性質，且亦異常堅硬牢固，故能用作電話亭之助聽嵌板，使外界聲音決不滲入。

英國汽車工業的數大變化

在英國的重要工業之中，汽車工業與機器工業，在目前佔英國出口業中的第一把交椅。去年十月，銷到海外的貨值就有八百七十二萬二千鎊——比戰前的每月平均數多了差不多六倍。汽車出口單位也達到了一萬五千二百十六輛的新紀錄（一九三八年的每月平均數是五千六百八十四輛），其中百分之七十二都是九匹到十二匹的馬力的車子，銷得最多的國家是瑞士，比利時，與各自治領。總計起來，英國的各汽車製造廠，平均每週可造好六千五百輛汽車。其他各種車輛也都一律增加——商用車也達一萬四千五百七十八輛。

英國汽車工業打算從上述的出產水準，在今年再作更進一步的增加，爲達到增產目的而採取的政策，在於使各種車輛的構成部分標準化，而使集體生產更加容易簡單。在這一方面已經有了很大的進步。自一九三九年以來，英國汽車的基本式樣已經從一百三十六種減少了六十二種，而在今後的一年內更將減低至四十二種。到那時候車身的式樣就要從二百九十九種減到四十種。

此後，「A字40」的新型奧士汀車將定價爲三百二十五鎊，比原來十號奧士汀的定價減少十五鎊。在以上的種種方法之下，英國汽車工業計劃在今年製造自三十萬至三十一萬五千輛左右的汽車來推銷國外，同時再造九萬到十萬的新車來供給國內市場。

除此之外，英國汽車建設公司也準備製造一些最新型的英國跑車。

倫敦地下設立原子研究站

倫敦馬路的地下，已經設立了一個新的原子研究站，由科學家們考驗原子能的行爲，主持其事的爲柏爾貝克學院的宇宙線研究組主任。

電報服務迅速快捷

據英國郵政總局最近一週所得到的數字表示，全國各地電報由收到時起到遞到時爲止，每一份所花的平均時間僅有六十七分六秒，而用電話遞送的電報僅祇四十九分廿四秒。

建築學獎學金

英國的建築學研委員會，最近頒發若干獎學金，以便年輕的建築學徒可入大學補習。它的目的，就是鼓勵建築學，使其達到極高的技術標準。

倫敦北郊闢模型交通區給兒童以交通安全常識

倫敦北郊托丁漢最近新闢了一個模型交通區，使兒童獲得交通安全常識。這個區域佔地約四畝半，種有樹木又備有許多島的位置，表明「不通之路」。在兩條大路的交叉點上，由自動交通燈信號控制着，還有單程的交通街道，環行街道，行人過馬路的所在和各種交通信號。

英製地下用安全機關車

（英國新聞處倫敦電）英國國營煤礦局刻已使用一種新式機關車，可在任何地下情境中使用，絕對安全，即在氣體最充斥礦穴中，亦無絲毫危險，蓋全車不透火焰，車上裝有一種新廢汽調節匣，經此匣後廢汽完全無害。此車引擎有一百匹馬力，在平路上頭擋可曳重三百十七噸，車身離軌面僅五呎三吋高，出入極便，乃一極重要因素，以此種設備，須在極受限制之地下環境中予以維持也，車上裝製強有力空氣製動機，且亦有管接頭，可舉止全部列車與尋常主線鐵道上所用者相似，此項安全機關車，除供應煤礦局外，亦將出口。

英建立新電視傳播台伯明罕附近

英國伯明罕附近，刻正建造一電力強大之新電視傳播台（New Powerful Television Station），傳播範圍可及於五十哩，從此收聽電視節目者可達六百萬人，該台將裝設卅五瓩電力之傳真放送機與十二瓩之傳聲放送機，所有節目與目前自倫敦放送者相同。按倫敦電視傳播台爲世界上唯一每日放送節目者，其播送範圍僅有四十哩，此後新台成立，則週圍一百哩內之有無綫電收音機者俱可收聽之。

輻射熱現代工業之工具

本年英國博覽會伯明罕部分，將陳列舉世無匹之巨大燃氣紅外綫機械。此重機械茲已由出品廠商建立完竣，可用以烘漆油筒，每四十秒鐘一具。英國油漆廠現正利用此種由紅外綫所產生之陡增溫度爲出口貨物製成新式改良之塗面，伯明罕燃氣部分將有出品廠商二百二十三家參加，幾乎包括電氣工業之每一部門在內，自笨重之發電機以迄日光燈裝置無不備列。英國工業博覽會，將於五月三日至十四日在倫敦與伯明罕兩地同時舉行。

英著名化學工廠發明使用彈藥筒（Power Cartridge）加速發動引擎

（英國新聞處倫敦電）卜內門化學品製造公司最近曾在蘇格蘭分廠，表演在彈藥筒方面所作甚多種重要之成就。彼等曾應用關槍之原理，發明一種發動彈藥筒。其最重要用途爲發動飛機引擎。第二次世界大戰期間，曾發現運用彈藥筒發動飛機引擎遠較運用普通方法者爲速。彈藥筒既已證明在寒冷氣侯中可加速發動飛機引擎，今後其平承時期之最大用途當爲發動從晨被水冰凍結之田莊牽引機。彈藥筒之其他用途，尚有切截電綫，人道手法宰牲，金屬雕刻等等。卜內門公司認爲運用此法，對今後在工程界方面，將有更多貢獻。

國內消息

政院設委員會處理日歸還物資

外交部與賠償委員會，以關於日本歸還被刼物資之處理事務繁鉅，擬在賠償委員會設置歸還物資處理委員會，辦理有關行政事務，業務部份委託中央信託局辦理，經擬具日本歸還被刼物資處理原則，暨日本歸還物資處理委員會組織規程，會同呈請行政院核示，業經行政院第四五次會議通過，其處理原則之內容如下：

（一）歸還被刼物資，有：（1）汽車，（2）布疋棉紗，（3）古玩字畫，（4）輪船，（5）機器設備，（6）鐘錶，（7）金銀珠寶，（8）圖書、儀器及其他被刼物資。

（二）歸還被刼物資之處理，有：（1）接收，（2）保管，（3）發還，（4）鑑別估價，（5）標售等事項。

（三）在賠償委員會內設「日本歸還物資處理委員會」，辦理關於前條各項事務。

（四）處理委員會以賠償委員會、外交部、財政部、經濟部、中央信託局、故宮博物院之代表各一人，及賠償委員會主任委員指定之人員為委員，以賠償委員會代表為主任委員，財政部代表為副主任委員。

（五）關於歸還被刼物資之接收及海運事宜，依照「接收及運輸日本賠償及歸還物資辦理原則」辦理。

（六）歸還被刼物資運到上海時，由處理委員會委託中央信託局接收，並保管之。

（七）歸還被刼物資，事前未經有人申請發還者，由中央信託局登報公告，限期向處理委員會申請發還。如逾期無人申請者，得由處理委員會呈請賠償委員會轉呈行政院核准，由中央信託局公告標售，充作撥專門用途。

（八）凡物主申請發還被刼物資，應具備產權證明文件，呈請處理委員會核辦，處理委員會審查屬實後，通知原物主逕向中央信託局洽領。物主於領取時，應繳納百分之一之手續費，作為辦理運輸及其他處理事務費用。標售被刼物資所得價款，由賠償委員會呈請行政院核定的提成數，作為辦理運輸及其他事務費用。

（九）辦理歸還被刼物資，如由政府代付款項，或日方所支費用（如沉船之打撈，機器零件之添配）或其他一切雜費，而須從賠償項下扣抵者，應於核准發還時，由原物主照數繳還。

原物主損失，准列為抗戰損失，報由賠償委員會按照一般辦法辦理之。

（十）第七、第八、第九、第十各項規定，應繳各種款項，均由繳款人逕向中央信託局繳納，由局彙解國庫。

（十一）依照第八、第九兩條規定收取之手續費及提成數，如超過實際需要，其餘額仍應繳庫。

（十二）歸還物資之鑑別估價事項，由處理委員會按照性質，分別聘請專家組織專門委員會辦理之。

台南新水利工程　斗六大圳興建中

（中央社台南電）排水利而成台灣穀倉之台南縣，除原有嘉南大圳外，有關當局近復進行興建浩大之斗六圳工程，同時舉辦土地改良事業，以增農產，計劃中之斗六大圳幹線，長三十二餘公里，連分支線，大小排水路等合計，將長達二千四百十四公里，設若連成一長水路，可為基隆至林邊縱貫鐵道長之五倍又一百四十七公里，亦可環繞台灣全省約近二週。此項工程係於去年十一月十二日開建，現每日均發動工人二千八百名工作，預計約五年方可完成，總工程費台幣十四億四千五百萬元，實為我國戰後一大建設。工程所需費用之半數，乃由政府補助，另一半數由受益田畝按受益情況分攤。開工期間所需款項，由政府先行撥用，其人民負担部份，則向本省地方銀行申請貸款，俟將來地得獲增產時，再由人民分期攤還。將來全部工程完成後，農田面積即可增進二萬四千餘畝，每年增產價值估計當在台幣三十六億五千萬元以上。至土地本身增值之地價，則尚未計及。按台南總面積四千八百八十四方公里，佔全省面積七分之一，而縣境米、甘蔗、甘藷三大農產，年產量當佔全台四分之一，乃至三分之一，將來此全國創舉之斗六土地改良事業與台省光復以還最大規模之斗六大圳水利工程完成後，則台南縣農業經濟之發展，正未可限量。

中國市政協會上海分會籌編中國市政年鑑

中國市政協會上海分會於三十七年三月四日，在上海會所召開市政年鑑編輯委員會首次籌備會，到委員殷體揚，顧培恂，趙祖康，趙曾珏，由殷體揚主席，研討年鑑編輯綱要與徵集資料方法，決定先函全國市府，於四月底前檢送各項資料，編纂委員陸續整理，決於本年六月出版，由商務印書館承印，按我國編纂市政年鑑，實屬創舉，自當有利於市政建設也。茲將該會編輯綱要，附載於後：

一、總論　二、行政機構　三、自治組織　四、財政　五、衛生　六、地政　七、工務　八、社會　九、公用　十、教育　十一、警政　十二、商業

美貸三千萬充實粵漢路

據粵漢路局長杜鎮遠在京稱：美貸用途，中央已有決定。粵漢路可分配三千餘萬美元，將全部作為添購鋼軌、枕木和車輛之用。又該路各便橋換裝鋼梁的工程，除蒲圻、羊樓司兩橋外，其餘都可在四月底完工。

武漢通訊

△江漢工程局三十七年度護岸工程已於月前陸續發包，計江陵縣之郝家洲工程，由復興嚴記營造廠得標，造價八十餘億元，松滋丁碼頭護岸工程，由夏洪記營造廠承辦，造價二十餘億元，監利縣城南護岸工程，由洪記營造廠承包，造價二十餘億元。又該局土方工程由各縣徵工洽價辦理，月中即可次第興工。

△漢市府主持之雲樵路小學校舍，月前發包，近已興工及半。

△空軍第四軍區建築之廠房工程，於三月一日開標，由建達營造廠得標，造價五十二億元。

△勵志社建築之招待所，由三鑫營造廠承辦，進行兩月，即將告成。

△聯勤總部新建之招待所，由永發隆營造廠承包，標價四十二億元。

△平漢路國軍會師已半月，該路此次遭受破壞甚烈，需用料款過鉅，據該局發表，一時難于籌集齊全，短期內欲望漢鄭段通車，殊非易事。

△漢市煤荒，日益嚴重，上月初即自晝停止供電，迄今無改善現象，各工廠改開夜工，據各廠負責人語記者：若長此以往，不獨成本加重，生產亦受限制，連帶發使物價飛漲不已云。（穎毅三月十一日寄）

我擬用貨物交換日紡錘

（中央社東京專電）據我國代表團方面消息：我國擬最近與日本方面洽商，以物物交換為基礎，換取紡錘十二萬錠。按印度已訂製紡錘十二萬錠，英國訂製二萬錠，據聞，英國所訂之紡錘，將運往上海，作為補充英在華紡織廠紡錘不足

之用。英國目前在中國擁有紡錘六萬錠。我國目前擁有紡錘剛及五百萬錘之數，其中二百萬錠，係自日本接收者。據此同一方面人士估計，中國目前需要紡錘一千二百萬錠，其中八百萬錠從事生產，以供人民衣著之用；另有四百萬錠從事出口生產。據稱：日本目前每月能製造紡錘三萬至四萬錠，而中國一年中始能製造出此同等數目之紡錘，中國目前竟未有一個大規模製紡錘工廠。

賠償物資一萬五千噸運粵

（本報廣州訊）日本賠償物資將有一萬五千噸運到廣州，由招商局永興、海康兩輪從日本起運，已在來粵途中。鐵路器材佔大部份，計分予粵漢鐵路者一百三十餘件，湘桂黔鐵路者一百八十餘件。中央指定在黃埔成立日本賠償物資儲運機構，名稱未定，由招商局廣州分局經理唐應華負責，十七日粵漢、湘桂黔兩鐵路和招商局、廣州港務工程局等機關代表在港務工程局開會，討論物資到粵後之起卸保管等問題。

工業與資源

湘銻積極增產中

我國銻礦主要產地，爲湖南新化縣之錫礦山，根據二十七年估計，儲量尙有九十餘萬公噸。次爲長沙附岸之譚家冲，去年致現儲量有六十餘萬公噸。綜合各處銻礦，共計約有四百五十四萬公噸，以我國抗戰前出產最多之一年（一九三七年）而論，每年產一萬七千餘公噸，大約尙可開採二百五十年。抗戰期內，產量稍受影響，戰後資委會努力經營，已逐漸恢復原狀，產量亦漸次增多。茲據該會消息：本年湘、粵、桂各地純銻產量，預計可達五千噸左右。該會近並集中力量，在銻產主要省份之湖南，建設中心煉廠及舉辦自產工程，以期增高產量，除供國內所需外，年內對美供售銻礦四千噸，就目前情勢度之，可無困難。（本報訊）

台灣碱業公司 上年產量統計

（中央社高雄電）台灣碱業公司去年度總產量，頃據該公司統計，爲液碱二三九五噸，固碱二四九二噸，鹽酸二九二二噸，漂粉一九八六噸，液氯九一一噸，課素三噸，工業鹽一二六四噸，其中液碱一項產量配銷民營工廠，固碱則多分配國營工業。目前台省民營工廠每月配額爲一六八噸，今年產量增加後，配額可望提高。該公司頃擬定三十七年增產目標，計燒碱（包括固碱及液碱）六八七五噸，漂粉四四〇〇噸，鹽酸五七二〇噸，液氯一九〇〇噸，並將就台省配售所餘產量運滬，蓋各地需碱均甚殷切。台碱公司前曾以四萬一千美元，向美訂購炭精板，另以十八萬五千美元，訂購新式電槽一九六只，藉以充實設備，增加生產，該項物品今年十一月可望運到。該公司並就前高雄旭電化工業株式會社舊設第四製碱廠，六月間可望設立，該廠將可月產燒碱二五〇噸，聞資委會正吸收東北工業技術人員，將派台協助發展台灣碱業。

台灣肥料公司 產量逐漸增加中

台灣肥料公司，前由聯總撥附製氮肥器材約四十萬美元，第一批已自美運到，刻正配合現有設備。又去年底請得外匯六萬餘美元，作採購越南磷砂以供製氮肥之用，現已自海防購得磷砂五千噸，該項磷砂，品質甚佳，此後磷肥生產，當可順利增加。（本報訊）

台灣水泥 源源外銷

（中央社高雄電）台灣水泥源源外銷，由連雲港裝載磷礦砂三二〇〇噸抵高雄之招商局「海閩」輪，刻已起卸完畢，十三日載水泥四千噸外銷馬尼剌，另招商局「海天」輪週內由滬來高將運八〇〇〇噸水泥赴菲，僑輪「太平」號已由菲島抵廈門，即將來高裝外銷水泥一五〇〇噸。

台機械造船公司 自造窄軌機車

台灣機械造船公司基隆、高雄兩廠業務，蒸蒸日上，除裝修蒸汽透平，修理船隻，及製造各種機械外，並製造窄軌機車及船用柴油機多台。近又進行三漲立式蒸汽機之製造，各種說明書正在編印中。其已製成之〇—六—〇式機車，軌距爲七六二公厘，重約十五噸，牽引力爲二七〇〇公斤，平直道上速度每小時可達三十公里。又去年十月修復延平輪船一艘，總噸位爲六、八八八噸，載重一〇、五〇〇噸。該輪原名爲山澤丸，戰時炸沉於高雄港，因材料缺乏，修理工作至爲艱鉅，卒賴員工之努力，排除一切之困難，終于修理成功，並經航業公司檢查及試行，均認爲非常滿意。（本報訊）

中央造船公司 正積極籌備中

資委會中央造船公司籌備處建造船廠工作，刻正積極進行中，預計本年下半年即可開始修船業務。（本報訊）

培養國內工業採用國產成品 中央電工廠電線 配合交通部需要

資委會中央電工器材廠所製之電線，大部皆爲供應交通部充足電信網之用。最近交通部爲配合戡亂軍事，曾提出預算國幣三千億元，美金三百萬先，英金十四萬鎊，申請外匯，以向國外採購大宗電線。資委會有鑒電工廠之最高電線生產能量，每月可達三百噸，倘能在國外補充所需之銅料，運交該廠拉製，當可配合交部之需要，此不僅可培發國內工業，且可節省一部份外匯，刻資委會正與交部洽商中。

中央電工廠湘潭機廠 新建廠房以應需用

中央電工器材廠湘潭電機新廠，已於本年一月一日開工，所有廠房，已感不敷應用，近特興建翻砂間與打鐵間各一所，又為存儲與美國西屋電氣公司技術合作所得之各種資料圖樣，另建防火圖庫一所。

南京電照廠即可正式開工

（中央社訊）資委會中央電工器材南京廠，在國內所購機件設備，業已裝妥，即可開工出貨，月產燈泡二萬只至三萬只。待本年六月在美訂購之設備運達裝妥後，即可增產至每月二十萬只。（本報訊）

電業消息

△濟南電業公司，勝利後原由地方當局辦理，現資委員奉政院令由該會與山東省政府合辦，並已由該會呈准政院指撥專款，刻正派員赴濟接收洽辦中。

△廣東電廠，每月耗煤甚多，該廠為預防煤運遲滯或中斷而影響供電計，現已向美購妥燃油鍋爐四座，擬裝置於五仙門發電廠，以資改善。所需柴油，並亦已與中國石油公司洽妥按月撥濟。

△台灣電力公司對烏來水力發電所發電設備，積極補充，以應需要，並已向日本訂購配件二批，第一批已在製造中。

△貴陽電廠籌裝中之一千瓩透平發電機一套，以尚有若干配件於戰時遺留畹町，現已託由昆湖電廠派員前往清理，並代為運送至筑，該項配件第一批十餘噸，即可啓運。

△湖南電氣公司長沙、下攝司及衡陽三處，各裝一千瓩發電機一套，均已先後正式發電，現長沙、下攝司間，正進行三萬三千伏輸電線之架設，以便相互供電。衡陽廠為擴充業務計，刻亦在籌劃敷設過江線。

△萬縣電廠瀼渡河仙女硐水力發電所第二套五〇〇馬力水輪發電機，原缺配件，現經運到裝竣發電。

△貴州修文河水力發電工程處，土木方面工程。大部完竣，現該處已歸併貴陽電氣公司兼管，以節開支。

△安慶電廠四八〇瓩油機主要機器及附屬設備，已於一月底趕裝完竣，惟進氣與迴氣管等附件及高壓電璧器材未齊，該廠為適應需要，均暫以簡便方式裝配應付，期可提早發電，俟各項器材運到後，再行逐步改正。經於二月一日作空負荷及重負荷分別試車後，情形良好，已於二月三日正式發電供應。

△資源委員會長壽電廠，正積極增加電力中。該廠係利用龍溪河水力發電，故電價素極低廉，長壽工業，因此頗為發達。惟以電量尚不敷需要，上年多經向美國購買之七五〇瓩水輪發電機二座，由滬運至長壽，在下清淵硐發電所內裝置，業於三月十一日裝置完竣，試機成績甚佳，即可正式供電。從此長壽各工廠缺少電力問題，稍得解決。聞該廠另在上清淵硐建設新發電所，容量一萬瓩，土木工程已完成大半，現正繼續進行中。（本報訊）

交通

湘桂黔復軌 苦經費不足

（中央社貴陽電）湘桂黔鐵路衡陽都司段復軌工程，本年度進展極速，柳州至金城江間之龍江大橋及懷遠大橋，均已完全修復，柳金段，業於本月一日正式復軌通車。金城江至南丹段，因抗戰期間，鋼軌枕木損失綦重，目前以經費奇絀，材料補充困難，修復工程稍形遲緩，最大困難之一段，計約四十五公里，其間有大橋一座，短期內頗難修復。兩地客貨運輸，幸有公路維持。南丹至都勻火車來往，頃改一、三、五日由都勻站南開二三等火車一列；二、四、六日由南丹北開二三等火車一列；兩地相距一五九公里，三等票價十五萬元。聞該管理局業與公路總局商定，兩月後舉辦公路、鐵路客貨聯運，屆時由貴陽之客貨運，均可由汽車火車之聯運，暢通無阻。

陪都建設

△延長青年路工程，決於最近興工，該項工程係自國泰戲院打通，與五四路和江家巷啣接，築成洋灰灌漿路面，需經費三億多元，應拆房屋約四十家。

△北區幹路東段的路基和橋樑工程，已經工務局於日前分五標發包，現正積極興工中，週前該局又將該路西段的改善坡度工程發包竣事，全部工程共需經費一百八十億元，財政局已撥八十億元。

△市工務局決于本年下年度改建陝西路（由朝天門至望龍門），放寬路面為二十二公尺，舖建洋灰路面及方塊人行道。同時翻修中山一路，修建江北幹路等，刻正擬具預算中。

△下水道工程現在完成了第一、二兩期，共計四十五公里。艱鉅的工程算已大部完成，第三期工程近亦已開始，四聯總處貸款一百二十億也領到。這一期工程是次要的，長約二十公里。

△本市下水道窨井鐵蓋，前後被盜十個，入水口處鐵篦，亦被盜五十三個，刻該處正計劃防止中。

△成渝鐵路用地委員會，為解決菜園壩九龍坡段徵地懸案，一日午後三時，分別召集各有關業戶，至張子嵐暨市地政局開談話會，商討遷建之辦法。（邦）

湘桂黔路都筑段隧道已有三處完成

（中央社電）湘桂黔鐵路工程馬坡三隧道頃已全部竣工。施工範圍屬都筑段第一總段，全部工程進行頗速，全段計四十五公里，內包括隧道十座，共長一千餘公尺。已興工者為馬坡一二三號三隧道，計一號九十公尺，二號一百五十公尺，三號九十公尺，約佔全隧道工程百分之三〇•六。橋七座，計二十三孔，共長六百零四公尺。已興工者為橋頭及馬坡兩座，共計八孔，一百六十五公尺，約佔全段大橋工程百分之二十七。車站四處，因限於經費，尚未開工，其他如小橋涵洞，已有十公里於三十五底興工，陸續修竣，其餘刻正進行中。

增進聯運效能 交部統一聯運制度

交部為增進聯運效能，統一聯運制度起見，頃規定鐵路與水陸空聯運事項，應統籌辦理，不論鐵路與公路與水運或與航空，舉辦客貨聯運，均應與聯運處洽辦，並由該處呈交部核准後實行。（本報訊）

浙贛鉄路南萍段 路面橋梁已竣工

浙贛鐵路南萍段，向塘樟樹間，及泉江蘆溪間路面，橋梁均已完工，正待舖設。路軌中（本報訊）

公路運輸處 積極辦理各項運輸業務

公路總局為加強對外服務工作，特於該局設計考核委員會內，設公衆服務組，辦理推行對外服務之工作。又所屬第一、二、八、十各運輸處之推進工作及業務如下：

△公路總局第一運輸處，與浙江省公路局合組之公路聯營運輸處，原定本年二月底期滿，現經雙方洽議，繼續合作經營兩年，本月一日起，已依照新訂原則辦理。並為便利旅客起見，已與閩省公路局洽辦杭州至福州旅客聯運站，聯運辦法業經雙方協議，運輸路線暫定自福州起經古田、建甌、建陽、浦城、二十八都、峽口、江山至杭州。

△福廈公路修築工程，漸次完成，公路總局第二運輸處為發展業務計，已在福州成立臨時辦事處，在建陽成立業務所，並先調客貨車二十輛，辦理該線運輸業務。

△公路總局第八運輸處，已派員在開封籌設業務所，辦理國道運輸業務。

△公路總局第十運輸處，與黔省府合作辦理黔省公路聯營運輸處，係採用理事制，由黔省府派五人，該處派四人為理事，業已成立。

又該處已與湘桂黔鐵路局在筑洽商公路與鐵路聯運事宜，經商定在都勻接運，自四月一日起實行。（本報訊）

閩省義序機場 跑道工程竣工

福建義序機場，係公路第二機械築路工程總隊代修，共跑道工程，於上月竣工，飛榕班機，已可照常降落。（本報訊）

錦州瀋陽間 積極空運中

交部頃飭民用航空局轉知各航空公司及空運大隊，即日開始錦州、瀋陽間空運，並令飭派機迅速空運晉省救濟糧食。

鐵路業務會議記要

交部為推廣運輸，促進業務，特於本月十五日召開鐵路業務會議，各鐵路均派代表參加，出席人數計七十餘人，業於本月廿日上午圓滿閉幕，茲將所討論議案，擇要錄之於下：

（甲）運輸類：

（一）各路一律採用速美號誌。

（二）增撥並統籌支配各路客貨車輛。

（三）統籌分配軟水設備，以增機車爐鍋壽命。

（四）改善輪渡。

（五）軍運付現，以維路收。

（六）函國防部嚴辦盜竊或收購鐵路車輛零件，以期減少損失。

（七）函國防部組織執法隊，嚴密稽查不法軍人，違章乘車，夾帶私貨，擾亂行車等情事。

（八）各聯軌站設立聯合車站，辦理客票行李包裹業務。

（乙）運價類：

（一）各鐵路非經呈准，不得加價，或自訂有關客貨運價單行辦法。

（二）各鐵路運價應以中等米，十二磅紗布，烟煤及油脂之物價指數為調整之標準。

（三）長江以南各路，應擴展營業，增益路收，俾逐步減輕政府補貼，期達到自給自足之目標。

（四）政府機關託運緝獲違禁品，按包裹運輸辦理。

（五）搶修列車、工程列車、救援列車及公務列車應計費轉帳，俾於運輸量及營業進款數字有所表現，以符運輸實況。

（六）組織貨物分等研究委員會。

（丙）聯運類：

（一）確定聯運車輛各種計費標準。

（二）擬訂聯運貨物起訖路站全程聯合運價。

（三）籌辦客貨聯運：

（1）京粵聯運旅客通車。

（2）粵漢、平漢兩路旅客聯運。

（3）粵漢、湘桂黔兩路旅客聯運。

（4）浙贛、粵漢、湘桂黔三路客貨聯運。

（丁）服務類：

定本年為服務年，擬定服務運動辦法，切實推行，便利客商。

（戊）規章類：

（一）修訂客貨運規則條文。

（二）修訂人事法規。

（三）編印現行業務通令，頒發各路應用。

（四）建議政府制定鐵路營業法案。

定價　每份伍千元正
全年訂費貳拾伍萬元正
航空或掛號另存郵資六萬元

廣告價目　甲種每方吋壹拾萬元
乙種每方吋捌萬元正

中華民國卅七年三月二十九日出版

中國工程週報

內政部京警國字第五十一號

中國工程週報社出版

發行人　杜拱辰

中華郵政認爲第二類新聞紙
江蘇郵政管理局登記證第一三二號
地址：南京（2）四條巷一六三號
電話　二三九八九號

一週大事記

是週也：的港交還義國，共黨大受打擊；
美扶植日本，愈趨明朗化；
白宮主人，今冬何人？
國大鴻開，副揆角逐。

國際間的壁壘，日益顯明。在歐洲方面，兩大集團正展開劇烈的爭鬥。

四月十八日的義大利總選，是舉世矚目的所在，若果義共在此次選舉中獲勝，則蘇聯的勢力，可以擴張至地中海，控制中東，影響英美在地中海的戰略地位，並且可以直接影響法國，間接與北非的殖民地互通聲氣，自然英美法不容許義大利向左轉，所以想出一個妙法，提出建議將的里雅斯港在盟軍管制之下交還義國，無疑地還不是英美法對義特厚，而是想藉此打擊義大利的共黨勢力，這一着，果然使義共與南斯拉夫、蘇聯都感到相當意外，于是，南國領袖狄托表示，願意與義和平談判，義大利對此也不如想像的熱中。據目前的情勢看來，雖然英美法的建議相當的毒辣，但是要說足以一新義大利的選舉形勢，也許還言之過早。

據一般估計，共黨在義大利所可控制的選票，約爲百分之三四十，民主黨甚必過之，只是社會黨所可控制之選票約爲百分之二十，大可舉足輕重，權威人士的預測，的港建議，可能減少共黨選票百分之十，果爾，共產黨是行將慘敗了。但若共黨能在這時巧妙的把中間黨操拉過來，即使減少十分之一，也還是足與民主黨抗，好在只有二十天，牌就可攤出來了。

× × × ×

美國對日本的扶植，早已引起遠東諸國的不滿，這次美陸次德雷柏所率的代表團赴日之行，更顯示出美國對日政策進一步的明朗化。

美國是善于盤算的，在反蘇防共的立場上，他早已在遠東看中了日本，認爲扶植日本較扶植任何國家（似乎中國也在內）爲有用，因此不管反對者如何反對，而美國還是一意孤行「前議」。

日本經濟安定本部長官栗栖赳夫向美代表團提出四項建議，希望美國能將：

一、配給撥增加百分之十至百分之二十。

二、對日之建設信用貸款。

三、盟總以行政調節交還日本政府。

四、放寬經濟分散法之尺度。

在對日和約簽訂之前，麥克阿瑟是應該看重盟邦利益，而不可把美國利益看得那樣特殊。眞一麥帥眞是承認日本政府的要求，無異在政治、經濟上正式扶將日本，這是遠東各國斷難忍受的。雖然麥帥已暗中做了種種，但總不便這樣明目張胆。眞這樣做的話，對日和約的簽訂期，將更形渺茫，而且何等不必要啊！

× × × ×

美國大選問題，漸漸由混沌轉爲開朗。

由于華萊士的脫離民主黨另樹新幟，使杜魯門在今年大選中將大受打擊。大公報的美國通訊中指出「杜魯門已經跌價了」這是顯而易見的事。民主黨的左翼份子，勢將棄杜而就華，南方政客也因杜魯門取消人權法案，大爲反感；更糟糕的是杜魯門宣佈放棄聖地分治計劃，更使在美國擁有經濟勢力的猶太人非常憤恨，不用說，除了杜氏在這半年中會弄出甚麼奇蹟來，十一月的白宮主人，還來一個新面孔人物，那是可以斷言的。

× × × ×

行憲國民大會在三月二十九日如期開幕，報到一千八百多人，達到法定人數，除了少數邊疆民族代表和戰區代表不能出席而外。

這次大會的目的，是總統、副總統的選舉，總統歸蔣主席，已無疑義，副總統的角逐非常激烈。于右任，孫科，李宗仁，程潛都有競選表示與行動。

鹿死誰手？還是很多人都注意的問題，雖然有人認爲副總統是個「冷門」。

△　△　△　△

聯合國新廈設計

伊格勞（Edith Iglauer）作
譯自『哈卜斯』雜誌

主持聯合國總部的計劃與建築的哈里遜最近接到一個友人的信件，寫信的人是個國際問題專家，信裏說：「老實講，希望能有一個聯合國組織，搬進你們正在建築的新廈之中，現在祇有一半對一半的機會」。

最近，哈里遜曾聽到許多這一類的談話，但是他說，我不相信人類是這樣的愚蠢，以致他們竟不能支持我們惟一的希望」。

聯合國瞬濱前途的黯淡預測，刺激了哈里遜以及他的部屬加速工作，哈里遜的一個助手說：「我們建築得愈快，人們也就更能感覺到聯合國的穩定性和永久性」。

爲了達成這個目的，一年多來，差不多每天都有五十個左右的建築師，工程師，研究人員和書記，以及外面的顧問專家，擠在紐約城洛克斐勒中心無線電城二十七層的小辦公室中從事工作。

THE UN BUILDS ITS HOME

在那顯明「聯合國總部計劃局室」的門後，他們正在設計一個佔地不過五分之三方英哩的聯合國總部。在這一塊小小的土地，將要造成一個巨廈，這巨廈要能夠納容五千個工作人員的秘書廳，三千人以上的聯合國大會，新聞及公衆事務處，三個可能同時舉行的巨大的委員會，需要許多小房間的委員會，來自七十個會員國家的代表們，六個左右的專門性機構，以及數千個觀光客人，他們是趕來瞻仰這世界組織的。

以往從沒有一個如此的建築問題；因爲這計劃要能滿足五十五個國家。國際聯盟由於遭逢同一困難，因此花了十一年才在日內瓦建成一個大厦，可是即使在它建成以前，它也已經不合國際聯盟的需要了。

哈里遜說，由於過去的國際聯盟所獲的經驗，我們從事工作將見改良。

七月一日哈里遜受任後六個月，計劃局已將長達九十六頁的報告，提交聯合國秘書長賴伊。這報告中包括有建築計劃和計劃圖樣：一個高而扁的摩天大廈（秘書廳辦公處）一個低的扇形的大會堂，另外是一個會議場，其中有三個理事會議室，五個普通會議室，十八個委員會會議室。造成這些建築物，需要建築局以兩年的時間來經營。

除了這個報告以外，計劃局將於九月間造成一個十二呎高的模型，以供來到富勒興草地的代表們參觀，這模型將以大理石和玻璃磚造成。

哈里遜希望，在一九四九年夏季，聯合國總部就可以選出成功湖醜陋的房子，而移入東河的永久會址。

一個哈里遜屬下的建築師最近宣佈說，到現在爲止，還沒有選定最後的計劃，哈里遜的顧問委員會已經有五十種不同的計劃。有幾個建築師，每個人就提出六七種完全的計劃。

哈里遜說，「我們計劃中的基本因素是人」。「我們發現以那些使得人們滿足的光線，空氣，樹木及花園來供給人類是實際的。這樣可以使人們有更多的效率」。

最初，計劃的人遭遇到許多複雜的問題，一個最大的難題是，如何停放那麼多的汽車，結果決定在秘書廳的低層建築停車場，而在地下容納汽車的建築，這還是第一個。此外，空氣調節也是一個頭痛的問題。因爲適應寒帶代表的溫度，一定會使巴西的代表受不了。

在建築完成，代表們選入大廈以後，他們就需要予以週密的保護。據聯合國警衛主任貝格來說，安全共分三項——火警，警衛和身份證。聯合國有一輛救火吉普車，如遇大火則當由紐約救火會來撲滅。

哈里遜的研究人員正在研究各種已知的電氣及機械設備。聯合國通訊主任斯東納說：我們將獲得最新式的無線電，電視等設備，並將有華文打字機。最後的一項成就是，在電化交通設備完美的性能下，聯合國秘書長可坐在他的辦公桌上，經由一個機件的樞紐而看到每個會議室中的情形。

賴伊和哈里遜曾經接到許多外界的建議信，它們雖然表示對於聯合國大廈有很大的興趣，但這些建議很少是有價值的。大部份的建議是在這個地區裏建築戰爭的紀念品和教堂，有人建議在中心地點由各會員國運來當地的石頭，學校兒童的鈕扣，樹木，來象徵各國對聯合國的貢獻，有些美國人要求在那裏造一個佛蘭克林、羅斯福的紀念亭，更有一些人建議成立一個聯合國管絃樂隊，並由各會員國家請來客席指揮。

有個羞怯的女人建議將聯合國的永久會址移到洛格磯山中，藉以避免「海潮，洪水和炸彈」，又有個驚慌的建議將聯合國總部搬到北非，「因爲在紐約，一次政治性的暗殺尤可以引起另一次大戰」。還有人建議從大廈頂端垂下一張網，以防有人自殺。

最動人的一個建議也許是將聯合國大廈築成一垂直的十字架，外面的牆壁應該用玻璃或鋁製成，到晚上，這個十字架形的建築就可以由於一個金黃色的霓虹燈而顯出它的輪廓，這建議說，假定現代的建築技術沒有什麼困難，這建築應該有一千呎高，以表示聖經上所說的地球上「一千年的和平」。

從石油中提取的化學品

薛西爾作

用石油大規模製造化學品的計劃，英國已經着手進行了。這不僅可以滿足了英國工業家和其他消耗者希望增加化學品產量的要求，而且建立了一種新興的出口貿易。

一九四六年貝特樂卡朋公司，最先宣佈要利用石油製造化學品，當時曾撥出一筆一百萬鎊的補助金，用作開辦費的一部份款子，由政府設立的工業資助公司所供給。

八十五畝面積的廠址

一九四七年殼牌火油公司出資四千一百萬鎊來實施計劃，然後在契郡購地八十五畝作爲廠址，可於今年造成。

據殼牌火油公司的負責人估計，單是這個廠裏（另外還有兩個廠），初期生產的化學品每年就能有二萬四千噸。初期生產品中包括各種溶解的化學品。

殼牌公司的另一個工廠大部是製造鋼高度烷基硫酸鹽（專製綜合肥皂及除垢物

（以及供工廠和家庭用的液體除垢物。這種有增無減的生產可以代替英國目前頗感缺乏的普通肥皂。今後兩年內已預定每年要生產一萬五千噸。

第三部計劃

殺牌火油公司計劃的第三部分，是每年生產三萬噸的殺虫藥，殺菌劑以及其他農業和園藝方面上的產品，三處工廠的目的是在當前與今後國內需要的限制範圍內，撥出一部分石油化學品供應出口。

一九四七年三月這些計劃發表以後，擁有資金三千三百萬鎊的英國伊朗石油公司，和擁有資金一千七百萬鎊以上的狄斯德樣公司在一九四七年七月發表一項聲明，說是他們已締結一個協定，從事用石油製造化學品。他們成立了一個新的聯合公司，需要五百萬鎊左右的資金。

英伊石油公司在蘇格蘭和南威爾斯執行了大規模的提煉工程，現在致力於發展石油中的清潔劑，狄斯德樣公司是英國最大的威士忌酒廠組合，但是近幾年來它在國內市場的銷售已受政府嚴格的限制。該公司大量的威士忌酒都運銷到外國去，對於工業上所用的火酒及其他貿易上的必需品也在加緊生產，特別是塑膠的原料和化學上大量需要的混合金等等，都很注意。

農業上的用途

在農業方面，除了生產殺虫藥和殺菌劑以外，還有用於土壤蒸熱，除草方面等等藥劑，在建築方面，生產了保護木料及混合水泥，還有用於醫藥方面的各種化學品。另外還製造洗刷公共汽車，飛機和廚房的除垢物。又製造了電鍍品、鈩鐵、漆、印刷墨水、橡皮等。

事實上石油在世界上已經成為最有價值的一種原料了，這不僅在經濟上講是很便宜的，而且它的極複雜的性質和它在使用上極度的伸縮性，可使我們從它獲得幾乎是無限制的材料。

英本年煤產目標
目標二億噸

（英國新聞處倫敦電）據國營煤礦局局長興特萊勛爵十八日宣稱，本年度英國煤產目標達成希望濃厚。據估計連假日在內，正常每星期產量須有四百萬噸，始能達到深礦出產二億噸之目標。至於出口，該局更擬超出官方所定目標，即至少有一千六百萬噸直接出口或供燃煤船。去年英國共輸與外國煤斤一百五十七萬噸，入煤船者又四百四十萬噸。

霧中行駛火車
可防發生危險

（英國新聞處倫敦電）英國鐵路公司對於霧天行車有了一種新的自動火車控制系統，這是防止發生意外的。路軌的設備置有兩個電磁感應器，離路軌的中心點約有十五碼，假使第二個信號是在「停」字上面，那末司機室裏的一個汽笛就響了起來。假如司機板動了制動機，他就可以控制引擎，但是如果他忽略了關響的信號，制動機就會自動的板上的，使火車不發生危險。

英政府決定保存
倫敦戰時地下司令部

英國戰時內閣籌商戰時大計之秘密地下司令部，茲已經當局決定，予以保存。該司令部在「白宮」地下五十呎，大小房間至少有一百五十間，由一哩左右之蜿蜒曲折之地道相連接，佔地達六英畝，當時此司令部日夜工作不斷，如今參謀室中之一切仍保存戰時舊觀另有邱吉爾與故羅斯福總統通話之小電話室亦依原狀保存云。

英國製成
最新流線型飛機

一般預料，一種與普通飛機極不相同之最新式流線型英製飛機，不久即可作首次飛行，此種飛機名「衛星」式，具有四座位，機身極輕，造法極為新異，據估計此種飛機速度最高可至每小時二百十英里云。（中建社訊）

英工業博覽會
世界各地顯示興趣

積極籌備中之英國工業博覽會將有長達二十六哩之陳列檯面，佔地一百萬方呎，以待來自全球各地之顧客觀覽選購。籌備處已接得遠近來賓數千通，足證該會為全球興趣所注，遙遠國家如中國、智利、顯克倫蘇島、荷屬機內亞及阿富汗亦有來函以行將赴會相告。此會為世界上最盛大之工業博覽會，自一九一九年來本年為第二十七屆，將於五月三日至十四日在倫敦之伯爵廣場與奧林比亞及伯明罕之白朗維區堡三處同時舉行。在白朗維區堡將有重工業廠商約一千一百家參加，在伯爵廣場與奧林比亞則將陳列二千三百家輕工業之產品，合計共有三千四百三十家出品廠商，為歷來最大數字。三處場地雖稱廣大，猶未能遍使申請者分得一席地。許多出品人係在上屆博覽會閉幕前即提出申請，但至去年九月截止日期，猶有申請者六百餘不得不加以謝絕。

幾件新穎的陳列品

專門用作檢查極精巧的另件，如錶的另件，精細的無綫電燈泡和紡織纖維的工業上應用的鏡片，將在五月間舉行的英國工業博覽會上展覽。這種鏡片是用塑膠原料作的，重量比玻璃的輕一半，還是一種很出色的鏡片，因為和普通的玻璃鏡片不同，它可以同時使兩隻眼睛清楚瞭見景物的全貌。

另一種要展覽的塑膠物，是保藏容易變壞的食物的包，這是一種高級的軟皮，寬約四十八吋厚僅萬分之一吋，還種薄包是不透水，不會撕破，保暖的用品。參加這次博覽會的工廠已有七十家，將佔二萬五千方呎的會場。

國外通訊

纖毫悉辨的電眼

在本年英國工業博覽會裏所陳列的科學儀器中，我們將看到一批遠比人眼靈敏的儀器。此中秘密爲英國的一項新發明，使異常靈敏的硒電池得以構成儀器，供各種工業應用。一種叫做反射計的，可使工業化學家配合有色的表面，跟一種標準的色澤完全一樣，或有預定的相差度，不要分毫。另一種叫做密度計的，地紀錄空氣中塵垢，例如煤屑的成分，對於礦山工廠有極大價值。一種用以紀錄光源微小改變的儀器可用以促成電的繼選。此項英國製造的設備，據稱不僅在靈敏度和設計上，就是在力量上價格上也領袖世界，並且也有相當數量可供出口。工業博覽會的科學儀器部，設在倫敦奧林比亞大廈的地面層，將陳列一百四十二家廠商的科學、光學和照相用品。

雷達控制港口模型

建於人島道格拉斯之世界第一座雷達控制港口，共模型可於本年五月英國工業博覽會中見之。此項陳列品包括雷達控制站及其各部份之複製模型，並有影片一部詳示內部裝置以及船隻在控制站指揮下進入港口之雷達照片一幀。道格拉斯港中之實計設備爲一高六十呎之塔，上有轉動察器，攝取港口之回聲照片，映於控制室之幕上。港務長於是可見港口四週全圖，包括所有船隻在內，並可藉無綫電話或遠達二里之超級麥克風傳送訊息與迷於濃霧之船長與領港，使其安全引導船隻進港。此種最新式港口航行設備，不久將在英國其他數港中予以建造，利物浦亦在其內。（中國建設社倫敦訊）

解放中子實驗成功

（美國新聞處華盛頓電）美國原子能委員會已經宣佈在實驗室中解放出稱爲「中子」的核粒。此項中子，過去只能在宇宙線中獲得。中子之解放，是在加州大學的原子能研究中完成的。在全世界最大的原子衝擊機中隔離中子，曾被稱爲「基本核子科學的空前成就」，雖然中子的實際應用尚屬有待。加州大學放射實驗室主任勞倫斯博士稱：中子爲研究使分子核保持完整力量的最佳工具。

麥克阿瑟密令 削減日本賠償

（塔斯社普拉格電）麥克阿瑟已發佈密令，又勾消一批曾經列入賠償清單內應予拆遷的一百二十五家企業，而步把這些企業與其他企業合併。戰時製造坦克車的畑野株式會社的二十家工廠，以及設在中島的四十五家飛機製造廠，都在其例。該社又稱：盟國駐日最高統帥將擬還些家企業的生產計劃，使各企業的生產量增加到戰前的一倍。又悉：日本內閣奉行麥克阿瑟命令，已使日本最大的獨佔企業——三井、三菱、住友及安田——都免受蕭清獨佔法令的影響。

美教授發現 新行星一顆 繞日行動極速

（聯合社加里福尼亞州柏克萊電）柏克大學天文學教授張泰甯於本月七日發現新奇行星一顆，環繞太陽行動極速，該星直徑僅二哩，有種種特色，太陽有此類行星一千六百餘個，均距地球甚遠，且行動軌道較大，獨此星跨越地球軌道而行。

美國新發明 放射性毀滅雲霧

（中央社紐約合衆電）美飛機製造廠商馬丁謂：美國已發明一種放射性雲霧，人類觸之即死，較第一枚原子彈尤爲可怖，此項新武器殆已可於必要時使用。關於此武器之試驗，猶屬軍事秘密，但目前科學雜誌中已有所提起，故渠乃可透露此消息。此項雲霧具有使人死亡放射作用，惟大風吹向敵人時，已可使用此項雲霧，惟恆有轉變風向之虞。第二次世界大戰時，轟炸廣島之原子彈已嫌陳舊。去歲五月馬丁在參院航空小組委員會中，亦曾提起放射性雲霧。渠謂：可由飛機在高空中撒放面積一方英里之雲霧，使人類逐漸死亡，但建築物則可無損。

太陽黑點 干擾無綫電信 無綫電工程家 正研究其特性

（中央社）電信總局息：最近數日來國際及國內無線電通信，因受太陽黑點放射電子有影響，每日約一二小時不能暢通，惟在該通訊欠暢時間內，國際無線電則改用極高週率或改變大線定向性網絡通訊，或改發至近距離地點接轉，國內無線電則儘量改用有線電路接轉，以利報話，按美國無線電界預測（一九四八年）爲太陽黑點放射之最高週期，我國若干無線電工程專家現正研究其特性，並將確定改用他項適當波長及各種必需之特殊設備。

美機一百五十架 下月中旬啓運來華

（聯合社加州奧克蘭電）渡洋航空公司副總裁艾斯摩廿日說：該公司將於四月中旬開始自奧克蘭駁運運機一百五十架前往上海，供中國空軍之用。各該飛機將取道檀香山、威克島及關島，每架有機員四人，並不載貨。該項飛機爲雙引擎C-46型寇蒂斯帶突擊飛機，由中國向美國政府購置，現在加州布朗克裝修，由渡洋公司承運，運費在百萬美元以上。

國內消息

全經會討論提案

重視北方工礦發展　外匯政策暫不修改

全國經濟委員會例會二十五日下午三時，假行政院會議室舉行，張羣主席。首由張氏對目前經濟情形，作一詳盡報告，全經會爲政府最高經濟決策機構，就理論言或事實言，職權應相當強大，如燃管會，善後事業委員會，美國救濟物資處理委員會等十四經濟機構，俱應隸屬本會，至少應由本會予以督導，今後盼各委員對加強全經會職權一點，多抒意見。此外張氏謂美國援華方案，下月初可作最後決定，諒不致落空，若有一億美元，即能將所發行之法幣全部收回。今日工人生活指數極高，資方多不能維持，此一嚴重問題，亟待各委員研究解決途徑。渠特別強調當前之外匯政策，不宜遽加修改。繼由施奎齡報告華北平津經濟情況，並提出建議書，說明華北經濟凋敝，現在士氣民心剛好轉，希望政府配合經濟，使華經濟轉趨活躍。建議書共二十四點，較重要者爲：（一）維護華北交通。（二）從速完成塘沽新港。（三）加強花紗布管制。（四）鼓勵華北出口物資。（五）發展北平手工業。（六）切實利用華北內流游資。（七）充實資源委員會在華北生產事業。（八）增加棉花小麥配額。（九）提高國家行局存款利率。（十）增加農貸工貸華北數額。張院長聽報告後，認爲可行，令施氏與各主管部門切實研討。接着顧副秘書長報告一週來之物價波動情形。討論事項有：（一）第五六兩季進口貿易附表二化學品修正項目案，經決議：凡化學品國內可製造者，禁止入口，國內自造數量不足者，限制入口，以節省外匯。（二）米、[illegible]、小麥、麵粉、花紗布日用品價格上漲計算公式案，決議：交有關機關研究後，再提會討論。（三）物價委員會職權加強案，決議：由秘書處召集小組會予以研究，再提會討論。

出售國營事業

國務會議通過辦法

出售國營事業資產充實發行準備辦法，業經廿六日國務會議通過，全文如次：

（一）本辦法依照國務會議第廿三次會議議決之規定訂定之。

（二）決定指撥出售之資產如下：（1）招商局，（2）中國紡織建設公司，（3）資源委員會指定之工廠，（4）敵僞產業，（5）日本賠償物資之出售民營部份。

（三）上項各單位資產照下列辦法歸還國庫，移轉中央銀行：（甲）招商局由交通部就現有資產以美金估價，轉歸國庫，再由國庫轉入中央銀行帳。上項資產中百分之五十由政府保留，按照估價發給股票，仍交由中央銀行保管。（乙）中國紡織建設公司已由經濟部就現有資產按廿六年法幣估價，折合美金，轉歸國庫，再由國庫轉入中央銀行帳。上項資產中百分之三十由政府保留經營，按照估價發給股票，仍交由中央銀行保管。（丙）資源委員會指定之工廠，由資源委員會就現有財產以美金估價，劃出價值美金五千萬元之資產，轉歸國庫，再由國庫轉入中央銀行帳。（丁）敵僞產業，包括房地產、碼頭、倉庫、工廠及其他資產，由國庫就現有資產以美金估價，轉入中央銀行帳。（戊）日本賠償物資由經濟部就撥充民營部份，照原美金估價，轉歸國庫，轉入中央銀行帳。

（四）上項各單位之資產及日本賠償物資，由國庫轉入中央銀行帳後，作爲抵充發行準備之一部份。所有各單位資產之產權股權契據證件等，均交存中央銀行發行局。

（五）上項各單位資產移轉中央銀行後，中央銀行按下列辦法發行股票或出售之：（甲）招商局作爲一個單位，組織公司發行股票。（乙）中國紡織建設公司按其所屬各工廠性質，分爲若干單位，分別組織公司發行股票。（丙）資源委員會指定之工廠，按其性質分爲若干單位，分別組織公司發行股票。（丁）敵僞產業：1房地產及碼頭倉庫，組織公司發行股票或分別出售；2其他產業直接出售。（戊）日本賠償物資出售民營部份，由經濟部依照賠償委員會所定出售辦法價配民營。

（六）發行股票辦法如下：（甲）僅向人民及其營業組織發行股票，國營各行局不得收購。（乙）發行之股票每一單位發行在五成以上者，即由股東召集股東會，選舉董監事，依照公司組織法辦理。（丙）股票發行得以美金爲計算單位。

（七）各單位資產在未經承購方面接收以前，由原主管機關照常經營，切實保管。

（八）本辦法經國務會議核定後施行。

國營事業出售

估價問題尚待確定

關於國營生產事業酌售民營辦法公佈後，經部即令飭所屬業務機構着手辦理，其進行情形，頃據該部負責人稱：依照「國營生產事業酌售民營辦法」屬於本部主管之出售國營生產事業，計有：中國紡織建設公司中國蠶絲公司及中華烟草公司等三單位，該公司估價工作早經完竣，各種數字清冊，已核轉國營生產事業出售監理委員會審議，在不久前出售監理會曾開會數次審議，均以所估機器等底價係照二十六年估價，應如何升值，關係重大，現正慎重研究妥善升值計算標準，藉期公允，一俟標準確定，即可於短期內求得真實酌售價格。二、中國蠶絲公司，按該公司保指定以全部資產五成發行股票，曾擬呈可供發行股票之廠，計有綢廠三，絹紡廠一，該資產總值六十三億四千餘萬元，均爲接收時之估價，已再飭由該公司重行照二十六年底價重行覆估，造册呈部備轉核定，現正在催促中。（三）中華菸草公司，該公司各項估價清冊已擬送部並核轉出售國營事業監理委員會，業經該會第九次會議通過核定，惟其他成品半製成品原料及其他生財等估價，亦須一併估送，已轉飭遵辦並在催促進行中。

下關貧民住宅

土地收購辦法已商定

（中央社）京市府地政局爲在下關五所村興建貧民住宅事，廿三日邀集各業主於該局會議室商討收購私人土地問題，地政局長周一夔，市參議員宗長福、李棠等均出席，該村土地共約三百畝，內除八十四畝公地外，共餘二百二十六畝均係私人土地。會議討論結果，決由政府撥款五十六億，分三等征收。甲等平坦地一百六十六畝，每畝收購價格爲二千四百萬元，乙等坡荒地四十畝，每畝一千九百二十萬元，丙等水塘地二十畝，每畝一千二百萬元，地面上有青苗者，則按地價增收一成，此項辦法，已經各土地業主同意，各業主自即日起向地政局登記，地局頃已派員前往測量，預計一週後貧民住宅即可開始興建。按此收購五所村土地問題，市府去年即曾與各業主商討，迄今始得協議。

工礦事業貸款

資委一萬九千億　塘沽工程費三百億　隴海路貸款展期三月

四聯總處第三六一次理事會二十五日晨舉行例會，俞鴻鈞主席。討論要案：（一）行政院交議獎勵都市建築貸款案，決議，暫緩舉辦。（二）資源委員會申請工礦事業貸款，內分：（甲）國策貸款；（乙）業務貸款；（丙）訂貨貸款，申請總數四萬七千二百億元。經核定國策貸款一萬九千三百億元，其餘業務貸款，訂貨貸款由行局斟酌辦理，送理事會備案。又經濟部申請華中煤礦增產貸款七千億，未及討論，改下次會再議。（三）中國農民銀行、農林部、地政部籌設土地開發公司資金貸款，核定為五百億元，此土地開發公司係奉 蔣主席手令而籌組者，中國農民銀行，根據主席「全國所有荒山、森林、公田、公地一概交中國農民銀行從速開發使用」之指示，遂擬定籌備土地開發公司之計劃，資金原定一百億元，經有關機關代表舉行小組審查會，決定增資爲五百億元，由農林部、地政部、中國農民銀行負責辦理。（四）塘沽新港工程費貸款，過去所貸之六百億元，至三月底期滿，核定決予展期三個月，另增貸三百億元。（五）隴海鐵路貸款，過去所貸之一百億元，至三月底期滿，核定准予展期三月。

合作貸款本月開始

總數核定為三萬億元

中央合作金庫本年之合作貸款，已由政府核定爲三萬億元，該庫現已分別種類擬定貸放數額計糧食生產合作貸款一萬一千億，棉花九千億，農田水利二千億，食糖二千億，菸葉一千五百億，蠶繭五百億，茶葉四百億，漁業一千億，其他農業包括苧蔴、花生、芝蔴等共六百億，農村副業包括猪鬃、金絲草帽、草帽辮、紡織、家畜等共一千五百億，簡易合作農倉爲五百億。本月即開始貸放，各項約可貸出三千八百餘億元。

管理鈾釷礦產 政院制定辦法

〔本報訊〕關於我國鈾釷之蘊藏，資源委員會正積極測勘中，目前該會已正式派員赴廣西勘測，並攜有新式機器，務求有具體之發現。各國對我國鈾釷之發現，咸表重視，資委會以鈾釷關係國防，特制定「鈾釷礦產管理辦法」，經由行政院核准公佈施行，茲誌該辦法於後：

第一條　爲保持國防秘密，並依非常時期農礦工商管理條例，指定鈾釷及其他含原子能礦產實施管理，特訂定本辦法。

第二條　鈾釷及其他含原子能礦產，由資源委員會會同經濟部管理，中央及地方有關各機關協助之。

第三條　鈾釷及其他含原子能礦產，依礦業法第十條之規定，產礦區域作爲國家保留區，禁止探採。

第四條　鈾釷及其他含原子能礦產，由資源委員會秉承行政院辦理探採，其礦區由經濟部依法註册，中央及地方各機關非由資源委員會會同經濟部呈奉行政院特准者，不得探採。

第五條　中央及地方各機關所有關於鈾釷及其他含原子能礦產之資料，均應抄送資源委員會。

第六條　鈾釷及其他含原子能礦產，除經行政院特准者外，禁止出口，違者依刑法洩漏國防秘密罪處罰。

第七條　鈾釷及其他含原子能礦產之試驗提煉或使用，由資源委員會辦理，或委託適宜機關辦理，並呈報行政院。

第八條　國防部於必要時，得呈經行政院核准，試煉或使用鈾釷及其他含原子能礦產，並與資源委員會互相聯繫。

第九條　資源委員會於必要時，得呈經行政院核准，與友邦商借鈾釷及其他含原子能礦產之研究及試驗設備，並洽訂其他有關辦法。

第十條　鎢砂及錫尾砂之含原子能成份者，均依本辦法管理。

第十一條　本辦法自公布日施行。

全國主要礦業歷年產額表　（經濟部礦業司統計）

年份	煤（公噸）	鐵（公噸）	鋼（公噸）	金（兩）	汽油（加侖）	煤油（加侖）	柴油（加侖）	鎢砂（公噸）	純銻（公噸）	純錫（公噸）
26	6,599,000							11,960	14,300	12,700
27	4,700,000	52,900	200	31,500				12,560	9,600	15,170
28	5,500,000	62,730	1,200	314,000	4,100			11,500	10,900	1,840
29	5,700,000	45,000	1,500	267,000	73,400			9,500	8,470	15,100
30	6,000,000	63,600	2,000	84,000	209,300	113,000		12,390	7,990	6,990
31	6,314,000	96,000	3,000	10,000	1,895,700	500,000	46,000	11,900	3,510	7,209
32	6,620,000	70,000	68,000	80,000	3,219,000	558,000	50,700	8,970	429	3,796
33	5,500,000	40,100	13,400	160,000	4,047,000	2,160,000	155,000	3,230	204	1,577
34	5,240,000	48,500	18,200	100,000	4,305,000	1,654,000	216,000	受戰事停產	受戰事停產	2,704
35	18,160,000	31,000	15,700	150,000	5,116,000	2,325,000	726,000	2,330	971	1,863
36	19,500,000	35,700	63,000	107,000	7,880,000	4,000,000	967,000	6,400	1,580	3,790

註：（1）上項產量在26—34年間不包括敵僞產量在內。

（2）上項產量在34—36年間不包括共佔區產量在內。

（3）上項鎢銻錫產量僅爲資委會生產和收購的數字，實際數字可能超過頗多。

工業與資源

增進華中煤產 經部貸款儲煤

經濟部為增產華中煤礦，曾召集有關部會代表商議，擬向四聯總處貸款七千億元，以作儲煤墊款。京滬安全煤，約需二十萬噸，共中五萬噸，由燃管會代購，另十五萬噸，則由經部購買。惟此項貸款，須俟四聯總處理事會決定。（中建社訊）

煤源漸足 京滬工廠即可配給

經濟部息：近月以來，開灤煤運漸次通暢，華東、淮南、台灣各礦到煤數量亦有增加，京滬煤斤供應情況轉佳。經濟部為維緊生產，已電令上海區燃管委會對各工廠用煤儘先恢復配給。至於其他各機關如煤源充足，亦應酌量恢復供應。

三十六年度全國各主要煤礦產量統計

開灤——四百八十萬噸（敵偽時代最高額為六百六十萬噸）。

撫順——一百餘萬噸（民廿九年為七百三十萬噸）。

阜新——一百萬噸（敵偽最高額為四百萬噸）。

北票、西安、僅維持原產額十分之一。

淮南——八十萬噸。

天府、嘉陽、全濟三礦合計六十三萬噸。

華東——四十七萬噸。

門頭溝——三十四萬噸。

台灣全省——一百三十萬噸。

其他各礦年產額均在十萬噸以下，因篇幅有限，不及一一刊登。全國總計為一千九百二十萬噸，僅及戰前之一半，抗戰時代日偽掠採時之三分之一弱。（本報訊）

淮南煤礦捐資興建 資委會礦業化驗室

淮南煤礦八公山新礦田，係資委會礦產勘測處發現，現經初步續探結果，已發現煤斤總儲量為四億噸之鉅，對淮南礦之前途，大有發展，礦方為答謝勘測處之努力經過起見，擬捐資該處辦一化學實驗室。（按資委會礦業勘測處處長謝家榮氏擬創辦一設備完善之化驗室，化驗各有關礦苗，以限于經費，迄未着手籌備），一俟淮南鉄路水裕段修復通車，經濟稍為寬裕時，即可撥付，故該室至遲于今年下半年即可創立。（本報訊）

馬鞍山電廠 房屋建造中

資源委員會息：皖南馬鞍山礦產豐富，交通便利，且鄰近首都，適合工業區之條件，前經該會設立皖南電廠籌備處，派施洪熙為主任，業經積極進行，籌設一萬瓩發電廠。現該廠打樁工程已全部完工，房屋及機器底脚工程最近亦已開標，由本京同濟工程公司承造，間建築費共需約六百億元，即日開工。至五千瓩透平發電機兩套，一部份已運到上海，餘件正陸續由美運滬中，預計明年春可先裝竣一套，屆時馬鞍山工礦用電，即可開始供應。（本報訊）

東北紡建損失慘重

紡建在東北有瀋陽、營口、錦州三大廠，瀋陽有七萬多紗錠，營口有五萬多紗錠，錦州五萬餘紗錠，最近除錦州廠外均已失陷，然因缺煤無電，於二月初即停工。瀋陽在失陷前，曾有一萬錠還至瀋陽，因零件不全，能開工的只有五千錠，現開三千錠，紡建在東北十四個軋花廠，現祇剩遼縣、錦州、錦西三廠。此次紡建在東北損失雖鉅，但人員尚無恙，共軍對技術人員多加挽留，不願留者則放回。現營口廠機器已拆運往瓦房店，瀋陽廠機器則拆往安東。（本報訊）

歸還被日刼奪物資

據行政院賠償委員會負責人談：我國物資被日本於軍事佔領期間以暴力刼奪運至其國內者為數甚夥。勝利後由被刼物主中申請歸還，經我國駐日代表團向盟軍總部交涉歸還，截至本年二月底止，業已先後歸還之刼物有上海濬浦局建設輪一艘、招商局興安輪及海南輪二艘、海關稅務司飛星輪一艘、大通與輪船公司隆順輪及和順輪二艘、另逸仙軍艦一艘。海軍部之鎮遠定遠艦之砲彈十發、錨鍊十二箱，暨鐵錨兩隻。中央圖書館善本書籍三萬五千册、中央大學等處書籍三萬六千六百六十二册、暨集存倉庫書籍八千一百六十一册、偽新民會書籍二萬零八百十四册、圖書館書籍一萬四千一百十八册。朝鮮銀行鄭州等支行帳册一百八十五册、台灣銀行製鈔原版五十七塊、上海四海保險公司計算機三架。上海信通汽車公司汽車三輛，另汽車一輛（無主）其他已按照規定申請歸還之刼物，仍在繼續交涉歸還中。（中央社）

中華水產公司資本重行估定 二千六百七十餘億

農林部中華水產公司資本總額原估定為一千一百餘億元，頃悉，業照全國經濟委員會國營生產事業出售監理委員會決議，依三十六年十二月同類物價重行估定為二千六百七十四億餘元，仍為官商各半。商股規定每股一萬元，股票面額每張分為一千元，二千元，五千元，一萬元，五萬元五種，即由中國農民銀行會同漁業銀團出售。（中建社訊）

交通

浙贛路南萍段 夏季可望通車

（中央社南昌電）浙贛路南萍段，已由此鋪軌至向塘，路基土方皆在趕工中，惟橋工方面，以工程浩大，恐將展期，其中以樟樹大橋更感困難。按此橋全長五九四公尺，（共九孔，每孔六十六公尺）於戰時自動破壞，曾為敵軍利用為贛江封鎖線，目前尚正打撈深沉江底之鋼鐵。至橋基工程則告工竣，僅待加拿大鋼樑運抵後，再行架設。據路局消息，該橋可能先利用舊鋼樑架設，以期提早於本年六月間通車。

中印公路保騰段 尚需百億可修復

（本報訊）據公路總局消息：中印公路保山至騰衝段決定從速修復利用。中印公路國境段勝利後未加利用，經年失修，破壞日甚。嗣交通部循地方之要求，於上年內撥款交公路總局第四區局辦理。保山至騰衝段之繼成大橋及沿綫小橋涵洞工程，除已完成一部份小橋涵洞，將繼成大橋材料備齊外，無餘未完工程原擬於本年度[illegible]完成，惟該局以物價上漲，所發修理費不敷應用。按現時物價估計，該段未完成工程連同鋪築路面，共需工款一百億元，始能完成；然該局本年度各項工程費，已早經分配，故此項一百億元之工程費，由交通部專案呈請政院核撥。另山騰河至國界段，擬俟緬境各段修復後，再行辦理。

冀境公路動工修整

（中央社天津電）冀境各重要公路，正積極搶修中，津至静海，津至薊縣、唐山至山海關間各線，頃已由第八區各路工程局開工整修，預定兩旬完成。（本報訊）

全國汽車輛數（截止三十六年底止，全國汽車除軍車不計外共六九、三〇五輛，內計：）

車別	輛數	百分比
自用客車	19,875輛	28.63%
營業客車	4,?66輛	1.16%
貨車	39,075輛	56.30%
郵車	?512輛	0.74%
特種車	919輛	1.33%
機器腳踏車	3,958輛	5.71%
共計	69,305輛	100%

上海市現有汽車輛數

——三十六年十二月調查——

車別	輛數	佔全國百分比
自用客車	11,307	57.00%
營業客車	993	20.00%
貨車	6,807	17.40%
機器腳踏車	3,331	84.00%
共計	22,438	32.37%

西北公路 修建渭河大橋

公路總局第七區局，現擬修建西北公路渭河橋，所需材料及工程人員，已於本月上旬陸續到達工地，即可興工建築。

公路總局籌建 京浦間汽車渡口

南京浦口至下關之汽車渡口，頗有籌建必要，公路總局刻正着手設計中。

民生公司將闢華南綫

民生公司[illegible]十六日[illegible]飛穗，下午即去看黃埔港。盧氏還次南來，和該公司開闢華南航綫有關。該公司已請領黃埔碼頭地皮作建築倉庫之用。盧氏日內返滬後，短期內將赴美。（本報訊）

中央撥款修理蘇海塘

（中央社鎮江電）蘇省建設廳長董贊堯，二十四日由京返鎮，據云：中樞已允撥救濟美金七十萬，為修理海塘及築路用費，並先撥國幣五十億元先行開工。

液體容量改用公升制

液體容量改用公升制，業經通飭在案，此後液體潤滑油料原以加侖為單位者，一律改以公升為單位。（本報訊）

郵電零訊

△郵政總局局長霍錫祥，奉派赴瑞士伯爾尼，代表中國担任世界郵政公會執行委員會副主席，已於十六日自港啓程前往。

△平津區鐵路局自本月二日起，已於一至六次車上，開辦火車行動郵局。

△青島新浦間，上海新浦間，上海鄭縣間無綫人工機電路，已於二月十七日，三月一日先後開放。

△宜昌電信局終端機天津電信局三百瓦無綫報機，已於二月七日、二十五日裝妥。

△河南新安及駐馬店電信局，業於二月十四日、十五日兩日先後復局。

△南京太原間，南京信陽間無綫電話電路，已於三月八日開放。

△申請在平設置民營廣播電台者，超出規定數額，現經有關機關查明各台情形，以中國、燕聲、民生等三台機件設備較為優良，業經交部核准頒發設台執照。

定價　每份伍千元正
全年訂費貳拾伍萬元正
航空或掛號另存郵資六萬元
廣告價目　甲種每方吋登拾萬元
乙種每方吋捌萬元正

中華民國卅七年四月五日出版

中國工程週報

內政部京警國字第五十一號
中國工程週報社出版
發行人　杜拱辰

中華郵政認爲第二類新聞紙
江蘇郵政管理局登記證第一三三二號
地址：南京（2）四條巷一六三號　電話　二一九八九
經售處：全國各大書店

一週大事記

是週也：國大主席團難產，簽署問題將解決；
主席謙辭，總統競選；
角逐副總統，採取自由式；
美援四億來也，復興中國農村。
柏林局勢，一度劍拔弩張；
一紙照會，喜見烟消雲散。

行憲國大開了一個星期，舉行了五次預備會議，討論復討論，磋商復磋商，主席團還沒有產生出來。另一方面被摒棄了大會堂的絕食十代表，其中已經兩位，恢復進食，報到參加，其他八位，也于上週末開始進牛奶，還孫孫烈烈的絕食問題，勢已不成問題了。

這是有關簽署國代退讓的整個問題，據說蔣主席已準備咨文國大，建議簽署國大全部列席國大，若果主席提出後，在國大討論時，不致遭遇任何困難。而況國大代表照規定應有三〇四五名，選出的僅二千八百多名，即使簽署國代全部參加，也並不違法。

×　×　×　×

總統、副總統競選問題已漸臨決定階段。

總統人選，舉目認爲蔣主席出任，已無問題，不過，蔣主席卻在國民黨六屆中執臨時全會串表示，他不願意競選，並表示希望國民黨外人士担任，以免國民黨有專政之嫌。外間紛紛傳說，主席或將在新政府中担任行政院長兼國防部長的實際責任，總統何屬？據說：主席頗有意支持社會賢達如胡適，張伯苓等出來，不過，大與人歸，主席之當選總統，恐怕仍然不成問題。

副總統問題較多，目前角逐最力者，有于右任、李宗仁、程潛、孫科四位。一般的看法，于、程希望較少，未來副總統非李即孫。在國民黨臨時全會召開之前，主席曾徵詢他們意見，竊思想李、于、程退出競選行列，但是他們表示不計成敗，熱鬧熱鬧。結果，臨全會中決定自由競選，這樣一來，李、孫將以真力量相見，李的成功將較孫爲大。

×　×　×　×

美六十億九千萬餘元之統一援外法案，經參衆兩院聯席會通過，續提交兩院正式通過，並經杜魯門簽署成立。這筆款項中，援華的佔百分之七．五，爲四億六千三百萬元。（包括三億三千八百萬元的華援助，另外一億二千五百萬是贈予的形式，中國政府可自定用途。）

援華法案中規定：美國務卿與經濟合作…理人協商後，有權與中國簽訂協定，設立中國農村復興聯合委員會，包括主要的研究與訓練活動。

此案公佈後，我外部王世杰部長發表聲明，表示感謝，並說：「中國的政府接受此案，共心情十分沉重，因此案之成功或失敗，吾人勢將負最後之責任」。我們很希望中國政治經濟局勢，由於美援之來，產生一新的改革局面。

×　×　×　×

柏林局勢一度緊張。

東西德本已截然劃分，積不相能。上週發生蘇軍檢查西德盟軍開往柏林之火車，因對方拒絕，致予扣留。糾紛由是發生。英美法三方面以爲蘇聯是截斷柏林對西德的交通緊張地商討對策，先是以飛機與柏林連絡，柏林美軍並封鎖鐵路大廈以爲報復，局勢發展至此，達最高峯。

蘇聯當局於星期日正式通知美軍當局，願擬蘇佔區交通管制進行談判，這是一個轉機。一度緊張的局勢，至此緩一口氣，

台灣機械造船公司近訊

△高雄機器廠製造之六輪式窄軌機車兩部已分由台灣碱業公司及金銅礦務局承購完畢。惟欲訂購者極多，該廠爲適應需要，正積極加工製造。預計在本年六月間，可繼續完成二輛。

△基隆造船廠一月份修理之鋼船，計有台灣航業公司之高雄、台中、台東、鳳山、鳳林輪，民生公司民衆輪等之小修，基隆港務局之第一號撈石船，新竹號挖泥船，美國海軍一〇四七號登陸艇及台灣碱業公司沉沒鐵駁之打撈修理等大修，共十一艘，總計二萬五千噸。

△基隆造船廠之三噸半電氣煉鋼爐，前因在戰爭期間遭受盟機轟炸，損毀甚鉅，已不堪使用，經多方設法添補配件，刻即全部修復，迄今已煉鋼十三爐，產品標準，遠較一般爲高。

資源委員會

三十七年度工作計劃

資委會三十七年度工作計劃，業已釐定，現正逐步實施。依據此項計劃，將利用向國外訂購之器材設備，聯總之工鑛器材，以及已在開始運華之日本賠償機器，在台灣、華中、華南等地區，就原有各廠鑛之未修復者，繼續修復完成，已修復開工者，擇優予以擴充，俾能增加生產，同時並從事新鑛廠之建立。華北方面，如平津唐一帶電力鋼鐵事業，仍當積極增強。東北局勢雖極困難，仍將配合軍事，在可能範圍以內，對若干主要事業，勉力支持。各單位將力求企業化，經濟上期能逐漸自足，同時提高產品品質，減低生產成本，以裕民用。所需原料器材，儘量就各單位自製產品，予以利用，以期充分發揮分工合作之效能。茲將各部門計劃撮要分述如下：

一、電力 本年度擬對華中、華南、華北各電廠擴充發電設備，加強電力供應。整個電力計劃完成後，可增加水火力發電量十餘萬瓩。其中較大計劃，冀北方面計有建立石景山五千瓩發電所，完成下花園一萬瓩發電所，並修復石景山二萬五千瓩火機，與平津唐高壓輸電線路，以加強華北電力網。天津方面亦正設法增加電力。魯省境內擬整修博山一九、四〇〇瓩發電所，並修復張博區供電設備，俾與淄博煤鑛增產計劃相配合，京郊馬鞍山將設皖南電廠，裝置五千瓩發電機兩套，並架設馬鞍山至南京之輸電線路，以促進馬鞍山新工業區之建立。鄂南擬於武昌進行二千五百瓩發電設備，並建立大冶發電所，裝置五千瓩發電機三套，更於武冶間架設六萬六千伏輸電線路，以構成鄂南電力網。川省宜賓、岷江兩電廠，擬各進行五千瓩發電所。台灣方面工鑛事業，進行頗為順利，需電增多，將於烏來進行一萬二千五百瓩發電機兩套，以應需要。湘境擬分別於長沙湘潭加裝二千五百瓩機一套，五千瓩機二套，並架設長湘輸電線路，以資聯絡。東北方面將盡力維持發電。本年度各地電廠預定發電二十億度。

二、煤 煤業重心，原在東北華北兩區，為東南及華南用煤之主要來源。但以共軍滋擾，若干主要煤鑛，或遭淪陷，或被破壞，產量大減。現東北煤斤，尚無外運希望，關內煤斤，因北寧路斷，南運亦受影響。一部分工廠，改向國外購煤濟用，或改用柴油，消耗外匯，為數甚巨。故本年度為配合戡亂全局，將致力於華中華南兩區煤鑛之開發與加強。江西之贛西煤鑛，湖南之永郡、中湘、湖湘、湘江等鑛，以及廣東之南嶺煤鑛，均將添置設備，補充器材，並改善及增築運輸路線，期能增加產量，供應迫切需要。此外並擬興建鄂南煤鑛，所需開鑛機器，已有相當來源，俟經費撥發，即可添置一部份器材，運往鑛場安裝，預計七月份起，即可開始生產。以上贛西、湘江、永郡、湘永、及南嶺五鑛，目前產量每月共僅三萬三千餘噸，經充分增加力量後，至本年年底，再加湘湖及鄂南二鑛，每月產煤至少可增至八萬公噸。華北區之淄博煤鑛，亦將加強生產。東北各鑛，擬在可能範圍內勉力維持。本年度各地產煤預定為四百萬公噸。

三、石油 全國石油之探煉探勘銷售，統由該會中國石油公司負責辦理。本年工作中心，探油部份將在台灣鑽井二十口，甘青區內開鑿新井十口，以維持原油產量。煉油部分，在高雄煉油廠迅速完成第二蒸餾廠之修復，並修裂煉廠，以提高汽油成份。本年度擬煉汽油一百萬桶，煤油五十萬桶，柴油十四萬桶，燃料油二百三十萬桶，天然氣十八億立方呎，探勘部份擬在甘青新川台等區測勘油田地質，期能增加油源。營業部份將使用高雄增產之油料，供應迫切之需要。此外，因高雄煉油能力之增強，國內所需原油，將繼續由油輪公司加派油輪至國外裝運，以裕供應。

四、金屬鑛 鎢錦為對外易貨償債及換取外匯之主要物資，本年除協助商鑛增產，以增加收購數量外，並加力辦理自產工程，加強採煉設備，改善運輸方法，期能增加鑛品輸出，以裕政府外匯收入。錫仍將在滇桂兩省設法增產。金銀銅鋁等鑛，均係戰後接辦，大部已於上年修復完竣，本年可開始生產及增產。例如台灣鋁業公司，鋁錠部份本已開始生產，最近並與美國雷諾金屬公司商訂合作辦法，以期增加鋁錠產量，並添裝軋鋁設備，產製各種鋁品。餘如台灣之金銅鑛、為鞍山之硫化鐵鑛，本年內均將增加產量。全年預定產收鎢一萬公噸，銻四千公噸，錫二千公噸，金一萬二千兩，鋁錠三千五百公噸。

五、鋼鐵 該會鋼鐵事業重心，原在東北，鞍山鋼鐵公司規模之大，居東亞第二，接辦後經認真修復，已見成效，不幸近已陷於共軍之手。關內各地鋼鐵事業，將加強建設。華北鋼鐵公司在平津唐均有工廠，北平石景山鐵廠，已於二月間先用小爐產鐵，現正加造煤焦，以供大爐燃料，而增高產量。津唐兩廠，均將繼續生產，並加強運銷工作。綦江電化冶煉廠現將利用資渝煉鐵廠之十五噸鋼鐵爐全套設備，復工產鐵，海南鐵鑛鑛質優良，儲量亦大，存砂經出售日本，所得外匯用以恢復鐵鑛生產，並在粵籌劃設立鋼鐵廠。此外湖北大冶已成立華中鋼鐵公司籌備處，準備年內利用日本賠償設備及國內可用器材建立新廠，並就現有之機器設備與材料，先行裝配小規模鋼鐵設備，期於下半年開始生產，供應華中區域需要。本年度鋼鐵業預計產量爲鐵砂三十萬公噸，生鐵四萬六千公噸，鋼品一萬六千公噸。

六、機械　該會機械方面出品，有各種機器、車輛，並修造船舶。機器、車輛部門，除加強原有各廠工作外，本年度中央機器公司將在皖南馬鞍山建設新廠，製造紡織設備及工具機等。通用機器公司製造廠，去年在上海閔行建立，已略具規型，本年更將利用日本賠償機器，實行出產各項工業用機。本年各機器廠預定製造動力機七千馬力，作業機一千二百部，自行車一萬八千輛，紡錠四萬四千套。瀋陽機車車輛製造公司，爲國內製造鐵路車輛之唯一工廠，接收以後，成績優良，在此軍事期間，交通艱阻，仍當勉力生產。年內擬製造機車四十六輛，貨車七百輛。造船部門，中央造船公司已在積極籌備。戰後我國船舶需增多，修船工作，需要加重，故並將特別加強台灣造船廠修造能力，以期配合實際需要。年內擬修船二十七萬噸。

七、電工　該會所辦電工事業，有中央電工器材廠，中央有線電器材公司，中央無線電器材公司，及中央絕緣電器公司等四單位。各單位製品，包括各種軍事交通工礦建設需用之電力及電訊器材。年內擬產電動機一萬五千馬力，變壓器二萬八千KVA，電燈泡及乾電池各三百萬個，電話機三千具，收音機一萬五千具，以及其他各種電工器材。爲達此目標，除將現有各廠之設備予以補充整理外，籌備中各廠限在本年開始生產者，計有中央電工器材廠之湘潭電機廠，南京電照廠，中央有線電器材公司之南京廠，中央絕緣電器公司之南京廠。此外，中央無線電器材公司之京津兩廠，年內當大量製造無線電機，並在國外添購若干機件，使此一製造事業，能從裝配工作，逐漸步入自製零件之階段。

八、化工　該會化工產品，包括鹹酸、染料、肥料、橡膠、酒精、玻璃等項。本年擬增加燒鹹產量爲七千公噸，鹽酸及硫酸各八千公噸，以配合工業需要。染料工業，上年係中央化工廠籌備處上海工廠生產硫化元及其他染料。籌備中之南京廠，本年將完成開工，製造染料及膠品，肥料部門，台灣肥料公司擬就現有設備增加生產，並利用聯總捐助器材，從事擴充。年內擬產氮肥一萬公噸，磷肥四萬公噸。酒精廠現僅資川一家，因需要不大，暫不增產，但擬加裝製糖設備，從事煉糖。

辦學不易

開辦暨經常費

按戰前十萬倍計算

（本報訊）私立中等以上學校開辦費及每年經常費，戰前所定之最低標準，因物價高漲已數予調整，現因物價波動劇烈，教部爲適合實際需要起見，再予提高，按戰前最低數額十萬倍計算。茲錄其修訂後之數目如下：

（一）大學各學院獨立學院各科：文學院或文科，法學院或法科，教育學院或教育科，商學院或商科，開辦費各爲一百億，經常費八十億。理學院或理科，醫學院或醫科，開辦費各二百億，經常費一百五十億。農學院或農科，開辦費及經常費均各一百五十億。工學院或工科，開辦費三百億，經常費二百億。

（二）各類專科學校：甲類之一、二、三、四，即礦冶、機械、電機、化學等工程學校，開辦費二百億，經常費百億。五、六、七、九、十一、十五、十六，即土木、河海、建築、紡織、造紙、飛機製造專校開辦費百五十餘億，經常費八十億。八、十、十二、十三、十四等組，即測量、染色、製革、陶業、造船業專校開辦費一百億，經常費八十億。乙類之一、二、六、七、八等項之專校，即農藝、森林、畜牧、水產、其他關於農業之專校開辦費百億，經常費八十億。乙類之三、四、五等項專校，即獸醫、園藝、蠶桑等專校開辦費六十億，經常費五十億。丙類之各項專科學校，即商業中之銀行、保險、會計、統計、交通管理、國際貿易、稅務、鹽務等，開辦費六十億，經常費五十億、丁類之醫學專科學校開辦費百五十億，經常費五十億。丁類之藥學專校開辦費一百億，經常費八十億。丁類之商船專校開辦費一百億，經常費六十億。丁類之藝術、音樂、體育、圖書館、市政、其他不屬於甲、乙、丙三類之專校，開辦費均各六十億，經常費五十億。

（三）中等學校：高級中學開辦費五十億，（建築費卅億，設備費廿億。）經常費卅億。初級中學開辦費卅五億，（建築廿億，設備十五億。）經常費廿億。高級農業職校，建築費廿億，農場及設備十億，設備費廿億，經常費卅億。高級工業職校，建築費卅億，工場及設備卅億，設備費廿億，經常費四十億，高級商業職校，建築費卅億，設備費十億，經常費廿億。家事學校，建築費三十億，設備費十五億，經常費廿億。

北大等七校畢業生

免試入牛津研究院

（中央社北平電）北大一日據教育部國際文化教育事業處通知：英國牛津大學函教部，承認北大、清華、南開、中央、武漢、浙大六大學及協和醫學院等校畢業生與該校畢業生資格相等，上述七校學生赴牛津研究院可以免試升學。按：英著名大學承認我國大學者，尚以此爲創舉。

進出口

貨值分類統計

去年輸入泰半原料

輸出品多加工成品

（中央社上海電）國行經濟研究處，已將卅六年度進出口貨物淨值分類統計完畢，全文將在四月份國行月報發表。該項統計，係以法幣及美元爲單位，美元數字乃逐月依各該月平均匯率折算而成，若按關冊所載國幣計算，卅六年全年出口貨值爲進口貨值百分之五九點七，計入超四萬三千億元，但若折合美元計算，則出口僅進口百分之四七點八二，入超二億三千五百萬美元。此項差異，據悉，係因逐月匯率不同所致，蓋按逐月匯率折作美元後，加以總計，其本身已有加權作用之故。茲以美元爲準，所得比例爲在全年進口貨中原料及燃料佔百分之六二點一八，生產品佔百分之一八點五五，消費品佔百分之一九點三七。在全年出口方面，則農產品佔百分之一〇點三三，林產品佔百分之三點〇四，畜產品佔百分之一八點二八，水產品佔百分之〇點六三，礦產品佔百分之二點九二，手工半製品佔百分之二七點九三，機製半製品佔百分之一〇點九一，手工製完成品佔百分之一二點四三，機製完成品佔百分之一四點一三。由上述統計，可見我國輸入多爲原料、燃料及生產器材，消費品所佔百分比不多，此爲管制輸入之結果。而輸出則手工及機製之半製品與完成品所佔比率遠在原始產品之上，由此可見我國輸出品中之經加工製造者，已漸能增加，但手工製品與原始產品合計所佔百分比，遠在機製品之上，可見我國工業生產仍須力求擴展。

茲爲適應各地需要起見，特闢「建築」一欄，調查全國各大城市（南京、上海、漢口、重慶、廣州、桂林、青島、天津、瀋陽、長春、蘭州等）之主要建築材料價格。並另設計簡單普通之住宅一所以作估計之依據，計算每平英方丈造價之大約數字，以供各公私機關建築房屋之參考。上項調查估計工作，爲慎重與正確計，係委請各該地營造工業同業公會理事長或信譽卓著之營造廠商辦理之。依次輪流刊載本報，以饗讀者。

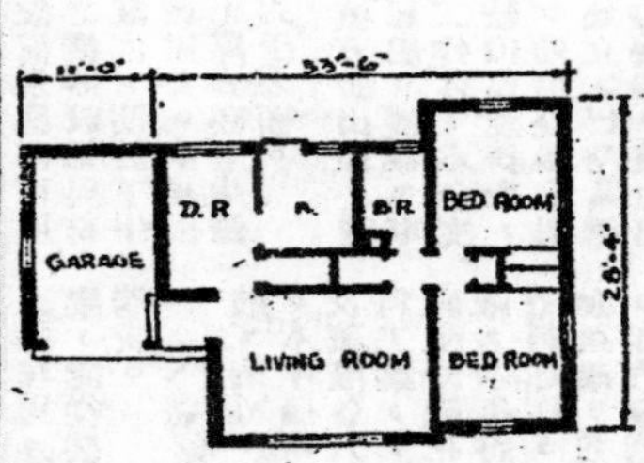

（南京）主要建築材料及工資價格表

名稱	單位	單價	說明	名稱	單位	單價	說明
清磚	塊	8,500		$2\frac{1}{2}$"洋釘	桶	7,600,000	
洋瓦	塊	45,000		26號白鐵	張	4,500,000	
石灰	市担	350,000	塊灰	竹節鋼筋	噸	180,000,000	
洋灰	袋	870,000	50公斤	上熟米	市担	3,000,000	
杉木枋	板尺	26,000		工資			
杉木企口地板	方呎	24,000		小工	每工	120,000	包括伙食在內
$4\frac{1}{2}$"圓杉木桁條	根	320,000	13'—0"長	泥工	每工	200,000	包括伙食在內
杉木板條子	綑	500,000	3'—0"長	木工	每工	200,000	包括伙食在內
磨片玻璃	方呎	50,000	16盎司	漆工	每工	330,000	包括伙食在內

上列價格木料不包括運力在內磚瓦石灰則係送至工地價格

工程說明　本工程係磚牆，洋瓦，灰板平頂，杉木企口地板，杉木門窗房屋，施工標準普通，地點位于本市中心地區，油漆用本國漆。外牆係清水，一應內牆及平頂均用柴泥打底石灰紙筋粉光刷白二度，板條牆筋及平頂筋用2"×3"杉木料，地板擱柵用4"×5"杉枋中距1'—0"桁條用小頭$4\frac{1}{2}$"圓杉條2'—6"中距。

（南京）本工程估價單

調查日期　年　月4日

名稱	數量	單位	單價	複價	說明
灰漿三和土	4	英立方	3,800,000	15,200,000	包括挖土在內
10"磚牆	22	英平方	15,800,000	347,600,000	
板條牆	7	英平方	9,500,000	66,500,000	
灰板平頂	10	英平方	5,200,000	52,000,000	
杉木企口地板	6	英平方	8,800,000	52,800,000	包括踢脚板在內
洋灰地坪	2.5	英平方	5,100,000	12,750,000	6"碎磚三合土上澆2"厚1:2:4混凝土
屋面	14.5	英平方	15,600,000	226,200,000	包括屋架在內
杉木門	315	平方呎	190,000	59,850,000	五冒頭門厚$1\frac{3}{4}$"門板厚$\frac{1}{2}$"
杉木玻璃窗	170	平方呎	210,000	35,700,000	磨片16盎司
百葉窗	150	平方呎	180,000	27,000,000	
掛鏡線	22	英丈	150,000	3,300,000	
白鐵水落及水落管	25.5	英丈	3,100,000	79,050,000	
水泥明溝	18	英丈	1,800,000	32,400,000	
水泥踏步	3	步	600,000	1,800,000	
總造價				$ 1,012,150,000.—	

本房屋計面積10平英方丈總造價國幣十億〇一千二百十五萬元正

平均每平英方丈房屋建築費國幣101,215,000元整（水電衞生設備在外）

調查及估價者南京六合公司

生產事業貸款方針 四聯總處補充辦法

（中央社）四聯總處所訂卅七年度生產事業貸款方針之補充辦法，業經送達各金融主管機關，原文如次：

（一）

關於定貨貸款收購製成品及委託產製各項業務，應照下列各項辦理：

（一）定貨貸款收購製成品及委託產製等業務由中央銀行代政府委託各行局庫就專業範圍內分別，或聯合舉辦。

（二）定貨及收購範圍，暫以上海區國家行局庫代政府收購廠商成品臨時辦法內規定之物品爲限，其他當地特產合乎定貨收購條件者，應報徑四聯總處核定後辦理。

委託產製之物品，以政府特案指定者爲限。

（三）辦理前項業務所需資金，由中央銀行十足墊撥。

（四）辦理前項業務所付款項除四聯總處另案核准者外，一概不計利息。

（五）辦理前項業務所收貨品，由中央銀行會同承辦行局庫驗收後，洽由政府主管機關或委託中央信託局處理之，其所得價款應隨時解交中央銀行收回墊款帳。

（六）承辦行局庫由中央銀行按貨價百分之二至百分之三給予手續費。

（二）

關於短期調轉貸款部份規定種類期限及適用範圍如次：

（一）短期押透期限最長三個月，適用於交通公用事業爲限，但基本工礦及出口物資事業經四聯理事會特案核定者，亦得酌做短期押透。

（二）押匯放款期限視運輸途程遠近而定，適用於民生日用必需品產銷事業及出品物資事業爲限。

（三）打包放款期限最長六十天適用於出口物資事業能依照政府規定結匯者爲限。

（三）

一貸款利率之計算：

（一）下列各項完全配合國策之貸款，仍參照低利原則辦理，其計算標準由四聯理事會核定之。

1.農業生產貸款各合作生產貸款。

2.生產事業貸款其產銷或定價嚴格受政府管制者。

3.其他奉主席副主席特案交議辦查有關推行國策之貸款。

（二）行局庫業務放款利率最高不得超過當地中央銀行掛牌市息，最低不得少於上項掛牌市息百分之七十五。

（四）

行局庫貸款資金應儘先以所收存款應付，其存款利率改按月息計算，并按貸款利率比照調整，由各地四聯分支處商訂劃一辦理。

機械農墾會議閉幕

（本報訊）善後事業委員會所屬之機械農墾處，週前在滬召集各省分處負責人舉行業務會議，已於上月廿七日閉幕。據悉：行總移交該處之曳引機一千餘架，除東北一百九十餘架未能使用，其餘八百餘架及抽水機六千餘架、鑿井機械九十餘架，多數分撥於長江以南各省。聞分配器材以湖北、江西、台灣等爲最多。計湖北原有曳引機一百零一架，現又增撥十架抽水機二百卅架，又增撥十架，台灣原有五十九架，又增撥一百架，抽水機二百架。江西原有曳引機五十架，又增撥五架。原有抽水機三十一架，又增撥二百十架。

地方公營事業戰時受損 准予配撥賠償物資

（中央社訊）最近各省市政府以地方公營事業戰時受損，機件殘缺，或以生產不足，有賴補充，將由行政院賠償委員會請予配撥賠償物資，經該會邀集有關機關商討，擬定處理原則，呈經行政院核准照辦，通令各部會及各省市政府遵照，並於三月三十日政院第四九次會議中提出報告，茲誌該處理原則辦法範圍如下：

（一）原則：中央與地方財政，業於三十五年劃分，省市預算不在中央預算之內，各市省如承受日本賠償物資，應以現款申請價購。

（二）辦法：各省市政府所屬事業單位，如有切實計劃及適當的款與基礎者，應准申請承購日本賠償物資，但申請時，以該事業單位爲主體。由主管部會審核其計劃，的款來源與事業基礎，認爲適當後，再由經濟部代爲申請配售。其承購辦法，一律適用「民營事業申請價配日本賠償物資辦法」辦理。

（三）範圍：第一批賠償物資（四十八萬噸）已奉行政院核定分配原則，俟第二批賠償物資分配時，再行配售省市地方公營事業，但承受第一批賠償物資之部會，如有同意撥讓省市公營事業承購之物資時，可照前項辦法辦理。

國營事業出售 短期即可實現

（本報訊）關於短期國庫券和國營生產事業出售問題，據中央銀行負責人對記者談稱：（一）短期國庫券條例已擬就，現正呈請立法院完成立法程序，通過後則可發行。

（二）出售國營生產事業正在積極籌辦，至遲一個月後即可實現，現正重估資產價值並研究出售技術中，關於發行股票，中紡公司部份將由中國銀行主辦，招商局部份由交通銀行主辦，資源委員會部份由中國交通兩銀行主辦，股票票面以美金計算，但出售時以國幣爲主，必要時得以美金購買。

（三）將來國家行局如以上列方法，吸收游資，大量收回通貨，控制物價之後，對工礦生產事業的正當資金需要，可經由中央銀行貼放委員會辦理轉抵押重貼現的貼放業務而供應。

協助民營事業 借貸建設資金

（本報訊）經濟部擬訂協助民營事業建設資金辦法，已由行政院批准。茲誌其要點於次：

（一）由國庫指撥專款，爲提倡民營工礦事業建設資金，交由經部支配運用。

（二）對民營事業或原有官商合辦事業，增加投資。

（三）由四聯總處指定貸助民營事業專款，由經部透支，貸配各廠礦應用。

（四）對一般工商貸款，由經部各區工商輔導處，參加四聯總處分支處各放款小組之事先及事後審查。

又經濟部奉行政院指令，先於上海、天津、漢口三處，各籌設工礦器材庫一所，以供應民營事業之工業器材。此種工作，將由經濟部所屬之各區工商輔導處，統籌辦理，並側重下述事項之辦理：

（一）購儲國內各礦所需原料器材，隨時配售供應。

（二）收購或推銷國內各礦生產過剩之原料器材。

（三）接收善後救濟剩餘物資中之工礦器材，繼續處理供應。又重慶原有工礦器材總庫，經由經部劃歸行政院物資供應局接管，擬仍洽商收回，交由工商輔導處接辦。

扶助出口業 辦法已決定

（本報訊）扶助出口事業辦法，經濟部業已擬訂，並經行政院批准，茲誌其內容於下：

（一）對於重要外銷物品，如桐油、豬鬃、生絲、茶葉、羊毛等項，設法協助其增加產量，改進品質。（二）鼓勵國貨外銷，敦促國外僑商團體，舉辦國貨展覽，並以國貨參加各種國際展覽會。（三）斟酌需要，分期舉行出口業座談會，對各業實際困難問題，予以適當之解決。（四）對重要出口業之融通資金改善運輸等事項，隨時洽商有關機關，優予協助。

又經濟部為擴展對外商務關係起見，將斟酌需要，增設駐外商務官，加強督導對日易貨及私人貿易，並將與法國、越南、印度、智利、阿根廷及近東各國分別洽議易貨協約，在南洋、近東、非洲、澳洲、日本、韓國及中美各國，儘量推銷我國特產貨品，開拓國外市場。

一月份全國貿易 入超三千五百億

海關總稅務司署統計科二日發表今年一月份全國進出口貿易統計如下：

（一）一月份全國進口貨物淨值為兩萬零八百零三億九千七百萬六千元，出口貨物淨值為一萬七千三百八十六億六千二百三十一萬八千元，計入超三千五百十七億三千四百六十八萬八千元，出口貨值約佔進口貨值的百分之八十三，入超情形比去年略有改善。

（二）進口貨物中，燭、皂、油、脂、蠟、膠、松香最多，計四五八、五八六、七二〇、〇〇〇元，第二為機器及工具，計二六四、一一二、九四七、〇〇〇元，第三為金屬及礦砂，計一九五、一七九、七四三、〇〇〇元。

（三）出口貨物中以疋頭最多，計三七六、二四六、三〇一、〇〇〇元，第二為油、蠟，計三一四、七六七、〇二六、〇〇〇元。第三為動物及動物產品計三一二、三一九、五二二、〇〇〇元。

改善長江航政 貸款改良船舶

（中央社訊）長江區航政局，於三月二十九日在下關該局南京辦事處舉行工作檢討會議，航政局長王洸由漢來京親自主持。該局各地辦事處主任重慶朱文秋、九江劉守約、蕪湖劉選、南京王立恆、鎮江李藏綏、蚌埠張國威等，亦均來京參加。會議於下午三時完畢。據王洸局長告記者稱：此次會議，係檢討過去一年工作之得失，決定今年度中心工作。決議之事項為：

（一）航業輔導方面：甲、請求交通部撥發修船貸款，由航政局分貸航商，以輔助輪航業改良船舶業務。乙、請政府對於內河航業普遍配給燃料（目前京滬已有配給）。丙、交部最近所撥之木駁五十隻，決以改裝建設公用碼頭；現漢口已有公用碼頭六處，南京四處，九江二處，今年擬在九江，鎮江、蕪湖、長沙各增闢二處，漢水江岸增設四處，經費已由局方籌足十二億，以資裝備。丁、設立長江區公用碼頭管理所，隸屬於長江區航政局，使成為業務機構。戊、請求交部撥款在南京設立船舶拆撐塔及內河輪船公共售票處。

（二）航行安全方面：甲、取締復員期間由汽車引擎改裝之小輪，限期改裝或改為貨輪。乙、請交部制定海事處理程序及船員懲戒辦法。丙、對辦理不善之輪船業，請交部規定處理辦法。

（三）管理方面：甲、擬在南昌加設辦事處，由九江辦事處先派技術人員前往執行航政職務。乙、運價管制方針，由當地辦事處依照運輸成本，擬議運價基數，呈局核定實行。丙、內河船員薪金，准以戰前底薪額照生活指數發給。王氏日內向交部洽妥後，即返漢口。按我國現有航政局，共有長江區、上海、廣州、天津、東北五局，以長江區航政局規模最大。

工業與資源

電力消息

△冀北電力公司北平分公司石景山發電所二五、〇〇〇瓩機封汽圈，於去年二月損壞後，即由該公司委請撫順礦務局代為選料煉製，已於本年二月初旬製成毛坯裝運抵平，現正加工修琢中，預期本月可以裝置完成使用。又該發電所五號鍋爐容量七十五噸，並附有十噸斷煤機兩座，勝利後，尚未使用，一俟二五、〇〇〇瓩機修復後，即可正式使用。

△貴陽電氣公司修文河水力發電工程處自土木工程竣工後，刻正籌備裝置發電機及架設綫路工程。又該處在美訂購之水輪發電機兩套，據美方來電，可於本年八月間運華交貨。

△蘭州電廠前存滬一千瓩發電機未運機件，因隴海鐵路短期尚不能通車，經決定改由海運往津轉包頭裝卡車運蘭。茲悉該項機件，已部份運抵天津轉包途中。

△濟南電力公司前經資委會奉政院令與魯省府合辦後，資委會已派電業工程師錢永貽等往濟調查，並擬于該公司民股股權清理後，重行加募民股，以充基金。又悉資委會已為該公司代購燃煤七千五百噸，以備接辦後燃用。

△滬市電力，近因燃煤缺乏，及受其他方面之影響，供電漸感不敷，以致電化工廠生產銳減，為謀補救辦法計，刻正竭力洽商中。

全國總工會 四一八在京成立

（中央社訊）各省市總工會及各重要產業工會發起組織之中華民國全國總工會，籌備工作業已就緒，定四月十八日在京舉行成立大會。

宜洛煤礦 正謀復工生產中

宜洛煤礦於一月二十九日失陷後，三十一日即告收復，爲配合隴海鐵路東段通車，及解救豫西煤荒起見，該礦正計劃復工生產中。（中建社訊）

南嶺煤礦被刦煤斤 湘省府正在追償中

南嶺煤礦位於湘粵邊境，附近居民性極强悍，屢有聚衆搶煤等情，以致礦方迭蒙損失，湘省府鑒於此項越軌行動，在戡亂建國期中，非重懲嚴辦不可，故經會同駐軍合辦後，刻該主犯已拘押，被刦煤斤，亦正在追償中。（中建社訊）

湘永煤礦 白煤試銷廣州

資委會所屬湘永煤礦所產之白煤，品質極佳，該礦爲推廣業務起見，已於前月與粵省府簽訂合約，先行試銷廣州應用，數量暫定爲一千噸，俟試用合意後，再行大量訂購。（中建社訊）

鄂南煤田 藏量頗豐

鄂南嘉魚及蒲圻二縣煤田，藏量頗豐，交通亦甚便利，資委會鑒于鄂省重工業林立，更兼遍地煤荒聲中，該二縣之煤實有開採之必要，故曾派員查勘，一俟勘得藏量後，即行計劃開採。（中建社訊）

中油公司老君廟礦廠 裂煉爐修復使用

中國石油公司所屬老君廟礦廠，於上年底因氣候嚴寒，致裂煉爐發生障礙，嗣經該廠全力趕修，已於本年一月底修復，刻已恢順利開爐。（中建社訊）

東北金屬鑛業公司 正加緊收縮中

資委會東北金屬鑛業公司，因局勢關係，致業務難以開展，爲節省開支及謀策員工安全計，乃加以緊縮，除留少數人員組設保管處保管原有資產及維持局部生產外，其餘員工，已由該公司設法均安全疏散，或另派其他單位工作。（中建社訊）

資委會存昆滇錫正與空運大隊謀商運柳中

資委會存昆滇錫二五〇噸，前曾委託行總空運大隊悉數運柳，近悉該隊自柳返昆回程空噸損失過鉅，除已運出一五〇噸外，餘數則暫時存昆停運，現資委會正與該隊交涉續運中。（本報訊）

石景山大鐵爐出鐵成功 當局核准貸款以代鞍山生產

華北鋼鐵公司石景山廠二百五十噸煉鐵爐於本月一日開始出鐵，據總經理陳大受稱：該公司於三十四年十一月開始接收，三十五年三月一日籌備委員會成立。兩年來環境惡劣，經費過少，經翁文灝、孫越崎兩氏督導和全體員工不避艱辛：始告成功。自民國初年龍烟鐵礦初創，幾十年來因種種限制，工作時有停頓，抗戰期間日人改設北支那鐵株式會社，始漸漸有規模。日人投降時，尚二百五十噸煉爐不經正常停爐手續驟然停風，因而凍結，附屬設備因而破壞不堪。接收後幾經重新設計；清除整理，直至三十五年年底纔完工。本打算于上年七月間開爐出鐵，又因煤運困

京滬人口統計

京增加兩萬餘
滬增加八萬餘

上海　二月份滬市人口統計完畢，人口總數計四、七一八、五八五人。其中男二、六〇六、七五二人，女二、一一一、八三三人，較上月四、六三〇、五一五人，增八八、〇七〇人。總異動詳情爲：遷入計一三四、一六三人；遷出計五三、〇一八人；出生九、〇八三人；死亡二、一五八人；設籍四、四七一戶；除籍一、一四九戶。

南京　京市三月份人口經首都警廳戶政科統計，總數爲一、一三六、九八三人，其中男六五一、四六〇人，女四八五、五二三人。滬戶數二一九、〇一八戶。較上月份一、一一三、九七二人增加二三、〇一一人。總異動詳細情形爲：死亡女二七三人，男二五三人。出生男三〇七人，女二〇六人。遷出一三、六二二人。遷入三六、九三二人。

難，原料缺乏而未實現。三十六年十一月四聯通過貸款六百億元，雖數目不多，然可藉以購儲煤斤，以備開爐之用，從此方有開爐希望。去年十一月二十四日令飭撤銷籌備委員會，成立公司，將石景山廠併入公司之內，藉以節省經費，增進工作效能。本年一月八日爲應市場需要，首將十一號小型煤鉄爐開爐出鉄，同時與積極籌備二百五十噸大爐開爐及煉焦和輕油各廠，以備收回煤氣中之副產品。至三月二十六日零時五十分大爐點火。幾天以來經過情形堪稱良好，現已正式出鐵，輕油場粗煉部份亦已大體完成。（中建社訊）

華中鋼鉄公司煉鉄爐 建造工程已完成一半

華中鋼鐵公司籌備之三十噸煉鐵爐建造工程，經該公司積極之趕造，進行甚爲順利，截至現在爲止，已完成百分之四十左右。（中建社訊）

中央電工廠湘潭工程處 本年生產計劃激增中

中央電工器材廠湘潭工程處，業於本年元旦起，就修繕後之舊廠房，利用昆瀘各廠拆卸之機器，正式開工。暫不需用電力之鋳製與機具兩工場，即可開始製造。湖南電氣公司下攝司發電所，亦已於二月二十五日開始輸電，所有該處金工、冲壓、冷作、繞線、裝配各工場，已於三月內相繼動工。本年初步生產計劃爲電動機五、〇〇〇馬力，變壓器七、六〇〇千伏安，開關設備七五〇件。

又中央電工器材廠長沙營業所，已於二月十六日正式開業，歸該廠漢口營業處管轄，辦理推廣湘贛一帶之業務。（本報訊）

天津化學工業公司 塘沽變電所電路修復

天津化學工業公司前因塘沽變電所電路爲共軍破壞，停工已達半年之久，現已

共新置霍克式電槽，投資台灣鋁業公司，製造燒鹼，供應製鋁之用，目前雙方正在洽商合作辦法中。（中建社訊）

錦屏燐礦 生產大增

資委會錦屏燐礦，生產量較諸過去，已大見增加，本年度製造燐肥原料，尚可有餘，惟以生產開支浩繁，以難取得平衡，刻正商由台灣肥料公司濟助，以利業務之開展。

又資委會前派員與農林部及聯總洽商撥讓增產肥料器材事宜。結果計配得工礦器材一千八百七十七箱，大小卡車三十餘輛，原料鏺化物三百餘噸，共計約值二十餘萬美元。嗣後對該會台灣肥料及錦屏燐礦二公司之增產計劃，裨益甚多。

台灣糖業公司

台灣糖業公司三十六——三十七年期製糖工作，於去年十二月初開始，至本年二月底止，已屆滿三個月，共產砂糖二十二萬四千五百餘公噸，達預定目標（三十萬噸）百分之七十強，現正繼續生產中。

又該公司三十七——三十八年期原料甘蔗，預計種植面積爲十一萬七千八百甲，截至本年一月底止，已種植十一萬一千八百甲，達預計面積百分之九十五。

台灣、華北水泥公司零訊

台灣水泥公司第一批銷菲水泥一千五百噸，已由高雄運出，第二批一千五百噸即可啓運。

華北水泥公司以錦西廠無法開工，琉璃河廠亦受時局影響，生產減低，業將員工酌予疏遣一部份，以資緊縮。（本報訊）

解決白報紙供應困難 全經會預作準備

行政院爲實施造紙工業增強產量減少

接之感。茲悉，全國經濟委員會已作如下之準備：（一）第五季報紙輸入限額與第四季相同。（二）對日易貨所得報紙、與美援物資中所輸入之報紙、國產報紙、以及其他政府可能掌握之報紙，均請交由中央信託局統籌分配。（三）第六季報紙之輸入限額將視二項內所述報紙總量再爲調整，故即或屆時各廠不能達到預計之產量，理應不致影響報紙之供應。（四）第二、三、四三季尚未輸入木漿，將責成煩配各廠先行試製報紙應市。此外該會復：（一）爲期翔實起見，曾兩度在滬召集製紙廠商會談有關增產事項，各廠商咸認增製報紙並無困難。（二）爲促進產銷雙方直接之連繫以求配合，經邀集製紙業暨報業暨政府有關各機關商議，決定由三方面組織產銷聯合委員會，以解決產銷各項問題。

京滬生活指數

京滬兩地上月份生活指數業經編審委員會決定，並于本月一日（滬）及三日（京）先後發表如下：

南京

工人生活費指數：總指數一八七、二四五倍，較二月份增百分之五十一。

分類指數如下：

食物類：一九七、三二〇倍。
衣着類：三四五、〇八〇倍。
房租類：三三、三三三倍。
燃料類：二九八、一二一倍。
雜項類：二〇七、〇一一倍。

上海

工人：二十一萬七千倍，較二月份增百分之四三·七四。
職員：十六萬六千倍，較二月份增百分之四〇·七九。

30130

定價　每份伍千元正　全年訂費貳拾伍萬元正　航空或掛號另存郵資拾萬元

廣告價目　甲種每方吋壹拾萬元　乙種每方吋捌萬元正

中華民國卅七年四月十二日出版

中國工程週報

內政部京警國字第五十一號

中國工程週報社出版

發行人　杜拱辰

中華郵政認爲第二類新聞紙　江蘇郵政管理局登記證第一三三號

地址：南京（2）四條巷一六六號　電話　二二六八九

經售處：全國各大書店

一週大事記

是週也：西半球一聲霹靂，波哥大赤焰高張；柏林神經戰，紛紛謠言多；幾時好戲上演，且看羅馬如何？霍夫曼就新職，國大正式議事。

上週五（九日）西半球一顆巨型炸彈爆裂。——哥倫比亞的共黨武力，很快的席捲了全境。

其發生的原因，是由于哥國自由黨領袖之被刺殺，引起了羣衆的廣泛迷動。泛美會議正在哥倫比亞的京城波哥大舉行，這事件發生，使會議陷于停頓，這無異是給美國甚至全美洲，新的打擊。

泛美會議本就是以美國爲主的聯合全美洲國家共同反蘇防共的會議，外間盛傳會議內容不僅包括經濟合作，且有重要的軍事合作意義。無疑的，是美國要在西半球垂下一張「鐵幕」，消極的使共黨勢力無法滲入，積極的可把它建成全世界最大而堅固的「鋼壘」。不幸的是這次波哥大事變，在馬歇爾的計劃上，畫上一個大的「？」，特別的正在泛美會議舉行地爆發，更看出南美洲左翼勢力的猖獗。

一道狂流衝破了閘，哥倫比亞的政變或能使許多西半球諸國內許多不穩份子得到鼓勵，與哥倫比亞毗鄰的巴拿馬，在戰略上地位，是受到重大的威脅。假如第三次大戰一旦發生，這些因素對美國只有不利的了。

× × × ×

柏林在神經戰中成了恐佈而緊張之城。

上週，繼蘇聯管制柏林與西德間之交通後，是一個蘇軍官慘死；又一次英德飛機在空中互撞，緊接着是蘇聯停毀佔領區內英美電訊技術人員的執照，在英美認爲這是變相的切斷柏林與英美佔區內的電訊連絡，最近的傳說，是蘇軍事總督已經返莫斯科。

總起來彷彿在德境已到了「山雨欲來」的光景，可是在另一方面英美代表仍不斷與蘇方人員在商討，接觸，又何嘗到了山窮水盡的時候，這一切，接二連三的消息，只可看做英美對義大利總選前一種情緒的反映。

大的關鍵在羅馬，而不在柏林。所以，戲的高潮，還在即將到來的羅馬「開獎」的揭曉。

× × × ×

美國援外法案執行人已任命霍夫曼担任。霍氏是上週末就職的，就職時顯得很好：「本人極望那些接受美援的國家能互助或自助，而不完全依賴美國。」

這話顯然是針對歐洲諸國而發，馬歇爾計劃的本意也在此，一味依靠美國，美國無論如何也難當重任，其實這話用中國人的耳朵來聽，也未嘗沒有道理，比如說我們的自助工夫如果未能澈底，自己一面在浪費，一面在借債，那是無論如何也博不到人家同情的。

× × × ×

第一屆國民大會第一次會議，由本週一起至下週末恰恰兩個禮拜。

這個禮拜是聽取軍事、經濟、政治的報告，並討論修改憲法案。

十六日公告總統候選人，十九日選舉總統。

十九日公告副總統候選人，二十三日選舉副總統。

二十四日，新總統副總統誕生，這行憲國民大會第一次會議便圓滿結束了。

永利化學公司 在川發現原油

（本報重慶訊）永利化學工業公司川廠，於民國三十一年一月二十日在犍爲縣屬五通橋揚柳灣開鑿深井；抗戰時期因器材運輸困難，時鑿時停；勝利後積極圖謀復工，於去年十二月十九號繼續下鑿。本年一月六日於達到三六四六至三六五六呎處，獲得黑滷，至三月四日，又獲得較淡之鹽滷，其比重爲一、一八二（攝氏十五度時），已距飽和鹽滷不遠。三月二十六日，深鑿達三九三六呎時，發現大批原油，油質極佳；現該廠正設法提取及試驗油氣中。

積石山探險

——從雷諾的騙局談到中國的科學工作者應自力完成勘測——

（林一中）

雷諾探險目的在利

探測積石山，是民卅七年中國科學界的一件大事，從雷諾發起同中央研究院合作簽約，先後牽延了好幾個月，到了三月底，諸事齊備，人員給養配備都已就緒，並且部份人員已到達蘭州，祇等飛機一到，便好開場，却不料這個緊急關頭，我們的主角——雷諾！却不別而行，逃之夭夭，一場好戲，就此有頭無尾的暫時告一段落。

本來在國外，一個大財翁出資來一次探險，是很普通的事。不知道雷諾在美國一向信譽不好，還是他的油頭滑腦的原子筆欺騙了人，當他一提起拿出十七萬伍千美金到多災多難的中國來作探險就惹起了人家的疑心，有人根據他人手的選擇上推測他的目的在找尋鈾礦，想發一票「鈾」財，積石山之高低，僅為烟幕而已！為了這件事薩本棟博士還對記者發表一次談話，證明這是不可能的。

在我國內，也有很多人以不信任原子筆的態度懷疑他的目的，認為他這次行動，廣告重于探險，用探險作幌子，真正目的是在同他的筆作廣告，不過在推銷生意之外，居然做一點科學工作，比之我們所稱的奸商高明多了。

四月一日——愚人節，雷諾發表了一個停止探險聲明，他的理由是接二連三的飛機出亂子，可是這理由馬上隨着愚人節的消逝而證實不確，第一次是說飛機油箱漏油，須冒險返美修理，很多國人都為這架飛機躭心，可是一路平安到達美國，撿查人員說沒有毛病，因之又平平安安飛同中國。在三月卅一日由平起飛赴蘭，又說跑道太鬆，右輪陷入土中，右側推進器及右翼損壞，不能起飛，須長期修理，但是在四月一日便悄悄的飛到上海，四日更假試飛為由昇空溜走了，從這一連串的事實上看來，他的確沒有誠意做探險，無怪有人說他是走私販子，假探險為名，聘幾個名教授專家做幌子，像煞有介事的，這樣才使他的探險號飛機，無遮無攔的來回中美，全免關稅與檢查，等到走私貨脫手，美金裝上腰包，便洗手走了，中國還是冒險家的樂園！

利用科學家求知慾作為達到個人某種目的之工具，是人類的公敵

世界物質文明有今天這麼一天，無可否認是科學家奮鬥的功績，可是真正能夠享受科學發明之利益的，往往倒不是發明家本身，創製原子筆的人很便宜的出賣了專利權，賺錢的却是製造商雷諾。科學家之研究與發明是為了尋求真理滿足求知慾，不是為了財。科學家是本分、單純、忠厚、老實的，對社會人類真是功德無量，可是社會上偏偏還有一批無賴來捉弄欺騙科學家，雷諾不但傷了中國科學者的心，同時也出賣了美國科學工作者，波士頓博物館館長華士本博士，在知道雷諾不告而別時，身上祇剩了三元美金，連在北平的旅館賬都付不出，更談不上返美國，要不是有人招待，這個玩笑惱了。

科學工作者是屬于社會的，人羣的，利用科學工作者的研究求知慾而作為達到個人某種目的的工具，實為人類公敵，其心可誅！罪不可恕！

自力完成探險，為我國科學界揚眉吐氣

在這個烽火滿天，殺聲盈野的現時局面下，中國的科學工作者急需做而沒有做的事，不知凡幾，化上一大筆錢來探測某一個山的高與低，實在沒有好多價值，要不是雷諾提起，恐怕連做夢也決不會有一個人想起這件事。可是現在既然有了這麼一個探險團之組織，一切都已準備了當，僅僅為了這不爭氣的雷諾臨陣而脫逃而解體，實在沒有理由。中國的科學工作者，應該拿出實幹苦幹的精神，來完成這件工作。中國的科學工作者，應該爭這一口氣，倘若能繼續做的話，不論在精神上，物質上，全中國的人民都會支持你們的。

證明不是天下第一峯，其成就與發現天下第一峯一樣的偉大

有人說：「在三月中旬，有一位飛機司在成都飛蘭州途中，私自到積石山旁打了一轉，照他的測算，最高峯不會超出二萬四千英呎。雷諾知道了這個消息，在事後自稱四月二日飛印的行程中實在也是到積石山偷跑了一次，也證明此說可靠，既然不是世界第一峯，他也便不感興趣，省幾文錢一溜了之。」

這個謠言，靠不靠得住，很生問題？可是根據好幾位到過積石山麓的地學家，都說：「大致不會超出二萬五千呎」。同時根據山脈的形成，也沒有成為世界最高峯的理由。以市儈者流的生意眼看來，或者沒有好大價值來完成探測。可是一個科學工作者的見解，便完全兩樣，科學家的要求，是一個正確的答案，如果能證明積石山的的確確不是天下第一峯，其成就與發現天下第一峯一樣的偉大。

積石山探險事　我擬自力完成

（中央社訊）自原子筆製造商雷諾潛逃返美後，國內學術界殊為憤慨，擬以自力完成積石山之探險工作。頃中央航空公司已決定派遣專機一架，供探險團之用，中國正與薩本棟博士等研究技術問題中，中國委員會方面對此尚無所決定，美波士頓博物館館長華錫朗，對是項計劃甚為讚許。華氏稱：「波士頓博物館及余願與中國委員會盡力合作，藉以對目前之不幸局面獲一友善及有效果之結局」。華氏繼稱：美方攜帶來華之器材願交由中國方面使用。

（蘭州航訊）由我國單獨探測積石山之建議，業經張主任採納，並表示願盡力協助。

（蘭州航訊）雷諾片面取消探測積石山工作後，蘭州科學文化界異常激動，乘五日午行轅張主任邀宴探測積石山中美團員機會，集商由我國自組機構，繼續自空中及陸地同時探測積石山，決定推代表五人分謁張主任、郭主席支持此事，並電中央研究院促成，是日代表出席籌備者計為蘭州國立師範學院、獸醫學院、農業專校、地質調查所、甘肅圖書館、蘭州科學教育館、石油公司測勘處、工程師學會蘭分會、地質學會蘭分會、西北文化建協會、中華自然科學社蘭分社等十一單位。

工業會法施行細則

社會部擬訂之工業會法施行細則，業經呈奉行政院核定，全文如後：

第一條　本細則依工業會法（以下簡稱本法）第五十九條制定之。

第二條　依本法第六條劃區組織之工業同業工會之區域，視交通或其他情形，以便於實行任務爲準，不以行政區域爲限，其名稱冠以地區名稱。

第三條　發起組織區工業同業公會之工廠，應擬定區域，造具本區域同業工廠名冊，連同區域及事務所所在地說明書，一併呈請社會部核轉經濟部決定之。區工業同業公會名稱區域及事務所所在地，經經濟部決定後，咨社會部核准組織，並派員指導。

第四條　發起工廠，應於許可組織後一個月內，召集本區內各工廠，推定籌備員，設立籌備會。

第五條　籌備會以本區內各工廠各推定籌備員一人至三人組織之。

第六條　籌備會之任務如下：（一）調查區內同業工廠詳細狀況；（二）籌墊籌備費；（三）擬定入會費及常年會費繳納標準；（四）決定成立大會日期至遲不得逾設立後兩個月；（五）審查出席成立大會代表資格；（六）擬定章程草案。

第七條　籌備會應於同業公會成立後理監事就任時結束。發起及籌備時之費用，應由成立大會追認。

第八條　本法第九條所稱兩類以上之重要工業，以其出品在製造上或營業上有密切關連者爲限。

第九條　依本法第十一條呈報之章程，職員略歷及會員名冊（式如附表），應各繕具二份。改組或改選時亦同，但改選時章程及會員無變更者，僅送職員名冊。區工業同業公會立案後，應檢同章程及前項表冊，呈報事務所所在地之社會行政官署並應將核定區域、業別、事務所所在地，列表分報區域內各縣市社會行政官署。

第十條　依本法第十三條設置之辦事處，須經會員大會之議決，呈報主管官署及目的事業主管官署暨辦事處所在地之社會行政官署備查。

第十一條　本法第十五條所稱兩類以上工業，係指同一工廠有不同主要產品之製造者，但副產品須經過不同之加工製造者，視同主要產品。

第十二條　本法第十八條所稱代表廠主行使管理權之職員，係指在業務上人事上之主管職員。

第十三條　工廠指派或撤換代表時，應以書面通知同業公會。

第十四條　會員大會開會前應根據本法第十七條至第十九條及本細則第十三條，審查會員代表之資格。前項代表資格之審查，由理事會監事會共同爲之。

第十五條　工業同業公會理事及監事，由會員大會就會員代表中分別用記名連舉法選任之，各以得票多數者爲當選，次多數者爲候補。其名次依得票多寡爲序。票數相同，以抽籤定之。前項理事監事遇有缺額，分別由候補理事監事依次遞補，以補足前爲限任期任，未遞補前不得列席會議。

第十六條　一人同時當選理事監事時，以得票較多之職爲準。票數相同時，任其自擇。不同職務之正式與候補當選時，以正式者爲準。

第十七條、理事或監事開會時，須有理事或監事過半數之出席，出席理事或監事過半數之同意，方可決議。可否同數，可取決於主席。

第十八條　理事或監事因事不能出席會議時，得以書面委託會員代表代理之，但代理人以代表一人爲限。每次會議之代理人，不得超過出席人之半數。

第十九條．理事會之常務理事及監事會之常務監事之選舉，均用記名連舉法選舉之，以得票多數者爲當選。

第二十條、理事會就常務理事中選舉理事長，用記名單記法選舉之，以得票最多數者爲當選。

第二十一條　常務理事或常務監事、或理事長有缺額時，分別由理事會或監事會補選之。

第二十二條　理事及監事選出後，應於十日內就任，但遇有特殊事故，得呈准主管官署延長之。

第二十三條　工業同業公會得聘用或雇用辦事人員。

第二十四條　會員大會開會時，以下列方式組織主席團輪流主席：（一）成立大會時，由籌備會就會員代表中推選之；（二）會員大會時，由理事會監事會共同推選之。

第二十五條　工業同業公會爲本法第

三十一條之決議時，應於五日內呈報主管官署及事務所所在地社會行政官署備案，其關於第一款第四款之決議，並應分報各該級目的事業主管官署備查。

第二十六條　工業同業公會會費標準議定後，應呈報主管官署備案。

第二十七條　各會員工廠之生產工具、出品數量或工人數額有變更時，應報告所屬之工業同業公會增減其常年會費。

第二十八條　事業費總額及每股金額有變更時，應依法議決後附具財產目錄、資產負債表，呈報主管官署核轉目的事業主管官署備案。

第二十九條　主管官署依本法第四十五條施行處分時，如因有關目的事業之事項，應先商得各該主管官署同意。目的事業主管官署，依同條第二項規定為處分時，以有關目的事業之事項為限，其施行第一項第三款第四款之處分時，應先商得主管官署同意。

第三十條　本法第四十九條省及院轄市工業會之組織，應有各該省（市）境內已成立之工業同業公會半數以上之發起，呈經主管官署許可。

第三十一條　縣市工業同業公會核准立案後，由縣（市）政府頒發圖記及立案證書；省（市）工業會核准立案後，由省（市）社會處（局）頒發圖記及立案證書；區工業同業公會及聯合組織核准立案後，由社會部頒發圖記及立案證書。前項圖記工本費於呈請立案時呈繳。

第三十二條　工業同業公會或工業會，對於非主管官署在業務範圍內有所請求或陳述時用呈，其他事項行文得變通之。至工業同業工會省（市）工業會、全國工業總會及各種同業公會，彼此往來用函。辦事處對於官廳之關涉事項，由所屬之同業公會行之。

第三十三條　省工業會之事務所，不以省政府所在地為限。

第三十四條　全國工業總會之事務所，應設於國民政府所在地。

第三十五條　本細則第十三條至第二十四條，於聯合組織準用之。

第三十六條　本法施行前成立之聯合組織，應於本法施行後一年內依本法改組之。

第三十七條　不合於工廠法所定標準之工廠，得準用商業會法之規定，依該法組織商業同業公會。

第三十八條　本細則自公布之日施行。●

美援外法案對華條款全文

（美國新聞處華盛頓電）一九四八年美國對外援助法案中有關中國之第四章法案全文如次：

第四〇二款

鑒於美國與中國間密切之經濟及其他關係，並鑒於繼續戰爭而發生之分裂，並不限於各國國境之內，國會認為中國目前之局勢，已危及永久和平之建立，美國之公共福利與國家利益以及聯合國目標之達成。

國會認為，個人自由，自由組織以及完全獨立諸原則，其在中國之進一步發展，主要有賴於強大與民主國家政府之繼續發展，以作為建立健全經濟情況及穩定國際經濟關係之基礎。

在美國國內大規模市場中並無貿易障礙，故有其大之優點，美國相信，中國可以產生此項相似之優點。美國人民有鑒于此，業已宣佈其政策，俾為鼓勵中國及其人民實施持續性之共同努力，此項努力，將迅速達成中國國內之和平及經濟穩定，而此乃世界持久和平及繁榮所必須者也。

此外並聲明美國人民之政策，旨在經由根據自助與合作之援助計劃，鼓勵中國共和國之努力，以維持中國之真正獨立與行政完整，並保持與增強中國境內個人自由與自由制度之原則，惟此種援予中國之援助，務必不致嚴重妨礙美國之經濟穩定。此外，並聲明美國之政策，乃為美國根據本章所提供之援助，應始終依賴中國美國及其人民之合作，以促進此項計劃；惟根據本章所供給之援助不應被認為美國對中國共和國之政策，行動或著手之工作，以及中國在任何時間可能存在之情形負有任何責任之一種明白或含蓄的假定。

第四〇三款

在本章下所提供之援助，應根據一九四八年之經濟合作法案中可以適用之各項規定提供之，此等規定係與本章之目的相符者，本章之目的，並非中國為獲得本章下所規定之援助應依附於歐洲復興計劃，而成一聯合計劃之謂。

第四〇四款

（A）為實現本章之各項目的起見，頃批准撥予總統不得超過三三八、〇〇〇、〇〇〇美元之數額，作為對華援助，可在本法案實施之日起一年之內，加以動用（B）此外並核准撥予總統不得超過一二五、〇〇〇、〇〇〇萬美元之數額，俾以附予形式作為對華之附加援助。其條件，可由總統決定，不必顧及一九四八年經濟合作法案之各項規定，而可在法案實施之日起一年之內加以動用。

第四〇五款

中美兩國應簽訂一項協定，內含中國所負之保證，此等保證，係在國務卿與經濟合作管理人協商後，認為實現本章目的及改善對華之商務關係所必須者。

第四〇六款

不顧任何其他法律之規定，復興金融公司，在根據四〇四款實行撥款以前，須墊付不超過五千萬美元以上之款，以執行本章之目標，其方法與數目，須由總統決定之。在第四〇四款下所核准之撥款中，應扣還復興銀公司所墊付之款，但不給利息，財政部對復興金融公司所墊付之款，亦不收利息。

第四〇七款

（A）國務卿與管理員協商後，有權與中國簽訂一項協定，設立中國農村復興聯合委員會，由美總統所委任之美國公民兩人及中國主席所委任之中國公民三人組成之。此一委員會在管理人管理與指導之下，須擬定並執行中國農村復興之計劃，包括必要之研究與訓練活動。但美國並不負進一步貢獻之責任。

（B）在可能範圍內，在第四〇四款（A）節所規定之基金中，須提出最多不過百分之一，用以實行本款（A）節之目標。此款之支付，可用美元或出售物資所得之中國法幣或兩者並用。

英煤礦採用特種柴油車頭

英國北部煤礦頃刻在地下採用兩具特種柴油車頭，已使礦工可增加工作一小時。此種車頭與普通火車相似，具有五十四馬力，不透火燄，特別適宜於地下用者。

英最速教練機試飛

全世界飛行最速之「流星七式」教練機，在英已完成初次飛行。該機爲雙座，由著名戰鬥機改成者，裝配羅爾斯勞耶斯公司之德文德引擎，其上昇速率極高，在低處飛行速率每分鐘爲八千呎，中度速率每小時爲五百八十五哩。另一種定名爲「愛徽那」之教練機亦已準備試飛，裝有噴射推進器引擎。

預知風暴法

英國科學家所製成之一種新機器，能在數千哩外預知風暴來臨。此儀器泊於英格蘭西南岸外，乃連續記錄經過水之重量者。據稱由波速率及水流重量之驗計，即可知來自怒洋暴風中心之每小時七十哩波濤，於是可在遙距離外預測惡劣氣候。

英電氣事業已收歸國有

英國電氣事業一日起已爲國有財產。根據去年通過之電氣法案，電力之生產及供應之分配已統歸一個中央機構，即英國電氣局負責，英國電氣事業，已有六十年不斷發展之光榮歷史。第一次大戰後，在技術效能上逐步改進，遂有一九二六年「柵極」計劃。中央電氣委員會即在該年成立。據[illegible]出版之該會最後年報稱，由使用「柵極」系統結果每年所節省之費用現已在二千七百萬鎊以上。「泰晤士報」論及電費漲價之可能性有云：「荷電氣事業未嘗收歸國營，此舉亦未必非屬必要，今如久已認爲不可避免之調整果見實行，則歸咎新當局實非公允也。」電氣局接手之初，適國家經濟需求迫切，政府不得已削減電氣事業五年復興計劃。此計劃如能完成，即可停止分散電荷，調節開工時間，與限制消費等必要措施矣。

中英二月份貿易統計

據商務部所發表二月份統計，中英間貿易趨勢並無任何重大變更，中國輸英貨物雖較上年增加，但大部份猶落於戰前水準之下，另一方面，英國輸華貨物則已較一九三八年爲多，輸往香港者擴張尤巨。特別堪以注意之項目，爲英國自香港輸入雜類原料與非鐵金屬，自日本輸入絲與棉紗。中國在二月份中輸英之三項主要貨物爲：

貨物	（單位千鎊）
雜類原料	四三三
桐油用子仁	三四
飲料	一五

惟與一九三八年每月平均值相較，除原料約增八倍及絲微有增加外，其他中國輸英貨物均猶不逮。英國自香港輸入者爲雜類原料八九，較戰前平均值幾增二十倍，及數量不大之非鐵金屬；自日本輸入絲二五三，均較一九三八年數字大三分之二。英國輸華之五項主要貨物爲：

貨物	（單位千鎊）
機器	一三九
鋼鐵產品	一二三
電氣用具	六八
雜類全製或半製品	五三
呢絨與絨線	四九

除其他紡織物外，所有本年一二月份輸華貨物均較一九三八年同期大見增加，二月份輸往香港之五項主要貨物爲呢絨與絨線，一四九，鋼鐵，七一；車輛，九二；化學品，六六。所有本年一二月份輸港貨物較戰前數量皆有顯著增加。此外，由二月份統計又顯示航運離戰前水準猶遠。

英工業博覽會陳列中國產品

（英國新聞處倫敦電）據海外傳來之消息稱，今年英國工業博覽會之空前盛況，已可預卜。各國人士不獨爭欲一覩英國產品爲快，且欲購買英國貨物。各殖民地廠商對此次工業博覽會之擁護盛情，亦不可忽視，如香港一地即有二十三廠家擬將產品在博覽會之倫敦部份展覽。屆時中國製造之香烟，樟木箱，生薑糖，手電筒，燈桿燈，油燈，熱水瓶，汗衫，西布，黃豆與香料，油漆，絲品與人造絲，帽子，琺瑯器，肥皂，罐頭食品，針，釘，鈕扣，螺旋與圖書釘，橡皮產品，襯衣與襪等，俱將在大會中出現。另有華商領袖六人亦將組成一代表團前往博覽會觀光云。

澳京舉行航空研究會議 將試驗射程數千哩之飛彈

（英國新聞處倫敦電）不列顛共和聯邦國間機構航空學研究委員會上週在澳京坎伯拉舉行成立大會，英，加，澳，紐及南非均派代表出席。該研究委員會由一九四六年共和聯邦各國會聯在倫敦商討結果而產生者，致力研究航空上設備，交換意見及資料。不久將來英國將選派科學家及顧有資格之技術專家四百人在澳參加試驗工作，其中準備試驗之武器，計有可行數千哩之飛彈。

中國自英訂購一萬九千噸運油船

（英國新聞處倫敦電）上週英國各裝運公司透露出之消息稱，中國曾向英國訂購一萬九千噸之運油船一隻。另有希臘，巴拿馬，紐西蘭，與斯堪的納維亞諸國，亦向英國訂購捕鯨船二艘與其他船隻甚多云。

國外通訊

空中加油航程大增

（中央社華盛頓合衆電）美空軍部頃正式宣布爆炸機之航程，藉在空中加油之方法可以增加至百分之四十至七十五。比項發明中，預示戰略航空當局之重要改變，此項發明飛機繞飛行於預定地區城市，可以在空中加油，B29式爆炸機之航程將可增加八千英里，B36式爆炸機之航程將可增加一萬四千英里。

日租美船一百艘

（中央社東京電）日民營航業界人士，刻盼日本能於短期內，可獲准向美國租用六千噸或六千噸以上之貨船三十艘至一百艘。據日運輸相岡田勢一，已向美陸軍部次長德雷柏提出租用美船之要求。

德雷柏代表團竟主建立強力日本

（中央社華盛頓專電）前由德雷柏率領赴日進行調查工作之美政府及實業界代表團，已於六日返抵華府，代表團請通過一年撥款二億二千萬元計劃，協助日本，朝鮮及琉球[illegible]。該代表團於記者招待會中發表聲明稱「本代表團相信美國爲本身利益計，將協助日本之工業復興，以期望日本經濟自給自足，此乃必要之舉。」德雷柏並謂有若干建議如下：（一）日本出口必須增至目前之每年二億元之數額，增加六倍至七倍。（二）工業生產必須增加，以供輸出，而以出口所得，購買國外之原料及食糧。（三）紡織品之生產及出口，必需加速，以應付金鎊及美元之欠缺。（四）應鼓勵日本增加商船噸位，於今後五年內，自一萬百噸增至約四百萬噸。（五）原料之大量輸入（主要由美國計劃資助之）。（六）迅速解決賠償問題

美重建日本航業

廿餘所造船廠不擬撥充賠償

（聯合社華盛頓電）美國外事務諮詢委員會美國工程師代表團已提出整頓日本航業計劃，此項計劃正由美國陸軍部代表團實地調查中。工程師代表團相信日本至少應有四百萬噸商船。日本經濟欲求平衡，應每年製造新船四十萬噸以備補充。日本應繼續保有北起箱館西迄下關的造船廠廿七所，舞鶴海軍造船廠應保留專供修船之用。其他造船廠可充賠償。日本為航海國家，其生命線繫於水上運輸與對外貿易。屬地的毀失並不縮減日本進口原料的需要，反之，屬地的毀失使原料的需要增加。

蘇發展中部工業

將在烏拉爾建大水電廠

（法國新聞社莫斯科電）蘇聯當局擬在烏拉爾山卡馬沿岸莫洛托夫城附近建設一巨大水力發電廠，此將為繼德聶普羅彼得羅夫斯克後蘇聯最大的水電廠。斯水閘將使卡馬河航道通暢，並以水電廠所產的電力供給烏拉爾山的全部鐵道及當地工廠，同時並準備在烏拉爾山東麓的索利加姆斯克及伏金斯克設立其他發電廠多處。

賠償工作太慢

吳半農批評美國政策

我請歸還貴重金屬仍無結果

（中央社東京電）我駐日代表團賠償歸還組長吳半農，六日告記者謂：倘遠東委員會對於處置日本商船目前生產品及所掠刼之貴重金屬問題仍加以拖延，則日本賠償對我國可能成為一種累贅而非幫助。迄今賠償品僅為日本國內工業設備，美國已有儘量保全日本工業設備之趨向。吳氏攻擊此種趨向或政策有悖常理，蓋其偏袒前侵略國家而輕視遭受戰災之國家。中國雖主張日本經濟獨立，但需一配合良好之賠償計劃，以整頓刻岌岌可危之工業。配合良好之賠償計劃，包括歸還日本所掠刼之貴金屬，處置日本之一部份商船及工業產品等。中央社前曾報導中國政府已要求日本歸還價值一億零六十六萬美元之金銀及四千噸左右之銅鎳輔幣，但遠東委會對此至今猶未採取行動。我國刻亟需此等貴金屬作為利用賠償機器成立工廠費用。我國復亟需自日本目前生產中獲得船隻及另件，以加速裝運賠償品之工作。此外我國亦需採礦機器另件。吳半農旋推測日本未來賠償事宜稱，美國此種政策難以了解。渠指陳一九四六年秋盟總宣佈曾撥一千所工廠作為初步賠償時，當局曾謂，拆除此批作戰及支持作戰工廠，決不影響日本之承平經濟。然不久情形即大變，工廠多自賠償工廠名單中取消，僅餘九百餘所工廠。倘遠東委會其他十會員國不採取積極政策，使美國在遠東委會中一意孤行，則充作賠償之工廠數目或將繼續減少。吳氏強調遠東委會必須採取積極而現實之政策，以加速賠償計劃，此將促使遭受戰災國家之經濟復原。吳氏對於遠東委會成立後，十一會員國即就各國應得賠償比例之斤斤較量爭執不休一事，表示遺憾。

國內消息

四聯理事會已通過

貸款業務處理方案

（本報訊）四聯總處第三六二次理事會，於八日上午九時假行政院會議室舉行，由張理事嘉璈代理主席，通過要案數起，茲附誌於次：

一、核定中央銀行貼放委員會組織規程：

（一）本行為接受同業申請，辦理重貼現轉抵押，特設貼放委員會處理之。委員會職掌如左：

（甲）有關中央銀行貼放政策之決定事宜。

（乙）同業申請案件之審核事宜。

（丙）重貼現轉抵押利率之核定事宜。

（丁）其他有關貼放事宜。

（二）委員會設委員十一至十五人，本行總裁為當然委員，其餘由總裁聘請担任之。

（三）委員會主席，由本行總裁担任之。

（四）委員會每週舉行例會一次，必要時，得召集臨時會議。

（五）委員會附設工礦農業貿易等顧問委員會，由總裁聘請金融實業界人士暨專家，並指派本行高級人員組織之審查委員會，交審案件。

（六）委員會並於國內重要地點，分設顧問委員會，審查同業申請案件。

（七）委員會審核貼放案件，其審核標準另訂之。

（八）委員會設主任秘書一人，秘書及職員若干人，由總裁指派之。

（九）本規程經本行理事會通過後施行，修正時亦同。

二、核定四聯總處貸款業務處理方案：

（一）為求三十七年度生產事業貸款方針及農貸計劃順利進行起見，特就貸款區別，審核程序，考核辦法各項，訂定方案，藉資依據。

（二）國策貸款之範圍如次：

（甲）為完成經建設施，以應[illegible]各費臨時抵借之款項。

（乙）為配合動員戡亂情勢，緊急不及核定預算臨時商借之款項。

（丙）為推行物資管制政策，由政府

機關委託，或政府特案指定貸放之款項。

（丁）農業及合作生產貸款。

（戊）其他經四聯總處理事會特案核定之貸款。

三、凡不屬第二條規定範圍以內之貸款，均爲業務貸款。

四、四聯總處收到申請貸款案件，依照下列程序處理：

（一）凡國策貸款案件，應由祕書處徵詢中央銀行意見後，提請理事會核定，或陳報主席、副主席核示辦理。

（二）凡業務貸款案件，四聯總處不再直接核辦，應分別轉行中央銀行及各專業行局庫核洽辦理。

五、四聯總處，對各行局庫所提各項業務貸款計劃，得先送由中央銀行貼放委員會，核擬意見，再行提請理事會核定之。

六、四聯總處放款小組委員會及鹽貸審核委員會，均予撤銷，必要時，由祕書處隨時邀集有關行局庫及其有關主管機關代表，舉行特種審查會議，複審國策貸款案件及業務貸款計劃等。

七、農業貸款案件之審核，仍照成案辦理，並改組爲農貸審查委員會，加聘有關主管機關代表及專家爲委員。

八、各行局庫，應將承辦國策貸款情形，隨時逐案報告四聯總處核備，并應將各種業務貸款辦理情形，依照規定方式，彙報核備。

九、四聯總處設置視察督導室，并分別會同財政部中央銀行調派人員，分赴各地，辦理貸款，督導考核工作，按下列方式切實辦理：

（一）分區督導及考核。

（二）定期檢查及視察。

（三）巡迴稽核及臨時抽查。

十、本方案提奉理事會核定後，分別辦理。

春季絲繭貸款
江浙繼續辦理

（本報訊）三十七年度江浙區春季絲繭貸款一案，已於八日四聯總處理事會提出，經決定參照去年貸款收繭繅絲辦法繼續辦理貸款，會中並規定重要條款：

（一）繭價：應參照育蠶及桑葉等主要成本。從嚴核計，不依照米價計算，由全國經濟委員會，在開始收繭之前一星期，核定繭價。

（二）貸款及墊頭：貸款七成，由廠商預繳現金，墊頭三成。

（三）收繭開支：改良繭，不得超過百分之二十三，土種繭，不得超過百分之三十二。

（四）收絲成數：比照貸款成數收購七成。

（五）烘折及繅折：改良繭，規定爲烘折二八〇斤，繅折四二〇斤；土種繭，規定爲烘折三〇〇斤，繅折五五〇斤；廠商交絲數欵，不得低於此項標準。

（六）利潤：按收購七成部份百分之十計算。

（七）合作烘繭部份，另行核定。

短期庫券發行原則
立院財政委員通過

（本報訊）中華民國三十七年短期國庫券條例修正草案，經本月一日立院臨時會議決定再付審查後，該院財政委員會即於七日上午舉行審查會，并邀請財部代表戴銘禮、國行代表劉攻芸列席。會中除就該條例修正草案稍作文字上之修正外，餘均照修正案通過，主要內容，均未修改。依照該條例，國庫券將根據下列原則發行：

（一）國庫券分一個月期，二個月期及三個月期三種。發行時，以發行期間過短，將不確定發行總額。

（二）票面額仍分爲一千萬元、五千萬元、一億元、五億元、十億元、五十億元，均爲不記名式。

（三）利率定爲月息五分，並授權國行，在公開市場發行，并視市場資金供求情形，得升值或折扣發行。惟發行利息與發行折扣，合計不得超過普通市場利息。

（四）庫券還本付息基金，由財政部於庫券到期前五日，就國稅收入項下撥充，并由國行及委託銀行經付。

川都江堰開堰

（中央社成都電）川西都江堰於五日中午在灌縣舉行開堰典禮，電廠試車成績頗佳，刻正從事架線工作，預計於下月內即可輸電至蓉。

本溪電機修復

（中央社瀋陽電）本溪一號發電機八日復經常發電，瀋市日來已大放光明。頃據東北電力局長鄧克德稱：本溪每日可發電一萬瓩，除以五千瓩輸瀋外，刻正籌謀恢復煤台煤礦用電。又錦西電廠亦可發電七千瓩，一俟燃料由關內運到，即可開始發電。

海南鉄鑛
即將開發

海南島鐵礦，自三十五年資委會成立海南島鐵礦籌備處後，即積極整理器材及設備，以期開始生產。近悉盟軍總部，甚關懷該礦，並介紹日本朝日工業社社長竹內健吉，太平工業社社員進來要一，岡田源倉三人來瓊（按該三人熟悉該島之業務），效力於該島鐵礦之開發事業，聞該三人已於本月二日自東京出發，由海道運往海南島。

日掠我機器
即將拆運

（中央社東京電）我國賠償歸還代表團首席代表吳半農九日宣稱：日本國內發現有自我國掠奪之機器至少有四千件，其中主要爲工具機，我國最大造紙廠之廣州造紙廠，戰時曾被日本全部運至北海道，此一工廠不久即可拆運。

永利化學公司 歸還物資運返

（中建社訊）招商局「海鄂」輪自日運來永利化學公司之日本歸還物資二千四百噸，分裝一千箱，八日抵滬，九日由滬駛京卸貨。

接收賠償民營船隻 復興公司月中成立

（本報訊）政府賠償民營輪船公司戰時損失之船舶八萬多噸，計勝利輪六艘，C1型輪五艘，目前已在美國開始接收。卅二個輪船公司爲集體經營此批新穎船隻，特聯合組織一「復興公司」，本月中旬即可在滬正式成立。「復興公司」已派代表譚伯英、程餘齋在美辦理船舶接收及國外航綫經營等事。據美國來電：第一二兩艘輪船本月十日即可離美來滬，一艘往古巴裝糖運日後來滬，另一艘往義大利裝鹽運月後來滬。

工礦檢查所成立 將先進行工廠調查

（大公社訊）社會部爲推行工礦檢查工作起見，籌備處在滬設立工礦檢查所，並於月前先派該部工礦檢查訓練班學員至滬實習，業於半月前將全市二十四大工業限位實習檢查完畢。該所亦已奉行政院通過設立，原擬待編制及經費核定後正式成立辦公，惟因滬市檢查工作亟待開始，故社會部先令該所在滬成立辦公，經費由社會部工礦檢查處撥，所有職員由工礦檢查訓練班畢業學員選派十六員留滬工作。所長一職由社會部派工礦檢查科科長黎燃兼擔任。該所首先將開始工廠調查工作，同今後對於各工廠之工業設備及童女工之保護將特別注意。

全國總工會 成立秘書處

（本報訊）全國總工會第一次代表大會秘書處九日已由籌備會推選產生。決定秘書長爲孫蘊昌，副秘書長寶共炯、王宣堅，下設五組：孫蘊昌兼總務組，王家新文書組，李殖議事組，李延鎮招待組，錢江潮負責新聞組。據悉：籌備會定於十一日遷往下關工人福利社，秘書處於十二日開始辦公。

商汴接軌 徐鄭通車

隴海鐵路商汴段已於二日晨接軌，由徐開鄭車三日開出，四日十六時到達，由鄭開徐車定二十時開出。（中建社訊）

瀋陽本溪間通車

（中央社瀋陽電）瀋陽本溪間鐵路搶修竣工，八日起已正式通車。

京滬公路接連翻車 交部重視令飭改善 名工程師馬育騏翻車殞命

自三月二十八日著名衛生工程師馬育騏於錫蘇公路途中翻車殞命後，接連於四月初又有上海富商席某於滬蘇途中翻車，二次事件均於過橋時發生，交通當局甚爲重視，當即飭公路總局第一公路工程區局派員調查出事眞相，並擬具改善計劃，頃據調查人員聲稱，京滬公路，於戰時破壞甚重，戰後數次擬具計劃重修，以費用過鉅，況京滬間有鐵路可通，汽車路價值較小，多不予重視，致因陋就簡，勉強通車，路面極狹，滬蘇段河流縱橫，橋樑極多，各河道均有木船通航，故橋面離高，橋面兩端路基，亦限於經費，路面坡度甚大，過橋時無法窺見對面車輛及行人，如車行稍速，則於橋面避讓不及而肇事，故京滬公路，第一步改善工作急需進行者爲放平橋端坡度，加填土方及重做路面工程，詳細計劃，現正在擬具中，一俟核准，經費有着後，即可進行改善工作。（中建社訊）

重慶短訊

△築嘉陵江北區沿馬路接聯進城內臨江門之大橋，已在開始挖基工作。

△第一模範市場銀行公會與中央銀行間之大廣場，現已完成，營業時間，汽車與包車雲集，成爲一極美麗的圖案。

△素以汚穢聞名的較場壩大廣場，現由渝市政府陪都建設委員會，改爲模範攤店後，已改昔日之舊觀。

△都郵街拓寬工程自上月廿二日開工已來，渝市工務局即極積進行，原預定一個月完成，茲以該段交通重要，現決加工趕築，如無意外阻礙，可於本月中旬完成。

△渝市區電力，原已負荷過重，最近用電擴，較前益增，以致不敷更鉅，故南岸用戶，時有中斷電表遷移城區情事，有關機關爲免機件發生危險，即日起，一律不准遷移，以策安全。

△三月份盤出物價指數，重慶市政府統計處於二日統計完竣。總爲一八七、八三三倍。食物類：糧食一三四、四六二倍。衣着類三三七、九七九倍。燃料類一九五、七九八倍。金屬類二七三、五八三倍。建築類一二九、五九二倍。雜項類一九二、七〇三倍。（邦）

定價　每份伍千元正　全年訂費貳拾伍萬元正　航空或掛號另存郵資拾萬元
廣告價目　甲種每方吋壹拾萬元　乙種每方吋捌萬元正

中華民國卅七年四月十九日出版

中國工程週報

內政部京警字第五十一號
中國工程出版公司
發行人　杜拱辰

中華郵政認為第二類新聞紙
江蘇郵政管理局登記證第一三二號
地址：南京（2）四條巷一六三號
電話：二三九八九
經售處：全國各大書店

一週大事記

是週也：行憲總統選出，戡亂條例通過；雷諾歸去也，探險自己來；義國大選，共黨失勢；歐洲局勢，又將改觀。

行憲的中華民國首任總統將于十九日開始選舉，在選舉前夕，大會通過了一種動員戡亂時期臨時條款，這條款是：

「總統在動員戡亂時期，為避免國家或人民遭遇緊急危難或應付財政經濟上重大變故，得經行政院會議之決議，為緊急處分，不受憲法第三十九條或四十三條所規定程序之限制。

前項緊急處分，立法院得依憲法第五十七條第二款規定之程序變更或廢止之。

動員戡亂時期之終止，由總統宣告或由立法院咨請總統宣告之。

第一屆國民大會應由總統至遲於民卅九年十二月五日以前，召集臨時會，討論有關修改憲法各案，如屆時動員戡亂時期尚未依前項規定宣告終止，國民大會臨時會，應決定臨時條款應否延長或廢止。」

這是憲法以外另一種條例，對總統職權加大不小。但是法學名家王寵惠先對此有個解釋：「這不過洋房以外，另修一小屋！」並不算是違憲的。

×　×　×　×

原子筆商雷諾在中國鬧了大大的玩笑走了，回到支加哥後，他還說：「我相信積石山比額非爾斯峯高，但我今後只經營我的原子筆生意了。」

美國商人的經驗，從這件事已暴露無遺，中國學術界這一次受了騙，也得了一個教訓。唯「美」主義是不可靠的，外國人除了政治方面的野心者外，還有的是經濟，商業各色各種的流氓，他們唯利是圖，不可輕信。

中央研究院已一氣而決定要自我勘測積石山了，探險專機且已由中央航搬出，在漢口，香港，上海兜了一個圈子，希望中國學術界因此而有所獲，倒也是「安知非福」啊！

×　×　×　×

義大利進行總選，即將結束。共產黨控制的人民陣綫與基督教民主黨的鬥爭，愈形尖銳，義全境各處都有零星的衝突，兩種勢力互相在攻擊對方舞弊，但是大體上還沒有發生多的事件。

據非正式初步報告：基督教民主黨領先，共產黨已被擊敗。

照此情形，義大利的政府將更進一步倒入西歐陣營，而內部的共黨勢力活動，必然更形加劇。

×　×　×　×

簽署代表問題，蔣主席已允予合理解決，絕食代表已開始復食，且已出席大會投票參加總統選舉。

至于如何解決，尚沒有具體答覆，本週內，他們曾派代表在國大門首請願，擬度衛隊，都被警衛攔阻，沒有達到目的。

×　×　×　×

總統是屬于蔣中正先生，天與人歸，自無問題，只有副總統的活動，競爭得愈形熾烈。

週三，聽說國民黨內部有所決定：黨將支持于右任當選，孫科仍任立法院長兼副總裁，李宗仁則任監察院長。這樣分配，會不會解決問題？恐怕很難，而況剛剛夾殺出一個莫德惠，他自從提出「戡亂臨時條例」後，可謂恰到好處。據說，他也將獲得某些人的有力支持。

建築工程料價調整辦法

審計部擬訂呈請實施中

審計部以各機關營繕工程，因受物價高漲影響，頗多無法完成者，且有甚多請求調整料價，惟於法無據，致公私方面俱皆損失，乃經擬定「各機關建築工程料價調整辦法」，呈請國府文官處轉陳核案實施。茲誌其原辦法如次：

一、各機關與包商所訂立之合約，除約內載明無須調整者外，其因中途發生物料價款上漲而有增加價款之必要者，得呈第一級機關察酌實際情形，准其增加，但以包商能履行合約義務者為限。

二、料價之增加數，應就合約規定尚未付清款項部份與辦理該工程應有程序及所需材料名稱數目，按調整日各該物料價格計算請補，其因包商對於已領之料款未能及時按照工程估價單購足物料所致之損失部份，應由包商自負之。

三、增加料價，應依照後附之某項工程料價調整計算表格詳細填列，報經主管機關核實准支（附表略）。

四、上項核准增加之料價，如各機關原請預算不敷時，得專案檢具包商所填料價計算表，並抄同該機關准報原案，依例備具概算，轉請追加。

五、凡料價上漲程度不及定價五成以上，得俟工程完竣後併案請增。（本社報）

交通施政報告

（中央社訊）交通部長俞大維，十三日上午出席國民大會第七次會議，作施政報告。原詞如下：

（一）鐵路

（甲）東北　原有鐵路一一、三三六公里，接收時僅山海關至大虎山間二百餘公里通車，經努力陸續修復，最高通車里程曾達三、四三六公里，現時通車者僅六一七公里。

（乙）華北及華中　原有鐵路八、五三三公里，計橫幹線三，縱幹線三。

第一橫幹線——北甯及平綏共長一、三七八公里，接收時北甯全線通車，兩年來被破壞七八〇次，隨毀隨修，現仍暢通，平綏接收時，僅能分段通車，三十五年方初步搶通，經六個月之整理，修建鋼橋三〇〇座，全線暢通，今又遭破壞，北平僅通至柴溝堡，包頭通至紅沙塲。

第二橫幹線——膠濟，石德及正太，共長九五六公里，接收時除石德不能通車，經拆移料搶修他路外，膠濟、正太全線通車，接收後膠濟線迭遭破壞，卅五年底曾一度全線修通，卅六年二月又遭破壞，改分三段通車，現在通車路線僅餘七十五公里。正太線於卅五年八月及卅六年二月先後遭受大規模破壞，現僅太原至榆次間二十餘公里通車。

第三橫幹線——隴海全線共長一、六三七公里，接收時，除洛潼段外，餘均通車，洛潼段亦於卅五年上半年修復。嗣該路全線迭遭大規模破壞，雖隨毀隨修，目前東段僅新安至鄭州，西段潼關至天水尚可通車。

第一縱幹線——津浦全線共長一、二五三公里，接收時全線通車，旋被破壞，分三段通車，自三十六年下半年將徐州至濟南修復後，浦口濟南間始可暢通。自天津向南則僅通至陳官屯。

第二縱幹線——平漢全線共長一、五三一公里，接收時除元氏至安陽二〇〇公里外，餘均通車，旋被逐段破壞，現自漢口以北僅通至確山，北平以南僅通至固城。平保段卅六年七次修通，七次被毀，現正努力作第八次修復。

第三縱幹線——同蒲全長一、三〇三公里，接收時全線通車，不久即遭破壞，現在通車路線僅高村經太原至靈石共二四九公里。綜上華北華中區累計共被破壞六千餘次，總長五千餘公里，隨軍搶修三千餘公里，等於築一新路由瀋陽至廣州。

（丙）華南　原有鐵路五、五二四公里。

一、浙贛（包括南潯）共長一、一二五公里，接收時僅杭州至諸暨及江山上饒兩段勉可通車，經積極修復，現由杭州至南昌已全線通車，南潯路亦已修復，自株州以西已修至萍鄉，現正趕修南昌至萍鄉一段，期於年底通車。

二、湘桂黔路衡柳路長五、一四九公里，抗戰時毀壞慘重，經積極修復，於卅六年下半年全線修通。

三、粵漢路全長一、一一四公里，復員後經努力修復，於卅五年七月全線通車，以後仍不斷改善，全線臨時橋樑陸續改爲正式鋼橋，期於本年六月底大部份修改完畢，惟該路在抗戰時毀壞至爲慘重，鋼軌、枕木、車輛均急待更換補充。

四、台灣與海南島，台灣現有鐵路三、九四二公里，全線通車；海南島二八九公里，通車者一二二公里。

（丁）西南西北　幹線共分六段：

一、廣洲灣至柳州：除柳州至來賓段已通車外，餘已勘測完畢，正在設計中。

二、柳州至貴陽：柳州至都勻段僅金城江附近五十公里尚未修復，都勻至貴陽一段，以沿線艱工甚多，計有隧道卅五，長六千餘公尺，最近始將谷溪關隧道鑿通，該隧道長約九六〇公尺，爲西南最長之隧道。都筑段工程已完成百分之廿。

三、貴陽至隆昌，現正測量中。

四、成渝路：該路土石方及橋樑山洞工程已完成百分之四十。

五、天成路：正在測量中。

六、天蘭路：該路土石方及橋樑山洞工程已完成百分之卅二。

上述西南西北幹線共長三、三〇〇公里，難工甚多，決非短期內所能完成，現時祇能視國家財力分段修建。

（二）公路

公路工作與鐵路相似，計分搶修、修復與新建三類，兩年來計華北華中區搶修七、七〇〇公里，華南區修復一、四〇九四公里，整修重要國道三、五一九公里，西南西北區改善幹線六六八七公里，新建青新公路一、二四七公里（已通車），南疆公路一、六七九公里（除且末至瓦罝三六六公里外，餘已通車）。

（三）水運

戰前全國共有輪船一二八萬噸，計國營招商局八萬餘噸，本國航商四十八萬餘噸，外國航商七十一萬噸，經戰時損失共僅餘八萬餘噸，戰後航權收回，一面積極發展國營航業，一面扶助民營航業，全國船舶噸位現已增至一〇三萬噸，其中卅七萬噸屬招商局，較戰前該局所有輪船約超四倍，現該局除維持南北洋及內河幹線定期班輪外，並行駛滬菲、滬越、港菲等近海航線及由上海至關島、加爾各答、新加坡等遠洋航線，業務日益擴展，得民營航業之輔助甚多，該局戰前所負債務包括一部份外債均已悉數償清。

（四）空運

勝利時中國、中央兩航空公司共有飛機五十八架，飛行航線一萬三千餘公里，現已擴展至八萬五千餘公里，飛機增至八十三架，每日出勤恆在四十架以上，除維持國內各重要航線及邊區交通外，並開闢中美、中菲國際航線。爲策進民航安全，卅六年一月成立民用航空局，統一管理民營業務，積極整修國內重要民航機場，充實導航設備，改進空中交通管制站，統一全國氣象測站，實施以來，成效甚著，除本年一月在濟南由於機場秩序之外在因素，致有一架失事外，並無飛機失事之事。

（五）電信

兩年來在不斷受破壞與萬分困難中，隨時搶修維持通信，不使中斷，計先後修復線路一萬四千餘公里，一面積極擴充設備，如長途電話較戰前約增加一倍，短波電話機約增三十倍，各種電報快機約增三倍，無線電機約增五倍。業務方面經積極改善，進步尤爲顯著，計三十六年度國內電報與國際電報較戰前增加一倍有奇，長途電話則增加五倍，尤以國際電話現已通三十二路，與英美均可直接通話，服務方面力求迅速、準確，重要軍事電報一小時可達，普通軍事電報四小時可達，尋常電報八小時可達。

（六）郵政

兩年來積極改進，以迅速、安全、普遍與服務週到爲鵠的，充分利用航空遞運郵件，計三十六年度由航空寄遞之郵件已增至十萬件，共重六千餘噸，本年已增至每月十六百噸，較之二十六年全年航空郵件僅卅五噸，幾已增二百倍，即邊區郵件如南京至迪化，戰前須一月始達者，現僅需四日至十一日。此外如設火車汽車輪船各種行動郵局、通宵郵局、例假郵局、郵亭及趕班信箱等，暨使用機器自行車傳遞信件，力謀加速，現時各大都市本城信件及京滬往來信件，均當日可達；在普通方面，則儘量利用公路汽車及一切交通工具帶運郵件，以期迅達鄉村。改進鄉村郵務，指定無錫常熟兩地爲實驗區，現該兩地已有七十餘鄉村，由郵局直接投遞郵件，不再留局待取。

交通事業旨在人民，除安全迅速準確外，並須服務週到，爲廣徵民衆意見，卅六年度督飭發出試信，計電信方面八萬封，郵政方面十二萬餘封，並派員訪問及登報測驗民意，以期博採旁徵，力謀改進，本部並訂本年爲服務年，極力督飭所屬各交通事業機關不斷改善，以期達成任務，惟交通部門繁複，事業遍全國各地，自城市以至鄉村，督察極不易週，諸代表先生來自各地，必能洞悉隱微，尚祈不吝指教，至深感幸。（完）

經濟部施政報告

（中央社訊）國大新聞組息：經濟部長陳啓天氏於十三日上午國大第七次會中報告經濟部施政概況，全文如下：

甲、經濟部之職掌範圍及政策重點：

在作經濟部施政報告以前，應先說明兩點：（一）現在國家非常重視經濟問題，因此多設機關分掌各項經濟事務，如行政院中與經濟有關之部會卽有八九單位之多，本部雖名爲「經濟」，而實際主管業務則多半屬於工、礦、電及商業行政事宜，故報告內容亦不外此。（二）當前經濟政策，係以去年二月及七月先後頒佈之「經濟緊急措施方案」及「動員戡亂完成憲政實施綱要」爲依據，其主要精神乃由勝利以後之放任政策，恢復到抗戰時期之管制政策。本部除依照此項方案與綱要認眞推行外，尙注意兩事，其一爲扶助工礦事業，增加生產力量；其二爲促進對外貿易，平衡國際收支，而於工礦事業中尤注意紡織及煤炭兩項。

乙、當前工商業現況：

（1）工廠：全國工廠登記總數，截至本年三月止爲一八、五九七家，其數字以上年爲最多，蓋工廠登記規則，辦理舊工廠重新登記及新設工廠登記以來，至三十五年止，全國已登記之工廠總數，計爲七、九九二家。但三十六年一年內之登記廠數，卽達九、二八五家，竟超過以前數年總數百分之十六，並佔歷年登記總數之半數，由表面觀之，似可作爲工業發達之說明，實則不然，此可由本部最近編製之全國工業調査初步報告中見之。

此項調査包括全國二十主要都市，工廠總數一四、〇七八家，其結果可分析如下：

（一）工廠規模：在上述工廠中，合於工廠法之規定者，僅三、三一二家，占總數百分之二三．五三。不合於工廠法之規定者，計一〇、七六六家，占總數百分之七六．四七，足見其規模大都狹小，而工業化程度之低微，亦於此可見。

（二）工廠種類：以紡織業爲最多，計三、七七三家，占總數百分之二六．七九。服用品工業計一、七八三家，占百分之一二．六七。造紙印刷業一、六六九家，占百分之一一．八六。化學工業一、五五三家，占百分之一一．〇三。飲食品工業一、三七九家，占百分之九．八〇。可見比例最高者，爲輕工業，而機械，交通工具、電器、冶煉等重工業所占比例，合計不過總數百分之一八．二六。

（三）工業區位：上海一地現有工廠數七、七三八家，占總數百分之五四．九七。天津一、二一一家，占百分之八．六〇。台灣九八五家，占百分之七。此外均不及百分之五。而蘭州則僅三五家，占百分之〇．二八。足見區位之偏畸，較之戰前尤有過之。

（四）工人人數：上述工廠所有工人總數爲六八二、三九九人，在業別以上紡織業爲最多，計三一三、一二七人，約爲總數二分之一。在地域上，以上海爲最多，計三六七、四三三人，則佔半數以上。至每廠平均工人數，則爲四十二人。

（五）動力設備：上述工廠動力機，總計八三、四〇〇座，其能力爲八二七、二七二馬力，發電容量一六二、〇一一．三千伏安，每廠平均動力機五．九六座，電能五八．七八馬力，電容一一．五千伏安，每一工人平均使用一．三五馬力，其生產效力之低，可以想見。

（2）公司：抗戰勝利，失土重光，經濟建設，相繼推進，國人投資於經濟企業之興趣漸濃，加以新公司法施行，除原有之無限、兩合、股份有限、股份兩合四種公司之外，復列有限公司及外國公司兩種，以吸收國內民間資本及外資，從事工商事業，因之各種公司組織，如雨後春笋，爲數之多，往所未見，計三十五年共登記公司一、四九六家，三十六年共登記二、五五五家，兩年合計爲四、〇五一家，如與民國十七年至三十四年登記之公司總數五、三三六家相較，則兩年之進度，卽已達過去十八年之百分之七五，其進展之速，實有足稱。

顧以公司業務種類分析，則近兩年新設之公司，實以商業公司爲最多，佔總數三分之一，而工業不過佔六分之一，蓋邇來戰區擴大，物價步漲，生產萎縮，惟商業利潤獨高，故一般投資者，對於長期週轉始能獲利之生產事業，多懷戒心，往往裹足而不前也。

丙、重要物資生產及供應情形：

（1）煤：復員以來，全國煤之產量，三十五年度爲一八、一五八、〇〇〇公噸，三十六年度爲一九、四八七、四〇〇公噸，較上年增一百三十餘萬噸，約爲百分之十四，但各區煤炭供應情形，則以戰事及交通關係，至不平衡，有足以自給者，有生產不足須賴他區供給者，有生產過剩，不能外運者。然如就各區目前煤炭總產量及總需量計之，則全國所缺僅不過數十萬噸，茲分區略述之：

（一）東北區　該區三十六年煤產量爲四、五七八、六〇〇噸，三十五年存煤三五〇、〇〇〇噸，共四、九二八、六〇〇噸，全年需量亦不過四、九三〇、〇〇〇噸，尙能自給，惟以西安北票阜新各礦受共匪竄擾，不無影響。

（二）華北區　該區三十五年存煤四〇〇、〇〇〇噸，三十六年生產七、四二〇、四〇〇噸，運往他區一、五〇〇、〇〇〇噸，尚有六、三二〇、四〇〇噸，而全年需量不過五、七七〇、〇〇〇噸，可存餘煤八〇〇、〇〇〇噸，如開濬運輸情形良好，本年可增產五百四十萬噸，並再就宜化，門頭溝各礦積極整理擴充，則全區增產量尚可增加。

（三）華中區　該區三十五年存煤一八〇、〇〇〇噸，三十六年產二、八二二、四〇〇噸，外國進口五〇、〇〇〇噸，他區運來一、八〇〇、〇〇〇噸，共四、八五二、四〇〇噸，但全區需量爲五、九五〇、〇〇〇噸，仍缺一、二〇〇、〇〇〇噸，應力謀增產自給，積極恢復或建設中贛、湘南、贛西、江南、鄂南各礦，並協助淮南、華東擴充設備，以期達到月產五十萬噸，即年產六百噸之目標。

（四）華南區　該區全年需煤一、四四〇、〇〇〇噸，而月產僅九〇、〇〇〇噸，不敷甚鉅，三十七年內南嶺富國各礦如加整理，可增產二十萬噸，可勉供廣東一省之用。

（五）西南區　該區全年需煤二、二四〇、〇〇〇噸，年產二、三〇九、六〇〇噸，可以自給。

（六）西北區　該區全年需煤一、二二〇、〇〇〇噸，年產一、一一六、〇〇〇噸，略有不足，如能對甘肅阿干、陝西同官及新生各礦加以整理，可增產三十萬噸。

（七）台灣區　該區全年需煤五八〇、〇〇〇噸，年產一、一〇〇、〇〇〇噸，自給有餘，可以餘煤運濟京滬閩粵。

（2）棉花：全國現有紗錠共四百二十萬枚以上，其中已開工者百分之八十，計三百三十萬枚，每月用棉量約六十萬担，自本年四月份起至年底止，全國共需原棉五百四十萬担，可以以下來源補足之：

（一）各紗廠登記存棉及核准輸入之外棉一百七十五萬担。

（二）紗布外銷會洽購外棉二十一萬担。

（三）中紡公司訂購及行總外棉五十五萬担。

（四）美棉貸款八千萬美元可購四十萬包，計一百八十萬担。

（五）紗管會統購棉花一百二十萬担，已購到三十四萬担，至七月底止尚可購八十六萬担。

以上合計五百五十萬担，足敷全年需要，本年新花上市，預計可購三百萬担，則可留作明年之用。

（3）電力　三十五年全國發電容量共計一百二十八萬一千瓩，至三十七年三月底止，已增至一百三十萬二千瓩，計增加二萬一千瓩，現正在購運裝置中之電機尚有八萬三千瓩，如全部裝竣，可望達一百三十八萬五千瓩，可期供需平衡，分區言之，則本年內：

（一）京滬杭區：可增加發電容量二六、三〇〇瓩，發電度數一六二、八〇四千度。

（二）華中區：可增加發電容量五、五〇〇瓩，發電度數二七、三八一千度。

（三）西南區：可增加發電容量一、五〇〇瓩，發電度數五、〇〇〇千度。

（四）華南區：可增加發電容量二一、七七〇瓩，發電度數三三五、五三五千度。

（五）華北區：可增加發電容量三二、五〇〇瓩，發電度數五三、四七〇十度。

丁、戰後物價變動情形：

復員以來，國內物價波動情形，可分爲以下三個階段述之：

（一）第一時期：自抗戰勝利至經濟緊急措施方案之實施，即卅四年八月至卅六年二月。

在此期間，全國物價指數以卅六年二月中旬爲最高潮，較戰前（廿六年上半年）增加一萬一千倍，較勝利前夕（卅四年七月）增五倍。

日本投降之初，各地物價曾一度劇降，迄卅四年十月中旬，約平均跌落百分之三二・八，然好景不常，旋即復趨回漲，蓋當時物價下跌，純係一時人心振奮所造成，而事實上足以刺激物價上漲之因素，迄仍存在，如一、中共叛亂野心漸明，戰區日益擴大。二、交通僅局部修復，貨運仍感阻困。三、後方工礦停頓，收復區工礦又未能及時復工。四、通貨信用繼續膨脹。五、遊資洶湧東下競購物資。六、對外貿易一時尙不能完全重開。故國內物價未幾即由上海開始回頭猛漲，迄卅五年二月已超越戰時物價指數之最高峯，嗣是以降，則或由金鈔先導，或由糧食開端，漲風接踵而起，指數逐步上昇，雖其間不無週期性之間歇，然上漲程度則愈演愈烈，若無底止，迄卅六年二月以共匪叛亂日益擴大，人心不安，游資湧入上海，爭趨購買金鈔物資，同時工商業愈陷困境，物資產運愈感困難，因之物價又復狂漲，形成劇烈風潮，政府爰於是月中旬頒布經濟緊急措施方案，停止金鈔交易，凍結工人生活指數，嚴厲取締投機囤積，物價漲勢，始得稍戢。

（二）第二時期：自經濟緊急措施方案之實施，即卅六年二月至本年一月，較戰前增加十三萬倍，較勝利前夕增加六十四倍，較前期（卅六年二月）增加十二倍。

自經濟緊急措施方案之實施，對物價之穩定，曾收一時之效果，故三十六年三四兩月物價，尚稱平穩，惟至五月，則以當糧食青黃不接季節，米價猛烈跳動，引動其他物價之上漲，迄六月上旬始略呈間歇，七月又掀起第二次週期性之漲風，其原因爲：（a）銀根鬆弛，游資充斥。（b）工資解凍。（c）公用事業貼補局部取銷。（d）美進口銀行五億美元貸款到期失效，但旋因政府加緊經濟檢查，積極抽緊銀根，並受東北華北戰局穩定，魏德邁使團來華及對日私人貿易行將開放等因素之刺激，而轉趨穩定。迄九月初，物價再趨波動，形成第三次漲風，其原因為：a、匪軍竄擾豫鄂皖等省，影響棉花食糧來源。b、不靖地區資金又流向上海各大都市商品市場。c、外匯基準價提高。d、秋收作物登場，農民購買力增加。e、魏德邁離華聲明，顯示美援尚屬有待。此次漲風至十月下旬而達頂點，其後雖略有小回，迄未穩定，直延續至十一月中旬以後，迄本年一月始漸趨和緩。

（三）第三時期：本年春節（二月）以後至現在，三月份總指數，較戰前增加三十二萬倍，較勝利前夕增加一百五十倍，較前期增加二倍半。本年一二月之間，國內物價曾有相當時期之平穩，但自二月中旬以後，春節已過，紅盤初開，商品市場又見驚人波動，其原因為：一、金融業及一般工商業於年前所收通貨，於春節後勢須流入市場。二、東北戰局緊張，游資洶湧南下，據估計一月份約九千億，二月份約在二萬億以上。三、美國物價下落，幣值匯率相對提高，同時香港申匯報縮，美鈔黑市猛升。四、美貸遲遲未能實現。至三月下旬始轉入間歇期，以言物價高漲之基本原因，約有三項：其一為戰局問題。由於共匪的擴大叛亂，破壞農田工礦及交通，阻礙物資生產與流通，並造成人心不安的現象，致影響到物價的波動，此實為基本原因中之尤重要者。其二為幣值之不能穩定。其三為物資之求過於供。此外游資充斥，囤積投機之作祟，亦均為重要原因，故欲謀物價之穩定，必先求戡亂之成功，同時對幣值之穩定，物資之增產，游資之疏導，囤積投機之取締，亦均應採取有效措施。（完）

美國的新天文臺

二百吋大望遠鏡，視距十億光年

從聖地牙哥郡的低地裏，有條路一直通到高而險峻的帕羅馬山。近山頂的地方，空氣就漸漸地變得寒冷，因此南加利福尼亞帶的草叢，就被常綠樹所代替了。鹿羣在近路旁跳來跳去，斑鳩從散佈香氣的杉樹叢裏向外面窺探，在原始的森林裏，仍然還有巨大的獅子走過。

但這同一個帕羅馬山頂，也正是廿世紀的文化山巔之一，因為這裏有着一個新而耀目的二百吋大望遠鏡，它將看到十萬萬光年以外的宇宙空間——人類對其所生存宇宙的最深透視。（按一個光年，等於光線以每秒鐘十八萬六千哩的速率，在一年中所旅行的距離，這距離相當於五、八六五、六九六、○○○、○○○、○○○哩）

帕羅馬山之成為一個科學上的要地，是在十八年前，當時天文學家胡博爾（E.P. Hubble）得到一個科學界從來未有的發現（據胡博爾的研究，整個可見的宇宙是在擴張之中）。

胡博爾的發現，使得地位極高的科學家們都引起了困惑的辯論，既然胡博爾已經用一百吋的望遠鏡看到了五億光年，天文學家最好能看得更遠。

現在，這個全世界最大的望遠鏡已經差不多裝成了，它是架在一個直徑一百三十七呎的座子上，這座望遠鏡共重五百噸；但是它裝置得非常精巧靈活，因此一隻祇有橡子大小的電馬達，就可以使它遂藉「球軸承」而轉動了。

這一座二百吋的望遠鏡，能夠收集比威爾遜山上一百吋望遠鏡四倍的星雲光線。而且，帕羅馬山的大望遠鏡看到的距離也超過一百吋望遠鏡兩倍，這望遠鏡可以告訴胡博爾：宇宙究竟是否目在擴展之中，或者，是否還有很神奇的事可被發現。

從他指出一個資料的大文學家起，胡博爾就集中心力於星雲，這是一片介於遙遠星辰之間的，淡色的散亂的發光體，有些被證明是不規則的雲彩，反射着星辰的光線，看起來似乎距離很遠。但另一些則是光線極淡的星辰，天文學家們由於缺乏一個適當的測量星辰距離的工具，因此大家意見分岐不一。而胡博爾就是因為測量逐漸暗淡的星雲成功，使他獲得最大的發現——擴展的宇宙理論。

天文學有一種速度儀，專門用來測量星辰運動的情形，星光經過望遠鏡對準後，就由稜鏡的分析而成為一條有顏色的光譜。當這條光譜比較正常的情形更紅一點的時候，就表示這個星辰現在和地球更加遠了。

星辰飛去的速度

胡博爾發現，每當光譜有趨向紅色的現象時，他就發現似乎星辰飛去的速度就更為增加。這種發現每秒鐘數千哩的速度，對於天文學家而言，還是新穎稀奇的發現。等到這種光譜攝製使逐漸改良以後，胡博爾也等到了一個結論：星雲引退的速度，是和他們的距離成正比例的。這就是說，宇宙中每一個大單位的天體，都在逐漸互相分離得愈遠之中。

胡博爾已經藉觀察而為看得見的宇宙製訂了第一條規律，但其他的人也有關於宇宙的法律，不過他們是用頭腦代替望遠鏡罷了。

這種「擴展中的宇宙」學說的宣佈，遭致許多科學家的激起反對，許多批評不相信星雲可以恁高得可怕的速度移動，變因斯坦的相對論（物理學上的最高法則）說，任何東西不能以比光更快的速度來移動，光的速度是每秒鐘十八萬六千哩。可是胡博爾和他的助手卻發現那二億五千萬光年以外的星雲是以比光速要大每秒鐘二萬六千哩的速度在飛去，這速度比較光速要大八分之一。其他的批評者則提出其他的反對理由，但胡博爾總是有禮貌的答辯，並且認為擴展中的宇宙學說並非是他個人的發現。

胡博爾並非是僅沉在天文學中的人，逢夏季，他就到很遠的地方去釣魚，他並且還研究中國哲學，和好萊塢電影界若干文化工作者也有來往。

胡博爾小史

胡博爾身長六呎二吋，面貌清俊，體格健壯，在一八八九年生於馬非德，一九一〇年畢業於支加哥大學，從此立志為天文學家，但他又曾去牛津大學讀法律。他對英國的公法印象一佳，迄今仍認為是人類最偉大的成就之一。他回美國後初執律師業於肯塔基，但不久終於前往威斯康辛州的約克斯天文台，開始與天空為友。

第一次大戰時，他已快完成了他的博士論文，他被徵入伍，他一夜間結束論文而於次晨榮獲博士學位，戰後他入威爾遜天文台工作。

威爾遜天文台的一百吋望遠鏡使他發現了擴展中的宇宙，但同時提出了許多他不能答覆的問題。他的學說需要一個二百吋望遠鏡來證明或是推翻。洛克斐勒基金在一九二八年就同意資助他建築這個大透鏡，可是沒有一個廠家能夠定造五百噸的大玻璃磚，因此計劃就擱了下來。胡博爾曾用一個比喻來說明天文學家的工作，他說：「天文學家好像是住在山頂的一個人，他永不能走到底下的山谷，但是他需要根據那山谷中的點點燈光，推斷山谷中所發生的事」。

一九三六年，做大透鏡用的那玻璃磚終於運到了加州理工學院的巴薩登那光學工廠，進行琢磨。可是當它還沒有完工的時候，珍珠港事變發生了，於是胡博爾就和其他科學家一樣地參加了戰時工作，他的職務是阿貝敦武器試驗場的主要彈道家。

戰後，他榮獲勛章而重返天文界，他住到那光學工廠附近，監督磨琢工作的進行。

在光學工廠裏，這個難以置信的精細磨琢工作在慢慢地進行着，這個鏡面需要成為拋物線型，精確的程度要達到每吋的二百萬分之一。參觀的人不准穿着釘子入內，因為一粒沙子就可以破壞幾個月的工作。去年八月，這透鏡終於完成了。

在許多門類的科學中，天文學在若干方面說來都是最愉快的。它不像生物學接觸死的動物，不像化學那樣需要接觸不好的氣味。天文學家住在空氣清新的山頂上，日夕與清潔美麗的儀器為伍，而那被他們所實驗的光輝就從冷而黑暗的天空傾瀉下來。

帕羅馬山是更其舒適的，天文學家的宿舍尤其令人愉快。為了那些需在日間補足睡眠的人，他們的臥室都有着避音避光的設備。（美國新聞處）

蘇工業計劃 順利進行中

(中央社莫斯科專電)蘇聯計劃委員會宣稱：本年第一季已將工業計劃全盤實現，並超過原定之程度，達到原來計劃之百分之一百〇二。大宗農業機械之生產，如打穀機之類，較去年增加四倍，曳引機、耕種機與其他機械，較去年增加百分之二百三十八，糖類及大宗糧食生產，幾增加九倍，牛油亦增加二倍半，現已留置一倍半穀類種籽，準備本年播種之用，而曳引機之修理工作，亦遠於去年，自糧食配給制度廢除後，麵包之發售亦較前增加百分之七十二，糖增加三倍，蜜餞增百分之五十七，穀類增百分之五十二，棉花與絲織品增百分之四十四。因物價之跌落，蘇聯政府之購買力，據宣布亦已增高百分之四十，亦即等于增加實際薪額之百分之五十一。國營事業方面已增加二百萬工人，其中工業方面增加一半，十五萬合格青年工人已自勞工學校轉入工業界。本年第一季，各城中已劃定三十五萬平方尺作為建築房舍之用，而農村區域將建房屋九千幢，並修葺在戰時被摧毀地域之房舍。

英向日購紗錠 運華補充牟利

(中央社東京電)據稱：英國業已向日訂購紗錠二萬枚，以供補充在中國棉織工業方面之需要。目前英商在中國開動之紗錠，約在六萬枚上下。在日本每一紗錠約值二十五美元至二十七美元，而在上海每一紗錠之價格約為七十美元。據稱：英國將以現金交付，印度前曾向日訂購十萬枚紗錠，為以鐵與之交換者。據稱：中國正作談判，以易貨方式，訂購紗錠十二萬枚。

日本紡錘 限三百五十萬個

(中央社倫敦合衆電)英美棉織業會議已於十二日閉幕。會末建議保日本工業復原後，允日本保有三百五十萬紡錘，且建議將此一規定列入對日和約中。該會發表長達三千字之聲明，中謂：(一)英國同意以英鎊為貨幣(間接包括美元)予日本紡織業至英鎊區貿易之便利。(二)英代表團將向胡佛建議，請其鄭重採用可能之最自由政策。該報告中認為美國對英國紡織業及棉業與對英國紡織業相等之重要性。

世界最大的飛機

英國白里斯托爾飛機公司正在製造世界上最大的陸上飛機，定名為白拉佩崇，以紀念英國第一個領到飛行師執照的白拉佩崇勛爵。這飛機重一百二十六噸，本年將作第一次試飛。機上裝置三千匹馬力的「人馬神」輻射引擎八具，以推動同軸而相對旋轉的螺旋槳八具，可在二萬五千呎高空飛行，每小時速率三百餘哩。機中足容乘客一百二十人並機員十二名。航程約五千哩是第一架擬用於橫渡北大西洋和其他遠洋航線的巨機。在第二架中擬使用八具成對之汽渦輪和推進螺旋槳，這是前所未有的一種復合設計，由試飛結果當可搜集大量紀錄作為從求改進的根據，空航的舒適，安全和迅速將更有新的發展。

灌溉東非不毛之地 英工程兵敷設水管

(英國新聞處倫敦電)英軍工程部隊在東非荒野中工作四閱月後，茲已將長達七十哩之水管埋置完竣，於是使緊雅不毛而人口稀疏之地區每日可得水六十萬介侖。此項工作在初期係藉烏干達與緊雅鐵道之助，於水源緊伏河兩岸建立各種設備。首先將河水抽起，經濾過而通入水箱，然後用高壓力狄柴爾帮浦，將水抽至全管最高點，約拔海二千呎。皇家工兵於進行工事時迫得將水管埋於地下，免為口渴之象群所損。彼等清晨赴工，輒見象犀獅等動物偃臥於隔日所掘就之軟暖溝道中。

西德鋼產有增無已

(英國新聞處倫敦電)三月份西德鋼產量為戰事終止以來之最高紀錄，鋼塊產量達三十四萬三千噸，超出去年十月之高峯三萬一千噸。鋼產增加之主要原因在煤斤配額增加，並自瑞典輸入鐵礦。按照計劃至明年初其年產量將提高至六百萬噸。整個西德之工業活動大部分有賴鋼產之增加，故對德國鋼鐵製造廠皆有竭盡全力以達成目標之要求。

英三月份鋼鐵生產 又造成新紀錄

(英國新聞處倫敦電)三月份雖有復活節假期，然而英國之鋼鐵生產量又造成新紀錄。倘以三月份產量計算，則一年內之產量當高達一千五百十一萬七千噸。

倫敦舉行科學儀器展覽會

(英國新聞處倫敦電)上週在倫敦開幕之物理學會展覽會中，陳列有數百件英國製造之最新科學儀器。展覽品中最引人注目者為一種新物質，流動如液體，然而鋼球於其上，則能彈躍而起。另有一種分離原子與分子之巨型分光計亦在其列。此項分光計已迅速為工業所採用，在原子研究，煉油工業與醫藥研究中為用極繁。更有一種雷達探察器，能立即察知電話線路中之任何瑕疵，因此可省去修理工人在地下線或架空線上費於搜尋之無數時間，其原理亦無異於戰時之以雷達探索敵機，即將無線電波沿電話線發送，一遇瑕疵所在，瞬息之間即有回波現於器上，而工程師由所費時間即可計算瑕疵所在距離。在架空線上，此器所發無線電波以每秒鐘十八萬六千哩之速度往返。

國際汽車展覽

今年從十月二十八日起至十一月六日止，國際汽車展覽會將在倫敦舉行——為十年來的第一次。屆時各國的最新式汽車都將在會中出現。同時，海外顧客還可以乘機參觀自十月一日至九日為止的商業汽車展覽會。

英國自行車大量製造

英國現在製造和出口的自行車，比世界上任何一國要多，一九三八年英國的自行車生產數字是一百九十八萬輛，出口的五十七萬六千輛。

人造雨 港試驗失敗

(中央社香港電)此間十日午後首次試驗人造雨之舉，業已證明失敗。緣因飛機翱翔九百英尺空際撒播一百五十磅乾冰之後，天空無雨，[illegible]。據稱：此次失敗，由於該日此間上空停留之雲層不佳之故。現該項自馬尼拉購買之乾冰，尚餘三百五十磅，將於十一日作第二次試驗時用之。

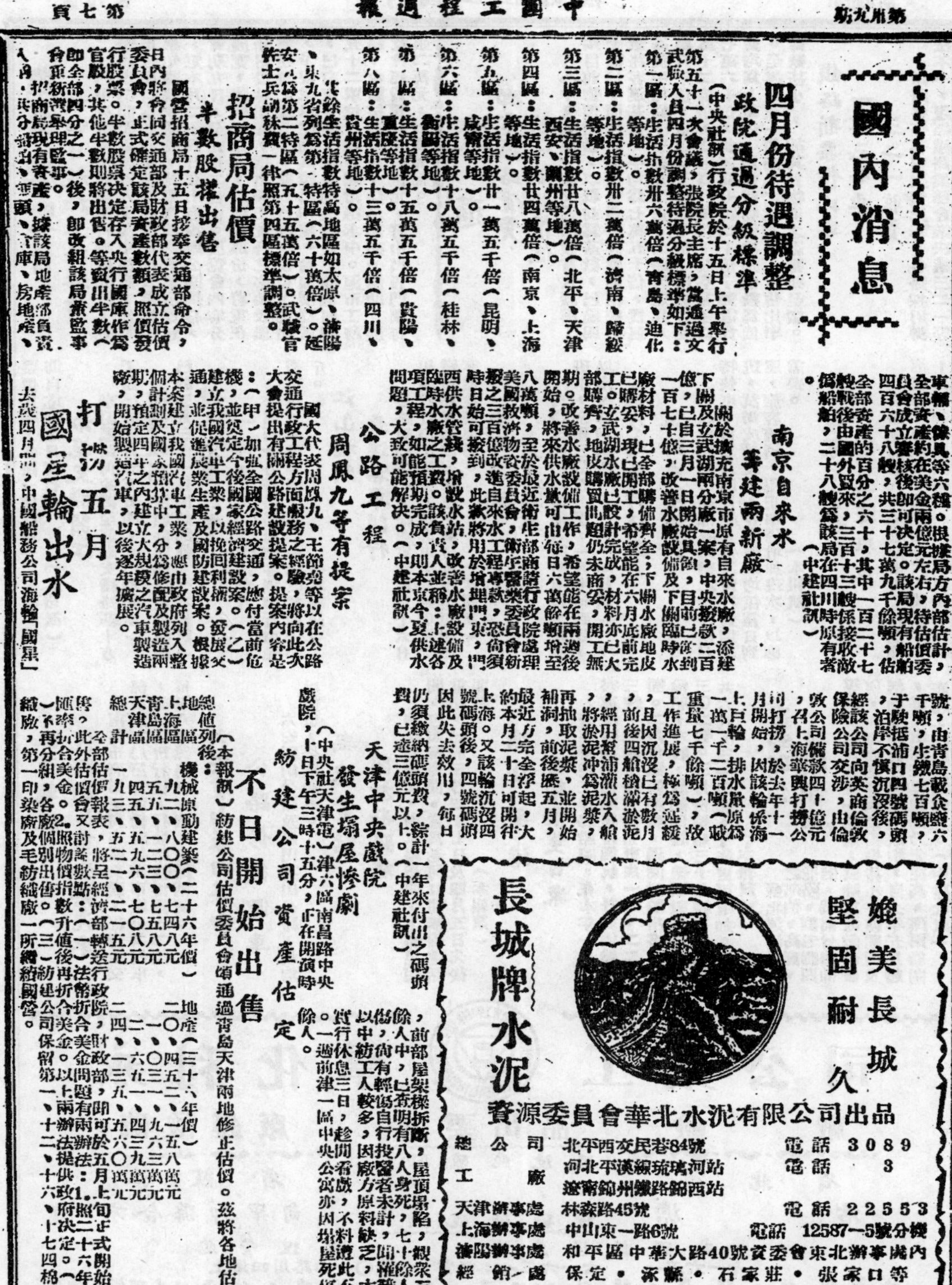

國內消息

四月份待遇調整 政院通過分級標準

（中央社訊）行政院於十五日上午舉行第五十一次會議，張院長主席，當通過文武職人員四月份調整待遇分級標準如下：

第一區：生活指數卅六萬倍（青島、迪化等地）。

第二區：生活指數卅二萬倍（濟南、歸綏等地）。

第三區：生活指數廿八萬倍（北平、天津、西安、蘭州等地）。

第四區：生活指數廿四萬倍（南京、上海等地）。

第五區：生活指數廿一萬五千倍（昆明、成都等地）。

第六區：生活指數十八萬五千倍（桂林、衡陽等地）。

第七區：生活指數十五萬五千倍（貴陽、重慶等地）。

第八區：生活指數十三萬五千倍（四川、貴州等地）。

其餘生活指數特高地區如太原、瀋陽、東九省列為第一特區（六十萬倍）。延安八縣第二特區（五十五萬倍）。武職官佐士兵副秣費一律照第四區標準調整。

招商局估價 半數股標出售

國營招商局十五日接奉交通部命令，日內將會同交通部及財政部代表成立估價委員會，正式確定該局資產數額，照估價發行股票。半數股票決定存入中央行國庫作為官股，其他半數則將出售。等發出半數（即全部四分之一）後，即改組該局董監事會，重新選舉。[illegible]該局現有資產，據該局負責人[illegible]碼頭、倉庫、房地產、車輛、傢具等六種。根據局方內部估計，全部資產約在美金兩億元左右，待估價委員會成立審核後，即可決定。該局現有船舶四百六十八艘，共三十七萬九千餘噸，佔全部資產的百分之六十，其中一百二十七艘戰後由國外購來，三百十三艘係接收敵偽船舶，二十八艘為該局在四川時原有者。（中建社訊）

南京自來水 籌建兩新廠

關於擴充南京市原有自來水廠，添建下關及玄武湖兩分廠一案，中央撥款二百億，已自三月一日開始具領，目前已到一百七十億，改善水廠設備及下關臨時供水廠材料，已全部購備齊全；下關水廠地皮已購妥，現已開工，希望能在六月底前完工。玄武湖水廠已設計完成，材料亦已大部購齊，地皮購買問題仍未商妥，開工無期。改善水廠設備工作，希望能在兩週後開始，將來供水可由每日六萬餘噸增至八萬噸。至於最近衛生部商請行政院處理美國救濟物資委員會撥之三百億，[illegible]此款將用於增埋水管，送水到東門、西門，[illegible]今夏供水。（中建社訊）

公路工程 周鳳九等有提案

國大代表周鳳九、王節堯等以在公路交通行政工程方面服務經驗，將向此次大會提出有關公路建設之提案。提案內容是：（甲）加强全國公路交通，應付當前危機，並規定今後國家經濟建設案。（乙）建立我國汽車工業，以挽回利權，發展交通，並促進農業生產及國防建設案。根據本案建立我國汽車工業，應由政府列入整個計劃及國家經濟中，分為修配及製造兩期，預定四年之內建立大規模之汽車製造廠，開始製造汽車，以後逐年擴展。

打撈五月 國星輪出水

去歲四月卅日，中國船務公司海輪「國星」號，由青島載貨七百噸，六千噸，駛抵浦口四號碼頭，于泊岸時不慎沉沒後，經該公司向英商倫敦保險公司交涉，由倫敦公司備款四億元，召上海興華打撈公司，於去年十一月開始打撈，因該輪係一萬一千二百噸（排水量）巨輪，重量七千餘噸，故工作進展極為遲緩，且因沉沒已有數月，前後四艙積滿淤泥，經用抽泥機將淤泥冲為泥漿，再抽取泥漿，前後歷五月，始將船身浮起。最近方完全浮起，大約本月二十日可開往上海。又該輪沉沒四號碼頭後，四號碼頭因此失去效用，每日仍須繳納碼頭費，綜計一年來付出之碼頭費，已達三億元以上。（中建社訊）

天津中央戲院 發生塌屋慘劇

（中央社天津電）津六區南昌路中央戲院，十日下午三時十五分，正在開演時，前部屋架樑折斷，屋頂塌陷，觀衆三百餘人中，已查明有八人身死，七十餘人負傷，尚有輕傷自行投醫者未計，罹難者以中紡工人較多，因廠方原料缺乏，本週實行休息三日，趁閒看戲，不料遭此不幸。一週前津一區中央公寓亦因塌屋死傷十餘人。

紡建公司資產估定 不日開始出售

（本報訊）紡建公司估價委員會頃通過青島天津兩地修正估價。茲將各地估定總值列後：

地區	上海區	青島區	天津區	總計
機械原動建築（二十六年價）	九二、八〇〇、七四八元	五五、一三三、七五八元	四五、五九六、七〇八元	一九三、五二一、二一五元
地產（三十六年價）	二〇、四五二、一五八萬元	一、〇三一、九六三萬元	二、六五一、四三九萬元	二四、一三五、五六〇萬元

全部估價報表，將呈經濟部轉送行政院，財政部，聞可於五月上旬正式開始出售。此外估價會又討論數點：（一）法幣折合美金問題有兩辦法：1.照二十六年外匯率折合美金。2.照物價指數升值後再折合美金。以上兩辦法提供政府決定。（二）不再分組，各廠個別出售。（三）紡建公司保留第一、十二、十六、十七、四棉紡織廠，第一印染廠及毛紡織廠一所繼續國營。

農業展覽會
廿四日起於上海舉行

（中央社）中國農業科學研究社，近鑒於農業問題為朝野人士集中注意，然都市居民對當前我國農業經營實況及農業科學知識缺少認識，特舉辦首次農業展覽會，定本月二十四日在上海復興公園揭幕，會期九日，至五月二日止。展覽會內容分展覽、陳列、比賽、服務四部份，着重在介紹農林知識，指出農工配合之必要及農業建設之遠景等。並以實物、模型、圖照，予觀衆以生動具體之印象。參加展覽者，已有京、滬、杭各地公私農業機構團體五十二單位，現並繼續徵求中。滬市工務局、中國技術協會、農林部亦予協助。展覽會經費預計十一億元，將由出售門票每張二萬元，以資彌補。

交通

郵電鐵路資費較一般物價低

（中央社訊）據交通部發言人談稱：按目前物價指數，以戰前為基數，已逾四十萬倍，而現行運價資費，與戰前相較，鐵路客運基價，平均為七萬五千倍，貨運基價平均為十三萬九千倍；公路客運為六萬八千倍，貨運為五萬三千倍；輪船客運為十二萬倍，貨運為八萬倍；航空客運為七萬六千倍，貨運為七萬二千倍；郵電資費均為十萬倍，均遠較物價增加倍數為低。至運價在一般商品之成本中，所佔比率為數甚小，故其對物價之影響亦至微。

鐵路新票價比率
一二三等車三二一收費

鐵路各等客票票價比率，各路採用辦法不一，現經鐵路業務會議決議三二一等票價比率，各路一律改為一二三制，交部飭自電到之日實行。（本報訊）

淞滬支綫開工

京滬鐵路何家灣至真茹支綫路基土方工程已於三月廿五日開工。（本報訊）

浙贛鉄路　浙贛鉄路向塘至樟樹間已於三月三十一日開始鋪軌。（本報訊）

鐵路免費行李
一律規定四十公斤

交部頃令各鉄路局對旅客攜帶行李免費重量，不分等級，每票一律改為四十公斤。（本報訊）

江山福州
直達客車開行

公路總局第一運輸處定自本月十六日起開行江山至福州直達客車，同時與浙贛鐵路局舉辦旅客聯運，嗣後杭州至福州旅客當益臻便利。（本報訊）

南昌邵武
直達客車

公路總局第二運輸處開辦南昌至邵武班車，全程三〇五公里，一天半可到達，以南城為宿站。（本報訊）

長沙南昌特快車
試辦成績優良

公路總局第二運輸處開辦之長沙南昌特快車，自三月四日起，每週暫行對開二班，試辦成績良好，各次班車均係當日到達，旅客擁擠，現正準備增加班次，以應需要。（本報訊）

張家口商都間
有直達班車

公路總局第八運輸處開辦張家口至商都班車，每星期一四對開一次，業於二月十六日起開始試辦。（本報訊）

第二運輸處
代辦南昌市公共汽車

南昌市府為便利市區交通，經商由交部公路總局第二運輸處代辦市區公共汽車，業已開班行駛，行駛路綫暫設十二段，每隔八分鐘開車一次，市民稱便。

六安霍山羅田英山
公路修復通車

六安霍山公路及羅田英山公路，現均已修復，全線通車。

無線電話
開放新路綫

瀋陽錦州間、南京福州間、上海昆明間、包頭寧夏間、宜昌老河口間無線電話電路，已於三月二十七日及四月五日先後開放。（本報訊）

塘沽新港
過閘船隻日衆

塘沽新港工程局船閘，在本年一月嚴寒冰凍時期，仍能維持通航，計通過輪船三艘，駁船三艘，總噸數共一〇、二二〇噸。二月份氣候漸暖，過閘船增多，計輪船十六艘，駁船四艘，總噸數共二八、三〇二噸。三月份輪船三十七艘，總噸數共六八、三二〇噸，今後更可增加。（本報訊）

高郵邵伯
船閘修竣

蘇北運河沿堤之邵伯、高郵、淮陰、劉老澗四處，戰前曾由前導淮委員會各建一船閘，戰時均遭敵偽破壞，惟邵伯高郵兩閘損失甚小，僅閘門及活動橋等機件與閘墩缺損，自去年五月起，淮河水利工程總局乃先從高、邵兩船閘修起，現已全部竣工。（中建社訊）

定價　每份壹萬元正
半年訂費貳拾伍萬元正
全年訂費伍拾萬元正
航空或掛號另存郵資拾萬元
廣告價目　每方吋壹拾萬元

中華民國卅七年四月二十六日出版

中國工程週報

內政部京警國字第五十一號
中國工程出版公司
發行人　杜拱辰

中華郵政認爲第二類新聞紙
江蘇郵政管理局登記證第[illegible]號
地址：南京（2）四條巷一六三號
電話：二三六八九
經售處：全國各大書店

一週大事記

是週也：總統選出，副總統選潮生波；
國代立委，增名額皆大歡喜。
京滬電荒解決，有待馬鞍錢塘；
南韓選事多難，聖地無限糾紛。

大總統競選，順利完成，蔣中正先生以二千四百三十票之絕對優勢當選，照美國的辦法，總統可以選擇他的副總統，不再舉行選舉，然而，奇怪地是中國的副總統問題，反而是波瀾洶湧。

上週的國大是中國憲政史上格外有歷史性的一週，總統選出，接着副總統選舉，候選人是于右任、李宗仁、孫科、程潛、莫德惠、徐傅霖等六位，除莫是社會賢達，徐是民社黨籍外，其餘四位都是國民黨籍。

初選結果，李、孫、程取得復選權，于、莫、徐均告落選，次日復賽結果，三人中無一人超過一千五百多票（代表半數），依照憲法，仍將舉行三選。

正在這時，兩次得票最多的李宗仁，忽然宣佈放棄競選，據說：爲了選舉有人操縱，代表投票不自由，程潛也宣佈放棄，剩下一個孫科，也只好發明「爲澄清謠言，自動放棄競選。」于是副總統競選，遭受挫折而中止。

不過，候選人的放棄競選，于法無據，而且史無先例，恐怕平一口氣，大家都會放棄其所放棄的。

×　×　×　×

發署國代及立委名額增加問題，經國務會議決定，前者增加三百名，後者一百五十名而告解決。

國務會議通過後，立法院接着也就邀會完成立法程序。雖然此種措施于憲法上頗有不合之處，不過，喧嚷近月的種種糾紛，總算因此而圓滿解決，皆大歡喜。

國大閉會後，過原料定會發生糾紛的立委問題，也已一併消除。新立法院亦將順利成立矣。

×　×　×　×

京滬的電荒供給，頗成問題。一說是皖南發電廠，決在京郊馬鞍山成立，這廠足應付京滬兩地的電力。另一說是資源委員會已派員勘測錢塘江水力發電的可能性，若工程全部完成，可發電二十三萬瓩，將來有助于京滬電荒的解決。

×　×　×　×

自從義大利大選共黨失勢後，西歐的形勢，算是暫時穩定。

美蘇的緩衝地帶（也可說是前哨）的朝鮮，另一種形式的戰爭在進行。

南韓在美國支持下，進行大選，北韓平壤的南北韓代表會議，對堅決表示反對，並發出呼聲，要求美蘇軍隊同時撤離。韓國人民在對外作種種形式的抗爭，雖在日本好幾個城市，韓國人發生暴動，雖然被美軍武力迅速壓服，但足以證明韓人的力抗之不可侮。美軍方面認爲這是共產黨在操縱，果爾，共黨勢力的伸張，也足夠使麥克阿瑟頭痛了。

×　×　×　×

巴勒斯坦的問題，轉趨嚴重。英方聲明：下月中旬的撤兵計劃，絕不遲延。阿猶戰爭必將因此而大規模的慘烈進行。

海法的阿猶兩方在衝突，停戰計劃沒有用，雙方在相互指責。

前幾天，聯合國安全理事會通過美國提案，派美、法、比三國監督巴勒斯坦停戰，但是希望仍甚渺茫；本週初，聯大又訓令托管理事會草擬托管聖地計劃。這是聯大的試金石，如果這一張牌打不出，聯大的威信，更是破壞無遺了。

本報發售合訂本啓事

本報爲便於讀者保存起見，已自第二十三期改爲十六開版面，但外埠訂戶寄遞，仍時有遺失，向本報要求補寄及購合訂本者日必數起，玆特湊集存餘報紙裝訂合訂本，但爲數有限，第一二三四集各爲百本售完爲止，外埠以郵戳日期先後爲序。

（第一集一期起——十期止）
（第二集十一期起——廿二期止）
（第三集二十三期起——卅期止）
（第四集卅一期起——四十期止）

每集定價法幣捌萬元整
航空每集另加郵資陸萬元

中國工程師學會

第七十一次董事會紀錄

甲、報告事項

（一）本會中山東路聯合會所租約，業經本會代表人茅會長以昇，顧總幹事毓瑔（第七十次董執聯會議決定）簽蓋，於三月二十五日送勵志社。關於會所後進第二層樓全部，原作本會全部辦公之用，現以美軍顧問團遷入後，應用數間，並因該團有軍事秘密關係，限制甚多，本會未便遷入，正在洽商解決辦法中。

（二）北平分會二月十六日函，以報子街七十六號分會會所，年久失修，不堪使用，而分會因經費拮据，無法營繕，根據本會第六十次董執聯會議決，授權分會處理，業已與華北水利工程總局官廳水庫工程局洽妥，由該局修繕後借用四年，期滿後無條件交還分會（附合同一份）。

（三）社會部以本會工作努力，於三月十八日訓令嘉獎，原文如下：「查本部各直屬社會團體三十六年度工作業經分別考核該會工作尚稱努力應予嘉獎合行令仰知照此令。」

（四）經濟部三月二十五日函，以本會請核付世界工程會議會費一節，奉院令我國仍不必參加（上年九月二十七日，經濟部亦曾函告，奉院令世界工程會議，我國不必參加）。

（五）顏惠慶先生三月十二日函，以亡弟顏德慶先生生前攻習土木工程，參攷書籍甚多，其中名著尤足珍貴，當其彌留時，曾經遺囑將此項書籍，供諸同好，以備參攷，鬪忽中日軍興，保存維周，散失甚多，近復加以整理，幸獲餘存，爰遂亡弟遺志，如數開具清單，奉贈等語。本會當即備函，派由葛震歐、祁義方二幹事，前往指定地點（大陸銀行）具領存會，並函覆致謝。

（六）各地分會動態：

1.台灣分會於三月二十七日改選職員結果如下：

會長　楊家瑜　副會長　劉晉鈺
會計　吳文熹　書　記　費　驊

2.福州分會二月二十五日改選職員結果如下：

會長　黃金濤　副會長　楊廷玉
總幹事　陳德銘

3.重慶分會元月二十一日改選職員結果如下：

會長　吳准甫　副會長　陳哲生　張洪沅
書記　熊明音　會　計　吳錫瀛

乙、討論事項

（一）本會中山東路聯合會所後進第二層樓，原爲本會辦公之用，現以限制過多，不便遷入，如何辦理案？（曾由葛、祁二幹事於送租約時，與勵志社張秘書與科長洽談，該屋後進第二層樓，已由美軍應用數間，加之美軍因軍事秘密限制甚多，詢以如何處置，據張秘書謂，美軍顧問團原以該屋爲俱樂部，現改爲辦公室，上述限制，勵志社亦未預知，關於後進第二層樓問題，或另覓屋交換或租用，均無不可，但需請示後方可決定。）顧總幹事近與勵志社黃志山總幹事洽談，該社已同意價租，其數目請討論。

議決：1.由本會另覓房屋，每年所需租價，根據聯合會所後進第二層樓面積比例計算，由勵志社負担。

2.如前條執行困難時，請顧總幹事與勵志社接洽，本年度應付本會押租十二億，行租十二億，以後于每年初重議租價。

3.請茅會長洽租房屋。

（二）本會發形徽章，業已在滬製就，其價格應否調整，如何歸還上海市公用局墊款，請予討論案（附辦法）？

1.六十九次董執聯會議決：金質徽章發給正會員，每枚收費八萬元；銀質徽章發給仲會員，及初級會員，每枚收費五萬元；以後照市價調整。

2.上海市公用局數度來函，以本會前借徽章款伍千萬元，未能立即匯還，希即迅予籌墊。

議決：1.金質證章調整每枚二十萬元。

2.銀質證章調整每枚十五萬元。

3.函詢各地分會需要證章數量，並附樣品各二枚，必需先行匯款，然後寄證章，詳細辦法，由執行部處理之。

（三）本會經費如何籌措案？（朱總會計及楊副總會計來函，告以會中經費截至三月十二日止，僅存國幣二千五百七十餘萬元，維持會中經費開支，將感困難，如何應付，請予討論。）

議決：1.積極徵收會費。

a.會員常年會費調整如下：正會員二十萬元，仲會員十五萬元，初級會員五萬元。

b.新會員入會費調整如常年會費。

c.團體會員會費調整爲每單位二千萬元（全數繳總會）。

d.本年六月底以前繳納會費如上，六月底以後加倍。

e.個人會費及入會費照章。

2.會員樂捐每人五十萬至一百萬元以七成繳總會，三成分會留用。

3.請電信總局，橋樑公司，浙贛路局各借墊五千萬元應用。

（四）本會近以會務日繁，曾於上年十一月調用中央工業試驗所技正葛震歐君兼任本會幹事請予追認案？

議決：通過。

（五）擬請增加總會工作人員案？

理由：會中工作人員現僅三人（祁義方，葛震歐由中央工業試驗所調用，蕭志愷由會雇用）實難應付，經常會務，諸如籌辦技師公會事及各種集會事務，在在需人，尤以製發會員證及會員調查等事，不容再緩，極需專人辦理。

辦法：1.本會爲節省開支起見，以不雇用人員爲原則，均請有關機關調用。

2.調用人員，需經常在會工作，除酌支交通費及由會供給午膳外，不另支薪。

3.調用人員在現況下，必需七人（主管組織一人；主管會務一人，會員調查製發會員證，管理圖書等事二人，收發檔案一人，繕寫一人，擬稿一人）。

4.由會雇用工友二人（送信及雜務一人，茶水打掃一人）。

議決：1本會聘用一人，仍請蕭志愷君繼續工作。

2.除請中央工業試驗所調派葛震歐，祁義方二君爲幹事，主管組織

30148

，會務二組外，另請有關機關調派四人經常到會工作。

（六）本會為便於辦理各項會務起見，擬暫分組織與會務兩組，每組主管人均由幹事兼任之，請予討論案？

議決：組織組：辦理新會員入會及會員調查，會員登記升級及分會聯繫等事宜。

會務組：辦理文書管理接洽事宜。

議決：通過。

（七）購置會中應用傢俱案？

（總會遷甯海路後，僅借用中工所辦公桌兩張，殊感不便，聞中央設計局已撤銷，可否借用若干，又會中負責人散處各處工作人員住處，相距亦遠，往來接洽與每日到公，均感不便，可否商請公路總局或其他有關機關撥借吉甫車一輛。

議決：

1.傢俱請有關機關借用。

2.購置三輪車一輛。

（八）籌劃復刊工程雜誌及會務特刊案？

議決：1.請顧總幹事接洽配購白報紙三百令。

2.請吳總編輯積極籌劃於本年七月一日起繼續出刊。

（九）重新調查會員積極聯絡新會員案？

議決：函各地分會于本年六月底以前完成該項工作。

（十）聘請專任副總幹事案？

議決：聘請周宗蓮先生為本會專任副總幹事，本年六月底以前，請周先生盡義務，六月底以後，再議待遇。

（十一）如何紀念本年度工程師節案？

議決：1.通知各地分會仍照往例舉行紀念會。

2.南京方面，請南京分會籌備工程師紀念會。

（十二）決定本屆年會日期案？

議決：暫定本年十月，確實日期，下屆常執聯會討論決定之。

（十三）審查新會員案？

議決：通過。計正會員三十七人，仲會員二〇二人，初級會員三九九人。

共計九七二人，除一七三人授權新會員審查委員會審查決定。

中國工程師學會 歡宴出席國大會員

（本報訊）四月二十三日下午七時，中國工程師學會暨中國工礦技師公會籌備會，於南京市介壽堂化雨軒歡宴出席本屆國民大會之工程師代表，到有陳立夫、沈怡、凌鴻勛、顧毓琇、夏光宇、梅貽琦、錢公南、徐學禹、趙學遂、張文潛、徐恩曾、吳承洛、歐陽崙、李熙謀、吳蘊初、劉蔭茀、曹倜禹、柴思九等二十餘人，首由沈怡致歡迎詞，略謂：上屆國大代表內工程師祗有十九名（包括自由職業技師區域代表等在內）本屆則增加甚多，足證工程師之地位，在社會上日益受人重視，諸代表大多為工程師學會會員，故同人等至感榮幸，此番出席大會，倍極辛勞，學會方面特聯合技師公會籌備會設宴歡迎，乾杯祝諸位健康」。繼由梅貽琦氏致答詞略謂：「本人以在北方時間較多，與學會方面接觸較稀，今日參加盛宴，不勝愉快，此次同人等雖自各種職業中產生，但對工程師之應有地位與權益，當據理力爭，工程師不尚多言，一切當以事實表現之。」旋由顧毓琇夏光宇二氏報告此次大會中有關工程師之各項提案，至九時許，賓主始盡興而散。

國大工程師代表 提議制定工程師法

（本報訊）據中國工程師學會總幹事顧毓琇氏告記者稱：關于工業技師改稱為工程師事，自去年十月十四屆年會通過呈請政府改稱後，即積極向各方推動，惟迄今仍無具體結果。本屆國民大會中，同人等已作一提案，請政府頒佈工程師法以代替原有之技師法，當經審查小組會議通過原案轉送政府辦理。審查會以提案理由至為充份，故此發表之意見亦一反普通之請政府擬酌辦理或請某主管部門研究辦理等詞句，故上項建議，當可為政府採納。

爭取技師 立委國代名額 發動全國 四萬名工程師登記

據土木技師國大代表夏光宇氏告記者稱：自政府決定增加職業團體（農、工、商、漁、自由職業等）國大代表名額三百名，立委名額一五〇名以解決選舉糾紛後，各職團均在積極爭取名額中。工業技師為自由職業團體中之一部份（另外有醫師，新聞記者，律師，會計師等），其合乎技師資格而未登記總人數戰前為二萬餘人，今則增至五萬餘人，此次國大及立委分配名額實嫌太少，有欠公允！若此次增加名額中，再依照原有名額比例增加，工業代表，分得席次更少，仍不合理，故本屆國大工程師代表已向中國工礦技師公會籌備會建議，從速協助中國工程師學會會員辦理技師登記，以便增加會員至四萬人，如是則較原有之登記技師五千名可增加八倍之多。依照上項增加倍數計算，則增加名額中，工程師可分得較多之名額。聞此項原則，已初度與有關方面接洽大致無若何困難，故技師公會方面，短期內將發起全國工程師登記技師運動云。（本報訊）

本屆國民大會

工程師代表名單

本屆國民大會工程師代表人數，較上屆已大爲增加，據初步之調查，已有五十名，故全體人數，可能達六十名左右。內中以區域代表爲最多，計二十九名，教育團體五名，工會五名，技師公會七名，工礦團體三名，商業一名，玆將名單，產生方式及現職列后：

姓名	年齡	代表產生方式	現職
王星拱	五九	教育團體	國立中山大學校長
王節堯		工會	公路總局副局長
王克肝	四八	甘肅景泰	交通部技士
王自治	五九	甘肅甯縣	甘肅水利局副局長
王力仁		河南	河南省公路局局長
王懷先	四九	湖南沅江	長江水利工程總局洞庭湖工程處長
王尙欽		河南區域	河南省建設廳
朱家驊	五四	教育區	教育部部長
林一民	五二	江西上饒	國立中正大學校長
朱一成	四八	全國工會	交通部顧問
余籍傳	五五	湖南長沙	湘建設廳廳長
吳蘊初	五八	工礦東區	天原電化工廠總經理
李熙謀	五五	浙江嘉善	上海市教育局局長
宋彤	四九	河南林縣	河南省建設廳廳長
沈錫琳	四五	廣西桂縣	來濱工程處副處長
朱玉崙	四七	河北臨城	經濟部礦冶研究所所長
林繼庸	五七	技師公會	天山工業公司總經理
周芳	三五	興安工團	中長鐵路局工程師
周鳳九	五七	工礦中區	公路總局副總局長
夏光宇	五九	技師公會	平漢鐵路局局長
徐學禹	四四	商業東區	招商局總經理
崔宗棟	四四	河南南陽	廣西水利墾公司總技師
柴九思		工會	資委會
張文潛	五一	紡織技師	上海市紡織染工業技師公會理事長
張驥五	三九	山西翼城	太原發電廠廠長
張洪沅	四六	教育西區	重慶大學校長
張承先		河南區域	
陳泮嶺	五六	河南西平	黃河水利工程總局局長
陳秉潤	三九	青海	西甯水力發電廠廠長
陳裕光	五五	南京市	金陵大學校長
陳本端	四三	江西黎川	交通大學土木系主任
杜鎭遠	五九	湖北秭歸	粵漢區鐵路局局長
唐紫閣	五五	河北甯河	中國鹽業公司工程師
梅貽琦	五九	教育團體北區	清華大學校長
柳克聰	四六	公路工會	長沙汽車修理廠總工程師
曾衡禹	四〇	技師公會	金女大教授
翁文灝	五九	工礦團體南區	資委員委員長
歐陽崙	四八	安徽天長	經濟部上海工商輔導處處長
黃洪	三三	雲南鎭沅	敘昆路路局工程師
葉秀峯	四八	江蘇江都	國民黨中央執行委員
凌漭		廣西區域	民生煤礦公司總經理
錢品松	四八	江西新喩	上海市公用局技正
錢公南	四八	江蘇南通	交通部電信總局局長
龍志鈞	三六	雲南邊疆	雲南省水利局局長
劉馥英	三七	技師公會	交大教授
顧毓琇	四八	教育團體東區	國立政治大學校長
顧毓瑔	四四	技師公會	全國經濟委員會副秘書長
顧葆常		江蘇無錫	經濟部工業司司長
龔學遂	五三	江西金谿	大連市市長

上屆國民大會工程師代表名單

自由職業團體代表　凌鴻勛　顧毓琇　黃柏樵　吳蘊初　徐恩什　郭負盦

國府遴選代表　胡庶華　錢昌祚　盧毓駿　沈百先　張含英　葉秀峯

江西省區代表　程孝剛

浙江省區代表　張劍鳴

四川省區代表　盛紹章　許行成　胡叔潛

青年黨代表　趙瑞麟　顧葆常

30150

大西洋上的氣象船

報導氣象，增加航行安全

藤賽爾著

霄洋航空的危險，近年來已然大減，現在北大西洋的新觀象站，已經常活動起來，必將危險可以減少了。

這種觀象站的維持，並不是新的或未經試驗的意念。它們在第二次大戰期間，就顯出有價值的功效，但自戰爭終止以來，站數銳減。現在根據一項新的國際協定，已重加補充，依目前所備爲足夠的數字，共有十三站，二十六艘氣象船，分佈在大西洋上指定的各地點。

這些觀象站的任務以氣象爲主，包括搜集和散佈有關氣候觀察和預測的各項情報。飛機如中途發生事故，有强行下降的必要時，可改就近飛往氣象船所在的地點，獲救的機會自然較多，對於遭難的船隻亦然。救援用具爲氣象船設備的一部份，而各船員亦受有救援的訓練。

一次重要會議

此項保護計劃，是國際民航組織發起，有北大西洋沿海岸的十三個國家參加，於一年前假倫敦皇家地理學會開會決議，由與會的十個國家維持廿六艘氣象船。不列顛聯邦在此項計劃中有英國、加拿大和愛爾蘭參加，英國除獨力負責供應十三站中兩站所需的四艘船隻外，更和挪威、瑞典共同負責一站。

除了原由美國維持者的各氣象船外，第一艘準備完竣加入值勤的是英國的「氣象觀察」號，時在一九四七年八月初。這船原是三等砲艦「瑪葛里特」號，由英國空軍大臣在倫敦船塢重行命名。英國的其他三艘氣象船，也是由跟「瑪葛里特」同級的三等砲艦，改成分別名爲「氣象記錄」，「氣象守望」和「氣象探察」號。所有各船船長，都曾在第二次大戰服役英國皇家海軍。每一艘船長二百另五呎，係按捕鯨船體建造，載重後排水量約一千四百噸，用油燃料，最高速度十六浬。它們被選用的緣故是成本較低（指置價亦指維持經費），且有耐於航海的佳譽。船員爲非軍人，每船約五十人，包括氣象學家七人，無綫電與雷達技師八人，並船面與引擎間，主管與隸屬人員，膳務員以及廚師。各船在改造後，內部已有更動，使船員起居更爲舒適。

船的上部漆成顯著黃色，庶遇難飛機要在附近海而降落時，易於辨認，在正常情形下，它們將有二十七天留在海上，其中二十一天泊站工作，繼之以十五天滑港，以便船員休假及進行修繕。

第一艘觀象船

英國的第一艘海上氣象船，「氣象觀察」號，現已在愛爾蘭西方約三百哩地方的J站值勤；英國經管的另外一站，是在冰島南二百五十哩的I站；至於英、挪、瑞典共管的一站，其由英方維持的船，將泊在斯千的那維亞海岸外，別國的船，各有指定地點。所屬英國船隻，都已在一九四七年底以前相繼值勤。

英國氣象船上每天至少作氣象觀察八次，上層風向觀察四次和上層空氣壓力、溫度和濕度觀察四次。作上層空氣中的觀察，係利用無線電廣播氣球，氣球所經路線，則用雷達方法測定，這種汽球是在船上特造的隱蔽處吹大，直徑起初六呎，及升達六萬呎高空即將破裂前，約擴大至十六呎，船上的科學家把氣球飛行途徑和所遇氣候一一紀錄下來。每次放上汽球一枚，費成本約八英鎊，因爲球下所繫各項儀器在海上很少尋回的機會。船舶地位有限，不能夠儲藏進行工作所必需的氫氣圓筒，這個困難，因發明了一種從鎂鐵小球製氫的方法而已得紓解。

各站所得到的氣候情報，在彙總後廣播，以利所有國家。此項氣象船，也構成北大西洋失事飛機救援組織的一部分，並供應空行協助和空中交通管制等維役，雖然所搜集的氣象紀錄原爲便利飛行，對於其他工業，如航運、捕漁、農業及其他非航空活動而有賴天時預測的，都有重大幫助。

大西洋觀象站，特別對於飛機有利的是可能使飛行從安全而有規則，並且客貨裝載量，亦可大量增加；因爲在飛行高度的風向，和風速愈知道的準確，飛機所攜的預防燃料愈可減少，由第一艘氣象船所得到的上層空氣報告，已經證明其極有效用了。

鋁質魚雷汽艇在英下水

（英國新聞處倫敦二十三日電）英國所造第一艘鋁質魚雷汽艇專供皇家海軍實驗，已於本日下水，該艇定名五三九魚雷艇，艇長七十五呎，造艇之鋁質合金重量僅佔鋼鐵重量三分之一，因此可增加速率或載重。艇中機件爲普通之汽輪引擎，足可當目如自。今後所建造者或將裝置汽渦輪機件，使速度更高。海軍部稱，五三九魚雷艇爲全世界最輕金屬所建造之海岸艇隻。

英國利用無線電管制公路交通

倫敦運輸部曾於上週內易佈作春季賽馬開始前，實驗以無線電控制公路交通。該部利用裝有手提無線電之汽車二輛，一停於跑馬場附近，一停於城內。每隔一分鐘，兩車即憑無線電交換信息，互相報告當時之交通狀況與人數多寡，以便指揮來車，以利行駛。

英試飛全球第一架噴射推進式載客機

英國開航空史之新紀元，已於本月初將全球第一架噴射推進式載客機作初次飛行。此飛機為「海盜」式客機，與英國海外航空公司所用者相似，惟易活塞引擎為噴射馬達而已。此次飛行為英國將汽渦輪引擎應用於民航機之嚆矢。此外，尚有羽翼後伸之「行為」式高速度與低速度飛機以及其他問題，正由各廠分別研究中，均與噴射推進客機之改進有極大關係。

拉薩將建立電力廠 機件將由英設計運往

拉薩為西藏首善之區，英國應達賴喇嘛之請，曾於十八個月前派英國電氣工程師福克斯前往調查，是否適宜於電力廠裝置，俾使該地居民可獲電燈照明。刻已勘定將廠址設於拉薩城外，即為喜馬拉雅山中高達一千二百呎地區。福氏已與吉爾培特公司與戈登渦輪製造公司進行接洽。刻以一萬鎊之價值訂購巨型渦輪三座，惟起運該項機件必將發生若干困難，渦輪運至該地附近，僅能使用通常工具。由喜馬拉雅山至拉薩四百哩之路程，並一交通工具為騾馬與犂牛，至大部份路徑亦為騾馬拖運所不適宜者。為解除上述困難，渦輪將拆為零件，務使每件重量不及一噸，以便起運。渦輪擬由海運至加爾各答，然後由火車運至大吉嶺。再由此將渦輪拆成零件，藉騾馬及犂牛拖運。

英製自動三輪車 不久將銷售遠東

英國曼徹斯特某公司，不久將以最近發明之自動人力車輪來遠東銷售，此種車為流線型之輻車式，有一遮風蓬，供二人共坐。車夫之座位，則設於一單獨之後輪上，一如馬來亞與若干遠東國家之三輪車。車上安置一具引擎，每小時可行廿英里。一加侖汽油可行駛九十英里。車身則漆以紅色與奶油色。

英機場將裝置新式燈光 便於飛機着陸

（英國新聞處倫敦電）英國頃發明機場上最新式之方向指示燈，將在今冬以前裝於倫敦機場。新式方向指示燈可於夜間濃霧大氣時使用，便於駕駛員安全着陸。據稱，使用此種燈光後，日間視線僅限於二百碼晚間視線僅限於一百碼之飛機着陸已屬可能。

美三度試驗原子彈 日期詳情不擬公布

（聯合社華盛頓電）原子能委員會十九日宣佈，「馬紹爾群島恩尼威多珊瑚礁試驗場舉行原子武器試驗。爲安全起見，試驗日期及詳情不擬公佈。」一般揣測此次試驗者為無須人力投擲的定向放射原子炸彈。此乃戰後第三次公開宣佈的原子武器試驗。

加拿大西北鈾藏極富

（中央社多倫多電）加拿大金礦與鈾礦勘測公司發言人稱：西北地域鈾礦石勘測結果，表示該地鈾藏可認為世界上最富之地域，該區鈾礦石平均含百分之三點二八鈾質，或較美政府所需之最低量富裕約三十三倍。

美製快速火箭砲 卅分鐘繞地球一周

（法國新聞社馬里蘭州亞伯丁電）亞伯丁軍事試驗場砲彈局主任工程師坎特告本社記者稱，美陸軍技術部現能製造火箭砲，於三十分鐘內繞行地球一周，但製造此種火箭砲所需的費用與製造原子彈相等。坎特又稱，美國所製的火箭炮，火力較德國V二型火箭砲加倍強大，射程約達六百五十公哩。

最新安全鋸 一天可鋸木八噸

（英國新聞處倫敦電）今年五月三十日分在倫敦與伯明罕舉行之英國工業博覽會中，將陳列一種最新式安全鋸，該種安全鋸裝有八匹馬力引擎，一日之內可鋸木材八噸，且在任何氣候中均能運用自如云。

阿根廷設廠 製造英國飛機引擎

倫敦方面廿二日宣佈，阿根廷政府已與英國出品著名汽渦輪引擎之羅爾士勞依斯公司簽訂一合同，准許阿根廷在哥多巴之政府工廠製造該公司之引擎，阿根廷飛機採用該項噴射式引擎為時已久，然迄今尚未向英國直接購買，目前該公司發給執照准予製造者，計有中、法、蘇、美各國，或同意以該公司出品之引擎輸入各該國。

英國汽車 三月份輸出五千餘輛

（英國新聞處倫敦電）據英勤菲爾特汽車製造公司公佈稱：三月份輸出國外之英國汽車共為五千零七十輛，造成紀錄。蓋此數目，實較一九四七年任何汽車製造公司於首三個月內所出產之汽車數字為尤高云。

英原子展覽專車 返抵倫敦

（英新聞處）英原子能展覽列車二輛，於周歷全英國後茲已返抵倫敦車站。在展覽車中，可習知關於原子結構之若干基本事實及原子能放用後或善或惡之巨大潛力。英國科學家刻正致力於尋使原子能裨益人類之研究工作。其未來用途之一為替代煤與油作為工業燃料。據最近宣布哈威爾原子研究所之堆墩已在小規模產生熱力，該所人員正研究能否用此熱力以推動渦輪發電機，供應城鄉電力與取暖系統。在農業方面，則正在研究肥料與殺蟲劑之改進及植物病之控制，專家又預言原子能可早日對於醫藥科學著有貢獻。以放射性同位素診治癌症等疾病早已在試驗之中。

國內消息

青島第五碼頭開工 採用鋼板樁建築

青島大港第五碼頭，係德人租借後所建，迄今將屆五十年，敵佔時期，失於修養，致三十五年秋，該碼頭南端長約三七〇公尺之一段，因當時堆煤超過重載，其中長約一百公尺之岸壁，突然塌陷，同時塌陷部份附近兩端未倒岸壁，向外走動，凸出三•四公尺，形勢險惡，必須全部重建，以策安全。交通部青島港工程局於三十六年二月成立後，即從事勘測設計，經多時繼續之研討，並鑽探地質結果，決定採用鋼板樁岸壁式，蓋鋼板樁岸壁施工時間可以縮短，而費用較省，由技術上言，亦較用混凝土板樁為簡便。鋼板樁之長度為二十四公尺，每塊重二•三五噸，必用機械打築，而以鋼質拉條固繫於背後之錨碇樁，此項工程之巨大，在國內尚不多見。

該項修建計劃呈奉中央核定後，即於三十六年五月起着手籌備。所需鋼板樁二千二百餘噸，暨鋼板樁附件八百餘噸，因此項鋼料須含千分之二以上之銅質，以防海水銹蝕，國內不能自製，故分向美國柏利恆鋼廠及德惠洋行訂購，其餘次要不需含銅之附件二百餘噸，則在國內採購。美國訂購之鋼板樁已有三批運到，共計一千六百餘噸，尚有六百餘噸，亦已起運在途，不久可到。

所有施工前各項準備工作如：探測海底，原岸壁後挖土，登記包商，修整防波碼頭及填沙，採運塊石，敷設輕便鐵道，修理電力綫路，修蓋工程事務所等，亦經積極推進，陸續完成，當于本年二月九日在南京交通部舉行招標，結果由中華聯合工程公司以最低標八百二十億承包。現此項工程業於本年三月二十日開工，照合同二百四十工作天完成之規定，如無特殊阻礙，可望於年內如期竣工。（青島通訊）

小豐滿已發電

（本報北平訊）據東北電力局長郭克悌談：國軍三月八日撤出小豐滿後，經共方趕修，三月十八日已恢復發電。

資委會成立 鄂南煤礦公司

（中央社訊）中央地質調查所最近派員赴鄂東南勘測煤田，歷武昌、咸甯、蒲圻、嘉魚、崇陽、通城、鄂城、大冶、陽新、通山等十縣，除通城全境為花崗岩分佈區域無煤系存在外，其餘九縣均有煤礦發現，尤以蒲圻、嘉魚、通山、陽新、大冶等縣煤田分佈較廣，惟煤層變化甚大，厚薄不勻，現資委會鑒於蒲圻、嘉魚距離武漢區較近，且水陸交通均甚便利，已成立鄂南煤礦公司，着手開採蒲圻、嘉魚一帶之煤田。

永利川廠 發現原油詳況

(本報訊)永利川廠，五通橋深井工程處於三月二十六日鑿至三九六〇呎深時，滷濃已近飽和，且由黑滷轉爲白滷，不含鋇質，極合化工原料之需。當至三九六八呎深時，提滷九十餘桶，井內天然氣沸騰作響，提至一百二十餘桶時，滷面浮有油跡，當即停止歛提，否則天然氣有噴出地面無法抑制之虞，遂即封閉井口，氣壓不久即達一百一十餘磅，當晚將沼氣管點燃時，焰高數丈，聲大刺耳，照耀有如白晝。五通橋警局，以爲火警，立即出動消防人員，鄰近民衆，更以靈異之目光，佇足而觀。永利川廠同人，聞悉因打滷而得石油，莫不欣喜如狂。據許侯廠長云：「一般地質家僉認四川產油甚微，故此次發現，實出乎意料之外，故原有計劃，須從新更改，當即分電總公司，請示辦法，以便需採石油」。另據服務油井三十餘年之深井工程處之韓孟君稱：此次深井發得石油，堪與美國西維尼亞州油質媲美云。

高雄水泥 產量激增

(中央社高雄廿五日電)高雄水泥廠，上月份水泥產量爲一萬六千噸，已突破該廠自民國六年創立以來產量最高記錄，今年七月新裝機器完成後，產量尚可倍增。該廠去年全年產量爲十三萬噸，今年預定二十八萬噸，明年預定四十萬噸，正在迅速向增產目標躍進。該廠自今年二月十七日開始，向菲律賓爭取外銷市場以來，已運去水泥一萬六千六百噸，惠民輪現已抵此，日內將再運六千五百噸水泥赴馬尼拉。該廠水泥價廉質佳，在菲市場極佔上風。

台糖公司 十萬噸外銷

(中央社台北廿五日電)台糖業公司稱：該公司今年製糖所產之副產品酒精，將有五百萬加侖，除出售二百一十萬加侖供台省公賣局製酒外，現自下月起，每月以十一萬加侖滲入汽油中製造混合汽油，另有七萬五千加侖銷售香港，每加侖美金五角，在台交貨，已簽合同，即將運港。又台糖公司今年擬以十萬噸台糖外銷換取外匯，除已售日本二萬五千噸外，先後運銷香港及南洋者，已達一萬零三百噸。

對日賠償 國大決定原則

(本報訊)本月二十一日上午國民大會會議決定我國對日和約原則，其中關于日本工業水準及賠償者如下：

甲、經濟：(一)徹底消滅日本軍事工業之潛力，主要爲金屬機械，及化學工業等。(二)日本工業之保留水準，應以一九二八至一九三〇年爲度。(三)輸入日本之物資，其種類及數量應嚴加限制，禁止輸入製造軍火原料，及儲存之物資。

乙、賠償：(一)堅持實物主義，賠償以日本生產工廠爲中心。(二)賠償并非賠款，應以人民所蒙受之損失爲標準，不應以戰費計算。(三)以吾國對日作戰時間之長，貢獻之大，至少應得賠償總額百分之五十以上。

交通

天蘭路工程 未積極進行

(本報訊)交通部息：天蘭鐵路起自天水北道埠，經甘谷、武山、隴西、通安驛、定西、甘草店、金家崖以迄蘭州爲止，全線共長三七六公里。截至三十六年度止，計已完成總工程百分之二十七。惟以年來核定工款有限，不能積極開工，現僅有隧道數座，及一部份路基正在趕築，其餘擬俟工款充裕時再行推進。

(本報訊)交通部息：川漢線宜段路線，踏勘已完畢。起自重慶，經長壽、涪陵、酆都、石柱、利川、恩施、資邱、長陽而達宜昌之英家咀爲止，全線長八百餘公里，沿線工程均極艱鉅。

隴海路徐汴段 民權內黃間通車

隴海路徐汴段民權內黃間，前被共軍破壞，業經搶修竣工，並於四月十七日接通。(本報訊)

北甯路唐山 山海關間恢復雙軌

北甯路關內段，唐山、山海關雙軌工程，已於四月十日完全恢復。(本報訊)

平漢鐵路確山 駐馬店段通車

平漢鐵路確山至駐馬店路軌橋樑，前被共軍破壞甚重，經竭力搶修後，現已竣工，業於本月廿一日午間接軌，廿二日恢復通車。(中建社訊)

修築粵漢路平行之公路

與粵漢鐵路平行之公路，即將修築，廣州公路工程處及公路總局已分飭第三區局，會同省公路處第二機械築路工程總隊，分段協修。(中建社訊)

浙贛路與第二運輸處 舉辦杭州長沙聯運

浙贛鐵路局與公路總局第二運輸處舉辦杭州、長沙間聯運，經諸暨、金華、衢州、江山、上饒、南昌、高安、萬載、瀏陽，以達長沙，全程僅需兩日，已自本月十九日起實行。(中建社訊)

卅年來之中國工程 再版本現已出版

三十年來之中國工程，爲我國工程界之一大巨著，係中國工程師學會主編，初版於重慶即銷售一空，再版本係用新聞紙精印，全書厚一千餘頁，定價每本爲一百二十萬元，郵費另加，現已印就，開始發售。

中華民國卅七年五月廿三日出版

中國工程週報

內政部京警國字第五十一號

中國工程出版公司

發行人　杜拱辰

定價　每份壹萬元正
半年訂費貳拾伍萬元正
全年訂費伍拾萬元正
航空或掛號另存郵費拾萬元

廣告價目　每方吋壹拾萬元

中華郵政認爲第二類新聞紙
江蘇郵政管理局登記證第[illegible]二號
地址：南京（2）四條巷一六三號
電話　二三六八九
經售處：全國各大書店

一週大事記

是週也：副總統終于產出，行政院提出辭呈；

張何誰組閣？仍在傳說中；

立委問題又起，民青兩黨悲哀。

美援物資，行將滾滾而來；

聖城流血，聯大方寸已亂。

副總統在一波三折之後，終于將李宗仁將軍選了出來。李氏是以加緊團結，革新與政來號召的，此次當選，給了很多人一個新的感覺。中國如是，美國的評論亦然。

美國好幾家的權威報紙如「前鋒論壇報」，「紐約時報」等，都一致讚揚，認爲他是夠資格對蔣主席「進忠言」的唯一人物，對行憲政府寄予莫大希望。俄亥俄州的「克利扶蘭正言報」更這樣說：「中國的副總統，在新憲法之下，較之在其他若干共和國內，將到更多的尊敬，並擁有更大的努力，尤其像李宗仁這樣人物來擔任這位置。」

總統副總統選出後，國大圓滿閉幕。總統副總統約在兩週內就職，原有的五院院長，都應當循例辭職。五院中以行政院最爲人所注意，一說張羣繼續組閣，一說何應欽有組閣可能，並于立法院長一職，國民黨已決定表示支持孫科出任，當然成了定局，不用揣測了。

× × × ×

立法院會，緊接着國大閉幕到來，和國大一樣的產生了類似的中央提名、簽署，退也讓也很糾紛，原有國務會議通過的將相名額案，被立法院末次會予以否決。據說，當局已決定以票多的當選。那股，最吃虧的，便是民青兩黨，他們焦急了，在咆哮了，駡國民黨破壞諾言，並聲言要不參加立法院，並要向美呼籲停止援華極稱。聞蔣主席有了解決辦法，大致在立院開會前會有一項決定。

不過是，國大閉了，美援來了，民青兩黨這吼聲會有什麼反響呢？那是後話。

× × × ×

中美關于援助的議制，已在上週內正式換文。

美援物資，即將運華，行政院已決定設立一個美援運用委員會，專司其事，行政院長是主任委員，下設委員十三人，秘書長已決定由[illegible]台擔任。

以私人名義來華的蒲立德，正在這時來到我國，一般傳說他將任援華法案執行人，他雖然否認，但以他平日的言論和對中國政府過去的努力，並不是不能的。

× × × ×

巴勒斯坦的問題，越來越嚴重。

猶太、阿剌伯的軍隊衝突益烈，阿剌伯的大軍已向耶路撒冷發動總攻，停戰協定等于無效。英國的軍隊也不斷在塞浦路斯和那耳他島開往巴勒斯坦，據說是希望如此而順利結束委任統治。國際間對此問題方寸已亂，一次復一次的辦法都摸了空，有人說：巴勒斯坦是聯合國的嚴重考驗，不算是過火。

最近的消息，聯合國托管理事會又在草擬保衛耶路撒冷的計劃，一紙文章，對砲火中的危城會有何裨益呢？

重慶通訊

△都郵街路面工程，已完工十分之九，下月初即可通車。

△電燈又恢復了「擺擺症」，時明時暗，時熄時燃，爲山城中特景之一。

△自貢市政府（陝西廟）左背後，日前發現古囚石墓一塚，原委如次：天一化學廠佃得陝西廟某地興建辦事處，上月下旬石工翻修地基，突發現一石墓，經掘開後，始見枯骨五具，俯臥，每具腳上均有鐵銬套住腳骨。據一般揣測：大概爲唐代犯罪的官吏。

△大巴山設防聲中，南江縣府積極建築南江至巴中公路，特組織築路委員會負責辦理。該會以沿線礙路古柏古松千餘株，價值百億以上，特分段賤價標售，充作築路經費。

△大多數科學家認爲史前之松柏類巨樹（水杉）不論在世界任何一處，大概已如恐龍一樣不復存在。然在四川省東部之萬縣與湖北省西部之利川發見此等樹木甚多。加利福尼亞大學古植物學權威謝尼博士，特于三月間來萬縣採集幼苗四株運美，爲美國今日最名貴之植物。四川之水杉與熊貓，先後揚名美邦，爲國爭光，川人特舉稱熊貓爲交際花，水杉爲交際樹。

交際花樹

揚名美邦

閒話中西住宅建築

杜平

中西住宅建築，相同和相異之點頗多，優點劣點，以中西風俗習慣不同，工業基礎之不一致，頗難得一定論，如欲作一比較，說來複雜，決非本篇幅所能詳，作者的本意，無非是想把當前因爲中西合璧而造成的幾個問題，提出來談談，研究一下究底在今天這個環境之下，中西式滲和，該到什麼一個程度？才恰到好處。

（一）室內高度問題

我國的房屋，自古以來都是很高，普通都在十呎以上，同時平項（Ceiling）都是直接釘在桁條下面，或者用薄磚墊在瓦下面來作望磚，這樣一來，在房屋中間都份，高度更增，這樣的房屋在夏天很涼爽，冬天則比較冷。西式建築平項高度，近年多有採用八呎者，這無非是人家夏天有冷氣設備的關係，倘使我們也來學一下的話，恐怕夏天變成一只蒸籠，無以容身，所以在我國中部南部一帶，室內高度以不低于十呎爲宜。

說起了室內冷熱的問題，連想到國人使用的帳子。中式的帳子是箱狀的，有如一間小屋一樣，夏天禦蚊蟲，冬天則禦寒。因爲中式房屋建築，房間大而高，冬天實在太冷，何況窗子多是木格窗，冬天糊紙，紙敵不了風雨，要不是有一重厚而不透風的帳子，怎能敵「寒風激骨」，從這一點上，也可以看出房屋建築與設備配合之重要性。

（二）天井與空地

中式房屋，都成帶形而分散，不若西式之集中于一處，所以很自然的在房屋與房屋或附屬之間，圍入了一塊空地，稱之謂天井。西式房屋，既然密集，無法在房間與房間之間，留出一塊空地，所以多在房屋的前後左右留出一點空地，來作爲花園或遊息之所。中式是房子包圍空地，西式是空地包圍房屋，不管天井也罷，花園也罷，房屋總得有空地，還是天經地義的事。必得二者配合，才能適合于應用。我國老式的天井，多作爲洗衣，晒衣服，做醃菜，晒穀物，堆放燃料等用處。現在有很多新式住宅，設計者多把天井除去或因爲地皮的狹小，更無法留出空地。這樣一來，洗衣服或者還可以在盥洗室內勉強辦理，可是晒衣服却沒有地方了，所以無怪于很多人家，向陽的一面，終年作爲晒衣服的地方，冬天更是臘肉，風雞，醃魚，掛上一大堆，琳瑯滿目，洋洋大觀。

補救之道，是在屋頂上，想法做晒台，其地位可以放在較隱蔽的地方，雖不見得雅觀，較隨處亂晒尿布，衣褲等高明多了。

（三）通風與空氣對流

西式房屋，以平房而論，大多以起作室爲中心，四向發展成相連之方形發展，所以很多房間，不論東南西北，多祇有一面可以開窗，通光進風。中式房屋則不然，大多是南北向的，三開間或五開間，進深二丈左右，前後均爲天井，南北通風，空氣對流容易，夏天風涼。到了冬天，關上北窗，太陽光直射室內，溫暖如春，所以帶狀發展的中式房屋比西式是高明多了，這一優點，不該放棄。近年歐美各國亦群起仿傚，預料不久之後，帶狀房屋，將風行全球。

（四）房屋間數與大小

中式房屋，每間面積都很大，每幢房屋間數則不多，間數少，則用度不分，一室混用，往往一家人家可以在一間屋子裏生活，做菜，吃飯，洗衣等等都在那兒，無怪乎雜亂與骯髒。西式則不然，間數多，用度分明，大小則不拘，祇要適合使用了，同時多做壁櫥，把衣櫥箱子，雜件東西一概放到壁櫥裏去了。所以每間房屋內東西少，整潔易于維持。房間以起住室爲活動中心，另有餐室（有時與起居室或廚房合用）廚房，浴廁，臥室，用途既分清，所以房間即使小也一樣可以達成任務。在我國現環境下，室內溫度調節，還談不上，有一件事值得注意的，就是房屋一定要有幾間大的，幾間小的，大間宜夏，小間宜冬。大間夏天舒爽，小間冬天有上二三個人，溫度可高上幾度，不生火爐，也不覺有寒意，此乃冬暖夏涼自然之道也。

（五）窗的面積

窗的面積，其趨勢是日益加大，近年國外日光屋盛行，往往住宅房子朝東或朝南一面留出一間，用上一塊大玻璃，滿屋陽光直射，在室內有如室外一般。窗子大，也不一定是爲了光線，有時是爲了風景，窗子大，可以縮短人與大自然之距離，在室內一樣也可以欣賞景色，一覽無遺。春秋冬三季朝南方向用大窗子都是有利，夏天必得以樹木來配合，使樹蔭正好把太陽遮掉，朝北方向放入光線，還是反射光，強度變化少，比較柔和，所以用大窗子爲合宜，東西向則大窗不甚適合。

（六）中西式瓦

中式瓦是指普通曲面土瓦而言，西式瓦是指長方形普通洋瓦。後者大都是機器模型壓製，厚度也大，比較重，脚踏不易碎，洋瓦適宜于屋面坡度大的地方，在三十五度左右坡度屋面，大風雨的時候，往往容易漏水，化雪時亦然。所以三十度以下屋面都用牛毛毡屋面板。中式瓦除非用石灰水泥澆牢是不宜用于三十五度以上的，在二十五度至四十五度間不易漏水，比洋瓦似乎好，重量也輕，屋面製造成本可減輕，可惜的是品質不一，厚度沒有一個標準，往往貓打架鼠打架也會把瓦弄碎而漏雨，倘使能使品質一律，強度有一標準，使人行其上不碎的話，則普通房屋，仍以中式瓦爲佳。

（七）廚房

廚房的地位，以佔據下風向爲宜，如果每年以東南風爲主風，則廚房宜在西北角，這樣可以避免煤灰。西式房屋，廚房多與主房相連，廚房也很清潔，因爲歐美各國燃料用電爐或煤氣，調味品均爲現成之瓶裝或白鐵皮罐裝，菜料均爲現成者，所以污穢的東西很少，同時也有冰箱儲存，不致腐臭，一切廚房事件，都由主婦自動手，因爲僱用女傭，工資很高，決不是同我國情形一樣，找一個沒有整潔訓練的老媽子來主持的。所以廚房就是在起作室或臥室隔壁，非但不覺其不妥，反而增加很多方便。

我國的情形則相反，中等以上家庭，都用女僕，雖則高唱「主婦回廚房去」的口號，主婦還是祇到廚房觀察一番，便知難而退了，不願輕易動手，其實還也有充份理由，燃料用煤或是柴，發燃一只爐，可以把一個人弄得滿身黑灰，就是在城市，也以鬧荒，根本不能用電爐，至于菜蔬、油、鹽、醬、醋，沒有一件是乾乾淨淨的，所以在現條件下，廚房是難以保持清潔，尤其生火燃爐，濃煙四散，夏天更爲炙迫人，祇有把它與主屋隔離，另闢一小天地，才是道理。

（八）廁所

不知是什麼道理，自古以來，國人對毛廁都是少加研究，認爲是穢臭之所，偏者不齒，整個一部歷史或是其他古書，都沒有廁所設備或構造的記載。據史記所載漢高祖與項羽舉行鴻門宴的時候，項王以如廁而溜之大吉，足證廁所與主屋關係持有相當的距離。要是相連的話，決不會隨便走得了的，所以古人的廁所，一定也是僻，大家遠而避之。其實「飲食」與「排洩」是一樣的重要，尤其廁所，不能與主房遠離，更不該忽視。近來各大都市之房產商都以衛生設備齊全來作爲號召，足證國人亦日益重視之。

歐美則不然，廁所之講究，更甚于起住室及臥室，普通牆壁，粉上一道石灰就可以，但是廁所則必得舖上白磁磚，洗得乾乾淨淨。

一定要裝上抽水馬桶，似乎當前國人經濟力不夠負担，但是把抽水馬桶，改爲冲水坑問題便解决了。日本式的抽水坑，改做洋灰或磚砌，都是可能，改爲冲水可以減省水管與水箱。化糞池所費無幾，通氣管可改爲洋灰或瓦管，這樣一來，化上很少的錢，一樣的能達成目的，值得注意提倡一下。

（九）防鼠

根據專家的統計，一個國家所有老鼠的數量是人口數目的二至三倍，以我國情形而論，大致有鼠十二億只，每年每鼠耗糧一斗，則一年損失糧食一億二千萬石，說來驚人！至于對衣服，家俱，房屋之損害，更無法估計。老鼠的生殖率至高，雖鼠一對，每年可產二百四，所以儘管用貓也好，捕鼠藥也好，總無法肅清。唯一的辦法，是在房屋建築上打注意，使它無地容身，把儲藏食物的地方，做起防禦工程，使它無物可吃。如能照下面的辦法施行，可有優良成效：

（一）把所有外內牆都做成實心牆，如磚牆混凝土牆等。

（二）內牆如做灰板條牆，離地一二呎的粉刷，以洋灰沙漿粉刷。踢脚線用洋灰粉刷。

（三）樓擱柵間，隔以橫撐，使各不相連。內隔牆，（如果是灰板牆）做在樓板面上，使空隙各不相通。

（四）多做壁櫥，使另星物件，箱子等多放入其內，房間內較空，鼠自外入，無處可棲。

（五）廚房及米倉食物儲藏室，均用堅硬材料作牆或用洋灰粉刷，陰溝倒水處蓋以鐵柵，使鼠無法由陰溝內侵入。

總之使鼠無法由外侵入；即使侵入，亦無處容身；即使找到有地方可棲，也找不到食物。這樣，自然可使鼠無法立脚而去。

（十）公寓式建築

近幾年來，各大城市以郊區不靖，市內地皮日益減少，因之各機關團體多作二層以上公寓式建築。建築學者亦多作倡導。二三年來流弊百出，實在也值得檢討一下。

公寓是科學與工業的產物，必得有隔音，隔熱，防火，自來水，電灶，或煤氣等設備，同時使用者本身之智識水準應一致，生活起住習慣相同，富有公共道德，這樣方才合適。本來在國外，行之已久，富有成績，值得提倡，可是在我國現狀下，不合國情，其理如下：

物質方面

1. 無電灶煤氣設備，因之一發煤爐，到處是烟，同時亦無堆置柴煤之地位。
2. 樓上之廚房，一定得用鋼骨水泥樓板，事實上不可能，不得已取灰沙樓板而代之，往往爲了劈柴等震動而碎裂，致時常有水滲滴樓下，至於因不慎而引起火警，更屬意中之事。
3. 隔牆隔音不佳，言談均易爲鄰居聽到，有失機密性。

人的方面

1. 公共道德不夠，廚所走道樓梯等，均無法維持整潔。
2. 水龍作淺無限制之浪費。
3. 高聲談話，唱歌唱戲等均足以影響鄰居安寧。
4. 智識及經濟水準不一，生活習慣不一，鄰居時易發生不睦或糾紛。

以上所列各點，太都是吃的問題引起來的，所以有人主張公寓內廢除廚房，另建一附屬公共廚房與膳廳，採取集體生活。表面上看來，似乎可以，實在仍然是不可能。其理由也至爲簡單：南方人喜歡吃米；北方人以麵食爲主；佛教徒不吃葷；回教徒不吃猪肉；有人不吃牛肉，單憑這幾點因數，已經無法解決。何況到處還有口味之別，如江南喜甜；川湘喜辣；北方嗜葱，結果還是一家一個小風爐，做私菜，小風爐既無地可放，乾脆就放在走廊上，不美觀不整潔事小，火警事大，這種實例，在南京已數見不鮮。

以上所列各點，有十條之多，都是直前不費的措施，倘若設計者事前能顧到，歡眾之勞，可以增加使用者莫大之幸福，所以拉雜寫將出來，以供各同好之參考。

× × ×

世界各國電力之鳥瞰

茅榮林

近數年來，科學猛進，歐美強國，已控制宇宙秘密發明原子炸彈，研究原子能力，然欲安全地應用於輕重工業，尚非其時，必須再窮數十年之光陰，積千萬人之腦力，審慎研討，方克有濟。故今後三五十年中，仍爲電力時代，當無疑義。

查動力之於工業，猶血液之於人身，其關係密切，幾不能須臾相離。因此世界各國，莫不積極發展動力工業，建設大量電廠；最近十餘年來，尤多致力於水力開發，蓋發展廉價動力之供應，既可節省煤斤，又可兼收防洪、灌溉及航運等多種利益，用以促進農工產量，增强國防實力，富裕國民生計，達到有計劃地經濟地利用土地資源，進而完成工農密切聯繫的民主社會經濟的體制。像美國T、V、A的組織，實給予世界工業落後國家的無上興奮，也使人類在未來有一個幸福快樂的遠景。

回憶我國戰前民國二十五年之統計，全國電力容量僅爲百餘萬KW，發電量全年達十七億餘度。戰後第一年（民國三十五年），因敵僞匪徒，相繼破壞，殘餘容量，不及五十萬KW，發電量降至全年九億八千餘萬度。去年經資委會積極搶修，並盡量補充，乃增至八十七萬餘KW，發電量全年已達二十億度。然較諸美、蘇、英、法、日本等國相差仍不啻霄壤！此諸國家，除美國外，蘇聯、英、法均受戰事破壞創鉅甚。經兩年來埋頭苦幹，電力建設多恢復舊觀。日本爲第二次世界大戰之罪魁，因其民族奸詐，善於取巧，自揭無條件投降後，經美國之扶植，也仍獲保留電力容量百分之八十（火電二百萬KW，水電六百十五萬KW），合計爲八百十五萬KW，發電量年可達四百億度之多，我國戰後電力建設五年計劃，尙能排除千艱萬苦，勇往直前，五年後完全達到預定目標，總容量亦不過爲二百五十萬KW餘，發電量年約百億度左右，仍較一九四五年全國自由區及淪陷區（包括東北及台灣）總容量三，二三八，一五八KW少七十餘萬KW，何況目前國內外情勢混沌，財源枯涸，經濟危機，方興未艾，展望前途，彌增悵惘！故作者爰將世界各主要國家之電力概況，分別簡述於后，以供國人參考，而偶來茲。

（一）美國——美國於一九三五年全國電力容量爲三六，〇七四，〇〇〇KW，發電量爲九八四•六四億度，一九四〇年增至四一，六三九，〇〇〇瓩，發電量爲一，四四九•八五億度。一九四六年增至五〇，一九六，〇〇〇瓩，發電量爲二，二三三•三四億度。其中火電佔三五，三五六，〇〇〇瓩，發電量爲一，四五三•八億度；水電佔一四，八四〇，〇〇〇，發電量爲七七九•五四億度。又火電中蒸汽機佔一，四三〇•三億度，內燃機佔二三•五億度。若以營業性質分，民營佔四〇，四〇六，〇〇〇，約佔百分之八〇；國營佔九，七九〇，〇〇〇瓩，約佔百分之二〇。火電約佔百分之七〇，水電約佔百分之三〇。一九四七年新計劃擬增加電力容量爲三，〇二七，九二二瓩，一九四八年新計劃擬增加電力容量爲七，三二五，五二五，故美國現有電力總容量可能達五四，〇〇〇，〇〇〇瓩，發電量可能達二，三五〇億度。一九五〇年可達六三，三〇〇，〇〇〇。

（二）蘇聯——蘇聯戰後一切設施，均保守祕密，故其實際情況，外人鮮得其詳。電力一項，尤爲國防與民生的基本力量，迺擬撮其梗概，茲就戰前情況推度，可得知最近卅餘年蘇聯電力之演進如下：蘇聯除俄國大革命時代電力破壞過烈，電力損失亦大，以後即逐年增加，尤以三個五年計劃，進度猛晉，如以一九一三年電力總容量爲百分之一〇〇比較之，則一九二五年爲百分之一二七•三，一九三〇年爲百分之二六二•一，一九三五年爲百分之六二六•五，一九四〇年爲百分之一，〇二三•二，戰前電力總容量已達帝俄時之十倍餘，發電量年達四八二•三五億度約爲帝俄時之廿五倍。戰後五年計劃（一九四六——一九五〇）終了，蘇聯電力容量可能達一五，〇〇〇，〇〇〇，發電量可能達八二〇億度，現有電力容量由於自德境及我國東北劫奪之器材，在歐戰重建結果，已恢復一九四〇年之電力水準，約爲一千萬瓩，發電量爲四百餘億度。

（三）英國——全國電力容量約在一二，五五六，〇〇〇瓩以上，發電量一九四五年爲三七二億度。一九四六年爲四一一億度。一九四七年爲四七〇億度。此外於一九四一年曾成立北蘇格蘭水力開發委員會，進行開發北蘇格蘭之水力如下：（甲）擬首先開發者，計有六處合計三一三，〇〇〇瓩。（乙）繼續開發者計有六處，合計一四五，〇〇〇瓩。（丙）其他正在勘測者達十二處合計三五三，〇〇〇瓩。總計八一一，〇〇〇瓩。

（四）法國——法國在推行電力國營化以前，全國電力公司有一，四一七個，總容量約六，〇〇〇，〇〇〇瓩，其中數千小型電力不計外，有三二七個電力廠。此外尚有七十個輸電公司（Transmission Companies）一，五五〇個，配電公司（Distribution Companies）和九六一個企業發電處，供應各公用事業。一九四六年九月底統計全國電力容量火電四，〇〇〇，〇〇〇瓩，水電一，五〇〇，〇〇〇瓩，共計五，五〇〇，〇〇〇瓩，發電量年爲二四二億度，較一九四五年增加百分之二六，較過去最高發電量增加百分之二五。其中火電佔百分之五三，水電佔百分之四七。惟一九四〇及一九四一兩年中，力電各佔百分之六四。戰後因鑒於歐洲煤產量銳減，無法希望超過一九三八年之產量，煤斤缺乏，日甚一日，乃轉向於水力之開發，以謀補救。於是擬定新計劃，擬于六年內增加發電量至三〇〇億度，新計劃包括之電廠，不下五十餘個，總計電力容量約爲三，五〇〇，〇〇〇瓩。一九四七年可望完成六〇〇，〇〇〇瓩，每年發電量爲二〇億度。一九五〇年底可望完成二，六〇〇，〇〇〇瓩，每年發電量九五億度。故目前電力容量約爲六，〇〇〇，〇〇〇瓩，發電量約爲二六二億度。

（五）德國——德國於戰前一九三四年電力總容量約七百五十萬瓩，發電量約爲三〇〇億度，其中火電佔百分之五七，水電佔百分之四三，迨至一九四〇年已增至千萬瓩，發電量約四五〇億度。戰後因拆遷破壞甚烈，所存無幾。據聯合社德國法蘭克佛今年二月十八日電（見中央日報三十七年二月二十日版）德國現有電力容量爲三，一二〇，〇〇〇瓩，新計劃擬於數年內增加電力容量至五，五〇〇，〇〇〇瓩，發電量爲二五〇億度。

（六）日本——投降前日本全國電力容量約爲一〇，〇〇〇，〇〇〇瓩，其中火電爲四，〇〇〇，〇〇〇瓩，水電爲六，一五〇，〇〇〇瓩，發電量約爲五〇〇億度。戰後除殖民地歸還舊主外，其本部電力，殊少損失，故目前仍擁有九百餘萬瓩之電力容量。目前麥帥及美國極少數人士，在扶植日本工業及復興日本經濟的興趨下，一味寬大，竟允保留其電力容量火電二，〇〇〇，〇〇〇瓩，那末連水電六，一五〇，〇〇〇瓩，合計達八，一五〇，〇〇〇瓩，每年可發電量仍在四〇〇億度以上，殊堪國人警惕。

（七）義國——義國於一九三八年全國電力容量爲三，五〇〇，〇〇〇瓩，發電量爲一三一億度，其中水電佔百分之九〇以上，發電量佔一二五億度。戰後略有破壞，容量及產量均稍降減，據一九四六年統計一月至九月共發電量爲一一三億度，其中水電佔一〇八億度。以此推算，則義國現有電力容量可能已恢復戰前水準，約爲三，五〇〇，〇〇〇瓩，發電量可能更高，達一五〇億度。

（八）挪威——挪威一九三四年全國電力容量爲二，五〇〇，〇〇〇瓩，發電量爲一〇五億度。其中水電佔百分之九十以上，約計二三〇萬瓩，佔全國水力資源百分之二五。戰時稍有損失，故一九四五年發電量爲一〇〇億度。一九四六年新計劃擬增建八〇〇，〇〇〇瓩，預定於一九五二年全部完成。此外在戰時亦曾完成新建水電廠一七〇，〇〇〇瓩強，殊令人欽佩，羨慕無已。（未完）

飛行一萬萬空里以上的飛機引擎

（英國新聞處倫敦電）英國著名「小鷹」式活塞飛機引擎，已在全世界最長紀錄之航線上完成一萬萬空里之航程。去年該項引擎曾在英國與帝國相接之航線上使用，其時裝於關開斯特朗式與多鐸第四式各種飛機上，一年內完成一千八百五十萬空里。皇家空軍運輸司令部亦予採用，飛行與印度，錫蘭與新加坡各線，完成七百五十萬空里，合計在一萬萬空里以上。

英廠製成中國發音符號打字機

（英國新聞處倫敦電）英國里斯特之帝國打字機公司，其所製機器幾已遍及全世界每一種商用語文。大多數遠東語文，包括中國發音符號在內均已有特製機器，帝國打字機所用各種不同鍵盤已數逾一百五十，該公司所專精之遠東語文有暹羅、錫蘭、阿拉伯等。此設計特色之一爲易於變換，即將字鍵之更換一機可充多種語文之用。每換一鍵盤一屈指數秒鐘之事。帝國打字機廠係英國最大最完備打字機工廠，戰時供應英國政府各機關者達十五萬架，供應各自治領與殖民地政府及英國各國有企工業者又不計其數。

英製機動三輪車將運銷中國

（英國新聞處倫敦電）英國曼徹斯特杜特汽車製造廠新近製成之機動三輪車，已由倫敦中英公司担任承銷。該公司之羅奇君刻正以有關該三輪車之構造詳情與目錄寄與中國各地經理，蓋羅君堅信此種機動三輪車可在中國獲得巨大銷路，羅奇君又提議該車稍應有某種改變，俾得適應中國市場。此種修改中包括降低車身之高度，以便乘客與車夫俱能望見前面景色。另一種則爲改變上車之方法，俾衣服緊窄者，不致因上車而失去儀態云。

食糖可作化學原料

最近在西印度特立尼達帝國熱帶農業學院出任食糖研究部主任之伏與斯博士，因其在食糖化學研究方面之成就榮獲紐約食糖研究基金會所贈獎金五千美元。伏氏之研究所得，爲食糖在化學工業方面用作原料之可能性，證明糖於塑膠工業頗有價值。（本報訊）

新式打撈船

英國最近發明一種新式打撈船，裝有最新配備，可進行救援潛水艇之工作。新配備中有一種水底放射螺栓槍，能發射中空螺栓，穿過沉於海底殘毀潛艇之外殼，然後以管通入壓縮空氣，使艙中之水由另一孔排出，如是即足使潛艇重行浮起云。

英商務訪華團團員發表對中國紡織業前途之觀感

前來華訪問之英國商務代表團團長溫特佈頓氏，一日在倫敦英國廣播公司遠東組之節目中廣播，渠對於中國紡織業前途之觀感。渠認爲中國絲業前途必須致力於絲綢業方面，且渠相信中國絲綢非人造絲織品所能敵。關於棉業方面溫特佈頓氏認爲，如中國改良種棉方法，必可獲得甚大利益。以同樣棉種佈植於一廣大區域，則棉花可收統一之效，而於混棉紗時，可消除人工之浪費。

英青年科學家一行今夏至西非研究稻之害蟲

（英國新聞處倫敦電）著名科學家居禮・赫胥尼之子法蘭西斯・赫胥尼定於今夏暑假時率領牛津與劍橋之大學生八人，同往西非。沿甘比亞河而上一百五十英里，志在研究如何控制危害稻田以及其他農作物之害蟲。彼等又將調查平衡發展土地並提高種植人口繁榮之問題。此外，彼等又將爲邱花園與英博物院攜回大批熱帶植物云。

日本工業增產

海南鐵砂輸日 鋼鐵產量激增

（中央社東京二日專電）據商工省本日發表之數字，上會計年度內（截至本年三月三十日爲止），日本主要物品生產，較前會計年度增加百分之二十，其中尤值得注意者，即鋼產已增加百分之七十四點五，其主要原因爲優得海南島之上等鐵砂也。去歲生產雖大見增加，然一般生產，仍僅達一九三一年度之百分之三十。茲將各項主要產品之產額，分列如左：

品名	一九四六年產額	一九四七年產額
煤	二千二百四十九萬公噸	二千九百卅三萬公噸
普通鋼	三十三萬公噸	四十七萬公噸
電氣用鋼	二萬九千公噸	四萬一千公噸
電線	三萬六千公噸	四萬三千公噸
鉛	六千二百公噸	八千八百公噸
鹼灰	二萬二千九百公噸	四萬五千三百公噸
苛性鈉	三萬二千二百公噸	四萬九千四百公噸
硫酸錏	九十五萬三千公噸	七十三萬九千公噸
水泥	一百〇五萬一千公噸	一百廿八萬三千公噸
玻璃（片）	七十九萬九千箱	一百廿三萬七千箱
白報紙	一億八千七百萬磅	二億零一百萬磅
普通紙	一億九千六百萬磅	二億三千二百萬磅
棉紗	一億九千六百萬磅	二億五千三百萬磅
人造絲	一千零五十萬磅	
主要纖維	一千一百九十萬磅	一千七百五十萬磅
毛線	三千零七十萬磅	二千四百九十萬磅

日本工業人士對於目前原料及資金之匱乏，表示悲觀，若干且懷疑生產上昇之現象，是否保持彼等指出：去歲生產之最高峯爲七八兩月，八月後即因儲存原料逐漸用罄而降低。

美國將製造原子電擊器

（中央社加里福尼亞州柏克萊合眾電）原子能委員會頃宣佈，美國加州大學將製造較現有任何原子撞擊器之力量大二十倍之超級原子電擊器，新電擊器將以高達一百億電子伏特之電壓力量，將原子核猛擊而揭穿物質之秘密，目前使用中之世界最大電擊器，可發出三億五千萬伏特之電壓。

化干戈為玉帛 原子能可療病

（聯合社二日華盛頓電）杜魯門昨夜在全國衛生會議中稱：原子能供和平用之偉大發現快要問世了。彼在談到醫學上應用原子能發現物時還說，但沒有進一步解釋。諸多科學家正在不斷作著實驗，想把原子彈製造時的發現物應用到醫術上來。杜氏說：有人告訴他，偉大之物正在孕育。他又說：有一次亨利・稱特對他說：第二次世界大戰中因研究而得之利益可能抵消戰爭帶來之鉅大損失而有餘。杜氏說：「在某種程度上看，余認爲這希望會實現的，因爲吾人正在設法使擊碎原子的工作造福人羣，而不讓它加害人類。吾人必得如此做，除非大家都想給毀滅，而余深知這是誰也不願的。人家告訴我，——我說內絕非秘密——偉大的發現快要問世了，我們生活的這偉世界要實變得更偉大，讓我們準備去迎接它吧。」

國外通訊

國內消息

早成立，該廳為加速促進工程起見，曾於省務會議提出籌撥一千一百七十億元工程費用一案，經討論結果，決定於三十六年中央還川谷款下動支。

加強北煤南運
輪船公司以自運為原則

（本報訊）燃煤運輸，因運價過低，始終不能增加。燃管會特於上月底通知滬市輪船公會：凡一輪船公司擁有輪船噸位在三千五百噸以上者，每月至少派船往秦皇島運煤一次，為加強北煤南運起見。如違不派船，即取消其配煤權。倘該項辦法實施後，秦皇島所有之存煤九萬噸，預計一個月內即可運完。秦島存煤出空後，可再運堆存開灤之燃煤，且華南各地存量亦甚衆多。

翁文灝到平談話
美貸六千萬難有大作為 華北事業仍委自力擴充

（本報北平訊）資源委員會委員長翁文灝，于上月三十日乘機飛抵平。翁對記者稱：地方經濟壁壘逐漸抬頭，為國家資本當前一大問題。抗戰時期，西南開發，從未遇到此種困難。東北人才撤到華中，規模雖小，非無可為。華北事業不僅維持，且要擴充，但以幣值跌落，半年的預算早已花光，當家人的辛苦殊難為外人所能瞭解。美國貸款中，資委會可動用者只有六千萬元，尚有一部指定給上海電力公司及其他方面，所餘錢也只夠在鄂南湘北開幾個小煤礦。至於石油公司，過去從未得到美款，摩理遜看了一次也沒有作成買賣。他說：我不贊成罵美國，他們願幫忙，我們就多作幾件事；不幫助，我們要辦的仍然辦。對於原料中國，工業日本之說，認為日本的工業能力的確比我們強。海南島鐵沙輸日，一年只有二十五萬噸，我們想換回外匯來出澱出鋼，還是工業史上的正常發展。記者詢以會不會又走上漢冶萍的路，翁說：不然，漢冶萍連地下的都賣給日本了，還在負債。最近華中鋼鐵公司收歸漢冶萍，除了不敵的漢奸外，全有股權。對於台糖廢鹽輸日，記者詢以有何條件，翁笑稱：這只是買賣，那能附籌條件。

川省籌款
建水電廠

（中央社成都電）川省建設廳以川西川東水利灌溉為四川之大助力，川人亟盼儘

啟新水泥
廉價外銷

（中央社天津電）啟新洋灰本月底將有二千噸自塘沽裝輪運銷馬尼拉，售價低至每噸美金三十元，尚不足成本。啟新為維持開工，因而不得不賤價向南洋運輸。年來該公司生產設備，猶有一半停頓。

台灣煉金
月產千二百兩

（本報訊）資委會所主辦之台灣金銅礦務局，近已完成機煉金銅礦之新設備，日人時代僅將粗金粗銅運往日本提煉，台灣並無提煉設備，資委會接辦以來，利用上海及台省之器材，在金銅二方面，均完成日人時代所無之提煉設備。目前每月產金一千二百兩，含量百分之九十九點七，即可達到含量百分之九十九。中央銀行前向該局購金九千兩，現已交貨四千兩。該局目前之困難，厥為成本太高，致感資金缺乏，因而難於大量出產。

美將撥運我國
麵粉萬二千噸

【美新聞處訊】美農業部上月廿九日

宣佈，四月至六月一季將增配小麥及麵粉三十三萬零五百長噸，供輸往三十二國（包括中國）之用，其中麵粉一萬二千長噸已指撥我國，至於日本及朝鮮合得麵粉一萬二千長噸，數量最大之一部份將運往巴西及德境英美聯合區。按此次增加分配之事，乃與國會糧食委員會之決議有關，該決議決定以今年之小麥及麵粉之輸出目標增至四億八千二百萬蒲式耳。

善後物資總庫
配出物資八千噸

（本報訊）善後事業委員會保管委員會物資供應總庫，從成立起至四月底止，共配出了善後物資七、九一六・九二噸，又已接收的聯總物資是一七、三八九・九一噸，大部分屬交通、工礦器材。善後物資分配對象主要為善後事業機構，包括鄉村工業示範處、機械農墾管理處等，其次是政府各部會如農林部、交通部，另有一部分配給慈善機關團體。最近一個月內，物資總庫撥交各善後事業機構物資是一〇五六・八九噸，撥交交通部農林部的是二、一六七・三三噸，撥交慈善團體是七一四・八五噸。

美艦廿六艘
將贈予我國

（本報香港訊）美國現泊於菲律賓之砲艦有二十六艘，此批砲艦將交與我國。據稱：各艦噸位在一千噸至三千噸之間。我國已派員赴菲接收，各艦將停駐珠江，以防止走私，並阻止日漁船駛入我國領海捕魚。

廣州大學
增設建築工程系

私立廣州大學呈請教育部在商學院中增設國際貿易學系，在理工學院中增設建築工程學系，業經教部核准。（中建社訊）

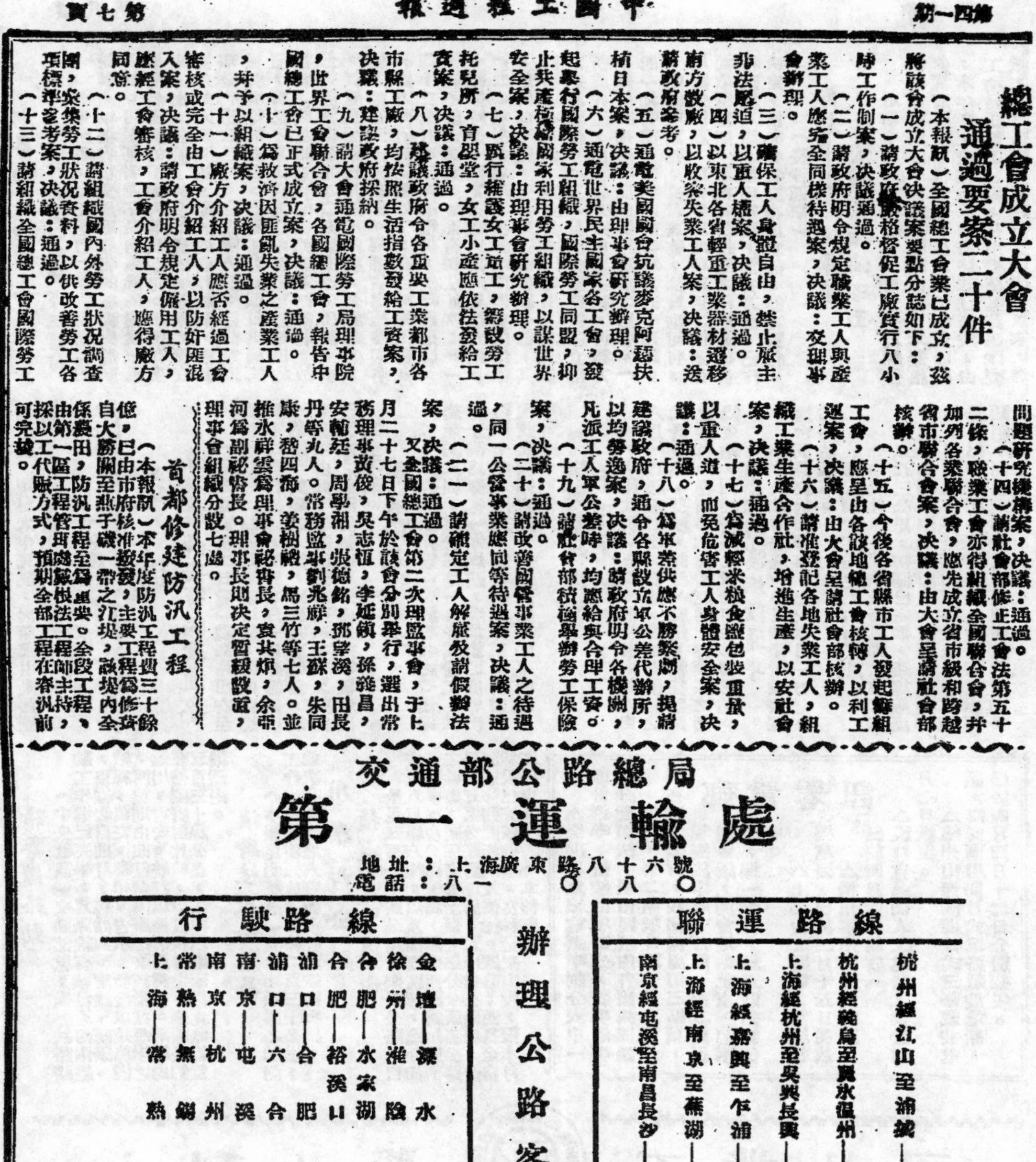

總工會成立大會通過要案二十件

（本報訊）全國總工會業已成立，茲將該會成立大會決議案要點分誌如下：

（一）請政府嚴格督促工廠實行八小時工作制案，決議通過。

（二）請政府明令規定職業工人與產業工人應享全同樣待遇案，決議：交理事會辦理。

（三）確保工人身體自由，禁止廠主非法壓迫，以重人權案，決議：通過。

（四）以東北各省輕重工業器材遷移南方設廠，以收容失業工人案，決議：送請政府參考。

（五）通電美國國會抗議麥克阿瑟扶植日本案，決議：由理事會研究辦理。

（六）通電世界民主國家各工會，發起舉行國際勞工同盟，抑止共產極權國家利用勞工組織，以謀世界安全案，決議：由理事會研究辦理。

（七）厲行維護女工童工，籌設勞工托兒所，育嬰堂，女工小產應依法發給工資案，決議：通過。

（八）建議政府令各重要工業都市各市縣工廠，均按照生活指數發給工資案，決議：建議政府採納。

（九）請大會通電國際勞工局理事院，世界工會聯合會，各國總工會，報告中國總工會已正式成立案，決議：通過。

（十）為救濟因匪亂失業之產業工人，并予以組織案，決議：通過。

（十一）廠方介紹工人應否經過工會審核或完全由工會介紹工人，以防奸匪混入案，決議：請政府明令規定僱用工人，應經工會審核，工會介紹工人，應得廠方同意。

（十二）請組織國內外勞工狀況調查團，搜集勞工狀況資料，以供改善勞工各項標準參考案，決議：通過。

（十三）請組織全國總工會國際勞工問題研究機構案，決議：通過。

（十四）請社會部修正工會法第五十二條，職業工會亦得組織全國聯合會，并加列各業聯合會，應先成立省市級和跨越省市聯合會案，決議：由大會呈請社會部核辦。

（十五）今後各省縣市工人發起籌組工會，應呈由各該地總工會核轉，以利工運案，決議：由大會呈請社會部核辦。

（十六）請准登記各地失業工人，組織工業生產合作社，增進生產，以安社會案，決議：通過。

（十七）為減輕米糧食鹽包裝重量，以重人道，而免危害工人身體安全案，決議：通過。

（十八）為軍差供應不勝繁劇，提請建議政府，通令各縣設立軍公差代辦所，以均勞逸案，決議：請政府明令各機關凡派工人軍公差時，均應給與合理工資。

（十九）請社會部積極舉辦勞工保險案，決議：通過。

（二十）請改善國營事業工人之待遇，同一公營事業應同等待遇案，決議：通過。

（二一）請確定工人解雇及請假辦法案，決議：通過。

又全國總工會第二次理監事會，于上月二十七日下午於該會分別舉行，選出常務理事黃俊，吳志恒，李延鎮，孫錢昌，安輔廷，周學湘，張德銘，孫學溪，田長丹等九人。常務監事劉光麟，王琛，朱同康，嵇四箴，姜樹勳，馬三竹等七人。並推水祥雲為理事會秘書長，袁其炯，余霈河為副秘書長。理事長則決定暫緩設置，理事會組織分設七處。

首都修建防汛工程

（本報訊）本年度防汛工程費三十餘億，已由市府核准撥發，主要工程為修築自大勝關至燕子磯一帶之江堤，該堤內全係農田，防汛工程至為重要。全段工程、由第一區工程管理處辦法工程師主持，採以工代賑方式，預期全部工程在春汛前可完竣。

湘粵兩省物物互易

以糧食易取軍械電訊器材

湘粵兩省，刻正進行「以物易物」的談判，以湘省糧食易取粵省的械彈與電訊器材。可是湘省並不是有多餘的糧食來易取粵省過剩的械彈與電訊器材。不過在廣東方面，控制了甚多的僑匯，及宋主席在國外的人事關係，易於向國外購買，糧食卻是亦感缺乏的。在湖南方面，目前急須械彈與電訊器材，且需僑外匯派員出國購買，實感不易，因此集中全省可能輸出的糧食，來易取迫切的械彈與電訊器材，故最近經湖南省軍事當局調查全省所需上項，經過登記縣份凡五十四縣，合計總值，約需稻谷四十三萬担。經湘省參議會與各有關方面研討結果如下：在目前輸出糧食四十三萬石可能刺激糧價，然時機迫切，不能不即作決定，解決辦法如次：（一）把握時機，確定物物交換的具體原則。（二）統計湘省所需械彈電訊器材的總值，就目前可能，先付實物或價款一部，共餘待秋後付清，以免目前因輸出糧食過多而刺激糧價。（三）付出實物或價款立即折成外匯，由湘省方面加以控制，俾雙方不致因交換延時而受價格漲落之影響。（四）湘省需要械彈電訊器材之五十四縣中，能籌集實物，交付實物，無實物可付，則籌備價款，由粵省以此項數目之價款在湘取得護照，赴湘省所指定之產糧區域自行購糧。以上幾項辦法，湘省方面，已作決定，俟與粵省商得同意後，即可實行。（長沙通訊）

首都中山路慢車道

加緊舖築柏油路面

京市中山路慢車道，自于去夏翻修新街口國府路一段爲水泥路面後，本擬繼修國府路至鼓樓段，但以限于經費而罷，本年春，決定繼修國府路珠江路段，由工務局成賢工務區，借用機械築路總隊機械，自行修築柏油路面，開工以來，進度至速，現已大半完成，因係使用築路機械，故路面平整光滑，工程費用亦省。聞一俟修復，即將繼修珠江路鼓樓段。（中建社）

交通

隴海路西安寶鷄段通車

（軍聞社寶鷄二日電）隴海路西安至寶鷄段鐵路，前被共軍破壞後，即由路局與軍民聯合搶修，業於本月一日全線通車（惟距寶鷄之大橋，因被共軍破壞，故乘客須由此下車過便橋再登車）。又寶鷄至天水之鐵路仍暢通。外傳被共軍破壞說，完全不確。

粵漢路支綫開工

（中央社廣州電）位於粵北之粵漢路狗牙洞支綫，業於五月一日正式開工。按狗牙洞爲粵省一大煤礦，煤量除足供粵漢路四十年之用外，並可供粵省工業所需，俟該支綫完成後，狗牙煤礦，即可積極進行開採。

粵漢與湘桂黔兩路

下月開始聯運

（中建社訊）粵漢、湘桂黔兩路定自六月一日起舉辦旅客聯運，暫以粵漢路之武昌東站、長沙、曲江、廣州，湘桂黔路之桂林、柳州等站爲聯運站，粵漢路之衡陽東站，湘桂黔路之衡陽西站爲聯接站。

中長路瀋烟段通車

（中央社瀋陽電）中長鐵路南段瀋陽烟台間業經搶修竣事，已於本月一日起正式開始通車。

閩贛鐵路舉行復測

（中央社訊）閩贛鐵路鷹潭至瑯頭段，長五五三公里，初測已完畢，路線經過資溪、光澤、邵武、順昌、南平、福州等地，目前以南平至鷹潭間路線未能盡符理想，已繼續測，另作比較，沿線工程極爲艱鉅，而以南平至鷹潭間須跨越武夷山，尤爲艱鉅。

贛粵鐵路勘畢

（中央社訊）交通部息：贛粵鐵路踏勘工作業已完畢，其路線有贛江東西兩線，東線起自曲江，經始興、南雄、南康、贛縣、萬安、泰和、吉水、新淦以達樟樹。西線則由曲江至南康後改經贛江西岸之遂川、吉安、峽江以達清江爲止。兩線均作繪圖研討比較，以資抉擇中。全線長約五百三十餘公里，工程以南康以北路線爲最艱鉅。

滇黔桂鐵路勘畢

（本報昆明航訊）滇黔桂鐵路之勘測工作，已初步完成，全線二百三十公里，並決在廣西之六寨與湘桂黔鐵路啣接。

川樂西公路積極修復中

全長五百一十四公里之樂西公路，自去夏五月塌方後，以及橋樑腐朽，迄今尙未通車，現公路總局，以樂西路爲川康滇之幹道，關係交通至巨，已分令康省公路局，五區公路管理局，及川省公路局，分別搶修路面涵洞及橋樑。現悉：西昌至富林段已完竣通車，富林至樂山段，限本月底通車。（本報訊）

郵電零訊

△全世界無線電週率劃分表中一部份週率，依按區域劃分，該項週率之分配辦法，須由區域內各國共同議定，第一、第二區域會議，已定期分別在歐美舉行，我國係屬第三區域，現擬於本年十月間，由我國召開會議，開會地點就京、滬兩處，擇一舉行，刻正計劃籌備中。

△上海台北間第二無線快機電路，已於三月十五日開放。

△梧州柳州間人工電路，已於四月四日開放。

△漢口宜昌間人工電路，業於四月七日恢復。

△錦州山海關間日式三路載波電話，西安綿川間日式單路載波電話，已於四月四日十二日分別裝妥。

定價：每份壹萬元正
半年訂費貳拾伍萬元正
全年訂費伍拾萬元正
航空或掛號另存郵資拾萬元

廣告價目　每方吋壹拾萬元

中華民國卅七年五月十日出版

中國工程週報

內政部京警國字第五十一號

中國工程出版公司

發行人　杜拱辰

中華郵政認爲第二類新聞紙
江蘇郵政管理局登記證第一三二號
社址　南京（2）四條巷一六三號
電話　二三九八九
總經售處：全國各大書店

一週大事記

是週也：立院自行集會，一場緊接一場：
兩派好較量，互選勝提名；
民青諸公怒不息，東風未必行方便。
朝鮮多事，南部大選流血；
戰局刺激，國內物價又漲。

一場緊接一場，國大圓滿閉幕後，首屆行憲立法院又于上週自行集會，自行集會是一種預備會議性質，上週內所開的兩次預備會中，決定了：（一）設立議事規則起草委員會；（二）院長副院長選舉辦法起草委員會。

這次立院的選舉院長副院長，明是平靜而暗鬥仍烈，院裏產生兩派：一派是提名派，擁護國民黨提出候選人的辦法。一派是互選派，主張由立委自行選舉，如國大選舉副總統一樣。

國民黨曾提出孫科、陳立夫爲正副院長，但是互選派的不贊成，他們大概屬意于傅斯年出任副院長。然而提名派的實力也不弱，他們的理由是院長副院長，不過是掌管事務的，英美議會的正副議長，相當，向由皇家選派或議會內最大黨提名，不必選舉，雙方各執一詞，只是互選派的力量稍強，在起草委員會中決定此種互選原則，最後如何？還要看正式大會討論如何了！

× × × ×

民青立委糾紛的爭執，尚在演進中。兩黨在上海都公開表示非達到原來名額不可，蔣主席邀民社黨張君勱來京，張不來，邀青年黨曾琦談話，也沒有結果，青年黨的問題，較諸民社黨容易解決，傳說政府擬將幾部讓與青年黨，而民社黨的態度，激烈異常。在立法院正式大會開會以前，可能有妥協，希望甚微。

又一傳說：選舉院長副院長，並不待民青立委糾紛問題解決，他們不參加也沒關係。

× × × ×

在朝鮮美蘇的接觸，事實上已開始。蘇聯政府在上週決定一種行動，是相當厲害的。他的聲明，振振有辭，說是「應朝鮮人民請求，蘇聯願撤出北韓的駐軍，」無疑，也要美國撤去南韓的軍隊，美國不肯，說無論如何，也要把南韓政府扶植起來再說，扶植自扶植，這幾天朝鮮南部的普選，演到有聲有色，到處有人搗毀，到處有人殺人，據統計：南韓人民在選舉期間死去的，有五百人之多，結果呢，李承晚絲毫無問題當選，正如某報所形容的，在「毫無對手的狀態下獲勝了。」

× × × ×

宛西的戰事，在慘烈進行。官方傳出消息：東北共匪又正準備新的攻勢。

北方的鈔票，向南流，南過京滬，到港粵；改革幣制的傳說，使人民對法幣之信仰更見動搖，因此游資轉向各業市場，向美金，美金漲；湧向黃金，黃金漲；流向貨物，貨物也大漲特漲；人同此心，大家都想抓一點貨物，要比法幣値價，以致造成上週惡性的漲風。

政府沒有一定處置辦法，這種漲下去，是太危險了。

本報發售合訂本啓事

本報爲便於讀者保存起見，已自第二十三期改爲十六開版面，但外埠訂戶寄遞，仍時有遺失，向本報要求補寄及購合訂本者日必數起，茲特蒐集存餘報紙裝訂合訂本，但爲數有限，第一二三四集各爲百本售完爲止，外埠以郵戳日期先後爲序。

（第一集一期起——十期止）
（第二集十一期起——廿二期止）
（第三期二十三期起——卅期止）
（第四期卅一期起——四十期止）

每集定價法幣捌萬元整
航空每集另加郵費陸萬元

譯述

十萬萬人在饑餓中

欲求天下昇平，首在增加糧產

佛蘭克·亨利(Frank Henry)
譯自：「巴爾的摩太陽報」

在混亂的戰後世界，有十萬萬人仍只得少量口糧，束緊腰帶，掙扎於飢餓線上。這世界仍面對着另一個嚴重事態，而且具有更歷久的時間性——即養活它迅速增加的人口。由於要飼養的人每年以二千一百萬的速率在增加，這是一個迫切的問題，過去十年間，世界雖有戰爭的殺戮，人口仍增加二萬萬，目前已有二十二萬五千萬人。

全世界可耕地的面積只有地球十分之一，因此人口增加對於這地區的壓力也就一代大如一代，特別是在一些比較落後而稠密的地區，按農業與人口專家的看法，只有二種辦法可以減輕這個負担。一種是更科學化的耕植，糧食可增多一倍，另一法是漸漸使用現有森林的中非與南美肥沃的地區。

由於有農業專家們科學的「理解」(Know-How)，第一個辦法似乎更多可能。按專家的說法要使這種智識傳播到世界各處是一種艱巨的工作。但是它比為耕者開闢原野這項工作要低廉而更可能較早收到效果。

需要更多耕地

如果人口仍按目前的比率增加的話，人也許在以後幾代將被迫以平土機與炸藥向森林推進。土地即使在最有利的情況之下，它生產糧食的力量也有所限制，在稠密而落後的地區限制似乎已為期不遠。在東亞若干國家，可耕地每人只輪到半英畝。在南亞，比率為每人十分之八英畝，同時奇怪的是南美人口相當稀少，未經使用的土地尚有好幾百萬方哩，但是已耕的土地每人也只輪到一英畝半。

據專家們說，要打開遼遠的森林是一樁巨大而破費的冒險。在十六十七與十八世紀時的開發者他們雖很勤勞，也仍無法順利打開森林而殖民。現在進行的自然是二十世紀式的開闢——即由大商業出資數百萬元，聘用衛生人員，工程師的「開發」。

人烟稠密區域與人口稀疏區不遠的一個顯著例子是細長的瓜哇島，島上集居人口四千萬。可是跨過狹小的瓜哇海就是巨大而人口稀疏的婆羅洲，它具有充分空間，足容一部份過分擁擠的瓜哇居民。可是婆羅洲土地的開發是在少數冒險者的能力以外的。

據約翰霍布金斯大學地理與國際關係教授潘洛斯(E.F.Penrose)博士的說法，「在東南亞若干島嶼人口密度與農業開發之間具有巨大的對照。但是在毫無政治限制的時期，由一區至另一區的移民始終極為遲緩甚至根本不值重視，原因是如無巨大的資本投資勞工無法大量移動。森林必須消除，公路與鐵路必須建築，同時還有為業務用的房屋與建築的顯明需要。」

「要增加食糧生產目前最好的方法是改進耕植。這事情可由仔細擇種，普遍使用新式工具與肥料的科學地使用來完成。我們看看日本。日本人口激增，它解決食糧問題的辦法就靠選種與施肥。」

年來仍多饑荒

但是除非世界對它新的食糧需要有所調整，這問題的有些研究者已看到今後若干年，即戰爭所造尖銳的危機過去之後，全世界的糧荒將持續下去，因為世界仍像第一次世界大戰以前一樣，靠着地面十分之一的土地所生產的食糧。

聯合國糧農局最近一次報告，曾作成到一九六〇年需要的糧食增加量的估計，該局假定世界人口在今後十二年內增加百分之二十五，它同時說明要使糧食豐富而周全所需各項糧食的增加的百分率。下表顯示意想中的增加。

食糧	增加的百分率的估計
穀物	二一
馬鈴薯及其他根類食物	二七
糖	一二
脂肪(油，牛油，豬油等)	三四
乾青豆，黃豆，扁豆。	八〇
水菓，蔬菜	一六三
肉	四六
牛奶	一〇〇

如果糧農局所估計的人口增加百分之二十五實現的話，而同時每一個人要有周全的食物，那末全世界的農民必須比十幾年以前多生產百分之八十。(其中一半以上係為改善食物，其餘係為人口的增加)但是上表並沒有說明全世界食糧生產者所遭遇的艱辛工作。五穀百分之二十一的增產並不包括為飼肥牛、羊、豬與家禽所需的穀物在內，而家禽為增產肉類百分之四六所由出。

生活的變革

再往前看，聯合國糧農局又談到糧食問題的影響，它有一點對特別適用於落後而人口稠密區域。

「事情需要生活的全面變革，這一點需要科學，工業，政府與人民最大努力」。

按糧農局所看到的大改變最後當由增大的農事效率來產生。得新式機械與科學之助，糧食大增一事可以靠比今天尤少的耕作者完成。因此全世界大批鄉村人口可望轉入工業方面，城市人口並將由此而空前增大。

在若干先進國家食糧生產者，在余人

口中的比例已比較小。在美國與加拿大五分之一的人民生產著足供其餘人吃的糧食，換句話說，一個農家生產的食糧已足供自己及其餘四家人家，而且營養水準頗高。

但是據糧農局稱，在有些國家，人口的三分之二從事食糧生產。平均一個農家的生產只足以供它自己以及另一個家庭的一半以低劣的伙食。因此事實顯示，糧農局所想望的巨大改變將在于落後地區以最大的推動。

委員會曾爲若干國家將來需要的食糧數量有所籌劃。它假定由一九四〇年至一九五〇年，美國的人口增高百分之二十，因此這國家就更多需要百分之十七的肉，魚與蛋，百分之五十五的牛乳，百分之四的穀物，百分之四十八的水菓與蔬菜。

鑒於歐洲需要的巨大，這種改善的伙食，是否有實現可能頗可置疑。農業專家們感到在五穀與肉類方面也許目的沒法達到。他們說，全世界肉類的要求雖殷，但美國的生產已趨低落。在一九四六年美國有大牛小牛八二、四三四、〇〇〇頭。但到一九四七年這數目已減爲八一、〇五〇、〇〇〇頭，豬羊的減少更爲劇烈。

至於食糧委員會所指明的人口趨勢與國務院情報研究局最近所作研究迥異。情報研究局假定一九五〇年美國的人口將爲一四七、〇〇〇、〇〇〇人。這數目比一九四〇年的統計多一千六百萬，增加百分之十二。出乎意外的是情報研究局相信美國的人口在一九五五年爲一五二、〇〇〇、〇〇〇人，而再以後幾十年生殖率將趨於下降。

鑒於地面人口增加的壓力，每人所合耕地的比率成爲世界將來決定性的數字。下表爲世界六大區域產糧土地的總結：

區域	每人所合耕地英畝數
南北美	四畝
南美	一又二分之一畝
西歐	十分之七畝
蘇聯	二畝
東亞	二分之一畝
南亞	十分之八畝

據情報研究局的說法，今後人口的增加在現已稠密的地區以及農作技術落後的地區更爲顯著。在印度，每人所合耕地爲十分之八畝，可以預見的人口增加極大。印度現有居民四一四、〇〇〇、〇〇〇人。到一九五五年，按情報研究局的看法，可能再增加四千萬，於是使每人所合耕地的比率又有銳減。

中國，每人所合耕地只有半畝。

在拉丁美洲，生育漸增而死者趨減顯示，里約格蘭地（Rio Grande）以南的各國不久將成西半球最稠密的地區。情報研究局的報告顯示，該處人口的增加比率較世界其餘各地大一倍。（全世界人口增加率爲每年百分之一。）

在一九五五年以前，南美將增多之人口較北美尤多一千九百萬。全南美人口可得每人一英畝半的田地，這數目是由于人口大增的緣故。不過南美沃土很多，可供開發。

在加拿大與美國——可統稱爲北美——每人合耕地四畝的比例係由加拿大田廣人稀與美國人煙稠密的情形平均算出。按美國本身來算，平均每人大約合三英畝耕地而已。更精確點說，美國目前的人口略多於一四二、〇〇〇、〇〇〇人，農田約四萬五千萬畝，牧地爲產肉類與牛乳所必需，約有五萬五千畝，因此國內有十萬萬英畝，等於國土面積五分之一，係爲農業所用。

但是農田並非完全生產食糧。據農業部專家估計，每人所合田地中有半畝種植棉花與大豆與其他供作普拉斯蒂克原料的植物。因而生產糧食的農田已經每人只合二英畝半。不論按過去與現在的標準，這數目已是爲維持每人豐富而周全的伙食每人最低限的畝數。但是美國人口激增，（到一九五五年將有一五二、〇〇〇、〇〇〇人）它不僅必須供養它自己，而且要供養因耕地少而饑餓的歐洲人民。

據農業部長安特遜說，美國已無更多耕地，因此美國爲達成上述目的，必須利用其新式農業技術大大增加其穀物與肉類的產量。

由於更新方法的使用，特別由於科學家發現殺滅該區流行的牛病蟲的技術之後，美國極南部已成爲牛肉的重要的產區。更大的進步是將熱帶印度布拉曼牛與希爾福特種與安古斯種的後裔交配，得到一種在南方奇長的夏季中繁殖的牛種。南方大片被蝕爛的土地被改成一等的牧地，方法即遍種牛食的飼料胡枝子屬植物。現在南方後瘠的玉蜀黍地已得由一種全新的牛類飼料的種植地補充，那就是甜馬鈴薯，產價極賤，便于乾製。

除了業已著名的玉蜀黍雜種法外（雜種玉蜀黍每畝可多產百分之二十五），科學家正試驗將其他穀物的雜種，以便增高產量。

這些推行中的以及若干進行已久的技術，使一般美國人享受著世界上最豐富的伙食，美國雖有食糧援外，也並無影響。他的伙食使他享有世界合國人民所享最高的熱能——每天三四二〇加路里。戰後歐洲的伙食普通只有一四〇〇至二〇〇〇加路里一天，這是伙食稀少的一個具體的說明。

科學與自然已使美國成爲食糧最富饒的土地，他甚至還有餘糧飼豬，其他國家的人民可自吃尚嫌不足，美國能飼牛以十磅穀物及其他食物，以便餐桌上增添一磅最好的牛肉。通常餵羊以一百〇九磅的穀物可使他長二十五至卅磅。按農業部的麥審斯博士估計，每年美國牲畜吸收的卡路里等于全美人口的三倍。

（完）

TVA十五週年

湯普森（Escar Thompson）作
譯自「華盛頓郵報」

「田納西流域管理處」（Tennessee Valley Authority）將在今年五月滿十五週年了，它已經成爲其他各地類似的電力與洪水控制發展的一個藍本。

開始進行或起擬類似田納西流域管理處的計劃的國家至少已有三個。在這三國，主持管理處的人員也都是田納西管理處以前的僱員。

印度達摩達河（Damodar River）上已開始建立一個電力機構，由前任田納西管理處工程師伏爾鄧（M. L. Voorduin）主其事。祕魯有個樂墩計劃，指導者爲玻斯。巴勒斯坦擬在約但河上進行巨大發展，計劃已在起草中，主要工程師爲詹姆斯．海斯，也是一位以前田納西流域管理處的工程師。

波多黎谷的山區有個小型的「田納西流域管理處」已將近完成。它將供給該區所需電力七分之一，以代替輸入的油類。

李林紹辭去田納西管理處主任，而另任原子能委員會主席時，曾經說過，管理處的業務已由第一階段——富於劇烈性的造閘計劃，——進到第二個階段。繼任者克來普（Gordon R. Clapp）又詳細說明這一點，他說：「我們現在已有了充分利用流域自然資源的工具，而這是建設水閘以後的收穫。」

田納西流域管理處是由一九三三年的國會法案所創立，這法案賦管理處以安撫田納西河，以達成控制洪水，電力與航行等目的。管理處獲有廣泛權力，以協調並發展田納西流域的資源，如土地、礦苗、

（下接第五頁）

世界各國電力之鳥瞰（續）

茅榮林

（九）瑞典——瑞典一九三四年全國電力容量約爲二，〇〇〇，〇〇〇瓩，發電量爲六七億度。其中水電佔百分之九一，爲六十一億度，約佔全國水力資源百分之十五。一九四六年統計已增至二，五四〇，〇〇〇瓩，發電量爲一四〇億度。

（十）瑞士——瑞士一九三四年全國電力容量約爲一，五〇〇，〇〇〇瓩，發電量爲五三億度。水電佔百分之九九，爲五二•六億度。一九四九年已增至二，五〇〇，〇〇〇瓩，發電量爲六六億度，約佔全國水力資源百分之五〇。現有電力容量或已較此稍大。

（十一）荷蘭——荷蘭全國電力容量約爲二，〇〇〇，〇〇〇瓩，發電量約爲七〇或八〇億度。

（十二）波蘭——波蘭全國電力容量一九四六年約爲一，五〇〇，〇〇〇瓩，發電量爲五〇億度。新計劃擬於三年內即一九四九年底增至六〇億度。

（十三）希臘——希臘全國電力容量，尚未獲確數。僅知聯合國研究委員會（U.N.I.C.）建議開發希臘水力計劃，藉以供給廉價電力並兼理防洪排水及灌漑等問題。該計劃擬於五年內增加電力容量八〇〇，〇〇〇瓩，可以每年增加發電量五〇億度。其中在（1）伊必洛斯（Ebirus）的阿契洛斯河（Achelcos River）建立三個電廠共計二九〇，〇〇〇瓩。（2）麥克杜尼亞（Macedonia）的阿里阿克蒙河（Aliakmon River）建立一〇〇，〇〇〇瓩電廠二個。（3）史拉斯（Thrace）的納史吐史河（Nesfos River）建立二〇〇，〇〇〇瓩電廠一個。需費約一億美金云。

（十四）加拿大——加拿大全國電力容量，於一九三四年約爲四，五〇〇，〇〇〇瓩，發電量年達一八五億度。其中水電佔百分之九九以上，爲一八三億度。二次大戰時爲配合英國軍需工業的需要，乃大量開發水力，於是電力容量逐年增加。一九四五年，發電量增至四〇〇億度。一九四六年發電量增至四一五億度。一九四七年上半年發電量已二二，八六三，二八八，〇〇〇度。以此推算全年發電量當達四五〇億度。又"拿大水力總處（Dominion Wafer and Power Bureaw）計劃，添建約七五〇，〇〇〇瓩。其中於一九四七年底已完成一〇〇，〇〇〇瓩強。於一九四八年擬完成二〇〇，〇〇〇瓩，餘於一九五〇年底全部完成。

（十五）墨西哥——墨西哥於一九四六年全國電力容量爲八二三，五六〇瓩，發電量爲三三•七六億度。其中水電佔百之四一%爲三三七，五〇〇瓩，佔其水力資源百分之七•五。戰後爲配合其工業化計劃，墨西哥聯邦政府電力委員會乃議訂電氣化六年計劃，由一九四七——一九五二年內增加電力容量八五五，〇〇〇瓩。所有擴充或新建之電廠，平均分佈於全國二十八省。

（十六）澳大利亞——澳大利亞現有電力容量爲一，九六四，五四二瓩，發電量約爲八〇億度。新五年計劃已在進行建築者爲八二一，五〇〇瓩，已在規劃者爲八一〇，〇〇〇瓩。至一九五一年全部完成時，將達三，五九六，〇四二瓩，發電量可達一五〇億度。現有電力容量，水電佔百分之一三。內燃機佔百分之四。惟新計劃則偏重於水力開發，以濟煤荒。

（十七）菲律賓——菲律賓戰前電力容量原甚貧乏，經二次世界大戰之破壞，僅存數萬瓩而已。戰後美國允許其獨立，乃須佈憲法並積極建設，曾由全國動力企業局（National Power Corp）擬訂水力發電建設五年計劃，建築水電廠廿四個，電力總容量爲八五〇，〇〇〇瓩，佔該島水力資源百分之五〇強。迨至一九五一年全部完成後，菲律賓全國電力容量可達一，〇〇〇，〇〇〇瓩左右，發電量亦可達四〇億度。

（十八）印度——印度電力於一九三一年總容量爲一，〇〇〇，〇〇〇瓩強，其中水電約佔三分之一爲三四〇，〇〇〇瓩。一九三三年統計水電爲五〇〇，〇〇〇馬力，合三八〇，〇〇〇瓩。茲後逐漸增加，成績頗優。據一九三七年納介揭氏（Shiv Narayan）估計，印度每人每年可配得電力二十一度，以印度人口三億九千萬人計算，即可達八〇億度。再假定每一千電容量能每年發電四，〇〇〇度計則印度於一九三七年電力容量已增至二，〇〇〇，〇〇〇瓩左右矣。十年後之今日，因其配合英國戰時軍需工業之需要，雖不會像加拿大之進勁，當亦有相當進度，故印度現有電力可能達三，〇〇〇，〇〇〇瓩，發電量可能達一〇〇億度。茲將其水力資源，已開發水力，及擬開發水力摘要如下：

（甲）印度水力資源可能最大容量爲一二，六八〇，〇〇〇瓩，可能最小容量爲七，五一二，〇〇〇瓩。

（乙）已經開發者，合計三四〇，七五〇瓩。

（丙）擬即開發者，合計三八四，〇〇〇瓩。

此外尚有戰後薩凡奇博士代爲設計之大型水電廠數個約百數十萬瓩。

（十九）南非——非洲水力資源異常龐大，估計達二億一千萬瓩。惟已開發者極少。至於南非現有電力容量究爲若干，尚未獲詳確報導，可資參考。惟知西皆有電力供應委員會（Semi——State Electricity Supply Commision）於一九四五年可供電量爲四，八六一，四〇〇，〇〇〇度，約合電力容量一〇〇萬瓩多。其中水電佔百分之二〇云。

上述十九國其中美、蘇、英、加、日、法、德、義各國均較我國電容量大至十餘倍至五六十倍，即歐洲小國如荷蘭、挪威、瑞典、瑞士等亦爲我國之四倍至七倍，若以其土地之小人口之微計之，每人每年可配得電力爲二千度左右，較我國僅每人每年配得電力約四度強，則相差幾達四五百倍，聞之寧不愧汗？深望我國人民與政府，上下一致，同心戮力，努力水電建設；庶幾才能渡過黑暗，進入光明的境界。

（完）

華南建設

粵省宋子文主席六日於記者招待會中稱：美國貸款中撥一部分作華南建設之用，原則已決定，詳細節目及技術問題仍待商討，並已派員赴京洽商。華南較華中華北安定，故較易得到外資的幫助。

黃埔建港工程，一度因經費困難而延滯，現四聯總處已通過貸款三千億元，連粵省自籌二千億元，共五千億元，工程可照原計劃進行。

宋氏對海南島治安表示不滿，認爲數月來並無進步，原因之一是兵力不足，剿匪部隊缺額多。

爲開發海南而籌組的海南實業公司，渠稱兩月後可正式成立，開發海南計劃亦正研商中，粵省府將撥鉅款投資於海南實業公司。（廣州航訊）

森林與工業等。這區域面積廣達四萬方哩，人口有四百萬。

它的電力方案發展得很快，現在管理處已是美國電力最大的一個生產者。去年，他爲八十萬用戶，供給了一百五十萬萬個瓩時。

田納西流域管理處與二十二個民營電力廠具有合同關係，以便互接設備，交換，購買電力與互相作緊急時可靠的服務。

在一九四七年那一個會計年度，管理處爲私營公用事業互換了一、一二六、六○○、○○○瓩時的電力，並出售一、○四二、四○○、○○○瓩時給它們。

與田納西流域管理處有來往的巨大公用事業中有喬治亞電力公司，阿爾巴馬電力公司，亞爾薩斯電力電燈公司，衞士失必電力電燈公司，阿巴拉欽電力公司，卡洛林那電力電燈公司，路易斯維那煤氣與電力公司，肯塔基公用公司等。

田納西流域管理處估計查塔諾伽城由於每當冬天雨季田納西河有調節，過去四年，節省了洪水災害二千三百萬元。

它又指出，在俄亥俄河下游一旦發生巨大洪水，它的堤岸系統，可令伊利諾州的開羅城與阿肯薩斯河口處的洪水高度至少減低二呎。它說，減低二尺足以保護俄亥俄河與密士失比河下游，其價值達二萬萬元。

田納西河上九個主要的閘，形成由諾克斯維爾至俄亥俄河中間長六百三十哩的一條運河，它可以航行吃水九呎的船隻，去年一年間，通過運河運輸的貨品達三萬四千萬噸哩。

至於田納西河，由一湍急而無河控制的河流改成一片湖沼，現已與一萬哩的內地水道聯結。它使運輸低廉，由中西部運出農產，由北部東部運出汽車與其他製造品，由路易斯安那運出石油，銷行於全流域。

到一九四七年六月三十日爲止，聯邦政府爲田納西流域管理處的純投資用爲是七九一、三二五、○○○元，其中三四八、二三九、二四○元係爲電力系統所耗，而管理處報告，電力系統業已淨賺二五九、八八七、○○○元。

管理處稱去年一年電力收入爲二一二、○○○、○○○元。

蘇聯工業水準提高
汽車等產量激增中

在莫斯科舉行了蘇聯汽車與拖拉機工業部的管理的活動份子會議，該部部長S·阿考夫出席會議報告一九四八年的計劃。他指出，由於戰後工業的再組織的結果，汽車、拖拉機、軸承、機器脚踏車、脚踏車和其他的生產品在過去一年內大大地增加了。汽車工業達到了戰前的生產水準。部長也告稱，本年內較去年的汽車生產提高了百分之五十，拖拉機提高了百分之九十五，軸承提高了百分之二十六，機器脚踏車提高了百分之五十六。新的戰後構造的汽車出品銳利的擴大了起來。尤其是蘇聯最大的汽車工廠之一的高爾基汽車工廠復業"GAZ——51"的生產量較去年多了三倍多，而「勝利」式輕型汽車增加了十倍以上。在軸承工廠裏，這一年要獲得三百種以上的新式軸承。

蘇聯擬建高爾基水力站

蘇聯將有開始建築高爾基水力站的準備。這水力站將建立在俄國的大河伏爾加之上，高爾基城的上游，它將是蘇聯國內最強大的水力站之一，僅稍遜於著名的涅泊河水力電所。在水力站上將建造長達三百三十六公尺的混凝土攔水堤和一萬二千六百公尺長的土質水堰。輪船、貨船木筏要通過巨大的兩層水閘，它的水庫之間成了面積在三平方公里以上的水池，這一水池可以被利用爲修理用的水淀和多季船隻停泊之處。建築家當前要挖出一千二百萬公方幷塡入二千萬公方的土方，放進百萬公方的混凝土與鋼筋混凝土，架設一萬二千噸的金屬結構與機械。由於攔水堤建築的結果，河水的水準較平時的水準提高了十公尺，這一來使造成了面積達十七萬九千梅克塔爾的蓄水池。爲防止附近可耕土地被水淹沒起見，要建造總長度約一百公里的土壩。水力站第一項工程擬將在一九五三年建築。它的建築將有五萬左右的人從事工作。高爾基水力站對於國內中部工業區的新企業將供給低廉的電力，幷且大大地改善從舍爾巴考夫城到喀瑪河河口間河道的大部份的航行條件。

英製造精小汽渦輪
可用於公路汽車上

（英國新聞處倫敦電）英國國營噴射推進器研究發展公司行政主任瓊遜最近在倫敦宣稱，英國已完成世界用於公路車輛方面之第一具汽渦輪。（Gas Turbine）四月間將模型引擎首次展覽於伯明罕英國工業博覽會中。此前所未有之極小汽渦輪，爲一噴射工程之傑作。直徑爲七吋，長五呎，重僅二百五十磅。其鋼葉之大小爲半吋，相當於三十五匹至四十匹馬力之最新引擎。其「天然」燃料雖爲柴油，惟其顯著特點爲繼續發火之汽油或醚油亦可燃用。瓊氏稱：「十年或十五年之內，吾人或可欣然使用煤屑開動汽車矣。」據消息再經二三年之發展，該項引擎可不集體生產。

公路汽車採用渦輪之最大優點爲重量有限而馬力強大，行駛平穩，毫無顛簸，增加燃料簡易，使用耐久。

英將用雷達探勘油礦

英國工程師和科學家數隊，今年將分別用雷達設備在北威爾斯，蘭開夏和英格蘭中部各地探尋油礦，此項試驗對於今後的油礦探勘工作或將有重大影響。雷達原是戰時的一種發明，可藉以知敵機將臨，並在未達視界前，卽見其飛行路徑瞭如指掌，現在更希望可藉以發見深藏地面數百呎以下的油礦呢。

國外通訊

治霍亂新藥問世

（英國新聞處倫敦電）孟買醫生一組頃在最近一期英國醫藥雜誌上發表一文，報告醫治霍亂新藥之驚人成績。此新藥爲磺胺組之一種，定名爲「六五二七」。已在二十七處鄉村內用此藥治療病人八十五名，病人均在家中治療，並無看護及一般醫藥治療設備，亦未作他種治療。在共治愈之病人八十二名中，新藥皆由口吞服，服法非常簡單。上述二十七鄉村中霍亂死亡率以往曾高達百分之六十。

三月份英國造屋三萬餘幢

三月間英國所建永久住屋幢數已創新記錄。完工者三萬另三百五十七幢，較去年成績最佳之十二月超出二千五百幢。此等新屋建於英格蘭及威爾斯者計一萬八千八百幢，建於蘇格蘭者一千五百幢。再者，三月份所完成之臨時住屋亦逾三千二百幢。是月計有二萬七千三百另二戶獲得新宅。因此在英國戰後造屋計劃之下重獲住宅之住戶總數已逾六十五萬五千五百戶。

戰時被日刧掠物資

美國規定十一月半截止申請

吳半農要國人注意期限

（中央社東京電）盟總已接獲美政府就戰時遭日本刧掠物資處理辦法之臨時指令，其中規定今年十一月十六日爲是項財產之最後申請期限。上項指令係於最近所發布。至遠東委員會對於被刧掠財產之政策，現尚未獲決定。據我國駐日代表團賠償歸還委員會主委吳半農稱，我國人必須注意上述之期限。渠指出戰時我方遭日本刧掠之財產爲數至巨，但迄今提出申請者不如預料之多。吳氏敦促國人速提申請，並強調必須於申請時附有證件或憑據。渠稱過去十五個月內，被刧掠之財產中發還者僅有極小部分。渠估計自我國刧掠之機器，至少有四千件，其中多爲主要機件。目前業已歸還者，僅永利化學工廠一家，該廠專製氮化氣，戰時自南京全部拆運日本。此外自廣州運至北海道之廣州紙廠，其歸還事宜現尚未議妥。又最近在關西區調查之結果，一千三百廿六部機器中，有一千一百四十四部已證明係自我國掠去者。調查工作仍繼續進行中。我方申請之百餘艘船隻中，八艘業已歸還。書籍部份歸還我國者，已共有十一萬四千冊。其餘歸還物品中，有汽車若干輛，以及機器、地圖、器皿、帷幔、花瓶、圖書等。

國內消息

四聯總處通過

墾貸增加一萬億元

黃埔築港借三千億

綏遠礦碱准貸一百億

（中央社訊）四聯總處於六日上午舉行第三六四次理事會議，由俞理事鴻鈞代理主席，通過要案如次：（一）增加農務生產貸款：本年度農貸總額曾經第三六〇次理事會核定爲生產貸款三千億元，運銷貸款七千億元，茲以產量成本增高，經該日理事會核准，增加生產貸款一萬億元，連前核定之三千億元，共爲一萬三千億元，至原核定之運銷貸款，由各行局按業務貸款方式自行酌辦。（二）核准黃埔築港貸款：黃埔築港，係國父實業計劃中之重要項目，自宋主席蒞粵後，即由省府積極推動，所有碼頭建築，水道疏濬及聯運銜接等工程，已次第完成，該處頃爲協助興建倉庫電廠，以便完成全部計劃起見，經該日理事會核准，由粵省府出面承借三千億元，依照工程進度，由當地承放行局撥實付款。（三）核准綏遠礦碱產銷貸款：綏遠伊克昭盟鄂托克旗所產天然礦碱，貸作墾墾，該省合作物品供銷處，近曾訂定增產計劃，擬將礦碱加工煉製燒碱，請求貸款，經核准貸予一百億元，由中央合作金庫承放，先就五十億元額度內支用。

電力事業近訊

（本報訊）資委會所屬各地電力事業，均在進展之中，茲將最近情形彙誌如次：

（一）西京電廠一、〇〇〇瓩新機廠房工程，業已全部竣工。至發機運輸工作，因受戰事影響，阻於徐州，刻已決定取道水路，經川運陝，日內即可自徐州運出，趕情西安裝置，以應急需。

（二）湖南電氣公司長沙發電廠二、五〇〇瓩汽輪發電設備，配裝下攝司移來之一、〇〇〇瓩鍋爐，業於上月八日裝竣，正式加入供電，現該廠發電容量已達三、五〇〇瓩。

（三）皖南電廠籌備處新發電所房屋及機器底脚工程，前經招商承建，現已開工，刻正積極趕建中。

（四）台灣電力公司向美商西屋電氣公司借貸美金二百萬元，已簽妥借款合約，經由中央、中國兩行担保，刻已生效，上項貸款，對於該公司將修設備，加強供電力量，將大有裨助云。

賠償物資價配民營
申請期間月中截止

（本報訊）日本賠償物資價配民營申請期限，前經延至四月十五日截止，經濟部近奉行政院令，以內遷工廠請求優待價配問題尚未解決，着延展一個月，即至本月十五日止，不再延遲。經濟部以賠償機器所塗防銹油料，其有效期間為六個月，勢不能再延，經呈復敘明原由，請將延期申請一節，即作為經濟部價配之處理期間，不再公告。

戰時內遷工廠
可得優先價配

（中央社訊）戰時內遷後方工廠請願，呈請行政院准予優先價配日本賠償物資一事，業經行政院昨七日臨時會議中通過，政院為此會邀集各有關機關，對該項請求各點，擬議審查意見如下：

（一）戰時內遷後方工廠申請價配日本賠償物資，可予優待，但曾經承購敵偽產業之廿二個工廠，不再享受此項優待。

（二）優待範圍以紡織、機器、造紙及煤礦等四類廠礦為限。

（三）此次直交經濟部價配之工具機，共實際可能配售者，約一千六百餘部，擬酌提三分之一，配售予內遷各廠礦，以後配交之工具機，亦得依照本案優待規定辦理。惟價配其他之賠償物資，不得援例。

（四）戰時內遷後方工廠承購工具機，繳納價款，優待辦法分左列兩項，自行選擇其中之一項。

甲、一次滙繳全部價款者，予以八折之優待。

乙、不能一次滙繳全部價款者，准予先付百分之二十（包括保證金百分之五在內），餘數分三年繳納（每年二期共六期），前兩年照通例每半年繳百分之十五，第三年每半年繳百分之十。

（五）上述工具機承購之優待規定，僅以價款為限，其餘起卸、存儲、保險、保管及運輸等費用，均不予優待，應依照院頒繳款辦法第六、七兩條之規定辦理。

全國水泥公業公會
通過要案多起

（本報台北通信）全國水泥工業公會業于本月三日上午在台北開幕，通過重要議案如下：

（一）向財政部請求，凡水泥成交合同訂立後，將應繳稅額，一次向當地稅務機關交清，以後作寄存論，出廠時不再納稅。

（二）請政府迅速發放水泥業特別工貸。

（三）全國水泥工廠包裝所需紙袋，請政府規定輸入限額，交給本會分配。

（四）出口水泥換取外匯數額，請央行與輸管會當局，再行放寬比率，以利外銷。

（五）請交通部轉飭各路局暨輪船公司，對於水泥運費降低一級，與煤斤同級計算。

（六）全國工業總會將在六月底成立，本會決定派代表七人參加，由下屆理事會決定人選。

民生煤礦
孫廠失陷贛廠擴充
一俟行總器材撥到
即可大量生產

行總以民生煤礦公司抗戰時期損失慘重，列為應予優先配售者之一，曾經雙方簽定合約，價款經該公司如約付清之工礦器材，計四十九種，及中型修理廠機件計四十五箱。經行總發出成交單，（即提貨單）而經提出者，祇零星配件而已，至主要機件，除二十馬力電動起重機，及四十馬力蒸汽起重機外，其他有關工礦器材之成交單十五份，及修理機件，全部均未提出。其未提出之原因，係行總歷次改組，無人負責，以致拖延數月，至結束為止，現時善後保管委員會，復以改換成交單為名，拖延至今，仍無結果。該公司河南礦廠雖失陷，而江西豐城分礦，正待開發，每日出產一千噸之礦井設備，業已鑿透，但以礦水大，煤汽重，急待安裝機械，以利出產，且此礦具有水陸交通之便，礦藏豐富，惜以行總配售之器材不足應用，故初步生產計劃，祇出每日二〇〇噸至一〇〇〇噸，第二步再增加機械力量，使產量每日增至四千噸為目的，原計劃先後交行總備查有案。現該公司因器材不能提到，工作不能按計劃進行，損失甚鉅，現正呈請善後委員會本行總救濟之意，履行合約，將已發之成交單所開之器材，迅速准予提出，以便利用，而資生產。

又浙贛路局，因該公司供濟該路燃料，在互惠條件下，租與公司75KW柴油發電機六部，及二十磅輕便鋼軌二十公里，以配合行總配售之電動機器及柴油機關車之用，現該項浙贛租予器材均已撥到。

撥五千億元
建機關宿舍

（本報訊）關於首都中央各機關宿舍建築原則案，曾於前次政務會議中提出討論，決議通過。其中經費部份（五千億元）經國府文官處核定在本年度特別預算內增列。

察省工業次第恢復中

察省張垣、宣化及下花園等地，敵僞侵佔期爲華北重工業區，建設大小工廠凡數十餘所，勝利接收後，復遭共軍破壞，計後經年餘之整修，能次第復工生產者，計有榨油廠、料器廠、綜合機器修理廠、食品廠及釀酒廠等。整修竣事，並已將原料器材籌備就緒而即將復工者，計有橡膠廠、製材廠、紙烟廠及宣化造紙廠等數家。惟以該工業區悉賴下花園及張垣二發電廠之電力，而該發電廠自經資委會冀中電力公司接收後，整修尚未竣事，一俟該二處發電廠順利輸電後，各工廠生產當可激增。

·察下花園煤礦即將復工增產

察省下花園石佛寺煤礦，藏量豐富，品質極佳，爲該省省營之一大煤礦，本年三月中旬，已由察省府移交企業公司接管，業經該公司積極之籌劃，不久即可復工增產云。（中建社訊）

京市人口統計
四月份百廿餘萬

（本報訊）南京市上（四）月份人口統計：計共二三〇、四四三戶，一、二〇一、一七五人。計男性六九一、九八六人，女性五〇九、一八九人。

四月份本市人口出生多於死亡一倍弱。計出生一、〇九九人。計男嬰五六一。女嬰五三八。死亡五五〇。計男性二九六人。女性二五四人。

中元紙廠向美貸款二千萬
在榕設立造紙木漿廠各一所
預計三年後報紙即可自給

（本報訊）全國經濟委員會與經濟部，前曾召集有關機關代表，會商增加報紙生產事宜，並令飭中元、中國兩造紙廠，擬具設廠計劃，俾使早日興工，以供國內之需要。頃據有關方面消息，中元造紙廠已向美商企業公司，徵得美國進出口銀行原則上之同意，借款二千萬美元，在福州創設木漿廠及造紙廠各一所，預計三年內完成，每年可產白報紙三萬噸，木漿三萬九千噸。

又悉：中元造紙廠向美國進出口銀行借款，須待我政府同意後，始可正式談判。至該廠所請發給歸還美國進出口銀行借款本息時准予結匯之證明文件，已呈經濟部轉呈行政院核示中，一俟批准，即可進行談判工作。

錦西電廠開始發電

（中建社訊）錦西電廠一萬瓩發電機自遭破壞後，經由當局協助該廠竭力之修理下，終於本月二日開始發電。並由開灤煤礦每月供應燃煤二萬噸，即將源源出關。

台糖大批輸日

（中央社高雄九日電）日輪「三寶瑚」丸昨載台糖五千噸駛日，又「日昌」丸最近亦將繼續來台裝糖。

江南水泥廠即可恢復

（中建社江訊）南水泥廠自民國二十四年組織成立，原定二十六年開工出貨，因抗戰軍興，該廠機件被日人拆毀，遂告停頓。勝利後，經積極着手整頓及安裝新式機器等，以漸趨恢復，預計本年十月間即可開工，每日產量可達四千五百桶之鉅。

日賠償物資又到一批

（本報滬訊）日本賠償物資，近又由昌黎輪自大阪運來一批，共計七三九箱，其中包括經濟部二八五箱，交通部一一八箱，國防部二二二箱，教育部八箱，資源委員會一〇八箱。此外，尚有歸還物資十三件，亦運返我國，將交由日本歸還物資處理委員會處理。

國防科學展覽會

（本報訊）國防部第六廳於八日起在黃埔路御史廳舉行國防科學展覽會。參加之單位包括海、陸、空、聯勤各司令部所屬之各部門，全部展覽品約達二千餘種。大部均爲國產之各類兵工器材，海軍船艦、陸軍機械化裝備、空軍飛機與防空設備，聯勤運輸糧秣工具等。

浙贛路修復工程繼續向西推展中

（本報杭州訊）浙贛鐵路自杭南通車後，即積極進行南昌至萍鄉段二百六十公里之修復工程。向塘至樟樹六十餘公里鋼道，已於四月三十日午夜完成，刻正繼續向西推展。此一橫貫浙、贛、湘三省長達一千一百五十餘公里之東南交通大動脈，預計可於本年七八月間全線貫通。

卅年來之中國工程

三十年來之中國工程，爲我國工程界之一大巨著，係中國工程師學會主編，初版於重慶即銷售一空，再版本係用新聞紙精印，全書厚一千餘頁，定價每本爲一百二十萬元，郵費另加，現已印就，開始發售。發售處南京（2）四條巷一六三號中國工程出版公司。

中華民國卅七年五月十七日出版

中國工程週報

內政部京警國字第五十一號

中國工程出版公司

發行人　杜拱辰

定價　每份壹萬元正
半年訂費貳拾伍萬元正
全年訂費伍拾萬元正
航空或掛號另存郵資拾萬元

廣告價目　每方吋壹拾萬元

中華郵政認爲第二類新聞紙
江蘇郵政管理局登記證第一三二號
地　址：南京（[illegible]）四條巷一六三號
電話　二三六八九
經售處：全國各大書店

鐵路工程的多邊認識（上）

淩鴻勛

本文係淩鴻勛先生于卅七年五月十日應中央大學邀請所講，紀錄者錢冬生先生。

（一）籌劃與設計

各位先生！各位同學！目前中國的鐵路，因爲戡亂戰事關係，正在一個最艱苦的階段。要渡過這階段，再重新從事大規模的復興建設，這其間還不免有相當的時日。

今天的在坐的各位工學院的同學，對於將來中國鐵路的復興，必將有相當地貢獻，也就是說，中國今後鐵路復興的希望，將要寄托在各位。所以，本人願意根據自己的經驗與意見，將一般教科書上所講不到的，尤其是那側重於土木工程方面的，拿來與各位講講：

我們知道：一件實際工作的完成，主管工程司，原不僅在技術方面，要會做測量與設計等工作，而且他還需具有一種廣泛的知識，尤其經濟方面的知識。

單拿鐵路工程來講，每條鐵路，由興築而至運用，照例均須經過三個時期：

（一）籌劃及設計時期
（二）施工時期
（三）運用時期

每一個時期，有每一個時期的特色。這些特色，也就是本人在這「鐵路工程的多邊認識」內所要講的對象。

今天，先講籌劃與設計。

但在未講正文以前，我們應該將鐵路工程與經濟問題間密切的關係，先提一提。

我們知道：興築鐵路所需要的資本，往往是非常龐大的。鐵路路綫本身的長度，往往是綿亘幾百公里，乃至幾千公里的。拿來與大工廠，鉅型水力發電，乃至運河工程相比較，則鐵路所影響的範圍，實在要比那些工廠、水電等只限於一地的，運河工程等只限於幾十公里的，都要遠大得多。這可以算是鐵路的一種特色。在別種工程中，除了美國新近完成的TVA工程而外，似乎便再也沒有甚麼範圍特大的工程，可以拿將出來與鐵路相比。

這樣看來，鐵路工程的投資既大，所及範圍又廣，而牠業務的榮枯，又是寄托在牠沿綫所經的地方；則鐵路的經濟價值，應該就是牠最主要的價值；而經濟的得失，應該就是決定鐵路興廢的最主要的原因。

不過，我國的鐵路，大都是國營的。在國營原則之下，軍事及政治作用往往會超出經濟價值，直接形成爲決定鐵路政策的因素。

但若爲着鐵路在今後的長期經營着想，爲着吸收外資着想，爲着鼓勵民營着想，則基本經濟條件的研究，仍舊應該是鐵路工程司的分內之事。所以，一個良好的鐵路工程司，不僅要在技術上有高度的成就，而且，他還應該兼通經濟。對於投資出錢的人而言，他應該能夠告訴他們：建築某條路所需要的成本，共是幾何？將來牠的營業收入，大概是幾何？常年的盈虧，大概是幾何？……諸如此類的問題，工程司應該都能解答；而解答時所必需引用的資料，則是從測量與設計得來。

測量的第一步，乃是踏勘。在踏勘中鐵路工程司所用的儀器，非常簡單。普通講來，只是等於沿着所勘的路線，走牠一趟。憑着他的工程經驗與眼光，就可以採探出一些他所需要的資料，從而編製各種估計與報告。這樣的踏勘，有人雖然提出主張，可以用航空測量來代替。但從實用上看來，地面測量，似乎總比空中測量，來得清爽。所以，除了山區而外，航空測量在踏勘方面的運用，還是很有限的。

踏勘的意義，約略講來，是在決定下列兩點：

1. 路線的可能性，
2. 經濟的可能性。

路綫的可能性，表現在工程的難易；而其決定性的因素，不外沿綫各重要控制點的水平差度，河流、隧道或大量石方之類的是否可以避免……等。經濟的可能性，直接反映出所勘路線的是否值得興築；而其決定性的因素，不外沿綫人口的多寡，物產的豐嗇，工礦發展的可能性，水運及公路聯絡綫的是否四通八達……等。

照一般情形，在兩個大站之間，所可供採擇的路綫，往往不僅一條。爲覓取其中最合適的一綫，鐵路工程司每須逐條均加踏勘，往返幾趟。事後，再根據資料，編製下列兩種估計：

1. 運量估計，
2. 工程估計。

前者所以用來推測一條路的營業收入；後者所以用來決定一條路的建築成本。爲使這兩種估計的編製，較爲嚴密，我們可以參考國內各路以往的統計資料，諸如每公里路綫的平均建築費，其後的增資額，運量的發展與數額等，揀那情形相近的，（例如在替閩贛鐵路做這種估計時，就可以拿那同在華南的粵漢與浙贛兩路做例子）比較研究，也就可以略推將出來。

又在運量的估計方面，根據經驗，我們也大致有幾條原則可循：第一、一路的客運的多寡，往往與牠沿綫人口的數量，成平方比。比如說，甲綫沿綫一百公里以內的人口，比乙綫的倘若是大一倍（即是說：甲綫是乙綫的兩倍），則甲綫所吸收向客運，往往就是乙綫所吸收的四倍。運用這種關係，則在新綫的客運估計中，自然可以較便於推算。第二、按照戰前的統計，國內各路客貨運營業收入的分配，大致可以分成下列三種型式：

	佔全部營業收入的百分率約數 貨運	客運
（一）北甯（貨運特暢之路）	75%	25%
（二）津浦（客貨相似之路）	50%	50%
（三）京滬（客運特暢之路）	30%	70%

北甯沿線，糧食與礦產等十分豐饒，可以算作貨運特繁的路線代表。京滬沿線，人口稠密，而其水上貨物的平行運輸又很發達，所以，便成爲客運特繁的路線的代表。津浦路的情形，則係介於前二者間，所以，牠的客貨運輸，就能夠平衡發展。我們利用這一種已有的資料，則在新綫的運量估計中，就能夠酌量情形，加以分類，從而分別估算。

第三、實際運量的多寡，還要看沿線競爭的情形，與鐵路所具有的設備，果係如何，才能做最後的決定。這因爲鐵路的功用，原只在其「能爲人出」一點。所以必須牠的設備能夠適合大家的需要，然後大家方才願意照顧牠。且拿京滬鐵路來做一個例子，牠目前的客運雖然發達。但其所特恃以爲客運的，還是在於牠的車輛等類的設備。倘若牠客車沒有遮，不能遮蔽風雨，不能按時到達，則不出幾天，由鐵路而改乘輪船的人，一定會很多，又牠的貨運倘若常常誤期，承運的貨物常遭失竊，則牠現時所有的貨運，大概也無法保持。又若牠的橋梁載重不足，車站號誌等設備不合用，則便徒然擁有這樣多的運輸需要，牠也承運不了，所以，在運量的估計中，最後的一項決定因素，還是要將沿線的競爭情形，加以研究，再從而決定牠所必具的設備，而後才能使上面兩節所說的運量估計，得有相當的保障。

這便是編製運量估計的情形。

再說工程估計。在一般人的心目中，工程估計似乎只限於建築時所必須耗費的資本額一項的估計。當然，這項工程費（也就是投資額）的估計，乃是最重要的。如何設法節省這項工程費，從而減輕投資的數額，也正是我們鐵路工程司的責任。但從另一方面看來，工程費的過份節減，常會引起營路費的增高，甚至限制到運輸力的發展，那也是件不能不預先注意的問題。我們知道：工程費的支出，只有在建築時的一次，營路費的支出，即是經常的，我們又知道，鐵路的榮枯，繫於運輸力的通阻；而運輸力的通阻，往往又視當初築路時所做的工程的完備與否，而有不同。所以，我們對於工程費的節減，并不能一味地苛求。

倘若爲了這種節減，或是爲了要縮短工期，竟而造成了一條標準較低的鐵路，或是路基寬度不足，或路基在洪水面上，還不到半公尺，則在將後的營路維持上，乃至澈底改善上，必然都是一項很大的負担，又如路基的邊坡不足，或是坡腳挨近到河邊則在日後行車時期，必將很容易地遭受到坍方或沖刷等，阻塞行車的困擾，又如在路綫的某一地段，爲了減少工程數量而將牠的標準放低，或是坡度過大，或是彎道過銳，則在日後行車方面，一列車走到這裏，也許要多加一些機車也許要把牠分成兩列車，方能夠通得過去，這對於鐵路業務的執行，該是如何的不利。所以，在可能範圍以內，工程數的節省，應該以不降低那條路原定的工程標準爲原則。

講到鐵路的工程標準，這其中所規定的項目，原也很多。但大體上看來，這些項目，大抵可以分成兩類；一類是屬於路綫方面的，諸如坡度與彎道等項；一類是屬於設備方面的，諸如鋼軌的單位重量，機車的軸重，橋梁的荷重等都是。

我國的國營鐵路，已自訂有了一套分級的標準。是項分級的標準，很可以供給各位參考，過一天，本人當奉送貴校一份。此刻，先將那國營幹綫標準，提出來，向諸位說一說：

幹綫最大坡度，丘陵區不得超過1%，山岳區不得超過1.5%；彎道曲度，以公尺制計，丘陵區不得大於四度，山岳區不得大於五度。機車的軸重，規定爲20公噸。橋梁的活荷重，規定其不得小於中華20級（約相當於古柏氏E-50級）。每公尺軌重，規定爲43公斤（約合每碼85磅）。

這乃是幹綫標準。對於重要的新路，或預料中能有迅速發展的新路，都應該按照這些標準，一次做好。對於那些在預料中不會有迅速發展的新路，才不妨降低要求，減低標準，留待日後的繼續改進。

像戰前所完成的杭江鐵路（杭州至江山，現爲浙贛鐵路一段），興築時所用的軌，每碼只重35磅。通車不久，抗戰發生，那條鐵路的運量立刻大增，於是，35磅的輕軌，立刻便不合應用，隨即需要全部更換。像這一類有關路綫標準的問題，都可以說是，在編製工程估計中，所必須考慮到的事。

此外，還有一個工期的估計問題，工程司可以憑藉經驗，預測一條路施工所必須經過的時期，研究是一年、兩年，還是三年、五年？

把這幾種估計，一齊送交給投資出錢的人，則這一條路的是否必須興築，自然就可以請他們投資出錢的人，鄭重的加以決定了。

這便是一條路的籌劃設計，由測量而到施工的情形。

在鐵路工程的實施上，工程司是先做測量，次做施工，最後再做營路。倘若要想把一條鐵路，從頭便做得很好，則他負責主持籌劃的鐵路工程司，在他尚未測量這條路以前，必先在其他的鐵路上，從有充份的營路與施工的經驗。這因爲：惟有從營路工作中，他才可以發覺到以往施工所遺留下來的缺點；也惟有從施工工作中，他才可以發覺到當初測量時所遺留下來的缺點。由缺點的發覺，他自會尋求出預防及彌補那些缺點的途徑。他這樣地，循環需求，他的技術，自然會日益精進。各位同學在畢業以後，果能把握這種機會，循環似的參加各項鐵路工作，由測量而施工而營路，由營路而施工而測量，則各位日後在中國鐵路界中的成功，必將在我們的意料之中。

譯著

海軍與科學

達人

現代的戰爭，是科學的競賽，誰的科學進步，便是勝利的主宰者。本來人類的戰爭，是以體力爲主的，參預作戰的人，人們稱之爲軍人武人，以雄糾糾，氣昂昂來形容他們的英威，「力拔山兮氣蓋世」一語，把楚霸王形容得爲如龍似虎。相反的，提筆桿，用腦力的人，則統稱之爲文人。其實文武之分野，是中古時代的產物，到了第一次世界大戰，早已壽終正寢，到了第二次第三次世界大戰，再談文武，簡直是開玩笑！體力在現代戰爭中的相對價值，日益低落，智力（包括科學在內）則日益重要。戰爭既然是科學的，戰士當然也需要科學的，試觀英美各國，科學家、工程師在軍隊中的地位，一天重要一天，甚而成爲作戰的主力，下文是一篇英國的海軍與科學，我們從這一篇記載，可以看出英人是如何的使他的海軍科學化。

皇家海軍科學部是英國海軍中自成一體的民間組織，同陸空軍方的科學研究組和研究部不同。這裏面有一千名以上英國最好的科學和技術人才，同各特殊部門的海軍官佐密切合作，以便建設一個在國家財力所許可的範圍內最有科學化設計和設備的海軍。

皇家海軍這樣注重科學當不足爲奇，因每一戰艦都代表着科學與技術發展最後複雜的傑作，不但在戰具和機械方面是如此，連很簡單的事，如通風換氣之類也是如此。現在，海軍當然正在担當一部分原子研究工作。最近有人問那新近晉升爲科學部的主任，他覺得原子能的發展，於海軍的前途有什麽影響。他說科學部並不把核子分裂看作更大更好更亮的原子彈破壞工作，而把牠當水上推進的一種新方法看。海軍科學家們早已開始期待原子戰艦的一天了。

比基尼試驗原子彈所得戰略上的教訓，現在還沒有全部公佈，可是這並不是皇家海軍科學部目前的考慮，還應當由海軍部去過問。海軍科學部所感到興趣的原子彈爆炸的物理結果，以及牠對戰艦的結構和防禦工作上的影響。

英國的原子能研究工作都是由供應部管制的，供應部負責設立各原子研究所並加以裝設，因此，海軍科學部正在使裏面一部分人才幫助供應部所主持的各項研究工作。這些海軍科學家們將常常想到把原子能應用到海上推進的這個觀念，最後也會在海軍科學部以內形成一個核子，把原子能應用到海軍上。

世界上最先由原子能推進的「交通工具」很可能是戰艦，原因有兩方面：第一、戰艦是一個能夠供給一個力的來源——原子堆的地位的「交通工具」，因海軍科學家們已經想像到一艘原子戰艦，上面有一個原子堆代替汽鍋間。第二、要造一艘原子戰艦並不像造一艘「伊麗沙伯王后」號原子豪華郵船那樣要作經濟上的考慮。

當科學部裏一部分人才正在研究原子問題的時候，其他許多科學家和技術人們却在專心應付各種不同的迫切問題。他們研究的範圍很廣，從水底新武器，到生活情形的調查都在研究之列。這種生活情形對於一個潛水艇員可能有生死的關係，而對於戰艦上的船員也可能只是舒服不舒服的問題。

舉例來說，海軍部信號所便是雷達的老家之一。海軍專家們最先對無線電真空管有特別研究。雖然他們並不真正是產生雷達的人，但是由於他們所發展的真空管，雷達纔有那麼大的準確性。海軍官佐中有一個早期對於這方面很有貢獻的是一個信號專家，他現在已經名震全球，這便是海軍少將蒙巴頓伯爵。現在英國海軍在三軍間交互錯綜的新合作制度之下，正在負責爲三軍發展無線電真空管呢。

另有一項重要的研究工作是水底戰事。海軍科學家們在這方面有着很好的成績。海軍在兩次大戰之間的節約年份中，雖然很受束縛，海軍部仍舊能使專家委員會繼續研究水底戰事，終於及時完成了潛水艇偵察器來抵禦二次大戰爆發以後的德國潛艇的威脅，潛水艇偵察器是英國海軍科學家們一大勝利，他們在大西洋中盟軍的勝利上貢獻實在不小。

這一方面的研究工作目前仍舊在海軍科學部的各研究所進行中，例如英國南部一個港埠的水底發展所，正有一艘驅逐艦在改裝成海上實驗室；此外克萊德河上的魚雷所、樸次茅斯附近的海軍部敷設水雷所，以及倫敦郊外的海軍部研究實驗所都是。

這一類研究工作非常重要。根據現有事實看來，潛水艇的活動也許是原子彈開世以來海戰中最不受影響的一部門。可是潛水艇仍舊是海上最有決定性的力量之一，尤其是因爲近來在速度和水底支持方面已經有那麼樣的發展，以及德國人在魚雷方面的進步沒有來得及在第二次大戰中充分應用。我們知道未來的潛水艇是一種高速度的水底巡洋艦，水底支持力很大，且能發射高速度遠程魚雷。

當德國由於迫切需要在潛水艇方面有着重要的進展時，英國海軍科學家們也同時在發展各種抵敵方法。我們便從那用潛水艇偵察器和深水攻擊器草率抵禦潛艇的階段，步入了一個應用水底投射物的新時代。這些投射物，在受人控制方面勝於深水攻擊器，彷彿砲彈比空中炸彈更便於控制一樣。

英國科學家們和服役官佐另有一種成就大有助於美國海軍的便是「蛙人」。這本來是德國人最先發起的，可是英國的軍人和科學家們急起直追，畢竟在這方面戰勝了德國人。砲術也經過了一番革新，所受雷達發明的影響並不小。戰時把雷達應用到砲術上的實例，北角之戰却是很好的一個。那是一九四三年十二月，德國究竟的主力艦只剩下了「香霍斯特」一艘了。這主力艦被英國的驅艦巡洋艦所追逐，來到了英國戰艦「約克公爵」號雷達的範圍之內。艦上的雷達便供給一切必要的資料使各砲瞄準敵艦發射，第一次在昏暗之中開戰就打中了好幾處。在白天比較適宜的開砲環境之中也不容易有這樣的成績。

從那時候起，在雷達定方位和其他精衛的現代砲術方面，已經有更大的進展，例如遠地控制和增加射擊速度之類，也已經由倫敦郊外海軍部砲術所和研究實驗所的海陸軍官佐和科學家們展開了。

這也是科學研究工作的另一方面——「剖解椅」即使機械控制可以發展到最大的程度，可是「人」這個因素還是要考慮到的。一般射擊官佐和助手們、以及遠率和偵察員等，仍舊必須開動機器，他們必須長時期的坐着，以便保持控制的地位，這樣就不免感到疲勞，因此，科學家們爲他們設計了一種「剖解椅」，使一個控制發砲的官佐，能得着舒適的坐位。這一種椅子是科學家們測量幾百個人的背部，取得一個平均的結構而設計的。

這不過是關於海戰中「人」的因素科學研究工作的一方面。海軍中的科學家們並不一定綑綁在實驗室的桌椅上，他們在海上實驗室中處於領導地位，也常常冒着險去試驗他們研究所得的種種裝置或設備。事實上，海軍正在向一個新時代進發，到那時候各主力戰艦，都要有一位科學官，至少同射擊官一樣重要，這是海軍科學部很合乎邏輯的發展途徑，一般負責建立英國未來海軍的人，將來會更加依靠海軍科學部的成就。

美製子母飛機

重轟炸機內裝小噴射機 可以在空中升降

（合衆社華盛頓電）美國軍官十三日宣佈兩種新造飛機的「秘密」。一架爲小型的噴射戰鬥機，一架爲新型船身的飛船，空軍方面說：這種噴射戰鬥機體積雖小，可是速度與普通噴射飛機一樣，並可以由B三六型超級轟炸機運載，在空中拋下作戰。同時，因爲噴射戰鬥機飛行距離較B三六型轟炸機爲短，須由轟炸機自己運載後，能負保護之責。噴射戰鬥機於作戰後還可以回來用掛鈎掛在轟炸機上，然後拉到飛機內去。該戰鬥機的尾部爲新式「X」型。新型長距離巡邏飛船是海軍部最近的發明，船身較長，可以使起飛較快，在大風浪的海上降落時，也十分安全。

美擬實施援韓計劃 下年度撥款六千萬

（合衆社華盛頓電）此間官員十日稱，美國現正擬實施援助朝鮮計劃，在下一會計年度中給予朝鮮六千萬美元，作爲經濟復興援助。下一會計年度自七月一日開始，不論美軍是否全年留駐朝鮮，此項計劃也要實施。

蘇建新鐵路 聯絡裏海與阿拉爾海

（聯合社莫斯科電）蘇聯正在建築一段新鐵路線，聯絡裏海鐵路與阿拉爾海，計長三百二十五哩，以加速運輸烏茲別克斯坦與土克門尼亞產地的棉花。現有工人七萬名從事工作。該區棉花生產，前因運輸不便，致受妨礙。新鐵路今秋可以完工。

日軍需工廠復活 釜石製鐵所開爐

（新亞社東京電）戰時被破壞的釜石製鐵所原傳已無恢復希望，後經積極努力，已於去年完成一部份之恢復工作。現各種準備均已就緒，並定於十五日舉行熔爐昇火典禮。此一重要軍需工廠僅隔三年又已復活矣。聞該所製銑製鋼工作，現計劃年產二十五萬噸乃至三十萬噸。

日名古屋造船所 豪華新船下水

（新亞社東京電）名古屋造船所九日舉行豪華船「東光丸」下水禮，此船係日本戰後第一艘豪華船，總噸位爲二千噸。本年七月上旬即將加入日本海航行。該造船所係成立於一九四一年，戰時對於船艦之建造修理曾有甚大之助力，且該造船公司本經列入被拆除之經濟力集中之公司數內，惟因該所係成立於戰爭末期，一切設備等均屬新型，生產能力甚強，故得繼保留。

澳羊毛輸日 雙方已成立協定

（合衆社坎倍拉電）澳州政府已與日本政府締結臨時協定，規定由澳州以羊毛（五萬包爲限）交換日本的紡織品等各種貨物（總值以二百萬鎊爲限）。這種辦法僅是暫時性質，等到雙方談判結束，就將代以比較永久性的辦法，俾日本能以金鎊爲單位，購買其全部羊毛。

美國學校統計

在美國二十四萬多所學校中，百分之九十是公立的。其分類表如左：

公立初級與高級小學（包括幼稚園在內）	二三三、二九五
私立初級小學	一一、三〇六
私立中學	三、五六八
大學、學院與職業專校	一、七五一
公立殘廢住宿學校	二八一
私立殘廢住宿學校	九四
私立商業學校	二、〇九九
護士學校	一、三九一

國外通訊

原子彈英國在製造中

（聯合社倫敦電）國防部長亞歷山大十三日在下院宣稱，英國正在製造各種新兵器，包括原子彈在內。

英將生產新原子堆

（英國新聞處倫敦電）據供應部宣佈，英國哈威爾原子研究所之新原子堆，可於今夏開始產生放射性同位元素，此種人造放射作用約十五小時即能產生，若以鈾錠自然發生需時兩千年。估計新堆增產結果，將足應英國所有研究者之需求，英國原子科學家前此均由炭精低能堆實驗堆產生同位元素，製成數量最大者爲放射性鈉，多供醫院中診斷之用，其他切需之放射性元素爲放射性鉀與放射性炭，其主要用途均在生物學研究中。其他同位元素則供應癌症，純粹理化研究及摩擦實驗等機構。放射性元素之生產雖目前規模尚小，但已足見核子物理學最近發明大有實用價值，且完全裨益人類也。

英議員建議設立全國房屋局

（英國新聞處倫敦電）英議會若干議員動議設立一英國全國房屋局，其任務計有三方面：一、協助衛生部，二、與建築工業中各利益商籌一切，三、使土木工程爲造屋而努力。

英國努力解救房荒

（英國新聞處倫敦電）負責英國首都市政之倫敦郡議會，刻正考慮一偉大造屋計劃。全部費用爲一千七百萬鎊，本年度擬造屋九千幢。最後目標爲今後數年內建造新屋十萬幢。造屋委員會主席吉卜遜稱：「此爲以往從未嘗試之龐大造屋運動。吾人擬繼續此項運動，直至每一家庭獲得舒適住家，每一陋巷予以清除爲止。」

英鋼鐵產量

四月份紀錄鋼一百二十七萬噸 鐵七百八十六萬噸

（英國新聞處倫敦電）倫敦方面十一日宣布，英國鋼鐵工業在四閱月內第四次創立產量新紀錄。四月份之數字較三月份多十六萬六千噸，每年生產率則爲一千五百二十八萬三千噸。今年首先四個月之平均生產率目前已逾一千五百萬噸，較今年年終目標已超出一百萬噸。銑鐵生產亦有長足之進展，四月份之每年生產率已達九百四十三萬三千噸，三月份則爲九百三十萬另三千噸。英國鋼鐵生產之高度水準被稱爲國內搜集廢鐵運動之成績之反映。

英國的煉油計劃

（英國新聞處倫敦電）燃料動力部國會次官十一日在下院宣布，英國正在進行一項巨大煉油廠建設計劃，需款五百萬鎊，完成後能每年出油二千萬噸。渠稱，雖因油廠油田在戰時遭受損失，生產上有種種困難，但油產量猶自戰前之二億七千八百萬噸增至一九四六年之三億九千萬噸，及一九四七年之四億二千萬噸。在英國握有權益之油田，其產量自一九三八年之三千九百噸增至去年之五千二百噸，惟產量增加雖巨，猶不克應全球有增無已之需求，此其主要原因在戰後各國均日趨機械化而落後地區亦在開發中。因生產之增加，油船隊自亦須擴充，始足敷輸送之用。英國對此種船隻之建造予以優先權，祇是油船油廠之建設，均必須有賴鋼鐵供應，故須與戰後發展之其他方面通盤考慮，預期英國油船隊至一九五一年將達三十六萬噸。政府已竭力鼓勵造船廠打造油船，不僅供本國應用，亦供出口。

世運會中將以科學方法計測成績

（英國新聞處倫敦電）定於今夏在倫敦舉行之世界運動會中各項競技之準確量度，將首次使用最新式之科學與技術裝置，例如田徑中之跳高，向以選手躍過橫檔與否以計成績，今則將利用不可見之光線，通過跳高架兩柱之間，硒電池感受此光線即可記錄確實躍過高度。他如賽跑，各項徑賽，甚至鬥劍皆將利用電機測計成績，可免去觀察上任何可能差誤。

美援華計劃開始執行

三千六百餘萬元用途核准 米棉汽油肥料即陸續運華

（中央社華盛頓電）美國援華計劃十一日起已積極開始執行，美經濟合作局已核准三千六百五十萬美元，作爲中國輸入物資之用，並即對可能之復興計劃，作初步調查。上述款項將於未來六週內使用之，其時下列各項重要物資，即可不斷輸往中國，計爲米糧一千三百五十萬元，棉花一千三百萬元，汽油八百萬元，肥料一百五十萬元另以五十萬元作美方人員調查復興計劃之用，此項人員，將先萊普漢之代表團赴華，惟行期尚未宣佈。經濟合作局執行人霍夫曼宣佈：復興銀公司墊付之五千萬美元，已核准三千六百五十萬元之用途。渠稱目前運往中國之物資，皆係販予性質。萊氏稱：初步援華計劃之物資，全爲生活必需品，而有益於中國人民生計與經濟穩定者。前述核准款項，將用以償還今年四月三日中國政府購自美國之棉花、汽油與肥料等之貨價，並另於五六兩月內，購買米糧一千三百五十萬美元之數，可購得美國小麥或麵粉一萬八千公噸，與暹羅米五萬七千公噸，用以購棉之款項，可購得棉花約六萬六千包。據透露：按照計劃，中國將向波斯灣方面獲得汽油，以節省運費。經濟合作局官員並稱：國際緊急糧食委員會本曾建議以氮化物肥料配給中國，但因該米乏外匯而擱淺。經濟合作方面又稱：除缺糧外，初步計劃中上述各項援華物資之購買，將由私人貿易機構進行之。

國內消息

四五季油料進口數字

輸管會發表

經管會十三日披露油料進口限額數字如下：

第四季（去年十一月份、十二月份及本年一月份）進口限額，計：汽油八、七五〇、〇〇〇加侖（飛機油在外），價值二〇、〇〇〇、〇〇〇美元。柴油（包括原油）價值九、〇五〇、〇〇〇美元，上海一地消費二八〇、〇〇〇噸，配出額約二七九、〇〇〇噸，其中包括上海電力公司消用約九〇、〇〇〇噸。

第五季（由本年二月份至四月份）核定進口限額計：汽油一、七五〇、〇〇〇美元（較上季減少廿五萬美元），柴油九、〇〇〇、〇〇〇美元（較上季減少五萬美元）。

首批日本賠償物資 本月內全部運畢

第二批物資十五萬噸待運中

（華東社）首批日本賠償物資經盟軍總部核定運來華者，共計爲四萬噸，迄月前止，據日本賠償物資運輸處發表，已運到三萬噸，尚餘一萬噸在啓運中。該處現已派三艘巨輪赴日各港口裝載，在本月底可全部運到。首批日賠償物資之運輸事宜，在本月底即可宣告結束。第二批日賠償物資，亦經核定爲十五萬噸，全部爲整套工廠之機械，其運輸次序尚未決定，下月內是否啓運尚難預卜。

日本賠償物資 即可開始配售

（本報訊）經濟部息：日本賠償物資中的工具機，交由經濟部價配民營事業之申請配購限期，業已屆滿，戰時內遷工廠優待辦法，亦經院令通過，故配售工作即可開始。

廣州紙廠 由日歸還

（中央社東京電）據我國代表團官員稱：戰前價值三百萬美元而每日造紙五十噸之中國最大規模造紙廠之廣州造紙廠，不久將歸還我國。該官員稱：此一工廠之搬運，實係一艱巨工作，估計拆卸工作將需時六月，而自北海道運回廣州重新設立，則需時一載。據消息靈通方面人估計，此項工廠目前價值約四百萬美元，但設立此類新工廠，至少須時三、四年之久。

歸還戰時刼物 法與我簽互惠協定

（本報上海訊）上海市府頃接奉行政院命令，謂法國已答應我國所提之互惠歸還刼物辦法。今後凡國人之財產在戰後被刼至法國者，可以申報請求發還。

國內生產五金 全經會將禁止進口

（本報訊）全經會爲商討附表（二）金屬品准許輸入種類數量問題，十二日特在京召開小組會議，出席經濟部（資委會）國防部、輸管會、上海工商輔導處、物資供應局、上海工業協會、進出口同業公會，中央工業試驗所等機關代表，由顧毓琇主席，討論決定：

（甲）通過不須進口之金屬品卅餘種，爲生鐵、黃銅、螺釘及片板、紫銅螺釘、鋁箔及片、板、鐵鎚、鐵錨坯等，均於附表（二）內除去。

（乙）通過改列附表（三）中之金屬品數種爲鐵絲條、銅絲纜等。

（丙）通過國內有一部份生產應酌予減少進口之金屬品數種，爲盤元2吋以下變形條三角鐵等。

（丁）通過第五季限額關於金額應予增減者數種。

待聘　茲有某君年卅餘歲曾在工業專校土木科畢業歷任建築工程市政工程鑛山建築及教職垂十年並取得土木技師證書擬在京滬杭綫各地服務如須上項人才請直接函致　江西南都佈下巷九號鄧悟勉君接洽

西北科學團體 仍擬探測積石山

（本報蘭州通訊）自中央航空公司派機航測積石山，證明高度不超出三萬呎後，西北科學界人士，對積石山探測工作仍具極大熱忱，蘭州各學術團體促進積石山探測工作座談會，自本月初起，已連續舉行了三次，八日午後三時又假國立蘭州大學舉行座談，到各學術團體代表蘭大訓導長段子美、柴達木盆地勘測隊長周宗浚、地質調查所蘭州分所所長王曰倫，國立西北科學館主任王永焱等二十餘人。計劃仍分陸空兩路進行，惟側重陸地之勘測，主旨不在測量高山，而在考察西北高原地質以及河源問題。與會各學術團體負責人當即分別將各該團體參加探測人員之姓名經歷表，交座談會召集人段子美、王曰倫，由段王二氏整理後彙轉南京中央研究院酌量選聘。

六六工程師節 南京舉行紀念會

六六工程師節，轉瞬將屆，中國工程師學會南京分會現正在籌備舉行紀念會中，籌備事宜，由京分會計舜廷君負責，節目大致有三項：（一）請京市各工廠於六六開放一天，歡迎市民參觀，藉以提高人發對工程之興趣，（二）舉行紀念會並聚影，（三）晚上舉行同樂會並放映工程電民。

陝南湑惠渠 十日行放水禮

（本報西安航訊）烽火中之陝南，湑惠渠修築工竣，業於本月十日放水。放水典禮係由省府特派之六區專員章暇和主持，水利部薛部長篤弼頒「利濟民生」匾額，以示獎勵。該渠動工於民國廿九年，灌溉城固、南鄭等三縣面積八十萬畝，爲陝省已成之第十四渠。

長興輪因公沉沒 電請政府賠償

（本報訊）三北輪船公司「長興」輪九日在通州狼山附近失事，按該輪係受聯勤總部運輸署徵用運輸軍隊至天生港，因該處航道錯綜，航標尚未恢復，乘以長興輪船長大，吃水深，公司及船長曾呈請運輸署直駛上海未允，強令駛天生港不幸觸礁沉沒。故此次遇險完全爲公犧牲，經各航線同業會議議決，由輪船公會電請政府負責賠償。

Y.V.A.有興工說

（本報重慶訊）三峽水庫ＹＶＡ工程，前因所需外匯過多，暫停修建，頃因美方貸款已將此項工程費列入，聞當局又決定繼續興工，資委會全國水力發電處處長黃育賢，下月由美返國時，將聘請專門技術人員隨同前來，担任水庫工程顧問，此項工程七月間即可開始進行。

粵省通訊

粵省府即將發動三項 經濟復興計劃：

（一）開發海南島，包括森林港築造一海港以擴展漁業，發展瓊島鐵礦，增加土產以供出口，鼓勵印尼，越南及馬來亞華僑投資及築造深水工程。

（二）沿粵省海岸建築一條鐵路，與粵漢鐵路相接。

（三）建築黃浦港，黃埔海港之挖泥工作業已開始，若干倉庫便利設備已完竣，據稱：發展黃埔海港之費用，共須五千億國幣，中央政府已同意撥款三千億，其餘款項由粵省政府籌。

粵北水患

（一）粵北韶關韶關至大庾公路之乾坑橋，於三日被洪水沖毀，曲江南雄大橋翁源至新江公路大橋亦被衝毀，小塘九公山爲山洪衝崩，與韶至贛省公路，亦被水淹沒，韶市現停泊各線汽車百餘輛，無法行駛。

（二）曲江縣屬老鼠水庫，爲粵北水利灌溉三大工程之一，此水庫係由粵省堤工委員會興築，歷經兩年，人工百餘萬，灌溉農田達六千餘畝，連日山洪暴發雨水連綿，於五日突被洪水沖毀五千餘尺，八千餘禾田，盡被淹沒，修復費用需百億之鉅。（深）

江南海塘修建工程 決定本月開工

（本報鎮江訊）江南海塘第三期修建工程，經蘇建廳向中央請撥美援七十萬美元，本期工程施工地段爲松江、寶山、太倉、常熟四縣海塘，擬於本月份開工，四個月完成，所有工款，由美國物資委員會組織蘇浙海塘工程監理委員會監管。

台省將設電報學校 應昌期的發明甚成功

台省在秋季將成立SYDX電訊學校，SYDX即台灣銀行應昌期氏所創之國音電報詞典，是將漢字齊進拼音文字領域的一道橋梁。台灣銀行採用半年，非常成功。漢字可立即譯成SYDX拼音制電碼，以收發電報，每分鐘可譯六十漢字，發四十漢字，並能使用英文打字機，台省郵電管理局陳樹人局長與應昌期氏，決於秋季招收高中畢業程度學生，學習該項技術，以改良電報收發技術，從而普及拼音文字提高人民教育水準。

杭木年來產銷概況 年產三十萬兩 運銷浙北蘇南

（本報台北通訊）

浙江所產的木材，都是供作普通建築和日用器具所需的杉木，杭州就是這項木材由安徽省的徽屬和浙省浙東西各山區地運銷蘇南浙北的中途站，所以這種杉木，在市場上通稱杭木。

徽港下港　杭木來自皖南、休甯、歙縣、績溪、屯溪諸山的，統稱「徽港」，品質優良，其中尤以余家山所產爲最，近年徽港運杭輸出木材，每年約爲十餘萬兩，（計算木材單位）約杉木一百五十萬株，佔杭市杭木輸出總額百分之三十強。浙東及浙西山地所產杭木，統稱「下港」，大別爲開化、嚴州、四花各港，中以開化爲最著，上品與徽港相埒，開化所產，以華埠爲出運樞紐。嚴州產品係包括桐廬、昌化、於潛、分水、新登、淳安等縣，淳安紫洞源產的柏木，品質最好。四花即衢港，包括龍泉、龍游等處，均爲著名產木之山，其中以遂昌、椋樹潭所產爲最佳。外有遂安港，爲遂安西部與安徽接壤之街口所產，以近徽港，又稱充徽港。

價格低落 實銷清淡　近年「下港」杭木，在杭州輸出量約二十萬兩，合木材四百萬株，佔杭市杭木輸出總額百分之七十強。今年因受贛木和建木價格低落影響，實銷清淡，輸出量已大見遜色。

杭木運銷地區，遍及蘇南、浙北，共間以浙省舊杭、嘉、湖暨江蘇的舊松屬（包括上海市）爲最多，江蘇省舊蘇、常所屬較爲少數。浙省的杭縣及海甯各縣，通銷的是四花和嚴州所產，嘉興、平湖、嘉善及上海、松江各地，通銷的是徽港和開化所產，吳興、長興各縣，亦以徽港產爲主體。

江干木行 雨後春筍　杭市木行，素來集中江干，戰時被敵全部燬滅，勝利後，漸漸恢復，二年多來，江干木行的復興，有如雨後春筍，到現在已加入杭市木業公會的木行，已有一五四家，沒有加入公會的，也有四十多家，總數不下二百家，已超過戰前四倍以上。（轉載新聞報）

首都建設

△衛生部援助首都改進自來水設備之三百億專款，自來水管理處業已領到，近日正在招標埋設水管幹管工程，計分門東、門西、水西門、青島路等四標，於本月十九日上午九時開標。

△玄武湖臨時水廠因地段迄未商洽購妥，自來水管理處決更改計劃，正呈市府核示中。玄武湖臨時水廠之設置，原爲加強鼓樓一帶之供水能力，今後計劃則爲改善鼓樓一帶輸水管線，並加強鼓樓增壓站工作，使壓力增加，以謀補救。

△本市中山路、（林森路、珠江路段）慢車道工程，東側早經完工，西側路基項已完成，即可澆鋪柏油，該段係市工務局成賢工務區自行修築，區主任殷銓衡，日夜督工，故進展至速，全部工程，可望於本月底前完成。

△考試院至太平門段馬路，關係京市北區與東區交通至鉅，原有路面，既狹且壞，本月十四日第一二七次市政會議已決定修整，並拓寬路面至十二公尺。

△中央通訊社於中山東路上乘庵轉角新建之辦公大樓，係鋼骨水泥建築，由馥記營造公司承修，所用黃沙石子，堆積如山，規模至爲宏大。

△中山北路鼓樓之馥記大樓，係四層鋼骨水泥建築，爲戰後首都新建最大之鋼骨水泥房屋，規模宏偉，設計新穎，除自用一部外，已租予中央銀行總行使用。

△下關碼頭之修建，原由市工務局負責，後以所需經費過多，遂由交通部籌組工程局主辦，委由曾獲三十六年度中國工程師學會榮譽獎狀之朱光彩負責。成立以來，忽忽數月，但以經費無着，迄未開工。近日桃汛已屆，江水日漲，下關碼頭，有繼續擴大傾塌之虞。

△新街口中正路口大陸銀行左側，即將興建建設大樓一座，用途大致爲寫字間。原有小型商店數十家，近日紛紛在遷讓中，遷移補貼費，每戶一億元。

△近日興建住宅之風甚行，部份爲立委國代新貴公館，部份則爲地產商所經營。

△兩年來首都雖建新屋不少，但以人數日益加多，房荒並未稍減，房屋租價，亦日益高漲，租金多有以黃金計算者，一次付出，期滿即喪失權利，不若上海之以高價頂入，來日可再頂出者可比。故南京房屋租價，實較上海爲貴。

△此次國大會議期間，大會覓租房屋多座，作爲招待所，二三十市方面積之房屋，半年租金高達十八億元之多，折合當時黑市黃金達六大條，故近日投資於房地產者，大有人在。

△勝利初期，中山北路，中央路一帶住宅區地價，每方丈約爲五萬元，爲當時建住宅每方丈造價之十分之一。今日則地價約爲三至六千萬元一方丈，房屋造價每方約爲一億二千萬元，前者爲後者二分之一。地皮既然遠較貴，造屋者只能盡量利用地皮建築，減少空地面積，故一般預料如工務局對城北區新建房屋空地比不加以限制，則城北區之房屋密度將日形增大，將步城南區之後塵。

△首都以地價日高，空地日益缺少，租地造屋（建屋三至五年後即連屋一併還地主）之風日甚，尤以熱鬧區爲最。

△九月漲風中，木料價格上漲約三至四成，唯一不漲者，爲磚瓦，非特不漲，且月來反下跌不已，皆價低於成本，概以實銷滯呆，欲漲無力，故預料如有較大工程發動，磚瓦將大漲。（成）

交通

中日航線六月開航

（本報訊）中國航空公司試航東京的「空中霸王」機于十一月晨七時廿五分（上海時間）由東京羽田機場起飛，於下午一時四十五分抵滬。

至於中日線正式開航日期約在下月。

中越航線臨時辦法
中法雙方在京換文

（中央社訊）中法雙方，曾於十日在京舉行換文，補充前次成立之中法關於中越間航空線臨時辦法，規定雙方政府指定之空運組織，均得經營昆明至河內間之商業航運。

確定閩贛鐵路線
交部派航測武夷山

（中建社訊）交部以閩贛鐵路南平至鷹潭段路線，經交部勘測結果，均未符理想，且有跨越武夷山之艱巨工程，故目下正派員續測比較線，惟尚無結果，該部現擬航測武夷山區域，俾可詳細研究。

粵漢路折換器材
撥湘桂黔路使用

（中建社訊）湘桂黔鐵路段工程，即將有新開展，除經費一項已呈准政院儘先撥付外，其所需器材亦已謀得妥善解決，聞政府當局將依據美國援華方案，撥發粵漢鐵路以大批器材，粵漢路原有拆換之器材，即撥交湘桂黔路都筑段應用，俾該段早日完成。

滬湘聯運
每週可往返四次

浙贛鐵路所辦理之滬湘鐵公路聯運，現正積極改進，全程四十三小時，每週可往返四次。其辦法逢星期二三五六日自滬乘滬杭路搭點廿五分開之夜特快車，次晨抵杭換乘浙贛路星期二三五六開之浙贛號杭南特快車，次晨抵南昌，接乘公路聯運車，當晚即抵長沙。逢星期一三四六晨自長沙乘公路聯運車，當日下午抵南昌，接乘浙贛路星期一三四六開之浙贛號南杭特快車，次日十七時四十分抵杭，換乘滬杭路車，當晚十二時到滬。（中建社訊）

兩路局發展貨運業務
部份貨物廢止加成

兩路局為發展貨運業務起見，特自十一日起，將部頒貨物表內，下列各門類，一律廢止加成特價，計：

（一）礦產門：第一類煤、焦；第三類石；第四類礦砂；第五類金屬原料。

（二）農產門：第四類茶；第七類植物、花、葉、莖、種子；第十一類：棉花、棉絮。

（三）森林門：第二類木材；第三類雜項。

（四）畜產門：第一類畜產；第三類蠶、繭絲。

（五）工藝門：第三類瓷製品；第五類草帽、骨膠、漆製品；第六類絲、棉、毛、麻等製品；第七類服飾及攜用品；第十類書報、紙張、文具；第十四類建築材料；第廿三類藥品；第廿四類化學品；第廿七類雜項。又貴重貨物名稱表名各貴重品也在內，以上各項貨物加成特價，一律廢止。（中建社訊）

大巴山公路
三個月完工

（中建社訊）貫通大巴山脈公路已勘定路線，自四川廣元起至陝西石泉為止。決先撥緊急工款一千億元，工糧由糧食部籌撥，徵工由川陝兩省府辦理，限三個月完工。

川邛峽南河大橋修竣

（本報雅安訊）邛崍南河大橋是川康公路的要衝，長六十多丈，現已修好，即將舉行開橋典禮。

於千公路興建
杭昌大橋定期通車

（本報訊）於潛至千秋關間，前經浙江省府會議決定興建一公路，全程廿五公里，如建築完成，對常屬土產的外運，皖南的剿匪軍事，均有莫大便利。浙省府測勘隊現已到達目的地工作。又境內杭徽公路的杭昌橋（又名息步橋），為全線最大橋梁，現亦日夜趕修，預定於六月十五日通車。

武漢通訊

△平漢鐵路局夏光宇局長由京返漢，據談該局南段工程，業奉上峯核准，於年內修通至鄭州。

△平漢鐵路局為解決員工居住困難，決定自行籌建員工宿舍一百棟，刻正由該局工務處積極籌劃中，建築地址，聞已勘定唐家墩及橋頭路北面空地云。

△平漢路漢口至駐馬店一段，于四月初遭匪破壞，經該局不分晝夜搶修，業于上月二十二日修復通車。

△粵漢路沿線更換鋼橋工程，正積極進行，北段汨羅大橋，已完成70%。該路城陵磯支線計劃，業經完成。俟該處關港工程開展，即可配合興建云。

△新制軍被修繕工程，已積極進行，正陸續招包興工中。

△武漢玻璃廠廠房工程計劃，業已完成，俟鄂省企業委員會將工款撥到，即行動工，預計年內可以出貨。該廠美籍顧問已在來華途中。

△漢口已恢復白日供電，此與各工廠生產，甚有裨益也。（穎毅）

定價　每份壹萬元正
半年訂費貳拾伍萬元正
全年訂費伍拾萬元正
航空或掛號另存郵資拾萬元
廣告價目　每方吋貳拾萬元

中華民國卅七年五月二十四日出版

中國工程週報

內政部京警國字第五十一號
中國工程出版公司
發行人　杜拱辰

中華郵政認爲第二類新聞紙
江蘇郵政管理局登記證第一三二號
地址：南京(2)四條巷一六三號
電話：二三九八九
經售處：全國各大書店

一週大事記

兩週來：總統就任，新閣呼之不出；
書生當政，似屬大有可能。
美對日愛護備至，中英蘇責難紛起；
聖地烽火急，猶太建新邦；
華萊士呼籲和平，美蘇間加強冷戰。

近兩週，國內外都發生了不平凡的事件。

首屆行憲的總統，在此期間，宣誓就任，只是行政院長爲誰？並沒有那樣很順利的提出，當然，新立法院的權限過大，尤其是立委們正謀爭取的用人同意權，使未來的「新閣總揆」，不能不心存警惕，而不敢貿然受命。蔣總統的態度很明白，他是想在張羣，何應欽二者之間，任提一個。首先是張羣，當了一年多的家，艱苦備嘗，毅然決然，以一走表示掛冠決心；輪到何應欽的時候，他又堅決辭謝，不願出任。近幾天，政局的離奇發展，使一般人大爲重視。新閣難產的結果，已有了那種可能的演變，一是張、何以外，另由一「冷門人物」出山，一般預料是翁文灝；另一傳說是王世杰。翁、王如劇可能，新政院將是一個新的場面出現，不過，「書生內閣」，對執行總統命令則有餘，要在這千頭萬緒的紊亂局面下，大刀闊斧，披荊斬棘，則嫌不夠；其他一個演變，就是由總統自兼行政院長，當然，此說似亦可能，不過，這種局面，多半是暫時，不會久。

× × × ×

美國對日本的扶植，愈形積極，德來勁調查報告，無異是美國的一種新的備戰計劃，在培植「急先鋒」立場下，一切賠償，工業水準，通通撇在麥克阿瑟將軍腦後，更不用談對日和會的召開問題了。

中英蘇對這問題有着種種的不同反響；中國，普遍的對此激起恐懼和反感，無論學校，社會上，不約而同的反對美國扶植日本的運動在展開，另一面資源委員會已派員赴日本，接洽貿易，這說明了生產萎縮的中國，爲事實上的需要，有些事情，不能不遷就一二，蔣總統宣誓就任之日，也正式提出對日態度問題，說是一本以往「寬大爲懷」的態度，使日本官員大爲感動，麥克阿瑟總部的人也說：中國的猜疑是多餘，他們也承認在「防止日本侵略」的侵略，另一次「東亞共榮圈」的口號是被提出了。

英國外交部正式提請美國召開對日和會，蘇聯的官方沒有新的表示，報紙却在大肆攻擊美國對日佔領政策之失當，美國官方却沒有甚麼反應。

× × × ×

這月內，亞洲出現了一個新興國家，猶太人在巴勒斯坦建立了以色列國，在英軍結束統治時，即宣告誕生。

阿刺伯同盟的軍隊，隨之大舉進攻，再因爲近東問題，不但是種族信仰的衝突，更是國際糾紛的焦點，所以，星星之火，即形成燎原之勢，埃及的軍隊也在以色列新國之時，與阿軍并肩侵入巴境。

國際間對巴勒斯坦的注意力，可謂到了極點，惟是欲起無力的安理會，一次兩次的停戰命令，等於白卜，使聯合國的威信，大爲減色，以色列國的成立，立即獲得美、蘇、波的承認，聲勢一振，儘管巴勒斯坦中戰事發展到高潮，但是國際局勢却不能等閒視之，無疑地，阿刺伯、埃及是以英國爲其後台；「解鈴還是繫鈴人」，這一次英代表在安理會提出了阿猶停戰的方案，獲得通過，後事如何？再待下週的演變了。

× × × ×

如同曇花一現的內美蘇交換文件所造成的和平空氣，經馬歇爾的聲明，瞬即消逝。

美第三黨領袖華萊士，曾致函史達林，呼籲和平，相當意外地得到史達林的公開答覆，除了表示願與美修好外，並提出和平條款種種，然而美政府對此還是淡淡，他們認爲蘇聯做法，不外乎是和平攻勢，並沒有誠意，如果有誠意和平，便不致有以往的多次僵局了。

所以，美蘇冷戰仍在進行。如某報所形容的，冷得令人發抖。

論原子能與原子彈

李建翰（David E. Lilienthal）作
譯自「紐約時報周刊」

對於原子能目前有一種惱人的趨勢，卽不把它看作美國公衆的事情。有人說，這問題太「富於技術性」，不是常人「頭腦所及」的事情；又有人說，爲了「國家安全」，公衆還是不明白的好，卽使是廣泛政策的討論也不必例外；有人說要考慮的步驟非常複雜，所有這些事情都必須保守祕密才行。又有贊成這種做法說，這辦法在戰時進行得相當順利，因此目前也有所需要。按我的見解，這種看法是無意識的，不但對爲大家所愛好的美國制度爲危險，而且對真正的國家安全也屬危險。

原子能並沒有改變民主的基本原則，民主只有在人民真正與明白地瞭解主要事實時，才能平穩地建立在人民出於最大智慧的信心上。這種原則與這種信心形成創設「原子能委員會」的法律的基礎。如果我們人民要求那個原則與政策有效，——政策是指他們自己決定其前途與命運的決策，也卽一定順利無阻的政策。美國制度的榮譽是人民常識的判斷決定着國家的途徑，原子能實在是你們的事情。

當你想到原子能時想法如何？有時候你只想到原子彈。這是很自然的。原子武器是真實的。我現在日夜與它相處在一起，它雖富於幻想，但是非常真實。但原子武器雖驚動了每一個人，其中還包括歇斯的里亞與不合理的恐懼——並不是處處都能患害我們的。不錯，原子能創立了一種不可想像地富於摧毀性的武器。「原子能委員會」現在是在設計，發展與生產這種武器，在有效的國際保障產生以前，維持美國在這種武器上的優勢，正是我們堅決的決心。這也就是一九四六年原子能法案，馬克馬洪案的根本政策。

美國目前對原子武器的製造的壟斷並不能永遠持續下去，到某時別的國家當也能製造這種武器。一旦大量使用原子彈的戰爭發生的話，一定是文化的大難。也就是因爲這些理由，美國與其他國家在聯合國內繼續努力，使原子武器歸於有效的國際管制，不幸，這種努力迄未成功。

沒有人會低估原子能作爲武器的重要性，原子武器已經根本動搖了以前的軍事與外交觀念。這些事實對於居住美國各個平靜城鎮的人與住在華盛頓，倫敦，巴黎或莫斯科的人都一樣重要。但是同樣重要的一點是必須知道原子彈與原子能並不是二而一，一而二的同義字。在陽光之中有一種生命的奇妙東西。太陽及乎我們每一個人，它和原子能的問題還非常接近。因爲長存的太陽本身就是一個巨大的原子能工廠。太陽所傾出的能的來源，係得自太陽內部的變化，由於有這種變化，原子內部就放出一種人們熟悉的物質——熱。由此可見，原子內部的力並不新鮮。新鮮的是：在我們的時代，我們這一代，智識增加，我們確實已走上了解原子能與命它爲人類服務的長途。

這種原子力甚至今在最有學識的科學家也還沒有充分了解。但是這裏有兩點是對任何人都具有最大重要性的。

一、在過去卅年間人類對於原子力的了解較以前任何時期爲多。

二、在今後幾年內，——也許是十年，也許我們將打開生命之謎。而同時人生的全新思想可能出現。

在歷史上這個時期，生命的基石已可能爲人所了解，我們先達這時期，是何等幸運。原子武器已改變了國際關係，也改變了和平維持的問題。同時原子能已改變人類疾病的療治，目前方法卽使用放射性物質——同位素——再加以對付癌，心臟病以及其許多疾病的知識。

這種放射性同位素正大量生產。它所用的原子爐也就是當年製造原子彈的一個重要的鈽製工廠。放在爐內製出放射性的物質在有些方面與鐳相仿，但它取之不竭，用之無盡，而且種類繁多不像鐳那樣稀貴。這種放射性同位素從今已在醫藥上使用。紐約市的紀念癌症醫院等對於某幾種癌的生長已用了放射性同位素。

要在任何疾病的範圍內談「醫好」還言之過早。但是在醫藥與生物學研究方面，業已有了作最大進取的基礎。關於人體運動及其一般的生物作用以及關於外來媒介或疾病與動機構造的知識似乎是無止境的。而這種新知識將深刻改變我們全體的將來。

委員會所屬機構的工廠得到的放射性物質已透露了某幾個生活最大的謎題。舉例說，生長的玉蜀黍的莖如何利用太陽製造它的產品成爲含有能力的食物？一種植物如何從土內吸收肥料，在植物內之內又起什麼作用？在農業方面新知識的境界實在是沒有限制的。用放射性碳去研究自然的根本神祕之一——光化作用（Photosynthesis）一事對人類比什麼其他方面的研究更富於希望。人類從來不知道植物怎樣把太陽的能將二氧化碳與水製造碳水化合物。它是個大祕密。使用放射性同位素以研究控制昆虫，用殺虫劑限制虫類對於水菓的損害，決定植物真正使用肥料的方法等更有效的技術，其結果雖然重要性較次，可是也是人們迫切地期待着的。這些結果將大大影響世界食物供應，因此很可能是走向世界和平途徑中的重要步驟，目前美國爲原子能計劃全部投資——已近二十五萬萬美元，我們可以說這數目可能由先與農業人類營養的福利上，就得到超過的報償。

這種光澇作用將來有許多用場。人們熟知的金屬經過原子的處理，以及若干不熟悉金屬的新知識都爲工業打開了極大的前途。放射性的鋼已被用來研究抗摩擦的軸承如何與如何摩損一點，方法是衡量軸承由一面移往另一面的金屬千萬分之一盎司的份量。由於研究放射性鐵與碳追溯者的研究，鋼鐵工業也許能在鼓風爐內將交換鐵渣與鐵的過程完全加以控制。

在美國西部的威斯康辛大學已用檢驗連續反映器所產生的放射性同位素觀察玻璃或金屬的表面現象。科學家已開始懂得如何將外來的分子與游子（充電的原子）附着於玻璃與金屬的表面。這些研究所得的知識將產生好的玻璃，好的電板，而且在潔淨物發展中極爲重要。

放射性同位素產生於核子反映裝置，通常稱爲堆，這是由於它是一個石墨與鈾隔起來的堆。當反映發生時，它裏面就發生一種狂烈的放射，好像裏面有幾噸鐳似的。（在全美國可用的鐳大約只有二十五個盎司！）自已持續的核子連鎖反映裝置做三件事情：

（一）它產生鈽，這是種新元素，它對於其他反映裝置或武器，都是有用的物質。

（二）它產生熱，將來有一天可能把這種熱用來產生有用的力。

（三）它產生中子的放射，這是種行動極迅而看不出的分子。

反映裝置的這種根本目的應予廣泛了解，因爲幾乎每一個其他關係原子能方案的事實都由它們產生出來。如果你了解這三點的話，你也可以懂得爲什麼爲武器所用分裂的物質的更有效生產與使用所化的努力，時間與金元直接對有用之力大有貢獻的道理了。人們已說過很多次了。發展武器的路有百分之八十與把原子能供作建設性用途的路是相同的。

自然，原子能最顯要的運用是電力。但它並不能隨手取得，也不能俯拾即是。在兩三年之內，我們將有一個示範電力廠從事試驗工作，電力可用以燃電燈與推動洗滌機。有些美國科學家與工程師說，我們應該在十年之內有一個相當實際而有效的單位。

關於反映設備——它是中子的製造者——的三點的第三點，其利益也許超出我們最富於想像的滑稽片。反映設備可能是用中子撞擊若干物質，從而產生爲目前所不知道的奇妙的新物質的爐子。如果我們要使用反映設備作供電之用，也許我們需要它們，而其中有一些也許對於舊式發電也極爲重要。

原子能發展研究的副產物可能具有若干驚人的結果。業已有售的氟（Fluorine）的工作就是原子能計劃的一部分。這工作已爲化學開闢了一個全新的園地，即氟化碳（Fluorocarbon。）據說它具有可比原子能一般的前途。

青年人的新職業，痛苦者的希望，科學如何爲和平的新了解，——這些都是目前與最近將來日程上的項目。但是這些——以及我要提起的許多別的，都只是一個開始。知識之門方啓，沒有人而預言多少關於所有物質的根源的變化將成爲知識。請記住，每一生物都是原子組成，而我們所談的核子力存在於每一個這些原子裏。同時請記住，任何一點物質，這個印刷品，你所坐的椅子，山，海，統統係由原子與它們的核所組成。

因此我們現在是注意着我們所生於斯養於斯的世界機構的本質。重要的不僅要知道這種基本力量的知識的真確影響如何，——還是一定想像得到的——而是勢將發生的重要變化，——這點正像世界上任何東西一般肯定。

按我的看法，我們所應該關心的是變化。美國人在進行時一向有所變化；自然，一般說我們係賴此而昌盛。我們所應該關心的是變化將合於美國行事方法，它不應損害個人自由。我們必須確保美國人民在令這些發現用於社會生活，我們農產，教育，工業與軍事設施。

原子科學將促成一個具有其他發現的全新的世界：它業已發生，並將繼續發生，但是人民必須不使這技術進步越出他們控制與指揮的掌握。如果這樣的事情發生的話，美國事物的計劃勢將喪失。接着我們要談到：

（一）在我們發現人們不會把這些新發現用以達到破壞與罪惡的目的方法以前，我們必須固守主張；（二）（與第一點密切有關）我們必須覓致鼓勵並刺激這些發現與以後新的發現，用於對人類有利爲人類最所希望的事物的方法。

那末真正與挑戰性的問題是：我們把這種新而永遠生長的知識作什麼用？這個大問題所需要的不是技術的判斷，因爲這些不是科學的事情，不過是美國以數千計的社會的輿論的自然領袖的人的經驗與好的感念。消息靈通的普通公衆的全面的常識從來就不會有過任何良好的代替物。

美國人需要知道與明瞭原子能的基本事實有許多理由。其中之一是這些基本事實，決定着國際管制的特別建議是否可行——按馬歇爾國務卿的說法，這計劃將「去除一場殲滅戰的妖魔」——抑或一個特別計劃無效，而且是對「全世界人民的一個欺騙」。

在原子範圍裏，削弱美國的安全，或一定延緩原子控制的研究，沒有別的事物比令科學與科學家受無知，奸雄政治與低級政治的有組織力量所妨礙更厲害了。對付這種有害的自私的無知而狂妄的人們的唯一真正保護是一個消息靈通的公衆。人民必須注意他們的公僕，而要發生効力，他們的觀點與判斷必須依據若干關於事實的某些知識。

美國原子能委員會受法律授以供給原子能情報的職責。這責任能以良好認識與約束來進行乃我們的希望。在目前情況之下，技術的與其他的情報的巨大區域必須而且將保守祕密，而且對於這個目的應有良好的警戒。自然，委員會必須對這樣事情給予若干指導，而且將隨時發出可供發表的新消息。但是從各方面看來，關於各公衆問題的必要的來源業已公開。

有一件事頗可令人欣慰的，就是在美國許多社會裏，關於原子能的初步事實與它平時的潛力的自我教育業已成爲現有各公民團體方案的一部分。這團體之一就是婦女選民同盟。它很可能成爲各地商會，扶輪社，歧瓦尼斯社，雄獅俱樂部等商業性團體，退伍軍人與農場組織，童子軍，女童軍，醫藥社，與教會團體有結果的活動。

至於基本材料問題主要將爲如何將非祕密的消息用明白有趣而不受歪曲的形式的問題。這任務是可以由報紙，廣播，電影單，學校與大學與美國各技術會社的地方位來回溯地進行的。重要的一點是：政實的事實與分析應該由各種來源集成，最重要是，不光來自官方來源。在有興趣的公民與公民團體，他們需要的材料當向附近的大學與中學去要；至於公開的問題，各學院與中學也會收集研討爲公民團體有關事實。自然，地方的圖書館是一個有價值的來源。

我的希望是美國人民有一天對於這個對我們大家都非常重要的新的事實與思想的王國能很熟悉。我想我能看到主格爾計算器，同位素，色得支計劃，阿爾法分子，中子吸收，核子反應器之類的名詞會成爲人們日常談話的一部分，而了解得像其他方面的碳化器，X光，高辛烷，短路，調類一樣。這個園地是新的，但書籍正在增加，教科書與其他教材將爲大中學編寫，從而使這方面的知識走出實驗室而變成爲大的常識。

在國內各地談起這些事情的美國人民一定感到這問題是對這種辨別靜止與進步的新力量的一種了解。我相信，美國人民能在本地想起它，放在心裏，一定會把事情弄清楚，而且具有良好的觀念。因爲民主的力量，就在於公民的良知與判斷。

原子能在科學上的成就

——放射性同位素的應用——

美國對於放射性同位素（radisisotope）供作醫藥用途的科學實驗爲時不過一年，業已發現三種用法，尤稱爲今日原子能最大的功用。同位素是人造化的化學元素。它們在原子量與放射性方面與其他自然元素不同，可稱謂它們的兄弟姊妹。他們最初被用作「追溯劑」，卽與其他少量化學物混合，令人食服後，科學家依靠同位素的放射作用，檢查化學物在人體各機構內發生的情形，血液循環，細胞內化學物交互作用，照相綜合法（在日光影響之下，各種機構的消化過程）的秘密，業已發現。

去年，科學家發現某種同位素喜歡逗留於婦人體某部分的附近，可分別用來攝發某部分及其附近毒性的組織，此項手續已用以阻止癌的生長與甲狀腺瘤，頗見成效，其辦法是利用由同位素發出的短程內部放射。

據美國原子能委員會發表的報告稱，際此同位素供民辦一週年紀念時，又發現了一種新的用途，卽將同位素與細菌，並用放射感應器監視其動態，以查明其作用如何與如何作用。這又是「追溯法」的一種新的運用。美國密蘇里州聖路易市的百納自由皮膚與癌科醫院爲全美研究放射性同位素的一百七十個機構之一。該院試將同位素碳十四附發於一種人爲的作癌媒介物上，正研究此種附有同位素的生人媒介物在試驗中如何生癌。報告並宣稱肺病菌藉以同位素也可查出其停留位置及活動情形。

報告內稱，原子能在醫藥上的成就爲科學家稱爲「嬰兒的學步」可分述如左：

（一）對於每年使種菜商人損失數百萬元的「黃萎病」（chlorosis）已經有了新的發現，對於促成改良農作物，改良肥料以及改良防虫藥物，已經進行了廣泛的研究。在農學試驗中，用對內放射性元素，已被用爲「追溯法」的物質來研究植物的生長與若干殺虫劑及植物病菌殺菌劑的作用。

（二）放射性的「鋼」，已被用於研究機器中摩擦力及損耗，放射性物質也已被用於測量油墨情形，若干金屬的「年齡」，並可用放射性物質加以判斷。

國外通訊

日對外貿易趨活躍
貿易港口又增四十處　外商多聲請在日設行

（中央社東京電）據消息：日本貿易港口將由四十二處增至五十六處，以期貿易額增加。前海軍基地橫須賀及吳港等地，即將於最近期間改爲商港。某消息靈通人士語記者稱：自去歲八月以來，外國商行聲請在日本設立分行者共一千三百三十五起，足見對外貿易之增加。

日擴充海外航運

（新亞社東京電）日本政府曾於二十七日之閣議上，決定本年度之運輸計劃。預定日本船之對外輸送力爲二百七十萬噸，而去年度之輸送成績爲二百二十萬噸。航行範圍爲台灣、庫頁島、朝鮮，由此而獲得之貿易以外之收入約五億元（貿易廳及美第八軍付予船舶運營會之款）。假若對美元之比率爲二百元，可得二百五十萬美元。又本年度除上述之地域外，並擬航行至海南島、越南等東亞諸地域。至貿易之外之收入，亦可更有相當之增加。

日造船業繁榮
爲外國造大型汽船

（新亞社東京電）日本目下爲各國建造中之船舶已達十五艘，其中亦有委託日本建造之如挪威、丹麥等已派專門技術家至日本担任監督。又麥帥總部亦承認此事實，而於本月二日稱：「各國定製之船舶，已達四十艘。」此外，美國之船舶業聯盟會長對於美陸軍部亦曾請問其對於日本商船隊之見解已否變更，而表現美國船舶業亦有不安之感。

棉花購買計劃
美定新政策

（中央社華盛頓電）經濟合作局今日致函各受援國謂：各國預先訂立購貨合同而後請合作局撥款付賬一節，刻有若干困難問題，並請受援國首先須根據貯藏量及消費速率擬定標準向合作局申請。經合作局批准該項採購計劃所規定之數量等級及購買時間後，合作局再致函銀行，受援國乃得在銀行訂立合同及購買，合作局之新政策，可能實現健全之棉花購買計劃，而避免該局過去所行之嚴格管制購買政策，合作局請各受援國儘早與合作社商議已在談判中而預定將由合作局付款之棉花合同。合作局發言人曾特別提及中國之棉花合同，認爲中國對棉價作不必要之提高，並謂中國獲准六萬三千包（一千三百萬元），惟中國已定合同爲三萬包。

我將與美洽商
日本工業水準

（中央社東京專電）管理美商對鐵業貸借著勞績之美陸軍部長特別助理克利夫爾，已於日昨抵此。據悉：渠已攜來日本所亟欲與美國成立之貸款六千萬美元，作日本進出口週轉基金之協議，與克毛同來者，尚有某銀行職員二人，該銀行爲美國在棉花信用貸款金融協定中之代表。各項修理器材，日本刻已告罄。據稱：盟總之規定實與遠東委員會之指令相違，該指令規定所有修理費用概由日政府負担，以作貸將來賠償之一部份。據悉：盟總刻已明白表示，如不付款，則無修理完備之船隻歸還，即我國駐日代表團刻正努力尋求此一問題之解決。

美援華計劃
可望提前實施

（中央社華盛頓電）經濟合作局官員稱：四億六千三百萬援華計劃之推行，在本週於此間進擬舉行之會議中，可望決定提前實施。最近由經濟合作局執行長官霍夫曼選任爲駐華代表之萊普漢，在赴華就任前將赴歐洲，作一短期之休假，但渠在去歐洲之前，將與經濟合作局官員作多次會議，萊氏將於六月初赴華。

經濟合作局批准 美首批運華米麵 麵九千噸米二萬餘噸

（中央社華盛頓電）第一批運往中國之美國麵粉九千長噸及暹邏緬甸食米二萬三千六百長噸，今日已由經濟合作局執行長官霍夫曼批准，包括運費在內。上述物資共值五百七十萬美元，此款乃核准爲中國購買商品之三千六百五十萬元中之一部份。據稱：迄今爲止經霍氏核准用于中國及歐洲國家之款項，總數已達一億四千餘萬美元。霍氏稱：在四月至七月之一期中，運往各國之物資主要爲食物，但下一期將側重復原物資。

第二批賠償物資 七月初起運來華

（中央社）第二批日本賠償物資，將在七月初開始裝運，先裝運三萬餘噸，約有八艘貨輪可裝運完畢；其餘之第二批日賠物資，何時起運，尚未正式決定。

中國工程師學會新會員名單

（中國工程師學會第七一次董事會審查通過）

擬准加入爲正會員

汪德混 胡公模 邵濬 浦光宗 文宇瀧
何子箴 楊廷經 楊維桂 王顯川 李
保濬 黃秀蔡 高明堂 魏森林 李翠霖
曹學 吳國允 熊爲經 賈殿魁 陳忠
欽 唐傳洛 賈允盛 徐昌梓 沈宗基
韓建白 劉潤濤 楊超愉 胡安恪 劉永
安 鄢廷濱 鄭漢元 張清溪 榮沛霖
顧熾 許彥端 韓元勳 盧瑞珍 楊伯榮
周翱濤 于秉彝 曹學珍 何德行 朱
攜宸 張蔭沂 吳丹邪 劉全訓 馬戈標
高黎乾 曹賓亮 王克新 汪培元 湯
樹源 顧卓勳 安茂華 王蘭序 王世庠
李蔭之 鄭崇明 徐宗常 莊正權 王懋
搢 李毅 袁鴻懋 金耀華 張世銘 趙
遜 寄棍 李滄海 齊昌鼎 耿卿 詹道
合 袁士哲 馬存珍 吳非澤 張景鉞
雅樹楷 李蕙芬 盧杰 全允杲 張守範
楊學賢 孟繼源 張憲侯 羅作綸 李
興齡 曹賴長 徐掄 劉象賓 劉銘信
劉英瑞 曾國榕 馬殿璘 鄭觀森 陳度
璘 李紹康 周啓東 陳堯璐 鄭法五
范會澄 曹覺井 朱光祖 李洪甚 彭邦
炎 彭淳忠 李珧衣 張蔭蔚 吳國賢
王薄 曹嶼范 潘尚貞 吳大賝 彭長松
李慶雲 鄧玉衷 金聲明 陳賢漠 賴
藻乾 匡蒂滋 高競光 劉冕 包環 過
倫金 祝秉甫 尤法雅 張光燕 劉繼緯
王修華 王憶華 施纓誠 龔良佐 汪
明德 鴻紀 冼松桂 嶠銘勤 解承堪
田立力 楊德甫 范秉璇 陳松友 徐
翅泰 方傳雄 華振寶 熊大陞 楊邀三
宋智雲 蔡寶安 陳聖中 汪錦榮 李
維銘 蔡澤傑 張光後 陳衡 劉蔭愴
張維 曹伯英 黃德明 姜昌後 系偉東
林治達 鄧文俊 耿澤倚 韓慶文 于
立滋 魏希思 顧文彬 時曹 魏錫恨
王文熙 俞錫友 趙振斌 潘祖庚 潘學
勤 朱銅富 張愷機 楊正志 謝李先
鄧紹勳 張鶴巢 楊成祖 甕樹桐 李馨
柱 周樹 衛孟興 關汝芳 賓鵬搏 張
慶利 瞿登垣 任安石 王德普 趙錦
李枝洪 石重珍 李彥斌 劉波一 楊弼
宸 甯志純 崔超 梁尚仁 王昌邦 吳
文炳 吳浩弼 鮑毓鈞 劉忠先 燕世祿
王紹曾 王庚陽 諸彭齡 李開城 齊
楨栗 沈宗漢 張森謨 沈恩森 關玉山
毛純文 葉恭徽 鄧展熙 劉樗 陳康
壽 鄭孝燮 夏茂如 王觀白 朱友椿
丁雲翔 馮凌霄 陳英 宗初恬 劉紹寬
楊舜蓮 劉人璣 歐陽迪光 江炳麟
姜鏘 徐文珍 馬鴻潤 裘燮華 成延杏
楊吾沂 鄧慕衡 汪國霖 吳鑑緒 江
紹嶽 文之孝 明藝 張鑾 賀嗣宜 袁
玉璽 彭文森 耿大定 倪曉庚 王維滐
沈叢芳 劉維樹 曾文祉 黃樹棠 王
學俊 王復鏞 朱承班 柯富燮 許宗大
吳汝鏞 蔣文荃 李東昌 黃公桓 閻
登有 張季勤 兆榮昭 傅家泉 胡鐵岫
張文壽 方愷 曹安禮 王樹章 楊脩
藝 徐美烈 賀立勛 王震亨 周炳鑫
陳組宇 梁虔 楊雕輿 鐵英棠 何武
堪 陳任 劉鴻翔 熊墩 巫鴻鈞 魏秉
俊 龍永何 龔世頌 劉至澤 黃懋思
張芝 汪炬燦 倪伯智 沈友銘 黃台訓
項志遠 張醫昌 丘昆 陳煥燦 魏濟
昌 孫蔭北 裴俊韜 陳長鐵 柳賜番
鍼鵬潤 劉德明 左紀唯 文卓博 黃階
裴伯淮 艾仁孚 王紹基 蕭燕之 左
宗豐 俞煦勳 吳邦珍 李蒼林 張聞禮
李希江 周紹煦 凌逵 余進 張季參
徐錫光 張覺 陳彰琦 吳卿潮 王楚
熾 陳和鴻 尤德梓 金石龍 朱渭嫺
烟邁安 石琢 許熊蓀 冉迪炎 李鼎柯
余洪良 方鶴年 蕭卓鎮 萬選 林祥
成 李迪光 辛煥章 周錫祉 張乙銘
周詩律 陳振華 王孝藩 常翔波 趙學
旧 廖世仁 李內炎 歐陽緘 郭德学
黃秉政 徐芝田 謝有熙 王仁祿 辛永
祺 冉良鎮 劉逢舉 蕭友士 王宗熙
沈參璇 張樹聰 王兆基 張人鏡 徐恩
鑄 方增善 朱木奏

（初級會員及仲會員俟第四七期公佈）

國內消息

錢塘江報佳音

街口發電步入實施階段
塘工得法水深已宜航行

（杭州通訊）轟動浙江省的一串工程建築的佳音，開發錢江上游完成街口水力發電的計劃，已由抽象的決定到達具體實施階段，上海市政府已表示願意協助完成這個繁榮東南各省的偉大計劃，中央有關部會，也同樣予以有力的支持。街口水力發電工程測勘隊第三次查勘工程即出發，備預在六月底以前完成。以後，就祇剩下單純的建築問題了。

水力發電八萬瓩

建築計劃是在街口建造一座百公尺高三百六十公尺長的水泥壩，置水輪機及發電機各四部。整個工款二千六百五十萬美金。每部發電機可發電二萬瓩，全部電量共爲八萬瓩。浙江省需電數量並不多，可以將餘量用二十三萬伏脫的高壓線輸送至上海，甚至到南京，以減輕生產成本，發展工商業。這筆工款是龐大的，但目前倒不是有沒有的問題，祇要政府決心從美援中撥出一部份來興辦，相信三年以後，電化東南，當不僅僅是個遼遠的理想了。

中央信託局願投資試航

錢江通航。早在幾個月前，由於塘工措施的得法，錢江已有空前的水歸中流的趨勢，並且不久便成爲可喜的事實。緊接着的問題，倒是怎麼利用這條大江，從事貨物運輸。最近，中央信託局願意獨資來完成這件全國矚目的試航工作，並一再派員調查沿江兩岸的經濟價值。最後，認爲這件工作確有助於復興東南，推進態度上便顯得十分積極。浙贛鐵路也答應在錢江南岸大橋以東三華里地方建造一條支線，與靜江站銜接，以出口浙東，贛東南各地的貨物，在北岸，塘工局已撥出一隻鐵駁權充碼頭，碼頭設置地點亦經確定，最後一個問題，便是怎樣由中央信託局撥出一部份專款來建造南岸的碼頭，這條盲腸似的錢江，終將成爲條物資聚散地的良港，用之繁榮社會經濟，發展東南的建設。（轉載中央日報）

蠶絲廠商貸款資格

經部公布審核標準

（本報訊）經濟部息：蠶絲廠商貸款資格審核標準如下：

（一）卅六年貸款收繭開工繅絲，並按照規定繳絲及清償貸款信用良好者。

（二）未參加卅六年貸款廠商，而曾代繰之絲廠，或新設絲廠經所在地主管機關暨本區同業公會書面證明，並經本會會同有關機關調查屬實，具有左列設備者：（甲）坐繰車一百廿台，或立繰車「廿部」六十台以上者；（乙）煮繭鍋爐檢驗其設備齊全者；（丙）複搖車其數量與絲車數相當者。

（四）有上列三項資格之一，並具有相當保證者爲合格。承還保證人以三家至五家連環保爲原則，不願連環保者，得提供足額之生絲爲擔保。

貸款廠商繭額之分配標準如下：

（一）分配基數：（甲）立繰車每日每台以十五市斤計算；（乙）甲級坐繰車每日每台以十市斤計；（丙）乙級坐繰車每日每台以九市斤計；（丁）丙級坐繰車每日每台以八市斤計。

（二）獎勵辦法：卅六年度解絲結帳情形優良者，照標準加一成至二成分配繭量以資獎勵，詳細辦法另訂之。

（三）新廠及添車：新廠及添車照規定等級，立繰以七折計算。

公教人員生活指數

全國適用地區一覽

（中央社訊）行政院本月十八日政務會議通過之文武職人員五月份生活補助費分區支給標準，國府亦曾准予備案。茲將各類代表指數適用地區詳誌如下：

特一區八十萬倍，包括瀋陽、東九省。

特二區七十五萬倍，適用於太原。

第一區四十六萬倍，包括青島、烟台、保定、迪化、山西。

第二區四十一萬倍，包括濟南、榆林、即墨、歸綏、新疆、連雲市。

第三區卅六萬倍，包括北平、（唐山）、天津、銀川、定遠營、西寧、承德、萬全、西安（武功）、蘭州、酒泉、開封、鄭州、廣州、汕頭、湛江、高要、南海、潮安、山東、河北、綏遠、熱河、察哈爾。

第四區三十一萬倍，包括南京、上海、鎮江、杭州、寧波、吳興、金華、廈門、福州、晉江、梧州、長沙、南岳、武漢、宜昌、江陵（沙市）、黃岡、南昌、九江（廬山）、合肥、蚌埠、蕪湖、安慶、康定、咸陽、寶雞、中寧、平涼、廣東、江蘇、河南。

第五區二十七萬五千倍，包括昆明、邵陽、益陽、岳陽、衡陽、屯溪、浙江、陝西、甘肅、寧夏、青海、湖北。

第六區廿四萬倍，包括桂林、雅安、安徽、福建、廣西、江西、湖南。

第七區廿一萬倍，包括貴陽、成都、重慶、西康、雲南。

第八區十八萬五千倍，包括四川、貴州。

其他可資一述者：

（一）武職官佐（國軍）一律照南京區標準支給。

（二）警長支卅元，募警照指數計

長支九成，警士支八成。警長警士薪餉在卅元以上者，其超過卅元之數按十分之一照指數支給。

（三）技工按其薪餉照前述標準支給，並由財政部按平均每人卅元之數撥發。

（四）工役按其薪餉照前述標準支給，並由財政部按平均每人十五元之數撥發。

（五）東北九省按前述標準計算國幣再折合流通券支給。

（六）台灣未列入。

（七）各區生活補助費由財政部按前述標準及各區人數覈實撥發。

籌設滬西自來水廠

公用局擬在龍華建築廠址 將在明春開始四年內完成

（大公社）滬市公用局為徹底解救滬西（包括北新涇、漕河涇、陳家橋）之嚴重水荒，業擬具創設滬西自來水廠計劃，業將於明春正式開始籌設。據悉：該廠經費預定為七百萬美金，係公司組織，歡迎外資，並已與美國進出口銀行家哈仰士洽商投資，日前並致哈仰士函電，謂於二星期內，當可有具體答覆。該廠廠址，經勘定設龍華機場南側，全部建廠工程預定四年內分四期完成，徵募資本，亦配合工程，分作四期籌集。該廠成立後，每大供水量目標為二千萬加侖，可供給八十萬人。

建設新閘北

經費五千億由銀行投資 並發行第二次房屋獎券

（本報訊）滬市閘北西區，於敵偽時劃為封鎖區，該地因戰時屢遭空襲破壞，一片荒蕪，勝利後已變成難民之棚戶區。近來地政局已會同各有關機關，擬具整理閘北地區之計劃，轉市府呈請行政院核示，日前業由行政院核准施行。據悉：閘北西區約有地皮計一千九百畝，市民私有田產，約佔五分之四，政府之公用場所僅佔五分之一。現經政院核准，政府所建築決定之地主。工務局對是項建築工程，頗為重視，除將街道設計按照計劃繪製圖樣外，並於日前邀請市參議會祕書長項昌權，工務委員王子揚等舉行會談，對該區建築工程及經費之籌措，詳作商討，業已決定：

（一）樓房建築決採用聯立式，根據是項式樣，修改區劃圖，送地政局作為戶地劃分之根據。

（二）道路及溝渠等，應儘先建築完成。

（三）第一期建設工程經費約計五十億元，由各銀行投資。

（四）與中國、農民兩銀行商洽，進行市政改良之投資。

（五）請中信局投資建築房屋，廉價出售。

（六）發行第二次房屋獎券。

玉門石油礦 產量已激增

（中央社蘭州電）中國石油公司玉門油礦，今年新鑿之第二十三號油井，日產原油兩萬加侖，產量之佳，打破以往各井出油紀錄。另一新鑿之第十九井，可望於下月初出油。該公司現有七井出油，每月提煉汽油六十萬加侖，已足敷西北運輸及工業上應用而有餘。尚有副產供民生日用之礦油，白臘甚多。本年增產計劃中，預定開鑿十個新油井，如獲順利完成，未來之甘肅石油，可外輸西南。

台今年產煤 定二百萬噸

（中央社台北電）台省今年煤斤產量目標預定為二百萬噸，據估計截至四月底止，已產五十萬噸，其餘一百五十萬噸倘無障礙，年底可望達到目標。據煤礦界人士稱：在台省當局扶助下，台煤日見增產，惟最近由於船運阻滯，台煤運滬數量頓減，目前各礦滿堆煤炭，存煤數量計達十五萬噸以上，煤業界因而甚感資金週旋欠[illegible]：目前外煤陸續流入我們港口傾銷，若政府不予制止，一則浪費外匯，二則對於甫告復興之台煤將遭重大打擊，蓋台煤成本較高，無法與外煤競銷也。

開灤積煤待運

（中央社天津電）本月灤煤南運數量驟增，自一日至十九日，已有二十一艘煤船自秦皇島運出灤煤十二萬噸，惟近因北甯路津榆段屢遭破壞，煤運頗受影響，開灤唐山礦場積煤仍達三十餘萬噸，秦皇島存煤則減至四萬餘噸。

天府煤礦 爆炸大慘劇 死傷百餘人

（重慶通訊）天府煤礦近發生空前爆炸大慘劇，死傷員工達百餘人，損失達千億以上，緣該公司白廟子龍巖地下巷道十四日忽發生爆炸，巷道塌垮一千多公尺，刻已掘出之尸體達九十二具，另重傷者七人，該公司總經理黃志恒現仍在白廟子礦廠督促搶救並辦理善後中。又息：天府公司重慶辦事處十九日晨得白廟子礦廠電話，謂龍廠內的火已完全堵塞住了，死傷的一百人中除監工外全為工人，沒有工程師和其他職員。按天府發生的火警，有紀錄的為三十餘次，損失均微，僅張華夫任礦長時期，有一位孫秉淵工程師受傷而死，但亦不及此次嚴重。

改良白報紙 閩試製成功

（中央社福州電）閩省研究院院長黃覺民，致力漢字研究十餘年，對辦決漢字讀、寫、記、檢四種學習上與應用上之困難，已獲有初步成果，近獲得教育部贊助，允撥款六億元，供為研究費用。又該院工業研究所試製改良白報紙，極為成功，質地潔白堅韌不亞於舶來品。年來因限於經費，僅小規模製造，供給有關單位應用[illegible]在救貸項下，撥款六億元，貸給該所作為資金，俾擴充生產。該所並另計劃辦理電解食鹽工作。以加工電解後之副產品硝鹼及漂白粉供售省內應用。

製帶羊毛皮 獲初步成就

（中央社蘭州電）經濟部中央工業試驗所西北分所，研究鞣製帶毛羊皮，已獲初步成功。該所所長戈福祥博士語記者稱：西北為我國主要畜牧區，羊皮產量極豐，其用途僅為製造或以羊毛作紡織原料，舊法之皮統，其皮板不能經水，亦不堅固，此種以新法製成之帶毛羊皮，其優點不僅羊毛柔軟保溫，且皮板能防潮濕，堅固美觀，用以製衣，無須另加袍面。此外該所尚研究一種「羊皮艇」係根據西北特產羊皮筏加以改善，是項羊皮艇輕軟，便於攜帶，於沙漠地帶旅行，可以之盛水，而在通過河流時，又可以過渡，其效用優於膠皮艇。

建設華南重工業 海南島將設鋼鐵廠

（本報訊）據息：關於建設華南工業，資委會與粵省府方面已有成議。其中鋼鐵工業部份，擬利用海南鐵砂，在海南島或廣州設立一鋼鐵廠，以奠立華南重工業基礎。

利用聯總器材造農具

善後保管會已將原計劃修改　鐵工器材決定廉價賣給農民

（本報訊）聯總供給我國價值八百萬美金之機械設備在國內設廠製造農具，兩年來全部器材六萬餘噸雖已陸續運齊，各地設廠工程也已先後開始進行，但因限於國內各項條件之不足及實施期間所遭遇之種種困難，是項農具製造計劃的推行很少發展。

善後事業保管委員會，在聯總結束後主持此項工作，特會同中國農業機械公司將聯總原訂計劃重加修改，並經財務委員會審查正式通過，准予實施。新計劃內容係根據目前國內情形力求切合實際需要，俾全部聯總器材能迅速發揮最大效用，預計所需經費約合美金四百萬元。

依照原定計劃，除在上海創設總廠外，另在各地分設十八處分廠，三千個鐵工舖，現已決定將各鄉鐵工舖器材設備廉價出售供給農民，十八處分廠減爲八處。原有設備以一部份充實上海總廠，剩餘者出售之。中農公司現有的吳淞總廠決予擴充，除製造農具外，兼事工業生產，供應本地工業界之需要。該公司與江橋廠仍繼續辦理各區分廠之創設管理及人員之訓練等全國性事業，由保管委員會撥款委託該公司代辦，此外南京、廣州、柳州、長沙四分廠工程統限於一年內完成。

湘桂路便利運煤

今夏完成黎邵支線

（本報衡陽通訊）自中美貸款商談成功，美方鐵路器材及技術協助我國改善華南交通大動脈之粵漢鐵路整理計劃即將實現。將來剩餘之該路鋼軌器材機車等，均撥歸湘桂路使用，該路爲取得邵陽之煤，並與湘黔鐵路聯絡起見，遂有興建黎邵支線計劃。按此支線在民國卅年即有興設動機，交通部、經濟部均曾派員來此調查，並已完成初步勘測，嗣因湘桂戰事爆發作罷，頃交通部又令湘桂鐵路工程局派隊測量，自祁陽黎家坪起經文明舖，把僞口，鄧家坪至邵陽一帶地區。此項工程，並恐可望於今夏完成。（洛）

招商局舉辦預定艙位登記

分定期與不定期班

（中央社）招商局服務部自成立以來，旅客搭輪往返各地殊感便利。該部客票組近復擬定預定艙位登記辦法一種，並自即日起開始辦理。此項登記辦法，分定期班及不定期班兩種，（一）定期班：1.滬津線，有秋瑾、元培、錫麟三輪，每月逢一、四、七日，由滬駛津，三輪同時辦理預定登記，以滿額爲止。2.滬甬綫，有江靜、江亞（現暫停，由江甯輪代航）二輪行駛，每日有一輪由滬駛甬（星期日除外），當日及隔日售票，旅客如需要票或托運行李者，可預定艙位，（預定登記以一週內爲限）。3.滬粵線，有鐵橋輪，每逢九日及廿四日由滬駛廣州，規定每月一日及十五日辦理預定登記。4.滬閩線，有海平輪每逢週六由滬駛福州，每週一辦理預先登記。5.滬青線，有海蘇輪每月逢六、十六、二十六日由滬駛青島，經常辦理隔班預定登記。（二）不定期班，隨時決定，隨時辦理預定登記。

預約卅年來之中國工程者注意：以前預約各戶地址，多有不明，請備函南京北門橋衛巷新安里十六號總編輯部補價取書，補價辦法，另有規定。特此通告週知

中國工程師學會總編輯　吳永洛啓

待聘

茲有某君年卅餘歲曾在工業專校土木科畢業歷任建築工程市政工程鑛山建築及教職垂十年並取得土木技師證書擬在京滬沿線各地服務如須上項人才請直接函致江西甯都佈下巷九號鄧悟勉君接洽

粵省公路修復七千公里

（中央社廣州電）粵省公路於三十六年前開始建築，迄戰前已築成一萬四千五百餘公里，官營與民營爲三與七之比，抗戰期間，幾破壞達百分之九十六，抗戰末期，僅餘東區五百餘公里之一小段尙可行車，復員後，迄今已修復六千八百餘公里。最近公路處加緊修復東南四大幹綫，該綫自西往東，橫貫本省，直通閩浙，目前若干段早已竣工，全綫可於下月內完成。

航業不景氣　華商公司停業

（本報上海訊）物價日益狂漲，輪船營業不振，滬河南路華商輪船公司即日起已停止營業。據上海航政局消息：該公司爲全國十大輪船公司之一，擁有海輪兩艘，江輪兩艘，小拖輪兩艘，共六艘，約萬餘噸。平日營業尙佳，最近以燃油高漲，配油不敷維持，且近長江綫貨物不多，不得已乃即日起停航。

塘沽新港一號碼頭　新建堆棧三座完成

塘沽新港第一碼頭，新建堆棧三座，業已完工，上月底已有商輪靠岸，卸存由滬駛行之麵粉五萬餘袋，並將陸續運存新港堆棧業務正式開始。（本報訊）

30186

中華民國卅七年五月卅一日出版

中國工程週報

內政部京警國字第五十一號
中國工程出版公司
發行人　杜拱辰

定價　每份壹萬元正
半年訂費貳拾伍萬元正
全年訂費伍拾萬元正
航空或掛號另存郵資拾萬元
廣告價目　每方吋壹拾萬元

中華郵政認為第二類新聞紙
江蘇郵政管理局登記證第一三二號
地址：南京(2)四條巷一六三號／電話　二三一九八九
經售處：全國各大書店

一週大事記

是週也：學者內閣組織中，青年黨有入閣意；
立院組織案，大功告成；
新的監察院，開始報到。
蘇使羅申，帶來和議，
言之鑿鑿，仍屬無稽。
阿剌伯拒絕停戰，聯合國臉面何存？

．工程專家翁文灝先生，以科學家領導組閣，是中國政治上一新事件。

上次我們所謂的「學者內閣」，總算說中了。翁氏是國內外有名的地質學家，曾任資委會委員長，經濟部部長，行政院副院長等職多年，並曾任中國工程師學會會長，對我國工業建設，有極大之貢獻，此次之出長政院，一般的看法，都認為對中國工業化前途，將有一大進步。翁氏組閣的艱難，當然在意料之中，不過以翁氏的才幹毅力與苦幹的精神，定能克服。

一週來，僅僅決定正副秘書長，其他各部會長官，都還在揣測之中。主要地恐怕還在民青兩黨參加新政院的遲遲不決。先是兩者都主張先解決立委糾紛，再談入閣，週末所聽來的消息，青年黨已打消此意，那麼，新閣的「民主性」，便得了支持。

× × × ×

有關立法院組織各案，已陸續審查完畢。該院已決定設立粮政，海事兩委員會，原因是立委們認為粮政流弊多，應予改革；再則政院有粮食部，立院有粮政委員會，用以隨時監督。

海事委員會的設立，是由于立委們認為中國與外人所訂不平等條約，多自海上來，且現在海上多事，領海權時被侵擾，因亦有設立必要。

新監委已於週五開始報到，選此監院人選，恐怕還是于右任氏蟬聯。

× × × ×

緊隨着美蘇和諧以後，國共間又傳來和諧。此事殆為蘇使之來華所引起。從任何方面看，國共間之不能恢復和談，已甚明顯；尤其是美蘇關係並未改善，蘇聯斡旋中國內爭，若不通過美國，殆難成功。然而傳說者，言之鑿鑿，說羅申之來，有三大任務：一、恢復國共和平談判，二、要求中國政府准許內蒙自治，三、協助恢復東北九省及全國境內之鐵路及交通運輸。

蘇使羅申對此，已予否認，事實上恐亦是臆測之詞。若另一方面：司徒雷登，巴大維等赴台灣視察中國新軍，「援華使者」猶立德之行蹤處處，那要看待出一點有關和平談判的一點迹象呢？

× × × ×

聯合國為巴勒斯坦問題，遇到更難堪的考驗了。

先是，聯合國已發出停戰令，要猶阿雙方暫停紛爭，猶太方面接受了，氣勢洶洶的阿剌伯國家，表示拒絕。而且，提出三大條件：一、各國對以色列國之承認，一概作廢。二、停止武裝哈加納軍，三、限制前往巴力斯坦之猶太移民。

這樣一來，無異是以色列國向阿剌伯投降，也無異是聯合國向阿盟俯首，當然是不可能的。然而，以色列在排山倒海的阿軍進攻下，確已有難于支持之感，究如何維持巴勒斯坦的和平呢，恐怕還待聯合國拿出新而有效的辦法來！

三十七年工程師節慶祝大會日程表

六月五日下午五至八時同樂晚會

地址　南京陵園音樂台

節目計有中華交響樂隊音樂，電影，摸彩等（並特約冠生園廉價前往出售點心，交通工具由中國工程師學會特備客車八輛，于五日下午四時在國民大會堂廣場集合出發）

六月六日

玄武湖展覽會，由京滬各地工廠及有關機關參加，內容至為精彩。分區展覽：由交通部、水利部、中央電工器材廠、首都電廠、自來水管理處等一二機關分別展覽。日期自六日起至八日止。下午八時——九時並由沈怡氏廣播。

鐵路工程的多邊認識（二）

凌鴻勛

本文係凌鴻勛先生應中央大學邀講，主講鐵路工程的多邊認識第二講，紀錄者錢多生先生。

（二）從施工說到通車

各位先生！各位同學！今天接着上次所講的「鐵路工程的籌劃與設計」，進一步，就要講到實際的施工問題。

現在假定有這樣的一條鐵路要築，路線是定好了，所應該化費的錢的總數，也給規定了；再假定所可化費的時間，也已經限定，比如說是兩年，那末按期就款，完成這一條鐵路，便是我們今所要講的問題。

這件事，并不簡單。在實際施工上，倘若要如期完成任務，我們鐵路工程司，便需要在事前，做一番嚴密的佈置。尤其應把握住下面的四個問題：

1.器材
2.人力
3.金錢
4.時間

現在，分開來講。

（A）先說器材。在鐵路工程的預算中，器材部份的總價，在全部預算內所佔的比率，往往很大，在施工時，倘若不能將牠充分把握，則對於工款與施工時間的控制，都會感到非常的困難。

一般講來，鐵路器材大致可以分兩類：

一類是直接用在路上，用後便變成鐵路的一個永久部份，由此而供應經常的行車的使用的。例如：鋼軌（與牠的配件），枕木，鋼橋，鋼筋洋灰等類的結構，以及行車時期所必須的機車，車輛，乃至電信，號誌設備等。

另一類只是爲施工而使用的。在使用以後，或則可以搬到別處去再用，例如打樁機（Pile Drivers），抽水機（Pump）架橋所用的吊車（Cranes），以及雜項工具等；或則牠本身便是隨着使用而消耗掉，例如開石頭所用的鋼釬鎚與炸藥，挖土所用的洋鎬洋鍬，各種機器所用的燃料等。

講到這些器材的購置，牠們的來源，自然不外乎國內與國外兩途。照原則上講，凡是國內能夠供應得上的，我們工程司自然應該儘量地採用，但若國內所產的某種器材，質地不佳，或是牠的價格，比外國貨貴得多，則爲着工程着想，自也不得不向外國去購買。像機車，若干特種機具，與某幾種不怕水濕的猛力炸藥等，都可算是這一類的例子。

關於這類器材的購買，現在因爲我們國內通貨膨脹，外匯價格常常變動，自然越發感覺到牠的不易辦理。但即在平時，在購置的技術方面，仍然有若干事情，值得注意。

在未買以前，我們應該先行檢查各國、對於這些器材生產製造的情形。一則要看那一個國家之對那一種器材的出品最好，再則要看那一個國家，對那一種器材的價格最便宜。三則要看那一個國家，對我們的運輸最爲方便。總要用心比較，挑選一下，而後這種購買方才不致吃虧。

一般講來，各國各廠家的品質與價錢，本是隨着各國各廠家的各式出品而有不同的。我們對於這各種器材的購買，當然也要因着我們自己的需要，開具各種說明書，所謂Specifications，說明我們的要求。

鐵路器材，種類本自很多。像鋼軌等簡單的一點的東西，各國各廠家的出品，似乎還沒有多大的分別，所以牠的說明書的開具，還算比較容易。但像機車及若干複雜的機具，則因構造很複雜，種類繁多，式樣又各自不同，各國習尚又異，可就需要較多的考慮，而後才能開列得當。

大體上看來，這項說明書，與其開得過份詳細，寧可只採那最重要的幾點，特爲標明。這是因爲歐美各大廠家，往往具有幾十年的製造經驗。對於某幾種器材，常常有他們所認爲頂好的一種。倘若我們能夠依照着他們現成的式樣訂貨，則因他們可以採用大量生產的結果，交貨可以加快，價格也可以低廉。倘若我們一定要他們完全遵照我們說明書內的各項細目來辦理，則因他們必須變更製造條件的結果，交貨便不能迅速，價格便不能便宜，何況我們自己在說明書內所開具的各項細目，原也未必就是那頂好的辦法。果真要勉強執行，豈不是得不償失？

還有，對於歐美一般市場情況，即如他們鋼料與木料所通用的尺吋，所謂Commercial Sizes，也應該相當地熟悉，而後在訂料時，才不致導致浪費。記得本人從前在比國時，有一次看到利用庚款所訂購的一批鋼橋；在某一批橋梁的腹鈑中央，莫不釘有橫向的拼接鈑一對，構成一道橫的拼接（Horizontal Splice）。這當是一樁離奇的事，我們在別處也沒有見到過這樣子的措施。當即查究原因，才知道只是爲了原設計中所定的腹鈑寬度，比起他們一班鋼鐵廠所能製的最寬的鋼鈑，還要大出一吋。他們爲了要滿足原設計中所規定的鈑梁深度，便不得不利用兩塊鋼鈑，拚合攏來，構成所需要的這樣的一塊。這樣子的事情，自然是一種浪費。只要用常識來判斷，我們也總相信：在這樣深的鈑梁（比如說，是一〇〇吋深），即使將牠的深度減去一二吋，對於牠的強度或經濟，當也不會有好大的影響。倘若我們在事前能夠明瞭歐美市場上的這類通例，豈不就可以將這一類不必要的浪費、或麻煩，在無形中免去？

以往我們的鐵路購料，有時因着借款或條約的關係，對於購料國家的對象，也許不能自由選擇。今後倘若能夠完全沒有這種限制，則在對外購料方面，就可以自由挑選。我們應該調查國際市場，看那家廠商的生產方式，最是進步？那家的、比較落後？那家的比較繁忙？那家的比較清淡？我們不能專靠那些志在牟利的洋行所供給的消息爲準，我們得拿出自己的眼光，看清楚國外製造廠商的情形，而後在購買國外器材方面，方才不致上當。

還有器材的裝運，也是一個大問題。像機車與橋梁等笨重的大物體，倘若能夠不加拆卸，整個起運，則在運到以後，毋須經過拚換安裝的麻煩，立刻就可以將牠拿出來運用，對於時間及經濟，實在是兩得其便。本人這次在歐洲，便看到剩餘物資中，有運來中國的機車八十輛，只是共裝在一隻船上，整批起運，確實非常迅捷。不過，現在全世界能夠裝運整個機車的船隻，還只有少數的公司才有。我們并不能把這特殊情形，當作通例來應用。現在，像鋼桁橋等類的裝運，普通還是把牠的桿件，一一拆開，以便裝船的。在這種情形下，過長的桿件，有時受了船位的限制，還未必就能用吊車吊進船去。倘若我們不知道這種限制，硬要裝運那過長的桿件，則在時間上，也許要另候一船，在運費上，也許要加得很多。諸如此類，我們總要設法儘量避免。

此外，在購買英美等國的器材時，還有一點，值得我們的注意。這就是我們鐵路上所採用的度量衡制度，乃是公尺制

(Metric System)；與他們採用英尺制(British System)的國家比起來，在器材尺寸的設計中，總不免略有出入。倘若必須採購他們的製成品，則在相當範圍以內，也就是在不變更我們主要的標準的情形下，我們還得斟酌情形，局部地容納英尺制的應用，方才可以免除在購置方面的若干不便。

這都是購置國外器材的情形。

至於國內器材的購置，大體上看來，情形似乎比較簡單。這因為，國內五金材料的市場，枕木的出產地，製造洋灰的各個廠家，為數并不很多。所以，我們可以很快地調查出他們的底細，從而決定出購置的對象。

只是在器材既購到手以後，運輸問題，尤其是沿着鐵路施工地點的運輸問題，每每很難解決。倘若沿線沒有公路或水運等平行路線可以，只要軸地勢不太複雜，我們鐵路工程司，每很願意為着運料的需要，替軸先修一條臨時性的運料公路。但若地勢複雜，則這項臨時性公路的興築，工程便未必容易。在那種情形，我們便只好不修公路，改用牲畜騾子等類，來馱運我們的器材，牲畜的負荷能力，當然很薄弱。使一桶洋灰，也得分裝幾包，而後才能馱運得動。但是為了事實的限制，我們也只好這樣地裝運。

由此可以見，器材的購與運，既然是這樣的困難。那麼，如何善用這些器材，如何保管這些器材，如何分類，如何節用，……換句話說，也就是如何建立一個良好的材料制度，當然便成了一樁很重要的事。例如，洋灰的貯放，零件的保存，汽車的使用，……我們便都應該加以研究。

又如鋼軌一項，粗看起來似乎總沒有多大分別，但却還有長有短，有輕有重，有大有小。有的是專供在直線上鋪上用，長度自然應該一律；有的專供在曲線上鋪用，則內軌外軌，其長度間，便需要略微有一點差別（也只是差幾公分）。有的是應該用在正線，有的是應該用在岔道。倘若不在事前為之細加辨別，一一分清，則在領用的時候，必致混淆不清。

還有，鐵路工程的分佈，乃是沿着一條很長的線，牠沿線各重要施工地點對於器材的需求，在種類與數量上，總不會一樣。同時，我們為鐵路興工所購辦的器材，尤其是從國外購辦的部份，原也不會過多。倘若分配失當，則畸輕畸重的結果，必將使若干需要最切的地方，得不到器材充份的供應，而在若干不頂需要某種器材的所在，反而有了過份的充裕。（例如，在大橋基礎工作中，倘若得不到足夠的抽水機的使用，則挖基工程，勢將縮手，蹉跎延誤，也許要誤過了一個施工季節。這一類的現像，自也應該注意防止。

還有，鐵路材料固要緊，而材料帳目的處理，工程司也應該透切明瞭。例如在一座橋梁完成的時候，倘若有人問起牠的全盤造價，則我們工程司，就應該為他從頭計起。我們應該將所用各種材料的名稱、數量、單價、合價、分別估算；諸如洋灰多少，鋼筋多少，木板多少，釘子多少，上部結構的總價多少，水底基礎工作的造價多少，……逐個計算，加攏來，便可以得到這座橋的全盤造價。這也算是工程司的任務之一。假使是一個工程司而不知帳，則他的工作，便也不能算是完備。

此外，器材對於工程的特殊重要性，我們也可以附帶地在這裏提一下。我們知道：在施工中，器材的價值，實在比「錢」還「值錢」。這是因為工程的完成，非有器材不辦，而器材的取得，却又遠比金錢為難。金錢可以挪借，金錢可以調撥，而器材的取得與轉運，却不會像金錢那樣的簡單迅捷。所以，愛惜器材，重視器材，也是我們鐵路工程司所應該養成的一種良好習慣。

（B）其次，再說人力。辦工程所需要的人力，不外兩種。一種是由工程局、及局外各工段的辦事人員（技術與非技術人員）所構成的所謂 Staff ，也就是勞心的一批人。另一種便是實際動手做的，也就是勞力的工人。

為增加效率起見，前者貴精不貴多。而挑選人員的標準，則在求其經驗豐富，操行純正，能力高強，身體健康，辦事敏捷，同時，還要他長於應變。

至於勞工方面，以往大家的觀念，總以為中國人工很多，工價低廉，不論舉辦什麼工程，人力總應該不成問題。但照近幾年的情形看來，這種現象，顯然已經有所變更。拿工資講，從前一個小工一天的收入，往往只是一兩角錢，比起工程司來，薪額的懸殊，總在幾十倍。現在則不然，工人的薪資增漲的倍數，早就遠在工程人員的以上；此刻一個工程司的所得，至多也不過等於兩個工人的所得。而且，在工作人數的招募上，現在也遠不如戰前那樣的容易。所以，在今日的中國，人力的使用，實在已經變成為一種奢侈。在可能範圍以內，我們應該儘量地節省。

又照工作的性質講來，工人大致可以分成兩類：一類是技工，一類是普通工。

技工的工作，諸如打樁，調拌洋灰等類，大致總比較複雜。由於幾十年來各地施工的訓練，中國的技工，差不多已經有了一種地域性的專業化。比如說，開山工作，河南工人似乎最好；木器製作，寧波工人似乎最精；若干機器的管理工作，似乎還只有唐山、天津、上海、廣州、香港等地工人，比較的易覓。

至於普通的工作，諸如挖土、挑土、搬運物料等類，工作性質單純；只要有力氣，大致總可以做得。因此，普通工的招僱，便比較容易。我們或是將工程交由包商，代為雇工辦理；或則可以利用地方政府的力量，實行征用民工。後者便是所謂征工築路，以往辦理的例子，原也不少。如廣西、湖南、甘肅等地，民工築路的成績，在稍加指導以後，却也非常優異。

此外，近幾十年來，歐美各國築路機械的進步，也很值得我們的重視。例如挖土方面，倘若能改用機械，效率每每可以提高，成本每每可以降低。又如在打樁方面，新式蒸氣打樁機的成就，實在決不是我們用人力打樁的所能比擬得上。今後，我們一則為了配合時代的進步，再則為了節省高價的人工，對於這些新式機械的採用，自然應該努力研究。

（第二節B完CD待續）

雒鹿段使用國產枕木情況述略

湘桂黔鐵路柳州總段第三分段所轄柳州至鹿寨，共計五十餘公里，於三十五年度通車以來，瞬已二載有餘，局方共發枕木一萬餘條，使用兩載有餘，茲將使用情況分述於下：

柳州至雒容，計三十公里，於三十五年度通車時間，以道木缺乏，僅抽換杉枕九千餘條，雒容至對亭，大部份仍爲原設半朽美松道木，摻換少量榴江縣產松枕。對亭至鹿寨，以距公路較近，原有枕木，均於戰時毀失，於三十五年度十一月間全部鋪設榴江縣產松枕，即行通車。

鹿寨對亭間雖石碴充足，排水良好；但經三十六年度雨期後，均在端部及兩側發生白菌，繼而腐朽，故松枕壽命，尚不及一載，其腐朽狀況，計有下列數種：

一、表面雖生白菌，端部及兩側，尚無碎裂現象，但內部木質可成塊取出，手捏即成碎粉。

二、在灣道坡道較大地帶，腐朽松枕，不堪車壓，端部多壓碎。

三、松枕初用時，以質地堅硬，軌底并無深陷入木狀況，亦未發現白蟻。

柳雒間杉枕與松枕性質迴異雖使用兩年以上并無腐朽情況，茲分述如下：

一、甲種乙種杉枕，使用情況良好。

二、丙種枕木，以軌底承載面積不足，多數陷入，尚可勉用，在灣道地帶，軌底附近，以軌道走動而破碎。

三、丁種及不列等枕木，以承載面積過小，端部壓碎者頗多，壽命不足兩載。

四、無石碴地帶，杉枕位於泥中者，雖排水欠佳，亦未腐朽，足徵防腐性甚強。

五、路局所用道釘，乃以噸位發包定製，多爲略粗，丙種以下杉枕，釘入後端部即現裂紋，行車不久，道釘鬆動，又加雨水浸蝕，裂縫加多，以致破碎。

六、原用戰時美枕，雖已多年，少數仍能支持應用，檢查時未朽部份，本質仍甚堅牢，防腐力之強，殊出意外。

採用土松枕木，浪費資財驚人，值此國家物資缺乏之際，枕木使用不及一載，即形腐爛，誠爲重大損失，似應即日成立枕木處理廠，經蒸汽處理後，再以高壓注入防腐劑，以增加土枕壽命，在設備未齊前，應作下列緊急處置。

一、採購松枕，應使包商在秋後伐木，拒收在水漿上升之春夏季節所伐之松枕。

二、製就之松枕，應即日放入流水中浸潤三月以上，排出木汁，以減少腐爛。

三、可能範圍內，儘量避免採購松枕。

杉枕使用，若能將標準提高，採購甲乙丙三種，較爲經濟，若仍有大批丁種及不列等者，則應注意下列各點：

一、現下所用甲種枕木，爲數極少，且均砍方，本身固甚美觀，但以丙丁者過多，其中僅有少數成方，并未見美觀，此後似可不必砍方，僅上下砍平即可，折斷力既可增加，又可省砍工。

二、乙丙種枕木在灣道處應加鐵墊板，減輕軌底壓力，以增枕木壽命。

三、丁種及不列等枕木端部釘入時易裂，爲加强計，採購時可加長，丁種加長二公寸，不列等者加長四公寸，較爲適宜。

四、爲妥善利用丁種及不列等枕木計，須兩條合拚使用，一條釘鋼軌內側道釘，另條則釘鋼軌外側道釘，即每條僅釘兩枚，再用把釘連起，可防開裂，又可增加強承載力。

五、道釘部份，可定購較細者，專爲丁種以下杉枕使用，減少開裂，必要時，可用鑽孔釘道辦法。

道木腐朽過甚，作法漫無標準，尤以灣道坡道爲甚，機車經過，隨時變形；道班疲於奔命，道釘鬆動，不復能有固定位置，竊犯如探囊取物，隨手拔去，意外事件亦隨時可以發生，影響之大，殊難言喻！

（轉載湘桂黔旬刊第十四期）

30190

國外通訊

英汽渦輪學校 今年添設課程

（英國新聞處倫敦電）英國汽渦輪學校（Gas Turbine School）定於今年設置九項課程，其第一種則定於五月卅一日上課。共和聯邦各國工程師將入該校受訓三週，研習科目為汽渦輪在工業上之新用途。國際性之課程將於八月間開辦，所研習者為工業與飛機引擎之要義。首次課程將由各科專家講授，諸如燃料問題，火車機車與輪船設施方面之應用，冶金學與內燃之混合。迄今為止，在該校畢業之英國工程師為八百名，外國工程師三十五名，此實為全世界獨一無二之學校。

電腦知斷綫英國新發明

（英國新聞處倫敦電）紡紗時綫頭中斷即發生質料亦略補綴費力。英國菲爾蒂無綫電廠現已製成一種「電」腦（Electric Brain），能於綫斷時燈明鈴響，此項有用機器雖正在大量生產中，但仍繼續已有改進。改良之「腦」能於綫斷時，使整個紡織程序，自動停止。

潛艇沉水 可達數週之久

（英國新聞處倫敦電）英國有潛艇一艘開創沉於水底數週之舉，按適當潛艇沉於水中僅二整日耳。英海軍部今宣佈此一千二百五十噸之新潛艇名「聯合」號，其構造與裝置使其在非洲西海岸外沉於水中達數週之久，由於此顯著成績，英海軍部各界均深信未來之海上戰爭，必將起根本改變。

英國造成小型汽車

（英國新聞處倫敦電）英國開開夏廳特飛機工程公司，頃造成一種全部鋁質之小型汽車，重僅二百磅，每小時速達四十英里。此後英國即將大批製造此種小型車輛。車高不過三英尺，前後僅長八英尺。據稱，一加侖汽油可行一百英里。車身雖小，然有充份容身地位可裝載行李，價值約一百五十磅云。

英利用「蛙人」進行潛水修理工作

（英國新聞處倫敦電）前屬英海軍之「蛙人」（Frogmen）頃已發明一種入水修理之新奇方法。彼等身穿伸縮可以自如之緊衣，各攜兩具小型蓄氣筒，可供水底一小時半之用。如此彼等即可免用普通潛水人所用之龐須配備而可轉動自如云。

英空軍使用噴射式教練機

（英國新聞處倫敦電）第一架裝有噴射氣輪引擎之皇家空軍教練機名曰「巴里奧爾」者已於十七日升空，作初次飛行，此機除載教官學生各一人外，並有客座一。另一特色為設有一種新奇前窗過濾器，撥動一扭，即可在白日產生夜間飛行狀況。

日本紡織品 菲島不歡迎

（聯合社馬尼拉電）據悉，麥帥總部擬將價值五百萬美元的日本紡織品售給菲律賓，已經菲政府拒絕。同時，菲律賓建設公司董事會表決擴充國營紡織廠，利用日本賠償的機器協助復興。

國內消息

台糖外銷 三月份五千噸

台糖外銷三月份除香港馬來亞之三千二百五十噸及曼谷之一百噸外，又有運往新加坡等地計一千九百噸，該月外銷共計五千二百五十噸。（本報訊）

中央無綫電公司 出售五管收音機

中央無綫電器材公司籌備處之南京廠，本月份已開始供應五管短波廣波收音機。電工四單位除中央電工器材廠早在製造生產外，其他三單位之籌備事宜，亦大致就緒，現正準備將四單位全部改稱有限公司，使組織更為企業化。

日人可惡 賠償機件多殘缺

日本賠償，我國首批配得物資，已大部運返，並部份分撥各機關使用，該批器材，都為軍事工廠之工作機件。日人於拆卸時，多有將承軸及轉動部份，加入鋼屑或石砂，馬達綫圈，亦多故意燒燬，每一機器之另件，如齒輪等，均與尺寸稍異之機件對調，如是則在日本點驗交貨時，很難發現弊端，待運返國，每一廠之機件，並不仍還原為一整個廠，拆散以每一廠之機件為單位配與各公營民營廠商。近據各領用機關方面消息，該項器材，裝用至感困難，因被調錯之另件，不知分配與那一機關，更無法調回，勢必另配新件，不特浪費金錢，更延拖裝用時間，實屬違背賠償原意，故關於二期賠償物資，部份機關將建議改爲以廠爲拆運單位，不再分散，在日本拆卸一廠，則在國內建造一廠，並由日本負責拆卸之工程人員負全責裝置，直至工廠開工爲止，如是可避免賠償物資損壞至最小程度。（本報訊）

巴縣電廠

四川巴縣電廠，係資委會與商股合辦，原來商股佔多數，廠務皆由商股主持，最近經增資後，資委會股數較多，並經商股徵得資委會同意，改由資委會主辦。

河北省政府向資委會定製農具

河北省政府計劃在通縣、保定等二十餘縣鑿井六百眼，灌溉農田，並由該省建設廳長李挺來京，與資委會接洽代製抽水機，電動機及水管等項器材，刻該會已電令天津機器廠、華北鋼鐵公司等單位供應所需器材。

中央電工器材廠製三千瓩水輪發電機

中央電工器材廠，最近決定承接全國水力發電工程總處，建立四川龍溪河上清淵洞發電廠，所需之三千瓩水輪發電機，此係國內自製水輪發電機之容量新記錄，該項水輪機之設計，已在美國利用摩根史密斯公司之技術合作，襄助辦理中，其發電機部份，亦經向西屋公司索取技術資料，以備設計之用。（本報訊）

聯勤總部訂製通訊器材一批

聯勤總司令部通信署向資委會接洽定製大批電訊器材，其電話機與交換機部份，已由中央有線電器材公司籌備處與該署接洽，承製供應，被覆線部份，需二萬公里，正由中央電工器材廠接洽承製中。

中央電工器材廠天津廠製造信號泡

中央電工器材廠天津廠製造之信號泡，供應平津電信局使用後，對該項特殊信號燈泡使用頗感滿意，該廠將源源供應，以減少國外訂購之困難，且可節省外匯支出。

日本賠償物資到達一部份

日本對我國第一次賠償物資，共九四四七件，合七萬餘噸，分配於國防部、經濟部、交通部、資委會、教育部等機關。自本年一月份開始接運，至五月底已陸續有九輪抵達上海，共計五二〇九件。惟聞原定數爲九四四七件或有折減，至運到各件，其中撥配交通部者，有一部份幾經裝置使用，其餘須運往內地裝設，亦正陸續轉運中。該項物資均係日工拆卸之舊機器，擱置稍久卽易生銹爛，故各部會均設法趕運目的地，以便早日裝配使用云。

株洲機廠開始製造

株洲機廠原係戰前籌備，爲一主要之鐵路總機廠，嗣因戰事中止，復員後積極恢復進行，所有機器設備，主要係由聯總撥給，刻第一機車組之各廠房業已完成，自本年一月份起，開始製造，經已鉚裝橋梁多座，並聞交通部將於湘桂黔鐵路撥車輛底盤二十部，由該廠裝製車身，專作客車之用。又該廠預計今年年底完成修理廠全部設備後，卽可全部開始製造云。（本報訊）

書報介紹工學通訊

「工學通訊」爲「工作與學習社」出版之刊物，該社早於三十一年由從事於寶天鐵路之若干工程人員所組織，出版「工作與學習」兩月刊，至三十四年勝利前止，迄未停刊，專事介紹刊登西北論著及一切工程技術文字，在當時大後方，尤其西北方面，頗著聲譽。勝利後一部份主持人員復員還鄉，曾謀復刊，惟困限於經費，苦無成就，自卅五年十月起曾先出版「工學通訊」半月刊一種，仍保持以前風格，選登工程技術文字。該社社員有七百餘人，散居國內外，凌竹銘茅唐臣二先生經常予以指導。第三十一期「工學通訊」將於六月五日出版，每期仍售一萬元，社址在本京寧海路三十四號中國工程師學會內。

鄂南煤礦公司擴大組織

資委會新成立之鄂南煤礦公司卽將與湖北嘉魚裕民煤礦公司合辦。

南嶺煤礦改善運輸

南嶺煤礦爲改善運輸已由資委會洽妥粵漢路局修築南嶺支線，可直達狗牙洞礦區，爲同時開發八字嶺及白茅洲礦區起見，資委會已洽請交通部及公路局增築八字嶺分線一段，將來完成後，業務當愈趨開展。

人事動態

丁原郝——任資委會徐州電廠廠長。

常蔭集——任資委會濟南電業公司經理。

胡道濟——任四川長壽電廠廠長。

張榮春——任四川巴縣電廠廠長。

潘　毅——因病辭去濟南電業公司經理。

孫熾鄂——原任富城煤礦總經理，現調任中湘煤礦局局長。

姚文林——任台灣碱業公司總經理。

趙宗燠——任天津化學工業有限公司總經理。

趙煦雍——遼西紙漿造紙公司總經理奉派兼資委會天津紙漿造紙公司總經理。

薩福均——辭去川滇鐵路公司總經理兼工程局局長

陳　瑨——任川滇鉄路公司副局長兼代局長。

林鳳岐——任昆明區鐵路管理局局長。

吳　鵬——任昆明區鐵路管理局副局長。

段　緯——任昆明區鐵路管理局副局長。

昆明區鉄路組織管理局

交部原規定設置之昆明區鉄路管理局，復員改組時，因該區所轄各線正在改進業務，因時制宜，故仍維現狀。前爲統一管理節省開支起見，經將川滇鐵路與滇越鐵路滇段合併改組爲昆明區鐵路管理局，局設昆明，已派林鳳岐爲局長，吳鵬段緯爲副局長，滇越鐵路滇越管理處卽行撤銷，全川滇鐵路公司理事及總經理處，在未清理前暫時存在，惟業務及服務人員儘量轉移，鐵路管理局力求縮簡。

本報發售合訂本啓事

本報爲便於讀者保存起見，自第二十三期改爲十六開版面，但外埠訂戶寄遞，仍時有遺失，向本報要求補寄及購合訂本者日必數起，茲特湊集存餘報紙裝訂合訂本，但爲數有限，第一二三四集各爲百本售完爲止，外埠以郵戳日期先後爲序。

（第一集一期起——十期止）

（第二集十一期起——廿二期止）

（第三集二十三期起——卅期止）

（第四集卅一期起——四十期止）

每集定價法幣捌萬元整

航空每集另加郵資陸萬元

30192

陶鳳山歐美歸來

一九四七年國際電信公會在美國大西洋城組織成立，由參加各國政府組織全權代表大會，選出行政理事十八人，我國被選爲理事之一，本年三月間首屆理事會在日內瓦召開，我國由交通部郵電司長陶君鳳山以理事地位出席，事畢並在歐美各國考察郵電，經於五月初返國，日前曾在交通部公開報告出席理事會及考察之經過，對於美國西聯電報公司Western Union Telegraph CO.及倍爾電訊系統 Bell System之業務狀況，陳述甚詳。（本報訊）

薩福均視察粵漢湘桂兩路

美國援華案內對華南鐵路將有所資助，以期加强運輸能力，交通部路政司長特爲此事於五月中前往粵漢路衡柳一段詳爲視察，並赴株洲機廠視察，俾對此兩路之需要作一明確之分斷，以期美援得爲最有效之利用，薩氏一行將於六月初返抵南京。

塘沽新港預算追加

塘沽新港工程，現積極進行，今年主要工作爲展築防波堤及挖深航道，使三千噸輪船不須候潮即能進港，八千噸巨輪高潮時亦能進港，本年上半年預算原祗有二千餘億，現已奉准追加四千五百億，工作進行，當可順利，現正接洽在美購鉅型挖泥船一艘。（本報訊）

蕭立坤赴歐

國際民航永久組織，於去年夏初在加拿大舉行成立大會，參加者五十餘國，我國被選爲理事國。茲第二次大會定本年六月一日在日內瓦舉行，將分設行政技術經濟及法律四個附論組，交通部除派現在國外之吳公使南如及國際民航中國理事王承黻就近出席外，並派民用航空局業務處處長蕭立坤前往出席，蕭氏經於五月二十八日由京飛港轉乘英國海外航空公司BOAC飛船前往云。

預約卅年來之中國工程者注意：以前預約各戶地址，多有不明，請備函南京北門橋衛巷新安里十六號總編輯部補價取書，補價辦法，另有規定。特此通告週知

中國工程師學會總編輯　吳承洛啓

鉄路客票計價定新標準

關於各路特快費加成辦法，前經鐵路業務會議呈交部請示，現核定特別快車費加成數，應仍照各本等普通客票價之百分之二十計算，對號特快費酌准酌收，以不超過各本等普通客票價之百分之四十（包括特快費之百分之二十在內），包裹特快費並准酌收，以不超過普通包裹運價之百分之五十爲限，凡對號或包裹特快費有超過此限度者，應於下次調整運價時改正。（本報訊）

桂銘敬由廣州灣到京

主持開闢廣州港並由此港展築鉄路以接廣西來賓一段工程之桂君銘敬，五月下旬由廣州灣到京，據稱廣州灣爲華南一天然良港，稍加人工可容巨艦出入，現在一切測量工作已完，並擬先在西營擴充原有碼頭伸出港內，使現在行駛廣州灣之輪船，得以靠岸，現正在備料中。至廣州灣經廣西陸川鬱林以達貴縣之鐵路，長二百七十公里，經已定線，工程猶易，貴縣至來賓則土方橋梁工程在二十八九年間已完成百分之八十，現正趕築來賓之紅水河大橋，俾下半年鋼軌有着，即可向貴縣舖築云。桂君在京尚有勾留，六月初南返。（本報訊）

奬祥孫譚台灣鉄路

台灣鐵路局工務處長奬祥孫五月下旬由台灣來京公幹，據稱台灣公私路合計有三千公里，在日管時代，辦理不錯，惟在戰爭後期遭受盟機轟炸，頗有損毀，現計待換之枕木約六十五萬根，大小橋梁情況都不良好，其中一二大橋，且甚危險，現正逐漸設法改善，近來機客貨車之修理已大有增加，貨運每日一萬餘噸收入每月台幣至達十七億元云。（本報訊）

液體油料改公升固質油脂改公斤

自液體油料改用公制後，公路總局對所屬運輸機關爲劃一液油便利計，規定汽油、柴油、機油、齒油、軸油以公升爲單位，黃油以公斤爲單位，至油料購入時以公噸或公斤計算者，其每公噸或公斤折合若干公升，應根據購進油料之A.P.I.號數，再按該總局頒發三三一四號代電之附表，即可查出折合之公斤數。

葫蘆島硫酸廠復工

葫蘆島硫酸廠改由中央化肥公司籌備處接辦，本月初已正式交接，現正籌備復工中。（本報訊）

西蘭公路恢復班車

西蘭公路全線經試車後，沿線治安良好，已於本月十一日起正式恢復行駛班車。（本報訊）

京市鉄路抽換五千根枕木

南京市由下關至中華門一段京市鐵路，年久失修，尤以枕木久未抽換，行車甚感困難，據新任該路管理處長孫發周五月二十八日聲稱，已獲得交通部撥助新枕木五千根，日來已換一千餘根，俟五千根換畢，仍須繼續抽換，又說正在請款整修車站四處，整飭行車秩序，行見京市鐵路，將大有改進。

浙贛全路七月可通

浙贛鉄路，自本年二月初杭州南昌間直達通車後，全線僅餘向塘至泉江一段二四六公里尚未修復，經交通部籌撥工款並參集美加借款全部剩餘之鋼軌及配件趕鋪此段，以期貫通華南區惟一東西幹線。向塘至樟樹間六十一公里，已於四月底接通，因軌料不繼，樟樹以西延至五月廿日始再續展西端，泉江至蔗溪間軌料，亦已由滬運經漢口轉到，正在鋪設中，全線鋪軌工程如外洋軌料能早日運到，則七月間可以藏事，自杭州至株州除樟樹鎮之贛江大橋，因須待加拿大鋼橋梁秋間方能起運，擬暫用渡輪過駁外，均即可直達通車。（本報訊）

湘桂黔鉄路工進近況

湘桂黔鐵路，自上年十一月二十二日將衡桂段搶通後，原湘桂路衡陽至來賓間即全部恢復通車，原黔桂路柳州至都勻間則繼於本年二月底展通至金城江，全路僅餘拔貢至南丹64公里，因軌料已竭，無法接通，經交通部將英庚款軌料一批約五十公里，指撥應用，茲亦已開始到達，惟英料交貨較緩，且無確訊，故該路全部通車期限或較預定稍緩，該路現已與公路局辦理聯運維持交通。（本報訊）

第二運輸處舉辦行李保價運輸

公路總局第二運輸處對於旅客託運行李包裹，舉辦保價運輸，以策安全，暫定自五百萬元起，至二億元止，保費費率規定分為三百公里以內及三百公里以上兩級，前者按金額收取千分之一至三，後者收取千分之二至四。

徐州信陽間等無線電話開放

徐州信陽間，西安蘭州間，天津太原間，蘭州西寧間無線電話電路，均已於本月上旬先後開放。

第二運輸處與中航公司辦聯運

公路總局第二運輸處衡陽分處與中航公司衡陽站簽訂協約，辦理旅客聯運，凡京、滬、漢、港、穗、桂航空旅客，在衡陽下機轉往長沙、南昌、吉安者，可向航空站購買公路班車車票。倘長沙、南昌、吉安搭乘公路車到衡陽之旅客，欲飛京、滬、港各地者，亦可向衡陽分處購買飛機票。

杭州福州間辦旅客聯運

江山福州間，浙江公路聯營運輸處自三月十六日起對開直達客車後，現為更求閩浙旅客便利起見，復與浙贛鐵路局洽辦杭州至福州旅客聯運，雙方以江山為聯接站，沿線各大站為聯運站。

公路總局第三運輸處開邕梧班車

公路總局第三運輸處，前與廣西省公路局簽訂合約，開行邕梧班車，已由四月二十五日起實行。

登牯嶺公路路線已勘定

（本報南昌專訊）最困難的廬山登山交通問題已獲得初步解決希望。贛公路局經兩月來勘測，已經勘定修築登山公路的路線。公路局長遄守正今攜全部計劃及圖樣赴京，向交部請求撥款。開闢登山公路以株樹為起點，經破關寺、虎拔半、小天池等處。全綫無橋梁，無盤旋道，左臨秀江，右眺潯陽，最大坡度為百分之十，故行車尚平坦，且風景幽美。此路一經修竣，登山將不必再用肩輿，實為遊客一大佳訊。

津榆段全綫通車

北寧綫津榆段交通自遭匪破壞後，二十一日已修復通車，不料晚間復被匪破壞數處，經路局派工搶修，已於二十二日下午三時三十分修復，刻津榆綫已全綫通車。（中建社訊）

卅年來之中國工程

三十年來之中國工程，為我國工程界之一大巨著，係中國工程師學會主編，初版於重慶即銷售一空，再版本係用新聞紙精印，全書厚一千餘頁，定價每本為一百二十萬元，郵費另加，現已印就，開始發售。

經售處：南京（二）四條巷一六三號 中國工程出版公司

定價　每份壹萬元正
半年訂費貳拾伍萬元正
全年訂費伍拾萬元正
廣告價目　每方吋貳拾萬元
航空或掛號另存郵資拾萬元

中華民國卅七年六月七日出版

中國工程週報

內政部京警圖字第五十一號
中國工程出版公司
工程師節專號
發行人　杜拱辰

中華郵政認爲第二類新聞紙
江蘇郵政管理局登記證第一三二號
地址：南京（2）四條巷一六三號
電話　二三九八九
經售處：全國各大書店

工程與中國的進步

俞文灝

現在社會上有一部份的人，對於中國的歷史，有一點誤解。他們以爲中國過去誠然出了很多的人材，但是工程師却很少見，因此中國的文明，乃是精神的文明，而缺乏物質的文明。這種見解，我們只要舉出幾個事實，便可證明其錯誤。中國古代對於國防的工程，是很講究的。戰國時代燕趙秦三國，各因北邊山險，建長城以備胡戎。秦始皇遣蒙恬發兵三十萬人，北伐匈奴，便把已有的長城，首尾聯綴起來，起臨洮，至遼東，成爲世界上有名的萬里長城。我們可以想見當年我們的祖宗，設計並創造這個偉大工程時，一定有許多無名的工程師，參加這種工作。

我們再看與人民生計有關的工程，我們的祖宗，也留下許多偉大的事業。在秦惠王的時代，李冰穿郫檢二江，灌溉成都，華陽等縣的田畝以億萬計，再看西北的灌溉事業，可以說是在秦始皇時代，由一位水工鄭國開始的。他所建築的鄭國渠，灌溉四萬餘頃，自此以後，關中成爲沃野，無凶年。秦始皇與漢高祖的天下，便是建築於鄭國渠之上，便是四川成爲天府之區，也很賴李冰鑿離堆，引岷水以灌田。

我們看了這幾個例子，便可知道中國的古代文明，所以能夠發揚光大，工程師實有他們的貢獻。可惜中葉以後，中國人的聰明才智，太偏重於文字方面，對於制天而用的工作，沒有繼承先人的事績，繼續發展，以致工程師數目，逐漸的減少。我們的文明，也就入於停滯的時代。

在二百年以前，西洋各國的文明，並不見得超越中國。自從工業革命以後，歐美各國，利用他們科學的基礎，發明了許多新的生產方法，而他們的工程師，便利用這些新的生產方法，來改造他們的農業，工業，礦業，交通業，運輸業。我們可以說，歐美各國的每一個工廠，每一個礦場，每一條鐵路，每一個輪船，都是工程師的心血所創造出來的。因爲有了幾千幾萬工程師的不斷努力，便產生了所謂現代文明。

我們看了中國古代工程師與中國文明的關係，又看了歐美的工程師與現代文明的關係，就可知道工程師在創造文明的過程中，所佔地位的重要。同時我國的工程師，也當明瞭，他們對於創造新中國，所負責任的重大。所以社會應當大量的訓練工程師，培植工程師，同時工程師也應當抓住現在的時候，在國防的工程裏，在建國的工程裏，貢獻他們的智識與能力。用工程的力量，來促成中國的真實進步。

第八屆工程師節特刊弁言

吳承洛

今日的任務，爲加速提高工作效率。節日紀念的意義，我在「社會改革與革新競賽」一篇獻言，爲工作競賽月刊祝新生活運動第十四週年紀念節而作，旨在推廣節日俗尚競賽的工作以完成工作競賽制度的使命。

分門別類，我國節日年有增加，百餘節中，有普遍的節日，有專門的節日，有狂歡的節日，有莊嚴的節日，各人有各人的節日，各界有各界的節日，有心理需要的節日，有物理需要的節日。普遍性通用性的節日可以集中，個別性專門性的節日不妨太多。工程師節是在戰時於民國三十年開始慶祝，今年正是第八屆盛典。

在第一屆工程師節，掃蕩報等在渝發行專刊，作者主編，首先揭示夏禹的科學方法，先之以調查、測量、分析、計劃既定，付諸實施，動員全國工程師與工役人員，從事疏導，排泄，開鑿防禦，與積蓄的工程，導山導水，導津，入河入江入海，各有其一定的系統，同時對於糧食，畜牧、魚鹽、森林、礦冶，工藝與交通等工業，均有規劃，並就此確定田賦、方貢、服役、安綏，政教等制度，以工程建國的基礎，定長遠建國的宏謨。

茲值第八屆工程師節，復在京發行專刊，作者又逢主編。復員兩三年，建國行憲正開始，六月一日行政院改組成立，確立內政、外交、國防、財政、教育、司法、農林、工商、交通、社會、水利、地政、糧食、衛生、主計、資源、僑務、蒙藏、等十八部會。翁院長以工程師的資格，總攬百揆。首先以我們必須加速提高工作效率，集中意志和力量，因時制宜，因地用力，以期刷新陣容，振作人心，早收綏靖地方，建立新政的實效。惟有提高革新的精神。認識現實，而決不爲現實所束縛，應能發成積極前進的風氣。

斯何時乎，復員階段已過，亂世需要克服。制度既已確立，力行端在效能。

我們的病症，是哀鴻遍地，破壞擴大：

萬事莫如失業危，
萬事莫如無業險。
萬事莫如不產苦，
萬事莫如無產難。

我們的處方，是宏獎生產，積極建設：

萬事莫如就業急，
萬事莫如實業切。
萬事莫如建產好，
萬事莫如多產樂。

我們的歡呼，是，工業建國，工程建國：

工程建國，何時實現。
工程師乎，工作效率。
惟有實行工作競賽，
惟有推廣工程效能。
必有堅貞不棄之規模，
庶達鞏固康寧之基礎」
工程師節中國工程師，
勇猛精進全國工程師。
工程師最要自重，
工程師方爲楷模。
工程師最重效率，
工程師方能表率。
工程師兮工程師節，
工程師節兮工程師。
師師師師，師表當世，
工工工工，工程萬歲。
工程師兮工程師，
師工工師自此著。
青年年青工程師，
舍我其誰唯一者。

迎工程師節　之一

卅七年工程節又已來臨，回憶去年六六，全國各地工程同仁會分別舉行紀念會，以工程建國昭示國人，十月二日工程師年會，更提出加緊建設挽救當前社會經濟危機等專題討論，藉以喚起國人對工程事業之重視，並分陳各有關部門，請採納推行，惟迄今近年，除審計制度略有改變（國府于本年三月中公佈簡化事前審計程序，辦法詳見本報第卅四期）對行政手續，除去相當不必要之繁瑣外，其他仍少有進展。大致說來，這一年中，仍然是破壞多于建設，幾件已開工的大建設，勉強在苦難掙扎中，至于新興事業，或以經費不足，或則以外匯支絀，大多停頓。至以工業而言，或以原料統制，購入不易，或以物價動盪，維持不易，紛紛南遷，造成香港之畸形繁榮。

卅七年六月，行憲開始，第一任大總統登台，人事爲之一新，以對中國經濟建設極有貢獻的名工程師翁文灝氏出長政院，組織新閣。立法院副院長，亦由力主推動中國工礦建設的陳立夫氏担任。翁陳二氏，均曾任中國工程師學會會長，去秋十四屆年會中，二氏對現行工業政策，評擊至力，眼看到後方經營的工廠，一個一個的倒下去，生產停頓，外貨傾銷，非特不走上「工業化」，反而陷入了「工業墳」的境地，能不痛心！

今日翁氏之組閣，也可以說是國人對建設之重視，當然，這也是翁氏大展宏圖的時機，何況立法院，對建設政策也是同一步調，所以翁氏組閣，不管在我國暗淡的建設前途中，現出了一條光明之道。中國固然缺乏外匯與機器，可是有巨大的失業勞力，倘使能善爲運用，對我建設大業是大有助益的。

今年的十五屆工程師年會，我們不再希望空談建設，希望政府能提出具體的建設計劃來，不妨來個三年五年計劃，打算建立些什麼工程？什麼工廠？按期進行，解決就業，增加生產。這不僅是工程師的願望，也是全國人民所希望的，中國的工程師，在賢明的領導之下，祗要政府有計劃，有決心，一定是會達成任務的。

全國各地
熱烈慶祝工程師節

南京（本報訊）六六工程師節，南京市中國工程師學會擴大紀念。六月五日下午六時在陵園音樂台舉行紀念晚會，到會千餘人，節目精彩，由沈市長怡担任主席。情況至爲熱烈。於晚八時散會。次日爲六六節，工程師學會主辦廣播，講演，展覽等各項工作，分別在京各地舉行。展覽會分十二處，將各種工程機械及圖表分別展覽。演講會假中央大學、市立三中舉行，聘請許心武講「美國水利工程現況」，錢鳳章講「音、音樂、音響學及音之灌製」，沈眾魯講「傳眞電報」。會後并放映電影。六日適値星期，參觀展覽，聽講者極爲踴躍。

北平（中央社北平六日電）中國工程師學會北平分會，爲紀念工程師節，今舉行大會，出席平津工程專家三百餘人，會長石志仁主持典禮。胡適、梅貽琦、張含英三校長均被邀出席講專。胡適講演一小時。梅氏講演「工程教育」提議學校應與工程師及各廠合作，研究實習，並主張各工廠舉辦藝徒學校，訓練小工頭。張含英講演「治理黃河問題」，認爲治黃應注意孟津以上的中上游黃河問題，會中並有展覽及小組討論。

太原（中央社太原六日電）擁有會員一〇七人之中國工程師學會太原分會，六日上午舉行工程師節紀念大會。閻主席勉努力建設，增強戡亂力量。彭士弘會長強調工程師精誠團結，互相研究，克服困難。各界代表一致盛讚三年來工程師在太原之偉大成就，希望今後努力完成戡亂大業。會中發表論文三篇，並通過呈蔣總統，李副總統致敬電，及電請全國工程師學會明年年會在太原舉行，並電請中樞開放山西工貸之動議。

天津（中央社天津六日電）津各工程學術團體六日聯合舉行工程師節慶祝大會，並進行專題討論，研究「天津市建設」，大會情形異常熱烈。

又北洋大學及華北水利工程總局合辦之天津水工試驗所於六日工程師節之晨在津開幕，於北洋大學水利系常錫厚主任及鄭兆珍、杜鎮福教授主持下展開研究試驗工作。永定河治本計劃中之官廳壩工程，爲該所現正進行之具體研究工作。此外該所經常進行研究者，於水利試驗室內，包括：（一）管路各種摩擦損失；（二）孔口及管口；（三）短形堰口；（四）V形堰口等部門之試驗。於流体力學試驗室內，包括：（一）類水壓力；（二）浮體；（三）速頭管檢定；（四）水躍及（五）「RAYNOLD」試驗等部門之試驗研究。關於官廳水庫工程之試驗，如經費有着，年內即可望獲得相當結論。該所工作目標將爲從事華北各項水工計劃之模型試驗，並接受各水利機關之委託，代辦水工模型試驗，此外從事各種水力機械，船舶模型之研究。同時該所亦爲北洋大學土木及水力系學生之訓練園地，在未來計劃中，除增加強各項試驗外，並擬闢設廣大試驗場，以從事大型河道模型試驗。該所表示隨時歡迎國內外水工專家駐所研究，此一試驗所之成立，係自三十六年八月開始籌備，迄今爲時僅十閱月，其設備已足以從事一般水工建築物之模型試驗。

漢口　中國工程師學會漢口分會，六日晨十時假武昌電信大樓舉行聯歡大會，並慶祝工程師節。

上海「六六」工程師節，上海工程師學會，中華自然科學社，中國科學社，市政工程學會，中國技術協會等四團體，爲慶祝工程師節六日下午四時參觀尚未完成的平涼路市立第二醫院到會員百餘人，晚八時，由中國技術協會在青年會殿堂舉行歌舞會慶祝工程師節。

應正名位的工程師問題

曹誠克

——本文辨別技師與工程師不同之點，甚爲清切故特栽於此　承洛——

從立功立言說起

世有大功德於人類的，必定爲人類擁戴，且可廟食千秋；所謂大功德，古人雖有三不朽之說，但立德是抽象的說法，實只有立功和立言兩種。立言是正人心，猶之人類的靈魂；立功則是事物方面的造就，猶之人類的軀殼；無軀殼則靈魂無所寄托；所以立功在立言之上。

說到立功大家會立刻想到我們大工程師大禹的驅除洪水猛獸。工程師一頭銜，雖是最近我們追贈大禹的譯法，但是人們認識了工程師三字意義之後，必也會了解我們之追諡大禹，並非攀龍附鳳於一個古聖天子來自高身價，而是伯禹原是那時稱作司空的一個眞正治水工程師。

「工程」的定義

「工程」二字定義，據美國工程師協會圖書館，經過數百工程師的議決刊石，爲「組織和指揮人工及控制天然物質能力來造福人類的一種藝術」。簡單的說，工程師便應該是一個「組織和控制天人物力來利用厚生的藝術家」。這樣說來，遠上古的有巢，燧人，伏羲，以及創造衣服宮室舟車的黃帝等等，都是工程師了，尙書成典載：

「舜曰，咨四岳，有能奮庸，熙帝之載，使宅百揆，亮采惠疇。僉曰，禹作司空，帝曰，俞，咨禹，汝平水土，惟時懋哉。帝曰，疇若予工？僉曰，垂哉，帝曰，俞，咨垂，汝共工，垂拜稽首，讓於殳斨，伯與，帝曰，俞，往哉，汝諧，帝曰，疇若予上下草木鳥獸？僉曰，益哉，帝曰俞，咨益，汝作朕虞。益拜稽首，讓於朱虎，熊羆。帝曰，俞，往哉汝諧」。

這與「司空」「共工」「虞」，都是主管官名，而以司空爲之長。司空後來是三公之官，職位極崇，再變而爲六部之工部，到現在更分工礦農林水利交通等部，而伯禹，垂，殳斨，伯與，益，朱虎，熊羆等，都是當時身行實踐的工程師。當時因人授職，有一特異之點，便是其人必須是個有眞實本領的內行，否則官失其職，必有人取而代之。而伯禹以一個治水世家的後起專家，遂繼其父平定了天下水土，因爲這工勞太大了，不獨他後來繼了百揆，踐了天子大位，甚至遺愛在人，他的子啓，也成了「吾君之子」，受人民愛戴，竟不惜將歷來的公天下，變作子姓一姓的後世家天下。後來另一水利工程師川主李冰，也幾乎有伯禹的造就，至今廟食不衰。這是一例。

上次歐戰終了，美國威爾遜總統任滿，共和黨擁護採礦工程師胡佛與哈定競選，筆者時在美國，也曾隨人爲之搖旗吶喊，雖未成功，但當他第二次與史密士競選，筆者已返國任礦冶工程學會幹事，在礦冶第二卷第五期「工程師萬歲」一文中，又曾第二次爲之捧場。那文中引用了不少美國報紙文章，說明公衆擁護他爲總統的理由：大致一方面，固由於胡佛的個人事業成就和貢獻，另一方面却是因爲「工程師的思想習慣，分析事理，和種種舉動，皆有異乎尋常律師與濫污政客。」「用工程心胸來經營事業，處理國是，甚至國際問題，以引起公衆信仰。」「即處理國際交涉，亦何獨不應引用此種科學方法。」「科學方法剖社會經濟構造有時而窮的，在工程家則又引用所謂工程方法者以代之。」等等，果然，美國人爲崇德報功，並冀一位工程師再多爲人民造福，採礦工程師的胡佛先生，終於繼柯立芝而做了美國的礦人大總統。這又是一例。

工程師無政治地位

以上古今中外二例，至少可以說明工程事業與工程師對於世界人類和國家人民的絕對重要，和地位崇高，應居四民之首。然而時至今日的行憲政府，主持修訂憲法的大人先生，和掌握政權的黨國要人，竟對一個與建國須臾不可分離的工程師，不給以政治上分毫地位，在國大裏，不許有代表，在立法上，不許發一言，將我們拋在九霄，踏入地獄——因爲他們根本不承認我們工程師，自然更談不上工程師在政治上的地位。他們需要工人組織和工人個人。他們也看重了與我們同爲自由職業的律師醫師新聞記者等等公會。甚而無私塾可以招致生徒，與我們同爲整個出賣心手的教師們，也承了他們的青眼而偏對我們工程師，却絕對不給予半票選舉權。

是的，我們也有極少數的人，在國大發過言，在立院佔一座，可是他們並非代表我們工程師的，更非我們有權能選舉的，而是他們會逢其適，由別一身份所選出的代表而已。再若將農礦河海航行人員放在一起票選，便令有聲望如曾養甫先生，也只好名落孫山，要聲明放棄，這些事，明眼人自知，無待我多說。

是的，我們也曾向政府諸公據理力爭。可是他們說：「你們工程師學會資格果然嚴，大學畢業八年，並有五年負責經驗，始得爲會員，已超過各大學之選聘正教授。然而你們無職業組織，於法不得有選舉權。你們要政治地位，可以加入技師公會，甚而組織技術公會」。承立法諸公不來，他們居然也替我們製了一部技師法，算是給我們開了方便之門。這部技師法的不通，且留待後說，可是行了起來，中途又變了質：八千個引水人員，卻硬要加入道技師公會來競選。我們絕對不否認引水是技師，我們所愁的也不是成千的飛機駕駛員，而是尚有若干萬的機車汽車司機老爺們，不知如何安插。難道他們無一技之長，不足稱為技師麼？「無職業組織，便無選舉權，」我們倒要問問，「是幾時那些不能造反的窮教授們，已有了職業組織」？

我們工程師誠然厭棄政治，政客，只知埋頭苦幹，為國家人類服務；我們日夕欲克勝的是天人物力；我們所奮爭的是人類歷史；政治上的十幾數十年得失，委實不感興趣；然興趣的絕非真正工程師。但時至今日，政府諸公而仍欲否認我們地位，和玩弄我們的職業，却心有不忍，雖安緘密。而諸公之所以然，實數十年來一貫的昧於工程師與技師之為一物；而其作俑者，列叢廳於現存官制中之技監技正等之一「技」字。

「工」「藝」「技」「術」

一個字義，古今雖可異用，但在一時代中，未經確定其義，也未可濫用。工，藝，技，術四字，原各有其定義；不必還求字意古結，即就一般常識而論，亦有他的各別意義。「術」是法術權術的術，有方法之意；腦為之主，而手術等動作次之。「技」是一技之長方技之技，有動作之意；手為之主，而腦力次之。「藝」亦技之謂，有運用技術純熟而優美之意如藝術之藝。「工」則工作，工人，工程之工，包括，技，術，藝三者，包括勞心，和勞力，範圍至為廣大。古官制中有「工正」一職，司百工之事，即係今之在官技正或技監，或在野之工程師。一個理想的工程師，在某一件工程事業中，他的職務：包括踏勘，測繪，設計，計算，組織人事，選集材料，分配工作，指揮施工。而在這個過程中還須將所有的一切物質，能力，人工，以及方法等等，無不時時刻刻的控制得分毫不能逾矩，更須其將來的安全利用保障。工程師在用腦時候，他是一個優良的科學家；在施工的時候，他是一個高明的技工；在用手時候，他更是一個控制而統治着各種各類乃至數千萬噸的物質，各色各等乃至數十百萬的人員，使他們無不絲絲入扣服貼就範如期完成任務。此工程師之所以是一個組織控制人天物力的大藝術家。他簡直是人類中的宗師大匠，應為一切大政治家所效法。——這還是僅在人事方面。因為他是如此的一個多才多藝的人，所以伯禹被擁戴為天子，來統治了全民。這豈是一個有一技之長的技師能和他同日而語的麼？可是清末民初的一般不學無術的渾人，竟昧於一字之義，各部先設所謂「藝師」後改所謂「技正」：於是工正降為技正，工程師變為技師，今之竊國諸公，更降之與引水技師同伍。

「師」「匠」「人」「夫」

其次，師，匠，人，夫四字，亦有一釋必要。「師」有先覺覺後覺及師承之意：學生之於老師，徒弟之於師傅，用意正確；孔子為百世師，是儒家之說，亦猶木匠之尊崇魯班師一樣。這是本行對本行前輩的尊稱。但硬欲强一個不相干的人來尊稱自己，或自已的老師為師，照現在的說法，便是不民主。樂工古稱太師，是普通之官名其後的太師，卻是天子的師傅。而工程人員自稱工程師，更無人亦稱之為師，則亦過于自大；所以交通鐵路上自動改工程師為工程司，即基此意。至若今之自命為理髮師，成衣師，修脚師的，可不置議。「匠」古有匠師，其後有將作大匠（從三品），少匠（從四品），俱是官名；其名稱相當於今之工程師，其官階等於今之技監，根本無賤視之意。甚而後之磚匠，木匠，鐵匠，亦不過因其治木，治鐵而冠以一專稱而已。然而現在如稱技工為機器匠，理髮的為剃頭匠，却變成了汚辱。「人」就是人，古有職人，梓人，弓人矢人等官，今亦有軍人，工人，文人，獵人等職業，原無貴賤之分。「夫」亦男子通稱有職業的冠其職業，古有大夫，膳夫（今亦硬要人稱廚師）宰夫等官，丈夫，老夫，匹夫等稱，今亦有轎夫，車夫等業，原無所謂。然而抗戰期間，如有人稱司機的為車夫，准討一場無趣。一切字義，原可隨時代改變；自由平等國家，更無卿士大夫與輿台皂隸等階級之分；師，匠，人，夫等字，儘管隨意調換；人格稱謂，可以平等，一切做手藝的，儘可稱作高等技師；但學問職業，究竟有些異同。提高稱謂，不見得便提高地位。一個「下河的」（儘管他可自稱為藝師）和一個大學校長，在一般人的心目中，畢竟有點不同。現在的一切稱謂混亂，因於一般平民的無知，固無所謂，但誤工正為技正，誤工程師為技師，從而擠工程師於其非類，視其神聖職業如無物又否認其在政治法律上地位，則受過高深教育的立法官吏，如非別有居心，便是糊塗害事，兩者皆無可恕。

技師法與工程師

復次，再論現行技師法。十八年政府有技師登記法，規定技師資格，分農礦工三種技師，凡審查證件合格皆予登記。現行技師法頒佈於去年十月，技師資格之取得，須依專門職業及技術人員考試法，經試驗或檢覈及格，再向主管機關登記，發給技師證書。技師並應加入當地技師公會。無證書而辦理技師事務，由地方主管處罰。而農業技師分農藝，園藝，森林，蠶桑，病蟲害，畜牧，獸醫，農業化學，水產九種，工業分土木，水利，建築，橋樑，市政，衛生，測量，原動機，機械製造，自動車，輪機，造船，航空，冷藏，電力，電訊，電機號誌，化學工程，分析化學，製革，製糖，造紙，窯業，製藥，紡織二十六科，礦業分採礦，冶金，應用地質三科之列舉分科最饒趣味。

按律師，工程師等雖同為自由職業，但其性質，實可分為（一）與都市人民起居日用有關，（二）與人類國家建設有關的兩種。前者的技術學問，可以零星出售於個人，或大小機關團體，後者零售却無受主，只有整個批發給國家或較大團體。前者僅有如律師，醫師，會計師，建築師等數類，後者則技師法列三十八種中除建築外幾全部屬之。抑建築師是藝術家，並非工程師。工程師雖亦偶有掛牌開業，備人顧問，或替人化驗（這是化學師與工程無關）測繪的，但絕大部份如橋樑，市政，航空，電訊等等，如也效律師醫師掛起牌來，必是鍾旗開店，鬼不上門，自家也準會餓死。不同職業的人，自有不同謀生之路；工程師是屬於國家或某一集團的，不是屬於社會個人的，他們亦別有謀生途徑。購買他們學問技術的對象，自亦有衡量他們的標準，絕對不在乎一紙證書。政府諸公若謂「不如此，便不能得到選舉權」，那麼立法諸公這部技師法厚禮，算是白送，那方便之門，算是白開，至若技師法中那詳略不稱的各種分類，我們更不敢領教。現在我們所愁的不是自家，反是對政府如何執行取締數萬無照工程師所謂技師這一點。

我們要工程師法

好了，讓我們提出我們的口號吧！

（一）我們可以取消我們的「師」字，人儘可稱我們工程司，工程人，甚而工程匠。

（二）我們絕對否認我們是技師，技師與工程師，根本是二事。

（三）我們要政府確正我們的名位，稱稱我們，看我們究竟配有選舉權否？

（四）最後我們要求通達的立法委員們，給我們另立一部合理的工程師法。

遠經會第三屆會議
檢討工業發展報告

（聯合國駐滬辦事處訊）聯合國亞洲及遠東經濟委員會第三屆會議，六月三日在印度奧帝城揭幕。討論工業生產，糧食供應，諸問題。

第三日討論議事日程上第五項——工作委員會關於工業發展的臨時報告與建議，李卓敏（中國）對於報告中述及日本各節加以稱述，中國同意日本經濟恢復至有助於本區穩定的水準爲止。

按報告之結論與建議如下：

「迄今爲止，吾人研討已獲得對於本區工業化問題之廣泛輪廓，但尚需更多時間及其他資料，俾使吾人得以完成對工業化計劃之建議，並擬具廣博之建議，提交亞洲及遠東經濟委員會。吾人認爲欲迅速有效的完成未了任務，必須作進一步之專門調查，尤須親自商討與訪問官方情報之來源。吾人認亞洲及遠東經濟委員會區域內各國工業化與經濟發展之任何現實計劃，必須包含對日本能力之研究。吾人贊成多數發展計劃，均重視運輸、電力、肥料出產、重要工業及訓練技術人員等項，吾人更認爲應對此等事項作進一步之研究。吾人認爲如何獲取外款以進行工業發展計劃之問題，以及研究此等外款之可能來源，均屬特別重要。

最後吾人提出下列建議：

（一）委員會　授權工作隊成立各專設委員會，詳細研究經委會區域內工業化之各重要項目，首應成立研究以下事項之委員會：燃料與電力；運輸與運輸設備；肥料；基本物料，包括矽與五金紡織品。

（二）物料需求　經委會區域內各國應與工作隊互相合作，研究並指定其爲達到工業化目標所需建設性貨物及其他物料，特別說明必需進口之數量及來源，並於應說明需求時特別注意於充分發展其現有生產能力所需之項目。

（三）技術人員　訓練爲發展經委會區域內工業所必要人員之計劃中，首須注意督導人員，尤其是監工之訓練。

（四）金融　立卽研究經委會區域內金融方面之需要，俾決定：爲復興國家經濟及發展新工業，對於國內與國外資本之短期與長期需要；改良各國銀行與放款機構之方法，以便儘量引用國內資本；獲取外國借款之方法。

（五）日本能力　設立機構與太平洋盟軍總部協力，一般的調整經委會區域內發展之需求與日本之經濟，尤其是：日本生產與輸出建設性貨物之力；日本輸入料之需要；便利對日本此種輸入貿易之財政辦法；在可能範圍內必須及早搬運日本賠償品，作爲經委會區域工業發展計劃之重要部份；區域發展計劃中酌量利用日本技術人員。

（六）鼓勵企業　各國政府應明白闡明其金融財政與工業計劃，俾袪除投資者之遲疑不安並有效的辦理管理方法儘絕對必要之限制，始予保留，藉促進有利於投資與企業之情況。」

待聘

茲有某君年卅餘歲曾在工業專校土木科畢業歷任建築工程市政工程礦山建築及教職垂十年並取得土木技師證書擬在京滬沿線各地服務如須上項人才請直接函致

江西寗都佈下巷九號鄧悟勉君接洽

本報徵稿啓事

工程師對國家社會之供獻與重要，那是事實問題，婦孺咸知，毋庸贅言。可事工程師之社會地位，太不受人之重視，也是無可諱言。推究其原因，當然很多，其中最重大一點，恐怕還是工程師之沉默寡言，既少說話，又少動筆，人家把他看作機器或生財的一部份，自已也祇要有飯吃餓不死便算了，與人無爭，在這個兵荒馬亂的天下，當然是在被犧牲與忽視之列。就以這次行憲大選而談，在七百多名立委中工程師祇有半名立法委員（雖則曾養甫先生當選，可是第一第二後補人均爲河海航行人員），佔一千五百分之一。國大代代表則在三千多名中祇佔七名，佔千分之二强。這也是工程師不聲不響的後果，君不見商會代表嫌少，大聲疾呼，得合理之增加，河海航行人員沒有代表，以停航來爭取，居然把職業技師國大代表讓予，把僅有的一名工業技師立委也分去一半。工程師失去了社會政治地位，本身職業前途事小，就誤了國家建設前程事大，爲了要負起時代的使命，工程師除了研究，苦幹，拚命之外，應該多作宣傳工作，演講與寫作，都得注重。

我國近幾十年來的中學與大學教育有個毛病，不知是誰人所創，讀實科（卽理工科）的人不注意文科的課程，結果讀實科的提得起鉛筆，鋼筆，可是拿起毛筆一肚子要說要寫的便從無下手。至于投稿寫作，總以爲自已的文筆欠佳，或則怕貽笑于人，或是怕人家不予採用，，結果這枝筆是一天重一天，老是提不起，本報爲我國工程界唯一週報，爲全國工程師之喉舌。爲提高工程同人寫作興趣起見，特提倡寫作運動，不論消息報導，工程記錄，論著，專文，祇要有內容決予採納刊載，並略致薄酬，每篇視字數之多寡，酬二十萬元起至一百萬元止，尚盼我工界同人及本報讀者踴躍賜稿爲幸。

工程師

倪尚達

茨誘有之，任何事物，均具兩面，物理學上，力之存在，恆成一對，有主動必有反動，有形變必有應力，計核表面張力，即一極薄之肥皂膜，亦必合其內外兩面，工程師之於社會，其自處與被處者，當不能在二面公例之外，茲分述之：

西漢史文帝時，曾有一段記述：「上嘗過郎署，問郎署長馮唐曰：公家安在，對曰：趙人，上曰，曾有爲我言趙將李齊之賢，戰於鉅鹿下，今我每飯，意未嘗不在鉅鹿也。對曰，尚不如廉頗李牧之爲將也。上拊髀曰，嗟乎，我獨不得頗牧爲將耳，豈憂匈奴哉？唐曰、陛下雖得之，不能用也，上曰，公何以知之，對曰上古王者之遣將也，跪而推轂，曰閫以內寡人制之，閫以外將軍制之，軍功爵賞，皆決於外，歸而奏之，此非虛語也，李牧爲趙將，軍市租皆自用，饗士賞賜，不從中擾，委任而責成功，故牧得盡其智能，而趙幾霸，今魏尚爲雲中守，其軍市租，盡以饗士卒，匈奴遠避，不近雲中之塞，虜曾一入，尚率之，所殺甚衆，上功幕府，一言不相應，文吏以法繩之，且尚坐上功首虜差六級，陛下下之吏，削其爵，罰作之，由此言之，陛下雖有頗牧弗能用也」

復興建國，高唱入雲，自力更生，首在工業，振興工業，其惟工程師是賴，故社會上之企業家，以及一般公私組織，責望於工程師者，既深而切，嘗聞人言，中國無工程師，百廢不能一舉，一若中國工業，或須假手外人，「是真無馬耶，抑不知馬也」，工程師固常人，不過受數年，或十數年之工程教育，從事某項工程，積有若干經驗，委以事功，假之時日，盡其學識經驗而經營之，當可底於資成，粗言之，猶造屋而僱泥匠，縫衣而招縫工，供其所需，任其措置，屋與衣可指日而成，

者，是否已如古王遣將，跪而推轂，內外分制，實其歸奏，有李牧將趙之便而智能可盡，無魏尚法繩之吏，而不加牽制，術曰非是，宜師漢文，拜受唐言，令赦魏尚，否則工程師者，常人而已，豈有異術。

讀柳文梓人傳，對於一個建築工程師的描寫，眞是曲盡其妙，推而廣之，未嘗不可爲一般工程師之經典，其言曰：「我善度材，視棟宇之制，高源圓方長短之宜，我指使而羣工役焉，捨我衆莫能就一宇」又曰：「委羣材，會衆工，或執斧斤，或執刀鋸，皆環立嚮之，梓人左持引，右執杖而中處焉，量棟宇之任，視木之能舉，揮其杖曰斧，彼執斧者奔而右，指其引曰鋸，彼執鋸者趨而左，俄而斤者斲，刀者削，皆俟其色，俟其言，莫敢自斷者，其不勝任者怒而退之，亦莫敢慍焉，畫宮於堵，盈尺而曲盡其制，計其毫釐，而構大廈，無進退焉」

有學問而後有事功，以霍光之忠誠，輔助幼主，維繫漢室，識者猶譏其不學無術，爲工程師者，術於本門工程內，不能充分學術，發之有素，一旦問世，即任之有專，達之有權，而欲如梓人之建師官署，緣木求魚，終致敗績，故學問爲濟世之本。

又曰：「彼主爲室者，倘或發其私智，牽制梓人之慮，奪其世學，而道謀是用，雖不可能成功，豈其罪耶，亦在任之而已，余曰不然，夫繩墨誠陳，規矩誠設，高者不可抑而下也，狹者不可張而廣也，由我則固，不由我則圮，彼將樂去固而就圮也，則卷其術，默其智，悠爾而去，不屈我道，是誠良梓人耳，或嗜其貨利，忍而不能捨也，喪智量，屈而不能守也，棟橈屋壞，則曰非我罪也，可樂哉」。

君子雖進而易退，小人易進而難退，進退之間，不失義理，昔賢且難，況在今世，泡增人傑也，去項失時，蘇長公曾論其不明去就，而欲依羽以成功名，其不爲人傑者，更屬可知，且工程師之於工程，關係至切，成敗至顯，一髮之不能繫千鈞，獨木之不可支大廈，失之毫釐，謬以千里，既不能敷衍搪塞，又不可尸位素餐，合則留，不合則去，留去之間，固圮之所自，功罪之所分，故賢能之工程師，必明去就，其不明去就者，應以良梓人爲鑑。

追念我國古代工程師—大禹

沈秉魯

一、大禹之家世及其誕生

大禹夏后氏。姒姓。名文命。字高密。其曾祖曰昌意。爲黃帝次子。娶蜀山氏。生顓頊生鯀。堯封爲崇伯。納有莘女曰志。是爲修巳。又名女嬉。女嬉於甲申（按即民國紀元前四二〇八年西歷紀元前二二九七年）六月六日生禹於西羌。地名石紐。在蜀之西川茂州汶川縣。中國工程師學會。于民國二十九年成都年會中。以大禹之治水功績及處事精神。足爲我國工程之模師節。三十年曾興行第一次工程師節慶祝大會。追往勵來。用意至深。

二、大禹治水之功績

古代洪水爲患。堯咨四岳。求能治平洪水者。四岳舉鯀。鯀大興徒役。作九仞之城。九載績用勿賊。帝乃殛鯀於羽山。蓋鯀之治水。不知順勢疏導。專事隄防。以致無功。迨舜攝政。命禹作司空。使平水土。禹鑑於父之無功被戮。一反乃父之所爲。故其修敝之功。順水之勢。疏導入海。

山川首尾莫能辨。禹乃先分九州之疆域。相度山川之形勢。刊木通道。賦功屬役。然後決九川以入於海。伏澮以入於川。禹貢載禹敷土。隨山刊木。奠高山大川。此卽禹施工以前統籌全局之措施也。故其治水之次序。乃由下而上。所以先洩其流。而後濬其源也。故首自冀而兗。以疏淮之下游。自揚而荊。以疏江漢之下游。然後自江而梁。以濬伊洛之源。自梁而雍。以濬河渭之源。俾大者有所歸。而小者有所洩。皆順勢而利導之也。

三、大禹處事之精神

仁愛　孟子曰。禹思天下有溺者。猶己溺之也。是卽剋制自私自利之意。表現愛他利他之心。其仁民愛物之偉大人格。實足以永垂千古。

大公　禹娶巴縣塗山之女。謂之女嬌氏。當其奉命治水。八年在外。三過其門不入。不以嘔呱紛其心。可謂公爾忘私。國爾忘家。父鯀以治水而受戮。禹不僅毫無怨尤。且研究乃父治水失敗之由。而變更其方法。堪爲行憲法治之借鏡。

喜訊

凌崇光——交通部凌次長公子崇光，現服務於京滬鐵路局。於工程師節下午三時，與陳小姐在國際聯歡社舉行結婚典禮。由孫科證婚，事前極爲機密，意在不事舖張，而道賀之中外賓客仍達五六百人之多，珠聯璧合，爲本年工程界之一大喜事。

周崇蓮——工程師學會副總幹事周宗蓮氏於五月卅日在國際聯歡社與劉蕙馨女士結婚。劉女士熱河城化人本屆國大代表。由茅以昇證婚情況異常熱鬧。

勤儉　禹躬親工作。沐風櫛雨。股無胈脛無毛。手胼足胝。不以爲苦。迨攝政當國。又菲飲食。惡衣服。卑宮室。其刻苦耐勞。節用愛物之精神。堪爲人羣之表率。所謂有天下而不與也。孔子稱之。

虛懷　舜戒禹拜昌言。禹聞善言則喜。此皆虛懷以求益也。蓋有察愈勤。益能虛己。求治愈切。愈能樂善。是以德大則無不容。無不容。則愈成其大。

惜陰　禹受命治水之時。旣傷父之被殛。又愍水之汜濫。任重勢難。夜以繼晝。尚恐無成。故三過其門而不入。非無情也。誠以時間珍貴。寸陰尤惜。卒能專心一意。成此大業。垂名後世。非偶然也。

四、大禹政教之措施

教民稼穡　孔子稱禹稷躬稼。蓋我國耕稼。雖始於神農。至舜時。農作物尚不甚多。尚書益稷篇所載曰。暨益奏庶鮮食。又曰暨稷播奏庶艱食鮮食。懋遷有無化居。烝民乃粒。是洪水未平。民未粒食。乃與益饗衆以鳥獸魚鱉。水平播種之初。民食仍艱。迨水患平後。有無互濟。乃與益稷饗衆以穀食。此卽教稼穡之艱辛情形。實奠我國以農立國之基。

組織民衆　大禹治水。動員全國人力。尚書益稷篇云。州十有二師。外薄四海。咸建五長。各迪有功。此言九州之外。迫於四海。皆昭行有功。再以古史證之。十里爲師。十邑爲都。五里爲邑。三朋爲里。三鄰爲朋。八家爲鄰。是一州卽可動員數十萬人。以全國九州計。其組織相當龐大。後世保甲制度。實本乎此。

釐定田賦　禹辨物土之宜。分定冀、兗、靑、徐、揚、荊、豫、梁、雍、九州之田賦。建立國家財政之基礎。

政令嚴明　禹會諸侯於塗山。防風氏後至。戮之。又三苗不遵命。未參加水工。故禹於事平後。興師伐之。竄之三危。

五、追念大禹應有之認識

我國唐虞時代。原無工程科學之可言。而全國大部[illegible]川首尾。且莫能辨。共工鯀治之多年。未能奏效。而禹僅於八載之中。平治水患。此乃禹憑其智慧。將事物加以研究分析。順水之勢。疏導入海。與現代水利工程之原理相符。試思古無精密之測量技術。無開小河機械。全憑人力。而能成此大業者。蓋由其施工方法。合于科學。服務精神。足資號召。故能克服一切困難也。我工程師倘能以禹之精神爲精神。奉其言行爲圭臬。思禹之愛惜寸陰也。則孜孜爲不斷之精修改進。思禹之拜昌言也。則殷殷爲友善之砥礪切磋。思禹之胼手胝足以天下之溺爲己溺也。則刻苦犧牲。勤勞濟世。若斯則我國工程前途。將有無窮之燦爛。豈僅水利而已哉。

國內消息

薩福均返京

交通部路政司司長薩福均氏一行，於五月中旬曾視察粵漢湘桂兩路，以期對美援之作有效利用。茲悉薩氏已於六月三日返京。現正埋頭擬具計劃，整理視察報告中。

京市卽將動工

興建四十幢住宅

（本市訊）京市房屋救濟委員會日前召開第二次會議，推定中國農民銀行、中央信託局、市參會、市商會、地政局等五機構爲常務委員，負責進行請貸建築費事宜。該會已正式備文向四聯總處請貸八百億元，如四聯當局能卽批准，建築工程當可順利進行，預計兩月以內房屋可落成。此項房屋計劃建築四十幢，並發行房屋獎券，平均每六千張獎券有得屋一幢之機會。

李詩長發明

煤中提煉精糖

（中央社瀋陽一日電）用煤觔可以提煉糖精，其甜度四千倍於蔗糖，此爲撫順礦務局工程處李詩長副處長之新發明，堪爲中國科學界放一異彩。據李氏稱：本人研究此項用煤提煉糖精方法，歷時五閱月，幸得成功。其提煉方法係先將煤蒸溜成煤糕，提取粗苯，通氯氣，得氯化苯，加硝酸得二硝基氯化苯加純酒精得二硝基醇苯，加阿姆尼亞得四硝基胺化內醇苯，再加鹽酸，卽可得超級糖精。

「山西工業的新姿」問世

「現代煉鐵爐」印單行本

（本報訊）西北實業建設公司總籌委員會，以年來中外記者之不斷訪問，撰有報導該公司之文字頗多，特將此類文字編印成册，公諸社會，並作參考，定名爲「山西工業的新姿」。由該公司印刷廠承印，現已正式出版，裝璜美麗，厚百四十頁，用四十五磅A的模造紙印刷。內收各報社通訊文稿達三十篇之多，大部均有照片。又西北實業月刊連載鍾顧南譯之「現代煉鐵爐」，亦已印成本行本問世。

最大天文鏡落成

千萬星座落眼底　歷盡辛苦十七年

（舊金山三日廣播）加州巴拉瑪山訊：直徑二百吋的世界第一具大天文鏡現已造成，定四日行揭幕禮。此鏡的製造費達美金六百萬元，歷時十七年之久。此鏡落成後，以前不能見到的千百萬星座，卽將出現於人類的眼前。據科學家稱：此地的天氣雖大多時間晴朗，惟在一年之中，可用此鏡觀星的時間，至多只有二三十晚。

贛省泰永兩縣發現石膏礦

（中央社南昌六日電）贛省泰和、永新二縣，頃先後發現有石膏礦，除泰和礦區尚待試採，至永新礦區已有民營公司進行採掘。聞其堆成層甚薄，可供採掘者約有三層，然總計則有數百萬噸之多。

復興坑開坑典禮

日產煉焦煤四十噸

西北煤礦第四廠復興坑開坑典禮，於五月三日上午九時半舉行。該坑所產炭係專供用於煉焦者，對山西鋼鐵生產，有莫大關係。該坑現可產四十噸，預計本年底將增至二百一十噸，坑深六十五公尺，設有一百馬力電高車一台，一百馬力空氣壓縮機一台，最高能力日產二百五十噸。

廢物可利用

鋸屑亦能製酒精

山西太原晉興企業公司電機化工廠化學研究室，最近利用鋸木屑試製酒精試驗成功。方法是先用酸處木屑，置入加壓鍋內並加以蒸氣熱，使起糖化作用，然後加入酒麴，使之發酵。變成稀度酒精，再經數度蒸餾，即可製成百分之九十以下之工業用酒精。按現時工廠均用食糧製酒精，今後如能大量用此廢物木屑製酒精，當可節省不少之食糧。

平西郊八寶山

發現白雲石料

華北鋼鐵公司，近於北平西郊八寶山發現煉鋼煉鐵所需之白雲石料對該公司石景山鋼鐵廠及煉鋼之貢獻甚大。以往兩廠所需者，均需取之於宣化，為此需料孔急。交通破壞採運原料已極艱難。而八寶山距石景山鋼鐵廠僅七公里，運輸殊自可大

卅年來之中國工程

三十年來之中國工程，為我國工程界之一大巨著，係中國工程師學會主編，初版於重慶即銷售一空，再版本係用新聞紙精印，全書厚一千餘頁，定價每本為一百二十萬元，郵費另加，現已印就，開始發售。

經售處：南京（二）四條巷一六三號

中國工程出版公司

減。該公司刻正向民間接洽收購及籌劃採運中。（本報訊）

天龍號往返美比間

中國航運公司天龍號輪，自去年十一月出國行駛歐美各國間航線，頃與比利時訂約代運美煤返比，每次可載九千二百噸，約本年十一月始可解約。此為我國輪船在抗戰勝利後行駛大西洋之第一艘。（本報訊）

國際民航會議開幕

國際民航會議第二次大會，定六月一日至廿一日在日內瓦舉行，我國代表為駐瑞士公使吳南如。國際民航機構理事會理事王承黻暨交部民用航空局業務處長蕭立坤。蕭處長已於二十八日乘中航公司機飛港轉赴日內瓦出席。

風急浪險造沉箱十座

基隆港風浪險惡，港務局為便利船舶航行，擬造鋼筋水泥沉箱十座，每座二千五百噸。頃已完成兩座本月廿八日沉港。此為我航政界之創舉足資紀念（本報訊）

無線電通話又增加三國

加拿大墨西哥古巴

自中美中英間無線電話電路先後開放，通話成績甚佳。國際無線電台即[illegible]力與他國聯繫通話之業務。最近又於六月一日起，我國與加拿大墨西哥古巴三國通話。此項通話係利用中美通話之新式單邊帶發射機。Single Side Band Transmitter效率甚高。並裝有定向天線等設備，故通話甚為暢達。同時利用中美無線電路電話空餘時間，先由上海通達舊金山，再用美方電報電話公司分別接轉云。（本報訊）

青島港第五碼頭開工

青島港第五碼頭，於卅五年坍陷，茲該港工程局擬定鋼板樁計劃，並向美國訂購含銅之鋼板樁三千噸，現已陸續到青，並於本年二月間在京招標，由中華聯合工程公司承包。於三月中旬正式開工，四月中開始打樁。一切均稱順利，預計本年年底可以完工，巨型商輪即可靠停云。

完成黃浦碼頭倉庫

貸款三千億

（中央社廣州六日電）為加速完成黃埔港碼頭倉庫，粵省府業於五日午與此間四聯分處簽約貸款三千億元，俾完成上項工程需款共五千億元，其中二千億元乃由粵省府自籌。

預約卅年來之中國工程者注意：以前預約各戶地址，多有不明，請備函南京北門橋衛巷新安里十六號總編輯部補價取書，補價辦法，另有規定。特此通告週知

中國工程師學會總編輯　吳承洛啓

中華民國卅七年六月十四日出版

中國工程週報

內政部京警國字第五十一號
中國工程出版公司
發行人　杜拱辰

定價　每份壹萬元正　半年訂費貳拾伍萬元正　全年訂費伍拾萬元正　航空或掛號另加郵資拾萬元
廣告價目　每方吋貳拾萬元

中華郵政認爲第二類新聞紙
江蘇郵政管理局登記證第一三二號
地址：南京（2）四條巷一六三號
電話　二三九八九
經售處：全國各大書店

是週也：新院長報告施政，立法院質詢甚烈，
美有人主張軍事援華，應與對希臘同等待遇，
物價漲勢驚人，銀樓牌懸免戰。
反來反去，扶日問題起風波，
杜公憂時，可歎夕陽無限好。

行憲後，首任閣揆須向立院報告施政方針，這是一個熱鬧的場面。翁文灝院長的報告大意爲：目前是行憲和戡亂時期，政府職責應對行憲和戡亂兩方面同時並重。軍事方面積極增強東北、華北、華中各戰地國軍戰鬥能力，維持各級官兵之適當生活，並充實地方武力，配合作戰，在綏靖區及作戰區域，實施總體戰制度。行政方面，基本目標是建立廉潔而有效率的政府，對於軍事仍須作有力的友持。對國際關係方面：第一，維護聯合國憲章，第二，重視美援，第三，對日本不採報復主義，第四，敦睦遠東各國邦交。這報告引起了立委們猛烈的批評和質詢，翁院長又作了一個總答覆，政院並將擬訂具體實施方案，提交立院通過。

× × ×

美經濟合作局執行長官駐華代表賴普漢一行，由滬再度來京，與我主管機關洽商美援運用各項問題，及技術調查團赴華南各地調查鐵路工鑛的準備事項，該團定十七日由滬出發，先赴漢口、然後轉往平漢，粵漢兩路實地視察。

× × ×

華北的戰事熾烈起來了，唐山告急，國軍有力兵團正兼程增援，唐山外圍，激戰在進行中。魯西國軍渡萬福河北上以後，對匪軍展開扇形攻勢，分向羊山、獨山張表集、何莊鐵路夾擊，黃海空軍大隊亦曾出動助戰。

× × ×

美國扶日問題，頗爲引起國際間的注視，美駐日政治顧問的發言人，十五日在東京發表公報，就上海我工商教育等各界領袖二百八十八人所簽署的抗議書，作強硬的答辯，也許這對我國民間的反扶日運動，又是一個刺激。

× × ×

美蘇的冷戰，一波未平，一波又起，杜魯門最近談話，強調「世界刻處於夕陽西下之階段，雖曾以如此重大犧牲在戰爭中獲得勝利，但和平仍未獲得，此實由於蘇聯之態度及阻撓所致」。他重申美國政策爲遵守以討論及談判方式解決國際問題之原則，但……不幸有若干國防問題殊非談判所能解決者。

另外，美參院撥款委員會，已通過撥付美金四億六千萬元，作爲援華計劃第一年的費用，最近美衆院所削減者，除略零數目外，都已恢復。關於對華軍事援助問題，美陸長羅耀和魏德邁，提出了以監察對希臘援助的辦法施諸中國。

× × ×

一週來，物價漲勢驚人，京市銀樓業飾金仍高懸免戰牌，但暗盤却實破一億一千萬大關，五洋市場，捲入混亂局面，二十支大英破一二五萬關。米市以壓力抑漲，維持原盤，城內米舖，都以劣米應市，售價達九〇〇萬關，生活真是咄咄逼人！

鐵路工程的多邊認識（二）

淩鴻勛

本文係淩鴻勛先生應中央大學邀請，主講鐵路工程的多邊認識第二講，紀錄者錢多先生。

（三）從施工說到通車

（上接四十五期第三頁）

（C）再說金錢。辦工程。必須要有錢，倘若沒有錢，一切事都要停擺。一班工程司的老習慣，總是只顧意管工程，不願意管錢只是既不肯管錢一旦弄得錢不在手，事情辦不通，工程也只好停頓。所以，這一種不肯管錢的老習慣，實在應該略加變通。關於用錢的一切手續，諸如怎樣匯兌，怎樣存放，怎樣調撥怎樣領用等類，我們應該充份明瞭，尤其重要的，還是謹慎使用，務使總支出不要超過原來的預算。這是因為在平常情形之下，根據定綫測量所編製出來的預算，應該相當地準確。在預算總數既經核定以後，用一個錢，便少一個錢。倘若手頭一鬆，金錢便會很快的用出去。一旦弄得預算不夠，工程司便要感到左支右絀的為難情況了。

同時，用錢必須有帳。在鐵路會計則例上，所列的科目很多，諸如路基土石方，隧道，橋涵，車站等類，各有各的地位，所謂 Allocations，合攏來，便自成一個系統。對於這些地方，我們鐵路工程司總應該分辦清楚，決不能含糊其事，而後一條鐵路的資產帳，方才能夠很清楚的交代出來。

這還是專對國幣來講。倘若在國幣之外，還有牽涉到外匯的取得，更非容易，我們還得更加謹慎地撙節使用才對。

（D）再說時間。這乃是一個非常有興趣的問題。

比仿說，現在有一條路，也不管牠是國營，還是商營，假定牠的平面圖(Plan)與縱剖面圖(Profile)業已完全決定，再假定施工期限，也已經規定兩年。兩年以後，必須通車。根據這幾個條件，我們鐵路工程司，立刻便大有文章來做。

首先，我們應該從平面圖上，看出河流，山脈，城市，港埠，乃至鐵路終點等的分佈；再從縱剖面圖上，看出橋梁，涵洞，隧道，大量土石方等的所在地；由此而判定各處工程的難易，從而決定施工的先後。照例，總是揀那最難做的工程，先行下手。例如大橋工程，牠的基礎乃是建在水底，又如隧道工程，牠的位置，乃是放置在山內。水底與山內，比起露天的工程來，實地情形，總不免要較難捉摸，所以，應該算作難工，儘先提早動手。其次，便是那露天的石方。再其次才是土方。只要有工人，土方總是可以加緊趕做的。

我們又知道：一年有十二個月；兩年的施工期限，便是二十四個月。在這二十四個月之中，四季的寒暑不同，晝夜的長短不同，各地河流水位漲落，也是跟着不同。像隧道之類的工程，只是在洞內做工，大致是不會受到季節的變化的影響的。只要按照工程數量來分配牠的施工時間，應該不致於誤事。但是，像橋工基礎之類，河水一漲，施工便感覺到意外的困難，那便要酌量情形，先事籌劃，看各地的環境，做不同的佈置。比如說，此刻乃是五月，假如就在此刻，我們有一座大橋要做。那我們就先得調查歷來這河流的漲落情形，看牠每年的發水時期，是在五月六月，還是七月八月？九月以後，水位是否不會再漲？十月以後，氣候是否還不會太冷？在調查清楚以後，方才能够加以佈置；在水漲的時期，不妨就利用這條河流來運料；待水位低落，而做橋所備的料，也差不多全行運到，便可以積極與工趕快將橋墩橋台等水內工程，加緊砌築到水面以上來。這樣便可以算是一種適宜的佈置。倘竟顛倒先後，不知道利用水大的時候來努力備料，不知道乘着落水及未曾大凍以前來趕辦基礎工程，一有失誤，則施工時間的浪費，動則便是一年。

還有，天氣的過寒與過熱，對於施工，也是同樣的不利。例如在西北各地，冬季很長；在最冷時候，地也凍，水也凍，一切露天工作的進行例如挖土，隔石頭，駕駛機械，調拌洋灰等工作，都會感到[illegible]常的不便，甚而至於被迫停工。又天氣過熱的地方，有時夏季太陽的酷熱，也會晒得工人們不敢在白天露面，但等到夜晚轉涼，也許倒能够工作起來。

還有，在中國現在的情形，農村常常就是工人的供應地。於是，農忙農閒，對於工人的供應多寡，便大有關係。這可便也間接地影響到工價問題。我們辦工程的。倘若能把若干沒有多大時間性的工程，擺在農閒的季節來辦理，則因農村剩餘的勞力，正想在這時候找事情做的緣故，工價必然可以比平時為低，而工作的進行，也正因為工作人數的儘量加多，必然地會更為順利。

還有，施工時期器材的運輸，包括通車後的鋪軌與架橋的器材在內，也是決定通車期限的最重要的一項因素。倘若在施工之初，我們的目光，只看到了我們所要修為一條路，把所有的器材，只知道打從這鐵路線的一端，單向地運入，則由此所造成的時間的延誤，殆將不堪設想。所以，我們對於所要修的鐵路的沿線交通，早就應該加以研究，舉就應該加以利用。不僅施工期間所必不可少的少量器材，可以經由這些交通路線（公路或河流），運到工地去運用；便是那笨重的鋼軌枕木等物，也可以從這些路線，提早運集于沿線的若干據點，這樣，在後鋪軌的當兒，我們才可以不單靠一頭鋪進，而可以在沿線若干地方，同時分別鋪進。這對於通車時間的爭取，所作的貢獻自然是不言而喻。

以上所提出的四項問題，器材，人力，金錢，時間，倘使我們果然能够充份地控制，把握得住，則一條鐵路的初步完成，也就是如期通車，想來也不應該再有甚麼問題。

不過，在通車以後，我們鐵路工程司的任務，可并沒有終了。在此後的行車時期，也可以說是運輸時期，工程上的工作，依舊很多。

舉例來說：為便鐵路能够承運客貨業務，像車站倉庫等類的工程，便不得不修．爲使機車得以順利行駛，則加煤加水的設備，也不得不建。爲便利列車的調度并增進行車的安全，則電信與號誌設備，也不能不設。爲使列車可以錯讓，則蜷綫股道，也不能不鋪。爲使機車可以掉頭，則轉車盤也不能不裝。爲使水陸聯運增加效率，則聯運碼頭的開闢與貨物起卸的設備也是勢在必行。

我們從事鐵路工程的人，在沒有通車以前，我們主要工作，大致總在先求其通．對於這裏所說的若干增進行車業務的設備，其初大概總是無暇顧及。但是既經通車以後，爲配合行車的需要，爲減少不必要的浪費，有許多設備，便不應該不陸續添設。

例如在上海外灘一帶，碼頭不敷應用，若干洋船，在開來上海以後，常常只好在浦東卸貨，由浦東再運過黃浦江來，而後才能到達北火車站。於是，有人計算：一噸貨物由美國運到我們浦東的價錢，比起我們由浦東運到上海北火車站的價錢來，還要便宜。這豈不就是一個很好的例子．我們倘使能夠增進碼頭設備，水陸直接聯運，同時，再用吊車起貨，逐步地來替代這業已高昂的人力搬運，則對於運費水脚的減省，豈不很有效力？

再舉一個良好的小例子。在京滬路上的蘇州車站，水管的位置，剛好是設在站內蜷綫末端的一個當列車開進車站時，機車可以毋須摘下，就可以一面加水，一面儘管讓列車裏外的旅客們，同時上下。幾分鐘後，機車加好了水，旅客們也大致上下好了火車，列車可以不慌不忙的繼續地向前開進。這就可以算是一個好榜樣。倘若我們不經意地，將水管設置在蜷綫以外的正綫上，或是設置蜷綫的那一端，則在機車加水的時候，牠得從列車上摘將下來，開到水管所在的地方，加好了水，再開回來，再掛到列車上去。在這樣的往返調車之中，人力固然浪費，時間也是浪費；而且正綫還要一度被機車佔用，在那時，正綫只好閉塞，前一站的列車，也只好暫時不准牠開將過來。我們姑且假定由此所造成的錯誤，每站只是五分鐘，則累積十二個車站，就是一個鐘頭。牠的影響，自然也不應該忽視。

像這一類的事情，都可以算是我們鐵路工程司，在通車以後，所必需注意，合着行車而辦理的各項重要工程。

從施工而講到通車，這可以算是今天所講的範圍，此刻可以暫告一個結束。下一次，當就鐵路工程司所應有的一般知識與鐵路工程司生活上的意義，再講下去。

中國近代的工程師

吳承洛

我國唐時，即有西教東漸，經宋，元而歷明清。近代科學與工業輸入，實自明始。明西人馬可孛羅東行，南洋交通使中西文化更爲接近。殆利瑪竇傳地誌與時鐘，自稱深測天地圖數，製器觀象，又爲幾何之學，而後者日衆。湯若望，南懷仁等，相繼以外人，授官欽天監，而歷算格致之學，乃得盛傳於中國。此間必需產生若干工程師，第一爲造機者，第二爲修鍊者，皆機械工程師的責任，前者出了少數專家，而後則出了多數能悉機械動作的技術人員。余嘗疑宜於勞務有經驗的熟練工匠，加以特種技術上的訓練，可於最短期間造成幾千萬的中級機械工程師。是時西洋機械之學，傳入中土，以西人鄧玉函所述「奇器說」爲最，而國人王徵撰「西奇器圖說錄最」，類型爲算法，度爲測量，數爲力藝，其說以小力運大，故名曰重，此三者相資而成，吾人當認王徵爲開發我國機械學識的機械工程師。西洋熊三拔所撰「西水法」，爲水利工程輸入之始。徐光啟因「奇器圖說」內著「農政全書」論水利之用及泰西水法，是吾人當承認徐光啟亦爲農業及水利工程師。厥後我國必不少的農業水利工程師，能利用此種機械者。明初得交趾砲法，始創神機營，厥後葡萄牙，荷蘭東來，乃有佛郎機，紅夷砲，何儒肯得其制，吾人當以何儒爲兵器工程師。厥後又命西人羅如望，陽瑪諾等製銃砲，湯若望監造戰砲。然歷代之法，講習用之以興，大開南懷仁製大砲者，明清兩代，必有不少的兵器製造工程師。如清之監官丁啟明，劉世時，鐵匠王之相，督守位，鐵匠劉稀平，是其可考者，皆屬兵器製造的機械工程師。譯書盛於明季，清初已漸少，道光年以編地誌爲要務，惟咸豐之時，海寧李善蘭與英人艾約瑟等譯述重學，幾何，微積等，吾人應推重李善蘭爲於著述的工程師。傳聞康熙乾隆間，有江慎修能爲傳聲機，在留聲機，電話等傳入中國以前，則江慎修又爲難得的工程師。文祥於咸豐時首設總理各國通商事務衙門，於是泰西工商，有正式行政機構，工程學輸入，必更可觀。清代譯述，於工程最有價值者，爲曾國藩李鴻章所創辦的江南製造局，內設翻譯，又設製造學堂，爲同治初年事，翻譯格致化學製造各書。其西學目錄，分爲一學，二政，三教，曰學分爲算學，重學，電學，化學，聲學，光學，汽學，天學，地學，全體學，動植物學，醫學，測繪學等，曰政分爲史志，官制，學制，法律，農政，礦政，工政，商政，兵政，船政等，曰教分傳述記，報章格致等，其中大部分偏於工程各部門，以西士傅蘭雅，林樂知，金楷理等爲最，而國人之得力者，當莫過於華蘅芳與徐壽，吾國必當記爲工程師無疑，其子建寅所設化學工藝系與機器工業系，並造了不少的化學及機電工程師。曾國藩於咸豐年間，而試造輪船，可稱爲仿造輪船的開始，同治二年，在安慶試造，未成而止，必有不少的機械與輪船及兵器製造的工程師。第一個有名的工程師即爲江南製造局的工程師，嘉慶間創設機械局於安慶，造成中國第一艘輪船，命名黃鵠。同時又有製造局，先於收上海虹口外人機器廠。又遷於城南出洋關高昌廟，局於同治四年創辦，六年設第一廠，命名惠吉。十三年仿製栗色火藥，光緒四年造快砲，五年造[illegible]，實心彈，七年造沈雷，十年造槍，十六年造快砲，十七年造新槍及大砲，又試鋼料，十九年造栗色火藥，二十年造無烟火藥，二十四年造毛瑟槍，三十年添造鋼元，是製造局必出了不少的機械工程師與化學工程師與冶金工程師，而兵器，火藥，造船造幣等專門工程師，更爲以後我國此類工業發達的優良種子，工程師的傳播是爲最重要的關鍵。先後在南京、天津、大沽、廣州、漢陽、福州分設製造局，而沈葆楨所　辦的福州船政局爲尤著，曾選前學堂學生赴法，後學堂學生赴英，赴法的爲製造學生魏瀚等十四名，製造藝徒四名。赴英的爲學駛兵艦十二名。船政局爲左宗棠所奏辦，同治八年，造成萬年清輪船十三年以華匠徒於製造技術，漸能悟會，遣洋匠回國，九年之間，成大小兵商輪船十五號，至光緒三十三年，共成四十號。我國船政倡導的結果，必產生不少的機械工程師，而招商輪船局，亦頗賴之。招商局所設立以及外人所設的造船廠，均與後來輪機工程師及造船工程師的增加，有重大的影響。紀載中盛稱徐壽之子建寅，精研製造之學。壽與華衡芳設造黃鵠輪船時，壽子果出奇思以佐之，助成多輪。山東設製造局，任徐建寅商辦，造火藥槍砲，後在漢陽藥廠配合無烟火藥滋斃，徐壽，徐建寅父子工程師豈非美談豈不欣羨。李鴻章會遲陳煤鐵礦必須開挖，電綫鐵路必須仿設，各海必須添設格致書館，鑛學興起，以美國留學唐景星請李鴻章創辦開平煤鐵爲著。西人皮曉沛之於電話，德里之於電燈，開我國上海有電話電燈之始，電報繼之，因此造成不少的電氣工程師。浙滬鐵路初設，其後鐵路由官商開營中外合辦，迄於清未鐵路國有，企圖統一必產生不少的土木工程師，而平綏鐵路完全自築，以詹天佑主持之，尤爲不世的勳業。其後各地煤礦，鐵礦錫礦銻礦等開採，必產生不少的礦冶工程師。即耳目四人創設墨海，美華書館，點石齋。字林印刷字館，甲報新聞報館等，繼以國人自設的拜不山房，同文書報。文明書局等，其間必出了不少的印刷工程師。英人傅蘭雅在格致書院所出的格致學編月刊。尤爲科學與工程的期刊始祖。南北洋水師學堂，如天津設管輪與駕駛，廣州設礦學化學電學等，天津武備學堂添設天文，地輿、砲台、營壘、足見當地注重工程師，尤其是軍事工程師的培養。張之洞在武昌設洋務局，亦設工藝學堂，盛宣懷就博文書院辦頭等二等學堂，造就製造人才。孫家鼐、張百熙、張之洞奏設高等實業學堂，及初等實業學堂，均分設農商及商船四科，又設實業講習學堂及藝徒學堂，高等學堂，既工與藝並重，而大學堂分科工藝亦爲七科之一，何燏時於宣統元年奉派爲京師大學堂，工藝分科監督，此開工學的興辦，必產生不少的各級工程師，此外若北洋，南洋，唐山，山西北京，同濟等工科專門大學的設立，至今尤爲我國高級工程教育的柱石，中間造就了不少的工程師，較爲人所領悟，而通商口岸外人建築事業的發達，又造成了不少的建築工程師。造就高級工程師，曾國藩、李鴻章、遣派幼生出洋，先後赴美一百五十人由陳蘭彬，容閎率領。記載有云：留美第一期鄭蘭生，於工學心得甚多，而詹天佑土木工程師，尤爲其中傑出者。光緒三十一年及三十二年，引見留學生，賜進士及舉人者土木工程師顏德慶的工程進士，其表表者。盛宣懷遣派北洋學生九人赴美，其中即有礦冶工程師。光緒三十四年，清華招考赴美，自是留美學者，專攻工程之學的日衆至辛亥革命，留美生多至八百名，此間英、德、法、比、瑞留學生亦漸加多，其從事工程者亦不少。至留日學生，其後亦頗有專攻工程者，民初國內各工校多繼前清之舊，至民十以後，始有發展。十六年後，推進甚力，二十一年至今，工科乃比任何其他各科爲特著，勝利以後，尤其最近，更以工程師，出長政院，當非偶然。現代工程師，究有若干，我的估計，明清時代，先後不下千餘高級中級工程師，中國工程師學會，於民元由詹天佑，顏德慶，吳健等先生創設至今已三十年，當初只有會員不及二百人，及今連同其他各分科工程學術團的會員統計，只有五千之譜。但皆高級工程師，其中級工程師散見於各工業與工程及軍事方面而成績著者亦可估爲此數，是我國只有一萬個工程師，以觀總理所希冀的一百萬個工程師相比較，在吾輩工師人人抱以一致百志願，庶幾乎可。

中國工程師學會新會員名單

（中國工程師學會第七一次董事會審查通過）

擬准加入為初級會員

胡倫楨、李家驪、裘偉、李齊文、金孟達、高宣德、任道理、李德官、王偉勝、樸謙、姚仲卿、戴自潤、鄭培初、阮耀偉、盛九誠、鄭立賢、徐秉錚、黃麟璐、鄭東方、曹鳳昌、孫萱夫、李錫生、吳明、朱仁、陳兆麟、杜道順、李昌志、謝炎、吳啓燊、賈守仁、李宗和、黃家齊、朱興德、聶崇聰、蔡鴻文、金樹德、梁燕生、劉銘臣、劉克敬、李炳燊、楊延烈、張祖興、張銘修、馬奇、陳元璽、王道沖、崔茂生、崔光耀、李振江、殷雲芳、龔定禮、杜康義、陳建華、王巡邦、趙祖琳、康文德、王立瑤、金萬齡、李應鴻、張學成、朱維熊、董天敏、朱賦衡、王守範、劉振霖、高世銓、彭楚炎、劉壯華、徐林滋、郝瑞鏊、范嗣康、張晰、陳閎德、王畢仁、何水清、林灝、高學辛、姚桐斌、胡爲柏、張璜餘、張保華、鄭經良、蘇廉信、孫樹本、王廣言、范守智、邵楠榮、裘俠堂、王慶駒、鄭純一、曹茂銓、王恩周、葉强、侯賓琮、李紓豐、陳尚智、幸秋潭、彭昌祚、潘柏四、蔣學濬、陳鋼生、張鐵、柯士吉、劉開運、趙旺初、周鑿選、高崚嶺、俞大光、周克定、林普民、劉振興、毛時賢、廖翔高、金椿如、鄭墳•李開方、余俊、顧崇禹、文偉明、歐陽林、何熊臣、朱光耀、黃崧甫、王傳振、鄭誠、劉志剛、謝晉、蘇齊紳、喬文簡、顧永康、王建、朱文鵬、童寶遜、周平亞、李希彭、王金鐸、周培遊、蘇立仁、陳家琦、袁家梁、王啓明、張慶林、王克倫、楊鴻遠、張洪志、張恆鐸、賈秉群、吳運鋌、林伯銑、楊正華、陳薰炎、張天存、王廣甲、康祚隆、周樹棣、趙伯涵、王承霖、李紹虞、孔慶榮、張志宏、張志仁、杜克義、蔣潔、曾威夏、侯葆仁、彭孝、吳威慶、劉宗弼、張淑民、閻志潔、劉志剛、胡宗俊、蔣齊桂、張萃、劉濟舟、梁立德、丁聯榛、沈德康、鄭錫生、王洪湧、丁林澣、張銓南、劉嵩俊、邱開甲、胡修本、程人俠、李澄溶、張鳳桐、馬耀庭、許斌賢、李克中、王國孚、紀淡光、常學文、何體治、戴貴英、嚴軼羣、王永田、李嶷樑、耿清永、艾繩祖、萬先烈、楊學羲、强十洲、張承佑、劉玉河、王海天、劉殿揚、盧存志、孫學濂、張志誠、張豫芬、袁粹緒、郭金鏞、王煥中、劉士元、馬翰樞、李家麟、林淡、趙祖武、董璣、劉子堯、李錫庭、劉紹弈、張希賢、關崇啓、徐爾元、王毓桂、王家祺、鄭鴻蔚、李準、張連璧、周永源、余鳴謙、曾和琳、關節拔、王光宇、鄭文華、吳國乾、姚彭澄、張寶珍、劉士瑋、張人劍、牛運光、郭長禮、王修正、李恆慶、劉國鈞、董鳳娥、何振宇、龔華文、徐紹循、周慶麟、李至康、于榮洲、宋瀅、賈繼文、張譽濤、涂仲玉、余燦坤、晉桂洲、郭海嶸、劇玉輝、龔之康、吳瑣伯、施士衍、黃天忠、宋瀛歐、高幹材、項斯循、吉祥、毛鴻、高胃中、黃樹樵、劉兆炯、羅述作、許志仁、王梅蓀、李生文、何昌、魏著京、蘇鈺、張祖榮、婁文鑫、郭本良、張進才、陳炘祖、郭廣文、楊瑞棠、蔣光璧、劉守忠、韓昌海、劉承富、陳潤芝、彭定一、黃傑、朱少松、朱德賢、王衛亭、羅鎭球、王克鏞、曾劍謳、姚宗顯、賀光燊、姜厚琛、張綱當、鍾鴻松、朱吟龍、施碩樵、李季平、李永光、葉建明、張德武、唐宗禹、薛希賢、陳雲卿、易俊達、徐澤宏、陳永榮、高傳珩、甄華宮、關林韋、李紹荃、吳人杰、劉華廷、瞿松筠、黃湘屏、吳鴻壵、孫應超、胡峯麟、陳炎嫗、梁林芬、賈宏道、劉鴻梓、劉文濤、朱朝宗、周家年、萬開先、賀大誠、尹圭山、丹雲淡、孫大文、龐小湖、丁光炯、李元長、任醒夫、周克峻、趙遜青、楊永鈞、張永康、郭立德、蔣棨培、汪時雍、羅伏龍、徐守身、朱鶴齡、侯鑒超、郭啓平、李桂林、夏世楨、戚世倩、祝鈞和、屈甲三、李伯勛、唐維綸、陳國光、陳尚斌、周友梅、喻夢麟、薛玉璪、王啓除、倪經明、梁鎮湘、王沚駿、李漣長、文紀可、薛與華、吳開柏、謝全才、陳克巖、王金堂、馬恒行、李峻、陳光斗、李毓康、董琴、方景璉、孫治綮、蘇能四、孔和民、張運元、魏先任、曹愷孫、劉雖仔、劉興懋、周光市、郭兆谷、孔武、主萬鑫、

擬准加入為仲會員

鼎訓、王述之、鄔曾鑫、袁倫毅、杜恭、倪勝霖、楊維國、戴毓琉、植粲鉀、王文潤、黃寬華、蔣天賦、皮德謙、李煥、岳衡、何潤湜、程鑄、鄭積仁、于世奇、周廷楨、趙餘繩、周人鏡、王鎮五、李尚志、郭可灃、張卯均、李光鈐、嵇鉌、郭數、葉才、陳爾人、趙繼賢、韓修闊、王俊璽、馮秉衡、劉明義、李穎、胡鳳鳴、劉鴻搾、段承象、劉耀楠、孫賓棠、林蓮寶、孫宏謀、袁作舜、高鳳翽、余良甫、樂燕臣、章淑貞、鄒德泰、胡德、劉卓芳、易光瀛、陳文煐、鍾國樞、曾炳和、張大儲、張德仁、龐福運、陸李威、陳禮盛、郎志成、梁鴻恩、楊啓元、劉宏康、朱昌鋁、張邦卿、郭澄、王克忠、王信、夏寶棨、晏文偉、劉佐舜、張麟貴、杜傳心、孫溶生、盧生才、顏樹高、周亮、劉佐勳、高致平、鄒鋒、高玉璐、宋經垣、郭正和、楊勳克、林榮灼、吳志穗、周慶桐、王昭元、馬德林、董國藩、黃震中、汪恩民、徐增煥、趙向中、陸源潔、田鶴卟、剛不謙、張承文、李世晉、侯劍、馬寶樑、張崇堯、瓦受天、陳繼霖、鍾晉良、莊端華、柴之林、陳兆褒、劉砥、鄧鴻展、棠洲獨、黃曉宇、李廷璐、王宗梅、沈立禹、穆天柱、魏彤雲、姚惟善、王遂勛、蘅奇、李寒松、郭崑群、孫克敏、孫慶球、黃浩東、王炳蔚、毛魯堯、宋大同、洪文治、王秉鈞、卡秋霞、鄒文儀、吳昌華、劉頌堯、周克謙、趙繼賢、蘇遂璞、龔乾一、徐泳佑、李健、王封會、錢修、趙煜文、徐文秀、牛紹先、陳良功、仁選明、陳馨桂、朱萬毅、黃協輝、鄧鎮邦、劉棠晏、周毓琰、林紹洲、盧植生、張臣、謝進川、蔡心耕、孫志鴻、范懷遐、馬澤春、梁昌海、戎志群、陳利斌、沈欽舜、謝時俊、張業鑫、王桂璐、董炳武、翁錫李忠富、田金棠、黃洪熙、郭可詡、關岡章、費道瀛、馬傳彪、范振武、李作雲、譚致中、戴啓東、溫鼎、高志英、劉經綱、姜润中、陳繹勳、曹本燚、許文蘭、趙光維、孫奇保、姚鉄、萬麗、李崧昌、邵鉅傅、方子霖、任大年、應世趙、吳必明陳式、宋中蹈、

預約卅年來之中國工程者注意：以前預約各戶地址，多有不明，請備函南京北門橋衛巷新安里十六號總編輯部補價取書，補價辦法，另有規定。特此通告，知

中國工程師學會總編輯
吳承洛啟

國外通訊

英新製水陸機 機翼可以活動

（英國新聞處倫敦訊）英國淮格斯亞姆斯特郎飛機廠茲已設計一種新穎水陸兩用飛機，定名「海鷗」，裝有樞軸機翼，可傾側以改變角度，機中用羅爾斯羅埃斯「格立風」引擎，以推動相對旋轉之螺旋槳。機翼樞軸係在根部，俾能「上翻」以加速起飛或滯緩降落，巡航與高速度飛行時可復原位。「海鷗」係淮格斯七種新機之一，其他新機包括由「海盜」式機發展而來之世界第一架噴射推進「千爵」式客機及裝有兩具羅爾斯羅埃斯「尼尼」引擎之「海盜」式機在內。

英造屋速度增加

（英國新聞處倫敦十日電）衛生大臣比凡頃發表英國目前建造新屋之速度每年達二十四萬幢，重獲住所之家每月計二萬七千戶。

防止鑽木蟲新法

科學家頃發明一種防止鑽木蟲之簡易方法，其法爲市上所售之百分之二之DDT混液攙水冲淡，噴射木材。但此僅爲保護木材被蛀之預防方法，對已被蛀蝕之木材不甚適用。

世界的食糖

據估計一九四七年到四八年，世界上由甘蔗與甜菜根裏搾出來的食糖是二千八百二十六萬六千噸。預料一班產甘蔗的國家要比一九四六－四七年增加八十萬噸，不過菲列賓，爪哇與台灣等地還沒有自二次大戰中完全恢復過來。歐洲種植甜菜根的各國家（蘇聯除外）因爲受了夏日旱潦的影響，雖在播種的農產方面增加了百分之九，恐怕甜菜收穫反要減少二十萬噸。英國的生產也可能減少十一萬噸。在另一方面，美國的生產可能達到一百七十萬噸的最高紀錄，或者是比去年多出了三十九萬五千噸。

如此東半球的糖荒就可能爲西半球的過剩而抵銷，若是古巴的糖量能在一九四八年再要來一次多達五百七十五萬噸的豐收那就更充裕了。（本報訊）

蘇聯烏拉爾區 農業全面電氣化

工業的烏拉爾的心臟，斯佛得羅夫斯克州，已經成了農業全面電氣化的一個州。現在在斯佛得羅夫斯克的農業地帶已有八二一個發電廠，一六五〇個變壓配電所在工作着。農業方面的電氣設備比一九四四年增加了八倍。在這八年裏裝了一萬餘公里的高壓線和低壓線，並將十三萬二千幢集體農場的住宅，兩千個學校，六百個醫院，九百六十七個俱樂部和鄉村閱覽室，以及九千個畜牧農場加以電氣化。在集體農場和國營農場裏，已將一千五百所打穀場，九百一十六個磨坊，四百三十二個吸水站，四百零三個鋸木機，和許多的碾米機加上了電動設備。

日原子核科學家 將應邀赴美講學

（中央社東京十一日專電）據共同新聞社消息：日本有數原子核科學家之一湯川秀樹，已接到美國普林斯頓研究院邀請，于今秋九月至明年五月間赴該院講學。湯川博士刻正靜候盟總許可其接受此邀請。據今日華府方面報道：遠東委員會已授權盟總得核准日人國外旅行之消息觀之，該項申請不久諒可批准。按湯川博士享有發現中子之盛譽。中子在原子核研究中佔有重要地位，而此項研究亦即促成原子彈之產生。彼現任京都大學理學院教授，並任原子核科學季刊之編輯，該刊在學術界中頗得好評。

國內消息

回祿君臨 上海、奉化、福州、均大火

（上海五日訊）今日下午五時十八分，本市漢口路三三八弄興永里樂發棧突然起火，延燒二小時，迄七時一刻才告撲滅，爲上海罕見之浩刼。因硫磺粉爆炸，致四周之漢口路，河南路，九江路，山東路各商店均受波。及路上行人受傷者無法統計。送醫院者一百五十餘人，消防隊受傷四人，物資損失無法統計。新聞報館均遭波及。

奉化城內六日下午二時發生空前大火。東至成興館，南至文聚堂，西至縣府，北達運動場，房屋四百餘間全被毁，電信局亦波及，全城精華盡付一炬，燃燒達六小時。甯波救火車四輛開警趕往搶救，始將大火撲滅。災民近千，殊狀極慘。

福州南台七日晚大火，七日下午六時五十分，本市南台建道路大火。由濟器堂磁店失愼，一時火勢猖烈，火舌繞過衢道，飛越對河，火頭達三千餘處，至八日四時始撲滅。火區附近一新兵大隊百餘新兵，全部走散。調查結果計燒去民房一千二百卅八間，二千三百四十一戶，損失在一萬五千餘億元。政府已在急振被災難民。

翁院長施政報告
建設方面三要點

（本報訊）本月十一日上午舉行之立法院大會，翁院長報告政院施政方針。關於建設方面，共分三點如下：

（一）工業生產的改進，抗戰時期政府曾爲戰後的建設擬了一個五年計劃，但是由於戰後的擾亂情形，這個計劃無法進行，現在不得不依照目前的需要另訂方針，逐步施行。政府對北方的工業建設，仍在逐步進行。我現在要向立委鄭重聲明的，最近傳說政府擬將北方工業向南遷移，這完全是毫無根據的謠言；相反的，華北重要工業，政府正在積極建設中。不過我們要認識戡亂的地位與方向，過去我們長期抗戰，我們的根據地是在西南，發展的方向是東北。現在共產黨的主力是在北方，我們是由南向北，我們不怕犧牲性命，收回北方，同時也需要大量物資，因此必需加緊運輸，大量增產。希望在兩三年內，有很多重要原料可對國力有所貢獻。（二）改良土地分配，這是國父遺教，但過去幾時未能實現，現在我們的二五減租，紛端區土地分配辦法，都已着手進行。須知平均地權乃是我們的主義，共匪所行的分配土地實質是沒收人民的財產，是一種擾亂的方法，而不是眞正的制度。（三）農業的改進，我國生產以農產佔第一，因此如何改進農產，增加生產，實爲今日第一要務。不過現在農工必須相輔並進，國家經濟纔能得穩固的基礎。戰後聯總有很多器材，協助我們復興農業，我們的農產機械公司現在正在發還一工作。此外政府還特別注意合作社的組織，希望由此加強我們的社會組織。

招商局試辦京滬水陸聯運

（本報訊）國營招商局，爲擴展業務便利旅客計，定自本月十五日起舉辦津滬京間水陸聯運，如試行良好，將繼續延伸爲平津滬京漢穗間之大規模聯運。

我國原子物理學家
錢三強博氏夫婦返國

（神州社訊）我國原子學家，在國外已發現鈾原子三分及四分性質蜚聲歐美科學界的錢三強博及其夫人何澤慧女士，七日下午三時搭法輪安德列勒縫號返國抵滬、記者在北平研究院鐳學研究所會晤到這位年青的博士，他體格健碩，看來該是擊網球的好手。在鐳學所裏我們有簡短的會晤。錢博士說：今日歸國，距他考取中法獎金委員會的公費到巴黎朱里居禮夫人主持下的鐳學研究實習恰十一整年。一九四〇年他改入法蘭西學院原子核化學實驗室，在那裏他和何澤慧女士自攝影底片發現鈾原子三分現象，一九四六年共同完成鈾原子一部分裂，及四部分裂的理論。同年他們結了婚。一九四七年英、美、加各國的實驗室亦相繼證實這以前認爲不可能的理論，這是我國原子物理學者在　外科學上重要發現之一。

錢博士現在是法蘭西學院的「研究導師」，這次偕同夫人歸國，主要是休假省親，期限一年。同時北平研究院本年要開始原子能的研究工作他或將參加研究計劃的擬訂。

關於原子能用於工業，錢博士說原子彈是戰時遷就事實的產物，現在各方研究如何將這偉大的爆炸力最導源於工業，成爲工廠及交通工具的動力。一般的想法有二：（一）增加鈾堆的溫度到能開動馬達的程度，（二）將原子彈急速的「爆炸」「反應與鈾堆緩慢的「爆炸」反應相「中和」，使成爲安全的工業動力。中國此後研究原子能在人才技術上都無問題，主要是看政府有無決定心支持這一重大的工作。原子物理學是一門綜合的科學，所以在中國開始這一工作，除政府的助力外更需要科學界廣泛的合作，現在無一單獨的科學家可掌握全部的原子秘密。

錢三強博士夫婦將至蘇州一行，此後在上海就留若干時日後再去北平。

京市修人行道
費用由受益鋪面負担

（本報訊）京市重要街道之人行道，在戰時損壞甚多，亟待整修，市府擬先就山西路，中山路，中山東路，林森路，珠江路，太平路，中華路，建康路等路綫，先予修理，所需費用，已徵得市參會同意，由兩側受益業主負担。

復興輪船公司
即將正式成立

（本報訊）政府首批賠予民營戰時損失的船舶共十一艘，合八萬多噸，已在美國聯安交與民營公司代表接收，現並已陸續航行歐美各國正式營業。受損船舶的民營輪船公司共有三十四個單位，交通部爲使此批船舶不致分散力量起見（十一艘共值一千零十六萬美元，其餘六百七十六萬美元爲政府貸款，分十年歸還），特令各公司聯合組織「復興輪船公司」集合經營。各公司經數月籌備後，已定週內舉行復興公司創立會，正式宣告成立，由現在美國辦理交涉與接收工作的譚伯英，担任總經理，鍾山道、李志一分任副總經理。復興公司成立後，將爲民營公司中最大的輪船公司，其船舶噸位僅次於國營招商局。

測量學校
七月招生

（本報訊）國防部測量學校本年度將於本年七月間招收正班新生一百二十名，招考地點：南京、武漢、北平、蘭州、重慶、迪化、貴陽、康定、廣州等九區，開各區錄取新生一律集中蘇州本校受訓。其投考資格爲高中畢業或曾在該校訓練班畢業者，其教育時間爲四年，除膳宿服裝等由學校供給外，並按月酌給待遇。

賴普漢一行抵華
將往粵漢路視察

美國對外經濟合作局，美援執行人賴普漢氏，於六月七日偕同[illegible]自舊金山飛抵滬。該團人員中，計有如下幾個工程師。

哈斯亭斯　鐵路工程師
渧力克　鑛業工程師
普威爾　電機工程師

賴普漢氏抵滬之翌日，即與團中一部份人員入京晉謁總統及拜會有關部會首長。茲悉美援款項中，以一部份作爲建設之用。其中如贛西煤礦湘潭煤礦及粵漢浙贛兩鐵路皆在計議加強。交通部正積極準備一切，粵漢浙贛兩鐵路局長杜鎮遠及侯家源兩氏，均奉召來京滬與該團交換意見。該團將於六月十七日先赴粵漢鐵路及沿線煤礦視察云。（本報訊）

工業管理協會
滬分會十一日成立

（本報訊）中國工業協會上海分會於本月十一日下午二時在上海陝西南路中國科學社舉行成立大會。該會總會係去年九月於南京成立，總會理事長爲現任行政院院長翁文灝氏。

土木工程師學會
在京開理事會

土木工程師學會，自上屆會長任期屆滿，經改選趙祖康氏爲會長，薛次莘、周鳳九兩氏爲副會長後，茲於本月十二日，在京召開卅七年度第一屆董事會，趙會長特自上海來京出席，當日討論事項甚多，茲據悉推定郭增望氏爲總幹事，陳宇華氏爲總會計，並以本年工程師學會年會於十月間在台灣舉行，所有年會論文應即開始徵集，內容注重結構、鐵路、公路三方面，即推定茅以昇凌鴻勛周鳳九三氏進行徵集。關於土木技師公會成立事宜，決定加緊籌備，務於最短期內成立並加推各地負責人，俾促進行云。（本報訊）

三局長來京述職
賴普漢將考察改善工程

（本報訊）湘桂黔鐵路局局長袁夢鴻，於十日抵京述職，粵漢浙贛兩路局局長杜鎮遠侯家源，於日前抵京述職後，爲接洽運用美援物資，前晚聯袂赴滬。又美經濟合作局執行長官駐華代表賴普漢等，將於月內赴粵漢考察該路全綫改善工程。

四川建設

△成渝鐵路除將利用粵漢路的大部分路軌外，全部器材將有一新方案專案向美國貸款。交通部已派路政司司長與美方進行談判，新方案亦已擬定，總數爲美金兩千萬元。該路過去多側重於重要工程之完成，現則全綫動工，並儘先完成重慶至大渡口段。

△成渝鐵路已完成之工程計有土石方二千三百萬立公方，隧道二十八個，橋孔六百四十孔及涵洞一千二百個。

△都江電廠已發電，六月六日有二千瓩電發輸成都。另有五千瓩發電設備已運抵上海，不日即可運川。

△隆昌聖燈山化學肥料廠，籌備工作，正由侯德榜氏在美國進行中，資金大致可無問題。

△資委會決定自台灣運新式製糖機廠設備一套，至資中與資川酒精廠合併設立糖廠，預計每日榨蔗二百噸。

待聘

茲有某君年卅餘歲曾在工業專校土木科畢業歷任建築工程市政工程鑛山建築及教職垂十年並取得土木技師證書擬在京滬沿線各地服務如需上項人才請直接函致　江西寧都佈下巷九號鄧悟勉君接洽

本報徵稿啟事

工程師對國家社會之供獻與重要，那是事實問題，婦孺咸知，毋庸贅言。可是工程師之社會地位，太不受人之重視，也是無可諱言。推究其原因，當然很多，其中最重大一點，恐怕還是工程師之沉默寡言，既少說話，又少動筆，人家把他看作機器或生財的一部份，自己也祇要有飯吃餓不死便算了，與人無爭。在這個兵荒馬亂的天下，當然是在被犧牲與忽視之列。就以這次行憲大選而談，在七百多名立委中工程師祇有半名立法委員（雖則曾養甫先生當選，可是第一第二後補人均爲河海航行人員），佔一千五百分之一。國大代表則在三千多名中祇佔七名，佔千分之二強。這也是工程師不聲不響的後果，君不見商會代表嫌少，大聲疾呼，得合理之增加，河海航行人員沒有代表，以停航來爭取，居然把礦業技師國大代表讓予，把僅有的一名工業技師立委也分去一半。工程師失去了社會政治地位，本身職業前途事小，就誤了國家建設前程事大，爲了要負起時代的使命，工程師除了研究，苦幹，拚命之外，應該多作宣傳工作，演講與寫作，都得注重。

我國近幾十年來的中學與大學教育有個毛病，不知是誰人所創，讀實科（即理工科）的人不注意文科的課程，結果讀實科的提得起鉛筆，鋼筆，可是拿起毛筆，一肚子要說要寫的便無從下手。至于投稿寫作，總以爲自己的文筆欠佳，或則怕貽笑于人，或是　人家不予採用，結果還枝筆是一天重一天，老是提不起、本報爲我國工程界唯一週報，爲全國工程師之喉舌。爲提高工程同人寫作興趣起見，特提倡寫作運動，不論消息報導，工程記錄，論著，專文，祇要有內容決予採納刊載，並略致薄酬，每篇視字數之多寡，酬二十萬元起至一百萬元止，尚盼我工界同人及本報讀者踴躍賜稿爲幸。

定價 每份壹萬元正
半年訂費弍拾伍萬元正
全年訂費伍拾萬元正
航空或掛號另行郵費拾萬元
廣告價目 每方吋叁拾萬元

中華民國卅七年六月廿一日出版

中國工程週報

內政部京警國字第五十一號
中國工程出版公司
發行人　杜拱辰

中華郵政認為第二類新聞紙
江蘇郵政管理局登記證第一三二號
地址：南京(2)四條巷一六三號
電話　二三九八九
經售處：全國各大書店

一週大事記

是週也：反扶日運動，方興未艾。
友好訪華團，舊調重彈；
立委名額，民青願讓步；
珍惜暮年，學人難作官。
米價狂漲，苦了薪給階級；
一紙命令，財部要禁袁頭。
中原戰烈，鄭州無恙。

我國各地的反扶日運動，方興未艾，引起政府相當的重視，外部將就對日管制政策發表重要聲明，再度闡明政府的態度，聲明內容係根據波茨坦協定，具體宣佈我方對管制日本寬大的限度，如果超過了這種限度，將遭受我國反對。

美國方面，則正在加強扶植日本軍國主義復興，不遺餘力，國會已完成一項議程，向白宮提出法案，主張以一億五千萬美元的週轉金，購買棉花與羊毛運往日本，協助恢復其紡織工業。

日本當局對盟國的管制政策，真是感激涕零，蘆田在日衆院外委會說：「盟國對日本施行的佔領政策，較之第一次世界大戰勝利國的態度，實屬公正與寬大。他還有意思讓日人組織「友好訪華團」，於最近來華訪問，這與抗戰前的「中日親善提攜」的濫調，又有什麼兩樣呢？

× × ×

經過張羣、雷震的赴滬斡旋，民青兩黨的態度變得緩和了，立委及參加政府問題即可解決。關於立委名額，兩黨都願讓步、司法、考試兩副院長由民青兩黨分別推薦。張伯苓對蔣總統電請担任考試院長事，業已表示接受，平津南開校友卻致函挽留張伯苓繼續任校長，中有「學人難作官」，「珍惜暮年」之句。張厲生出任政院副院長，亦無問題。行憲新政府，快告改組竣事了。

× × ×

週來，各地米潮泛濫，常州、寧波、泰興重慶……都發生搶米事件，寧波宣佈戒嚴，重共捕二百五十八人皆赤貧苦力，其中女性四十七人，一致說：「米太貴了、活不下去」；

在物價狂漲之際，立委對有關物價提案，曾作激烈討論。劉文島說，物價高漲，是因為人民不信任法幣的原故；苗啓平提出「平天下，平物價」兩大口號。黃玉明以廣東為例，說四行兩局操縱，物價乃高漲。

物價狂漲聲中，苦了「薪水階級」，部份立委認為過去調整待遇的辦法，不但不能改善公教人員的待遇，反而刺激了物價的節節上漲。配給實物的辦法實行以來，仍有不少弊端，在擬具的提案中，將請政府停止實物配給，底薪基本數三十元改訂為四十元。

× × ×

近來京市建康路，新街口，買賣銀幣盛極一時，財部特分電首都警察廳及市府，嚴予取締。據上海大公報載，萬元關金券（法幣二十萬元）準備出籠，二萬五千元的關金券（法幣五十萬元）的製版工作甫告完成，即將開印。

× × ×

中原戰事吃緊，開封保衛戰、歷六晝夜，已發展至最高峯，巷戰極為慘烈。二十日顧祝同曾飛鄭州督戰，蔣總統亦於二十一日下午三時，專機飛往汴鄭上空巡視，並與各指揮官在空中通話，詢問戰況，指示機宜。傳豫省主席率六六師一營多人向開封西北突圍，下落不明。監院為開封戰事，咨請總統迅派大軍援救，並派大員飛鄭坐鎮，確保開封。豫省旅京人士二百餘人，請願增援開封後方，晃大勢如此，只希望國軍堅守鄭州了。

× × ×

美共和黨全國大會票舉總統候選人之前，黨內羣雄競爭激烈。大會定於二十四日首次投票。杜威所獲票數，可較其他諸人為多，塔虎脫可居第二，而史塔森次之

擬築中之閩贛鐵路

胡建新

(一)本路興築之急要　在我國東南半壁富庶之區，粵漢鐵路以東，浙贛鐵路以南——包括閩建全省，湖南江西浙江之一部——面積計三十六萬平方公里，人口逾三千七百萬，直至現在尙無鐵路交通之聯貫。在此地區有贛南之鎢錫，龍岩安溪之煤鐵，漳浦新發現之鋁，泰安貴金屬之銻，以及沿海之鹽糖水菓漁產，與武夷山之林木煙紙茶葉。均以交通不便，不能大量開採，互爲銷運。廈門海港，水深面闊，風浪平靜，可以同時寄泊巨艦百餘艘。外圍島嶼，星羅密佈，軍事上尤稱鞏固，地位適居於滬港之間，與台灣菲律賓及南洋各地均甚接近，其天賦形勢之佳，乃青島廣州灣及津沽黃埔所不及，爲我國唯一良港。惜無內河水運爲之補給，更無鐵路交通爲之聯繫，以致經濟上軍事上皆有缺憾，不能發展其天然秉賦而成東亞之大港。自台灣收復後，其與本土之關係日趨密切，福建爲台灣與本土之橋梁，該處交通之發展，無論在經濟上政治上都俱有其極端之重要性。此所以本路——閩贛鐵路——之急需籌劃興築也。

(二)測量及選綫經過　本路爲鐵路計劃中之東南區幹綫，原計劃自京贛路南端出發，向東南行以越閩境之南平。民國廿六年曾經藍田率隊勘測，後以抗戰軍興，未完而廢。民國三十五年作者路勘該路，仍按原計劃爲準，以鷹潭爲起點，越武夷山沿富屯溪經南平，並沿閩江北岸展伸至福州下游之瑄頭。三十六年復根據路勘紀錄實施初測，作坡度曲線之改進，更自福州越閩江環海南行以至廈門對岸之嵩嶼，作初步之路勘。本年作者率隊赴閩即完成此福州廈門段之初測工作也。

前述路綫在閩贛省界之武夷山區，地形既極複雜，工程尤爲艱巨，選經勘査比較，所採擇之路綫仍未能合乎理想。故交通部復令浙贛鐵路局續作研究，將範圍擴大，東至上饒廣豐浦城，西迄臨川南城黎川各地。同時鐵路測量總處亦用飛機航測，將武夷山區之形勢攝繪圖中，俾選得最經濟之途徑也。現在此項機械研究工作正在分別進行，尙未獲有成果，故以下各節關於路綫情形，仍照兩年勘測結果敍述之。

(三)路綫工程概述　本路以廈門港對港之嵩嶼爲起點，環海北行經同安晉江惠安莆田諸縣，跨越閩江至福州西郊之桐口。再溯閩江及富屯溪西上，經水口南平順昌邵武光澤各地，越武夷山脈經資谿上清宮而至鷹潭，與浙贛鐵路及未完成之京贛鐵路相啣接。全綫計長830.3公里。又自福州順閩江東下築支綫一條，經馬尾至閩江口之瑄頭，計長53.7公里；自莆田縣之涵江另築支綫至三江口計長5.2公里，以便利沿綫與海口之交通。總計全路正支綫共長889.2公里。

本路路綫自廈門至福州間，屬濱海邱陵地區，雖經鳳凰嶺小盈嶺常思嶺諸山，及同安溪晉江洛陽口錦江漁溪諸流，惟起伏不大，工程尙稱平易。福州光澤間，路綫沿閩江及富屯溪北岸而行，跨建溪於南平。江溪兩岸山勢突兀，故路綫紆曲隧道與土牆不少。過光澤後越武夷山下資谿，其間有長隧高棧，工程甚爲艱巨，路綫盤升迂降，尤稱困難。資谿鷹潭間，地勢平綏，工程簡易。本路經連年勘測結果，採用標準軌距，最大坡度爲1.5%，最銳曲度爲6°，載重爲C——20。全路共計土方32,545,600立公方，石方10,074,000立公方，隧道10,563公尺，大橋11,765公尺，車站93座。其中以武夷山區內大禾山1280公尺隧道，小禾山790公尺隧道，鐵牛關600公尺隧道及黃石口150公尺棧橋，茅店210公尺棧橋，林家灘30公尺聯拱爲最艱巨之工程；又跨越閩江之峽[illegible]大橋，長500公尺，水深流急，施工

閩贛鐵路建築費概算表

資本帳目	說明	單位	數量	單(美元)價	總(美元)價
C—1	總務費				4,800,000
C—2	籌備費	公里	889.17	5,000	4,445,850
C—3—1	用地費	市畝	80,000	2	160,000
—2	遷坟	穴	3,000	2	6,000
—3	事務費	月	12	500	6,000
—4	不動產	平方公尺	450,000	2	900,000
C—4—1	土方	立方公尺	32,545,590	0.20	6,509,118
—2	鬆石	立方公尺	2,858,940	0.60	1,715,364
—2	堅石	立方公尺	7,215,020	1.20	8,658,024
—3	堤塡	立方公尺	161,740	8	1,293,920
—4	改移河道	公里	5.76	3,000	17,280
—4	道路	公里	200	5,000	1,000,000
C—5	隧道	公尺	10,963	800	8,770,400
C—6—1	大橋	公尺	11,765	1,000	11,765,000
—2	小橋	公尺	3,003	800	2,402,400
—3	涵洞	座	1,700	500	850,000
C—7	路綫保衛	公里	889.17	100	88,917
C—8	電話電報	公里	889.17	500	444,585
C—9—1	軌枕	根	1,920,000	1	1,920,000
—2	鋼軌及配件	公噸	96,000	120	11,520,000
—3	舖軌	公里	960	120	115,200
—4	舖路碴	公里	450	600	576,000
C—10	軌尖及軌屋	副	450	500	225,000
C—11—1	路局房叉	所	1	150,000	150,000
—2	車站房屋	所	92	4,000	368,000
—3	小工廠及材料所	處	28	10,000	280,000
—4	員司住屋	所	1,500	3,000	4,500,000
—5	車站用具	處	92	2,000	184,000
C—12	總機器廠				3,000,000
C—13	特別機廠				600,000
C—14	機件				2,000,000
C—15	車輛				14,000,000
C—16	維持費	公里	889.17	500	444,585
C—17	碼頭	處	3	2,000,000	6,000,000
	共計				99,715,643美元
	平均每公里				112,145美元

發估價% 備約總5

亦非不易。

(四)建築計劃及業務展望　本路建築用款經分項計算，共需19,715,643美元。按全程839.2公里計，平均每公里約合112,145美元。如款料供應適時，施工三年，當可觀其完成。在施工之前急需籌辦者：為鷹潭光澤間120公里運料公路之修築，以便利材料機具之運輸，以及新式機具之購置，以應困難工程之急需。良以閩贛交界交通既不便利，人口又甚稀少，工程有極艱巨，故運輸道路之改進，與機械化之施工至為重要也。全路建築可分為廈門福州，福州光澤，光澤鷹潭三大段。廈門福州段計330.3公里，列第一期開工，除閩江橋工外，一年半即可通車，開始營業以自給。福州光澤段(連頭及三江口支綫在內)計414.6公里，列第二期，晚一年開工，可以利用廈門福州段之大部人工與機具。光澤鷹潭段計144.3公里，該段工程最巨，費時最長，故與廈門福州段同列為第一期，提前開工，庶與福州光澤段可以同時舖軌通車也。

本路自東南海口，連贛北腹地，闢武夷天險為通衢大道。復經浙贛鐵路之聯繫，東通滬杭，西接湘黔，為東南區之斜貫幹綫。通車以後，非特便利於閩贛兩省客貨之運輸及資源林木之開發，且京滬與台灣之距離為之縮短，物資交流將如梭如織，蘇中貿易之進出，亦必經本路為之吞吐。將來業務當極繁重，營業盈餘可操左券。如京贛鐵路(南京至鷹潭)繼續完成，京閩聯成一氣，其於政治經濟國防軍事上之價値，尤不可勝言也。

工程事業與工程師

茅榮林

(一)工程事業的演進及其本質

廣泛地說，自從地球上有人類時就有工程事業。在我國上古時，人類茹毛飲血，穴住野處，後來有巢氏教民架屋以為住，燧人氏教民鑽木取火以熟食，嫘祖教民育蠶治絲以為衣，黃帝教民作舟車以利行，實為今日建築工程，熱力工程，紡織工程，機械工程，運輸工程等工程事業之發始。雖屬簡陋，然終不失為一種原始的工程事業。加波脫博士(Richard Cabox)在其所著的「人類靠什麼而生存」(What men liver by)一書上曾說：「吾人之生存有四要素：就是工作(WORK)遊玩(Play)愛情(Love)和宗教(Religion)。」所謂工作，就是職業，手藝或事業；所謂遊玩，就是得意或戀愛的問題；所謂愛情，就是家庭關係；所謂宗教，就是一種信仰或思想。這四種要素於是激起了人類進化中的主要力量——科學、工程、和技術。所以一部人類進化史，也可說就是一部工程事業的演進史。人類在地球上的歷史，據一般學者的意見，認為有五〇萬年。在此悠長的時期中，可大別為四個時代：(一)未開化時代(The era of Savagery)約佔四九——廿九萬年；(二)野蠻時代(The era of barbarism)約佔七，五〇〇——六，〇〇〇年；(三)有文化時代(The era of civilis ation)約佔四〇〇〇——一，〇〇〇餘年；(四)科學工程時代或物質文明時代約佔二百餘年。

在未開化時代中，人類僅學習試用數種極簡單的機械原理的工具和武器，例如最初只知用樹枝，天然形狀的石器和土器等簡單工具，後來漸漸知道利用鐵，銅等金屬器具。於是經驗和智慧，日積月累後逐漸豐富，乃知利用斜面，尖劈或斧頭，土塊、石塊、木柱、木梁等原理，以後又知利用皮革，粗繩，來編織筐籃，製作器皿，慢慢再進步到能利用皮筏，木筏飄浮水面，鼓槳而行，為水上運輸的工具。

在野蠻時代中，人類漸知利用人力(Man Power)，(一)建築巨大的工程，例如埃及的金字塔，墨西哥及印度的寺院和皇宮，加爾地亞的灌溉渠(Irrigation canals of cheldea)，中國的長城和運河，羅馬的二千英哩有路面的道路，以及玻利維亞在天華納加(Tihuanaca)的巨石工。(二)開礦(三)溶鐵(四)造航海船隻等。

在有文化時代中，(西歷紀元前二五〇〇—五〇〇年至紀元後一七〇〇年)則人類進步可包括下列五項：知道將水力學原理引用到排水、給水、灌溉、航運(包括船閘)等工程上去，並且知道利用水力激動水輪發生動力。(二)建築較美化的房屋，藝術亦漸趨發達，在樑柱之外，又知利用拱形，使建築既美觀又堅固。(三)在藝術和工業上亦多採用鐵銅紫銅等材料。(四)發明指南針印刷及火藥。(五)製造各種複雜的軍事防禦工程和攻守利器。

在科學工程時代中(即十七世紀以後

至今），自一七五〇年英人瓦特發明蒸汽機後，人類知利用機器來代替人力或獸力的工作，發生劃時代的工業革命，接着就有一七六七年的紡紗機，一七八五年的織布機，一七九三年的軋棉機，一八〇七年的汽船，一八二九年的火車，以及最近百年內的內燃機，蒸汽透平，水輪機，發電機、電動機、鋸木機、鋸鋼機、曳引機、割麥機、播種機、電燈、電話、電報、無綫電、無綫電傳眞、汽車、飛機、原子彈等。直到工業電氣化、農業機械化的今日，甚至啓宇宙秘密，應用原子能量製造威力驚天的原子炸彈。

凡此種種其主要目的，皆在供給人類的物質需求，減低人類生活在體力上和智力上的負担，提高人類生活的水準，增加人類生活的來源，改進人類生活的安逸，這就是告訴我們各種工程事業的本質，實在是爲人類服務爲社會謀福利的。至於兩次世界大戰中，曾經把一切的科學，工程，和技術應用到戰爭上去，作慘無人道的殘殺和破壞，但是那決不是工程事業的本質，而是由於科學家，工程師和技術家的一向傳統的僞爲科學，爲工程，爲技術而研究的狹義觀念所誤，以致忽略了人的問題（Human Problem）和社會意識（Social Sense），更不問政治，放棄了公民的責任，滿想做一個超然世俗的人，結果就被政治家利用驅使，走進岐途，把原來造福社會服務人類的事業，反變爲施予災難毀滅人類的工具。所以羅素說：「科學無道德就是罪惡。」作者也深覺工程事業如果不以博愛，自由，民主的政治和社會意識來做出發點，就不能眞正達到物爲人類服務，社會造福的崇高目的。因此科家家，工程師，和技術家，非參與政治的活動先擴展其智識的範圍到政治，經濟、社會、及人的問題中去，然後再用科學的方法，依據客觀的事實，加以分析，像解決一般科學問題或技術問題一樣地來解決政治經濟社會及人事問題的糾紛。做科學家，工程師，或技術家，同時也做公民；負起專業的責任，同時也負起公民的責任，才能脫離岐途，重歸正道。

（二）工程事業的要素

工程事業的要素，除必需的科學，工程和技術等基本學識外，還有人錢，及管理（Man, Money and Management）三項要素。所謂人就是人的問題或社會意識。再縮小範圍來說就是國營工程事業中的官吏和員工的問題，民營或私營工程事業中的業主和勞工問題。所謂錢就是資金的籌措，工程的費用，贏餘或利潤的分配等問題。所謂管理，就是人事的遴調，升降、聯繫、合作、運用、保障、安全、衞生、撫卹、娛樂以及工作效力的促進等問題。如果我們能以合理的公正的科學的組織來處理那些事件，來啓發人性，來鼓勵工作者，就可避免勞資的衝突，利潤的獨佔，不學無術者的高居要津，濫竽充數的擠滿下層，狐羣狗黨的營私舞弊，危害大多數人民的利益，弄得整個國家社會甚至世界都動盪不安。又可使一種計劃或決議能透過各個階層及各部門，順順利利實實在在的變成最有效的行動，獲得各種工家事業的美滿成果。故最近工業先進的國家，對於各種工程事業的管理，特別強調，並呼籲工程師應密切注意，認爲生產不是單獨的勞工問題，其效率的高低，業主官吏工程師及管理人員，亦應分負其責任。

（三）工程師與工程事業的關係

工程師在工程事業中，佔有三重的身份（一）爲解決工程問題的工程師。（二）爲解決管理問題的管理人員。（三）爲候補主管—總經理或廠長等等。因此常常有機會離開他一向認爲的本位工作（持計算尺的工作），漸漸深入主管的圈子裏去。從純粹的工程問題轉入向來生疏的人事問題，雖然曾在工程教育一課中學到一些關於教育及人的聯繫等智識，但仍過於膚淺不足以處理複雜的人事問題一如其處理工程問題的純熟。所以今日的工程師無論在學校裏求學或在社會上工作，對於科學工程及技術的基本學識，固應埋首研究，精益求精，而對於政治、經濟、社會、心理、史地、以及人的問題等科目，亦應隨時注意研究，至少要達到明瞭各該科目的要旨。

（下期續完）

南京市主要建築材料及工資價格表

調查日期37年6月20日

名稱	單位	單價	說明	名稱	單位	單價	說明
青磚	塊	17,000元		2½"洋釘	桶	2,100萬	
洋瓦	塊	20,000元	陰坯	26號白鐵	張	1,500萬	
石灰	市担	120萬	塊灰	竹節鋼筋	噸	3,500萬	大小平均
洋灰	袋	250萬	50公斤	上熟米	市担	900萬	
杉木枋	板尺	10萬		工		資	
杉木企口地板	方呎	9萬		小工	每工	45萬	包括伙食在內
4½"圓杉木桁條	根	60萬	13'—0"長	泥工	每工	67萬	包括伙食在內
杉木板條子	捆	120萬	6'—0"長	木工	每工	67萬	包括伙食在內
廣片玻璃	方呎	11萬	16盎司	漆工	每工	70萬	包括伙食在內

上列價格木料不包括運力在內磚瓦石灰則係送至工地價格

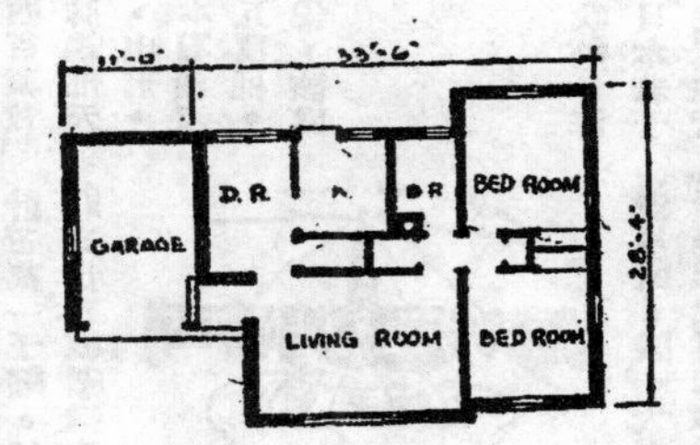

工程說明

本工程係磚牆，洋瓦，灰板平頂，杉木企口地板，杉木門窗房屋，施工標準普通，地點位于本市中心地區，油漆用本國漆。外牆係清水，一應內牆及平頂用紫泥打底石灰紙筋粉光刷白二度，板條牆筋及平頂筋用 2"×3" 杉木料，地板擱柵用 2"×6"杉枋中距1'-0"桁條用小頭4½"圓杉條2'-6"中距。

（南京）本工程估價單

名稱	數量	單位	單價	複價	說明
灰漿三和土	5	英立方	1,700萬	6,800萬	包括挖土在內
10"磚牆	22	英平方	3,300	12,600萬	用陰坯紅磚
板條牆	7	英平方	2,500萬	17,500萬	
灰板平頂	10	英平方	1,800萬	18,000萬	
杉木企口地板	6	英平方	2,750萬	16,500萬	包括踢脚板在內
洋灰地坪	2.5	英平方	2,400萬	6,000萬	6"碎磚三合土上澆2"厚1:2:4混凝土
屋面	14.5	英平方	3,600萬	52,200萬	包括屋架在內及屋面板
杉木門	315	平方呎	50萬	15,750萬	五冒頭"門厚1 3/4"門板厚1/2"
杉木玻璃窗	170	平方呎	55萬	9,350萬	廣片16盎司
百葉窗	150	平方呎	50萬	7,500萬	
掛鏡線	22	英丈	40萬	880萬	
白鐵水落及水落管	25.5	英丈	700萬	17,850萬	
水泥明溝	18	英丈	450萬	8,100萬	
水泥踏步	3	步	120萬	360萬	
總			價	2,493,900,000	

本房屋計面積10平英方丈總造國幣貳四億九仟三百九十萬元正

平均每平英方丈房屋建築費國幣貳億伍仟萬元整（水電衛生設備在外）

調查及估價者南京六合工程公司　（日期三十七年六月二十日）

日本特輯

抬頭中的日本工業

日以鐵路車輛易取蘇煤及原料

盟總與蘇聯簽訂協定

（中央社東京十三日專電）據本日自樺太方面獲悉：盟總刻已允許在日製造價值三百五十萬美元左右之鐵路車輛，輸售蘇聯，以易取後者在其所管轄之庫頁島所產之煤、焦煤、木炭、紙漿以及其他原料等。按盟總與蘇聯所作之協定，日商將爲庫頁島鐵路製造火車頭三十輛，貨車一百六十輛，冷藏車二十輛，裝水車二十輛及客車若干輛，而此項車輛，輪距甚窄，將不能廣泛適用於世界其他各地。此項特製車輛首次運往蘇聯之期間，將在協定訂立後之六月內。據此間消息靈通方面之人士稱：盟總與蘇聯訂協定，未予公開宣布之原因，與係憚遭美國會之批評，因美國對盟總售予蘇聯各項原料或製成品（指易於改成軍事用品者而言）常有煩言。該方人士稱：日本對於煤、焦煤、木炭、紙漿以及其他可以從庫頁島之原料，極感缺乏，同時日製造商則亟需此等物品，以開動其機器。

日本現有紗錠三百五十萬枚

（新亞社東京十三日電）商工省纖維局長發表目前日本紡織界之現狀稱：現在運輸中之紗錠數爲三百五十萬枚，明年九月以前可增至麥帥總部批准之四百萬枚。

新油田蘊藏甚富開發計畫擬妥

（新亞社東京十二日電）麥帥總部天然資料局十二日發表：開發秋田、山形、新潟三縣之計劃已擬就，今後日本石油產量可自一百卅萬桶增至一百五十五萬桶。又北海道油田之開發計劃亦已擬妥，該處蘊藏極富。

我向日訂購戰艦用真空管

（中央社東京十四日專電）我赴日海軍代表，頃已獲得盟總之許可在日本若干工廠中，定購價值八千美元左右之眞空管，據悉：此項定購之眞空管將裝置於去年分配於中國之卅四艘日本驅逐艦及驅逐護航艦上。

日本最大製鋁廠已積極準備復工

（新亞社東京十六日電）日本戰時最大之製鋁工廠，自發表該公司應免除解體之命令後，該公司負責當局即積極從事整理內部工作，聞已由荷蘭輪船自南洋方面載運礬土一千餘噸駛抵淸水港，以後尚將繼續載運此項製鋁原料抵日，預定採[illegible]輸入十萬噸礬土，惟該公司認爲十萬噸之數尚不能使該工場全部開工，蓋該公司有年產鋁量五萬噸之設備，故希望麥帥總部能允許增加礬土之輸入云。

海南島鐵礦砂運抵八幡

（中央社東京十六日專電）據共同社訊：中國運輸船通平號，載海南島鐵礦砂一萬一千九三四噸，已於昨日到達八幡。本月內尚有其他兩船自海南運鐵礦砂來日，總計三萬一千噸。按我國與日本係於去歲末訂立卅五萬噸鐵礦砂交易合同。

國外通訊

英噴射式飛機首次橫渡大西洋

（英國新聞處倫敦十六日電）據英國空軍部發表公告稱：苔哈佛蘭公司之「大蝙蝠」式飛機定於下月初飛往北美作表演飛行。噴射式飛機橫渡大西洋飛行此次尚屬首次。該「大蝙蝠」式飛機將由澳浦郡甚搬起飛至加拿大蒙特里爾，全程爲三千五百四十里。沿綫分四處加油，該公司首席駕駛員曾於今年三月駕駛同式飛機創世界高飛紀錄計升高至十一哩以上。

比國一教授將作深海探險

（路透社安特威浦十二日專電）於一九三一年乘汽球首先昇入同溫層之比國皮卡教授，將於今年八月乘鋼球潛入海底四公里深處探險。教授籌備此一深海探險，已歷兩年，探險地點，擇定西非洲外之幾內亞灣。鋼球將先由四千噸之探險母船史卡爾狄斯運往該處，隨皮卡教授同乘鋼球入深海探險者尚另有一高賽恩教授。

本報徵稿啓事

工程師對國家社會之供獻與重要，鄙是事實問題，婦孺咸知，毋庸贅言。可是工程師之社會地位，太不受人之重視，也是無可諱言。推究其原因，當然很多，其中最重大一點，恐怕還是工程師之沉默寡言，既少說話，又少動筆，人家把他看作機器或生財的一部份，自己也祇要有飯吃，餓不死便算了，與人無爭，在這個兵荒馬亂的天下了，當然是在被犧牲與忽視之列。就以這次行憲大選而論，在七百多名立法委員中工程師祇有廿名立法委員（色則曾養甫先生當選，可是第一第二後補人選爲河海航行人員），佔一千五百分之一。國大代表則在三千多名中祇佔七名，佔千分之二强。這也是工程師不聲不響的結果，若不見商會代表雖少，大聲疾呼，得合理之增加，河海航行人員沒有代表，以停航來爭取，居然把礦業技師國大代表讓予，把僅有的一名工業技師立委也分去一半。工程師失去了社會政治地位，本身職業前途縮小，就誤了國家建設前程事大，爲了要負起時代的使命，工程師除了研究，苦幹，拼命之外，應該多作宣傳工作，演講與寫作，都得注重。

我國近幾十年來的中學與大學教育有個毛病，不知是誰人所創，祇重實科（卽理工科）的人不注意文科的課程，結果實科的提得起鉛筆，鋼筆，可是拿起毛筆，一肚子要說要寫的便無從下手。要手投稿撰作，總以爲自己的文筆欠佳，或則怕貽笑于人，或是人家不予採用，結果這枝筆是一天重一天，老是提不起，本報爲我國工程界唯一週報，爲全國工程師之喉舌。爲提高工程同人寫作興趣起見，特提倡寫作運動，不論消息報告，工程記錄，論著，專文，祇要有內容決予採用刊載，並略致薄酬，每篇視字數之多寡，酬二十萬元起至一百萬元止，尚盼我工界同人及本報讀者踴躍賜稿爲幸。

中國工程師一名畢業於英國氣渦輪工藝學校

（倫敦十五日電）英國之氣渦輪工藝學校，目前有一華籍工程師已在該校修畢學程，其他遠東工程師則將參加八月九日至二十七日間之一特殊國際課程，迄今爲止，該校畢業之外籍工程師有三十五名。特種國際課程僅合格工程師方得參加，本年度之學程包括九項課程，涉及氣渦輪之工業應用與飛機引擎，此外，國際課程當爲其他課程之綜合綱領。

美援調查團出發工作

美援執行人額普漢及技術調査團一行抵華已誌上期本報，玆悉該調査團分兩組於六月十八十九兩日晨自上海乘飛機赴漢轉赴鄂湘各省，參觀各廠礦及粵漢鐵路。除該團團員以外尚有我國美援運用委員會資源委員會交通部（中央銀行）所派高級人員同行，全行約二十餘人包括各專家各工程師。該團行程閞經事先排定十八日午抵漢後即乘汽輪赴大冶參觀湖北鋼鐵廠華新水泥廠等廠。十九日回武昌參觀粵漢鐵路終點站及河邊設備。下午乘粵漢車南下。二十至二十三日沿粵漢綫參觀資委會所辦各廠礦及粵漢鉄路本路各種設備與沿綫重要煤礦。二十四日抵廣州翌日參觀廣州各工廠及黃埔港。當日下午乘粵漢車赴香港。二十六日飛台灣。三十日回上海云。

國內消息

海騮輪駛入閘口

滬杭試航成功

（中央社杭州十三日電）初次試航錢江之「海騮」輪，十三日已由四堡駛抵杭州閘口，「江南」輪因體積大於「海騮」計長九九英尺吃水七尺，速率每小時七海里，故仍擱淺於八堡，須至十九日大潮時，始可開抵閘口，此次率輪來杭之中信局總工程師周念先，定十四日攜全部經過事實報告，向局方建議正式通航計劃，行前並對中央社記者，就現在與將來二個階段發表談話稱：（一）據此次試航經驗所得，目前凡吃水七尺之大輪均可由滬直接駛杭，決無任何阻礙，且每月至少有半月時間可行駛，尤以夜航最宜，因夜潮大於日潮，不能全月通航，原因係目前河道尚不足七尺，須藉潮水力量，但吃水不滿七尺之小輪，切忌航行，因海上風浪甚大，以免顚覆，江南輪之擱淺，因河道在二星期中，忽受漲沙變動之故。（二）如正式通航，浙塘工局須將水文及設置浮標、燈塔等闢標，全部測繪完竣，進一步再鞏固河道。周工程師同時特別强調稱：通航乃絕對可能之事，渠此已將沿途須設置碼頭倉庫等，已擬具詳細計劃，如局方有千億以上之經費，半年以內必可通航，船隻暫時租用，以後再自備船隻，同時在沿途裝置現代化之設備。

唐山製鋼廠停止南遷

（中央社北平十四日電）華北鋼鐵公司唐山製鋼廠廢綫電爐一座及貝氏爐四座停止南遷，資委會孫越崎委員長電告此間鋼鐵公司，北方廠礦南遷之流言，至是已可杜絕。該公司陳經理大受今並對記者稱，資委會對北方建設特別重視，絕無偏枯之意，該公司經油，化工、電解各廠，即分別於年內次第開工生產，并進行顏料生產設備，及石景山煉鋼計劃，東北合金用費重原料如路鐵、鋼鐵亦正在傅總司令協助下，空運華北。

平津綫修復

（本報十四日北平電）平津鐵路十三遭破壞，今日已修復通車。

（中央社天津十四日電）北甯路平津唐山間被破壞路綫，十四日下午四時，已修復通車。

（軍聞社北平十四日電）平古綫搶修工程在順利進展下積極搶修。全綫工程已於昨（十三）日完成，刻已恢復通車。

葛德萊暢遊蘭州

（十三日蘭州電）印度公共工程委員會總工程師葛德萊抵蘭以來，由甘肅佛教會長裴建準陪同參觀此間所有佛教建築及古蹟。葛氏對是項參觀極感興趣，對古蹟之來歷莫不追根究底，對中印兩國古文化尤多作對照研究，氏定明日赴青海遊覽塔爾寺，認爲在該處必將有極寶貴之收穫。

新疆第六區公路局招用大學工程畢業生

交通部第六區（新疆）公路管理局，最近有公私函電來京，以新疆省境遼闊全賴公路維持交通，在省境北部各線早經修成行車營業端賴維護，至南部各綫現正分段趕修維新省技術人才有限不敷需要，茲於本年暑假各大學畢業生中擬羅致土木工程方面者四十餘人，囑請洽覓分派等語，按六區公路局長劉良湛氏係交通大學土木工學畢業，抗戰期間從事邊疆建設工作成績卓著爲一傑出有之工程師云。

廣東國民大學工院新置機械設備

（本報訊）廣東國民大學副校長，張景耀氏，年前赴美考察教育，並籌募建築校舍及設備經費，頃悉張氏已在美購置價值三萬餘美元之機械設備，並交由該校新任工學院院長張建勛氏由美帶同。

浙江街口發電工程即將開始勘測

（本報訊）新聞局息：關於開發錢塘江上游街口水利發電，現資委會水電工程勘測隊第三次查勘工作即將開始，預定月內完成。茲悉：此一水利發電工程之建築，資委會，擬先建高壩抬高水位八十公尺，計劃初期開發八萬瓩以高壓輸電至京滬等三百公里半徑之內地方之用。惟水力開發關係航運、防洪、灌溉等問題，必須綜合研究，方能推行盡利，現此項計劃正由有關機關及地方當局縝密商討，將來會呈行政院最後決定。至工款估計總需二千七百萬美元，籌措方式須於計劃確定時一併計議。

李承幹氏任永利錏廠廠長

（本報訊）李承幹氏爲我國著名電機工程師，同時爲工業管理專家。自民 畢業日本東京帝大電機系以來，三十餘年，始終固守崗位，先後服務於湖南電燈廠，漢陽兵工廠，瀾州電廠，金陵兵工廠，戰時金陵兵工廠遷重慶江北改名二十一廠，擁有六七千工人，規模宏大，在李氏領導下，雖物力財力均感困難，待過低劣之情況中，因李氏人與工人共甘苦之精神所感召，卒能有良好成就。中國工程師學會因李氏在戰時兵工機械上有重大之貢獻，特予褒獎。李氏近因工作勞瘁，血壓增高，曾於去歲請假赴美修養，據悉最近即將出任永利錏廠廠長之職。

四十輛三等新車同時出廠 絕熱火車七月行駛

（本報訊）爲適應夏令旅行，路局特趕造一種絕熱火車，車廂門窗都有絕熱作用，車內並有冷氣設備。此種車廂現正在戚墅堰機廠趕造中，擬定下月十五日起參加兩路行駛，旅客乘坐其中，當不再感到炎熱之苦。此種新穎車廂，本來本月份可以造好，路局爲避免外界譏諷只爲高等旅客服務，故決定當此絕熱車廂出廠時必須與四十輛新三等車廂同時參加行駛、故要到下月十五日纔能同時出廠行駛。

全國土木技師公會京分會即將成立

（本報訊）據悉：自本月十二日六先土木技師學會，三十七年度第一屆董事會，決定加緊籌備技師公會後即推定蘆毓駿氏籌備南京分會，趙祖康氏籌備上海分會，夏光宇氏籌備漢口分會，工作積極展開，現漢口分會，上海分會已先後組織成立，京分會亦正登記會員中，約在七月初旬即可正式成立。

馬育騏獎學金正籌備設立中

（本報訊）我國著名衛生工程專家馬育騏氏於四月底在無錫春遊覆車殞命，全國各界深致悲悼。頃馬氏友好，爲紀念馬氏生前對國家之貢獻，特發起，籌募馬育騏獎學金，聞該項獎金，將在馬氏母校清華大學設立。不久可成爲事實。

葫蘆島港口開始挖泥工程

葫蘆島港口積年淤塞亟須疏濬以便利航行。交通部於一年前設葫蘆島港口工程局主持其事。經一年來實際調查航道及碼頭附近平均淤淺約四至五公時。最近向青島市政府商借得挖泥船又向天津海河工程局租到運泥船，即開始工作。該挖泥船之性能爲每小時挖泥三百立方公尺挖深度十公尺。但運泥船現僅一艘不敷分配。刻正籌備增加俾挖運得以配合而利疏濬云。（本報訊）

定價　每份壹萬元正
半年訂費貳拾伍萬元正
全年訂費伍拾萬元正
航空或掛號另有郵資拾萬元
廣告價目　每方吋叁拾萬元

中華民國卅七年六月廿八日出版

中國工程週報

內政部京警國字第五十一號
中國工程出版公司
發行人　杜拱辰

中華郵政認爲第二類新聞紙
江蘇郵政管理局登記證第一三二號
地址：南京(2)四條巷一六三號
電話　二三九八九

一週大事記

是週也：物價惡性狂漲，總統有令嚴辦；
文武官員，借薪半月；
中美協定，連日談判。
歲出軍費佔額大，盛傳大票快出籠；
中原戰事移鄭州，杜威逐鹿美總統。

一週間、物價的漲潮，奔騰洶湧，不可遏止，立委們的分析，是由於通貨膨脹和軍事失利及徵收臨時財產稅等諸種關係。蔣總統對此異常重視，曾召見翁文灝院長，指示解除目前經濟困難的原則，內容計有三項：（一）澈底管理金融市場，（二）加强管制物資，（三）嚴懲投機商人，並令翁氏根據三項原則，擬具詳細計劃。

近來物價狂漲，各地文武職員生活益形艱苦，政院擬在七月份待遇未調整前，所有全國文武員工軍警，一律准予暫照六月份標準借支半個月薪津，以資維持。

×　×　×

中美雙邊經濟協定，經連日進行談判，已獲協議，協定草案內容，美大使已電達華府，如技術上沒有困難，可能在七月初正式簽字。

從運用美援的現階段，我們來看看下半年的國家總預算吧：歲出約一千萬億元，（可能在決算時增至四倍）歲入約得五百萬億元。歲出部份以軍費所佔比額最大，交通、社會、教育次之，歲入部份以貨物稅所佔比額最大，約爲一百萬億元，關稅，直接稅次之。

據眞理社消息，關金五萬元（法幣一百萬元）、二萬五千元（五十萬）兩種大鈔，已由上海中央印製廠印就，定於七月一日出籠，將先發行京、滬、穗、漢等地流通使用。

×　×　×

開封於二十五日收復，中原戰事重心，轉移到鄭州了，國軍勁旅調動頻繁，並空運兩師增援鄭州。由蔣總統召集的軍事會議，自二十三日起在西安舉行，西北高級將領胡宗南、郭寄嶠、董釗、馬繼援等均與會。總統於二十八日飛返首都前，曾在鄭州接見劉茂恩、孫震垂詢開封戰役經過。

兗州城郊戰鬥日益激烈，國軍正陸空配合，痛擊犯匪。另外，北甯線上安山、石門於一度激戰後，被攻陷了。

×　×　×

美共和黨全國大會，選出杜威爲總統候選人，華倫爲副總統候選人。華萊士表示，這對於第三黨甚有利，他指出共和民主兩黨都主張對蘇冷戰，第三黨在十一月大選中，將分散該兩黨的票數。據民主黨人士說：杜魯門可能退出參加總統競選，藉使民主黨全國代表大會提名艾森豪威爾，以爭取大選的勝利。

本報發售合訂本啟事

本報爲便於讀者保存起見，自第二十三期改爲十六開版面，但外埠訂戶寄遞，仍時有遺失，向本報要求補寄及購合訂本者日必數起，特湊集存餘報紙裝訂合訂本，但爲數有限，第一二三四集各爲百本售完爲止，外埠以郵戳日期先後爲序。

（第一集一期起——十期止）
（第二集十一期起——廿二期止）
（第三集二十三期起——卅期止）
（第四集卅一期起——四十期止）

每集定價法幣捌萬元整
航空[illegible]集另加郵資陸萬元

預約卅年來之中國工程者注意

預約卅年來之中國工程者注意：以前預約各戶地址，多有不明，請備函南京北門橋衛巷新安里十六號總編輯部補價取書，補價辦法，另有規定。特此通告。

中國工程師學會總編輯
吳承洛啟

談鋁

鄭逸羣

本文作者鄭逸羣先生，係台灣鋁業公司總工程師，曩在德國瑞士研究并從事鋁鍊事業，計十餘年，爲國際有數專家。一九四六年在巴黎舉行之國際專家會議，鄭先生即爲吾國代表。在此文中，鄭先生以娓娓清談之姿，闡明鋁的問題，極有趣味。本年六月四日大公報工業雙週刊曾摘要發表，題爲「鋁的故事」，玆將全文在本報發表，以饗讀者。　　編者

民國卅六年十二月十二日國貨鋁錠首次由台灣鋁業公司正式生產，這是一個值得紀念的日子。今年正月的某一晚，著者在南京朋友家裏，吃着朋友太太親手燒的小菜，正在上下古今亂談着的時候，這位朋友陡然發問：「你三句不離鋁，鋁到底可作什麼用？」那時桌子當中，正放着一只火鍋，我就指着火鍋說：「火鍋亦是鋁作的。」「我一向只知道火鍋是鋼精作的，鋼精是鋁嗎？」這位朋友接着說。

鋁，上海人叫作鋼精。當我去夏從海外歸來的時候，亦有點把自己鬧胡塗了。上海有個由加拿大，瑞士，英國商人合股投資的「華鋁鋼精廠」，廠名若照外國文直譯，應該是中國軋鋁廠，現在卻把他譯成華鋁鋼精廠；如果把他再譯回外國文字去，則將變成「中國」「鋁」「鋁」廠，恐怕運洋大人也要莫名其妙了。

把鋁叫作鋼精，只要大家叫慣，本來沒有什麼不妥。因爲我國的語言是單音語，所以爲方便起見，常常用二個字來表示一樣東西，如金叫金子，銀叫銀子，如果鋁亦叫鋁子，則將與（李子）（驢子）鬧不清，還不如叫鋼精來得好罷。這並不是故意把鋁的身價抬高，說他是鋼精，日本人還叫他輕銀呢！當然在某種時候，單叫一個鋁字來得合式，如鋁業公司比鋼精業公司來得順口，反過來說，則鋼精製造公司和製鋁公司是一樣的意思，一樣的適當，如果把鋁和鋼精並在一起，則重床叠屋，大可不必。

本年二月廿六日新聞報第五版有一篇漫談鋁金屬長約五千餘字的關于鋁的大作，這文的作者大概是位很好的翻譯家，故對于鋁的歷史如數家珍，可是對於鋁之本身一定是外行。所以他把變鋁的原料鉄礬土認爲是冰晶石，接連的說鉄礬土化學上是冰晶石中國擁有大量的鉄礬土即冰晶石，他根本沒有打聽清楚，鉄礬土是指以含水之氫氧化鋁爲主要的成份而摻夾氧化鉄和氧化矽等雜質之礦石，冰晶石則爲氟化納和氟化鋁之複鹽，二者風馬牛不相及；尤其是不應該的，是文作者，根本不知道中國已有台灣鋁業公司，已於去年十二月十二日起，正式出產鋁錠，而謂「所惜中國目下尚無基本製鋁工業」；又謂「所惜中國原動力資源多未開發，故於製鋁工廠之設置時間上尚需有待。」

我國工業落後，一般的工業水準太低，知道鋁的人很少，本無足怪！可惜一般吃這行飯的人，對鋁也不够清楚。當我們在地攤上看見銀白式鋼精的手巾架掛衣鈎的時候，因爲好奇心買了一兩個回家，不到幾天，手巾架上的螺絲釘不靈了，掛衣鈎的顏色也變了，於是覺得受了騙，開始對鋼精發生不滿，對鋼精不信任，記得我曾問過一位挑着廚房用具沿街叫賣的小販，爲什麼沒有掛着鋼精鍋？他回答是：「別提了，起初看來，光亮亮的鋼精的確是又輕又好看，可是掛在担上，不出幾天，就變了！賣不出我不再上第二次的當了」。「又記得在南京某一個游泳池旁，看見一位機械老師傅大駡鋼精做的活塞，因爲他的打水幫浦自從改用了鋼精活塞以後，二天兩天出毛病。這類不滿意鋼精咒駡鋼精的例子，舉不勝舉。難道鋼精是這樣洩氣嗎？不是的。這種情形，在外國當鋼精初踏進市場的時候，也遭遇過同樣的誹謗。民國廿六年，我在德國買的照相機三脚架，就是鋼精做的，質料已嫌太軟，拉進拉出的時候，又容易把手弄髒。可見那時候德國也有用鋼精出來的壞東西。原因是在那裏呢？不是鋼精不好，是用鋼精的人，沒有把鋼精認識清楚。這好像一位花旗大亨，在上海國際飯店的豐澤樓吃了一頓魚翅和海參的平津大菜，覺得味兒不錯，回紐約時，特地購了上等魚翅和海參各若干斤，用上等自來水煮上一二小時，結果魚翅變成了牛皮膠，味同嚼臘；海參呢，則已在鍋中借水遁化爲烏有了，這位花旗大亨也許要說是受了騙，不過這故事要給豐澤樓的大師傅讀見，可不要把大牙笑掉？同樣的情形，假使一個用翻砂方法製造鋁鍋或其他鋼精用具的廠家，向台灣鋁業公司買得99以上的純鋁，翻砂工作時可真蹩扭；翻鑄成的鋁鍋，十之八九是壞的，還不如飛機廢料來得方便，結果來得好。聽說有個翻鑄汽車活塞的廠，用了「台鋁」99以上的純鋁翻鑄成了成品，砂眼很多，在這種情形之下，不是台灣鋁業公司所出鋼精不純，而是太純了。用白水煮魚翅海參是不好吃的，用純鋁做某種東西也是不好用的。海參魚翅要加上作料，供某一種用途而鋼精也得加上一定的作料。

什麼叫純鋁？鋼精的純度到底到怎樣一個程度？一八七六年 W&L.E.Gurley在美國所製的測量儀，其成份是98.04，一八九三年，英國所鑄Eros愛神的鋁像，成份是99.1，一八九七年，羅馬教堂屋頂用的鋁，其成份是98.3，可見當時鋁的純度約在99左右。一九二五年德國國家標準局所訂的鋼精標準有98/99,99和99.5三種，當時製鋁工業，已能出產99.5的鋁了。一九三七，德國國家標準局又將鋼精標準改爲99,99.5和99.7三種，因爲當時99.7純度的鋁，已是當時製鋁工業的正常產品。一九二二年 Hoop 用特種方法，製成99.9純度的鋁，一九三八，瑞士的 AIAG 製成99.998純度的鋁，這方法已工業化，所出純鋁保證純度是99.99，所以我們在世界市場上所能得看的純鋁是99.99。

自以爲內行的人，聽見台灣鋁業公司開工出貨，就問出的是九九點幾的鋼精，當他們聽見「台鋁」供給上海市場的鋁錠

，現時分99及98.5兩種的時候，他們會呼一聲，說國產鋁錠到底還是二等貨色，也許他們聽見外商宣傳，知道外國貨有99.5的鋼精，所以說國產鋁錠是二等貨，也許他們看見經濟部中央標準局的鋁規範把99.5的列爲一號鋁，99的列爲二號鋁，所以把二號鋁叫作二等貨。如果他們知道世界鋁市場已有99.7和99.99的兩種鋼精，則他們也許將國產鋁錠叫做四等貨色了。什麼是一等貨色？什麼是二等貨色？二號鋁是不是可以解釋作二等貨色，我們試翻一翻美國鋁業公司（Alcoa）最新產品目錄（一九四七版）就可以發現有所謂EC,2s,3s各種。假使按着含鋁的成份不同而來斷定一等二等或三等貨色，則EC含鋁99.45當屬二等貨，2s含鋁99是二等貨，3s含鋁不過98.8左右，應該是三等貨了。這種解釋是不對的。爲什麼不對？先讓我把鋁是什麼弄清楚，就知道這是一種解釋的錯誤。

鋁是什麼？有人也許說鋁又叫鋼精，是金屬的一種，有金屬光澤，比重2.7,所以比鋼和鐵約輕三分之二，因爲質輕，故適用於作飛機材料，鋁的傳熱及導電性均佳，所以適宜製造廚房用具及電氣工業上的器材。包香烟的錫紙，實際上多數是用鋁作成的鋁箔。這種解釋是對的，不過我們還應該要知道用於飛機製造的鋁，用於廚房用具的鋁，用於電氣工業上的鋁，用以於製造鋁箔的鋁，鋁之名稱雖同，而含鋁的成份可以相差很多。如前所述，EC含鋁99.45,2s含99,3s含98.8等就是一個明證。第二次世界大戰末期有名的飛機製造上的75s，含鋁不過87%左右。歐洲大陸的習慣把含鋁99以上者稱爲純鋁，99以下者稱爲合金鋁。美洲大陸的習慣則視純鋁爲合金鋁的一種。每一種合金鋁，各國各公司皆有其特別記號和商名。如美國叫99.45爲Ec（Electrical Conductor Grade）意爲導電級的合金鋁。99爲2s,s爲Sheet之簡稱，意即可以軋片的合金。加拿大鋁業公司把99.5者叫作1s把99者亦叫作2s。歐洲對於合金鋁的命名，多數是註冊商標，禁止仿用。其命名多半是有意義的。如最享盛名的飛機材料Duralumin或Dural是德國Durener Metallwerk的出品，Dur爲Durener的簡稱，al或alumin者，鋁也，一看就知道Durener工廠出產的鋁合金。因爲這個名稱，別家不能仿用，而這種合金又是品質太好了，太出名了，所以有許多同樣的合金出而問世。他們和我們北京妙裘資剪刀的，不謀而合，有王麻子，就出來了汪麻子，有了Dural就有Aludur, Finodur, Heddur, Igedur, Okadur, Rheindur,這都是外國汪麻子之流。初到北平的人把王麻子汪麻子閒不淸楚，外國的汪麻子亦就與原來的外國王麻子同樣出了名。合金鋁的名字有時取得很好，如瑞士製鋁工業公司叫Dural一類之合金爲Avional意爲翔鋁，顯名思意知其爲飛機材料用鋁，又如最著名的翻鑄用的台金名Silumin，一聽就知道是鋁和矽的合金，假使把他譯成「矽鋁盟」可說是意同音同，一定很容易把這種合金名字記着。

EC含鋁99.45,他是製造電氣材料用的一等貨色；如果把EC拿來做作其他用具，則嫌它太軟，反而不如2S來得好。所以這個時候2S才是一等貨色。台灣鋁業公司所出的99級鋁錠，與舶來品的2S成份相同，所以無疑的是一等貨色，其98.8級的鋁錠對於製造廚房用具成品，比2S還要硬些，就這一方面來說，台灣鋁業公司98.5級的鋁錠，也是一等貨色。

有許多人，根本不識貨，可是他有一個看錢識貨的祕訣。凡是較貴的，就是較好的。可是我們要知道，貨的貴賤是看製造時的成本；換句話來，亦可以說是製造時的簡易和煩難而定。第一世界大戰前，有一個時期，德國出產的鋁，因爲當時所用的原料含雜質甚少，所以鋁的成份均是99.7左右，這種貨色，市面的需要甚少，只好再加點鐵和矽進去，使成99左右的鋁。多了一次加鐵和矽的手續，99級的鋁，應該是比99.7的鋁來得貴。這並不是說99級的鋁，比89.7級的鋁來得好，或99級是一等貨，99.7是二等貨。貨色的貴賤，換句是看市面的需要而定。在現時國內市場情形，更有不少例子。有位朋友，他是製造糊精的，一個不留神，把糊精都變成黃色，這批黃色糊精怎樣亦銷不出去，他的小工廠差不多要關門了，碰巧有一位主顧，跑遍上海，沒有找到黃色的糊精，以合他的特種用途，如是我這位朋友的糊精，起初自已認爲沒有人要的下等貨色，陡然變成了奇貨可居的奇貨了。這位朋友，就因此打定了他的小工業的基礎現在居然是上海化學工業界的一個實力充足的單位。

國人對於鋁的認識已少，對於鋁合金的認識更少。購得一批飛機廢料，不管這批廢料含鋁多少，含鐵多了，或含其他雜質多少，糊里胡塗的放在鐵鍋裏一化，澆皮帶湯，（鋁在熔化時其表面被空氣氧化薄膜，應用特種藥劑把他除掉），往砂模或鐵模裏一澆，汽車用的活塞也是它，做飯用的飯鍋也是它，掛衣鈎也是它。澆出來就算數，這自然得不到好結果。（其中當然也有例外，如鄭興泰製造的汽車活塞，是用高矽鋁合金，作成活塞後，還試它的硬度，雖然不能說是完全利用了現代所知道的技術，也算是佼佼者了。）

歐美工業先進國，對於鋁之認識，起初亦是和我們現狀一樣，前已略述。故一八七六美之測量儀，一八九三美之神像，一八九七羅馬之屋頂，均用99%左右之鋁作材料。待到一九〇九年德國之Dr. Alfred Wilm威氏發明Duralumin,這種含銅的鋁合金製成器件後經過一種熱處理方法，有鋼一般的結實，齊伯倫飛船就是用這種既輕又結實的金屬作材料。自這Duralumin發明後，不單是使鋁在飛機工業奠定了他的基礎，還打開了鋁合金研究之門。以後各式各樣的合金風起雲湧，應有盡有，現時差不多每一種工業上的用途，都能找得出適宜於這種用途的合金。

鋁合金大致可分爲兩大類：一是鑄造用的合金（Costing Alloy）；一是軋壓用的合金（Wrought Alloy）。鑄造用的合金，又可分爲砂鑄合金（Sandcasting Alloy）和模鑄合金（Permanent-Mold Casting Alloy）。砂鑄用合金，歐州方面最通行是"矽鋁盟"（Silumin），這是含矽13%的矽鋁合金；在美國常用含銅的合金，歐人稱之爲美國合金。另有一種含鋅的合金，則以德國合金著名。高矽合金亦適用於模鑄，如製汽車活塞，含銅10%的合金，有名Nueral的，亦極適於製造汽車活塞之用。軋壓之鋁合金，分門別類，花樣更多，不勝枚舉。普通廚房用具鋁可用2s或3s，3s含錳1.2%尤適於製造屋頂用鋁片，作鋁箔則應該用比99%稍純的鋁錠，如果要製造一種鋁箔，用來包北平王致和的臭豆腐的話，則應該用99.7%的鋁錠作原料，因爲別種品質的鋁錠作成鋁箔後，易被臭豆腐中的鹽質侵蝕成無數小孔。海陸空用的探照燈上的反光鏡，最好用鋁合金來做，因爲鋁的反光性最强且又耐用，這種鋁合金是用99.99的鋁做原料，加上微量的鎂做成的合金。作飛機用Dural已經說過好幾次，第二次大戰末期所發明的75S，即含鋅的鋁合金，有取而代之之可能。日本的零式飛機，曾用和是種相似之合金作材料。建築上，鋁合金。應該有二種特性：一是堅固耐用，二是漂亮美觀。含鎂的鋁合金Peraluman頗合這種條件，含鋅的合金如Extrudal亦然。如果鋁用來作裝飾品的話，則該用上述作探照燈的材料，經電氣方法磨光後，再用電氣方法把它處理，在染上黃的顏色時，你將無法分別它是不是金子，假使不是它份量太輕的話。

鋁的銷路戰前在美國一九三五至一九三九平均爲257百萬磅，其分配如下表之甲項。據推測如果鋁價在一角五分一磅時，銷路可好1,429百萬磅，價在一角一磅時，可銷1,880百萬磅，其分配如下表乙項及丙項。

用途	甲項（1935年—1939年）	乙項（價在一角五分美金時）	丙項（價在一角美金時）
交通工具	22.2	59.2	55.7
電氣材料	23.7	6.6	8.1
非鐵金屬工業	15.9	3.5	5.3
廚房用具	12	3.1	3.6
鐵金屬工業	12.4	24.5	23.8
機器	3.5	2	2.6
其他	14.1	1	0.8

其中鋁箔之估計爲一千五百萬磅，約佔0.008至0.01%。反觀我國每月鋁之進口約爲三百萬磅，這三百萬磅鋁錠，大概三分之一至一半，用以製造鋁箔，其餘製造飯鍋，痰盂，烟盒等。中國鹽業公司的陶守賢先生，參觀台灣鋁業公司後，說了一句話？「製鋁的過程這樣複什，辛辛苦苦製造成的鋁，用以作飯鍋，這眞是把鋁糟塌了」。

第二次大戰前，美國人每年平均消耗的鋁是0.8公斤，德國是每人一公斤，瑞士則爲三公斤。每吃一包香烟的人，他每年消耗135公分的鋁，每月用一瓶牙膏的人，假使牙膏管是用鋁做的話，則他每年消耗60公分的鋁。如果中國人每人每年消耗100公分的話，則每年需鋁四萬五千噸。每個中國人如果購買一雙鋁質筷子的話，則需二萬多噸。一架驅逐機需要鋁1—2.5噸，一架巨炸機需5—7.5噸，一架超空堡壘，則需10—12.5噸。要建設中國的空軍，建設中國的國防，就得起碼要三萬噸的鋁。（台灣公司現時僅年產四千噸。）

美國專家說：「如果說第二次世界大戰是美國空軍打勝的話，還不如說是製鋁工業打勝的呢」？僅念斯言，吾人亦將稍有所念乎？

工程事業與工程師（續四八期）

茅榮林

其中尤以經濟心理二學科爲必須研究的學科，應該好好地學習，藉以適應今後此三重身份的需求，目前最緊要者（一）應甚於業主官吏工程師與勞工在工程事業中，同爲人類，同爲專業或專藝者，也同爲公民，必須抱互相尊敬共存共榮的民主，平等自由，博愛的態度：切不可做「己勿欲而施於人」的自私行爲（二）要給予專業的工程師或專藝的勞工有自由發揮其最大力量的機會，無論官吏或業主，均不應把工程師，職員或勞工當作生產機器的一部份，爲着强求工作的效率一味引用非人性的「終身一職」制，埋沒了各人的天才，引起各人的對工作的單調而生厭倦以致反低減工作的實效和改良的程度。（三）應轉用科學方法的工作評價來定員工的等級和酬報，使那些個性合於「終身一職」的或工作優良的人，得到較高較優的待遇和獎勵，庶幾可以增加目標一致的工作實效，還可以免去各方面自己組織自衛性或敵對性的團體例如勞工聯盟，工程師聯盟及同業公會等，以減少雙方無爲的摩擦或衝突，美國電工學會會員希爾氏（See. H. Hill）在他的「工程與管理」一文中，曾說：「工程事業，現已進入新時期中，將來人的問題，尤重於技術的問題。此言十分中肯，吾猶不宜忽視。

（四）中國工程師今日應有的認識與使命

上面說過工程事業的本質是爲人類服務社會造福的事業，欲達成此崇高的目的，不誤入歧途，必須工程師有社會意識和參加政治的活動，把工程師的崇高道德力求眞理不苟且偷安勇往直前的科學精神，帶進政治團體中去，不再做政治家的尾巴，要做專家，同時也要做公民，去扶助政治家組成合理的公正的科學制度達到民主，自由，平等博愛的大同社會。同時工程師在工程事業中因有三重身份，其思想行爲足以影響整個工程事業的榮枯，國家社會的興亡，甚至世界和平與否。那末身爲工程師的人們，在此新時期中，能不格外惕勵麼?

中國今日的工程師，因環境特殊除上述共同要點外，還須再認識（A）中國五千年來，素以農立國，閉關自守，迨至清末，西學東漸，同時歐美各國藉科學進步，工業發達，侵入東亞大陸，作政治、經濟、軍事的三面侵略，使我古老的農業經濟社會，掀起無限波浪，三番五次地瀕臨崩潰的關頭，雖有李鴻章張之洞等倡洋務於前，國父孫中山先生領導同志倡三民主義救中國於後，並經蔣總統於民國十五年率師北伐，平定中原，推進建設，與我工程師同仁三十年來的共同努力，得與全國軍民及科學家竟得此次抗戰八年後的勝利。滿想波茨坦宣言及開羅會議文告，能給世界帶來了和平與公正，誰知兩年來，風風雨雨冷冷淒淒，日甚一日，眼觀東西兩大主義，水火不容，從而見利忘義，置蹈歷史的覆轍，欲使倒下的侵略者捲土重來，未倒下的繼續走上侵略者的道路，爲着自私自利，不惜再演一次更慘酷的世界大戰，結果徒然毀滅了自己，也毀滅了人類。

（B）世界的經濟，已在轉變中，一九二九年美國的經濟恐慌，使資本主義的破綻暴露無遺，必須用民主的社會的T.V.A組織，大規模興修水利工程來補救，方才能使危機渡過轉入昇平。第二次大戰以後的世界各國，均在奔騰澎湃着社會主義運動的浪潮，兩年來因國際局勢的每況愈下，使此種趨勢更爲明顯。于是資本主義不得不變質，共產主義不得不回頭。所謂「夕陽無限好，只是近黃昏。」因此代之而起的，必將是一種新經濟制度這種新經濟制度，就是介兩者之間的緩和的社會主義，其主要目的，在鑒於歷史的敎訓第一是要政治的民主與經濟的民主，同時推行；在工業落後的國家，尤宜多着重於經濟的民主，以防將來社會革命的再起。第二要以公營（國營）的獨佔經濟組織，代替私營的獨佔組織，取消其他人爲的擾亂，打破生產力與生產關係的矛盾，以改進物質增加生產力量，普遍提高人民的生產水準，也就是我國上下冀望的「資本國家化，享受大衆化。」的民生主義。第三，爲消除由經濟恐慌而走向戰爭的道路，作飲鴆止渴的自殺行爲起見，要在有計劃的生產與建濟的原則下，使主要的經濟活動，不受盲目的市場價格變動所左右，使主要的生產目的不是爲利潤，而是爲社會的福利。第四，要認淸亞洲國家的道路，尤其是中國今日應該再三念念不忘國父所說的「迎頭趕上」和「建設之首要在民生」兩句話，來認眞實行工業化的三民主義新中國。不問美國扶助日本與否！或日本人民的軍國主義再起與否？戰後的中國，尤其仍在今日這樣民不聊生的混亂局面下，必須下最大的決心，力謀「經建」，不但要復原，並且要節儲一切公私財力，作大規模高速度的工業建設，才能糾正西方人士「工業日本，農業中國」的錯誤危險而又不科學的觀念。因爲日本小國的主要工業原料均貧乏異常，不足自給決難作巧婦無米之炊，欲其不侵略隣國，安可得乎？第五，要首先建立大量水力電廠，並與防洪、灌溉、航運、交通等互相配合，藉以增加農產，促進工業的發展，使人民財富增加，于是隨之而來的購買力也會增加，　工業也會更發達，　農業也會更繁榮。

回顧過去，瞻望將來，我國現有工程師僅二萬餘人，將來大規模建設開始，再增加數倍，仍恐不敷，那末爲着保衛國家，抵抗未來的再受侵略；爲着子孫萬世不再受像我們在八年抗戰中歷盡苦難的流浪生活，爲發揚我們先聖大禹「人溺已溺」的偉大的仁愛精神，我們應該如何珍惜我們的智能，以一當百的負起這樣重大的使命。作者有感於此，故特於工程師節的今天，提出來和大家商討，希望各位工程先進，不吝指敎，謹祝諸位工程師康健快樂。

三十七年六月六日於南京

蘇聯工業簡訊

『眞理報』指出：在哈爾科夫各企業中，一九四八年二月間，勞動生產率呈現顯著的提高，在拖拉機製造廠中，每一工人的勞動生產率，比一九四七年十一月間提高百分之三十一，在電氣機械製造廠中，提高百分之二十一，在鏇鏇廠中提高百分之五十三，餘不列舉。

一九四八年第一季，全部工業中的勞動生產率，比一九四七年第一季提高百分之二十一。

在機器製造工業部門，提高百分之三十四，在鋼鐵工業中提高百分之三十六。

×　×　×

列甯格勒受戰爭損害最重要的許多房屋經陸續重建後，今年又開始着手了大規模的新屋建築計劃。自一九四六至五〇年間，該城重建住宅區共達二、五〇〇、〇〇〇平方公尺，（約合二十餘萬平英方丈）這數字和一九一七至一九四〇的全部建築成績相等。

×　×　×

德寇炸燬了無數房屋，現在又都從廢墟中復興起來了。在戰時，工廠附近拆毀了許多木房子，現在有二層三層的磚砌公寓房子代之而興了。

在伏洛達爾斯基區，這種住屋興築得特別多。今年預定還要添築二百五十幢。

×　×　×

蘇聯食品工業，一九四八年頭五個月的生產計劃，超過了百分之九點九。

和去年同時期的產量比較，角砂糖增百分之三十七點二，麵包廠出品增百分之四七點七，通心麵增百分之四三點三，糖菓增百分之五五點八。

×　×　×

末年度烏茲別克坦的豐滿產量預卜豐收，因此絲業的前途大可樂觀。

雖然蠶季尙未結束，但是所產的生絲已較預定的計劃爲多，足以製造千萬公尺的絲織品而有餘。在大革命以後，烏茲別克斯也建立了自己的緞絲工業，因此可不必把蠶繭運往別的地區去了。此外，又設立了科學研究學院及選種站，對於集體農場的養蠶人大有裨助。

近年來烏茲別克科學家養育了新的蠶，可以製造全世界品質最優良的生絲。

×　×　×

卡薩集體農場中實施電氣化方案。次百座集體農場電力廠正在建設中。其中兩百處將由本共和國工業企業承造。

×　×　×

六月份上半月標誌出蘇聯工業方面更進一步的成就。莫斯科市與莫斯科州已有七百多家工業企業提前完成六個月生產方案。在這些企業之中有全國最大的工廠，如球承軸廠，製錶廠，輪胎廠等。

專造電氣引擎的莫斯科『第那末』工廠，到了完成六個月生產方案的這一天，所製造出的引擎，已比一九四七年同時期多百分之三十四。

在列寧格勒，也已有四百五十家工廠與製造廠提前完成六個月生產方案。列寧格勒的大工業區——佛洛達爾斯基地區——各企業的總量已比去年同時期增百分之三十六點五，而勞動生產率則已提高百分之三十。

單加的所有各工業企業，以及基輔，雅羅斯拉夫爾，關拉及其他各城市的許多工廠與製造廠，也已紛紛提前完成了六個月生產方案。

斯大林鋼鐵廠——頓內茨最大的鋼鐵廠中，鋼的產量比一九四七年同時期增百分之四十五，輾壓五金的產量增百分之六十三點九。

蘇聯的主要紡織中心——伊凡諾佛州——的工人們，已參加為提前完成生產方案而展開的運動。今年要超過原定計劃增產四千噸的紗，約三千萬公尺的粗布，二千一百萬公尺以上的其他布匹，並要將生產費減少八千萬盧布。

國外通訊

上海人造絲公司向英訂購新機器

（英國新聞處倫敦二十六日電）新近設立之上海人造絲製造有限公司負責人頃向英國訂購最式人造絲紡絲機設備，擬於今後二年內開始使用。該項新機器每日可紡絲二噸半，訂貨由蘭開夏之道力生巴樂有限公司承接製造，價值為七十五萬鎊，新式紡絲機甫於去年發明問世，上海該公司所訂購機器將於十五個月內交貨，於二年完竣。

倫敦舉行英美科學家會議

（英國新聞處倫敦廿二日電）英、美、與共和聯邦之各地科學家刻在倫敦舉行一重要會議，研究如何善用各國科學材料之方法。據最近調查所示，各國每年在一萬五千種技術雜誌上所發來之有關科學之論文達七十五萬篇之多。此問題刻正由四小組分別研究。貝納爾士教授所提出設立中央機構以分配科學刊物之建議曾引起會中極大興趣云。

倫敦最大飛機場即將完成

（美國聯聞處倫敦廿八日電）為應付英國三大航空公司之積極需要而在倫敦與建之最大飛機場——希特羅飛機場——已近完成階段。目前，每月在該場降落與起飛之十三國籍之飛機已達一千架之多。希特羅機場於二年前開幕，如今每月來往客人五萬名，正在建築中之招待所佔地六十英畝。倫敦機場之安全紀錄，二年半以來，僅有一次危及生命之意外事件，該場全部完成時，將佔地四千六百英畝，有九條主地跑道。

英國新式直升飛機擬創世界速度紀錄

（英國新聞處倫敦二十八日電）英國非萊航空公司最近製成新式直升飛機一種，名曰「傑羅遞因」，(Gyrodyne Helicopter)兼有普通直升機與旋翼機之長，安全舒適與前進速度均大見增加，即將試破直升飛機之世界速度紀錄，此項正式紀錄僅有德國FW六一機（飛行十二里半）之每小時七十六又十分之七哩。一九四七年五月有美國人成立每小時一百十四又十分之六哩之非正式紀錄。「傑羅遞因」裝有五百四馬力之引擎，預期可創近乎每小時一百三十哩新紀錄。

英國製造不縮水之人造絲織物

（英國新聞處倫敦廿五工電）英國北部一紡織廠刻正製造不縮水之人造絲織物與人造絲線織物，因其製法特殊，能使人造絲與棉織物一般加以洗濯。該廠宣佈此種人造絲織物所製之衣服經洗濯與穿着之試驗後證明較普通人造絲織物不易擦損而耐久。製造者為蘭卡郡沃爾丹姆春潤製造廠之查德威克公司。

鄧祿普製造新車胎

（英國新聞處倫敦廿五日電）倫敦鄧祿普橡皮輪胎製造公司頃造成一種新式輪胎，以其製法精良，故增加抵抗傾滑力達百分之十五，而行車哩數亦可增加百分之十五。

日本銑鐵生產 上月創新紀錄

（法國新聞社東京廿六日電）上月日本的銑鐵生產量爲四萬五千四百三十一噸，此爲日本投降後銑鐵生產的新紀錄。

日發明新式電報機 極合漢字應用

（中央社東京專電）利用無線電傳遞書法與中文單字之新發明，共同通訊社今在此間有極成功之表演。此種發明，係該社實驗室歷時兩年研究之結果，可以將書寫或打字文件，由陸上電線或無線電直接傳至任何距離，原件之眞跡，即出現於收受一端之紙條上，可省去如現行無線電傳眞所需之攝影手續。今該社預計在九月底前製造此種機器卅架，俾裝備東京市區各報館。在現在情況下，每部機器費十萬日圓，但將來可望將製造費用大量減輕。又使用此種新機器後，該社可逐漸裁汰傳送該社新聞稿件至東京市區各報館之全部信差與大部車輛。大型報紙可應用此種機器數架，以處理大量之新聞。其傳遞書法眞跡或打字文件，迅捷異常，似尤爲理想中之中文字之傳遞機器。

國內消息

青島發現稀金屬鋯

（中央社青島二十四日電）國立山東大學地質系經長時期化驗，發現青島海濱沙灘石礫內，含有稀有金屬鋯石。該物可用作白金、金鋼石代用品，白色塗料，及耐火材料等，又超短波眞空管內，亦需用此物。現正檢定含量多寡，以便決定能否大量提煉。

昆明貴陽寶雞 聯運直達東南

公路總局第十運輸處，已與湘桂黔鐵路局辦理聯運，第二運輸處已與湘桂黔及浙贛兩路局辦理聯運，第一運輸處已與浙贛及京滬滬杭路局辦理聯運，故目前貴陽以東旅客，已可購聯運票直達東南各省。現另擴大聯運範圍，覆經令飭昆明第四運輸處，重慶第三運輸處與貴陽第十運輸處，舉辦聯運，使寶雞以南，昆明以東，旅客可以聯運直達東南沿海各省。（本報訊）

京滬浙贛鐵路聯運

京滬浙贛兩路，自七月一日起，辦理該兩路旅客聯運，通票由兩路局指定某次旅客列車，預留座位，互相接運。（本報訊）

六六工程師節 青島碼頭試樁

青島港第五碼頭打樁工程進行順利，本月六日工程師節，曾試將鋼樁十塊一次排打，計廿分鐘可打一塊，成績甚佳。（本報訊）

交部令飭招商局 加強滬漢水運

交部爲解決目前下關搭輪乘客擁擠情形，已飭招商局就江順，江安、江漢、江泰、及江寧等五輪，排定班期，行駛滬漢。另租用華商輪船公司江雲、景興，兩輪，加入京漢間特快班，本月底即可開航，嗣後如遇必要，再配用登陸船加入航行。（本報訊）

浙贛粵漢鐵路與第二運輸處 辦理鐵路公路聯運

浙贛鐵路局與公路總局第二運輸處，已辦理杭州，金華，長沙，旅客及行李聯運，以南昌爲接運站，旅客稱便。交部現爲鄂湘粵浙贛各省旅客來往便利，並擴展東南各省交通起見，已飭粵漢路局與浙贛及公路第二運輸處，三方辦理旅客及行李聯運，以長沙爲接運站，定自七月一日起實行，嗣後由南昌及杭州抵達長沙之旅客，欲往武昌衡陽及廣州者，或由武昌衡陽及廣州到達長沙之旅客，欲往南昌及杭州者，均可毋須另行購票。（本報訊）

電話工程師 訓練班招生

（本報訊）上海市公用局與上海電話公司聯合主辦之電話工程師訓練班，即將招考學員受訓。投考資格限於國內外大學或專科學校電機工程系畢業，年齡在二十五歲以下者。報名日期即日起至七月三十一日止，報名地點爲上海九江路五十號市公用局一〇六室。報名單及章程可逕函該處索取。

教部准備案 四職業學校

（本報訊）自教部訂頒「實業機關或職業團體辦理職校或訓練班獎勵辦法」以來，本年內辦理者有廣州中央醫院附設之護士學校，中國工程師學會廣州分會之天佑高級工業學校，重慶光華職校，徐州華東煤礦公司之初級工業職校等四校，現教部已准其備案。

大學考訊一束

交通大學

報名日期七月十五至十七日，考試日期爲七月廿四、廿五二日，地點僅限于徐家匯校本部，章程可附印刷成本費壹萬元及郵資逕函招生委員會索取。

浙江大學

報名日期七月十九至廿一日，考試日期七月廿四、廿五兩日。考試地點除杭州該校外，南京委由中央大學，武昌委由武漢大學，福州委由福建省教育廳同時辦理招考。投考章程可附郵資萬元逕函杭州浙江大學索取。

中央大學

報名日期七月十八至廿三日，考試日期爲七月廿七、廿八、廿九三日。除南京外，外埠委由下列各大學代辦招生：計北平爲北大，杭州爲浙大，武昌爲武大，重慶爲重大，廣州爲中山大學，西安爲西北大學，蘭州爲蘭州大學，昆明爲雲南大學，台北爲台灣大學。

兵工學校

報名日期爲七月一日至廿二日，考試日期爲七月廿五、廿七、廿八日。科別計有造兵、應用化學、及戰車工程三系，除上海校本部外，並于南京、武昌、重慶、廣州、北平五地同時招生，招生簡章可附二十萬元逕寄上海吳淞該校兵工月刊社購買。

河南大學 決定遷蘇州

河南大學，已決定遷蘇州，由開封撤退之學生，到達蘇州者逾四五百名。

唐山工學院 南遷贛萍鄉

（本報訊）國立唐山工學院將南遷，地點擇定江西萍鄉之安源，位于浙贛綫上，鄰近萍鄉煤礦，可獲交通及實習上之方便，且安源備有房屋頗多，稍加修改，即可充作校舍之用。

三大學校長易人

交通大學李照寰 中山大學張雲 安徽大學楊亮功

本月廿三日行政院會議通過：國立交通大學校長程孝剛，國立中山大學校長王星拱，國立安徽大學校長陶因，呈請辭職，均予免職。任命李照寰爲交大校長，張雲爲中山大校校長，楊亮功爲安大校長。

本報徵稿啓事

工程師對國家社會之供獻與重要，那是事實問題，婦孺咸知，毋庸贅言。可是工程師之社會地位，太不受人重視，也是無可諱言。推究其原因，當然很多，其中最重大一點，恐怕還是工程師之沉默寡言，既少說話，又少動筆，人家把他看作機器或生財的一部份，自己也祇要有飯吃餓不死便算了，與人無爭，在這個兵荒馬亂的天下，當然是在被犧牲與忽視之列。就以這次行憲大選而話，在七百多名立委中工程師祇有半名立法委員（雖則曾養甫先生當選，可是第一第二後補人均爲河海航行人員），佔一千五百分之一。國大代表則在三千多名中祇佔七名，佔千分之二強。這也是工程師不聲不響的結果，君不見商會代表嫌少，大聲疾乎，得合理之增加，河海航行人員沒有代表，以停航來爭取，居然把礦業技師國大代表讓予，把僅有的一名工業技師立委也分去一半。工程師失去了社會政治地位，本身職業前途事小，就誤了國家建設前程事大，爲了要負起時代的使命，工程師除了研究，苦幹，拚命之外，應該多作宣傳工作，演講與寫作，都得注重。

我國近幾十年來的中學與大學教育有個毛病，不知是誰人所創，讀實科（即理工科）的人不注意文科的課程，結果讀實科的提得起鉛筆，鋼筆，可是拿起毛筆，一肚子要說要寫的便無從下手。至于投稿寫作，總以爲自已的文筆欠佳，或則怕貽笑于人，或是怕人家不予採用，結果這枝筆是一天重一天，老是提不起，本報爲我國工程界唯一週報，爲全國工程師之喉舌。爲提高工程同人寫作興趣起見，特提倡寫作運動，不論消息報導，工程記錄，論著，專文，祇要有內容決予採用刊載，並略致薄酬，每篇視字數之多寡，酬二十萬元起至一百萬元止，尚盼我工界同人及本報讀者踴躍賜稿爲幸。

定價　每份叁萬元正
半年訂費柒拾伍萬元正
全年訂費壹百伍拾萬元正
航空或掛號另存郵資伍拾萬元
廣告價目　每方吋叁拾萬元

中華民國三十七年七月五日出版

中國工程週報

內政部京警圖字第五十一號
中國工程出版公司
發行人　杜拱辰

中華郵政認為第二類新聞紙
江蘇郵政管理局登記證第一三二號
地址：南京(2)四條巷一六三號
電話二三九八九
本報歡迎直接訂閱，概不另售

鐵路工程的多邊認識

（三　鐵路工程司應有的一般知識與其生活意義）

凌鴻勛先生講　錢冬生君紀錄

各位先生！各位同學，今天這第三次所要講的內容，乃是鐵路工程司所應有的一般知識與他生活上所具有的意義。

我們知道：大多數的工科學生，在學校裏讀書時，對於在他本科技術以外的科目，往往不很感覺興趣。這一種態度，若從專門知識的研究來講，若從社會上應有的分工情形來講，都可以說是對的。只是在現在中國的技術界，尤其是鐵路方面，鐵路本身的問題既很繁複，牠所關聯的問題又很繁多而且密切，倘若我們竟然忽略了其他的一般知識而不講，則我們在承辦鐵路工程時的辦事能力，必然地還是不夠。所以，「學問貴在『精』」的那項原則，在這裏也似乎應該修正一下。

現在便揀那於重要的、應有的、一般知識，擇要講一講：

第一是地質。這一門科目，大多數人在初讀時總會認為牠是乾燥無味，很不容易使人發生興趣。但在實地施工方面，牠的應用，卻是非常普遍。即如路塹的開挖，我們為着施工的便利着想，總希望多遇到一點土，少遇到一點石頭，也就是想儘可能地避免大量石方的開挖；但若想到這一目的，可就要用點地質知識來推斷各地的土石方成份，而後才能使路綫避開那多石的地帶不走。但若路綫果真走在毫無石頭的地方，則當工程司要為橋工而備置石料，或為道渣而備置碎石時，他也會感到非常頭痛。還有：水底的橋工基礎、山裏的隧道開挖，牠們的地質情形，原也不是肉眼在施工前所能看得到，但卻會關係到工程的難易很大。我們知道：為了減少橋的長度，橋工位置固然應該放在河面最窄的所在；但是為了減少基礎工程數量及避免施工困難，橋墩還應該建築在深厚的石層之上；即使找不到石層做基礎，至少也應該選擇在較為堅實的所在；像流沙之類的地層，總當要儘力避免。我們又知道：為了減少隧道工程的數量，隧道的長度固然是愈短愈經濟；但是地質的影響卻是更大；全土或全石的隧道，往往要比土夾石、或是沙夾石的隧道容易施工得多；而不出水地層內的隧道，當然也要比那出水或甚至噴水的隧道容易處理；所以每逢地質不佳的地點，我們也常可以挪動路綫，甯可以加長隧道，藉求施工的便利與經濟。諸如此類的事情，所需利用的地質知識，往往并不很高深，只須我們對於地質學肯加研究，大致總可以自行解決。

第二是水土保持。這乃是融合森林與工程而新興的一種學問。牠的措施，大致與水利工程相近。牠的目標，乃是控制水流與固定河床等事。倘若我們在鐵路工程的草創期中，忽略了牠這一方面的知識與措施，則沿小河所修築的路堤，也許會因着山洪的突然暴發而被冲刷淨盡；辛辛苦苦在某些河流所築成的大橋，也許會因了河床的善變與善淤，水流的主泓，并不在我們所築的橋的主孔以下流過，翻而轉向冲刷其鄰近的引橋或路堤。即如黃河大橋工程的所以難修，其實也就是為了這一項原因。所以，鐵路工程果真想辦得好，我們就得儘量利用我們水土保持的知識，使土木與水利合而為一，使造橋與治河合而為一，儘量地在上游種樹，防止土的坍塌；在中下游建造了壩，藉以固與河床；則也不僅是鐵路蒙受到牠的利益，他如風景的美化，生產的增裕，使繁榮的社會、也可得到牠的好處。

第三是機電知識。這兩門也是最常被土木系的學生所忽視的。可是，近幾年來這兩類工具的進步，非常迅速；施工方面，採用牠們來代替人工的地方，日益加多。講機械，則大有大的機械，諸如打樁機，挖土機，推土機，壓氣機，來引車等類，小有小的機械，諸如氣動工具（Pneumatic Tools）等類。關於這些機械的安裝、運用，與修理等項，凡在大規模且經常採用之處，（例如在鐵路營業時期中所用的機車便是）當然要有專門人員來負責辦理；但在鐵路工程的草創時期[illegible]管工程的工程司，可也不能說是不懂[illegible]若他所管的是橋工而不懂抽水機、[illegible]在趕工緊急、需要抽水灌溉的當兒[illegible]怎樣能夠指揮工作而不致於誤事。[illegible]機，則在電力方面，若干新型發電機與[illegible]動工具（例如抽水機）的發明與[illegible]經使工地施工的電氣化變成為可能[illegible]在電信方面，花樣更多，電報電話[illegible]無綫、凡在工地交通不便的地方，[illegible]

本報啟事

（一）夏令期間自七月十五日起至九月底止暫出雙週刊

（二）本報訂價每份半年改為法幣七十五萬元全年每份壹百五十萬元航空另預存郵資伍十萬元

（三）各航空訂戶預存郵資均將用完（現每份航費已增為六萬一千元）除另行通知外請速補航資伍十萬元

購要情形，採裝設，而後工地消息的傳遞方才可以靈通。即如在那大橋橋墩等類的施工中，河中各墩與兩岸間的交通，每每不很方便，我們倘若能在各個墩子上裝設那專供短距離（從幾百公尺到四五公里左右）通話用的無綫電，使岸上的工程師隨時可以收聽墩上的工程報告，同時，給墩上的工作人員發出各種指示，則其對於趕工給予的便利，自必很大。所以，從這一方面看來，爲了要提高工作效率而採用新式的機電工具，我們鐵路工程司所應具有的機電知識，實在要比以往的工程司，了解得更多。

第四是衛生與醫護方面的知識。這種知識，離開技術問題本身較遠，但却與我們有着切身的關係。我們知道：工地的分佈，範圍每每很廣；鐵路方面縱然聘有若干醫師，但總也不能使每一個地方都有。倘若我們具有這一方面的知識，則在醫師所照顧不到的地方，我們不僅自已可以幫助自已，而且可以幫助別人，尤其是幫助工人。這也是因爲工人們的知識大致總比我們爲差，起居與營養情形大致也遠不如我們，而工作抑又往往比我們辛苦，因此他們生病機會總是比我們爲多，輕的也會影響工作，重的也常常釀致死亡。爲了要避免這一方面的損失，我們就得協助指導他們注意衛生。例如不清潔的水，在未曾煮沸以前，不准飲用，則對於痢疾、傷寒霍亂等病的防止，總不失爲一種有效的辦法。又如瘧疾的流行，與蚊蟲有關，而蚊蟲的滋殖，又與池沼積水有關；從前在巴拿馬運河開挖的過程中，便會因了瘧疾問題而致一時甚感棘手，到後來還是先把蚊蟲問題解決，而後運河工程才能够推展得開。像這一類的衛生工作，我們自然應該及時注意。還有醫護方面的急救工作，也很重要；例如，當開山時工人爲石頭打傷而大量出血時，倘若我們不知道怎樣用急救方法來替他先行止血，則在那工人未曾得到醫師的診治以前，也許就會因了流血的過多而致不治。由此我們也可以看出這一類知識的重要，所以應該注意學習。

第五是經濟知識。前兩次已經講過，整個鐵路工程便是一個經濟問題。關於經濟與鐵路，在原則方面的各種關係與應用，前兩次也已經講得很多。只是在以前所已講的而外，還有一些實用經濟知識，諸如金融、貿易、與運輸等類，與鐵路建設工作關係密切，同樣地，也值得工程司們的研究與注意。

第六是法律知識。工程司爲何要懂法律？這是因爲法律係維持社會秩序，判定幷強制執行各人在社會活動中所應盡的義務時所必不可少的。工程司要辦工程，無論他是買進大量的材料（例如買洋灰）、或是找包工來承做土石方或路基工作，照例，他總要和對方簽訂一個合同。合同上所規定的，便是雙方所應享的權利與應盡的義務。這種合同，必須訂得公道，而後才能順利進行。倘若我們工程司只從自已的立場來打算，絲毫不替對方設想，以致訂出一種不很公道的合同，則工程的進行，自必遭受到阻礙或延誤。我們一條路的完成，需時至少一二年，所需訂的合同也爲數很多，則在其後的招標之中，那些好的忠誠於工作的包工，那裏還肯再來；這種後果，豈不也是我們的一種損失。

還有施工時期內所可能發生的種種問題，諸如：基礎開挖的是否一定會遇到石頭，異乎尋常的非常洪水是否會萬一發生……，在簽訂合同時，大家也許幷不十分注意；但若竟然遇到了，則法律責任方面便可能發生很大的爭執。這自然也是我們在事前所應該注意到的。

即使在簡單一點，不大容易發生意外的工程，例如車站房屋等類，有時包工也會中途做不下去。這也許是由於他不肯誠心做工，也許他經驗不够，或管理不善，實已花費了全部預訂的工款而仍只完成了全工程三分之二。從法律上講來，這也許完全是你對，他不對。在這時，你固然可以直接訴諸法律，到法院去告他；或則你也可以依照慣例，先問他是否不願意幷做，倘若他說不願意，你就可以另找一個第三者來將工程繼續做完，同時幷向原來的包工要錢，藉以償付那第三者所應得的工價。倘若你能這樣處理得當，那也就無須經過法院，便將那工程做完。但若處置失當，使原來的包商不肯遵照你的裁斷而出錢，則勢必仍須訴諸法律。到那時，你所經辦的工程便只好停頓下來，讓法院的檢察官，按照他的程序，來詳細偵查開工與施工時所有的情况，已用的款與料，以及未完的工程數量，最後還要靜候他的判決。像這樣的官司，縱使你是完全打贏了，但是時間方面不可避免的損失，也就是工程方面不可避免的延誤，動輒便是三五個月。倘若你是一條鐵路裏的工務分段長而竟出了這樣的事，就延了通車的期限，對上對下，似乎你總有點說不過去。

還有：現在已經是行憲的時期。在憲法面前，人民的權利與義務，我們應該透切明瞭，幷十分尊重。即如我們造路所需要的土地，不論牠是山地，水田，園林，或荒地，也不論牠的地面上有無房屋，祠堂，墳墓，或青苗，十之七八，總是人民的私產。對於私有財產的征用，即使我們的鐵路不是國營的，也得遵照國營公用事業征地辦法來辦理，地價決定，通常都要經過民意機關的核議。正式的開工，照理要等到地價發清，一切手續辦妥以後。比不得在戰時，凡與軍事有關的工程，倘可適用特種法律，先用後征；在執行上，可以利用縣長與鄉長等的政治力量，强迫着老百姓限期折遷。

諸如此類的法律知識，雖說是離開我們的技術問題很遠，但爲了施工的迅捷，與施工期中困難糾紛的避免，我們總得及時把握，而後才能應付得宜。

當然，以上所講的許多知識，也只是大致的幾種，但鐵路工程內容的廣博，由此却也可以見到。至於怎樣觸類旁通，自還爲各位的努力。

現在，再說鐵路工程司生活上的意義。

第一鐵路工程，小的看法，是一種職業；大的看法，是一件事業。我們對於職業的選擇，主要的，是要由各人的個性來決定。但在我們既經擇定了這一種職業之後，我們總希望在這一方面做一點事業，對於社會有一點貢獻。

我們知道：人生最快樂的事，莫過於爲人民、尤其是爲多數的人民而服務。鐵路便正是這樣的一種職業。我們只要看一看普通一條鐵路每天載運旅客與貨物的數多，就可以認識牠這一種意義。再看去年的統計，儘管國內的鐵路線爲數很少，儘管各路的工程狀況每每因爲遭受破壞的關係而非常破爛，但平均在每一天以內，全國仍舊有三十萬左右的旅客，在使用着我們的鐵路。他們三十萬人所得到的利益，乃是直接的。倘若再把全社會所得到的間接利益加上去，則是我們鐵路工程司爲多數人服務的意義，自係非常明顯。

第二，鐵路工程乃是一種「開山」工作。而在促進社會文明的進步上，牠又算是一種「先鋒」工作。在鐵路工程沒有興築以前，放在我們工程司面前的，好比是一片空白；但在經過我們的測量，定線，與施工以後，鐵路工程便從「沒有」變而爲「有」，牠天天總在成長，牠天天總有進步。儘管牠的完成，乃是需要着我們辛苦地努力的，但也只要經過一個短的時期，我們便可以親眼看得到牠。這當然可算是一樁痛快的事。而且，在這鐵路施工期中，沿路綫一帶地方，社會文明的變遷與進步，大致總很迅速（這對於我們身歷其地的工程司講來，當然也很使我們興奮。

我們知道：尤其是在內地，當鐵路未築，工程司還在測量的當兒，當地人民生活的水準，往往很低很苦當地的農工出產，往往也很幼稚。但只要鐵路一動工，資金便會流往到地方，當地的社會立刻活躍，往來的人立刻加多，各種交通工具的聯絡、也會立刻先行改善。等到通車以後，地方上的進步更是加快；從前所沒有的事，在這時也會湧現了出來。只要風氣一開，人民的知識水準和生活水準，馬上便會提高：地方上所需要的馬路，馬上便會開闢；從前只能銷幾十里的土產（例如紙張土布棻材等類），立刻就會因了銷路的展開與售價的提高，進而擴充製造；地方上所沿用的方言土語，立刻便會因了通商與往來的需要，逐漸地採用國語或普通官語，這都是我們的眼睛所看得到的轉變。他如經濟，政治，社會等各方面所受的影響、自然更爲深刻；對於國家建設的意義講求，自屬更爲重要。而交通力量的偉大、與我們從事鐵路工作的意義，也可以由這許多方面看的出來。

再講鐵路工程司所過的質樸生活，那也是有苦有樂。苦的方面，可以用「披荊斬棘，華路藍縷」幾個字來形容。這是因爲我們所做的既是「開山」工作，所過的便只好是工地生活。工地生活，不僅物質享受很差，便文化食糧也是非常缺乏。年長而將眷屬帶在工地的，他們子女的教育亦每每因此受到就誤。年靑而尙未結婚的，他們的婚事，每每也因而受到拖延。這些都可說是個人方面的一種犧牲。但在另一方面，工地生活也另有一種福趣，那就是工地可以給予工程司們一種特殊的機會，使工程司們可以領略許多，普通人所體會不到的知識，有的是屬於自然地理方面的，有的是屬於社會方面的。

在自然地理方面，例如在天成鐵路（天水至成都）的測量工作中，我們便會在陝甘交界的徽鳳二縣境內，攀登到一座分水嶺上，牠一邊是渭河的上游，一邊是漢水的上游，另一邊是嘉陵江的上游。倘若我們在那裏撥一杯水，讓牠分流而下，則將有一部份的水係由渭河流入黃河，流注渤海，一部份係由漢水流到漢口，由長江流注東海；另一部份則係由嘉陵江流到四川，由長江，出三峽再東流入海。像自然界這一種詭秘的景像，而能容讓我們逗留在那裏從容欣賞，我們每一個人似乎總有一種滿意之感。又如湘灕同源，在地理上也算是一件很稀奇的事；但當我們在湘桂鐵路時，這件稀奇事，便大家都可以看得到。現在這兩條河的上游，依舊互相溝通，沿用着當年古老時代在開鑿這兩河之間的運河時，所流傳下的原始型的水閘，現在我們也可以坐在一隻小船之中，由漢口出發，溯湘水，經過這同源地段，由桂江西江而到廣州。這自然也可以算是一件値得的趣事。又如新疆的天山，初看這名字，像煞牠是與天一樣高，要叫人爬不上去似的。但在既到以後，才知道牠是容易爬得過去，而牠低處山脊的高度，若用氣壓計看來，原也不過拔海1,600公尺左右。新疆已成的公路，在爬過天山的地方，還毋須利用那些在西南所常見的之字形的盤繞，便可以穿越過去。我們所踏勘的鐵路綫，大致也只要用比1%稍大一點的坡度，便可以通過這天山區城。像這一類比較精確些的地理知識，說起來，也還只有我們工程司能夠講得淸楚。又如那最近曾哄動一時的積石山探險工作，其實，牠有關的資料，很多是可以由工程司的紀錄裏找將出來的；倘使我們能夠平心靜氣，仔細搜尋，并分析那已有的工程資料，當也不用「人云亦云」的去湊熱鬧。

又在社會階層情形的認識方面，也惟有久經工地生活的工程司，最爲熟悉。這是因爲普通生活在城市中的人，對於我國廣大的農村社會，往往很是隔膜；而一般生活在鄉村中的人，往往又囿於一省一地的耳目所見，不能知道別省別地的情形。我們鐵路工程司則不然，隨着工程的進展，我們的工地總常在變換。因而我們對於各省各地民間的疾苦，吏治的良窳，人民的生活習慣，社會的基層組織，都能具有相當的認識與比較。尤其是在那用徵工築路的所在，那裏的工人能夠準時到工，那裏的工人人數能夠足額，那裏的縣長鄉長能夠深得民心，那裏的鴉片毒物能夠全行禁絕，……在在都是我們中國基層社會現像的反映，在在都是我們鐵路工程司耳濡目染，隨時都可以看得到的情景。

只要大家留心，隨時隨地，都有學問；隨時隨地，也都有樂趣。便化整個的一生來從事鐵路工程，也仍然會感覺到這方面的學問與樂趣，均皆是無窮的。

這也并不是因爲本人從事鐵路多年而就儘力宣傳鐵路的好處，事實抑也正是如此。各位同學化費了寶貴時間來聽講，本人很希望這三次的講辭，對於各位有點益處。倘使各位將來在擔任鐵路工作多年以後，還能回想到今日的這番講辭而認爲有點用處，則這幾日各位所花的時間，也可以算是不至辜負的了。（全部演講完）

本報發售合訂本啟事

本報爲便於讀者保存起見，自第二十三期改爲十六開版面，但外埠訂戶寄遞，仍時有遺失，向本報要求補寄及購合訂本者日必數起，特將集存餘報紙裝訂合訂本，但爲數有限，第一二三四集各爲百本售完爲止，外埠以郵戳日期先後爲序。

（第一集一期起——十期止）
（第二集十一期起——廿二期止）
（第三集二十三期起——卅期止）
（第四集卅一期起——四十期止）

每集定價法幣弍拾伍元整

南京市主要建築材料及工資價格表　調查日期37年7月5日

名稱	單位	單價	說明	名稱	單位	單價	說明
青磚	塊	4.5萬		2½"洋釘	桶	5000萬	
洋瓦	塊	16.0萬		26號白鐵	張	4200萬	
石灰	市担	220.0萬	塊灰	竹節鋼筋	噸	8億	大小平均
洋灰	袋	470.0萬	50公斤	上熟米	市担	2200萬	
杉木枋	板尺	19.0萬		工		資	
杉木企口地板	方呎	18.0萬		小工	每工	60萬	包括伙食在內
4½"圓杉木桁條	根	80.0萬	13'—0"長	泥工	每工	140萬	包括伙食在內
杉木板條子	梱	200.0萬	6'—0"長	木工	每工	140萬	包括伙食在內
厰片玻璃	方呎	36.0萬	16盎司	漆工	每工	165萬	包括伙食在內

上列價格木料不包括運力在內磚瓦石灰則係送至工地價格

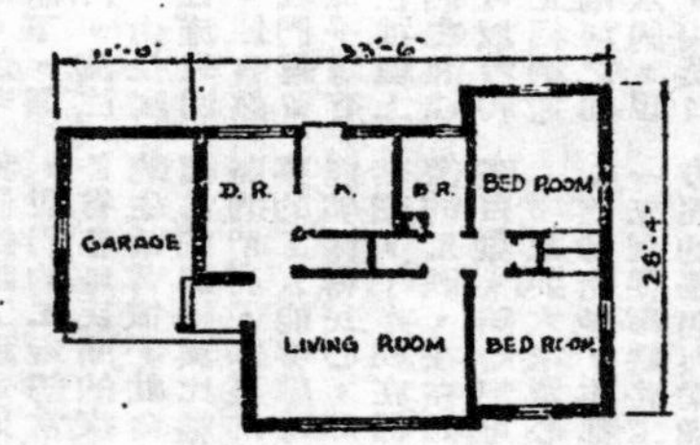

工程說明

本工程係磚牆，洋瓦，灰板平頂，杉木企口地板，杉木門窗房屋，施工標準普通，地點位于本市中心地區，油漆用本國漆。外牆係清水，一應內牆及平頂用紙泥打底石灰紙筋粉光刷白二度，板條牆筋及平頂筋用 2"×3" 杉木料，地板擱柵用2"×6"杉枋中距1'—0"桁條用小頭4½"圓杉條2'—6"中距。

本工程估價單

名稱	數量	單位	單價	複價	說明
灰漿三和土	5	英立方	2,500萬	10,000萬	包括挖土在內
10"磚牆	22	英平方	8,500萬	187,000萬	用陰坯紅磚
板條牆	7	英平方	4,600萬	32,900萬	
灰板平頂	10	英平方	3,300萬	33,000萬	
杉木企口地板	6	英平方	6,200萬	37,200萬	包括踢脚板在內
洋灰地坪	2.5	英平方	4,800萬	12,000萬	6"碎磚三合土上加2"厚1:2:4混凝土
屋面	14.5	英平方	8,600萬	124,000萬	包括屋架在內及屋面板
杉木門	315	平方呎	140萬	44,100萬	五冒頭"1厚1 3/4"門版厚1/2"
杉木玻璃窗	170	平方呎	130萬	22,100萬	厰片16盎司
百葉窗	150	平方呎	100萬	15,000萬	
掛鏡線	22	英丈	100萬	2,200萬	
白鐵水落及水落管	25.5	英丈	2,400萬	61,200萬	
水泥明溝	18	英丈	950萬	17,10萬	
水泥踏步	3	步	200萬	600萬	
總			價	5,991,000,000	

本房屋計面積10平英方丈總造國幣伍拾九億九千壹百萬元正

平均每平英方丈房屋建築費國幣陸億元正（水電衛生設備在外）

調查及估價者南京六合工程公司

國外通訊

英國實行國家管理城市一切土地建設

（英國新聞處倫敦電）英國之新城鄉建設法，本月二日起開始生效，從此一切土地建設俱歸國家管理。此舉意義極爲遠大，將供英國以重建新英國，並使全國生活獲得更佳新方式之空前機會，自該日起，英國之一百四十五郡議會與邑議會，俱將負草擬本區建設計劃之新責任，彼等須於三年之內，保證使所有土地建設均能與各地方當局所草擬之方案調協一致。昨晚英城鄉建設大臣薛爾金對全國發表廣播，籲請各地人民，對於地方當局即將擬定之建設計劃，深加注意。渠稱建設之目的，在造成一種最有用，便利而快樂之生活云。

日總支出預算公共工程佔十分之一

（中央社東京電）日衆議院通過之下會計年度，政府支出共計爲四千一百四十億日元，內中公共工程爲四百三十五億，約佔總支出之十分之一。

東非巨大水電力計劃公佈

（英國新聞處倫敦電）烏干達政府六月三十日公佈一項文件，內敍述一項七百萬鎊之水電力計劃，對於東非之經濟至爲重要，新計劃欲將白色尼羅河自六十五呎高處瀉下注入維多利亞湖所形成之四折瀑布加以利用。維多利亞尼羅河能產生之整個電力，是足夠應付英國在一九三七年之全部需要，烏干達潛液性工業將受該計劃之助者計有金加城四周之棉紗紡織廠、食糖工廠、鎔銅廠，托羅羅附近之磷酸鹽工廠，満西亞附近之金礦，坎巴拉之肥皂廠，以及散佈於四周之橡皮，烟草、茶葉、咖啡、麵粉廠與鋸木廠等。

賠償工廠我分得六千瓩電廠一所

（中央社東京專電）我國已分得六千二百五十瓩之汽渦輪發電廠一所以按此踏爲提前交付之百分之卅賠償品中十七所陸海軍兵工廠內之最大電廠，該發電廠折價約值美金八萬元，運回國內後，將撥交重慶東川電力公司。

英造住屋每月二萬幢

（英國新聞處倫敦電）衛生部頃已公布下年度修正造屋計劃。維持每月二萬幢之現率直至年底爲止。又據統計五月份共造成永久住宅二萬零三百七十二幢，臨時住宅二千一百廿四幢，不僅本年造屋率將予維持，且新屋種類將更有增加。同時礦工，農夫與工業發展區需要工人之住宅將繼續佔有優先建造之權利。

英倫一廠家創製原子計數機

（英國新聞處倫敦電）倫敦一廠家正製造一架電子機器，（Electronic Accounting）可能使計數法起一番革新。該機器將數字排成電子陣形，而同時加算。此外亦能減[illegible]。製造該新機器之廠家以製作辦公室機械聞名，該廠將該機器視爲彼等從事加速計數法之基本原則。勃洛斯機械公司之主任向「金融時報」之記者宣稱：「予所想像到者爲公司中牆壁上將有一格隨時紀錄該公司與最遠之經紀人間之最新交易結果造成之經濟現狀。原子計數機一旦到達商用階段公司各項事務盡可同時並進。」

噴射式教練機問世

（英國新聞處倫敦電）世界第一架噴射式教練飛機星期一已在英格蘭盧格貝地方當衆表演。此項全金屬三座機係波爾頓與保羅飛機廠出品，名曰「塔里奧爾」，此機裝用亞姆斯特郎悉特萊「門巴」引擎，最高速度達每小時三百哩以上，且可升至近四萬呎之高空。在其許多有趣新穎特色中，其一爲裝有顏色玻璃之濾光前窗，撥動機師座前之一鈕即能產生夜間飛行狀態。

預約卅年來之中國工程者注意：以前預約各戶地址，多有不明，請備函南京北門橋衛巷新安里十六號總編輯部補價取書，補價辦法，另有規定。特此通告。

中國工程師學會總編輯
吳承洛啟

人工造雨

——科學控制氣候的嚆矢——

琪恩法蘭西斯著　（澄之譯）

我們要想「使天下雨」，必須先知道「何以天會下雨」。在許多不同的解釋中，最滿意的當推瑞典科學家柏格瑞的說素了。他的理論基於一項事實，就是說雨點總是從含有小水滴的雲中落下來的，而在這種雲的上層，含有水的微細晶體，當溫度足夠寒冷的時候，過於飽和的水汽便凝聚在水晶上，於是使大氣乾燥過度，水滴不能存在而蒸發起來，這樣成功的新水汽又轉而凝結在水晶上，愈積愈大，卒變成雪花，其重量足夠因地心吸力而下降，它們在下降時經過了雲層中溫度較高的一帶，這就溶爲雨點。

假使在同樣情形下，有些雲凝結成雨，有些雲則否，其關鍵就在是否有細水晶存在。由是推論，可知要想造雨，祇須把細水晶散佈到雲中去，作爲水氣凝結的核心就行了。

流質空氣

現在，我們知道當空氣的溫度很迅速的降至極低時，尤其是空氣突然跟一些極冷的東西，如溶點在攝氏零下八十度的碳雪相接觸時，就有那種細晶體出現。於是產生在某些雲片上層散佈碳雪以造雨的意想。理論上，幾兩的碳雪就該足夠使好幾方哩的地方沾着雨露，但是在實際上因爲溫度，濕度，擾亂情形等等的變化，往往阻止晶體的大量形成，並決定每片雲的是否有凝結成雨的可能。

碳雪/外，沒有建議用流質空氣的，或許使用較不便利而需收較大，但是可使強度減至更低。也可能不以人工產生水晶，而還在雲上散佈一些結晶形狀恰巧跟水一樣的東西。這也同樣可以使水汽迅速凝結。

旱荒問題

人工造雨的最早實驗是在美國和澳洲進行的，那邊有大片土地特別受到旱荒問題的影響，目前這種試驗需要極特別的大氣情況，就是說需有大片的積雲，其底部約高二萬呎，頂部約高二萬呎，溫度必須在攝氏零下十度至零下十二度之間，遠較水的冰點爲低。

在新南威爾斯悉尼附近所作的試驗是用一架飛機在一片審慎選定的雲層上面飛過，噴射下二三百磅的粉狀碳雪，地面上和飛機中的雷達站，能夠在實驗進行地點的週圍測知任何雨點的形成，仔細把這片作爲試驗品的雲加以觀察。在雲散下幾分鐘後，便測知雲層中有雨點凝成。約十五分鐘後，雪的底下就看見雨點出來向地面落下來。

雲片行動

在這些試驗的過程中，還看到了一種附帶的現象，既奇妙也壯觀，這就是在雨點開始下降前，這片雲很迅速的飛昇到三四萬呎的高空，形狀像菌。

類似的試驗在美國由蘭穆，夏爾，逖恩格諸人進行。他們也用碳雪，但是後來試散碘化銀的晶體，作爲引起凝結作用的核心。由飛機從各種不同高度散下五十至一百五十磅的碳雪會在美國多處幾星期不見雨的地方降下過人造的陣雨。在巴伐利亞，也因旱荒嚴重威脅收成，曾由美國空軍人員造了一陣雨，歷時四十五分鐘之久。

保全慶作

這些結果可以在實際上應用到如何程度還難預見。長期的或暫時的亢旱大率不是因爲空中完全沒有雲，却是因爲經過的雲不會凝結，但是這些雲並不一定是那種適宜於人工造雨的雲。人造雨是否經濟合算，意見頗爲紛歧。有一個澳洲的大學教授認爲即以碳雪每磅一辨士計算，還嫌所費不貲，反之，人工造雨的最傑出專家之一，特勞斯博士，却以爲破壞大氣平衡所需要的物質與能量跟整個所涉及的數量比較起來實微不足道。

現在我們希望用類似的方法去阻止冰雹，於是每年可保全數万噸的農作物。蘭穆教授曾說不久就可用碳雪來產生這種效應，因爲在許多場合中都似可能把雹雲凝結成雨。

力圖控制

碳雪也可解決驅除迷霧的問題，去冬夏爾試以一只滿裝碳雪的盤在頭的四週搖動，果獲在濃霧中找出一條出路，還有一個方法似也得到優異成績，粉狀無水的氯化鈣有極强的吸濕性。從低飛的飛機上把它散在空中就可以吸收大氣中的濕氣。這辦法曾在舊金山飛機場試驗，證明奏效。

所以科學控制氣候的企圖現已進入一個活躍的階段了，可以寄予很高期望的部份成績已經得到了。這件工作的完全成功則尚有待氣象科學的進步。（本報訊）

國內消息

京滬路更換軌枕

京滬鐵路原有85磅標準軌，使用年限已久，大半磨損甚烈，枕木亦大部份腐朽，均亟待更換，勝利接收後腐枕經逐期抽換，舊軌則開始於上半年底，就滬間先換90磅新軌數十公里，本年起又續換百餘公里，換下舊軌則供給浙贛鐵路作修復南萍段之用。枕木亦已就加拿大到華新枕領換十萬餘根，綜計該路上海至奔牛站間183公里，本月初均可全換新軌新枕，京滬特快車行駛時間即可提高至五小時。（本報訊）

上海電訊機構　開放打字電報機

現時電報用戶拍發電報必須送至電信局收發，倘用戶與電局路程相距過遠，則送發時間必至延遲，上海電訊局及國際電台爲便用戶便利及迅速發電起見，現在開放打字電報機與電局聯絡，凡用戶欲發電時，即在該機間將碼子打出，電局即時收到便可拍發，時間手續上兩俱便利。

公用工程專刊　第二集出版

（本報訊）內政部營建司主編之公用工程專刊第二集現已出版，全書厚二百餘頁，分專論，計劃，業務報告，研究資料，建築材料，工程師傳記等欄，執筆者多爲我國實際從事公用工程事業之名工程師，內容至爲充實豐富。（本報訊）

航空測量

交通部全國鐵路測量總處，去年派隊初測閩贛鐵路時，勝源至光澤間須跨越武夷山區，地形複雜，曾經群勘，覓得可能之越嶺綫達九條之多，仍難滿意。乃於本年辦理武夷山區航空測量，上半年先行空中攝影，現已完成五分之一，如天氣良好，日內即可全部攝畢，下半年，再測睞地控制點及製圖工作云。

浙贛路修復近訊

浙贛鐵路僅餘之向塘梟江段246公里修復工程，經積極趕進開始鋪軌以來，進展甚速。截至六月二十二日止已鋪完94公里，仍在分頭趕進中，如款料供應無缺，八月間仍有接通希望。

滬六月份生活指數

工人七十一萬倍
職員五十六萬倍

火車加價

客運百分之九十
貨運百分之一百五十

交通部頃核准華南華中各鉄路均自七月八日起，調整運價，客運平均增加百分之九十，貨運平均增加百分之一百五十。

全國地質圖即將問世

經濟部地質調查所籌備之全國地質圖，經多年之努力，現已繪就三百萬分之一就問世。

京滬鐵路全程五小時

京滬鐵路，自上海至奔牛間更換全部九十磅新軌，及新枕木，本月中旬即可完竣，嗣後全路行車時間，特快車可縮短至五小時以內。

福州廈門新建公路竣工

福廈公路工程即將工竣，公路第一第二第三運輸處及閩省公路局暨商營公司等均擬派車行駛，現正由公路總局籌劃中。

徐學禹赴日視察航運

國營招商局徐總經理學禹，為籌開中日航運，并視察日本造船及洽訂船等設施，日內將乘機飛往日本，本月中旬即返國。

粵漢湘桂路趕修湘江橋

聯接粵漢與湘桂鐵路之衡陽湘江橋、戰時破壞後，迄未修復，致兩路無法聯軌，在加拿大所訂鋼梁，原定須於三十九年春始能運到，現經一再交涉後，可提前于三十八年六月交貨，橋墩座正在趕築以期配合。今多並擬先搭便橋以利聯運。（本報訊）

粵漢鐵路業務改進

一、粵漢鐵路鋼梁正橋近已抽換工竣，各類車夠亦經改善百分之八十以上，因

(1)七月一日起武廣特快全程行車時間可縮短四小時，其餘武長車各次快車亦分別縮短時間。

(2)原行駛廣韶間之經便快車，七月一日起取消，另闢廣韶正式特快車，附掛頭二三等客車包車及廚車，並於沿途各主要站停靠，以利行旅。

(3)原附掛武廣特快之代用客車，一律改掛正式客車，儘量改善所有設備。

(4)現有頭等臥車分為甲乙兩種房間，甲種上下兩舖，乙種四舖，並將乙種舖位費減低，藉輕旅客負担。

(5)車站旅客越站等之手續費，免予解納。

(6)頭二等車對號入座，六月一日起已照辦，並在漢口長沙廣州辦理送票，七月一日起將在上列三站代客拍發電報電話，代定旅館及臨時寄存行李等業務。

(7)列車行駛彬縣白石渡間高坡地段，另增輔助機車，使衡韶間直達貨車，不再停留，以免貨物遭受遲延及損失。

(8)全綫調度電話總分機已趕裝完竣。

(9)原招商承辦之各列餐車，近均收回自辦，臥具被褥亦經更換一新，從此粵漢設備益加完善。

首都建設

△值此洪水時期，隄防吃緊，市工務局集中全力於隄防。本來南京隄防，早該整理，祇因經費支絀，平時土工作業卽可對付的工作到了洪水期，就變成木樁與麻袋的浪費工程，換句話，一塊錢的工作得化上三五塊錢方能完成，從這一件事上，也可以看出國家愈窮愈急的道理來。

△爲了對付房荒，市地政局找出四十幾塊公地出租市民建屋，每塊面積自數方至六七十市方丈不等，雖自五日起正式登記，但經一日發報後，前往市府訊問者，日必千百起，預料登記者將達幾萬人之多，京市房荒可見一般。

△自七月份米價起劇烈波動後，首先受影嚮的是建築業，工資增漲，賴人工生產的材料也飛漲，價格更有以米及黃金計算者，如陰脈紅磚，每萬白米十六石（窰地交貨），運力加四石；洋瓦每萬白米八十市石；洋灰每兩四十袋。

△本市中山路國府路珠江路段慢車道工程現已完工，珠江路鼓樓段已開始翻修馬路，排水管、路側並已堆有大量石塊石片，不日即將改修柏油路面。

△中山東路上乘庇口新建之中央社鋼骨水泥大樓，係由馥記營造公司承造，第三層骨架已澆完，第四層正在開始。本工程爲南京戰後最偉大之建築。

全國公私立大學報考日期

校名	所在地	報名日期	考試日期	考區
中央大學	南京	七月十八—廿三	七月廿七—廿九	南京、上海、北平、杭州、武昌、廣州、重慶、西安、蘭州、昆明、台北
政治大學		七月廿五—廿七	七月三十—卅一	南京、北平、漢口、瀋陽、廣州、昆明、福州、台北、西安、重慶、成都、蘭州、迪化
金陵大學		七月五—七（京）一—三（滬）	七月廿七—廿八	南京、上海
金陵女子文理學院		七月十六—十七	七月二十—廿一	南京、上海
國立藥學專科學校		七月廿四—廿八	八月一—二	南京
交通大學	上海	七月十五—十七	七月廿四—廿五	上海
同濟大學		七月十二—十四	七月廿二—廿三	上海
暨南大學		八月一—三	八月七—八	上海
市立工業專科學校		七月廿一—廿三	八月一—二	上海
復旦大學		八月一—二	八月九—十	上海
大同大學		七月十五—十七	七月廿一—廿二	上海
中國紡織工學院		七月十二—十四	七月十七—十八	上海
吳淞商船專科學校		七月十二—十四	七月二十—廿一	上海
北京大學	北平	七月十二—十四	七月廿四起	
清華大學		七月十二—十六	七月廿四起	
燕京大學		六月一—卅	七月十六日	
鐵路學院		七月十—十二	七月十九—廿一	
輔仁大學		七月五—九	七月十三—十五	
中山大學	廣州	七月十三—廿三	八月二—四	
廣西大學	桂林	七月廿八—八月一	八月六	
浙江大學	杭州	七月十九—廿一	七月廿四—廿五	
之江大學		七月廿—廿三	七月廿六—廿七	
南開大學	天津	七月十二—十四	七月廿四起	
北洋大學		八月二—五（滬）	八月十—十一	
東吳大學	蘇州	七月十三—十六	七月十九—廿	
齊魯大學	濟南	七月十九—廿一	七月卅—卅一	
國立中央工專學校	重慶	七月廿一—廿三	七月廿六	
武漢大學	武昌	七月廿	八月二—三	

北平、南京、上海
重慶、武漢
北平、天津、上海
北平、上海
北平、天津、濟南
青島、上海、南京
廣州、汕頭、梅縣
漢口、蚌埠
廣州、上海、海口
重慶、漢口
桂林、柳州、南寧
梧州、廣州、長沙
南昌、武漢、南京
杭州、南京、武漢
衢州
杭州、上海、南京
汕頭、廈門、廣州
上海、南京、武漢
成都、廣州、天津
重慶
天津、北平、南京
廣州、武漢、西安
蘇州、上海
南京、重慶
武漢、上海、北平

定價　每份叁萬元正
半年訂費柒拾伍萬元正
全年訂費壹百伍拾萬元正
航空或掛號另付郵資伍拾萬元
廣告價目　每方吋叁拾萬元

中華民國三十七年七月十九日出版

中國工程週報

內政部京警國字第五十一號

中國工程出版公司

發行人　杜拱辰

中華郵政認爲第二類新聞紙
江蘇郵政管理局登記證第二三二號
地址：南京（2）四條巷一六三號
電話　二三九八九號
本報歡迎直接訂閱，概不另售

美國需要更多之電力

原文刊一九四八，三月十日 Pathfinder

作者 M.K.Wisehart　澄之譯

在戰前美國各電廠，均保有超過正常需電量百分之二十的發電能力，但時至今日，僅有百分之五而已，此可由一九四七年十二月間情形來表明之，該時期爲一需電最高峯期——冬日白天最短期——用戶們需用電量較之一年內任何時期爲多，電燈、蒸調、電熱經常不停，工廠過量之用電，節日商店之增加燈光以招顧客，聖誕樹燈之佈置與小孩玩具電車之用電，均使電量大爲增加，全國電廠工程師們看着電表指針作直線的上升，聖誕節前二日間，到了一空前用電最高峯記錄——四千九百五十萬瓩，那天，用戶們用電達到全部發電量而創電力六十五年來之最高記錄。

利用電力網之助，Mississipi 與 Alabama 電廠及鄰近之美國南部省份各電廠幫助供應 Florida 植物園（Citrus-Parkers）在該季所需之電量，Montana 所發之電組成一電力網供給沿太平洋岸各廠應用，其電力被租用或出借至千哩之外，廠方已經數月之計劃與工作準備應付緊急之期，少數用戶已知電廠已經達到一臨界之試驗。

現在美國家庭中平均用電量較之二十年前增加三倍，但所付電費僅及其半，現一分美金之值，可以一百瓦之燈泡應用三小時，清潔六條大地毯，或啓用冷藏器五小時。如用電量增加，其電價更可降低。

美國所用電量較之世界上任何國家爲多，其用電量在一九四七年爲三億瓩小時，六倍於用電量第二之蘇聯，工程師們曾用「功」來表示該項電能，相當於四十五億人每人工作八小時所作之功，較世界全人口二倍有餘，電廠分配并出售其大量之電能，此爲美國最大工業之一，其投資於廠房及其設備費用爲$13,000,000,000。四十五萬英里以之高壓輸電線與二百萬英里以上之配電線，輸送其巨大電源以供給任何一人，任何一地。

電力公司能輸送更多之電能至三千三百萬用戶，可幫助他們自動洗滌與烘衣，使減少洗滌時間至一二小時。同時由於冷藏而使家庭中食物節省而減少主婦無數之金錢。

在電機實驗室內，科學家們發明了無數新的省力的器具，電子蒸調器（Electronic cooking）對於珍美肉食可於數秒鐘內蒸調完畢，空氣清潔器能殺滅傳染病菌與保持清潔，第一階段已經過去，現在美國正在許多部份試驗電熱設備，此種驚人之發展，在冬日能自空氣，土壤或水中吸取熱量以取暖；同樣亦可於炎夏之日排熱以消暑，凡此既不需煤，又不用油均可以電爲之。

在一九四〇年，美國爲取熱而用去$1,600,000,000之燃料，幾爲住宅用電價之二倍，電力公司當局在此期中料到有許多用戶，他們自動的不願用煤與油而願應用電力，這樣一來，每戶平均用電由一千四百瓩一躍而至八千——一萬二千瓩，在經濟方面着想，電熱設備尚不能與煤或油競爭，除非該現段爲美國電力供應富裕之區，

美國工業方面，同樣亦有許多新事情有望於電力方面者，工廠方面正需更亮之燈光，更多之電熱，更多之自動機械與電子管制器（Electronic Controls）與更多之省時發明如紅外光油漆乾燥器，將來之馬達卡需用更好之鋼，即需更迅速與精確之管制電爐—亦即需用更多之電能，以高頻率之電熱將錫鍍於鋼面上。

電力公司當局，深知欲使吾人眼睛舒服與安全，在家庭中與工廠中所用燈光，必須四倍；辦公室中五倍；儲藏庫六倍；學校七倍於今日者方爲合適，凡此種種，必須增加許多新電廠，在美國各處現正在飛速進展中。

從東部沿海至西部高山，到處都在利用推土機，挖泥機，開山機，築路機與混凝土混合機開築河道，以炸藥開闢電廠基址，來建造很多巨型發電廠，太平洋電氣公司（Pacific Gas and Electric Co.）在 Mokelumne 河流上之水力發電計劃，僅電廠發展之一實例而已，該河北端乂口—距加里福尼亞州舊金山百餘哩之處——即著名之一八四九年淘金區之必經地帶。

Mokelumne 計劃是比較小規模的水力電廠之一，因其經濟的利用山邊而導所溶之水，自最高的一個壩址開始流經於四組高低不同的水壩與水輪機，該河發電剩餘的水量，則流入壩後的蓄水庫以供給 Oakland 之東灣地區，該河正常流量則完全蓄儲，以作灌溉之用。

蒸汽電廠，雖然建築費用較少，但工作成本甚高，因爲必須燃用燃料，經常維持費用太大，現正興建之蒸汽電廠中較大的爲本雪分尼亞州（Pennsylvania）費拉台葭亞（Philadelphia）之大型電廠，矗立於 Delaware 河灣處，該處爲三百年前瑞典人所居，該廠爲 Philadelphia 電力公司之八層大廈之廠，——供給二千三百平方英里之面積八十五萬用戶之需電。

不論蒸汽或水力發電—或甚至原子發電人們總希望於一九六〇年能建到發電量一億零四百萬瓩（或於一九七〇年能建到一億八千萬瓩）美國政府已化費二十億美元於公共電力計劃，大部份用於水力發電，并已確定將來之建築投資總數爲六十億美元，大部份之壩工，由政府建築，其用并不限於發電一項，更兼具有灌溉，防洪與航運之利。

蘇聯的住宅建築

蘇聯國家計劃委員會城市業務科科長，工程師A．夏洛夫

在戰後的這幾年間，蘇聯的公共事業以日益增長的速度恢復並發展了。在戰後五年計劃的第一年，一九四六年裏，已經恢復了六百萬平方公尺的住宅面積，而五年計劃的第二年已恢復了並建築了九百萬平方公尺的住宅面積。此外還有個別的公民在城市和工人村中給自已建築了許多單獨的房屋。在一九四七年裏，這些房屋的總面積有四百萬平方公尺。

尤其是曾被德軍佔領而得到解放的城市。在建築住宅和公共建築上有極大的成績。如一九四七年，在這些城市裏就建築了並恢復了五百餘萬平方公尺的住宅面積。

在蘇聯，由於非常大規模地建築住宅和公共建築，尤其是在蘇維埃的九年計劃的那些年頭裏，許多蘇聯城市的市容完全改觀了。在第二次世界大戰前夕，蘇聯城市的住宅總額的面積幾乎超過帝俄時代的城市住宅總額的兩倍。

國營企業和學校機關，實行了廣泛的建築多層住宅。勞動者私有的，單獨的小型房屋之建築，也很值得注意。工人和職員，為了建築這種小型房屋，可以得到蘇維埃國家的兩萬盧布的貸金，此款在十五年內分期歸還。

蘇聯各城市之發展是依照統一的計劃進行的。蘇維埃政府顧慮到不要有中央和邊區之間的懸殊存在，要所有的城市都是一樣的整齊美麗，要每一個城市的居民都非常舒服。土地私有之廢止使蘇維埃國家可以依照新方法來解決城市建設和城市組織的各種問題，解決設計上的問題，使街道，廣場，城市的河邊的建築成為調和的整體。現在在莫斯科，列甯格勒，哈爾科夫，基輔，高爾基，斯維爾德羅夫斯克，新西比爾斯克，斯大林格勒，斯大林諾，加里甯，巴庫，塔什干，以及許多其他大工業中心地區，在整齊上與中央各區毫無分別。在工人住的郊區已經建築了——而且現繼續建築著——許多整齊的住宅、劇院、學校、百貨商店、運動場、文化與休息公園，與改建新城市，同時，也生出了數十個新城市，和數千個新的工人村。在大森林和草原裏也生出了那麼巨大的城市，如：馬格尼托哥爾斯克，少共城，阿母雷，克諾斯羅卡姆斯克，基洛夫斯克，斯大林諾哥爾斯克，烏赫塔，盧布楚斯克等等。它們的居民都有十萬或十萬以上，他已成為冶金業，化學業和機器工業的中心。

蘇維埃政府在改建和建築新城市時，總在顧慮到使它們非常整齊。首要是裝置自來水，建設下水道，電廠，煤氣廠，電車和無軌電車路綫等等。

為了改善莫斯科水的供應，以及改善航運，曾建築了連接莫斯科和伏爾加河的巨大的運河。早就感到水之供應的困難的產石油城——巴庫，已得到了離城一百八十公里的泉水。這種廣大的水管網的建築，使每晝夜水之供應比革命前增加了六倍有餘。排水水溝增加了十八倍。

現在城市中的交通也完全與從前不同了。在蘇聯各大城市都有了電車，有許多市裏則有無軌電車。有二百多個城市已經開闢了公共汽車的交通。莫斯科的地下鐵道也已於一九三五年開始車。現在正在建築莫斯科地下鐵道之第四綫工程，列甯格勒也正在建築地下鐵道，基輔則正在設計中。

政府為了人民的健康，化了許多資金用於綠化城市和工人區。開闢了新的林蔭路和公園，馬路上沿人行道種了極長的行列的樹木。

第二次世界大戰破壞了蘇聯各城市的正常的進步。然而在戰爭期間，蘇聯還是在繼續進行公共的建築。列如戰爭這幾年中，莫斯科地下鐵道新路綫之建築一天也沒有停止過。在戰爭的日子裏，曾展開了沙拉托夫——莫斯科的巨大的煤氣管之建築。這一條於一九四六開始營業的煤氣管，已供給莫斯科的數萬個宿舍和許多工業企業以廉價的天然煤氣。

德國侵略者曾給蘇聯城市以極大的損壞。他們在佔領區裏整個地和部份地破壞了一，七一〇個城市。有五千餘萬平方公尺的住宅，一七五個自來水廠，四八個排水系統，三五〇個公營發電廠被澈底毀壞或被摧毀一部。有四十六個城市的電車事業被破壞了。

還在戰爭的日子裏，就已開始進行恢復這些城市和公營事業。從一九四三至四四這一個時期中，曾完成了許多工作。但在戰後斯大林五年計劃的年份裏，恢復城市業務以更快的速度在進行著。在五年計劃期間中，全蘇聯的領土上將建築面積為八千四百四十萬方公尺的住宅。公營發電廠的電力總量，自來水廠的供水量，電車，無軌電車，公共汽車路線之長度，公營洗衣室的數目等等，都將大大的增加。將在八個城市中開闢電車交通，在二十個城市中開闢無軌電車的交通。

在五年計劃期中，蘇聯工業將供給公共事業一千七百五十輛新電車，和三千輛最新式的無軌電車。蘇維埃城市之公共汽車總數將增為二萬二千輛，出租汽車之總數將增為一萬五千輛。現在在莫斯科，列甯格勒，基輔，塔什干，高爾基，里加和許多其他的城市的街道上已行駛著新式的，舒適的電車，座位甚多的無軌電車和公共汽車。

在蘇聯，城市建設是國家的一件重要的事情。隸屬於蘇聯部長會議之下有一個建築事業委員會，從事研究蘇維埃城市的計劃和建築問題。在各加盟共和國的部長會議之下有建築管理處。由城市的總建築師監督建築計劃之正確的進行。

蘇聯的經濟復興

國家計劃委員會職員 A I 夏愛文科 寫

戰爭中曾被德國佔領過的蘇聯各區域，都受了重大的損害。例如俄羅斯聯邦的曾被短期佔領過的各處，在解放時，它們的企業的數量祇剩下了戰前的百分之十三，而工人的數目則減少成爲百分之十七。在蘇維埃烏克蘭的曾被佔領過的各處，它們的工業企業的數量和在該業中工作的工人人數，縮減成百分之十九和十七，而在蘇維埃白俄羅斯的各處，則縮減成百分之十五和百分之六。

還在戰爭的年頭裏，就已開始了復興驅逐了佔領者而被解放的各區域的經濟。在一九四三和四四這兩年裏，蘇維埃國家曾支出一百七十億盧布用於這些地方的復興工作；然而在第一次五年計劃的時期，用於全蘇維埃的投資，平均每年都沒有超過一百億盧布。在一九四三年——四四年在從佔領軍手中解放出的各區中，已經恢復了發電量一百萬瓩的發電廠，一千餘個煤礦井，十三個鎔礦爐，七十個煉鋼爐，二十八座延壓機。

在復興工作中，圖拉州和莫斯科州的工人表現了輝煌的勞動英雄的模範。一九四一年秋天，莫斯科近郊的煤田已完全被德軍佔領了。礦坑和工人的村莊被侵略者破壞殆盡。在莫斯科近郊擊潰敵人後，馬上就開始了恢復礦地的工作。一九四二年，莫斯科近郊的礦地已完全恢復了，而一九四三年採煤量已超過了戰前水準。

鐵路工人，踏着蘇聯軍隊的先鋒部隊，在戰爭的兩年裏恢復了四萬三千餘公里，這幾乎等於蘇聯戰前鐵路的總長的百分之四十。

在解放區中，農業的恢復的速度亦不稍弱。在一九四四年春耕時，這些區域的集體農場曾在面積一千六百九十萬公頃的地上下了種。一九四三年初，這些地方有三九四個機器拖拉機站，而到一九四四年初時已經有了一，七〇二個機器拖拉機站。

在一九四三——四四年，蘇聯解放區之鄉村中，已復了和建築了八十三萬九千幢房屋，城市中則恢復了和建築了一千二百八十萬平方公尺的住宅面積。這些新房屋裏住了約五百五十萬人。

在戰後五年計劃中，復興解放區的經濟進行得更爲猛烈。五年計劃規定用於這些區域的資金總額爲一一五〇億盧布，即蘇聯國民經濟的投資總額的百分之四十五，在五年計劃的這幾年中，這些地方將建設三千二百個大工業企業。

在一九四六年——戰後五年計劃的第一年——已表現了重大的成績。被德軍破壞的工場工廠都迅速地恢復了。廢墟上又站立起城市，敵人破壞了的土地又蘇生了。斯大林格勒和哈爾科夫的拖拉機廠，羅斯托夫的許多農業機械廠，下斯飛爾水力發電廠，白海——波羅的海的運河和許多其他的大企業都又開始工作。五年計劃的第一年裏已經恢復了五座鎔鐵爐，以及許多馬丁式鎔鐵爐，延壓機和煉焦爐。

白俄羅斯的工業出品幾乎比一九四五年多兩倍。還見已開始建築新的，戰前沒有的工廠——汽車製造廠，拖拉機廠，自行車廠等等。在烏克蘭也開始建設新企業——第聶泊洛彼得羅夫斯克汽車廠，達夏瓦至基輔的輸氣管，數十個食品和輕工業的工廠。在卡累利阿芬蘭蘇維埃社會主義共和國迅速地恢復了纖維造紙工業，在愛沙尼亞恢復了採石工業以及其他工業。

進行恢復工廠工場和礦井是以更近代化的技術爲基礎的。

一九四七年——五年計劃的第二年——恢復工作進行得更加迅速。由於歐洲最大的聶泊河水力發電廠供給電流，而使聶波羅什鎳鋼廠，亞速夫煉鋼廠，尼古波爾斯克的卡爾•李卜克內西製管工廠，以及其他許多輕重企業，紡織工業和食品工業都開始了工作。頓巴斯的數十個礦井的產煤量達到了戰前的水準。一九四七年，曾被佔領過的區域的生產品總量比之一九四六年增加了百分之三十三。

五年計劃的第二年已恢復了數百個城市，數千個鄉村。這一年中，在驅逐佔領軍而得到解放的城市裏恢復了並建築了面積五百餘萬方公尺的住宅，而在鄉村裏則恢復並建築了三十七萬幢房屋。

由於大規模地進行復興工作，一九四七年最後三個月的蘇聯工業出品的水準已超過了戰前一九四〇年的工業品生產總量的每月平均水準。

今年，五年計劃的第三年的前幾個月中，復興並發展國內國民經濟這一工作進行的速度更加迅速，廣泛地實行全民的社會主義競賽，用以爭取五年計劃四年完成。從蘇聯國家計劃委員會的報導中可以看到，一九四八年一二三個月中，曾被佔領過的各區域的工業出品的總量比去年一二三個月增加了百分之五十九，同時，鑄鐵之生產增加了百分之七十五，鋼增加了百分之九十五，鋼軌之生產增加了百分之一〇三，電力增加了百分之三十三，水泥之生產增加了百分之六十七。建築了並恢復了城市中的住宅面積三十五萬平方公尺，鄉村中的房屋九千幢。

蘇聯計劃經濟之特色，一切生產工具和生產手段都是社會的財產，保證了國內國民經濟之復興和發展有如此空前的速度。而且蘇維埃國家是用自己的力量，用自已財力來復興和發展的，沒有求助於外債。

× × × × × × ×

30237

「電子學在工業及研究上之應用」

——一本新書的介紹——

中央工業試驗所電子試驗室主任　支秉彝

Bernard Lovell: Electronics and Their Application in Industry & Research
Published by Pilot press, England.

世人皆知，電子科學在第二次世界大戰期間，有驚人之進展，且曾直接對於戰爭發生若干巨大之影響。當時，各國對於研究所得；咸守秘密，不願公開，故雜誌報章，鮮有批露，茲者和平既已恢復，而電子科學，用於造福人羣方面者；正前途無量，自當公開研究，近來歐美報章雜誌，漸有記述：如雷達電視學，超短波諸方面，並有專書發表，類常巨著大文，非一般人所易了解，而集電子各項新問題於一書，詳加介紹，俾窺全豹者，當首推最近英國 Pilot Press 公司於一九四七年出版之 Electronics and Their Application in Industry and Research（電子學在工業及研究上之應用）該書爲 Bernard Lovell 所編，全書共分十四篇，皆經專家分別撰述，計包括：「電子物理，光電管，應用於紅外線之光電管，電子產生之電視訊號，超短波真空管，雷達，冷極管之控制應用，高週率電熱，漏氣控制，隨變（Servo-Mechanism）機械作用，電子與醫學，電子與生理，感應加速器，電子顯微鏡，」等十四篇。

該書首篇編者序言中詳述電子科學演進之歷史電子與第二次大戰，電子之將來與夫該書之宗旨，序中指出大戰期中，電子對於英國之重要性，並以曲線表明，德國潛水艇損失數字，每當一方電子有新發現時，該曲線即表明最高點或最低點，（此爲最佳之事例，足以說明電子學研究對於英國直接爲爭取一種生命線之奮門，英人迫於形勢努力研究，卒能完成雷達之發明，誠足發人深省者也。

該書首篇解釋電子在物理上之基本原理，如金屬中之電子，熱游子，發射光線發射，第二次發射等等，給於讀者對於電子之一般認識。

論及光電管者二篇分述普通光電管之應用，及特殊光電管之應用，按在大戰期間應用於紅外線之光電管，曾占歷史上重要之一頁，德國對此曾作不少研究，蓋因硫化鉛，硫化鉈電光管，對紅外線有特殊之靈敏度，用以測探熱體所發生之紅外線，可測定飛機輪船之位向，用以測探發光體之紅外線，則可接收發來之訊號，海軍中用以爲秘密通訊之光電報，該書特專章論及，並詳載硫化鉛，硫化鉈，硒化鉛，碲化鉛等，光線管之性能，最靈敏時之溫度及靈敏度與光帶之曲線 Elac NMG 42 探測器之構造等，俱爲可寶貴之新材料，足爲研究該項目者之參考，但二篇中之前一篇，所載之各種普通光電管，及二次發射電子之多次光電管之性能，戰前即有記錄，該書之宗旨原在介紹電子學在大戰中之一般新記錄，爲實貴篇幅計，有關光電管之兩篇，似可合爲一篇，電子產生之電視訊號一篇中，介紹近代電視所應用之高速度及低度掃描陰極線管，及其性能，與構造，爲電視學中重要部份之一，英國對於電視研究素有成就，此章所載足爲研究電視學者之良好參考。

大戰期間所產生各項新發明中，雷達僅次於原子彈，而聞名於世，亦爲一般人所感覺興趣者，近一二年以美國而言，如麻省理工已有雷達工程專書，連續出版，惟雷達科學包括超高週率，電波傳播，強力公分（生的）波之產生，輸送，衝脈波之發生，空間掃描方法，及高度靈敏寬波接收等諸問題，至爲廣泛，非一篇幅所能綜攬發揮，且工程專論，涉及深奧理論，殆非一般讀者所能了解，該書之雷達篇，闡發雷達要義，描述無遺，並列舉應用於軍事及民航實例，文字簡明扼要，讀者於此得一覽雷達之全貌矣。

其他如冷極管子構造及其充磁等之應用，高週率電熱之產生及對於工業一切上之意義，隨機械，以及電子之與醫學，電子之與生理，電子之與紡織等，均能一一介紹，讀之有如漫遊電子世界，茲錄讀後感想數點如次：

（一）該書各篇俱爲英國電子專家撰述，所有之記錄，性質曲線構造等，俱爲個人研究試驗所得之結果，殊足珍貴，且能就問題之幾個範圍綜爲成章，實符取精用閎言簡意賅之宗旨。

（二）該書雖經多人所寫，但編者使每章之先後次序互相銜接，且每章俱有一定之程式，而每章有小引，演進歷史，簡單原理，計算方式，各種性能，工業之應用及其構造，及參考書介紹秩序整然可觀。

（三）該書有各種特性曲線，線路及插圖四〇四張，常數表十三，俱爲電子學中最寶貴之材料，爲研究者必需之參考資料。

（四）該書大部份作者，俱曾參加大戰中之電子研究工作，故每章述及各部門，在大戰中之演進情形，及軍事上應用之實例，尤使讀者增加興趣不少。

（五）全書十四篇，誠如編者所言，俱爲大戰中電子發展中之新項目，但尚有調頻，無綫控制等，亦屬新項目，曾在戰中有其新發展與新供獻，該書未有專篇論及，或爲美中不足者也。（完）

國外通訊

英國電汽車即將問世

（英國新聞處倫敦電）英國即將製造一種以電力推動之轎車，名曰「蘭芯一巴格諾爾」，由一車站月台卡車之式樣發展而成，據稱行駛五十哩需費僅六辨士。汽車電池如欲裝電，僅需將車房汽車上之插頭插入家庭中普通樸洛中即可。爲製造此種汽車，目前與奧斯丁，納斐爾德，與福特各汽車公司所進行之談判行將結束，外界如欲函詢詳情，可逕寄「密德爾塞克斯愛爾蘭斯蒂根路蘭芯—巴格諾爾公司」。

英郵局研究所製成無綫電話

（英國新聞處倫敦電）倫敦英郵政總局研究所頃製成一種新式應用乾電池之無綫電話，對於居住於窮鄉僻壤之個人電話用戶甚爲便利。此種乾電池裝置之後，可經用六個月而不必修理，每日可通長三分鐘之電話十二次。

英國發明分信機 每分鐘可分信六百件

（英國新聞處倫敦電）倫敦郵局研究所頃發明一種爲「魔眼」之分信機器，每分鐘可分信六百件，英郵局於最近之將來應用此種全部機械化之制度後，所有郵件將投入分信器，使信件與包裹分開，然後信件即經過一種裝置光電之密室，而將大小信件分開，然後信件繼續順傳送地帶進行，經過一巧妙機關時，即可偵出信件之貼郵票處而使之翻上，以便蓋戳，每分鐘可達十封。然後，信面地址經人認清後即按一機關而使一種代表地址之無形螢光暗號印於信上，俟信經過一種紫外光綫時，即自動進入正確之分信箱內。

自動工程一大發明 磁力聯軸器 (Magnetic Fluid Clutch)

美國標準局之雷比諾氏(Rabinow)已發明一種磁力聯軸器，利用電力控制，極易操縱，其主要機件，爲：(1)推動軸盤(Driving Shaft & Plate)(2)拖動軸盤(Driven Shaft & Plate)，(3)無數之微細鐵粉，盛於兩盤之間，此種鐵粉係混和在潤滑液中，當電流連通之後，兩片動軸盤之間，變成強力磁場，所有鐵粉自行連鎖，使兩盤固結，一體轉動。如將電流切斷，則磁場消失，鐵粉即不能連鎖，兩盤因之脫結。此時兩盤間之液體，即生潤滑作用，此種磁力作用代替彈簧聯軸器之彈簧力量，構造既屬簡單，操縱又甚方便，自低速變至極高速亦能控制自如，聯軸效率幾爲百分之一百，又以潤滑劑之應用，可使壽命大爲增長，此種磁力聯軸器，將代替彈簧聯軸器而應用於汽車、機動車、汽船、坦克、飛機、印刷機、制動器、動力機器、雷達儀以及其他傳動機械中。雷比諾氏係於研究電子計算器時發明是項聯軸器者，現已自美國政府取得專利權云。（熙）

英舉辦工程模型展覽會

（英國新聞處倫敦電）英國工程模型展覽定於八月十八至二十八日分二部份在倫敦皇家園藝新所舉行。第一部份陳列機械工程，航海與航空模型，工具，工場設備，工藝教育器具與科學儀器之最新發展，另一部份陳列工匠之俱樂部及業餘陳列品。全英各地之俱樂部盡在其中，競相媲美，其餘陳列品尚有向海外國家借得之模型列一國際部份，另有一英國部份，備供業餘人士閱覽者，爲各種獎章與證書等，甚多海外貿易商與業餘人士屆時將前往參觀。

世間第一架渦輪推動飛機 年底以前可望試飛

（英國新聞處倫敦電）英國飛機建造商協會十三日宣稱：第一架以四架不列斯托爾渦輪推動之引擎所發動之侯密斯飛機，年底以前可望試飛，按同式引擎即將裝置於侯密斯機內者，最近已順利完成一組地面試驗，飛行逾四百小時而未生故障或必須檢驗之現象，按照英國飛機建造商協會所公佈之預期成績，該機於離地面一萬五千呎之高空之最高速每小時可望到達三百五十七哩，於一萬呎高處之巡行速度當爲每小時三百四十哩，乘客可載至六十三人，駕駛隊五人尚不在內。

中國工程師學會徵求團體會員啟事

查本會爲加强組織，積極推行會務起見，擬擴大徵求團體會員，凡國內工礦事業及學術團體熱心贊助本會會務者，均歡迎參加，如蒙贊同，請逕函南京甯海路三十四號本會索取入會志願書，辦理入會手續。

會址：南京甯海路三十四號

電話：三 四 一 一 九

國內消息

中央中國航空公司維持匪易緊縮航綫

（本報訊）中央及中國航空公司，以最近一個半月以來，汽油價格飛漲不已，計調整五次，自每介侖二十八萬五千漲至二百三十一萬元，增加七倍有餘，而航空運價，雖亦曾酌予調整，然終與油價脫節過遠，致賠累不堪，近以運價調整不易，乃暫縮減各綫班次，以期減少損失，並自即日起，停止旅客登記。

唐山工學院南遷不易

（本報訊）國立唐山工學院，爲我國內最負盛譽之工程學校之一；在北方多難期中，已經曾數度南遷，前月曾有遷江西萍鄉之議，經派員調查後，一切條件，多難達理想，故遷贛與否，尚在考慮中。據關係方面訊，南遷恐難成爲事實。

石景山煉鐵廠生產逐漸增加

（本報訊）華北鋼鐵公司石景山煉鐵廠二百五十噸爐，自四月一日開工以來，作業情形堪稱良好，五月份起，每日產量已由一百五十噸增至一百八十噸。現廠方爲應外界之需，正謀更進一步之增產計劃。至煉焦廠之輕油精爐主要設備及化工廠主要興建工程，亦已於月前先後完竣。

又天津煉鋼廠二十五噸平爐，前因爐底翻起，致煉鋼工作未能順利進行，經由改用唐山白雲石修補後，已於前（五）月下旬重行出鋼，爐底情形尚稱良好。

本屆大學工科畢業生出路問題

（本報訊）本屆全國各公私立大學工科畢業生，據非正式之統計，約在四千名左右，偌大一個國家，每年培就這幾個工程師，實在嫌少，論理，每人都該有幾個就業機會。可是今年情形，恰恰相反，時至今日，距離好幾個大學畢業典禮，已經一個多月，而就業數僅達三分之一左右。鐵路里程日短，公路亦少新建，資委會各工廠亦少有擴展，維持不易，無需新人，至於民營企業，更少需要。大勢如此，出路當然生問題。即以素被視為人材缺乏之航行人員，亦多求職非易，本屆交大畢業之造船及輪機科，僅有百分之五十能得安插。

中國工程師學會會務積極展開中

（本社訊）中國工程師學會自遷入甯海路三十四號新址辦公後，在會長茅以昇先生領導下，極積展開工作，並添聘周宗蓮先生為副總幹事，加强會務之進行，現正推進之工作計有：

（一）登記舊會員，審查新會員

該會舊會員有一萬二千餘人，惟因抗戰期間，多失聯繫，現正極積辦理舊會員登記，調查補發會員證，證章等工作，以期恢復全體會員之聯繫，申請入會之新會員亦已達二千餘人，現正在分別審核中。

（二）徵求團體會員——為加强工程界之聯繫起見，普遍徵求各公私工程機關團體加入為團體會員，現已有各省市建設廳，工務局，資源委員會附屬各機關及國內著名之工程公司，建築師等數十單位加入。

（三）出版工程雜誌——該會復員還京後，以經濟困難，暫停出版工程雜誌，現已復刊，并將停刊各期刊行合訂本，歡迎各方訂閱。

（四）恢復會務特刊——該會會務特刊亦因經濟關係，停刊已久，現擬積極籌劃，將於下月中復刊。

（五）該會會員所繳入會費，常年會費，為數極微，經費來源，大多由各機關予以補助，現擬發動全體會員樂捐，以利會務之進行，並已函寄捐冊，請由各方辦理云。

三十年來之中國工程

三十年來之中國工程，為我國工程界之一大巨著，係中國工程師學會主編。初版於重慶即銷售一空，再版本係用新聞紙精印，全書厚一千餘頁，定價每本為二百萬元，郵資另加，現已印就，開始發售。

經售處：南京（二）四條巷一六三號

中國工程出版公司

盧毓駿李運華同意為考試委員

（本報訊）土木工程師盧毓駿，化學工程師李運華兩氏均已當選為本屆考試委員，考試委員係由總統提名經由監察院同意者，本屆總統提名共十九名，經監察會議同意者僅十人，另九人尚待第二次提名（按盧李二氏均為中國工程師學會會員）。

川國防公路線工程正改善中

（本報訊）據交通部發言人稱：川省三大國防公路綫：（一）綿畹路；（二）樂岩路；（三）瀘廣路。該三大公路綫均係川省省道，綿畹路及樂岩路，在勝利前均已通車，現改善工程，正由省方辦理。瀘廣路由瀘縣經江口，巴中至廣元，為大巴山區新建之重要公路，去年十月間，交部會補助修築專款五十八億元，交由省方辦理，據報路基土方，已部份完成，惟因物價不斷上漲，正由交部呈請行政院，再撥橋涵及特種工程全部工款之半，計一九四〇億，以利工程進行。

濟南電業公司資會正式接辦

（本報訊）濟南電業公司經由資委會及魯省府數月之籌備，業於前（五）月十三日在濟南召開新公司第一次董監聯席會議，當經決定更名為濟南電力公司，並於同月十六日正式接辦。又悉徐州電廠亦已於前（五）月初旬，由資委會正式接辦。

福州電力公司正積極推進中

（本報訊）福州電力公司，由資委會與台灣電力公司及原福州電氣公司商股股東三方合辦，並經改組為福州電力公司，現三方董監事人選均已分別派定，並會於上（六）月初在京召開創立大會，所有接辦事宜，刻正積極推進中。

西京電廠寶鷄分廠資委會撥交民營

（本報訊）資委會所屬西京電廠寶鷄分廠，業務素稍簡單，無需由該會經營之必要，故除令飭結束外，並將該分廠所有業務，一併交由當地人士經營。刻寶鷄縣參議會及商會擬合籌組寶鷄電廠股份有限公司接辦，現正向西京電廠洽商租用該分廠原有綫路與資產合約中。

電信總局長錢其琛氏真除

（本報訊）交通部電信總局朱局長一成，因病辭職後，所有局務均由錢副局長其琛代理，現局長一職，當局已令派該副局長錢其琛氏升任。

中日線開航延至二十二日

（中央社訊）招商局中日綫正式開航之第一艘航輪海遼輪，頃定於二十二日啓碇駛往神戶。

本報啟事

（一）夏令期間自七月十五日起至九月底止暫出雙週刊

（二）本報訂價每份半年改為法幣七十五萬元全年每份壹百五十萬元航空另預存郵資七十萬元

（三）各航空訂戶預存郵資均將用完（現每份航費已增為七萬三千元）除另行通知外請速補航資七十萬元

南京市科學期刊將成立聯誼會

（本報訊）南京市科學期刊，約有十餘種，以地域計，僅次於上海市，本月十六日曾於本市新街口麥利西餐社舉行聚餐會，到有水利代表人何學謙；水力通訊，張紫行；工學半月刊，尹若瑾；海王，丁又川；現代公路，錢景瀾；汽車機料，孫永波；中國工程週報，杜拱辰等。首由各期刊出席人分別報告各刊以往簡史及當前情況，繼通過議決案共三件：

一、發起組織南京市科學期刊聯誼會；

二、互相交換刊登廣告，以資相互介紹；

三、互相交換刊物全份各一份，日後並相互交換稿件，俾各項專門性文字得於性質接近之刊物發表。至於聯誼會第一籌備會將定於七月二十二日下午召開。

南京泥木工資 每日二百四十一萬五

（本報訊）南京市泥木工資，向例係照南京市生活指數計算，自六月份米價飛漲以來，工資增加倍數比例米價，相距日遠，如五月初米價僅三百餘萬元一石，而工資爲甲級每工三十八萬元，至七月初米價係石二千餘萬元而工資僅爲九十餘萬，無形之中，減少三倍，實難以養家活口，更受小木作（傢俱之精細木工）派工影響（每日工資以白米一斗二升折合），自本月初起相率罷工，市內工人方面亦先後發生衝突數次，日前於營造業公會商討工資時，以某記營造廠堅持不允照新價計算（據云該廠承包某營房工程，至三十八年方可完工，而合同內並無訂明工資調整，故工資上漲過速，則該廠將受重大損失）共自備之一九四七年納許牌汽車曾爲工人案衆翻身搗毀，其廠主從後門外出，得以身免。後經社會局及營造公會理事長陶桂林氏多次調解，現工潮已息，七月份下半月工資連臨時生活補助費在內，甲級每工爲二百四十一萬五千元，乙級爲二百〇六萬六千元，丙級爲一百七十四萬九千元正，自七月十八日起全市泥木工已復工。

上海市生活指數
工人：一三八萬倍
職員：一〇七萬倍

（本報訊）上海市七月份上半月生活費指數、工人總指數爲一百三十八萬倍，較六月份增加六十七萬倍，約百分之九十四强；職員總指數爲一百〇七萬倍，較六月份增加五十一萬倍，約百分之九十强。共分類指數如下：

工人
食物：一、四二〇、〇〇〇倍
住屋：九六〇、〇〇〇倍
衣着：三、三二〇、〇〇〇倍
雜品：一、五四〇、〇〇〇倍

職員
食物：一、四三〇、〇〇〇倍
住屋：二六〇、〇〇〇倍
衣着：二、七三〇、〇〇〇倍
雜品：一、〇八〇、〇〇〇倍

台糖公司所產酒精 運銷外洋爭取外匯

（本報訊）台灣糖業公司本年度酒精產量預定爲五百萬加侖，除出售二百三十萬加侖供公賣局製酒外，並每月將以十一萬加侖供混合汽油之用，最近爲謀爭取外匯起見，將以七萬伍千加侖銷售香港，印度及歐洲等地云。

華中鋼鐵公司 煉鐵爐建造工竣

（本報訊）華中鋼鐵公司三十噸煉鐵爐，自經去（三十六）年十月開始建造以來，所有一切工程，均係按照預定計劃進行，故已於月前全部竣工云。

重慶煉鐵廠 煉爐修竣

（本報訊）電化冶煉廠所屬重慶煉鐵廠之十五噸爐，前曾損壞，經積極整修後，已於前（五）月初旬能順利開工出鐵，情形亦甚良好。

水泥零訊

△遼甯水泥公司本溪廠，經積極整理後，已於前月中旬順利復工生產。

△台灣水泥公司上月份水泥繼續銷菲者，仍達八千五百噸，截至上月份止該公司銷菲水泥，共達二萬五千一百噸之巨。

本報發售合訂本啟事

本報爲便於讀者保存起見，自第二十三期改爲十六開版面，但外埠訂戶寄遞，仍時有遺失，向本報要求補寄及購合訂本者日必數起，特湊集存餘報紙裝訂合訂本，但爲數有限，第一二三四集各爲百本售完爲止，外埠以郵戳日期先後爲序。

（第一集一期起——十期止）
（第二集十一期起——廿二期止）
（第三集二十三期起——卅期止）
（第四集卅一期起——四十期止）
每集定價法幣貳拾萬元整

一百二十呎的R.C.Rigid Frame屋架是否值得做？

(上海通訊)這個兵荒馬亂的年頭，破壞多，建設少，造一座小住宅，已經不容易，至于較大的工程，眞是鳳毛麟角，最近「中國農業教育電影製片廠」在南京和平門外打算建築一座一百二十呎見方，三十五呎高的攝影場，這件工程，也算是個大不小的事，本來用一百廿呎淨孔的鋼架屋架亦是很普通的，並無希奇，可是這位設計建築師却別出心裁，用上兩座鋼骨水泥Rigid Frame來支持整個屋面，這似乎便有了新聞價值。

農教電影廠廠房設計係委託中央信託局建築科辦理，需要攝影廠大小爲一百廿呎見方，淨高卅六呎原來是採用十一架橫向淨孔一百廿呎的鋼屋架，屋架中距各爲十二呎，這個計劃草案到了主任建築師手頭，覺得全部角鉄，工字鉄等是否市面上有貨，很生問題，便决心改爲鋼骨水泥屋架，採用縱向R.C.Rigid Frame二架，淨孔爲一百廿呎支持整個鋼骨水泥屋面，中距爲四十呎，每架離開邊牆距亦爲四十呎，照初度計算結果，頂部大小尺吋爲三呎寬九呎深(3'×9')，兩端爲三呎寬，十五呎厚(3'×15')基礎大小爲七十呎見方(70'×70')至于鋼筋數量，層層密佈，當在意料之中，爲了基礎問題，還需要做土壓力試驗，據說近日正在進行試驗中，一有結果，便馬上開工。(心文)

× × × × ×

經濟部獎勵工業技術審查委員會審查合格應予獎勵各案

三十七年六月第一〇八次審定公布

呈請人	住址	物品名稱或製造方法	專利範圍	專利年限	審定號數
台灣糖業公司	台灣台北	中間汁炭酸法製造白糖	仝左	五	三十七合字第六三九號
震旦機器鐵工廠	南京太平路三九三號	空氣泡沫劑	仝左	三	三十七合字第六四一號
李瑪智	上海愚園路二三五弄七號	梳毛紡大牽伸前紡機	該項梳毛紡機之針片循構造及上下羅拉配合裝置	五	三十七合字第六四二號
葛鳴松	上海澳門路一〇六衖A字六〇號	織機開口反序裝置	仝左	五	三十七合字第六四三號
唐堅吾	上海交通路十一號	快印機自動濾墨滾筒及勻墨印襯	該項印機上濾墨滾筒及勻墨印襯配合部份	三	三十七合字第六四四號
中國電工企業公司	上海中正中路三七九號	電鐘自鳴報時器	該項電鐘報時器之構造及其分針時針之電路裝置	五	三十七合字第六四九號
張忠康	上海山海關路四〇六弄三號	瓷売馬達開關	該項馬達開關之瓷売部份	三	三十七合字第六四六號

定價　每份四萬元正
半年訂費壹百萬元正
全年訂費貳百萬元正
航空或掛號另存郵資壹百萬元
廣告價目　每方時壹百萬元

中華民國三十七年八月二日出版

中國工程週報

內政部京警圖字第五十一號
中國工程出版公司
發行人　杜拱辰

中華郵政認為第二類新聞紙
江蘇郵政管理局登記證第一三二號
地址：南京(2)四條巷一六三號
電話二二三九八九
本報歡迎直接訂閱，概不另售

生活簡單化

自然科學愈進步　人類生活愈簡單

原著者 Gordon Lippncott
譯述者 陳澄平

時代的進展，其趨向是從複而日益單純。本來任何一件事物的發展，都是從簡單的開始，演變成複雜。當複雜到了極端的時候，一個新的簡化的方式便應時而生，起而代之。當然這個新的方式不免仍舊走着老路綫，到達複雜的境地而被淘汰，可是這個取而代之的新方式的程度比之前一個又高明多了。這代表了科學的發展與人類的進步。

最好的例子，莫過於噴射式飛機——一個新發明的簡單機械設備，免除了內燃機引擎的無數精確機件。製造成本減輕，生產量增加，飛行既快捷，又簡單。青出於藍而青於藍，此之謂也。

美國的一般城市發展也是一個很好的例子，當十八世紀末葉（一八九〇年）電車，高架鐵路，以及隧道，風行一時，代替了缺乏效率可是十分簡單的馬車交通。因之本來很簡單的舊城市，便一天天轉變於複雜。然而時至今日，奇怪的是，新型城市的發展又將回復到相似點很多的古老式城市形態。電車將絕跡，市內火車更不消說，汽車也大量減少，馬路不再擁擠，摩天大樓變為古蹟。這樣的城市型式，在塔克薩斯州（Texas）和中南美洲已經有很多城市向這個方向發展了。城市的四週有充份擴展的餘地，城市的計劃與生長完全以空中交通來決定。在上述城市中，空中交通已被廣泛使用，在 Tegucigalpa, Honduras, 人們已經開始坐飛機作城鎮間之往來。至於山岳地區，地形多障礙，空中交通尤其經濟，為了這個原因，多山的中美洲已經跳過鐵道與汽車運輸時代而直接近入空中交通的世紀。

一架大的飛機的容積量，從紐約到落山磯（Los Angles）恰好同一列火車一樣，因為火車走一躺的時間，飛機可以走八次，空中交通確實簡單得多。

文字記載的歷史，也已經跑了一個圈子——從簡單、複雜、而還原到簡單。古時書本稿件都是用手抄寫的，木刻版與油印機增加了寫字的速度，用動力印刷機當然印的更快，現在最新式的印刷機，尤其是構造極為複雜的報紙印刷機，幾分鐘內印上幾萬份也不足為奇。

印刷技術也不例外，到達「今天這個複雜局面，實在需要簡單化，新的方式應運而生。新聞用無綫電來傳佈，減少了許多報紙與印刷的麻煩，無綫電和電子錄音術使幾個文字之傳遞回到了原始的談話方式，可是更為準確。速打字機的用處也一天天縮小，很多大企業機構已經用錄音片來代替信扎與文字契約記錄，既可郵寄，也便收藏。用聽覺來代替視覺，可以使辦公更為輕鬆愉快！

初發明的無綫電話是很簡單的，現在則日益煩複，電視（Television）更甚。無綫電收音機本來很便宜，近來則愈進步愈昂貴，遠非一般人民購買力所及。今日無綫電突飛猛晉，正與精細複雜的印刷工業之發展走上同一路綫。結果怎樣呢？大致不外乎一個新的發明，具有無綫電之性能而十分簡單的一個新工具來替代。到了那時現代通訊所投資之億萬金元將廢棄而不用。雖則時至今日，還沒有對這方面有新發明問世，可是很多無綫電專家已經在打主意了，覺得非變不可。

人類在很多地方有很多進步，可是有些地方仍然停滯不前。在每日生活方面，有很多小的技巧工具，增加了生活的舒適

本報啟事

（一）夏令期間自七月十五日起至九月底止暫出雙週刊

（二）本報訂價每份半年改為法幣壹百萬元全年每份貳百萬元航空另預存郵資壹百萬元

（三）各航空訂戶預存郵資均將用完近以航空寄費時加調整每份已增至十一萬餘元幾為本報每份價格之三倍每次航遞郵資為數至鉅本報以資力有限無力墊付尚請愛護本報之訂戶於接到繳付航資通知後即行購就郵票寄下否則祇能改為平寄尚希鑒諒是幸

，如電力除塵機，電熱捲髮，搾橘汁器，烘蛋糕器等等，但是對於廉價房屋，冬夏咸宜的服裝，食物之大量生產等始終無法解決，少有進步。

今天美國社會最需要的並不是電熱烤麵包器或是無線電電視器。面臨製造商的問題不是另件工具以及可有可無的半需要品，而是最基本的必需品。當然房屋是最重要的一個，其需要廉價與大量製造比之B-29的大量生產重要得多。

人們從現在住居形式的房屋忽然轉變而作戰時活動房屋的話，當然很不習慣，可是現代建築需要大量的利用可塑體（Plastic materials）是無可非議的。建築將進入一新時代——承力表皮外牆（Stressed-skin Surface）的設計，這種結構有兩種方式：第一種是人體骨格式——一個骨節（Joint）相連的骨架，支持整個身體。以建築師的口吻說是骨架式樑柱結構，帳帷式外牆。與前者相反的第二種是整塊(Monocogue)式建築有如雞蛋殼一般。整個建築支持在外殼上，——一個很薄的承重表皮外牆。這種結構大致還得等待整塊結構的大量生產技術有一大進步而後方可。

汽車的車身，現在都是分做車頂與車底盤二部份，用電焊連結成一整塊結構。當然這是不及頂與底全部用一塊鋼板壓製的好，這種構造在鐵路上已經有整塊不銹鋼板車箱問世，其重量也輕得多。

毫無疑議，遲早整塊式結構也要發展到房屋與家具等方面去，無綫電收音機的外殼已多採用整塊的可塑體。在未來十年中家具之改革或許比以往幾百年還要多。拿一張普通椅子而說，它有四隻腳，一塊坐板，一塊靠背，擱手與四腳間的支撐木。新的黏著性物體已經進步到接頭(Joint)堅牢無需支撐的程度，這樣可以減少四腳之間的支撐，不僅減輕重量，還增加美觀。很多新式的椅子靠背與坐板都是連成一起的。臥室內的衣櫥已經失去了價值，一個經過設計建造的壁櫥比之儲藏衣服的衣櫃要實用得多。不僅增加室內整潔，同時也節省地位。

鋼或鋁製的窗框將要用一塊壓出來的整體，這樣窗子可以不再要用長方形或方形。

樓地板擱柵無需再用一根根的排列起來，可以用整塊澆起來的如 linoleum & Plastic mastic Flooring。洗澡間與廚房也都用整塊澆起來的，從廠裏直接運到工地。這在免除接縫，接頭，與九十度牆角(因為污穢不易洗滌)上都能達成任務。

全美國各階層的人民都使用電器的用具，這是全世界人民生活水準所不及的。不幸的是美國人的房屋並沒有針對這些用具而設計，因而在使用與儲藏方面都不方便，尤其是樣式與種類太多，更增設計之困難，所以用具的簡單化成為基本之需要。

打掃室內的地毯，新的方法是用真空滑潔器（Vacuum Cleaner）。樓板夾層溫度調節法的採用（Panel heating in Floor）可以不再要地毯，真空滑潔器也不再需要了。進度的方向是簡單化！

省去踏腳板與擋泥板增加了汽車車身裝焊的便利，一種新式的壓模機可以把鋼板壓成任何複雜的曲面，並且可以精確萬分。所以預料到了一九七〇年，將視今日之汽車為廢物。新的汽車將為設備簡單，車身為一整片的有色不銹鋼製成，發動機與車底盤的另件，數量將大為減少。

以最簡單的方式大量運送水菓到消費者手頭也是很重要的一個問題。冰凍食物是一個最簡單的運銷菜蔬、魚、肉的方法，如此可以減少地位與重量，因為魚與肉已經把骨頭和其他不可以吃的部份去掉了。預料不久的將來，肉類將依照其部份分割包裝運銷，這樣買排骨或蹄胖的人可以很方便的得到所需要的。

以政府組織而論，美國也已達到了複雜的頂點。全國人民都希望聯邦政府組織機構單純化，可是有很多陳腐的思想與法令卻走向相反的路。譬如說：法院的審案記錄可以用留聲片錄音或用電子錄音器來記載，既經濟又省便，可是法院仍舊用手來作麻煩的記錄，寫得整整齊齊，以便閱讀。

生活是如此的複雜，雖則一般的人可以從電視與無線電收音機來代替歌劇與音樂會，電影與偵探故事，或者以淳酒來消磨時間，可是最合理的方法來享受大量生產的果實，還是在生活的每一角求得最大的簡單化。

生活已經到了很複雜的程度，差不多每件應用的東西都有疑問的價值，『這件東西是否真正需要？是否對生活有所裨益？是否使人發生優美與快樂的感覺？還是增加每日生活的麻煩？』當你在考慮這些問題的時候，你一定會覺得驚奇，有很多東西一天到晚需要打掃清潔與謹慎保護，可是事實上是毫無用處。例如華貴、漂亮脆弱的磁具餐具，陳放在餐室的玻璃櫥內，祇有在貴賓光臨的時候，偶一使用。可是每天得化很多工夫去撣除灰塵，偶一不慎，還有破裂的危險。用具本來是增加人們方便的，結果非特增加麻煩，連人也變成了用具的奴隸，像這一類的用具，雖則漂亮，又復何益？再過幾年，這一些東西，預料都將在摒棄之列，與人無緣！

任何人都可以把一件東西複雜化，但是要把它簡單化卻需要很高的天才、智慧與技巧。人們生活的高度簡單化，尚有待於科學之進步。

（譯自一九四八年七月份 Science Digest）

中國工程師學會

調查會員最近通訊處啓事

敬啟者本會自還都以來各會員服務地點變遷甚多茲為便利各會員與本會連繫計擬於本年十月年會前編印會員錄請各會員將本人及所知各會員之最近通訊處與服務地點請速開明寄南京(8)甯海路三十四號本會為荷。

中國工程師學會會員調查表

姓名	字號	性別	年齡	籍貫	會員級位	學歷	科別	服務機關	職務	所屬分會通訊處

土木工程師學會
三十七年度第一屆董事會

日期：卅七年六月十二日

地點：南京上海路合衆新村七號

出席者：淩鴻勛　康時振　周鳳九　趙祖康　劉良湛（陳克誠代）　郭增望　陳孚華　吳華甫　薩福均　薛次莘　張競成（薛次莘代）　陳本端（陳孚華代）　劉德照（郭增望代）　沈怡

列席者：中國工程師學會茅會長以昇　方陽森

主席：趙會長　記錄：郭增望

報告事項

趙會長致詞：

（一）土木工程師學會與工程師學會職掌上宜有區別，前者應注重於專門學術之研究；後者則應注重於各專門學會聯絡工作，與共同之福利業務。

（二）本會支會，宜以機關或學校為組織之基層團體。

（三）土木部門現已成立有：水利、衛生、市政、土壤等專門學會，本會並宜注意各學會間聯絡工作。

（四）本會籌募經費，及出版刊物等問題，擬請共同研究討論。

淩前會長致詞：贊同趙會長意見，將工程師學會與專門學會職權劃分，本會以土木部份既以分別成立水利、市政等專門學會，今後工作宜着重於鐵路、公路、結構、機場方面之學術研究。

沈前會長致詞：以往本會以復員伊始，未能展開工作，希望今後加緊業務之推進。

工程師學會茅會長致詞：諸位對於工程師學會，改為協會性質，辦理各專門學會間之聯絡，及工程師之福利事業，深表贊同。希望下屆聯合年會中，由專門學會提出討論。

郭代總幹事報告：本會以復員時，案卷沉沒江中，全部損失，會員經重行登記，於卅六年底辦竣，計正會員四八二人仲會員一七三人、根據會員登記，繼續辦理：改選會長、副會長、董事，是項工作，亦於四月底辦竣，對於業務方面頗少推行。

方總會計報告：本年截至現在止，共結存基金一，二九六，四九六，三九元詳細帳目，另造冊說明。

討論事項

（一）組織土木技師公會，應如何進行案。

決議：各地即分別籌備組織，並推舉各地籌備負責人如下：

上海——趙祖康

南京——盧毓駿

北平——譚炳訓

廣州——王節堯

漢口——夏光宇

蘭州——沈圻

迪化——劉良湛

重慶——許行成。

（二）本會各地分會支會應如何成立案。

決議：（1）機關學校為成立支會之基層單位。

（2）由會長指定各地代表督促各單位組織支會。

（3）由支會聯合成立分會

（三）本會刊物應否籌備出版案。

決議：由總編輯洽中國工程週報，及工程報導，設置專欄，刊登本會消息，及學術研究著作。

（四）編訂土木工程名詞應如何進行案。

決議：照二十五年第一次董事會組織之「編訂土木工程名詞委員會」各委員，再由會長增聘會員參加辦理。

（五）本會本屆年會論文應如何徵集案。

決議：推選淩鴻勛、茅以昇、周鳳九分別負責徵集鐵路結構及公路方面論文。

（六）本會經費指撥應如何增闢財源案。

決議：（甲）會費參照工程師學會辦法，即行收費。

（乙）捐募基金由會長詳籌辦法後，再行辦理。

改選執行部幹事結果如下：

總幹事：郭增望

總會計：陳孚華

總編輯：陳本端

所有副總幹事、副總會計、副總編輯、由總幹事、總會計、總編輯分別提經會長同意後聘請，並提出下次董事會備案。

中國土木工程師學會
執行部會議紀錄

日期　三十七年六月二十一日

地點　上海武夷路三二〇弄四號

出席者　趙祖康　陳本端　陳孚華　劉作霖　陸筱丹　郭增望

主席　趙會長　紀錄　郭增望

討論事項

（一）推選副總幹事副總會計副總編輯案

決議如下：

劉作霖為副總幹事

成從修為副總會計

陸筱丹為副總編輯

（二）本會臨時會址案

決議：為通信方便起見暫設上海九江路一〇三號二樓二〇七室。

（三）分會支會組織通則草案。

決議：根據三十四年公佈之分會章程修正通過送請各董事徵詢意見後先行施行。

（四）籌組上海各支會案。

決議：各單位籌備人員如下：

交通大學　陳本端

復旦大學　孫繩會

同濟大學　吳之翰

市工務局　吳文華

京滬區鐵路管理局　梅暘春

中國橋樑公司　汪菊潛

中國航空公司　陳祖東

第一機械築路總隊　李溫平

公路總局上海辦事處　孫懷慈

（五）徵收會費標準案。

決議：

（甲）團體會員以五十元為基數照當地繳費時公教人員生活指數計算。

（乙）會員以五元為基數照當地繳費時公教人員生活指數五分之一計算

（丙）仲會員以三元為基數照當地繳費時公教人員生活指數五分之一計算。

（丁）學生會員以一元為基數照當地繳費時公教人員生活指數五分之一計算。

（六）總會分會及支會會費分配案。

決議：

（甲）團體會員會費充作總會經常費

（乙）其他會員會費以百分之二十繳納總會其餘百分之八十充作分支會經費。

（七）本會經常刊物案。

決議：本會會務消息及學術著作分別洽中國工程週報及工程報導商議合作辦法

（八）本年年刊應如何籌輯案。

決議：由總編輯主持辦理。

中國土木工程師學會

分會支會組織通則

第一條　中國土木工程師學會分會以一地區為範圍組織之；支會以機關學校或團體為範圍組織之。

第二條　每一機關或學校或團體，有會員八人以上，經本會董事會核准得組支會，但一單位以成立一個支會為限。會員不足八人者，得加入其他單位之支會。

第三條　每一地區有支會三個以上，經本會董事會核准，得聯合成立分會，但每一地區以成立一個分會為限。未成立支會之地區，如有會員八人以上，經本會董事會核准，亦得成立分會。

第四條　分會定名為：「中國土木工程師學會某地分會」。

第五條　支會定名為：「中國土木工程師學會某機關（某學校某團體）支會」。

第六條　支會設會長一人，並得設副會長一人，幹事若干人，會長副會長由全體會員選舉之，連選得連任一次，幹事由會長於會員中選任之。

第七條　分會設會長一人，副會長一人，幹事若干人，會長由全體會員就支會會長副會長中分別選任之。（如無支會之分會，由會員中選舉之。）幹事由會長就會員中，徵得支會長之同意選任之。

[illegible]條　分會支會設執行部，由會長副會長幹事組織之。

[illegible]條　分會設執行部職權如左：

（甲）初審會員資格。

（乙）召集會員大會。

（丙）舉行聯合性之集會。

（丁）發行聯合性之刊物。

（戊）辦理其他聯合性之會務。

（己）會員之一般福利事業。

第十條　支會執行部職權如左：

（甲）徵求會員。

（乙）召集常會。

（丙）舉行參觀，演講及其他研究性之集會。

（丁）舉行旅行及其他正當娛樂之社交性集會。

（戊）辦理支會其他會務。

第十一條　分會每三個月舉行會員大會一次，支會每月舉行常會一次，遇必要時得召開臨時會。

第十二條　本通則自本會董事會通過日施行，如有未盡善處，得由分支會或董事提請董事會修正之。

中國土木工程師學會

通告　滬字第一號

（一）茲將本屆會長副會長及董事改選結果公布如下：

正會長　趙祖康　副會長　周鳳九　薛次莘

董事　薩福均（當然董事）　凌鴻勛（當然董事）　沈怡（當然董事）　周鳳九（當然董事）　趙祖康（當然董事）　薛次莘（當然董事）　張含英（任期至民國四十年五月）　郭增望（任期至民國四十年五月）　顧宜孫（任期至民國四十年五月）　陳本端（任期至民國四十年五月）　鄧益光（任期至民國四十年五月）　吳華甫　康時振（任期至民國卅九年五月）　陳思誠（任期至民國卅九年五月）　劉建熙（任期至民國卅九年五月）　陸爾康（任期至民國卅九年五月）　洪觀濤（任期至民國卅八年五月）　張鐵成（任期至民國卅八年五月）　劉良湛（任期至民國卅八年五月）　陳學燕（任期至民國卅八．五月）　王竹亭（任期至民國卅八年五月）

（二）本屆執行部人員業經遴選結果如下：

總幹事　郭增望　副總幹事　劉作霖

總會計　陳學燕　副總會計　成從修

總編輯　陳本端　副總編輯　陳祝丹

中國土木工程師學會

通告　滬字第二號

本會通訊地址原設南京公路總局技術室，茲以執行部人員大部留駐上海，為通訊方便起見，自即日起改為：「上海九江路一〇三號二樓二〇七室」特此通告。

中國土木工程師學會

通告　滬字第三號

查本會會員散布全國各地，所有分支會亟待成立，茲為便利籌組工作起見，特在各地設置聯絡代表，就近辦理總會委託事項，茲將本會各地聯絡代表姓名地址公布如後，即希諸會員查照為荷，特此通告。

中國土木工程師學會

各地聯絡代表

地點	聯絡代表	通訊處
南京	成希顒	南京高樓門公路總局
北平	譚炳訓	北平市工務局
天津	劉如松	天津市工務局
唐山	耿　承	唐山國立唐山工學院
敦煌	謝元模	敦煌南疆工程處
重慶	許行成	重慶成渝鐵路工程局
貴陽	劉建熙	貴陽觀水路湘桂黔鐵路局都筑段工程處
南昌	過守正	南昌江西省公路局
昆明	羅　英	昆明尚義街十三號第四區公路管理局
瀋陽	王竹亭	瀋陽和平區五馬路中長路局
迪化	劉良湛	迪化第六區公路管理局
台北	吳文熹	台灣台北台灣省工程公司
青島	宋希尚	青島青島港工程局
濟南	王洵才	濟南津浦區鐵路局
杭州	王元康	杭州浙贛鐵路局
蘭州	沈　圻	蘭州第七區公路管理局
廣州	王節堯	廣州第三區公路管理局
衡陽	陳思誠	衡陽苗圃粵漢鐵路管理局
漢口	夏光宇	漢口平漢鐵路管理局
福州	蔡世琛	福州福建公路工程處

中國土木工程師學會

通告　滬字第四號

查本學會會務，因正着手積極推進，各會員會費亟待徵收，本年度本學會會費，依照行政院規定之公教人員生活指數倍數徵收之。各級會員之基本數，經決定為團體會員五〇元，正會員一元，仲會員六角，學生會員二角。均按繳費月份，所在地之指數倍數，乘上開基本數，所得實際應付會費數目繳納之。各會員請將會費逕寄上海（楊樹浦路魚市場東）安東路二十二號，上海市工務局第五區工務管理處，本學會總會計陳學燕君。除另發通知外，因會員所在地址或有變更，容有疏漏未達，特再通告。

小統計

首都一年來之車禍

（本報訊）據首都警察廳發表，自上年七月至本年六月止一年來之車禍，肇禍總數為六〇六次；市內公商車輛二五三次；軍用車輛二三九次；盟軍車輛二二次；號碼不明之車輛二三次，其他六九次。死傷人數，計受傷五三七人；死亡八八人。

中國市政工程學會

第三屆第二次理監事聯席會議紀錄

時間　三十七年七月二十六日下午五時

地點　南京資業橋三十四號

出席　沈　怡　周宗蓮　鄭肇經　薛次莘　趙祖康（鄭肇經代）　譚炳訓（薛次莘代）　朱泰信（周宗蓮代）　淩鴻勛（沈　怡代）　方福森　俞浩鳴（方福森代）

主席　沈　怡

紀錄　朱押生

（甲）報告事項

一、本會台灣分會已於三十六年十二月十五日在台北召開第一次籌備會議並已徵求會員五十餘人本會已去函催請早日正式成立。

二、本會上海分會來函報告成立以來內部已設建築、交通、衛生工程三研究委員會從事研究工作。

三、第三期年刊資料已送編審委員會彙編。

四、本會徽章圖案已送楊廷寶先生分別接洽修改。

五、教育部聯教組織中國委員會函請本會查填「教育及學術文化團體調查」表。已查填寄去。

六、財務報告：上期結存一、二〇二、六二三、九七元本期收到息金等五七一、三三二、〇〇元本期支出印刷信封及郵票等八二四、〇一四、〇〇元除支結存九四九、九四一、九七元（存中國通商銀行存單京字二一三二號）

（乙）討論事項

一、本屆年會期近本會應如何籌備徵集論文提請討論案。

決議：推趙監事祖康主持收集有關都市計劃方面之論文及資料推譚理事炳訓主持收集有關市政管理方面之論文與資料於舉行年會時即請趙監事譚理事分別主持研討以上兩項問題並請台灣分會同時準備以上兩項問題之資料屆期一併研討。

二、近來物價高漲本會會費應如何調整提請討論案。

決議：各級會員之會費暫行參照各學會辦法以下列調整數按照各地公教人員生活指數計算徵收。

會員級別	入會費基數	常年會費基數
團體會員	貳拾元	拾元
基本會員	貳元	壹元
會員	壹元	五角
初級會員	四角	貳角

以上調整數字俟舉行年會時補提追認

三、本會會務通訊負責人王會員正本現已離京應否另推負責人提請討論案。

決議：本會新聞寄請中國工程週報代為登載。

四、本屆常務理監事及理事長應如何推選提請討論案。

決議：仍由上屆常務理監事長連任。

五、本會理監事照章每年改選三分之一所有第三次改選事宜應如何辦理案。

決議：第三次應行改選之理事為譚炳訓朱泰信余籍傳薛次莘蕭慶雲五君應行改選之監事為趙祖康君茲推周宗蓮盧毓駿方福森三君為司選委員推選下屆新理監事候選人

六、韓家餘申請入會提請審查案。

決議：通過韓家餘為會員。

散會

中國市政工程學會第三屆職員名單

理事長　沈怡

常務理事　鄭肇經　淩鴻勛　譚炳訓

理事　茅以昇　盧毓駿　薛次莘　朱泰信　余籍傳　周宗蓮　蕭慶雲　過守正　袁夢鴻　梁思成　俞浩鳴

候補理事　吳華甫　王正本　陸謙受　李榮夢　姚世濂

常務監事　趙祖康

監事　劉如松　方福森　周象賢　關頌聲

候補監事　楊廷寶　張人傑

總幹事　鄭肇經

副總幹事　俞浩鳴

編審委員會主任委員　盧毓駿

本報發售合訂本啟事

本報為便於讀者保存起見，自第二十三期改為十六開版面，但外埠訂戶寄遞，仍時有遺失，向本報要求補寄及購合訂本者日必數起，特湊集存餘報紙裝訂合訂本，但為數有限，第一二三四五集各為百本售完為止，外埠以郵戳日期先後為序。

（第一集一期起——十期止）

（第二集十一期起——廿二期止）

（第三集二十三期起——卅期止）

（第四集卅一期起——四十期止）

（第五集四十一期起——五十期止）

每集定價法幣肆拾萬元整

南京市主要建築材料及工資價格表　調查日期37年8月2日

名稱	單位	單價	說明	名稱	單位	單價	說明
青磚	塊	10萬		2½"洋釘	桶	9,000萬	
洋瓦	塊	35萬		26號白鐵	張	6,000萬	
石灰	市担	500萬	塊灰	竹節鋼筋	噸	25億	大小平均
洋灰	袋	1,100萬	50公斤	上熟米	市担	4,000萬	
杉木枋	板尺	32萬	一呎方一吋厚	工資			
杉木企口地板	英方	50萬		小工	每工	150萬	包括伙食在內
4½"圓杉木桁條	根	150萬	13'—0"長	泥工	每工	400萬	包括伙食在內
杉木板條子	綑	400萬	6'—0"長	木工	每工	400萬	包括伙食在內
廣片玻璃	方呎	70萬	16盎司	漆工	每工	420萬	包括伙食在內

上列價格木料不包括運力在內磚瓦石灰則係送至工地價格

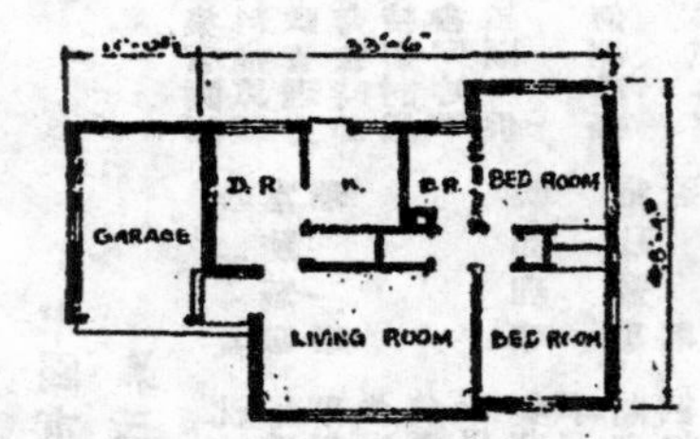

工程說明

本工程係磚牆，洋瓦，灰板平頂，杉木企口地板，杉木門窗房屋，施工標準普通，地點位于本市中心地區，油漆用本國漆。外牆係清水，一應內牆及平頂均用柴泥打底石灰紙筋粉光刷白二度，板條牆筋及平頂筋用2"×3"杉木料，地板擱柵用2"×6"杉枋中距1'—0"，桁條用小頭4½"圓杉條2'—6"中距。

本工程估價單

名稱	數量	單位	單價	複價	說明
灰漿三和土	4	英立方	6,000萬	24,000萬	包括挖土在內
10"磚牆	22	英平方	19,000	418,000萬	用陰坯紅磚
板條牆	7	英平方	9,000萬	63,000萬	
灰板平頂	10	英平方	6,400萬	64,000萬	
杉木企口地板	6	英平方	10,000萬	60,000萬	包括踢脚板在內
洋灰地坪	2.5	英平方	8,000萬	20,000萬	6"碎磚三合土上澆2"厚1:2:4混凝土
屋面	14.5	英平方	21,000萬	304,500萬	包括屋架在內及屋面板
杉木門	315	平方呎	280萬	88,200萬	五冒頭""厚1 3/4"門板厚1/2"
杉木玻璃窗	170	平方呎	260萬	44,200萬	廣片16盎司
百葉窗	150	平方呎	250萬	37,500萬	
掛鏡線	22	英丈	180萬	3,960萬	
白鐵水落及水落管	25.5	英丈	2,300萬	58,650萬	
水泥明溝	18	英丈	1,500萬	27,000萬	
水泥踏步	3	步	800萬	2,400萬	
總價				12,154,100,000.——	

本房屋計面積10平英方丈總造價國幣 12,154,100,000.

平均每平英方丈房屋建築費國幣壹拾式億壹仟伍百肆拾壹萬元正（水電衛生設備在外）

調查及估價者南京六合工程公司

國外通訊

德國西部煤鋼生產已創新紀錄

（英國新聞處倫敦電）德國西部最近之煤鋼生產數字，現已由英美聯合區當局發表，反映工業恢復之進展率。六月份生產數字新紀錄，爲該二項基本工業之工人所創立者，六月份煤斤生產總額逾七百四十萬噸，多於五月份產額一百五十萬噸，而每日平均生產額增加一萬五千噸，出口煤斤逾一百四十萬噸。六月份鋼塊生產總額爲三十七萬八千噸，又爲創立戰後另一次新紀錄，較四月份之最高數字增加一萬五千噸。

世界第一架渦輪飛機在英試飛滿意

（英國新聞處倫敦電）全世界第一架四引擎「子爵」式渦輪載客機已試飛二十分鐘。該機由佛咯飛機製造公司試飛部主任桑瑪士駕駛，事後稱：「該機製造至爲完備，其精巧與優良爲余從未見及者，操縱亦靈如人意。」「子爵」式機可載客三十二至四十八人，裝有絡爾斯勞斯公司渦輪引擎四具。機艙內有氣壓設備，因此可升至三萬呎高空，續航力爲一千七百哩，每小時速率爲三百二十五哩。

中國工程師學會
恢復會務特刊徵稿啟事

本會發行之會務特刊，使國內外各地分會工作得以傳播，會員聲息得以溝通，中途停刊，殊爲可惜，茲經執行部會商，擬即恢復，請各地分會及各會員，隨時將會務工程新聞及個人學術或工作所得，撰成短篇惠予見寄，俾便登載爲荷！

會址：南京(8)甯海路卅四號

電話：三四一一九

英國海盜式噴射飛機開創倫敦巴黎間民航新記錄

（英國新聞處倫敦電）英國維克斯海盜式噴射機于上月二十五日所創倫敦巴黎間飛行新紀錄，代表英國在汽渦輪方面之一重大發展，此海盜式機爲世間第一架全部噴射飛機，於白雷里阿首次飛越英吉利海峽之三十九週紀念日，以飛行三十四分鐘開創新紀錄，噴射機平均速度爲每小時三百九十四哩，於海峽上空則爲四百十五哩，飛機上裝有兩架洛爾斯洛埃斯噴射引擎。此雖爲民航機於倫敦巴黎間飛行最速者，實際飛行紀錄乃由另一架格洛斯特流星式雙引擎飛機所持有，該機去年一月自巴黎飛抵克羅埃登僅費二十餘分鐘，平均速度爲每小時六一八•四哩。

英鋼鐵工廠用養氣方法可增生產額百分之五十

（英國新聞處倫敦電）英國科學家對發展製造鋼鐵新法方面已居全世界領導地位，此項新法可能革新英國之工業。據稱此爲一百年來在鋼鐵生產方法上所實施最具意義之進步。經長時期之實驗後始予採用，其法有關化熔爐使用養氣鼓風。據悉其成績可使生產額增加百分之五十，且鋼鐵富於靭性，質地優良，取價亦廉。該項新法由里治之卡頓鋼鐵鑄造廠試用，以往費時十五分始可製成之鋼，現僅需八分鐘即可完成。卡頓鋼鐵鑄造廠業務經理卡頓稱：「吾人過去採用之新法中，從未有如此之滿意者」。尚有其他鋼鐵工廠四家亦已裝置此新機器，計劃中準備在其他鋼鐵生產中心如第蘇艾特蝕區亦擬實行。對其他形式之化熔爐同時作種種實驗，且專家相信在數年內養氣鼓風方法可運用於一切鋼鐵製造工廠內。當前採用此項新法所得價值，可使鋼鐵鑄造廠生產能力大爲增加。英國每年用於鑄造之四十萬噸熔鋼之中，約百分之四十五即可應用養氣鼓風方法。

日先期賠償將拖至明年
等待遠東委會決定

（中央社東京電）我駐日代表團賠償歸還組組長吳半農稱：自去秋開始移運百分之三十提前賠償以來，我國已獲得價值約一千七百萬美元之日本賠償，此等賠償品均係取自日本政府之十七所陸海軍兵工廠者。吳半農表示：提前賠償可能拖延至明年，至於其餘百分之七十賠償計劃，須等遠東委員會決定十一會員國各所應得的比例後，始能正式開始。渠並透露在充作賠償之一千所工廠中，我國已觀察二百零四所，渠特指出盟總開放以供觀察工廠中，不包括飛機工廠。前次美陸次德雷柏所領導之代表團，曾建議將飛機工廠自賠償工廠名單中取消。吳氏繼稱：接受提前賠償四國家之代表，刻正忙於觀察十七所兵工廠之「剩餘」器材，此批器材計包括設備三十萬件，工具一百萬件。由於我國賠償代表之建議，盟總及接受初步賠償之其他三國，一致同意我國代表團遣派駐廠視察員，在各兵工廠監督拆卸賠償品，並調查除四國已分得之物品外，是否尚有其他可取之物品。吳半農告記者稱：以前四國係抽籤攤分賠償品者，目前則由各國代表議定攤分辦法，事實上彼等視察旅行之後，即着手解決攤分問題。吳組長最後發表：截至目前爲止，我國共分得工具機七千七百二十九件，價值約一千六百萬美元，實驗室設備一千六百九十件，價值十二萬美元，以及價值約七十四萬美元之電氣設備。至於充作提前賠償之十七所政府兵工廠，已觀察竣事，百分之七十賠償計劃中所包括之各工廠，已經觀察者有兵工廠，工具機製造廠，鋼球軸承工廠、造船廠、鋼鐵廠、熱力發電廠、硫酸廠、苛性鈉工廠，及合成橡皮廠。

英國奧斯汀汽車公司每週產量二千三百輛

（英國新聞處倫敦電）英國奧斯汀汽車公司每週以出產二千三百二十九輛汽車而又創一新紀錄，此乃戰爭結束以來該公司產量最高之紀錄，亦代表英國汽車工業界任何汽車廠戰後之汽車與商用車最高產量。

英戰後造屋達七十二萬幢

（英國新聞處倫敦電）衛生部頃宣布，英國六月份所造永久住屋逾二萬一千幢，較五月份之戰後紀錄多八百幢，此外又造成臨時住屋二千三百幢。當前所造之優良比率，說明爲工作日可使一千住戶重獲住所。自戰事結束至本年六月杪爲止，造成永久與臨時造屋總數達七十二萬九千幢。因此英國至本年八月啓造成造屋七十五萬幢之目標業已在望矣。

國內消息

閩贛鐵路即將開工

（本報訊）聯絡浙贛鐵路以達東南出海口之福州廈門幹線閩贛鐵路，自三十五年由交通部鐵路測量總處派隊路勘後，三十六年復經該處分別派隊續加初測比較，決定南平經福州至廈門段路線。惟南平至聯接浙贛線一段，以跨越武夷山一段工程艱鉅，且浙贛線之接軌點有上饒，鷹潭，貴谿，溫家圳四處之擬議，地方人士亦爭執不休，交部爲策慎計，復囑浙贛鐵路組段三個測量隊複測比較，同時由測總處航測武夷山區。現浙贛複測隊已有兩隊測畢，航測隊亦正在照像，短期內即可將全盤路線決定，明以浙贛鐵路搶修完工，當局擬利用浙贛線復路剩餘員工，就近移向閩贛線，擇要逐步興工，今年底可有興工之希望云。

九江通訊

自勝利以還，九江公私建築，尚屬寥寥，最近僅有浙贛路局及中信局部分之建築，而各項建築材料，由貨值之飛騰，買賣雙方，皆自動以銀元作標準，再以法幣升兌，茲就各項建築材料方面，作一簡略介紹如下：

品名	單位	價格（銀元）
紅平瓦	張	〇・〇五七元
石灰	担	〇・八六〇元
碎磚	市立方	一・三五〇元
泥沙	市立方	三・〇〇〇元
磚	每萬	八三—九〇元
杉木	每兩	十七—十八元
杉板	方	三・一五〇元
黃沙 石子	方	八〇〇〇元
鐵件	斤	二・七五〇元
泥木工	每工	〇・三七〇元

（洪）

津浦南段平行公路 決定先興築固宿段

（中建社訊）交通部爲加強津浦沿綫運輸，興建津浦南段平行公路一事，曾迭見各報，現皖省府已編就工程概算送公路總局審核，預計工程費用約爲國幣一萬四千三百餘億元及食米四六四萬餘斤，經公路總局召集皖省公路局長及一區局長等會商實施辦法，已決定先採固鎮至宿縣段，開工興築，該段共長五二公里工程概算并核減爲二千億元，限九月底前完成，其餘各段，俟固宿段完成後，逐步再予整修。

廣東糖廠 正籌備中

（本報訊）資源委員會爲協助發展廣東糖業起見，經與粵省府合作創辦廣東糖廠。按粵省糖業，戰前有新式糖廠六所，頗具規模，惜戰時毀去大半，現僅有順德及東莞二廠開工。資委會現與粵省合作籌辦廣東糖廠，將台灣糖業公司現在廢棄不用之糖廠機器一套修整後，運往市頭糖廠舊址，現正積極展開拆卸及裝配工程。廣東方面已成立籌備處，由洗子恩任籌備主任，積極興建廠房，預計明年冬季可以開工。查粵省種蔗，十二個月即可長成，製糖成本較低。

浙贛鐵路通車

（本報訊）浙贛鐵路僅餘之南昌萍鄉段趕鋪情況，已誌前報。近該路爲求如限通車起見，趕進益亟，每日進程在五公里以上，全段分在七處鋪軌，截至七月二十四日止，綜合計算尚餘五十二公里未通，經路局以最壞之努力卒獲於卅一日全線接軌。因抗戰破壞多年之浙贛路於焉修通，現惟樟樹鎮之贛江大橋因加拿大訂製之鋼梁須遲至九月方可起運，茲擬暫用輪渡過駁云。

武漢的水

目前面臨大汛，江水劇漲，漢口水位達27.03公尺，距最高水位記錄僅差1.25公尺。武漢三鎮人民，談水色變，咸慮民國二十年之水災，又將重現於今日。記者爲明瞭漲水情形，於上月二十八日乘車沿漢口沿江大道循張公堤觀察一週，但見張公堤外一片汪洋，白浪陷天，民房千百座掩沒水中，狀甚悽慘。堤內積水盈尺，微波漾漾。此保障漢口千萬生靈之與水長城，全線踞立水中，表面觀之，似甚危險！實則堤身寬大，堤面闊及十公尺。沿堤堆積之防汛材料，如黃土，如碎石，遍地皆是。各閘口方正加砌洋灰漿砌之碎石牆，防汛人員工作亦殊爲緊張。依此情形觀之，江水卽繼續上漲而達最高水位，記者亦深信武漢必能避免水災也。

又訊：位於長江上游十公里之馬家碼頭幹堤，於上月二十六日下午四時半潰決，該處緊接洪湖，故其影響範圍將爲沔陽、監利沿湖一帶。江漢工程局第六工務所防汛人員兩次遭暴民毆傷，據該局稱已無法執行防汛工作。鄂省府卽由民建兩廳各派高級職員一人前往查辦，並由社會處派員攜帶鉅款前往辦理振濟矣。（穎毅）

30250

定價　每份四萬元正
半年訂費壹百萬元正
全年訂費貳百萬元正
航空或掛號另行加費壹百萬元
廣告價目　每方吋壹百萬元

中華民國三十七年八月十六日出版

中國工程週報

內政部京警圖字第五十一號

中國工程出版公司

發行人　杜拱辰

中華郵政認為第二類新聞紙
江蘇郵政管理局登記證第一三二號
地址：南京(2)四條巷一六三號
電話二三九八九
本報歡迎直接訂閱，概不另售

城市氣候的改善

——從城市的酷熱談到暑天對熱的處理——

原作者　James Maston Fitch

譯著者　方圓建築師

城市比鄉村炎熱，尤以夏日為甚。這是衆所週知的事，為什麼較熱？應該怎樣改善？這是很值得研究的一個問題，本文是一篇改善城市氣候的專門性譯著文章，對城市內空氣的自然流通，房屋的建造，樹木與草坪對熱的關係等都有實驗的數字與精闢的見解。——編者

在一個城市的市區裏面，由於環境與地點的不同，溫度往往有很大的差別。甚至在一座房子裏，每一個房間也不盡同。當你看到室外的寒暑表爬上華氏一百〇二度的時候，或許氣象台的報告還祗有九十二度，相差達十度。因之很多人都抱怨氣象台說他們連一只寒暑表都認不清。

實際上，這兩個記錄都是正確的，一點兒也不錯，並且兩者也並不抵觸。前者代表「地方」氣候或稱「小」氣候，是一個特殊環境小範圍的溫度；後者代表了區域「大」氣候，（Macro-Climate or big Climate）代表整個區域的室外氣溫。

不僅室外如此，室內也是一樣的相異。在美國紐約畿㟁的一幢溫度測驗屋裏，曾經做了幾個精確的觀測。這座房子的構造是北面多窗，東南角也同北面一樣，所以室內西南風很好。西南角因為結構關係窗子略少。在正午的時候，這三部份的溫度都是華氏九十五度。風速則東南角比西南角大二至四倍。雖則溫度完全一樣，而東南角要比西南角舒適得多。到了晚上八時，東南角溫度下降至76°F，西南角為89°F，相差十三度之多，很顯然的這表示完全受風的關係。另外在Oklahoma一座帶形的公寓，橫向面與季候風垂直，室內氣流速為每分鐘五十呎、這是在夏季高溫下室內不感到悶熱的最低需要。建築情況完全相同的另一座更換了一個方向，轉了九十度，使橫向面與季候風向平行，空氣流速降為每分鐘三十呎。減少二十呎的空氣流速造成晚上室內溫度增高13°F的後果。從這兩個例子，可以看出同樣一座房子，方向與對外之曝露在室內溫度上有一個極大的影響。

在一叢建築物之間流動的空氣，並不完全受風向的決定，很可能受高牆壁或因空氣溫度差別產生的地方性氣流而影響而改變。

倘使對氣流有相當的智識，當不難計劃一千座相聚的房屋，不僅保存了天然的風，還可以產生人造風。這並不是理想，因為城市內到處都在產生高速氣流——有時是奇異的旋風，把行人的帽子吹得直上雲霄，或是把地上的碎紙，吹得滿街飛舞。把這些風利用到居住的舒適上去是可能的。

地面上的變動——砍除一棵樹木或建造一所房子，開發田土或植花舖草，每一件都足以影響局部的小氣候。要是稍一不注意的話，其後果老是向壞的方向走去。樹木草皮以及其他花草等，不僅對人類健康與舒適有關，對氣候也大有影響，夏天它能吸收、分散或減少輻射熱，屋頂以及舖砌的輻射熱，冬天則樹葉脫落，仍無礙於陽光之直射。樹蔭或樹葉水份之蒸發，也可以大大的減低氣溫，一株有七十萬張葉子的橡樹（約高三四丈）每天足以蒸發一百八十加侖的水，其吸收之熱量相當於幾百斤白煤。

樹木是空氣的良好過濾器。不光滑的樹葉表面積聚了很多灰塊。雖則有很多樹木散佈花粉於空中，可是花粉散佈的範圍很廣大，鄰近的樹木並不增加什麼妨礙。不論在室內或是室外，樹木可以減低太陽光的炫耀，櫸木或楠木林能夠減去百分之五十至七十五的陽光強度。

樹木還有一種好處——是以障礙綠，增加鄰近房屋間彼此的機密性。尤其夏天門窗洞開，聲浪的傳遞大可減低。繁密集的灌木是一個很好的隔音物。一般而論，樹木對地方性的氣候有穩定的力量。據精確的研究，針樅木、橡木、白楊混合林可以遮蔽太陽光的百分之六十九。普通帶形的樹林可能減少風速之百分之六十三。

草坪也不比樹木壞，也有同樣的功效。草葉的水氣蒸發幾乎可以耗盡直射陽光的熱力。所以在草地面上，空氣的溫度要比洋灰，磚舖或其他舖砌地坪低得多。在Taxes曾經做過一次觀測，時間是八月某日的下午二時，在太陽光下的柏油路面上是124.7°F可是在三十呎外的草地上僅為98°F——相差27°F。

草坪也可以避免炫光刺目與減除塵埃。一塊很好的草地永遠不會產生灰塵，相反的草葉可以吸收積聚灰塵，草地也是理想的喧嘩聲音吸收面。

樹與草既然有這樣多的益處和效用，自不能把它看作裝飾與奢侈品，種植草木、應該是每個人嗜好才對。

倘使都市計劃家在計劃市區的發展與房屋密度的時候，對防熱處理預留地步，建築工程師對每座房屋的通風隔熱加以注意，並加之以全城綠化，種植樹、舖草、植林。城市的氣候將大為好轉，至少限度，不再比鄉村壞。

中國工程師學會

第七十二次董事會執行部聯席會議議程

日期　卅七年八月十日下午七時

地點　南京南海路34號中國工程師學會

出席者　茅以昇　薩福均　錢昌祚　趙祖康　淩鴻勛　惲震　吳承洛　錢其琛　程孝剛　薛次莘　朱其清　楊簡初　周宗蓮　趙曾珏（錢昌祚代）　茅以新（程孝剛代）　李熙謀（趙祖康代）

主席　茅以昇

紀錄　鄒義方

甲、報告事項

（一）本會中山東路會所後進第二層樓前與勵志社會商結果雙方同意由勵志社以同等面積大小房間數量及質地之房屋交換七月二十一日美軍顧問團官舍建築委員會函稱願以相等面積之活動房間交換請覓定地點以便建築本會當即函覆建築地址以新街口至山西路之中山路之兩旁爲原則面積必須相等並應照市府規定需有該屋兩倍之空地房屋用十五吋磚砌有天花板內裝水電衛生設備於八月底以前落成並附送房屋圖樣嗣於七月三十日得勵志社函稱由本會供給地址本會隨即函復應依六月三十日協議地址應由該社供給如該社對上項協議之實施有困難時本會爲避免再行拖延所受之損失計定於八月十一日遷入並請按六月十八日所列各條辦理。

（二）本會前向上海標準公司定製銀質及鍍金證章各貳仟伍百枚除上海分會留鍍金證章壹仟枚銀質證章伍百枚統由總會經售現存銀證章七百四十二枚鍍金證章全部售完。

（三）上次董執聯會議決徵求團體會員經總會分函各有關機關團體現已函覆贊同加入爲團體會員已繳付會費者已有四十九單位。

（四）上次董執聯會議決發動會員樂捐業於上月中印就捐款簿分請各有關機關團體首長及各地分會代爲辦理。

（五）本會會員索引卡片經已全部製造現正製發會員證並已印製會員證書發給團體會員。

（六）會務特刊現已復刊擬自八月份起繼續不斷刊行。

（七）本屆年會爲期將近關於交通問題曾分函招商局中興輪船公司請撥專輪行駛上海台灣並予優待招商局函復目下尚無定期客輪請逕與中興輪船公司洽商預定艙位中興輪船公司錢經理新之函覆以目前客輪供應缺乏燃油結匯不易調派專輪實感困難無力遵辦如有意乘該公司輪赴台請屆時函洽以便奉告船期票價及一切手續。

（八）編料部恢復定期刊物加印三十年來之中國工程用紙甚鉅前由本會函請台灣紙業公司捐助白報紙二百令該公司函復以設備所限所產無多供應台省尚感不敷囑捐一節歉難應命。

（九）各地分會動態。

（1）工程師節紀念情形：

a.南京分會　五日下午五時在陵園音樂台舉行紀念會到會員及眷屬二千餘人會中除舉行紀念儀式外並備有音樂抽獎等餘興六七八日分別在玄武湖水利部電工模型局等十餘處舉行工業展覽會並在市立二中中央大學三中舉行工程演講六日請由沈市長朱其清沈乘魯先生等廣播演講情況甚爲熱烈。

b.天津分會　六日舉行慶祝會並於大公報民國日報益世報刊載專論。

c.洪江分會　六日舉行紀念會有工作報告學術演講茶敍等節目。

d.太原分會　六日舉行紀念會到會員二百餘人宣讀論文研討提案。

e.桂林分會　紀念會後改選職員討論提案甚多。

f.塘沽分會　六日上午九時舉行紀念會到有當地各機關首長及會員百餘人演講後放演工程電影下午二時始散會。

g.上海分會　六日曾舉行大會講演會及廣播等。

（2）選舉職員結果：

a.桂林分會六月六日改選職員結果如下：

會長　何杰　副會長　鄧介

書記　龍純如　會計　吳祥泰

b.柳州分會六月六日復會選舉職員結果如下：

會長　袁夢鴻　副會長　林培深

書記　唐靜華　會計　董紹枋

c.南平分會五月三十日改選職員結果如下：

會長　紀廷洪，書記會計由會長聘任

d.青島分會六月六日改選職員結果如下

會長　宋希尚　副會長　徐鉞三

書記　徐國璋　會計　沈銘盤

e.貴陽分會六月六日改選職員結果如下

會長　韓德舉　副會長　王百雷

書記　汪道源　會計　佘樹基

f.蘇州分會六月六日成立選舉職員結果如下：

會長　曹謨　副會長　韓士元

書記　阮斯　會計　倪荻甫

g.上海分會

會長　徐恩曾　書記　江祖岐

（十）自七十一次董事會（四月八日）至七月三十日收發文數如后：

收文：四百三十一件　發文：一千〇四十八件。

乙、討論事項

（一）本會南京中山東路會所後進第二層樓事如何處理案。

議決：由會長副會長出面向國防部交涉。

（二）會員會費如何調整案。

（七一次董執聯會議決正會員二十萬元仲會員十五萬元初級會員五萬元團體會費貳仟萬元——團體會員會費前經執行部會議調整爲每單位爲五千萬元再請董執聯會追認）

議決：正會員六元，仲會員四元，初級會員二元，按當地生活指數十分之一計算之。

（三）鍍金證章現已售完各方仍紛紛函購應否再行定製請予討論案。

（執行部曾函請趙董事祖康代向上海標準公司探詢目前證章價格據覆六月中旬銀質證章每枚三十五萬元鍍金另加五萬元以兩天以內爲限定製時必需付定金八成爲數太大歉難代墊）

議決：定製金質一千只，每只底價一元按公教人員生活指數計。

（四）請確定年會日期及交通問題案。

（七十一次董執聯會議決本年十月間在台灣舉行第十五屆年會頃有年會籌備主任楊家瑜先生函發建議年會於本年十月二十五日台灣光復節在台北市舉行）

議決：決定爲十月二十五日，由滬至台，另組交通委員會負責解決交通問題。

（五）請追認年會職員案。

（台灣分會及楊籌備主任七月二十九日分別來函略以預定出席年會會員以一千人爲限請即日登記八月二十日前函告以便準備并附送年會職員名單名單附後請予追認又籌備委員應否加聘請董事會決定提案論文兩委會除已由副主任委員嚴演存就台省提出數人外詳細委員名單應就近請顧主任委員毓琇與主任委員承洛擬定）

30252

議決：籌備委員應包括總會董監事，各專門學會會長副會長，以及當地各工程機關團體有關人士等，原名單交由執行部研究而後決定，另組赴會交通委員會，專題討論委員會由執部電訊招待外埠人員數額以便限定參加人數。登記參加年會截止期暫定八月底，每人交登記註冊費二千萬元整。該款限八月底發匯南京或上海台灣銀行，另以收據副本寄交總會執行部。

(六)中國工程出版公司依據組織章程請由本會推舉董事五人監事二人案。

(該公司創立會議時選舉董監事當選董事如下：淩鴻勛薛次莘錢昌祚李書田顧毓琇吳承洛盧毓駿陶桂林成希顒杜拱辰當選監事如下：劉夢錫侯家源其餘董事五人監事一人請由本會推舉)

議決：授權會長於捐贈該公司股權予學會之會員中選定之。

(七)南海路會所押金行租及設備費用如何辦理案。

議決：會所押金二億八千元原係八區公路局墊付，現決歸還。

(八)本年度名譽獎章提名應如何決定案。

議決：由歷屆受獎人組織名譽獎章提名委員會提名交由董事會審查決定之。

(九)聘請本會幹事案。

議決：任用專任幹事三人。

「電力滲透排水法在基礎工程及土工的實際應用問題」

中央工業試驗所材料試驗室主任　謝家蘭

英國 "The Road Research Laboratory of the Department of Scientific and Industrial Research" 研究報告第十三號："The Application of Electro-Osmosis to Practical Problems in Foundation and Earthworks"

原著者：L. Casagrande

電力滲透排水法於一九三六年由德人最初研究，一九三九年以後，在實際應用上已有相當成就。自有此法之後，土壤排水法之範圍益見增廣。

電力滲透排水法是使土壤中所含水分，受一被迫運動，自一電極流向另一電極，如將負電極設計成一排水井，則水流可會集於井中而被抽去，土壤排水之難易，視土壤之種類，性質及其細度轉移，細度愈細，排水工作愈感困難，如淤泥，黏土等，其顆粒極細，所含水分受極強毛細管作用，每使普通地下水降低（Ground Water Lowering）排水法失敗。

藉電力作用，可使淤泥，沃土及各種黏土中所含水分排去，達到任何所需程度，以黏土土壤排水實際經驗所得，所耗電力甚鉅，似尚不經濟，但淤泥因性黏極低，利用電力滲透排水，既經濟且有效。缺點則在淤泥中所含水分達飽和時，在很平坦之坡度上容易流動，略受振動易於塌陷，地面被挖處之底部時有流砂衝起，使排水工作感覺困難。

此法在以往數年，經多數研究者以模型作研究，由於戰時條件所限，其結果多未公佈。

此冊研究報告，說明電力滲透排水法之進展；關於過去數年德國實驗室內試驗；及作者試驗經過及簡略理論，並舉實際應用大規模電力滲透排水試驗，以說明目前利用此法排水之實施情況。

現在電力滲透排水法應用範圍尚有其限度，有待繼續之研究，則該法當能臻於完善重要矣。

書報介紹

(一)「工程」

中國工程師學會會刊「工程」雜誌，現已出版，仍為雙月刊，自第二十卷一期起，按期出版，一期定價每本為三十萬元預定全年一百五十萬元，可向南京北門橋衛巷新安里新十八號總編輯部或南京(2)四條巷163號中國工程出版公司購買。第二十卷一期為十四屆年會論文專號。計有：鄭朝與之連續梁結合力矩之新理論；楊道駿之土壤天然坡面之研究；施以仁之剛結構架梁柱相對堅度對撓力矩之影響及其通解；陸翌山之複曲線之新型設計；周書濤之上海市之瀝青路面；陳舜耕之復員後之津浦區鐵路管理局轄內路線概況；袁夢鴻之湘桂黔鐵路工程進展概略等篇，內容至為精彩。

(二)「會務特刊」

中國工程師學會「會務特刊」現已復刊，第十卷第一期已於八月一日出版，凡熱心會務者不可不讀。會員可逕函南海路34號索取。

(三)「卅年來之中國工程」

近以紙價印工飛漲，該書每冊定價改為法幣一千萬元。

中國工程師學會

第十五屆年會暨各專門工程學會聯合年會籌備委員會及各委員會職員名單

名譽會長：魏道明

籌備委員會主任委員：楊家瑜

總務委員會主任委員：陳驊聲

工程委員會主任委員：黃　煇

台灣交通委員會主任委員：郎鍾騋

赴會交通委員會主任委員：徐學禹

提案委員會主任委員：顧毓瑔

講演委員會主任委員：徐世大

新聞委員會主任委員：劉晉鈺

招待委員會主任委員：華壽嵩

論文委員會主任委員：吳承洛

專題討論委員會主任委員：惲　震

名譽獎章提名委員會——由歷屆受獎人組織提名委員會提名後由董事會審查決定。

本報上海特約通訊

隨着八月初的酷熱，寒暑表爬上一百度的當兒，風平浪靜的上海也發生兩個大風波，給孕育中的經濟革命方案一個下不去。一件是公用事業的漲價，漲得實在不合情理，難怪市參議員們要大聲疾呼，要求召開緊急會議，磋商對策了。另外一件是京滬鐵路漲價，一跳便是五倍，京滬對號特快車票，頭等每張從三百多萬一躍而爲一千八百多萬元，不管人們是如何的批評，報紙如何攻擊，（記者曾搜集京滬沿綫各地報紙沒有一張沒有攻擊兩路局之貫論，上至路政，下至局長個人，各色俱全。）坐火車的沒法走路，還是降級坐火車，坐頭等的改二等，二等客變三等客，據說兩次列車頭等客平均祇有二三成。鈔票蜂擁而來，忙煞了賣票小姐，還是無法滿數。路局不得已，正在打算本票購票辦法。有錢能使鬼推磨，收入既豐，一切自有辦法。記者特收集各方資料把這兩件事分開略誌如下，這也算是工程圈內的兩件不大不小的事。

上海公用事業漲價

電話一次二百萬　局長新建游泳池

公用事業包括電車，公共汽車，煤汽、電話，水、電，輪渡等。水電雖漲，可是比之外埠還是便宜，因爲上海電力公司，與自來水公司規模大，設備較新，所以生產成本比較輕，尤其外匯每季也配得不少，用戶百分之九十都可以收費，所以水電公司盈餘很豐。外籍職員多以黑市美金計薪，甚至有高至月薪千元者，（折合法幣，高達百億）公司方面更頂進大批公寓裝置冷氣，作爲高級職員住宅，做得令人實在太刺目了，無怪乎引起了社會的攻擊，公用局局長准予加價的理由：是水電事業關係整個市民生計，如果天天過大除夕的話、設備日益殘破，一旦關門，其後果是不堪設想的。所以當局市民稍微多出幾文錢，讓他們好好的保養發展下去。局長的苦心當然很值得敬佩。可是外國人經營的水電事業，他們眼看到國內政治軍事社會局勢之動盪，他們也不願作長期打算，做一天，撈一天，刮到好多算好多，反正一旦機械失靈，設備損壞，我國政府也會供給一批便宜外匯輸入的，毋庸着急。三十六著，漲爲上著。

關於汽車與電車漲價尤其驚人，坐上車子便是二三十萬，比之三輪車還貴，莫怪票價一漲，三輪車夫也高索一倍，事實上要是二人坐車的話，還是三輪車便宜合算，所以這次漲價後，三輪車夫反而生意興隆利市百倍。這個年頭，機械敵不上人力，這是人力的賤價呢？還是定價的不合理？値得研究！上海百分之五十市民本來是靠電車與公共汽車來維持交通，車票一漲予物價刺激不小。更滑稽的是：這次漲價的核定，是依據戰前價格爲基準計算的，戰前租界車票所用的分，實際是代表銅元，一塊錢合三百分。這次核價居然把戰前的分當作百分之一元計，一錯就是三倍，莫怪漲得這樣兇。

電話的漲風，更使人有口難言。一個電話每月打上了兩百次，超出的次數是每次四十萬元，照生活指數一百六十萬倍計，一只電話合二角五分，這個數目是否驚人？許多公司與經紀爲了招攬顧客，借打電話每次仍收四十萬元，很多靠電話吃飯的小舖子是每次六十萬或七十萬元，一二流的旅館是每次一百萬元。據說國際飯店是每次二百萬元，這簡直是污辱尚未問世的二百萬元大鈔！人們既慣稱你作大鈔，豈知你的身價僅僅可以打一次電話！記者並非電話工程師，對電話是外行，無法估計成本，不過對每次電話索價四十萬一點，很生疑問？要是真的每次要值四十萬的話，乾脆還是把電話拆掉，坐上三輪車跑上一躺來得爽氣！據說除了上海，全國各地的電話，每機每月收費僅一二百萬元，可是從來也沒有聽到電信局天天喊窮要叫門的消息。總之電話漲價的理由是一個謎？這個謎的打開，要等市參議會之查賬，但據記者的揣測，恐怕始終會是一個謎？

建造冷氣車游泳池　兩路客票一漲五倍

火車票已經穩定了相當時間，其間要上漲是天公地道，無可非議的。老實說要不是靠幾列鐵棚四等車，裝着一堆堆應出錢而無享受的鄉巴佬沙丁魚的話，京滬路的票價早已不知漲到那裏去了。照成本合計算，頭等臥票最便宜，一張臥舖起碼要佔三張頭等座位，可是票價僅加百分之幾。這次漲價後，頭等特快一千五百八十萬，臥舖上舖三百五，下舖四百萬。頭等票次之，二等票不吃虧，到本還稍爲賺一點，三等車客便化不來了，四等車客更吃虧，頭等車所賠的靠四等客來彌補。

在這個年頭，老實說，有頭等車坐已經很不差了，偏偏我們的兩路局長心血來潮，覺得京滬路要是有一列冷氣車的話，不特可以開中國鐵道史的一個新紀元，同時也可以替路局同仁工作努力作一個大好的廣告，何況我們的陳伯莊局長是讀化學出身，對冷氣機當然認爲很有把握，因之便決定造冷氣車。這個玩意兒在中國是一個新花樣，當然成本很貴，好在兩路局收入頗豐，不管什麼支出，祇要是用在路上，我們的陳局長是毫無吝色的，局長公館可以化上幾百億建游泳池，化上一二萬億建冷氣車，是更其師出有名了。車身底盤是現成的，祇要換上一些彈子承軸，減少輪軸摩擦力即成。車箱需要重裝，窗子改爲雙重玻璃，車箱牆壁內加上隔熱板，冷氣車箱便形成了，關於冷氣機一時無法向國外購買，加以成事心切，迫不及待，便以高價向市上搜購冷氣機。

據路局方面傳出的消息，爲了車門上用的鉄紗以每碼六百萬元購進，報賬九百萬，局方在接到密告之後，那位經手的總務處長便辭職不幹了，從這一點上也可以看出建造豪華車的五十萬美金建造費均實際成本來了。把家用的飛歌牌冷氣機裝到車上，因了爲每一只冷風量很小，所以一列車用上了五六只，到了諸事齊備，試車的時候，弄出了岔子，原來家用冷氣機一受劇烈震動，機器的致冷氣體（Refrigerant）便溜之大吉。第一次試車便當場出醜，幸而速度還如理想，不得已而求其次，總算多少替路局爭回一點面子。

冷氣車失敗，社會人士不無評擊，實論，認爲這個窮年頭，京滬杭鐵路因爲得天獨厚，客貨運生意興隆，賺上幾個錢，即便不解繳國庫，也得花在養路上，把這交通部會叫兩路局按月撥四百億補助正在復工中的浙贛路，兩路局以經費支絀爲理由，祇答應按月兩百億。實際上兩路局還是有錢，到處作浪費，上北站修了一只新游泳池是爲了整個員工福利不說，梵皇渡局長公館居然也造一座游泳池。單以白磁磚一項而論，時價便在五百億以上，造價之大，不言可喻。局方的修建總處與上海分廠，時時刻刻忙於局長公館的建設，亭台樓閣，佈置得美輪美奐，自備有游泳池的公館，別說交通部長，連總統官邸也付缺如。關於上北總站與南京總站的豐澤樓更作爲局長招待貴賓的所在，每月應酬費也着實驚人。這樣花錢還用不光，便造浪費而不合實際需要的冷氣車，其目的無非是想，把盈餘化光，避免解繳國庫，國營事業的財務政策，很值得檢討一下：賠了本，由國庫補貼；賺了錢，隨你化，用光爲度。這樣的國營事業變了國庫的一個不孝子。

30254

孫●

八月初，世運會正在創造田徑紀錄的時候，中國也開始了八月漲風創造物價高峯，上海市公用事業剛剛漲價，市民與輿論一致予以攻擊抗議的當兒。兩路局，錦上添花，更來一次精彩表現五級跳，一漲五倍。公用事業漲價，上海人還找得出理由抗議，對鐵路是丈二和尚，摸不着頭腦，實在不好找理由。正巧因爲冷氣車洩氣，大家便把兩路局的鉅額虧蝕，所以要加價五倍的罪名，都歸之於冷氣車。從南京到杭州，沒有一個地方的報紙不載有批評路局經營失當的文字，甚至於八月五日在林森中路黃紹竑氏私邸舉行的立委座談會上也說：「兩路局雇用的人員特別多，戰前是一萬多，現在二萬多，冗員之多可知，兩路局向上呈告的本年上半年度六個月的收入是十三萬五千四百億，支出十三萬二千四百億，照理每個月應多餘五百億，政府補助的器材和其他還不在內。但路局天天喊着虧本要加價。冷氣車的代價是每輛美金五萬元，預算中如果整列車都客滿的話，一天也不過收入三十億法幣，不夠付五十萬美金的利息，陳伯莊一面說不夠，一面又造冷氣車眞有點使人弄不懂是什麽一回事？」

有的報說陳局長明明知道冷氣車是賠錢生意，不過爲了討好達官貴人們，使他們享受更多便利舒適，期望能得到幾聲路局經營有方，路政進步的話，如是不傾穩住了寶座，還大有發展餘地，所以說他這個人是善於迎合顯貴心理，懂得鑽營拍馬的小官僚。

總之一句話，這次漲價的時機太壞，正巧在冷氣車失敗之後，給人以把柄，兩件事併在一起，攻擊者便振振有辭了，眞是禍不單行，上至路政，下至局長公館的游泳池，以及局長個人的行爲與作風，都成爲攻擊的對象，甚至有的報紙把他當局長的後台與保薦人都牽連了出來！

有人說要是這次冷氣車成功的話，儘管把冷氣客一個個凍得傷風咳嗽，人們還是一致對陳局長加以讚揚的！漲價，當然也成爲理之當然。這個局面同現在的後果是完全兩件事了。兩個局面差別就在這個不爭氣的「氣」。中國人有個壞習氣，老喜歡打落水狗，錦上可以添花，雪中決不送炭。失敗本爲成功之母，可是兩個後果卻相去萬餘里了。冷氣車的失敗，變成了局長的悲哀。據說這幾天機廠正在冷氣機下面整彈簧，希望減少震動來穩定冷風機的工作，即使能減少漏氣也總不是根本的辦法。所以除非是另換機器，冷氣車是已經沒有什麽希望了。即使有，也得等這次加價賺錢以後，向國外輸入新機器，而後方可。成功的時機當在明夏。即使到了那時，用外國的車用冷氣機裝在火車上當然會產生冷氣，充其量，也不過同大光明電影院的開放冷氣一樣，不是稀奇了，老實說，冷氣車本不希奇，所以成爲新聞是人們少見多怪，這次是出奇制勝，才落得這樣大的注意力。一旦西洋鏡拆穿，便不値半文錢。

我國著名工廠管理工程師李承幹氏於本年七月廿七日就任永利化學工業公司銨廠廠長時，曾發表一篇告廠同人書，內中有一段說得好：「承幹身平有一關心，即永不爲貪官，汚吏，奸商，豪富作爪牙。民卅四年且曾向中國工程師學會，提出「工程師之氣節」一文，希望工程師以國家民族爲前題，以大衆福利爲依歸，勿淪爲私人謀利工具」。照記者的觀察，兩路局這次的失敗並不是冷氣機的失敗，就是成功，一樣的也同秦始皇造阿房宮一樣，要受輿論的側戳。最大的失敗在違背了「以國家民族爲前題，以大衆福利爲依歸」的原則。倘使陳局長能以造冷氣車的決心與勇氣來改良四路鐵軌車的話，我敢保證他一定是會成功的。

（成八月九日於上海）

南京市科學期刊協會籌備會議記錄

時間：三十七年七月二十三日下午八時

地點：寧海路三十四號中國工程師學會

出席人：

姓名	代表期刊	通訊處
羅索行	水力通訊	中央路601號
杜拱辰	中國工程週報	西華門四條巷一六三號
尹萃岷	工學半月刊	寧海路34號
汪濟良	醫藥研究月刊	中華門外東山鎮
王如海	中華農學會報	鼓樓雙龍巷十四號
胡克西	電業通訊	中山北路虹橋二號
何學孟	水利	寧海路91號
錢景淵	現代公路	高樓門28號
陳鶴濤	無線電世界	梅園新村40號
孫永澄	汽車機料	
余策安	海王	大光路34號

臨時主席　錢景淵

紀　　錄　尹萃岷

討論事項

（一）應如何決定組織名稱案：

決議：定名爲南京市科學期刊協會。

（二）本會組織如何進行案。

決議：向社會局登記及籌備成立大會同時進行。

（三）推舉本會組織章程草案起草人案：

決議：推定　中國工程週報　水利　現代公路三單位負責。

（四）成立大會日期案：

決議：由起草人決定。

（五）開成立大會每單位應推派幾人參加案：

決議：每單位推派一人參加。

（六）籌備人如何產生案：

決議：起草人即爲常務籌備人。

（七）籌備費用如何負担案：

決議：先由常務籌備人墊付將來由成立大會決定分攤負担辦法。

台灣糖業公司零拾

〈台糖公司在過售糖，向係採取議價配售方式，實施以來，有感機動性較少，且易使糖商從中暴利，最近經上海市物價評議會決定，取銷議價配糖制度，改用報價核售方式，先行試辦，如成績良好，決將長期實施。

△銷日台糖，自與日方訂立合約後，即於本年二月間開始陸續交貨，截止六月二十三日止，總計前後運輸五次、共合二萬五千英噸。

△該公司每年植蔗所需肥料至鉅，而國內供應量有限，大部須向國外採購。前該公司曾利用加貸在加拿大洽購肥料四萬四千噸，但其中一萬一千一百三十噸，未能洽妥，而下期植蔗期屆，爰由資委會電飭該會駐加人員，迅予設法洽購，據近電復，是項肥料，業已購妥，同時即可裝運。

△該公司之地權問題，自接收以來，幾經接洽請示，皆未獲結果，以至困難重重。最近經行政院邀集資委會及地政部等有關機關會商決定，凡以前各製糖會社所有土地，應屬該公司所有，前總督府所有土地，則爲公有。刻該公司已將土地權利憑證，攝成照片，寄資委會轉呈行政院核辦，預計該項久懸未決之土地問題，即可獲至解決。

國外通訊

英國擬闢國家公園十二座

（本報倫敦訊）英國城鄉設計部劉正起草設立十二座國家公園之議案，傳政府得在今秋之國會中提出通過。草案內容，與去年何柏伏斯爵士所提出之報告書中之建議，大同小異。據稱，國內十二處所在應於國會通過該議案後之三年內建成國家公園。國務則由國家公園委員會以及分司各區之委員會，負責管理。據估計前十年內，此項經費將達九百廿五萬鎊之鉅。至於各公園所佔地區，約在五千七百方哩左右。如此，英國之風景勝地以及野外之生活即可長遠保持。

倫敦機場裝置自動錄語機

（本報倫敦訊）倫敦希斯羅與諾斯索爾特兩大機場，茲已裝就自動錄語機械以收錄飛機與機場間之無綫電通話。此器械名曰帶式錄音發音機，有圓筒形磁膠帶能繼續錄音達三十分鐘之久。機中可裝二帶，一帶用盡，即自動轉至第二帶，更換易以新帶，可無盡期使用不輟。

世運會中英國工程專家之成就

（英國新聞處倫敦十四日電）英國工程專家於世運會中曾建立偉大功績，短短十八月中，一舉裝備及工程保營專家排除困難，完成一極爲艱巨之工作。

彼等計劃全運會十七個比賽項目進行時之各種工程設備，如在別斯萊場地騎劉射擊比賽之範圍，在阿爾特肖設置騎術比賽之八十個阻礙物，在皇后大廳及倫爵廷運動場爲角力、舉重、拳擊與體育表演裝配特別燈光設備，在溫勃萊預備標槍、佈告牌、看台、評判員席，電話線及擴音機，爲國內及外國通訊社設置電話線及供給運輸便利等。

英國專家在行政工作上亦解決甚多問題，如運動場入口之指示，及每日節目之編排等，是項偉大功績大半應歸功於世運會工程組組長巴克，最近芬蘭官員曾參觀該工程組之工作情形，以爲一九五〇年在芬京赫爾辛基舉行世運會時之借鑑。

英鋼鐵生產額上半年度紀錄

（英國新聞處倫敦十四日電）英國鋼鐵工業聯合會頃在七月份統計月報內聲稱：「英國製鋼工業之生產六月份達最高峯，是月鋼塊局鑄鋼之生產額幾到達一千五百五十萬噸每年之生產率，因此上半年度平均生產率達一千五百十三萬噸，此爲半年來所成就之最高數字，去年上半年度之生產率爲一千一百九十六萬噸，下半年度爲一千二百九十九萬噸。今年下半年度生產成績主要有賴於原料供應情形。

英國紀念火車發明人史蒂芬生逝世百週年

（中建社倫敦電）八月十二日爲火車發明人英人史蒂芬生逝世百週年紀念日，渠誕地所在却司菲爾特之鐵路局特舉辦展覽會以資紀念。

史蒂芬生小時並未受教育，而後來竟成爲一名聞世界之工程師，渠之偉大發明幾將全世界每一人民之生活加以改變與充實，渠生前極爲富裕而名望極高，然渠仍度極簡樸之生活。

一八一四年前製造蒸汽火車頭殆爲一不可能之事，然是年史蒂芬生之第一輛機車問世，該車載重三十噸以每小時四哩之速度行駛。十一年後經史蒂芬生之努力改善設計，世上第一條鐵路於英國完成。如是英國成爲鐵路運輸之鼻祖，幾年以後，火車頭向海外輸出而給予世人莫大便利，當時用於阿根廷、比利時、加拿大、德國、蘇聯及美國鐵路上之第一輛機車皆爲由英國輸往者。

英國航運業近況

（英，新聞處倫敦電）以下數字可助吾人瞭解英國造船工業對外輸出之近況，一九三八年時英國輸出之船隻噸位爲全國總噸位之百分之十六。一九四六年爲百分之二十三、一九四七年爲百分之三十，而今年則爲百分之三十二。

另一足以反映英國造船工業之進展者，爲世界各地因受英國與北冰島造船業之影響而造船數字亦大爲增加，目下世界各地造船之總數已增加百分之五五．八。其中排水二萬噸之八艘船隻皆在英國建造中。

近據官方所宣布之數字，說明英國商船隊之噸位（五百噸以上之船隻），於六月底時約爲一千九百萬噸，較五月時增加七萬噸。今日商船隊之陣容，較戰爭爆發時增多三十六萬六千噸。甚多之新大運客船，亦即將加入南非大西洋及遠東各航綫服務。

世運會中之獨特建築工程

（英國新聞處倫敦電）溫勃萊帝國游泳室內競賽場於世運會游泳比賽結束後三十六小時，即舉行世運會之首次拳擊比賽，日上星期，猶在進行中，當觀衆擁集游泳池觀看拳擊淘汰賽時，均目睹場中佈置已完全改觀，在池水之上築有拳擊台，長六十呎，闊三十二呎。此項獨特之建築工程以空前速度將游泳池改爲拳擊場，雖有許多技術上之困難，但卒順利完成未遭頓挫。在拳擊圈之四周，裁判員，計時員，抗議陪審員及其他大會職員均可清晰觀戰。拳擊台係根據架柱原理築於管式台架之上，並由一連串撓性木標樁支持之，以管式台架順利使用於此等場合尚爲第一次，此全部計劃之創意者爲溫勃萊運動場與帝國游泳池事長艾爾溫爵士。

國內消息

中國工程師學會 十月廿五台灣開年會

赴會會員請速登記

（本報訊）中國工程師學會第十五屆年會已定於本年十月廿五日於台灣召開，會期定為四日參觀約四日，頃已接得台灣籌備會方面通知，參加年會會員以設備關係，祗能招待一千名，除台灣以外，約可有外省工程師七百餘名參加，現總會方面除組織赴會交通委員會，請徐學禹氏担任主任委員，積極解決交通問題外，現已分函各地分會登記赴台灣參加年會會員每人需預繳登記註冊費二千萬元，限八月底前匯上海或南京台灣銀行「中國工程師學會賬戶」，並另以收據副本寄南京寧海路32號總會云。

寶雞電廠轉讓民營 合約已正式簽訂

（本報訊）資委會所屬西京電廠寶雞分廠，前奉令結束，所有業務，撥讓由當地人士，刻已由該地組織寶雞電廠股份有限公司，專事經營，至該分廠全部綫路設備資產等，概由該新公司租用，並已於前（六）月月中正式簽訂租約。

南京標準地價 官價最高每方二億四

（本報訊）南京市標準地價，地政局已予調整，最高為新街口廣場一帶，每市方二億四千萬元；大行宮太平路一帶，每市方一億許；山西路廣場，每市方八千八百萬元；新住宅區山西路，頤和路，珈琊路，鼓樓路，天竺路，北平路一帶每市方為三千二百萬元；廣州路一帶僅為二百二十萬至五百萬元；最低為九洑洲每方三十五萬元。上項價格較原價格已上漲頗多，然事實上與成交市價相差仍鉅，目下新街口廣場一帶，每方價格在五至十兩黃金，視地形與大小而定；新住宅區平均每方一兩半；廣州路一帶亦在一兩以上。總之一句，祗要有馬路可通，有水電，不管地勢如何偏僻，起碼亦得四五錢一方。

范氏化學論文獎金 每年每名四千美元

（本報訊）永利化學工業公司為紀念創辦人范旭東氏生前之創業與奮鬥精神，獎勵化工人員學術研究起見，特創辦范旭東氏獎金，其範圍限於化學論文，每年徵集論文一次，由化學工程師學會及永利公司評定得獎論文第一名獎額硫酸錏二十噸，以目前市價每噸十八億計合法幣三百六十億，折合美金亦達四千元之鉅。是項論文並規定需於中國工程師學會年會宣讀，以昭鄭重。上項獎金，為我國全國各項獎金額中之最大者，預料對我國化工學術研究空氣，將為一大鼓勵力量。

長城煤礦計劃 恢復北部舊井

（中經社訊）長城煤礦，煤田分佈情形甚狹，存量欠豐，現一二兩井儲量，即將告罄，以每日產量四百噸估計，則僅可供四個月之採掘。現該礦為補救國內煤荒起見，正擬計劃恢復北部舊井，選用舊六號井為出煤中心，進行排水，並清理坑道，另將第一井大斜坑下二槽煤層，開闢石門繼續進墾，以便採求三槽煤層。

我國電工製造業之新紀元 自製巨型水輪發電機

水輪機—四千三百三十馬力 發電機—三千瓩

（本報訊）四川龍溪河上清淵洞發電所需之三千瓩水力發電設備全套，最近已由長壽電廠與中央電工器材廠有限公司簽約，交該公司承製。全部設備，計包括四千三百三十馬力法朗西型立式水輪機一具，水輪機之控速器及打油機設備一套，八呎蝴蝶式進水塞一具，三千瓩交流發電機一具，發電控制電板及油開關一套。永輪機之蝸式管進水口徑已有七呎之巨。轉速為每分鐘六百一十五轉，有效水頭八十八呎，則水輪機之輸出為四千三百三十馬力。蝴蝶式進水塞之口徑為八呎。發電機之電壓為六千九百伏。轉速每分鐘三百三十轉，電力因數為百分之八十，發電容量為三千瓩。預計一年半可以製竣裝用。中央電工器材廠有限公司承接是項巨大工程，實為我國電工製造界之新紀元。該公司規模宏大，人才濟濟，且與世界名廠英國西屋公司，英根斯密斯公司等，簽有技術合作合約，此項工作，當可勝任愉快。從此水力發電事業之興辦，可由本國工廠自行担任，不但為一榮譽，且所節省之外匯，為數當亦極可觀也。

冀北電力近訊

（本報特約通訊）冀北電力事業，自勝利接收後，雖數度遭受共軍之破壞，以致部份地域失却光明，然經由該轄公司全部員工之努力搶修，終已克服一切黑暗而放光明，茲以張家口及下花園二發電所之情形，略述如下：

△張家口發電所五百瓩發電機，自去年八月裝竣供電後，輸電情形尚屬良好。惟張垣電燈及各工廠用電量逐日增加，以致該機供電量超過五百瓩，頗形供不應求，迫不得已而實行分區停電。

△日人曾在張家口發電所裝置一千二百八十瓩發電機一具，三十五年遭共軍破壞，機器下部份及基座全毁，惟上部份尚可修理，同時下花園發電所：裝置之二千瓩發電機一具，亦為共軍破壞，破壞情形恰與張家口發電所相反，經由冀北電力公司之決議，將張家口一千二百八十瓩之發電機上部可用部份，遷裝下花園二千瓩機座上，因此兩具殘缺不整之發電機，頓成完整良好之機器。是項工程經過五閱月日以繼夜之努力，已於前（六）月十八日修竣發電，供給下花園煤礦，車站及市鎮用電，且電力充沛，無停電之虞。

△下花園為張家口至北平間唯一之發電市鎮，新裝之一千二百八十瓩發電機，原可有餘電供給張家口使用，惟下花園至張家口之輸電綫路，雖經冀北電力公司修復，但近有一段電綫被竊，以致無法輸送，該公司刻正籌備材料，設法繼續搶修，一俟修復竣事即可輸電至張垣，以濟負荷過重之電荒。

△下花園發電所主要之一萬瓩發電機，原係日人開始裝置，未待完成，鍋爐及附屬設備，即被共軍破壞，經冀北電力公司員工年餘之努力，已將近修竣，預計即可試機。倘試用情形良好，則張垣，宣化及下花園一帶之原動力及城市用電，皆可圓滿解決云。

上海市新建大樓 須具車場設備

（本報訊）上海市政府工務局，爲求減少市內馬路車輛擁擠起見，特規定凡新建大樓，必須留有適當之停車場地，或另建停車地下層，容納車輛，而免停入路側，增加車輛行駛之困難。

「侯氏鹼法」專利權 侯德榜捐贈永利

（本報訊）我國化工界在世界上的榮譽，「侯氏鹼法」的發明人——永利化學工業公司總經理侯德榜氏，於七月廿六日與會同該法作種種試驗之郭錫彤先生商妥，以該製鹼法一切專利權，捐贈永利公司。

華中鋼鐵公司 即可開爐出鐵

（本報訊）華中鋼鐵公司三〇噸煉鐵爐，已建造完成，所需焦炭，亦已由萍西購到一部份，使敷足兩個月用量後，即可開爐，其所需重要原料鐵砂，石灰石等，皆可由該處附近開採，且目前已存儲鐵砂甚夥，足供開爐之使用。

又電化冶煉廠重慶分廠十五噸煉鐵爐，出鐵情形甚佳，六月份出產翻砂生鐵約二五〇噸，足可供重慶一帶之需要。

石景山鋼鐵廠 擬煉製低矽生鐵

（本報訊）華北鋼鐵公司石景山鋼鐵廠二五〇噸煉鐵爐自出鐵以來，情形殊爲良好，六月份出產生鐵約四，七九五噸，最近並準備煉製低矽生鐵，以增其副產。又天津煉鋼廠平爐，底所用耐火材料，已向美國訂購中。唐山製鋼廠六月份鋼錠產量二二七噸，超過已往紀錄。而該廠所需電機，已由美國購。

北票煤礦 辦理結束

（本報訊）北票煤礦，現正辦理結束中。該礦所存天津及錦州之財產物資，資委會已令飭分別移交四礦（撫順，本溪，阜新，烟台）聯合辦事處，及錦州電力局接收，至瀋陽倉庫房屋傢具及一部分器材，則移交資委會東北辦事處接收保存云。

中央化工廠擬籌 發展國內塑膠工業

（本報訊）我國塑膠工業，尚屬萌芽時期，資委會除由中央化工廠計劃籌建工廠外，爲使台灣化工事業配合石油公司在台省各單位之副產品試製塑膠起見，已由台灣肥料公司約請絕緣電器公司技術室主任沈彬康赴台研究，其工作計劃業經核定，即將逐步實施。

市政工程專家 組都市計劃團

（本報上海訊）中國市政協會上海分會，近以各市政府常致函諮詢各項市政問題，並委託邀請專家代爲規劃都市建設方案，該會爲適應此項需要，特羅致市政工程專家，組織都市計劃團，由上海市政府專門委員兼市政評論社社長殷體揚，中國銀行建築科長建築師陸謙受，上海自來水公司工程師王樹芳，上海市都市計劃委員會專門委員兼市政評論主編翟增恂，營造業同業公會理事長王子揚，交通大學土木系主任陳本端，行政院工程計劃團公路設計組長蔡時振等七位專家組織而成，分別担任市行政，都市計劃，公路工程，衛生工程，房屋調查，道路系統等項目之設計事宜，第一期工作將應迪化市長屈武氏邀請爲該市計劃新型都市方案，現已得迪化市各項調查資料，正由各團員研究，俾完成「迪化市都市計劃初稿及劃區計劃」，然後定期飛迪，作實地測勘，俾分期實施云。

贛西煤礦局 興建廠房工程

（中建社訊）贛西煤礦局，刻正積極進行建築新礦區，關於辦公室及宿舍等建築工程之設計及施工，均已委託中華聯合工程公司辦理，所有建築合同刻正商訂中，並悉是項工程擬分三年完成。

平漢鐵路 新焦支綫修復

（本報訊）平漢鐵路新鄉焦作支線，由焦作煤礦供給枕木，已於七月二十九日開始修復。

甘川公路蘭臨支綫 第七運輸處暫先通車

（本報訊）甘川公路蘭州至臨夏支綫，原屬省道，甘省府以該省運輸機構尚未開辦，業務暫請公路總局第七運輸處先行設站通車，以利交通，現已照辦，該綫計長一四九公里，二日可達，每星期三，六兩日對開客車各乙輛云。

黃埔港可停 五千噸輪三艘

（本報訊）廣州港工程局，自接辦黃埔港後，即積極進行打撈港底障礙物，修築黃埔大道，添設起重機，修復倉庫，安裝電燈電話等工作，現已整理完竣之黃埔碼頭，計長四百公尺，可同時停泊五千噸海輪二艘。日前招商局海鄂，利民兩海輪停泊該碼頭，卸下日本賠償物資二百餘箱。

金剛號挖泥船 修竣已抵黃埔港

（本報訊）金剛號挖泥船爲勝利後接收之敵產，經撥歸廣州港工程局使用，該局接收後委託青島海軍造船所修理，現已修竣，六月十五日自青啓椗由招商局拖輪拖運，惟以船型特殊，拖行困難，迄七月九日始到達廣州，停泊黃埔碼頭，該船長一一四呎，寬三一·八呎，深十呎，吃水五呎，總噸位爲五百噸，設備完整，效能宏大。

淮南鐵路合肥段 進行敷軌工程

（本報訊）淮南鐵路水家湖至合肥段，長約七十五公里，已進行敷軌，預計九月下旬即可工竣。

本溪水泥廠 產量激增中

（本報訊）遼甯水泥公司本溪廠自復工以來，產量逐日增加中，六月份生產熟料三，〇七一噸，水泥三，六八七噸，預計至九月底，可產水泥二七，五〇〇噸云。

第一區特種鑛產管理處 改爲江西鎢錫鑛業公司

（本報訊）資源委員會所屬第一區特種鑛產管理處改組爲江西鎢錫鑛業公司一案，業經確定，並已擬具組織規程草案，由資委會函徵贛省府同意中。又悉資委會及該省雙方董監事人選，亦經決定。

定價　半年訂費叁元叁角正　全年訂費貳元伍角正　航空或掛號另付郵資壹元正
廣告價目　八分之一頁陸元正　四分之一頁拾元正

中華民國三十七年八月二十日出版

中國工程週報

內政部京警國字第五十一號
中國工程出版公司
發行人　杜拱辰

中華郵政認爲第二類新聞紙
江蘇郵政管理局登記證第(三二)號
地址：南京(2)四條巷一六三號
電話二三九八九
本報歡迎直接訂閱

上海市土木電機機械化工技師公會成立大會紀錄

日期　三十七年七月十五日下午三時

地點　陝西南路二三五號中國科學社禮堂

出席會員：潘公展（何柏林代）、吳國樹（趙祖康代）、徐恩曾、馮寶齡、趙曾和、程良生、曹省之、袁誠、苑田甲、王揩亞、鄭葆成、嚴礪平、王仁棟（嚴代）、徐躬耕（嚴代）、黃資華、王景賢、杜增基、倪鍾澄、任國常、柴志明、貝季瑤、楊德源、莊懷、江紹英、魏詩攄、周銘汲、林毓庸、王拱、盧兆鳴、樊鑫、胡嵩岳、梁忠欽、孫成基、陳琮、許炳熙、朱潔清、陳紹蕃、陸國樑、韓組康、刑芙初、俞子明、王哲、趙祖康、方子衛、趙曾珏、陳駒聲、江起西、郁秉堅、郭增堃、黃惠同、孫國樑、印守餘、鄧叔屏、盧宗澄、李熙謀、宋文錦、王士良、陸芙塘、李開第、吳有榮、顧毅東、徐德振、鍾毓霖、張鍾俊、吳錦慶、張翔舫、謝碧醫、湯?、馮耕、龔方明、陳學俊、徐恩第、顧天樞、曾廣方（林繼庸代）、孫桂林（韓組康代）、社會局代表孫方、楊景熾、吳作泉、陳祖光、黃有識、陳景煥、趙慶榮（黃有識代）、朱樹怡、賀闓（韓組康代）、謝毅、施維德、蔣德懋、方治、吳文華、盧賓侯、吳祥龢、鍾兆琳、周傳濤、朱瑞節、潘鍾秀

主席徐恩曾　紀錄江祖岐

報告事項

主席報告

本日舉行上海市土木、電機、機械、化工技師公會成立大會，承 各長官蒞會訓詞，至爲榮幸。我國工程師總計不下二萬人，除建築師因執行業務上之需要均有執照外，其他領有執照者，總共不超過一千餘人，際茲民主時代，我 憲法頒布，工程師亟需有合法之組織，對於整個國家、社會有所貢獻，同時亦爲自身謀保障及福利，前次選舉國民大會代表，全國其他職業團體，均得合法產生代表，而工程師因未有公會，不能產生代表，歸由中國工程師學會向選舉事務所商定，組一全國性之中國工鑛技師公會籌備委員會，產生代表。事實上該會國代候選人，由工程師學會董事會推舉，再由中央圈定，如此辦法，係保臨時性質，故必須組織正式之技業團體，方爲正辦，此其一。全國技師中不合資格，執行技師業務者，不在少數，如有公會之組織，則可限定具有資格，並參加公會者，乃能承辦技師業務，此其二。技師自身之保障及福利，決非個人所能辦，必須公會集體爲之，此其三。綜上以觀，組織技師公會之需要，甚爲殷切，同人等以應中國工鑛技師公會籌備會之推動，並依技師法第十八條之規定，聯合組織「上海市土木、電機、機械、化工技師公會」，今日開 立大會，到會者已足法定人數，希望本市所有各該科技師，已向中央主管官署領得證件確定具有技師資格者，均來入會，使公會成爲容堅强之團體。

上海市黨部代表方子衛訓辭

值茲憲政時期，希望全國各地各界多多組織民衆團體，使每種事業，每階層之部份人民，均有合法之組織，以期加强發展事業之力量。今天貴會成立展望國家社會民衆幸福之前途，而非常慶幸。

國家建設必賴工業之發展，目前世界前進國家，均已電氣化，而中國仍不離農業社會，然而我國工業人材，並不缺乏，即如今日成立之貴會，即有許多土木、電機、機械、化工之人材在內，其缺點，即在缺乏組織，不能團結，所謂一盤散沙，無從發生力量，以致對科學，對工程，有心得之工程師，不爲人所注意，是以人才衆多，仍需組織團結。我國不談科學建設則已，談科學建設，則高明之人才甚多，所望爲技師者加入公會，自吾介紹於社會，出面担任建設事業，另一方面政府如欲訪賢求人，得向技師公會中訪求，毋庸他求。

吳市長代表上海市工務局趙局長訓辭

本公會籌備時期，已閱兩月，籌備之初，係受中國工鑛技師公會籌備委員會之推動，該會係中國工程師學會總會發起組織，所以推動各地技師公會者爲徐恩曾、曾珏諸兄與祖康等，約同十餘人發起組織。本公會其中包括土木、電機、機械、化工四門，此四門與上海之建設事業，有密切關係，惟本人與曾珏兄俱爲主管機關長官，不預備担任公會任何職務，又技師法並無公務人員不得加入技師公會之明文規定，然技師從事公務，個人不向外界取酬，然亦得作爲執行業務，本公會成立以後，對於技師之關係，非常重要。

（一）國家正當戡亂時期，建設工作至爲重要，我國工程師已往對政治多抱不顧問之觀念，今行憲以後，希望工程師多多參加政治，協助建國工作。

（二）技師公會章程，對酬金常有合

理之規定，甚職業道德，從業者必需遵守，衹命規定之後，足以阻止不合職業道德之競爭。

（三）凡職業保障同人福利，極為重要，希望公會會員，彼此互助合作，團結精神，不特會員受益，即國家社會亦蒙其利。

今日公會成立，個人對此舉，深感愉快，並希望今後會務及一切事業，均有蒸蒸日上之勢。

上海市社會局代表孫科長方訓辭

技師公會之組織，根據技師法有三大系，即工業、農業、鑛業，是而工業中，又分廿六科，上海已有分析化學及紡織兩科，成立公會，今日下午二時建築技師公會，亦開成立大會，茲有兩點，提出請貴會特別注意：

（一）貴會為聯合土木、電機、機械、化工四科組成之技師公會，則理監事之名額，應依各科參加人數之多寡比例產生，較為合理。茲規定理事：土木科五人；電機科四人；機械科三人；化工科三人。監事：土木、電機、化工三科各一人；機械二人。

（二）公務員應否參加公會一節，已向社會部請示，擬俟批復再行決定，目前在場各會員，均可參加，惟大會中對於選舉公會職員一節，注意勿由從事公務之技師中產生。

（三）公會章程，以不抵觸技師法規定為原則。

上海市公用局趙局長訓辭

本人參加技師公會原因有二：（一）因本人承乏中國電機工程師學會會長之職；（二）為技師公會之籌備員，但本人為機關主管，自應迴避擔任公會職員，此非為不熱心之表示，實際上仍願協助公會之發展。

今日由四科主要工業技師聯合成立公會，在工程界中創一新生命，新紀元，略述感想數點：

（一）本人以為政治與技術不能分家，三民主義中，民生主義至為重要，設無工程師，如何完成民生主義，我工程界人士素抱謙虛態度，甘於後人實屬謬誤，反之須積極參加政治，以增政府力量，方能有為。「一國之文化，即是生活，要生活水準提高，共改進之責任，須由工程師負担。

（二）大凡從業者，有一流行之病「同行必妒」，我工程師實不應有此觀念，工程師當尊重同業，對於人才，應竭力保舉，本人對工程師敬致一言曰：「敬業樂業」。

本會今日之成立，係聯合四科基本工程界人士集體組織，共同合作，實為工程界之「新生」，祝國家民族前途無量！

討論事項

討論會章：

通過修訂章程（詳細修改條文，均就章程草案修正，附原章程及修訂章程各一份。）

選舉理監事結果列左：

理事十五人

土木　湯寶齡　吳文華　徐以枋
　　　宛開甲　汪菊潛

電機　徐恩曾　李開第　鄭葆成
　　　陳祖光

機械　胡諾昌　錢礪平　黃　潔

化工　林繼庸　許炳熙　曾廣方

監事五人

土木　陳　琮

電機　鍾兆琳

機械　黃叔培　曹省之

化工　韓組康

候補理事五人

土木　盧賓侯　俞子明

電機　支秉淵

機械　柴志明

化工　黃有鎔

候補監事三人

土木　倪鍾澄

電機　方子衛

化工　王揩亞

臨時動議

主席　請趙祖康趙曾珏兩先生為本公會名譽理事。

議決：通過。

×　×　×

上海市土木電機機械化工技師公會章程草案

第一章　總綱

第一條　本會依據技師法組織之

第二條　本會定名為上海市土木電機機械化工技師公會

第三條　本會之宗旨為：（一）提倡工程職業化（二）增進工程師之職業道德（三）增進工程師對於各科工程職業之興趣（四）增加工程職業對於公眾之用處

第四條　本會之區域以上海市行政區域為範圍

第五條　本會會所設於上海市

第二章　任務

第六條　本會之任務如左

一、關於會員事業有關之土木電機機械化工技術研究提倡輔導及事業經營上必要之合作事項

二、關於會員事業有關之共同設施事項

三、關於土木電機機械化工技術教育之扶植事項

四、關於會員共同利益之維護及增進事項

五、關於外界委辦及諮詢事項

六、關於會員福利向政府請求及建議事宜

七、其他與本會宗旨有關事項

前項二款事業應於擬定計劃者經全體會員表決權三分之二以上之同意呈請主管機關核准後方得舉辦其變更時亦同

第三章　會員

第七條　凡在本市依技師法第一條之規定領有土木電機機械化工 師證書者得加入本會為會員共領有開業執照執行業務之土木電機機械化工技師應加入本會為會員凡非中華民國國籍之外國土木電機機械化工技師應依照技師法第十七條及三十二條之規定辦理之

第八條　會員入會應履行左列手續

一、填具入會聲請書

二、交驗技師證書

三、繳納會費（依照本章程四十八條之規定）

第九條　會員入會後由本會發給入會證書並登記於會員名簿

第十條　有左列情事之一者不得為本會會員

一、犯刑法內亂外患罪經判決確定或在通緝中者

二、曾服公務有貪污行為經判決確定或在通緝中者

三、褫奪公權者
四、受禁治產之宣告者
五、無行爲能力者
六、吸食鴉片或其代用品者

第一一條　會員有被發見前條各款情事之一爲應即取消其會員資格

第一二條　會員如有左列各款情事之一經理事會查明屬實經會員大會議決應令其退會或准其退會
一、違背技師法受撤銷技師資格處分者
二、不遵守本會規約有損本會信譽經會員七人以上署名控告者

第四章　組織及職權

第一三條　本會以會員大會爲最高權力機構

第一四條　本會設理事十五人組織理事會監事五人組織監事會均由會員大會就會員中用記名連選法選任之

選舉前項理事監事時應以次多數當選候補理事五人候補監事三人遇有缺額依次遞補以補足前任任期爲限當選理事監事及候補理事監事之名次依得票多寡爲序票數相同時以抽籤定之

第一五條　理事會設常務理事五人由理事會就理事中用記名連選法互選之以得票最多數者爲當選常務理事遇有缺額由理事會補選之其任期以補足前任任期爲限

理事會就當選之常務理事中用記名單選法選任理事長一人得票滿投票人半數者爲當選若一次不能選出時應就得票最多二人決定選之

第一六條　監事會設常務監事一人由監事會就監事中用記名單選法互選之得票最多數者爲當選

第一七條　理事會之職權如左
一、執行會員大會決議案
二、召集會員大會
三、預算決算之編製及審核
四、對外訂立契約之審核
五、辦事細則之釐訂
六、重要人事之延聘及改聘
七、執行法令及本章程所規定之任務

第一八條　常務理事之職權如左
一、執行理事會決議案
二、召開理事會議
三、處理日常事務

第一九條　監事會之職權如左
一、監察理事會執行會員大會之決議
二、審査理事會處理之會務
三、稽核理事會之財政出入
四、列席理事會之各種會議
五、審核理事會編製之決算表報　重要文件
六、執行法令及本章程所規定之任務

第二〇條　常務監事之職權如左
一、執行監事會之決議案
二、召開監事會議
三、列席理事會議取各項報告及舉行有關業務之諮詢

第二一條　理監事之任期爲二年每年改選半數理監事卸任之後均須經過一年方得被選

第二二條　理監事有左列情事之一者應即解任
一、會員資格喪失者
二、因不得事故經會員大會議決准其辭職者
三、理監事未經請假接連三次不到會者

前項第三款如提出滿意之理由經理監事會多數投票可以復任

第二三條　理事會爲處理特別事務或興辦事業得設立各種委員會其詳細規則另訂之

第二四條　本會設秘書及會計各一人由理事會就會員中推選充任之

第二五條　秘書掌管會員大會理監事會議錄對內外函件通知會員名簿以及一切有關事務

第二六條　會計掌管銀錢出納等事務對外單據由理事長會同會計簽章會計缺席時由理事會就理事中指定一人代理之

第二七條　本會對外契約及正式公文由理事長及理事會就理事中指派一人會同簽訂之

第五章　會議規則

第二八條　本會會員大會分定期會及臨時會兩種均由理事會召集之定期會每年開會一次在每年七月間舉行之臨時會由理事會認爲必要或經會員十分之一以上之請求或監事會函請召集時召集之

第二九條　召集會員大會應於十五日前通知之但因緊急事項召集臨時會議時不在此限

第三〇條　會員大會開會時會員如有提議事項應於開會前七日將案提交本會一併提出討論

第三一條　會員大會主席由出席會員互推之

第三二條　會員大會之決議以會員人數三分之一以上之出席及出席人數過半數之同意行之出席人數不足法定人數者得行假決議在三日內將其結果通告各會員於一週內重行召集會員大會以出席人數過半數之同意對假決議行其決議

第三三條　會員大會開會時應備具決議錄記明會議日期　點出席會員人數主席姓名及決議事項由主席簽名連同出席會員簽到簿一併保存於本會

第三四條　左列各款事項之決議以會員人數三分之二以上之出席及出席人數三分之二以上之同意行之出席人數不滿三分之二者得以出席人數三分之二以上之同意行假決議在三日內將其結果通告各會員於一週後二週內重行召集會員大會以出席人數三分之二以上之同意對假決議行其決議

一、變更章程；二、會員之處分；三、理監事之處分；四、清算人之選任及關於清算事項之決議

第三五條　本會理事會每兩月至少開會一次監事會每三月至少開會一次

第三六條　理事會開會時須有理事過半數之出席理事過半數之同意方能決議可否同數時取決於主席

第三七條　理事會開會時其主席由本會理事長担任之如本會理事長缺席時由出席理事就常務理事中推舉一人任之

第三八條　監事會開會時須有監事過半數之出席由常務監事爲主席如常務監事缺席時由出席監事互推一人爲主席以出席監事過半數之同意決議一切事項

第三九條　會議事項與理監事或會員有關係者其本人不得使用表決權但得陳述事實或意見

第六章　公約

第四〇條　會員不得有妨害本會或會員信譽等行爲

第四一條　會員不得將承辦委託事件藉故施延

第四二條　會員不得收受規定酬金以外之任何酬報

第四三條　會員不得妨害或阻撓其他會員辦理委託事件之進行

第四四條　會員不得有冒名頂替等行爲

第四五條　前列各條公約理事會依據其精神原則制定各項道德信條由各會員遵守之

第七章　酬金

第四六條　會員承辦委託業務得收取酬金最高不得超過該業務造價百分之九

第四七條　會員收取酬金之標準及詳細辦法由理事會訂定交由大會追認之

第四八條　本章所謂「酬金」係狹義的工程技術方面應得之酬勞并不包括因承受事項而發生之「費用」在內

第四九條　本章規定之酬金係對於專利法第一條第九十五條及第一百十一條所規定之權利以外之事項而言

第八章　經費及會計

第五〇條　本會經費分會費及事業費兩種會費分經常及臨時兩種經常會費規定如左

一、入會費二元；二、常年會費一元，

以上兩項均按繳納時市政府公佈之職員生活指數繳納之

如因預算不敷應用或有臨時特別支出得經理事會決議按照所需之數向會員徵收臨時會費在召開會員大會時提出追認

第五一條　理事會用款不得超出本會所有資產淨值如收到特別捐款經理事會通告接受者其用途由理事會決定之

第五二條　會員遷移其他區域或自動廢業或受永久停業之處分時其已交之會費概不退還

第五三條　本會之預算決算於每會計年度終了一個月以內編製報告書提出會員大會通過刊佈並呈報主管官署備案

第五四條　會計年度以每年七月一日始至下年六月三十一日止

第九章　權利及義務

第五五條　本會會員須履行下列義務

一、遵守會章并服從本會決議案

二、按期繳納會費

第五六條　本會會員得享受本會所舉一切事業之權利

第五七條　本會會員得享有發言權表決權選舉權及罷免權

第十章　附則

第五八條　本會各項辦事細則另訂之

第五九條　本章程如有應行修改之處經會員十分之一以上提請會員大會公決後呈報主管官署修改之

第六〇條　本章程自經會員大會決議通過呈准主管官署備案後施行之

「土壤測量法及其在道路建築上之應用」

中央工業試驗所材料試驗室主任　謝家蘭

英國"The Road Research Laboratory of the Department of Scientific and Industrial Research"研究報告第四號："Soil Survey Procedure and Its Application in Road Construction".

作者：A. H. D. Markwich, S. B. Webb

土壤測量已成為道路建築初步工程測量之重要部份，道路建築之理論設計及經濟設計可以實地調查，所得之土壤性質及地下水存在情形為根據。

土壤測量包括（甲）用打鑽或其他方法並看基地土壤及地層剖面上土地之性質；（乙）檢定及試驗所採基地土壤試樣，編製有系統之資料，以供工程設計之需要，從土壤測量所得之資料包括：

（一）路線所經地帶，水平及垂直方向，地質及地形之適合性。

（二）選探適用之建築材料。

（三）基地土壤性質及地質圖。

（四）地面及地下排水道之設施。

（五）就地材料之適用性。

（六）開鑿及填土地帶之處理方法。

土壤測量之實施工作為野外勘察及沿路線基地打鑽，採集土壤試樣，送交試驗室作土壤性質試驗：

（甲）單用肉眼及手工檢驗。

（乙）用肉眼及手工檢驗外，再加標準分類試驗。

（丙）標準分類試驗外，再加詳細研究土壤相比之性質。

土壤測量採取基地土壤之試樣，普通應用手鑽，所需儀器非常簡單，費用亦省而可得道路建築上極有價值之資料。

此冊研究報告檢討土壤測量所需人員及儀器，野外實地工作實施方法，對於工作人員出發測量前在室內之準備工作：基地步行初測；打鑽取樣詳細步驟：地下水層測量等有詳盡之說明，土壤分類一節中敘述樣品之分類；土壤試驗/項目，土壤分類之說明等，此外例舉圖表討論實地所得資料之彙編。

> 在家用六十瓩電燈泡燈絲上每分鐘通過的電子數目，與尼亞加拉瀑布（Niagara Falls）一百年間流過的水滴數目大約相等。

謎　？？你猜是怎麼一會事？

下面是幾個富有迷惑性的巧妙問題，對數學研究有素的工程師或許會爲了這些瑣事而迷糊，因爲這些問題都會把你的思想引到錯誤的路上去，使你上當。仔細閱讀問題，不要直覺的單憑算術觀念回答，或者會幫助你得到正確的答案。（解答見本期第　頁）

（一）瓶價若干？

一位算學很精的上海交易所經紀人老王向南京路某酒店購買一瓶法國白蘭地酒。售價爲美金五十五元。當老王付錢的時候，店員說：「可否把原裝瓶子退回給他，放在櫃窗裏作廣告？因爲這種牌子的酒在上海已經不可多得，同時店方願意付退瓶費用，」老王一想有錢可省，當然幹得，便問：「退瓶費若干？」店員說：「瓶與酒共值五十五元，酒價比瓶價多五十元，所以空瓶價格爲……」

「五塊錢」老王插嘴說，因爲他在同行之中素有鐵算盤之稱，這點計算，似乎太單調了。

「很抱歉！先生！你算錯了」店員說。

這是什麼道理？應該好多？

（二）汽車商的悲哀！

一位經售舊汽車商向他的朋友說他今天的運氣很壞。今天一總出售二輛汽車，每輛價格均爲七百五十美元。其中一輛他賺了百分之廿五的利益，另外一輛，賠本百分之廿五。

「那有什麼關係？一賺一賠，你並無損失呀！」他的朋友說。

「不，我有損失。」車商說。

是否眞有損失？請算一算。

（三）智慧的辨別

在一次宴會中，四個人來一次遊戲。三個人面對同一方向前後坐着，如是則甲看到乙與丙，乙看到丙，丙坐在最前面當然看不到甲、與乙。丁拿着五頂帽子，三綠二紅，每人頭上戴上一頂，餘二頂則另行收藏，

現在丁開始問甲戴的是什麼帽子？甲看看乙與丙，無法決定他自己是紅是綠，祗能回答不知道。

問乙，乙也與甲一樣無法回答。

問丙，他雖則不能看到甲與乙他自己戴的是什麼帽子，可是他聽了甲乙都說不知道，他很生氣，罵了甲乙兩聲飯桶之後，卻很堅定的說他戴的是什麼顏色帽子。果眞丙所回答的一點也不錯。

究底他戴的是什麼顏色？丙怎樣會知道？其理安在？

（四）家庭關係

一個男孩子說：「我的兄弟與姊妹數目相等」他的姊姊說：「我的兄弟數目是姊妹的二倍」你說這個家庭有幾個男孩子，幾個女孩子？

（五）砂石與水面

一個小湖裏面有一只滿裝砂石的船。忽然一陣狂風把船吹翻，砂石沉入湖底。空船當然向上浮，吃水綫也升高，現在的問題是石沉湖底之後，水面上昇還是下降？

（六）留聲機片線紋長度

一張唱片的直徑是十二吋，外面有一吋，裏面有二吋半徑是沒有凹綫的。所以有綫的部份半徑是三吋。每吋有凹綫九十根，當這張唱片唱完的時候，唱針共走若干路程？

（七）一張退票

一個顧客到上海皮鞋公司去買一雙皮鞋，價格爲法幣伍仟萬元。那位顧客並未帶現鈔，祗有一億的一張A銀行本票，正好店方也無法幣可補，因之便到隔壁上海飯店去把本票掉現鈔一億元。當這個顧客走了之後，上海飯店忽然把本票送回說這是假的，皮鞋公司乃以法幣一億換回，上海皮鞋公司老闆仔細一算：退票一億，連找顧客本票五千萬兩共損失一億伍仟萬元。他要經手的店員照數賠償，你說對不對？

（八）畢薩哥拉氏的奴隸

古希臘名哲學家畢薩哥拉氏（Pythagoras）有一次處分一個有竊盜行爲的奴隸，其方式是叫他沿Diana廟前的七根柱子來回的走着，計算柱數直到一千爲止。柱子是在一直線上，從左面開始向右走，到第七根折回，把第六根算作八，把第一根算作十三，第二根作十四，餘類推。一直數到第一千的時候，去告訴畢氏那一根柱子是一千。當然這個大算學家是胸有成作，老早便算好了是那一根柱子，倘使你也能一算就出的話，那末你的算術天才也不減畢氏。

（九）幣制改革

據說抗戰前，中國有一巨富，彼之財產，遠在孔、宋財神。僅以當時彼存入上海某銀行之存款一項而計，即有二十四億元之鉅，可是戰爭帶來了幣制貶值與變更，民三十年，銀行所有法幣存款，均需以一與二之比率折換儲幣，迨勝利以一與二百之比率調換法幣，戡亂期間，奸商作祟，以致通貨膨脹，經濟形成混亂，迨經濟改革方案實施，金圓券發行，每一圓之比值，相等三百萬元法幣。到了八月二十三日銀行開門，該富翁前往銀行取款，出納員順手遞給他兩張票子，他大爲驚奇，與他理論了一番，一算不錯，悻然而去，你猜那兩張是面額好大的票子？

建設高雄市　成立高雄建設股份有限公司

（本報高雄通訊）台省高雄市地方主要紳士駱榮金，陳啓爲，唐傳宗，歲强等十七人，爲要協助政府復興本市建設計，出而組織高雄建設股份有限公司，經月來的籌備，業經就緒，並於七月廿六日下午在該公司鹽埕區鹽中里，舉行創立大會，查該公司之組織擇要如下：

（一）資本金額爲台幣一億元，每股五萬元共二千股。

（二）目的爲振興土木建築，協助建設高雄，藉以繁榮市區。

（三）業務爲土木建築工程之設計及承辦，土木建築用材料之製造及販賣，技術勞力之供給，土地房屋之買賣、租賃或介紹，前列各項之附帶業務或有關地方建設事項，有關前列各項事業之協同經營或投資。

（四）現在計劃實行之業務，爲以工款八千萬元建築三層洋樓店舖（預定八月開工年底竣工），又以工款一億二千萬元建造二層洋樓店舖九棟（預定八月開工年底竣工），又以工款二千萬元建造二層洋樓店舖住宅四棟（預定八月開工年底竣工），又以工款一億五千萬元建造該公司大廈一座（預定九月底興工明年五月竣工）云。

新奇的無線電照相

倫敦新聞社記者作

幾星期以前，我收到有線電與無線電有限公司送來一份請柬，請我去參觀他們的無線電播影新設施。所以某一個下午我在一所巨大的現代建築物裏，弄得撲朔迷離起來，我要觀察在這幕後的究竟。

我準時到了目的地。我的腦袋昏昏沉沉的像在打着轉，當我走進了到處嵌着玻璃的房間，裏面放着種種機器，我第一個反響是要詢問誰能够整天的呆在這個房間裏，聽着各種刺耳的聲音呢。工程師立刻對我說，稍微過一忽兒，你就會慣的。

特別有一架機器，發出那些尖叫音調，我收聽廣播節目沒有接準電台時，常常聽到這種怪叫的，我要看的這架機器，那時候正在攝取一個英國電影明星的照片，這個電影明星如今在澳洲拍攝一部新片。一個主任工程師看到我不懂，他就對我說明機器的原理。

幻變的照片

他把一張照片捲到一個圓筒裏，當光線照片的各種顏色深度反映出來時，就變形在電子裏，照片在轉動中就受到那各種音節的影響；它就由黑色變灰色，再變為淺灰色，再變為白色，每一次變色都有個不同和清晰的音節。這個作用就是把那些聲音再改變為各種不同的陰光，來影響聲音，再由於發展反真，你的照片就拍出來了！

這個時候，一個電影明星的照片已經拍成了。我看得歎為觀止。

主任工程師然後告訴我什麼樣的幻影照片可以拍攝，以及這些照片是怎樣拍出來的。有些確實非常出色。其中有幾張像在凹凸鏡裏照出來的樣子——就是我們在遊戲場看到一種形式。另一種奇怪的玩意是顯示出要拍攝的目標倚在一個不可能的角度上。像這樣的有一張是英王巡視南非時在戰艦「先鋒」號甲板上走動的情形。

無線電支票

其他的人像超現代派的超現實繪畫。他也給我看第一張橫過大西洋電傳的圖畫。那是一幅未完成的作品，但一好就知道是威爾斯親王的畫像。後來又掏出一個罪犯，是憑着照片和指印捕捉的，照片和指印從澳洲電傳過來。

然而還有更饒趣味的事實，用這種方法送支票，由銀行到期付現，這是不太稀奇的，因為美國有好些地方支票印得像明星片，可以交郵局遞寄的。

我國鐵礦砂 源源輸日

（中央社東京電）據共同社消息：日本現已立簽合同，輸入揚子江流域海南島及馬來各地之鐵礦砂，揚子江區計將輸入礦砂廿萬噸，第一批二萬噸可於下月中旬抵日，九月之後每月可運一萬噸，日本復自馬來訂購鐵礦砂十五萬噸，自下月起，每月輸入三萬七千五百噸。又日本頃已再度訂約輸入海南島礦砂廿萬噸。

鋼鐵檢驗已有新法

（中央社訊）中華自然科學社訊：美國奇異電器公司，用一種「滴管」的方法，來檢查鋼鐵的品質，這方法所用，僅一段耐高溫的玻璃管和一個橡皮帽，如同醫院裏所用點眼藥的管子一樣，將橡皮帽捏緊，把玻璃管插入華氏二千七百度之熔融鐵汁中，放鬆皮帽，鐵汁就如同藥水般地被吸入管中，然後使之冷卻，凝固後，玻璃管破裂，便得到一根細鐵棒，將此棒截為二段，以作二電極，加高電壓使生產電弧，因鐵棒分子結構之不同所生之光輝亦不同，專家藉稜鏡便可鑑別其品質之優劣。

美輸我石油 六十六萬桶

（美國新聞處華盛頓電）商務部國際貿易處頃宣佈，一九四八年第三季核准遠東各國輸出之石油產物配額，以中國為第一位，中國配額為六十六萬桶，菲國四十二萬桶，在不列顛自治領各國中，以澳洲之五十萬桶，與紐西蘭之廿二萬八千桶為最高。

日本工業近況

（中央社東京專電）據日本「金鋼鑽」雜誌稱：日本工業生產能力，在投降前，曾降至一九三四至三六年水準之百分之十，現已約達該水準之半。據稱：現有工廠及工人數目，均達戰後最高額，約共有工廠十一萬家，工人三百六十萬名。但經精密檢討之後，該刊獲一似是而非之結論，即生產量並未與工廠與工人數目成正比例之增加，此種奇局勢，由於工作效率之低減，適當設備與資金之缺少及因管制經濟而生之從事延宕派之官派習氣。

聯蘇建造房屋製造工廠 每年可生產房屋四千幢

（蘇聯大使館新聞處）蘇聯大規模的併合房屋製造工廠已在阿塞加湖畔建立起來。此廠已開始製造了八處舒適的小舍與房屋。該廠每年將生產四千幢房屋，可供二萬五千人居住。一切生產過程，從木材卸下到製成各部份的分類均已機械化，併合房屋各部的第二所大工廠在闊特奴區工作，拉斯克羅亞區的一所在萊克斯卡區建築之中。

蘇聯內河客運 不斷增長中

（蘇聯大使館新聞處）蘇聯的內河客運不斷的在增長中。今年蘇聯內河輪船較去年多載旅客六百萬旅客。第二次大戰前夕，在一九四〇年蘇聯內河輪船載旅客七千三百萬人的。至戰後五年計劃結束時，在一連串內河航綫上載客量的戰前水準將被超過。

對日本鋼鐵增產 盟總將全面協助

（中央社東京專電）盟總對於日本鋼鐵生產效率之增加及日本鋼鐵品質之改進，將予以全力協助。據官方公佈：盟總工業官員四人，已於二十五、二十六兩日與日本各大鋼鐵廠代表，舉行一兩日會議，討論增進鋼鐵效率及品質問題。「鋼鐵會議」亦為佔領期中此類會議之首次會議。

英化學工業大事擴充

（英國新聞處倫敦電）英國著名化學工廠兩家均已宣佈增加新資本以進行重要擴充計劃。

其一為卜內門有限公司，現已將資本額自一千萬鎊提高至八千五百五十萬鎊，此項新增資本將用於有關化學生產每一方面之大規模擴充計劃。

另一家為以最新「卡泰羅爾」法生產石油為各種化學品之石油炭素公司，該公司現已呈請財部准其籌款二百五十萬鎊，藉以完成正在曼徹斯特附近建築中之「卡泰羅爾」工廠，並進行若干連帶計劃之初步發展工作。該工廠生產能力已自原定之每年五萬噸提高至七萬五千噸，據「金融時報」載稱，改良與增加後之生產能力預料足償此項所出資本而有餘，「卡泰羅爾」法據稱係化學生產中一項重要進步，蓋以此法可由一次裝本填裝原料中同時製出「香料」（自煤焦油中提得）與「奧里芬」（通常由石油提煉而來）頗各種產品，幾乎應有盡有。

英國巨型機 即將試飛

（英國新聞處倫敦電）英國最大飛機，重一百三十噸之布拉巴松第一號將於十一月作處女航，該機昨日首次離開飛機工廠，三年來之建造工程已臨於最後階段。該巨型機僅剩操制器，尾板，及高達五十呎之舵柱尚未完成，將於塔爾馬克停居二星期，以便將一萬三千五百加侖之汽油加於二十六隻油箱中，并將機件作最後之檢驗。

該機乃布拉巴松型之第一架，此後，該型飛機再加以改進後即將裝上八具噴射引擎飛航於英美之間。能載客一百人至一百二十人，此第一號機係裝配活塞引擎八具。

德境英區鋼產 每月四十六萬噸

（英國新聞處倫敦電）據德境英美合併區工商團體宣布英區鋼產今又創戰後新記錄，上月所產鋼塊計逾四十五萬七千噸，即等於年率五百五十萬噸，超出去年六月之舊記錄約八萬噸。某主要德國官員稱，助成此項卓越增產之最重要因素為更大之煤斤配額，新鼓風爐數座之開工以及工人缺目略增而不到工者顯著減少。此項額外鋼產將有助於重要建設計劃如鐵道之修繕及煤礦用新機械之製造，有關出口貿易之廠商亦可獲益。

英用鎂質合金製造飛機 將作初次飛行

（英國新聞處倫敦電）英國飛機建築師協會飛行展覽會，定於九月間在樊邑舉行，新近設計製造「衛星」式飛機一架將作初步試驗。該機由鎂質製成，二百五十匹馬力之引擎裝於艙後，機尾為蝴蝶尾式。屆時將由一度保持世界飛行紀錄之威爾森氏駕駛該機在樊邑機場上空表演。據公司董事希南稱：「此為余所設計之第一架飛機，此目的在具有汽車之舒適與安靜，且取價必須甚廉。推進器與引擎裝於艙後頗佳，并安靜無聲，運用鎂質合金製造，可能使製造簡易價格低廉。據特別指稱，鎂質用於此一方面，係屬非燃燒體者。「衛星」式機自頭至尾為高度流線型式，機下裝有可予伸縮之三脚輪。飛行最高速率為每小時二百另八哩，其載重後之續航力為一千哩或二千四百五十哩，相等於僅以駕駛員一名橫渡大西洋之航程。該機首先將作地面展覽，以示其新奇之引擎給用系統，然後作初次飛行。

英國營煤礦事業有贏利

（英國新聞處倫敦電）英國國營煤礦二十一日公布之統計季刊稱，該局在今年春季內贏利四百三十五萬鎊，除一切利潤與開支外，當贏餘五十萬鎊。

謎底　本期「你猜是怎麼一會事？」

（一）空瓶價二元五角，酒價五十二元五角，這樣才是酒價比瓶價多五十元。

（二）汽車商是對的。賺百分之二十五的車子成本是六百美元，（600＋600×25%＝750）賠百分之二十五的汽車成本為一千元美金（1000－1000×25%＝750）所以車商的成本共為一千六百美元，而售價價格僅為一千五百元，蝕賠本一百美元。

（三）如果乙丙戴的是紅帽子，甲便確定他戴的是綠的因為一總祗有二頂紅的，丙心中暗想，甲既然說不知道，那末大概有二個可能，乙丙皆為綠帽，或一紅一綠。倘若丙為紅帽，那末乙一定知道他自己是綠帽，現在乙也說不知道，那末毫無異議丙是戴的綠帽子。

（四）四個兄弟和三個姊妹。

（五）水面下落，理由如下：當石在船上的時候，砂石使船沉在水中的體積等於與石同重的水的體積，換言之，體積大於砂石的體積，當砂石沉水底：則僅佔其本身體積的水的地位，當然要比在船上時少，因為砂石比重比水重得多。

（六）留聲機片在轉動，唱針僅從外面移到裏面，僅向中心移動6－（2＋1）＝3吋

（七）皮鞋店老闆算錯了，他的損失是一億元，他付給顧客一雙皮鞋，價值五千萬元，找補五千萬，連上海飯店一億共為二億，可是他從上海飯店收入一億，故實際損失仍為一億。

（八）找尋第一千號柱子，得以一千除以十二（二倍柱數減二）求得其餘數。倘若是一，便是第一根柱；如為〇或二，是第二柱；如三或十一，為第三柱；如四與十，是第四柱；五或九，第五柱；六或八，第六柱；七，第七柱。受處分的奴隸走完的第一千根柱是第四柱。

（九）金圓壹元的票面。

國營交通事業

盈虧應互濟糜費應減少 預算委員會建議行政院

(本報訊)行政院預算委員會對交通部主管事務之改進事項，於政務會議提出建議如左：

(一)交部所屬各交通事業用人過多，應大量分期切實裁減，並將經過情形，呈院備查。

(二)各交通事業員工待遇過高，超出國營事業員工待遇，得較一般公務員增加百分之卅之限制，應由交部切實遵照院令分別減低，以符規定。

(三)各交通事業應儘量減少糜費，過於華麗之建築物及專供高級享用之交通設備(記者按係指冷氣火車等)等，際此財力艱難之時應一律暫緩興辦。

(四)各交通事業盈虧，應由交部通盤調劑，其有盈利數額者，應用以補貼其他虧損事業，不得再由盈利事業自行支配，藉以減少政府貼補之數額。

又悉：交通部前以該部所屬鐵路、公路、郵政、電信各事業七月份不敷廿九萬億七千四百廿二元，呈請政院貼補。已准撥發於特別歲出預算內補貼準備金十萬億元，此外不敷之十九萬億七千四百廿二元，請准飭中央銀行如數先行墊借，以濟急需。經十一日政務會議決議：

(甲)七月份不敷補貼費，准由央行墊借十萬億元。

(乙)交通事業補貼政策範圍限度交由主計部詳加研究，擬具辦法，嗣經主計部將該案送請十三日政院預委會審查，結果如後：

(一)交部所屬各事業七月份請撥補貼費廿九萬億七千四百廿二元，除已奉准發補貼準備金十萬億及政院會議決議准由央行墊借十萬億外，餘數十九萬億七千四百二十二元，擬仍飭央行照數墊支，並由交行補辦追加預算，如有多餘，並應留作八月份之用。

(二)自本年八月份起，京滬滬杭兩路及粵漢路務須自給自足，不再貼補；浙贛路應自九月份起自給自足，不再貼補。至八月份其他各鐵路及郵政、公路、電信各事業所需貼補額，並應由交部確實估計，即日呈院核辦。

(三)軍用電信乃鐵路軍需運輸應行付現，如國防部未予即時支付，由交部列表登帳呈院，在國防經費內扣抵，不再列入虧損帳目。

(四)專用電台應由交部擬具分期取締切實辦法報院核辦。十八日政院中，對交部請墊借所屬各事業七月份不敷補貼費，及交通事業補貼範圍及限度案，已獲通過。

江南鐵路通至蕪湖

(本報訊)江南鐵路鋪軌工作，自七月十二日開始以來，京蕪段已於廿六日接軌，廿七日由材料車附掛客車試駛，經認爲滿意，已於廿八日正式通車，並開京蕪兩地每日對開兩次云。

冷汽車不合事宜

監院交通委會抨擊

(中央社訊)京滬路開駛冷氣設備飛快車一事，於十八日監察院交通委員會首次會議中，曾予以猛烈抨擊。出席委員僉認，交通事業應以大衆福利爲前提，而目前國家財力枯竭，路局非惟不能撙節開支，反而標新立異，耗巨資造冷氣火車、專供豪富享受，其不合時宜，自不待言。政府貼補交通事業，亦僅可於萬不得已之情形下爲之，蓋交通事業本身需儘量減削不必要之開支，如仍不敷，然後再由政府貼補。

黔桂鐵路已成部份 資本支出百分之卅

(本報柳州航訊)根據黔桂鐵路已完成部份，而屬於材料資本之支出路的分析如下：

橋工　估百分之九．五四．

軌道　估百分之一一．三二．

電話電報　估百分之二．〇六．

機件　估百分之〇．六二．

車輛　估百分之七．一〇．

綜上合計估全部資本支出之百分之三〇．六四，內倘減去工資及其他雜費約爲百分之十一左右外，則餘者概爲購置材料之費，約爲百分之二十左右。

京贛路貴樂段工程 暫由浙贛路代接管

(本報訊)京贛鐵路貴溪至樂平段，礦藏甚豐，現煤源缺乏，爲開發煤礦便利供應起見，亟應修復。交部原已列入該部本年下半年工作計劃，但因京贛路目前尚不克全線修復，關於貴樂段修復工程，交部已暫飭由浙贛鐵路局，就近代辦並接管。

閩贛鐵路複測 擬先興築鷹潭南城段

(本報訊)閩贛鐵路路綫紛歧，經交部派隊一再復測，刻已決定採用鷹潭，南城，杉關接光澤之綫，並擬先就鷹潭南城間擇要興工云。

滬比無綫電路 正式成立通報

(本報訊)上海與比利時京城布魯塞爾間直達無綫電路，已於本年七月十九日成立開放通報。

定價　半年訂費壹元叁角正　全年訂費貳元伍角正　航空或掛號另加郵資壹元正
廣告價目　八分之一頁陸元正　四分之一頁拾元正

中華民國三十七年九月十三日出版

中國工程週報

內政部京警國字第五十一號

中國工程出版公司

發行人　杜拱辰

中華郵政認爲第二類新聞紙
江蘇郵政管理局登記證第一三一二號
地址：南京(2)四條巷一六三號
電話二三九八八九
本報歡迎直接訂閱

美國石油探採工具展覽會

中央工業試驗所　馮啟基

最近在美國俄克拉何馬州(Oklahoma)塔爾薩(Tulsa)陳列之國際石油展覽，爲人類鑽鑿地殼，探採油源所用之各種工具及機械之最完備之展覽會。該會佔地15英畝，吸引來自三十餘國幾近三百名之代表。

在此處所見之巨大工具中，有高達二百呎，能鑽鑿前所未達之深度者——約達地下四英里。同時並有地震測量計，重力測量計，及空中與船用磁力測量計等。藉以探尋陸地甚至水底之油田。

此外並有可摺疊如小刀之輕便起重機，由某地移至另一地點，在數小時內即可安裝妥善。礦冶方面之新奇陳列品，爲辦蝕管及鑽箱及最新式之泥漿幫浦，吊架，吸桿，三脚架，鑄泥機等。

誠如某人所言：「此乃廠商舉行之展覽會，同時亦因廠商而舉行者」此雖屬於專門性質，但於第一二兩天前往參觀者，即在十萬人以上，參加展覽者計有1,856單位，並包括美國最大之製造商。

該會並反影出世界對於汽油及燃料油之饑渴，所陳列之設備，包括煉油工業各方面之範圍，而其最重要者則爲油井之鑽鑿。在此處陳列之工具及機械有五百種以上。

在各種陳列品中，當以彼爾漢公司(Bethlehem Sypply Co.之工具爲最特出。其起重機可提升離地212呎，該機於第一天即爲塔爾薩鑽鑿承包商以四十萬元購去。

其次爲國家供應公司(Natioonl Sypply Co.)高達189呎之具大工具，據製造者云：該機可鑽鑿二萬呎，較過去最深之乾井多二千二百呎；較最高深之油井多五千七百呎，該機由三架超級柴油機帶動，總共馬力爲1,860匹。

據油業中人云，對高聳入雲之起重機，同感需要，因目前所鑽鑿之深井，每當更換底部之鑽頭，即須將所有聯接之鑽管取出洞口，提離地面也。

起重機之頂端，爲一滑車，可將鑽管放入及提出洞口，國家供應公司宣言，其工具爲世界上最有力之起重機，其舉起力爲六百三十噸云。

此機或可適用於得克薩斯(Texas)西部之油井中，鑽鑿商於該地一萬呎之下，遭遇困難之岩層，須費時四閱月，鑽鑿156次，始能再鑽125呎，此即一萬呎之鑽管，共需上下井洞鑿鑿156次。

以此極度之重量，加諸機械之上，必備同時有強大之動力機，普通計算，概作每鑽十呎需費一匹馬力。

例如普通馬達，聯合四架柴油機帶動，同一主軸，以產生520——600匹馬力，於塔爾薩所陳列之某種專爲鑽鑿深井而設計之巨大工具，需三組此種動力單位，或用類似之方法，以產生相當之能力。

蒸汽力雖仍廣用於各地，但柴油機則日漸流行，據觀察家云：此乃由於柴油機需重水量較少之故，在乾燥之地區，如得克薩斯西部，水實爲最後決定之因素，一部份柴油機多已改用「二元燃料」，在天然煤氣產區，或當夏季天然煤氣價廉時，則以天然煤氣爲燃料；而於另一時期，則仍改用柴油。

油井鑽鑿工具，以較便爲主要條件。當於一新地區競爭鑽鑿第一油井及鑽鑿隊員不論其是否在工作，而仍需付給工資時，則必須迅速裝置鑽鑿工具。

輕便工具已發展至用以鑽鑿七千呎至一萬呎之油井。在塔爾薩展覽會中，各重要廠家，均有一二種此種模型陳列，其中有一種裝設於二千噸卡車上者，利用卡車之馬達，作爲鑽鑿動力之一部份，其中一種且於塔爾薩展覽會地面上，作鑽鑿的表演。

新型之巨大鑽鑿工具，其鑽鑿工人對於鑽鑿時之機械操作，遠較過去容易，通常當工人達五十五歲時，即好超越鑽鑿工人之年齡。蓋當千磅以上之鋼管，安置地下時，須與制動機之把手強力鬥爭也，新式之電力制動機，及自動操管裝置，對於管制管進置井洞時可以代替大部份人力。

幫浦壓縮空氣之操縱及鉗爪及其他可動部份，均以指尖操縱爲原則。結果鑽鑿工人之職務，將如飛機駕駛員操縱複雜之儀表然。

洞之底部即爲鑽頭，通常有三只錐形鋸齒於其頂端，如此即可施壓力，轉動鋸齒，使鑽入地下岩層，此方面之改進，亦已獲得極大之進展，休茲工具公司(The Hug hes Tool Co.)有硬如金鋼石之鎢炭鑽頭，能於每平方吋三千磅之壓力下工作。

當接近鑽鑿工人所希望之「報酬界」(Pay—zone)時，即當終止使用此種將岩石研成碎粒之鑽頭，而改用凹形鑽頭，以截取管形之岩石，並將此等樣品提出地面，檢驗其孔隙性及產油性。

塔爾薩展覽會中之另一革新爲電鑽，可以懸垂油井。直達鑽鑿地層，毋須使用鑽管，如此可以大爲減低鑽頭所受之壓力，而金剛石即可供高速度鑽鑿之用，而取得更完整之岩心。

塔爾薩展覽會，並陳列利用電子分析

鑽管所經之地層之儀器，以一定之速度將紀錄儀器放入井內，於不同之岩層取得不同之加馬射線(Gam Wa Ray)，此種試驗完成後，再藉另一儀器，以放射性物質之中子，撞擊管外表面岩層，檢驗其反應，此兩種試驗之電感應，均立於地面紀錄之。此外各探測公司以研究油源之設備，包括雷達、聲令、電位計、重力計、磁力計等，均有陳列。

長江三峽水庫測勘告一段落

水利部發表經過情形

【本報訊】長江三峽水庫測勘，久爲國人所矚目，頃據水利部發表該項水庫測勘經過如次：

測勘緣起

民國卅四年美工程師薩凡奇氏應我國之聘，來華考察水利，倡議在三峽建築二〇〇公尺之高壩，發展發電、防洪、灌溉、航運作多目標之開發，據薩氏意見該項工程如果完成，可發電一千萬瓩，供電區域可東至京滬，西達成渝，南抵衡桂，北迄太原；蓄洪量達二七、一二〇、四五六、〇〇〇立方公尺，可使宜昌之最大洪水峯由七五、〇〇〇秒立方公尺，減低至四五、〇〇〇秒立方公尺，中下游之水災大爲減輕；灌溉水量足供湘鄂一帶一千萬英畝之需水；航運方面，萬噸汽輪可由滬直達重慶；範圍之廣，利益之宏，無與倫比，朝野人士對此偉大計劃，莫不寄予殷切之希望。水利部長江水利總局職掌長江流域之水利事業，對此自更關切，爲研究三峽工程如何與長江水利事業配合發展，於卅五年初即着手搜集基本而急要之水庫地形及水庫內財產人口等資料之補充及調査，當即調派測量隊四隊，開始工作，至卅六年六月始將重慶以下之外業完成。重慶以上本擬繼續施測，奈以當時三峽水庫工作奉令停止，而長江中下游之各項測勘業務急待辦理，不得不暫爲告一段落，此項工作如將來人力與經費許可，仍擬予以補充，茲就年餘測勘已得之資料，列供研究規劃之參考。

測量經過

(一)範圍：三峽水庫測量之範圍，係依據壩高二〇〇公尺迴水影響所及之區爲目標，計長江幹流可達白沙，黔江可達彭水，小江支流嘉陵江達合川，黔江可達開縣，約計水庫面積爲一、三七〇平方公里，而測量之範圍則約二、〇〇〇平方公里，在此範圍以內，測製一萬分之一地形圖，地勢平坦部份作一公尺之等高線，陸岸與削壁之處，作五公尺或十公尺之等高線。

(二)方法：水庫應需測量之面積廣達二、〇〇〇平方公里，且大部爲荒僻之區，交通不便，工作困難，爲迅赴事功起見，測量方法力求簡易可靠，其根據之平面與高程控制以及地形，盡量利用沿江已有之測量成果爲原則，其無此項成果可資依據者，則設法補測之，其工作及方法如次：

(甲)高度控制：沿江一帶，前揚子江水利委員會已經設有水準標點，每隔二公里一個，高度均已測定，以吳淞零點爲根據，水庫測量之高度，自宜昌至重慶及嘉陵江重慶至合川沿江一帶，即以此項水準點作爲高度控制，然後以普通水準施測支線，以供地形測量之用。

(乙)平面控制：平面控制有兩種，一係利用前揚子江水利委員會所測重慶至奉節間之三角點，此項三角點均沿江設立，每約三四公里即有一個，以此測峽長之水庫地形甚爲適合。二係觀距導線，因奉節以下多係峽谷，故自奉節至宜昌間即由奉節已測之三角點，作爲起點，向東展測導線每一觀距約一〇〇公尺至一〇〇〇公尺不等，往反觀察兩次，以求其平均值，水平角則將測鏡正反各測兩次，求其平均值，各三角點及導線點均用平面縱橫座標表示之。

(丙)地形：先將各控制點以平面縱橫座標繪於圖上，然後在野外，隨測隨繪地形，宜渝段水道前揚子江水利委員會於廿七年，曾測量完成重慶至湖市及忠縣至雲陽之水道地形，並製成五千分之一測圖，嘉陵江自重慶至合川曾由江漢工程局測量完成一萬分之一水道地形圖，黔江亦曾由前導淮委員會測成二萬分之一水道地形圖，惟高度僅及最高洪水位略上爲止，茲應水庫之需要尚須補測至二一〇公尺之高度爲止。

調查方案

調査工作主要分人口及財產二部，前者比較單純，後者則頗複雜，蓋土地有耕地、水田、旱田、山地、林園之分；房屋建築有學校、工廠、橋樑、機場之別；產物有糧食、果樹、林木、礦產之類，種類繁多，價值各異，且戰時物價波動，時價迭變，爲便於估價起見，財產價值均以民國廿六年之幣值爲標準，調査工作之進行，先將地形繪出，然後按圖分組實地詳査，列表估算，全部分爲三組，(一)爲一五〇公尺等高線以下者；(二)爲一五〇至一八〇公尺之間者；(三)一八〇公尺至二一〇公尺之間者。其中重慶及合川一帶，沿江市屋櫛比，工廠林立，百業薈萃，調査時尤特詳徵官方紀錄以資準確。

成果統計

(一)測量隊外業工作統計：測勘工作係由本局第二一、二二、二三測量隊担任，於卅五年二月開始，至卅六年六月外業完成，繼續進行整理測圖及調査表計算財產損失等工作。

(二)人口暨產業數量及價值之統計：依據各測量隊及嘉陵江工程處調査所得各地段內各圖幅中之人口暨各種不同之房屋土地及其他產業數量，以廿六年估計之單價計算產業價值，編成三峽水庫一五〇公尺一八〇公尺及二一〇公尺等高線以下淹沒地區產業數量及淹沒地區人口數量及產業價值等統計表，根據各表統計數字繪製水庫壩頂高度與淹沒地區人口及產業價值關係曲線圖，本圖包括(甲)嘉陵江渝合段部份；(乙)黔江涪彭段部份；(丙)長江宜渝段部份；(丁)以上三部分之總和。

(三)三峽水庫面積及容量統計：測量三峽水庫地形之主要目的，在乎研究各種不同壩頂高度下水庫淹沒之面積與其相當水位之容量關係。茲從各段實測地形圖中量得各等高線之面積，并計算各相當等高線以下之水庫容量，繪製水庫面積及容量曲線圖，由圖中求得壩頂高度與水庫面積關係公式爲$A=0.00087H^{2.68}$及壩頂高度與水庫容量關係公式爲$V=0.00024H^{3.69}$上項曲線圖及公式因重慶以上地形未能完成，在高度一八〇公尺以上者，係根據一八〇公尺以下者各等高間之面積及容積分別推算而得。

(四)三峽水庫範圍以內各主要城鎮高度統計：根據實測地形圖中各沿江主要城鎮之位置及其最高最低等高度，繪製水庫範圍以內各主要城鎮高度圖。

× × ×

電影上的音響

原作者奧爾海因(Al Hine)
可明譯自「假日」(Holiday)

電影上的發出聲音是一個進展過緩的過程。一九二七年華納兄弟公司攝成由亞爾喬生主演有聲的「爵士歌王」(The Jazz Singer)一片，但美國電影界對於有聲電影的音響遠在一九二七年以前。在卅年中，曾有過多次無結果的試驗，將說話錄在膠片上，但在商業上那一個也沒有成功。雖然在三十年代中，電影已經在發展它自己這一種藝術形式上稍有成就，但是它的題材還多半是從舞台上借用得來。

第一張具有真正聲音的劇情片是華納兄弟公司攝製巴里穆爾主演的「唐璜」(Don Juan)，辦法是配以音樂，這音樂係滴在唱片上，使與銀幕上的動作配合。在「爵士歌王」一片之後還有「福斯電聲新聞」，時間是一九二七年春，辦法是令若干要人在固定的一麥格風」談話。這辦法比諸今天的新聞片，實在太拙劣也太緊張了，但是它的配音也的確是有聲電影之前，重要的步驟。

「爵士歌王」是第一張演員聲音成為電影攝製的一部分首一部影片。自然他決不是一張完全的有聲影片。可是亞爾喬生的確講話與歌唱了。雖然大部分動作都具有默片的傳統，但它的確是個重要的改革。我至今還能得當一段話或一支歌要到來時，戲院裏觀衆屏息等候的情景——當時還缺乏現行影片上真正對話的一種觀念。「爵士歌王」的確形成了一種熱狂，

但是在一塌克服攝製有聲片的戰鬥中，改革並不一定有成就。當華納公司以「爵士歌王」一片利市百倍時，其他大公司正着着失敗。它們必須以能收音的新機器來替換若干專為攝製默片的設備，他們曾與在默片中有優秀成績的明星與導演訂有合同，可是這些人在有聲片裏就毫無價值。其他公司也紛紛表示反對。許多影片，若干嚴肅而高明的影評人都對於影片是否有聲的一點表示懷疑。影評人們感到影片主要是一種看的藝術，聲音的加添足以妨礙它藝術上的進步。他們認為對話的需將要牽累攝影機的自由與機動。

在藝術上講，聲音的確造成了一個牽累。電影係在一個多變的時代繁榮起來。攝影技術已有所改進，剪接與編輯都已成為一種藝術。一個劇情已可用很有生的方法來敘述。電影已創立它自己的方法。加上聲音所有這些都得變更，而且是倒退回來。話必須直接對着固定的留聲機講。凡是一張有若干說白的片子，製片人害怕，導演們厭倦，其結果是電影業又回復到以前影戲的時期，同時聲音與影片，是產生了一個新而看來無法克服的若干問題。

這方法一經採行，結果證明聲音極為可取，遠出於誹謗者想像所及。美國的技術天才們毅然接受挑戰，創造出更好的有聲攝影，更巧妙的錄音設計；國際藝術天才也毅然起而接受挑戰，發現過去為舞台所從沒有想到的方法。藉此可將聲色的形式融成一體。第一個改進步驟是使揚聲器跟隨演員行動，從而避免早先那種有聲電影聲音的平直——對話，音樂與音影效果都來自中央不知名的地點。在四十年中，這種平直之感業已克服。同時聲音剪接已有所進步。演說與歌曲都不一定要在發出時收錄，可以順利地在以後加在完工的影片上去，因此一個明星有事後作最好的對白的便利，即使在拍攝時默不出聲，亦屬無妨。

現在，聲音已到無可非議的程度，我們可以回顧一下：在奧遜威爾斯的兩張傳記片「公民凱恩」(Citizen Kane)與「雄偉的安伯遜」(The Magnificent Ambsons)裏，聲音正同燈光，攝影或演技一般，幫助形成一種情景，在早年希奧柯克的影片如「第卅九步」(The Thirty-Nine Steps)，以及最近的英國片「午夜」(Dead of Night)與「失去的週末」中音影均有巧妙運用。在鮑勃霍伯 平克勞斯貝的片子中音響也有高明的使用。

主管有聲片的聲音的人員被列為音響導演，有時就簡稱為音響。名字被放在字幕的最後。這些人中間有一位叫佛蘭克．伍萊(Frank Wooley)，從一九二八年以來，他就是電影音響的老手。一九二八年時他在中西部放棄了使用X光指導醫師的工作，而到了紐約市去為當時當局初創的「福斯公司電聲新聞」工作。

伍萊說：「當時我們用了一種舊式的貝爾和豪威爾機器，將一架普通的無聲攝影機改裝為惟一的一架有聲電影攝製機。當我們在室外攝製新聞的時候，我們就將周圍所有的聲音收入機器。當然我們已經有了很大的發展，但到現在依然存有同一種問題。當我們在紐約市攝製柴納克的「珍妮畫像」的時候，我們就碰到「有聲電影有史以來就發現的嘈雜之音。有一次拍外景場面，我們就作了一次班鳩與女演員麗琳．葛許之間的聲音競賽。每當她一開口時班鳩們們就大聲聯合歌唱，以致一幕戲完全毀了。在紐傑西，當我們拍攝珍妮芙．瓊斯的某一鏡頭時，有一條小溪的流水聲也被收入鏡頭，結果小溪的聲音底片在「聲帶」上變得一如一處大瀑布，於是我們祇好將它封藏起來。

當然，我們是可以在拍成這些鏡頭以後再將對話配製上去的，這樣就可以解決了這些問題。但這種方法並不能夠常常使用，因為如此配製而成的影片，其對話常有機械的效果而缺乏真實溫暖的感情。為了避免事後配製對話而在實地拍攝時收取音響，我們應用了一種奧妙的方法。舉例證，最難處理的音響發生於室內的場面，而當你拍攝室內鏡頭時，你簡直不知道有多少叮噹之聲在不斷地響着，但「聲帶」是會將全部聲音都吸取在內的，結果就破壞了對話的音響。因此，我們在拍攝室內場面時，常將片子的底上用膠黏好，而當我們不必拍攝女人的足部時，我們就去掉她他們的鞋子，或使她們改着厚的襪子以消減高跟鞋和硬木地板的的撞擊聲。

即使在寫作劇本的時候，也需要考慮音響問題。我記得有一次，有個鏡頭中當一個女郎有對話時，她同時在脫去她的雨衣，結果那件雨衣從綢衣服上脫下時的聲音也被收入機器，待放映出來時，發出的聲音好像是鋸木廠正在緊張工作中。在這種情形之下，我們有兩種辦法，一種是配製對話，另一種是改寫劇本而將對白的時間予以更動。在配製對話方法中，可以將脫雨衣的聲音和對白的聲音分開，並使其在另一個齊整較小的聲帶上發出。有趣的是假的音響在聲帶上來時，反比真的聲音來得悅耳真實。

伍萊是主持雷電華公司紐約配音室的人。在他工作的地方，儲藏着許多配音的設備，但聲音配製的中心問題是在如何配合八種不同的聲帶，而使這幾種聲帶發出的聲音適合同質的情形。所有的聲帶經一致配合於同一個時間，某一個鏡頭可以同時包含：犬吠，背景，音樂和一個人所發出的聲音。配音人員的責任就是將這些聲音予以適當的配合而使達到導演所要求的情調氣氛。當然，後來我們有八個以上的聲帶，於是我們就以之互相配合，有時我們常發現有惡劣的音響，我們就得從八根聲帶中找出那一根加以修理然後應用。我們現在可以像刪除一部份動作一樣的來取掉一部份音響，但這事常常很為複雜。在取掉一部份聲音的工作中，和配製一樣，需要時間計算得精確。

蘇聯的歷史家說：

俄國是航空的祖國

原作者鮑里斯·猶里耶夫

蘇聯科學院技術歷史委員會目前正在仔細地研究祖國航空與航空科學的歷史。已發現出了許多新的材料，它們表現出俄國學者與發明家在各科技術部門中的作用，包括航空部門在內。

俄國是航空的祖國。架着比空氣更重的機械飛行的問題早已經吸引了俄國研究家與革新家，而且他們在這一部門上已達到了很大的成功，蘇聯科學院文庫中保存的歷史文件確實地證明羅蒙諾索夫一七五四年在世界上首先造了一個小的飛行機——研究氣象學的氣體力學機械，這便是現在附發動機的螺旋式飛機的原型。

世界上的第一個飛機是在俄國由一個海軍軍官A.莫査伊斯基建造的。這個優秀的革新者的名字已經過於長久的被忘記了。目前有文件足資證明莫査伊斯基在一八七八年，即在萊特兄弟二十五年之前，已經擬出了詳細的飛機草圖，並且獲得了特許權。他在法爾曼以前三十年已經造成了補助翼——校正飛機傾斜的舵。

一八八二年，莫査伊斯基首先在世界上造了一架飛機，上面裝置了設計的蒸氣推進機。

著名的俄國科學家K.齊歐爾科夫斯基，是長途飛機的鼻祖與創始者，也是現在作為火箭機與反應式飛機計算基礎的許多公式的作者。反應式飛機的計劃首先也是他提出的。

「俄國的航空之父」，朱科夫斯基教授的名字站在航空科學巨匠的前列之中。他解決許多代的學者們所研究的與航空有關的基本問題，這光榮屬於他。他破天荒地解決了氣體力學的基本問題，——飛機上昇力的問題，並建立了現代螺旋推進機的理論。N.朱科夫斯基預言了，而且在理論上奠定了飛機上「跟計飛行」的可能性。著名的俄國飛行家P.涅斯鐵洛夫在一九一三年，實際地實現了這種高空飛行的S勢。

朱科夫斯基的著作至今已成全部氣體力學的基礎，飛機的氣體力學計算及其準確性計算的一切基本的思想，也是屬於他的。

朱科夫斯基的學生——科學院院士査普雷金曾給航空發達事業作了很大的貢獻。他同自己的教師共同對當制翅翼支持力的規律作了很多的研究。一九〇二年發表的査普雷金的論文「論瓦斯波流」已經成了俄國航空與數學文獻的珍品，這篇論文現在作為一切快速飛機機翼計算的基礎。關於機翼擺風牌，及其組成所謂機翼構造的設備之作用的完整的理論，也是由査普雷金建立的。

一九〇九年，在俄國曾造成了A.巴羅郝甫希科夫，Y.卡克里等人的優秀的本國飛機設計。巴羅郝甫希科夫的飛機之一，就其在一九一一年的飛行速度而論，已超過了當時聞名的一切「尼猶波爾」飛機。一九一二年，巴羅郝甫尼科夫又首先造了兩種新的飛機。

世界上第一架重飛機是一九一三年在彼得堡俄羅斯——波羅的海工廠製造的四個發動機的巨機「俄羅斯武士」號。一年之後，俄國的設計家們造出了改良過許多發動機的飛機的設計——「伊里亞。姆洛美茨號」。一九一五年V.斯列沙勒夫△的巨型飛機，稱為古俄羅斯聖山騎士號，顯出非常的匠心。這個飛機不着陸飛行三十小時。

第一個「飛船」的建造屬於天才的俄國設計家D.格里高洛維奇。在他三十年為航空工作中，他曾造了六十種以上的飛機，其中有三十八架飛機，是成組建造出的。

仔細研究歷史文件，照片，圖解，學者與發明家的特許證明書的結果，可以十分可靠地斷定不論在建立最初的陸上或海上的飛機的事業上，俄國都無可爭論地佔了先。俄國還曾建造了最初的「飛船」與許多發動機的飛行船。然而這些發明中有許多沒有被實現，沒有廣佈，因為在俄國航空發展的這個過程中，沙皇政府崇拜外國的一切，拒絕支持天才的俄國設計家們，甚而拒絕支持那些他們的飛機會獲國際獎金的設計家們。（成葦譯）

一位鑛工程師的留英觀感

本篇係劉廣泌先生七月二十三日假座滬市上海廣播電台所發表之演說。劉氏乃交通大學唐山工程學院鑛冶系學士，倫敦大學工程碩士，並於英國帝國學院研究院畢業；一九四五年獲英國文化委員會獎學金赴英研究，對英國研究鑛冶之方法，所得學識經驗頗為豐富，此次返國將供職於資源委員會 ——編者誌——

我在一九四五年去英國，留在英國研究兩年半，由於平常同英國人的接觸和仔細觀察他們的社會，我覺得英國人最大的優點可以說是忍耐之實際和富有組織的能力：現在世界上的國家也許很少有像英國本土這樣的穩定，英國以往對於有色人種歧視的觀念，現在已經逐漸的改變了，並具社會人士對於國際友誼也非常注意。

我研究的範圍是在選鑛方面，到了英國以後就進帝國學院皇家鑛冶學校攻讀，現在我想把學校的情形同各位談一談，也許中國學生會發生興趣。

帝國學院屬於倫敦大學，裏面分三個學校，皇家學院、工學院、和皇家鑛冶學校。帝國學院在英國理工方面佔着第一位，至於皇家我所進鑛冶學校設有五系，就是採鐵系、冶金系、地質系、採鑛地質系、和石油系。這個學校因為戰時沒有遭到轟炸的損失，所以戰前良好的設備完全存在，而且儀器和機器都是逐年增加，英國鑛冶技術人才多半是由皇家鑛冶學校栽培出來的。

關於選鑛方面學校裏的貝士摩實驗室（Bessemer Laboratory）却是值得介紹一下。該實驗室有兩個小規模選鑛廠（Ore Dressing Pilot Plant），一個是重力選鑛廠（包括浮油選鑛），另一個是濕采及氰化法全套設備。選鑛研究室設備也很好，因為該實驗室常和外面的工廠合作，代解決選鑛問題，所以極為英國鑛業界所重視。至於學校制度，得學士為四年，和中國相似；學士以上的高級學位和英國制度不同，如帝國學院研究院畢業文憑（D.I.C.）需要一年，而工程碩士（M.Sc.Eng.）需要兩年。至於博士（Ph.D）一般情形是兩年至四年。碩士和博士學位都要經過外來口試官（External Examiner）來口試，通過以後方稱合格。

中國學生被派到英國去研究工程的，多半在帝國學院攻讀。我們因為研究和實驗過於忙碌，平常多半只有進午餐時候才有機會會面幾分鐘，教授們對中國學生印象很好，因為他們工作非常努力，成績大體很優異。

學校生活很有趣味，雖然功課繁重，學生們並不忘記課外的娛樂，來恢復精神的疲勞。課外活動由學生們自己來組織，各種同樂團體（Clubs）很多，由興趣相同自動組織，如游泳會、足球隊、攝影社、船會、拳擊會等等；假期還組織旅行團，有的在美國本部旅行，爬山，有的還到歐洲大陸去旅行，增廣國際眷識，了解鄰國的情形。

至於英國金屬鑛業方面，在本土的以康瓦爾（Cornwall）的錫鑛為最著名，因為在英國工資高，要想和外國競爭，唯一的方法是在技術和管理方面盡量加以改良，用最少的人工，高明的技術使成本減低。康瓦爾錫鑛的成份最為複雜，其中除錫石（Cassiterite）以外，還有少量鎢、砷、銅、鉛、等，並且錫石在岩中散佈得極細，所以選鑛工作特別複雜，需要高超的技術方能解決，這種選鑛問題我在康瓦爾實習的地點有吉佛爾（Geevor）錫鑛公司和南克羅夫蒂（SoalhGofty）錫鑛公司兩處。吉佛爾錫鑛位於康瓦爾的西南端，地名叫做聖．居斯特（St.Just），一九四五年密契爾（Mitchell）教授曾經在這裡用研究所得的桌面浮油選鑛（Table Flotation）新方法，解決該選鑛廠硫化鑛物（Sulficles）的嚴重問題，設計新穎，是世界上首次創導這種方法的一家。其他鑛廠設計也盡量利用自動管制以便節省人工。南克羅夫蒂錫鑛在坎本城（Camborne），該處所用選鑛方法和吉佛爾不同，有錫、砷等，選鑛方法是先用焙燒法（Roasting）來除去砷，然後用磁力選鑛（Magnetic Separation）來分開錫和鎢。至於焙燒後的氧化砷經冷却作為副產品出售。其他所看到的鑛業有格林賽德（Greenl Side）鉛鑛和少數洗煤廠等，還要因為時間有限不能詳細敘述。

總而言之，我在英國兩年半，對於英國人刻苦奮鬥之精神，非常欽佩，我們應該盡力效法他們的長處來補救我們的短處。我們很希望中英文化能繼續不斷的交流，這不但可以提高兩國的互相諒解，並且能夠增進國際友誼，促進世界和平。

英國試驗製造小飛機

要做到像汽車一樣的普遍

你是不是希望有一天能夠有一架私人享用的小飛機在空中翱翔嗎？有許多人是這樣想的。像這樣的一架飛機，有幾家飛機製造廠都在做，想造出一架來。

但到現在為止，還沒有真正的得到成功。

有許多小飛機可以成為大衆化的，但是到現在為止，還沒有一架小飛機，或者小飛機的式樣，能夠滿足每個人可以飛到天空去的條件。

在英國有好多熱心人士對這個問題已經相當注意了，他們努力要找出答案來。政府也鼓勵他們，而且對於計劃中的飛機大量製造，政府可能給予經濟上的支持。

輕型飛機設計委員會成立，由英國民用航空部設計處長麥斯萊爾出任會長，由當前英國民用航空界的領袖史特雷德幫他的忙。

我認為我們的真正大衆化的飛機，應該是廉價的、安全的、適宜的而易於飛行的。事實上應該像一輛中等價格的汽車一樣的低廉。

在英國，我們相信這樣一架飛機是可以造的，目前對於引擎力量，各種操縱的方式，速率和座位數目的詳細情形，正在繼續研究中。這種飛機必須是機頭裝有輪子的三脚輪式。任何人能夠駕駛一輛汽車的，也就能夠駕駛這種飛機，無須再從事任何學習。

這種飛機的起飛問題，也是不成問題的，所有的駕駛員可以扳開汽瓣和舵盤，沿着跑道開動，一直開至每小時四十哩的速率為止。然後，將輪子輕輕地一縮，就慢慢地升到空中去了。這也就是一個會駕駛汽車的人經過一二次示範就可以做的。

升到天空以後，飛機必須繼續像一輛小汽車那樣的操縱着，換句話說，關於那種用脚來踏舵門的舊式觀念應該放棄了。轉彎仍舊得憑藉舵盤，因此要轉彎時只要將舵轉一邊然後再轉回就行了。在英美兩國要製造像這樣的輕型飛機，不是不可能的。

關於降落，需要經過一個時候的特別學習。認定目標，正確降落，那是一個航空常識和經驗的問題，在書本上是學不到什麼的，和多數人士經過五六次以上的試飛後，就可以學會，而且可以使飛機到達跑道起點上空時剛剛是十呎或二十呎的高度，從此以後，飛機的速率可以從每小時四十五哩增加到八十哩。駕駛員只須顧到他的舵盤和汽瓣，自然不會有什麼困難了。

現在要製造這樣的一架飛機，並無多大困難。或者可以使大衆享受，英國一般熱心的人士相信這樣確實能夠讓中等家庭可以在空中旅行了。製造這種飛機還需要政府在經濟方面的幫助，但一定要製造的。

有一件事情要注意的，購有這種飛機的主人必須學習簡單的駕駛術和航空常識，在開始的一百小時裏不許他們在觀綫很壞的情形下飛行，不過這個問題是有關發行執照的規則的。（啓明譯）

未來英國汽車的形狀

未來英國汽車的形狀終於已由日內瓦汽車展覽會中所陳列的出品而有一個決定了。這車輛將全身線條光滑而稍見肥胖，車廂外沒有角隅；水箱將縮到前部車身的裏面，不露痕跡；頭燈嵌入車身兩側，車內也不再有突出的把柄。

簡而言之，未來的英國汽車大概將兼取歐陸和美洲設計家最有用的意念而成，它們不像法義兩國汽車華麗，也不像美國大型車的奢侈，但將斷然跟傳統的英國設計大相逕庭。

這種超勢自然已由即將全量生產的標準前衛式汽車及其他英國大汽車廠行將於夏間宣布的新式樣着其先鞭了，但在日內瓦展覽會中顯然可知英國的設計家必須準備更有改進，尤其因為在今後若干年中仍須致力於推廣輸出之故。

假使英國廠商能供給國際所接受的車身式樣加上歷經試用的底盤，大部份顧客就會感覺滿意。設計的機械方面不致有多少改變，從底板突出的變速桿當然已經過時，位於轉向輪之下，大致將代以一個小的變速柄，但是正統的同步嚙合變速機還是勢不可偷，水力變速雖已有了進步，一時還不致取而代之，引擎的設計大概也多少還是老樣子。

英國的機會在產生設計完善的中等馬力汽車，因為許多美國的車輛太大而且太耗費，非一般歐洲的顧客所能使用。在日內瓦展覽會中沒有一輛美國車能排在二公升（約合十六匹馬力）以下的，其引擎能量在三至五公升的佔百分之七十以上。英國的出品則有百分之六十以上在十六匹馬力以內，對於汽油消耗和維持費用必得考量一番的海外顧客，這無疑是最合他們脾胃的了。（成華）

英國工業生產激增

【英國新聞處倫敦電】據此間官方宣佈英國臨時統計之工業生產指數如下：英國今年六月份之生產量為一九四六年平均數之百分之一二四，按五月份之生產量為百分之一一八而去年六月份為百分之一一四，其中以建築及製造工業增產最多，各為百分之一二七及一二八，礦冶及採石工業亦增至百分之一一三，而煤氣電力水力方面，降至一九四六年平均數之百分之九七。

日工廠兩所 充我賠償

【中央社東京電】中國最近獲得價值九萬美元之燃料工廠兩所，作為賠償物資。其一為觸媒熱裂工廠，戰前值一一六、八〇〇日圓，另一為斐西煉鐵法燃料工廠，約值一九三、三九〇日圓。四國優先遷運之賠償物資中，主要燃料工廠凡十八所，上述兩廠均屬之。

美國防機構 定購備戰物品

【中央社華盛頓合衆電】據悉：美國防機構即將定購價值約近一千美元之「備用」作戰物品，以備將來隨時動員時，立即應用。是批定購乃全國資源局所擬，使動員美國工業應付戰爭所需之時日，減少五月至一年。首批購買物品為機械工具一千件，如此次計劃進行順利，資源局即將與美國工業界再行洽定價值數千美元之物品。

國航中美班機 每週經日一次

【中央社東京電】據中國航空公司駐東京代表稱：九月廿九日後，該公司橫渡太平洋之飛機，將經東京，每週飛行一次。按原定為二週一次。渠稱：班期改定之目的，在增加中美間之空運，然於獲得美民航局之批准前，橫渡太平洋之飛機不得在東京裝卸客貨，渠謂：是種批准之請求，已由該公司經由我政府提出，短期內即將獲得美方之批准。

英發明鷄毛大衣

英國的一班研究學家，認為鷄毛裏也富有蛋白質，和羊毛一樣，現在正根據這個事實進行研究。據估計三十六隻鷄的鷄毛就可以製成一件鷄毛大衣。方法是將鷄毛用化學方法溶化在一種厚而有黏性的液體內，然後噴射到極細的孔裏去而形成像尼隆似的細絲。這種材料就可以織成質地優美的材料。

國內消息

卅七年的水災

三百卅五縣市鬧水災 二千一百餘萬的災民

【本報訊】本年是多霪雨的年度，陸地交通工具以舟充代之地方亦不知凡幾，故水災的面積，縱橫了十餘省，而與民國廿年水災之差僅為毫厘，政府為救濟受災災民起見，特於四日行政院臨時會議中通過撥發湘、鄂、贛、閩、蘇、皖六省水災緊急工款一案，共數為金圓券十萬圓，由水利部統籌撥發，至所遭受水災的省份，據社會部的統計，截至八月十六日止，報水災的省份是湘、閩、鄂、贛、浙、皖、豫、黔、桂、粵、川等十一省，其他江蘇雲南等也有水災，不過比較輕微而已。據各省市當局呈報，並由社會部派員查勘的結果及各地水災情形大概如下：

湖南：該省為本年度受災最嚴重的一省，湘、資、沅、澧四水先後泛濫，計有常德等四十八縣市被淹，財產損失估計約值二百三十五萬零八百零七億元，災民達五百六十八萬一千九百二十一人，其中濱湖十一縣被災面積共五百五十六萬三千八百三十八畝，減損稻谷一千五百六十三萬四千七百三十三石。

湖北：該省僅次於湖南，計受災四十一縣市，災民達一千零三十萬八千五百六十九人，其中不能活者達三百零九萬二千五百五十一人。

福建：受災計四十縣市，被淹面積達七百九十九萬二千一百二十九畝，災民有九十五萬四千七百五十二人。

江西：受災五十五縣市，沖毀圩堤一百二十六處，被淹稻田達五百二十萬五千餘畝，災民達一百八十餘萬人。

安徽：受災二十六縣，災民達一千萬人。

貴州：受災五十五縣，災情尚在調查中。

廣東：受災十六縣，災情尚在查報中。

廣西：受災十縣，災情正在查勘中。

四川：受災三十四縣，災情正在查勘中。

此外河南受災八縣，浙江受災廿縣市，災情亦正在查報中。

以上合計共三百卅五受災縣市，災民共約二千一百五十八萬八千八百二十四人，從這數字來看，可知本年的水災是多的麼嚴重。

浙贛鐵路 杭株段通車

（本報訊）浙贛鐵路株萍段釘道工程完成後，於八月二十七日試車，成績良好，該局已定於九月一日起自杭州至株州全綫通車，發售客票，因樟樹贛江橋尚未修竣，暫用渡輪接駁。

自動機工程學會參加本年工程師學會年會

【本報訊】中國自動機工程學會，自籌組以來，工作進行，甚為順利，並經推定吳琢之、陳伊通兩先生辦理該會本年度參加中國工程師學會之聯繫事項，凡自動機工程學會會員欲參加本屆工程師學會年會者，除應同台灣銀行先繳年會註冊費法幣兩仟萬元外，並即通知南京中央路江南汽車公司該會南京分會登記云。

建築技師公會全國聯合會預定九月十五日召開

【本報訊】全國建築技師公會，現已由南京、重慶、廣州、上海四市建築技師公會聯合發起組織，現正辦理一切手續中，如進行順利，當可於九月十五日如期召開云。

塘沽新港工程邢局長辭職

（本報訊）塘沽新港工程局長邢契莘辭職他就，局長職務，交部已派該局副局長周德鴻代理。

美人尊敬建築師　設計酬金定七分

【本報訊】美商美孚油公司（Socony）於近即將於上海中正東路四川路口建築大樓一座佔地面積有四五畝之多。紐約總公司，派有建築師二名來滬主持其事。該建築師到滬後，覺得中國建築師之成就並不弱於外人，可就近委託國人辦理實無留滬主持之必要，乃電報公司請允予轉請中國建築師設計，而彼等則返紐約改任顧問建築師，公司復電贊同，乃委託基泰工程司辦理，於簽訂合約時，基泰提出酬費不得低於百分之五，該美籍建築師大不以為然，稱「應不低於百分之七，」因美國各地及南美，非列濱等地設計酬費均規定不得低於百分之七故也，現該合約，已簽字成立。公司除付基泰百分之七外，另付顧問費。從這一點上，也可以看出美國人是如何尊重建築師的職業，以及建築事業所以能突飛猛晉的道理來。

電業消息零訊

△都江電廠二，〇〇〇瓩發電所工程完成後，經試供灌縣煤礦用電，認為優良後，已於前（七）月初旬正式供電成都。

△資委會所屬貴陽電氣公司修文河水力發電工程處，前向美訂購之七五〇瓩水輪發電機二部，經美方證明可於本年底以前交貨云。

又悉：該處未完成之土木工程及將來新機安裝工程等，已由貴陽電氣公司委託全國水力發電工程總處辦理云。

△湖南電氣公司二，五〇〇瓩發電機鍋爐，前向英訂購，聞已於前（七）月初旬運抵上海，刻該公司已派員洽提中。

△海南電廠，因治安等之關係，致業務未能展開，現擬將該廠東方發電所成立保管處，悉力維護已有之發電設備。

又悉：榆林區業務，已交由海南鐵礦局接辦，刻正商洽交接辦法中。

△福州電力股份有限公司，已於前（七）月中旬，由資委會開始接辦。

△古田溪發電工程處，已於七月一日成立，各項工作正已積極進行中。

鄂南煤礦擬與復興煤礦合作

【本報訊】鄂南煤礦自成立以來，即在嘉魚任家橋繼續鑽探，然迄今尚未悉厚煤地點，故鑿井工程，暫緩施工。近悉該公司擬以現有設備，移至復興煤礦（蒲圻縣城外一公里許）先進行排水工作，緣復興煤礦，煤層厚達十二呎，水陸交通皆甚便利，因今夏該礦設備缺乏，致為雨水淹沒，倘能以鄂南煤礦之設備，先進行排水工作，一、二月後，即可產煤，刻該鄂南礦已派員實地查勘，並與該礦洽商轉讓或合作條件，俾便早日出煤。

華中鋼鐵有限公司正式成立推展業務

【本報訊】華中鋼鐵有限公司籌備處，已於七月十日改組為華中鋼鐵有限公司，資委會派鄂南電力公司黃總經理文治監交。又該公司刻正進行煉鋼、翻砂、軋鋼等廠房之建築，以期擴大生產而使業務開展云。

又悉：華北鋼鐵公司石景山煉鐵廠，近又加開煉焦爐廿五只，並提煉總油云。

資委會設立川新式糖廠

（本報訊）四川糖產，堪稱豐富，惟製造方法，仍未改良，至所產成品粗陋，產量亦難發達，資委會為協助該省糖產改良及發展起見，決定在資川酒精廠原址設立新式糖廠一所，以示倡導。

又悉：最近該省川中製糖公司，擬將台糖公司新營糖廠存放未用之搾蔗能力七十公噸製糖機一套，價購運川設廠。

資源委員會鑛產管理處近況拾訊

△金屬鑛業管理處最近可述者如以下兩點：（1）與中國石油公司簽訂合約，由該公司供應柴油二千五百噸，汽油六萬加侖，機油三百九十六桶，分五個月交貨，以便分撥各區特鑛管理處及平桂鑛務局等應用。（2）特約中央大學地質系教授徐克勤等，赴湖南瑤崗仙、大崗洞及乳源等三處調查鎢、銻、錫鑛之分佈情形；清華大學地質系教授孟憲民等，赴湖南安源調查錫鑛。

△第一區特種鑛產管理處，自七月一日改組為江西鎢錫鑛業有限公司籌備處後，已於上月二日在資委會開舉行第一次董監會議。又該處為加強鎢砂運輸，除由水路運滬外，近並復在南昌交由浙贛鐵路管理局運滬，七月份已開始試運四十公噸。

△第二區特種鑛產管理處本年下半年度中心工作，業經核定，計（1）錫鑛山工程處應於本年九月以前完成煉廠，務在本年內達到生產純銻一千四百噸之目標。

（2）安源工程處應加緊抽水工作及繼續探鑛，以期明瞭鑛床情形，確定採煉計劃，其他工程，均暫停止。

（3）瑤崗仙工程處，每月應維持三十噸之產量。

（4）乳源工程處，成績優良，今後應注意鑛區地面標及地方連繫工作。

（5）大崗洞工程處，應注意鐵場佈置及提煉技術之改進，並測量鑛體，計算實際儲量。

△第三區特種鑛產管理處，滯留梧州之鑛品，已商得海軍艦隊之護航，由七月初開始陸續運滬。

贛西煤礦局 興修高架綫

【本報訊】資源委員會所屬贛西煤礦局，為加強高坑與王家源間之煤運起見，刻正積極進行興修高架綫之工程，以期大量供應外界之需煤。

台灣鋁業公司 籌建小型軋片廠

【本報訊】台灣鋁業公司籌備處，曾與美國雷諾公司簽約合作，刻該公司擬在與雷諾合作計劃未實現前，為謀自立更生計，經呈准修復年產八千噸鋁錠之設備，並籌建小型軋片廠，以期減少該公司籌備處目前之開支。

滇北鑛業工程處 擬訂增產計劃中

【本報訊】滇北鑛務局保管處，自呈准改為滇北鑛業工程處後，即擬訂擴充工程及增產計劃，並擬利用水力發電，作為落雪廠之採選動力，以達成年產精銅一千公噸之目標。

瀋陽機車車輛公司 滬冷鋼輪廠籌備中

【本報訊】瀋陽機車車輛製造公司，規模宏大，產品可媲美舶來品，前為適應各鐵路之需要，在滬設立小型冷鋼輪試驗廠，從事製造冷鋼輪，刻正加緊籌備中，以期早日開工云。

威遠煤礦公司 正增添器材中

【本報訊】威遠煤礦公司，為謀更進一步之生產計劃，正擬增添蒸汽鍋爐、蒸汽機，電泵、絞車及其配合之電機等設備，刻除電機由電工廠承製外，其餘鍋爐及蒸汽機等項，正洽由中央機器公司各廠承製中。

中央電工廠湘潭廠承製 上清淵洞電廠發電設備

（本報訊）中央電工器材廠有限公司所屬湘潭電機廠，承製四川龍溪河上清淵洞發電廠所需之三，〇〇〇瓩大型水力發電設備（內包括水輪機、控速器、蝴蝶式進水閘、交流發電機等全套設備）業經該公司與長壽電廠於前（七）月三十日簽訂承製合同。（按此項水輪發電設備，為國內自製水輪發電機之最大者。）

又悉：該公司昆明製造廠，所承製雲南錫業公司之三萬三千伏五百KVA變壓器，試用結果良好，而應用效果，無異於歐美所製者，故該公司曾以銅錫屛贈送該廠留念。（按該公司採用國內所製之優良變壓器，尚屬首次。）又該廠承製昆明第一飛機製造廠飛機用電控制開關一批，計二十六只，已完工交貨。

第五區公路局擬先 施工溪渝公路萬鎮段

（本報訊）溪渝公路為川陝聯絡要綫，前經公路總局派國道踏勘隊前往踏勘，該路萬源經鎮巴至西鄉及鎮巴至石泉路綫，現已踏勘竣事，刻正由第五區公路局組織工程處，先就萬源至鎮巴段着手施工。

民營江南鐵路 正趕鋪石渣中

（本報訊）民營江南鐵路在抗戰前，自南京中華門通車至安徽宣城以南之孫家埠，並築有自中華門至京滬綫堯化門之聯絡綫，以與京滬鐵路連接。蕪孫段及與京滬路之聯絡綫，戰時被毀，所餘京蕪段路軌，枕木，卅五年初，政府為緊急搶修蘇北鐵路，因器材缺乏，暫行拆借應急，嗣由交部撥款購運枕木，擔保借款購買鐵軌，該項軌、枕於今夏陸續運到江南鐵路公月司，自七十二日開始鋪軌迄八月廿七日，京蕪間釘道工程完成，廿八日已在試行工程列車附掛代用客車，發售南京蕪湖間各站客票外，一面並趕鋪石渣加強設備，約十月初可正式通車。

青島港近訊

第五碼頭工程積極進行中

【本報青島通訊】青島港第五碼頭南端長約一百公尺一段，於民國三十五年秋，突然塌陷，同時附近兩端未塌之岸壁，亦向外走動，塌陷原因，不外工程逾齡之時期已不遠，日敵佔領期間，未加修理，內部木樁腐朽，承載力減少，以及碼頭堆放煤斤超過載重太多。關於修建工程，經交通部青島港工程局設計，採用鋼板樁岸壁式樣，以施工期間較短，費用較省，且適合該港地形，惟是項修建材料，計需鋼板樁二千二百八十餘噸，暨附件如拉條，槽鐵，緊縛扣，螺絲帽等約五百餘噸，此項鋼料，須含千分之二以上之銅質，以免海水銹蝕，國內不能自製，故向美國柏利恆鋼鐵公司及德惠洋行訂購。此外回填沙石十三萬五千餘立公方，及躉木漿船設備等等，自本年三月下旬開工以來，所有打樁機器工具材料等，運來青，經該局宋局長希尚積極督促，并由承包之中華聯合工程公司加緊趕工，進行至為順利。該局復以是項工程，在國內尚屬創舉，本年暑期，利用各大學放假時間，特向中央北京等十大學校，選送三級學生每校二人，來青實習，各生受益甚多，現已期滿分別返校云。

定價　半年訂費壹元叁角正
全年訂費貳元伍角正
航空或掛號另付郵資壹元正

廣告價目　八分之一頁陸元正
四分之一頁拾元正

中華民國三十七年九月二十七日出版

中國工程週報

內政部京警國字第五十一號

中國工程出版公司

發行人　杜拱辰

中華郵政認為第二類新聞紙
江蘇郵政管理局登記證第一三二號
地址：南京(2)四條巷一六三號
電話二三九八九
本報歡迎直接訂閱

氣輪機在法國最近將來之使用

法國代表團　莫理斯・饒教授作（Maurice Roy）法國研究院通信研究員

此係世界動力協會中國分會請由資源委員會全國水力發電工程總處所譯　吳承洛謹誌

氣輪機未來之發展在法國特別為人注意，同時注意此新發動機所能使用之燃料與彼之關係，熱效率祇為其可貴諸因素之一，購置價格，使用及保養之便利為其另外之可貴因素，各因素之重要性，可依用途比較之亦隨其用途而異。

可用燃料之性質，生產來源，供應價格，在許多情形，尤其在現在及最近若干年中，可有決定性作用。

除航空以外，（此處姑不論之），三種主要用途在研究及實現中者，為鐵路、發電及航運。

鐵路

電力化之擴展，使「自律」：（Antonomons）運輸之領域縮小，直至1938年煤炭蒸汽機車在鐵路上之地位尚屬無敵。

在進行中之機車場之重建，加以電力化之新計劃，引起蒸汽機與內燃機之競爭，亦即煤與石油之競爭，在鐵路用煤不足之法國，石油有儲藏與使用之特殊便利，尤以重油為然，多數機車之鍋爐最近皆作使用燃料油之裝備，迪塞耳（Diesel）機車適於多量使用，但尚為其購製價格及所用柴油之相當昂貴所限制，其效率固甚高，故氣輪機車即使效率稍低，但其可使用之燃料與適應此種目標之普通鍋爐所用者相似，因此引起法國鐵路當局之注意。

兩種4,000馬力電力傳動之「試型」（Pnototype）即將製造，二者皆為S.ca No5.開循環式，壓縮比不高並有收用排氣裝置，熱制動效率可達15%至20%約為普通蒸汽機車之二倍，迪塞耳式之2/3。

此類機器之特徵為有極高持久性，使用極靈活，保養極省事，由設計上之經驗，可判斷現在研究之方式，並確定其將來之推廣可於相當近之時期內發展。

此外亦曾研究另一種方式，但未採用，此方式乃為由一種迪塞耳式自由活塞氣體發生器，供應一氣輪發動機，氣輪發動機連接電力傳動，制動熱效率有達32%之可能，略高於通常迪塞耳電機之效率。

另一種類似上述之方式，為將一氣輪機與一高度中壓曲柄軸迪塞耳機連接，亦可認為有多數重要優點，尤以效率及減輕重量兩方面為著，但法國現時對此尚無任何研究可以提出，不過純氣輪機向此方向之競爭當連帶普通迪塞耳機之改進。

發電

法國火力發電所之整頓及發展亦為氣輪機闢一新出路，現已引起法國電力界之注意。

在現時煤之使用仍無例外，但用預先氣化之固體燃料供應一開循環式或閉循環式氣輪機，則仍在研究中，尚無立刻應用之希望。在法國以此種方式供應氣輪機，除非可使用極次等之煤，而尚須避免此等煤之運輸，否則無何利益。

反之使用液體燃料，能用燃料油，最好為重油之氣輪機，然則因其設備及保養之經濟而與蒸汽機競爭，於是問題在每座機器之最大馬力，一般見解對此方面已有轉變，前此仍認為蒸汽機適合性較大，祇對於氣輪機認為閉循環式較佳，由最近之深刻研究，始知氣輪機即使為開循環式，每座之馬力至少有達30,000至40,000KW.之可能。

總之，法國電力工業界傾向於實現氣輪機之實驗設備，此類設備既有助於電力生產，同時可養成使用此種新火力電機之技術人員，一座12,500K.W.閉循環式機器已定製，開循環式機器之設計在準備中。

至於熱效率，此種機器與蒸汽機之熱效率相當，但其循環總比較繁複，如多級壓縮，多級燃燒，甚至有收用排器設備。

氣輪機用於發電所之副電機，或為尖高電率時用之電機亦可注意，可犧牲若干效率以簡化其循環，而在設備上得重要節省，但在法國尚未作此種使用之計劃，因在法國此種需用甚少。

在發電所方面使用氣輪機之另一新希望應於此提及，是為一種餘壓系（Syetim to agui Pressure）為麥爾謝（E. Mercier）先生所建議，並以若干時間來作小規模之實驗，在此系中用自由活塞氣體發生器以增加壓熱壓縮空氣於蒸氣機之鍋爐，所用壓力與蒸氣壓力相同，故為一種同時用蒸汽及汽體之混合設備，氣輪機由自由活塞氣缸之排氣供應，對於此種設備在馬力集中及效率方面均可期望有優點，尤於舊發電所之翻新或加強更有用。

航運

在此祇研討商船方面，法國對氣輪機

在此方面亦加注意，因其有使用重燃料油之可能，而効率較活塞蒸汽機爲高，或以其較蒸汽機顯著減輕且減少使用之繁複。

此問題對於法國商船之重建在研究中，但其即刻之出路受限制，因必須先確定爲實驗而建之已有設備之持久性與運用上之優點，大約一二種此類設備即將進行。

同時爲避免使用回衛程式渦輪，或避免使用倒車之笨重傳動方式，可變螺距螺旋槳在中噸數輪船上之使用亦在研究中。

以上所研討之主要應用，已可表明氣輪機在法國所能期望之出路相當廣闊，除此以外，在化學工業或冶金工業方面相當數目之各式應用，似於不久可望着手研究，但判斷其可能發展之程度，尚屬爲時過早。

此刻對此種新發動機法國現時經濟狀況中所注意者主要在使用液體燃料，最好爲重液體燃料，對於氣輪機，鍋爐或熱量交換器以及抗熱金屬之研究使用各方面已實現，或短期內可能有進步，或將昔日氣輪機向高効率大馬力進展之阻礙隨時可剷除，此種新機器之輕度與簡單，保證其在極關緊要之輕度與購置保養經濟之比較中，有可靠之長處。

提要

氣輪機之技術發展，當此次大戰法國在其被佔據時期中曾受阻撓，現在主要在鐵路，發電與航運三方面作研究。

在此三部門中，研究設備已在建築或設計中，蓋爲確定其持久性及使用之經濟，必須有一預先之實驗階段，在法國國家經濟之觀點上，此新機器之發展特別趨向於使用液體燃料，在可能範圍內使用重液體燃料。

海中開採石油

馮啓基

自從在墨西哥灣利用駁船裝置起重機後，美國石油之探採已進展至海上，據油業中人云：圍繞魯意西安那州（Louisiana）及塔薩斯州（Terxas）海岸之下，石油蘊藏之豐，一如密士失必（Mississippi）及佛羅列特（Florida）東部海岸所蘊藏者。

從事港灣海岸以外之探鑽油井，其所耗費之資金，及此種「獵取野貓」式之冒險所付之賭注，實爲空前所未有者。

本年三月間，三家俄克拉何馬州（Oklahoma）石油公司，合資經營，於魯意西安那州海岸之外十里，新奥爾良（New Orleous）西南八十五里之處，鑿成第一油井，於是熱情益增。

在一千七百呎極淺之油井中，初步產量爲每日935桶，據石油工程師估計，在油井週圍六百畝之面積，石油之蘊藏量約爲一萬萬桶，初次鑽鑿之後，並計劃繼續鑽鑿油井十五口，使能儘速吸採石油。

鑽鑿油井成功之公司，爲俄克拉何馬之奇耳麥紀公司（Kerr-Mc Gee oil co.）史坦諾林公司（Stanolind oil and Gas co.），菲立浦石油公司（Phillips Petroleum co.）及巴立斯維公司（Bar-Tles Ville）等。

負責技術之奇耳麥紀之鑽鑿工作，不論在工程之立場，或陸上工具至海中利用，均爲石油工業史上之空前創舉。

該公司副理第恩A.麥紀（Dean A. Mc Gee）及總工程師湯斯尼（Tom Seale），均熟知如何在俄克拉何馬堪薩斯（Kansas）及塔薩斯執行鑽鑿工作，並曾訪問委內瑞拉（Venezuela）之馬拉開波湖（Lake Maracaibo），參觀研究該湖之採油技術。

但彼等發現灣內或湖內之鑽鑿，較之離岸十里在十八呎深水鑽鑿所遭遇之困難，竟有小巫大巫之別，過去海上油井，乃利用打樁建築之基地，同時彼等認爲須有一較諸拖駁更好經濟之運輸方法，

彼等於參觀美國海軍標售之設備後，以四萬元購得坦克登陸艇兩艘，復以七萬元購得長280呎，寬48呎，高28呎之海軍大駁輪，然後再以十五萬五千元，將其改爲漂浮之動力間，宿舍，倉庫，工場等。

如此即適於裝設鑽鑿一萬二千呎油井之裝備，船之最底層，作爲水燃料及鑽出泥漿之儲備室，在第二層甲板上，則設足容三十人之臥室，娛樂室，無線電室及休息室。再上一層甲板，則爲鑽管，鐵箱，及起重機，空心鑽鑿機等設備。

然後彼等再購三艘83呎長之氣壓救生艇，七艘63呎長救生艇，及85呎長，750匹馬力之拖曳艇，並完成各艇間及與魯意西安那州摩根城（Morgan City）辦事處聯繫完整之無線電通訊網。

於是此艦隊即集合各公司完備之探採機器設備，並以三十一萬七千元取得魯意西安那州海外四萬畝之開採權。

彼等又焊接24吋管以建築一截面爲一百四十呎，長七十一呎，寬三十八呎之鑽鑿浮台，並用數艘拖曳艇將其拖至墨西哥灣外104呎，巨大之駁輪即夠固浮台之上，同時並以鐵錨三具以固定其位置。

鑽鑿需時計兩月餘，除員27人始終居住大駁輪上，如遇風暴，則因海浪衝於高建起重機之船面，工作即須中輟。

據公司之報告，除浮台及設備之費用外，鑽鑿油井所需費用爲四十五萬元。

直至第一油井完成爲止，地租，探測鑿，設備及鑽鑿所需之費用，共計二百萬元，在鑽鑿完成之後，駁輪即可解放，以便移至另一地點。

從第一油井取得之石油，其品質相當於燃料油No. 5，運至新奥爾良，每桶可售三元四角。

此等公司正計劃從事大規模之開採，並付出千百萬元，以供海上探採隊及鑽鑿之需，至於海上鑽鑿所遭遇之困難，則在所不計云。

原子能的工業應用

原著者 (Lyle B. Borst)

我們相信一九四二年是原子時代的雛始。這個時代，隨着未來年月的發展，將有進一步的人對環境的權利，包括物理與生物的環境，甚至於社會的環境。原子能發展到今天已花費二十五億金元之鉅。大部份的金錢都通過了工業合同而使用掉。目前已有兩三百家美國工業組織和原子能委員會簽訂合同。

這是一個政府控制的工業，以期完成國會法案所製訂的政策：「……吾人在此宣稱，美國人民之政策乃無論何時在確保[illegible]防禦與安全之最高原則下，原子能發展與利用均應在一切可行範圍內，設法用於改進公共福利，提高生活水準，加強私人企業間之自由競爭，並推進世界和平方面。」

原子力的發展是未來工業中最直接而又能預見到的工業。原子核是蘊藏能量源泉，在發現分裂前便已存在，太陽能量的源泉就是這樣一個原子的源泉，這些今日都已成為人人皆知的常識。一九四八年，就是發現分裂現象後十年左右，美國有一種裝置可以製造熱量幾千瓩。不幸的是，產生熱量時，溫度太低，因此，要想使它有效地發動電力卻不可能。我們希望兩年內在布魯克海芬國立實驗所作一次發動電力的表演。我們的反應器的設計旨在從事研究工作，而不是當作一部電力機器來使用，因此，我們的電力只能是一個副產品而已。但這一個初次的表演一定不足以在任何方面象徵原子時代的開端。要想使原子能可以作為一個工業力的源泉，和煤競爭一番的話，恐怕還得有十年到二十年的時間。

我們承認在可預見到的將來，電力可由傳統式的放熱引擎來發動，但這種引擎一定要由一個高溫度的原動力推動。目前有一困難的問題，即使用材料時，從原子觀點看來滿意的話，往往不能夠在適當的溫度上使反應器轉動。一般的工程材料，如含鐵的金屬或大多數不含鐵的金屬，都會吸收中性電子，因而不能用在熱電子的反應器裏。那些並不吸收電子的物質都缺乏機械上的力量，並在必要的溫度上會有過度腐蝕的現象出現。至於那些共同具有一切性質的稀有材料又非常昂貴。這真是自然界對人的嘲弄。但如何克服這許多困難的研究工作，現在已進行中，幾年之內將有明顯的進步。

反應器內消耗鈾性的燃料的結果，一定生產了各種各樣的塵灰，叫做分裂產品。這些產品包含一打左右的元素，其原子重量為鈾的一半。但這一些物質都容易產生為害的效果。因為它們吸收為維護反應狀態所必需的電子。在製造過程時，產生它們的團體結晶組合也受到了影響。我們可以用一般人所謂煉金家的步驟來說明這點。煉金家化費許多時間，想把劣等金屬變成黃金，而有一部份時間專門用於汞的變質方面。現在我們已經能夠做到這點，甚至可以把金變成汞，以毀滅煉金家的步想，倘使我們把一塊黃金放在反應器裏，它就會吸收電子，逐漸地變為汞。同樣地，鈾可以逐漸變成具有完全不同性質的分裂物。因此原子性燃料必須不時再加工，以消除塵灰。目前使用的方法就是精細的化學與冶金加工，但進行的時候，必須隔在一道厚牆後面。全部利用遙控控制方法。

其他必須面對的問題，主要是關係分裂物的經濟問題。在鈾金屬一百四十個原子中只有一個原子是同位素U235，能夠經過熱電子分裂。另外一百三十九個原子都是同位素U238，專門吸收電子。目前英國各地主要的反應器都是根據U235的分裂而設計的。因此，我們對鈾的利用，其效率還不到百分之一，而另一種極其有用的元素鉛塊—釷—抑根本不會用到。鈾在地球上的蘊藏量雖然和鉛塊一樣多，但品質極佳的鈾產卻非常之少。為使大規模原子力工業可能實現起見，我們必須學會使用U238和釷——。這果真成為事實，我們就有足夠的原料可以在未來的數世紀內開設原子力的工廠。

原子力工廠特具的特徵一定會容許這些工廠，在某種特殊環境下，和其他的原動力競爭。原子力為一個動力的供應來源自是無與比擬的，因為這是第一個不倚賴地球空氣的機器。蒸汽機和內燃必依賴這種化學反應促成。只要用一點點原子燃料就可以利用原子力推動輪船，甚至飛機，而且飛機加燃的次數可以大為減少。原子燃料運輸費用的低微對原子力工廠的用途更有增廣的作用，而使不容易獲得原動力供應的地方也獲到了供應。這樣我們就可以灌溉與開墾現在廢而不用的荒涼地區。

反應器的另一種工業應用可以避免發動電子。反應機可以作為大批熱量的供應源，因此，也許有一天它可以應用於冶金工業方面，因此冶金工業需要極高溫度。那些塵灰狀態的分裂物是極其毀害有用的放射性元素。在數量上，它們比商業上使用的鐳要多過千萬倍。鐳的目前用途集中於治療，工業上使用的放射線，油漆的製造等方面。但鐳之終於在某種程度內被別種的人造的物質所代替，至少也是可能的一樁事。例如，放射性鈷在治療和放射線臨用方面就可以作為鐳的極好的一種代替物。

在現有工業與新興工業部門內，倘有飛速改進的現象，其發展過程必定是在研究工作上使用了放射性同位素所致。技術上鉅大的變革總是跟隨着基本科學發明而變動的。無線電工業以馬可尼，德福勒斯，亞姆史特朗早期的研究為開端。汽車與飛機工業跟隨着內燃機的發展而產生。在鋼鐵工業內，放射性硫與放射性鐵已被用來研究如何使硫從高熱狀態化為溶滓狀態。由上種種，我們可以預見到這樣獲得的知識可以改進英國最基本的一部門工業。

總之，戰後原子能的發展已採取了一個新的方向，把注意力集中於平時工業的應用方面，以期造福人類。這種發展已達到了一個新的高峯，倘使美國要保持住它的權威地位，要使自己充份受到這個在新世界內新部門的新發展的利惠的話，更廣泛的工業採用是可能而且必要的。

（譯自 Mechnical Engineering）

美援三千五百萬元　助我建設增加生產

【中央社華盛頓電】美經濟合作總署駐華建設調查團團長師徒立門宣稱：關於我國方面之工作，總署今暫撥三千五百萬元應用，此款之目的為增加生產，使經濟趨於穩定，其分配額如下：

粵漢鐵路	五百萬
浙贛鐵路	二百五十萬
北寧線平津段	一百五十萬
台灣鐵路	一百五十萬
開灤煤礦	一百萬
揚子漢口重慶及華中華南若干電廠	四百廿五萬
平津電器工業	二百萬
台灣電力公司	二百五十萬
海關緝私隊	一百萬
台灣製糖公司	一百萬

其他留作儲備，以防物價上漲或意外情形發生，以及增加配額之用，計一千二百七十五萬元。

科學演講

「科學在教育中之地位」

英文委會科學主任薩亦樂演講

英國文化委員會科學主任薩亦樂博士最近曾偕其夫人與私人秘書徐廷亭君參觀江蘇省立上海中學，並在開學典禮中致詞。校長沈亦珍博士曾親自領導彼等參觀各教室。實驗室、圖書館與實習工場，並解釋學校，分成普通，理科，工程與商業四系之情形。據稱，學生中選理科者獨多，薩博士聞悉極感興趣。旋又與該校創辦人暨前任校長鄭通和君晤談。

參觀畢後，薩博士即被邀往大禮堂向一千六百名師生演講，講題為「科學在教育中之地位」。薩博士首先向學生致賀，謂彼等得在此種最前進之現代中學求學，實屬僥幸。渠指出，學生進學校，不僅為獲得將來可資謀生之各種基本學識而已，學校亦將使彼等對於人生與行為之基本原則，及對社會所負之責任，有所瞭解。此種瞭解可使人對他人發生友誼、容忍與尊敬，所謂他人者不獨以其本人社團為限，即國內其他地方甚至於外國之人士亦均在內。際茲交通便利，各個人與各國間關係日深之時，此項瞭解尤屬重要。

薩博士繼稱各國人民間必須先有認識而後始能互相容忍，蓋世界各地人民雖在儀表與風俗方面有表面之分，然其基本個性，愛好和平之願望，及其對全國人民文化與經濟進步之努力，則不分種族，國籍或等級，俱屬相同。並又指稱，彼夫婦之得出席該校演講，以及文委會其他人員之得在華工作，即為此一主要原因。渠謂：英國家派來之目的，即欲與中國人民接觸，俾雙方可得更深切之認識。

英國文化委員會之所以資遣中國學生與前進之學生及教育家前赴英倫深造者有一重大原因。蓋此舉不獨可使中國人民得親給目覩英國之生活，且可使一般永無機會出國之英人，得與中國人士交接晤談。蓋吾人相信，必須利用世界各國民衆以傳播各國間有關歷史文化背景與風俗觀念之知識，始能建設世界和協有賴之人與人及國與國間之友誼。

薩亦樂博士繼稱，中國於試行未來之建國計劃與謀社會之進展中，必急須一班訓練有素之科學家與技師，渠稱，甚多此等專家與領袖，必將來自如貴校之學校中，薩博士再勉學生竭力利用當前良機盡量學習。復又指出，理科教育之意義不僅為獲得各種專尺知識而已。渠稱，科學實為一種生活與思想之道。科學家必將有關之各種因素加以徹底研究後始肯下一結論，彼等係在耐心觀察，精細測量，並收集一切有關材料與加以考察之後，方下判斷。科學或科學的態度中，決無成見或盲目傳統容身之餘地，吾人必須以真正之科學精神，應付所有吾人之人情，社會與國際問題，以公正冷靜態度，研究已知之各種事實，然後今日之世界難題始能有合理解決之希望。薩博士稱，此種態度不僅限於科學家，渠希此種態度應利用教育中所佔地位之特點，即在於此種科學的態度。倘各生能獲得此種態度，則彼等將終身受用無窮。

薩亦樂博士繼又告知學生稱，彼等學校之校長與教員，以及大學中之校長與教授等均竭力欲使彼等在目前極端艱難之經濟情形中獲得最好之教育，各生應知悉，彼等教員之所以如此盡力者，並非彼等薪金優厚，而係因彼等認識中國青年獲得健全教育之重要，為此，學生為報答此等自我犧牲起見，應與師長在此困難中表示同情與合作，學生必須記得彼在彼等青年時代，始賦有不負成年責任之自由身，可以致全力於研讀。

薩博士希望許多學生亦將成為人師，繼續此高貴職業之崇高理想與傳統。其他學生則將成為科學家與專家，以彼等之專門知識服務國家，俾發展建設性之企業，而國家之經濟改進後，再擬增為人民切需之進一步教育與社會事業。

薩亦樂博士夫人繼之發表短詞，略謂校中女生人數太少，希望不待多年即與男生相埒，並勉勵女生亦應從事科學工作，盼有日自此班女生中可能得與居里夫人或李約瑟夫人同樣聞名之中國女科學家。（按李約瑟夫人即薩亦樂博士前任文委會駐中國科學團領袖之妻，亦被選任為英國皇家學會會員。）辭畢，由沈校長起立向薩亦樂博士夫婦致謝。（上海通訊）

化學之進步

薩亦樂博士演講

中華化學工業會上星期六在上海岳陽路中央研究院舉行年會，討論會務既畢，即由該會總幹事陳聘丞博士介紹英國文化委員會科學組主任薩亦樂博士發表來賓演說，題為「化學之進步」。渠稱，此演辭係取材於去年在倫敦所舉行之英國化學會百週紀念慶祝大會，其時又曾舉行國際會議，中國及世界所有其他各國化學家均曾被邀出席，方一八四一年英國化學會成立時，正為約翰陶爾頓甫發表原子不可分裂學說之時，薩亦樂博士於是追溯化學各方面之主要進展，遍及無機化學，有機化學，生物化學，食物化學，農業化學，製藥化學，免疫化學，化學治療學中之各項發明，直至最近物理化學與核子物理之發展，至分裂原子成功為止。

薩亦樂博士更論及化學此一科學之普遍性，謂化學影響吾人日常生活之每分鐘與每方面，如吾人之營養、健康、交往、服裝以及吾人一切物質需要與安適等等，博士強調化學知識上許多驚人進展乃近年之事，曾於單獨一世紀之較短時期中產生。學識之進展本身有其加速作用，以物質需要而論，對將來無需恐懼。例如，聯合國糧農組織曾有下列估計：世界人口之激增，在今後二十四年必需提高糧食產量百分之一百，單憑現有化學知識之助，上述數量或甚至更多亦易於達到，然必需應用此等學識之必要環境與決心。

至於工業化學方面，薩亦樂博士曾舉例說明工業化學一向如何依賴化學及相關科學如物理與生物方面純粹學理之進展。此即科學教育與研究工作最重要之處。當前中國已有不少學識，然尚未付諸實現，故中國實有推廣研究工作之迫切需要，此即薩亦樂博士所謂「按照中國所受自然環境與天然資源之影響，從事探討學識之發展與應用」。

舉例言之，化學冶金學在中國為具有極大可能性之一項工業發展。際此中國工業，仍在萌芽時期，然戰勝之新時代業已來臨，故中國實無理由必須依照西方發展形式而經過鋼鐵時代。渠稱，此等工業在內地極易發展，對於原料可予供應之地區尤為相宜。關於工業化之說，目前一般皆在沿海與江埠一帶最為適當，惟此一途徑對全國農民社會福利之進步可有極大貢獻。

薩博士指稱，自過去二十五年之研究中，吾人已發明噴射推進術、汽輪機、尼西林、高頻率感應、紅外線加熱、除莠劑、新型輕合金、新藥品、新殺蟲劑、新式滑潤劑等，以及雷達，電視與電子顯微器。渠稱：「信然，吾人已進入第二次工業革命之初期矣。然而所有發明均非不勞而獲者。薩博士繼稱，在若干政府如過去為現任行政院院長兼有國際聲譽之科學家翁文灝主持之全國資源委員會，對中國之貢獻甚大，渠又強調說明英國人士所願進一步援助者，即為如會中之一班前進份子。蓋中國必須由此等具有專門知識之人，努力發展中國之科學，始能提高營養健康，教育，與社會事業之標準云。（上海通訊）

譯著

無菌空氣

原作者（Marjorie Fisher）

語云：「病從口入，禍從口出」科學進步，人類已可使食物及飲料消毒，不再受傳染。但是每個人還呼吸着不潔淨的空氣，空氣中含有很多毒菌，它們都附着于灰塵上作為在空氣中游泳的小浮艇。所以欲消滅細菌，必先除去灰塵，本文介紹除塵殺菌之道，至有價值。——編者——

在通常之情形之下，有些呼吸器官的疾病使美國一共損失二億二千萬個工作日，這損失一部份是起於三億二千萬次的傷風感冒。平均說來，學校兒童差不多總會因爲生病與發燒而請假三四個星期。良好的空氣殺菌劑的需要，今日已經刻不容緩了。長久以來，由於處置食物的衛生技術，加上水的淨化與牛乳的消毒，已經可以使食物及飲料不受傳染了。但每個人還呼吸着不純淨的空氣。雖然空氣中的大部份不可見的內容是無害的，但一小部份的內容却包含有細菌和毒素，這些細菌和毒素，是會造成傷風，肺炎，流行性感冒，腮腺炎，麻疹，水痘，鏈狀球菌引起的喉管炎等等。

迄今以來，消除空氣中細菌的最重要的一次步驟，乃是以機械將乙二醇（Glycol）的蒸氣充滿在辦公室及住宅的空氣中。雖然沒有人會因此感到空氣有何不同，但細菌或毒素則因此而死亡了，殺滅細菌的乙二醇蒸氣所進行的工作是很困難的，因爲空中產生的細菌很容易傳佈，舉例說，傷風的毒菌，可能因爲一次噴嚏而產生，然後順風吹到幾哩以外，落在一間安靜的住屋中，再被行路人脚步所引起的微塵吹起。

在乙二醇未發現以前，原來已有三種主要的方法來抵抗病的傳染：流通空氣，消除灰塵以及紫外光線。其中最老的一種方法就是流通空氣。因爲你如果能使不含細菌的空氣帶到人多的地方，則平均每立方呎的細菌也就愈少，但這種防止細菌方法的限度，是很明顯的。第二種方法是消除灰塵的方法。因爲，許多毒菌和細菌都在，用灰塵作爲在空氣中的游泳小浮艇，除去了灰塵，也就等於除去了這些小浮艇。當戰爭期中，美國陸軍空中傳染病委員會證明了：如果對於營房地板，木質的表面及床單加以處置，就可以使其吸住灰塵。在某一個兵營裏，其中一千人的呼吸器疾病因此減少了百分之五十。

另一個控制灰塵的方法是常見灰塵沉澱器，這一器具先使灰塵負有「電化」再使其被吸於集塵器之上而全部除去，這種沉澱器不僅吸收煙和灰塵，而且還吸出植物的花粉以及其他的粒子和長於二十五萬分之一吋的細菌。但對於小的細菌及毒菌則不能吸出。

殺菌燈是用於醫院手術室中的，它能够產生太陽光的紫外線。利用這種滅菌燈的還有肉類包裝廠，教室及其他各種地方。它們的使用，已經設立了許多卓著的紀錄。舉例說，在一次腮腺炎的流行病發生的時候，在同一學校中，沒有經過滅菌處理的教室中兒童感染腮腺炎的人數，就四倍於裝有紫外線燈教室中的患者。至於毒菌及芽胞的發生足以造成災害的地方如製藥，牛乳，肉類包裝等工業機構中，紫外線就是具有無限價值的了。但紫外線也有它的短處，爲了眼睛和皮膚是不能受到紫外線強烈地照射的，所以紫外線必需被限於高過人頭的高度。而且，使用紫外線的房間內，並需加以特種保護油漆。

乙二醇則沒有流通空氣，消除灰塵和紫外線的缺點，它的發明經過是如此的：一九四一年，芝加哥大學成立一個小組專門研究良好空氣滅菌劑，該組係由羅伯遜博士領導。有一天，他發現他所實驗出來的一切成功的空氣滅菌劑都能溶解於同一種溶劑中，這溶劑便是三炭烯乙二醇（Propylene Glycol）。到那時候爲止，乙二醇共有三種用途——作爲化學作用中的溶劑，汽車幅射器的防凍劑和空氣調節器中的吸濕劑。及至羅伯遜博士試用它於帶有傳染病菌的空氣中時，乙二醇的蒸氣竟然殺死了所有的細菌。

後來，羅伯遜博士發現三乙烯乙二醇（Triethylene）這種化學物質乃是效力更高的滅菌劑。這種化學物質的沸點是華氏五百五十度，燃着度是三百三十度，但在使用時，它總是混和着水氣的，而且絕不會燃着，換句話說，無論你怎樣利用，它總是防火避火的。從殺菌的觀點來說，它最重要的一點特性乃是吸收濕氣的能力。當羅伯遜博士將三炭烯乙二醇加熱以後，它所發出的蒸氣就和空中的濕氣混合在一起了，而這種濕氣的水滴，正是包圍空氣細菌的。於是這種蒸氣就很容易地透入到細菌的旁邊而將細菌殺死。普通的濕氣水滴雖然是可以防止其他種類的殺菌劑，但是四萬萬份空氣中祇要有一份三乙烯乙二醇，就可以使空氣清潔而差不多消除掉所有的流行性感冒毒菌，肺炎球菌和鏈狀球菌了。

羅伯遜發現了乙二醇的潛在特性，他還需要以一架機械將其蒸氣散入空氣之中。於是他就將此事交給一個不以贏利爲目的的研究公司辦理，該公司的總部設在紐約，適巧這個研究公司自從一九三九年以來就已經在紐約海員儲蓄銀行的空氣調節設備中利用乙二醇了。他們利用它的原因，是由於它能夠吸收濕氣，而能够減低空氣的濕度。該公司的主任工程師之一的魏非爾說：「我們從來沒有發生過乙二醇放入空氣中的問題，我們用乙二醇已有好幾年。我們一直在嘗試不用乙二醇以免浪費。」但這種經濟的打算實在是錯誤的，因爲，根據羅伯遜所調查的結果，乙二醇的蒸氣並非是一種被浪費的東西，相反地，乙二醇已經使海員銀行中職員缺席的次數，從九百五十五次減少到四百九十六次。

魏非爾從此就忙於研究乙二醇的蒸發器了，後來陸軍當局對蒸發器也發生了興趣，而從此乙二醇蒸氣也就變得很著名了。它被用在陸軍軍營中而遏制了兩次德國麻疹的流行病和一次水痘的流行病。當戰爭期中，它被用於巨大的製藥工廠，因爲製藥過程中的空氣是必須予以消毒的。此外它又被用於醫院，紐約的雷伏尼電影院並且試用於白宮的美國總統府。當這一切試驗之類正在進行中時，研究公司也設置了一個空氣淨化服務公司來研究使乙二醇可供各處利用的方法。該公司有一個標準的四十五磅機械，專供工業界調節空氣之用，他們預料即可製成十磅重的蒸氣機。

最新式的蒸氣機有一捲特別製成的紙，紙上飽含三炭烯乙二醇，而這捲紙是慢慢地在加熱器上放鬆的。這加熱器於是便使這化學物質氣化，而無色無嗅的蒸氣就隨着氣流佈滿室內。機械上所用長達二百五十呎的紙捲，一個月祇要更換一次。這新機器可以解決普通室內的細菌，亦是供一個相當於六隻病牀的病房清潔空氣之用。

最宜於用乙二醇的地方是人口集中之處，例如學校，電影院，辦公室等等。此外，它因爲具有一種「籠罩」的特性，即在乙二醇蒸氣所充滿的地方，它可以停留很久的時間，而繼續具有清潔空氣的作用，所以它也是宜於在家庭中應用的。紐約醫院的勃立加博士曾經發現，假定你在充滿乙二醇空氣的房屋中居留數小時，則有一部份的乙二醇就會進入你的血液。六小時以後，你的血液事實上也就具有乙二醇的殺菌作用了。

這種使乙二醇增强血液抗菌能力而抵禦疾病的方法，尚待進一步的研究，但這一點也許不會成爲問題中佔重要地位的一部份。即使它沒有對於血液的作用，乙二醇至少也可以對於空中細菌發生很大的影響。在理想的情況之下，乙二醇蒸氣是可以使人人獲得不含細菌的空氣的，而假定情況並非十分有利，紫外綫和灰塵沉澱器也可以消滅乙二醇所不能解決的細菌。

（成譯自 Science Illustrates）

英倫點滴

霍亂與百日咳的新特效藥

英國醫藥雜誌最近一期載着運用新藥治療霍亂的驚人效果。這種新藥是由英國幾年前所發明磺酸之醯胺類中產生的化藥品，曾經用來醫治印度村莊裏得不到看護和醫藥的霍亂患者八十五人，除用這新藥以外，其他不用任何治療，結果有八十二人活命。在這一帶裏霍亂的死亡率普通大約有百分之六十。新藥是口服的，服法簡單，是它一大優點，要是服用該藥在他種霍亂病上也有這樣的成效，這可算得爲驟人的熱帶病開闢了可貴的治療途徑。

另有一種屬於般尼西林一鏈黴素式的新藥叫做「艾羅斯麥點」的，對於醫治百日咳一定很有價值。在少數情形中試用的結果，居然在最初四十八小時內獲得了確切的反應，這一種藥的價值要發展到最大限度，可是必須在患病初期運用，目前還只是試驗時期，故還沒有普遍應市。

飛行速度新紀錄

英國赫特福郡的湊斐爾德最近開創了百公里閉輪道飛行速度的新紀錄。前英國皇家空軍的駕駛員約翰·杜磊，現在是第一哈佛蘭飛機公司的新試航駕駛員，他駕着一架DH108無尾噴射機，以六百零五哩的時速完成了個五段航程。他因每小時多飛四十一哩而打破了英國一架超海獵專機所持五六四·八哩時速的紀錄。嘉夫雷·第哈佛蘭是去年在一架較早的DH108機中失事喪亡的，這飛機現在仍蓋在秘密罩上。關於DH108英國軍需部所公佈的消息，只說這是一架試驗飛機，研究用後尖翼控制的種種問題以及試驗高速度飛行。這飛機由第哈佛蘭魔式噴射引擎發動，橫幅三十九呎，機長二十四呎六吋。

英國試用直昇機傳遞郵件已很成功，直昇班機將最先在東安格利亞舉辦，以後或許更要擴展到英格蘭威爾斯和蘇格蘭各地。試驗飛行的兩條路線，一條很短，另一條超過一百哩，中間有許多遞郵站。平均速度非常可觀，比任何運輸方式顯得進步。要是東安格利亞舉辦成功，英國飛機公司如樊爾伐，不列斯托爾，以及費雷等一定會採用直昇飛機，原來這些公司都早已在設計和製造直昇飛機了。

新織物如皮革

經過了多年的研究，英國北部一個廠家終於製成了一種新的綜合織物名叫「第干」，據說穿在身上如皮革一樣，能抵抗各種氣候，而且不沾污漬。雖然看上去特別配做家具材料，可是也可充別的用處。製造這種新織物的廠家希望在幾個月之內便能爲商用而生產。

另一種英國製織物名叫「紋台爾」的，爲商用而生產已經有兩年，這種織物用棉紗製成，不滲透水又「透風」，每方碼重約四·八兩，可是既不需任何防護材料，將來用處一定很多。詳細情形公佈以後，若干廠商就開始織造此種新布了。製造到第二年，「紋台爾」織物銷售和交出的數量要比第一年大幾倍。

鋁製橋樑
英國開始建造

英國上週開始建造世間第一架鋁製橋樑，將架於孫德蘭九十呎寬之船塢入口處。共重量將較一鐵路引擎爲輕，橋脚間每一穹篷均能於一分多鐘內由一僅二十馬力之摩托上提啓開。承造此鋁橋者係英國北部海德·查特爾父子公司。

新汽車
譽滿海外

新倫却斯特十型車於滿座及載有若干行李時之最高速度爲每小時七十五哩，海外人士對該車發生甚大興趣，無論初學駕駛人員或經驗豐富之司機皆盛讚該車之平穩變速桿，該車一經開動以後，欲變速時，只需將速於轉向盤之變速桿移至所需之齒輪，而當引擎準備完成後，駕駛員只需臨時將接合器踏板放鬆，如是變速即告成功。

該車之四汽缸引擎裝有高壓之活瓣，由搖桿所控制，活瓣之噪音實際上已不復存在。至於前排座位之距離及高度，則可隨心所欲而加以矯正。

國外通訊

英實施殘而不廢計劃 設廠收容殘疾工人

【英國新聞處倫敦電】英國頃發表一種殘疾工人報告書，詳述格來斯哥一殘廢者工廠實驗成功之經過。據稱，此工廠創設於二年前，為一私立非牟利之公司所主持，專收各種殘廢人士，應用各種特別適用之機器與工具，從事製造電氣床氈，二年來，成績斐然，其出品之精良可與普通工廠之貨色媲美。該報告又稱，此新事業自一九四六年開始以來，每一人之工作均已增加一倍。各工人每週工作四十小時，在受訓與正式工作期間，均按照普通薪給標準領薪。

英政府於一九四四年通過殘廢人法之後，即成立一特別機構，其任務為以職業供給因殘疾而無法工作之人士，迄今該機構已設立工廠廿五所，廠內收容之工人達一千二百人，該機構預定設立工廠一百所，其中半數擬於今年底完成云。

英國未來式新汽車兩種問世

【英國新聞處倫敦電】奧斯丁汽車公司宣布製就完全新型汽車兩種，即「A九十大西洋」型可變換機式跑車與「A七十漢浦夏」型中等大小轎車。前者原吸引美國汽車顧客，但其未來式設計必將風靡全球，此項跑車有低垂機條，發動機罩斜面分明，可使駕車者眼前收入最佳景色。其顯著特色在可藉電力任意由轎式變成敞式，或由敞式還原。祇須一舉手撳動駕駛座旁車門上之電鈕即得。「A七十漢浦夏」型轎車正面略似流行之「A四十」型，其殼之線條一直展延至齒後之後輪。轎向柱上之變速裝置使前面之兩位駕座可容三人。此兩種新車上星期均已在托朗土加拿大全國展覽會中陳列，兩星期內將在紐約與舊金山供美國人觀覽。

日自我國刧去機件 盟總核准歸還一批

【中央社東京電】我駐日賠償與歸還代表團團長吳半農氏，廿日告本社記者稱：盟軍總部參謀長廿日核准以價值美金四十一萬九千元之被掠奪財產歸還我國，及我歸還顧問委員會復會向盟總參謀長提出建議，要求以另批價值二十七萬一千五百美元之物資歸還我國。經核准歸還之財物，其主要者為車床，鑽螺機，及電動摩托機等八百十八件，另有價值四百十萬零九千七百六十美元之他種機器等項。該批機器係戰時刧自山西閻主席所辦之西北實業公司者，計車床，鑽螺機，研磨機，鑽孔機及電動摩托機等一百零六件，另有價值約二十八萬零四百十美元之他種機器甚多，此批機器係刧自前交通部長曾養甫氏在香港主辦之華南鐵工廠者，廿日經核准歸還之財物，除機器外，尚有棉紗，絲與布疋。又我國要求歸還之財物，其他尚有鉛、錫、鎢、銻塊及萊特旋風式機引擎三部，暨零件一箱。

我向日本洽售食鹽

【中央社東京電】最近抵東京之我國鹽務總局代表，即將向盟總洽售食鹽五十萬噸，鹽價每噸二十美元，總值千萬美元左右。

日賠償物資 國內不必需者 將售予日本人

【中央社東京電】價值數萬美元最近償還之錫、瑩石、鉛、頁岩、羊毛、羊皮及生絲，短期內將作「自輸入物品」售與日人，中央信託局及我駐日代表團辦事處貿易代表，劉正與盟總籌備出售事宜中。據悉：關於此類事件將與盟總規定一項特別帳目。我駐日代表稱：我國當局業已批准以未來償還之類似物品就他售予日本，該項物品中或為甚易購得者，如羊毛及生絲，或則為國內市場對之需要甚少者。

國內消息

七八兩季輸入 決定普遍核減 僅藥品一項略增加

【中央社】日財政經濟緊急處分令公佈後，依照整理財產及加强管制經濟辦法第九條之規定，輸入限額自第七季起應照第五六兩季平均標準，至少核減四分之一。頃悉：輸管會根據此項之規定，業已議定第七八兩季附表（二）類貨品輸入限額，共為四千二百一十四萬一千美元，較第五六兩季減少四分之一以上，計三千一百三十三萬一千美元。本案經十四日行政院經濟管制委員會第四次會議討論，其中除載客汽車、吉普車、馬達貨車及長途汽車等原係僅定限額，不洽外匯之貨品，應查明情形後再行核定外，餘均照案通過。十五日上午行政院政務會議復經提出報告，公佈施行。依照此次所定限額，凡有美援供應者，均已不列限額，或僅列少數，以資補充。共較第五六兩季核減二千四百八十三萬五千美元。其餘尚有核減限額之貨品，為烟葉、烟紙、紙及木漿、木材、油脂、膠等項，共核減六百九十萬美元。藥品一項，因國內需藥需要，並已增到四十萬美元，故第七八兩季雖已減去三千餘萬美元，但因有美援物資擋注，事實上尚不致有何困難。今後工業方面所需原料，當可獲適當之供應。

美援擬撥六百餘萬元 發展西北水利工程

【新聞局訊】西北水利問題，相當重要，此次西北各省人士集議，發動爭取美援運動，以加强西北水利建設。關於美援款項內，可以撥用發展西北水利者，茲據水利部發表該部於美援方案項下，根據各省送來方案，核列西北各省水利工程，計下列各工程，共十五處，計美金六，五二九，〇〇〇元。

甲、新疆省
- 新盛渠　美金二五萬元

乙、甘肅省
- 武威黃羊河水庫　四〇萬元
- 高台馬尾湖水庫　一五萬元
- 靖遠改善靖樂渠　六萬九千元
- 靖遠整理靖樂渠　六萬元
- 臨洮修濬惠渠　六萬元
- 臨洮整理洮惠渠　四萬元
- 永登黃惠渠　四萬元
- 酒泉河西蘇渠整理　一〇萬元

丙、青海省
- 平安鎮平安渠　六萬元

丁、綏遠省
- 歸綏大黑河乾通渠　一五萬元
- 善岱大黑河攔河壩　一一萬元
- 歸綏大黑河普濟渠　一四〇萬元
- 阜甯民阜渠　六〇萬元
- 後套楊永復義四渠　三〇〇萬元

上項各工程已皆送美援運用委員會，待審查核准。

煤礦業聯合會 在京正式成立

【本報訊】中華民國煤礦業同業公會全國聯合會於本月廿六日上午九時在文化會堂舉行成立典禮，到全國各地區代表五十餘人。由薛東煤礦公司總經理陸子冬主席。社會部谷部長、工商部陳部長、資委會孫委員長等致詞，均予以勉勵，囑煤業各代表與政府密切合作。大會並通過以大會名義向總統暨前方戡亂將士致敬電。

工程師學會聯合年會 十月廿五在台北舉行
將討論建設投資等專題

【本報訊】中國工程師學會各專門工程學會等十餘團體聯合年會，定於十月二十五日台灣光復節在台北市舉行，會期爲十月二十五日至二十九日，參觀爲十月三十日至十一月四日，內地前往參加之工程師，已登記者約一千二百餘人。此次年會除討論會務，宣讀各種工程論文百篇外，尙有「中國建設投資問題」及「台灣工業發展之可能性」等專題，待到會各工程師共同研究。年會交通問題，往年免費及折扣辦法，經該會負責人商洽多時，均無結果，由上海往返台灣之飛機，輪船，經交通委員會洽定，於下月中旬以後分批前往，但旅費由各會員自行担負，每人往返船費約金圓百圓，在台除會期四日食宿由年會招待外，餘皆由各會員自行辦理云。

江南鐵路 京蕪段通車
十月一日並與宣徽屯聯運

【本報訊】江南鐵路自八月廿八日南京至蕪湖段試行通車後，一面並積極趕鋪石渣，俾以加强路面設備。茲悉是項工作，業經大部竣工，並定于十月一日起南京蕪湖段正式通車，一面並辦理蕪湖至上海對號直達快車及宣城、徽州、屯溪等旅客之聯運。

渝需用大電機 資委會已允撥

【本報訊】重慶市參議會議長范衆渠氏於日前由渝來京，向資委會請求撥配電機以濟渝市電力之不足，因渝市所有電機在抗戰期中，遭受敵機破壞甚巨，致不堪負荷，前資委會允撥配日本賠償六千二百瓩特之電機一部，渝市參議會以該項電機過小，無濟於事，因經范氏連日向有關機構奔走結果，資委會已允另行設法撥配較大之電機一部。

贛西煤礦 積極擴充

【本報訊】資委會息：該會正全力擴充贛西煤礦，該礦爲長江以南產量最大效率最高之現代化煤礦。高坑礦場正開鑿新井，兩年後當可達日產淨煤三，五〇〇噸。目前爲應付華中華南煤荒起見，先行利用原有在高坑及安源兩區土窰，裝置小型機械設備，增加產煤，本年底當可達到日產八〇〇噸以上之目標。

又悉：萍鄉至安源之鐵路，已測勘完竣，現正接洽購地，準備開工，全長八．四公里，完成後即可加强運煤，配合增產計劃。

華中華南煤礦 產量漸次增加

【本報訊】資源委員會以京滬煤荒嚴重，湘贛、粵漢沿綫工業亦漸次興起，爲應付此種嚴重用煤情形，近年對華中華南區域之贛西、浙江、中湘、湖湘、湘永、永邵、鄂南及南嶺等八個煤礦之擴展，極盡最大之努力，惟以該八礦重要設備落撫，近於開發新礦，其技術員工之不足，已就東北各礦內撤員工，盡量安插補充，故目前每日產量，以尙在建設時期中，總計尙在千噸左右，預算本年底可增至一千五百至二千噸，明年底可增至每日五千至六千噸，三年後，希望每日可增產萬噸以上。

首都公共汽車公司經常行駛三十輛 員工名額近一千

【民本社訊】首都汽車董事會以目前經常出廠行駛之車輛，每日僅有三十餘輛，而內部員工人數竟達九百八十八人之多，如此浩大開支，致使公司虧蝕甚鉅，茲悉此次實施大量裁員後，員工仍嫌過多，該董事會並對陳盡力協助整理委員會切實整頓外，對於經理王世圻任內一切不當之措施，亦將予追究。

武漢通訊

△粵漢路株坊大橋鋼樑架設工程，業經告成，該橋爲該路沿綫第一大橋，全長454公尺，共十五孔，（計63公尺者四孔，18公尺者十孔，21公尺者一孔）基礎工程於本年四月底趕建完成，隨即着手架設上層鋼樑，刻已全部告竣，定期十月五日通車。

△湖北省公路局以漢沙公路雖經搶修通車，但沿綫橋樑路面多不堪用，故特派大批工程人員於本月中啓程，前往該綫搶修，並以工賑方式發動沿綫民伕參加工作，以期早日完成。

△平漢路漢口信陽間特別快車，原本隔日對開，旅客仍多向隅，該局業經增籌車輛，於本月十七日起改爲每日漢信兩站同時對開，以利商旅。

△華新水泥公司大冶新廠，業經建築完成，已東邀新聞界前往石灰窰廠址參觀。

△中國工程師年會，定於下月在台灣召開，武漢分會會員登記前往者甚爲踴躍。

△江漢工程局卅八年度幹堤堵口與瀕修工程，定下月一日起開始測估，即行準備登記營造廠商，發包興工。

（穎毅）

定價　半年訂費壹元叁角正　全年訂費貳元伍角正　航空或掛號另付郵資壹元正
廣告價目　八分之一頁陸元正　四分之一頁拾元正

中華民國三十七年十月十一日出版

中國工程週報

內政部京警圖字第五十一號
中國工程出版公司
發行人　杜拱辰

中華郵政認為第二類新聞紙
江蘇郵政管理局登記證第一三二號
地址：南京(2)四條巷一六三號
電話二一三九八九
本報歡迎直接訂閱

南京市土木技師公會章程草案

本章程草案為南京市土木技師公會籌備會所擬訂，尚有待大會之修正與通過，為求各會員得有充分考慮時間，提供意見，以資充實起見，特先由本報先行刊載——編者

第一章　總則

第一條　本會依據國民政府公佈之「技師法」組織之

第二條　本會定名為南京市土木技師公會

第三條　本會以聯絡感情砥礪品德增進技術保障會員合法權益並協助政府辦理建國大計為宗旨

第四條　本會管轄區域以南京市行政區域為範圍

第五條　本會會址設於南京

第二章　任務

第六條　本會之任務如左：

一、關於會員調查登記及工作介紹事項

二、關於同業公約及業務規則之訂定與推行事項

三、關於土木工程法規推行及建議事項

四、關於土木工程建設及教育各項設施之建議及協助事項

五、關於土木工程技術之提高事項

六、關於土木工程問題諮詢之解答事項

七、關於業務上爭執之調解或仲裁事項

八、關於會員合法權益之維護及增進事項

九、關於會員福利向政府請求及建議事項

十、關於其他與本會宗旨有關事項

第三章　會員

第七條　凡在南京市執行業務之土木及土木有關之各科技師依法領有證書者均得為本會會員，其領有市工務局開業執照執行業務之土木技師應加入本會為會員。

第八條　會員入會應辦理左列手續：

(一)填具本會擬定之入會申請書並附二寸半身相片二張

(二)交驗技師證書或技師考試及格證書

(三)繳納入會費

第九條　會員入會後由本會發給會員證書並予登記

第十條　本會會員不得加入與會員業務有抵觸之公會

第十一條　本會會員具有左列情事之一者由會員十人以上或理事會之檢舉經理事會通過得令其退會

(一)違反政府所頒佈之有關土木工程法令及規則者

(二)不遵守本會章程或公約或決議案者

(三)被主管機關撤銷開業執照者

(四)受刑事處分者

(五)不納會費一年以上者

(六)損毀本會信譽者

(七)有技師法第十一條所列情事之一者

第十二條　會員改業經調查屬實者本會得認為自動退會

第十三條　會員如受主管機關停止執行業務之處分者在處分期間本會暫時取消其會員資格期滿後得恢復之

第四章　權利及義務

第十四條　會員有發言權表決權選舉權及被選舉權

第十五條　會員有遵守會章公約及決議案之義務

第十六條　會員有照章納費之義務

第十七條　會員得享受本會一切福利

第十八條　會員遷移事務所應即報告本會

第五章　組織及職權

第十九條　本會以會員大會為最高權力機構

第二十條　本會設理事十五人組織理事會監事五人組織監事會均由會員大會就會員中記名連選法選任之

選舉前項理事監事時應以次多數當選候補理事五人候補監事三人遇有缺額依次遞補以補足前任任期為限當選理事監事之名次依得票多寡為序票數相同時以抽籤定之

第二十一條　理事會設常務理事五人由理事會以理事中用記名連選法互選之以得票最多數為常務理事遇有缺額由理事會補選之其任期以補足前任任期為限

理事就常務理事中用記名單選法選任理事長一人得票過半數者為當選若一次不能選出時應就得票最多二人決定選之

第二十二條　監事會設常務監事一人由監事會就監事中用記名單選法互選之得票最多數者為當選

第二十三條　理事會之職權如左：

一、執行會員大會決議案

二、召集會員大會

三、預算及決算之編製及審核

四、對外訂立契約之審核

五、辦事細則之釐訂

六、重要人事之延聘及改聘

七、執行法令及本章程所規定之任務

第二十四條　常務理事之職權如左：

一、執行理事會決議案

二、召開理事會議

三、處理日常事務

第二十五條　監事會之職權如左：

一、監察理事會執行會員大會之決議
二、審查理事會處理之會務
三、稽核理事會之財政出入
四、列席理事會之各種會議
五、審核理事會編製之決算表報及重要文件
六、執行法令及本章程所規定之任務

第二六條　常務監事之職權如左：
一、執行監事會之決議案
二、召開監事會議
三、列席理事會聽取各項報告及舉行有關業務之諮詢

第二七條　理監事之任期為二年每年改選半數理監事卸任之後均須經過一年方得被選

第二八條　理監事有左列情事之一者應即解任
一、會員資格喪失者
二、因不得已事故經會員大會議決准其辭職者
三、理監事未經請假接連三次不到會者

前項第三款如提出滿意之理由經理監事會多數投票可以復任

第二九條　理事會為處理特別事務或興辦事業得設立各種委員會其詳細規則另訂之

第三〇條　本會設秘書及會計各一人由理事會就會員中推選充任之

第三一條　秘書掌管會員大會理監事會議錄對內外函件通知會員名簿以及一切有關事務

第三二條　會計掌管銀錢出納等事務對外賬據由理事長會同會計簽章會計缺席時由理事會就理事中指定一人代理之

第三三條　本會對外契約及正式公文由理事長及理事會就理事中指定一人會同簽訂之

第六章　會議規則

第三四條　本會會員大會分定期會及臨時會兩種均由理事會召集之定期會每年開會一次在每年七月間舉行之臨時會由理事會認為必要或經會員十分之一以上之請求或監事會函請召集時召集之

第三五條　召集會員大會應於十五日前通知之但因緊急事項召集臨時會議時不在此限

第三六條　會員大會開會時會員如有提議事項應於開會前七日將提案交本會一併提出討論

第三七條　會員大會主席由出席會員互推之

第三八條　會員大會之決議以會員人數三分之一以上之出席及出席人數過半數之同意行之出席人數不足法定人數者得行假決議在三日內將其結果通告各會員於一週內再行召集會員大會以出席人數過半數之同意對假決議行其決議

第三九條　會員大會開會時應備具決議錄記明會議日期地點出席會員人數主席姓名及決議事項由主席簽名連同出席會員簽到簿一併保存於本會

第四〇條　左列各款事項之決議以會員人數三分之二以上之出席及出席人數三分之二以上之同意行之出席人數不滿三分之二者得以出席人數三分之二以上之同意行假決議在三日內將其結果通告各會員於一週後二週內重行召集會員大會以出席人數三分之二以上之同意對假決議行其決議一、變更章程；二、會員之處分；三、理監事之處分；四、清算人之選任及關於清算事項之決議

第四一條　本會理事會每兩月至少開會一次常務理事會每三月至少開會一次

第四二條　理事會開會時須有理事過半數之出席出席理事過半數之同意方能決議可否同數時取決於主席

第四三條　理事會開會時其主席由本會理事長担任之如本會理事長缺席時由出席理事就常務理事中推舉一人任之

第四四條　監事會開會時須有監事過半數之出席由常務監事為主席如常務監事缺席時由出席監事互推一人為主席以出席監事過半數之同意決議一切事項

第四五條　會議事件與理監事或會員有關係者其本人不得使用表決權但得陳述事實或意見

第七章　公約

第四六條　會員不得有妨害本會或會員信譽等行為

第四七條　會員不得將承辦委託事件藉故施延

第四八條　會員不得收受規定酬金以外之任何酬報

第四九條　會員不得妨害或阻撓其他會員辦理委託事件之進行

第五〇條　會員不得有冒名頂替等行為

第五一條　前列各條公約理事會依據其精神原則制定各項道德信條由各會員遵守之

第八章　酬金

第五二條　會員承辦委託業務得收取酬金最高不得超過該業務總值百分之九

第五三條　會員收取酬金之標準及詳細辦法得由理事會訂定交由大會追認之

第五四條　本章所謂「酬金」係狹義的工程技術方面應得之酬勞并不包括因承受事項而發生之「費用」在內

第五五條　本章規定之酬金係對於專利法第一條第九十五條及第一百十一條所規定之權利以外之事項而言

第九章　經費及會計

第五六條　本會經費分會費及事業費兩種會費分經常及臨時兩種經常會費規定如左：
一、入會費金圓二元
二、常年會費金圓一元
如因預算不敷應用或有臨時特別支出得經理事會決議按照所需之數向會員徵收臨時會費係召開會員大會時提出追認

第五七條　理事會用款不得超出本會所有資產淨值如收到特別捐款經理事會通告接受者其用途由理事會決定之

第五八條　會員遷移其他區域或自動廢業或受永久停業之處分時其已交之會費概不退還

第五九條　本會之預算決算於每會計年度終了一個月以內編製報告書提出會員大會通過刊佈並呈報主管官署備案

第六〇條　會計年度以每年七月一日始至下年六月三十一日止

第十章　附則

第六十一條　本章程如有未盡事項得由會員三分之一以上連署提交會員大會修改之

第六十二條　本章程自呈奉南京市社會局核准之日施行

中國工程師學會暨各專門學會
第十五屆聯合年會赴會須知

（一）開會地點：台灣台北市中山堂大禮堂

（二）會期：自本年十月二十六日至三十日五天自卅一日起分組分赴台灣各地參觀工廠遊覽名勝赴會會員盼最遲於十月二十四日以前抵達台北

（三）赴會交通：

1.輪船：凡赴會會員並上海後請赴上

海漢口路市工務局三四八室江祖岐先生處及上海四川路南京路口迦陵大樓六一一室陳翊經先生處憑註冊收據填寫入台旅客登記表兩張貼本人最近二寸半身相片兩張及填旅客定船單一張其船票等級之分配由各會員自由購買先到先購售完為止（其票價船名及啓程日期請閱附表一）

2.飛機：中國航空公司每日有機飛台北中央航空公司每星期三、五、日有機飛台北單程票價均為金圓八十元每班三日前購票各赴會會員可憑年會註冊收據優先購票（全國各航空站均同）

3.台灣入境證件：凡赴會會員須持有種牛痘證打傷寒針證及身份證並每人至少攜帶二寸半身照片八張以備填表之用

（四）自備行李：台灣秋季多雨各赴會會員應自帶褥、被、雨衣、及輕便行李

（五）台灣招待站：年會於基隆碼頭及松山機場均設有詢問站

（1）基隆詢問處：設於基隆港務局內由徐局長人蔚負責

（2）松山機場詢問處：設松山機場內由牛處長天文負責

（六）年會籌備會辦公處設台北市重慶南路一段一一九號台灣紡織公司三樓並自十月二十二日起在台北中山堂（會場）二樓開始報到

（七）內地赴會會員膳宿招待辦法：

1.膳食在開會期間自十月二十六日起至二十九日止除二十六日晚宴由省政府公宴及二十九日年會宴外餘皆由台灣各機關團體聯合招待

2.會員住宿自十月二十五日至二十九日止由年會招待處住宿由招待會介紹八折旅館

3.眷屬及會期後會員膳宿費用概由自理惟招待會當儘量協助予以便利

（八）交通工具：開會及參觀遊覽所需交通工具由會準備專車

（九）討論專題：本屆年會專題討論為（1）中國建設投資問題（2）台灣建設與大陸配合問題（3）台灣工業發展之可能性

（十）論文及提案：年會論文及提案請提前寄交台北市年會籌備會（地址見前）俾早付印

（十一）年會製有年會手冊及紀念章均於台北報到時發給

（十二）赴會會員所帶行李可由招商局照料

（十三）費用估計：

1.各地分會船車旅費（見附表二）

2.台灣通用台幣居留台北每人每日約需膳宿費台幣壹萬元

3.金圓與台幣比率為一比一八三五台灣旅客抵埠時需要零星台幣船上及碼頭均可兌換較多金額應匯台灣銀行提取支領

4.台灣銀行在京滬津穗港榕廈各地均可通匯

附表一

（一）招商局「海黔」輪約十月十八日由滬開台灣（上海四川路一一〇號招商局售票處）容量與單程票價如左：

等（艙位）級	容量	票價（金圓）	附註
特A	一一人	二四・六〇	
特B	一二人	二一・四〇	
二等	二四人	一〇・九〇	
三等	一九二人	八・五〇	自備舖蓋

（二）中興輪船公司（上海四川路二六一號售票）「中興」輪約十月十八日上午開台灣容量與單程票價如左：

等級	容量	票價（金圓）	附註
特A	九七人	四七・五〇	
特B	九五人	四二・二〇	
特C	五四人	三七・〇〇	
二等	二三七人	一六・九〇	自備舖蓋

（三）中聯企業公司（上海四川路五四九號售票）「太平」輪約十月二十日上午由滬開台容量與單程票價如左：

等級	容量	票價（金圓）	附註
特等	三〇人	三六・〇〇	
二等	一二〇人	一四・〇〇	自備舖蓋

附註：以上所洽各輪行期如因故臨時變更當再通告

附表二

各地赴台船車費用一覽表　（卅七年九月十五日調查）

出發地點	到達地點	單程票價（金圓券）飛機	輪船	火車	備註
上海	台北（基隆）	容機80·00 貨機60·00	36·00		台幣以一：一八三五元折計
南京	上海	10·00 13·00	10·36	6·04	
天津	上海	14·00	15·07		
天津	基隆		24·16		
香港	基隆高雄		262·50		港幣三五〇元以官定比率一：七五五折算金圓如上數
廣州	香港	32·50	5·65		同右
福州	基隆	24·00			無固定輪船無定價
廈門	基隆	49·00			同右

中國土木工程師學會執行部第二次會議紀錄

日期　卅七年七月廿六日下午五時

地點　上海市工務局會議室

出席者　趙祖康　陳孚華　劉作霖　郭增望　陸筱丹

列席者　吳文華　馬登麟

主席　趙會長　紀錄　劉作霖

一、報告　略

二、議決事項

（一）推進編訂土木工程名詞一案議決如下：

（甲）增聘「編訂土木工程名詞委員會」委員每組增聘委員一名由總編輯函請各組委員擬名。

（乙）函國立編譯館請檢寄該館業已編訂之土木工程名詞以資參考。

（二）函請年會論文負責人進行徵集論文議決通過。

（三）增加團體會員一案決議提董事會討論。

（四）增聘吳　信先生協助編輯議決通過。

（五）增聘徐以枋先生為工務局支會籌備人議決通過。

（六）組織土木工程師就業聯絡委員會辦理本會會員就業聯絡事宜聘請下列會員為委員：

凌鴻勛　周鳳九　沈　怡　宋希尚　茅以昇　譚炳訓　侯家源　許行成　夏光宇　張仁滔　杜鎮遠　張萬久　趙祖康

議決通過並提董事會追認。

中國土木工程師學會通告　滬字第五號

查本會各地聯絡代表以原有各代表或務上，調動關係須另行改聘，茲將改聘聯絡代表姓名地址公佈如下：

廣州　陳思誠　廣州東站粵漢路副局長辦公處

福州　陳德銘　福州道山路二四五號

衡陽　林詩伯　衡陽粵漢路局

天津　過祖源　天津市工務局

濟南　丁基實　濟南建設廳

蘭州　吳華甫　蘭州第七區公路管理局

又為推行會務起見下列各地增設聯絡代表公佈如下：

杭州　錢豫格　杭州浙江省公路局

鎮江　張鐵成　鎮江江蘇省公路局

中國土木工程師學會分會支會組織通則

卅七年八月一日第二次董事會修正通過

第一條　中國土木工程師學會分會以一地區為範圍組織之；支會以機關學校或團體為範圍組織之。

第二條　每一機關或學校或團體，有會員十人以上，經本會董事會核准得組支會，但一單位以成立一個支會為限。會員不足十人者，得加入其他單位之支會。

第三條　每一地區有支會三個以上，經本會董事會核准，得聯合成立分會，但每一地區以成立一個分會為限。未成立支會之地區，如有會員十人以上，經本會董事會核准，亦得成立分會。

第四條　分會定名為：「中國土木工程師學會某地分會」。

第五條　支會定名為：「中國土木工程師學會某機關（某學校某團體）支會」。

第六條　支會設會長一人，並得設副會長一人，幹事若干人，會長副會長由全體會員選舉之，任期一年連選得連任一次，幹事由會長於會員中聘任之。

第七條　分會設會長一人，副會長一人，幹事若干人，會長由全體會員就支會會長副會長中分別選任之。任期一年連選得連任一次。（如無支會之分會，由會員中選舉之。）幹事由會長就會員中，徵得支會長之同意選任之。

第八條　分會支會設執行部，由會長副會長幹事組織之。

第九條　分會設執行部職掌如左：

（甲）初審會員資格

（乙）召集會員大會

（丙）舉行聯合性之集會

（丁）發行聯合性之刊物

（戊）辦理其他聯合性之會務

（己）會員之一般福利事業

（庚）定期向總會報告會務

第十條　支會執行部職掌如左：

（甲）徵求會員

（乙）召集會員大會

（丙）舉行參觀、演講及其他研究性之集會

（丁）舉行旅行及其他正當娛樂之社交性集會

（戊）辦理支會其他會務

（己）定期向總會報告會務及會員動態並抄送分會

第十一條　分支會每三個月舉行會員大會一次，支會每月舉行研究性或社交性之集會一次，遇必要時，得召開臨時會。

第十二條　本通則經三十七年八月一日第二次董事會通過施行，如有未盡善處，得由分支會或董事提請董事會修正之。

中國土木工程師學會第二次董事會

時間：卅七年八月一日

地點：上海武夷路520弄4號

出席者：趙祖康等十七人

列席者　吳文華　陸筱丹　劉作霖

主席：趙會長　紀錄劉作霖

會長致詞：

一、本會上海辦事處地點已覓定九江路一〇三號二樓二〇七室。

二、本會執行部已舉行會議二次，對各地支會之籌組　除就各大城市會員中聘請聯絡代表負責推進外，擬先將上海市各支會先行成立，現已聘定各支會籌備人積極進行。

三、關於會費之徵收，業經執行部會議擬訂標準，提請追認後即付實行。

四、已洽請工程週報附刊物欄登載本會消息，工程報導已於第三十八期起開始刊登。

五、上海土木、電機、化工技師公會已組織成立。

郭總幹事報告：

本次董事會各董事來函因事不克出席者計有薛董事次莘，薩董事福均，鄧董事益光，吳董事蘊甫（指定趙會長祖康代表），沈董事怡，凌董事鴻勛（指定出席董事代表），周董事鳳九，康董事時振（指定郭董事增望代表），陸董事爾康（指定陳董事本端代表），顧董事宜孫（指定朱國洗先生代表），劉董事良湛（指定劉作霖先生代表），洪董事紳觀濤（指定陳董事嘉學代表），其餘董事尚無復信。本次董事會計出席董事指定代表共十七人，已超過開會法定人數。

陳總會計報告：自接管至七月廿六日止計收入一二三，六六九，〇〇〇元，內一億元保暫向上海市工務局撥借，支出計六七，九四四，○○○元，實存五五，七二五，○○○元。

陳總編輯報告：

本會年刊資料擬以（一）年會論文（二）各大學畢業生優秀論文（三）美國里海 Lehigh University 大學所刊印之小冊專論中中國學生之著作為來源。

討論事項：

一、郭總幹事報告第二次執行部會議議決案中下列二案提請追認。
（一）會費徵收標準案。
（二）增聘劉作霖為副總幹事，成從修為副總會計，陸筱丹為副總編輯案。
決議：准予追認。

二、本會擬參照中國工程師學會增設團體會員案。
決議：先行增設提請年會追認。

三、請討論分支會組織通則案。
決議：修正通過。

四、編訂土木專門名詞如何推進案。
決議：（一）各組增聘委員一節照執行部第二次會議議決案辦理。
（二）土木名詞編訂工作，由總編輯負責洽催各組委員會，規定於本年內完成初稿。

五、增聘各地聯絡代表案。
決議：增聘過祖源為天津聯絡代表。
增聘錢豫格為杭州聯絡代表。
增聘張家成為鎮江聯絡代表。

六、聯絡代表之任務應如何規定案。
決議：聯絡代表之任務為：
（1）推動分支會之成立
（2）調查當地會員動態
（3）報導當地重要工程消息

七、各校支會之學生會員繳納會費，如有困難，應如何辦理案。
決議：學生會員會費如確有困難無力繳納時得由支會向總會請准緩收。

八、籌備美國支會案。
決議：先與美國各校中國學生取得聯絡籌設各校支會。

九、組織會員資格審查委員會案。
決議：推選顧宜孫，康時振，陳本端為審查委員，並以顧宜孫為召集人。

十、康董事提印發會員錄案。
決議：依地區編印各地會員錄先行分發各董事聯絡代表及各支會籌備負責人等。

十一、郭總幹事報告第二次執行部會議議決案中本會設立就業聯絡委員會請追認案。
決議：同意執行部議案予以追認並加聘下列各委員：
陸爾康　沈　圻　劉良湛
陳本端　張澤熙　耿　承
沙學濬
並就各大學土木系酌聘委員由執行部辦理。

十二、康董事時振提（一）擬將土木工程分為鐵路、公路、結構、都市計劃等組，每組由會員自由參加，並推定負責人若干人從事技術研究，每年須擬具報告。（二）就目前我國最重要之土木工程實際問題，提出若干從事專心研究二案。
決議：為便於推行起見交各分支會參考實施，並就當地之工程實際問題，舉行專題座談會，將研究結果，彙送本會擇優在年刊中發表。

十三、各校土木系本會學生會員中畢業成績優秀者，擬由本會授予榮譽獎案。
決議：每校學生會員中每年擇（一）成績優良（二）論文精粹（三）體格強健者選定一人分給獎狀及獎金二種。經費來源：由會長向熱心人士捐募詳細辦法交執行部擬訂。

十四、編訂中國土木工程人名錄案。
決議：由陳孚華吳文燾主編。

散會

土木工程師學會參加本年工程師學會年會

【本報訊】中國土木工程師學會自本年度改選後，對會務積極推進，甚為順利，該會參加本年在台灣舉行之工程師學會年會，及各專門工程學術團體聯合年會推定總幹事郭增望（上海市工務局）副總會計成從修（南京交通部路政司）二人為聯繫代表，凡土木工程師學會會員欲參加該年會者請繳費後就近向郭，成兩先生接洽。

又該會年會論文已分向各地會員徵集，該會會員有關鐵路、結構、公路方面論文請分寄凌鴻勛茅以昇周鳳九三氏，其餘方面論文，請逕寄該會，以便整理。

土木工程師學會決定幣制改革後會費標準

【本報訊】中國土木工程師學會常年會費自幣制改革後，經執行部會議重行決定，徵費標準為正會員金圓壹元，仲會員六角，學生會員二角，團體會員五十元。

土木工程師學會舊會員延長登記三個月

【本報訊】中國土木工程師學會以復員時輪船失事，案卷沉滅，經董事會決定，全體會員於三十六年底以前重行登記，惟近以各地未及辦理登記之舊會員紛紛請求登記，經該會執行部第三次會議決定自九月份起延長登記三個月，凡舊會員可填具登記表檢附會員證或其他證件並繳納常年會費送會登記，以便補發會員證，如證件已遺失，可由已登記會員二人證明亦可。

中國土木工程師學會舊會員補行登記表

姓名		年齡		籍貫			
入會日期		會員等級		會員證號數			
學歷（註明畢業年月）							
經歷							
通訊處							
繳納證件		證明會員	1. 2.	簽名蓋章		通訊處	1. 2.

申請人……簽名蓋章　　年　　月　　日

國外通訊

經合總署援華用款 達八千四百萬美元

【美國新聞處華盛頓電】經濟合作總署成立迄今，已有半年，發與援歐計劃國家及中國之核准採購額，已達二十億美元以上。

經合總署在上週之報告中稱：在截至九月廿九爲止之一週中，新核准採購額計爲六九、五八二、〇八七美元，此數加上過去核准額已使經合總署核准之採購達一、八七九、〇〇七、八九七美元。十月一日該署復宣布撥款一三三、〇四七、九五四美元。至此，累積總額，已達二、〇一二、〇五五、八五一美元。

至九月廿九日爲止，援歐計劃諸國已得款近一、七九五、〇〇〇、〇〇〇美元。另行貸予冰島二、三〇〇、〇〇〇美元，中國計獲得八四、〇〇〇、〇〇〇美元以上。

自經合總署成立以迄九月廿九日，歐洲復興計劃諸國所獲之累積援助如下：

英國一一〇、一三四、二二〇美元，比利時一四、五五〇、〇五九美元，德國美英佔區二一四、五一八、〇二〇美元，丹麥，三八、九七八、二三四美元，法國四三八、七三〇美元，德國法佔區四一、〇〇五、五六、三美元，希臘九二、一一六、七七二美元，義大利二三七、二三、七七、九三六美元，荷蘭一三七、五二〇五八四美元，荷印二五、八七六、〇二美元。

美新添原子實驗室

【美國新聞處紐約州奇色佳八日電】此間康奈爾大學頃設立價值二百萬美元之原子試驗室一所，內有一足以產生三萬萬電子伏特，以分裂原子之原子分裂機，此爲原子核研究之又一有力工具。

該原子分裂機係於七日落成，現正在最後檢驗中，預料不久即可應用，麻省工學院及加州大學亦有同樣性能之分裂機在製造中。

此種分裂機，係電子環立一巨大之筒管，加速運轉，並使電子向原子衝出，該分裂機可產生有關中子之新智識。

美國內個人收入 八月份創最高紀錄

【美國新聞處華盛頓八日電】八月份美國個人之收入，已達最高之紀錄，商務部商業經濟處今日所發表之數字，顯示每人之收入，已由七月份之二百十三億美元，增至八月份之二百十五億美元。

商務部稱：此種增加，大半由於工資之提高及就業人數之擴張，其中尤以製造業，農業，貿易及聯邦政府爲更甚。

中國科學家在美研究原子能

【美國新聞處華盛頓電】富有進取精神之中國科學家二人，現在此間美國度量衡局，利用各種實驗與研究之設備。

前山東國立山東大學物理系主任兼前任北平科學月報編輯王普博士，現正從事於原子能方面之研究工作。

生於上海之清華大學畢業生陳普遠博士，曾在荷蘭台爾夫大學榮獲博士學位，現正在美國政府實驗室內研究氣體力學。及流體力學。

但據外交幇辦維諾格拉道夫稱：過去一年內參觀度量衡局之中國學生，前後共有六人，王陳二人僅爲此六人中之二人。維氏稱：本年內由其他各地前來參觀實驗室者，前後約有七百人之多，或者僅作數日之參觀，或在此工作有達三年之久者。

國際宇宙線會議在英閉幕

【英國新聞處倫敦電】討論宇宙線最近發展情形之國際會議在白里斯托爾舉行，有十七國一百六十十二位科學家參加，茲已告閉幕。此項會議係由科爾斯頓研究協會與白里斯托爾大學聯合主持。協會會長白特勒博士稱，會議結果以及會中所宣讀論文將印行成卷，名爲科爾斯頓文獻，以供全球科學家之參攷。

中國工程師學會年會赴台交通辦法

奉本會及各門工程學會第十五屆聯合年會定十月廿五日起在台北市舉行赴台交通行期及購票辦法如後

（一）空運：已洽定中國及中央航空公司優先搭載定座時間十月九日至廿三日各項手續委託中國航空公司營業組（上海天津路二號四樓）洽辦請會員憑年會註冊繳費收據逕赴該處接洽

（二）水運：赴台船隻暫洽定招商局「海黔」中興公司「中興」中聯公司「太平」三輪自滬開航日期約爲十月十七日左右因特設船位有限購票依先後次序隨到隨購購票時間由十月九日起十四日止逾期不再售票關於售票問訊行李（除自攜箱籠外每人最好以二件爲限包括舖蓋及被褥在內）等事宜均委託招商局客運部洽辦請會員憑年會註冊繳費收據逕赴上海四川路一一〇號售票處接洽

英國宣佈過去九月之煤產量

【英國新聞處倫敦電】英國今年至九月底止之煤產量爲一五四，五七六，四〇〇噸，較一九四七年最初九個月之產量多一千萬噸。

英國已建新屋七十五萬幢

【英國新聞處倫敦電】衛生大臣比凡上月二十七日於倫敦開放一組新屋時宣稱：本月份官方發表英國造屋進展之數字時將表明英國已建新屋七十五萬幢。此數字代表前任聯合政府所訂之目標。衛生大臣稱：「月底雖能到達預期目標，然英國仍需更多房屋使國內每一家庭有單獨之住所，以往估計或有錯誤，蓋從事估計者不識英國人民結婚之熱誠也。一則嬰兒較前增加，二則老年人壽命延長，故房屋問題較預算者更爲嚴重」。

美要求英停止拆除工廠設備

（英國新聞處倫敦電）此間官方已證實美政府曾請英政府停止拆除德境英國佔管區內之若干設備工廠，此等工廠爲指定充賠償而遷移，而今經濟合作總署之霍夫門則頗欲加以檢討，覩其能否爲歐洲復興之利益而使存留於德境。繼稱：上項要求現正予詳細研究之中，因其長期含意影響至大，非加以澈底檢討不可。

英國製成新機紡績方法或將改觀

【英國新聞處倫敦電】據「金融時報」二十三日載稱，伯明罕之浦羅司史密斯與施坦爾斯公司已發明一種完全新式之抽、紡、絞機，有使一切乾纖維棉紗應用離心紡績法之廣大可能性。此機名爲「浦羅斯史密斯離心機」，原係爲毛紡工業設計，但預料可藉加發展，使適用於人造絲，棉紗及其他天然纖維，新機之重大意義在首次使乾纖維棉紗得以應用離心紡績法，前此僅溫者始可。浦羅司史密斯機包含抽線紡紗與絞綫三種機器，每種可與其他尋常樣式之紡織機並用，但欲盡其最大利益，則必須三機合用，各機原理均同。據發明者稱此機即在膳食放工與額外加工時間亦不必看顧可連續使用。其他優點爲出品速度加高，每磅棉紗所佔地位減少，且成本與所需人工均得減低云。

國內消息

南京建築技師公會十月三日舉行第二屆年會

【本報訊】南京市建築技師公會於本月三日召開第二屆會員大會，到有主管政府首長來賓及會員百餘人，由關頌聲主席報告該會一年來之會務工作，繼由內政部哈雄文司長及社會局代表致詞。會場中對中央信託局公然執行建築師業務及減低公費以與該會會員競爭業務一節，抨擊至力。對本市工務局未能與該會切實合作，使全體建築師強制加入公會，以附合技師法，而工務局對全市建築工程之管制一節，亦曾作詳細之檢討。選舉理監事結果，計關頌聲，劉士能、楊廷寶、杜拱辰、張駿、黃家驊、浣　衛、葉樹源、徐　中岭九人當選理事，盧子正、邱式淦、林澍民三人當選監事，大會於下午四時許散會。

南京港工程局工作積極推進

【本報訊】南京港工程局成立後，對於下關江岸各處零星修補工程，大致完成，行總配撥該局之木駁三十餘艘，已派員赴滬領拖來京，該港重要工程，亦正積極計劃推進中。

南京事

（一）自幣制改革以來，大量游資，向房地產發展以致地價狂漲百分之五十至一百。新住宅區及中央路一帶地價每市方都在四百元左右，稍差者亦在三百元左右，房地產成交額頗多，南京中央日報幾乎每天都有四分之一頁爲購買房地產徵訊異議啓事。

（二）由於房產生意興隆，建築材料市場，倍形熱鬧，至上月底爲止，各項材料均可以限價購進，自月初滬京搶購潮以來，除體積龐大之木料正在化裝爲另以外，差不多都有黑市，非以黑市價格，不易購到，如主管當局再不厳定對策，全部料價均將「黑化」。

（三）中山東路上乘庇口建造的中央社大樓，鋼骨水泥骨架工程，現已到達第六層。

（四）新街口中正路口新建的「建設大樓」也是一座鋼骨水泥骨架大樓，高三層，除底層爲店面外，樓上全爲出租式寫字間，租費至昂，有人說單憑預收租金，即可不蝕本而完成建築。

（五）本市太平門外建造的農教電影公司攝影場，現已開工，馥記營造公司承造，設計採取中央信託局計劃的跨孔一百廿呎的R. C. Rigid Frame（見本報第51期）基礎亦是鋼骨水泥的，大小爲30'×70'據說石子黃沙，都要洗過，不能有一點黃泥或雜質，石子要全青，不能有一塊紅的，水需用自來水，從城內運去，施工之嚴，爲戰後所罕見。

（六）中央信託局月前曾分函各政府機關，願以百分之三的酬金接受設計業務，比建築師公會規定的公費要少百分之二。把建築師的業務居然看作生意經，以低價競爭，與建築師爭利。近日更在上海大公新聞等報大登廣告，以「歡迎委託，服務週到」來招攬主顧。

聯教將供我國二萬噸白報紙
每噸美金一百元

【本報訊】教育部息：聯教組織根據第二屆大會之決議，擬以白報紙援助中、法、荷三受戰禍國家，作文教之重建，現已擬定計劃，徵詢教部意見。茲悉其計劃要點如下：（一）經加拿大國家及美國購買者之同意，計有加拿大白報紙五萬噸，可由美國市場轉讓中、法、荷三國。（二）此五萬噸之白報紙，得以每噸美金一百元價格售出，並可由紐約自由出口。（三）補償方案未經確定前，中、法、荷三國政府應自備款項購買，並保證不減少目前向外購買報紙或造紙原料之輸入。（四）在五萬噸白報紙內，中國分配二萬噸，法國亦同，荷蘭一萬噸。（五）加拿大國家對此項報紙之供給，須視美國購買者及受益國有關當局同意而定。聞教部現正呈請行政院核示中。

日本歸還刦物一批
約值一千四百萬美元

新聞局息：我國戰時被日本刦奪物資，除截至本年五月五日止經交涉歸還者外，嗣後陸續歸還之刦物，截至九月十四日止計有：廣東造紙廠機器全套，南華鐵工廠西北實業公司等機器；零散機器八百餘件；古玩七百餘件，字畫拓本八百五十餘件；佛像寺鐘一百五十餘件；刺繡錦品廿餘件；傢具飾品一百五十餘件；雜物八百二十餘件；永源輪船一艘；銅鎳幣一萬餘噸；羊毛九萬八千餘磅；羊皮卅四萬八千餘張；生絲四千五百餘磅；鋁礬土二千四噸；螢石一千零八十餘噸；鋼錠六十三萬三千餘公斤；棉布四萬餘碼；鋅鉛錫鋁等礦產品約二萬二千六百餘公斤；棉花棉紗絲綫猪毛等農產品約廿八萬餘公斤，其他物品七百七十餘件。綜計前後歸還刦物，估值約合美金一千四百萬元。其餘申請歸還之案件，仍在積極交涉中。

永利硝酸廠鉑網篩
日重製賠償

（中央社東京電）價值四萬美金之鉑網篩預定於十月十八日空運至滬，用以代替舊鉑網篩，舊物係當新近歸還我國之永利硝酸廠尚在日政府保管下時爲人竊去，鉑篩爲重要之接觸劑，其歸還後將使硝酸廠復工。按刻在南京之永利硝酸廠爲我國同類工廠之最大者。據悉：其重建工作，即可完成。（按該廠一九四二年爲日人掠去，本年初日政府指示將此廠歸還我國，然該廠未及歸還時，鉑網篩已爲人竊去，故盟總命令日政府重製新鉑網篩。）

京郊棲霞山
發現鉛鑛

（新聞局訊）棲霞山爲京郊名勝，礦產蘊藏亦頗豐富，敵僞時期，日人在該山發現鉛礦，並加開採，規模甚大，最近又經資源委員會礦產測勘處發現鉛礦，次生礦床之接近地面者，據估計即有數千噸，原生鉛礦之儲量，須詳探後始能決定。由於地面所示徵象，相當廣泛，地質環境亦甚良好。

農業機械公司
京分公司開工

【中央社訊】中國農業機械公司接受善後事業委員會及農林部之委託，在南京籌設分廠，自三月份開始籌備以來，已於九月份完成廠房工程，現已開工製造中耕機、軋棉機及碾米機等中級農具。該廠爲使國人重視農業機械起見，特於本月八日下午三時在大光路廠中招待農工各界人士及中外記者參觀。該廠開工後，每月可產五齒中耕機二百套，上項零件均爲標準化，且能充分供應農民使用時在修理方面殊甚便利。

【又訊】該公司除上海兩廠及南京廠已開始生產外，其柳州廠於下月初旬即可落成。本年十月份起，該公司又將籌設北平、漢口兩分廠。每廠除機器及技術人員由該公司供應及協助外，資本分爲兩期籌借每期各二百萬金圓，儘先由當地人士投資，不足之數恐由保管委員會認繳。

台製糖新法
正努力推廣

【中央社台北電】台糖公司自去歲發明中間汁炭酸法製糖，並獲准專利後，對於該法之推廣，不遺餘力。卅七，卅八年期已指定虎尾、斗六、苗栗、車路墘、旗尾、南靖、烏樹林、新營、岸內等九廠採用。中間汁炭酸法各項改裝工程均已竣事，並爲確定法成績及訓練人才起見，已規定各廠派遣實習員辦法，凡未採用該法之各廠均得派遣實習員一名至四名，前往已採用此法之各廠見習，以爲將來推廣之準備。

川粵設糖廠
台糖公司大量投資
機件將由台省內運

【中央社台北電】台灣糖業公司協助發展糖業，決在川、粵兩省設置糖廠，其中四川糖廠由資委會與台糖公司合辦。資委會以在川酒精廠全部資產作爲投資，台糖公司則拆遷台省苗栗糖廠之蒸餾機器加以修配後運川作爲投資。廣東糖廠係由台糖公司與廣東實業公司合辦。所需土地由廣東實業公司供給，機器設備則將由台糖公司拆遷台省某製糖廠機器運往，將來新廠成立時以市價折抵資本。聞兩廠均已組成籌備處、設廠工程亦已成遷廠工程委員會，積極從事拆遷工作。聞川粵兩糖廠均可於明年內先後成立。

中華民國三十七年十月二十五日出版

中國工程週報

內政部京警國字第五十一號

中國工程出版公司

發行人　杜拱辰

定價　半年訂費壹元叁角正　全年訂費貳元伍角正　航空或掛號另付郵資壹元正

廣告價目　八分之一頁陸元正　四分之一頁拾元正

中華郵政認爲第二類新聞紙
江蘇郵政管理局登記證第一三二號
地址：南京(2)四條巷一六三號
電話二三九八九
本報歡迎直接訂閱

中國工程師學會第十五屆年會會議日程

【本報台北訊】中國工程師學會第十五屆年會會議日程如下：

廿三、四、五日註册。

廿五日參加慶祝台灣省光復節。

廿六日上午九時至十二時開幕典禮，午餐（各機關、團體聯合招待），下午二時至五時會務報告及討論，六時省府公宴，八時自由參加各種演講或博覽會各種晚會。

廿七日上午九時至十二時楊家瑜演講「台灣建設之介紹」，專題討論：「台灣工業發展之可能性」主持人嚴演存。午餐（各機關、團體聯合招待），下午二時至五時各專門學會會務討論，六時晚餐（各機關、團體聯合招待），八時自由參加各種演講會或博覽會各種晚會。

廿八日上午九時至十二時專題討論：

甲、「中國建設投資問題」主持人程孝剛

乙、「台灣建設與大陸配合問題」，主持人楊濟，午餐（各機關、團體聯合招待），下午二時至五時宣讀論文（分組），六時各專門學會聚餐及會務討論，八時自由參加各種演講會或博覽會各種晚會。

廿九日上午九時至十二時宣讀論文（分組），午餐，（各機關、團體聯合招待），下午二時至五時中國工程師學會會務討論，六時年會宴（給獎），八時至十二時年會遊藝會。

會開完畢，作五天省內旅行，參觀台省重要工業建設，共分六個參觀小組，每日最多八十人，因各縣市宿膳供應皆有限制，六組分期出發，以免擁擠。參觀費用自負。出發日期爲第一、二組十月卅日，第三、四組卅一日，第五、六組十一月一日。

全國工程師踴躍參加年會

【本報台北訊】中國工程師學會第十五屆年會定十月廿六日於台灣台北市召開各地首批赴會會員來台者，計到有淩鴻勛、茅以昇、程孝剛、趙祖康、顧毓瑔等六百餘人。預料連第二批在內將達千人以上。該會本屆年會會務由總會長茅以昇主持。

該會現有會員一萬三千餘人，包括土木、機械、水利、電機、建築、化工、礦冶、紡織、造船等界工程人士，分布全國各地及國外重要地點，爲我國最大最强有力的學術團體。依照會章第二條，宗旨是研究工程學術、協力發展中國工程建設。回溯國人創辦鐵路歷史，很易令人懷念到詹天佑先生主持的中國工程師學會的前身「中華工程師會」，即詹先生在民元年主持「京張鐵路」時所創辦。不久，早期留美的淩鴻勛、陳體誠於民六年另在紐約組織「中國工程學會」，宗旨相同，遂於民國廿年在南京舉行聯合年會，合併組成今日的「中國工程師學會」。

中國工程師學會誕生後曾在國內各地舉行年會，廿年在首都舉行；廿一年在天津；廿二年在武漢；廿三年在濟南；廿四年在南甯；廿五年在杭州；廿六年原定在太原舉行，適逢七七抗戰爆發，臨時取銷；廿七年國都西遷，工程師們聚集重慶；廿八年在昆明舉行；廿九年在成都；卅年在貴陽；卅一年在蘭州；卅二年在桂林；卅三年軍情緊急；卅四年在重慶；卅五年復員，而未能召開；去年則在南京舉行勝利後第一次年會。

武漢區工礦業技師公會章程草案

第一章　總則

第一條　本會依據國民政府公佈之「技師法」組織之

第二條　本會定名爲武漢區工礦業技師公會

第三條　本會以聯絡同志砥礪技術增進生產提高工作效率促進職業道德謀取會員福利保障合法權益及發展工礦事業爲宗旨

第四條　本會會址設於漢口

第五條　本會管轄區域爲湖北省及漢口市

第六條　本會暫分土木、機械、電機、化工、紡織、建築、礦冶等七科

第二章　任務

第七條　本會之任務如左：

一、關於會員之調查登記及工作介紹事項

二、關於工礦同業公約及業務規則之訂定與遂行事項

三、關於工礦業法規之推行及建議事項

四、關於工礦業各項工作技術之提高及安全標準之擬定事項

五、關於工礦業技師之服務給酬標準訂定事項

六、關於工礦建設事業之建議事項

七、關於工礦業技術問題之諮詢與解

繹事項

八、關於業務上爭執之調解及仲裁事項

九、關於工礦教育之發展事項

十、關於工礦業書報之發行事項

十一、關於其他有關事項

第三章　會員

第八條　凡合於技師法第四條及第五條之規定各科技師均得爲本會會員

第九條　會員入會應辦理左列手續：

一、塡具本會製定之入會申請書並附二寸半身相片二張

二、交驗各項證件

三、繳納入會費　元常年會費　元

第十條　會員入會後由本會發給會員證

第十一條　本會會員具有左列情事之一者由會員十人以上或監事會檢舉經理事會通過後令其退會

一、違反政府所頒佈有關工礦業之法令及規則者

二、不遵守本會章程或公約或決議案者

三、受刑事處分者

四。損壞本會信譽者

第四章　權利及義務

第十二條　會員有遵守會章公約及決議案之義務

第十三條　會員有表決權選舉權及被選舉權

第十四條　會員得享受本會一切福利

第五章　職員

第十五條　本會職員如左：

一、理事二十三人（以各科平均分配爲原則）執行本會一切會務並互選七人爲本會常務理事（以每科一人爲原則）處理日常會務再由常務理事中推選理事長一人總理本會一切事務對外負責

二、監事七人（以每科一人爲原則）監察本會一切會務並互選常務監事一人處理日常監察事務

第十六條　理事監事均由會員大會就會員中選舉之概爲無給職

第十七條　所有職員任期均爲二年連選得連任之

第十八條　本會設總幹事一人會計幹事一人由理事會就會員中推舉之另設幹事若干人由總幹事提請理事會聘任之

第六章　會議

第十九條　本會會議分左列四種：

一、會員大會每年舉行一次由理事會召開之必要時得開臨時會員大會

二、理事會每二月舉行一次由常務理事會召開之必要時得開臨時會

三、常務理事會每月至少舉行一次由理事長召開之並由常務監事出席

四、理監事聯席會議於常務理監事認爲必要時召開之

第二十條　會員大會須有半數以上會員出席方得開會如出席會員不足法定人數再行召集時共連續缺席二次者應於會員總數內扣除計算之

第二十一條　會員大會主席由理事長担任理事長缺席時由常務理事中公推一人担任之

第二十二條　會員因故缺席得用書面由本人簽字蓋章全權委託其他會員代表

第二十三條　本會得組織各種委員會推行會務

第七章　附則

第二十四條　本章程如有未盡事項得由會員二十人以上之連署提交會員大會修改之

第二十五條　本章程自呈奉湖北省政府社會處及漢口市政府核准之日施行

上海市紡織染工業技師公會會章

第一章　總綱

第一條　本會由上海市紡織染工業技師組織之，定名爲上海市紡織染工業技師公會。

第二條　本會會所設於上海市。

第三條　本會之宗旨如下：

甲、共策紡織染學術之進步。

乙、促進紡織染工業之發展。

丙、保障會員職業之權利。

丁、增進會員間之友誼與福利。

戊、供政府諮詢並傳達命令。

已、爲會員建議政見。

第二章　會員資格

第四條　凡具下列資格之一者，得爲本會會員。

甲、領有工商部所頒之紡織工業技師證書；而在本市或鄰近區域執行業務者。

乙、領有考選委員會所頒紡織染工業技師證書或高等考試所頒紡織染工業技師及格證書；而在本市或鄰近區域執行業務者。

第三章　入會及出會

第五條　凡有下列資格之一者，可逕向本會履行入會手續：

甲、塡具入會志願書履歷表。

乙、經理事會審查合格通過。

丙、繳納入會費及常年會費。

第六條　凡入會者，由本會發給會員證書，與會員證章。

第七條　本會會員，不復在本市執行業務時，須向本會聲明出會。

第四章　義務

第八條　本會會員有履行下列之義務：

甲、國家所規定之技師法規。

乙、遵守本會會章及本會決議案。

丙、出席本會集會。

丁、負担本會經費（詳下條）。

戊、接受本會囑託，及本會諮詢之事項。

第九條　經費分爲三種：

甲、入會費金圓券五元。

乙、常年會費金圓券三元。

丙、特別會費必要時徵收之。

第五章　權利

第十條　本會會員，對於本會有享受下列之權利：

甲、選舉及被選舉權。

乙、受本會法律顧問保障法益之權。

丙、請求本會解決業務糾紛之權。

丁、佩掛本會證書證章，及享受本會一切刊物之權。

第六章　懲處

第十一條　會員有下列事項之一者，由理監事聯席會議彈劾；得分別加以警告，或定期停止會權或令退會。

甲、現受褫奪公權，或正在通緝中者。

乙、違反本會宗旨者。

丙、不納會費一年以上者。

第七章　組織

第十二條　理事會由理事九人組織之，分文牘，組織，宣傳，交際，經濟，福利各股，由理事分別兼任之，另設候補理事三人，以次多數充之。

第十三條　監事會由監事三人組織之，互選一人爲常務監事。另設候補監事一人，以次多數充之。

第十四條　理事會設理事長一人，由理事中互選，以得票最多者爲當選人。各股股長由理事會推定之。

第十五條　理事長總理本會一切事宜，但關於重要事務，須開理事會議決之。

第十六條　監事監察本會一切事務。

第十七條　理事監事均由會員中於每年首次大會選出之，以得票較多者爲當選，票數同者以抽籤法定之。

第十八條　理監事任期均爲二年連舉得連任。

第十九條　被舉爲理監事者不得無故辭職。

第二十條　佐理事務與繕寫等，得以雇員担任之。

第八章　集會

第二十一條　全體會員大會，分常會與臨時會二種，均以理事長爲主席，由理事會召集之。

甲、常年會員大會每年舉行一次。

乙、臨時會員大會，於必要時經會員五分之一之提議；或理事會之議決得召集之。

第二十二條　理事會每月一次，遇必要時得由理事長召集臨時會，凡開會時須請監事會至少推監事一人出席，有發言權，但無表決權。

第二十三條　監事會由常務監事臨時召集之。

第二十四條　凡集會均須有在滬會員，或理事過半數到會，始得成立，其動議之案，亦須有到會者過半數贊成，始得議決。

第二十五條　本會遇有臨時發生或由地方委託事件，須研究及調查者；由理事長提出會員若干人，經理事會通過，組織臨時委員會辦理之。

第二十六條　臨時委員會，各項職務由臨時委員會自定之。

第二十七條　理監事凡於開會時無故連續缺席三次並不委託代表者，得由候補理事補充之。

第九章　規則

第二十八條　本會會章，由會員大會通過，並呈報上海市社會局核准備案後生效；修正時同。

美國雜誌縱觀

席普斯作(Janet Sheps)

在短短的卅年之間，雜誌由新聞事業中的一個比較小的部分變成巨大的美國企業。所有雜誌一期的總銷數約達一六三、二〇〇、〇〇〇份，較美國人口猶多，而銷數超過一百萬份的月刊與週刊也不下卅餘種。雖然所有一般性雜誌都在報攤上可以買得到，但是雜誌讀者大部份都是直接的訂戶，而若干特種雜誌是一向不在報攤上出售的。

實銷百萬的刊物

那十五種銷路較好的雜誌爲六種發表文藝與論文刊物(即「柯里爾」「星期六晚郵報」「美國雜誌」「四海」「紅書」與「自由」)，四種婦女刊物(「婦女家庭雜誌」「好家政」「婦女家庭良友」「麥考爾」)，兩種畫刊(「生活」與「展望」)，一種文摘(「讀者文摘」)，一種週刊(「時代」)，一種注重房屋建築與佈置的刊物(「美國家庭」)。爲這些雜誌所共有的一點性質是漂亮而誘人的外形，惹人注目的圖畫，設計良好的版面與漂亮的字體。

除一種外，其餘都刊登大批廣告，收入大部也就從廣告上得來，因而它們能使用良好紙張與印刷，不論它們注重於特寫，家庭，新聞，人物或思想，它們的編輯內容都盡在儘可能多多吸引讀者。它們的格調生動，事前下過若干潤飾的功夫，有許多特寫與署名的論文都出於名家手筆。

雖然若干銷路大的雜誌能爲一篇短篇小說或論文支付兩倍到三倍代價，可是它的出版已經們與若干「文學的」或「理論」雜誌以至於六七種「小刊物」，在獲得全國最受尊重的記者與作者的文章上都按平等的條件競爭。它包括衆多的型式。例如已有九十一年歷史的「大西洋月刊」，具有文學格調，並被認爲重要美國雜誌中最穩健與最鴻博的一種。哈卜斯有類似之處，創辦於一八五〇年，它比較偏重於時事與思想，比較少刊純文學的東西。兩者都大約有十五萬讀者。「紐約客」在表面上是一本幽默雜誌，可是它也是嚴肅的創作與有見識報告的重要刊物。完全嚴肅而評論式的刊物有「公安」(Commonweal)「基督世紀」(Christian Century)，「民族」(Nation)「新共和」(New Republic)與「調查觀測」(Survey Graphic)等，都主要關心社會與經濟問題。

專門性刊物

至於爲某些具有特殊興趣的人羣而編的雜誌較諸一般性與綜合性的雜誌猶多。它們的種類包羅萬象幾乎不勝枚舉，由各種行業專門的雜誌到創辦已久，銷行頗廣而內容廣泛的刊物，其中有些銷逾百萬份。在後者中間有暢銷的週刊與月刊，分別報道着農業，教育，商業，科學，時裝，商品，旅行，娛樂，建築，佈置與新書。有四本農業雜誌「(「農業雜誌」)(Farm Journal)，「農婦」(Farmers Wife)「凱伯農人」(Cappers Farmer)，「成功的農作」(Successful Farming)，「鄉紳」(Country Gentleman)兩本建築與裝飾的雜誌(「好家園」(Better Home and Gardens)「美國家庭」(American Hoem)以及一本旅行與地理雜誌(「國家地理雜誌」(Nationa- Geographic)都列名於全國最好銷的三十二種雜誌之內。此外有些時裝雜誌(如「時裝」(Vogue)「小姐」(Mademoiselle)「哈卜斯市場」(Harpers Bazaar)也都以成功出名，其中有幾種堅持一定的分類，因爲它們也發表一些一般的論文與文藝。

一直到一九二〇年以前，大部份美國雜誌可分成三類：一般或家庭雜誌，較有爲男女共讀的文章與於文藝；婦女雜誌，刊載爲主持家政者感覺興趣的文章與經驗的文藝，另外還有幾種少年雜誌，在本世紀二十年代與三十年代爲市場帶來幾種新的雜誌，即文摘，新聞週刊，畫報，——它們刊以新型的材料，或以新的方法處理舊的材料。以前，一批典型的雜誌編輯人員包括許多具有一般文學與出版經驗的編輯人員。現在雜誌生產已日趨分工化，開創了許多新的專門的編輯工作，例如撰述員，研究人員，說明寫作人員，節選人員，圖片故事編輯，版式專家等。目前這種高度繁複的雜誌的出版實在出於這許多專家連同有許多創作力作家的聯合努力。下面可以談談幾本這種雜誌：

讀者文摘

「讀者文摘」(Readers Drgest)，國內銷路一千萬，它是所有雜誌中銷數最大的一本，這話不僅適用於美國，也適用於歐洲，中美與南美。它的職員的數目每季都有所不同，但是最高額爲二千五百名，其中五十位編輯，有許多專爲寫稿，雖然它至今還稍爲文摘，但是自從一九三〇年以來，它已經逐漸增多專稿。

該刊每一期的編輯相當有頭緒。每個月，由二百種一般與三百種特種刊物上所選的原稿由文摘的職員一一看過。經過初步的删除，合適的文章經過有系統地分類，並遞交助理編輯。然後六十或七十篇文稿將留供再考慮，並作成假定的節要，最後有五十篇選剩的文章由作最後選擇的最高級編輯人員負責編排。

「讀者文摘」這個難得的成功，不可避免地引起許多仿效者，有些也相當成功，目前除「讀者文摘」以外還有其他幾種一般性的文摘，另外還有些爲特殊人羣的文摘，例如「科學文摘」（Science Digest）「婦女文摘」（Womans Digest），「作者文摘」（Writers Digest）。

「讀者文摘」出現之後三年，一種幽默的週刊「紐約客」問世。最初它不少材料都依據當地知識，光爲紐約區的人們閱讀，可是它現在的銷數已達卅五萬，訂戶遍全國，該刊已以雋永的幽默而名聞全國。它除刊漫畫，文藝與諷刺詩以外，也包括固定的戲劇，餐室，商店，電影，音樂與運動等類。

婦女的雜誌

美國有雜誌以來，就有專爲婦女的雜誌。現在在百萬以上銷數的卅九種雜誌中間，有八種係特別爲婦女出版的，另有兩種致力於家庭建築與佈置，主要也是爲女性讀者的。婦女雜誌中最老與最成功的一種是「婦女家庭雜誌」月刊。大部份家庭主婦的特寫係它自已的人員所寫，還些通常是編輯部家事科學家所進行實際計劃的充分報告。關於烹調的文章都先在社內標準廚上試過然後付刊。編織與縫紉都先作成式樣，並拍成照片。許多關於廚房與設備的設計，竟涉到各種新的家庭內部的拆毀與改造，雜誌的新設計係經過計劃，攝影與週詳的描繪，然後讀者一步步照同實行。

一個典型的目錄表可能列有四篇到五篇的短篇小說，一篇長篇小說，二十多篇一般性的特寫（例如食物與家庭佈置，建築與佈置，時裝與美容），此外還有詩，摘錄與諺語。其餘的篇幅供作圖畫、漫畫、照片、插畫，與大批廣告。每一期雜誌的篇幅爲三百五十至一百頁。

在過去二十五年之間，在雜誌界最大也最重要的一種影響是亨利．魯斯。他在一九二三年與海登（Briton Hadden）兩人創辦「時代」。這是第一本成功的美國的時事雜誌，它報道一星期重要的時事，用生動筆調綜述，文分門別類，巧爲編輯。雖然編者觀點不可避免，可是它不登社論，只是通過首尾一貫的觀感，表達其觀點。

畫報

到廿世紀卅年代末，照相翻印之術大有進展，攝影的興趣也瀰漫全國，於是魯斯看了刊載時事照片的雜誌的潛在可能。「生活」（Life）是國內銷路最大的一種週刊，專門發表以照片爲主的新聞報道與特寫。它現有職員一百五十人，另有記者五十人，分駐國內各地與世界各國首都。新聞用照片來報告，還是「生活」所創立的形式，照片在這裏所扮演的角色猶同一篇文章裏所引用的原文。

作家，攝影師與版式專家組成了一個密切合作的隊伍。研究在每一個故事的發展中佔有重要地位，同時事實的編列與核對都經過十多個作家，研究者與編者的手。自然最後的新聞不必經過那末多人處理。每星期個別攝影者投寄「生活」的照片數以千計，爲了發表廿五個包含十到十二張照片的故事，編者及其助手每星期要審閱過大約二萬張照片。

「生活」對於另一大銷路的畫報「展望」的影響是顯而易見的。有系統圖片故事加上說明與文章的做法現爲各種畫報所採用，同時該報所注重的版式也爲其他所有雜誌所仿效。

在那些商業性雜誌與普遍發行而比較深與的文字雜誌之間是一系由專業與教育團體所辦的雜誌，例如社會性與專業性團體所辦雜誌，以及由各大學所辦分發與圖書館文學與學術團體的，旨在探討文學，社會與哲學方面問題的雜誌。有幾種特別的刊物，特別是探討文學問題與思想的刊物在出版界中往往佔有像流行的銷路巨大的雜誌一般強大的影響。這些雜誌發表一些品質極高的文章，不問其是否受到普遍歡迎，它們的存在多半靠着那些有興趣者的捐款，其中最受尊重的一種是「詩歌雜誌」（Poetry: A Magazine of Verse）它創辦於一九一二年，它始終致力於「用詩歌喚出大地的呼聲」。現代重要的美國詩作家幾乎絕少不是在這個詩刊上受到最初的注意的。

「故事」（Story）在創作方面的地位像「詩歌雜誌」在詩歌方面的地位一樣。像許多小雜誌一樣，它具有的影響與它的銷路六千份極不相稱，它曾發現過薩洛揚（William Saroyan），拉愛特（Richard Wrigwt），普洛柯斯支（Frederick Prokosch），法雷爾（James Farrell）等。

現在，也許由於小雜誌過去確有不小成就，因此每種公開的雜誌都不斷以品質頗高的創作與新聞性文字供獻給讀者，現在美國雜誌最顯要的事情不是增加銷路，而是提高出品的本質。

蘇聯建設的速率與經濟的復興

蘇聯國家計劃委員會職員　葉文柯

蘇聯國家在戰後每年消費於復興國民經濟及新建設之款項，差不多較戰前年代中增加一倍。在戰後五年計劃中蘇聯之投資較第一次斯太林五年計劃中投資數額超過五倍！

在蘇聯的報紙上刊載了蘇聯國家計劃委員會關於一九四八年第二季經濟總結的公報。把這公報以及先前公布的資料加以分析之後可以明瞭，蘇聯建設工作的範圍與速度在不斷地增強着——逐年，逐季地增長。

尚在戰爭期間（一九四三——一九四四年）已進行復興工作的巨大規模者，即有十個熔鑛爐，熔鋼爐和壓延車床，一千多個煤窑和一百多萬瓩電力的電力站可以從事生產。雖然如此，一九四五年完成之工作規模較一九四三年差不多又加一倍。這就是至戰後五年計劃開始時工作的出發水準；然而，僅在該計劃的起初二年間蘇聯國家基本工作的規模增加百分之二十九，在煤炭工業和運輸方面則增加三分之一強。在此時期內輕工業及食品工業的工作規模又增加一倍多。本年上半年蘇聯全部國民經濟中所完成的基本工作較去年上半年所實現者超過百分之二十六，而在冶金工業，運輸及住宅建築方面則有更重大的增長，並且基本建設速度又加快了：在五年計劃第三年，也是具有決定性的一年的第一季中，基本工作的規模較諸去年同期增加百分之十九，然在第二季中已增加百分之三十二。

在曾遭德國佔領軍嚴重破壞的住宅的復興和建設方面，蘇聯國家支付之款額在今年上半年中比去年上半年增加百分之四十二。

在蘇聯整片廣漠無際的領土上開展了

龐大的和平建設。大家知道在戰後五年計劃的起初二年間已有一千九百個新的和復興的企業開始生產了。去年建築和復興了一千三百多萬平方公尺的住宅面積。今年建築和復興着許多新的工業目標，其中僅在蘇聯歐洲部份的南部約有二十個巨大的冶金工廠，其中大多數已供給生產。在本年上半年中有數百個建設物已加以利用。其中有此種大建設物，如按新的快速法在三個半月內建設的「薩波羅什煉鋼廠」的全金屬熔鑛爐，斯太林工廠的熔鑛爐，頓巴斯工廠的馬丁爐和焦煤化學煉製爐，煤礦礦坑，斯太林諾戈爾斯克，伊古諾夫，雷平，下斯維爾電力站中的強大渦輪，化學，水泥，軸承，紡織，食品及其他企業的新威力。蘇聯基本建設的速度的不斷加快，是藉強大建設工業的創立及建設工作的最高度機械化而成爲可能的。

蘇聯國家實現按照統一計劃的巨大建設，這一計劃保證國民經濟一切部門的和協發展。藉計劃之助國家集中勞動力，物資和金錢儲備，首先用於如加開發則具最重大的國民經濟意義的那些建設，因此，社會主義擴大再生產決定生產手段和消費手段的同時的不斷發展。

遭受德國佔領軍蹂躪的地區中基本建設以猛烈的速度進行着，在那裏不但順利地復興受戰爭所損毀的建設物，並且同樣順利地建設新的。在半年中在這些地區的投資約爲七十七億盧布，地方機構未集中的支出尚不算在內。向住宅建築方面的投資也不斷增加。蘇聯國家對居民的住宅復興大予援助，並由國家出錢建造住宅。在受戰爭摧殘最慘重的地區，復興住宅的基本工作已在戰爭最初幾年間實施；然而建築並未中止，反而越發廣泛的展開。在本年最初六個月間建築並復興了一百三十萬平方公尺的城市住宅面積及六萬三千幢鄉村住宅。

× × ×

「中國農村復興聯合委會發表工作計劃」

【美國新聞處南京訊】中國農村復興聯合委員會十八日發表有關工作計劃之宣言如下：

本會自成立以來，爲使中美雙方對我國農村復興之基本問題，求得一同認識起見，曾作詳細之討論，現已探定本會工作推行之目標與原則。在討論進行中，吾人深感土地問題及地方吏治問題與本會工作關係之密切。本會當盡力設法協助政府，使此項基本問題，謀得切實解決之途徑，並於增加生產，啓發民力，尤三致意焉。

一、目標：（1）改進農村人民之生活。（2）增進糧食及日常必需品原料之生產。（3）啓發人民之潛伏力量，謀地方與國家之基礎。（4）協助國立省立縣立之各項有關鄉村建設之機構及其事業，並與之合作，使其工作更積極而有效。（5）協助鄉村建設運動之各項事業，及私立機關之從事鄉村建設工作而有成績者，並與之合作。（6）予知識份子與知識青年增加服務鄉村之機會。

二、原則：（A）關於業務之設施者。（1）當此國家多事之秋，凡於時局之補救有關之計劃與事業，本會應予以特別考慮，故於事業與地域之選擇，當以此爲決定準備。（2）凡關於農民福利之事業，尤其於鄉村民衆經濟狀況之改進直接有關並可即收成效者應儘先考慮。（3）歸除文盲運動，輔以電影與廣播之使用當爲重要工作之一，期達推廣敎育組織民衆與培養鄉村領袖之目的。（4）關於首次新辦鄉村建設之事業，本會應予以鼓勵，但如無事實證明其確有自助自立之能力，並能維持相當時期者，本會對於經濟援助，不予考慮。（5）凡鄉村建設工作，已著成效並簡單而經濟者，應使其推廣於較廣大之區域。（6）鄉村建設機關具有健全之基礎上組織，並有豐富經驗之工作人員者，本會儘予以補助。

（B）關於辦法（1）本會計劃之推行，應儘量與各地現有有關機關合作。（2）鄉村建設各種事業，均有聯帶關係，一事業之成就，常與其他事業有關，故應儘量使其彼此聯繫。（3）爲使農民易於了解，並接受新興農事方法起見，本會特別注重直觀敎育，如電影、廣播、展覽及實地示範等類。（4）引發地方生產者之自動力，並動員地方人力物力，推行鄉村建設事業。（5）無論何省，何地，本會之輔助與合作，當以省或地方當局之熱誠負責爲條件。各地當局並應盡其所能，與本會合作，並設法使事業之成功，能達到預期之目的。

美鋼鐵工程師發明鑄鋼新法

【美國新聞處華盛頓電】美國工程師刻發明澆鋼之簡化新法，此事可能使鋼鐵工業發生重要之變革，鋼鐵專家謂，該項新法，若予以大規模採用，可使生產成本減低，生產數量增加，並使鋼鐵廠之地理分佈推廣。

一九四六年，俄亥俄州克利扶蘭共和鋼鐵公司及賓夕凡尼亞州及佛法爾斯巴佛考克威爾考斯鋼管公司之工程師決定聯合努力，以謀使澆鋼工作簡化，其目的乃在使目前澆鋼之若干步驟合併爲一個單獨而連續通行之步驟。

自人類澆鋼以來，在將金屬澆成各種不同式樣方面，極少本質之改變，最初之煉鋼者，總將粗糙之模型先行製成，將金屬溶液傾入其中，然後取出，再行加熱，加工，而成粗製品。今日，鐵鋼廠依然依照此項相同之基本原則，將鋼之溶液先行傾入模型，冷卻後予以取出，再行加熱，經錘打壓縮或滾捲成半製成形式，然後再用種種方法，使其成爲製成品。

鑄鋼之複雜過程，在近百年來會使富有發明天才者絞盡腦汁，希望能在一端將鋼液澆入者在另一端取出半製成品，如此即可節省許多勞力與設備，十年前不斷之澆鑄過程對於非鐵金屬已成爲可能，惟鑄鐵業所遭遇之問題，艱難遠甚……共和鋼鐵公司及巴勃考克威爾考斯鋼管公司之工程師等，對於此一問題，研究不懈，將多年基本研究所得智識，滙集一起，彼等已達到以連續方式澆鋼之程度，一九四八年三月十八日彼等已能利用連續澆鑄之方法，製造四十五噸之鋼，彼等確知已順利完成其目標。

此項工作，係在巴勃考克威爾考斯在皮物法爾斯地方之工廠內所完成者。該工廠乃一座高達七十五英尺（二十二公尺半）之塔，溶解之鋼，由電爐運達該場。再由鑄材中升至塔頂，然後灌入一導熱之盛器中，再由該盛熱器灌入垂直型之鑄型中，該鑄型使液體之鑄成爲連續不斷之瓜叫形之鋼帶，而任其變冷而成爲硬化，然後該鋼帶通過一垂直之機筒而在塔的下端，隨意切成長短合度之鋼條。

國外通訊

英兩大汽車製造公司在技術上實行合作

【英國新聞處倫敦電】佔有英國生產量半數之英國兩大汽車製造公司，頃爲共謀發展一事成立一項協定，據紐斐爾德汽車組合負責人紐斐爾德勛爵與奧斯汀汽車公司營業經理發表聯合聲明稱，此項協定即可生效，藉以交換生產方法成本購置等意見，其目的爲促使最高之標準化，以適應最有效率之生產並減低成本。紐斐爾德汽車組合副董事長爲兩大公司在技術上之合併，並發表談話稱：「政府未曾談及汽車工業國營一事，政府今後所從事者，爲如何使之合理化」。

英國造屋將廢棄公寓式

【英國新聞處倫敦電】英國所造新屋現已達成戰事終了時聯合政府所預定之七十五萬幢目標，英國人民大體上皆甯取各別之住宅而不取公寓，但彼等大多數尚無寓處，而在城市中建築成排公寓以供應之則較興建各別之住宅爲迅捷，全國各地地方議會在過去三年中已築就許多巨大公寓，正在建築中者爲數更多，對於新建房屋正特別注意其熱力虛耗問題。英國科學與工業研究所所長，名科學家艾沛爾頓爵士最近會強調宣稱，因無效率使用燃料之虛耗今已無法負担，該所茲已擬就一種房屋之詳細說明，僅需他種房屋之一半燃料即可舒適取暖。其燃料之節省係由減少牆壁，屋頂與地板上之虛耗而來。

永飛不停原子機理論研究即完成

美原子專家浦爾宣稱

【中央社紐約電】據美國橡嶺原子彈工廠內原子能工程師兼原子核動力推進飛機研究組主任浦爾十七日宣稱：可永飛不停之原子飛機之理論，現已完成百分之九十九。據浦氏解釋：科學家已發明各項激發原子推動力之方式，而目前原子工程師現已設計一種原子引擎之飛機，俾使駕駛員及空勤人員能加管制及獲得保護。渠稱：時機現已迫近，至彼時吾人即能供給原子能飛機。浦氏解釋稱：戰時所改善之超級空炸飛機，因其載油過多，故不能飛行迅速，自他方面言之，目前前每小時飛行七百英里之噴氣推進機，又因其不能攜帶足量之燃料，使該機在空中滯留一甚長之時間，但原子能一單位重量足抵汽油二百萬加侖之重量。渠繼稱：科學家現已能充分利用原子堆發動之熱力，彼等且設計一屏障，足可避免原子能放射性之害處，此屏障可保護駕駛員及空勤人員免受致人死命之原子射線之傷害。

美國原子專家討論原子問題

【美國新聞處華盛頓電】美國原子能委員會委員之一，史屈勞斯十三日在新汗普歇大學之現行演講會中，發表演說聲稱，原子能如古羅馬之兩面神，具兩對面目，「一面注意戰爭與破壞，另一面則注視生命與和平。」

史氏之講題爲「和平之原子」，惟渠力言在國際有效管制成立之前，原子能之軍事用途，仍當爲美國原子能委員會之首要工作。

史氏指出，在原子發展及其基本科學與技術之戰爭每一方面，不論其目的原子能之和平應用或爲某軍事用途，事實上幾屬相同。

關於將原子原料轉變成熱，以供應用之可能性，史氏指出，「此項發展所需時間，較諸若干報紙與期刊曾有一時使吾人相信者，多出甚多。當原子動力可供應用之日，此項動力大致將補充而非替代吾人目前所使用之各種動力。……廉價而多量之原子動力，所能給予吾人之利益，如此細明，不勝枚舉。」

史氏稱：原子能之副產品，如放射性同位素等，可能較主要產品，更爲重要，同位素可能解決且有關綠素植物之光力成作用，有關土壤肥料，以及植物病理之科學將告擴充，農業必將由種種而發現而深受影響，而蒙極大利益。全世界人類之生活水準將不斷提高乃爲其直接結果。

鑿壁爲洞記者覘原子堆

【英國新聞處倫敦電】英國伯克斯郡哈威爾附近一屋之牆上最近曾開一洞，由記者羣前往一瞥英國原子能研究所中之世界最新原子堆。記者離去，此洞隨即堵塞如舊。

新原子堆較英國原有者力量大一百倍，較之一二年中或可完成之第三原子堆，則仍不算大，記者所獲見之新原子堆之一面長約五十呎，爐灶櫛比彷彿鐵架卷之窗櫃，普通化學品即經此等爐灶送入原子堆之中央，由此處原子分裂之激盪使化學品發生放射能，與鈾一般發出光芒與微粒。新原子堆將用以測量原子核，測驗用以建造原子堆各種材料之性質，以及爲生物醫藥，科學與工業研究製造同位原素。英國各較小原子堆所製之同位原素，已開始分配予英歐各研究所，以便用以研究癌疾，消除纖維所起之電化作用，製造般尼西靈與鋼，研究眼疾，以及用以試驗農業肥料等等。

蘇聯輕工業生產九月份超出計劃

【蘇聯新聞處】蘇聯輕工業，已超過了九月生產計劃的百分之十。在過去十個月中，輕工業工廠的出產，較去年同時期增加了百分之二十四的產品。鞋類的出產增加了百分之二十七，玻璃品百分之三十七，衣着品一倍半多。輕工業工人爭取節省物資，原料，電力而開展的廣泛運動，其結果使收入超過計劃達數億盧布。因合法切割熟皮的結果，莫斯科的「巴黎公社」製鞋廠每年將節省一千五百五十萬平方公尺的熟皮，以便利用來製造六十萬雙超出計劃的皮鞋。

中國工程師學會津分會舉行年會

【中央社天津電】中國工程師學會天津分會及化學、自動機、電氣、水利、衛生、市政、業餘無線電、紡織九工程學術團體聯合年會，於廿四日上午九時假南開女中開幕，出席各業工程師五百餘人。首由大會名譽會長張伯苓致詞，勗勉注重科學，對本身職務應用科學方法求進步，求改造。繼由我國研究原子能專家錢三强應邀講「原子能發現之過程及其應用」。下午二時起分組宣讀論文，四時舉行專題討論，計有：（一）「津塘廣域及都市計劃」，擬將津塘連成一氣，建成大天津，其範圍包括目前之天津市區及塘沽新港在內，計劃中之大天津，將分市民住宅，工商業，文化等五區，各區作有規則之排列。（二）「挽救津海航道」，天津至海口之航行，以海河淤積，航行受阻，擬即請中樞資發巨款，從事挖深以利今後航行。

又該日大會討論提案時，會決議電今年在台北舉行之中國工程學術團體聯合年會，竭誠歡迎明年度年會確定在天津舉行，俾同時參觀華北農礦資源工業建設。

中國工師程學會總會改選卅七年正副會長

【本報台北訊】中國工程師學會總會，改選三十七年度正副會長事，業已選就，由沈怡當選正會長，趙祖康，錢昌祚當選副會長。

中國工程師學會北平分會舉行年會

【本報北平航訊】中國工程師學會北平分會，於二十五日下午七時舉行年會，大會由楊毅主持，作簡略之致詞後旋即報告會務，及會員技術工作十三件等。又悉：該分會會長，已於本月六日改選，改選結果，仍由石志仁蟬聯。

舉行博覽會的台省府大廈竣工

【本報台北通訊】本年度舉行台灣博物覽會會場的台灣省府大廈，原爲日人所建造，工程相當浩大，勝利前曾遭盟機轟炸，勝利後始逐步整修，茲以建修始末略誌如下：遠在民國元年時，由日本建築師長野平治的設計圖在公開投標中當選後，於同年六月開工，五年大部完成，後因種種關係，始於八年三月竣正式落成，其內部冷氣設備與電梯工程，直至十年穩告完成。從地下室至四樓，共分爲五層，佔地七千一百五十八方公尺。三十四年五月卅一日盟機轟炸，中東北三部皆直接中彈，燃燒時間聯達三日夜，延燒面積達百分之八十三以上致設備全毀，僅剩殘垣。日本總督安藤利吉因戰事失利，至無力修繕。光復後陳儀長官亦認爲耗資過鉅，未加修建。迄魏道明主席涖任，決定在以經濟爲原則，盡量利用本地材料的前提下，修繕這幢大廈。去年七月開始設計，九月六日動工，每天約有五百人工作，計耗去水泥二萬八千包，鋼筋十萬公斤，紅磚五十萬塊，檜木六千七百擔，玻璃四萬五千九百方尺，其他除柏油爲舶來品外，餘如大理石，五金等材料，皆爲國貨。工程原定一年半完成，爲應博覽會如期開幕計，決減短二期，刻已全部完成。省府亦預定明年元旦遷入此府。

滬市生鉄稀少工廠無法交貨

【本報上海訊】上海市各鉄工廠生鉄來源過去大部皆賴資源委員會鋼鐵事業管理委會上海營運處供給，自東北鞍山鐵礦淪陷後，即由華北鋼鐵公司運來維持，但近二月到貨極少，其原因據悉爲成本昂於售價，因上海生鐵自「八一九」限價每噸爲二四四元，而華北鋼鐵公司冶煉成本每噸即達三百五十多元，運費及水脚又需另加，同時運輸來滬，亦極困難，致使機器、翻砂，電工器材三工業，生鐵原料買不進，定貨復不能接，而若干工廠已接定貨，亦無法完工交出云。

各礦存煤即可裝運

【本報訊】自烟煤調節委員會成立後，當局即設法疏導各地所積存之燃煤，現擬設法裝運者，計有烟煤供應處存煤三萬噸，淮南十萬噸，華東和甚隆各二萬噸。至目前開灤燃煤雖然無法運出，但以後只需淮南、華東等地來煤不成問題，煤荒即不致發生。

東北煤礦產量激增

【中央社瀋陽電】撫順本溪烟台等礦煤產量激增，三礦日產達四千五百噸，較半月前增加一倍有餘，此係顯因美援麵粉而發生之良好效果，蓋工人於食糧匱乏情形下，每日每人可享用白麵饅首一斤，渠等精神遂大感振奮，體力亦日漸增強，生產工作乃趨積極狀態。

粵省府與資委會合辦滃江水電廠

【中央社廣州電】滃江水力發電工程，關係粵省工業及農業發展殊大，最近資委會派全國水力發電工程處處長黃育賢來穗，與宋主席迭次洽商後，已決定粵省府與資委會合辦，全部工程費約值美金八百五十四萬三千元。該水電廠發電量，首期擬定爲四萬瓩，次期再擴充爲八萬瓩，期與西村及五仙門兩火力發電廠相連接，預計電費在該廠內每度僅值金圓券一分五厘，輸至廣州後，每度亦不過七分，全部工程約五年內完成。

滬市盛行實物交換

物資交流促進生產

【本報上海通訊】滬市各工業最近因各種原料購買不易，同時為避免市場停頓，而造成更進一層搶購風起見，現已逐漸採取貨物交換的辦法，但範圍雖然狹小，及技術上之困難，然對工業上究竟是付予不少的小補，例如紗廠方面，已抽出一部份紗布成品向農民掉換棉花；所需漿紗的麵粉，亦可以棉布向麵粉廠交換，而麵粉的收效，是已解決了裝麵粉的布袋。紡建公司以製澱粉後之副產品麵筋與天廚味精廠交換鹽酸與澱粉，（按天廚廠需麵筋做味精原料，天廚廠本身雖無鹽酸與澱粉，則以天原電化廠所產者相交換。）所需生產器材等，則將原有廢器材及廢鐵與機器廠互換。各綢廠以綢與各絲廠及絲商互易。毛巾廠則與棉紗廠互易。捲烟業公會亦正與菸葉商會洽商互換辦法中。綜上這些物資交換的現象，足以表示工業界雖在無辦法中，然尚以最後的努力在掙扎以使物資交流，及促進生產。

滬市公用事業補貼

上月份為八百萬元

【本報上海訊】滬市各公用事業公司九月份已由政府貼補八百萬金圓。十月份公用事業價格調整的希望很小，大約仍用貼補方法彌補各公司的虧損。不過貼補數目勢將增加。因公用事業用油十月份關稅上漲一倍，用煤各公司雖已配到一部份，然煤價仍未核定。（成）

京粵直達車在籌劃

並訂貨物聯運辦法

東南西南各路均可貫通

【本報訊】交通部為服務社會，便利人民，體恤商艱，增益路收，及鼓勵長途運輸，促進工商礦產業，發展國民經濟起見，對於鐵路與鐵路聯運及鐵路與公路水路聯運，均積極進行，除京滬、津浦、平漢、隴海四路，及西南各鐵路與各公路局，均已辦理聯運外，現正推進京滬、浙贛、粵漢三路旅客及行李包裹聯運並已擬定辦法，一俟洽商各路同意，即行辦理。至京粵直達通車原則，亦經京滬、津浦、浙贛、粵漢四路會商同意，詳細辦法，正在草擬中，一俟浙贛路樟樹便橋修通，及車底籌備完竣，即行辦理。至京滬、浙贛、粵漢三路貨物聯運辦法，正在草擬，一俟該三路聯運實行後，則京滬、津浦、平漢、隴海、及西南各鐵路公路均可聯成一片。

「八一九」後的京滬建築

「八一九」幣制改革以來，幣值穩定，大量游資，無法活動，除豪門權貴資本，大量南流以外，一般中上層階級都把資金投入房地產事業。京滬兩地，在幾天之內，地價均飛躍二倍以上，但購買地皮更非易事，賣少買多，造成有市無貨之現象，幾家地產公司，真是門庭若市，車水馬龍，川流不息。

據非正式的統計，上海在近三月以來，新建住宅房屋，其領有營造執照者達三千幢，建築水準一般的都較高，投資總額，約達一億金元之譜。南京新建住宅的數量也並不比上海少，市工務局每日發出執照平均達三十件以上，工程水準比上稍低，估計總造價也在五千萬金元左右。

本來在勝利以後數年來，上海因為二房東三房東制盛行，房主一旦把房屋租出，有如同出賣了一樣，變了一個徒有虛名的空頭房東，因之大家都視房地產為畏途，觀望不前，所以三年以來，新添住宅數量極微，倒是南京建築還多。

上海在這樣一個平靜的穩定局面之下，忽然添出三千幢房子洋瓦，新的問題便產生了，問題是什麼？是材料的供應啊！

建造一幢二十英平方丈面積的普通小住宅，大致需用四千片，五萬匹磚，五十包洋灰，四百尺玻璃，三桶洋釘，二百担石灰，一萬板呎木料。六千幢房屋計算需料好多，從上列數量，可得一梗概，單單木料便是六千萬呎。若以圓木計算，每兩可鋸方料三百餘呎，上列數約合圓木二十萬兩，約為十二呎五吋圓杉條三百萬根。

京滬二地要供應這麼大量的材料，的確很成問題，再加之以囤積搶購，供應更為稀少。唯一不成問題的該是洋灰了，因為總數不過三十萬包(約數)僅合一萬五千噸，偏偏又遇上某機關大量採購，結果市面上是樣樣缺貨了。

毫無疑義，缺貨後造成的現象，當然是黑市猖獗，京滬二地營造業的茶會不再有材料商的踪跡，要買黑市，還得三顧茅廬，再拖一個熟人來作保，方才肯脫手，發票收據都不出，祇有提貨單一紙，關於付款，當然支票本票都不要，全部須付現。

南京的木料，本來方料多是從上海轉運的福建貨，圓料是湖南、江西、安徽沿長江而來的，以上新河為集散地，最近上海幫大量搜購，不論方料圓料，件件都要。據業中人談，單單圓料由京轉滬者已達萬兩以上。

因為材料黑市的飛漲，並不易大量購到，花色更不易配，很多着手進行的工程，都祇能停止，已開工的在七拼八湊，業主與包商糾紛時起，這六千幢房子的前途如何？深堪憂慮！（平）

中國工程師信條

一、遵重國家之國防經濟建設政策，實現　國父之實業計劃。
二、認識國家民族之利益高於一切，願犧牲自由，貢獻能力。
三、促進國家工業化，力謀主要物資之自給。
四、推行工業標準化，配合國防民生之需求。
五、不慕虛名，不為物誘，維持職業尊嚴，遵守服務道德。
六、實事求是，精益求精，努力獨立創造，注意集體成就。
七、勇於任事，忠於職守，更須有互切互磋，親愛精誠之合作精神。
八、嚴以律己，恕以待人，並養成整潔樸素，迅速確實之生活習慣。

中國建築

中國建築

中國建築師學會出版

THE CHINESE ARCHITECT

VOL. 1 No. 1　　　　第一卷　第一期

本刊啓事

逕啓者本刊自本年一月間創刊號出版後因編輯主幹人員發生問題未能繼續出刊致令　讀者諸君紛紛來函垂詢深抱不安現已由建築師學會特派專員負責辦理自本期起面積加大內容刷新務期於建築學術上小有貢獻並當按月出版以期不負愛護本刊諸君之殷望尚祈

亮詧是幸

中國建築

第一卷　　第一期

民國二十二年七月出版

目　次

編輯者言

故呂彥直建築師傳……1

廣州中山紀念堂設計經過……2——4

廣州中山紀念堂建築概述……5——7

南京蔣委員長官邸……8

華業大廈……9——10

外交大樓……11

中國銀行堆棧……12

西班牙式公寓計劃大要……13——16

兩路國難殉職員工紀念堂圖樣……17

虹口公寓……18——19

南京飯店……20——21

南京中國銀行新建行屋圖案……22

中國古代都市建築工程的鳥瞰……23——28

建築師應當批評麼……29

中國建築……30——31

東北大學建築系成績(名人紀念堂)……32——33

建築文件……34——36

中國建築師學會廿二年年會……37——38

中國建築師學會會員錄……39——40

公共租界房屋建築章程……1——11

廣告索引

陸根記營造廠

蓀林建築裝飾公司

鋁業有限公司

新通公司

顧炳記營造廠

振蘇磚瓦公司

滬江水電材料行

褚掄記營造廠

山海大理石廠

生泰木器號

仁昌營造廠

興業瓷磚股份有限公司

清華工程公司

東方年紅電光公司

約克洋行

王開照像館

茂利衛生工程行

亞洲機器公司

勝利鋼窗公司

中國水泥公司

泰山磚瓦公司

竭成記營造廠

榮德水電工程所

周芝記營造廠

徐雲記營造廠

馬江[illegible][illegible]公司

公記營造廠

三信泰木器號

夏仁記營造廠

海京毛織廠

30305

陳英士先生紀念塔

此項建築位於西門方板橋之南全部建築採用中國式所有刻石紋座盤門窗悉倣北平故宮建築式樣高凡五十尺塔內裝有鐵梯直登塔頂可以瞭望全市雖係鋼骨水泥所造然自外表觀之其雄偉實不亞於天然石也

董大酉建築師設計

廣州中山紀念堂之偉觀

呂彥直君遺像

故呂彥直建築師傳

呂彥直字仲宜又字古愚山東東平人先世居處無定遜清末葉曾與安徽滁州呂氏通譜故亦稱滁人君生於天津八歲喪父九歲從次姊往法國居巴黎數載時孫慕韓亦在法君戲竊畫其像儼然生人觀馬戲還家繪獅虎之屬莫不生動蓋藝術天才至高也回國後入北京五城學堂時林琴南任國文教授君之文字爲儕輩之冠後入清華學校民國二年畢業遣送出洋入美國康南耳大學初習電學以性不相近改習建築卒業後助美國茂斐建築師嘗作南京金陵女子大學及北平燕京大學之設計爲中西建築參合之初步十年回國與過養默黃錫霖二君合組東南建築公司於上海成績則有上海銀行公會等嗣脫離東南與黃檀甫君設立真裕公司後又改辦彥記建築事務所獲孫總理陵墓及廣州紀念堂碑設計首獎以西洋物質文明發揚中國文藝之真精神成爲偉大之新創作君平居寡好劬學成疾困於醫藥者四年卒於十八年五月十八日以肝腸生癌逝世年止三十六歲聞者莫不爲中國藝術界惜此才也

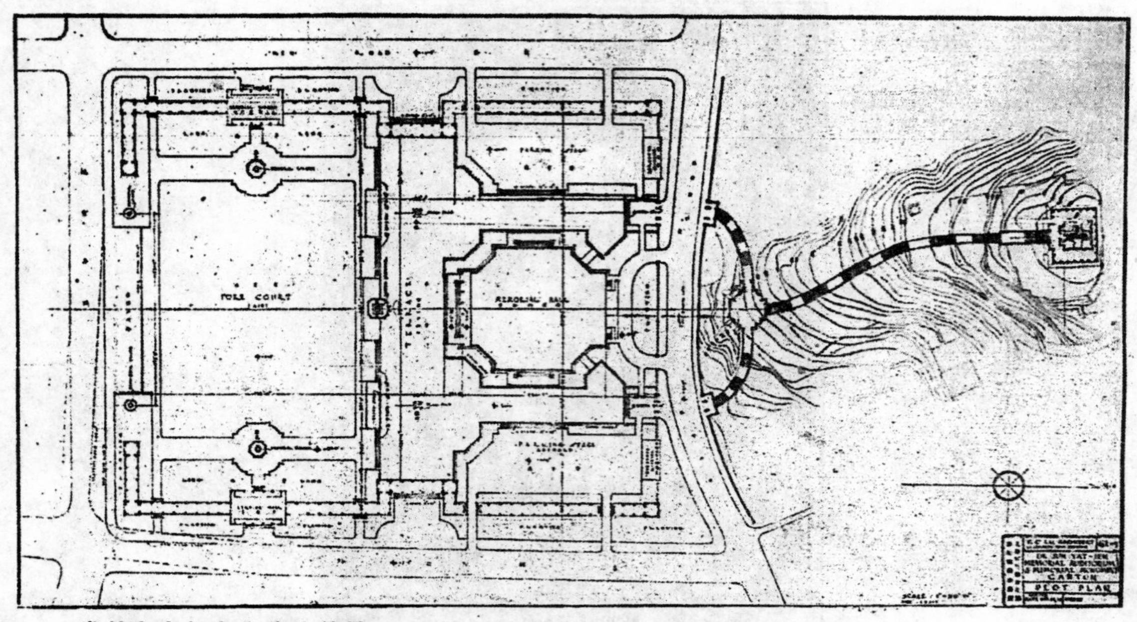

廣州中山紀念堂總地盤圖

廣州中山紀念堂

董大酉

設計經過

自滿清政府大興土木建造北平宮殿以來，以美術聞世之中國，幾無建築可言，研究美術者，往往嘆中國建築美術，漸歸淪亡！近年文化復興，加以時代之需要，乃有北平協和醫院及北平圖書館之成績，其式樣所採用中國固有建築形式，其結構係根據最新營造法則 其內部設備極適應近代需要，誠爲中國建築復興之開端。

中國建築物，除廟宇外，向無公衆之大建築物，近來各地提倡新政，往往舉行公衆大聚會，乃有大禮堂或大會場之設備。其中最有建築價値者，爲廣州中山紀念堂。規模宏大，可容六千人，誠中國唯一之大會場也。

公衆大會場爲都市必須之建築物，歐美各都市均有大規模之會場，廣州爲吾國都市最維新之一。當局有鑒乎此，特於民國十四年組織廣州中山紀念堂籌備委員會，由省政府主席李濟深氏主持籌劃進行。非特應時代之

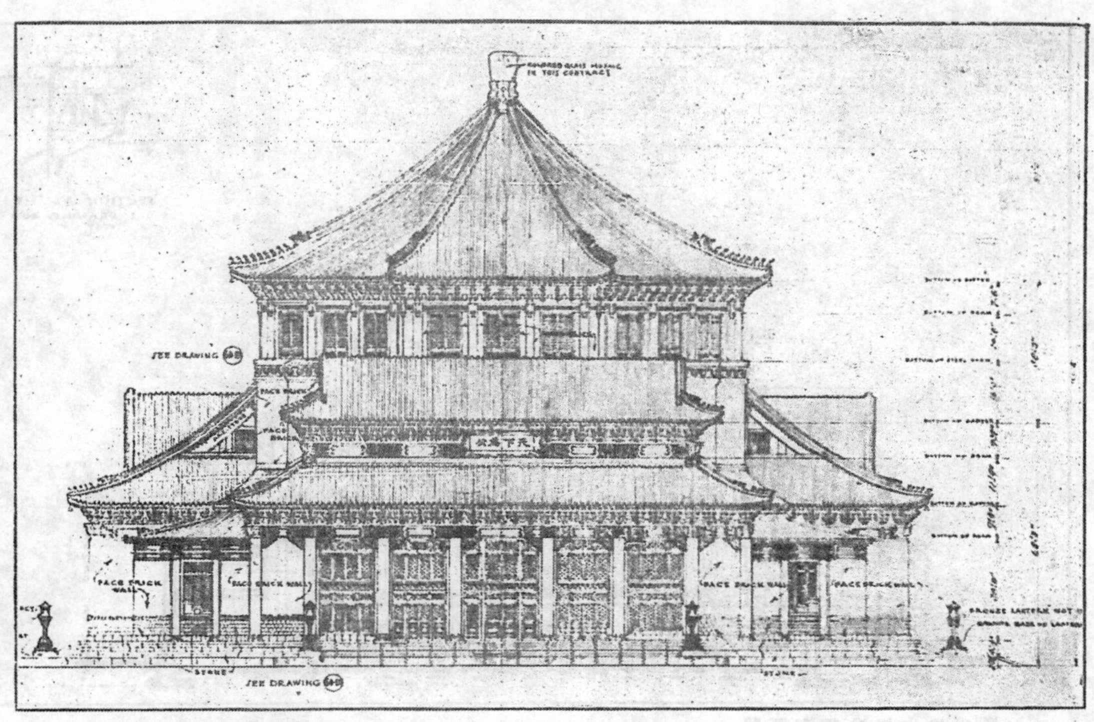

廣州中山紀念堂立面圖

需要，亦所以紀念總理在廣州偉大之勳蹟也。茲將經過略述如左：

故建築師呂彥直氏設計　　馥記營造廠承造

設　計　者　紀念堂工程浩大，非有專家設計難能滿意，設計者爲已故名建築師呂彥直氏。

設計經過　民國十九年四月中旬，由建築廣州中山紀念堂委員會登報懸獎徵求圖案應者有中外建築師多人。五月中旬發表結果，第一名呂彥直，第二名楊錫宗，第三名范文照。由呂彥直氏主任設計，佐助者有裘燮鈞，葛宏夫等。至十六年四月，全部圖樣說明書完成。

呂氏不幸於十七年去世，乃由黃檀甫氏主持，聘建築師李錦沛繼續工作。呂氏不及生見巨作之成功，殊可憾也！駐粵監工爲崖蔚芬卓文揚。

經費由來　由廣州省政府月籌十萬元，歸國庫支撥，總計用費壹百二十六萬八千一百十兩。

採定地點　公共建築物應建於交通要點，地勢稍高，四週並宜多留空地，以便各方面均可望見。中山紀念堂建築地位，經籌備委員會幾次斟酌，決定在觀音山脚，南臨德宣西路，東憑吉祥北路，

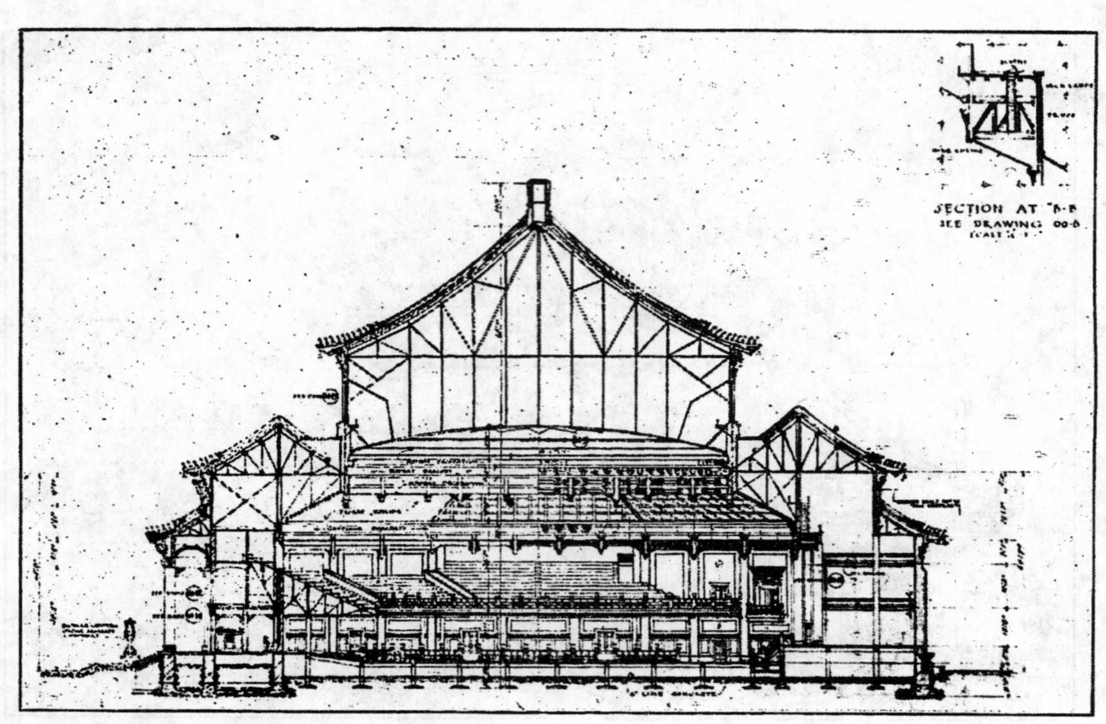

廣州中山紀念堂剖面圖

其地卽前非常總統府舊址，頗負歷史上相當之價値。

開工日期　十七年四月二十六日。

奠基禮日期　十八年一月十五日行奠基禮，到陳銘樞，馮祝萬，李濟深等。

完工日期　廿年十月十日（原定廿六個月完工）。

承包人　十七年一月間李主席任潮會同諸委員當衆開標，結果由馥記營造廠以造價九十二萬八千八十五兩得標。

禮堂佈置　禮堂取八角形，東西南三面爲入口，有甬道相連，自外有石階直達禮堂內部，北面爲講台，寬約百尺，深四十餘尺，台前有音樂廂，後有休息室二間，正廳深一百五十餘尺，寬度相仿，出口凡十，會場內數千人可於數分鐘內離開。此外有辦公室兩間，儲藏室四間，男盥洗室兩，女盥洗室兩，有巨梯六座，直達第二層掛樓，全堂可容六千人，正廳蓋以弧形玻璃頂，光線從八角式頂巨窗射此玻璃頂上，禮堂本身約占地四萬方英尺。

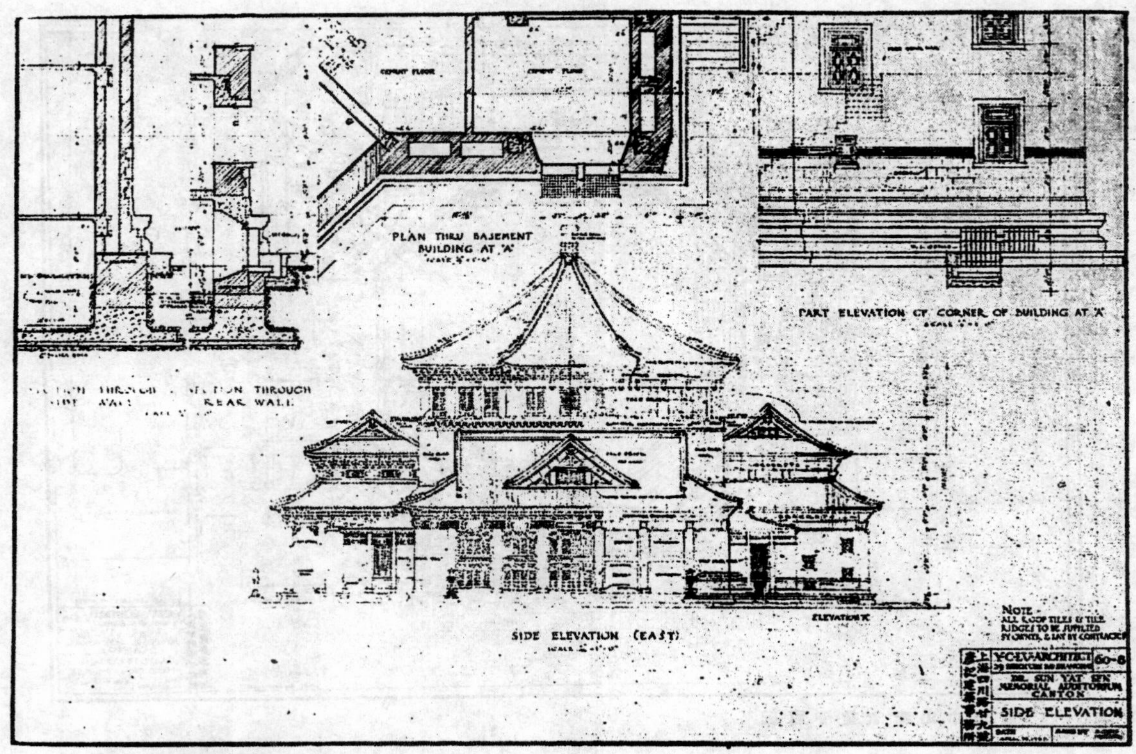

廣州中山紀念堂側面圖

建築概述

廣州中山紀念堂，爲謀垂永久之紀念建築物，故全部建築記計，於宏偉壯麗而外，復極側重於堅固及永久之構造，全堂除一部份地板爲樫木，及門窗爲柚木製造外，餘均爲水料及鋼料等所建築，今爲分述其大概於次。

(一)構架　底脚，柱及樓板等，爲鋼骨三和土造成，禮堂內看樓，及全部屋面，爲鋼架構造，外牆全部爲四十五寸厚之磚牆，禮堂四圍爲卅五寸厚之磚牆堂內各分間牆均用空心磚砌造，堂內各處地板面，離天然泥土線，自五尺六寸至九尺高不等，中空，全部平頂均爲鋼網構架而成。

(二)外觀　房屋落脚及石階，爲香港花岡石砌造，落脚以上，爲逵甯出產青色大理石鑲造之護牆，護牆以上，爲乳黃色泰山面磚牆 再上爲五彩顏色人造石屋簷，包括椽子，斗拱及花大料等，屋簷以上，爲青色琉璃瓦屋面，屋面凡四重，最高屋面之結頂，爲法國產金馬賽克磚所造成，屋面天溝，槪爲紫銅做出，外牆面大圓柱，

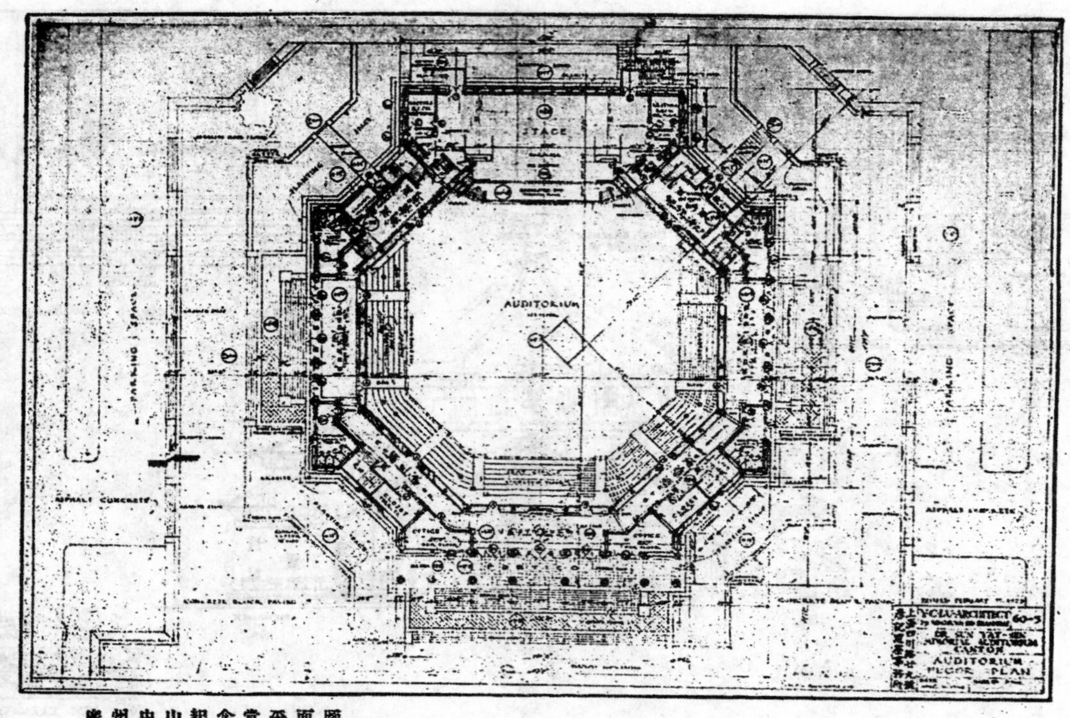

廣州中山紀念堂平面圖

係紫紅色人造石粉成。

（三）禮堂內部　禮堂爲八角形，中部地板，係樫木塊鋪成之蓆紋式，邊廂及看樓地板，爲棕色鋪地膠毡，看樓及邊廂外口，均裝顏色人造石古式欄杆，八角牆面，間有半圓形紫紅色人造石壁柱，下配意大利雲石柱座，牆面並粉出顏色人造石護壁，牆頂爲顏色人造石斗拱及花板等裝飾，平頂可分爲三層，下層爲斜形方格，上髹雲紋色彩，中層鑲嵌花玻璃天窗，卽光線所由射入之處，最上爲弧形圓頂，亦髹五彩顏色漆，演講台前裝懸繡花天鵝絨台幕，平頂及牆面鑲有矯音紙板，上養顏色油漆，故全堂內，極見富麗堂皇。

（四）走廊及扶梯　大門走廊爲意大利雲石鋪地，及五彩馬賽克磚平頂，內部走廊下層，馬賽克磚鋪地，二三層爲磨光石子地，牆面間有紫紅色人造石柱，下配意大利雲石座，平頂亦用油漆髹出五彩雲紋，牆面護壁及各扶梯踏步，亦均爲顏色人造石粉成，扶梯欄杆則爲意大利雲石所雕製。

（五）電燈設備　本堂內外電燈計劃，極爲週詳完備，惟以所費太鉅，而經費又不甚充裕，倣外部電燈，倘未能裝

廣州中山紀念堂內景

設，

否則雖於黑夜，紀念堂亦可借電光以耀顯其壯麗也，禮堂內電燈，一部裝藏於大屋頂內，藉平頂天窗玻璃而射光於堂內，一部則完全藏裝於平頂凹線內，故堂內毫無直接燈光，耀射視線，全部走廊，均懸裝特製之中國宮式古銅燈，演講台上裝置紅藍白三色電燈，其餘辦公室等處，則裝普通白磁罩燈。

（六）建築經過　自於民國十七年四月開工後，由廣州中山紀念堂籌備委員會主持一切，按月由廣東省政府撥付經費廣毫十萬元，並繼續簽訂電線及衛生等工程合同，一切進行極見順利，惟於十八年政局變動後，建築經費大受影響，工程幾至中輟，後政局漸定，籌備委員會改組爲中山紀念堂碑建築管理委員會，建築費雖得仍由省政府續撥，但已由按月十萬元減至爲五萬元，工程遂大受阻延，况以建築時期過長，中間不無稍受意外困阻，因而計劃上頗多擬有而尚未實行之設備，大都趨赴簡省一途，如堂內之冷氣裝置，堂外之迴廊及反光電燈等，迄未能辦，斯亦美中不足耳。

南　京

軍事委員會蔣委員長之官邸

陳品善建築師設計

華業大廈

李錦沛建築師設計

華業大廈,位於上海西摩路;全部採用西班牙式共有APARTMENTS五十六間;現已築至三層,預計明年五月可以落成;該公寓內空氣流暢光綫充足,佈置新穎,陳式富皇;允推海上公寓之冠。

華業大廈立面圖

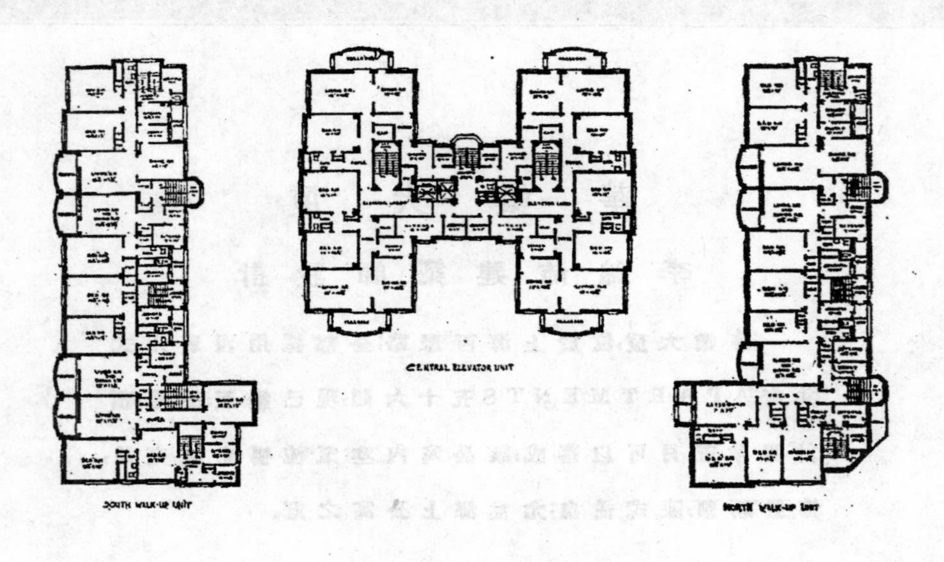

華業大廈平面圖

外交大樓　　　　趙深建築師設計

外交大樓

外交大樓爲趙深建築師設計，全部用鋼筋混凝土建造，共計四層。該大樓預計於年終前落成，爲首都之最合現代化建築物之一；將吾國固有之建築美術發揮無遺，且能使其切於實際，而於時代性所需各點，無不處處具備，毫無各種不必需要之文飾等，致遜該大樓特具之簡潔莊嚴。

該大樓面對鼓樓，故於觀瞻上二樓對峙，更形雄偉；且四圍舊屋，一俟新建築告竣後，概將拆除，故於任何方位瞻視，巍然矗立，誠爲偉觀，亦可見設計者於外部美觀上各點，無不處處注意之一斑也。

面部概用蘇州花岡石及面磚，鑲以磁磚簷板；全部採用避火設計，外牆，隔壁及地板皆用空心磚，故於優聲問題，概已美滿解決。一，二，三，三層作爲辦公室，會客室及會議室等，四層存貯檔案；各室無不空氣充足，光線舒適，且位置適宜，分配有序，允非易事也。

上海北蘇州路中國銀行新建十一層辦事所及堆棧圖案

建築師 陸謙受 吳景奇

西班牙式公寓斜視圖　　　奚福泉建築師設計

西班牙式公寓計劃大要

(A)式樣　近年滬地公寓建築日見增加而其式樣則多採直線表現今特以西班牙式樣設計之實在公寓建築中放一異彩

(B)設備　本建築物高雖不過三層而其結構與設備均異常精美而新穎每層設有會客室餐室臥室浴室傭人室廚房儲藏室廁所等大小寬度十分適宜堪供現代家庭四家之用所有電氣煤氣冷熱水管衛生器具以及暖氣等設備一應俱全實為公寓中不可多得之建築物也

(C)地點　本建築物坐落上海白賽仲路中段空氣新鮮交通便利佔地面積連花園在內共約五十方云

(D)設計者　本建築物由啓明建築事務所奚福泉建築師設計

(E)承造者　本建築物已於五月十五日起由金龍建築公司承包興工在本年聖誕節前可觀落成云

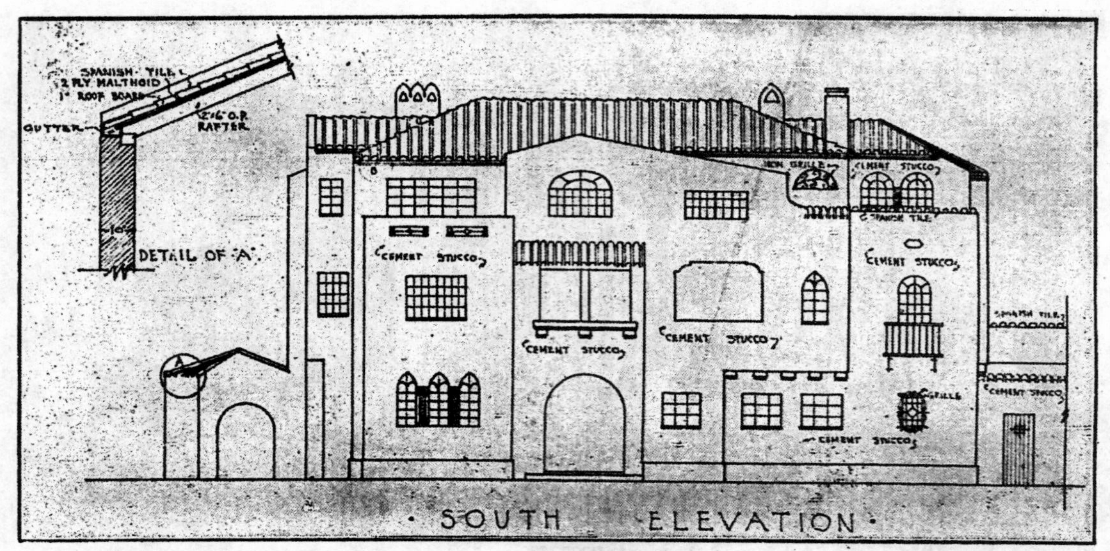

西班牙式公寓南面立視圖

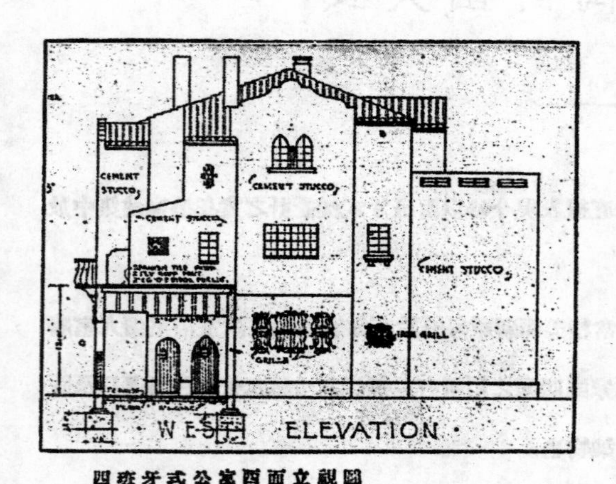

西班牙式公寓西面立視圖

西班牙式公寓東面立視圖

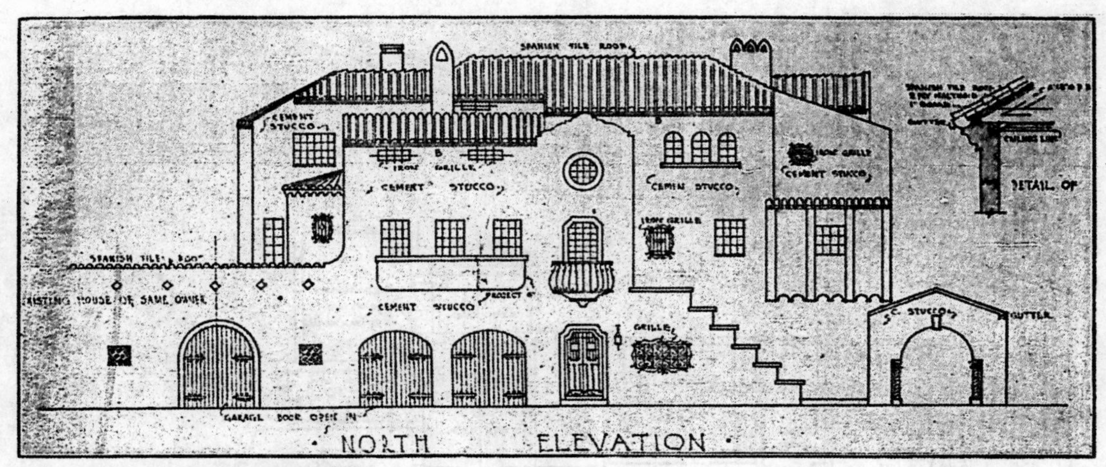

西班牙式公寓北面立視圖

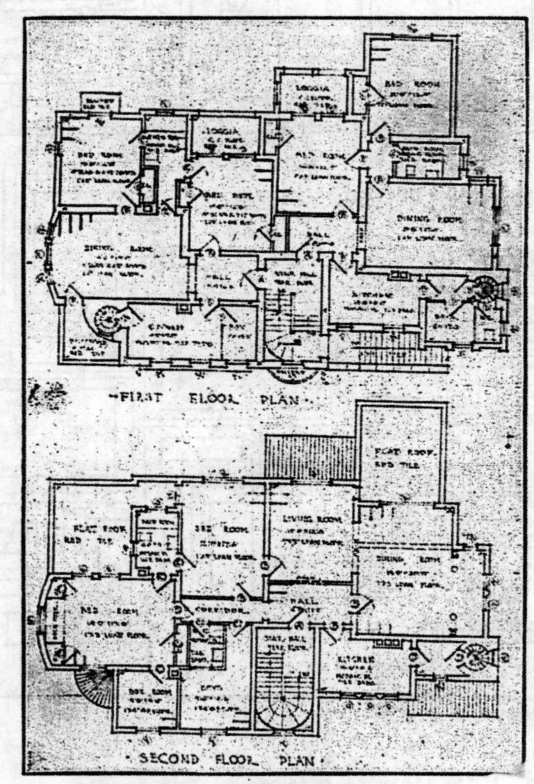

西班牙式公寓一層及二層平面圖

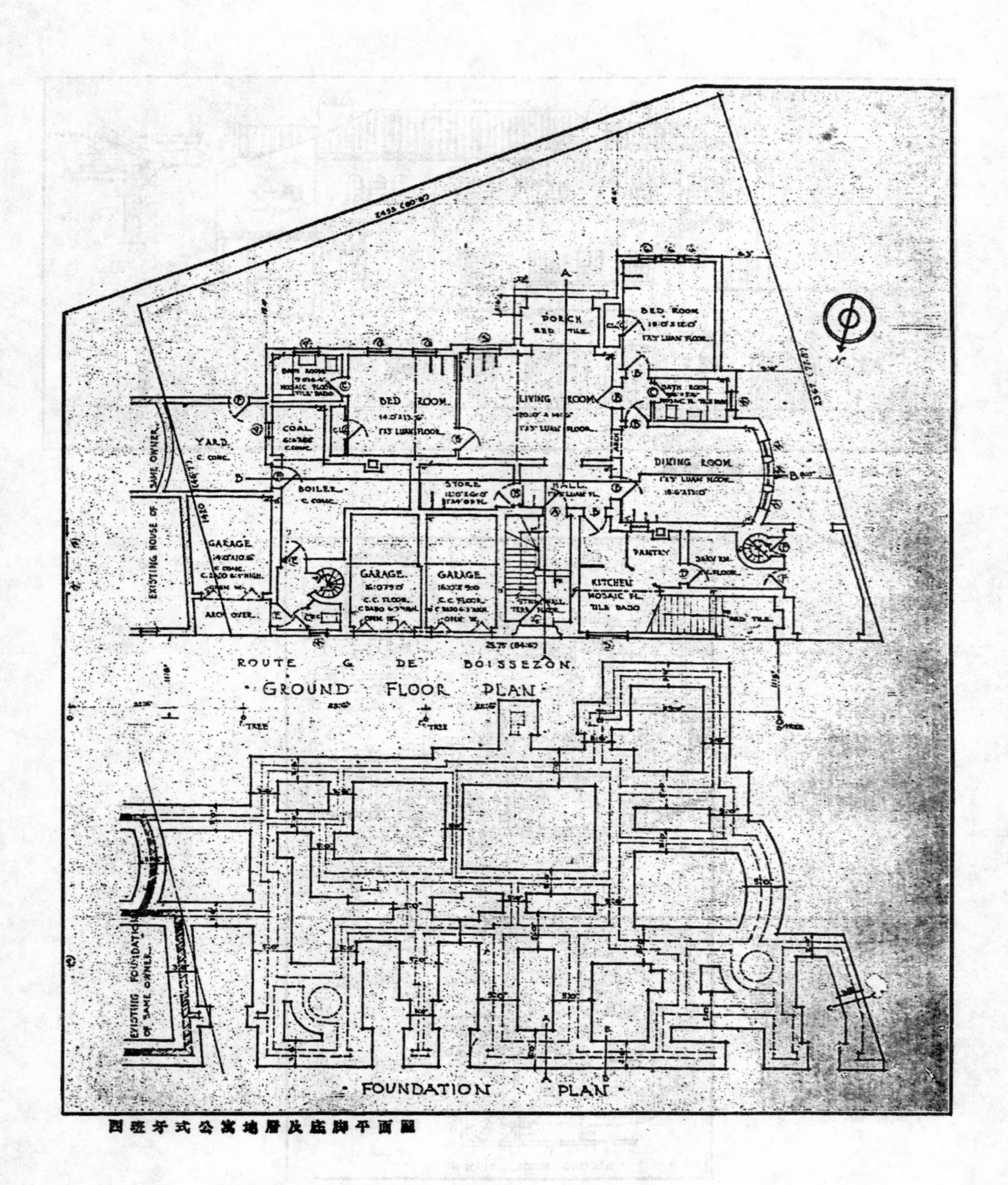

西班牙式公寓地層及底脚平面圖

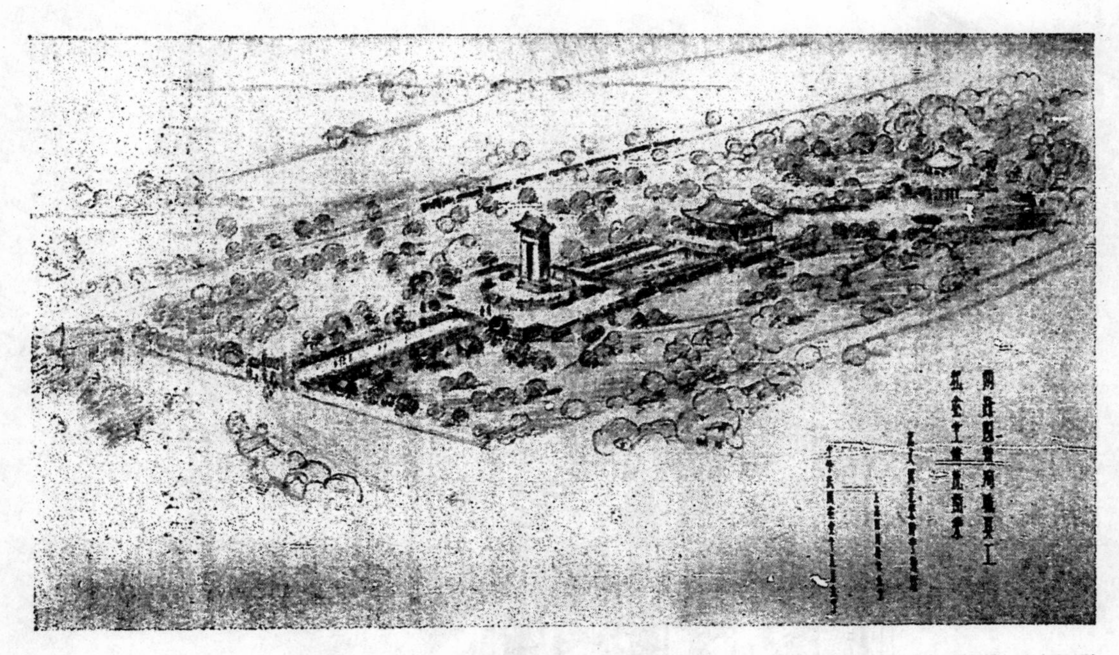

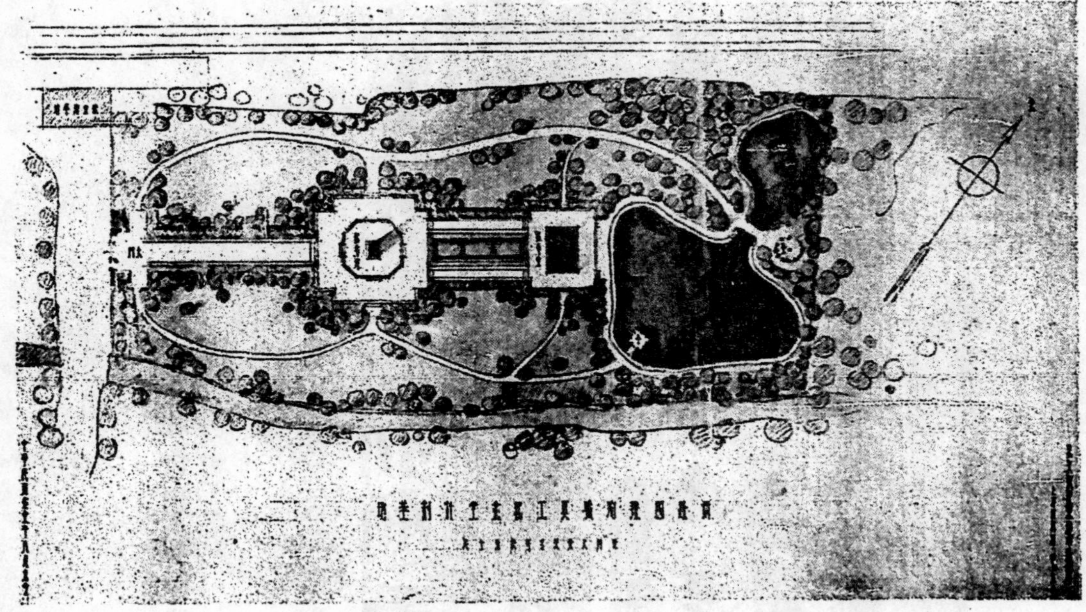

兩路國難殉職員工紀念堂圖樣

范文照建築師設計

四行儲蓄會虹口分行全景

莊俊建築師設計

四行儲蓄虹口分行正門圖

四行儲蓄虹口分行樓梯俯視

四行儲蓄虹口分行營業部

南京飯店夜景

楊錫鏐建築師設計

南京飯店

楊錫鏐建築師設計

前面之雄姿

門面上部之裝璜

全部斜視圖

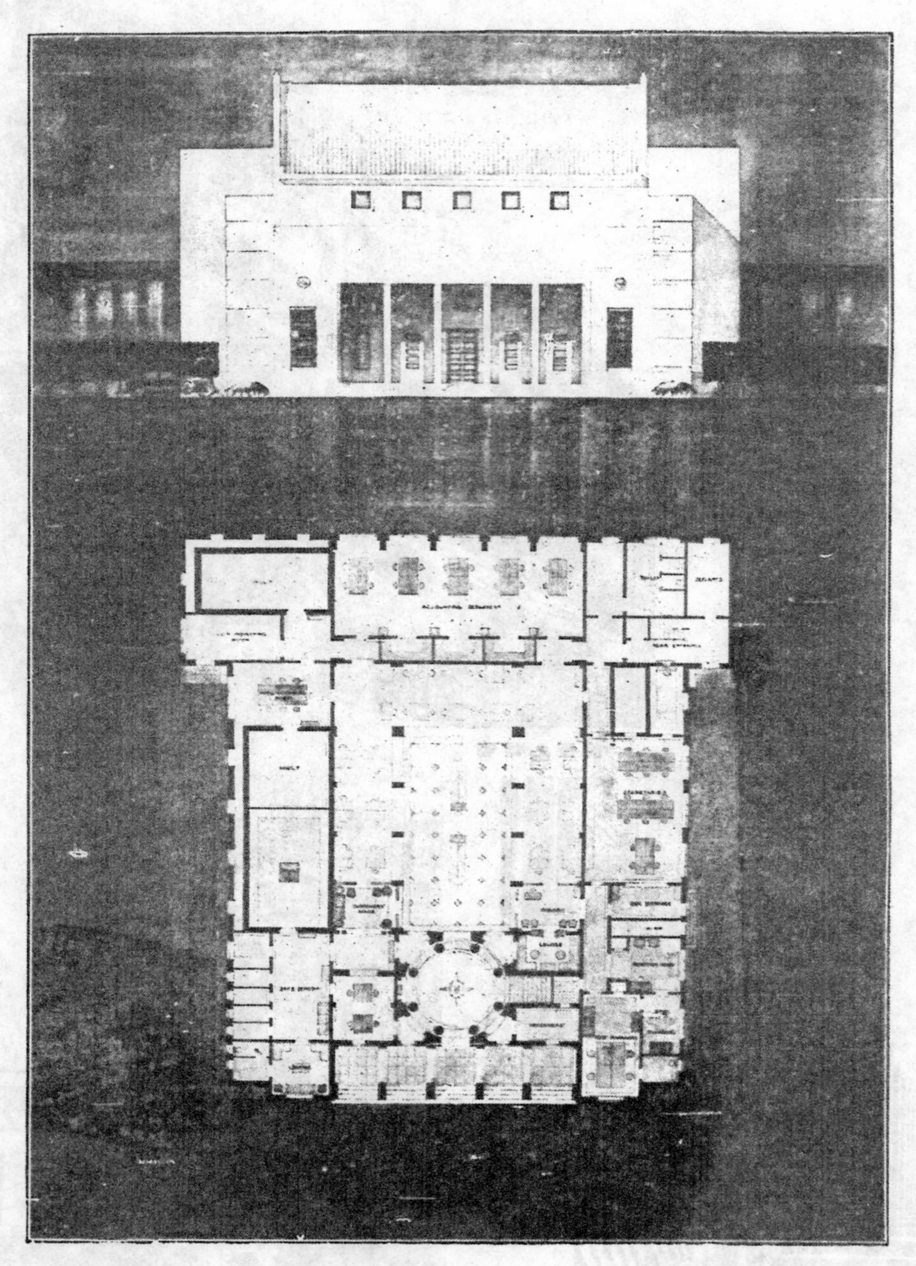

南京珠寶廊中國銀行新建行屋圖案

建築師 陸謙受 吳景奇

中國古代都市建築工程的鳥瞰

楊 哲 明

一 引 言

中國古代的都市建築工程，歷來無專門的書籍以記其概況，故今之研究市政者，大都以爲中國從前無市政之可言。其實，我們試涉獵舊籍，卽知中國古代並不是對於都市之建築工程及計畫沒有相當的貢獻與成績，所缺少者，紀述中國古代都市建築工程之專書耳。本擬將紀述中國歷代都市的建築工程及計畫，散見於典籍中者，從事整理，徒以終日奔走無暇，未能遂願。玆承中國建築雜誌主編者之囑，乃於工作之暇，將居恆涉獵於我國典籍之所得，草述「中國古代都市建築工程的鳥瞰」一文以報命。如能藉此以引起海內學者對於中國古代的都市建築工程，有更淵博的考證，則不僅作者獲益良多，想亦中國建築工程界所熱望也。

中國古代的都市建築工程，至周代已備具規模，故卽自周代述起。玆將本文所述及的範圍，列擧如左：

(一)周代的都市建築工程。

(二)漢代的都市建築工程。

(三)唐代的都市建築工程。

(四)宋代的都市建築工程。

中國古代的建築工程，試從這四個朝代中，已可以窺見其建築工程的變遷及時代的背景。篇中所述，專指「都市」而言。至於「宗室廟堂」以及「宮殿園囿」等等，因不屬於本文的範圍，暇當另草專篇以述之。

二 周代的都市建築工程

周代的典章文物，遠勝於夏商兩代；故周代的政治，亦較夏商兩代爲優。我們從歷史上知道，周代版圖的遼闊，亦超過於夏商兩代。其對於都市之建築工程及計畫，已備具規模。從詩經大雅文玉之什篇中，關於記載周代的都市建築工程，有下列的一段文字；

「緜緜瓜瓞。民之初生。自土沮漆。古公亶父，陶復陶穴。未有家室。古公亶父。來朝走馬。率西水滸。至於岐下。爰及姜女。聿來胥宇。周原×，×。堇荼如飴。爰始爰謀。爰契我龜。曰止曰時。築室於玆。迺慰迺止。迺左迺右。迺疆迺理。迺宣迺畝。自西徂東。周爰執事。乃召司空。乃召司徒。俾立家室。其繩則直。縮版以載。作廟翼翼。×之×之。度之薨薨。築之登之。削屢馮馮。百堵皆興。鼛鼓弗勝。迺立×門。×門有伉。迺立應門。應門將將。迺立冢土。戎醜攸行。「………………」

試從上述的一段文字中，已可以領悟到周代都市建築的概況。所謂「迺左迺右」，「百堵」，「築之登之」，「俾立家室」等等，已將周代都市的建築工程，陳列在我們的眼前。又據考工記所載，關於周代的都市建築工程，有下列的記述：

「匠人建國．水地以縣．置槷以縣．眡以景．爲規．識日出之景．與日入之景．晝參諸日中之景．夜考之極星．以正朝夕．匠人營國．方九里．旁三門．國中九經九緯．經涂九軌．左祖．右社．面朝．後市．市朝一夫．」從此可知周代的都市建築工程，已備具天文氣象觀察的規模。至於「國中九經九緯．經涂九軌」這兩句話，據考工記的注釋，則爲

「國中，城內也。經，縱也，南北之涂也。緯，橫也，東西之涂也。涂，路也。軌：車轍迹也。經緯各有路九條。每一經路之廣，可容車九乘往來。蓋車六尺六寸。兩旁各加七寸，凡八尺。九車共七十二尺。則此涂廣有十三步，不言緯涂者，省文也。」茲將考工記所載之王國經緯涂軌圖列後，以備參考。

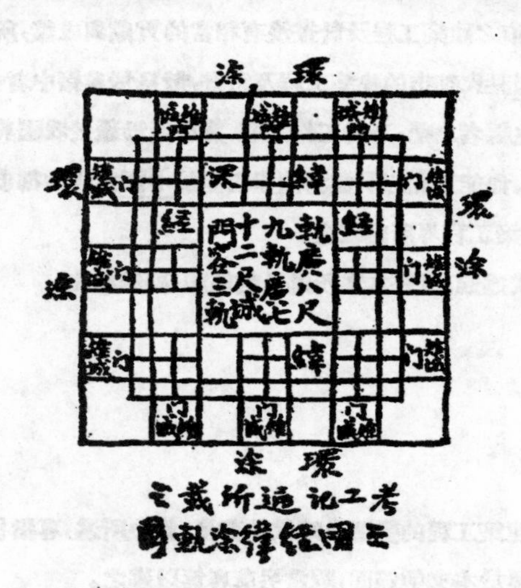

三圖經緯涂軌圖 考工記所通載之

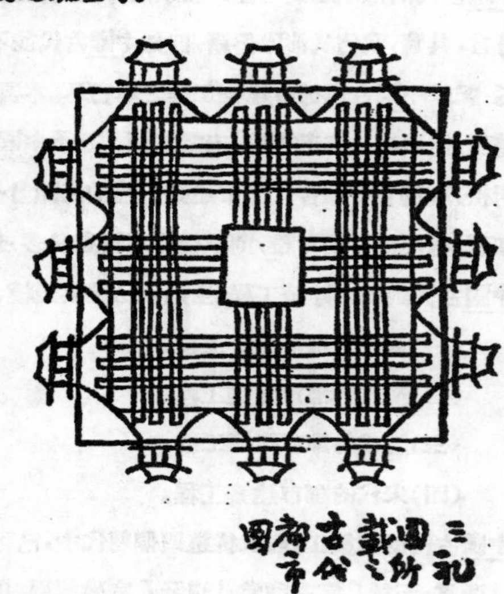

三圖所載古都市圖

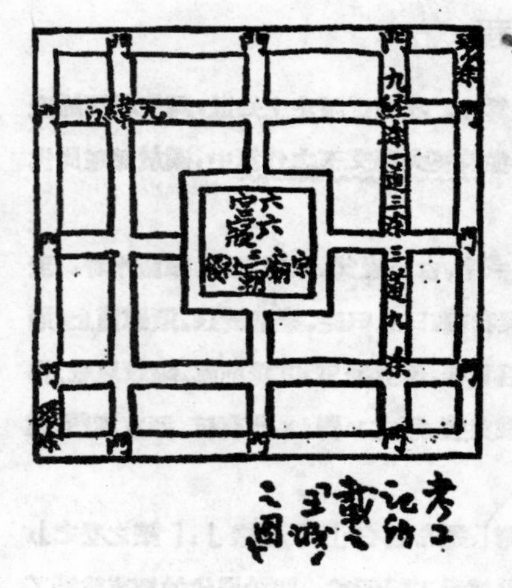

考工記所載之王城之圖

至於三禮圖所載之古代都市圖的說明：「匠人營國，方九里，旁三門。國中九經九緯，經塗九軌，左祖右社，面朝後市。賈釋註云：營謂丈尺其大小。天子十二門，通十二子，謂以甲乙丙丁等十日爲母，子丑寅卯等十二辰爲子。國中王城經緯之塗，皆容九軌。軌謂轍廣也。乘車六尺六寸，傍加七寸，凡八尺。九軌七十二尺。則此加十二步矣。王城面有三門。門有三塗，男子由右，女子由左，車從中央。南北之道爲經，東西之道爲緯。王宮當中經。」（見三禮圖卷四）

至於王宮，則在此圖之中央。據考工記所載，則爲：

「王宮在城之中，其左爲宗廟，其右爲社稷，其前爲朝廷，其後爲市肆。朝者官吏所會，市者商旅所聚，必須一夫百畝之地，然後足以容之。百步爲畝，四面各百步，側有百畝也」。茲將考工記所載之「王城之圖」列左，以備參考。

我們從上面所引用的文字中，關於周代的都市建築工程，可以得着很深刻的印象。九經九緯，可以代表都市的交通建築；男右女左與車行中央，可以代表都市建築中的交通管理之得法；俾立家室，可以代表都市建築中的住宅政策。此外，如晝參諸日中之景，夜考之極星，以正朝夕更可以代表都市建築工程中，對於天文氣象觀測的注意。周代之都市建築工程，已不得不說他偉大了。

三 漢代的都市建築工程

周代的都市建築計畫，在上節已經路述其梗概，茲乃進而作漢代都市建築計畫的說明。秦以山西亡六國而欲帝萬世，統一以還，不旋踵而亡其社稷，故秦之建築，除阿房長城以外，對於都市之建築，實無多大的貢獻。但對咸陽宮殿的興築，頗具相當的努力。

漢代的都市建築，我們於兩都賦中，已可以知其建築的概況。在班固的西都賦中，有云：「街衢洞達，閭閻且千；九市開場，貨別隧分；…………闐城溢郭，旁流百廛；紅塵四合，煙雲相連」。在張衡西都賦中，有云：「廓開九市，通闤帶闠，環室方至，鳥集鱗萃；鬻生衆蠃，求者不匱」。據三輔黃圖卷一所載，關於漢代都市的建築，有下列的一段文字，是值得我們研究的，轉錄如下：

「漢之故都，高祖七年，方修築長安城，自洛陽徙居此城，本秦之離宮也。故置長安，城本狹小，至惠帝更築之，按惠帝元正月，初築長安城。三年春，發長安六百里內男女十四萬六千人，三十日罷。城高三丈五尺，下闊一丈五尺，六月發徒隸二萬人，常役至五年，復發十四萬五千人，三十日乃罷。九月城成，高三丈五尺，下闊一丈五尺上闊九尺，雉高三坂，周圍六十五里。城南爲南斗形，北爲北斗形，至今人呼漢京城爲斗城是也」。又漢舊儀曰：「長安城中，經緯各三十二里十八步，地九百七十二頃。八街九陌，三宮九府，三廟十二門，九市十六橋。地皆黑壤，今赤如火，堅如石」。父老傳云：「盡鑿龍首山土爲城，水深二十餘丈，樹宜槐與榆松柏茂盛焉。城下有池，周繞廣三丈，深二丈，石橋各六丈，與街相直」。

根據上述的文字，可知漢代的都市建築工程，實異常的偉大，言交通，則「街衢洞達」；言房屋，則「閭閻且千」；言市區，則「經緯各三十二里十八步，地九百七十二頃」。此外城牆之高大堅實，城池之深廣，市街橋梁工程之堅固，尤爲最可贊美之成績。據三輔黃圖所載：「長安城面三門，四面十二門，皆通達九路，以相經緯。衢路平正，可並列車軌，十二門三途洞闢，隱以金椎，周以林木。左右出入，爲往來之經；行者升降，有上下之別」。從此可知漢代在都市建築之工程上，對於交通管理之得法了。

漢代都市建築之工程，已如上所述，茲乃考其都市城門之建築工程概況及名稱。漢代的都市建築，都城凡十二門，東西南北四面，各有三門。十二門的名稱如下：

(1)東面的三門：(一)霸城門，(二)清明門，(三)宣平門。

(2)西面的三門：(一)光華門，(二)直城門，(三)雍　門。

(3)南面的三門：(一)覆盎門，(二)西安門，(三)鼎路門。

(4)北面的三門：(一)洛城門，(二)廚城門，(三)橫　門。

霸城門，塗以青色，故又名爲青城門或青綺門，門外則爲外郭。覆盎門外有橋，建築工程頗精巧。門內則爲長樂宮。西安門，又稱爲便門，門外之橋爲便橋門內爲未央宮。光華門，又稱爲章門。直城門上鑄有銅龍，故又名之龍樓門。橫門外有橫橋。此十二門皆設有門衛。漢代都市建築工程之完整莊嚴，較之周代的都市建築工程，實不可以同日而語。此十二門在王莽簒位以後，大都將其原定的名稱改換，玆將王莽所改的各門名稱，轉述如下：

霸城門——仁壽門無疆亭。

清明門——宣德門布恩亭。

宣平門——春王門正月亭。

覆盎門——永淸門長茂亭。

鼎路門——光禮門顯樂亭。

西安門——信平門誠正亭。

章城門——萬秋門億年亭。

直城門——直道門端路亭。

西城門——章義門着義亭。

廚城門——建子門廣世亭。

關於漢代都市城門建建工程及名稱，已經檢閱過了。現在我們來考察漢代都市建築工程中，對於市區的分配。根據三輔黃圖卷二，對於市區的建築計畫有下列的一段文字。

『廟記云。長安有九市。各方長二百六十六步。六市在道西。三市在道東。凡四里爲市。致九州之人。在突門夾橫橋大道。市樓皆重屋。又曰旗亭。樓在杜門大南道。又有當市樓。有會署。以察商賈貨財買賣貿易之事。三輔都尉掌之。直市在富平津西門二十五里。卽秦文公造。物無二價。故以直市爲名。張衡西都賦云。「旗亭重立，俯察百隧」是也。又按郡國志。長安大俠黃子夏居柳市。司馬季主卜於東市。晁錯朝服斬於東市。西市在醴泉坊』。玆將長安市的平面圖，轉繪如下，以便參考。

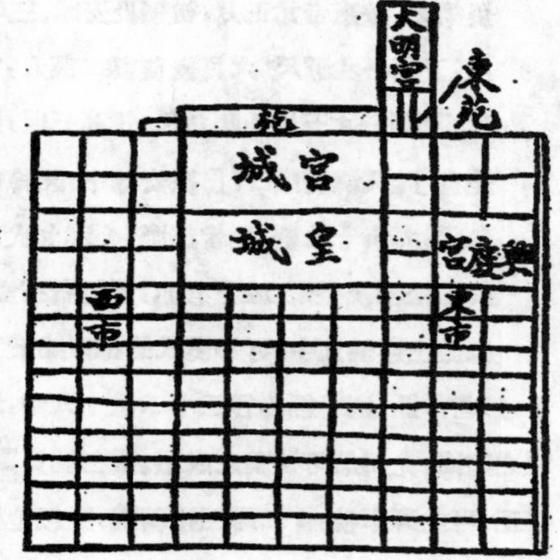

四　唐代的都市建築工程

唐代的京城有三一爲北京，一爲東京，一爲西京。北京爲李唐發祥之地，爲唐之陪都；東京亦爲唐之陪都，一名東都。至於西京，爲唐之都城。西京京兆府，卽爲秦之咸陽，漢之長安，隋之舊京。唐初稱爲京城，開元元年改爲京兆府，天寶元年，改爲西京玆將唐之西京之建築工程，約略述之。

唐代的都市建築工程及計畫，大都沿襲隋之舊軌，所以與隋不同者，則爲名稱上之改變。西京市東西十八里，百五十步；南北十五里，百七十五步。這是西京市的面積。其西北隅爲皇城所在地，稱爲西內。正門名爲承天門，正殿名爲太極殿，太極之後殿名兩儀，中有殿亭觀三十五所。這是西京市內的殿，亭，門的布置。京西有大明興慶等三宮，稱爲三內，有東西二市場。西內南北十四街，東西十一街，街分一百八十坊坊之縱橫爲百餘步。皇城之南大街，名朱雀街。街之東西各五十坊。東屬萬年縣，西屬長安縣。東內稱爲大名宮，在西內之東北，又置三門：曰丹鳳門，曰含元門，曰宣政門，爲高宗龍朔二年置。宣政門左右有中書省，弘文史二館。東內別殿宮觀三十餘所。南內名興慶宮，在東內之南，又有隆慶坊，爲玄宗潛邸。又有勤政務本樓，在宮之西南。禁苑在皇城之北，其城東西二十七里，南北三十里。東至霸水，西接長安故城，南接京城，北隣渭水。漢長安舊城，亦包入苑內，有離宮亭觀二十四所，轄二十縣。此爲西京市的建築工程一瞥，其市區之規畫以及建築物布置，亦頗井井有條，堪爲談都市計畫者之參考。

唐之東京及北京，皆爲陪都，故其建築工程，皆不及西京的完備。在這兩個陪都之中，又以東京市的建築工程，較爲可觀，茲特將東京市之建築工程，擇要述之。

東京南隣伊闕，北枕邙山，洛水環繞之。東京市之面積東西十五里又七十步，南北十五里又二百八十步。周圍六十九里三百二十步。東京市之街道建築的概況：京中廣長各十街，街分一百三十坊，兩市，各坊長三百步，有東西門。宮城在京城之西北，其城南北二里又一十五步，東西四里一百八十步有隔城四重。正門名應門，正殿名明堂。明堂之西，有武成殿，宮城之西南有上陽宮，南當洛水，北接禁苑，西連穀水，東傍宮城，京城之西爲禁苑，其城東面十七里，南面三十九里，西面五十里，北面二十里。東京市區的總面積，共轄二十縣。

我們總觀唐代的建築概勢（指東京及西京兩都而言），對於西京及東京（陪都）的建築工程，已可以得其端倪矣。

五　宋的市建築工程

宋代收拾五代之殘局以統一中原，勵精圖治，不遺餘力。觀於宋太宗觀燈賜宴時之豪語可知矣。至道初元，帝以上元御乾元門樓，觀燈賜宴，見京師繁榮，諭近臣曰：「五代之際，生靈凋喪，當時謂天下無太平之日矣。朕躬覽庶政，萬事粗理，無念上天之貺，至此繁盛，乃知理亂在人。」

宋之都城爲開封，茲將其建築開封市之計畫述之。東都外城，方圓四十餘里。城濠曰護龍河，闊十餘丈。濠之內外，皆圍楊柳。粉牆朱戶，禁人往來，城門皆甕城三層，曲屈開門。唯南薰門，新鄭門，新宋門及封邱門，皆直門兩重。新城南壁，其門有三，南門曰南薰，城南一邊，東南則有陳州門，傍有蔡水河門。西南則戴樓門，傍亦有蔡水河門，城東一邊，其門有四。東南爲東水門，次爲新宋門，次爲新曹門，又次爲東北水門。城西一邊，其門亦有四。偏南爲新鄭門，次爲西水門，次爲萬勝門，又次爲固子門，又次爲西北水門。城北一邊，其門又有四。偏東爲陳橋門，爲封邱門，次爲新酸棗門，次爲衛使門。

以上所述，爲開封市的城門建築工程的大槪情形，至於市區之建築計畫，亦殊偉大。茲根據輟耕錄所載，關於開封市的建築工程狀況，摘要錄之。（根據楊文寬所作的汴宮記，載輟耕錄，見知不足齋叢書）。

「皇城南郊門曰南薰，南城之北新城門，曰豐宜橋，曰龍津橋。北曰丹鳳，而其門三，丹鳳北曰州橋，橋少北曰文武樓，遵御路而北，橫街也。東曰太廟，西曰郊社。正北爲承天門，而其門五雙闕前引。東曰登聞檢院，西曰登聞鼓院。檢院之東曰左掖門，門之南曰待漏院。鼓院之西曰右掖門，門之南曰都堂。承天之北曰大慶門，西曰精門，左昇平門居其東，右昇平門居其西。正殿曰大慶殿，東廡曰嘉福樓，西廡曰嘉瑞樓。大慶殿之後曰德儀殿。德儀之東曰左昇龍門，西曰右昇龍門。隆得之左曰東上閤門，右曰西上閤門，皆南嚮。東西二樓，鐘鼓之所在。鼓在東，鐘在西。隆德之次曰仁安門。仁安殿東則內侍局，內侍之東曰近侍局，近侍之東曰嚴祇門，宮中則曰撒合門。少南曰東樓，即授除樓也。西曰西樓。仁安之次曰純和殿。正寢也。純和曰雪香亭，雪亭之北，后妃位也。少西至清殿。純和之次曰寧福殿，寧福之後曰苑門，苑門而北曰仁智殿，有二大石：左曰敷錫神運萬歲峯，右曰玉京獨秀太平巖。殿曰山莊，莊之西南曰翠微閣。苑門東曰仙韶院，院北曰湧翠峯，峯之洞曰大滌湧翠，東連長生殿。殿東曰湧金殿，湧金東曰蓬萊殿。長生西曰浮玉殿。浮玉之西曰瀛洲殿。長生之南曰閱武殿。閱武南曰內藏庫。由嚴祇門東曰尙食局，尙食東曰宣徽院，宣徽北曰御藥院，御藥北曰右藏庫。右藏之東曰左藏。宣徽東曰點檢司，點檢北曰祕書監。祕書北曰學士院，學士之北曰諫院，諫院之北曰武器署。點檢之南曰儀鸞局，儀鸞局之南曰尙輦局。宣徽之南拱衛司，拱衛之南曰尙衣局。尙衣之南曰繁禧門，繁禧之南曰安泰門。安泰西為左升龍門，直東則壽聖宮，宮東北曰徽音殿。徽音之北曰燕壽殿。燕壽殿以後小西曰震肅衛司，東曰中尉衛司。儀鸞之曰小東華門，更漏在焉。中尉衛司東曰祗肅門，祗肅東少南曰將軍司，徽音壽聖之東曰太石苑，苑之殿曰慶春。東華門內正北尙×局，尙×西北曰隱武殿，左掖門正北尙食局，尙食局南曰宮苑司，西北曰尙醞局，湯藥局，侍儀司，少西曰符寶局，器物局。西則撒合門，嘉瑞樓。西為三廟，正殿曰德昌。東曰文昭，西曰光興。宮西門曰西華，與東華直，其北門曰安貞」。

我們從上述的一段文字，關於開封市市區各種工程布置，至少可以得着一種「簡樸完整」的印象。至於「偉大」與「莊嚴」。當不及漢代都市之建築工程。但以承五代之殘局，而能建築如此完整的都市，實屬難能而可貴。

六 結 論

我國的周，漢，唐，宋四代的都市建築工程，在上列各節中，已略述其建築的布置與計畫的一班。『則中國以前無市政之可言』之觀念，似從此可以改變。

我大中民族，有四千餘年生的存歷史，在「文化科學」方面的貢獻實多。至於造形藝術的偉大貢獻，尤為東西各國所贊佩。試觀美國芝加哥博物院，仿建我國熱河普陀宗乘寺誦經亭之舉（見中國營造學社彙刊第三卷第二冊，王世堉著「仿建熱河普陀宗乘寺誦經亭記」一文），就可以知道中國建築的偉大。

都市建築工程的槪況，散見於典籍中者，當然不僅此區區的敘述他日如有所得，當繼續發表，以求海內專家的指敎。

建築師應當批評麽？

劉福泰

我們試從街道上行過，就可以看見許多陋劣的房屋散漫的排列着，一些不能夠表現出建築上的藝術美來，比較西洋各國的建築界，眞是相差太遠了。

我們要講到補救的方法，那唯一的就是能有多量的批評；但是究竟誰能夠批評，用什麽方法來批評，這都是很應考慮的一個問題。而且各人所持的主張又不相同；有許多人主張在建築界裏毋須批評，他們以爲這種批評就不是大方了。有許多人曾以文學爲喻，在文壇上學者的相互批評是一件很尋常的事，甚至嫉妬起來。以文學範圍爲自己的領域，借此以攻擊別人，減少別人的進取心，這是常有的事，凡是這些態度，在建築界的批評裏，都是要竭力去免除的。

我們要知道一種批評者的天才比較創造者的天才，更爲希少，往往在一代裏面，能產生幾千幾百的創作家而批評者只不過一二人，批評人才的希少是很顯明的事。因爲一個批評家不獨是要具有廣博的知識，哲學的腦筋，並且還要有一副豁達的胸懷，勇敢無畏的精神，這樣一個智勇兼全的人才，自然是不會多見的。

我們假設有一個建築師，具有種種批評的天才，究竟應當讓他去執行批評者的職務呢？還是應當聽他執行建築師的職務，而放棄他的批評的天才呢？這也不是一個難決的問題。因爲在他執行建築師的業務的時候，同時也還可以行使他的批評的天才，如果因爲和他業務有利害關係，以致妄肆攻訐的時候，仍然可以有公衆的意志作爲最後的裁決。因此我們也可以知道建築界上的批評者，也並不是只限定在幾個建築學的專家，只要批評者的態度懇切，批評者的言詞合理，不論是出於何人，都應當誠懇的接受。因爲建築上的錯誤，有各種各樣，纖小的地方雖不是一般人所能指得出來，而大的地方却無論如何不能逃出他們的眼目，如果全國人民對於建築事上能夠去注意他，能夠養成一種批評的習慣，這樣對於建築事上是有益無害的，如果有批評錯誤的地方，也應當用婉轉的言詞，把建築上的眞理析給一般人知道。

在一般人誤解以爲批評只是尋人的過失，不過這只是批評的一方面，同時還要注意到獎勵的一方面，但是在富於强制性的團體，如軍隊，當然性質又是不同，比較是督斥多於獎勵些。

如果純粹以獎勵作爲批評的惟一的資料，當然對於建築界上也不能有十分的貢獻；雖則諛詞甘言，爲一般所歡迎，究竟與事何補？所以正確的，嚴厲的批評，才是今日建築界的最大的需要，要能夠得到一種浩蕩的，勇敢的精神，更非要和全體民衆澈底的團結起來不可。

中國建築

麟炳

一 原始

考之於易：『上古之人，穴居而野處，後世聖人易之以宮室；上棟下宇，以待風雨。』禮運曰：『冬則居營窟，夏則居橧巢；有聖人作，修水火之利，範金合土，以爲臺，榭，宮，室，牖，戶。』可見上古之民，渾渾噩噩，與禽獸爲伍，無所謂建築也。至有巢氏，構木爲巢；雖具建築雛形，仍未得爲建築。直至黃帝，發明宮室之制，是爲中國建築之濫觴。

二 建築之進展

考之史記：『黃帝作宮室之制，遂作合宮。』此最初之建築也。帝堯有成陽之宮，舜有郭門之宮。夏末烏曹作甎，昆吾作瓦，至桀遂有清宮瑤臺之輝煌建築。商紂造鹿臺，爲瓊室玉門，七年乃成。此時建築，已由幼稚時期，進至發育時期矣。傳至於秦，秦始皇雖爲暴君，對於建築偏大有供獻。修聯長城，修章臺上林，工程均稱宏壯。阿房宮完成，使有史以來開一新局面；惜楚人一炬，致片瓦無存，乃中國建築界之大不幸。至漢高祖之長樂宮，未央宮，帝武之甘泉宮，建章宮，在文獻上亦有詳細記載。中國建築之發達，至兩漢已頗有可觀矣。

三 唐代建築之盛況

唐承秦漢六朝遺風，以漢族固有之基礎，並受印度傳來『希臘佛教』之影響，遂造成中國藝術史上黃金時代；惜國人對於建築一道，素不列於文藝之門，致爲士大夫所不道。實則建築之盛。至唐代已大有可觀建築之種類，以宮殿與佛寺爲多。如唐太宗之大明宮，面積佔四萬八千六百方丈。（東西五百四十丈南北九百丈）有三層臺階，高約四十尺，用花甎砌成。宮內有四閣，十三殿，二十四門。平面配置有一條南北貫通的中心線。中心線東西，配置極整齊之宮殿，規模宏大。此外如華清宮，興慶宮，亦均有可觀。至於佛寺建築，多與住宅建築頗相類，推其原因，佛殿即爲神之住宅也。佛寺之佈置，在古籍中鮮有記載。關於唐代佛寺記載，祇有京洛寺塔記一書，亦難考證當時佛寺情形，不過略知其梗概而已。佛寺之重要部分，有分院，門，堂，廊，食堂，鐘樓及畫壁等，在京洛寺塔記中，大部分注重畫壁。現今存在之燉煌畫壁，賴地方之偏僻，與氣候之乾燥，得傳千載，尚能保存。研究中國建築之資料，實有賴之。此外塔之建築，在唐代亦極多，西安寺大雁塔，至今猶巍然矗立，爲中國建築界之珍品。

四 SCALE DRAWING之起源

北宋郭宗恕善畫建築圖樣，號稱界畫。以毫計分，以分計寸，以寸計尺，以尺計丈，是爲SCALE DRAWING之濫觴。以後李明仲先生著營造法式，將中國建築之要點，闡發無遺，後人多以此爲根據。明清以來，建築猛進，其由蓋基於此乎！

五 明清之建築

中國建築之術，至元朝起一新變化，如居庸關之圓洞，其上所刻之文字，雖歷六百年之久，猶能使吾人感覺是時建築，實有發明新形勢之傾向。迨至明朝，其進步則又過之。明代建築，以永樂爲最盛時期；蓋以成祖遷都於燕，對於皇宮大加修葺。故永樂四年，命陳珪經劃重建北京（今北平）宮殿，命工部尚書吳中督工監造，北京宮殿之梗概，已造基於此矣。滿清入關，仍都北京，幸而未如歷代帝王得天下後，殺人放火，將皇宮付之焚如；此乃建築界十二分僥倖。但皇帝多喜新厭舊，致歷代之修葺，已將明代式樣，掃除無遺矣。故北平皇城，除皇成門爲明代遺跡外，其他多爲清朝作品。此外北平樣子雷所存園藝，陵墓等圖樣，及模型，尤爲中外建築家所推許，而爭相購致焉。圓明園設計，以受歐化之影響，已參雜意大利建築之風味，模規之宏大，爲歷來建築園藝之冠。庚子一役，可憐焦土，此誠較楚人一炬，更可惋惜者也。此後歐風漸次東來，建築界亦影響所及，多從事於摩登建築（MODERN STYLE ARCHITECTURE）矣。

六 現代建築

（甲） 建築人材之產生

民國以來，開建築先例者，當然首推一般留學歐美諸志士：如呂彥直，范文照，莊俊等，均爲民國以來建築界之先進。此後國內學校，亦視建築之重要，而添設是科。設立建築科最早者，爲江蘇公立蘇州工業專門學校；後歸併於中央大學，遂改爲中央大學建築工程科，現在畢業生已有四班。以後漸次設立者，爲東北大學及北平藝術學院。按東北大學與藝術學院，係民國十七年夏季同時設立建築系，至今均宜有兩班畢業生。但藝術學院以民國十八年有特殊關係，未能招收建築系，故今年是系無畢業生。東北大學以受九一八事變影響，建築系遷於上海授課，能勉强維持畢業，亦云幸矣。調查民國二十一年班建築科畢業人數，中央大學二人，藝術學院五人，東北大學九人；二十二年班中央大學三人，東北大學八人，藝術學院無。由此以後，東北大學既告飄漂無依，藝術學院又受教部明令而結束，區區中央一校，人材雖衆，終少觀摩，此後若無相當學校添設建築學系，國產建築師恐發生滅種之慮，此則不可不深謀遠慮者也。

（乙）所希望國人研究建築學者

歐西諸邦，多以自己文化作基礎，以外來文化，作補充，而發展其新文化。我國人則見異思遷，專尚摹仿；今日視德人發明新樣而抄襲之，明日視英人發明新樣而抄襲之，而美其名曰德國式，英國式，對於國粹之進展，則毫未顧及也。考中國固有建築，在歷史場中，未嘗不據相當勢力，惜沿襲舊章，不加改進，致千百年後，仍復如斯。近雖一二人稍事注意此項，但一曝十寒，朝不繼夕，致無所謂發明，亦無所謂改善。北平營造學社，創始於朱啓鈐先生，爲研究中國建築之唯一機關，政府每年亦小有補助；自梁思成劉士能二先生任職以後，更日漸起色，中國建築之魂，未始不以此爲寄託。何期强鄰旣據四省，復窺平津，致小有基礎之中國建築研究所，亦不得不受城門失火之殃。但願此螢光之靈魂，不遭狂風吹散，待機產生。中國建築，僅此一線曙光，建築界諸君，幸勿漠然視之也。

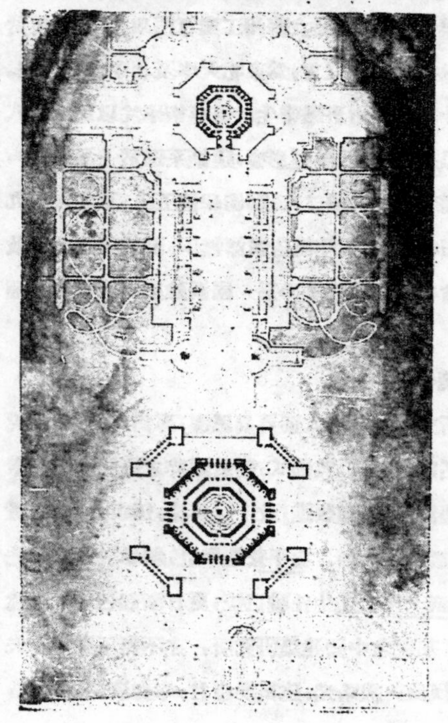

東北大學建築系四年級馬俊德繪名人紀念堂

名人紀念堂習題

廿一年九月七日發

各國都會咸有殿宇(Pantheon),以藏名人遺骸,供衆仰慕。吾國京城,亦擬設紀念堂,凡文學藝術兵事政治大家謝世之後,棺槨移至堂中,舉行哀悼,然後葬於堂下。堂內並有長廊陳列先哲行蹟。

堂宜高崇,地盤方廣各在四百尺以內,凡建築本部台階及園林布置,不得越出此範圍。堂內宜有大廳,爲行禮之用。大廳之外有長廊以爲陳列之用。下層分列若干小室,爲供奉棺槨之所。

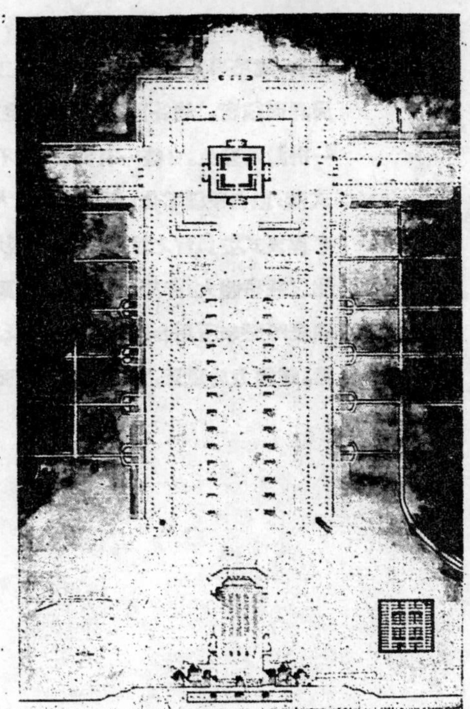

東北大學建築系四年級孟憲英繪名人紀念堂

（續前）

草　圖

平　面　　六十四分之一

立　面　　六十四分之一

斷　面　　六十四分之一

民國廿一年九月八日下午六時交

詳　圖

平　面　　三十二分之一

立　面　　十六分之一

斷　面　　三十二分之一

民國廿一年十月八日下午六時交

建築文件

說明書與合同，在建築工程上之地位，其重要較之圖樣有過之無不及，蓋建築師受業主之委託，計劃種切，其責任固不特繪圖已也。蓋圖樣之所示，爲已成之型式，對於完成此工程之過程，與夫價格之如何，業承雙方之責任等等，非有說明書之釐就以及合同之訂立，不能確定。建築事業，日新月異。其施工之方法，亦愈形繁複而纖細；苟無說明書以爲之指示，承包者幾無法進行，此說明書之所以不可無也。際茲因工程上之糾紛，而致涉訟者，往往見之；推原其故，無縝密公允之合同，以明雙方之責任，實有以致之，此合同之所以必備也，中國建築事業，發軔未久，往昔之興土木者，往往由業主直接委之承包者，繪圖也，施工也，一任承包者之自由處理，減料自肥，勢所難免，以無合同之訂立，與夫說明書之備具，致業主欲訴之法律而無據，當之者深感痛苦 晚近以來，建築事業漸趨欣榮，繪圖施工之事，悉以委之建築師，說明書與合同之訂立，遂周詳而縝密。然各自爲政，向無定式，以致用中文者有之，用英文者亦有之，式格既不一掛漏乃難免。日後一有糾紛，仍不能有法律上完具之條件，以作論斷之根據。故統一式樣，以合乎標準化，實爲當前莫大之急務也，中國建築師學會，有鑒於斯，乃有編製章程表式委員會之設，專以擬定說明書，以及合同之方式爲職志。創立迄今雖已近載，然以茲事體大，非周詳考慮於前，難免掛一漏萬於後；故綱領雖具，修削有待。特將本建築師歷來所用合同說明書，以及其他有關於建築之文件，逐期刊出，公諸委員之參考。雖竭力於窺管，難免遺譏於牆面。幸海內碩彥，有以之。

楊錫鏐識

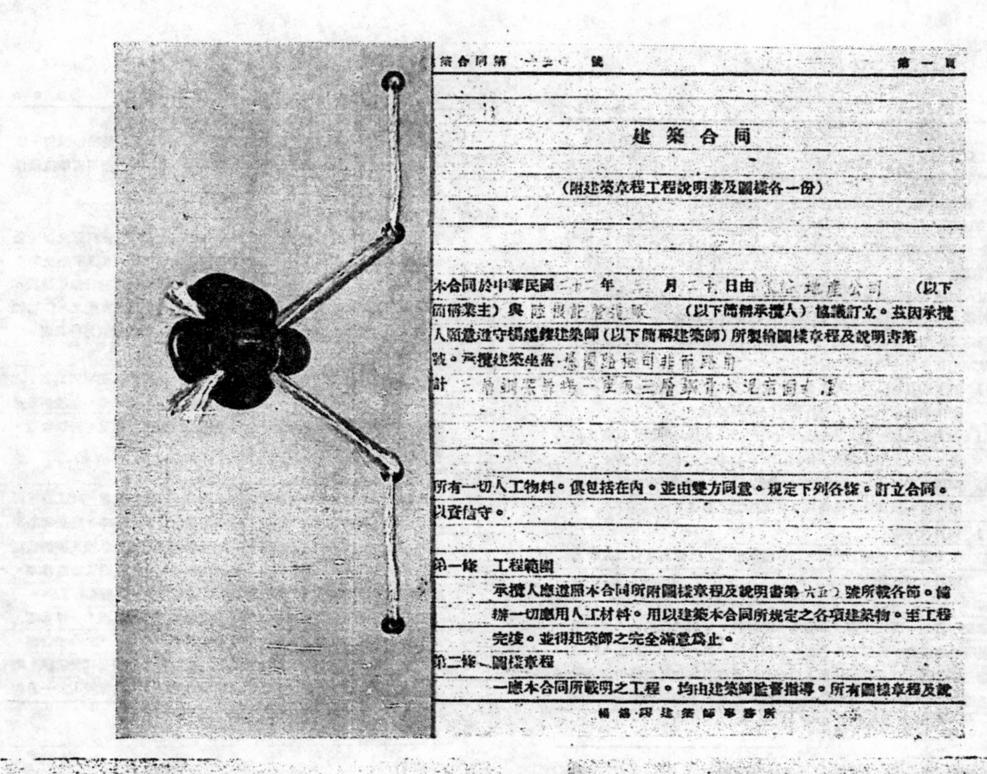

建築合同第 六五〇 號　　第一頁

建築合同

（附建築章程工程說明書及圖樣各一份）

本合同於中華民國二十二年　三　月二十日由　[illegible]地產公司　（以下簡稱業主）與　陸根記營造廠　（以下簡稱承攬人）協議訂立。茲因承攬人願意遵守楊錫鏐建築師（以下簡稱建築師）所製給圖樣章程及說明書第　號。承攬建築坐落　[illegible]路[illegible]司非而路角

計　[illegible]

所有一切人工物料。俱包括在內。並由雙方同意。規定下列各條。訂立合同。以資信守。

第一條　工程範圍

承攬人應遵照本合同所附圖樣章程及說明書第六五〇號所載各節。備辦一切應用人工材料。用以建築本合同所規定之各項建築物。至工程完竣。並得建築師之完全滿意為止。

第二條　圖樣章程

一應本合同所載明之工程。均由建築師監督指導。所有圖樣章程及說

楊錫鏐建築師事務所

建築合同第 六五〇 號　　第二頁

明書。均由建築師備辦。該項圖樣。除本合同所附總樣十三張外。包括隨後臨時所出為建築本工程所需之一切大小詳細圖樣在內。

第三條　更改圖樣

本工程之任何部分。在未建造之前。或已建造之後。業主以為有更改之必要時。得由建築師隨時另出修正圖樣。交給承攬人照做。惟該項更改。如將因之發生額外工作或材料時。應由承攬人及業主雙方議定增減之價格。在三日內會同建築師簽訂修改價目單。以為將來造價加減之憑證。如未有該項價目單之簽訂。則該項更改圖樣。即認為與原樣之工作材料相等。不得有所爭執。

第四條　造價期限

業主應付給承攬人全部工程之造價共計為[illegible]正依下表所列分期付款辦法按期付給之。該項每期之付款為業主分期撥付全部工程之代價。並非付給彼時該作場內已成或未成各部工程及一切材料之價值。

以上各款之支付。依工程進行至下列期限時。由承攬人備具正式報告單報告工程實在狀況。由建築師核對無誤。簽發領款證書。承攬人憑該證書向業主領取款項。如屆領款期限。業主因充分理由。不能如期付款時。得於先期通知建築師。向承攬人聲明展緩一期。所有該展緩款項之利息。由業主按照莊息償還承攬人。如屆次期仍不能應付。則承攬人得自由停工。至領到該項欠款為止。所有停工期內一切損失。均經建築師秉公計估。由業主如數償還之。停工日期。亦於第四條所載完工期限內按數扣除。凡遇工作順序有所變更。或其他事故。上列付款期限須有更改時建築師得全權處理之。

楊錫鏐建築師事務所

建築合同第 六五〇 號　　第三頁

分期付款表

期別	工程狀況	付款
一	椿頭打好及底脚完全做好	銀[illegible]萬兩正
二	二層水泥凝土樓板做好	式萬兩正
三	三層樓板做好及鋼鐵工字大料裝好	式萬兩正
四	鋼鐵工程完全做好（屋頂鋼格除外）	式萬兩正
五	大屋面及屋頂假花室等完全做好	式萬兩正
六	內外牆垣完全砌好	式萬兩正
七	內外粉刷完全做好（美術粉刷除外）	式萬兩正
八	門窗裝修裝好	式萬兩正
九	五金鐵器及門窗大理石等完全做好	式萬兩正
十	油漆完工	式萬兩正
十一	完工後三星期	[illegible]百兩正
共計		銀拾[illegible]百兩正

楊錫鏐建築師事務所

第五條　完工期限

全部工程。承攬人允於簽訂合同日起於　個足月零　天內完工。如無下條所列各項不測之事臨時發生。則准於　年　月　日以前交割清楚。如有延遲。承攬人應賠償業主每天銀　　兩正。是項賠償金。係業主因工程延遲而受各方之損失。並非罰金。

第六條　工程延遲

承攬人如遇下列各事發生。以致工程停頓或延遲時。得隨時備具正式報告單。詳記停工原因。停工日數等。送呈建築師查核。如經建築師認為確非承攬人能力所能制止。則上條所載完工期限。應予展期。日數依該項報告單由建築師酌量定奪之。

（甲）雨雪風霜。照上海天文台之正式報告計算。每雨作一日算。晚雨作半日算。如屋面蓋好後。則不在此例。

（乙）如大部工程。因受業主之囑咐有所增減。以致其餘工程為其所阻。或因他項承攬人工作延宕。以致本工程不便進行時。

（丙）鄰居失火延燒。（承攬人自行失火成災不在此例）或地震雷擊颶風冰雹。及其他各種非人力所能抵禦之變故。

（丁）兵災及水災

（戊）工人罷工。如罷工原因。為承攬人自己之措置失當以致激成工潮者。不在此例

第七條　災害

在未交屋之前。所做工程。及場內一應材料。如因颶風水災。及一應天災所受之損失。應由業主負担。其損失之多寡。由業主承攬人與建築師三方共同估定計算。惟至多以已付造價為限。如所受損失超過所付造價時。其超出之數。由承攬人負担。如遇發生戰事恐慌。業主與

承攬人雙方估計所有之價值。會同投保兵險。否則如受戰事損失。依照上項天災等一律辦理。如雙方不能同意。則任何方面可以單獨投保。其利益由投保者單獨享受。

第八條　保險

工程進行時其作場材料及已做工程。應由承攬人向殷實可靠之保險公司投保火險。數目視工程之進行逐漸遞加。如數保足。保單悉交業主代為執管。如有火災發生。即由業主會同承攬人向保險行領取賠款。再由業主承攬人建築師三方共同商酌。按雙方之損失支配之。作場如遇火災。該工程已訂之合同仍繼續有效。惟完工日期須另行訂定。

第九條　權利

在未交屋前。無論已成建築或各項材料。凡一經運入工場即為業主之所有物。非經業主之允許。不得自由運移。在未交屋前。無論何時承攬人如將合同權利讓與他人。須得業主及建築師之同意。否則無效。更不得將未收之造價。抵押于他人。

第十條　工程玩忽

如承攬人不能招集足數熟練工人。或置備一切應需物料。致工程因而過分延緩。或有違背本合同及章程所載之任何一節時。建築師應用書面通知書。向承攬人正式警告。如警告後三日內。承攬人不能恢復工作並遵照合同或章程條文辦理經建築師認為足以阻礙工程進行時。得由業主自行招集工人。購辦物料。或另行招人承攬進行工作。一切費用。仍由承攬人支付。或由業主付款時扣除。承攬人一應權利。亦即停止。第六條所載分期付款。亦暫停付。地基上一應材料傢具。暫歸業主管理。至全部工程完工時。一總核算。如業主代墊之款。超出與未付給承攬人分期造價之數。則超出之數。即向保證人於一月內

如數取償。如業主代墊之款。較少於未付之分期造價。則所餘之款。應由業主發給承攬人。本條所述業主用以完竣工程之費。包括購辦物料及工人備給一切雜項等費。應備具清賬。由會計師審查核准。

第十一條　工程保證

房屋完工時。承攬人應具保單。保證其承造之工程。一年以內毫無走動漏水傾圮等事發生。（颶風龍電地震以及兵水火各災不在此例）如一年內查出有上項情事發生而確係人工粗陋物料窳劣所致者。應由承攬人完全負責。一經接得業主之正式通告。應即於四十八小時內。派人前往修理完善。

第十二條　保證人

承攬人應覓殷實商家作保。保證承攬人對於本合同之一切完全責任。該保證人須經業主之承認並在本合同上簽字證明。方為有效。如用現銀或地產道契担保。其數至少須合造價十分之一。交建築師收執。由建築師出立收據。並書面通知業主。以作憑證。再由建築師徵得業主與承攬人之同意。存入或保管於殷實可靠之銀行。利息或保管費歸承攬人擔任。至工程完竣後。即將上項現銀或地產道契取出。交承攬人收回。如承攬人不能完工。或發生事故。業主因之受其失損。建築師得將該項現銀或地產道契。全權處理。如現銀存入銀行而該銀行發生倒閉情事。則所受失損。由業主與承攬人各半負担。

第十三條　解決執爭

業主與承攬人間或生一切糾葛及爭執。以及加減賬目等糾紛。得由建築師按照章程合同秉公調解。如遇重大事故。建築師不能圓滿

解時。則由業主承攬人及建築師三方公請諳於建築工程者三人。組織公證人會解決之。一經該會解決後。雙方不得再持異議。

第十四條　遵守合同。

本合同一經簽訂。業主承攬人保證人或上述各人代表或其法律承繼人均應遵守。本合同一式三紙。由業主承攬人及建築師各執一紙存照。

立合同人　業主

保證人　承攬人

建築師

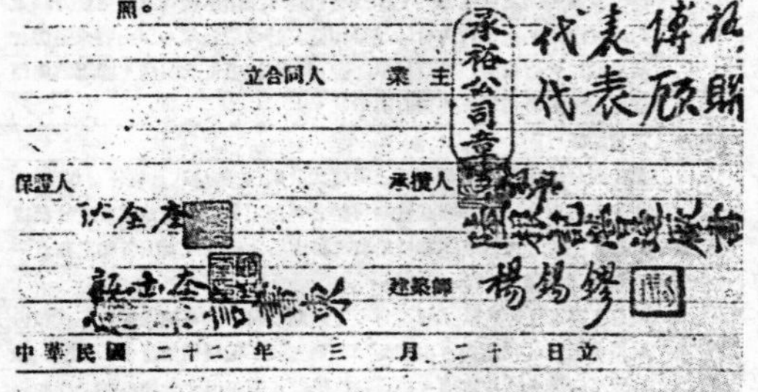

中華民國　二十二　年　三　月　二十　日立

本會民國二十二年度年會到會會員全體攝影

二十二年本會年會記錄

日　　期　一月十二日

地　　點　巨潑來斯路三一〇號鄭公館　　時間下午七時半

到會會員　陸謙受　吳景奇　楊錫鏐　薛次莘　巫振英　奚福泉　楊廷寶　羅邦傑
孫立己　董大酉　林澍民　范文照　徐敬直　莊　俊　黃耀偉　李錦沛
趙　深　童　寯　陳　植

主　　席　趙　深

介紹新會員發給證書　顧道生　張至剛　黃元吉　楊潤玉　繆凱伯(未到)　李惠伯　許瑞芳
王華彬　浦　海　葛宏夫　莊允昌　張克斌　丁寶訓　哈雄文(未到)

報告事件　(一)會所籌備委員陳植報告
(二)會記陸謙受報告財政狀況
(三)籌劃會所工作委員童寯報告

(四)出版委員會楊錫鏐報告

(五)設計芝加哥博覽會中國館委員會徐敬直報告

(六)編製章程表式委員會范文照報告

(七)建築名詞委員會莊俊報告

討論事件　(一)范文照提議修改本會章程第八條理事部組織案

議決　修正本會章程第八條如下

「本會理事部以七人組織之除執行部會長副會長爲當然理事外並於年會時再由正會員中選舉入會滿二年之會員五人爲理事理事長由理事選舉之」

(二)陳植提議修改本會會費案

議決　本會入會費定爲廿五元常年費十元經常費每月三元

(三)董大酉提議暫時取消本會仲會員案

議決　暫時不提

選舉下期職員結果　執行部(民國二十二年度)

會長	董大酉
副會長	莊俊
書記	楊錫鏐
會計	陸謙受

理事部

理事	范文照
	李錦沛
	趙深
	巫振英
	羅邦傑

攝影

聚餐　十二時散會

本會委員會—(民國二十一年度)

會所籌備委員會	陸謙受	趙深	陳植
籌劃會所工作委員會	童寯	楊錫鏐	董大酉
出版委員會	楊錫鏐	童寯	董大酉
計劃芝加哥中國館委員會	徐敬直	童寯	奚福奇
編製章程表式委員會	范文照	楊錫鏐	朱彬
建築名詞委員會	莊俊	楊錫鏐	董大酉

名譽會員

姓名	字	履歷	通訊處	電話
朱啓鈐	桂莘	前內務總長北平中國營造學社社長	北平中央公園內中國營造學社	
葉恭綽	譽虎	前交通總長交通部長交通大學校長	上海呂班路一三八號	

會員

姓名	字	出身	通訊處	電話
呂彥直		B. Arch., Cornell Univ.		
張光圻		B. Arch., Columbia Univ	北平東城頭條故衕三號	
李錦沛	世樓	Beaux Arts, Pratt Institute, New York, Columbia Univ	上海四川路念九號	14849
劉福泰		B. Arch., Oregon State Univ.	南京中央大學	
范文照	文照	B. Arch., Univ. of Pennsylvania.	上海四川路念九號	19395
莊　俊	達卿	B. S. Univ. of Illinois.	上海江西路二一二號	19312
黃錫霖		Diploma, London Univ.	Pedder Building, Pedder, Hongkong.	
趙　深	淵如	B. Arch., M. Arch., Univ. of Pennsylvania.	上海寧波路四十號華蓋建築事務所	13735
盧樹森		Univ. of Pennsylvania	南京中央大學	
劉既漂		巴黎國立美術專門學校	南京大方建築公司	
董大酉		B. Arch, M. Arch,. Univ. of Minnesota. Graduate School. Columbia Univ.	上海江西路三六八號三樓三一一號	13020
李宗侃		巴黎建築專門學校建築工程師	南京大方建築公司	
劉敦楨	士能	日本東京高等工業學校建築科畢業	南京中央大學	
陳均沛		Univ. of Michigan, N. Y. Engineering College, Columbia Univ.	南京鐵道部建築課	
楊錫鏐		B. S. N. Y. Univ.	上海寧波路四〇號四樓四〇五號	12247
貝壽同		Certificate, Technische. Hochsehole zur Schorlottenburg. Berlin.	南京司法部	
楊廷寶		B. Arch., M. Arch., Univ. of Pennsylvania.	上海九江路大陸大樓八〇一八〇二號	12222
關頌聲		B. S, M. I. T., Graduate School Havard Univ.	仝　上	
黃家驊		B Arch. M. I. T.	上海博物院路念號東亞建築公司	12392 14740
奚福泉	世明	Dipl.-Ing, Technische Hochschule zo Darmstodt Dr.Ing Technische Hochschule zu Charlottenburg.	上海南京路大陸商場啓明建築公司	93345
李揚安		M. Arch., Univ. of Pennsylvania.	上海四川路念九號李錦沛建築師事務所	14849
巫振英	勉夫	B. Arch.. Columbia Univ.	上海西摩路二二〇號	51135
羅邦傑		B. S, Univ. of Minnesota.	上海九江路大陸大樓	

譚垣		M. Arch, Univ. of Pennsylvania.	上海蘇州路壹號	
陸謙受		倫敦建築學會建築學校英國國立建築學院院員	上海外灘中國銀行建築課	11089
陳植	植生	M. Arch., Univ. of Pennsylvania.	上海寧波路四〇號華蓋建築事務所	13735
林徽音		美國彭城大學學士	北平中央公園中國營造學社	
梁思成		M. Arch., Univ. of Pe nylvania.	仝上	
童寯		M. Arch. Univ. of Pennsyivania.	上海寧波路四〇號華蓋建築事務所	13735
朱彬		M. Arch. Univ. of Pennsyivania.	上海九江路大陸大樓基泰工程司	13605
薛次莘		B. S., M. I. T.	上海南市毛家衖市工務局	15122
蘇夏軒		比利時建築師	上海靜安寺路一六〇三弄延年坊四七號	33568
林樹民		M. Arch., Univ. of Minnesota.	上海博物院路念號	18947
莫衡		B. S. N. Y. Univ.	上海京滬路管理局	44120
裘燮鈞		M. C. E. Cornell. Univ.	上海南市毛家衖市工務局	15122
吳景奇		M. Arch· Univ. of Pennsylvania.	上海中國銀行建築課	11089
黃耀偉		M. Arch. Univ. of Pennsylvania.	上海江西路二一二號莊俊建築師事務所	19812
孫立己		B. Arch. Univ. of Illinois	上海四川路四行儲蓄會	18060
朱神康		B. S. Univ. of Michigan.	南京建設委員會工程組	
徐敬直		M. Arch. Univ. of Michigan.	上海博物院路十九號興業建築師	14914
黃元吉			上海愛多亞路三八號凱泰建築公司	19984
顧道生			上海福州路九號公利營業公司	13683
許瑞芳			上海仁記路錦興地產公司	15149
繆蘇駿	凱伯		上海康腦脫路七三三弄一三號	33341
楊潤玉	楚翹		上海大陸商傷五二五號華信建築公司	94790
李惠伯		B. Arch. Univ. of Michigan.	上海博物院路一九號興業建築師	14914
王華彬		B. S. Umv. of Pennsylvania.	上海江西路上海銀行大廈董大酉建築師事務所	13020
哈雄文		B. S. Univ. of Pernsylvania.	仝上	13020
張至剛		B. S. N. C. Univ.	南京中央大學	
丁寶訓			上海寧波路上海銀行大厦華蓋建築事務所	13735
張克斌			上海四川路二九號李錦沛建築師事務所	14843
浦海			上海江西路上海銀行大厦董大酉建築師事務所	18080
葛宏夫			仝上	
莊允昌			仝上	
李蟠			上海四馬路九號	10350

上海公共租界房屋建築章程

（上海公共租界工部局訂）

30349

建築物之安全及適宜居住者諸問題，關係民生至重，故世界文明各國咸有建築章程之規定。然因各地有其特殊之氣候，地質及市政當局對上述諸問題所具之見解不同，故所有之建築章程，因之不能統一。

滬市為吾國之最大都市，建築日增，故市政當局為保障市民之居住安適，早有建築章程之規定，惟因與各租界當局者見解微異，故滬市及二租界（公共租界及法租界）之建築章程亦因之而異。茲本刊為比較各章程之異同以備讀者諸君之參考起見，先將公共租界及法租界建築章程之華文譯本刊印如下。

編者識。

上海公共租界房屋建築章程

（上海公共租界工部局訂）

楊肇煇譯

樣圖

第一條　凡擬建造新屋者，均應備具全部樣圖，送請審核。圖樣上所用之比例尺，不得小於每八呎作爲一吋。並須將新屋各部及其附屬建築之位置形式大小，及用途等詳細載明。

同時造屋者，須備具此屋之地盤圖一份。其比例尺不得小於五十呎作爲一吋。並須將新屋及其四隣建築之位置，前後街道之寬度及水平，最底層及空地之水平，與每層擬載之重量等詳細註明。

計算地基，撑柱，礎磴，圍牆，棟樑，及其他負重之建築時。其在每層及屋頂上所應負載之重量。須與本章程第四章中所規定者相符合。

圖樣上並須載明擬造水溝之線路，及擬用水管之大小，深度，與斜度。

各項圖樣，均須備有兩份。一份於核准後，存案備查。一份送還與請照人，俾得憑領執照。此份須於建築時懸掛於工作地點。使稽查員可以隨意審查。但無論已否經過審查。領照人均須隨時負責。遵照本章程適當辦理。

請照單及執照費

第二條　凡建造新屋請領執照者，均須填寫於特備之請照單內。此單隨時可以免費領取。填就後，連同執照費。一併繳交。應繳之執照費，規定如下。

(甲)房屋體積不過二萬立方呎者。	規銀肆兩
(乙)二萬立方呎以上每加五千立方呎或其分數者加	規銀壹兩
(丙)更改已經核准之圖樣，而不加大其體積者加	規銀壹兩
(丁)更改舊屋。但須在舊牆以內者。(否則仍照甲乙丙收項費。)	規銀叁兩

(戊)如有連續一貫之房屋，而其各屋之式樣相同者。則第一屋照上例各項取費。其餘各屋均減半收取。

籬笆棚架等

第三條　凡建造新屋其高度不逾五十呎者，所搭之棚架籬笆等，得伸進及占用貼邊之人行道或公路，但不得逾三呎。其高度在十呎以上者，不得逾四呎。遇有特別情形。稽查員得許超過上訂寬度。此項籬笆棚架等概應建造穩固，勿使任何材料墜入公路之中。

地基等

第四條　新屋之地基。不得建於包含動植物質，或未曾切實固結之地址上。

新屋之地面應較做成後之人行道最高點，至少高出三吋。如無人行道，則較距離最近之公路，路冠，至少高出三吋。

新屋底層之地板，如係實舖應，較做成後之人行道最高點，或最近公路路冠，至少高過六吋。如係空舖，至少高過十二吋。

屋址之地面

第五條　在新屋外牆之內。全部地面，槪須用瀝青，或蓋以灰漿及水泥，或柏油混凝土一層，厚度至少六吋。瀝青混凝土之面，不得低於第四節所述之地面。但貨棧一類之房屋，不得用柏油混凝土。

包工人用之臨時廠房

第六條　建新屋時包工人用之臨時廠房內。槪須備有廚房及經核許之廁所。並須於新屋工竣之後完全拆除。廚房地板應用不透水之材料建造，並應向明溝舖成坡度，使水得以流入溝時，轉入最近之流水管或小溪內。

牆垣

第七條　(甲)新屋牆垣。槪應備有牆垣避潮材料一層，如鉛皮油紙等。此避潮材料須置於最低木料之下，高出牆之地面，至少六吋。

(乙)新屋牆身所用之材料，建造之方法及厚度，均須依照本章程各節所規定。(詳見第一章)

(丙)任何磚料之載重，不得超過以下之規定。

水泥黃砂所砌之牆垣	每方呎三噸
灰漿黃砂所砌之牆垣	每方呎二噸

(丁)貼近外牆之處，如有易於燃燒材料，所做成之水溝。則須自此溝之最高點，至少向上砌高一呎，做成一壓簷牆。其全身厚度，至少八呎半。

(戊)建造新屋時。無論何層或每層外牆上所開空洞。其面積大於無論何層或每層全牆面積之二分之一時。則此空洞應：——

(一)置有適當之磚墩，或其他有效之支撑，以能担負其上部之重量爲度。

(二)置有適當之磚墩，或其他有效之撑支於距牆角三呎或三呎以內之處。

(己)(一)凡屬貨棧或公共房屋，每一分間牆厚度至少八吋半。並須高出最高之屋面或氣樓，或天溝，至少三尺。如屬其他房屋，則至少十五寸。該項尺寸以與屋面成直角之垂直量法爲准。

(二)凡任何房屋之屋頂或屋面。與新屋之分間牆相距在二呎以內。其上設有軒棧，氣樓，氣窗，或其他易於燃燒之材料所造之建築物者。此分間牆，應照前訂厚度，高於及每邊寬於此項建築物，至少十二吋。又任何屋頂與新屋之分間牆相對，且相距在二呎以內者。此分間牆應照前訂厚度，高於此屋頂之任何部分，至少十二吋。

(三)凡任何屋頂之一部分，與新屋之分間牆相對，且相距在二呎以內者。此分間牆應照前訂厚度，高於此部分至少十二吋。

(四)倘屋面之屋簷，伸出於房屋之外。且爲易於燃燒之材料所做者。每一分間牆。厚度至少八吋半。須用磚或石作成壁肩。向外與伸出之屋簷相齊。並向上砌高。貨棧三尺。其他房屋十五寸。

(庚)新屋牆垣高過屋面，而成一壓簷牆時。應做有壓頂，或其他有效方法。使雨水不致沿壓簷牆流下，或浸入牆內。

(辛)新屋之外牆，橫牆，或分牆間上。除合於下列各項規定者外，不得有任何壁洞，或凹進之處。(RECESS)：

(一)該項凹進處之背後牆身。仍應具有合法厚度。(住宅八寸半。貨棧或公共房屋十三寸。)

(二)該項凹進處之上部，應設有適當之磚揩，或不易燃燒之橫楣。

(三)該項凹進處之牆度，如不及該層牆垣高度之一半，則背後牆身可較該牆應有之牆身爲薄。

(四)該項壁洞或凹進處之邊，應與任何內牆角相距至少三尺。

磚柱

第八條　凡磚柱之四面臨空，而無適當支撑者，其高度不得逾其最小寬度之六倍。如有適當支撑，則該項支撑點之相距，不得逾其最小寬度十倍。凡二十吋以內之磚柱，皆應用水泥黃砂砌成。

擱栅

第九條　(甲)每一擱栅，無論係用木料或金屬。每端除托入分間牆或外牆外。應至少有四吋另托於適當之磚礅，石礅，木柱，或鐵柱上。稽查員有權鑒定，每一擱栅是否需要此項另置之支柱，俾可負担上部之重量。凡木擱栅之端，距分身牆中線，至少應有四吋。

(乙)金屬擱栅之每端，須留一空隙。擱栅每長十呎或其分數，則空隙應留四分之一吋。以備遇熱之伸長。

(丙)與擱栅互相固連之木料或木板，不得置於牆內。

(丁)每一擱栅，如係置於分間牆內。均須托於穩固之磚塊，石塊，或鐵塊上。放入之長度，至少爲牆身厚度之半。寬度則與擱栅之全寬相同。

(戊)木料之端，得置於穩固之石肩，或鐵肩上。放入牆內之長度，至少八吋。或另置於稽查員合意之支撑上。

(己)如用有背之鐵製之托樑盒，則托樑盒之背，可置於分間牆之中線上。

(庚)在每層地板及天花板處，凡擱柵之置於新屋牆上者。其中空隙均須以磚料，或混凝土，或其他不易燃燒之材料塡滿。但置於牆中之木質擱柵之盡頭處，應留有充足空隙。以便流通空氣。

烟囱

第十條 (一)倘壁肩由牆面伸出之寬度，不大於牆寬者。煙囱可做於磚製，或石製，或其他堅硬而不易燃燒之材料所製之壁肩上。其他煙囱，槪須做於實質之基礎上。且須附有如牆脚之底脚。否則無須做於鐵桁上直接固結於分間牆，外牆或橫牆內。以得有稽查員之滿意方可。

(二)烟囱之具有適當之烟煤門，其面積不小於四十方吋者。可以作成任何角度。但與地平線相斜之角度，不得小於四十五度。且轉角處應作圓形。一槪烟煤門與木料之距離，至少應有十五吋。

(三)每一烟囱之空洞上。爲支撐其本體起見。應做一適當之磚製，或石製之環拱。在盡頭處置一可以上下搖動之鐵條。每邊放入爐牆內至少八吋半。

(四)無論屬商業用，或屬製造用。不得爲新置之火爐，或鍋爐，採用或設置烟囱。但烟囱之建築，經稽查員之核准者除外。

烟囱不能用作鍋爐或熱氣引擎之用。倘烟囱自鍋爐之地面之高度，至少有二十呎者除外。

新屋烟囱之裹面，槪須以灰泥或灰砂塗光。並須以至少一吋厚之避火材料舖滿砌上。所有稜角處，亦須以硬磚，或其他不易燃燒之材料磨平。

烟囱在房屋以外之各部分。其位置及層數均應顯明表出。但烟囱之外面，用作外牆之面者除外。

烟囱不能築於分間牆內。但四週用至少四吋厚之新磚，且經適當之砌結者除外。

每一烟囱之上部，與地平線作成之角度，不及四十五度者。其厚度至少應爲八吋半。

(五)每一壁爐之墩，在爐門每邊之厚度，至少應有十三吋。

(六)烟囱本身及四週之磚料，厚度至少應有四吋。

(七)壁爐之背，置於分間牆內者。其厚度至少應有八吋半。其高度至少應在壁爐以上十呎。

(八)每一煙囱須用磚砌，或石砌。全部厚度至少四吋。高度至少在屋面，或水溝之最高點以上三呎。

每一煙囱之頂上六層，須用水泥做就。

煙囱(用於蒸汽引擎，釀酒廠，蒸水廠，或製造廠者除外。)之磚工，或石工。在屋面以上之高度，不得高於烟囱之最小寬度之六倍。但若與另一烟囱合做，或連結者除外。

(九)在烟囱空洞之前。須舖石板，或其他不易燃燒之材料一層。與每層之地板相平。每邊較空洞至少多寬六吋。在烟囱本身之前，至少寬十八吋。

(十)在每層地板上（最底一層除外。）上節所述之板。應舖於石製鐵製，磚拱，或不易燃燒之材料所做之支持物上。但在最底一層，可舖於地面之混凝土上。或其他之堅實材料，置於此混凝土之上者。

(十一)壁爐或石板均須全部置於磚製，石製 或其他不易燃燒之材料所製之材料上。連同此項材料 其在壁爐或石板之頂面以下之厚度，至少應有六吋。

(十二)煙囪之連同牆身，或築於牆身之內者。不得捨棄不用。但經稽查員證明，不致損礙房屋之堅固者除外。任何木料不得置於下列各處：

(甲)牆內或煙囪內，距煙囪空洞之裏面，不及十二吋之處。

(乙)煙囪空洞之下，距壁爐之上面十吋以內之處。

(丙)煙囪磚料或石料之厚度，不及八吋半者。距磚面或石面二吋以內之處。但磚面或石面之已經粉光者除外。

(十三)房屋之外面，不得裝置管子。為流通煙氣，或輸送灰爐之用。但裝管之處，距任何燃燒材料至少在八吋半以上，及高過屋簷至少在三呎以上者除外。

火爐之烟囪

第十一條　除經另行核准者外。凡屬用於引擎，釀酒，蒸煉，及製造之鍋爐煙囪。如係磚料所做。須遵照下列之規定。

(一)煙囪之全部，須最好之磚料及灰漿砌造。如係尖錐形，自底至頂，每加十呎之高度，其寬度至少應差二吋半。

(二)自煙囪之頂點至頂點以下十五呎之處。磚料之厚度至少應為八呎半。向下每加十五呎。則厚度至少應加寬半塊磚。

(三 煙囪之頂部，平台柱，礎，或由磚面加出之建築物等。均須另加於本章程所需磚料之厚度以外。並須合法建造，以得有稽查員之滿意始可。

(四)煙囪之基礎，須築於經稽查員滿意之混凝土上。或其他適當之地基上。

(五)煙囪之底脚，須由底盤四週整齊凸出。其伸出之寬度，須等於底盤週圍磚料之厚度。底脚內之空隙，無須於工作進行時填實。

(六)煙囪之底盤，如係方形，其寬度至少應為所訂高度之十分之一。如係圓形，或多角等方形，至少應為高度之十二分之一。

(七)煙囪下部之內，如用火磚。則與本章程所述磚料之厚度無關，而為另加者。二者亦不互相砌結連合。

屋面

第十二條　(一)凡新屋之屋面，及屋頂，與新屋屋頂上所置之軒樓，氣樓，氣窗，天窗，或其他之建築等。均須於外面遮蓋以石板，磚瓦，五金，混凝土，或其他避火之材料。以備隨時可得稽查員之同意。但此等遮蓋屋頂之物。不得置於任何稽查員認為係屬絕緣，或係引火之材料之上。但本條不適用於此等軒樓，氣樓等之門，窗，門框，窗框，及氣窗，天窗之框架。

(二)凡係曾經註冊之油氈，所製之屋頂材料之邊。必須捲入×內。或用其他經稽查員同意之固着方法。

(三)新屋屋頂上之水溝，凹溝等，概須用避火材料。或具有鉛皮之木料。或其他五金屬之板料建造。

(四)設置於新屋屋頂之水溝。必須妥為安設。其剖面面積至少須有十四吋。並須由屋頂用水落管，接連及於地面。以便將屋頂之水，全部流下。而不致冲入公路，或人行路上。

材　　料

第十三條　新屋之屋頂，樓梯，及地板。須各用良好材料建造。並須視房屋之如何用途。而顧及居住者之安全。以得有本局之合意為度。

房屋之高度

第十四條　(甲)各種新屋(教堂除外)。之高度。或後來繼續添高之高度。(除去軒樓或其他美術裝飾物)。如未經本局之允許，不得高過八十四呎。但本局於允許加高之前，得攷慮其房屋四隣之情況。又新屋如係傍於一寬過一百五十呎之永留空地。則本局不得拒絕其加過上訂高度。

(乙)新屋之高度，(除去合理之美術裝飾物)不得大過自沿此屋之路綫，至沿對面房屋之路綫之垂直地平距離(按即路寬)之一倍半。倘若路將放寬。則須量至對面放寬後之路線。(按即放寬後之路寬)

(丙)新屋造於轉角處。則所沿靠者不祇一條公路，如房屋正面係沿一較寬之路。則房屋之高度，以較寬之路為標準。如所沿較狹之路之長度，(不得過八十呎)等於其所沿較寬之路。其高度亦以較寬之路為標準。

(丁)新屋不得高過六十呎。但用本章程第二章所選用之避火材料建造者。不在此限。

(戊)新屋之高度，在本章程內，均係指自路冠起至屋頂底面之高度。

貨棧容量之限度

第十五條　凡貨棧係用避火材料建造者。容量不得大過450,000立方呎。其用不能避火之材料建造者。容量不得大過200,000立方呎。

貨棧之單獨部分，在同一層屋上。不得大過150,000立方呎。

防火牆內之防火門及空洞

第十六條　空洞不得做於間隔貨棧各部分之任何分間牆內。或做於係用不能避火之材料所造，而總共各部分之容量，大過200,000立方呎之貨棧之分間牆內。或做於避火之材料所造，而總共各部分之容量，大過450,000立方呎之貨棧之分間牆內。貨棧之各單獨部分之容量，均不得大過150,000立方呎。但具有下列情形者除外：

(甲)此項空洞應備有磚製,石製,鐵製,非熱鐵所製,或不易燃燒之材料所做之底板,榜柱,及頂。並應有兩扇防火門,或經本局同意之滑門,以便關閉。其相隔之距離,於牆之全厚。安置於鐵製,或非熱鐵所製,而無木料之凹槽內。滑門則須用緊釘,或他種維繫物安固。並須每面可開。且須用有實效之方法以建造之,固置之,及存留之。

(乙)此項空洞在表面上不得大過五十六呎。寬不得過七呎。高不得過九呎。在每層牆內,此項空洞之寬度,(為牆內之空洞不祗一個。則以各空洞之寬度綜合計算之)。不過大過此牆長度之半。但本局認為此項空洞可用較大之高度或寬度者,於允准後,不用此例。

安全之準備

第十七條　公共房屋或房屋之作特別用途者。連同牆身,地板,屋頂,走廊,及樓梯與鋼筋混凝土或他種材料之建築物。均須視其用途,顧及居住者之安全。於建造時預作準備,並須經本局之核許。

蓆棚,竹架,或各種雙層屋頂均不得置於無論何種房屋屋頂之上。其用作臨時修理,或更改者除外。

火警時之逃避方法

第十八條　下列新屋,如係一層以上者,概須設有太平門,或其他適當之避火設備。並須經本局核准。以便遇有火警時,居住者可以立即逃避。一,工廠,儲庫,棧廠,製造廠,洗染廠,或其他任何房屋。其住居於內或受僱者數在三十人以上者。本局認為概應設有太平門,或其他適當避火方法。

火警龍頭

第十九條　以下新屋如工廠,儲庫,棧廠,製造廠,洗染廠或其他任何房屋其住居於內或受僱之人數在三十以上者。在本局認為必需時,均須設有防火水管,開關,抽水器具,龍頭,皮帶及防火用具。其數目,質料,及式樣與安放之位置。亦須經本局救火會之核許。但房屋之高度,(自路冠至屋頂)在七十五呎以上者。亦須設有連接水管之抽水設備,抽水機,儲水池,及其他必需器具。其數目,質料,及式樣,與安放之位置亦須經本局之核許。

房屋四圍之空地

第二十條　(甲)新造住宅或公共房屋之不臨公路者。其前面均須留有空地。此項空地須伸過房屋之全部前面。並須在地面以上不另置其他建築物下列者不在此例:

(一)走廊,門廊,踏步或同樣由門楣伸出之物。籬笆或門牆其高度在九呎以內者。

(二)洋臺,但在第一層平面及在第一層平面以上而由屋前伸出部分不過三呎者除外。

(三)窗,在第一層平面及在第一層平面以上者,但由屋前伸出部分不過一呎六吋,及窗之總長度不過此層房屋之牆身長度之五分之二者除外。

(四)窗上之遮陽蓬，其在人行道之背以上之高度不小於七呎六吋者。

(五)簷及其他美術裝飾物之應伸出者。

上述之空地概應與接近此等空地之屋牆之表面，成正角形。其深度應有三十呎。

(乙)此項留出之三十呎空地。倘係在不屬於同一業主之房屋之前面則每一業主均應讓出空地之一部份。但空地之總寬，應仍爲三十呎。而各業主亦應經本局之合意，負責各自騰讓。

倘一屋之前牆相對他屋之後面，空地應由此屋之前面量至他屋後面天井之外牆。

任何房屋倘有更改或添造情事，不得減去本章程中所需空地之面積。

第二十一條　(甲)每一新造之住宅及新造之公共房屋，其全部或一部作爲居住之用者。除本局特許外，概須直接連結及在後部連結空地一方，以便增足光線。並可流通空氣。此空地之面積，應照以下之規定：

(一)凡係不過二層之房屋空地之面積不得小於此屋後面之長度(圍牆除外)乘十呎。

(二)凡係二層以上之房屋，空地之面積不得小於此屋後面之長度(圍牆除外)乘十五呎。

(乙)在地面以上，此空地之三分之二以內不得造有任何建築物。剩留之三分之一之上，可造廁所，遮棚，廚房及僕室。其高度均不得過九呎。但此空地內備有天井，而天井之總面積不小於七十五方呎者除外。

(丙)倘係華人住用之洋房，此空地可備作天井，或其他用途。本局應同意於作爲空地之此類方法，除非有充足空氣可以流通。

(丁)倘係避火材料所造之商店，其前後均可出進且其後面接近於一不小於十九呎寬之衖。經本局審查後，得允許將此店後面空地之全部，遮蓋至一層之高。除非此層之屋頂，得有充足空氣之流通，經稽查員之合意爲限。

(戊)在第一層地面之上，可設備一露天之水井。但不得大於應備空地之三分之一。

(己)遇有特別情形，因土地之形狀，及大小之關係，實際上不許在新屋後面留一遵照本章程所規定之面積之空地，本局得用變通辦法。仍以無礙於充足之光線及空氣爲合度。

(庚)露天走道應有最小之寬度五呎。

流通空氣

第二十二條　新造住宅內，最下層房間之用木質地板者。(地板用木料安入於混凝土之上者除外)在混凝土之上面，及擱栅之下面之中間，須有至少六吋之空隙。在外牆內，須用適當之氣磚，或他種方法。使空隙中之空氣，可以完全流通。一切流通空氣之空隙，均須以格子欄柵關閉之，以經稽查之同意爲合度。

新屋之住房及浴室內，至少應有隔空之窗一扇。此窗之總面積，如不只一窗，則數窗之總面積，除去窗框外，至少須等於此房地板之面積之十分之一。此窗至少應有一半可開。並須中空至窗之頂端。

遇有特別情形，此項浴室使屋主感覺非常困難。以致無從遵照本章程之規定。則本局可用變通辦法。以適合實際上之需要。

新造住宅內須設一儲放食物室，至少在此室各牆之一牆上，做一足以永久流通空氣之格子柵欄或窗。其間所淨留之空洞之總面積，至少不得小於五方呎，遇有特別情形，此項儲放食物室使屋主感覺非常困難。以致無從遵照本章程之規定。則本局可用變通辦法。以適合實際上之需要。

新造住宅之住房內，如無壁爐應做有適當之氣通設備。此項設備，可在近天窗處，做一足量之空隙，或通氣管。其剖面面積至少應有五十方呎。

住房除有一部或全部在屋頂內者外，每部由地板至天花板之高度，不得小於八呎六吋。

住房之一部或全部在屋頂以內者，至少須有全屋面積之一半。其由地板至天花板之高度，不得小於八呎。

公路上之伸出物

第二十三條 (甲)門窗，之臨公路者，在公路以上七呎六吋之高度以內，不得伸出於屋線之外。

(乙)洋台應置有水溝及水落管，高於公路至少十二呎。伸出於公路者不得過三呎。

(丙)窗之置有水溝及水落管者。高於公路至少十二呎之處，可以伸出。可伸出於公路者，不得過一呎六吋。此窗之總長度，不得過此層牆長之五分之二。伸出於公路上之窗之各部，不得距離最近分間牆之中線在四呎以內。

(丁)壁肩，牆簷，及其他之美術裝飾物，可造於公路以上八呎之處。惟須建造穩固，且須固着於正牆上。

(戊)遮陽，不得置於人行道上七呎六吋之內。或置於車道上十五呎之內。

(己)蓆棚，或竹具，不得伸出於公路之上。

水溝

第二十四條 (一)一切溝管之置於地下者。概應用不透水及不吸水之材料，如石料，或水泥混凝土等做成。裏面應完全光滑，模樣應一律正確。並須經稽查員之核許。

(二)一切溝管須有足夠之容量。如係總溝管，其裏面直徑不得小於六吋。如係其他溝管，不得小於四吋。並須用適當之坡度安排之。其連接處須用水泥或其他經稽查員合意之不透水材料固結之。使其互相結合，而不透水。

(三)除事實上別無他法可用外，溝管不得在任何房屋之下穿過。倘溝管（厚度最小半吋之熟鐵管子除外。）穿過房屋時安放於地下之距離，即自此溝管之最高點之頂至此房屋下之土地之面之距離，至少應等於溝管外面之直經。所有此項溝管，（厚度最小半吋之熟鐵管子除外。）在可以實行之時，應將在房屋下之全長，做成直線。並應完全安置，及覆蓋於四圍至少厚六吋之良好及結實之水泥混凝土內。

此項溝管在屋下部分之每端，應用適當之方法通達之。

(四)溝管之入口處，(非此項溝管之通氣入口處。)應有適當之防臭設備。一切溝蓋，應用稽查員核准之材料及計劃建造之。

(五)溝管之交叉處，無論立放平放，不得做爲直角。但枝管之接於另一溝管者，應照水流方向，將其歪斜接上。惟所具之角度，不得大於六十度。

(六)一切溝管，均應照本章程第三章之詳細規定，安放於石灰，或水泥混凝土之結實基礎上。石灰，或水泥混凝土之厚度至少四吋。伸出於溝管每端至少三吋。溝管不得支持於結合處。

(七)屋內陰溝應依公共污溝及最遠入口處相互位置，而在其完部長度用最大之坡度。

(八)陰井，須用磚或其他堅硬而不透水之材料建造，裏面大小須二呎見方，四方及底面須用水泥灰漿塗光。蓋須用適當石頭，或鐵做成。每一陰溝直長不過壹百呎之處，及陰溝變換方向之處均須設有陰井。陰井之蓋，須照其所置之處，與公路或人行路或地板之面相平。如係蓋沒之陰井，則其位置須在牆牆明白顯出。此項陰溝之盡頭處，亦須設有陰井。

(九)溝管非經本局委員核准，不得蓋沒。

(十)陰溝須與公共溝管連接時，及陰溝之任何部分須安放於公路之下時，均由本局辦理。費用則由請照人照給。屋內陰溝不得在有關之公共溝管未安以前設置。

(十一)一切房屋之地面水溝，均應用剖面爲截圓形之明溝。以本章程第三章所規定之水泥混凝土，或他種不透水之材料做成之。並應有適當之坡度，斜入陰溝或小溪內。其排列方法亦應經本局稽查員之同意。

(十二)凡房屋內用爲流去雨水或污水之水管，均須裝出於此屋之外牆。而流入於明溝。此溝則接於距離至少十八呎外溝洞，或流入於稽查員核准之溝洞內。在公路上之流水管，均須連接於一溝洞。此溝洞須由本局供給並安置之，費用則由請照人繳付。

廚房天井等之舖做

第二十五條　廚房，食器儲藏屋，煮食室，小便處，廁所，及連接之天井，與可以藏蓄污水等空處，均應遵照下列規定做之：

(甲)三吋厚之水泥混凝土，厚於三吋厚之石灰混凝土上。

(乙)四吋厚之水泥混凝土。或

(丙)瀝青置於混凝土上。或他種不透水及不易損壞之材料，可得稽查員之同意者。

總之，以現出一光滑而不透水之面，並向陰溝具有適當之坡度爲限。

廁所，小便處，及洗滌室

第二十六條　新屋均應設有廁所，及小便處，或洗滌室。以爲僕役之用。其作此用者，可以兩人或數人共用。此項廁所及小便處或洗滌室之數目及計劃，須能得稽查員之同意。並須以水泥灰漿，或他種不透水之材料粉地牆面及塗板。又須與外面之空氣，得有適當之流通，一切空洞，應用鑽孔之白鉛，以避蚊蠅。門則槪應備有彈簧，使可自關。

所有洗滌室，應照本章程之規定建造之。

改造及添建

第二十七條　房屋之添建或改造，（無影響於外牆或分間牆之建造之必要修理，不在此例。）應與本章程中用於新屋之一切規定相符。

房屋或房屋之一部，未經本局之核准，不得改變更動。或此類房屋或其一部之改更，與本章程對於此類房屋之規定不符，亦不得未經核准，卽爲改更。

（未完）

盡是鋼精(Aluminium)製成

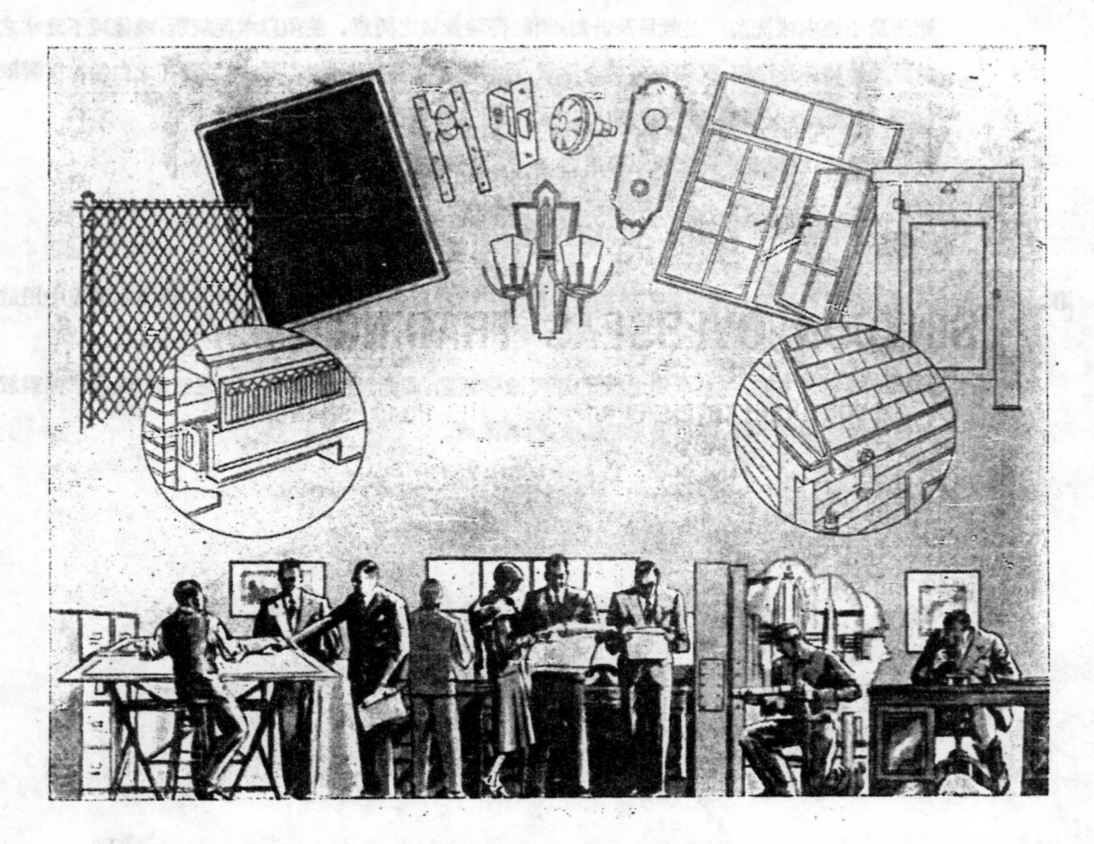

鋼精(Aluminium)對於現代建築有無上之功効

鋼精用於建築上，既『堅』且『輕』(較通常五金輕三倍)，而其力量不亞於普通之鋼鐵。

鋼精絕對不生銹。用鋼精製成之屏簾 (Screen)，屋頂 (Shingle)，排水管 (DrainagePipe) 等等，永久不壞。

鋼精水汀傳熱迅速，(較鐵水汀有五倍之速率)，體輕而美觀，爲建築界至尊無上之材料。

鋼精製成之建築，俱有白金之種種特色。極合現代建築之要求。欲求其建築摩登化者，不可不使用鋼精。

鋼精之優點極多，且價格較廉。詳細節目，請接洽

ALUMINIUM (V) LTD.

鋁 業 有 限 公 司

上海北京路二號　　　電話 11758 號

上海九江路大陸商場

SINTOON OVERSEAS TRADING CO., LTD.

CONTINENTAL EMPORIUM, KIUKIANG ROAD, SHANGHAI.

Tel. 91036-7

經理

美國第一博德廠

保險庫門

保管箱

AGENTS FOR:—

DIEBOLD SAFE & LOCK CO.

OHIO, U. S. A.

顧炳記營造廠

（兼營地產）

上海新北門安仁街七二衖念三號

華洋電話八〇六〇四號　南市電話二二六五六號

本廠承造各工程略舉如下以備參考

小東門福安公司

十六舖中國實業銀行分行

圓明園路念一號七層大廈

蒲石路沙遜大廈地脚

垃圾橋南堍浙江路三層市房

江西路愛多亞路瑞臨里

愚園路愚谷村

愛多亞路通易銀行

KOO PING KEE

GENERAL BUILDING CONTRACTOR

ALSO

REINFORCED CONCRETE CONSTRUCTION.

NO. 23 ON ZUNG KA.

72 LANE, NORTH GATE

SHANGHAI

TELEPHONE 80604

NANTAO TELEPHONE 22656

振蘇磚瓦公司

上海靜安寺路六八八弄二號　電話三一八六〇號

本公司營業已十有餘載廠設崑山南鄉蘇州河岸特建最新式德國窰貳座專製機器紅磚各種空心磚青紅機製平瓦及德式筒瓦質料細轂烘製適度是以堅固遠出其他磚瓦之上而且價格低廉交貨迅速久爲各大建築營造公司廠家所贊許爭相購用信譽昭著茲將曾購用敝公司出品各戶台銜略舉一二以資備考其他因限於篇幅不克一一備載諸希鑒諒是幸

振蘇磚瓦公司附啓

麥特赫司脫公寓	靜安寺路
金城銀行	江西路
大陸銀行	九江路
國華銀行	北京路
證劵交易所	漢口路
大陸商場	南京路
先施公司	南京路
華新公司	南京路
申報館	山東路
德士古火油棧	定海橋
光華火油棧	高橋
申新紗廠	宜昌路
永安紗廠	吳淞
公大紗廠	軍工路
富安紗廠	崇明
天廚味精廠	菜市路
茂昌冷氣堆棧	十六舖
華華中學	愚園路
中央研究院	亞爾培路
動物研究院	愛文義路
榮金大戲院	慷悌路
北火車站	界路
永安公墓	霍必蘭路
四明別墅	愚園路
靜安別墅	靜安寺路
模範邨	福煦路
四明邨	巨籟達路
大陸新邨	施高塔路
和合坊	霞飛路
來安坊	新閘路
鄰聖坊	愚園路
均益里	界路
恆豐里	施高塔路
四達里	施高塔路

CHEN SOO BRICK & TILE MFG. CO.

BUBBLING WELL ROAD, LANE 688 NO. F2

TELEPHONE　31860

滬江水電材料行

包裝大廈水電工程　專辦各廠電機馬達

本行專辦歐美名廠水電材料電機馬達新發明家庭發電機包裝修理各種電梯電扇電爐電灶熨斗並經理美國恩培如廠著名蓄電池代客汽車過電及修理等類經售衛生磁器浴缸面盆抽水馬桶冷熱水龍頭及配各種零件承包水電工程等名目繁多不克細載承家

賜顧参觀無任歡迎之至

自運各國衛生磁器　統辦環球電器材料

地址　上海法租界辣斐德路甘世東路口十號至十二號　電話　七〇三〇八號

30367

褚掄記營造廠

21 Ling Ping Road. SHANGHAI. Tel 50444

廠址上海臨平路二一號 電話五另四四四號

THU LUAN KEE
CONTRACTOR

工務局 土地局

本廠承造一切大小鋼骨水泥房屋工程以及橋樑道路涵洞等如蒙垂詢或委託無任歡迎

本廠最近承造之工程

上海市中心區各局辦公房屋

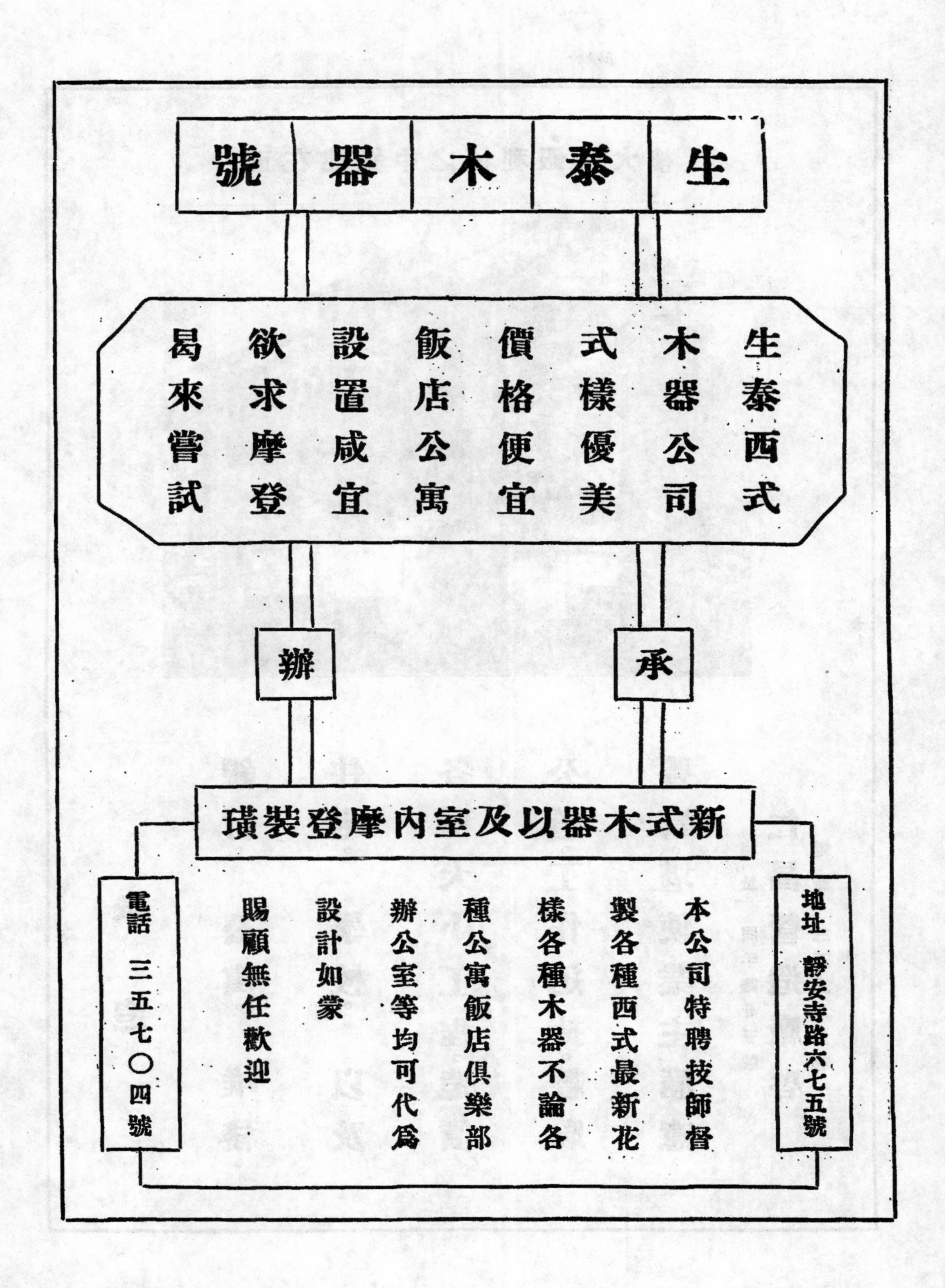

生泰木器號
生泰西式
木器公司
式樣優美
價格便宜
飯店公寓
設置咸宜
欲求摩登
曷來嘗試
承辦
新式木器以及室內摩登裝璜
地址 靜安寺路六七五號
本公司特聘技師督製各種西式最新花樣各種木器不論各種公寓飯店俱樂部辦公室等均可代為設計如蒙賜顧無任歡迎
電話 三五七〇四號

正在建築中之恆利銀行大樓

承造

銀行。公寓。堆棧。

住宅。學校。以及

各種大小工程。造價

公道。工作迅捷。經驗

豐富。堪使業主滿意。

仁昌營造廠啓

地址 同孚路廿五號

電話 三五三八九號

清華工程公司

上海寧波路四十七號

電話第一三八八四號

本公司專門營造暖汽工程及衛生工程設計製圖及裝置備蒙諮詢當竭誠答覆以酬雅意

NATIONAL ENGINEERING CO.

HEATING, PLUMBING AND VENTILATION

ENGINEERING AND CONTRACTORS

47 NINGPO ROAD

TELEPHONE 13884

註冊商標
東方年紅電光公司
全國各大商埠均有分經理
廣告大王
美化建築！
建築物上裝東方年紅電光公司出品年紅燈，美觀無比，因爲經驗豐富，工料精良，可推國內獨步；且承辦本外埠年紅電光工程，不下二千餘家，人人贊美，所謂有目共賞，不愧爲廣告大王！
電話總工廠：三五八三九
營業所：三五〇八五
電報掛號：〇三四二
東方年紅
東方
總公司：上海靜安寺路四一一號

美商
約克洋行
冷藏
製冰
涼氣
專家
上海仁記路念一號
電話一一四五〇
For Every Refrigeration Need, Thers is a "York" Machine
YORK SHIPLEY, INC.,
21 JINKEE ROAD
Shanghai.

榮德水電工程所

承辦

水電工程

電機馬達

水汀溝管

發電機器

衛生器具

各種另件

如蒙賜顧

竭誠歡迎

電話 八五零九五號

地址 上海葛羅路十九號

周芝記營造廠

建築要素 堅固爲先

經驗豐富 建築安全

第二要素 乃推適用

材料相當 效力基重

既堅固矣 而又適用

美之條件 自然歸併

敝營造廠 設立有年

經驗既富 材料又全

中西房舍 廠房堆棧

銀行校舍 一律包辦

作工迅捷 按期落成

如蒙委託 竭誠歡迎

徐雲記營造廠

事務所　康腦脫路五八〇弄八一號

電話三〇四七一號

本廠專門承造各種中西房屋銀行大廈廠房堆棧及一切大小鋼骨水泥工程無不經驗豐富定能使主顧十分滿意如蒙委託無任歡迎

公記營造廠

事務所

上海南京路
大陸商場
五二九號

電話三四五一六號

本廠專門承造各種中西房屋橋樑鐵道碼頭以及一切大小鋼骨水泥工程並代客設計規畫工程堅固美觀各項職工經驗豐富能使主顧十分滿意如蒙委託無不竭誠歡迎

本公司之馬牌藍晒圖紙顏色鮮麗品質優良歷久不致走光晒洗後加蓋紅墨水線可不化早經各建築師證明兼售各種臘紙臘布圖畫紙等價格均極廉宜外埠函購由郵局寄奉倘蒙　賜顧不勝歡迎

馬江公司謹啓

地址上海虹口外虹橋堍斐倫路平安里四十五號

電話　四二七二七

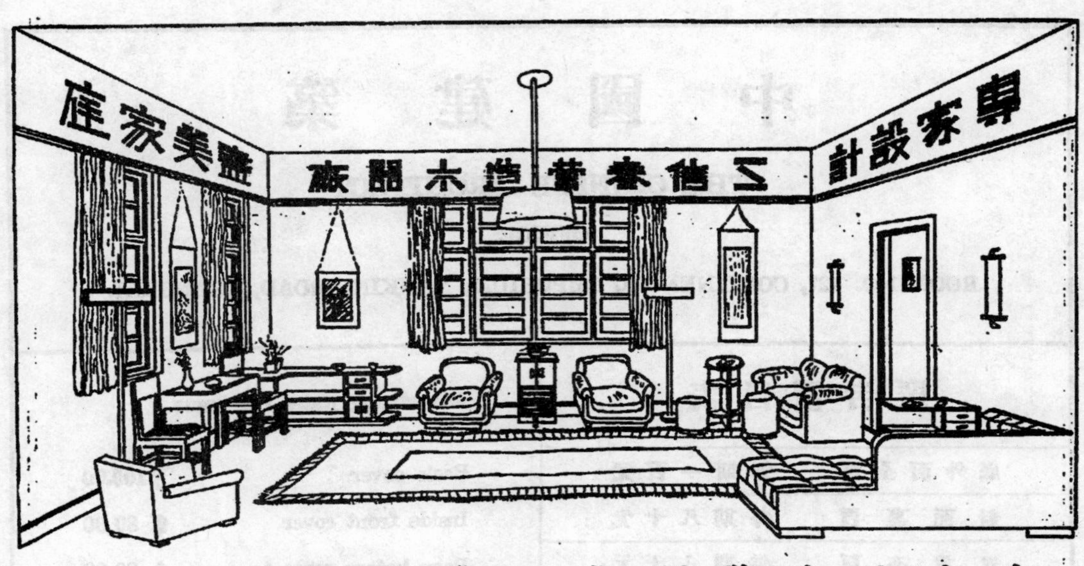

本刊投稿簡章

(一)本刊登載之稿，概以中文爲限；翻譯，創作，文言，語體，均所歡迎，須加新式標點符號。

(二)翻譯之稿，請附寄原文。如原文不便附寄，應注明原文書名，出版地址。

(三)來稿須繕寫清楚，能依本刊行格繕寫者尤佳。

(四)投寄之稿，俟揭載後，贈閱本刊，其尤有價值之稿件，從優議酬。

(五)投寄之稿，不論揭載與否，概不退還。惟長篇者，得預先聲明，並附寄郵票，退還原稿。

(六)投寄之稿，本刊編輯，有增删權；不願增删者，須預先聲明。

(七)投寄之稿，一經揭載，其著作權即爲本刊所有。

(八)來稿請註明姓名，地址，以便通信。

(九)來稿請寄上海南京路大陸商場四二七號，中國建築師學會中國建築雜誌社收。

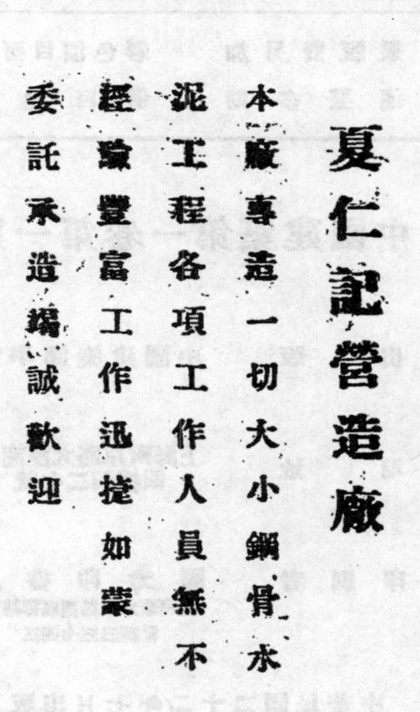

中國建築

THE CHINESE ARCHITECT

OFFICE:

ROOM NO. 427, CONTINENTAL EMPORIUM, NANKING ROAD, SHANGHAI.

廣告價目表

底外面全頁	每期一百元
封面裏頁	每期八十元
卷首全頁	每期八十元
底裏面全頁	每期六十元
普通全頁	每期四十五元
普通半頁	每期二十五元
普通四分之一頁	每期十五元

製版費另加　彩色價目面議

連登多期　價目從廉

Advertising Rates Per Issue

Back cover	$ 100.00
Inside front cover	$ 80.00
Page before contents	$ 80.00
Inside back cover	$ 60.00
Ordinary full page	$ 45.00
Ordinary half page	$ 25.00
Ordinary quarter page	$ 15 00

All blocks, cuts, etc., to be supplied by advertisers and any special color printing will be charged for extra.

中國建築第一卷第一期

出版　中國建築師學會

地址　上海南京路大陸商場四樓四二七號

印刷者　國光印書局　上海新大沽路南成都路口　電話三三七四三

中華民國二十二年七月出版

中國建築定價

零售		每冊大洋五角
預定	半年	六冊大洋三元
	全年	十二冊大洋五元
郵費		國外每冊加一角六分 國內預定者不加郵費

THE TRULY MODERN APARTMENT MUST HAVE ATTRACTIVE FLOOR COVERIHG IN EVERY ROOM.

What more appropriate than

ELBROOK SUPER CARPETS

The Original Chinese "Super."

Our extensive, organization and our long experience in this field enable us to be of particular service to architects and decorators in planning this feature. Whether you require carpets for a single Room or for a palatial hotel consult us before you decide. Made to order carpets in exclusive designs is our specialty.

ELBROOK, INC.

31-47 Davenport Road
Tientsin

156 Peking Road
Shanghai

歐美各國之住宅大廈旅館及公共建築中無不鋪設地毯以壯觀瞻而尤以

天津製造之海京地毯

咸公認爲標準因取材精純織造堅固無論任何色樣皆可按照建築師計劃承造以期對於室中裝飾配襯得宜而收盡善盡美之效果

本廠開設天津有年自紡自織具有相當經驗各種出品花樣繁多價格視何種需要而異倘荷　惠顧無任翹企

海京毛織廠

廠　　址　天津英租界十一號路
電報掛號　三一八九
駐滬辦事處　上海北京路一五六號

中國建築

中國建築師學會出版

THE CHINESE ARCHITECT

VOL. 1 No. 2　　第一卷　第二期

中國石公司
總公司
青島蒙古路二十二號
電話 五一〇七
電報掛號 五一〇七
上海事務所
四川路三三號七樓七一五號
電話 一五八八六
電報掛號 一五二七
CHINA STONE CO.
SHANGHAI OFFICE 33 SZECHUEN ROAD
TEL. 15886
自採國產各式火成石花崗石
大理石品質堅固光耀美麗價格
低廉製作精良遠勝舶来久經推計
備有石樣歡迎參觀如蒙惠顧定能滿意
營業項目
建築·鋪地石磚 內外牆磚
窗台石板 綺爐浴室
各種樑柱 裝飾石料
製作·牌匾櫃台 椅桌石面
紀念碑塔 花盆花台
各式墓碑 零件飾石
承辦·雕刻水晶 玻璃器皿
銅鐵五金 堅硬物品
裁截磨屯 各項石料
最近承造石工
靜安寺路四行二十二層大
廈自四樓以下外部花崗
石面及愚園路轉角招
拉蒙跳舞廳內部花
崗石牆面地板均
由本公司承造
現在建築中

中國建築

第一卷　　第二期

民國二十二年八月出版

目　次

著　述

卷頭弁語……………………………………………………………………

譚故院長陵墓設計情形……………………………………(基泰工程司)……1——5

中國內部建築幾個特徵…………………………………………………………9——13

什麽是內部建築……………………………………………………………………16——17

談談住的問題……………………………………………………(鍾熀)……17——18

偉達飯店說明……………………………………………………(李蟠)………………19

總理銅像說明……………………………………………………………………………25

住宅建築引言……………………………………………………………………………27

滬西愚谷邨………………………………………………………………………………28

說製施工圖……………………………………………………(楊肇煇)……………30

中央大學建築工程系小史……………………………………………………………34

中央大學公共辦公室習題……………………………………………………………35

建築文件…………………………………………………………(楊錫鏐)……………36

上海公共租界房屋建築章程……………………………………(楊肇煇譯)……

插　圖

譚故院長陵墓圖七幀……………………………………(基泰工程師設計)……2——8

內部裝飾設計一幀……………………………………………(美藝公司設計)…………9

大德路何介春先生住宅內部建築四幀………………(黃元吉建築師設計)……10——12

八仙橋青年會內部建築五幀…………………………(李錦沛建築師設計)……13——15

內部裝飾設計二幀…………………………………………………(鍾熀設計)…………18

偉達飯店攝影六幀………………………………………(李蟠建築師設計)……19——23

鄭相衡先生住宅三幀…………………………………(華蓋建築事務所設計)…………24

總理銅像一幀……………………………………………(董大酉建築師設計)…………25

蕭特烈士之墓一幀………………………………………(范文照建築師設計)…………26

愚谷邨圖樣五幀…………………………………………(華信建築公司設計)……27——29

上海市政府新屋圖案四幀………………………………(董大酉建築師設計)……31——33

中央大學戴志昂給公共辦公室…………………………………………………………35

卷頭弁語

中國建築進步遲緩，非特不克與外國爭旋，亦且未能應本國需求。夷考其由，固非一端。而國人之但肆空談，不務實際之通病，亦居重要原因之一。試觀國內近出各種書籍，其中屬於建築者，已居最少數，至關於建築之定期刊物，似更爲稀。有同人不揣譾陋，因特勉編本刊，冀於建築上呈萬一之貢獻，藉對民生上盡微末之職責云爾。

本刊內容專主切實合用，一方面派人赴新興及舊建工程地方，將一切建築之重要處，優美處，特別處等實行攝影；一方面向國內各專家搜集資料，徵求著作，並請各大營造廠，供給報告。總之冀能於近代建築之形質，求其盡量表現，於舊時建築之精華，使其保存無遺。本刊中像片與稿件並重，亦由是故。

住爲人生最大需要之一。住宅建築之關係於人生者，實非淺鮮。不但結構須求其堅實，舉凡房間之佈置，內部之陳設，外觀之形式等無處不須美術，無一不須研究。因之本刊特設住宅一類，每期登載，既足供建築師之參攷；復可備業主之採取，想亦讀者之所樂覩也。

設計監工，爲建築師分內職務，固當聚精會神以赴之，竭心盡力以成之。但交易上之事項，亦應審愼辦理。蓋建築師業主及承造人三方，事實上各立於不同地位，相互間遂生有特殊關係。每方既各有其應享之權利；亦各有其應盡之義務，所以一切須於事前規定詳密，以免事後爭論糾葛，本刊特設建築文件一欄，登載工程說明書等，此皆爲施工時所必須備具，且爲業經實際採用者置身建築者參閱之，當可應其需要，助其實用也。

刊末所載建築章程，原文甚長，與建築師營造廠兩方關係綦密，擬於刊完後另訂單行本，故其頁數，係另自編排，致與每期正文之頁數不接，希讀者注意及之。

本社創設伊始，歷時未久，幸承中國建築師學會及愛護本刊諸君，不吝指教，惠賜贊助，或於材料上予以充實，或於進行上予以便利，裨益本刊殊難量計，謹致微忱，並鳴謝悃。

本刊每期登載圖樣影像甚夥，製版印刷等費比較他種刊物爲鉅，所需成本與售價相差頗大，顧本社爲讀者易於購備起見，不計取值，定價仍力求低廉也。再者本社人員不多，兼之時間匆促，對於校對諸事，容有未週，尚希鑒察，是所深幸。

中國建築

民國廿二年八月　第一卷第二期

譚故院長陵墓設計情形

前行政院院長譚組菴先生陵墓工程，起建於民國廿年九月，落成於廿二年元月。設計者爲基泰工程司關頌聲，朱彬，楊廷寶等；建造者爲申泰興記，及蔡春記等。費時年半，用款約二十萬元，業於一月九日舉行落成典禮。該工程雖非宏大，而此種建築之在今日，殊有討論批評之價值，用與研求中國古建築者一商榷之。

〔寶頂〕　墓壙在中山門外，靈谷寺旁，總理陵之東南。蒼松蓊鬱，古柏參天，地殊幽肅。桐棺早於前歲九月入壙。該墓皆用水泥鋼骨築成，外覆厚石，堅固異常。墓前分兩級大小平台，周以欄杆，襯以銅爐，階中鑲以九龍雲石，精工雕刻，佈置頗饒古意。魚池當前，環以小路，至此則墓道迴轉可三四折，而至祭堂矣。

〔祭堂〕　面南，位於墓道之左，完全爲北平宮殿式。由地基至屋脊，皆以水泥鋼骨建成。屋頂覆琉璃瓦，乃由北平定燒，確是官窰出品。全頂中黑邊綠，實屬美觀。式樣皆照古例，尺寸全有遵循。據謂該建築師關頌聲等，自美返後，研究中國舊建築有十餘年之久，書籍圖樣，搜羅極夥，仿築各殿閣模型，有數十座之多，無怪乎譚墓之一切式樣，皆能入眼爲安，並無虎狗之誡，或冠履之不相稱也，該祭堂之天花枱樑牆壁，以及堂外椽檐等，皆貼金粉繪，工筆畫彩，滿目輝煌，至極華麗。然白壁朱柱，又令人起敬肅之心，不因彩樑畫柱，而失其正氣與莊嚴。祭堂正中，立以圍屏，爲大理石雕做，如殿中之寶座然。地板及牆裙，鑲白黑相間之雲石，窗門皆仿古，內外雕菱花，扣以金釘，披蔴油朱，南中少有所見。堂前平台，亦爲石砌，階下爲墓道，左上入墓，右下可達廣場。

〔廣場〕　爲類似橢圓形之空地，在原計劃上本一停車場耳。後由北平購得古代白石牌坊大碑等，分立場邊，

譚故院長陵墓俯瞰圖　　基泰工程師設計

遂較莊嚴。場東所立之碑，爲譚故院長湖南舊屬部下所公立。該碑及贔屭，高約二丈四五，其龐大殊無比，重約四十噸。據運者云：『在北平起運時，一百數十騾驢，拽此一瓣，人畜莫不汗出』今者譚墓得此，謂爲江南無第二，或不誣也。碑後有小徑，可達入墓之道。徑左立國府命令碑，碑後栽柏爲屏。四周有雨花圓石路；似又寓點綴於紀念中也。廣場之牌坊，石白稍遜於碑，此名曰荷葉青，立於萬綠叢叢之前，雖因稍大而或不稱，然其莊嚴閎偉，適

譚故院長陵墓石牌樓之壯觀　　基泰工程師設計

足以壯廣場之雄闊。

〔龍池〕　由廣場越石橋，通大道而至龍池，此卽墓之進門處也。「龍池」亦古名，池中鑲龍頭二，一出水，一入水。池周圍以石欄，與大道口之石坊，俱用湖南石雕成。池前之國葬碑，立於百樹蔭中，遊人至此，飽聞樹香，竹橋草道，點染不凡，誠境也佳。

譚故院長陵墓之寶頂　　基泰工程師設計

〔陵園〕　由龍池而上，有山溝蛇行至墓，并達紫金山嶺。沿溝築壩十餘，途中可聞潺潺水聲，短瀑如銀，洩於青石之間。近更有浙江省府出巨資，建譚陵花園於山溝之西南。首為紀念亭，亦以鋼骨水泥為胎。上覆琉璃瓦與彩畫，次有水心亭，虹橋，臨瀑閣，香竹芳等，山徑曲折，殊有佳趣。

全陵分四部，已如上所分述。一龍池，二廣場，三祭堂，四寶頂。謁陵者，或遊人，至龍池，即瞻國葬之碑。該處

譚故院長陵墓祭堂內之拱棟彩樑　　基泰工程師設計

樹林陰翳，有如桃源之洞口，景緻甚佳；惟嫌左右房宇擁擠，致失中正之威嚴耳。提步至廣場，見石坊，石碑，木橋等，錯觀以陳，甚有自然之美。碑後小路，不直達祭堂，免迎面直向之俗，斯乃見建築師之獨具隻眼處。由正路拾級道祭堂，顯其偉大，但較之孫陵，則又另開一格，而以幽致見勝。綜觀全墓，盡有條理。曩者荒山今，成佳境。非僅在歷史佔一位置，且爲我京多一勝地，更可爲考古家，工程界，作一研究之良材也。

譚故院長陵墓祭臺斜視圖　　　　基泰工程師設計

譚故院長陵墓祭堂入口之壯觀　　　　基泰工程師設計

譚故院長陵墓祭台　　基泰工程師設計

美藝公司設計

中國內部建築幾個特徵

中國對於建築一事，自古視爲宗匠，向不列於文藝之門，致爲士大夫所不道。實在中國建築，自漢唐以降，十分可觀，所謂合用，堅固，美觀之三大要素，已兼而有之矣。惜乎國人少知注意，不加探討，致使莊嚴偉大之中國建築，未能與西洋文化並駕齊驅，深可惜也。玆將中國內部建築之特徵，簡舉如下，以供研究斯道者之參閱焉。

大德路何介春先生住宅內部建築

凱泰建築公司黃元吉建築師設計

(一)舉架　中國建築其全部舉架之構造，可以一目瞭然。舉架之骨幹，完全有相當聯絡。其最要之點，即在幾根垂直之立柱，與使這些立柱互相發生連絡關係之樑與枋，而橫樑以上之梁架，桁及椽，檩等則用以支承屋頂部分，此為中國建築獨具之特徵。

(二)天花　天花在宋稱「平棊」，在中國建築中，天花多飾以彩畫，以收美觀之效。彩繪之設施，在中國建築中非常慎重，可使其濃淡輕重得當，並不濫用色彩，而失其莊嚴和諧，此為中國人有特殊之美術觀念也。

(三)樑　中國的匠師，因為未能計算到橫樑載重的力量，祇與梁高成正比例，而與樑寬的關係較小，所以樑的體積，常是過於粗大，這雖是匠師們不瞭然力量支持之弱點，但飾以色素，繪以文彩，非有如斯之偉大，却難以表現其莊嚴，而造成中國獨有之畫棟雕樑。

(四)色彩　中國建築，無論新建或修葺時，常加以油漆，故具一種特殊色彩。按此種色彩，可以保存木質抵制風雨之侵蝕，並可牢結各處接合關節，且能藉以表現建築物之構造精神。每一時代，各有其不同之構造法，故其色彩之粉飾制度，亦各有不同。欲考證其建設之年代，多以此為根據。

大德路何介春先生住宅內部建築　　凱泰建築公司黃元吉建築師設計

大德路何介春先生住宅內部建築　　凱泰建築公司黃元吉建築師設計

八仙橋青年會內部建築之一　　　　李錦沛建築師設計

（五）　斗栱與天花搭頭，亦獨具美術思想。此外如大廳之宏曠，空氣之流通，在各建築物上，均能設計適當，絕不令古希臘之蟠雪院 (PANTHEON) 專美於前也。

總之，中國建築，在世界上已有相當立場，一見而知其偉大堅固。但以時代之推移，與夫人生環境之變遷，並加以西歐新式建築之輸入，多尚直線，專求簡潔。中國建築，形勢雖十分麻煩，實在一線貫通，視之可迎刃而解。但影響所及，內部建築亦多有改良。近來中國內部建築，天花多施以灰幕，然後再置花樑，視之則又覺莊嚴調諧矣，此又建築師之別具匠心也。但願我邦之專於斯道者，握其把柄，從事研究，取西歐之所長，補我國之所短；勿專注意外表，更須注重內部，蓋內部建築，與人生有密切關係，未可脫離須臾。建築界諸君，幸注意及之，勿使東方建築文化，永步西歐之後塵也。

八仙橋青年會內部建築之二

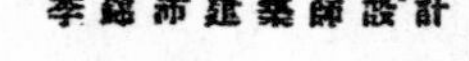

李錦沛建築師設計

八仙橋青年會內部建築之三

八仙橋青年會內部建築之四　　李鍚沛建築師設計

八仙橋青年會內部建築之五

什麽是內部建築？

不曉得什麽緣故，我們平常提起建築，就是專指房屋外部的設計而言。至於內部的設計工作，好像不屬於建築師，而屬於所謂內部裝飾家。其實內部的設計，也是受建築學上基本原理的牿制，所以應當認此爲建築上的問題，而受建築師的支配。本篇題目上所謂內部建築，就是指房屋內部在建築上的設計。但是內部建築不可和內部裝飾相混。二者是造成一間佈置完竣的房間中先後不同的兩種步驟。有一點須要注意的，尤其是當建築和裝飾不是由同一人設計的時候，就是二者應當聯成一氣，中間不可露出差別。

內部建築的意義，就是在設計當中使房屋內部的結構有一種特性和趣味。內部裝飾乃是就已有的內部建築配置上日用的傢具，以供生活的需要。所配置的傢具，應當和建築的式樣互相調和。

建築設計，不論是關於房屋的內部或外部，都是從(一)平面(二)立面(三)結構，或材料和結構的選擇三者發展出來的。在這些步驟之中，所加入的原素應當彼此融合，使完成後的設計有一種美的性質，同時使房屋能夠切合牠特殊的用途。平面配置是建築設計中的基本。設計任何構造所最要緊的條件——個性——便可以在平面配置中有極大的機會來表見。房間的大小和形狀，交通的方法，窗的位置，壁爐的裝置，還有許多可以使一所房子顯出特性的細節，都是在平面上佈置出來的。平面的配置對於將來定成後的設計，不論在內部或外部，都有很大的影響。

從平面布置上所發展出的立面布置，對於美觀上有重要的關係。在立面上可以決定房間的高低，因此限制了牆面的比例，影響後來的設計很大。一扇門不祇是適應交通的需要，在立面上還要有悅目的比例。窗口離地的高低，和窗洞的比例，也要在立面上決定。這些對於房屋的外觀，很有影響；同時對於已有的牆面的比例也要顧及。

平面和立面的設計在構造上，對於材料的選擇也有相當的關係。譬如某種尺寸的窗洞沒有現成的窗可以採用，必須定製。如若要用鋼窗，即應在某種構造上裝置起來就比較便當些。無論選擇任何材料的時候，應當使外觀不失所要的性質。譬如牆面選定用「施得可」，使粗糙的質地可以和其他的材料相配，并可保護內部的結構，免受風雨的侵蝕。材料的質地應當仔細決定，使牠能增加建築物的美觀，并且和其他材料十分地和諧。

建築之所以有特性，就在乎材料和形式的選擇。內部設計便應當從這點上着意，求合理的發展。但是往往有許多建築師在設計內部的時候，對於應取的式樣和特性一點沒有成見，便草草了事，交給了別人去裝飾。不知在結構上既沒有可以裝飾的地方，後來的內部裝飾家也就無所施其技了。我們看西班牙式房屋所以有牠特具的美點，就是因爲牠所用的材料和所取的形式，能夠使建築的內外別緻有趣。牠的式樣是根據結構來的，結構部分的顯露，可以使建築物得有一種趣味。

根據這種意思讓我們來研究內部設計的幾點，內部建築中牆是最要緊的。因爲面積很大，而又恰當人的視線上。我們在牆壁上時常施以花紋或者加上些裝飾品，以免去單調的感覺，同時也可使牆面的形狀更加顯著，并可增加建築上別種線條的力量。譬如門窗的門頭線使門窗的形狀更加顯著，壁爐上裝飾可以引人注意使牠成爲一室的中心。牆壁不應祇當作傢具的背景，牠的布置是整個裝飾計劃的主腦。傢具上覆蓋如椅套桌布等，應當和牆壁反襯，在質地上現出明顯的對照。在內部設計上，次要的便是地板。牠的長寬的比例，就是房間平面的形狀，也是應當顯示出來的。光秀的地板看了使人乏味。尋常總是鋪上一塊地氈，四圍留出一圈一般寬的空。這樣一來，房間平面的形狀，便立刻顯著了。地氈邊上若是有些花紋，更可以使覆着花布的傢具容易同地板聯串些。滿片花紋的地氈最好和覆着樸素材料的傢具放在一起，反之，傢具上面若是蓋着有花的材料，那麼地氈最好用樸素的。在起居室中，傢具常可分作幾組來擺，（把房間分作休息，閱讀和音樂等幾部分。）以免呆板，而便於賓主的酬酢。這樣擺法，可用幾張小塊的地氈。幾組的傢具，便由牠們聯貫了起來。如用這種辦法，那麼房屋的建築對於傢具的擺法便很有影響。鋼琴的後面一定要有一塊充分的牆壁，地位也不可離通川空的門太近。休息的部分以壁爐爲中心。閱讀的部分應當和書架相近。所以設計平面的時候，不但要計劃地板的材料，傢具的地位，連地氈也要注意到。牆壁的中間最好加以「音索來」板。現在有一種做牆壁的材料質地美觀，可以粉刷花樣，同時在構造上也很堅固。一種材料同時在裝飾和構造上都能合用纔可以稱爲建築上的材料。

編者深願建築設計能夠注重結構，也希望建築師能多注意內部建築。建築師和內部裝飾師各有他應盡的職務，但是他們的目標是相同的。他們應當彼此合作纔能得到完美的結果。

談談住的問題

鍾　熀

當一九二五年，巴黎開全世界美術建築裝飾工業展覽會的時候，各國人士無不竭其匠心和資力，來研究現代的建築裝飾，互相競美，由此而宣揚藝術的精靈，交換各國的文化，以促成無國際界限的新式建築裝飾，推進世界的大同，人類的幸福。

住的問題，爲民生四大需要之一，值得我們來悉心研究。我國關於建築裝飾，自紂王造鹿臺起，迄今已有數千年之悠久歷史，其外形的堂皇美麗，內部的精巧別緻，素爲歐美各國所稱道，可是自秦漢以還，國人心理，只知倣模古化，毫無改進的思想。

近來我國有志之士，不惜光陰資力和精神，也有負笈重洋，去悉心研究歐美建築裝飾的藝術精華，來貢獻本國社會，滿足民衆需要，才得與世界各國並駕齊驅。

可是建築與裝飾，稱述時雖常連用，實際上自有區別。有堂皇建築的外表，沒有美麗裝飾的內容，宛如繡枕草心，有美麗裝飾的內容，沒有堂皇建築的外表，好似錦衣夜行，所以兩者有密切連帶的關係，缺一是不行的。爲迎合人們愛美的心理，改造地方粗鄙的環境，使大小各種建築裝飾物品，有多樣的色彩，來渲染襯托，用不同的線條，來配合調和，使一般社會人士，目悅神怡，隨時隨地受到美的感化，生活上也就得着適宜的安慰，那末，不但可以改造個人的思想，而且能夠推進民族的文化，改善社會的現狀，功效是非常偉大的。

上海一隅，爲各國通商的巨埠，也是全國人才集中的所在，各種建築裝飾，勾心鬥角，素爲國人所注意，上海實爲摩登化的建築裝飾的發軔地，此後如能奮勉精進，前途是不可限量的，希望國人以愛美的熱忱，社會的福利，爲中國的建築與裝飾創造空前的新紀錄。

設計：鍾熀　　（圖　一）　　裝飾者：藝林公司

譬如（圖一）所表示的客廳與餐室，是完全富於現代性的藝術，而適合於現代社會人心所需要。如色彩的調和，室內的佈設，光線的和合，完全可使人心愉快。圖中屋頂用三層平板條，來代替平頂線脚，金黃色平頂和深黑色的線條，那牆上面用金黃色，牆脚上漆大紅漆，作爲凹凸式。該牆的面積甚寬，不能用極簡單的線條，可以來分開此寬闊的面積，所以用金和黑做色彩，在相當的地位上來配合一切。餐室與客廳相隔的階級上；僅用短鐵門，可以使光線流通，一目堂皇瞭然。室內器具用我國福建的黑磨光漆，加上紅與銀色鋁條，來調和成章。椅子蒙料，用金紅色的絲光絨，與四壁的色彩相符合，地毯也同樣的構成。今已具此華麗之裝飾，决不可用太强之直射燈光，所以室內平頂上，用以大部份之間接暗射光線，來顯出它的裝璜的美滿。

又看到（圖二）臥室的佈置其色彩完全與客廳餐室不同，其平頂略作小圓形，由平頂內裝出五個圓圈，大小不等來，射出淡藍色的燈光。內中銀灰色的牆，用淡灰藍與深灰藍，叠嵌相隔，又用橫線條，覺得房屋暢爽。傢俱則用灰色鑲深藍線條，濃淡咸宜，又用克羅米拉手管子，玲瓏精巧，用銀灰色綢做的門窗簾，又用同樣綢料蒙椅子，及床毯，其灰藍色，地毯鋪滿全個房間，僅有少許花紋綉在大地毯上之角上，使人觀之悅目清心。

設計：鍾熀　　（圖　二）　　裝飾者：藝林公司

偉達飯店

偉達飯店係由李蟠建築師設計店址在上海霞飛路全部工程均用鋼骨混凝土建造房屋共計九層底層爲會客室及大餐室一層至五層爲旅館六層至八層爲公寓屋頂爲花園屋內各室無不空氣暢通光線合度兼之佈置新雅陳設富麗在海上新建飯店中實爲最能令人滿意者

正面圖　　李蟠建築師設計

屋頂花園　　李蟠建築師設計

地盤圖

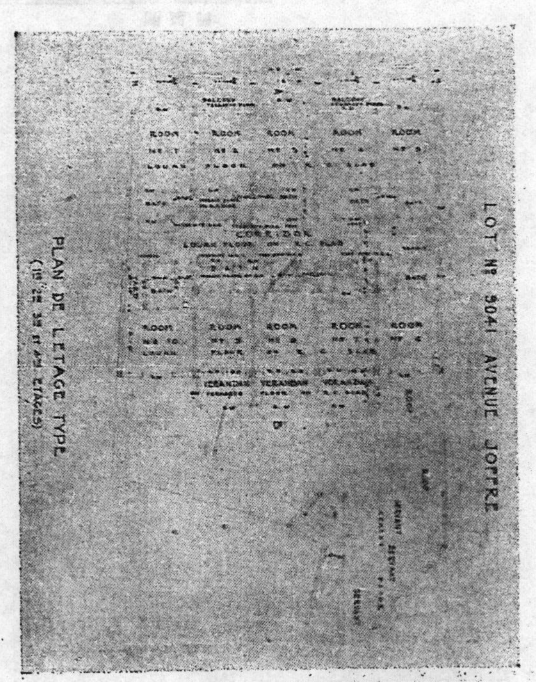

一二三四層平面圖

屋面圖　　李蟠建築師設計

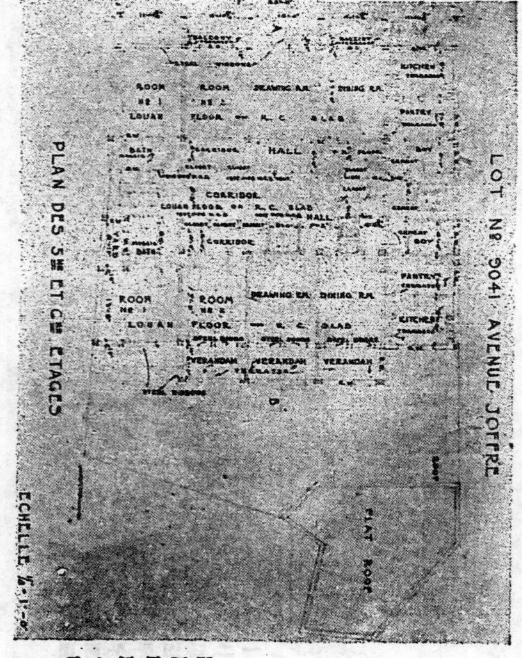

五六層平面圖

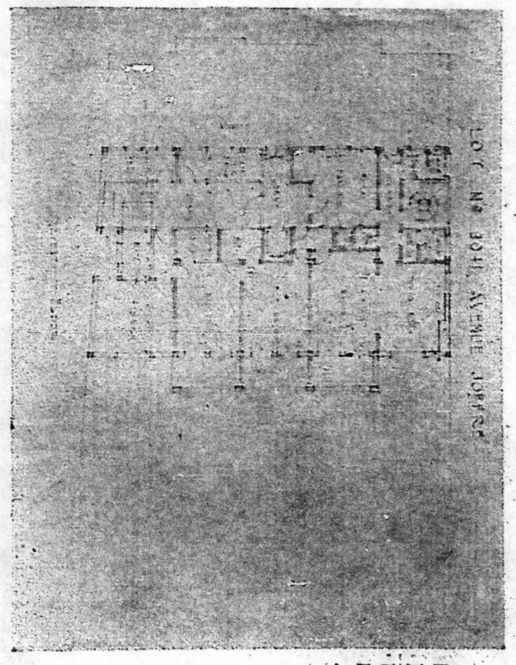

七層平面圖

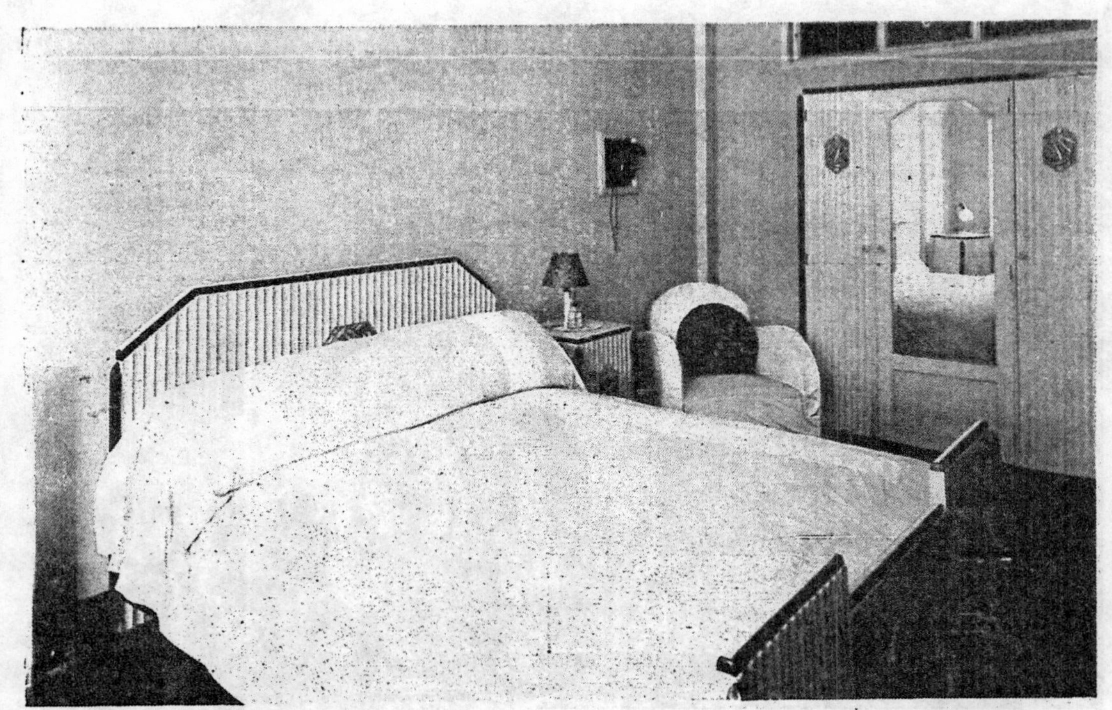

旅館內臥室之一　　李蟠建築師設計

旅館內臥室之二　　李蟠建築師設計

巨潑來斯路鄒相衡先生住宅　　華蓋建築事務所設計

內景之一

內景之二

總理銅像

建築師 董大酉　雕刻師 江小鶼

地　　點　大上海市中心區域市政府新屋北面

業　　主　上海各界建築總理銅像籌備會建築委員會

承 包 人　褚掄記營造廠

完工日期　二十二年十一月

材　　料　全部用古銅及芝蔴石

銅像高九尺盤高十尺底盤爲圓形直徑七十尺分三級九步每級置銅鼎四只雕刻完全仿北平故宮式樣

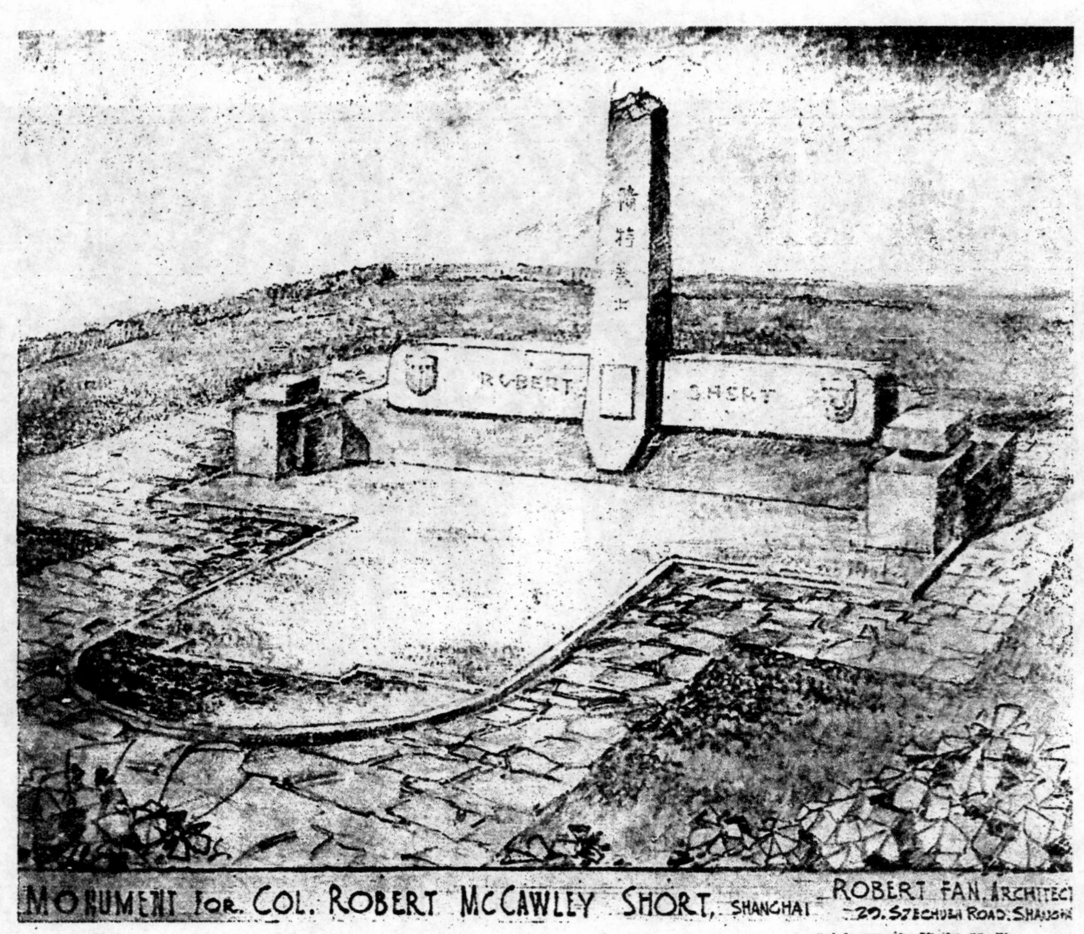

·范文照建築師設計

仗義抗日美人蕭特烈士之墓

住宅建築引言

洋場十里，人煙稠密，多至三百餘萬，泰半稅屋而居，市房，里房，因而比櫛焉。至其式樣，數十年來，皆採石庫門；迄今一仍舊貫，未加改進；以致地位狹隘，光線晦暗，欲求能空氣流暢，陳式新穎者，幾若鳳毛麟角之不可得。西人稱之曰 Bungalow，譯者或作爲鴿鵠籠，蓋紀實也。推原其故，良以中國建築，隳廢已極。十年前欲求一能少知建築學者，殊不多覯。業主欲造房屋，祇得委之營造廠，一任其自由建造；而營造廠家，又故步自封，墨守繩法，對於建築式樣，除石庫門外，未見新穎計劃。居其室者，深感侷促不快。近來建築事務，突飛猛晉，習建築之學術者，亦日加衆。故於住宅房屋之設計，力求進步，石庫門式，始漸廢絕也。試考業主之投資，凡事莫不願以最少之資本，換取最大之利益。而在租賃者言之，又莫不欲以最低之租價，居住最好之房屋。因須適合二者之需要，建築師乃鉤心鬥角，殫精竭慮以赴之。對於設備，則力求完善，期以達到業主之願望，并以迎合租賃者之心理也。對於材料，則力求經濟，期以減少業主之成本，因而減輕租賃者之擔負也。推陳出新，日新月異，倘能類習之而刊於書册，將見其美不勝收焉。本刊特收各建築師所設計各處之新式里房，逐期揭櫫，每處另附說明，以供參考，想亦讀者所樂覩歟！

愚谷邨正面圖　華信建築公司設計

愚谷邨斜視圖

華信建築公司設計

滬西愚園路愚谷邨

滬西愚園路愚谷邨，係出租住宅。佔地二十餘畝，北面愚園路，南臨靜安寺路，東達地豐路，共計有房屋一百餘幢。全部造價約銀六十餘萬兩；每宅計銀五千兩。第一部工程，現已完竣，第二部工程，正在招標估價，即將興建中。每幢房屋內有起居室，餐室，臥室，浴室，盥洗室，衣箱間，僕室，廚房等大小十餘間。各間光線充足，空氣通暢，大小適宜，設備完美，他如衛生器具，冷熱水管，煤氣，電氣等一應俱全，極合現代家庭之需要，在一切住宅中，實為上選。全部工程之設計者，為華信建築師楊潤玉；楊元麟；承造者為顧炳記營造廠。

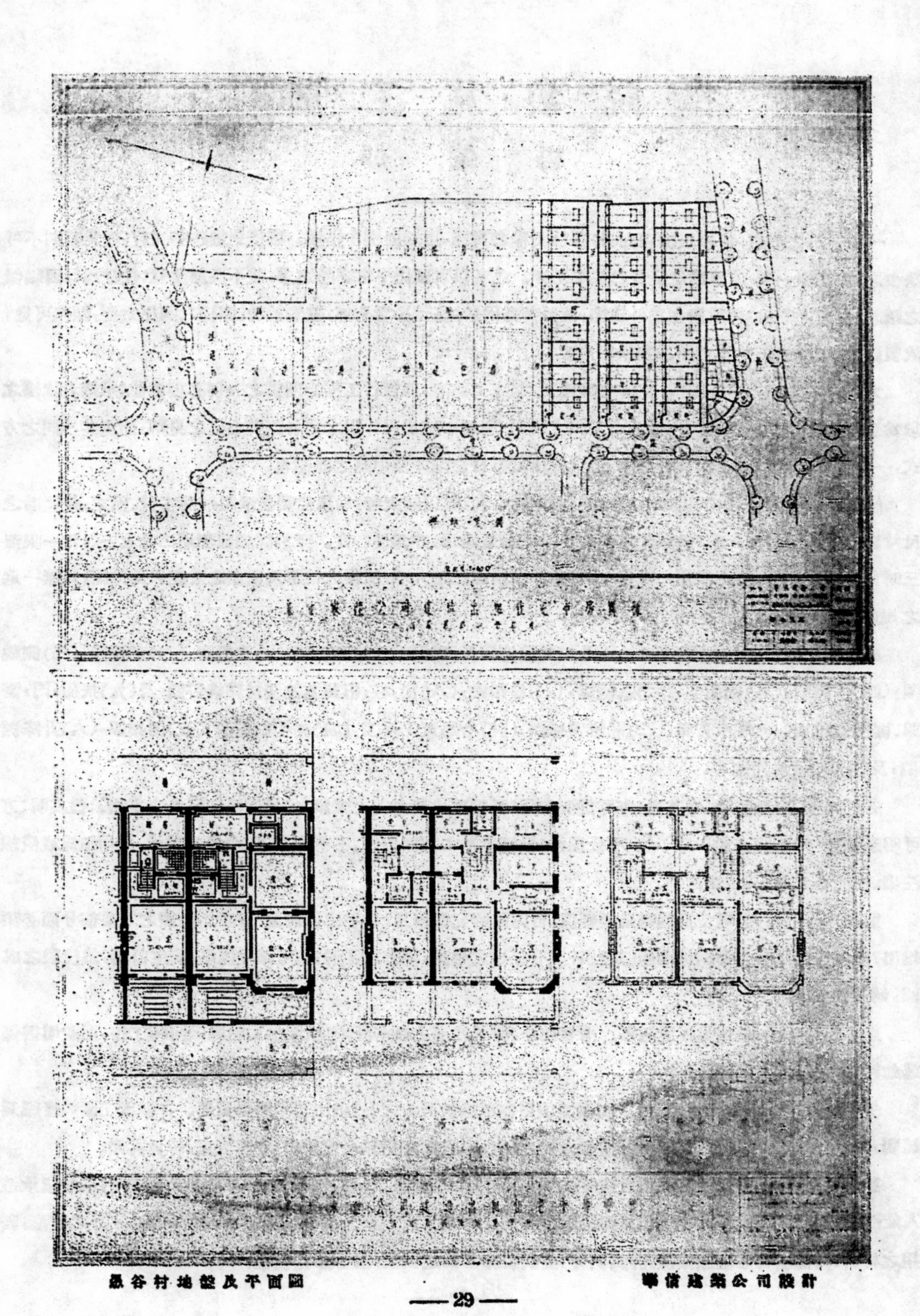

愚谷村地盤及平面圖　　　　華信建築公司設計

說製施工圖

楊肇輝

一切建築之形質，胥賴圖樣以表明；各種工程之實施，更須圖樣作楷模。圖樣對於建築工程，既爲頃刻不可缺少之物；製圖一事，遂成業建築者之基本工作。或者以製圖係平常容易之事，並不深加注意：往往起始因細微之疏忽，毫釐之差誤；以致發生意外枝節，或受特殊困難；終至影響全部，盡毀前功。圖樣之關係重要，顯然可見，故製圖者隨時隨地，均不可不以審慎出之也。

大凡關於建築之各種圖樣，可稱之爲施工圖。施工圖者，即實行工程時所需之一切必要圖說；承造者依據之以爲工作，遵照之以估價值者也。至施工圖之製法，原無一定規程；製之者各因其自己之見解，而定其不同之方式，——此則由於習慣之向例者有之，但大都由於每日之進展及平時之經驗也。

繪製施工圖之尺寸，須視其用途而定：或用較小者，或用較大者，均以能得表示明晰爲主旨。因之，普通圖之尺寸以八分之一吋作一呎，或四分之一吋作一呎爲最適用，亦爲最合宜。至於詳細圖須用二分之一吋作一呎至三吋作一呎之比例，甚至須用一呎作一呎者；此則因面積之大小，工程之情形及需要之限度以爲伸縮，並無一定之規則可遵。

施工圖之種類 大概可因其性質而分別爲建築圖及機械圖。建築圖包括(一)地盤圖，(二)正視圖，(三)側視圖，(四)平面圖，(五)剖面圖，(六)基礎圖，(七)屋架圖，(八)樑，柱，桁與其他關於結構各圖，及(九)扶梯，門，窗圖。機械圖包括(一)落水管圖，(二)電氣機械圖，(三)冷熱氣工程圖，(四)衛生設備圖 (五)溝渠圖，(六)升降機圖，及(七)空氣流通圖等。

各種圖樣，均應簡明。惟其簡：方可提要鉤元；既當棄去無意義之繁瑣；尤應避免已備具之重複。惟其明：方可明晰清楚 俾使閱圖者一目了然 不致混淆；且便承造人按圖估價，不有錯訛。圖中各種尺寸，應用細線或淡線注出。字體不宜過小，但須清楚。

製施工圖之前，製者當於腦際縈迴審慮。自問此圖究係何用？着手應從何處？何者爲此圖之重要部分而必須繪出？何者與此圖有連帶關係而應即標明？俟有深切之認識，精密之了解；方可確立標準，設定計劃；然後製之成圖，始得免於錯誤。

施工圖製就後，幷須另附說明書。兩者相合，便成建築之根本計劃；故圖係表明應做何種工作，而說明書係述如何方可做成此種工作者。

平常圖樣可繪於透明紙上；但重要圖樣須用墨水繪於臘布之上，以便複印而耐實用。各種施工圖並應細爲核對，查其內容尺寸及標注之材料等有無差誤；如有，當時即應用顏色筆指出，立與改正，俾免再錯。

製施工圖之原則，無論其爲重大建築或係微小工程，均爲同一無二；除製出簡要明晰之圖樣外，切勿以承造人能隨意建築都可無誤，即不謹慎將事而任便爲之。本篇附列各施工圖，皆能明示圖樣之用途，工程之情形，需用之材料等。閱者苟能參照圖樣，詳爲研考；對於製施工圖之梗概，固不難索獲也。

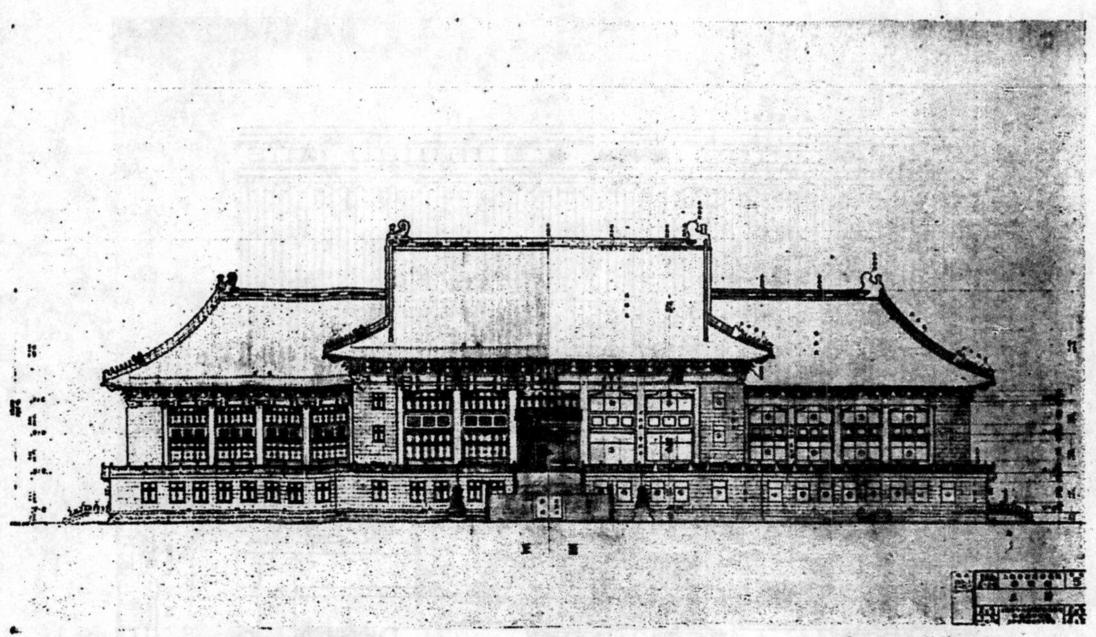

上海市政府新屋正面圖　　董大酉建築師設計

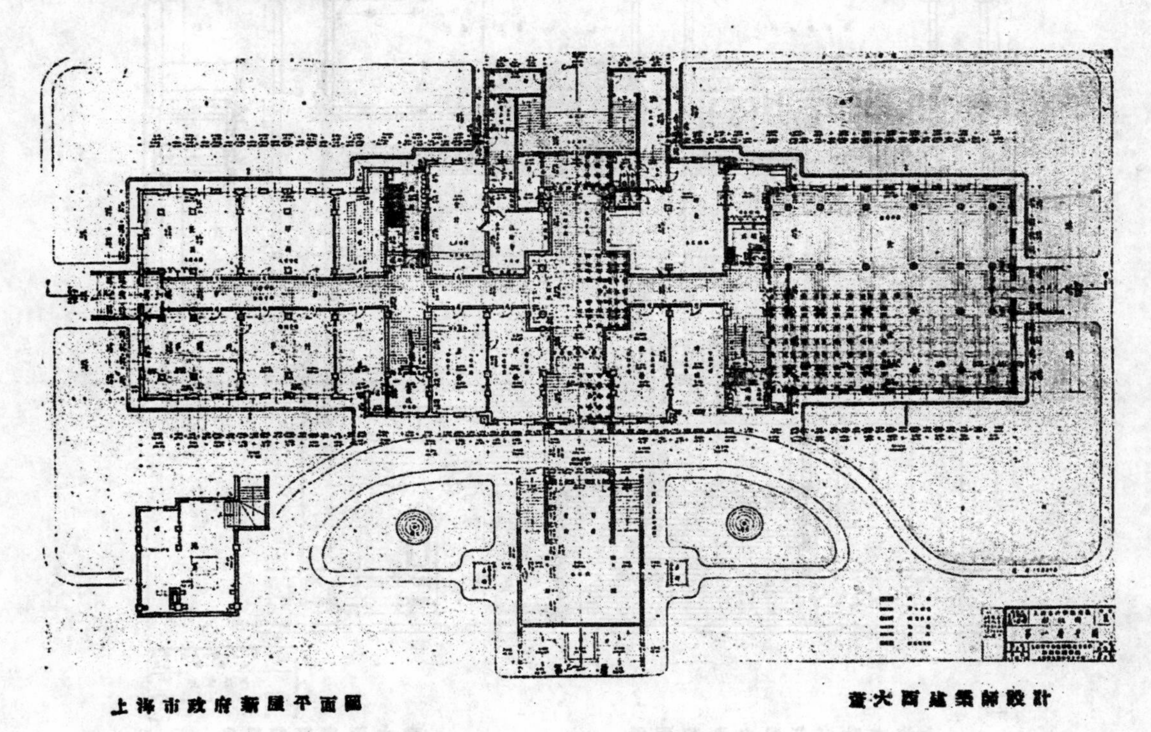

上海市政府新屋平面圖　　董大酉建築師設計

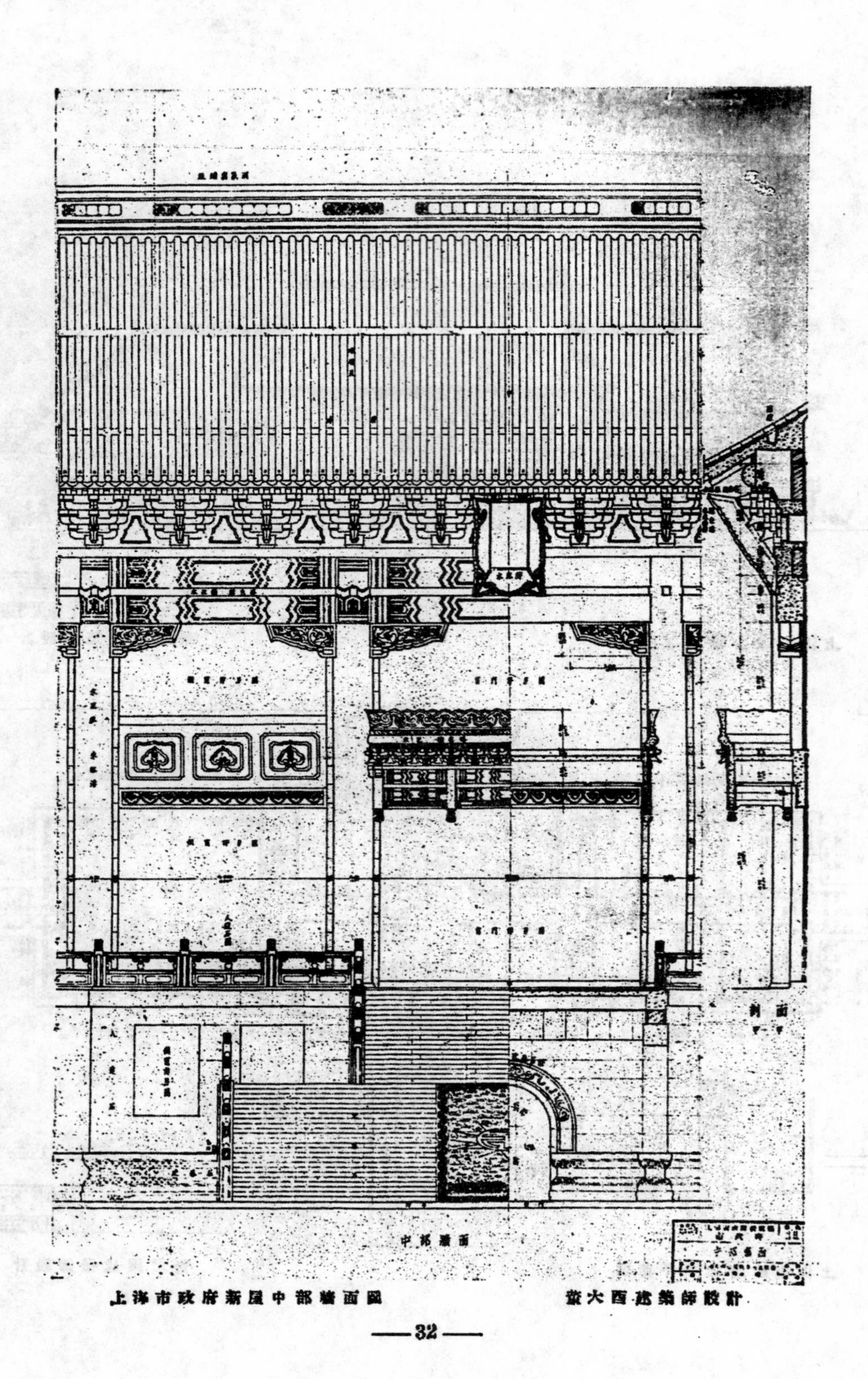

上海市政府新屋中部墻面圖　　董大酉建築師設計

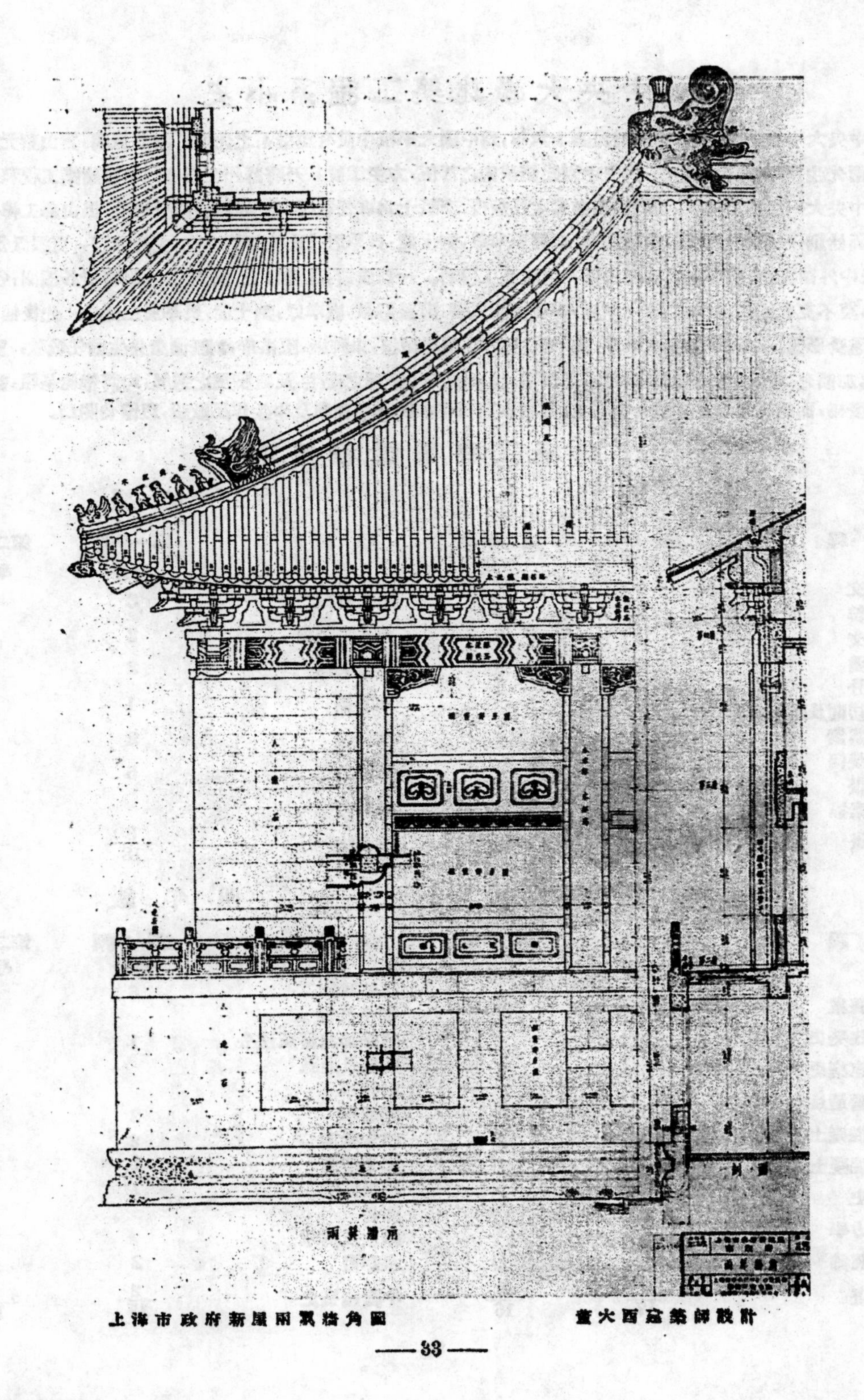

上海市政府新屋兩翼牆角圖　　董大酉建築師設計

中央大學建築工程系小史

中央大學建築工程系，創始於民國十六年，爲中國大學校中設有建築系之先進。推其原因，實由蔡元培，周子競兩先生，鑒於時代之需求，與夫中國建築學術之落伍，力主添設；乃將蘇州工業專門學校建築工程科移京，組織中央大學建築工程科，並聘劉福泰爲主任教授，李毅士爲專任教授。當斯時也，所有學生俱由蘇工轉學，又以事屬始創，一切規模設備，未臻完善。嗣經盧奉璋，劉士能，貝季眉三先生相將來校，主持教務，更添置各種模型，及中外圖書，於是逐漸成爲國內惟一之建築工程科。一切成績，蒸蒸日上，畢業諸生，服務於各機關，各建築公司，莫不克盡厥職。民國二十一年夏，學校突生風潮，因被解散，盧奉璋，劉士能，貝季眉三先生，先後他就，發展上遂受影響。幸而學潮不久平息，秩序次第恢復，復聘譚垣，朱神康，陳裕華，劉既漂諸先生擔任教職，重行整理，再加擴充，並改建築工程科爲建築工程系。將來國內建築師之產生，及建築業之進展，均將惟此是賴，甚望其日益發揚，而爲我國建築界現一異彩也。茲於本期刊登本校課程標準及學生作品數張，以備參閱焉。

建築工程系課程標準

一年級

學程	第一學期學分	第二學期學分
國文	3	3
黨義	1	1
英文	2	2
物理	4	4
微積分	3	3
建築初則及建築畫	2	
初級圖案		2
投影幾何	2	
透視畫		2
模型素描		2
徒手畫	2	
	19	19

二年級

學程	第一學期學分	第二學期學分
建築圖案	3	4
西洋建築史	2	2
模型素描	2	2
水彩畫	1	1
陰影法	2	
應用力學	5	
材料力學		5
營造法	3	3
	18	17

三年級

學程	第一學期學分	第二學期學分
建築圖案	5	5
西洋建築史	2	
中國建築史		2
中國營造法		2
鐵筋混凝土	4	
鐵筋混凝土屋計畫		2
美術史		1
圖解力學	2	
內部裝飾	2	2
水彩畫	2	2
	17	16

四年級

學程	第一學期學分	第二學期學分
建築圖案	6	6
都市計畫		3
建築師職務及法令	1	
暖房及通風		1
電炤學		1
庭園學	2	
鐵骨構造	2	
施工估價	1	
建築組織	1	
測量		2
給水及排水		1
水彩畫	2	2
中國建築史	2	
	17	16

正面圖

公共辦公室習題

今擬於沿長江下游入口處，某繁盛之商業城市內，建一公共辦公室。該城於最近兩年內，發展栞速。故人口桒多，各色俱有，而地價亦因之昂貴異常。故於設計上對生產一問題上，須加注意也。

房屋面積	長 70'—0" 寬 50'—0"
房屋高度	不過 200'—0"
需備建築	底層應有店舖辦公室扶梯電梯廁所等其他各層應分作辦公室及旅館

比例尺：

正面圖	$\frac{1}{8}$"=1'—0"
平面圖	$\frac{1}{16}$"=1'—0"
剖面圖	$\frac{1}{16}$"=1'—0"
草圖	$\frac{1}{23}$"=1'—0"

中央大學戴志昂設計公共辦公室

平面及斷面圖

側面圖

建築文件

（續）第一期

建築文件中除合同而外最重要者厥爲說明書英文稱之爲 SPECIFICATION 此 SPECIF CATION 中大都分爲二部份第一部份爲總綱 GENERAL CONDITIONS 第二部份始爲各項材料之說明及工程進行之方式等等此二部份雖統稱之曰 SPECIFICATION 然其性質則逈異前者凡各工程可以同一之 GENERAL CONDITION 以支配之而後者則每一不同之工程必有一不同之說明書以解釋該工程之進行方式根據以上理由故將此二部份分之爲二前者名之曰建築章程後者名之曰施工細則以較醒目茲將敝事務所習用之章程製版如下該章程沿用已數年未加修正疏漏在所難免尙祈建築同志有以敎之

楊錫鏐識

建造

江蘇上海第一特區地方法院新法庭

章程

第一章　總綱

(一) 本工程建築北浙江路本院院址內　　**地址**

(二) 本工程計開五層鋼骨水泥建築一座　　**建築物**

第二章　圖樣與說明書章程

(三) 圖樣總樣計十三張。其餘大小圖樣爲建築各項工程所需者。得隨時由工程師給發。發給承攬人照做。　　**圖樣**

(四) 該項一切圖樣說明書及章程。意在互相說明本建築之一切構造法及材料。二者有同等之效力。凡有載明于此而未載明于彼者。亦應依照建造。設遇二者有不符之處。則隨時由工程師解釋。得依任何一項爲標準。承攬人不得借詞推諉。凡圖樣或說明書上遇有特別名詞記號或不甚明晰處。承攬人不能明瞭。應隨時向工程師詢明。否則如有遺漏差誤。應由承攬人負責。　　**圖樣與說明書**

如按例應有之物。而圖樣說明書均未載明者。亦應照工程師之指示照做。不得推諉

(五) 圖樣雖依比例尺繪就惟自伸容有走縮。故一切尺寸均以註明之數碼爲準。未註數碼之處。得隨時向工程師詢問。如于未詢明之前。以圖上量出之尺寸擅自工作。則日後設有差誤。承攬人應負完全責任。遇有必要拆除重做時。應遵命照做。　　**尺寸**

(六) 一應門窗線脚裝修柱頭等大樣。于工作進行時由工程師陸續繪就發給。如承攬人于未領到該項大樣之前擅自先行工作。則日後如有差誤。承攬人應負完全責任。　　**大樣**

(七) 該項大樣發出後。如承攬人認爲與總樣不符。將發生額外工作或材料時。承攬人得于四十八小時內向工程師提出抗議。聲明應加工料。否則該項大樣即認爲與總樣相符。將　　**大樣與總樣**

來不得要求加賬。

(八) 任何工作如在未建造前以爲有修改之必要時。得由工程師隨時出修正圖樣。交承攬人照做。惟如因該項更改將發生額外工作或材料時。應由承包人及業主雙方議定增減之價格。簽訂修改價目單。以爲將來造價加減之標準。如未有該項價目單之簽訂。則該項修正圖樣即認爲與原樣之工作材料相等。將來不得要求加賬。一切圖樣及說明書爲工程師所有物。承攬人使用時需宜益慎從事。不得任意污損。待房屋完工後應全數繳還工程師。　　**修改圖樣**

第三章　工作範圍

(九) 全部建築除下列各條所載明者外。一切材料工作及工作時所需之器具機器等。均歸承攬人供給。　　**工程範圍**

下列各項無論圖上註明與否。均由業主另行招標承造。惟于各項工作進行時承攬人應予以相當之協助。不使有妨工作。　　**另行招標承造**

(甲) 全部暖氣工程
(乙) 衛生及水管工程
(丙) 一應電線電器設備工程
(丁) 電梯工程

下列各種材料均由業主自行購備。運至作場交由承攬人負責裝配完整。該項材料自運至作場起至完工爲止由承攬人負保管之責。如有失竊損壞等事發生應歸承攬人負責賠償。　　**業主自行購備**

(甲) 鋼窗
(乙) 門窗五金

第四章　工程師之職權

(十) 工程師供給及解釋一切建築本工程所需之圖樣說明書及章程。　　**供給圖樣**

(十一) 工程師負有審查及核准一切用于本建築之材料視其是否合用之責。　　**核准材料**

(十二) 工程師應盡力督察工程之進行。審查工作之合法與否。惟工程自身經濟之責任仍由承攬人直接負責。工程師不代負責任。無論何項工程如有需駐場監工之必要時。應由業主得工程師之同意。聘任常駐監工員。薪水由業主負担。該監工者應受工程師之直接指示。惟該監工者如有疏忽錯誤等情。工程師不代負責。　　**督察工程**　**常駐監工**

(十三) 工程中[illegible]款期時。工程師應根據承攬人之報告證明工程　　**工程付款**

30423

狀況之是否與相符合。以資發本合同所載應付款項之證書。

(十四)工程師有解決及判斷一切工程上之疑問爭執及加要懸期糾葛之權。　解決疑問

第五章　承攬人之責任

(十五)承攬人對于本工程應負一切完全之責任。在房屋未交卸之前。一應已成及未成之建築物及材料。無論因何而有損壞或遺失時。均歸承攬人負責。　負完全責任

(十六)凡工程上發見有謬誤遺漏時。無論其為工人或轉包人之錯誤所致。均應由承攬人負責修理或重做。　謬誤與遺漏

(十七)承攬人負有襄助其他一切承包者各種工作之義務。設因其他之工作而有損壞本工程處。承攬人須擔任修理。　襄助各業

(十八)承攬人應遵守該工程所在地段之一切法律與章程。所有一應建築照會及捐稅等費均歸承攬人支付。　遵守法律

(十九)承攬人於工作進行時對于鄰近房屋及產業應加意保護。如因本工程而使其有所損壞及危險時。承攬人應負責修理。　鄰近產業

(二十)所有一切陰溝水管電線電話等線件凡足以阻礙建築進行者。應由承攬人商准該管局所或公司自行移設。完工後並復原狀。一切費用由承攬人擔任。　障礙物

(廿一)承攬人須保持一切預防公衆危險之物品。如燈光路欄及籬笆等。如倘發生大小事故。均由承攬人自行理直。　預防危險

(廿二)房屋地位尺寸及水平高低均由承攬人按照圖樣自行量出。　房屋地位尺寸及水平

並應完全準備。設有差誤應負全責

(廿三)完工時房屋全部均應洗滌潔淨。一切竹圍木屑另碎雜件垃圾等。均須運離地基遺留清潔。所有玻璃亦應擦拭明淨。　洗滌

(廿四)承攬人應先期至地基察視一周。對于地面形勢應完全明瞭。如因地勢關係而有額外工作時。均應于估價時顧及。不得于日後要求加賬。　地基形勢

(廿五)完工後二年內房屋如有走動損壞滲漏損折裂縫剝落等事發生。或屬滲漏。確實係做工不佳物料窳劣所致者。承攬人仍應負責修理完善。一切費用應歸承攬人承擔。　保證二年

第六章　承攬人與工程師之關係

(廿六)工程進行時應備具堅實之扶梯脚手等物。以便工程師隨時至各處察看工程。該扶梯等須建造堅固。得工程師之滿意。　脚手

(廿七)工程進行時承攬人應備一棚寫房屋。置備桌椅等物。以備工程師之應用。該室內應常貯圖樣及章程一份以備查閱。　辦事室

(廿八)承攬人如不能自身常駐工場時。則應派富有工程經驗之監工者每日駐場全權代表承攬人一切責任。不得間斷。以備工程師之隨時詢問關于工程上之情形。如該監工者經工程師以為不能稱職時。得令承攬人撤換之。　全權代表

(廿九)所用一切材料均須備有樣品。送至工程師核准。核准後凡工程上所有材料均須與此樣品相符。如發有未核准或與樣品不符之材料發見時。得立命承攬人于二十四小時內全數　材料樣品

運離工場。否則工程師得自行雇人運離。費用歸承攬人負擔。一應人工材料均須上等。做法均須依工程師之指示。如有次貨及不良工作。或有忽視該工程師之指示。應隨時撤除重做。

(三十)承攬人或其小包所繪之一切大樣均須經工程師之核准。方可動工照做。否則將來如有差誤。應拆除重做。　大樣

(卅一)遇必要時工程師得令承攬人先做該項屋任何部份之模型。核准可否。　模型

(卅二)凡各材料如工程師認為有試驗之必要時。承攬人應遵其指示。施行試驗。並負担一切費用。　材料試驗

(卅三)工程到領款期限時。承攬人應備具正式書面報告。報告一切工程之進行。附有六寸以上之照相二紙。證明工作狀況。以為憑證。　領款手續

(卅四)說明書所指定之材料設因臨時市面缺乏或價格飛漲。承攬人以為有他種同樣材料可以代替應用時。應將該代替材料樣品送呈工程師審查核准。出有正式准許證。方可替用。　材料代替

第七章　承攬人與業主之關係

(卅五)業主與承攬人訂立之一切合同。均由工程師作證。　合同

(卅六)合同內所載一切款項。皆由工程師之簽字證明。業主方能照數付給。　付款手續

(卅七)將來工作如有增減。應由業主先行通知工程師。由工程師　工作增減

出具改做通知單。並由承攬人與業主雙方議定增減之價格。在單上簽字證明。然後改造。否則不得擅行更改。

(卅八)合同內所載暫付及末期留保款項之付給。不能為業主對于該工程完全滿意之憑證。如將來查有劣工窳料。仍應按章程辦理。　劣工窳料

(卅九)工程進行時其作場材料及已做工程。應由承攬人向殷實可靠之保險公司投保火險。數目視工程之進行隨時遞加。如數保足。保單應交業主代為執管。如有火災發生。即由業主會同承攬人向保險行領取賠款。再由業主承攬人工程師三方共同查酌。按雙方之損失支配之。惟如遇火災。該工程已訂之合同仍繼續有效。惟完工日期須另行訂定。　保險

(四十)業主與承攬人間一切糾葛及爭執。以及加賬減賬等糾紛。均由工程師按章程合同秉公調解。如遇重大事故工程師不能調請調解時。則應組織公證人會判決之。該公證人會由業主承攬人及工程師三方公請諳于建築工程者三人組織之。　公證人會

上海公共租界房屋建築章程

（上海公共租界工部局訂）

楊　肇　煇　譯

第二十六條　新屋均應設有廁所，及小便處，或洗滌室。以為僕役之用。其作此用者，可以兩人或數人共用。此項廁所及小便處或洗滌室之數目及計劃，須能得稽查員之同意。並須以水泥灰漿，或他種不透水之材料粉地牆面及踢板。又須與外面之空氣，得有適當之流通，一切空洞，應用鑽孔之白鉛，以遮蚊蠅。門則概應備有彈簧，使可自關。

所有洗滌室，應照本章程之規定建造之。

改造及添建

第二十七條　房屋之添建或改造，（無影響於外牆或分間牆之建造之必要修理，不在此例。）應與本章程中用於新屋之一切規定相符。

房屋或房屋之一部，未經本局之核准，不得改變更動。或此類房屋或其一部之改更，與本章程對於此類房屋之規定不符，亦不得未經核准，即為改更。　（總章完）

第　一　章

牆——弁言

本章第一節及第二節，均適用於長度不小於八吋半之堅硬而完美之磚所造之牆，或石塊及他種堅硬而不易燃燒之材料所造之牆，牆之各層均須平直。

每一新屋，除另經核准與本章程相符者外，均應四週圍之以牆。牆須以堅硬完美之磚，或石塊，或他種堅硬而不易燃燒之材料築成之。新屋之每一牆脚，均應置於具有適當厚度及分層搭實（每層厚度不得過九吋）之完美混凝土上，其伸出於牆脚，每面外之寬度至少六吋。

凡屬臨空棚廠，其高度不過十六呎及面積不過四百方呎者，經本局稽查員核准後，可用任何材料及任何方法建造之。

凡用堅硬完美之磚，或石塊，或他種堅硬而不易燃燒之材料所造之牆，均應適當固結，堅實砌合，並將每層做平，其方法如下：

（甲）用上等石灰及潔淨之砂摻合而成之灰漿，但其比例不得小於一份石灰與二份砂之比，或用其他適當材料，或

（乙）用水泥，或

（丙）用水泥摻合於潔淨之砂中，但其比例不得小於一份水泥與二份半砂之比。

牆之高度大過四十二呎者，應將其下部用水泥灰漿建造之。

除專為美術裝飾之伸出物及適當做成之壁肩外，新屋之牆不應有任何部份伸出於其下部之外。

住屋之牆，倘非用以上說明之材料所做，而其厚度係照本章第一節及第二節所需要者，亦可稱為適當；或照本局稽查員所核准之厚度亦可。

新屋之任何外牆可以做為中空牆，但須遵照下述規則建造之：

(甲)牆之內部及外部應以一空隙分開之，其全長之寬度不得大過三吋，並應備有合宜之水溝，且使空氣流通。

(乙)牆之內外部應用具有充足力量之合宜枕木以固連之。此種枕木係用鉛鐵，白鉛，石器，或其他之適宜材料做成，間隔放置於牆中一平向距離不得過三呎，直向距離不得過十八吋。

(丙)牆之每部之厚度，全部不得小於四吋半。

(丁)當中空牆建造時，空隙之每面均有一牆，具有本章程所需要之全厚度。

(戊)中空牆若用中空混凝土塊建造者，須遵照本章程中關於鐵筋混凝土之第九十一條。

房屋各層之高度暨牆之高度及長度均應依下述方法決定之：

(甲)工。頂層之高度，應由地板上面之水平向上量至屋頂，或他種屋蓋之枕木底面之水平；如無枕木，則應向上量至屋椭，或他種屋頂支撑物之垂直高度之一半處之水平

工。除頂層外，每層之高度應由此層之地板上面之水平，向上量至上層之地板上面之水平。

(乙)牆之高度，應由牆脚上面量至牆之最高處；其上部如係三角牆，則應量至此三角牆之高度之一半處。

牆之明顯長度應以迴牆分別之。牆之長度應由迴牆量起。外牆，分間牆或橫牆之厚度須照本章程之規定；並須砌連於牆內，俾可示出區別。

柱脚如有任何伸出部分，不應算入在其底脚之牆之厚度。除牆之載於鋼梱之上或鐵筋混凝土基礎之上者外，每牆均應具有牆脚，——其具有別種方法以分載重量於地基之上，且經本局稽查員之核准者，不在此例。

在牆之每面牆脚最寬部分之伸出處，至少應等於在柱脚上之牆之厚度之一半；如無柱脚，至少應等於牆底之厚度之一半。

牆脚應具有凸出平台 (offsets)；或在牆脚之上，至少每兩層磚，應具一凸出平台。如不祇一凸出平台，而其在下者係兩層磚之厚度，餘則至少每一層磚應整齊凹進磚長之四分之一，直至牆面爲止，或至柱脚爲止，但牆脚之底至牆底之高度至少應等於柱脚上之牆之厚度之一半，——如無柱脚至少應等於牆底之厚度之一半。

新屋之牆可與他牆作成角度，但應互相適當砌連，又在角上不應做爲任何中空牆，轉角處亦須做成實質。

牆及煙囱之基礎應以磚或石做成，置於與舊牆或建築物同厚之水泥上，並須有適當之底脚，——牆之高度加增至必要時，水泥之厚度自亦隨之加增。牆及煙囱之基礎概應置於混凝土或其他之堅實建築物上；全部之進行應以得有本局稽查員之合意爲度。

除得有本局稽查員之通告外，牆均不應加厚。牆之加厚部份應以用水泥之磚工或石工，適當砌連固結於原建築上，以得有本局稽查員之合意爲度。

第一節。——非公用暨非貨棧類之房屋

外牆及分間牆之厚度不應小於以下每項所說明之厚度：——

1。——牆之高度不過二十五呎者，其厚度應照下方之規定：

倘牆之長度不過三十呎及所包括者不多於兩層，其全部高度之厚度應爲八吋半；

倘牆之長度過於三十呎或所包括者多於兩層，頂層以下之厚度應爲十三吋，而所餘高度之厚度應爲八吋

牢。

2.——牆之高度過於二十五呎，而不過四十呎者，其厚度應照下方之規定：

如牆之長度不過二十五呎，其頂層以下之厚度應爲十三吋，其餘高度之厚度應爲八吋半；

如牆之長度過三十五呎 第一層高度之厚度應爲十七吋半，頂層以下之高度之厚度應爲十三吋，其餘高度之厚度應爲八吋半。

3.——牆之高度過四十呎而不過五十呎者，其厚度應照下方之規定：

如牆之長度不過三十呎，其第一層高度之厚度應爲十七吋半，頂層以下之高度之厚度應爲十三吋，其餘高度之厚度應爲八吋；

如牆之長度過三十呎而不過四十五呎，其底下兩層高度之厚度應爲十七吋半，其餘高度之厚度應爲十三吋；

如牆之長度過四十五呎，其第一層高度之厚度應爲二十一吋半，次層高度之厚度應爲十七吋半，其餘高度之厚度應爲十三吋。

4.——牆之高度過五十呎而不過六十呎者，其厚度應照下方之規定：

如牆之長度不過四十五呎，其底下兩層高度之厚度應爲十七吋半，其餘高度之厚度應爲十三吋；

如牆之長度過四十五呎，其第一層高度之厚度應爲二十一吋半，次兩層高度之厚度應爲十七吋半，其餘高度之厚度應爲十三吋。

5.——倘任何一層之高度大過十六倍於本章程所規定此層牆之厚度，此層全部之每一外牆及分間牆之厚度均應增加至此層高度之十六分之一；此層以下之每一外牆及分間牆之厚度亦應同量增加；但此項增加之厚度亦可限用於適當分配之基礎上，其綜合之寬度須至牆之長度之四分之一。

6.——週圍之牆之厚度小於十三吋者，此層自地板至天花板之高度，或自地板至屋頂之高度不應多於十二呎。

7.——一概房屋，除公用房屋及本章程所定屬於貨棧類之房屋外 關於牆之厚度均應遵照本章此節。

第二節。- 公用房屋暨屬於貨棧類之房屋

公用房屋及屬於貨棧類之房屋之外牆及分間牆，其底部之厚度不應小於以下每項所說明之厚度且均不應小於十三吋：——

1.——牆之高度不過二十五呎，不論任何長度，其底部之厚度應爲十三吋。

2.——牆之高度過二十五呎而不過三十呎者，其底部之厚度應照下方之規定：

如牆之長度不過四十五呎，其底部之厚度應爲十三吋；

如牆之長度過四十五呎，其底部之厚度應爲十七吋半。

3.——牆之高度過三十呎而不過四十呎者，其底部之厚度應照下方之規定：

如牆之長度不過三十五呎，其底部之厚度應爲十三吋；

如牆之長度過三十五呎而不過四十五呎，其底部之厚度應爲十七吋半；

如牆之長度過四十五呎，其底部之厚度應爲二十一吋半。

4.——牆之高度過四十呎而不過五十呎者，其底部之厚度應照下方之規定：

如牆之長度不過三十呎，其底部之厚度應爲十七吋半；

如牆之長度過三十呎而不過四十五呎，其底部之厚度應爲二十一吋半；

如牆之長度過四十五呎，其底部之厚度應爲二十六吋。

5.——牆之高度過五十呎而不過六十呎者，其底部之厚度應照下方之規定：

如牆之長度不過四十五呎，其底部之厚度應爲二十一吋半；

如牆之長度過四十五呎，其底部之厚度應爲二十六吋。

6.——每牆自牆頂起至牆頂以下十六呎處之一部份，其厚度均應爲十三吋。自此處起至牆底之一部份之厚度應爲兩直綫，——每綫係由牆頂以下十六呎處（厚度卽十三吋）之每邊連至牆底（厚度卽以上各項所規定者）之每邊，——中間之厚度。兩直綫之中間均應完全做實，不得有空。

7.——凡屬公用房屋或貨棧類之房屋之任何一層，其牆之厚度，如照本章之規定而小於此層高度之十四分之一，則此厚度應增加至此層高度之十四分之一，此層以下之每一外牆及分間牆亦應同量增加；但此項增加厚度亦可限用於適當分配之基礎上，其綜合之寬度至少須至牆之長度之四分之一。

8.——公用房屋或貨棧類房屋之牆，如非以前說明之材料所造者，其厚度若照本章之規定，亦可稱爲足敷適當，或照本局稽查員所核准之其他厚度亦可。（第一章完）

第二章

避火材料

本章程規定下列各項爲避火材料：

工.——爲建築用，爲太平門及爲樓梯之作爲避火時用者如下：

（甲）磚工，係用上等磚料所造，經過妥善燒煉，堅硬完好，且爲適當砌合及堅實固結者：

（1）用上好石灰與尖銳而清潔之砂摻合而成之上好灰漿；或

（2）用上好水泥；或

（3）用水泥與尖銳而清潔之砂混合。

用本章程中特許之鐵條混凝土及爲建築用之鋼者，不在此例。

（乙）花岡石及其他合格房屋用之石料，因其堅實及耐用之故；

（丙）鐵，鋼，及銅，但以之作樑，桁，柱或其他建築時須經本局稽查員之合意；

（丁）石板，瓦，磚及磁磚用之於屋頂或壁肩者；

（戊）旗石用之於磚拱上之地板者，但此石不得用於下面之露出處及牆頭之支撑處；

（己）混凝土，用碎磚或瓦與沙及石灰，或碎磚，瓦，石屑，石子，或爐炭與水泥混合者；

（庚）混凝土與鋼或鐵之任何混合物。

II。一爲特別用者如下:

(甲)作地板及屋頂用者:

磚,瓦,或混凝土——照本章程第三章之規定而混合者,但其與鋼或鐵相合之厚度不得小於四吋;

(乙)作內部分間壁連樓梯及過道用者:

最小厚度八吋半之磚工,或砒磚 混凝土或其他不易燃燒之材料,厚度不得小於四吋;

(丙)一概太平門均應照本局稽查所核准之材料及方法以造成之。

III。——任何其他材料,隨時經本局稽查員核准係爲避火用者。 (第二章完)

第三章

灰漿及混凝土之混合

種類	用途	總章中述及之條目	混合物之成分
水泥灰漿	粉塗於小便處之牆上	第二十五條	一份水泥 二份半砂
水泥混凝土	混凝土地面 水溝之底脚 地面水溝之凹槽 鋪砌廁所 屋頂 鋪砌廚房,洗盥處,及空地	第五條 第二十四條 第二十四條 第二十五條 第十二條 第二十五條	一份水泥 二份沙 三份石
	水泥混凝土地基	第一章	一份水泥 二份半砂 五份石
柏油混凝土	混凝土地面	第五條	四分之一吋之石屑混合於十加侖之沸熱柏油中,做成厚度三吋之面積一方

(第三章完)

(待續)

中國建築

THE CHINESE ARCHITECT

OFFICE:

ROOM NO. 427, CONTINENTAL EMPORIUM, NANKING ROAD, SHANGHAI.

中國建築第一卷第二期

出版	中國建築師學會
地址	上海南京路大陸商場四樓四二七號
印刷者	國光印書局 上海新大沽路南成都路口 電話三三七四三

中華民國二十二年八月出版

中國建築定價

零售		每冊大洋五角
預定	半年	六冊大洋三元
	全年	十二冊大洋五元
郵費		國外每冊加一角六分 國內預定者不加郵費

廣告索引

陸根記營造廠

中國石公司

藝林建築裝飾公司

大美地板公司

興業瓷磚股份有限公司

東方鋼窗公司

滬江水電材料行

顧炳記營造廠

褚掄記營造廠

鋁業有限公司

朱森記營造廠

桂聯記營造廠

榮楣水電材料行

公記營造廠

懋利衛生工程行

約克洋行

馬江電器公司

王開照像館

勝利鋼窗公司

夏仁記營造廠

泰山磚瓦公司

蔡根記大理石廠

大同照像館

羅森德洋行

陸福順營造廠

美藝公司

馮茂記木器號

大東鋼窗公司

黃新記營造廠

大耀建築公司

華興機窯公司

琅記營業工程行

亞細亞電器公司

鍵山營造廠

愼昌洋行

久記營造廠

安記營造廠

馬源順五金製造廠

THE AMERICAN FLOOR CONSTRUCTION CO.

大美地板公司

Floors of the following are supplied and laid by the

American Floor Construction Company.

The American Floor Construction Co. supplied the flooring for the following new buildings recently:

1. The Central Hospital Health Dept. Nanking.
2. The Continental Bank Building
3. The State Bank Building
4. The Land Bank Building
5. Gen. Chiang Kai-shek s residence
6. The Grand Theater
7. The Central Aviation School. Hangchow
8. The Edward Ezra's Building
9. Hamilton Building
10. Ambassador Dance Hall
11. St. Anna Dance Hall
12. Shanghai Club
13. The Country Club
14. Mr. Yu's residence
15. Mr. Chow's residence
16. Mr. Fan's residence
17. Mr. Wong's residence
18. Mr. Lui's residence
19. Mr. Chen's residence

New China State Bank Building

The American Floor Constructon Co. maintains a net work of parquet, flooring, motor sanding, filling, laying, waxing, painting, polishing, for public building, offices, banks, churches, theaters, hospitals, dance halls, etc., in fact, for all purposes where a hygienic floor is required.

We manufacture parquet and flooring in agreatly variety of artistic designs and coloring with different kinSs of wood.

Orders, whether large or small, receive prompt attention and every endeavor is being made to render efficient service in delivery of material to destination.

Estimates and any other desired information gladly furnished free of charge,

---

Room A425 Continental Emporium, Nanking Road.

Telephone 91228.

總事務所：上海南京路大陸商場四樓　電話九一二二八號

堆棧：楊樹浦路眉州路中

興業瓷磚股份有限公司

營業所：四川路一一二號

電話：一六〇〇三號

復興時期建築上之大供獻

本公司用上等原料精製各種地牆瓷磚品質堅韌花式新穎美觀經久不變並極經濟衛生無論公共場所學校旅館私人住宅等處之地牆上或平頂一經舖用與業出品則富麗堂皇常能使君愉快誠為建築上不可多得之良材也

出品項目

- 美術舖地瓷磚
- 美見牆磚
- 防滑牆步磚
- 羅馬式瓷磚
- 缸磚

THE NATIONAL TILE CO. LTD

112 SZECHUEN ROAD, SHANGHAI

TELEPHONE 16003

DAI PAO GENERAL CONTRACTORS

大寶工程建築廠

包裝大廈水電工程 專辦各廠電機馬達

滬江水電材料行

自運各國衛生磁器 統辦環球電器材料

本行經理最新式美國家庭發電機

本行開設歷有年所所辦工程美觀牢固素蒙各界推許故承包大小工程每年冊處千百爰將各大廠號公館大廈以及公司醫院等略舉一二以資證信焉

滬江水電材料行

本埠工程

南京飯店	山西路
特區第一法院	北浙江路
呂班坊	呂班路
精華糖廠	白利南路
柳迎邨	愛文義路
壽萱坊	愚園路
徐公館	大西路67號
慈豐坊	普陀路
精華玻璃廠	白利南路
徐公館	麥尼尼路153號
陳公館	西愛咸斯路495號
穎邨	辣斐德路
席公館	愚園路68號
怡廬	勞而東路

外埠工程

交通銀行	蕪湖
潘永泰烟廠	海門
英美烟公司	南京
英美烟公司	徐州
中國銀行	南昌
天章綢廠	杭州
同義醫院	寧波
匡村學校	無錫
吳江中學	吳江
蘇經織綢廠	蘇州
綸華毛織廠	周浦
安慶大旅社	安慶

上海法租界辣斐德路甘世東路口十至十二號 電話七〇三〇八號

顧炳記營造廠

（兼營地產）

上海新北門安仁街七二衖念三號

華洋電話八〇六〇四號　南市電話二二六五六號

本廠承造各工程略舉如下以備參考

- 小東門福安公司
- 十六舖中國實業銀行分行
- 圓明園路念一號七層大廈
- 蒲石路沙遜大廈地脚
- 垃圾橋南堍浙江路三層市房
- 江西路愛多亞路瑞臨里
- 愚園路愚谷村
- 愛多亞路通易銀行

KOO PING KEE

GENERAL BUILDING CONTRACTOR

ALSO

REINFORCED CONCRETE CONSTRUCTION.

NO. 23 ON ZUNG KA.

72 LANE. NORTH GATE

SHANGHAI

TELEPHONE 80604

NANTAO TELEPHONE 22656

30439

桂蘭記營造廠

本廠宗旨

以最新建築工程學服務社會振興國內建設

本廠專門承造中西房屋學校醫院市房住宅崇樓大廈鋼骨水泥及鋼鐵建築廠房橋樑碼頭等工程無不經驗宏富如蒙委託無任歡迎

本廠之最近工程

新亞酒樓

上海北四川路天潼路口

五和洋行設計

地址：上海閘北大統路車德里十五號

勝利鋼窗廠

VICTORY MFG CO.

ALL KINDS OF METAL WORKS

STEEL WINDOWS-DOORS-SHOP FRONTS

事務所
甯波路四十七號四樓
電話一九〇三三號

製造廠
薩坡賽路四百五十號
電話八三七〇五號

專製鋼窗鋼門及銅鐵工程

夏仁記營造廠

本廠專造一切大小鋼骨水泥工程各項工作人員無不經驗豐富工作迅捷如蒙委託承造竭誠歡迎

廠址環龍路一八八弄四號

CRAND STUDIO

242 BUBBLING WELL ROAD

SHANGHAI

TELEPHONE 35825

建築物之外部及室內一切照片向係普通照相館之附帶營業毫不注意本館除佈置最完美之人像攝影室外另設專部延聘中西專門技師規劃建築攝影以出品代表一切餘言不贅如蒙賜顧請以電話通知當飭人趨前接洽

大同照相

靜安寺路二四二號

電話三五八二五號

COMMERCIAL SPECIALIST

LARSEN & TROCK

44 AVENUE EDWARD VII

SHANGHAI

本行獨家經理丹國著

必著名廠出品各種大

小電氣馬達電機吊車

電熱電動器具電線等

項一應俱全

承接電燈裝置等工程

地址上海愛多亞路四四號

電話一六八三八號

羅森德洋行

陸福順營造廠

地址：天津五福弄西首

電話：九一七五五號

承做各項工程

定做西式木器

裝修門面房屋

接做油漆粉刷

本廠開設四十餘年所製木器均經焙乾無裂縫之弊凡賜顧者當竭誠招待價值克己

英商美藝公司

承接石膏花頭及雕花裝修工程

上海靜安寺路一百九十號 電話三四二二六號

馮成記西式木器廠

廠址：上海周家嘴路鄧脫路底鑫益里內二九二二號

本廠特聘專家繪樣精製現代木器時式裝璜美術佈置兼造中西房屋粉刷油漆如蒙惠顧無任歡迎

FUNG CHEN KEE FURNITURE & CO.

FURNITURE MANUFACTURE OFFICE EQUIPMENT
CABINET MAKING. STORE FITTING. PAINTING.
DECORATING. GENERAL CONTRACT AND ETC.

2922 POINT ROAD

TELEPHONE 52828

電話五二八二八號

大耀建築公司

建築部　地產部　保險部　信託部

上海博物院路三號　電話一六二一六 一六二一七號

Dah Yao Engineering & Construction Co.

Property, Construction, Insurance & Trust Dcpartments

3 MUSEUM ROAD, SHANGHAI.

Telephone 16216 & 16217

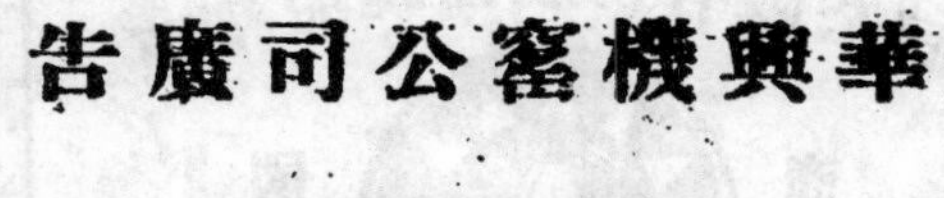

華興機窰公司廣告

本公司創立十餘年。專製各種手工坯紅磚。行銷各埠。質優價廉。素蒙建築界所稱道。茲爲應付需要起見。于本年夏季起。擴充製造。計有大小樣四面光機磚空心磚及瓦片等多種。均經高尙技師精心研究。完善監製。故其品質之優良光潔。實非一般粗製濫造者可比。至定價之低廉。選送之迅速。猶其餘事。如蒙惠顧。無任歡迎

上海辦事處　貴州路一零七號
電話　九二八五五
廠址　崐山夾西門外九里亭
電話　崐一六九

本刊投稿簡章

(一)本刊登載之稿,概以中文爲限;翻譯,創作,文言,語體,均所歡迎,須加新式標點符號。

(二)翻譯之稿,請附寄原文。如原文不便附寄,應注明原文書名,出版地址。

(三)來稿須繕寫清楚,能依本刊行格繕寫者尤佳。

(四)投寄之稿,俟揭載後,贈閱本刊 其尤有價値之稿件,從優議酬。

(五)投寄之稿,不論揭載與否,槪不退還。惟長篇者,得預先聲明,並附寄郵票,退還原稿。

(六)投寄之稿,本刊編輯,有增删權;不願增删者,須預先聲明。

(七)投寄之稿,一經揭載,其著作權卽爲本刊所有。

(八)來稿請註明姓名,地址,以便通信。

(九)來稿請寄上海南京路大陸商場四二七號,中國建築師學會中國建築雜誌社收。

中國建築

中國建築師學會出版

南京中央體育場專刊

THE CHINESE ARCHITECT

VOL. 1 No. 3　　第一卷　第三期

中國石公司
總公司　青島崇古路二十一——二十二號
電話　五一〇七
電報掛號　五一〇七
上海事務所　四川路三三號七樓七一五號
電話　一五八八六
電報掛號　一五二七
註冊商標
GRA.　石　S.Y.　中　MA.
CHINA STONE CO.
SHANGHAI OFFICE 33 SZECHUEN ROAD
TEL. 15886
自採國產各色閃長石花崗石
大理石品質堅固光耀美麗價格
低廉製作精良遠勝舶來久經推許
備有石樣歡迎參觀如蒙惠顧定能滿意
營業項目
建築：鋪地石磚　內外牆磚
窗台石板　牆壁浴室
各種棟柱　裝飾石料
製作：牌匾櫃台　棹椅石面
紀念碑塔　花盆花台
各式墓碑　零件飾石
承辦：雕刻水晶　玻璃器皿
銅鐵五金　堅硬物品
裁截磨光　各項石料
最近承造石工
靜安寺路四行二十二層大厦自四樓以下外部花崗石面及愛多亞路轉角拍拉蒙跳舞廳內部花崗石牆面地板均由本公司承造現在建築中

興業瓷磚股份有限公司 出品

各種美術地牆瓷磚

花式層出不窮　市上絕無僅有
且其品質優良　色澤歷久如新

出品項目

美術鋪地瓷磚
美術牆磚
防滑踏步磚
羅馬式瓷磚
缸磚

本外埠各大工程大半鋪用本公司出品均極滿意備有各種美術瓷磚圖樣足供參考并可隨時設計服務過詳信譽卓著如蒙光顧無不竭誠歡迎

營業所：上海四川路四一六號

電話：一六〇〇三號

THE NATIONAL TILE CO. LTD.

Manufacturer of All Kinds of Wall & Floor Tiles

416 SZECHUEN ROAD, SHANGHAI

TELEPHONE 16003

中國建築

第一卷　　第三期

民國二十二年九月出版

目　次

著　述

卷頭弁語……………………………………………………………………編　者

中央體育場籌建始末記……………………………………（陳希平）…… 1

中央體育場概況……………………………………………（夏行時）…… 8——11

首都中央體育場建築述略……………………………………………14——27

里弄建築………………………………………………………………28——31

女青年會………………………………………………………………32——33

建築文件……………………………………………………（楊錫鏐）…… 35

東北大學里弄建築習題…………………………………………………36

民國二十二年八月份上海市建築房屋請照會記實……………………38

專載……………………………………………………………………39——40

上海公共租界房屋建築章程………………………………（楊肇煇）……

插　圖

首都中央體育場實地攝影十六幀………………………（基泰工程司設計）…… 2——27

首都中央體育場設計圖畫二十八幀……………………（基泰工程司設計）…… 2——27

里弄建築圖案十五幀………………………………（黃元吉建築師設計）28——31

廣東浸信會教堂攝影一幀…………………………（李錦沛建築師設計）……34

建築文件二幀……………………………………………………………35

東北大學建築系李興唐繪里弄建築設計……………………………36

東北大學建築系蕭鼎華繪里弄建築設計……………………………37

卷頭弁語

本刊此卷此期(第一卷第三期)印就出版之日；正値南京中央運動場全部工程完竣之時；又當國慶日全國運動會首次在此場舉行之際．勝事與盛會俱逢；又與建築學及國家建設生有密切之關係：實爲本刊問世後之第一遭；特編專刊，亦爲本刊發行後之第一次．本社之爲此舉，目的有二，具如下述，並藉爲此場此會留誌紀念；當亦讀者所樂許也！

一者，此場建於首都．範圍廣闊，佔地千畝．規模宏大，居全國冠．前後耗去之時間約三年；費去款項數百萬；而主持計劃，監督工事者，則爲昔日蜚聲國外體育健將而又今時著譽宇內之建築專家關頌聲先生．是以其中各種建築，無不完善堅固；一切設備，無不新美便用．洵可稱爲近日國內重要之巨大工程；更可占居此類建築之首位而無愧．本社用特商請關先生，取得此場之設計及實地攝影等，用以編爲南京中央運動場專刊；使研究工程者，於以明瞭此場計劃之精美與建築之堅實．是則不但於學識方面，可供參攷；卽於實際經驗，亦可裨益非尠也．

二者，我國積弱，由於民族之不振與民性之怠惰；而致此之原因，又由於身體孱弱與精神衰萎．故在今日，提倡運動，以加强國民體力；普及體育，以增進羣衆健康；誠爲不可緩之急務．政府當局之設立此場，舉行此會，蓋因此故，而本社之將此期作爲專刊，亦欲藉以喚起普遍之注意，引起運動之興趣，若然，則關先生曁爲此場盡力諸君之無量心血，爲不虛擲矣！本社不敢自安，爰亦乘此佳會，爲此場特作專刊；於慶祝此國內唯一體育大建築落成聲中，寓其提倡健美之忱；是則本社所願三致意焉者也！

同人等除向關先生曁襄助本刊諸君鳴謝外，謹申述其微意於此．

編者謹識 二十二年九月五日

中國建築

民國廿二年九月　　第一卷第三期

中央體育場籌建始末記

陳　希　平

溯自國民政府奠都金陵，對於各項重要建設，無不積極籌辦，惟體育運動場所尙付缺如；政府有鑒於此，爰於民國十九年四月，由蔣介石先生提議，組織民國二十年全國運動大會籌備委員會，負責辦理一切；並經國務會議議決，指定在首都郊外，總理陵園內，闢地興建中央體育場，本修築陵園爲科學化之實現，以激勵國民對於體育運動之注意，且爲紀念。

總理偉大革命之精神場地，位於　總理陵墓迤東，靈谷寺之南，採用基泰工程公司所繪圖案，全場計分田徑賽場，游泳池，棒球場，籃球場，排球場，國術場，足球場，及跑馬道等，佔地約一千畝，可容觀衆六萬餘人。所有建築，均用鋼骨凝土，以求鞏固。全部工程，由利源建築公司得標承辦，建築費用，共爲八十餘萬元。其他設備，如道路，橋樑，涵洞，停車場，遷墳整地，植樹佈景，電燈，電話，電鐘，播音機，自來水工程，衞生工程，暖汽機器，鐵絲圍欄等，所需經費，約六十餘萬元。嗣以全國水災彌重，且東北上海事變相繼發生，民國二十年之全國運動大會，未能及時舉行，民國二十年全國運動大會籌備委員會，當將中央體育場全部，詳加整理佈置，以臻妥善。迨至民國二十二年二月間，所有整理佈置，均告就緒，而國難仍未稍紓，乃呈准政府自動撤銷，政府當以該場係由

總理陵園管理委員會撥地建築，且在陵園範圍以內，故特令

總理陵園管理委員會接收保管，以一事權。現由敎育部向

總理陵園管理委員會立約商借，開民國二十二年全國運動大會之用，綜上所述，爲中央體育場籌建之大略情形也。

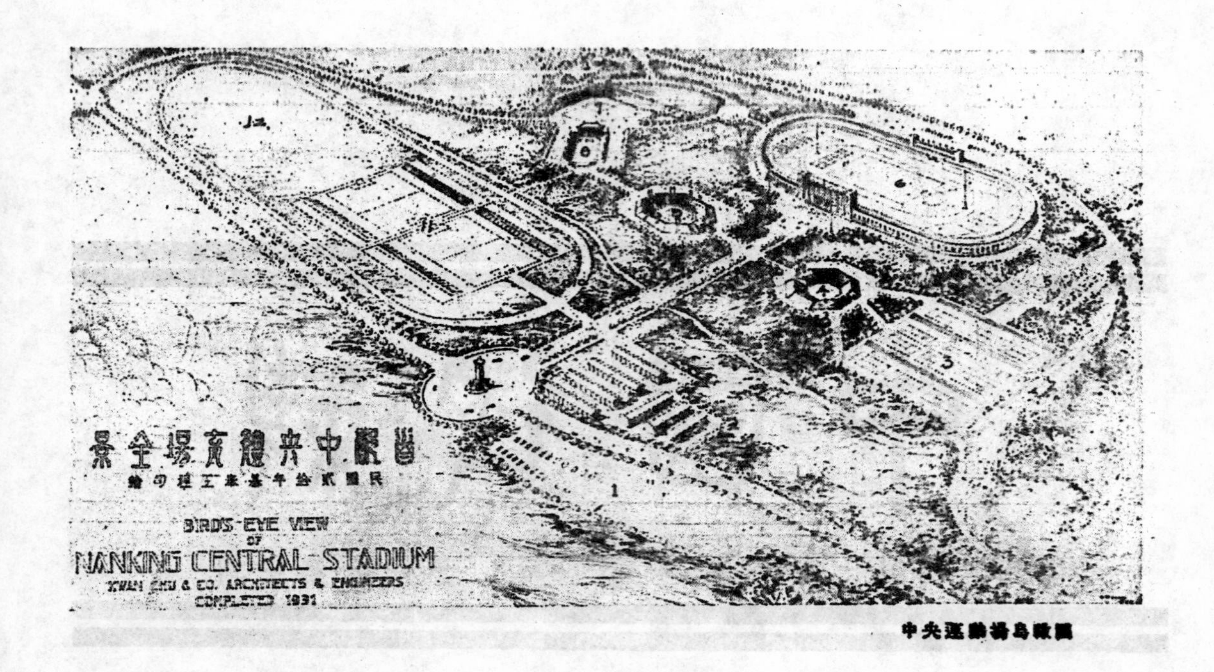

中央運動場鳥瞰圖

1. 停車場
2. 臨時市場
3. 網球及排球場
4. 國術場
5. 臨時飯廳
6. 田徑場(下部宿舍)
7. 棒球場
8. 游泳池
9. 籃球場
10. 馬道
11. 足球場
12. 馬球場

中央運動場田徑賽場正門之偉觀

堅固，美觀，適用，為建築上三大要素，綜觀上圖，知此三項已兼而有之矣。上圖為田徑賽場入口處，入口上部為司令台，設計力求莊嚴。建造雖採新式，雕飾仍仿古裝；且能使其調和適度。足為中國古式建築闢一新紀元。

中央運動場游泳池之正面

上圖爲游泳池正面攝影，前面廊屋，爲更衣室辦公室等，紅磚青瓦，古氣盎然。台階用水泥人造石，對樣仿古；兩旁用宮殿式欄杆，異常莊嚴，身歷其境，心曠神怡。

中央運動場籃球場之全部

上圖爲籃球場，呈八角形。中式牌門，豎立入口；場地鋪以木板，圍欄繞以鋼絲，入於池中，健兒大顯身手，誠勝境也。

中央運動場田徑賽場內部之大觀

田徑賽場，規模宏大。看台三萬五千座，跑圍五百數十米。田徑之外，球場亦分列其中；觀衆雖多，無論入賽場之路。舉行決賽，可有條而不紊。在中國運動場建築中，尤當首屈一指。

中央運動場國術場之一瞥

一窺上圖之門，如登明孝陵，立悉其莊嚴而偉大。形呈八角，遠寓八卦拳術，含國術之深義。他如牌坊相接，石級重疊，堪稱偉觀也。

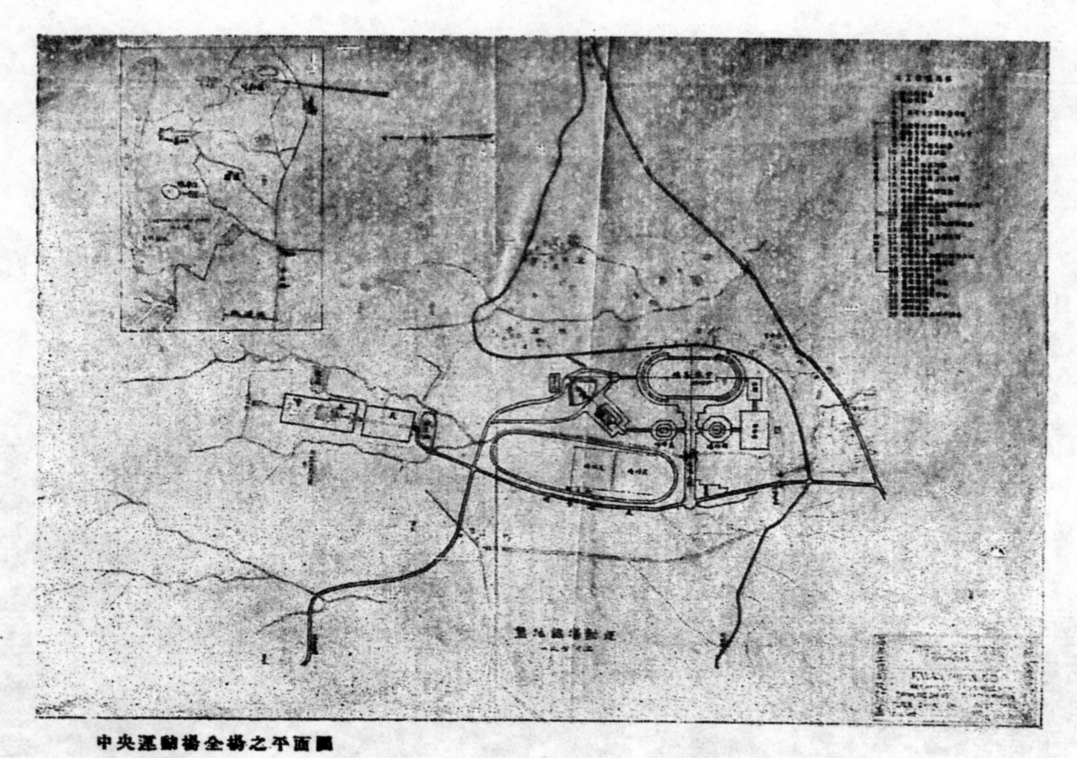

中央運動場全場之平面圖

中央體育場概況

夏　行　時

中央體育場，建於南京郊外總理陵墓之東，靈谷寺及陣亡將士公墓之南，距中山門約十里，距總理墓約四里。全場佔地一千二百畝，闢爲田徑賽，游泳，棒球，籃球，排球，(與籃球場合用)，國術，網球，六場。各場皆有看台，總共可容觀衆六萬餘人。全部建築出於基泰工程司之設計，承造者利爲源建築公司。造價八十五萬元。於二十年二月興築，至同年九月告成。此場每爲年一次之全國運動大會舉行之所，故名中央體育場，玆將各場概況略誌如下：

〔田徑賽場〕 爲橢圓形，佔地七十七畝，四周俱爲看台，長二千七百五十呎，可容觀衆二萬人，全部建築爲鋼筋混凝土之結構。在東西南三面之看台下，建有運動員宿舍及浴室廁所等，可容二千七百人居住。北面看台，因地勢關係，將原土壓實後，直接安置坐階於其上，大門設於東西兩邊，進門處有拱形花格鐵門三，高十八呎。入門爲大穿堂，長五十二呎，廣四十呎，左右建辦公室及裁判員休息室，新聞記者休息室等。樓上爲司令台及特別看台，上蓋天篷，左右闢有男女賓休息室洗盥室等。正門外表之裝飾花紋，由木模刻成實樣，釘做壳子板，澆擣混凝土後，再加人工修琢而成。場地圍於看台之中，計長一千呎，廣四百一十呎，內設十公尺寬之五百米跑圈一，十三公尺寬之二百米跑道二。跑圈內闢足球場，網球場，及跳高，跳遠，擲鐵球等之田類賽場。跑圈之北闢網球場三所，跑圈之南闢籃球場二所，排球場一所，以備將來各項運動之決賽，俱可在田徑賽場內舉行之。（關於各場地寸尺做法等可參中國工程師學會工程週刊第二卷第九期中央體育場一文）。

〔游泳池〕 在田徑賽場之西北。房屋部分爲我國宮殿式之大廈一所，長八十八呎，廣四十四呎。屋頂蓋筒瓦，外墻砌泰山面磚。彫樑畫棟，朱漆彩畫，極爲煥發美麗。屋分地下室及正屋二層：地下室中置全部濾水機及鍋爐等；正屋分東西兩部，東部爲男子更衣室，浴室等，西部爲女子更衣室，浴室等。泳游池在屋前，長五十公尺，寬二十公尺。最淺處深四呎，最深處深十一呎。全部用鋼筋混凝土建之。分四層建築：最下做四吋厚之 1:2:4 鋼筋混凝土一層，上壓貼油毡三層，油膠四遍，再上做六吋厚和避水漿 1:2:4 鋼筋混凝土一層，最上蓋三吋厚1:1:2鋼筋混凝土一層，面上砌飾磁磚。如是可保池水之不致滲漏。游泳池露天，受日光蒸晒之影響甚大，故在中下兩

中央運動場田徑賽場南面看台側面圖

中央運動場游泳池正面圖

段做紫銅板伸縮節兩道，每道寬二吋。池之四壁裝有水內電燈三十二盞，晚間燈光映射水中，別饒景趣。池壁之外，築夾層擋牆，做成暗過道，以便修理水管及電線等。池水仰給於陵園蓄聚之山水及自流井水，全池需水六十萬加侖，水由水管輸入沙濾機濾出，放入池中應用。用過之水，仍可由池中吸入沙濾機重濾，並加以消毒之處理後，再回入池中應用。

〔籃球場，國術場，棒球場，網球場〕。籃球場位於田徑賽場前之北首，爲長方形，就原有地勢挖成盆形，盆底闢作球場，四周順坡築成看台。正門向南，入口處建地下室，闢爲男女運動員更衣室及廁所等。

國術場位於田徑賽場前之南首，與籃球場相對立。場作八卦形，正門向北，入門爲刀劍陳列台，長六十呎廣四十八呎，台下建辦公室，更衣室，男女廁所等。看台築在四周，場地圍於中心。其構造與籃球場相彷。

棒球場位於游泳池之北。場地作扇形，半徑二百八十呎，兩邊爲看台。前面有二十呎高之鐵絲網欄一道，以爲防護。

網球場在國術場之南，佔地二十三畝，闢作網球場十六個，各場間俱有鉛絲護網互相隔間。場南高崗上建休息室一所，內設男女廁所浴室及休息室等。

各場間築有廣寬之石片路，互相通達，木隙地佈置花，以增風景。

中體央育場房屋與場地部分之造價為八十五萬元．其他如塡填整地，道路，涵洞，及水電衛生設備等所費計六十餘萬元．合其他行政方面開支等實計所費為一百五十五萬元．我國至是乃有一完美之國家體育場！以地勢言，中央體育場負鐘山為屏，北望總理墓巍峙於左，陣亡將士紀念塔矗立雲際，令人威及總理革命精神之偉大，與先烈為民族生存而奮鬥犧牲之悲壯，更足加强健兒尙武之精神，與發奮自强意念．以建築言，所用之材料，幾全部為鋼筋混凝土，最為堅强穩固；在式樣方面，儘量發揮我國建築美術之特長，博大敦實；地位之佈置，亦甚寬裕暢坦，毫無偏狹侷促之感，凡此種種，無形感應於運動員之心身上者甚大．各場入口之門極多，每門一邊附一售票亭，開會時隨時隨地可無擁擠紊雜之虞．斯皆為該場優越之點．惟當設計之初，以時間迫促，對於各項設計未能一一加以詳細之考慮，致有田賽場內網球場線後餘地過少，及棒球場地位不足等之局部缺點發生．在營造方面，亦因限期急迫，未能處處依最佳之方法進行，致有日後發生常需修理補綴之弊．用水方面，當初未精細顧慮到，致開會時感覺用水應付之難．經濟方面之限制，亦使已有計劃之運動員食堂，臨時市場及停車場等，未能一一實現．斯則未免為美中之不足耳．

中央運動場排球網球場側面觀

中央運動場遠觀圖

中央運動場田徑賽場正門前之古銅亭大鼎

中央運動場籃球場之入門

中央運動場之售票亭

中央運動場游泳池側面之壯觀

中央運動場上部之雕刻

首都中央體育場建築述畧

（一）籌建經過

溯自國民政府，奠都金陵畢，凡重要建設，靡不力爲籌辦；惟體育場所，尙付闕如。民國十九年春，浙江省政府舉辦全國運動大會於杭州，英才畢聚，盛極一時，當道諸公，復有感於提倡體育之必要，遂由蔣介石委員長提議組織民國二十年全國運動大會籌備委員會，董理其事，改在首都舉行，並由國務會議議决，指定首都郊外，總理陵園迤東，靈谷寺南地內，建築永久會場，所以激勵國民，對於體育運動，知所留意，而首都建設，因此亦得日就完成；爲國表率，兼以地依陵寢，更可時存景仰。該會於是約聘基泰工程司，担任繪圖設計，及監督工作，以其曾經設計體育場多處，頗有經驗，其建築師關頌聲君，又爲體育專家，計時三月，全部圖樣，繪畫完竣。全場共分田徑賽場，游泳池，棒球場，籃球場，排球場，國術場，網球場，足球場，及跑馬道等，佔地約一千畝，可容觀衆六萬餘人，所有建築，均用鋼骨泥凝土，以求堅固，全部工程，由利源建築公司得標承辦，計土木工程建築費用，共爲八十餘萬元，其他設備，如道路，樑橋，涵洞，停車場，遷墳整地，植樹佈景，電燈，電話，電鐘，播音機，自來水，衛生暖汽工程，鐵絲圍欄等費約六十餘萬元，合計共爲一百四十餘萬元。閱時七月，完竣交工．是年適以國內水災彌重，東北上海事變繼起，運動大會，未得及時舉行，乃由籌備委員會接收保管，時加整理，嗣以國難頻仍，大會舉行有待，該委員會遂呈准政府，自動撤消，當以該場原由陵園撥地興築，改由陵園管理委員會保管，今年全國運動大會，已定十月十日舉行，乃由敎育部向保管委員會立約借用，其籌建經過，約略如是。

（二）式樣選擇

該場位於首都,密邇陵園,關其式樣之選擇,頗費躊躇,蓋陵園建築,全採中國式樣,該場既在園地之內,論理自宜一致,惟場內佈置,盡爲近代需要,中國建築史上,無例可援,事實既難强合,而體育場之特性,在美觀上,恐亦未能盡量發揮,結果採用中國建築之精神,而將其形體與裝飾,略加變化,使合於體育場之用. 又以國人心理,於體育一道,素所輕視,故全場設計,大體固不必論,即一磚一瓦之微,靡不盡以莊嚴肅穆之意出之,而同時安插自然,絕無牽强迹象.

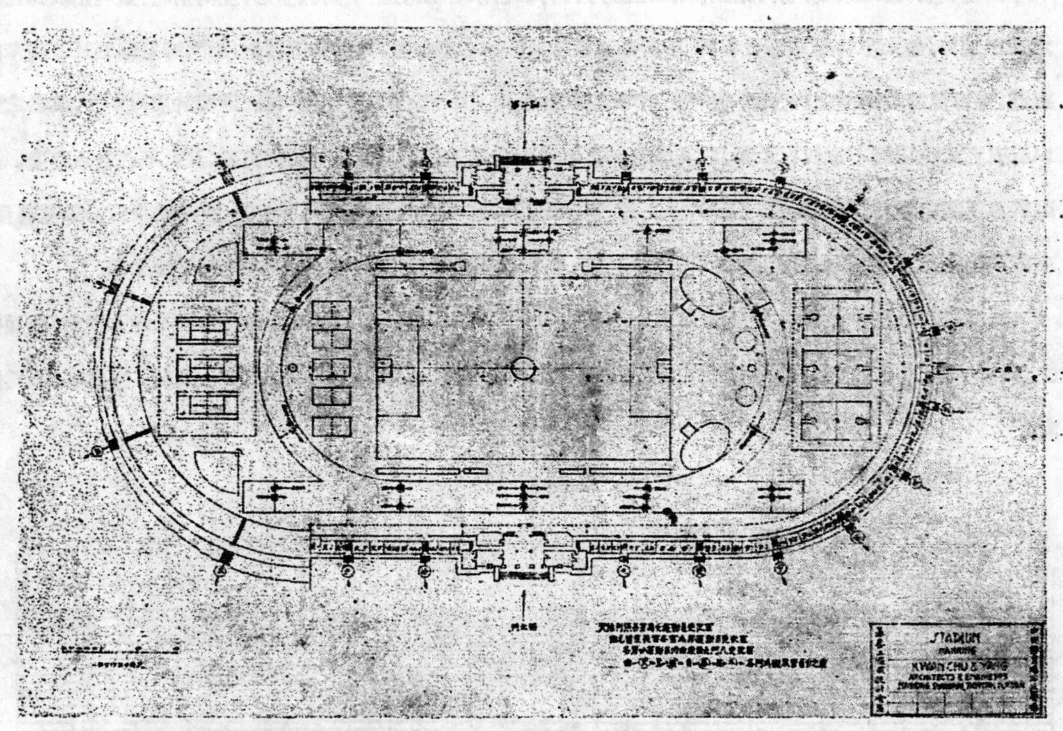

中央運動場田徑賽場平面圖

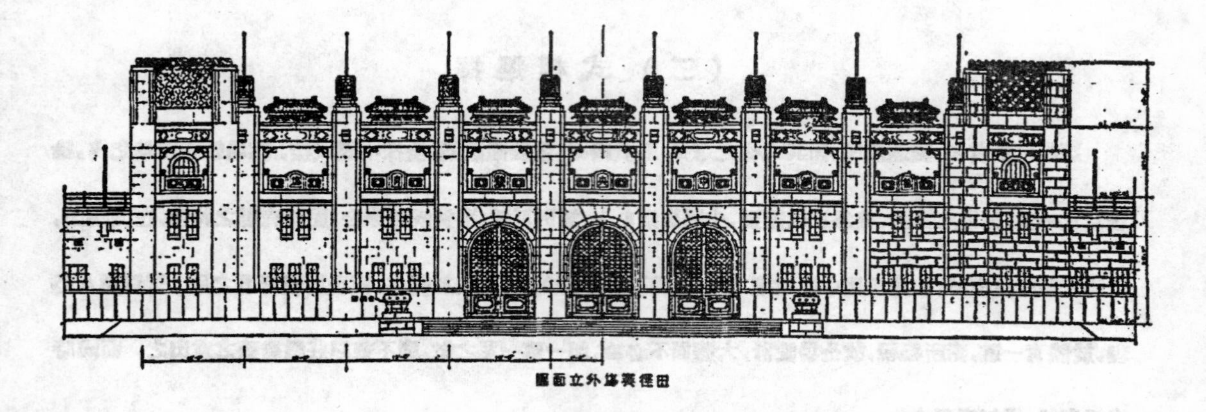

田徑賽場外立面圖

（三）田徑賽場

田徑賽場，佔地最廣，場內除五百米跑圈外，尙有二百米直跑兩道。場爲橢圓形，位向南北，蓋利用其馬蹄式之天然地勢，如此不特可以節費省時，卽游泳池籃球及棒球各場部位，亦能排佈自如；而同時足球場及二百米直跑道，亦可包容於跑圈之內。此外復有各項球類賽場，分佈其中，爲備各項運動決賽，俱能於場內舉行，其場之所以取五百米跑線而不取四百米者，以其能容一標準尺度之足球場，而比賽時，罰踢角球，又可不必走入跑道，更因世界運動會，最近規定跑程，五百米以上者，多從五百米遞加，如此則路程易於計算，將來遠東或世界運動會，亦可在此舉行，二百米直跑道，寬爲十三米，十二人可以用同時並跑，此數於預賽淘汰時，分配最易。

此場及其他各賽場地下，均裝有去水管（Armco perforated pipes）能於天雨時將地面及地下積水，導而他去，天氣一晴，卽可立時比賽，不因潮濕而致遲滯，此種設備，各國通常體育場，亦多未有，其於多雨之區，尤爲便利。

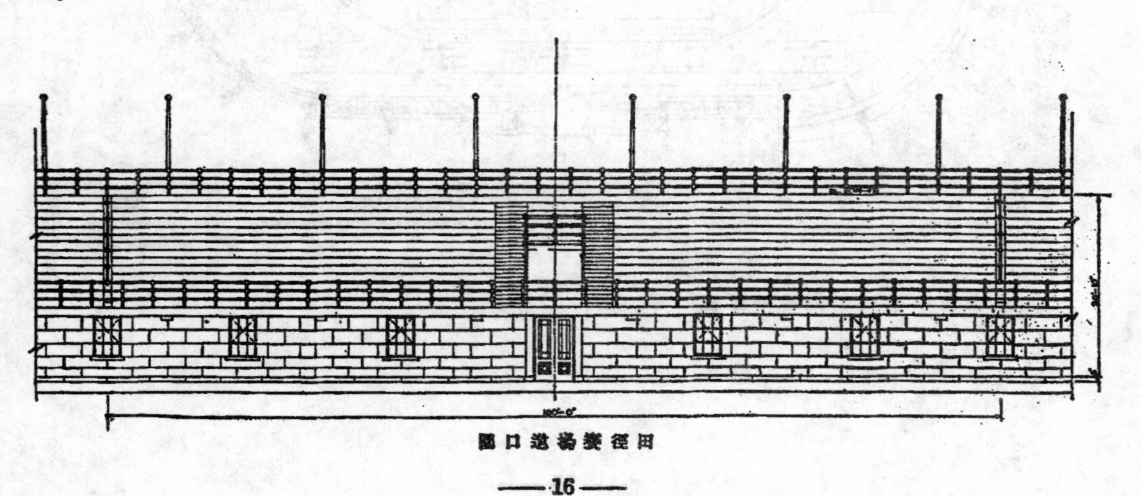

田徑賽場進口圖

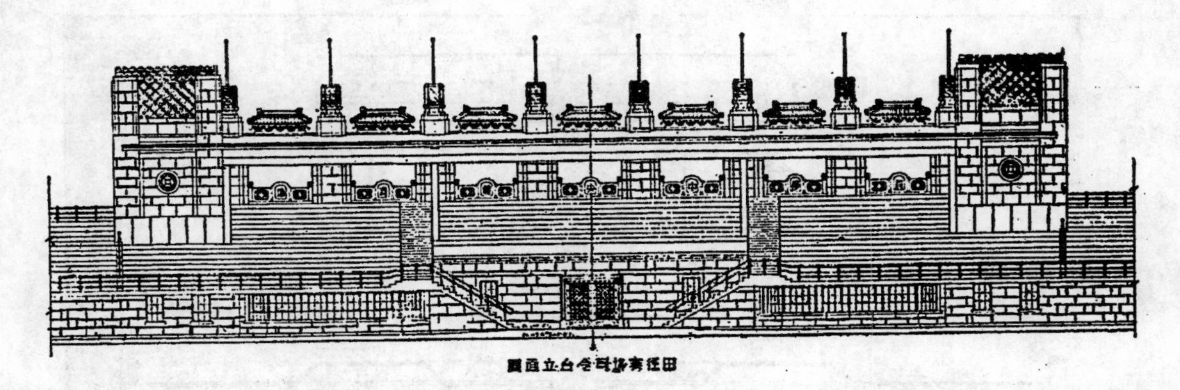

田徑賽場司令台立面圖

場之四週，環以看台，有三萬五千座位。東西各建司令台一座，下闢大門，西門正向進場大道，為中國牌樓式而稍加變化，使與看台體裁融合，蓋取牌樓古有表揚榮慶之意，門共三堂，亦舊山門之義。門前高樹兩旗杆，斗內裝放射燈，傍晚高照大門，則又不僅可作懸旗用也。台旁設有男女談話室，及男女洗盥室，蓋於公共場中，略留私人休憩之處。

看台之下為辦公，盥浴及運動員寄宿諸室，既屬隙地利用，復於觀瞻無礙。每段看台，另有小門通行，可免人多擁擠，管理較易。室內安裝冷熱水管，抽水便具，及雨浴噴器。總門均罩鐵紗，絕無蚊蟲蠅類之擾。運動員宿舍臥床，分上下兩層，墊以軟草褥，起臥舒適。

場內佈置，力求嚴整，觀眾祗能從各門購票入座，無路可達賽場。運動員則從鐵門入場，其未與賽者，另有休憩之所。評判員及辦事員，均有特別位置，可以直入賽場。報館訪員，待以別室，內陳椅棹，電話，及電報收發機各應用器物。從室中可以瞻眺全場，司令台上聲音，亦能聞聽，但無通入賽場之路。總之，觀眾雖多，秩序亦能有條不紊。各處復置傳音筒，遞達消息，遠近可聞。

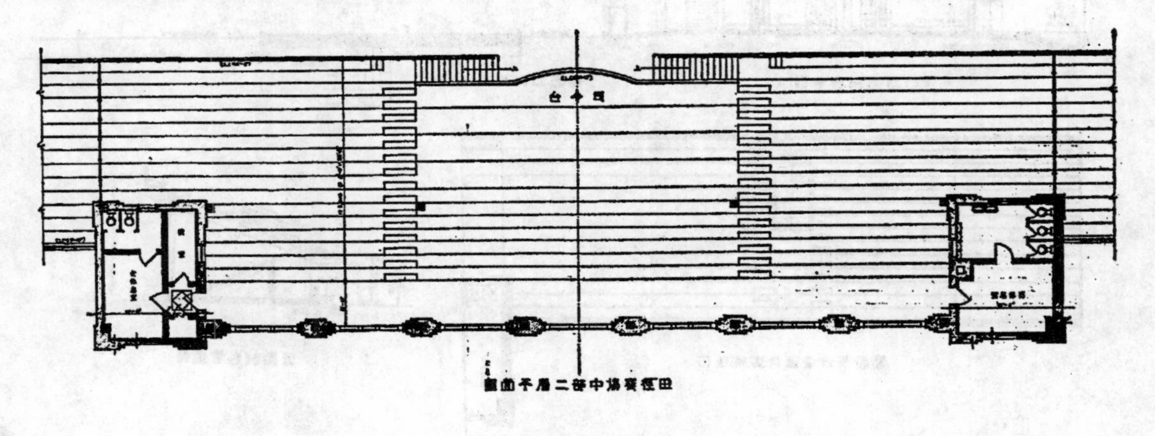

田徑賽場中部二層平面圖

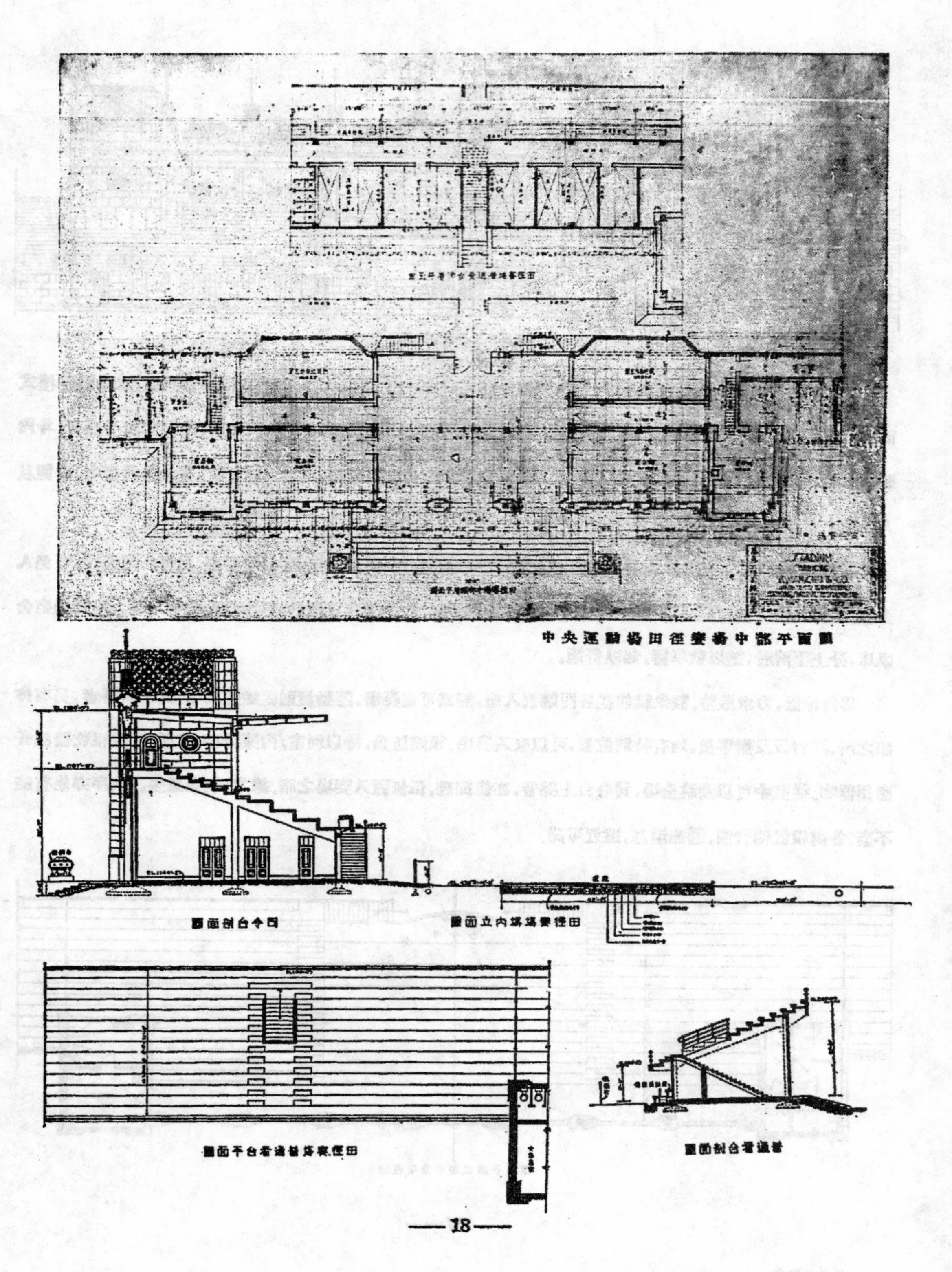

中央運動場田徑賽場中部平面圖

司令台剖面圖

田徑賽塲內立面圖

田徑賽塲邊看台平面圖

邊看台剖面圖

（四）國術場

古有天圓地方之說，故天壇與祈年殿，採用圓形以象天，地壇則用方形以象地，而我國拳術，亦有太極八卦之稱，故國術場採用八角以象八卦。進場處拾階而上，有牌坊與北面籃球場，遙相輝映。場上設平台，陳列各種武器。台下爲辦公，與更衣室。看台座位，能容五千四百五十人，距場最遠處，僅爲四十尺，蓋國術比賽，宜於近觀，而卦形更可使四周視線，遠近比較平均。周圍俱有進場台階，觀衆出入，可免擁擠。全場更圍以鐵紗網籬，以便管理。

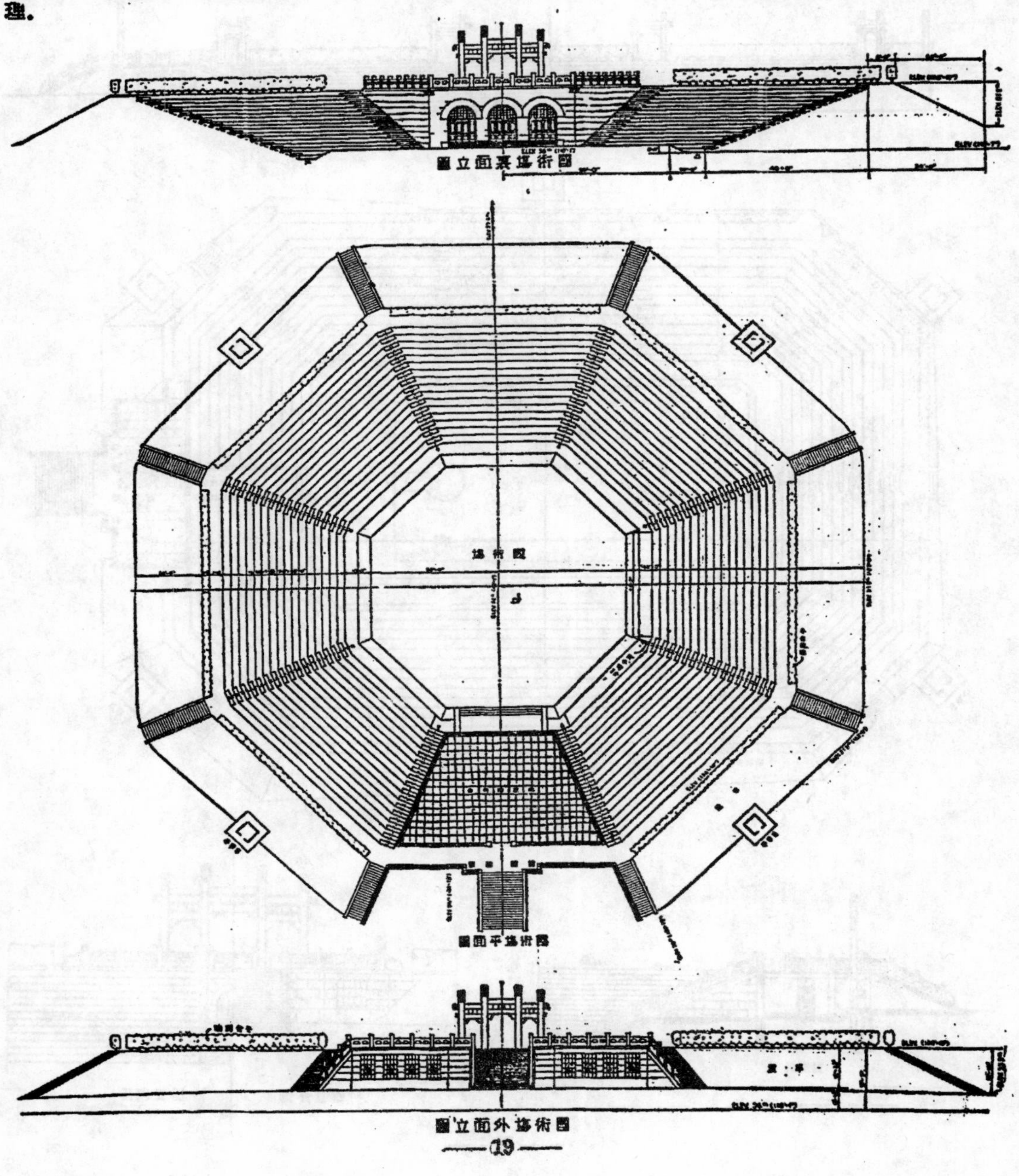

國術場裏面立圖

國術場平面圖

國術場外面立圖

（五）籃球場

籃球場與國術場相對，樣式亦相稱。男女更衣室置台下。球場爲木地板，四周看台，則因土坡砌洋灰塊座位，容五千人，法與國術場同。入場處，樹立牌門，以爲點綴。圍場亦設鐵絲網牆，以利管理。平台後面，爲運動員進場之道，門上掛成績牌，以示觀衆。

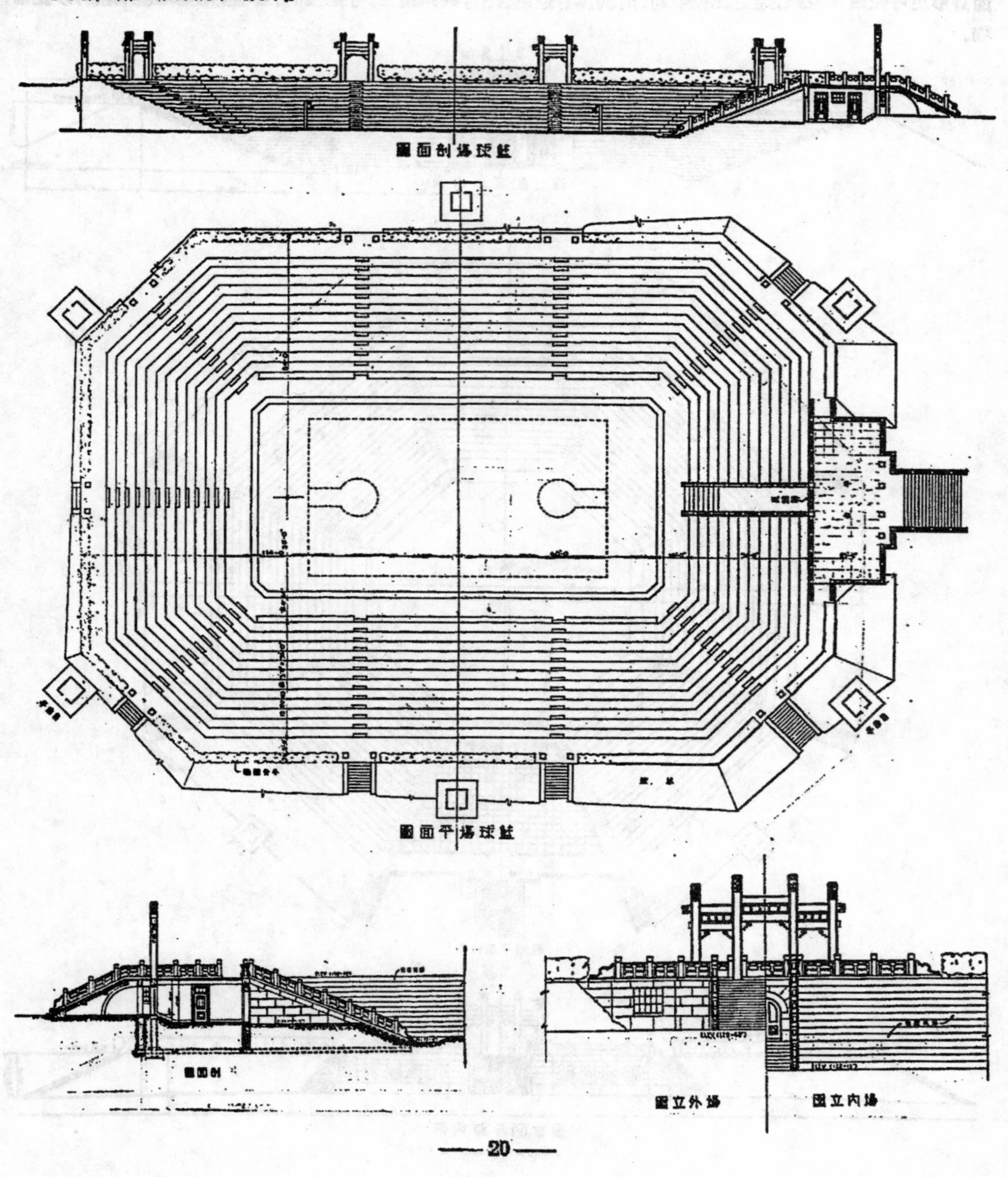

籃球場剖面圖

籃球場平面圖

剖面圖

場外立圖

場內立圖

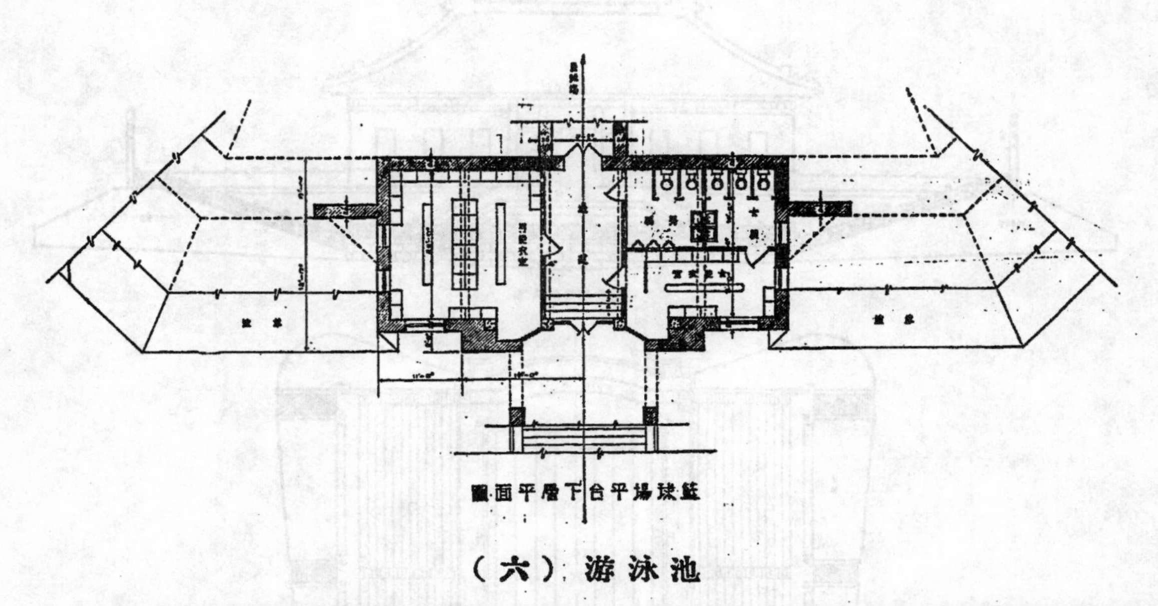

籃球場平台下層平面圖

（六）游泳池

游泳池長一百六十四尺，(即五十公尺)寬六十五尺七寸，(即二十公尺)可容九人，同時比賽。四周及池底，均鑲小磁磚。池底更用磁磚作黑線九道，使賽時可各緣一線，以爲界限。池壁裝設水內射燈，晚間光映水中，別饒景趣。四週緣邊作扶手槽，槽內有孔去水，可納痰涎。稜角處，另鑲防滑磁磚，足履其上，不致傾滑。四角壁上凹梯作法，亦與此同，上部並有銅管扶手。池之四週，留有隙地，運動員可以藉此往來，旁置坐櫈，以爲休憩。觀衆則另設道路來往，與此互不相雜；故此隙地，雖因運動員上落，而致潮濕，但亦不能有爛泥穢物，雜入池中。池端設低跳板二方。高跳板則設平台上，台可逕通更衣室。看台列於池之兩旁，其法亦因土坡鑲洋灰座位，可容四千人。池之一端，另設特別看台。

池之中段，裝置連續伸縮節疊道，中置銅板，上塡橡皮膏及避潮漿粉，以防池底混凝土，因天氣冷熱，而生伸縮影響，其他各場有混凝土部份，類皆有此設備。

更室衣爲廡殿式。即五脊六獸作法。簷椽額枋，施以彩畫貼金，平台踏步，均用宮殿式欄杆。進門爲辦公室櫃台，入內分男女更衣室，各設淋浴廁所，光線充足，空氣流通，並設濯足池於後廊內，爲浴室通游泳池必經之地，池放藥水，泳者濯之，可免足疾傳染。地窖裝置鍋爐及各種機械，清濾池水，並以藥料消毒，又用新鮮空氣逼入水中，使常澄清閃動，若泛微波，泳者浴乎其間，彷彿天然池沼。

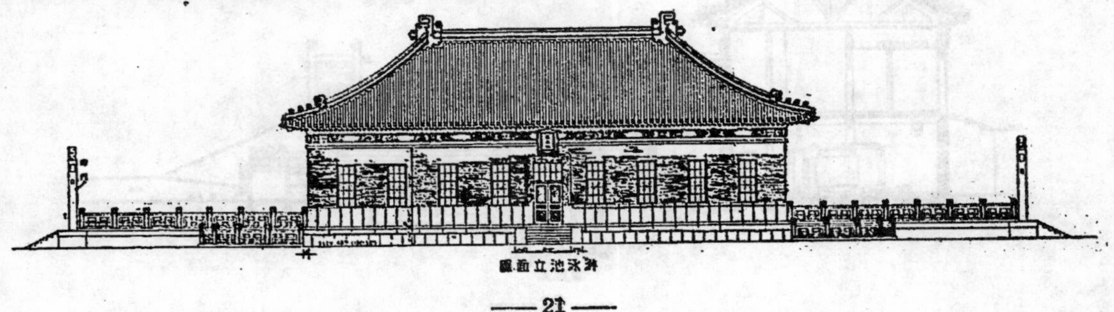

游泳池立面圖

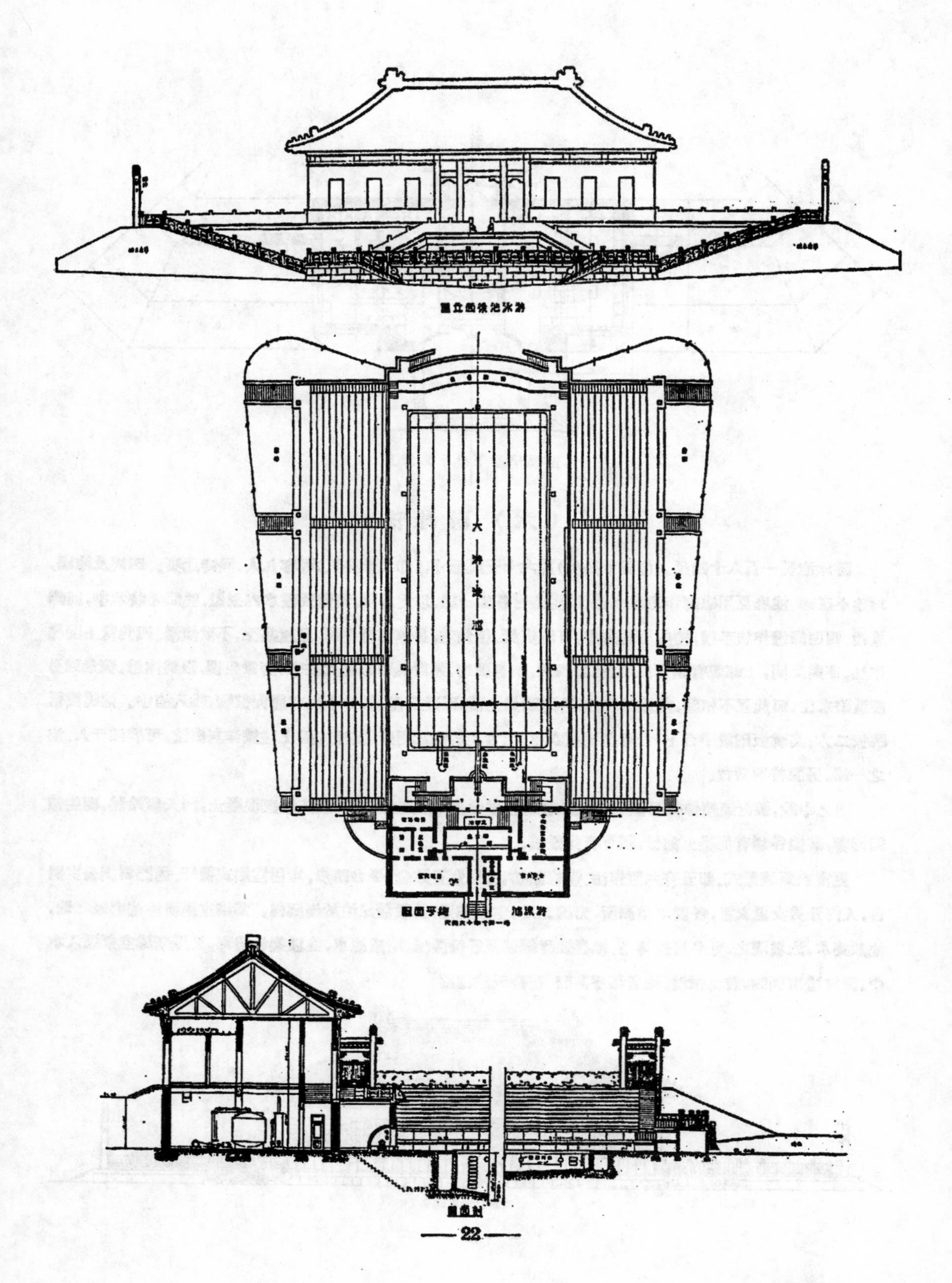

游泳池後面立面圖

游泳池地平面圖

剖面圖

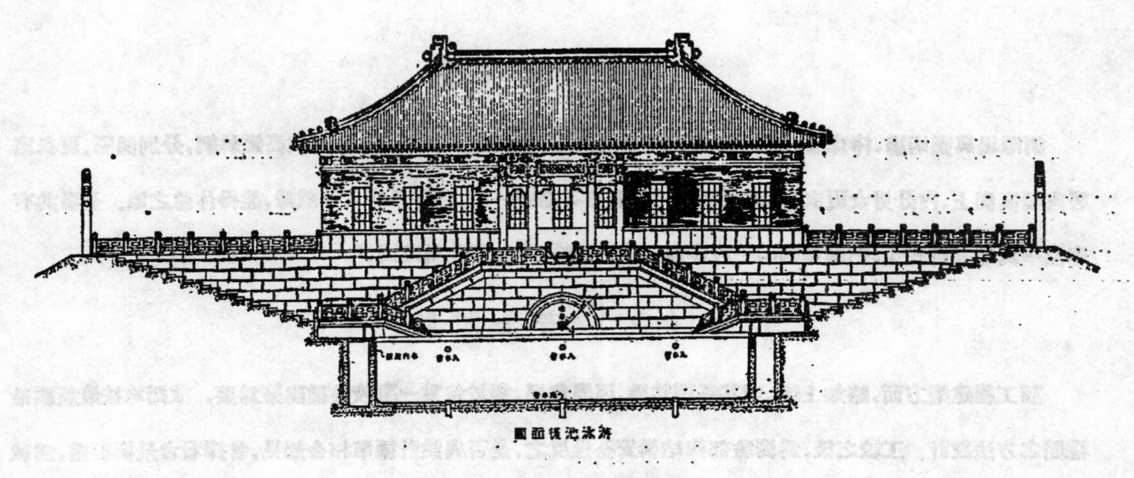

游泳池後面圖

（七）棒球場

場形因山坡作看台，成扇面式，而微向內收，（即東北兩看台構成之角，小於九十度，）以利觀衆視線，運動員休息處，均微降地平線下，亦即為此。看台就原地建造，頗收節費省時效之，有四千座位，其中洋灰造成者，僅屬少數，但隨時均可增加。場之四週，圍以鐵絲網牆，留兩牌門，以通場內。

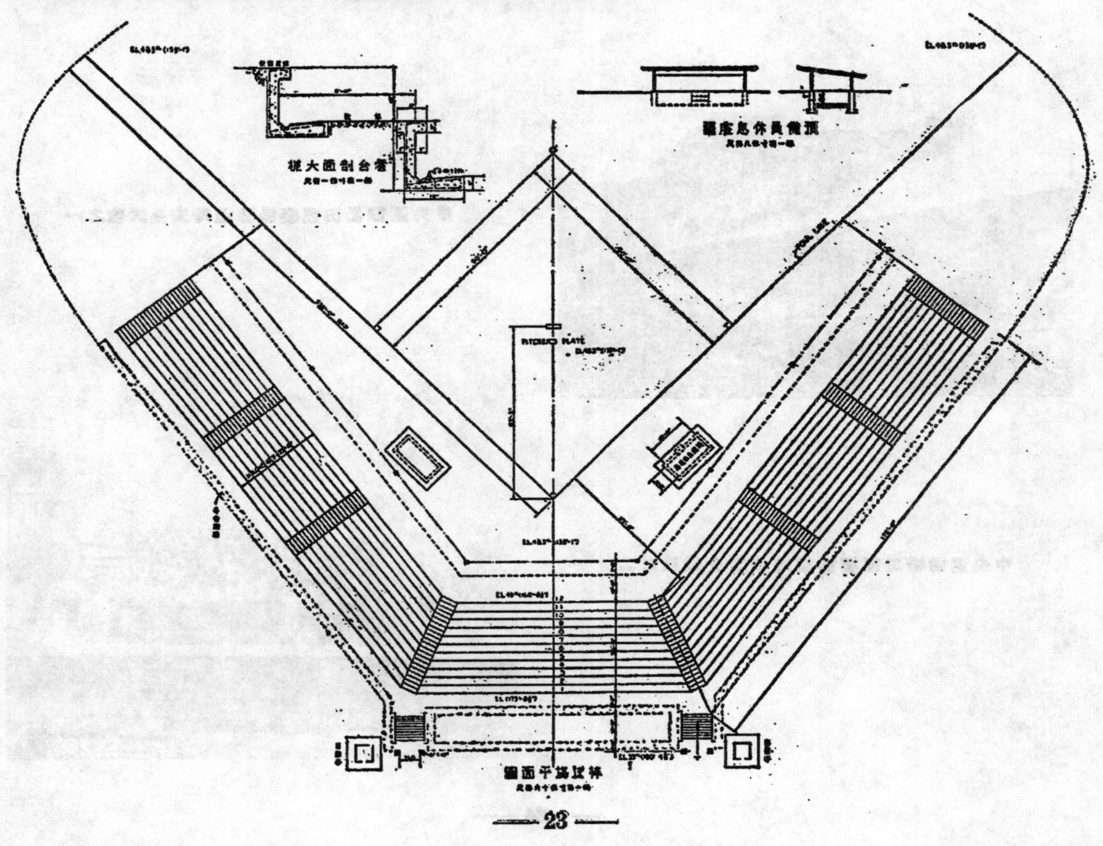

棒球場平面圖

（八） 網球場

網球場與國術場，棒球場，成一中線，而與進場大道，適成直角。每一賽場，均設高鐵絲網，分別間隔。更衣室居南面高崗上，內分男女更衣，淋浴，廁所各室，並有茶點室一所，以備平時人往戲球，能得休憩之地。全場共有座位一萬零五百五十，門廊前則因土坡作洋灰座位數排，作法與他場略同。

（九） 安全試驗

該工程建築方面，略如上述，至其各種結構，因屬會場，對於載重一事較他種建築爲要，故間均按最新穎最穩固之方法設計。工竣之後，爲測驗部內結構安全程度之，是否與設計標準相合起見，會擇看台最衝要處，爲載重試驗，先將該處用磚堆壓，至規定載重每方尺一百磅之度，測看結果，毫無彎曲痕迹，其後復在磚上立滿工人，始見下垂英寸八分之一，其數量遠在各種撓曲公式之下，故上立之人，甫行離開，該處立卽彈回原狀。閒當時曾攝影留紀念，並證該工程之穩固焉。

中央運動場田徑賽場修造時安全試驗之一

中央運動場田徑賽場修造時安全試驗之二

（十）詳　圖

凡建築物之特殊部分，如欲將其重要處，優美處及精細處完全表現無遺，則須繪有詳圖。蓋唯備有詳圖，方可使閱者明瞭於其設計之一切及其計劃之要點；而造者亦得依照之以估算工料及進行工作。因之詳圖之關係工程，實屬重大。茲特將運動場詳圖，擇要製版刊登，俾讀者益得深切之了解焉。

自詳圖中，當可窺見門，館，牆及欄杆上雕刻花紋之精工美麗；屋簷與屋脊之純取中國宮殿式。進場大門儼似舊時牌樓，而門拱等之構造與材料之選用則悉照新法，視之不特賞心悅目，美麗無比，亦且堅固莊嚴，雄壯絕倫也。看台之高度坡度均以科學公式計算，再經新穎方法建造，坐立隨心，觀視合意，在國內此類建築中，實無出其上者。田徑賽場中之跑道跑圈，地下皆置鉛管；上鋪石子，煤渣，煤灰；旁設牙道，流水眼；倘遇天雨，洩水極易，一俟天晴，立即放乾；如是則無論何時，立其上者咸可不受阻礙矣。他若游泳池中之設備，跳高跳遠之砂池等均係安置齊備，設計安全；美觀合用，猶餘事焉。

總之，各種建築之詳圖，讀者一經細閱，定能了然於其一切計劃之情形；即材料之優劣，工價之多寡及工程之巨細等，亦可依據而估計之，固亦不難索獲也。

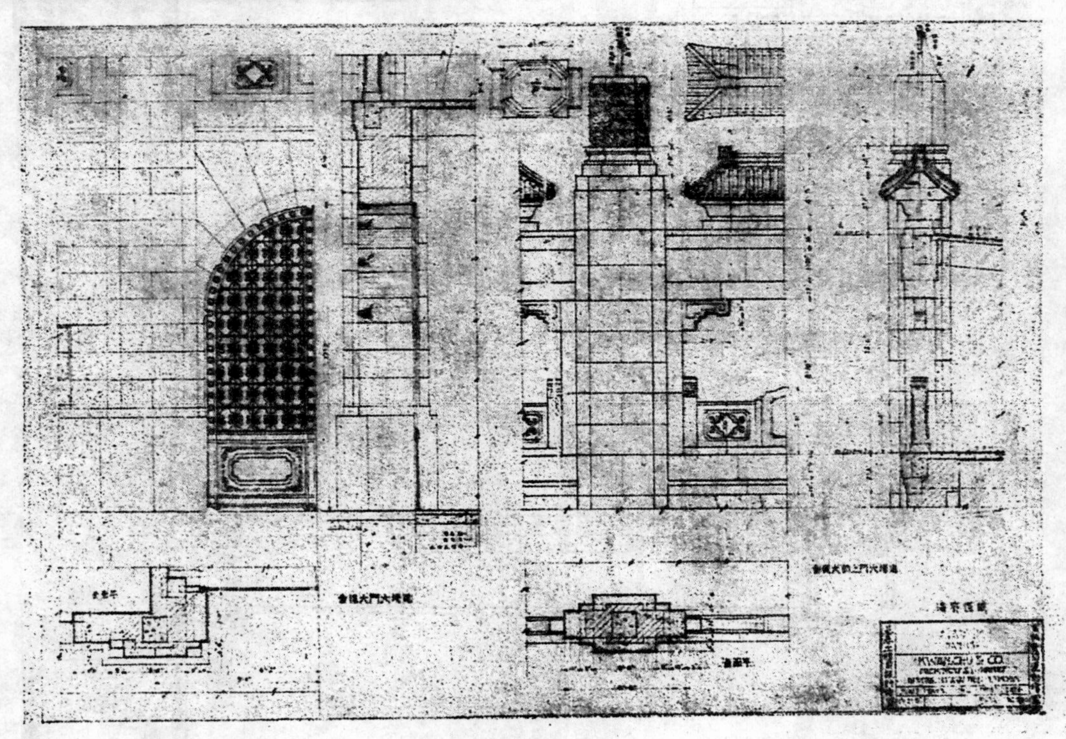

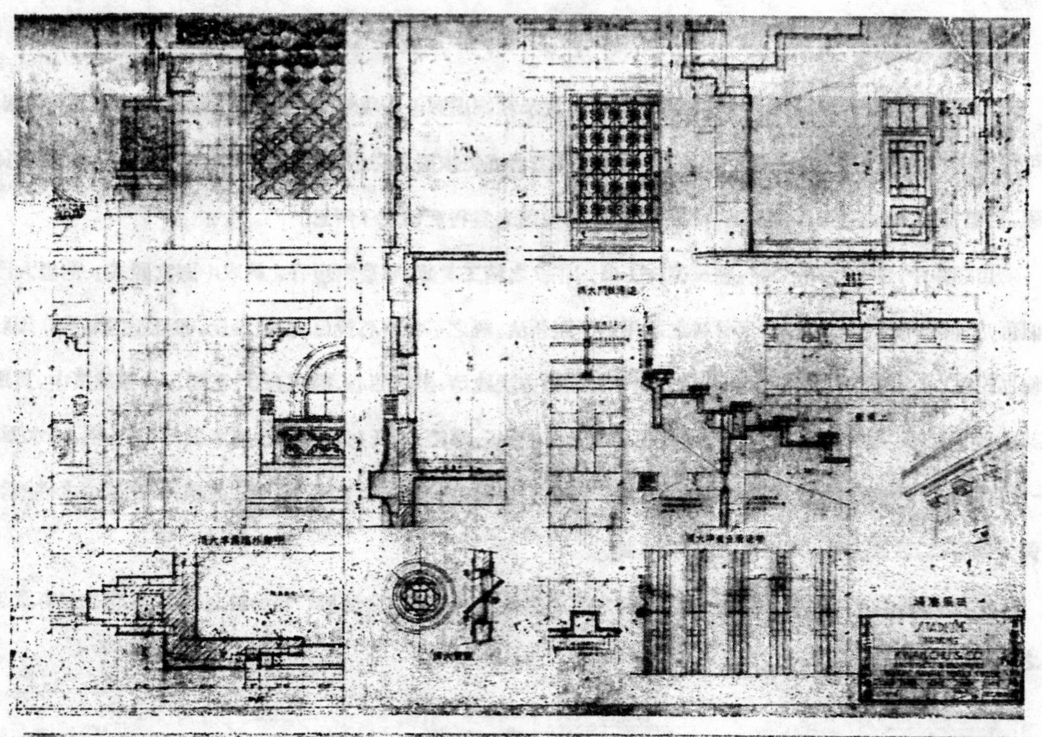

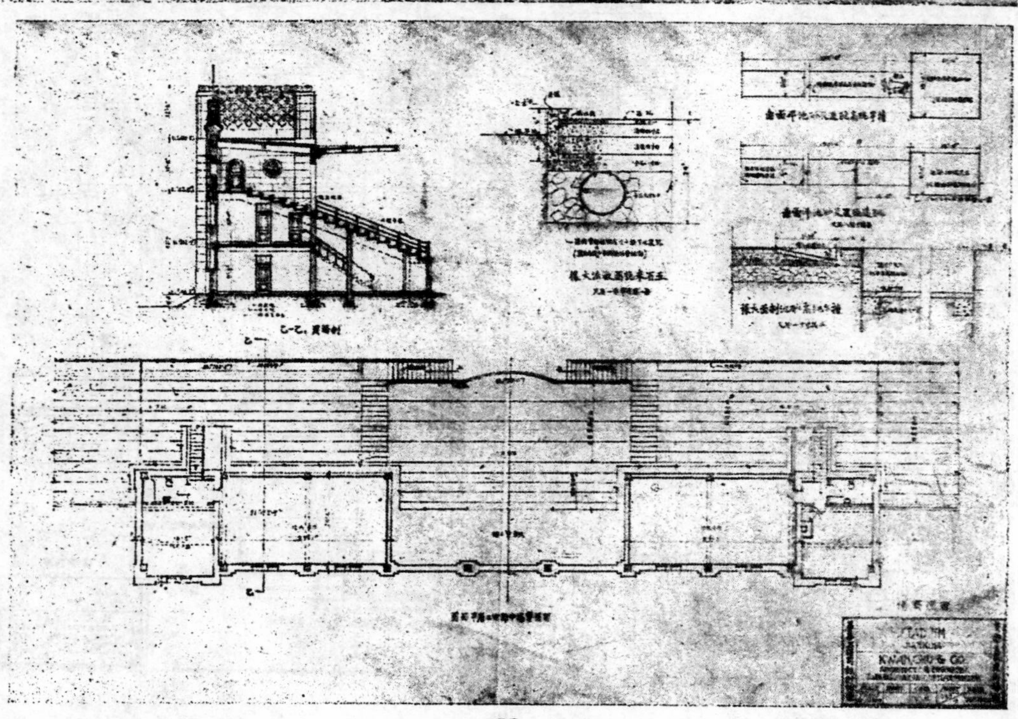

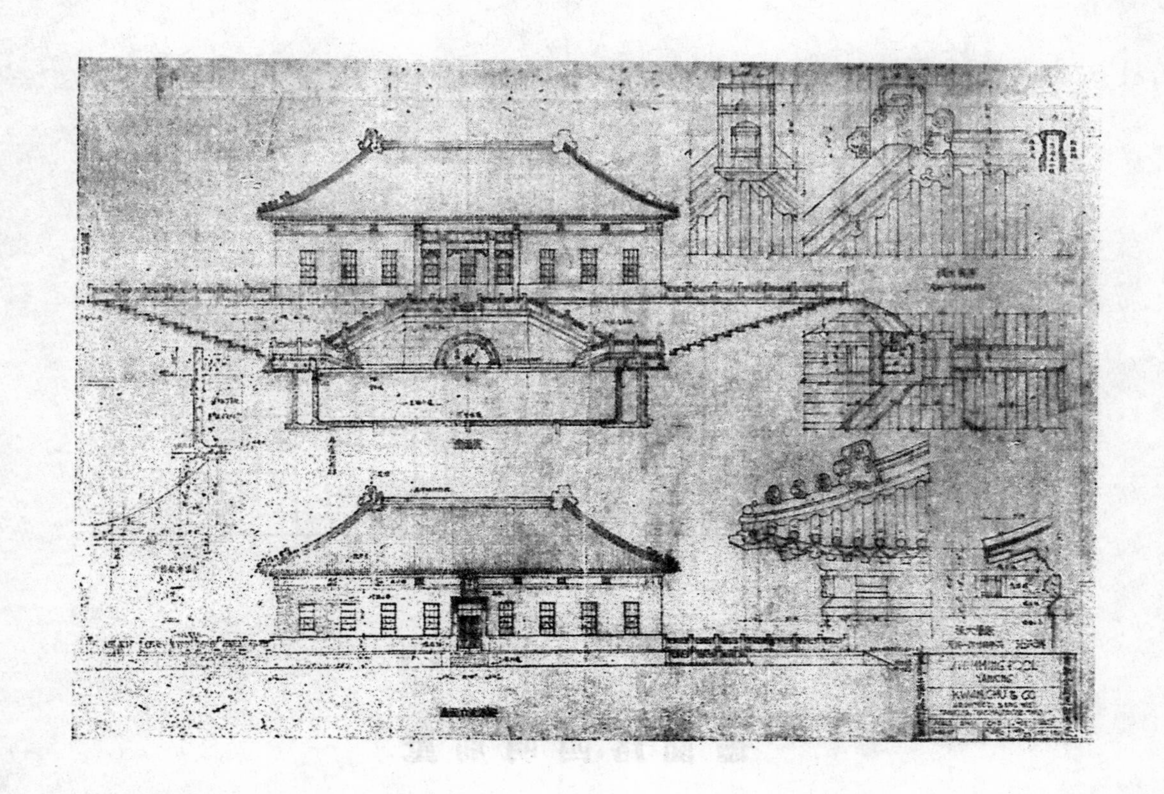

（十一）結論

總觀該體育塲建築，規模宏大，體制堂皇，能運用中國建築精神，切合近代需要，喚醒國民，保存國粹，化舊生新，非不可能，予中國建築以新生命，造成東方建築復興之創格，在基泰工程司設計繪圖，固屬匠心獨到，博得社會無限讚仰，而對於建築界實成功一大貢獻，而今而後，吾數千年來之樣式，得不絕滅，豈僅爲首都建設生色而已哉。

里弄建築

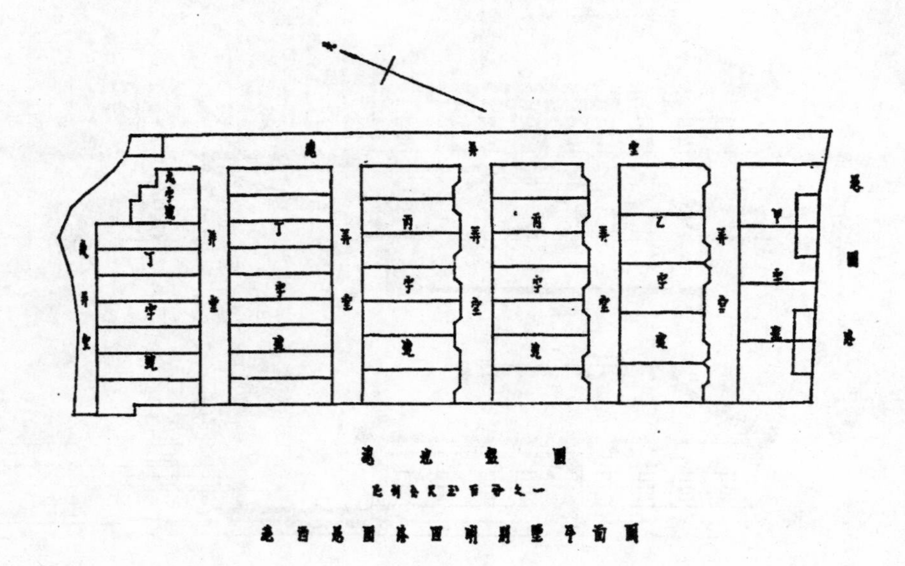

總地盤圖

比例合英尺百分之一

滬西愚園路四明別墅平面圖

愚園路四明別墅

黃元吉建築師設計

愚園路之東端有里房焉，與愚園坊相對宇，名四明別墅，式樣新穎，配置得宜。舉凡摩登房屋應有之設備，無不畢具；至於陳式之趨時，空氣之通暢，又其餘事耳。佔地九畝有零，分甲乙丙丁四種：甲乙兩種皆雙開間各四宅。丙種一間半。丁種為單開間共十六宅。茲將各種房屋所佔之面積地價造價及租金詳列下表：

甲	（雙開間） 4宅	Area .3190畝	地價每畝 $10000.00
	每　宅	造價 $8300.	租　　金 $　110.00
乙	（雙開間） 4宅	Area .3053畝	地價每畝 $10000.00
	每　宅	造價 $7700.	租　　金 $　110.00
丙	（一間半） 14宅	Area .2357畝	地價每畝 $10000.00
	每　宅	造價 $6500.	租　　金 $　85.00
丁	（單開間） 16宅	Area .1901畝	地價每畝 $10000.00
	每　宅	造價 $4950.	租　　金 $　65.00

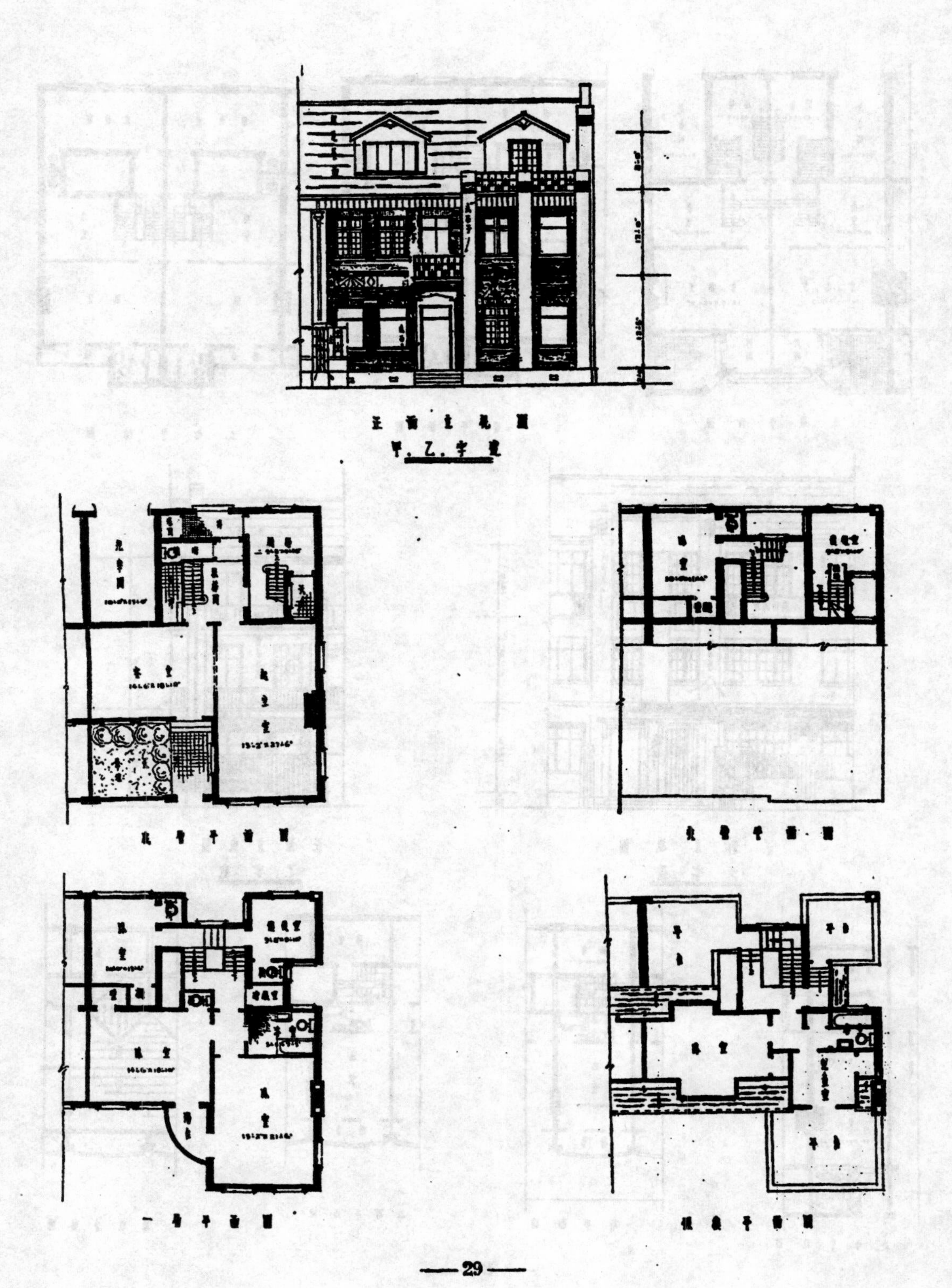

正面立視圖

甲.乙.字宅

底層平面圖

夾層平面圖

一層平面圖

假層平面圖

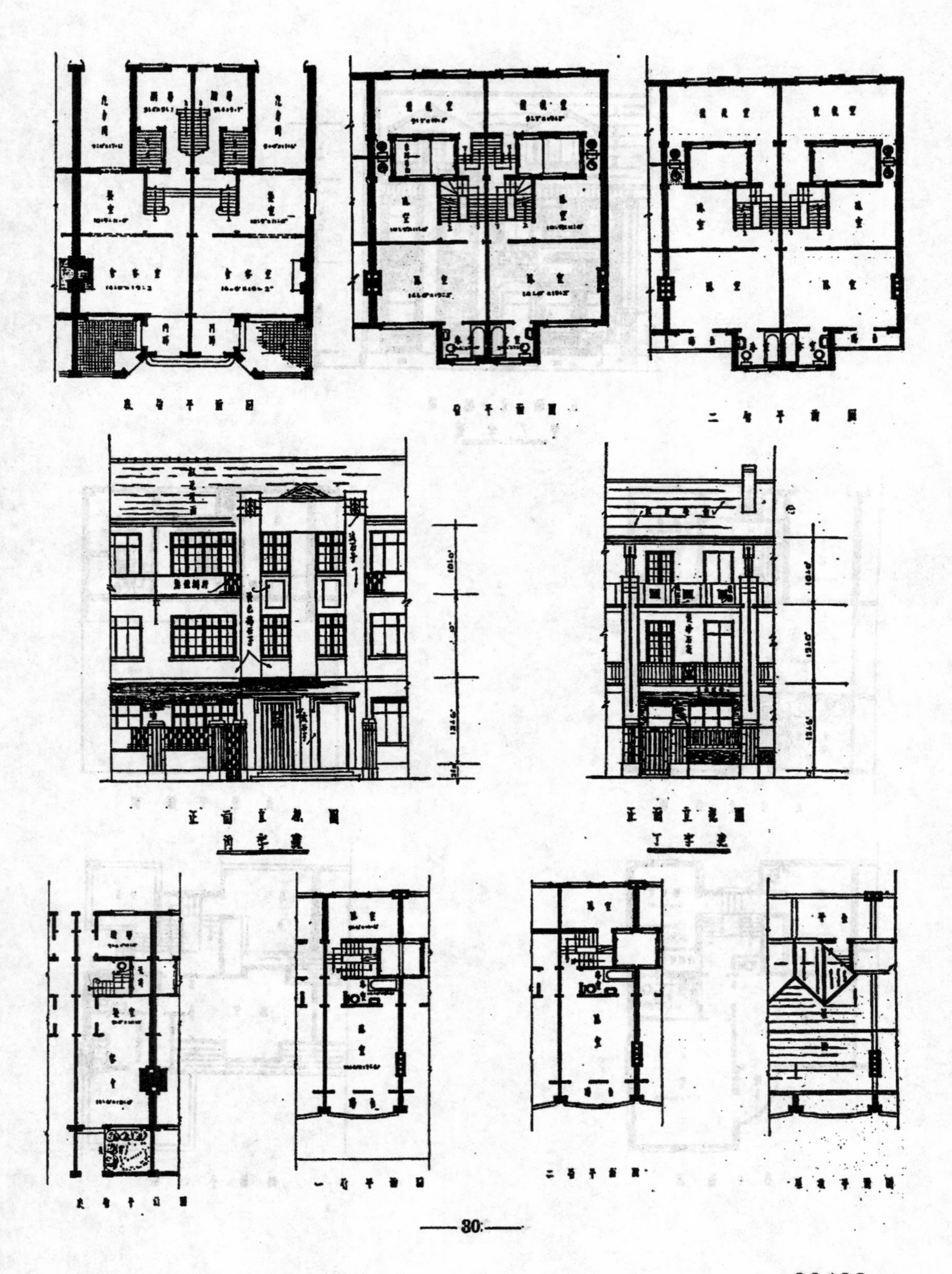

底層平面圖　　一層平面圖　　二層平面圖

正面立視圖
丙字建

正面立視圖
丁字建

底層平面圖　　一層平面圖　　二層平面圖　　屋頂平面圖

寶建路四號鄭公館　　華蓋建築事務所設計

上海中華基督教女青年會全國協會新屋

女青年會外表之壯觀

東方建築之偉大，莊嚴，及其各種固有之特點，在觀瞻上世人固知其與西方建築迥然不同，然西方建築亦另具有特質優點，倘能融合東西建築之長，別創一格，若今之所謂 Neo-Chinese Architecture 者，能不稱之爲現代化之建築耶？今我國各建築師對上述之東西合式建築，研究頗力，使現代建築闢新徑，現異彩，斯誠我國建築界之極上光榮也．

上圖係中華基督教女青年會全國協會新屋，在上海圓明園路，設計者爲李錦沛建築師，全部構造咸用西法，裝飾則採東方建築，美融東於一爐，富麗絕倫西，堂皇無比，建築美術之不限地界及無有止境，於斯覘之，益覺顯然矣．

女青年會辦公室

女青年會外部走廊

女青年會客廳

白保羅路廣東浸信會教堂　　　　李錦沛建築師設計

建築文件

楊錫鏐

工程更改證書

社會人士，常有視『大興土木』爲畏途者。親友相告，輒謂營造作頭最不易與。往往一屋未成，糾紛迭起，甚者涉訟公庭，耗神勞財，莫此爲甚。雖所言未免過當，然據之事實，凡一建築自始迄終，業主與承包人之間，尠有能免於糾紛者，能互相諒解，推誠相與，以求解決者，固不乏其人，然因此而傷及感情，對簿公庭者，亦數見不尠。推原其故，加賬糾紛，實爲淵藪。蓋當建築進行之中，業主因欲使其房屋益臻完善，往往對於原訂圖樣，或加以更改，或有所增益，及至房屋完成，承包人爲營業利益計，凡在承包合同以外之工作，理當有請求加賬之必要，以受相當之取償，此項加賬數目，遂成相爭之焦點。既無協議於前，自不免相持於後。一則以爲少，一則以爲多，（亦有以爲無加賬之必要，而靳不與者）各執一端，紛爭無已。建築師爲工程進行之主持人，抑且爲業主與承包人雙方之中間人，乃不得不出而調解。秉公處理，以求其當。但雖有以建築師之一言而息事者。願不滿於建築師之執言，而仍求之涉訟者又踵相接也。不能防患於未然，致債事於底成。爲建築師者，實不能無咎。

故凡工程進行之中，遇有因業主之囑咐，而有所更改於圖樣則不論大小，無分鉅細，均應使雙方瞭然於先。如有加賬之必要時，應徵雙方之同意，出具工程更改證明書，令雙方簽字證明，以補合同之不足，則日後工程完竣，省却不少無謂之糾紛。故其重要實有不容忽視者。用敢將鄙人習用之工程更改通知單及證明書，刊印於下，俾資參考。

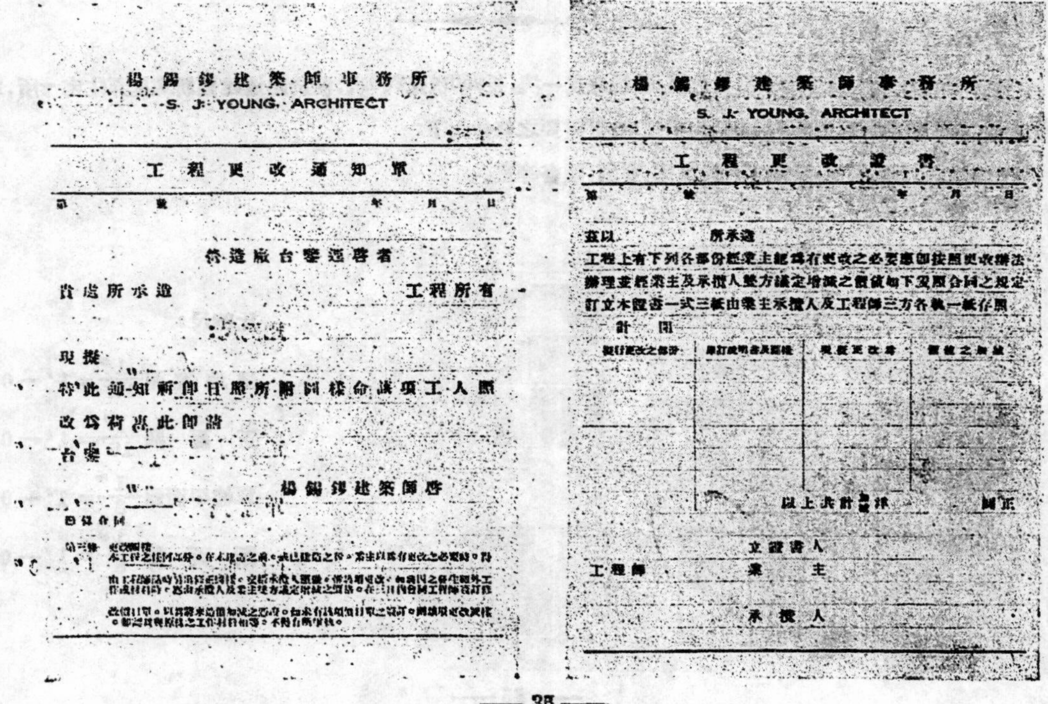

楊錫鏐建築師事務所

S. J. YOUNG, ARCHITECT

工程更改通知單

第　　號　　　　年　　月　　日

營造廠台鑒逕啓者

貴處所承造　　　　工程所有

現擬

特此通知希即日照所附圖樣命該項工人照

改爲荷耑此即請

台鑒

楊錫鏐建築師啓

楊錫鏐建築師事務所

S. J. YOUNG, ARCHITECT

工程更改證書

第　　號　　　　年　　月　　日

茲以　　　　所承造

工程上有下列各部份經業主認爲有更改之必要應即按照更改辦法辦理並經業主及承攬人雙方議定增減之價值如下及照合同之規定訂立本證書一式三紙由業主承攬人及工程師三方各執一紙存照

計開

應行更改之部份	原訂說明書及圖樣	現擬更改者	價值之增減

以上共計加減洋　　　　圓正

立證書人

工程師　　　　業主

承攬人

東北大學建築系學生李興唐繪新式住宅

新式住宅習題

今某業主在某大商埠地價昂貴之區，購得地皮一塊，長250呎寬200呎，擬於此地建築新式里弄住宅一所，以備出租。前面臨大街爲店鋪；裏面則均爲住宅，計需要之條件如下：

每幢房屋有起居室，餐室，浴室，臥室，客廳，讀書等室。

比例尺：

總地盤圖 $\frac{1''}{32}=1'—0''$

正面圖 $\frac{1'}{16}=1'—0''$

單幢平面圖 $\frac{1''}{8}=1'—0''$

斷面圖 $\frac{1''}{8}=1'—0''$

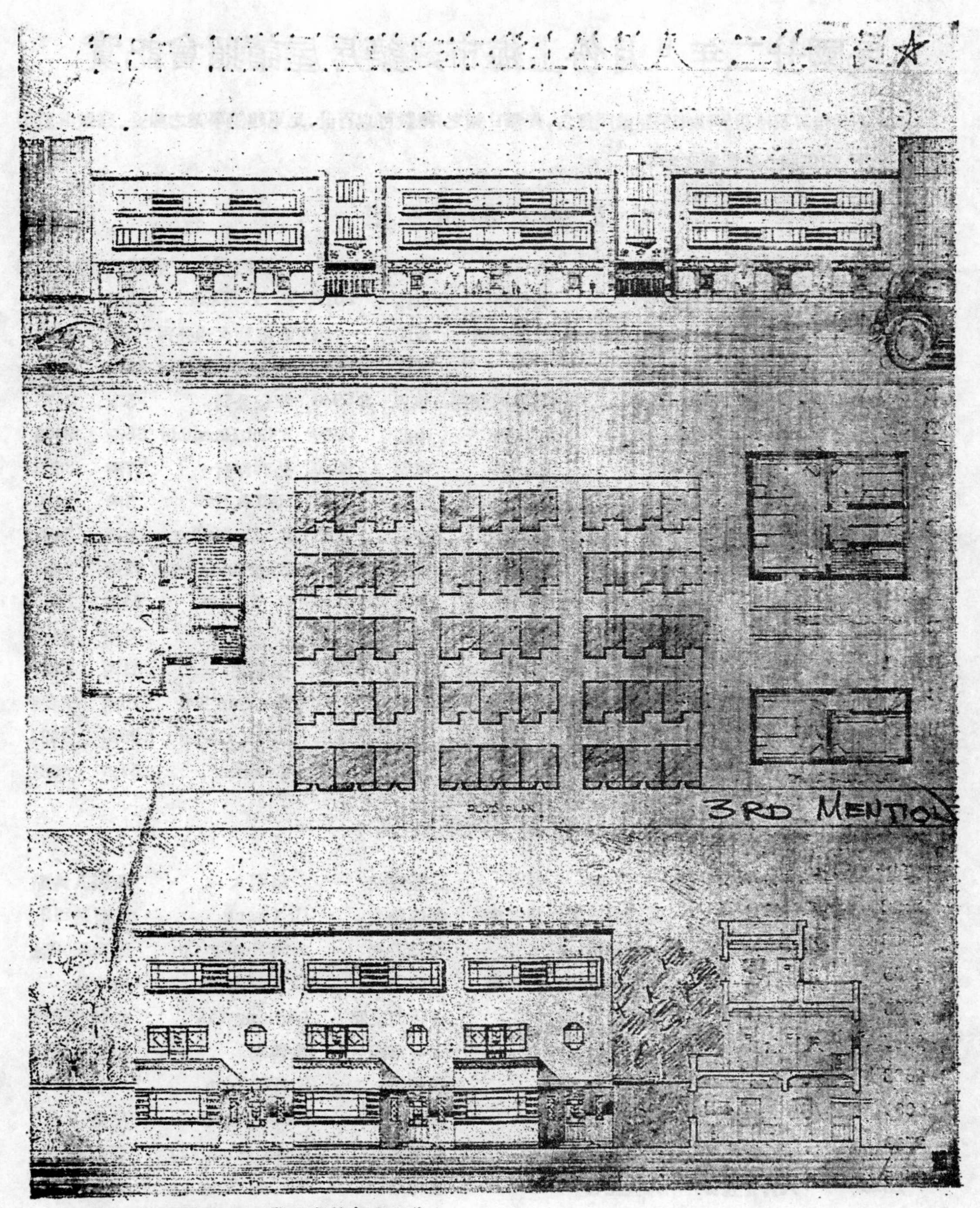

東北大學建築系學生蕭鼎華繪新式住宅

民國廿二年八月份上海市建築房屋請照會記實

本月公共租界及法租界建築房屋請照會者，幾無日無之，總數可以百計，足見建築事業之興盛。茲選其重要者列表如下，以供關心建築者之參考。

公共租界請照表

請照單號碼	請照單日期	種類	地點	區域	地冊	請照人	收照費	照會號碼
B 4286	八月	貨棧一所	廣州路	東區	8012	P. Y. Tsuh	58兩	3498
B 4237	八月	汽油站一所	倍開爾路	西區	10	亞細亞火油公司	5兩	3499
B 4390	八月	貨棧一所		東區	E 7390	Tung Nee& Co.	39兩	3502
B 2550 A	八月	水塔一座	齊齊哈爾路	東區	S 5946	華懋公司	5兩	3475
B 3477	八月	劇院	浙江路	中區	520	Elliot Hazzaid8	65兩	3476
B 3765 A	八月	製烟廠	匯山路	東區	2280	公利洋行	17兩	3398
B 4061 A	八月	水塔一座	福煦路	西區	1762	Hall & Hall	5兩	3480
B 4065	八月	貨棧一所	廣東路	中區	58	R. F. Muller	2兩	3481
B 4075	八月	工廠一所	昆明路	東區	N 5909	King Sun Chang	57兩	3482
B 4192	八月	中式住房八幢	昆明路	東區	S 1745	T. Y. Liu	44兩	3485
B 4227	八月	店舖與中式住宅	靜安寺路	西區	W 296		33兩	3488
B 4231	八月	住宅一所	長平路	西區	W3860	王晨明	51兩	3489
B 4250	八月	工廠一所	小沙渡路	西區	5965	Tse Sun Tai	10兩	3492
B 4274	八月	中式住房7幢		東區	S 5680	C. P. Cheng	25兩	1494
	八月	中式住房23幢		東區	2148 2153	Tszokee	57兩	3531

法租界請照表

請照單號碼	請照單日期	種類	建築地點	領照人	領照人地點
2502	八月二日	歐式假三層住房二宅	海格路	C. Chang	江西路212
2503	八月四日	四層公寓一所	聖母院路	Asia Realty Co.	南京路50號
2505	八月四日	假三層中式店房六間	環龍路	C. C. Chang	中央路
2506	八月四日	寫字間及臥室	台拉司脫路	Morning Co.	格司非而路
2507	八月七日	中式住房一幢	干司東路	洪傳來	西愛也司路
2508	八月九日	四層公寓一幢	霞飛路	S. W. Lion	
2009	八月十四日	歐式住宅兩幢	鄖齊路	Mat. Quang	葛羅路
2519	八月十八日	店房八幢	福履理路	Chaw Shun Lai	新閘路
2525	八月廿五日	木匠工場	汶林路	K. M. Sing	四川路
2528	八月廿五日	歐式住房三幢	霞飛路	Leonard & Veusseyre	

專　載

晚近以來，建築事業，與日俱進；公庭對簿，由是屢興。蓋業主與承包人，由立場之不同，水火其利害，糾紛衝突，于焉而起。或以圖樣之更改，或由賬目之增益，或起於承包者之偷工減料，或緣乎業主之延期不付。凡此諸端，皆爲淵藪。初者取决於建築師之調解，再者取决於第三者之仲裁；調解之不能，仲裁而無效。乃進而涉訟於法院，以聽取最後之處决。當法院之受理是項訟件焉，其對於法律部份，固可秋毫不爽，曲直判然，但對於建築部份，無專門學者，以爲之理直，則孰是孰非，何所準從？故常有以此見詢請爲鑒定者，本會無不秉公執言，以求其當，法院判决因多取從也。茲特將最近受詢之件，實諸本刊，不特可資會員他日鑑定訟案之借鏡，抑且可供社會人士因建築而興訟之參考也。

大夏大學與夏永祺涉訟案

江蘇高等法院來函第六五九五號

逕啓者案查本院受理大夏大學與夏永祺建造涉訟上訴一案

本院對於定作人與承攬人約定窗戶上用磚建造或用鋼骨過樑在圖樣上繪圖有無區別無從懸揣相應函請

貴會查照詳細見復以便查核實級公誼此致

中國建築師學會

本會二十二年三月十七致江蘇高等法院函

逕啓者剗奉二月四日第六五九五號公函

垂詢關係窗戶上用磚建造或用鋼骨過樑在圖樣上有無區別一層查窗戶上或用磚拱或用鋼骨過樑在平面圖及立視圖上無從區別惟在剖視圖上(俗稱爲穿宮圖)該二項應有相當區別按之普通慣例磚拱畫作斜劃或塗黑或空白與墻垣相同如用鋼骨水泥過樑則應作亂點與鋼骨水泥平台或柱頭相同合行奉復如有疑義請將該圖樣寄下當可詳細鑒核奉復也此上江蘇高等法院院長林　鈞鑒

江蘇高等法院公函第一二五二二號

逕啓者本院受理大夏大學與夏永祺造價涉訟一案前因窗戶上用磚或用鋼骨過樑建造在圖樣上有無區別曾經函詢

貴會并准函復在案茲將原圖送上請爲

查核圖內窗戶上之圖樣究係用磚抑係鋼骨過樑之符號連同原圖函復過院至級公誼此致

中國建築師學會

計送圖三張　　　　　　林　彪

本會六月三十日復江蘇高等法院函

逕復者頃奉

貴院第一二五二二號公函內開本院受理大夏大學與夏永祺造價涉訟一案前因窗戶上用磚或用鋼骨過樑建造在圖樣上有無區別曾經函詢貴會并准函復在案茲將原圖送上請爲查核圖內窗戶上之圖樣究係用磚砌抑鋼骨過樑之符號速同原圖函復過院等因據此除將該項圖樣提交敝會常會詳爲考核再行奉復外所有鑑定費國幣五拾元應請轉飭該當事人如數繳付至級公感此上

江蘇高等法院院長林　鈞鑒

本會七月十二日復江蘇高等法院函

逕復者前奉

鈞院第一二五二二號公函及大夏大學新屋圖樣一份囑敝會查核圖內窗戶上之圖樣究係磚砌抑鋼骨水泥過樑速同原圖函復過院等因查按之普通慣例磚拱畫作斜劃或塗黑或空白與墻垣相同如鋼骨水泥過樑則應作亂點與鋼骨水泥大料相同今圖上所載確係斜劃而非亂點則其爲磚拱無疑但對於一項工程之完成圖樣與說明書具有同樣之重要性說明書之所載容爲圖樣所未備則承包者仍應照做故若說明書所載而確係鋼骨水泥過樑則承包人自應照做非然者承包者固未嘗不可砌以磚拱也相應奉復即希詧核爲荷此上

江蘇高等法院院長林　鈞鑒

上海公共租界房屋建築章程

（上海公共租界工部局訂）

楊 肇 煇 譯

II.一為特別用者如下：

(甲)作地板及屋頂用者：

磚，瓦，或混凝土——照本章程第三章之規定而混合者，但其與鋼或鐵相合之厚度，不得小於四吋；

(乙)作內部分間壁連樓梯及過道用者：

最小厚度八吋半之磚工，或砒磚，混凝土或其他不易燃燒之材料，厚度不得小於四吋；

(丙)一槪太平門，均應照本局稽查所核准之材料及方法以造成之。

III.——任何其他材料，隨時經本局稽查員核准係為避火用者。 (第二章完)

第三章

灰漿及混凝土之混合

種類	用途	總章中述及之條目	混合物之成分
水泥灰漿	粉塗於小便處之牆上	第二十五條	一份水泥 二份牛砂
水泥混凝土	混凝土地面 水溝之底脚 地面水溝之凹槽 鋪砌廁所 屋頂 鋪砌廚房，洗盥處，及空地	第五條 第二十四條 第二十四條 第二十五條 第十二條 第二十五條	一份水泥 二份砂 三份石
	水泥混凝土地基	第一章	一份水泥 二份牛砂 五份石
柏油混凝土	混凝土地面	第五條	四分之一吋之石屑混合於十加侖之沸熱柏油中，做成厚度三吋之面積一方

(第三章完)

第四章

决定載重須用之定則

地　　基

1.——地基之在天然地面上者，其每一方呎之載重不應超過一千七百磅。

地板與屋頂上之載重量

2.——地板上之載重量，應依照下列之表估計之：

地板之用途	每方呎上載重量之磅數
居家房屋之未經下方所說明者	70
養育室	75
普通宿舍中之臥室	75
醫院看護室	75
旅館臥室	75
工房病室	75
其他之屬於同樣用途者	75
辦公室	100
其他之屬於同樣用途者	100
美術樓廂	112
教室	112
學校中之課堂	112
演講廳或會集室	112
戲院，音樂廳	112
公共圖書館中之閱書室	112
零售處	112
工廠	112
其他之屬於同樣用途者	112
體操房	150
跳舞廳	150
其他之屬於同樣用途者	150
受震動之同類地板	150
拍賣處	224
藏書處	224
博物院	224

貨棧類房屋中之地板，非作上述之用途者　　300

樓梯，梯台及走廊：——

在居住房屋中者　　100

在辦公室中者　　200

在貨棧類房屋中者　　300

3.——一概屋頂上所載之重量（連活動載重，雪重及冰重在內）均應照每方呎二十五磅量於水平面上估計之。

屋頂上所受之風加壓力應照本章第八條估計之。

4.——倘任何地板上或屋頂上所置之載重，超過以上所說明者，此地板或屋頂應備有此項加大之載重。

任何房屋之任何地板上不應置有集中載重，但如集中載重係分配於另加之建築之面積上，而因其所生之分配載重並不超過本章中所規定此類地板之載重者，可以屬諸例外。

倘任何地板上所置之載重為本章中未曾說明者，此地板亦應備有此上置之載重。

5.——在設置機器之處：若為輕震動之機械，上置載重應照估計之載重加多百分之二十五；若為重震動之機械，應照估計之載重加多百分之五十。

如須備有因機力所生之捲滾載重，此項載重應作為一靜載；並應等於實有之捲滾載重加多百分之五十。

6.——間壁及其他之建築物置於地板及屋頂上者，可以計入上置載重之內；但在其底部每方呎之重量不得超過地板或屋頂每方呎面積上所許有之載重。間壁及其他建築物如有較大之重量，地板及屋頂之載重應即特為加備，不得遺去。

7.——當計算兩層以上之房屋之地基，柱及墻上所負之總載重時，屋頂及最高層上所置之載重應十足計算之；其下各層上所置之載重得照下述之規定減少之：——

最高層以下之第一層，得照前訂之載重減少百分之五計算之；最高層以下之第二層，得少百分之十；更下之每一層得多減少百分之五，直至減少至百分之五十為止；再下各層，每層均應照百分之五十計算之。

上述載重之減少，凡屬貨棧類房屋不得援用之。

風之壓力

8.——一概房屋之計劃，應使其在任何平直方向可以支拒不小於每方呎二十磅之風壓，加於與風向垂直之伸出平面上。

任何外墻之每一嵌板，應從外面可以支拒照本條所訂之平向風壓。

墻之壓力

9.——任何外墻之每一嵌板，其從裏面應負載每方呎之平向壓力如下：

居住房屋　　20磅

公用房屋　80磅

貨棧類房屋　80磅

任何横墻或分間墻之每一嵌板，其從任何一面每方呎應負載之向平壓力如下：

居住房屋　20磅

公用房屋　30磅

貨棧類房屋　80磅

墻上之壓力超過以上所說明者，此加大之壓力應即併合計算。

材料之重量

10.——當計算地基，柱，磴，墻，樑及其他建築物上之載重時，房屋材料之重量應照下列之表計算之：

花崗石	每立方呎165磅
寧波砂石	每立方呎155磅
水泥灰漿或灰漿砌之藍磚	每立方呎112磅
磚，紅磚及石灰混凝土	每立方呎112磅
煤屑混凝土	每立方呎 95磅
水泥混凝土	每立方呎140磅
鐵筋混凝土	每立方呎150磅
泥	每立方呎110磅

上表未曾列入之其他房屋材料應照各該材料之實在重量計之。

第　五　章

廁　所

1.——爲本章之引用起見，下列各字句之意義特爲分別規定之。

污溝 (Soil Drain) 意卽平直總溝之一部分及其支溝之在屋牆以內者。

污管 (Soil Pipe) 意卽任何垂直管子穿過或伸出於屋頂之上，承接由裝置完備或未經裝置之一處或數處廁所中所流出之物。

廢物管 (Waste Pipe) 意卽任何管子，承接除廁所外由任何裝具中所流出之物。

反虹吸管 (Anti-Syphonage Pipe) 意卽任何特別管子，用以避免防臭具之虹吸及反壓者。

舊存房屋 (Existing Building) 意卽非爲新屋之任何房屋。

2.——凡因關於一屋須建一廁所及污坑或污坑者，應經本局之核准；此廁所之圖樣應以比例尺繪之，不得小於一吋與八呎之比；並應表明：

(甲) 欲建廁所或污坑之位置。

(乙)污坑之一切污溝,污管,廢物管,及反虹吸管之線路及水平,以不小於一吋與二呎之比例尺繪之,連同所有詳細說明。

3.——呈核之圖應爲雙份;其一應以墨水繪於臘布或晒圖紙上,一份於核准後留存本局;另一份於發給執照時還與請照人,其上蓋有業經核准之本局工務處印記,蓋印之圖樣,應於進行工作時置於工場中;並應備作本局稽查員或助理員視察之用。當施行工程,彼等隨時均可自由審視觀察。但無論此項視察是否實行,業主應始終負責遵照本章程規定辦理。

4.——凡建廁所及污坑,請照書應用本局特備者。此項請照書可免費在本局稽查員辦公室領取。

5.——在洋涇浜以北,上海公共租界範圍之內,由廁所之排洩物不准經濾清或細菌方法之處理。

6.——連接於任何中國式建築之房屋,不得建廁所及造污坑。

7.——連接於舊存廁所之每一新裝器具,此器具及其與污管或污溝之連接物,應於本章中之新造廁所同樣裝置此器具,亦可適用之需要相合。

8.——(甲)此後建造每一廁所連接於一屋者,其位置至少應以此廁所之各邊之一爲一外牆。

(乙)連接於一屋之每一廁,所應將此廁所各牆之一安設一窗,窗之面積不得小於四方呎,窗之全部或一部應與外間空氣相接。

(丙)除特別事項外,本局如認爲與適用之規定相符,可以設法改善。

9.——連接一屋之每一廁所,應設一容量三加侖之水槽,以備衝灌清潔之用;此水槽應與其他之家用水槽顯明分隔;此水槽之構造安設應使此廁所所用之水得以充供量給;與飲食用之管子及除衝灌水槽外此廁所所置器具之任何部分,不得發生任何直接關係。此衝灌水槽應造之使水可完全流出,並可迅速裝滿;又應設一表明方向之流水管,俾水可由一顯明方向流出於此屋之外。

廁所之器具連接於有充分容量之衝灌水槽,一專爲清潔廁所之用,一在任何情形中,應與上述之規定相符。

10.——廁所如裝設有一水盤或水池或他種承接物之衝灌水槽,其每一管子及其連接物之內直徑,不特在任何部分小於一又四分之一吋;或用本局稽查員於觀察所設水槽之水平後,所核許採用之較大直徑。

11.——每一廁所應設一水池或他種承接物,用不透水之材料所造而其式樣及模型經本局核許者。在此水池或承接物之下,不得安設容水器或其他同樣之物。

12.——每一廁所應設有合宜器具連接於水盤,水池或他種承接物上,以便水之應用;及有效之衝灌清潔與迅速除去實質及流質之污物,隨時存積於水盤水池及防臭具中者。

13.——連接一屋之每一廁所應設有污管,以便將實質或流質之污穢物料送入污坑中。此污管應置於房屋之外,固實裝於牆上,並應以鉛或重生鐵製之。除用特別情形外,本局有意認爲必要時,此污管應置於屋內,並應以鉛製之;且應有適當之連接,以便易於工作。

14.——每一污管用核准之八磅鉛釘,釘固於房屋牆上,每十呎之長度應用鉛釘三個。當一鉛製污管無法避免其將近於平直時,此管應設法支持之,以免中墜。

15.——生鐵製管應用核准之釘,以釘佃於房屋墻上。管臼與牆面之淨存距離至少應有半吋。

16.——(甲)每一污管之建造，不得連接於在任何雨水管，小便管或廢物管，又不得有任何防臭具在此污管中或污管與連接之污溝間。

(乙)每一污管之內直徑不得小於四吋。除不能避免者外，污管應一直接上，不得有灣曲處或轉角處。當用生鐵製之污管时，於必要之際，應裝灣曲處，惟有備有經核准之開閘，以便清潔。

(丙)每一污管之製造，無論置於屋內或屋外，其重量(如係鉛製)或其厚度與重量(如係生鐵製)應比長度成比例；其內直徑應如下：

	鉛製	鐵製	
直徑	每十呎長之重量不得小於	厚度不得小於	每六呎長之重量(連不小於四分之一吋厚之管臼及插口)不得小於
4吋	80磅	3/16吋	54磅
5吋	92磅	1/4吋	69磅
6吋	110磅	1/4吋	84磅

(丁)倘污管之過半長度係作為通氣管用，此污管之此一部分，經本局鑒定核准後，可以採用減少之直徑及重量與別種材料。

(戊)每一生鐵製污管之臼接處之深度不得小於2吋半；並應以紗線及鎔鉛適當造之，使膠縫不致進水；其圓形處之寬度：如係四吋管，不得小於四分之一吋；如係五吋及六吋管，不得小於八分之三吋。一概生鐵製管均應有眞正之同一中心並應光滑而無任何阻礙。

(己)每一污管應向上接至固着此污管之屋簷之上，其高度在任何一窗之上不得少於五呎，此窗係在由污管隔空蓋頭量一長二十呎之直線以內者。污管接上之高度及裝置之位置均應使穢濁空氣能無阻由隔空蓋頭流出。

(庚)每一污管及污溝之構造應能承受每方吋十二磅之壓力而不致漏洩。

17.——倘多於一處廁所之水均將流入於一單獨之污管時，在頂高處以下之各處廁所均應裝設一反虹吸管。此管如流通於空氣中，須高至污管之頂端；如流通於污管中，須高至連接此污管之最高廁所以上。反虹吸管全部之內直徑不得小於二吋，並應連接於污管之臂或防臭具上一距。防臭具之最高部分不得少過三吋及多過十二吋，並須在距污管最近之閘水處之一面，流通管與污管之臂或與防臭具之連接處應照水流方向而做作之。

18.——每一反虹吸管應用鎔鉛或重生鐵製造之並應在房屋之外製造之。除因特殊情事外，本局認爲合理時得以設法改善。

19.——此項流通管無論置於屋內或屋外，如係鉛製，其重量每十二呎長不得少於四十五磅；如係鐵製，其厚度不得少於十六分之三吋，其重量每六呎長不得少於二十五磅。每一反虹吸管之連接處應以之當爲污管而做作之。

20.——每一污管及任何虹吸管之隔空蓋頭應設置一頂蓋，其模樣須經本局稽查員核准。

21.——鉛製防臭具或管與鐵製污管或污溝之相連處應置一銅製或適當混合金屬製之套箍；此相連處與此套箍之連合處應以紗線及鎔鉛適當膠縫之，但使鉛製防臭具或管與鐵製污管之連接處能具同等適宜及效果者，

中國建築

THE CHINESE ARCHITECT

OFFICE:

ROOM NO. 427, CONTINENTAL EMPORIUM, NANKING ROAD, SHANGHAI.

中國建築第一卷第三期

出　版　中國建築師學會

地　址　上海南京路大陸商場四樓四二七號

印刷者　國光印書局　上海新大沽路南成都路口　電話三三七四三

中華民國二十二年九月出版

中國建築定價

零售	每冊大洋五角	
預定	半年	六冊大洋三元
	全年	十二冊大洋五元
郵費	國外每冊加一角六分 國內預定者不加郵費	

廣告索引

陸根記營造廠

中國石公司

興業瓷磚股份有限公司

東南瓦磚股份有限公司

中國建築材料公司

慎昌洋行

鋁業有限公司

海京毛織廠

中國聯合工程公司

美和洋行

新通貿易公司

振蘇瓦磚公司

益中福記機器瓷電公司

褚掄記營造廠

大東鋼窗公司

中國鋼鐵工廠

壁光公司

美益公司

約克洋行

榮德水電工程所

馥記營造廠

久記營造廠

夏仁記營造廠

六合貿易公司

炳耀工程司

華興機器公司

泰山磚瓦公司

馮成記西式木器號

三信泰西式木器號

東方年紅電光公司

蔡根大理石廠

鐘山營造廠

新恆泰營造廠

公記營造廠

清華工程公司

懋利衛生工程行

馬源順五金製造廠

王開照像館

馬江晒圖公司

盡是鋼精(Aluminium)製成

建築上新供獻

此七層大廈之外面盡是用鋼精版及玻璃裝成，房基砌以黑石。

此大廈之全部共用鋼精版十五萬磅，鋼精窗三百五十六個，鋼精釘三萬二千只，電線處共七千五百呎。

詳細節目請接洽：——

ALUMINIUM (V) LTD.

鋁業有限公司

上海北京路二號　　電話11758號

ELBROOK, INC.

31-47 Davenport Road
Tientsin

156 Peking Road
Shanghai

歐美各國之住宅大廈旅館及公共建築中無不鋪設地毯以壯觀瞻而尤以

天津製造之海京地毯

咸公認爲標準因取材精純織造堅固無論任何色樣皆可按照建築師計劃承織以期對於室中裝飾配襯得宜而收盡善盡美之效果

本廠開設天津有年自紡自織具有相當經驗各種出品花樣繁多價格視何種需要而異倘荷　惠顧無任翹企

海京毛織廠

廠址　天津英租界十一號路

電報掛號　三一八九

駐滬辦事處　上海北京路一五六號

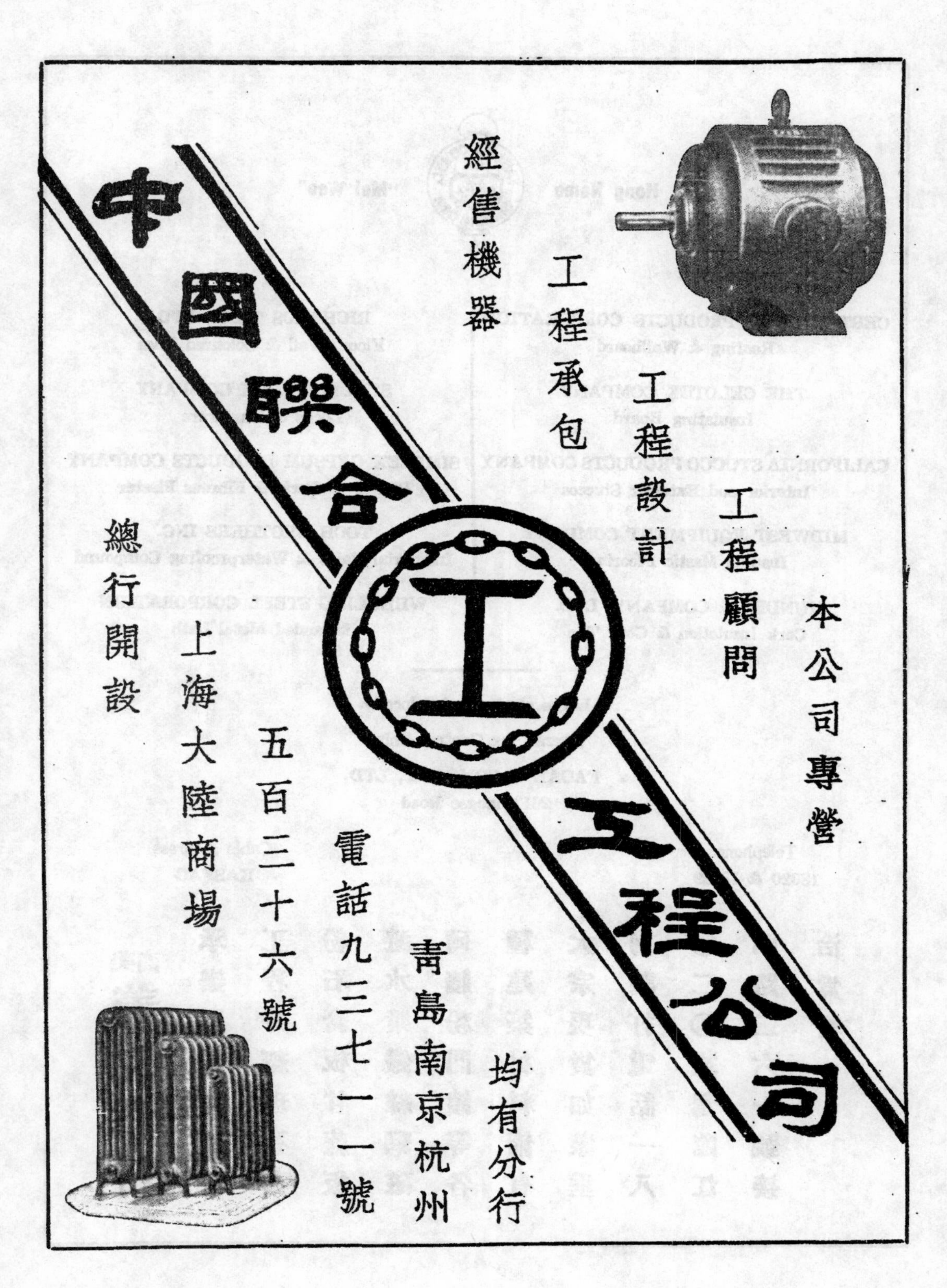

中國聯合工程公司
本公司專營
工程顧問
工程設計
工程承包
經售機器
總行開設
上海大陸商場
五百三十六號
電話九三七一一號
青島南京杭州
均有分行

史的勒電梯

創製於西曆一八七〇年
積六十餘年之製造經驗

Established 1870

Over 60 Years experience
in Lift manufacture

35.000 "STIGLER" LIFTS
WORKING
THROUGHOUT THE
WORLD

Yearly output
2400 Lifts

業已裝置
三萬五千餘具
年造電梯兩千四百具
中國獨家經理
新通貿易公司

上海九江路大陸商場　電話 九一〇三六 九一〇三七

SOLE AGENTS FOR CHINA:

Sintoon Overseas Trading Co., Ltd.

Continental Emporium

KIUKIANG ROAD - SHANGHAI

CABLE ADDRESS: "NAVIGATRAD"

TELEPHONE 91036-7

C.S.
振蘇磚瓦公司
上海靜安寺路六八八弄二號 電話三一八六〇號
本公司營業已十有餘載廠設崑山南鄉蘇州河岸特建最新式德國窰貳座專製機器紅磚各種空心磚青紅機製平瓦及德式筒瓦質料細緻烘製適度是以堅固遠出其他磚瓦之上而且價格低廉交貨迅速久爲各大建築營造公司廠家所贊許爭相購用信譽昭著茲將曾購用敝公司出品各戶台銜略舉一二以資備考其他因限於篇幅不克一一備載諸希鑒諒是幸
振蘇磚瓦公司附啓
百樂門跳舞場 麥特赫司脫公寓 金城銀行 大陸銀行 國華銀行 證券交易所 大陸商場 德士古火油棧 光華火油棧 申新紗廠 永安紗廠 公益紗廠 公大紗廠 裕豐紗廠 華生電器廠 天廚味精廠 大生紗廠 富安紗廠 寶五洋棧 茂昌堆棧 豫康堆棧 華華中學 中央研究院 動物研究院 榮金大戲院 北火車站 四明別墅 靜安別墅 新城別墅 模範邨
愚園路 靜安寺路 江西路 九江路 北京路 漢口路 南京路 定海橋 高橋 宜昌路 吳淞 曹家渡 軍工路 楊樹浦 周家嘴路 菜市路 南通 崇明 甘肅路 十六舖 光復路 愚園路 亞爾培路 愛文義路 康悌路 界路 愚園路 靜安寺路 靜安寺路 福煦路
四明邨 綠楊邨 大陸新邨 古拔新邨 和合坊 天樂坊 鴻運坊 來安坊 愚園坊 聯安坊 鄰臺坊 福煦坊 愛文坊 基安坊 興業里 永安里 興業里 同福里 均益里 德仁里 福綏里 百祿里 正明里 蘭威里 恆豐里 恆德里 四達里 大通里 多福里 恆茂里
巨籟達路 康腦脫路 施高脫路 古拔路 霞飛路 斜橋路 愛多亞路 新閘路 愚園路 愚園路 福煦路 福煦路 愛文義路 同孚路 霞飛路 北四川路 天主堂街 靜安寺路 界路 浙江路 天津路 大西路 赫德路 湯恩路 施高脫路 施高脫路 赫德路 白克路 福煦路 八仙橋
CHEN SOO BRICK & TILE MFG. CO.
BUBBLING WELL ROAD, LANE 688 NO. F2
TELEPHONE 31860

四行儲蓄會新建二十二層樓大廈

爲東半球最高之建築內部採用

益中福記機器瓷電公司出品之

馬賽克瓷磚及釉面牆磚

並承辦全部鋪磚工程足證是國貨中最

新穎最優良之瓷磚惠顧諸

君請注意是幸

事務所上海漢口路七號

電話二四四〇八
一六七〇六

出品項目

- 各種馬賽克瓷磚
- 各種美術瓷磚
- 3"×6"釉面牆磚
- 6"×6"釉面牆磚
- 鋼精梯口磚
- 2"六角瓷磚

工廠

第一廠浦東洋涇

第二廠必霍蘭路

英商 美藝公司

上海靜安寺路一百九十號　電話三四二二六號

專作雕花及裝修工程

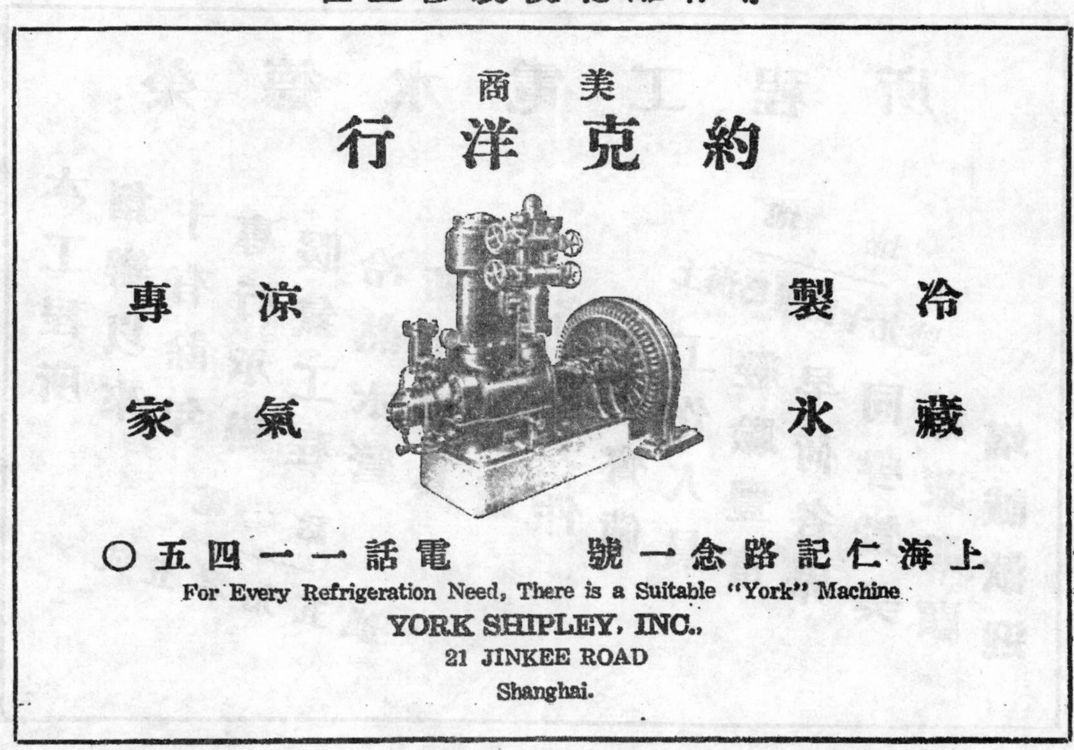

VITREA
Vitrea
WINDOW
GLASS
欲求室內光
線充足請用
璧光牌玻璃
價廉而質美
各玻璃號
均有發售

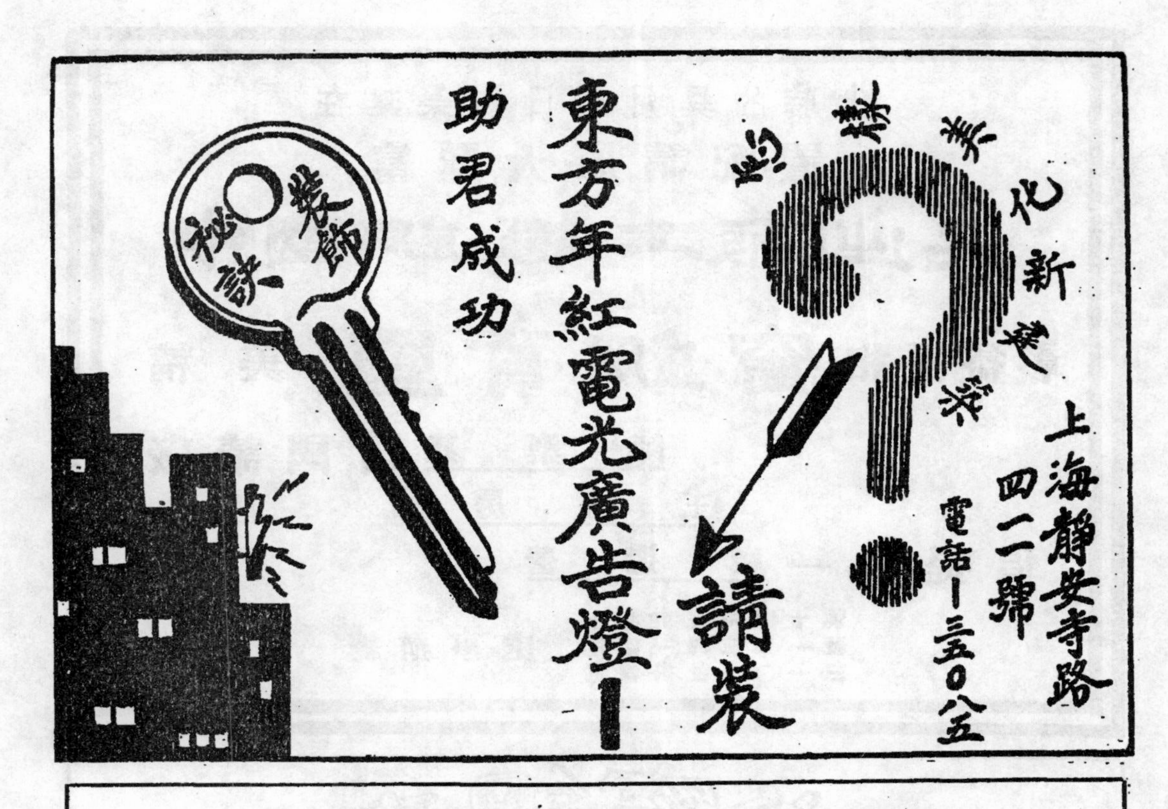
上海静安寺路四二號
電話一三五〇八五
燈樣美化新建築
請裝
東方年紅電光廣告燈
助君成功
裝飾秘訣

大東鋼窗公司
發行所 河南路四九五號恆利大樓 電話九二四〇〇號
製造廠 楡林二二〇號 電話五二四〇四號

王開

地址 南京路三〇八號

電話 第九一二四五號

美術照像
建築拍照
外景內部
一經拍攝
經驗豐富
價格公道

技術優良
特別擅長
設計圖樣
永留榮光
設備麗煌
藝術高尙

馬源順五金製造廠

本廠聘請技師製
造銀箱庫門大小
銅鐵五金及建築
工程並設水電部
及修理部如蒙
賜顧竭忱歡迎

製造廠 海勒路二七一號 電話五二四六一

五金部 吳淞路三三四一五 電話四三〇〇三號

上海 南京

懋利衛生工程行

承辦

衛生裝置
冷熱水管
暖屋水汀
消防工程
專家設計
如蒙垂詢
週到切實
竭誠奉覆

總行 上海北京路三七八號 電話 九一八〇二

分行 南京下關祥泰里三十四號 電話 四一二三三

SHANGHAI PLUMBING COMPANY
CONTRACTORS FOR
HEATING SANITARY VENTILATING INSTALLATIONS
PHONE 91802 378 PEKING ROAD. SHANGHAI.
PHONE 41233 BRANCH NANKING CHINA.

TRADE MARK

商標

本公司之馬牌藍晒圖紙顏色鮮麗品質優良歷久不致走光晒洗後加蓋紅墨水線可不化早經各建築師證明兼售各種臘紙臘布圖畫紙等價格均極廉宜外埠函購由郵局寄奉倘蒙賜顧不勝歡迎

馬江公司謹啓

地址上海虹口外虹橋堍斐倫路平安里四十五號

電話四二七二七

清華工程公司

地址：上海寧波路四十七號

本公司專門經營暖汽工程及衛生工程設計製圖及裝置倘蒙諮詢竭誠答覆以酬雅意

電話：第一三八八四號

公記營造廠

總事務所

上海海防路三百五十四號

電話三四五一六號

分事務所

上海南京路大陸商場五二九號

電話九二八八二號

本廠專門承造各種中西房屋橋樑鐵道碼頭以及一切大小鋼骨水泥工程並代客設計規畫工程堅固美觀各項職工經驗豐富能使主顧十分滿意如蒙委託無不竭誠歡迎

新恆泰營造廠

本廠專門承造一切中西房舍工作人員經驗豐富營造敏捷包作工程務期盡善盡美以酬業主雅意如蒙委託竭誠歡迎

工程處：北京路貴州路轉角

電話：九四三三七號

鐘山營造廠

總事務所 天津路三八一號

電話 四〇七一九號

眞茹分廠 眞茹東站對面

江灣分廠 江灣路東體育會路上海信託公司第一模範村

南京分廠 花牌樓大同洋服店內

本廠承造洋房碼頭駁岸橋樑道路大小裝修及一切土木工程等工作堅固美觀各部職員悉屬專門人才倘蒙諮詢無不竭誠答覆

監理 黎明旭工程碩士

總經理 庾蔭堂工程學士

工程師 黃五如工程學士

南京分廠經理 徐宗堯工程學士

江灣分廠主任 黃燦昌工程學士

眞茹分廠主任 楊少如

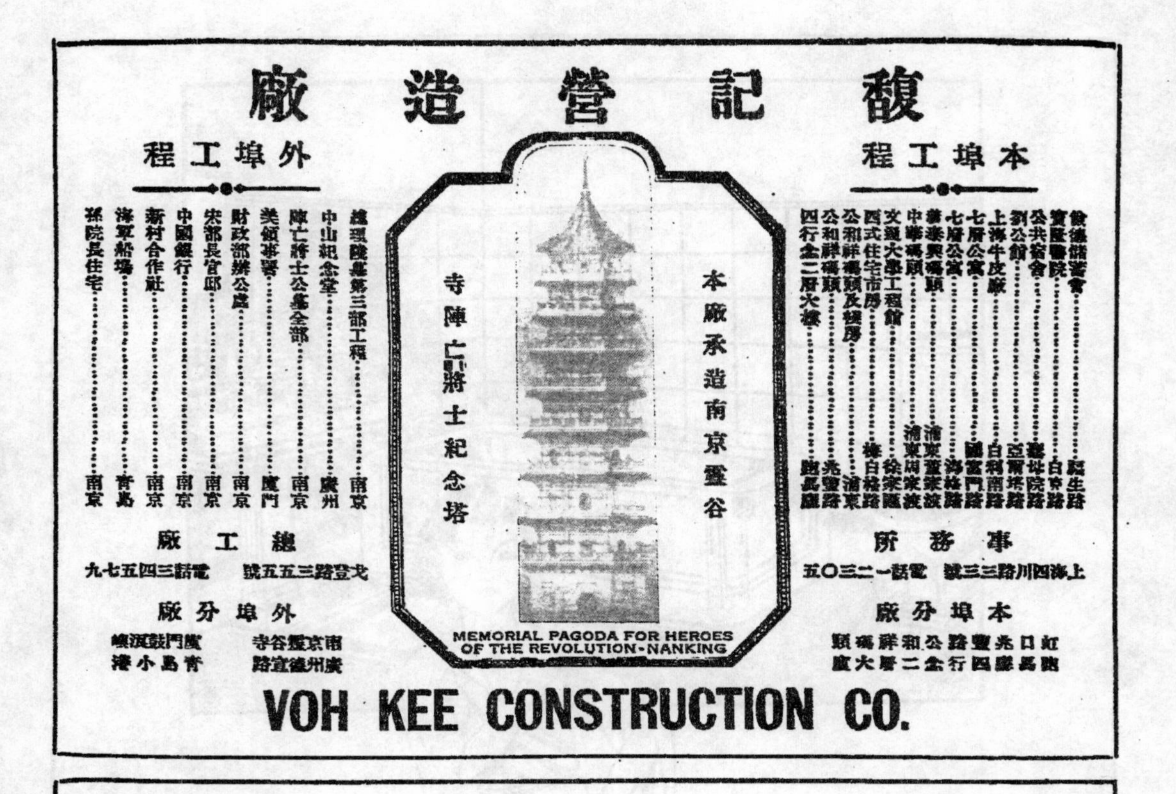

本刊投稿簡章

(一)本刊登載之稿,概以中文爲限;翻譯,創作,文言,語體,均所歡迎,須加新式標點符號。

(二)翻譯之稿,請附寄原文。如原文不便附寄,應注明原文書名,出版地址。

(三)來稿須繕寫清楚,能依本刊行格繕寫者尤佳。

(四)投寄之稿,俟揭載後,贈閱本刊,其尤有價值之稿件,從優議酬。

(五)投寄之稿,不論揭載與否,概不退還。惟長篇者,得預先聲明,並附寄郵票,退還原稿。

(六)投寄之稿,本刊編輯,有增删權;不願增删者,須預先聲明。

(七)投寄之稿,一經揭載,其著作權即爲本刊所有。

(八)來稿請註明姓名,地址,以便通信。

(九)來稿請寄上海南京路大陸商場四二七號,中國建築師學會中國建築雜誌社收。

司旦達浴室磁件

堂皇富麗清潔衛生觀之悅目用之適體樣式美觀質料堅固耐用不變色不拆裂不惟爲市上最佳之衛生器具實爲全世界最優美之出品司旦達衛生磁具公司對於建築師工程師營造家業主等並有左列之新供獻

一 出品質料精良價目克己式樣新穎

二 出品及原料均有精密之檢查各貨皆有廠家之永久保證

三 對於工程師建築師等負有技術及工程供獻之責任

中國獨家經理

慎昌洋行

上海圓明園路四號

"DISTINCTIVELY DIFFERENT"

30528